工业和信息化部“十二五”规划教材

西北工业大学研究生高水平课程体系建设丛书

HANGTIAN FEIXING DONGLIXUE

航天飞行动力学

方 群 李新国 朱战霞 王志刚 许 志 闫晓东 主编

西北工業大學出版社

【内容简介】 本书系统地阐述了航天飞行动力学的基本原理和方法。全书分为7章。其主要内容包括绪论,导弹飞行动力学,飞行动态特性分析,远程火箭与航天器再入弹道,临近空间飞行动力学,航天器飞行动力学以及航天飞行动力学的发展等。

本书既可作为航空、航天类专业高年级本科生及研究生的教材,也可作为相关交叉学科专业教师、本科生和研究生的参考书,还可作为从事航天器研究、设计、试验和应用单位的飞行动力学、导航、制导、控制、总体设计、系统工程、效能分析以及其他有关专业技术人员的主要参考书和常用手册使用。

图书在版编目(CIP)数据

航天飞行动力学/方群等主编.—西安:西北工业大学出版社,2015.8
工业和信息化部"十二五"规划教材
ISBN 978-7-5612-4548-4

Ⅰ.①航… Ⅱ.①方… Ⅲ.①航空器—飞行力学—高等学校—教材 Ⅳ.①V212.1

中国版本图书馆CIP数据核字(2015)第200712号

出版发行:西北工业大学出版社
通信地址:西安市友谊西路127号 **邮编**:710072
电 话:(029)88493844 88491757
网 址:www.nwpup.com
印 刷 者:兴平市博闻印务有限公司
开 本:787 mm×1 092 mm 1/16
印 张:28.75
字 数:708千字
版 次:2015年9月第1版 2015年9月第1次印刷
定 价:59.00元

前言

航天飞行动力学是研究飞行器在复杂飞行环境中，在各种力作用下运动规律及其伴随现象、总体性能的科学，是一门建立在刚体力学、弹性结构力学、空气动力学、流体力学、多体系统动力学、振动理论、运动稳定性等力学基础之上，又依赖于现代控制论和计算技术的发展，并与测量技术密切相关的综合性的应用力学。同时也是航天类专业高年级本科生和研究生需要掌握的专业技术基础知识之一，对于从事航天器设计、研究和研制等工程技术人员，是不可缺少的理论基础。其所涉及的知识内容、原理和方法、技术和手段是各类航天飞行器总体设计、气动外形设计、控制系统设计、动力系统设计以及效能分析的重要依据。本书不仅涉及战术导弹、远程火箭、航天器、临近空间及高超声速等航天飞行器研究、设计、试验和应用中主要的飞行动力学理论和方法，同时还增添了能够启迪和开阔读者思维的航天飞行动力学前沿问题，并在部分章节配有包括与工程实际问题相结合的思考题。其主要内容包括，在阐述航天飞行动力学的发展以及与各类航天飞行器总体设计、气动外形设计、控制系统设计、动力系统设计和效能分析的融会贯通关系的基础上，对涉及对象(战术导弹、远程火箭、航天器、高超声速飞行器、临近空间飞行器等)和飞行环境(大气层内、大气层外、临近空间)的动力学问题的相关基本概念和原理，坐标系建立和描述方法，力学环境特性分析方法，动力学特性建模和分析方法，运动特性建模和分析方法，导引规律的轨道特性分析方法，飞行轨迹优化设计原理和方法，飞行仿真技术和原理，飞行动力学前沿、统一性及一些特殊性问题等进行论述。全书分为7章。其中：第1章，绪论，由方群编写；第2章，导弹飞行动力学，由李新国编写；第3章，飞行动态特性分析，由许志编写；第4章，远程火箭与航天器再入弹道，由王志刚编写；第5章，临近空间飞行动力学，由方群编写；第6章，航天器飞行动力学，由朱战霞编写；第7章，航天飞行动力学的发展，由闫晓东编写。全书由方群统稿。

本书知识内容更注重基础性、综合性、全面性、充实性和前沿性，同时在空天飞行环境的全面覆盖性、动力学特性分析的统一和完整性、与其他相关学科的融会贯通性，以及学科发展的前瞻性等方面体现出不同于同类教材的特色。因此本书既可作为航空、航天类专业高年级本科生及研究生的教材，又可作为相关交叉学科专业教师、学生和研究生的参考书，还可作为从事航天器研究、设计、试验和应用单位的飞行动力学、导航、制导、控制、总体设计、系统工程、效能分析以及其他有关专业技术人员的主要参考书和常用手册使用。

本书所涵盖的内容比较全面，在选用本书作为教材时，应根据专业需求、教学课时、教学对象等确定教学的侧重点，从而进行教学内容的取舍。

由于水平有限，疏漏之处在所难免，恳请广大读者提出宝贵意见。

编　者

2015 年 5 月

目　录

第 1 章　绪论 …… 1

1.1　概述 …… 1
1.2　航天飞行动力学的发展 …… 3
1.3　飞行动力学的重要作用及地位 …… 8
参考文献 …… 9

第 2 章　导弹飞行动力学 …… 10

2.1　空气动力 …… 10
2.2　气动力矩 …… 14
2.3　推力 …… 23
2.4　重力 …… 24
2.5　导弹运动的建模基础 …… 25
2.6　常用坐标系及其变换 …… 26
2.7　导弹运动方程组 …… 35
2.8　导弹运动方程组的简化与分解 …… 46
2.9　导弹的质心运动 …… 49
2.10　过载 …… 53
2.11　方案飞行与弹道 …… 58
2.12　导引飞行综述 …… 65
思考题 …… 72
参考文献 …… 74

第 3 章　飞行动态特性分析 …… 75

3.1　引言 …… 75
3.2　导弹运动方程线性化 …… 78
3.3　纵向扰动运动 …… 87
3.4　侧向扰动运动 …… 110
3.5　扰动运动的自动稳定与控制 …… 121
思考题 …… 143
参考文献 …… 144

第 4 章　远程火箭与航天器再入弹道 …… 145

4.1　常用坐标系与变质量力学原理 …… 145

4.2 火箭的力学环境 …… 161
4.3 火箭的运动方程 …… 190
4.4 火箭主动段的运动 …… 207
4.5 火箭载荷自由飞行段的运动 …… 230
4.6 再入段弹道 …… 238
4.7 多级火箭 …… 264
思考题 …… 273
附录 A 雷诺迁移定理 …… 274
参考文献 …… 276

第 5 章 临近空间飞行动力学 …… 277

5.1 临近空间力学环境分析 …… 278
5.2 临近空间环境效应分析 …… 286
5.3 临近空间环境中的扰动因素 …… 291
5.4 临近空间力学环境建模与分析 …… 293
5.5 临近空间飞行器运动模型 …… 310
5.6 临近空间飞行器轨道优化设计 …… 313
5.7 临近空间飞行器最优轨道制导方法 …… 331
思考题 …… 334
参考文献 …… 334

第 6 章 航天器飞行动力学 …… 336

6.1 航天器的飞行环境 …… 336
6.2 航天器的开普勒轨道 …… 346
6.3 航天器轨道摄动 …… 365
6.4 航天器轨道机动 …… 377
6.5 航天器姿态动力学基础 …… 398
思考题 …… 424
参考文献 …… 426

第 7 章 航天飞行动力学的发展 …… 427

7.1 弹性飞行力学 …… 427
7.2 计算飞行力学 …… 432
7.3 最优飞行轨迹设计方法 …… 443
7.4 飞行轨道与弹道的统一建模 …… 448
参考文献 …… 452

第1章 绪 论

1.1 概 述

飞行力学(flight mechanics)是研究飞行器在复杂飞行环境中,在各种力作用下运动规律及其伴随现象、总体性能的科学,是一门建立在刚体力学、弹性结构力学、空气动力学、流体力学、多体系统动力学、振动理论、运动稳定性等力学基础之上,又依赖于现代控制论和计算技术的发展,并与测量技术密切相关的综合性应用力学。其研究内容具有鲜明的综合性、有效性和边缘性等特点。研究飞行力学的目的在于为飞行器的研制和使用从基本原理和性能分析方面提供理论基础。

按照一般力学的划分方法,飞行力学可以粗分为3个分支(branch)或3个学科(subject),即静力学(statics)、运动学(kinematics)和飞行动力学(flight dynamics)(见图1-1)。静力学研究飞行器上力、力矩的平衡或飞行器的"静止"问题;运动学只考虑飞行器怎样运动,不讨论飞行器与所受力的关系;飞行动力学则要讨论飞行器运动与所受力的关系[1]。

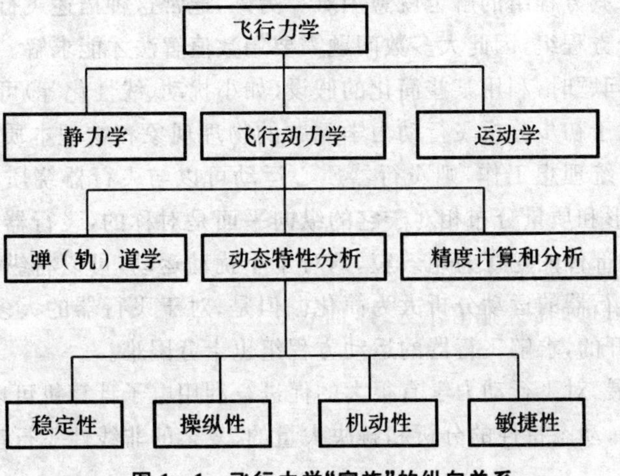

图1-1 飞行力学"家族"的纵向关系

由此可见,飞行动力学是飞行力学的组成部分,是研究作用于飞行器上的力和力矩与飞行器运动之间关系的学科。它主要研究飞行器的轨迹(弹道、轨道、航迹以及飞行性能)问题、飞行器的动力学特性(动态特性)以及飞行器的飞行精度计算和分析(见图1-2)。通常在飞行力学中,飞行动力学占有相当大的或主要的比例。

研究飞行器的飞行动力学,首先研究作用在飞行器上各种力和力矩在运动过程中变化的特性,然后进而研究在这些力和力矩作用下飞行器的运动特性。

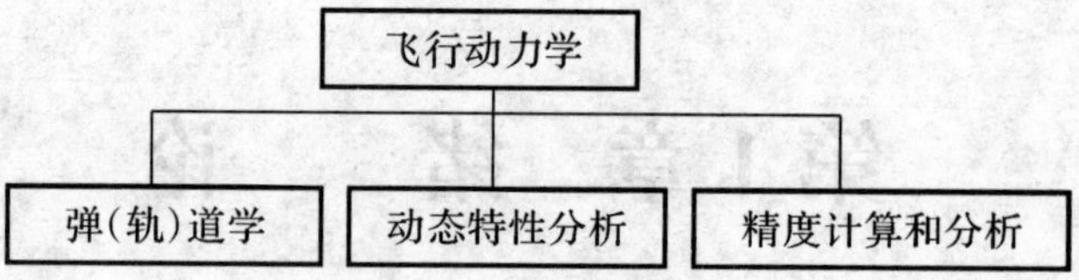

图 1-2　飞行动力学范畴

飞行器的运动特性按其特点可以分为以下两种类型[2]。

(1)飞行器的整体运动,即飞行器质心运动和飞行器绕质心转动的姿态运动;

(2)飞行器局部的物体运动,如操纵面运动,弹性结构变形和振动,贮箱内液体的晃动等。这些局部运动的特性对飞行器整体运动也产生影响。

研究飞行器飞行动力学需要掌握工程数学、物理、理论力学、计算方法、高等数学等基础理论知识,还必须要掌握空气动力学、自动控制原理、飞行器总体设计、计算机技术等专业知识。如此才能正确地了解飞行过程中各种力的相互作用,精确地建立描述飞行器运动特性的数学模型,并得到有关问题的解。

现代飞行动力学的研究方法主要有下述 3 种[1-2]。

1. 理论分析

应用现有的知识,将研究的飞行器状态和过程用数学模型的形式(代数方程、微分或积分方程、统计数学方程、有限的、超越的、确定的、随机的等等)加以表达。方程的数量决定于所研究飞行器系统的复杂程度以及要求的精确程度。要研究的问题愈复杂和要求愈精确,则所列的方程组就愈复杂,求其方程组的解也就愈困难。另外,通常这种描述飞行器运动的数学模型是变系数、非线性微分方程组,因此大多数问题需要用数值解法才能求解。

求解飞行动力学问题时,利用某些简化的假设(如小扰动、线性化等)可以得到一些简易的解析解,这些解析解对于初步分析飞行动力学问题的物理现象和物理本质是有意义的。假设飞行器无惯性,控制系统理想工作,则飞行器质心运动可以与飞行器绕质心的转动分开来研究。如果飞行器的外形和质量分布相对于它的纵向平面是对称的,飞行器原先运动在对称平面内,略去飞行器转动部件的陀螺力矩效应,则对于小扰动运动,可以将纵向运动和横侧运动分开来研究,从而使飞行器的运动分析大为简化。但是,对于飞行器的大多数运动情况,纵向和横侧运动是难以分开的,求解飞行器的运动方程组也十分困难。

计算机技术的发展,对飞行动力学有很大的促进。利用电子计算机可以进行飞行航迹(弹道)和飞行性能的计算,动态特性的分析和解决大量的、复杂的非线性飞行动力学问题。

2. 实验或试验

常用的手段有飞行仿真器、(缩比模型的)物理仿真(风洞试验、自由飞)、半实物仿真、最后是(全实物)飞行试验。从飞行试验所取得的数据对飞行动力学模型进行验证和校正,最后给定飞行器的运动数学模型。

3. 高速计算

定量化的数值计算和可视化的图像计算对计算机的运算速度要求很高,主要内容是 CAD(计算机辅助设计)和仿真。

1.2 航天飞行动力学的发展[1,3]

作为飞行力学组成部分的飞行动力学，伴随着飞行力学的发展而发展。即按照文献[3]作者的观点，作为指导人类飞行活动的理论基础——飞行力学，经历了从无到有、由初级到高级的发展过程。从传统飞行动力学→有控飞行动力学→计算飞行动力学，飞行力学实现了两次大的飞跃，现在已经成为人类解决飞行问题的有力工具。

1.2.1 传统飞行动力学

传统飞行动力学主要研究低速飞行器的运动特性和飞行安全性(平衡、稳定性和操纵性)问题。这时，飞行自动控制理论和技术还处于发展初期，还没有达到实用的程度，飞行器一般是无控的或仅仅依靠人(驾驶员)来操纵。现在，这种传统的方法还可能在一些模型飞机、滑翔机等飞行器设计中应用。

1.2.2 有控飞行动力学

第二次世界大战以后，喷气技术有了突飞猛进的进展，自动控制理论和技术日臻完善，高性能有人和无人飞行器发展迅速。这些高性能飞行器大都带有飞行自动装置或飞行控制系统，无控仅仅是有控的特殊情况。因此，现代飞行动力学的研究对象是一个有控的飞行器，或有控的力学系统。有控飞行动力学一方面利用自动控制的理论、观点和方法来研究飞行动力学问题，把飞行器视为控制系统中的一个环节，即控制对象；另一方面，广泛采用主动控制技术(Active Control Technology，ACT)来改善飞行器的动力学特性，实现对飞行器的各种控制。

有控飞行动力学解决了现代飞行器发展中的一个带有普遍意义的、共性的问题，解决了飞行动力学发展中的一个普遍性的矛盾，体现了现代飞行动力学研究中起主导作用的边缘交叉的本质。因此，“有控”或“无控”就形成了现代飞行动力学与传统飞行动力学的重要区别。从本质上说，现代飞行动力学可视为有控飞行动力学。

由此可见，有控飞行动力学(Auto-Flight Dynamics)可定义为，“有控飞行动力学是在传统飞行动力学基础上，利用自动控制的理论、方法和技术手段来研究有控飞行器总体性能、运动规律及其伴随现象的科学，是一般力学的一个新的分支，是现代飞行器设计、试验、训练和运用研究的理论基础。”

飞行动力学中的一些特殊问题，例如静不稳定问题，直接力控制问题，BTT控制问题，惯性交感问题，大迎(攻)角问题，大气紊流扰动问题，伺服气动(热)弹性问题，液体晃动问题，制导规律或导引规律问题，发射动力学、分离动力学、回收动力学问题，等等，都是飞行动力学中的一些特殊性矛盾(问题)或个别性矛盾(问题)，都可以在有控飞行动力学的理论框架内获得解决。实践表明，只要抓住了“力学+控制”这一对基本的、主要的矛盾，其他的矛盾就可以迎刃而解。

1.2.3 计算飞行动力学

从1946年发明第一台数字电子计算机以来，至今只有半个多世纪，计算机科学和技术已经发生了日新月异、突飞猛进的进步，这就大大改变了力学研究的面貌，因而也就大大改变了飞行动力学研究的面貌。

1960年左右，出现了计算力学，并首先在固体力学和流体力学中得到应用。这就预示着计算飞行力学将成为未来起主导作用的一个飞行力学分支。

在有控飞行动力学中的许多带大扰动、非线性、多变量、滞后变量、变系数、大机动和随机干扰，并带有"病态"微分方程组的、大规模的实际问题，要想通过理论方法获得解析解是十分困难的。而高速计算机出现以后，在满足一定工程规范和技术要求的前提下，这些十分复杂的飞行动力学问题，往往可以通过数值计算获得令人比较满意的解决。同时，数值计算可视化等技术可生成飞行器运动的逼真图像，为飞行动力学的研究和应用提供表达工具和交互手段。

在多年工程实践的基础上，文献[6]给出了计算飞行(动)力学(Computational Flight Mechanics(Dynamics))的定义："计算飞行(动)力学是一门运用电子计算机技术、试验设计和计算数学等手段和方法，对飞行器的复杂运动及其伴随现象进行定量化和(或)可视化研究的、边缘交叉性很强的应用力学学科，是飞行(动)力学的一个新的分支，是现代飞行器设计、试验和应用研究的有力工具。"

计算飞行动力学是信息时代的飞行动力学，是飞行动力学的一个新的发展阶段。

由于飞行动力学与飞行器及其相关系统的设计、试验、飞行环境，以及飞行器的训练、运用等有着十分密切的关系，因此，同其他计算力学分支比较，计算飞行动力学作为飞行器总体技术(系统工程学)不可分割的组成部分，具有下述一些显著特点。

(1)研究对象的复杂性。飞行问题通常涉及飞行器系统及其相关分系统(特别是飞行器的制导、导航、控制系统)，飞行地理环境和战场环境，人机工程，多个智能体系的协同或对抗，等等。因此，这是一个多学科交叉的问题，其中也包括固体力学和流体力学的一些问题。

(2)研究问题类型广泛。其中包括飞行动力学的优化设计问题(如飞行器的受控轨道问题，飞行器的飞行稳定性、操纵性、机动性和敏捷性问题，飞行器的发射、分离和回收问题，两个飞行器的对接问题，飞行精度问题，使用效能问题，等等)；飞行仿真问题(如实时、超实时的弹道仿真，模拟打靶，攻防对抗仿真等)；飞行任务规划问题(如飞行器的弹道或航迹规划及其检验)；飞行器的参数辨识问题；应用研究问题；等等。

(3)建模技术的特殊重要性。数学模型是计算飞行力学的基础。通常，飞行器运动的数学模型比较复杂，其中包括大规模，大范围(大机动、大扰动)，多回路，多变量，多交联(惯性交联、运动交联、气动交联和控制交联)，随机干扰，滞后变量，变系数，病态(刚性，stiff)的强非线性常微分方程组，代数方程组和超越方程组；飞行器的数学模型需要经过检验、验证和确认(VV&A)。

(4)试验设计(experiment design)技术的广泛应用。飞行动力学问题的解决与给定的初始条件、试验条件或使用条件及其变化范围有关，其中包括诸多参数(因素)及其不同取值(水平)，在进行试验时，需要进行大量的统计计算。因此，欲取得具有实用价值的成果，试验方案的确定往往具有重要的意义。

(5)定量化与可视化并重。对于实际飞行问题的研究，不仅需要获得正确的定量化的数值计算结果，而且还特别强调，需要提供尽可能逼真的可视化的动态飞行图像，二者相辅相成，相得益彰。

(6)统计试验法(统计仿真法，随机抽签法，或 Monte Carlo 法)的广泛应用。这一部分也被一些飞行力学工作者称为统计飞行力学。过去，该方法仅仅是一个“不得已而为之”的方法，在其他方法无可奈何的情况下才使用。但是，随着计算机技术的发展，以及实际问题的日趋复杂化，统计试验法已经被普遍应用，或者说已经成为飞行力学研究中的一种例行公事。所要解决的问题越是复杂，越能显示该方法的优越性，模拟打靶就是一个典型例子。

(7)计算机硬件与软件平台并重。为了建立一个高效、多功能、多媒体、智能化的飞行动力学计算系统，必须提供先进的计算机(网络)硬件平台以及相应的软件平台。如上所述，计算飞行动力学是飞行动力学第三个发展阶段的主要特征和标志，但并不是说计算飞行动力学可以替代一切。相反，在一些比较复杂的飞行条件下，飞行器运动及其飞行环境还难以获得比较正确的、可靠的数学描述。这时，还需要通过试验方法来对飞行器的运动进行研究。另外，在某些情况下，定性的理论分析有助于获得关于飞行器运动的一般性结论，也是不可忽视的。当然，即使在这两种情况下，高速计算也会起着重要的作用。

1.2.4　研究进展

1.2.4.1　国外研究进展

由于现代先进飞行器呈现出高度的气动/结构/控制/运动非线性耦合特点，国外飞行动力学研究在解决传统性能、飞行品质问题的基础上，目前主要研究内容是综合多学科知识，研究飞行动力学/空气动力学/结构力学/飞行控制一体化的设计技术和方法，以适应先进飞行器设计、研制的需求。具体包括非定常气动特性的气动/飞行动力学一体化计算技术、非线性飞行动力学特性分叉分析技术与控制律连续设计技术、飞行仿真和模拟技术、风洞自由飞行和虚拟飞行实验技术、缩比样机试飞和全机空中试飞技术等。

空天飞行器分为跨大气层飞行器、空间机动飞行器和临近空间飞行器，是一种在大气层内以吸气式发动机为动力、在大气层外以火箭发动机为动力，或者以吸气式组合发动机为动力，实现大气层内巡航或跨大气层、天地往返飞行或空间大机动飞行的新型飞行器。如高超声速飞行器、高超声速飞机、空天飞机、重复使用运载器、亚轨道飞行器、空间机动平台。与传统的航空飞行器或航天飞行器不同，空天飞行器具有航空、航天飞行器的综合技术特征，其基础性研究涉及诸多科学领域，蕴涵大量的基础科学和前沿技术问题。

美国、俄罗斯、日本、印度和欧洲等国在空天技术的研究与探索方面从未停止过，对空天科学技术给予了广泛的关注，针对空天飞行器技术领域的重点目标，持续实施了多个发展研究计划。

1.2.4.2　国内研究进展

近年来，根据新概念先进飞行器设计需求，国内在消化、吸收国外先进研究成果的基础上，通过自主创新、发展，在飞行动力学理论、方法和技术研究中取得一定的成绩，主要包括下述几方面。

1. 非线性飞行动力学研究

在经典飞行动力学研究中，一般采用小扰动线性化理论分析飞行品质。然而在先进飞行器设计中，基于隐身、高机动特性等设计需求，广泛采用新的气动布局及控制技术，飞行器具有在大迎角等非常规飞行区域的机动能力，导致飞行器的气动/控制/运动存在高度非线性耦合特性，构成非线性飞行动力学系统。为此，发展非线性飞行动力学分析理论和方法成为飞行动力学的重要研究方向。

前期南京航空航天大学、北京航空航天大学、中国空气动力研究与发展中心、空军工程大学等单位，基于非线性动力学系统理论，采用分叉分析方法研究飞行器的全局稳定性，揭示尾旋、机翼摇晃等失稳特性，并结合非线性动态逆、模糊逻辑、鲁棒控制等方法设计失稳改出控制律，取得了一定成果。同时将分叉分析方法与特征结构配置、鲁棒控制、动态逆控制等方法结合，开展过失速机动控制律初步设计，在构建全局控制律连续设计框架研究中取得初步成绩。

2. 非定常气动建模技术研究

大迎角非定常气动建模问题是具有过失速机动能力的先进高机动飞行器设计中面临的最具挑战性的问题之一。基于非定常流动机理，建立工程实用的非定常气动模型，是开展过失速机动、尾旋进入/改出等领域飞行动力学分析、飞行仿真、控制律设计及验证研究的基础。

前期南京航空航天大学、中国空气动力研究与发展中心、西北工业大学等单位深入开展大迎角非定常气动建模技术研究，建立了非线性微分方程、神经网络、模糊逻辑、线性状态方程等形式的非定常气动模型，分析非定常气动力对飞行动力学特性的影响，并提出相应的风洞试验需求及试验方案，发展风洞虚拟飞行试验技术，取得了重要的研究成果。

3. 弹性飞行动力学研究

基于巡航性能、机动性能等需求，先进飞行器正逐步使用轻质的新型复合材料减轻机体结构质量，飞行器呈现出轻结构、大柔性和低阻尼的特点，气动弹性及气动伺服弹性的影响越来越显著。如高速、大型飞行器由于动压增大和结构刚度降低，首阶气动弹性模态频率降低，接近于机体运动的短周期模态频率，导致机体运动与结构运动的动态耦合，飞行器将呈现出新的、高阶飞行动力学特性，为此，弹性飞行动力学成为飞行动力学的又一重要研究方向。

前期西北工业大学、南京航空航天大学等单位在弹性飞行器动力学建模、飞行品质分析及综合控制等方面开展深入研究。如采用 Lagrange 方程和平均轴坐标系假设方法建立弹性飞行器飞行动力学模型，采用模型降阶、模态分析等方法分析确定弹性运动对整机飞行品质的影响，并针对弹性飞行器存在的模型不确定性、鲁棒性和抗干扰性差等问题，研究基于飞行品质、抗干扰和噪声性能、鲁棒性等多目标的控制律综合设计方法，采用模型跟踪、H_∞ 控制、μ 分析等方法进行弹性飞行器的控制律综合设计。

4. 高超声速飞行器动力学

高超声速飞行器飞行动力学是研究高超声速飞行器在高空稀薄大气层内飞行的运动规律的学科，建立飞行器动力学和运动学模型，研究飞行器的飞行性能、动态特性(稳定性和操纵性等)、控制特性等问题，优化设计飞行轨迹和姿态控制，是实现高超声速飞行的基础理论和重要基石。与传统飞行动力学比较，高超声速飞行动力学同样包含飞行器气动特性、弹道力学(轨道力学)以及姿态动力学三个主要的研究范畴。由于高超声速飞行器具有典型的多学科耦合性、高度非线性和环境复杂性，带来了对经典飞行动力学理论和方法的新挑战。

国内西北工业大学、北京航空航天大学和南京航空航天大学等对此进行了初步的探索研究。

5. 在轨机动动力学与控制

通过对快速在轨机动模式、机动轨道动力学、在轨机动姿态动力学、自主机动轨道（包括非开普勒轨道）设计/计算及优化等基础理论的研究，突破在轨机动及面向多任务的组合机动与控制相关理论和关键技术。建立面向任务的在轨机动动力学与控制研究和实验环境，通过虚拟现实、半物理仿真等实验手段对关键技术进行实验研究和演示验证。

西北工业大学、国防科技大学对相关理论和方法进行了前期研究。

6. 其他飞行动力学相关问题研究

飞行动力学与其他学科知识融合开展研究，在解决飞行器设计关键技术问题中起到了重要的作用。前期开展的其他飞行动力学相关问题包括大气紊流建模、阵风载荷减缓控制、气动参数辨识、航迹规划、控制律重构等。

1.2.5 未来发展趋势

随着航空航天科学技术的发展，先进飞行器气动/结构/控制/运动间呈现出高度非线性耦合的特性，要求飞行动力学与空气动力学、结构力学、飞行控制等学科紧密结合开展研究。目前，国内外飞行动力学在理论研究和方法研究方面，主要向气动/结构/控制/飞行力学一体化研究方向发展，以飞行器动力学特性及任务能力最优为设计目标，分析其耦合特性，开展多学科、综合化、定量化、精细化、数字化设计，建立一体化的设计技术和方法；在工程应用方面，主要致力于解决新概念飞行器涉及的特殊飞行动力学问题。

1. 气动/飞行力学一体化计算、试验、分析技术

在未来先进飞行器飞行动力学问题研究中，由于非定常气动力与机体运动间存在非线性动力学耦合特性，发展气动/飞行动力学一体化计算方法及气动/运动耦合的风洞试验技术，揭示非定常流动机理，并建立非定常气动建模技术和非线性飞行动力学分析技术，是未来重要的研究趋势。

2. 气动/结构/飞行动力学一体化计算、试验、分析技术

在弹性飞行器飞行动力学研究中，发展气动/结构/飞行动力学的一体化分析方法，在飞行器初步设计阶段，将气动、结构耦合动力学模型纳入飞行动力学大平台中，研究弹性变形对飞行动力学特性的影响，采用变体技术提高飞行性能，开展精细化设计和评估，将为未来弹性、柔性及变体飞行器的研究提供重要的技术基础。

3. 飞行动力学/飞行控制一体化设计技术

控制律设计已成为先进飞行器设计不可或缺的环节，是保障飞行品质、实现任务能力的重要技术手段。目前，传统的线性化分析和设计方法不能完全满足先进飞行器的设计需求，将飞行动力学系统的分叉分析方法和先进控制方法相结合，基于任务性能、飞行品质、控制效能、鲁棒性等多目标需求，发展非线性飞行动力学/飞行控制的一体化设计技术，是飞行动力学未来重要的发展方向。

4. 飞行动力学/空气动力学/结构力学/飞行控制一体化设计技术

在飞行器子系统设计技术研究的基础上，发展飞行动力学/空气动力学/结构力学/飞行控制一体化设计技术，构建虚拟飞行动力学样机，开展飞行仿真、人在环路模拟飞行，同时发展风洞虚拟飞行试验技术，缩比及全机空中试飞技术，进行半物理/物理试验研究，有利于尽早发现设计缺陷，提高设计质量，缩短设计周期，降低设计成本。

另一方面，建立未来战场环境，开展作战效能仿真、战场指挥、战术决策等研究，将是飞行动力学在飞行器使用领域拓展的重要方向。

5. 无人飞行器飞行力学问题

无人飞行器包括高超声速飞行器、组合飞行器、智能变形飞行器、微型飞行器、隐身飞行器、诱饵飞行器等，为飞行动力学提出新的问题；同时有关攻防对抗中的飞行动力学、计算飞行动力学等也是重要的发展趋势。

6. 空间机动飞行动力学问题

空间机动与操作所要求的飞行器运动不同于模仿自然天体的开普勒运动，具有快速、自主、精确、大范围、协同等特征，需要在空间飞行动力学、制导导航与控制、推进等创新研究的基础上，延伸和拓展传统轨道计算与飞行规划、轨道测定、空间变轨、轨道保持和空间交会等技术，探索空间机动的新机理、新理论、新方法和新技术，完善和发展航天动力学与控制的理论和方法。

1.3 飞行动力学的重要作用及地位[1,3-4]

随着航空航天科学技术的发展，飞行力学作为一门具有显著航空航天特色的学科，在先进飞行器设计、研制、试验及使用等领域的作用日益重要。从狭义上来说，传统飞行力学主要采用力学原理研究飞行器的运动规律和特性，是力学学科的分支。但从广义上来说，由于飞行器运动特性与飞行器所受的空气动力、发动机推力及飞行器结构弹性变形、飞行控制等密切相关，直接决定了飞行器的总体特性、任务能力和使用需求，已成为飞行器设计的出发点和归宿点，为此，飞行力学正逐步发展成为一门飞行器设计领域的系统、综合性学科，并为飞行器的使用提供基础理论指导。同时飞行动力学研究结果还是各类飞行器总体设计、气动外形设计、控制系统设计、动力系统设计以及效能分析的重要依据。

图 1－3 描述了飞行动力学与飞行器设计中其他学科的关系，体现了多学科交叉的特点。随着科学技术的发展，许多学科势必交叉(见图 1－3)，你中有我，我中有你。因此研究一个问题，一定要从学科交叉和跨学科的角度去思考。由图 1－3 可见，研究飞行动力学问题，是需要懂得自动控制、结构力学、飞行器总体、空气动力学和一般力学的。而反过来，研究飞行器的控制问题、总体设计问题、结构问题、气动问题、动力系统和有效载荷设计问题、GNC 系统设计等问题也离不开飞行动力学。

另外在飞行器设计、型号研制以及使用中，飞行动力学的重要作用和地位同样是不可忽视的。其原因主要在于：

(1)飞行动力学是型号设计的重要理论基础；

(2)飞行动力学是新型号设计或改型设计的关键技术之一，它决定了型号的飞行性能和使用条件，与飞行器的总体布局、部位安排、载荷、强度、结构、动力装置、战斗部、控制和制导系统设计等有着密切的关系；

(3)飞行动力学是研究飞行器的可靠性、精度、攻防对抗、作战效能和飞行任务规划的理论基础；

(4)飞行动力学是飞行器的CAD、飞行仿真和飞行试验的理论基础；

(5)飞行动力学是研究飞行器相关应用问题的理论基础。

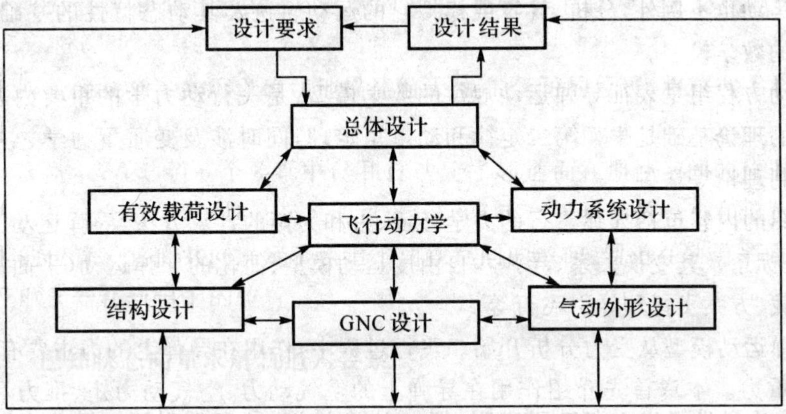

图1-3 飞行器设计中各学科之间的关系

参考文献

[1] 关世义.关于飞行力学的再思考[J].战术导弹技术，2003，5(2)：01-12.

[2] 张有济.战术导弹飞行力学设计[M].北京：宇航出版社，1996.

[3] 沈宏良，唐硕，唐胜景. 飞行力学学科发展研究[C]. 2010—2011航空科学技术学科发展报告，2011-04-10.

[4] 关世义.有控飞行力学在无人飞行器研制和使用中的作用[J].宇航学报，1995，16(4)：29-35.

[5] Babister A W. Aircraft Dynamics Stability and Response[M]. Oxford：Pergamon Press，1980.

[6] 关世义.计算飞行力学的产生和发展[J].航空学报，2001，22(1)：1-5.

[7] 龚正，沈宏良，吴根兴.非定常气动力对飞行动力学特性影响分析[J].南京航空航天大学学报，2009，41(3)：291-295.

[8] 关世义，等.未来无人飞行器发展可能面临的飞行力学问题[C].中国宇航学会2010飞行力学学术年会论文集.哈尔滨，2010.

第2章 导弹飞行动力学

对实际系统中的物理现象或过程进行定性或定量的分析研究时，通常需要先建立描述系统特性的数学模型。如果其变量中不含时间因素，则为静态模型；如与时间有关，则为动态模型。根据所建立的数学模型可在数字计算机上进行仿真实验，以获得真实系统的行为特性。研究导弹的运动也不例外，分析、计算或模拟它的运动轨迹及其动态特性的基础，仍是建立描述导弹运动的数学模型。

导弹运动方程组是表征导弹运动规律的数学模型，是飞行动力学的重要内容。建立导弹运动方程组的理论基础是牛顿第二定律和动量矩定理，同时涉及变质量力学、空气动力学、推进和自动控制理论等学科。

本章介绍的内容包括导弹飞行的力学环境、力和力矩的计算方法、导弹运动方程组的建模方法、常用坐标系及其变换关系、导弹六自由度运动模型、简化的导弹运动（平面运动和质心运动）模型、过载、方案飞行和导引飞行等。

建立导弹运动模型从受力分析开始。飞行过程中，作用在导弹上的力主要有空气动力、发动机推力和重力。本章首先介绍作用在导弹上的空气动力、空气动力矩、推力和重力的有关特性。

2.1 空 气 动 力

空气动力（简称为气动力）是空气对在其中运动的物体的作用力。当可压缩的黏性气流流过导弹各部件的表面时，由于整个表面上压强分布的不对称，出现了压强差；空气对导弹表面又有黏性摩擦，产生黏性摩擦力。这两部分力合在一起，就形成了作用在导弹上的空气动力。空气动力的作用线一般不通过导弹的质心，因此，将形成对质心的空气动力矩。

2.1.1 空气动力的表达式

空气动力分解为3个分量，分别称为阻力 X、升力 Y 和侧向力 Z。实验分析表明：空气动力的大小与来流的动压头 q 和导弹的特征面积 S 成正比，即

$$\left.\begin{aligned} X &= C_x qS \\ Y &= C_y qS \\ Z &= C_z qS \\ q &= \frac{1}{2}\rho V^2 \end{aligned}\right\} \tag{2-1}$$

式中，C_x，C_y，C_z 为无量纲比例因数，分别称为阻力因数、升力因数和侧向力因数（总称为气动力因数）；ρ 为空气密度；V 为导弹飞行速度；S 为参考面积，通常取弹翼面积或弹身最大横

截面积。

由式(2-1)看出，在导弹外形尺寸、飞行速度和高度(影响空气密度)给定(即 qS 给定)的情况下，研究导弹飞行中所受的气动力，可简化成研究这些气动力的因数 C_x，C_y，C_z。

2.1.2　升力

全弹的升力可以看成是弹翼、弹身、尾翼(或舵面)等各部件产生的升力之和，再加上各部件之间的相互干扰所引起的附加升力。弹翼是提供升力的最主要部件，而导弹的尾翼(或舵面)和弹身产生的升力较小。全弹升力 Y 的计算公式为

$$Y = C_y \frac{1}{2}\rho V^2 S$$

在导弹气动布局和外形尺寸给定的条件下，升力因数 C_y 基本上取决于马赫数 Ma、攻角 α 和升降舵的舵面偏转角 δ_z(简称为舵偏角，按照通常的符号规则，升降舵的后缘相对于中立位置向下偏转时，舵偏角定义为正)，即

$$C_y = f(Ma, \alpha, \delta_z)$$

在攻角和舵偏角不大的情况下，升力因数可以表示为 α 和 δ_z 的线性函数，即

$$C_y = C_{y0} + C_y^{\alpha}\alpha + C_y^{\delta_z}\delta_z \tag{2-2}$$

式中，C_{y0} 为攻角和升降舵偏角均为零时的升力因数，简称零升力因数，主要是由导弹气动外形不对称产生的；$C_y^{\alpha} = \partial C_y/\partial\alpha$ 为升力因数对攻角的偏导数，又称升力线斜率，它表示当攻角变化单位角度时升力因数的变化量；$C_y^{\delta_z} = \partial C_y/\partial\delta_z$ 为升力因数对舵偏角的偏导数，它表示当舵偏角变化单位角度时，升力因数的变化量。

对于气动外形轴对称的导弹而言，$C_{y0} = 0$，于是有

$$C_y = C_y^{\alpha}\alpha + C_y^{\delta_z}\delta_z$$

当导弹外形尺寸给定时，C_y^{α}，$C_y^{\delta_z}$ 是马赫数(Ma)的函数。C_y^{α} 与 Ma 的函数关系如图 2-1 所示，$C_y^{\delta_z}$ 与 Ma 的关系曲线与此相似。

当 Ma 固定时，升力因数 C_y 随着攻角 α 的增大而呈线性增大，但升力曲线的线性关系只能保持在攻角不大的范围内，而且，随着攻角的继续增大，升力线斜率可能还会下降。当攻角增至一定程度时，升力因数将达到其极值。与极值相对应的攻角，称为临界攻角。超过临界攻角以后，由于气流分离迅速加剧，升力急剧下降，这种现象称为失速(见图 2-2)。

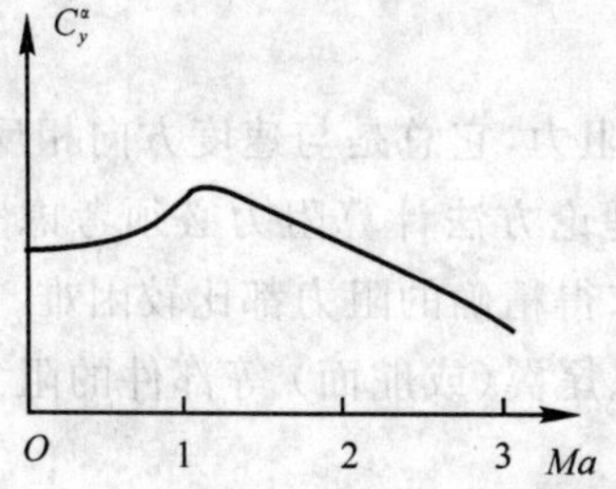

图 2-1　$C_y^{\alpha} = f(Ma)$ 关系曲线

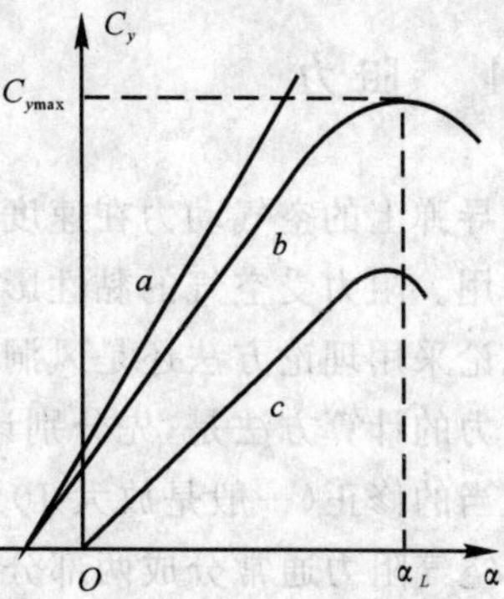

图 2-2　升力曲线示意图

气动导数 C_y^α 和 $C_y^{\delta_z}$ 的数值可以通过理论计算得到，也可由风洞试验或飞行试验确定。已知气动导数 C_y^α 和 $C_y^{\delta_z}$，飞行高度 H（用于确定空气密度 ρ）和速度 V，以及导弹的飞行攻角 α 和舵偏角 δ_z 之后，就可以确定升力的大小，即

$$Y = Y_0 + (C_y^\alpha \alpha + C_y^{\delta_z} \delta_z) \frac{\rho V^2}{2} S$$

或写成

$$Y = Y_0 + Y^\alpha \alpha + Y^{\delta_z} \delta_z$$

式中

$$Y^\alpha = C_y^\alpha \frac{\rho V^2}{2} S$$

$$Y^{\delta_z} = C_y^{\delta_z} \frac{\rho V^2}{2} S$$

因此，对于给定的导弹气动布局和外形尺寸，升力可以看作是导弹速度、飞行高度、飞行攻角和升降舵偏角 4 个参数的函数。

2.1.3　侧向力

侧向力（简称侧力）$\boldsymbol{Z}$ 与升力 $\boldsymbol{Y}$ 类似，在导弹气动布局和外形尺寸给定的情况下，侧向力因数基本上取决于马赫数 Ma、侧滑角 β 和方向舵的偏转角 δ_y（后缘向右偏转为正）。当 β，δ_y 较小时，侧向力因数 C_z 可以表示为

$$C_z = C_z^\beta \beta + C_z^{\delta_y} \delta_y \tag{2-3}$$

根据所采用的符号规则，正的 β 值对应于负的 C_z 值，正的 δ_y 值也对应于负的 C_z 值，因此，气动导数 C_z^β 和 $C_z^{\delta_y}$ 永远是负值。

对于气动轴对称的导弹，侧向力的求法和升力是相同的。如果将导弹看作是绕 Ox_3 轴转过了 90°，这时侧滑角将起攻角的作用，方向舵偏角 δ_y 起升降舵偏角 δ_z 的作用，而侧向力则起升力的作用（见图 2-3）。由于所采用的符号规则不同，所以在计算公式中应该用 $-\beta$ 代替 α，而用 $-\delta_y$ 代替 δ_z，于是对气动轴对称的导弹，有

$$C_z^\beta = -C_y^\alpha$$

$$C_z^{\delta_y} = -C_y^{\delta_z}$$

2.1.4　阻力

作用在导弹上的空气动力在速度方向的分量称为阻力，它总是与速度方向相反，起阻碍导弹运动的作用。阻力受空气的黏性影响最为显著，用理论方法计算阻力必须考虑空气黏性的影响。但无论采用理论方法还是风洞试验方法，要想求得精确的阻力都比较困难。

导弹阻力的计算方法是，先分别计算出弹翼、弹身、尾翼（或舵面）等部件的阻力，再求和，然后加以适当的修正（一般是放大 10%）。

导弹的空气阻力通常分成两部分来进行研究。与升力无关的部分称为零升阻力（即升力为零时的阻力）；另一部分取决于升力的大小，称为诱导阻力。即导弹的空气阻力为

$$X = X_0 + X_i$$

式中，X_0 为零升阻力；X_i 为诱导阻力。

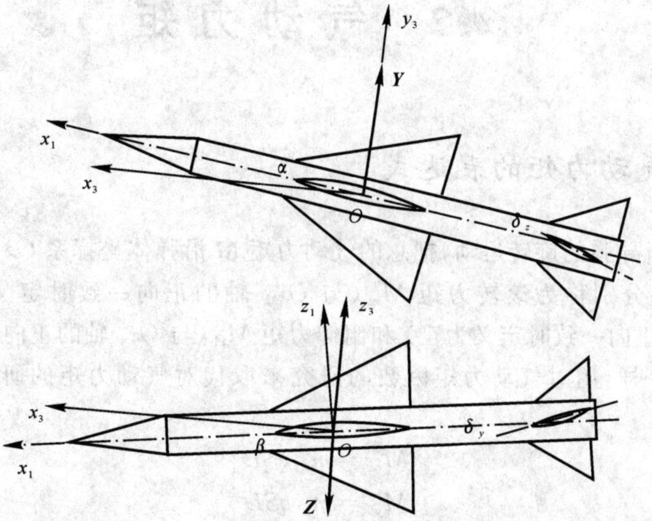

图 2-3　导弹的升力和侧向力

零升阻力包括摩擦阻力和压差阻力，是由于气体的黏性引起的。在超声速情况下，空气还会产生另一种形式的压差阻力 —— 波阻。大部分诱导阻力是由弹翼产生的，弹身和舵面产生的诱导阻力较小。

必须指出：当有侧向力时，与侧向力大小有关的那部分阻力也是诱导阻力。影响诱导阻力的因素与影响升力和侧力的因素相同。计算分析表明，导弹的诱导阻力近似地与攻角、侧滑角的二次方成正比。

定义阻力因数：

$$C_x = \frac{X}{\frac{1}{2}\rho V^2 S}$$

相应地，阻力因数也可表示成两部分，即

$$C_x = C_{x0} + C_{xi} \tag{2-4}$$

式中，C_{x0} 为零升阻力因数；C_{xi} 为诱导阻力因数。

阻力因数 C_x 可通过理论计算或实验确定。在导弹气动布局和外形尺寸给定的条件下，C_x 主要取决于马赫数 Ma、雷诺数 Re、攻角 α 和侧滑角 β。C_x-Ma 的关系曲线如图 2-4 所示。当 Ma 接近于 1 时，阻力因数急剧增大。这种现象可由在导弹的局部地方和头部形成的激波来解释，即这些激波产生了波阻。随着马赫数的增加，阻力因数 C_x 逐渐减小。

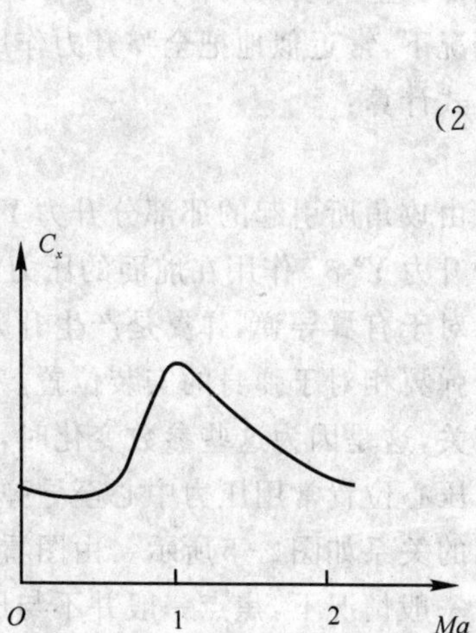

图 2-4　$C_x = f(Ma)$ 关系曲线

因此，在导弹气动布局和外形尺寸给定的情况下，阻力随着导弹的速度、攻角和侧滑角的增大而增大。但是，随着飞行高度的增加，阻力将减小。

2.2 气动力矩

2.2.1 气动力矩的表达式

为了便于分析导弹的旋转运动，把总的气动力矩 $\boldsymbol{M}$ 沿弹体坐标系 $Ox_1y_1z_1$（见 2.6.1 节）分解为 3 个分量，分别称为滚转力矩 M_{x1}（与 Ox_1 轴的正向一致时定义为正）、偏航力矩 M_{y1}（与 Oy_1 轴的正向一致时定义为正）和俯仰力矩 M_{z1}（与 Oz_1 轴的正向一致时定义为正）。与研究气动力时一样，用对气动力矩因数的研究来取代对气动力矩的研究。气动力矩表达式为

$$\left.\begin{aligned} M_{x1} &= m_{x1}qSL \\ M_{y1} &= m_{y1}qSL \\ M_{z1} &= m_{z1}qSL \end{aligned}\right\} \tag{2-5}$$

式中，m_{x1}，m_{y1}，m_{z1} 为无量纲的比例因数，分别称为滚转力矩因数、偏航力矩因数和俯仰力矩因数（统称为气动力矩因数）；L 为特征长度。

工程应用通常选用弹身长度为特征长度，也有将弹翼的翼展长度或平均气动力弦长作为特征长度的。必须指出，当涉及气动力、气动力矩的具体数值时，应注意它们所对应的特征尺寸。另外，在不产生混淆的情况下，为了书写方便，通常将与弹体坐标系相关的下标“1”省略。

2.2.2 压力中心和焦点

在确定气动力相对于重心（或质心，本书不严格区分）的气动力矩时，必须知道气动力的作用点。空气动力的作用线与导弹纵轴的交点称为全弹的压力中心（简称压心）。在攻角不大的情况下，常近似地把全弹升力作用线与纵轴的交点作为全弹的压力中心。如前所述，升力可按下式计算：

$$Y = Y_0 + Y^{\alpha}\alpha + Y^{\delta_z}\delta_z$$

由攻角所引起的那部分升力 $Y^{\alpha}\alpha$ 的作用点，称为导弹的焦点。由升降舵偏转所引起的那部分升力 $Y^{\delta_z}\delta_z$ 作用在舵面的压力中心上。

对于有翼导弹，弹翼是产生升力的主要部件，因此，这类导弹的压心位置在很大程度上取决于弹翼相对于弹身的安装位置。此外，压心位置还与飞行马赫数 Ma、攻角 α、舵偏角 δ_z 等参数有关，这是因为这些参数变化时，改变了导弹上的压力分布的缘故。

压心位置常用压力中心至导弹头部顶点的距离 x_p 来表示。压心位置 x_p 与飞行马赫数和攻角的关系如图2-5所示。由图看出，当飞行速度接近于声速时，压心位置的变化幅度较大。

一般情况下，焦点一般并不与压力中心重合，仅当 $\delta_z = 0$ 且导弹相对于 x_1Oz_1 平面完全对称（即 $C_{y0} = 0$）时，焦点才与压力中心重合。

根据上述焦点的概念，还可以这样来定义焦点：该点位于纵向对称平面之内，升力对该点的力矩与攻角无关。

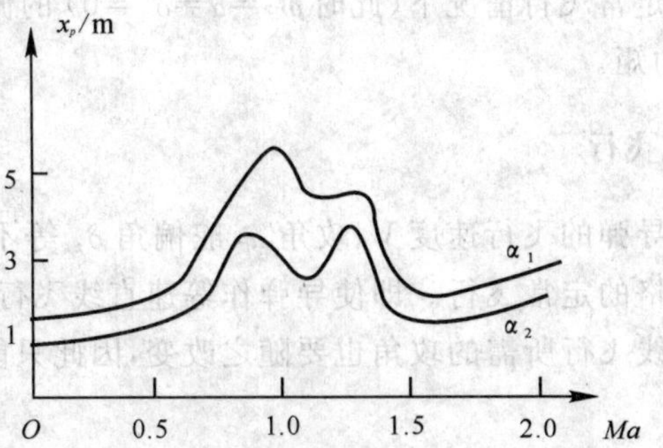

图 2-5　压力中心位置随 Ma、α 的变化

2.2.3　俯仰力矩

俯仰力矩 M_z 又称纵向力矩，它的作用是使导弹绕横轴 Oz_1 作抬头或低头的转动。在气动布局和外形参数给定的情况下，俯仰力矩的大小不仅与飞行马赫数 Ma、飞行高度 H 有关，还与飞行攻角 α、升降舵偏转角 δ_z、导弹绕 Oz_1 轴的旋转角速度 ω_z（下标"1"也省略，以下同）、攻角的变化率 $\dot{\alpha}$ 以及升降舵的偏转角速度 $\dot{\delta}_z$ 等有关。因此，俯仰力矩的函数形式为

$$M_z = f(Ma, H, \alpha, \delta_z, \omega_z, \dot{\alpha}, \dot{\delta}_z)$$

当 $\alpha, \delta_z, \dot{\alpha}, \dot{\delta}_z$ 和 ω_z 较小时，俯仰力矩与这些量的关系是近似线性的，其一般表达式为

$$M_z = M_{z0} + M_z^{\alpha}\alpha + M_z^{\delta_z}\delta_z + M_z^{\omega_z}\omega_z + M_z^{\dot{\alpha}}\dot{\alpha} + M_z^{\dot{\delta}_z}\dot{\delta}_z$$

严格地说，俯仰力矩还取决于其他一些参数，例如侧滑角 β，副翼偏转角 δ_x，导弹绕 Ox 轴的旋转角速度 ω_x 等，通常这些参数的影响不大，一般予以忽略。

为了讨论方便，俯仰力矩用无量纲力矩因数来表示，即

$$m_z = m_{z0} + m_z^{\alpha}\alpha + m_z^{\delta_z}\delta_z + m_z^{\bar{\omega}_z}\bar{\omega}_z + m_z^{\bar{\dot{\alpha}}}\bar{\dot{\alpha}} + m_z^{\bar{\dot{\delta}}_z}\bar{\dot{\delta}}_z \tag{2-6}$$

式中，$\bar{\omega}_z = \omega_z L/V$，$\bar{\dot{\alpha}} = \dot{\alpha}L/V$，$\bar{\dot{\delta}}_z = \dot{\delta}_z L/V$，分别是与旋转角速度 ω_z，攻角变化率 $\dot{\alpha}$ 以及升降舵的偏转角速度 $\dot{\delta}_z$ 对应的无量纲参数；m_{z0} 是当 $\alpha = \delta_z = \bar{\omega}_z = \bar{\dot{\alpha}} = \bar{\dot{\delta}}_z = 0$ 时的俯仰力矩因数，是由导弹气动外形不对称引起的，主要取决于飞行马赫数、导弹的几何形状、弹翼（或安定面）的安装角等；$m_z^{\alpha}, m_z^{\delta_z}, m_z^{\bar{\omega}_z}, m_z^{\bar{\dot{\alpha}}}, m_z^{\bar{\dot{\delta}}_z}$，分别是 m_z 关于 $\alpha, \delta_z, \bar{\omega}_z, \bar{\dot{\alpha}}, \bar{\dot{\delta}}_z$ 的偏导数。

由攻角 α 引起的力矩 $M_z^{\alpha}\alpha$ 是俯仰力矩中最重要的一项，是作用在焦点的导弹升力 $Y_z^{\alpha}\alpha$ 对重心的力矩，即

$$M_z^{\alpha}\alpha = Y_z^{\alpha}\alpha(x_g - x_F) = C_y^{\alpha}qS\alpha(x_g - x_F)$$

式中，x_F, x_g 分别为导弹的焦点、重心至头部顶点的距离。

又因为

$$M_z^{\alpha}\alpha = m_z^{\alpha}qSL\alpha$$

于是有

$$m_z^{\alpha}=C_y^{\alpha}(x_g-x_F)/L=C_y^{\alpha}(\bar{x}_g-\bar{x}_F) \tag{2-7}$$

式中，$\bar{x}_F$，$\bar{x}_g$ 分别为导弹的焦点、重心位置对应的无量纲值。

为方便起见，先讨论定常飞行情况下（此时 $\omega_z=\dot{\alpha}=\dot{\delta}_z=0$）的俯仰力矩，然后再研究由 ω_z，$\dot{\alpha}$，$\dot{\delta}_z$ 所引起的附加俯仰力矩。

2.2.3.1 定常直线飞行

所谓定常飞行，是指导弹的飞行速度 V、攻角 α、舵偏角 δ_z 等不随时间变化的飞行状态。但是，导弹几乎不会有严格的定常飞行。即使导弹作等速直线飞行，由于燃料的消耗使导弹质量发生变化，保持等速直线飞行所需的攻角也要随之改变，因此只能说导弹在一段比较小的距离上接近于定常飞行。

若导弹作定常直线飞行，即 $\omega_z=\dot{\alpha}=\dot{\delta}_z=0$，则俯仰力矩系数的表达式变为

$$m_z=m_{z0}+m_z^{\alpha}\alpha+m_z^{\delta_z}\delta_z \tag{2-8}$$

对于外形为轴对称的导弹，$m_{z0}=0$，则有

$$m_z=m_z^{\alpha}\alpha+m_z^{\delta_z}\delta_z$$

实验表明：只有在小攻角和小舵偏角的情况下，上述线性关系才成立。随着 α，δ_z 增大，线性关系将被破坏。

偏导数 m_z^{α} 和 $m_z^{\delta_z}$ 主要取决于马赫数、重心位置和导弹的几何外形。对应于一组 δ_z 值，可画出一组 m_z 随 α 的变化曲线，如图 2-6 所示。这些曲线与横坐标轴的交点满足 $m_z=0$；偏导数 m_z^{α} 表示这些曲线相对于横坐标轴的斜率；m_{z0} 值代表 $\delta_z=0$ 时的 $m_z=f(\alpha)$ 曲线在纵轴上所截的线段长度。

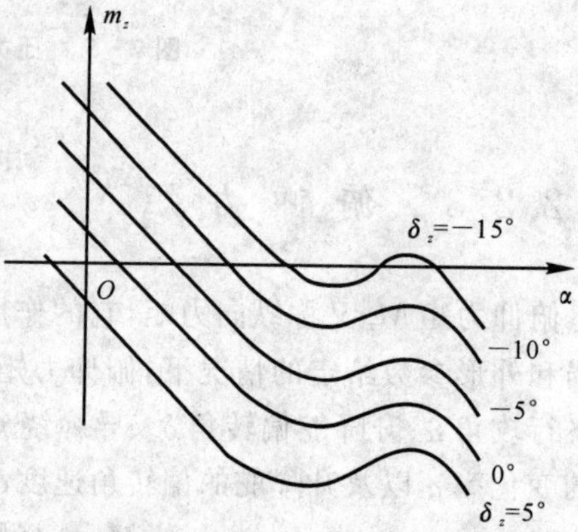

图 2-6　$m_z=f(\alpha)$ 曲线示意图

2.2.3.2 纵向平衡状态

$m_z=f(\alpha)$ 曲线与横坐标轴的交点称为静平衡点，对应于 $m_z=0$，即作用在导弹上的升力对重心的力矩为零，亦即导弹处于力矩平衡状态。这种俯仰力矩的平衡又称为导弹的纵向静平衡。

为使导弹在某一飞行攻角下处于平衡状态，必须使升降舵偏转一个相应的角度，这个角度称为升降舵的平衡舵偏角，以符号 δ_{zb} 表示。

平衡状态时的全弹升力，称为平衡升力。平衡升力因数的计算方法为

$$C_{yb}=C_y^{\alpha}\alpha_b+C_y^{\delta_z}\delta_{zb}=\left(C_y^{\alpha}-C_y^{\delta_z}\frac{m_z^{\alpha}}{m_z^{\delta_z}}\right)\alpha_b$$

在进行弹道计算时，若假设每一瞬时导弹都处于上述平衡状态，则可用上式来计算导弹在弹道各点上的平衡升力。这种假设，通常称为"瞬时平衡"假设，即认为导弹从某一平衡状态改变到另一平衡状态是瞬时完成的，也就是忽略了导弹绕质心的旋转运动过程。此时作用在导弹上的俯仰力矩只有 $m_z^{\alpha}\alpha$ 和 $m_z^{\delta_z}\delta_z$，而且此两力矩总是处于平衡状态，即

$$m_z^{\alpha}\alpha_b+m_z^{\delta_z}\delta_{zb}=0 \tag{2-9}$$

导弹初步设计阶段采用瞬时平衡假设，可大大减少计算工作量。

2.2.3.3　纵向静稳定性

导弹的平衡有稳定平衡和不稳定平衡。在稳定平衡中，导弹由于某一小扰动的瞬时作用而破坏了它的平衡之后，经过某一过渡过程仍能恢复到原来的平衡状态。在不稳定平衡中，即便是很小的扰动瞬时作用于导弹，使其偏离平衡位置，导弹也没有恢复到原来平衡位置的能力。判别导弹纵向静稳定性的方法是看偏导数 m_z^α 的性质，即

当 $m_z^\alpha\Big|_{\alpha=\alpha_b} < 0$ 时，为纵向静稳定；

当 $m_z^\alpha\Big|_{\alpha=\alpha_b} > 0$ 时，为纵向静不稳定；

当 $m_z^\alpha\Big|_{\alpha=\alpha_b} = 0$ 时，是纵向静中立稳定，因为当 α 稍离开 α_b 时，它不会产生附加力矩。

图 2-7 给出了 $m_z = f(\alpha)$ 的 3 种典型情况，它们分别对应于静稳定、静不稳定和静中立稳定的 3 种气动特性。

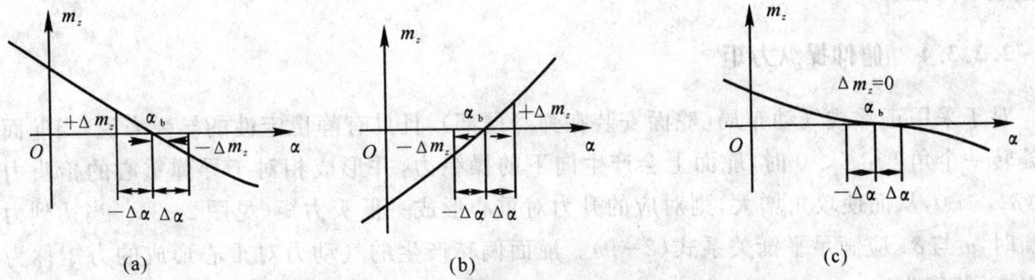

图 2-7　$m_z = f(\alpha)$ 的 3 种典型情况

(a) 静稳定的；(b) 静不稳定的；(c) 静中立稳定的

图 2-7(a) 中所示力矩特性曲线 $m_z = f(\alpha)$ 显示 $m_z^\alpha\Big|_{\alpha=\alpha_b} < 0$。如果导弹在平衡状态下 $(\alpha = \alpha_b)$ 飞行，由于某一微小扰动的瞬时作用，使攻角 α 偏离平衡攻角 α_b，增加了一个小量 $\Delta\alpha > 0$，那么，在焦点上将有一附加升力 ΔY 产生，它对重心形成附加俯仰力矩，即

$$\Delta M_z = m_z^\alpha \Delta\alpha q S L$$

由于 $m_z^\alpha < 0$，故 ΔM_z 是个负值，它使导弹低头，即力图减小攻角，由 $(\alpha_b + \Delta\alpha)$ 值恢复到原来的 α_b 值。导弹的这种物理属性称为纵向静稳定性。力图使导弹恢复到原来平衡状态的气动力矩 ΔM_z 称为静稳定力矩或恢复力矩。

图 2-7(b) 表示导弹静不稳定的情况 $\left(m_z^\alpha\Big|_{\alpha=\alpha_b} > 0\right)$。导弹一旦偏离平衡状态后，所产生的附加力矩将使导弹更加偏离平衡状态。

图 2-7(c) 表示导弹静中立稳定的情况 $\left(m_z^\alpha\Big|_{\alpha=\alpha_b} = 0\right)$。导弹偏离平衡状态后，不产生附加力矩，则干扰造成的攻角偏量 $\Delta\alpha$ 既不增大，也不能被消除。

综上所述，纵向静稳定性的定义可概述如下：导弹在平衡状态下飞行时，受到外界干扰作用而偏离原来平衡状态，在外界干扰消失的瞬间，若导弹不经操纵能产生附加气动力矩，使导弹具有恢复到原来平衡状态的趋势，则称导弹是静稳定的；若产生的附加气动力矩使导弹更加

偏离原平衡状态，则称导弹是静不稳定的；若附加气动力矩为零，导弹既无恢复到原平衡状态的趋势，也不再继续偏离，则称导弹是静中立稳定的。

工程上常用 $m_z^{C_y}$ 评定导弹的静稳定性。与偏导数 m_z^α 一样，偏导数 $m_z^{C_y}$ 也能对导弹的静稳定性给出质和量的评价，其计算表达式为

$$m_z^{C_y}=\frac{\partial m_z}{\partial C_y}=\frac{\partial m_z}{\partial \alpha}\frac{\partial \alpha}{\partial C_y}=\frac{m_z^\alpha}{C_y^\alpha}=\bar{x}_g-\bar{x}_F$$

显然，对于具有纵向静稳定性的导弹，存在关系式 $m_z^{C_y}<0$，这时，重心位于焦点之前($\bar{x}_g<\bar{x}_F$)。当重心逐渐向焦点靠近时，静稳定性逐渐降低。当重心后移到与焦点重合($\bar{x}_g=\bar{x}_F$)时，导弹是静中立稳定的。当重心后移到焦点之后($\bar{x}_g>\bar{x}_F$)时，$m_z^{C_y}>0$，导弹则是静不稳定的。因此把焦点无量纲坐标与重心的无量纲坐标之间的差值($\bar{x}_F-\bar{x}_g$)称为静稳定度。

导弹的静稳定度与飞行性能有关。为了保证导弹具有适当的静稳定度，设计过程中常采用两种办法：一是改变导弹的气动布局，从而改变焦点的位置，如改变弹翼的外形、面积以及相对弹身的安装位置，改变尾翼面积，添置小前翼，等等；二是改变导弹内部器件的部位安排，以调整重心的位置。

2.2.3.4 俯仰操纵力矩

对于采用正常式气动布局(舵面安装在弹身尾部)，且具有静稳定性的导弹来说，当舵面向上偏转一个角度 $\delta_z<0$ 时，舵面上会产生向下的操纵力，并形成相对于导弹重心的抬头力矩 $M_z(\delta_z)>0$，从而使攻角增大，则对应的升力对重心形成一低头力矩(见图 2-8)。当达到力矩平衡时，α 与 δ_z 应满足平衡关系式(2-9)。舵面偏转产生的气动力对重心形成的力矩称为操纵力矩，其值为

$$M_z^{\delta_z}\delta_z=m_z^{\delta_z}\delta_z qSL=C_y^{\delta_z}\delta_z qS(x_g-x_r)$$

由此得

$$m_z^{\delta_z}=C_y^{\delta_z}(\bar{x}_g-\bar{x}_r) \tag{2-10}$$

式中，$\bar{x}_r=x_r/L$ 为舵面压力中心至弹身头部顶点距离的无量纲值；$m_z^{\delta_z}$ 为舵面偏转单位角度时所引起的操纵力矩因数，称为舵面效率；$C_y^{\delta_z}$ 为舵面偏转单位角度时所引起的升力因数，它随马赫数的变化规律如图 2-9 所示。

对于正常式导弹，重心总是在舵面之前，故 $m_z^{\delta_z}<0$；而对于鸭式导弹，则 $m_z^{\delta_z}>0$。

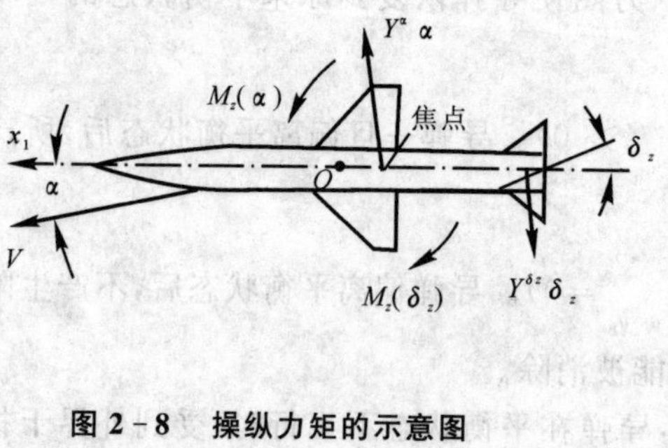

图 2-8 操纵力矩的示意图

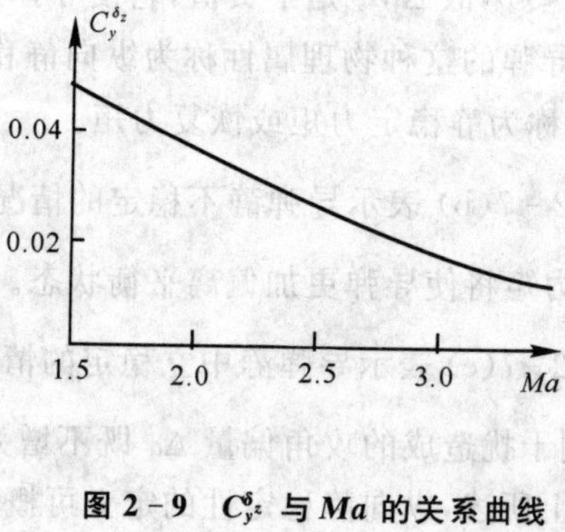

图 2-9 $C_y^{\delta_z}$ 与 Ma 的关系曲线

2.3.3.5　俯仰阻尼力矩

俯仰阻尼力矩是由导弹绕 Oz_1 轴的旋转运动所引起的，其大小与旋转角速度 ω_z 成正比，而方向与 ω_z 相反。该力矩总是阻止导弹的旋转运动，故称为俯仰阻尼力矩(或称为纵向阻尼力矩)。

假定导弹质心速度为 $\boldsymbol{V}$，同时又以角速度 ω_z 绕 Oz_1 轴旋转。旋转使导弹表面上各点均获得一附加速度，其方向垂直于连接重心与该点的矢径 $\boldsymbol{r}$，大小等于 $\omega_z r$(见图 2-10)。若 $\omega_z > 0$，则重心之前的导弹表面上各点的攻角将减小一个 $\Delta\alpha$，其值为

$$\Delta\alpha = \arctan\frac{r\omega_z}{V}$$

而处于重心之后的导弹表面上各点将增加一个 $\Delta\alpha$ 值。攻角的变化导致附加升力的出现，在重心之前附加升力向下，而在重心之后，附加升力向上，因此所产生的俯仰力矩与 ω_z 的方向相反，即力图阻止导弹绕 Oz_1 轴的旋转运动。

俯仰阻尼力矩常用无量纲俯仰阻尼力矩因数来表示，即有

$$M_z(\omega_z) = m_z^{\bar{\omega}_z}\bar{\omega}_z qSL \tag{1-11}$$

式中，$m_z^{\bar{\omega}_z}$ 总是一个负值，它的大小主要取决于飞行马赫数、导弹的几何外形和质心位置。为书写方便，通常将 $m_z^{\bar{\omega}_z}$ 简记作 $m_z^{\omega_z}$，但它的原意并不因此而改变。

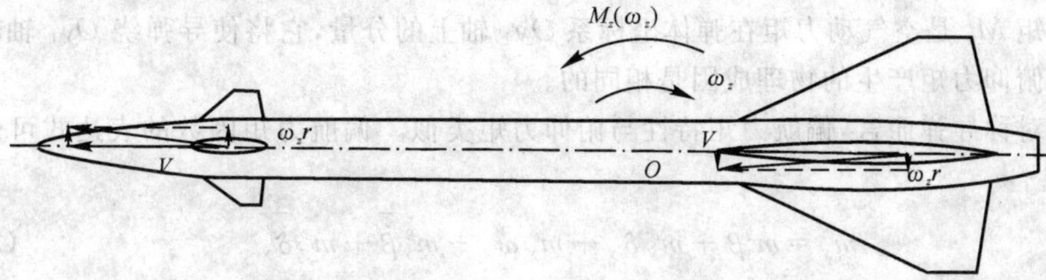

图 2-10　俯仰阻尼力矩

一般情况下，阻尼力矩相对于稳定力矩和操纵力矩来说是比较小的，当旋转角速度 ω_z 较小时，甚至可以忽略它对导弹运动的影响，但在分析导弹运动的过渡过程品质时却不能忽略。

2.3.3.6　下洗延迟俯仰力矩

前面所述关于计算升力和俯仰力矩的方法，严格地说，仅适用于导弹定常飞行这一特殊情况。在一般情况下，导弹的飞行是非定常飞行，其运动参数、空气动力和力矩都是时间的函数。这时的空气动力系数和力矩系数不仅取决于该瞬时的 α，δ_z，ω_z，Ma 等参数值，还取决于这些参数随时间变化的特性。但是，作为初步的近似计算，可以认为作用在导弹上的空气动力和力矩仅取决于该瞬时的运动参数，这个假设通常称为“定常假设”。采用此假设，不但可以大大减少计算工作量，而且由此所求得的空气动力和力矩也非常接近实际值。但在某些情况下，例如在研究下洗对导弹飞行的影响时，按“定常假设”计算的结果是有偏差的。

对于正常式布局的导弹，流经弹翼和弹身的气流，受到弹翼、弹身的反作用力作用，导致气流速度方向发生偏斜，这种现象称为“下洗”。由于下洗，尾翼处的实际攻角将小于导弹的飞行

攻角。若导弹以速度 **V** 和随时间变化的攻角(例如 $\dot{\alpha}$) 作非定常飞行,则弹翼后的气流也是随时间变化的,但是被弹翼下压了的气流不可能瞬间到达尾翼,而必须经过某一时间间隔 Δt(其大小取决于弹翼与尾翼间的距离和气流速度),此即所谓"下洗延迟"现象。因此,尾翼处的实际下洗角 $\varepsilon(t)$ 是与 Δt 间隔以前的攻角 $\alpha(t-\Delta t)$ 相对应的。例如,在 $\dot{\alpha}>0$ 的情况下,实际下洗角 $\varepsilon(t)=\varepsilon^{\alpha}\cdot(\alpha(t)-\dot{\alpha}\Delta t)$ 将比定常飞行时的下洗角 $\varepsilon^{\alpha}\cdot\alpha(t)$ 要小些,也就是说,按"定常假设" 计算得到的尾翼升力偏小,应在尾翼上增加一个向上的附加升力,由此形成的附加气动力矩将使导弹低头,其作用是使攻角减小(阻止 α 值的增大);当 $\dot{\alpha}<0$ 时,"下洗延迟" 引起的附加力矩将使导弹抬头以阻止 α 值的减小。总之,"下洗延迟" 引起的附加气动力矩相当于一种阻尼力矩,力图阻止 α 值的变化。

同样,若导弹的气动布局为鸭式或旋转弹翼式,当舵面或旋转弹翼的偏转角速度 $\dot{\delta}_z\neq0$ 时,也存在"下洗延迟" 现象。同理,由 $\dot{\delta}_z$ 引起的附加气动力矩也是一种阻尼力矩。

当 $\dot{\alpha}\neq0$ 和 $\dot{\delta}_z\neq0$ 时,由下洗延迟引起的两个附加俯仰力矩系数分别写成 $m_z^{\bar{\dot{\alpha}}}\bar{\dot{\alpha}}$ 和 $m_z^{\bar{\dot{\delta}}_z}\bar{\dot{\delta}}_z$,为书写方便,简记作 $m_z^{\dot{\alpha}}\dot{\alpha}$ 和 $m_z^{\dot{\delta}_z}\dot{\delta}_z$,它们都是无量纲量。

在分析了俯仰力矩的各项组成以后,必须强调指出,尽管影响俯仰力矩的因素很多,但通常情况下,起主要作用的是由攻角引起的 $m_z^{\alpha}\alpha$ 和由舵偏角引起的 $m_z^{\delta_z}\delta_z$。

2.2.4 偏航力矩

偏航力矩 M_y 是空气动力矩在弹体坐标系 Oy_1 轴上的分量,它将使导弹绕 Oy_1 轴转动。偏航力矩与俯仰力矩产生的物理成因是相同的。

对于轴对称导弹而言,偏航力矩特性与俯仰力矩类似。偏航力矩因数的表达式可仿照式(2-6) 写成

$$m_y=m_y^{\beta}\beta+m_y^{\delta_y}\delta_y+m_y^{\bar{\omega}_y}\bar{\omega}_y+m_y^{\bar{\dot{\beta}}}\bar{\dot{\beta}}+m_y^{\bar{\dot{\delta}}_y}\bar{\dot{\delta}}_y \tag{2-12}$$

式中,$\bar{\omega}_y=\omega_y L/V$,$\bar{\dot{\beta}}=\dot{\beta}L/V$,$\bar{\dot{\delta}}_y=\dot{\delta}_y L/V$ 均是无量纲参数;m_y^{β},$m_y^{\delta_y}$,$m_y^{\bar{\omega}_y}$,$m_y^{\bar{\dot{\beta}}}$,$m_y^{\bar{\dot{\delta}}_y}$ 分别是 m_y 关于 β,δ_y,ω_y,$\bar{\dot{\beta}}$,$\bar{\dot{\delta}}_y$ 的偏导数。

由于所有有翼导弹外形相对于 x_1Oy_1 平面都是对称的,故在偏航力矩因数中不存在 m_{y0} 这一项。

m_y^{β} 表征着导弹航向静稳定性,若 $m_y^{\beta}<0$,则是航向静稳定的。对于正常式导弹,$m_y^{\delta_y}<0$;而对于鸭式导弹,则 $m_y^{\delta_y}>0$。

对于面对称(飞机型) 导弹,当存在绕 Ox_1 轴的滚动角速度 ω_x 时,安装在弹身上方的垂直尾翼的各个剖面上将产生附加的侧滑角 $\Delta\beta$ 和侧向力,从而产生相对于 Oy_1 轴的偏航力矩。这个力矩对于面对称的导弹是不可忽视的。该力矩有使导弹做螺旋运动的趋势,故称之为螺旋偏航力矩。因此,对于面对称导弹,式(2-12) 右端必须加上一项 $m_y^{\bar{\omega}_x}\bar{\omega}_x$,即

$$m_y=m_y^{\beta}\beta+m_y^{\delta_y}\delta_y+m_y^{\bar{\omega}_y}\bar{\omega}_y+m_y^{\bar{\omega}_x}\bar{\omega}_x+m_y^{\bar{\dot{\beta}}}\bar{\dot{\beta}}+m_y^{\bar{\dot{\delta}}_y}\bar{\dot{\delta}}_y \tag{2-13}$$

式中,$\bar{\omega}_x=\omega_x L/V$,$m_y^{\bar{\omega}_x}=\partial m_y/\partial\bar{\omega}_x$ 均是无量纲参数,其值总为负。

2.2.5 滚转力矩

滚转力矩(又称滚动力矩或倾斜力矩) M_x 是绕导弹纵轴 Ox_1 的气动力矩,它是由于迎面

气流不对称地流过导弹所产生的。当存在侧滑角，或操纵机构偏转，或导弹绕 Ox_1 及 Oy_1 轴旋转时，均会使气流流动的对称性受到破坏。此外，因生产工艺误差造成的弹翼（或安定面）不对称安装或尺寸大小的不一致，也会破坏气流流动的对称性。因此，滚动力矩的大小取决于导弹的形状和尺寸、飞行速度和高度、攻角、侧滑角、舵面偏转角、角速度及制造误差等多种因素。

与分析其他气动力矩一样，只讨论滚动力矩的无量纲力矩因数，即

$$m_x = \frac{M_x}{qSL}$$

若影响滚动力矩的上述参数都比较小时，可略去一些次要因素，则滚动力矩因数可用线性关系近似地表示为

$$m_x = m_{x0} + m_x^{\beta}\beta + m_x^{\delta_x}\delta_x + m_x^{\delta_y}\delta_y + m_x^{\bar{\omega}_x}\bar{\omega}_x + m_y^{\bar{\omega}_y}\bar{\omega}_y \qquad (2-14)$$

式中，m_{x0} 是由制造误差引起的外形不对称产生的；m_x^{β}，$m_x^{\delta_x}$，$m_x^{\delta_y}$，$m_x^{\bar{\omega}_x}$，$m_x^{\bar{\omega}_y}$ 分别是滚转力矩因数 m_x 关于 β，δ_x，δ_y，ω_x，ω_y 的偏导数，主要与导弹的几何参数和马赫数有关。对于轴对称导弹，式(2-14) 右边的第二、四、六项可忽略。

2.2.5.1　横向静稳定性

偏导数 m_x^{β} 表征导弹的横向静稳定性，它对面对称导弹来说具有重要意义。为了说明这一概念，以导弹作水平直线飞行为例，假定由于某种原因导弹突然向右倾斜了某一角度 γ（见图 2-11），因升力 Y 总在纵向对称平面内，故当导弹倾斜时，会产生水平分量 $Y\sin\gamma$，它使导弹作侧滑飞行，产生正的侧滑角。

若 $m_x^{\beta} < 0$，则 $m_x^{\beta}\beta < 0$，于是该力矩使导弹具有消除由于某种原因所产生的向右倾斜运动的趋势，可见导弹具有横向静稳定性；若 $m_x^{\beta} > 0$，则导弹是横向静不稳定的。

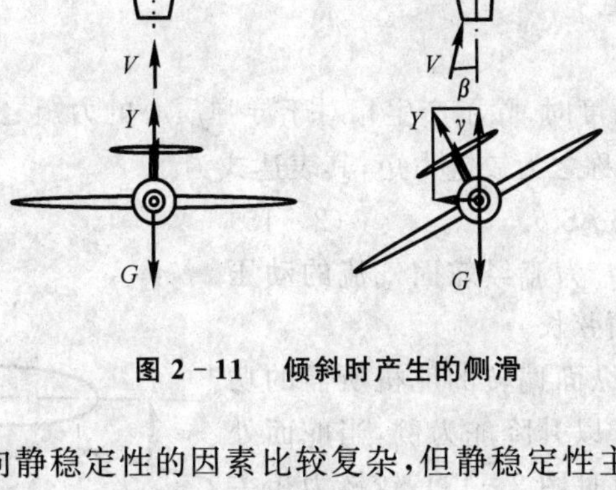

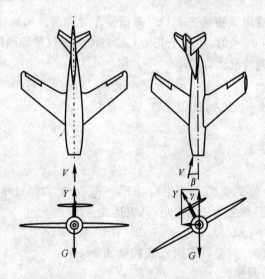

图 2-11　倾斜时产生的侧滑

影响面对称导弹横向静稳定性的因素比较复杂，但静稳定性主要是由弹翼和垂直尾翼产生的。而弹翼的 m_x^{β} 又主要与弹翼的后掠角和上反角有关。

2.2.5.2 滚动操纵力矩

面对称导弹绕纵轴 Ox_1 转动或保持倾斜稳定，主要是由一对副翼产生滚动操纵力矩实现的。副翼一般安装在弹翼后缘的翼梢处，两边副翼的偏转角方向相反。

轴对称导弹则利用升降舵和方向舵的差动实现副翼的功能。如果升降舵的一对舵面上下对称偏转(同时向上或向下)，那么，它将产生俯仰力矩；如果方向舵的一对舵面左右对称偏转(同时向左或向右)，那么，它将产生偏航力矩；如果升降舵或方向舵不对称偏转(方向相反或大小不同)，那么，它们将产生滚转力矩。

现以副翼偏转一个 δ_x 角后产生的滚动操纵力矩为例进行讨论。由图 2-12 看出，后缘向下偏转的右副翼产生正的升力增量 ΔY，而后缘向上偏转的左副翼则使升力减小了 ΔY，由此产生了负的滚动操纵力矩 $m_x<0$。该力矩一般与副翼的偏转角 δ_x 成正比，即

$$m_x(\delta_x)=m_x^{\delta_x}\delta_x$$

式中，$m_x^{\delta_x}$ 为副翼的操纵效率。通常定义右副翼下偏、左副翼上偏时 δ_x 为正，因此 $m_x^{\delta_x}<0$。

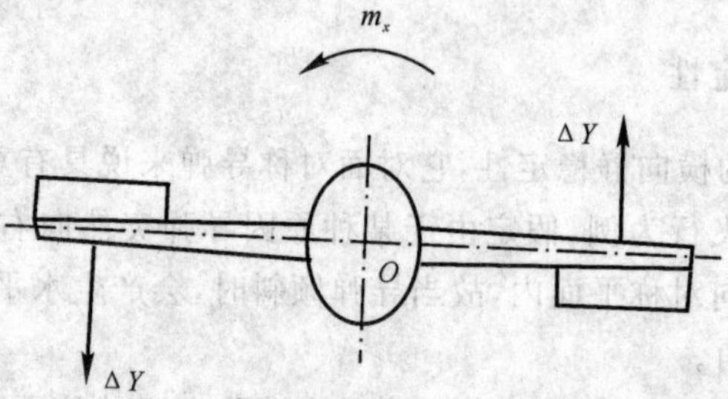

图 2-12　副翼工作原理示意图(前视图)

对于面对称导弹，垂直尾翼相对于 x_1Oz_1 平面是非对称的。如果在垂直尾翼后缘安装有方向舵，那么，当舵面偏转 δ_y 角时，作用于舵面上的侧向力不仅使导弹绕 Oy_1 轴转动，还将产生一个与舵偏角 δ_y 成比例的滚动力矩，即

$$m_x(\delta_y)=m_x^{\delta_y}\delta_y$$

式中，$m_x^{\delta_y}$ 为滚动力矩因数 m_x 对 δ_y 的偏导数，$m_x^{\delta_y}<0$。

2.2.6　铰链力矩

当操纵面偏转某一个角度时，除了产生相对于导弹质心的力矩之外，还会产生相对于操纵面铰链轴(即转轴)的力矩，称之为铰链力矩，其表达式为

$$M_h=m_hq_tS_tb_t \tag{2-15}$$

式中，m_h 为铰链力矩因数；q_t 为流经舵面气流的动压头；S_t 为舵面面积；b_t 为舵面弦长。

对于导弹而言，驱动操纵面偏转的舵机所需的功率取决于铰链力矩的大小。以升降舵为例，当舵面处的攻角为 α，舵偏角为 δ_z 时(见图 2-13)，铰链力矩主要是由舵面上的升力 Y_t 产生的。若忽略舵面阻力对

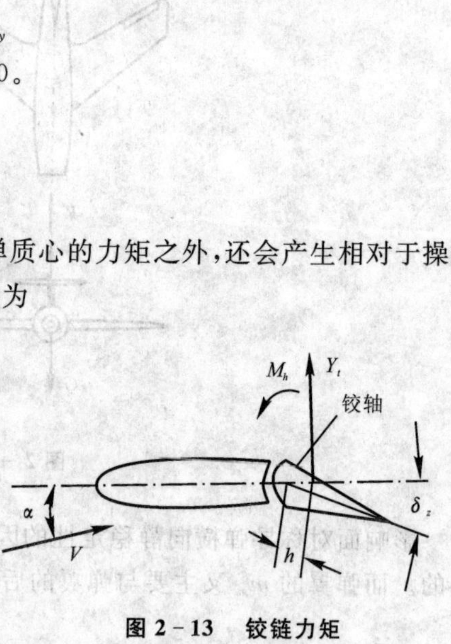

图 2-13　铰链力矩

铰链力矩的影响，则铰链力矩的表达式为

$$M_h = -Y_t h\cos(\alpha + \delta_z)$$

式中，h 为舵面压心至铰链轴的距离。

当攻角 α 和舵偏角 δ_z 较小时，上式中的升力 Y_t 可视为与 α 和 δ_z 呈线性关系，且 $\cos(\alpha + \delta_z) \approx 1$，则上式可改写成

$$M_h = -(Y_t^\alpha \alpha + Y_t^{\delta_z}\delta_z)h = M_h^\alpha \alpha + M_h^{\delta_z}\delta_z$$

相应的铰链力矩因数也可写成

$$m_h = m_h^\alpha \alpha + m_h^{\delta_z}\delta_z$$

铰链力矩因数 m_h 主要取决于操纵面的类型及形状、马赫数、攻角(对于垂直安装的操纵面则取决于侧滑角)、操纵面的偏转角以及铰链轴的位置等因素。

2.3 推　力

推力是发动机工作时，发动机内燃气流高速喷出，从而在导弹上形成与喷流方向相反的作用力，它是导弹飞行的动力。

战术导弹常采用固体火箭发动机或空气喷气发动机。发动机的类型不同，推力特性也不一样。

火箭发动机的推力计算表达式为

$$P = m_s \mu_e + S_a(p_a - p_H) \tag{2-16}$$

式中，m_s 为单位时间内的燃料消耗量；μ_e 为燃气介质相对弹体的喷出速度；S_a 为发动机喷管出口处的横截面积；p_a 为发动机喷管出口处燃气流的压强；p_H 为导弹所处高度的大气压强。

由式(2-16)看出，火箭发动机推力的大小主要取决于发动机性能参数，也与导弹的飞行高度有关，而与导弹的飞行速度无关。式(2-16)中的第一项是由于燃气介质高速喷出而产生的推力，称之为动力学推力或动推力；第二项是由于发动机喷管截面处的燃气流压强 p_a 与大气压强 p_H 的压差引起的推力，一般称之为静力学推力或静推力，它与导弹的飞行高度有关。

空气喷气发动机的推力，不仅与导弹飞行高度有关，还与导弹的飞行速度 $\boldsymbol{V}$、攻角 α、侧滑角 β 等运动参数有关。

发动机推力 $\boldsymbol{P}$ 的作用方向，一般情况下是沿弹体纵轴 Ox_1 并通过导弹质心的，因此不存在推力矩，即 $\boldsymbol{M}_P = \boldsymbol{0}$。推力矢量 $\boldsymbol{P}$ 在弹体坐标系 $Ox_1y_1z_1$ 各轴上的投影分量可写成

$$\begin{bmatrix} P_{x1} \\ P_{y1} \\ P_{z1} \end{bmatrix} = \begin{bmatrix} P \\ 0 \\ 0 \end{bmatrix}$$

如果推力矢量 $\boldsymbol{P}$ 不通过导弹质心，且与弹体纵轴构成某夹角，设推力作用线至质心的偏心矢径为 $\boldsymbol{R}_P$，它在弹体坐标系中的投影分量分别为 $[x_{1P} \quad y_{1P} \quad z_{1P}]^{\mathrm{T}}$，那么，推力产生的力矩 $\boldsymbol{M}_P$ 可表示为

$$\boldsymbol{M}_P = \boldsymbol{R}_P \times \boldsymbol{P} = \hat{\boldsymbol{R}}_P \boldsymbol{P}$$

式中

$$\hat{\boldsymbol{R}}_P \xlongequal{\wedge} \begin{bmatrix} 0 & -z_{1P} & y_{1P} \\ z_{1P} & 0 & -x_{1P} \\ -y_{1P} & x_{1P} & 0 \end{bmatrix}$$

是矢量 $\boldsymbol{R}_P$ 的反对称阵。故得

$$\begin{pmatrix} M_{x1P} \\ M_{y1P} \\ M_{z1P} \end{pmatrix} = \begin{bmatrix} 0 & -z_{1P} & y_{1P} \\ z_{1P} & 0 & -x_{1P} \\ -y_{1P} & x_{1P} & 0 \end{bmatrix} \begin{pmatrix} P_{x1} \\ P_{y1} \\ P_{z1} \end{pmatrix} = \begin{pmatrix} P_{z1} y_{1P} - P_{y1} z_{1P} \\ P_{x1} z_{1P} - P_{z1} x_{1P} \\ P_{y1} x_{1P} - P_{x1} y_{1P} \end{pmatrix} \tag{2-17}$$

2.4 重　力

导弹在空间飞行将会受到地球、太阳、月球等星球的引力。对于战术导弹而言，由于它是在近地球的大气层内飞行的，所以只须考虑地球对导弹的引力。在考虑地球自转的情况下，导弹除受地心的引力 $\boldsymbol{G}_1$ 外，还要受到因地球自转所产生的离心惯性力 $\boldsymbol{F}_e$。因而作用于导弹上的重力就是地心引力和离心惯性力的矢量和，即

$$\boldsymbol{G} = \boldsymbol{G}_1 + \boldsymbol{F}_e$$

重力 $\boldsymbol{G}$ 的大小和方向与导弹所处的地理位置有关。根据牛顿万有引力定律，引力 $\boldsymbol{G}_1$ 与地心至导弹的距离的二次方成反比。而离心惯性力 $\boldsymbol{F}_e$ 则与导弹至地球极轴的距离有关。

实际上，地球的外形是个凸凹不平的不规则几何体，其质量分布也不均匀。为了研究方便，通常把它看作是均质的椭球体，如图 2-14 所示的那样。若物体在椭球形地球表面上的质量为 m，地心至该物体的矢径为 $\boldsymbol{R}_e$，地理纬度为 φ_e，地球绕极轴的旋转角速度为 Ω_e，则地球对物体的引力 $\boldsymbol{G}_1$ 与 $\boldsymbol{R}_e$ 共线，方向相反；而离心惯性力的大小则为

$$F_e = mR_e\Omega_e^2\cos\varphi_e$$

式中，$\Omega_e = 7.292\ 1 \times 10^{-5}\ \mathrm{s}^{-1}$。

重力的作用方向与悬锤线的方向一致，即与物体所在处的地面法线 $\boldsymbol{n}$ 共线，方向相反，如图 2-14 所示。

计算表明，离心惯性力 $\boldsymbol{F}_e$ 比地心引力 $\boldsymbol{G}_1$ 的量值小得多，因此，通常把引力 $\boldsymbol{G}_1$ 就视为重力，即

$$\boldsymbol{G} = m\boldsymbol{g} \tag{2-18}$$

这时，作用在物体上的重力总是指向地心的，事实上也就是把地球看作是圆球形状（圆球模型），如图 2-15 所示。

重力加速度 $\boldsymbol{g}$ 的大小与导弹的飞行高度有关，即

$$g = g_0 \frac{R_e^2}{(R_e + H)^2} \tag{2-19}$$

式中，g_0 为地球表面处的重力加速度，一般取值为 $9.81\ \mathrm{m/s^2}$；R_e 为地球半径，一般取值为 6 371 km；H 为导弹离地球表面的高度。

由式(2-19)可知，重力加速度是高度 H 的函数。当 $H = 32$ km 时，$g = 0.99g_0$，重力加速度仅减小 1%。因此，对于近程有翼导弹，在整个飞行过程中，重力加速度可认为是常量，且可视航程内的地面为平面，即重力场是平行力场。

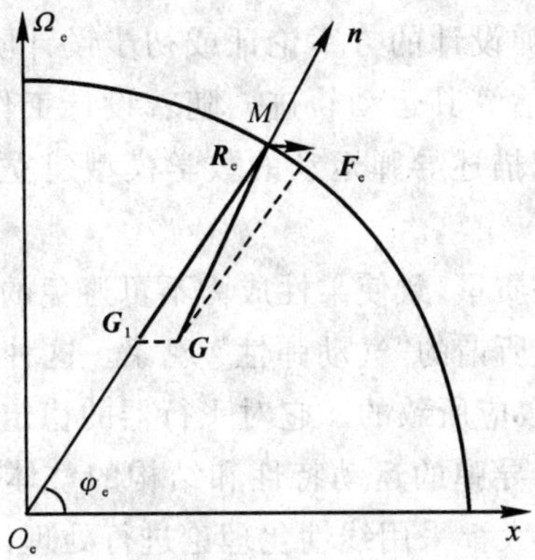

图 2-14　椭球模型上 M 点的重力方向

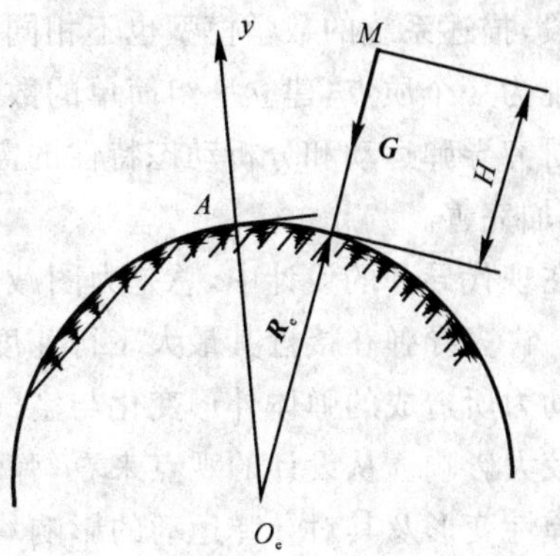

图 2-15　圆球模型上 M 点的重力方向

2.5　导弹运动的建模基础

2.5.1　基本定理

由理论力学可知，任何自由刚体在空间的任意运动，都可以把它视为刚体质心的平移运动和绕质心旋转运动的合成，即决定刚体质心瞬时位置的 3 个自由度和决定刚体瞬时姿态的 3 个自由度。对于刚体，可以应用牛顿第二定律来研究质心的移动，用动量矩定理研究刚体绕质心的转动。

若用 m 表示刚体的质量，$\boldsymbol{V}$ 表示刚体质心的速度，$\boldsymbol{H}$ 表示刚体相对于质心的动量矩，则描述刚体质心移动和绕质心转动的动力学基本方程为

$$m\frac{\mathrm{d}\boldsymbol{V}}{\mathrm{d}t}=\boldsymbol{F}$$

$$\frac{\mathrm{d}\boldsymbol{H}}{\mathrm{d}t}=\boldsymbol{M}$$

式中，$\boldsymbol{F}$ 为作用于刚体上的合外力；$\boldsymbol{M}$ 为外力对刚体质心的合力矩。

值得注意的是，上述定理的应用是有条件的：第一，运动物体是常质量的刚体；第二，运动是在惯性坐标系中考察的，即描述刚体运动应采用绝对运动参数，而不是相对运动参数。

2.5.2　导弹运动建模的简化处理

在导弹飞行过程中，操纵机构、控制系统的电气和机械部件都可能有相对于弹体的运动；况且，产生推力的火箭发动机也不断喷出推进剂的燃烧介质，使导弹质量随时间不断变化。因此，研究导弹的运动不能直接应用经典的动力学定理，而应采用变质量力学定理，这比研究刚体运动要复杂得多。

由于实际物理系统的物理现象或过程往往比较复杂，因此建立描绘系统的数学模型时，应

抓住反映物理系统最本质和最主要的因素，舍去那些非本质、非主要因素。当然，在不同的研究阶段，描述系统的数学模型也不相同。例如，在导弹设计的方案论证或初步设计阶段，可把导弹视为一个质点，建立一组简单的数学模型，用以估算其运动轨迹。随着设计工作的进行，以及研究导弹运动和分析动态特性的需要，就必须把描述导弹运动的数学模型建立得更加复杂，更加完善。

在现代导弹的设计中，总是力图减小弹体的结构质量，致使柔性成为不可避免的导弹结构特性。许多导弹在接近其最大飞行速度时，总会出现所谓的"气动弹性"现象。这种现象是由空气动力所造成的弹体外形变化与空气动力的耦合效应所致的。它对飞行器的稳定性和操纵性有较大影响。从设计的观点来看，弹性现象会影响导弹的运动特性和结构的整体性，但是，这种弹性变形及其对导弹运动的影响均可视为小量，大都采用线性化理论进行处理。

一般在研究导弹运动规律时，为使问题简化，可以把导弹质量与喷射出的燃气质量合在一起考虑，转换为一个常质量系，即采用所谓的"固化原理(或刚化原理)"：在任意研究瞬时，将变质量系的导弹视为虚拟刚体，把该瞬时导弹所包含的所有物质固化在虚拟的刚体上。同时，忽略一些影响导弹运动的次要因素，如弹体结构的弹性变形，哥氏惯性力(液体发动机内流动液体因导弹的转动而产生的惯性力)，变分力(由液体发动机内流体的非定常运动引起的力)等。

采用"固化原理"后，某一研究瞬时的变质量导弹运动方程可简化成常质量刚体的方程形式，用该瞬时的导弹质量 $m(t)$ 取代原来的常质量 m。关于导弹绕质心转动的研究也可以用类似的方法处理。这样，导弹运动方程的矢量表达式可写成

$$\left.\begin{aligned} m(t)\ \frac{\mathrm{d}\boldsymbol{V}}{\mathrm{d}t} &= \boldsymbol{F} \\ \frac{\mathrm{d}\boldsymbol{H}}{\mathrm{d}t} &= \boldsymbol{M} \end{aligned}\right\} \tag{2-20}$$

大量实践表明，采用上述简化方法，具有较高的精度，能满足大多数情况下研究问题的需要。

另外，对于近程有翼导弹而言，在建立导弹运动方程时，通常将大地当作静止的平面，也就是不考虑地球的曲率和旋转。这样的处理大大简化了导弹的运动方程形式。

2.6 常用坐标系及其变换

建立描述导弹运动的标量方程，常常需要定义一些坐标系。由于选取不同的坐标系，所建立的导弹运动方程组的形式和复杂程度也会有所不同。因此，选取合适的坐标系是十分重要的。选取坐标系的原则是，既能正确地描述导弹的运动，又要使描述导弹运动的方程形式简单且清晰明了。

2.6.1 坐标系定义

导弹飞行力学中经常用到的坐标系有地面坐标系 $Axyz$、弹道坐标系 $Ox_2y_2z_2$、弹体坐标

系 $Ox_1y_1z_1$ 和速度坐标系 $Ox_3y_3z_3$，它们都是右手直角坐标系。

2.6.1.1　地面坐标系

地面坐标系 $Axyz$ 与地球固连，原点 A 通常取导弹质心在地面(水平面)上的投影点，Ax 轴在水平面内，指向目标(或目标在地面的投影)为正；Ay 轴与地面垂直，向上为正；Az 轴按右手定则确定，如图 2-16 所示。为了便于进行坐标变换，通常将地面坐标系平移，即原点 A 移至导弹质心 O 处，各坐标轴平行移动。

对于近程战术导弹而言，地面坐标系就是惯性坐标系，主要是用来作为确定导弹质心位置和空间姿态的基准的。

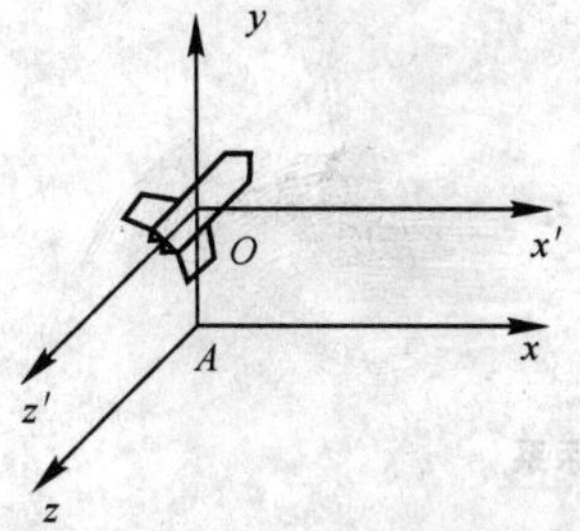

图 2-16　地面坐标系

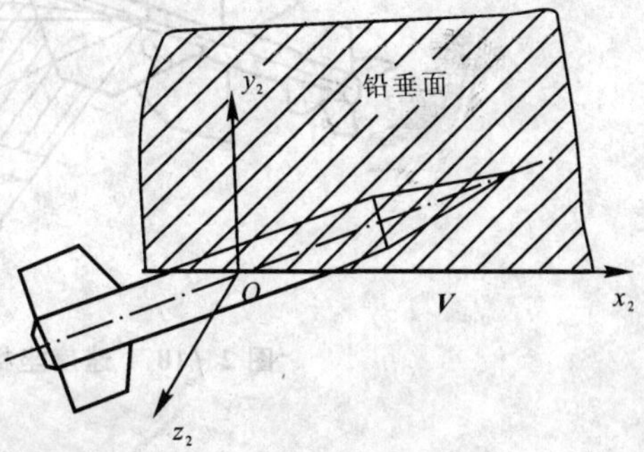

图 2-17　弹道坐标系

2.6.1.2　弹道坐标系

弹道坐标系 $Ox_2y_2z_2$ 的原点 O 取在导弹的质心上；Ox_2 轴同导弹质心的速度矢量 $\boldsymbol{V}$ 重合(即与速度坐标系 $Ox_3y_3z_3$ 的 Ox_3 轴完全一致)；Oy_2 轴位于包含速度矢量 $\boldsymbol{V}$ 的铅垂平面内，且垂直于 Ox_2 轴，向上为正；Oz_2 轴按照右手定则确定，如图 2-17 所示。显然，弹道坐标系与导弹的速度矢量 $\boldsymbol{V}$ 固连，是一个动坐标系。该坐标系主要用于研究导弹质心的运动特性，在以后的研究中将会发现，利用该坐标系建立的导弹质心运动的动力学方程，在分析和研究弹道特性时比较简单清晰。

2.6.1.3　弹体坐标系

原点 O 取在导弹的质心上；Ox_1 轴与弹体纵轴重合，指向头部为正；Oy_1 轴在弹体纵向对称平面内，垂直于 Ox_1 轴，向上为正；Oz_1 轴垂直于 x_1Oy_1 平面，方向按右手定则确定(如图 2-18 所示)。此坐标系与弹体固连，也是动坐标系。它与地面坐标系配合，可以确定弹体的姿态。另外，研究作用在导弹上的推力、推力偏心形成的力矩以及气动力矩时，利用该坐标系也比较方便。

2.6.1.4　速度坐标系

原点 O 取在导弹的质心上；Ox_3 轴与速度矢量 $\boldsymbol{V}$ 重合；Oy_3 轴位于弹体纵向对称面内与 Ox_3 轴垂直，向上为正；Oz_3 轴垂直于 x_3Oy_3 平面，其方向按右手定则确定。此坐标系与导弹速度矢量固连，是一个动坐标系，常用来研究作用于导弹上的空气动力 $\boldsymbol{R}$。该力在速度坐标系各轴上的投影分量就是所谓的阻力 $\boldsymbol{X}$、升力 $\boldsymbol{Y}$ 和侧向力 $\boldsymbol{Z}$。

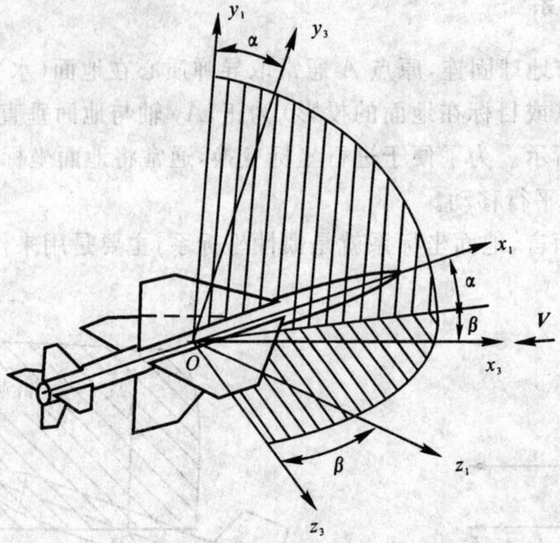

图 2-18　速度坐标系与弹体坐标系

2.6.2　坐标系变换

导弹在飞行过程中,作用其上的力包括空气动力、推力和重力。一般情况下,各个力分别定义在上述不同的坐标系中。要建立描绘导弹质心运动的动力学方程,必须将分别定义在各坐标系中的力变换(投影)到某个选定的、能够表征导弹运动特征的动坐标系中。为此,就要首先建立各坐标系之间的变换关系。

实际上,只要知道任意两个坐标系各对应轴的相互方位,就可以用一个确定的变换矩阵给出它们之间的变换关系。首先以地面坐标系与弹体坐标系为例,分析一下坐标变换的过程以及相应的坐标变换矩阵。

2.6.2.1　地面坐标系与弹体坐标系之间的变换矩阵

将地面坐标系 $Axyz$ 平移,使原点 A 与弹体坐标系的原点 O 重合。弹体坐标系 $Ox_1y_1z_1$ 相对地面坐标系 $Axyz$ 的方位,可用3个姿态角来确定,它们分别为偏航角 ψ、俯仰角 ϑ、滚转角(又称倾斜角)γ,如图 2-19(a) 所示。其定义如下:

(1) 偏航角 ψ:导弹的纵轴 Ox_1 在水平面上的投影与地面坐标系 Ax 轴之间的夹角。由 Ax 轴逆时针方向转至导弹纵轴的投影线时,偏航角 ψ 为正(转动角速度方向与 Ay 轴的正向一致),反之为负。

(2) 俯仰角 ϑ:导弹的纵轴 Ox_1 与水平面之间的夹角。若导弹纵轴在水平面之上,则俯仰角 ϑ 为正(转动角速度方向与 Az' 轴的正向一致),反之为负。

(3) 滚转角 γ:导弹的 Oy_1 轴与包含弹体纵轴 Ox_1 的铅垂平面之间的夹角。从弹体尾部顺 Ox_1 轴往前看,若 Oy_1 轴位于铅垂平面的右侧,形成的夹角 γ 为正(转动角速度方向与 Ox_1 轴的正向一致)，反之为负。

以上定义的 3 个角度，通常称为欧拉角，又称为弹体的姿态角。借助于它们可以推导出地面坐标系 $Axyz$ 到弹体坐标系 $Ox_1y_1z_1$ 的变换矩阵 $\boldsymbol{L}(\psi,\vartheta,\gamma)$。按照姿态角的定义，绕相应坐标轴依次旋转 ψ，ϑ 和 γ，每一次旋转称为基元旋转[2]，相应地，得到 3 个基元变换矩阵(又称初等变换矩阵)，这 3 个基元变换矩阵的乘积，就是坐标变换矩阵 $\boldsymbol{L}(\psi,\vartheta,\gamma)$。具体过程如下：

先将地面坐标系 $Axyz$ 绕 Ay 轴旋转 ψ 角，形成过渡坐标系 $Ax'yz'$(见图 2-19(b))。

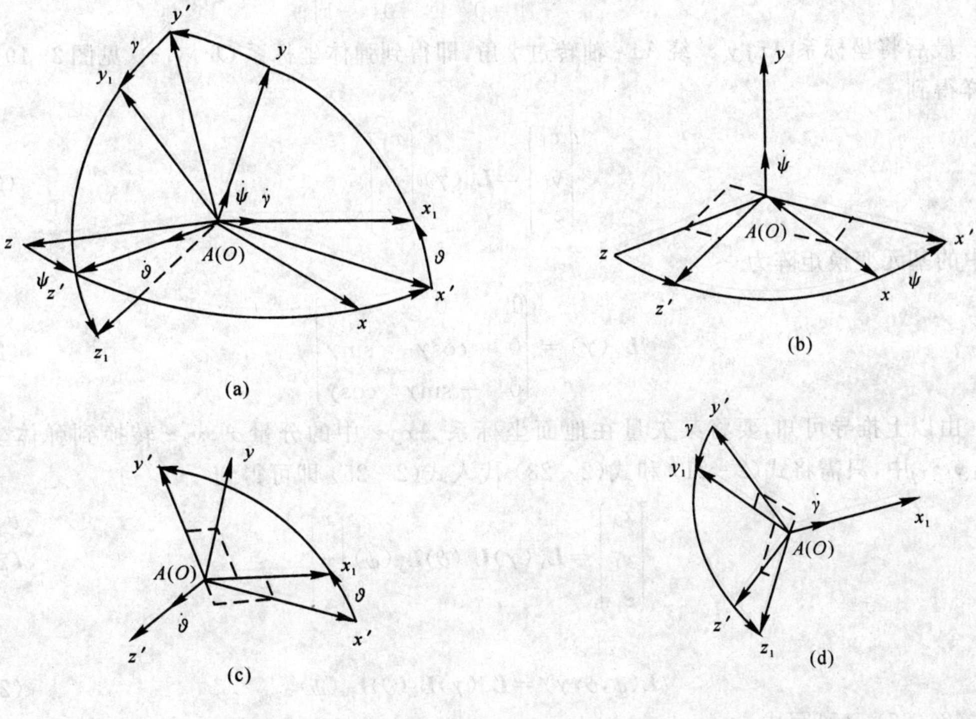

图 2-19　坐标系 $Axyz$ 与 $Ox_1y_1z_1$ 相对关系

若某矢量在地面坐标系 $Axyz$ 中的分量为 x，y，z，分量列阵为 $[x \quad y \quad z]^{\mathrm{T}}$，则转换到坐标系 $Ax'yz'$ 后的分量列阵为

$$\begin{bmatrix} x' \\ y \\ z' \end{bmatrix} = \boldsymbol{L}_y(\psi) \begin{bmatrix} x \\ y \\ z \end{bmatrix} \tag{2-21}$$

式中

$$\boldsymbol{L}_y(\psi) = \begin{bmatrix} \cos\psi & 0 & -\sin\psi \\ 0 & 1 & 0 \\ \sin\psi & 0 & \cos\psi \end{bmatrix} \tag{2-22}$$

称为绕 Ay 轴转过 ψ 角的基元变换矩阵。

再将坐标系 $Ax'yz'$ 绕 Az' 轴旋转 ϑ 角，组成新的坐标系 $Ax_1y'z'$(见图 2-19(c))。同样得到

$$\begin{bmatrix} x_1 \\ y' \\ z' \end{bmatrix} = \boldsymbol{L}_z(\vartheta) \begin{bmatrix} x' \\ y \\ z' \end{bmatrix} \tag{2-23}$$

式中的基元变换矩阵为

$$\boldsymbol{L}_z(\vartheta) = \begin{bmatrix} \cos\vartheta & \sin\vartheta & 0 \\ -\sin\vartheta & \cos\vartheta & 0 \\ 0 & 0 & 1 \end{bmatrix} \tag{2-24}$$

最后将坐标系 $Ax_1y'z'$ 绕 Ax_1 轴转过 γ 角，即得到弹体坐标系 $Ox_1y_1z_1$（见图 2-19(d)）。同样得到

$$\begin{bmatrix} x_1 \\ y_1 \\ z_1 \end{bmatrix} = \boldsymbol{L}_x(\gamma) \begin{bmatrix} x_1 \\ y' \\ z' \end{bmatrix} \tag{2-25}$$

式中的基元变换矩阵为

$$\boldsymbol{L}_x(\gamma) = \begin{bmatrix} 1 & 0 & 0 \\ 0 & \cos\gamma & \sin\gamma \\ 0 & -\sin\gamma & \cos\gamma \end{bmatrix} \tag{2-26}$$

由以上推导可知，要将某矢量在地面坐标系 $Axyz$ 中的分量 x,y,z 转换到弹体坐标系 $Ox_1y_1z_1$ 中，只需将式(2-21) 和式(2-23) 代入式(2-25) 即可得到

$$\begin{bmatrix} x_1 \\ y_1 \\ z_1 \end{bmatrix} = \boldsymbol{L}_x(\gamma)\boldsymbol{L}_z(\vartheta)\boldsymbol{L}_y(\psi) \begin{bmatrix} x \\ y \\ z \end{bmatrix} \tag{2-27}$$

令

$$\boldsymbol{L}(\psi,\vartheta,\gamma) = \boldsymbol{L}_x(\gamma)\boldsymbol{L}_z(\vartheta)\boldsymbol{L}_y(\psi) \tag{2-28}$$

则式(2-27) 又可写成

$$\begin{bmatrix} x_1 \\ y_1 \\ z_1 \end{bmatrix} = \boldsymbol{L}(\psi,\vartheta,\gamma) \begin{bmatrix} x \\ y \\ z \end{bmatrix} \tag{2-29}$$

$\boldsymbol{L}(\psi,\vartheta,\gamma)$ 称为地面坐标系到弹体坐标系的坐标变换矩阵。将式(2-22)、式(2-24)、式(2-26) 代入式(2-28)，则有

$$\boldsymbol{L}(\psi,\vartheta,\gamma) = \begin{bmatrix} \cos\vartheta\cos\psi & \sin\vartheta & -\cos\vartheta\sin\psi \\ -\sin\vartheta\cos\psi\cos\gamma + \sin\psi\sin\gamma & \cos\vartheta\cos\gamma & \sin\vartheta\sin\psi\cos\gamma + \cos\psi\sin\gamma \\ \sin\vartheta\cos\psi\sin\gamma + \sin\psi\cos\gamma & -\cos\vartheta\sin\gamma & -\sin\vartheta\sin\psi\sin\gamma + \cos\psi\cos\gamma \end{bmatrix} \tag{2-30}$$

地面坐标系与弹体坐标系之间的变换关系也可用表 2-1 中所列的方向余弦表给出。

由上述过程可以看出，两个坐标系之间的坐标变换矩阵就是各基元变换矩阵的乘积，且基元变换矩阵相乘的顺序与坐标系旋转的顺序相反（左乘）。根据这一规律，可以直接写出任何两个坐标系之间的变换矩阵。关于基元变换矩阵的写法也是有规律可循的，请读者自行总结。注意：坐标系旋转的顺序并不是唯一的，有关说明可参阅参考文献[2]。

表 2-1　地面坐标系与弹体坐标系之间的坐标变换方向余弦表

	Ax	Ay	Az
Ox_1	$\cos\vartheta\cos\psi$	$\sin\vartheta$	$-\cos\vartheta\sin\psi$
Oy_1	$-\sin\vartheta\cos\psi\cos\gamma+\sin\psi\sin\gamma$	$\cos\vartheta\cos\gamma$	$\sin\vartheta\sin\psi\cos\gamma+\cos\psi\sin\gamma$
Oz_1	$\sin\vartheta\cos\psi\sin\gamma+\sin\psi\cos\gamma$	$-\cos\vartheta\sin\gamma$	$-\sin\vartheta\sin\psi\sin\gamma+\cos\psi\cos\gamma$

如果已知某矢量在弹体坐标系中的分量为 x_1, y_1, z_1，那么，在地面坐标系中的分量可按下式计算：

$$\begin{bmatrix} x \\ y \\ z \end{bmatrix} = \boldsymbol{L}^{-1}(\psi,\vartheta,\gamma)\begin{bmatrix} x_1 \\ y_1 \\ z_1 \end{bmatrix} \tag{2-31}$$

而且，$\boldsymbol{L}^{-1}(\psi,\vartheta,\gamma)=\boldsymbol{L}^{\mathrm{T}}(\psi,\vartheta,\gamma)$，因此，坐标变换矩阵是规范化正交矩阵，它的元素满足如下条件：

$$\left.\begin{aligned} &\sum_{k=1}^{3} l_{ik} l_{jk} = \delta_{ij} \\ &\sum_{k=1}^{3} l_{ki} l_{kj} = \delta_{ij} \\ &\delta_{ij}=1, \quad i=j \\ &\delta_{ij}=0, \quad i\neq j \end{aligned}\right\} \tag{2-32}$$

另外，坐标变换矩阵还具有传递性：设想有 3 个坐标系 A,B,C，若 A 到 B，B 到 C 的转换矩阵分别为 $\boldsymbol{L}_{AB}$，$\boldsymbol{L}_{BC}$，则 A 到 C 的变换矩阵为

$$\boldsymbol{L}_{AC}=\boldsymbol{L}_{AB}\boldsymbol{L}_{BC} \tag{2-33}$$

2.6.2.2　地面坐标系与弹道坐标系之间的变换矩阵

地面坐标系 $Axyz$ 与弹道坐标系 $Ox_2y_2z_2$ 的变换，可通过两次旋转得到，如图 2-20 所示。它们之间的相互方位可由两个角度确定，分别定义如下：

(1) 弹道倾角 θ：导弹的速度矢量 **V**(即 Ox_2 轴) 与水平面 xAz 之间的夹角，若速度矢量 **V** 在水平面之上，则 θ 为正，反之为负。

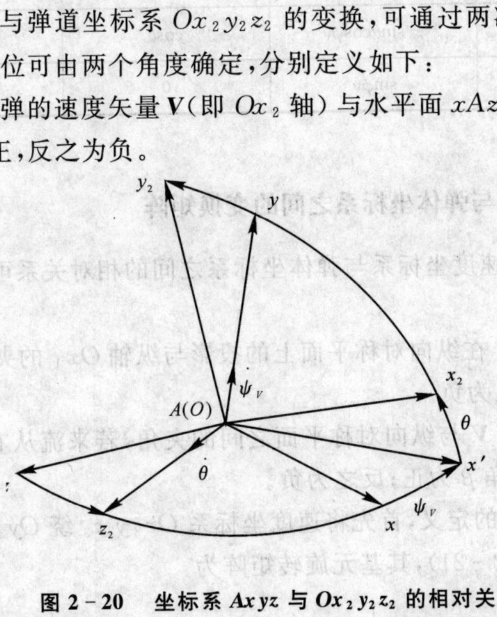

图 2-20　坐标系 $Axyz$ 与 $Ox_2y_2z_2$ 的相对关系

(2) 弹道偏角 ψ_V：导弹的速度矢量 $\boldsymbol{V}$ 在水平面 xAz 上的投影 Ox' 与 Ax 轴之间的夹角。沿 Ay 轴向下看，当 Ax 轴逆时针方向转到投影线 Ox' 上时，弹道偏角 ψ_V 为正，反之为负。

显然地面坐标系到弹道坐标系的变换矩阵可通过两次旋转求得。首先将地面坐标系绕 Ay 轴旋转一个 ψ_V 角，组成过渡坐标系 $Ax'yz_2$，得到基元旋转矩阵为

$$\boldsymbol{L}_y(\psi_V)=\begin{bmatrix}\cos\psi_V & 0 & -\sin\psi_V\\ 0 & 1 & 0\\ \sin\psi_V & 0 & \cos\psi_V\end{bmatrix} \tag{2-34}$$

然后，使过渡坐标系 $Ax'yz_2$ 绕 Az_2 轴旋转一个 θ 角，基元旋转矩阵为

$$\boldsymbol{L}_z(\theta)=\begin{bmatrix}\cos\theta & \sin\theta & 0\\ -\sin\theta & \cos\theta & 0\\ 0 & 0 & 1\end{bmatrix} \tag{2-35}$$

因此，地面坐标系与弹道坐标系之间的变换矩阵为

$$\boldsymbol{L}(\psi_V,\theta)=\boldsymbol{L}_z(\theta)\boldsymbol{L}_y(\psi_V)=\begin{bmatrix}\cos\theta\cos\psi_V & \sin\theta & -\cos\theta\sin\psi_V\\ -\sin\theta\cos\psi_V & \cos\theta & \sin\theta\sin\psi_V\\ \sin\psi_V & 0 & \cos\psi_V\end{bmatrix}$$

若已知地面坐标系 $Axyz$ 中的列矢量 x,y,z，求在弹道坐标系 $Ox_2y_2z_2$ 各轴上的分量 x_2，y_2，z_2，则利用上式可得

$$\begin{bmatrix}x_2\\ y_2\\ z_2\end{bmatrix}=\boldsymbol{L}(\psi_V,\theta)\begin{bmatrix}x\\ y\\ z\end{bmatrix} \tag{2-36}$$

地面坐标系与弹道坐标系之间的变换关系也可用方向余弦表(见表 2-2)给出。

表 2-2　地面坐标系与弹道坐标系之间的坐标变换方向余弦表

	Ax	Ay	Az
Ox_2	$\cos\theta\cos\psi_V$	$\sin\theta$	$-\cos\theta\sin\psi_V$
Oy_2	$-\sin\theta\cos\psi_V$	$\cos\theta$	$\sin\theta\sin\psi_V$
Oz_2	$\sin\psi_V$	0	$\cos\psi_V$

2.6.2.3　速度坐标系与弹体坐标系之间的变换矩阵

由坐标系的定义可知，速度坐标系与弹体坐标系之间的相对关系可由两个角度确定(见图 2-21)，分别定义如下：

攻角 α—— 速度矢量 $\boldsymbol{V}$ 在纵向对称平面上的投影与纵轴 Ox_1 的夹角，当纵轴位于投影线的上方时，攻角 α 为正；反之为负。

侧滑角 β—— 速度矢量 $\boldsymbol{V}$ 与纵向对称平面之间的夹角，若来流从右侧(沿飞行方向观察)流向弹体，则所对应的侧滑角 β 为正；反之为负。

根据攻角 α 和侧滑角 β 的定义，首先将速度坐标系 $Ox_3y_3z_3$ 绕 Oy_3 轴旋转一个 β 角，得到过渡坐标系 $Ox'y_3z_1$(见图 2-21)，其基元旋转矩阵为

$$L_y(\beta)=\begin{bmatrix}\cos\beta & 0 & -\sin\beta\\ 0 & 1 & 0\\ \sin\beta & 0 & \cos\beta\end{bmatrix}$$

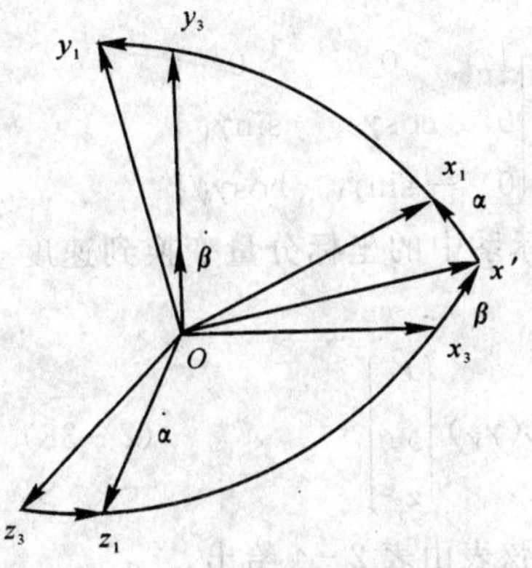

图 2-21　弹体坐标系 $Ox_1y_1z_1$ 与速度坐标系 $Ox_3y_3z_3$ 的相对关系

然后，再将坐标系 $Ox'y_3z_1$ 绕 Oz_1 轴旋转一个 α 角，即得到弹体坐标系 $Ox_1y_1z_1$，对应的基元旋转矩阵为

$$L_z(\alpha)=\begin{bmatrix}\cos\alpha & \sin\alpha & 0\\ -\sin\alpha & \cos\alpha & 0\\ 0 & 0 & 1\end{bmatrix}$$

因此，速度坐标系 $Ox_3y_3z_3$ 到弹体坐标系 $Ox_1y_1z_1$ 的变换矩阵可写成

$$L(\beta,\alpha)=L_z(\alpha)L_y(\beta)=\begin{bmatrix}\cos\alpha\cos\beta & \sin\alpha & -\cos\alpha\sin\beta\\ -\sin\alpha\cos\beta & \cos\alpha & \sin\alpha\sin\beta\\ \sin\beta & 0 & \cos\beta\end{bmatrix}$$

利用上式，可将速度坐标系中的分量 x_3, y_3, z_3 转换到弹体坐标系中，即

$$\begin{bmatrix}x_1\\ y_1\\ z_1\end{bmatrix}=L(\beta,\alpha)\begin{bmatrix}x_3\\ y_3\\ z_3\end{bmatrix} \tag{2-37}$$

速度坐标系与弹体坐标系的坐标变换关系也可用方向余弦表由表 2-3 给出。

表 2-3　速度坐标系与弹体坐标系的坐标变换方向余弦表

	Ox_3	Oy_3	Oz_3
Ox_1	$\cos\alpha\cos\beta$ 、	$\sin\alpha$	$-\cos\alpha\sin\beta$
Oy_1	$-\sin\alpha\cos\beta$	$\cos\alpha$	$\sin\alpha\sin$
Oz_1	$\sin\beta$	0	$\cos\beta$

2.6.2.4　弹道坐标系与速度坐标系之间的变换矩阵

由这两个坐标系的定义可知，Ox_2 轴和 Ox_3 轴都与速度矢量 **V** 重合，因此，它们之间的相互方位只用一个角参数 γ_V 即可确定。γ_V 称为速度滚转角，定义成位于导弹纵向对称平面

x_1Oy_1 内的 Oy_3 轴与包含速度矢量 **V** 的铅垂面之间的夹角(Oy_2 轴与 Oy_3 轴的夹角)。沿着速度方向(从导弹尾部)看,Oy_2 轴顺时针方向转到 Oy_3 轴时,γ_V 为正,反之为负(见图 2-22)。

这两个坐标系之间的变换矩阵就是绕 Ox_2 轴旋转 γ_V 角所得的基元旋转矩阵,即

$$\boldsymbol{L}(\gamma_V)=\boldsymbol{L}_x(\gamma_V)=\begin{bmatrix}1 & 0 & 0\\0 & \cos\gamma_V & \sin\gamma_V\\0 & -\sin\gamma_V & \cos\gamma_V\end{bmatrix}$$

应用上式,可将弹道坐标系中的坐标分量变换到速度坐标系中去,即

$$\begin{bmatrix}x_3\\y_3\\z_3\end{bmatrix}=\boldsymbol{L}(\gamma_V)\begin{bmatrix}x_2\\y_2\\z_2\end{bmatrix} \qquad (2-38)$$

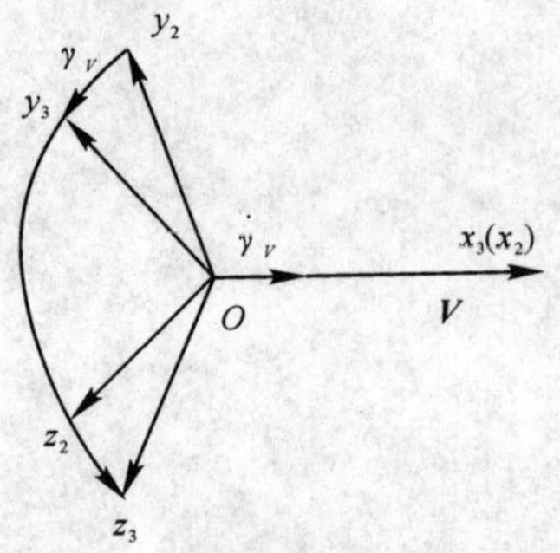

图 2-22 坐标系 $Ox_2y_2z_2$ 与 $Ox_3y_3z_3$ 的相对关系

两坐标系之间的方向余弦表由表 2-4 给出。

表 2-4 弹道坐标系与速度坐标系之间的坐标变换方向余弦表

	Ox_2	Oy_2	Oz_2
Ox_3	1	0	0
Oy_3	0	$\cos\gamma_V$	$\sin\gamma_V$
Oz_3	0	$-\sin\gamma_V$	$\cos\gamma_V$

2.6.2.5 地面坐标系与速度坐标系之间的变换矩阵

以弹道坐标系作为过渡坐标系,将式(2-36)代入式(2-38),即可得到地面坐标系与速度坐标系之间的变换关系为

$$\begin{bmatrix}x_3\\y_3\\z_3\end{bmatrix}=\boldsymbol{L}(\gamma_V)\boldsymbol{L}(\psi_V,\theta)\begin{bmatrix}x\\y\\z\end{bmatrix} \qquad (2-39)$$

因此,地面坐标系到速度坐标系的变换矩阵为

$$\boldsymbol{L}(\psi_V,\theta,\gamma_V)=\boldsymbol{L}(\gamma_V)\boldsymbol{L}(\psi_V,\theta)$$

为便于查阅,将 $\boldsymbol{L}(\psi_V,\theta,\gamma_V)$ 展开,写成表 2-5 给出的方向余弦表。

表 2-5 地面坐标系与速度坐标系之间的坐标变换方向余弦表

	Ax	Ay	Az
Ox_3	$\cos\theta\cos\psi_V$	$\sin\theta$	$-\cos\theta\sin\psi_V$
Oy_3	$-\sin\theta\cos\psi_V\cos\gamma_V+\sin\psi_V\sin\gamma_V$	$\cos\theta\cos\gamma_V$	$\sin\theta\sin\psi_V\cos\gamma_V+\cos\psi_V\sin\gamma_V$
Oz_3	$\sin\theta\cos\psi_V\sin\gamma_V+\sin\psi_V\cos\gamma_V$	$-\cos\theta\sin\gamma_V$	$-\sin\theta\sin\psi_V\sin\gamma_V+\cos\psi_V\cos\gamma_V$

2.6.2.6 弹道坐标系与弹体坐标系之间的变换矩阵

以速度坐标系作为过渡坐标系,将式(2-38)代入式(2-37),即可得到弹道坐标系与弹体

坐标系之间的变换关系为

$$\begin{bmatrix} x_1 \\ y_1 \\ z_1 \end{bmatrix} = \boldsymbol{L}(\beta,\alpha)\boldsymbol{L}(\gamma_V)\begin{bmatrix} x_2 \\ y_2 \\ z_2 \end{bmatrix} \tag{2-40}$$

因此，弹道坐标系到弹体坐标系的变换矩阵为

$$\boldsymbol{L}(\gamma_V,\beta,\alpha) = \boldsymbol{L}(\beta,\alpha)\boldsymbol{L}(\gamma_V)$$

为便于查阅，将 $\boldsymbol{L}(\gamma_V,\beta,\alpha)$ 展开，写成表 2-6 给出的方向余弦表。

表 2-6　弹道坐标系与弹体坐标系之间的坐标变换方向余弦表

	Ox_2	Oy_2	Oz_2
Ox_1	$\cos\alpha\cos\beta$	$\sin\alpha\cos\gamma_V + \cos\alpha\sin\beta\sin\gamma_V$	$\sin\alpha\sin\gamma_V - \cos\alpha\sin\beta\cos\gamma_V$
Oy_1	$-\sin\alpha\cos\beta$	$\cos\alpha\cos\gamma_V - \sin\alpha\sin\beta\sin\gamma_V$	$\cos\alpha\sin\gamma_V + \sin\alpha\sin\beta\cos\gamma_V$
Oz_1	$\sin\beta$	$-\cos\beta\sin\gamma_V$	$\cos\beta\cos\gamma_V$

2.7　导弹运动方程组

导弹运动方程组是描述作用在导弹上的力、力矩与导弹运动参数之间关系的一组方程。它由描述导弹质心运动和弹体姿态变化的动力学方程、运动学方程、导弹质量变化方程、角度几何关系方程和描述控制系统工作的方程所组成。

2.7.1　动力学方程

前面已经提到，导弹的空间运动可看成变质量物体的六自由度运动，由两个矢量方程描述。为研究方便起见，通常将矢量方程投影到坐标系上，写成 3 个描述导弹质心运动的动力学标量方程和 3 个描述导弹绕质心转动的动力学标量方程。

2.7.1.1　导弹质心运动的动力学方程

坐标系的选取方法将直接影响到所建立的导弹质心运动方程的繁简程度。工程实践表明：研究近程战术导弹质心运动的动力学问题时，将矢量方程投影到弹道坐标系 $Ox_2y_2z_2$ 是最方便的。

对于近程战术导弹而言，将地面坐标系视为惯性坐标系，能保证所需要的计算准确度。弹道坐标系 $Ox_2y_2z_2$ 是动坐标系，它相对地面坐标系既有位移运动（其速度为 $\boldsymbol{V}$），又有转动运动（其角速度为 $\boldsymbol{\Omega}$）。

在动坐标系中建立动力学方程，需要引用矢量的绝对导数和相对导数之间的关系，即

$$\frac{\mathrm{d}\boldsymbol{V}}{\mathrm{d}t} = \frac{\partial \boldsymbol{V}}{\partial t} + \boldsymbol{\Omega} \times \boldsymbol{V}$$

式中，$\mathrm{d}\boldsymbol{V}/\mathrm{d}t$ 为矢量 $\boldsymbol{V}$ 在惯性坐标系（地面坐标系）中的绝对导数；$\partial\boldsymbol{V}/\partial t$ 为矢量 $\boldsymbol{V}$ 在动坐标系（弹道坐标系）中的相对导数。

导弹质心运动方程可写成

$$m\left(\frac{\partial\boldsymbol{V}}{\partial t}+\boldsymbol{\Omega}\times\boldsymbol{V}\right)=\boldsymbol{F} \tag{2-41}$$

式中，各矢量在弹道坐标系 $Ox_2y_2z_2$ 各轴上的投影定义为

$$\begin{bmatrix}\frac{\mathrm{d}V_{x2}}{\mathrm{d}t} & \frac{\mathrm{d}V_{y2}}{\mathrm{d}t} & \frac{\mathrm{d}V_{z2}}{\mathrm{d}t}\end{bmatrix}^{\mathrm{T}}$$

$$\begin{bmatrix}\Omega_{x2} & \Omega_{y2} & \Omega_{z2}\end{bmatrix}^{\mathrm{T}}$$

$$\begin{bmatrix}V_{x2} & V_{y2} & V_{z2}\end{bmatrix}^{\mathrm{T}}$$

$$\begin{bmatrix}F_{x2} & F_{y2} & F_{z2}\end{bmatrix}^{\mathrm{T}}$$

将式(2-41)展开，得到

$$m\begin{bmatrix}\frac{\mathrm{d}V_{x2}}{\mathrm{d}t}+\Omega_{y2}V_{z2}-\Omega_{z2}V_{y2}\\ \frac{\mathrm{d}V_{y2}}{\mathrm{d}t}+\Omega_{z2}V_{x2}-\Omega_{x2}V_{z2}\\ \frac{\mathrm{d}V_{z2}}{\mathrm{d}t}+\Omega_{x2}V_{y2}-\Omega_{y2}V_{x2}\end{bmatrix}=\begin{bmatrix}F_{x2}\\ F_{y2}\\ F_{z2}\end{bmatrix} \tag{2-42}$$

根据弹道坐标系 $Ox_2y_2z_2$ 的定义，速度矢量 $\boldsymbol{V}$ 与 Ox_2 轴重合，故 $\boldsymbol{V}$ 在弹道坐标系各轴上的投影分量为

$$\begin{bmatrix}V_{x2}\\ V_{y2}\\ V_{z2}\end{bmatrix}=\begin{bmatrix}V\\ 0\\ 0\end{bmatrix} \tag{2-43}$$

由坐标变换可知，地面坐标系经过两次旋转后与弹道坐标系重合，两次旋转的角速度大小分别为 $\dot{\psi}_V$，$\dot{\theta}$，则弹道坐标系相对地面坐标系的旋转角速度为两次旋转的角速度合成。它在 $Ox_2y_2z_2$ 各轴上的投影可利用变换矩阵得到，即

$$\begin{bmatrix}\Omega_{x2}\\ \Omega_{y2}\\ \Omega_{z2}\end{bmatrix}=\boldsymbol{L}(\psi_V,\theta)\begin{bmatrix}0\\ \dot{\psi}_V\\ 0\end{bmatrix}+\begin{bmatrix}0\\ 0\\ \dot{\theta}\end{bmatrix}=\begin{bmatrix}\dot{\psi}_V\sin\theta\\ \dot{\psi}_V\cos\theta\\ \dot{\theta}\end{bmatrix} \tag{2-44}$$

将式(2-43)和式(2-44)代入式(2-42)中，得

$$\begin{bmatrix}m\frac{\mathrm{d}V}{\mathrm{d}t}\\ mV\frac{\mathrm{d}\theta}{\mathrm{d}t}\\ -mV\cos\theta\frac{\mathrm{d}\psi_V}{\mathrm{d}t}\end{bmatrix}=\begin{bmatrix}F_{x2}\\ F_{y2}\\ F_{z2}\end{bmatrix} \tag{2-45}$$

式中，$\mathrm{d}V/\mathrm{d}t$ 为加速度矢量在弹道切线（Ox_2）上的投影，又称为切向加速度；$V\mathrm{d}\theta/\mathrm{d}t$ 为加速度矢量在弹道法线（Oy_2）上的投影，又称法向加速度；$-V\cos\theta(\mathrm{d}\psi_V/\mathrm{d}t)$ 为加速度矢量在 Oz_2 轴上的投影分量，也称为侧向加速度。

如图 2-23 所示，法向加速度 $V\mathrm{d}\theta/\mathrm{d}t$ 使导弹质心在铅垂平面内做曲线运动。若在 t 瞬时，导弹位于 A 点，经 $\mathrm{d}t$ 时间间隔，导弹飞过弧长 $\mathrm{d}s$ 到达 B 点，弹道倾角的变化量为 $\mathrm{d}\theta$，那么，这时

的法向加速度为 $a_{y2}=V^2/\rho$，其中，曲率半径又可写成

$$\rho=\frac{\mathrm{d}s}{\mathrm{d}\theta}=\frac{\mathrm{d}s}{\mathrm{d}t}\frac{\mathrm{d}t}{\mathrm{d}\theta}=\frac{V}{\frac{\mathrm{d}\theta}{\mathrm{d}t}}=\frac{V}{\dot{\theta}}$$

故

$$a_{y2}=\frac{V^2}{\rho}=V\frac{\mathrm{d}\theta}{\mathrm{d}t}=V\dot{\theta}$$

法向加速度 $a_{z2}=-V\cos\theta(\mathrm{d}\psi_V/\mathrm{d}t)$ 的“负”号表明，根据弹道偏角 ψ_V 所采用的正负号定义，当 $-\pi/2<\theta<\pi/2$ 时，正的侧向力将产生负的角速度 $\mathrm{d}\psi_V/\mathrm{d}t$。

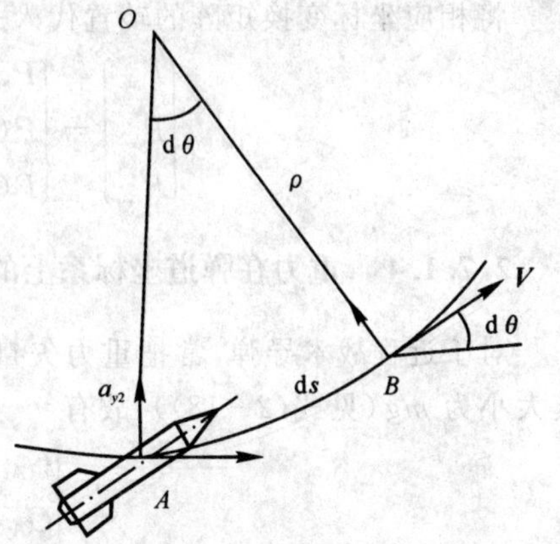

图 2-23　导弹在铅垂平面内做曲线运动

下面将讨论式(2-45)右端项，即合外力在弹道坐标系各轴上的投影分量。它们在弹道坐标系各轴上的投影分量可利用有关变换矩阵得到。

2.7.1.2　空气动力在弹道坐标系上的投影

作用在导弹上的空气动力 $\boldsymbol{R}$ 在速度坐标系 $Ox_3y_3z_3$ 的分量形式最为简单，分别与阻力 X、升力 Y 和侧向力 Z 相对应。根据弹道坐标系和速度坐标系之间的坐标变换矩阵式(2-38)或方向余弦表 2-4，空气动力在弹道坐标系 $Ox_2y_2z_2$ 各轴上的投影分量为

$$\begin{bmatrix}R_{x2}\\R_{y2}\\R_{z2}\end{bmatrix}=\boldsymbol{L}^{-1}(\gamma_V)\begin{bmatrix}-X\\Y\\Z\end{bmatrix}=\boldsymbol{L}^{\mathrm{T}}(\gamma_V)\begin{bmatrix}-X\\Y\\Z\end{bmatrix}=\begin{bmatrix}-X\\Y\cos\gamma_V-Z\sin\gamma_V\\Y\sin\gamma_V+Z\cos\gamma_V\end{bmatrix}\tag{2-46}$$

2.7.1.3　推力在弹道坐标系上的投影

假设发动机的推力 $\boldsymbol{P}$ 与弹体纵轴 Ox_1 重合，那么，推力 $\boldsymbol{P}$ 在弹道坐标系 $Ox_2y_2z_2$ 各轴上的投影表达式只要作两次坐标变换即可得到。首先，利用速度坐标系与弹体坐标系之间的变换矩阵式(2-37)，将推力 $\boldsymbol{P}$ 投影到速度坐标系 $Ox_3y_3z_3$ 各轴上；然后利用弹道坐标系与速度坐标系之间的变换关系式(2-38)，即可得到推力 $\boldsymbol{P}$ 在弹道坐标系各轴上的投影。若推力 $\boldsymbol{P}$ 在 $Ox_1y_1z_1$ 系中的分量用 P_{x1},P_{y1},P_{z1} 表示，则有

$$\begin{bmatrix}P_{x1}\\P_{y1}\\P_{z1}\end{bmatrix}=\begin{bmatrix}P\\0\\0\end{bmatrix}\tag{2-47}$$

利用 $\boldsymbol{L}^{\mathrm{T}}(\beta,\alpha)$，得到推力 $\boldsymbol{P}$ 在速度坐标系各轴上的投影分量，即

$$\begin{bmatrix}P_{x3}\\P_{y3}\\P_{z3}\end{bmatrix}=\boldsymbol{L}^{\mathrm{T}}(\beta,\alpha)\begin{bmatrix}P_{x1}\\P_{y1}\\P_{z1}\end{bmatrix}$$

再利用弹道坐标系与速度坐标系之间的变换关系，得到推力在弹道坐标系上的投影分量，即

$$\begin{bmatrix}P_{x2}\\P_{y2}\\P_{z2}\end{bmatrix}=\boldsymbol{L}^{\mathrm{T}}(\gamma_V)\begin{bmatrix}P_{x3}\\P_{y3}\\P_{z3}\end{bmatrix}=\boldsymbol{L}^{\mathrm{T}}(\gamma_V)\boldsymbol{L}^{\mathrm{T}}(\beta,\alpha)\begin{bmatrix}P_{x1}\\P_{y1}\\P_{z1}\end{bmatrix}\tag{2-48}$$

将相应坐标变换矩阵的转置代入式(2-48),并考虑到式(2-47),则有

$$\begin{bmatrix} P_{x2} \\ P_{y2} \\ P_{z2} \end{bmatrix} = \begin{bmatrix} P\cos\alpha\cos\beta \\ P(\sin\alpha\cos\gamma_V + \cos\alpha\sin\beta\sin\gamma_V) \\ P(\sin\alpha\sin\gamma_V - \cos\alpha\sin\beta\cos\gamma_V) \end{bmatrix} \tag{2-49}$$

2.7.1.4 重力在弹道坐标系上的投影

对于近程战术导弹,常把重力矢量视为平行力场,即重力与地面坐标系的 Ay 轴平行,且其大小为 mg(见式(2-18)),故有

$$\begin{bmatrix} G_{Ax} \\ G_{Ay} \\ G_{Az} \end{bmatrix} = \begin{bmatrix} 0 \\ -G \\ 0 \end{bmatrix} = \begin{bmatrix} 0 \\ -mg \\ 0 \end{bmatrix}$$

显然,重力 $\boldsymbol{G}$ 在弹道坐标系各轴的投影只要利用变换矩阵式(2-36)或方向余弦表2-2即可得到,即

$$\begin{bmatrix} G_{x2} \\ G_{y2} \\ G_{z2} \end{bmatrix} = \boldsymbol{L}(\psi_V, \theta) \begin{bmatrix} G_{Ax} \\ G_{Ay} \\ G_{Az} \end{bmatrix} = \begin{bmatrix} -mg\sin\theta \\ -mg\cos\theta \\ 0 \end{bmatrix} \tag{2-50}$$

将式(2-46)、式(2-49)和式(2-50)代入式(2-45),即可得到描述导弹质心运动的动力学方程,即

$$\begin{bmatrix} m\dfrac{\mathrm{d}V}{\mathrm{d}t} \\ mV\dfrac{\mathrm{d}\theta}{\mathrm{d}t} \\ -mV\cos\theta\dfrac{\mathrm{d}\psi_V}{\mathrm{d}t} \end{bmatrix} = \begin{bmatrix} P\cos\alpha\cos\beta - X - mg\sin\theta \\ P(\sin\alpha\cos\gamma_V + \cos\alpha\sin\beta\sin\gamma_V) + Y\cos\gamma_V - Z\sin\gamma_V - mg\cos\theta \\ P(\sin\alpha\sin\gamma_V - \cos\alpha\sin\beta\cos\gamma_V) + Y\sin\gamma_V + Z\cos\gamma_V \end{bmatrix} \tag{2-51}$$

2.7.1.5 导弹绕质心转动的动力学方程

导弹绕质心转动的动力学矢量方程投影到弹体坐标系上的标量形式最为简单。

弹体坐标系 $Ox_1y_1z_1$ 是动坐标系,假设弹体坐标系相对地面坐标系的转动角速度为 $\boldsymbol{\omega}$,在弹体坐标系中,导弹绕质心转动的动力学方程为

$$\frac{\mathrm{d}\boldsymbol{H}}{\mathrm{d}t} = \frac{\partial \boldsymbol{H}}{\partial t} + \boldsymbol{\omega} \times \boldsymbol{H} = \boldsymbol{M} \tag{2-52}$$

式中,$\mathrm{d}\boldsymbol{H}/\mathrm{d}t$,$\partial\boldsymbol{H}/\partial t$ 分别为动量矩的绝对、相对导数。

设 $\boldsymbol{i}_1, \boldsymbol{j}_1, \boldsymbol{k}_1$ 分别为沿弹体坐标系各轴的单位矢量;$\omega_{x1}, \omega_{y1}, \omega_{z1}$ 分别为弹体坐标系转动角速度 $\boldsymbol{\omega}$ 沿弹体坐标系各轴的分量。动量矩可表示成

$$\boldsymbol{H} = \boldsymbol{J} \cdot \boldsymbol{\omega}$$

式中,$\boldsymbol{J}$ 为惯性张量,其矩阵表示形式为

$$\boldsymbol{J} = \begin{bmatrix} J_{x1} & -J_{x1y1} & -J_{z1x1} \\ -J_{x1y1} & J_{y1} & -J_{y1z1} \\ -J_{z1x1} & -J_{y1z1} & J_{z1} \end{bmatrix}$$

式中，J_{x1}，J_{y1}，J_{z1} 分别为导弹对弹体坐标系各轴的转动惯量；J_{x1y1}，J_{y1z1}，J_{z1x1} 分别为导弹对弹体坐标系各轴的惯性积。

若导弹为轴对称型，则弹体坐标系的轴 Ox_1，Oy_1 与 Oz_1 就是导弹的惯性主轴。此时，导弹对弹体坐标系各轴的惯性积为零。于是，动量矩 $\boldsymbol{H}$ 沿弹体坐标系各轴的分量为

$$\begin{bmatrix} H_{x1} \\ H_{y1} \\ H_{z1} \end{bmatrix} = \begin{bmatrix} J_{x1} & 0 & 0 \\ 0 & J_{y1} & 0 \\ 0 & 0 & J_{z1} \end{bmatrix} \begin{bmatrix} \omega_{x1} \\ \omega_{y1} \\ \omega_{z1} \end{bmatrix} = \begin{bmatrix} J_{x1}\omega_{x1} \\ J_{y1}\omega_{y1} \\ J_{z1}\omega_{z1} \end{bmatrix}$$

而

$$\frac{\partial H}{\partial t} = \frac{\mathrm{d}H_{x1}}{\mathrm{d}t}\boldsymbol{i}_1 + \frac{\mathrm{d}H_{y1}}{\mathrm{d}t}\boldsymbol{j}_1 + \frac{\mathrm{d}H_{z1}}{\mathrm{d}t}\boldsymbol{k}_1 = J_{x1}\frac{\mathrm{d}\omega_{x1}}{\mathrm{d}t}\boldsymbol{i}_1 + J_{y1}\frac{\mathrm{d}\omega_{y1}}{\mathrm{d}t}\boldsymbol{j}_1 + J_{z1}\frac{\mathrm{d}\omega_{z1}}{\mathrm{d}t}\boldsymbol{k}_1 \tag{2-53}$$

$$\boldsymbol{\omega} \times \boldsymbol{H} = \begin{vmatrix} \boldsymbol{i}_1 & \boldsymbol{j}_1 & \boldsymbol{k}_1 \\ \omega_{x1} & \omega_{y1} & \omega_{z1} \\ H_{x1} & H_{y1} & H_{z1} \end{vmatrix} = \begin{vmatrix} \boldsymbol{i}_1 & \boldsymbol{j}_1 & \boldsymbol{k}_1 \\ \omega_{x1} & \omega_{y1} & \omega_{z1} \\ J_{x1}\omega_{x1} & J_{y1}\omega_{y1} & J_{z1}\omega_{z1} \end{vmatrix} =$$

$$(J_{z1} - J_{y1})\omega_{z1}\omega_{y1}\boldsymbol{i}_1 + (J_{x1} - J_{z1})\omega_{x1}\omega_{z1}\boldsymbol{j}_1 + (J_{y1} - J_{x1})\omega_{y1}\omega_{x1}\boldsymbol{k}_1 \tag{2-54}$$

将式(2－53)、式(2－54) 代入式(2－52)，则导弹绕质心转动的动力学方程就可化成（为了书写方便，将注脚“1”省略）

$$\begin{bmatrix} J_x\dfrac{\mathrm{d}\omega_x}{\mathrm{d}t} + (J_z - J_y)\omega_z\omega_y \\ J_y\dfrac{\mathrm{d}\omega_y}{\mathrm{d}t} + (J_x - J_z)\omega_x\omega_z \\ J_z\dfrac{\mathrm{d}\omega_z}{\mathrm{d}t} + (J_y - J_x)\omega_y\omega_x \end{bmatrix} = \begin{bmatrix} M_x \\ M_y \\ M_z \end{bmatrix} \tag{2-55}$$

式中，M_x，M_y，M_z 分别为作用于导弹上的所有外力对质心之力矩在弹体坐标系 $Ox_1y_1z_1$ 各轴上的分量。若推力矢量 $\boldsymbol{P}$ 与 Ox_1 轴完全重合，则只考虑气动力矩就可以了。

如果导弹是面对称型的（关于导弹纵向平面 x_1Oy_1 对称），即 $J_{yz} = J_{zx} = 0$，那么，导弹绕质心转动的动力学方程可写成

$$\begin{bmatrix} J_x\dfrac{\mathrm{d}\omega_x}{\mathrm{d}t} - J_{xy}\dfrac{\mathrm{d}\omega_y}{\mathrm{d}t} + (J_z - J_y)\omega_z\omega_y + J_{xy}\omega_x\omega_z \\ J_y\dfrac{\mathrm{d}\omega_y}{\mathrm{d}t} - J_{xy}\dfrac{\mathrm{d}\omega_x}{\mathrm{d}t} + (J_x - J_z)\omega_x\omega_z + J_{xy}\omega_z\omega_y \\ J_z\dfrac{\mathrm{d}\omega_z}{\mathrm{d}t} + (J_y - J_x)\omega_y\omega_x + J_{xy}(\omega_y^2 - \omega_x^2) \end{bmatrix} = \begin{bmatrix} M_x \\ M_y \\ M_z \end{bmatrix}$$

2.7.2　运动学方程

研究导弹质心运动的运动学方程和绕质心转动的运动学方程，其目的是确定质心每一瞬时的坐标位置以及导弹相对地面坐标系的瞬时姿态。

2.7.2.1　导弹绕质心运动的运动学方程

在地面坐标系中，导弹速度分量为

$$\begin{bmatrix}V_x\\V_y\\V_z\end{bmatrix}=\begin{bmatrix}\dfrac{\mathrm{d}x}{\mathrm{d}t}\\\dfrac{\mathrm{d}y}{\mathrm{d}t}\\\dfrac{\mathrm{d}z}{\mathrm{d}t}\end{bmatrix}$$

根据弹道坐标系 $Ox_2y_2z_2$ 的定义可知，速度矢量 $\boldsymbol{V}$ 与 Ox_2 轴重合，利用弹道坐标系和地面坐标系之间的变换矩阵又可得到

$$\begin{bmatrix}V_x\\V_y\\V_z\end{bmatrix}=\boldsymbol{L}^{\mathrm{T}}(\psi_V,\theta)\begin{bmatrix}V_{x2}\\V_{y2}\\V_{z2}\end{bmatrix}=\boldsymbol{L}^{\mathrm{T}}(\psi_V,\theta)\begin{bmatrix}V\\0\\0\end{bmatrix}=\begin{bmatrix}V\cos\theta\cos\psi_V\\V\sin\theta\\-V\cos\theta\sin\psi_V\end{bmatrix}$$

比较上述两式，得到导弹质心的运动学方程为

$$\begin{bmatrix}\dfrac{\mathrm{d}x}{\mathrm{d}t}\\\dfrac{\mathrm{d}y}{\mathrm{d}t}\\\dfrac{\mathrm{d}z}{\mathrm{d}t}\end{bmatrix}=\begin{bmatrix}V\cos\theta\cos\psi_V\\V\sin\theta\\-V\cos\theta\sin\psi_V\end{bmatrix}\tag{2-56}$$

通过积分，可以求得导弹质心相对于地面坐标系 $Axyz$ 的位置坐标 x,y,z。

2.7.2.2 导弹绕质心转动的运动学方程

要确定导弹在空间的姿态，就需要建立描述导弹相对地面坐标系姿态变化的运动学方程，即建立导弹姿态角 ψ,ϑ,γ 对时间的导数与转动角速度分量 $\omega_{x1},\omega_{y1},\omega_{z1}$ 之间的关系式。

根据弹体坐标系与地面坐标系之间的变换关系，可知导弹相对地面坐标系的旋转角速度 $\boldsymbol{\omega}$ 实际上是3次旋转的转动角速度的矢量合成(见图2-19)。这3次转动的角速度在弹体坐标系中的分量分别为 $L_x(\gamma)L_z(\vartheta)[0\quad\dot{\psi}\quad 0]^{\mathrm{T}}$，$L_x(\gamma)[0\quad 0\quad\dot{\vartheta}]^{\mathrm{T}}$，$[\dot{\gamma}\quad 0\quad 0]^{\mathrm{T}}$，因此，导弹转动角速度在弹体坐标系中的分量为

$$\begin{bmatrix}\omega_{x1}\\\omega_{y1}\\\omega_{z1}\end{bmatrix}=L_x(\gamma)L_z(\vartheta)\begin{bmatrix}0\\\dot{\psi}\\0\end{bmatrix}+L_x(\gamma)\begin{bmatrix}0\\0\\\dot{\vartheta}\end{bmatrix}+\begin{bmatrix}\dot{\gamma}\\0\\0\end{bmatrix}=$$

$$\begin{bmatrix}\dot{\psi}\sin\vartheta+\dot{\gamma}\\\dot{\psi}\cos\vartheta\cos\gamma+\dot{\vartheta}\sin\gamma\\-\dot{\psi}\cos\vartheta\sin\gamma+\dot{\vartheta}\cos\gamma\end{bmatrix}=\begin{bmatrix}1&\sin\vartheta&0\\0&\cos\vartheta\cos\gamma&\sin\gamma\\0&-\cos\vartheta\sin\gamma&\cos\gamma\end{bmatrix}\begin{bmatrix}\dot{\gamma}\\\dot{\psi}\\\dot{\vartheta}\end{bmatrix}$$

经变换后得

$$\begin{bmatrix}\dot{\gamma}\\\dot{\psi}\\\dot{\vartheta}\end{bmatrix}=\begin{bmatrix}1&-\tan\vartheta\cos\gamma&\tan\vartheta\sin\gamma\\0&\dfrac{\cos\gamma}{\cos\vartheta}&-\dfrac{\sin\gamma}{\cos\vartheta}\\0&\sin\gamma&\cos\gamma\end{bmatrix}\begin{bmatrix}\omega_{x1}\\\omega_{y1}\\\omega_{z1}\end{bmatrix}$$

将上式展开，就得到了导弹绕质心转动的运动学方程(同样将注脚“1”省略)，即

$$\begin{bmatrix} \dfrac{d\vartheta}{dt} \\ \dfrac{d\psi}{dt} \\ \dfrac{d\gamma}{dt} \end{bmatrix} = \begin{bmatrix} \omega_y \sin\gamma + \omega_z \cos\gamma \\ \dfrac{1}{\cos\vartheta}(\omega_y \cos\gamma - \omega_z \sin\gamma) \\ \omega_x - \tan\vartheta(\omega_y \cos\gamma - \omega_z \sin\gamma) \end{bmatrix} \tag{2-57}$$

注意：上述方程在某些情况下是不能应用的。例如：当俯仰角 $\vartheta = 90^\circ$ 时，方程是奇异的，偏航角 ψ 是不确定的。此时，可采用四元数来表示导弹的姿态，并用四元数建立导弹绕质心转动的运动学方程；也可用双欧法克服运动学方程的奇异性，但较复杂。四元数法被经常用来研究导弹或航天器的大角度姿态运动[2]。

2.7.3　导弹的质量方程

导弹在飞行过程中，由于发动机不断地消耗燃料，导弹的质量不断减小。因此，在描述导弹运动的方程组中，还需有描述导弹质量变化的微分方程，即

$$\frac{dm}{dt} = -m_s(t) \tag{2-58}$$

式中，dm/dt 为导弹质量变化率，其值总为负；$m_s(t)$ 为导弹在单位时间内的质量消耗量（燃料秒流量）。

$m_s(t)$ 的大小主要取决于发动机的性能，通常认为 m_s 是已知的时间函数，这样，方程式(2-58) 可独立于导弹运动方程组之外单独求解，即

$$m = m_0 - \int_{t_0}^{t_f} m_s(t)\,dt$$

式中，m_0 为导弹的初始质量；t_0 为发动机开始工作时间；t_f 为发动机工作结束时间。

2.7.4　角度几何关系方程

前面定义了 4 个常用的坐标系。从研究它们之间的变换矩阵可知，这 4 个坐标系之间的关系是由 8 个角度参数 $\theta,\psi_V,\gamma_V,\vartheta,\psi,\gamma,\alpha,\beta$ 联系起来的（见图 2-24）。但是，这 8 个角度并不是完全独立的。例如，速度坐标系相对于地面坐标系 $Axyz$ 的方位，既可以通过 θ,ψ_V 和 γ_V 确定（弹道坐标系作为过渡坐标系），也可以通过 $\vartheta,\psi,\gamma,\alpha,\beta$ 来确定（弹体坐标系作为过渡坐标系）。这就说明，这 8 个角度参数中，只有 5 个是独立的，其余 3 个角参数则可以由这 5 个独立的角度参数来表示，相应的 3 个表达式称为角度几何关系方程。这 3 个几何关系可以根据需要表示成不同的形式，也就是说，角度几何关系方程并不是唯一的。

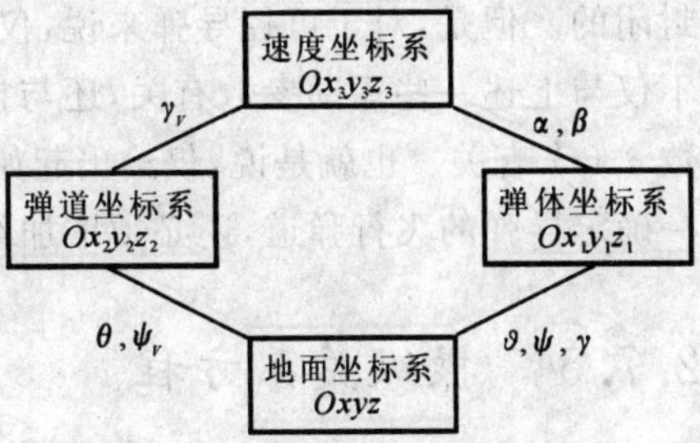

图 2-24　4 个坐标系之间的关系

由于在式(2-51) 和式(2-57) 中，对 θ,ψ 和 ϑ,ψ,γ 角已有相应的方程来描述，因此，就可用这 5 个角度参量分别求 α,β,γ，从而建立 3 个相应的几何关系方程。

建立角度几何关系方程，可采用球面三角、四元数和方向余弦等方法。现在介绍利用方向

余弦和有关矢量运算的知识来建立 3 个角度几何关系方程。

众所周知，过参考坐标系原点的任意两个单位矢量夹角 φ 的余弦，等于它们各自与坐标系对应轴的方向余弦乘积之和，即

$$\cos\varphi = \cos\alpha_1\cos\alpha_2 + \cos\beta_1\cos\beta_2 + \cos\gamma_1\cos\gamma_2 \tag{2-59}$$

设 $\boldsymbol{i},\boldsymbol{j},\boldsymbol{k}$ 分别为参考坐标系 $Axyz$ 各对应轴的单位矢量，过原点 A 的两个单位矢量夹角的余弦记作 $\langle \boldsymbol{l}_1\cdot\boldsymbol{l}_2\rangle$，则式(2-59)又可写成

$$\langle \boldsymbol{l}_1\cdot\boldsymbol{l}_2\rangle = \langle \boldsymbol{l}_1\cdot\boldsymbol{i}\rangle\langle \boldsymbol{l}_2\cdot\boldsymbol{i}\rangle + \langle \boldsymbol{l}_1\cdot\boldsymbol{j}\rangle\langle \boldsymbol{l}_2\cdot\boldsymbol{j}\rangle + \langle \boldsymbol{l}_1\cdot\boldsymbol{k}\rangle\langle \boldsymbol{l}_2\cdot\boldsymbol{k}\rangle \tag{2-60}$$

若把弹体坐标系的 Oz_1 轴和弹道坐标系的 Ox_2 轴的单位矢量分别视为 $\boldsymbol{l}_1$ 和 $\boldsymbol{l}_2$，以地面坐标系 $Axyz$ 为参考坐标系，将 $Ox_2y_2z_2$ 和 $Ox_1y_1z_1$ 两坐标系平移至参考系，使其原点 O 与原点 A 重合，查表 2-1、表 2-2 和表 2-6，可得式(2-60)的各单位矢量夹角的余弦项，经整理得

$$\sin\beta = \cos\theta[\cos\gamma\sin(\psi-\psi_V) + \sin\vartheta\sin\gamma\cos(\psi-\psi_V)] - \sin\theta\cos\vartheta\sin\gamma \tag{2-61}$$

若把弹体坐标系的 Ox_1 轴和弹道坐标系的 Ox_2 轴的单位矢量分别视为 $\boldsymbol{l}_1$ 和 $\boldsymbol{l}_2$，则可得

$$\cos\alpha = [\cos\vartheta\cos\theta\cos(\psi-\psi_V) + \sin\vartheta\sin\theta]/\cos\beta \tag{2-62}$$

若把弹体坐标系的 Oz_1 轴和弹道坐标系的 Oz_2 轴的单位矢量分别视为 $\boldsymbol{l}_1$ 和 $\boldsymbol{l}_2$，同样可得

$$\cos\gamma_V = [\cos\gamma\cos(\psi-\psi_V) - \sin\vartheta\sin\gamma\sin(\psi-\psi_V)]/\cos\beta \tag{2-63}$$

式(2-61)～式(2-63)即为 3 个角度几何关系方程。

有时几何关系方程显得很简单，例如，当导弹作无侧滑、无滚转飞行时，存在 $\alpha=\vartheta-\theta$；当导弹作无侧滑、零攻角飞行时，存在 $\gamma=\gamma_V$；当导弹在水平面内作无滚转、小攻角($\alpha\approx 0$)飞行时，则有 $\beta=\psi-\psi_V$。

至此，已建立了描述导弹质心运动的动力学方程式(2-51)、导弹绕质心转动的动力学方程式(2-55)、导弹质心运动的运动学方程式(2-56)、导弹绕质心转动的运动学方程式(2-57)、质量变化方程式(2-58)和角度几何关系方程式(2-61)～式(2-63)，以上 16 个方程，构成了无控导弹的运动方程组。如果不考虑外界干扰，只要给出初始条件，求解这组方程，就可唯一地确定一条无控弹道，并得到 16 个相应的运动参数：$V(t),\theta(t),\psi_V(t),\vartheta(t),\psi(t),\gamma(t),\omega_x(t),\omega_y(t),\omega_z(t),x(t),y(t),z(t),m(t),\alpha(t),\beta(t),\gamma_V(t)$ 随时间的变化规律，故方程组是封闭的。但是，对于可控导弹来说，仅有上述 16 个方程还不能求解，因为方程组中的力和力矩不仅与上述一些运动参数有关，还与操纵机构的偏转角 $\delta_x(t),\delta_y(t),\delta_z(t)$ 和发动机的调节参数 $\delta_p(t)$ 有关。也就是说，仅给出起始参数，还不能唯一地确定可控导弹的飞行弹道。要想唯一确定导弹的飞行弹道，还必须增加约束导弹运动的操纵关系方程。

2.7.5 操纵关系方程

2.7.5.1 操纵飞行原理

按照导弹命中目标的要求，改变导弹速度方向和大小的飞行，称为控制飞行。导弹是在控制系统作用下，遵循一定的操纵关系来飞行的。要想改变飞行速度的大小和方向，就必须改变作用于导弹上的外力大小和方向。作用于导弹上的力主要有空气动力 $\boldsymbol{R}$、推力 $\boldsymbol{P}$ 和重力 $\boldsymbol{G}$。由于重力 $\boldsymbol{G}$ 始终指向地心，其大小和方向也不能随意改变，因此，控制导弹的飞行只能依靠改变

空气动力 $\boldsymbol{R}$ 和推力 $\boldsymbol{P}$，其合力称为控制力 $\boldsymbol{N}$，即

$$\boldsymbol{N}=\boldsymbol{P}+\boldsymbol{R} \tag{2-64}$$

控制力 $\boldsymbol{N}$ 可分解为沿速度方向和垂直于速度方向的两个分量(见图 2-25)，分别称为切向控制力和法向控制力，即

$$\boldsymbol{N}=\boldsymbol{N}_\tau+\boldsymbol{N}_\mathrm{n}$$

切向控制力用来改变速度大小，其计算关系式为

$$\boldsymbol{N}_\tau=\boldsymbol{P}_\tau-\boldsymbol{X}$$

式中，$\boldsymbol{P}_\tau$，$\boldsymbol{X}$ 分别为推力 $\boldsymbol{P}$ 在弹道切向的投影和空气阻力。

通常采用推力控制来实现速度大小的改变，即控制发动机节气阀偏角 δ_p 达到调节发动机推力大小的目的。

法向控制力 $\boldsymbol{N}_\mathrm{n}$ 用来改变速度的方向，即导弹的飞行方向，其计算关系式为

$$\boldsymbol{N}_\mathrm{n}=\boldsymbol{P}_\mathrm{n}+\boldsymbol{Y}+\boldsymbol{Z}$$

式中，$\boldsymbol{N}_\mathrm{n}$，$\boldsymbol{Y}$，$\boldsymbol{Z}$ 分别为推力 $\boldsymbol{P}$ 的法向分量、升力和侧向力。

法向控制力的改变主要是依靠改变空气动力的法向力(升力和侧向力)来实现的。当导弹上的操纵机构(如空气舵、气动扰流片等)偏转时，操纵面上会产生相应的操纵力，它对导弹质心形成操纵力矩，使得弹体绕质心转动，从而导致导弹在空中的姿态发生变化。而导弹姿态的改变，将会引起气流与弹体的相对流动状态的改变，攻角、侧滑角亦将随之变化，从而改变了作用在导弹上的空气动力。

对于轴对称型导弹，它装有两对弹翼，并沿纵轴对称分布，所以，气动效应也是对称的。通过改变升降舵的偏转角 δ_z 来改变攻角 α 的大小，从而改变升力 $\boldsymbol{Y}$ 的大小和方向；而改变方向舵的偏转角 δ_y，则可改变侧滑角 β，使侧向力 $\boldsymbol{Z}$ 的大小和方向发生变化；若同时使 δ_z，δ_y 各自获得任意角度，那么 α，β 都将改变，这时将得到任意方向和大小的空气动力。另外，当 α，β 改变时，推力的法向分量也随之变化。

对于面对称型导弹，外形与飞机相似，有一对较大的水平弹翼，其升力要比侧向力大得多。俯仰运动的操纵仍是通过改变升降舵的偏转角 δ_z 的大小来实现的；偏航运动的操纵则是通过差动副翼，使弹体倾斜来实现的。当升力转到某一方向(不在铅垂面内)时，升力的水平分量使导弹进行偏航运动，如图 2-26 所示。

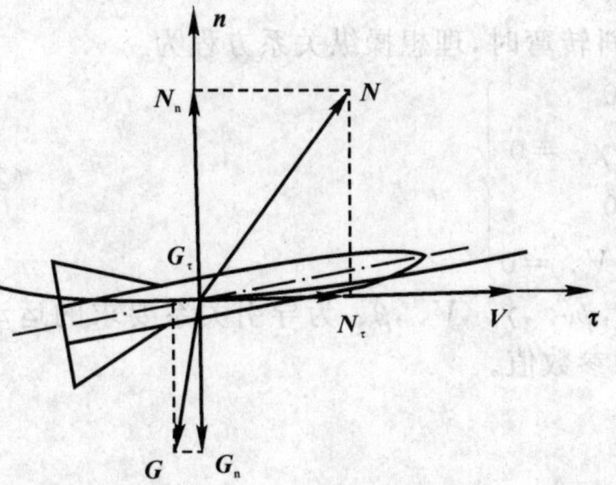

图 2-25　导弹的切向力和法向力

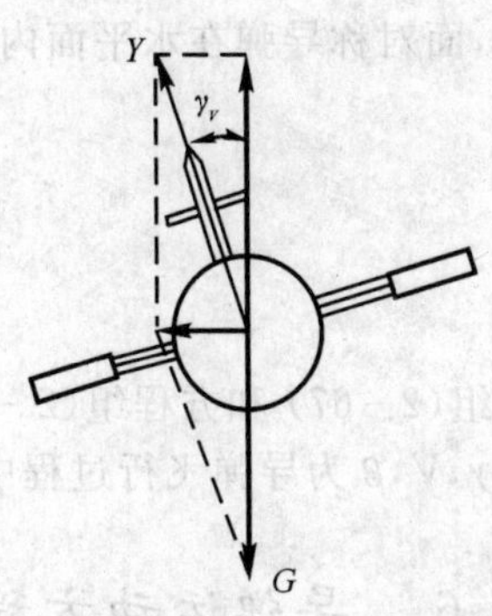

图 2-26　面对称型导弹的偏航操纵

2.7.5.2 操纵关系方程

导弹制导系统和其他自动控制系统一样也是误差控制系统。当导弹的实际运动参数与导引关系所要求的运动参数不一致时，就会产生控制信号。例如，如果导弹飞行中的俯仰角 ϑ 与要求的俯仰角 ϑ_* 不相等，即存在偏差角 $\Delta\vartheta=\vartheta-\vartheta_*$ 时，控制系统则将根据 $\Delta\vartheta$ 的大小使升降舵偏转相应的角度 $\Delta\delta_z$，即

$$\Delta\delta_z=K_\vartheta(\vartheta-\vartheta_*)=K_\vartheta\Delta\vartheta$$

式中，K_ϑ 为由控制系统决定的比例因数，或称增益因数。

导弹在飞行过程中，控制系统总是做出消除误差信号 $\Delta\vartheta$ 的反应。制导系统越准确，运动参数的误差就越小。假设制导系统的误差用 ε_i 表示，x_{i*} 为导引关系要求的运动参数值，x_i 为实际运动参数值，则有

$$\varepsilon_i=x_i-x_{i*}\quad(i=1,2,3,4)$$

在一般情况下，ε_i 不可能为零。此时控制系统将偏转相应的舵面和发动机调节机构，以求消除误差。舵面偏转角的大小和方向取决于误差 ε_i 的数值和正负号，通常情况下，操纵关系方程可写成

$$\left.\begin{aligned}\delta_x&=f(\varepsilon_1)\\\delta_y&=f(\varepsilon_2)\\\delta_z&=f(\varepsilon_3)\\\delta_p&=f(\varepsilon_4)\end{aligned}\right\}\tag{2-65}$$

在设计导弹弹道时，需要综合考虑导弹的运动方程与控制系统加在导弹上的约束方程，问题比较复杂。初步设计时，可作近似处理：假设控制系统是按“无误差工作”的理想控制系统，运动参数始终能保持导引关系所要求的变化规律，则有

$$\varepsilon_i=x_i-x_{*i}=0\quad(i=1,2,3,4)\tag{2-66}$$

式(2-66)称为理想操纵关系方程。在某些特殊情况下，理想操纵关系方程的形式非常简单，例如，当轴对称导弹作直线等速飞行时，理想操纵关系方程为

$$\left.\begin{aligned}\varepsilon_1&=\theta-\theta_*=0\\\varepsilon_2&=\psi_V-\psi_{V*}=0\\\varepsilon_3&=\gamma=0\\\varepsilon_4&=V-V_*=0\end{aligned}\right\}\tag{2-67}$$

再如，面对称导弹在水平面内进行等速倾斜转弯时，理想操纵关系方程为

$$\left.\begin{aligned}\varepsilon_1&=\theta=0\\\varepsilon_2&=\gamma-\gamma_*=0\\\varepsilon_3&=\beta=0\\\varepsilon_4&=V-V_*=0\end{aligned}\right\}\tag{2-68}$$

方程组(2-67)和方程组(2-68)中的 $\theta_*,\psi_{V*},\gamma_*,V_*,\beta_*$ 为导引关系要求的运动参数值，$\theta,\psi_V,\gamma,V,\beta$ 为导弹飞行过程中的实际运动参数值。

2.7.6 导弹运动方程组

综合前面所得到的方程式(2-51)、式(2-55) ～ 式(2-58)、式(2-61) ～ 式(2-63)和

(2-66)，构成了描述导弹飞行的运动方程组，即

$$
\left.
\begin{aligned}
& m\frac{\mathrm{d}V}{\mathrm{d}t}=P\cos\alpha\cos\beta-X-mg\sin\theta \\
& mV\frac{\mathrm{d}\theta}{\mathrm{d}t}=P(\sin\alpha\cos\gamma_V+\cos\alpha\sin\beta\sin\gamma_V)+Y\cos\gamma_V-Z\sin\gamma_V-mg\cos\theta \\
& -mV\cos\theta\frac{\mathrm{d}\psi_V}{\mathrm{d}t}=P(\sin\alpha\sin\gamma_V-\cos\alpha\sin\beta\cos\gamma_V)+Y\sin\gamma_V+Z\cos\gamma_V \\
& J_x\frac{\mathrm{d}\omega_x}{\mathrm{d}t}+(J_z-J_y)\omega_y\omega_z=M_x \\
& J_y\frac{\mathrm{d}\omega_y}{\mathrm{d}t}+(J_x-J_z)\omega_z\omega_x=M_y \\
& J_z\frac{\mathrm{d}\omega_z}{\mathrm{d}t}+(J_y-J_x)\omega_x\omega_y=M_z \\
& \frac{\mathrm{d}x}{\mathrm{d}t}=V\cos\theta\cos\psi_V \\
& \frac{\mathrm{d}y}{\mathrm{d}t}=V\sin\theta \\
& \frac{\mathrm{d}z}{\mathrm{d}t}=-V\cos\theta\sin\psi_V \\
& \frac{\mathrm{d}\vartheta}{\mathrm{d}t}=\omega_y\sin\gamma+\omega_z\cos\gamma \\
& \frac{\mathrm{d}\psi}{\mathrm{d}t}=\frac{1}{\cos\vartheta}(\omega_y\cos\gamma-\omega_z\sin\gamma) \\
& \frac{\mathrm{d}\gamma}{\mathrm{d}t}=\omega_x-\tan\vartheta(\omega_y\cos\gamma-\omega_z\sin\gamma) \\
& \frac{\mathrm{d}m}{\mathrm{d}t}=-m_s \\
& \sin\beta=\cos\theta[\cos\gamma\sin(\psi-\psi_V)+\sin\vartheta\sin\gamma\cos(\psi-\psi_V)]-\sin\theta\cos\vartheta\sin\gamma \\
& \cos\alpha=[\cos\vartheta\cos\theta\cos(\psi-\psi_V)+\sin\vartheta\sin\theta]/\cos\beta \\
& \cos\gamma_V=[\cos\gamma\cos(\psi-\psi_V)-\sin\vartheta\sin\gamma\sin(\psi-\psi_V)]/\cos\beta \\
& \varepsilon_1=0 \\
& \varepsilon_2=0 \\
& \varepsilon_3=0 \\
& \varepsilon_4=0
\end{aligned}
\right\}
\tag{2-69}
$$

方程组(2-69)以标量的形式给出了导弹的空间运动方程组，它是一组非线性常微分方程。在这 20 个方程中，除了推力 $\boldsymbol{P}$、气动力 X,Y,Z 和力矩 M_x,M_y,M_z(可根据运动参数计算)以外，还包含有 20 个未知参数：$V(t),\theta(t),\psi_V(t),\omega_x(t),\omega_y(t),\omega_z(t),\vartheta(t),\psi(t),\gamma(t),x(t),y(t),z(t),\alpha(t),\beta(t),\gamma_V(t),m(t),\delta_x(t),\delta_y(t),\delta_z(t),\delta_p(t)$。因此，方程组(2-69)是可以封闭求解的。在给定各参数的初始条件之后，即可用数值积分法求解方程组(2-69)，从而获得可控弹道及其相应参数的变化规律。

2.8 导弹运动方程组的简化与分解

在上一节里，用了 20 个方程来描述导弹的空间运动。在工程上，实际用于弹道计算的导弹运动方程个数远不止这些。一般而言，运动方程组的方程数目越多，导弹运动就描述得越完整、越准确，但研究和解算也就越麻烦。在导弹设计的某些阶段，特别是在导弹总体和制导系统的初步设计阶段，通常在求解精度允许范围内，应用一些近似方法对导弹运动方程组进行简化求解。实践证明，在一定的假设条件下，把导弹运动方程组(2-69)分解为纵向运动和侧向运动方程组，或简化为在铅垂平面和水平面内的运动方程组，都具有一定的实用价值。

2.8.1 导弹的纵向运动和侧向运动

导弹的纵向运动，是由导弹质心在飞行平面或对称平面 x_1Oy_1 内的平移运动和绕 Oz_1 轴的旋转运动所组成的。在纵向运动中，参数 $V,\theta,\vartheta,\omega_z,\alpha,x,y$ 是随时间变化的，通常称为纵向运动参数。

纵向运动过程中，导弹运动参数 $\beta,\gamma,\gamma_V,\psi,\psi_V,\omega_x,\omega_y,z$ 恒为零。

在纵向运动中等于零的参数 $\beta,\gamma,\gamma_V,\psi,\psi_V,\omega_x,\omega_y,z$ 等称为侧向运动参数。所谓侧向运动，是指侧向运动参数 $\beta,\gamma,\gamma_V,\omega_x,\omega_y,\psi,\psi_V,z$ 随时间变化的运动。它是由导弹质心沿 Oz_1 轴的平移运动和绕弹体 Ox_1 轴、Oy_1 轴的旋转运动所组成的。

由方程组(2-69)不难看出，导弹的飞行过程是由纵向运动和侧向运动所组成的，它们之间相互关联、相互影响。但当导弹在给定的铅垂面内运动时，只要不破坏运动的对称性(不进行偏航、滚转操纵，且无干扰)，纵向运动是可以独立存在的。这时，描述侧向运动参数的方程可以去掉，只剩下 10 个描述纵向运动参数的方程，其中包含 $V,\theta,\vartheta,\omega_z,\alpha,x,y,m,\delta_z,\delta_p$ 等 10 个参数。然而，描述侧向运动参数的方程则不能离开纵向运动而单独存在。

2.8.1.1 纵向运动方程

现将导弹的一般运动方程组(2-69)分解成两个独立的方程组：一是描述纵向运动参数变化的方程组；一是描述侧向运动参数变化的方程组。当研究导弹的运动规律时，就会使联立求解的方程数目减少。为了能独立求解描述纵向运动参数变化的方程组，必须去掉该方程组中的侧向运动参数 $\beta,\gamma,\gamma_V,\psi,\psi_V,\omega_x,\omega_y,z$。也就是说，要把纵向运动和侧向运动分开，应满足下述假设条件：

(1) 侧向运动参数 $\beta,\gamma,\gamma_V,\psi,\psi_V,\omega_x,\omega_y,z$ 及舵偏角 δ_x,δ_y 都是小量，这样可以令 $\cos\beta=\cos\gamma=\cos\gamma_V\approx 1$，并略去各小量的乘积如 $\sin\beta\sin\gamma,\omega_y\sin\gamma,\omega_y\omega_x,z\sin\gamma_V$ 等，以及 β,δ_x,δ_y 对空气阻力的影响。

(2) 导弹基本上在某个铅垂面内飞行，即其飞行弹道与铅垂面内的弹道差别不大。

(3) 俯仰操纵机构的偏转仅取决于纵向运动参数；而偏航、滚转操纵机构的偏转仅取决于侧向运动参数。

利用上述假设，就能将导弹运动方程组分为描述纵向运动的方程组和描述侧向运动的方程组。

描述导弹纵向运动的方程组为

$$\left.\begin{aligned}
&m\frac{\mathrm{d}V}{\mathrm{d}t}=P\cos\alpha-X-mg\sin\theta\\
&mV\frac{\mathrm{d}\theta}{\mathrm{d}t}=P\sin\alpha+Y-mg\cos\theta\\
&J_z\frac{\mathrm{d}\omega_z}{\mathrm{d}t}=M_z\\
&\frac{\mathrm{d}x}{\mathrm{d}t}=V\cos\theta\\
&\frac{\mathrm{d}y}{\mathrm{d}t}=V\sin\theta\\
&\frac{\mathrm{d}\vartheta}{\mathrm{d}t}=\omega_z\\
&\frac{\mathrm{d}m}{\mathrm{d}t}=-m_s\\
&\alpha=\vartheta-\theta\\
&\varepsilon_1=0\\
&\varepsilon_4=0
\end{aligned}\right\}\tag{2-70}$$

纵向运动方程组(2-70),就是描述导弹在铅垂平面内运动的方程组。它共有 10 个方程,包含有 10 个未知参数:$V,\theta,\vartheta,\omega_z,\alpha,x,y,m,\delta_z,\delta_p$。因此,方程组(2-70)是封闭的,可以独立求解。

2.8.1.2　侧向运动方程组

描述导弹侧向运动的方程组为

$$\left.\begin{aligned}
&-mV\cos\theta\frac{\mathrm{d}\psi_V}{\mathrm{d}t}=P(\sin\alpha+Y)\sin\gamma_V-(P\cos\alpha\sin\beta-Z)\cos\gamma_V\\
&J_x\frac{\mathrm{d}\omega_x}{\mathrm{d}t}=M_x-(J_z-J_y)\omega_z\omega_y\\
&J_y\frac{\mathrm{d}\omega_y}{\mathrm{d}t}=M_y-(J_x-J_z)\omega_z\omega_x\\
&\frac{\mathrm{d}z}{\mathrm{d}t}=-V\cos\theta\sin\psi_V\\
&\frac{\mathrm{d}\psi}{\mathrm{d}t}=\frac{1}{\cos\vartheta}(\omega_y\cos\gamma-\omega_z\sin\gamma)\\
&\frac{\mathrm{d}\gamma}{\mathrm{d}t}=\omega_x-\tan\vartheta(\omega_y\cos\gamma-\omega_z\sin\gamma)\\
&\sin\beta=\cos\theta[\cos\gamma\sin(\psi-\psi_V)+\sin\vartheta\sin\gamma\cos(\psi-\psi_V)]-\sin\theta\cos\vartheta\sin\gamma\\
&\cos\gamma_V=[\cos\gamma\cos(\psi-\psi_V)-\sin\vartheta\sin\gamma\sin(\psi-\psi_V)]/\cos\beta\\
&\varepsilon_2=0\\
&\varepsilon_3=0
\end{aligned}\right\}\tag{2-71}$$

侧向运动方程组(2-71)共有 10 个方程,除了含有 $\psi_V,\psi,\gamma,\gamma_V,\beta,\omega_x,\omega_y,z,\delta_x,\delta_y$ 等 10 个

侧向运动参数之外，还包括纵向运动参数$V,\theta,\vartheta,\omega_z,\alpha,x,y$等。无论怎样简化式(2-71)，也不能从中消去这些纵向参数。因此，若要由方程组(2-71)求得侧向运动参数，就必须首先求解纵向运动方程组(2-70)，然后，将解出的纵向运动参数代入侧向运动方程组(2-71)中，才可解出侧向运动参数的变化规律。

将导弹运动分解为纵向运动和侧向运动，能简化运动方程组的求解，同时，也能获得比较准确的计算结果。但是，当侧向运动参数不满足上述假设条件时，即侧向运动参数变化较大时，就不能再将导弹的运动分为纵向运动和侧向运动来研究。

2.8.2 导弹的平面运动

通常情况下，导弹是在三维空间内运动的，平面运动只是导弹运动的一种特殊情况。在某些情况下，导弹的运动可近似地视为在一个平面内，例如，地-空导弹在许多场合是在铅垂面或倾斜平面内飞行的；飞航式导弹在爬升段和末制导段也可近似地认为是在铅垂平面内运动的；空-空导弹的运动，在许多场合也可看作是在水平面内。因此，在导弹的初步设计阶段，研究、解算导弹的平面弹道，是具有一定应用价值的。

2.8.2.1 导弹在铅垂平面内的运动

导弹在铅垂平面内运动时，导弹的速度矢量$\boldsymbol{V}$始终处于该平面内，弹道偏角ψ_V为常值(若选地面坐标系的Ax轴位于该铅垂平面内，则$\psi_V=0$)。设弹体纵向对称平面x_1Oy_1与飞行平面重合，推力矢量$\boldsymbol{P}$与弹体纵轴重合。若要保证导弹在铅垂平面内飞行，那么在水平方向的侧向力应恒等于零。此时，导弹只有在铅垂面内的质心平移运动和绕Oz_1轴的转动。导弹在铅垂平面内的运动方程组与式(2-70)完全相同，这里不再赘述。

2.8.2.2 导弹在水平面内的运动

导弹在水平面内运动时，它的速度矢量$\boldsymbol{V}$始终处于该平面之内，即弹道倾角θ恒等于零。此时，作用于导弹上在铅垂方向的法向控制力应与导弹的重力相平衡，因此，要保持导弹在水平面内飞行，导弹应具有一定的攻角，以产生所需的法向控制力。导弹在主动段飞行过程中，质量不断减小，要想保持法向力平衡，就必须不断改变攻角的大小，也就是说，导弹要偏转升降舵，使弹体绕Oz_1轴转动。

若要使导弹在水平面内作机动飞行，则要求在水平方向上产生一定的侧向力，该力通常是借助于侧滑(轴对称型)或倾斜(面对称型)运动形成的。若导弹飞行既有侧滑又有倾斜，则将使控制复杂化，因此，轴对称导弹通常是采用有侧滑、无倾斜的控制飞行，而面对称导弹则是采用有倾斜、无侧滑的控制飞行。

由于导弹在水平面内作机动飞行时，在水平方向上产生侧向控制力的方式不同，因此，描述导弹在水平面内运动的方程组也不同。

2.8.2.3 有侧滑无倾斜的导弹水平运动方程组

导弹在水平面内作有侧滑、无倾斜的机动飞行时，$\theta\equiv0$，y为常值，且$\gamma=\gamma_V\equiv0,\omega_x\equiv0$，因此，根据方程组(2-69)的第2个方程，可得法向平衡关系式为

$$mg = P\sin\alpha + Y \tag{2-72}$$

由导弹运动方程组(2-69)得到导弹在水平面内作有侧滑无倾斜飞行的运动方程组为

$$\left.\begin{aligned}
&m\frac{dV}{dt} = P\cos\alpha\cos\beta - X \qquad && \frac{d\vartheta}{dt} = \omega_z \\
&mg = P\sin\alpha + Y && \frac{d\psi}{dt} = \frac{\omega_y}{\cos\vartheta} \\
&-mV\frac{d\psi_V}{dt} = -P\cos\alpha\sin\beta + Z && \frac{dm}{dt} = -m_s \\
&J_y\frac{d\omega_y}{dt} = M_y && \beta = \psi - \psi_V \\
&J_z\frac{d\omega_z}{dt} = M_z && \alpha = \vartheta \\
&\frac{dx}{dt} = V\cos\psi_V && \varepsilon_2 = 0 \\
&\frac{dz}{dt} = -V\sin\psi_V && \varepsilon_4 = 0
\end{aligned}\right\} \tag{2-73}$$

方程组(2-73)共 14 个方程,其中包含 14 个未知参数:$V,\psi_V,\omega_y,\omega_z,x,z,\vartheta,\psi,m,\alpha,\beta,\delta_z,\delta_y,\delta_p$,方程组(2-73)是封闭的。

2.9　导弹的质心运动

2.9.1　"瞬时平衡"假设

导弹的运动是由其质心运动和绕其质心的转动所组成的。在导弹初步设计阶段,为了能够简捷地获得导弹的飞行弹道及其主要的飞行特性,研究过程通常分两步进行:首先,暂不考虑导弹绕质心的转动,而将导弹当作一个可操纵质点来研究;然后,在此基础上再研究导弹绕其质心的转动运动。这种简化的处理方法,通常基于以下假设:

(1) 导弹绕弹体轴的转动是无惯性的,即

$$J_x = J_y = J_z = 0 \tag{2-74}$$

(2) 导弹控制系统理想地工作,既无误差,也无时间延迟;

(3) 不考虑各种干扰因素对导弹的影响。

前两点假设的实质,就是认为导弹在整个飞行期间的任一瞬时都处于平衡状态,即导弹操纵机构偏转时,作用在导弹上的力矩在每一瞬时都处于平衡状态,这就是所谓的"瞬时平衡"假设。

对于轴对称导弹,根据纵向静平衡关系式(2-9)和对偏航运动的类似处理,可得俯仰和偏航力矩的平衡关系式为

$$\left.\begin{aligned}
m_z^\alpha\alpha_b + m_z^{\delta_z}\delta_{zb} = 0 \\
m_y^\beta\beta_b + m_y^{\delta_y}\delta_{yb} = 0
\end{aligned}\right\} \tag{2-75}$$

式中,$\alpha_b,\beta_b,\delta_{zb},\delta_{yb}$ 分别为相应参数的平衡值。式(2-75)也可写成

$$\left.\begin{aligned}\delta_{zb} &= -\frac{m_z^{\alpha}}{m_z^{\delta_z}}\alpha_b \\ \delta_{yb} &= -\frac{m_y^{\beta}}{m_y^{\delta_y}}\beta_b\end{aligned}\right\} \tag{2-76}$$

或

$$\left.\begin{aligned}\alpha_b &= -\frac{m_z^{\delta_z}}{m_z^{\alpha}}\delta_{zb} \\ \beta_b &= -\frac{m_y^{\delta_y}}{m_y^{\beta}}\delta_{yb}\end{aligned}\right\} \tag{2-77}$$

由此可见，关于导弹转动无惯性的假设意味着：当操纵机构偏转时，参数 α,β 都瞬时达到其平衡值。

利用"瞬时平衡"假设，即控制系统无误差地工作，操纵关系方程可写成理想操纵关系式

$$\varepsilon_1 = 0, \quad \varepsilon_2 = 0, \quad \varepsilon_3 = 0, \quad \varepsilon_4 = 0 \tag{2-78}$$

实际上，导弹的运动是一个可控过程，由于导弹控制系统及其控制对象（弹体）都存在惯性，导弹从操纵机构偏转到运动参数发生变化，并不是在瞬间完成的，而是要经过一段时间。例如，升降舵偏转一个 δ_z 角之后，将引起弹体相对于 Oz_1 轴产生振荡运动，攻角的变化过程也是振荡的（见图 2-27），直到过渡过程结束时，攻角 α 才能达到它的稳态值。而利用"瞬时平衡"假设之后，认为在舵面偏转的同时，运动参数就立即达到它的稳态值，即过渡过程的时间为零。

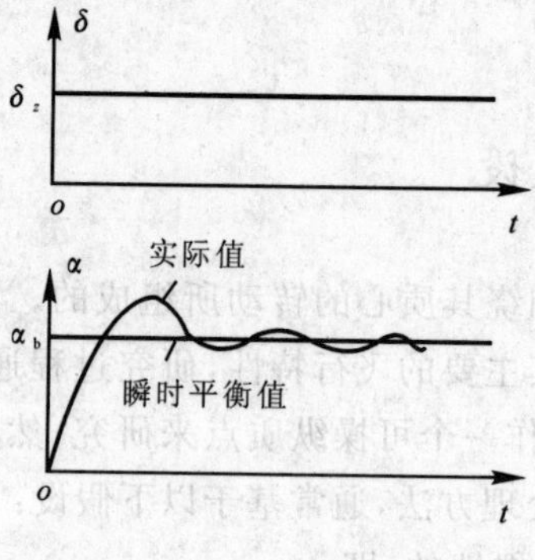

图 2-27　过渡过程示意图

另外，导弹的振荡运动会引起升力 Y 和侧向力 Z 的附加增量以及阻力 X 的增大。而阻力的增大，会使飞行速度减小，因此，在采用"瞬时平衡"假设研究导弹的质心运动时，为尽可能接近真实弹道，应适当加大阻力。

2.9.2　导弹质心运动方程组

基于"瞬时平衡"假设，将导弹的质心运动和绕质心的转动运动分别加以研究，利用导弹运动方程组(2-69)，可以得到如下描述导弹质心运动的方程组：

$$
\left.\begin{aligned}
& m\frac{\mathrm{d}V}{\mathrm{d}t}=P\cos\alpha_{\mathrm{b}}\cos\beta_{\mathrm{b}}-X_{\mathrm{b}}-mg\sin\theta \\
& mV\frac{\mathrm{d}\theta}{\mathrm{d}t}=P(\sin\alpha_{\mathrm{b}}\cos\gamma_V+\cos\alpha_{\mathrm{b}}\sin\beta_{\mathrm{b}}\sin\gamma_V)+Y_{\mathrm{b}}\cos\gamma_V-Z_{\mathrm{b}}\sin\gamma_V-mg\cos\theta \\
& -mV\cos\theta\frac{\mathrm{d}\psi_V}{\mathrm{d}t}=P(\sin\alpha_{\mathrm{b}}\sin\gamma_V-\cos\alpha_{\mathrm{b}}\sin\beta_{\mathrm{b}}\cos\gamma_V)+Y_{\mathrm{b}}\sin\gamma_V+Z_{\mathrm{b}}\cos\gamma_V \\
& \frac{\mathrm{d}x}{\mathrm{d}t}=V\cos\theta\cos\psi_V \\
& \frac{\mathrm{d}y}{\mathrm{d}t}=V\sin\theta \\
& \frac{\mathrm{d}z}{\mathrm{d}t}=-V\cos\theta\sin\psi_V \\
& \frac{\mathrm{d}m}{\mathrm{d}t}=-m_{\mathrm{s}} \\
& \alpha_{\mathrm{b}}=-\frac{m_z^{\delta_z}}{m_z^{\alpha}}\delta_{z\mathrm{b}} \\
& \beta_{\mathrm{b}}=-\frac{m_y^{\delta_y}}{m_y^{\beta}}\delta_{y\mathrm{b}} \\
& \varepsilon_1=0 \\
& \varepsilon_2=0 \\
& \varepsilon_3=0 \\
& \varepsilon_4=0
\end{aligned}\right\}\quad(2-79)
$$

式中，α_{b}，β_{b} 分别为平衡攻角、平衡侧滑角；X_{b}，Y_{b}，Z_{b} 分别为与 α_{b}，β_{b} 对应的平衡阻力、平衡升力、平衡侧向力。

对于固体火箭发动机，其推力大小一般是不可调节的，m_{s} 可以认为是时间的已知函数，那么，方程组(2-79)中的第7个方程可以独立求解，且 $\varepsilon_4=0$ 也就不存在了。这样，方程的个数就减少为11个，未知参数也去掉2个：m，δ_{p}，方程组仍是可以封闭求解的。

利用控制系统理想工作情况下的运动方程组(2-79)，计算导弹飞行弹道，所得结果就是导弹运动参数的“稳态值”，它对导弹总体和制导系统设计都具有重要意义。

值得指出的是，对于操纵性能比较好，绕质心旋转运动不太剧烈的导弹，利用质心运动方程组(2-79)进行弹道计算，可以得到令人满意的结果。但当导弹的操纵性能较差，并且绕质心的旋转运动比较剧烈时，必须考虑导弹旋转运动对质心运动的影响。

2.9.2.1　导弹在铅垂平面内的质心运动

基于“瞬时平衡”假设，简化方程组(2-70)，可以得到描述导弹在铅垂平面内运动的质心运动方程组为

$$\left.\begin{aligned}
&m\frac{\mathrm{d}V}{\mathrm{d}t}=P\cos\alpha_{\mathrm{b}}-X_{\mathrm{b}}-mg\sin\theta\\
&mV\frac{\mathrm{d}\theta}{\mathrm{d}t}=P\sin\alpha_{\mathrm{b}}+Y_{\mathrm{b}}-mg\cos\theta\\
&\frac{\mathrm{d}x}{\mathrm{d}t}=V\cos\theta\\
&\frac{\mathrm{d}y}{\mathrm{d}t}=V\sin\theta\\
&\frac{\mathrm{d}m}{\mathrm{d}t}=-m_{\mathrm{s}}\\
&\delta_{z\mathrm{b}}=-\frac{m_z^{\alpha}}{m_z^{\delta_z}}\alpha_{\mathrm{b}}\\
&\varepsilon_1=0\\
&\varepsilon_4=0
\end{aligned}\right\}\tag{2-80}$$

2.9.2.2 导弹在水平面内的质心运动方程组

基于“瞬时平衡”假设，根据运动方程组(2-73)可以简化得到导弹在水平面内运动的质心运动方程组。以导弹利用侧滑产生侧向控制力为例，在攻角和侧滑角较小的情况下，导弹在水平面内的质心运动方程组为

$$\left.\begin{aligned}
&m\frac{\mathrm{d}V}{\mathrm{d}t}=P-X_{\mathrm{b}}\\
&mg=P\alpha_{\mathrm{b}}+Y_{\mathrm{b}}\\
&-mV\frac{\mathrm{d}\psi_V}{\mathrm{d}t}=-P\beta_{\mathrm{b}}+Z_{\mathrm{b}}\\
&\frac{\mathrm{d}x}{\mathrm{d}t}=V\cos\psi_V\\
&\frac{\mathrm{d}z}{\mathrm{d}t}=-V\sin\psi_V\\
&\frac{\mathrm{d}m}{\mathrm{d}t}=-m_{\mathrm{s}}\\
&\psi=\psi_V+\beta_{\mathrm{b}}\\
&\vartheta=\alpha_{\mathrm{b}}\\
&\delta_{z\mathrm{b}}=-\frac{m_z^{\alpha}}{m_z^{\delta_z}}\alpha_{\mathrm{b}}\\
&\delta_{y\mathrm{b}}=-\frac{m_y^{\beta}}{m_y^{\delta_y}}\beta_{\mathrm{b}}\\
&\varepsilon_2=0\\
&\varepsilon_4=0
\end{aligned}\right\}\tag{2-81}$$

2.9.3 理想弹道、理论弹道和实际弹道

所谓“理想弹道”，就是将导弹视为一个可操纵的质点，认为控制系统理想地工作，且不考

虑弹体绕质心的转动以及外界的各种干扰，求解质心运动方程组得到的飞行弹道。

所谓“理论弹道”，是指将导弹视为某一力学模型（可操纵质点、刚体、弹性体），作为控制系统的一个环节（控制对象），将动力学方程、运动学方程、控制系统方程以及其他方程（质量变化方程、角度几何关系方程等）综合在一起，通过数值积分而求得的弹道，而且方程中所用的弹体结构参数、外形几何参数、发动机的特性参数均取设计值；大气参数取标准大气值；控制系统的参数取额定值；方程组的初值符合规定条件。

由此可知，理想弹道是理论弹道的一种简化情况。

导弹在真实情况下的飞行弹道称为“实际弹道”，它与理想弹道和理论弹道的最大区别在于，导弹在飞行过程中会受到各种随机干扰和误差的影响，因此，每发导弹的实际弹道是不可能完全相同的。

2.10　过　　载

导弹在飞行过程中受到的作用力和产生的加速度可以用过载来衡量。导弹的机动性是评价导弹飞行性能的重要指标之一。导弹的机动性也可以用过载进行评定。过载与弹体结构、制导系统的设计存在密切的关系。本节将介绍过载和机动性的有关概念，过载的投影，过载与导弹运动的关系等内容。

2.10.1　机动性与过载的概念

所谓机动性，是指导弹在单位时间内改变飞行速度大小和方向的能力。如果要攻击活动目标，特别是攻击空中的机动目标，导弹必须具有良好的机动性。导弹的机动性可以用切向和法向加速度来表征。但人们通常用过载矢量的概念来评定导弹的机动性。

所谓过载 $\boldsymbol{n}$，是指作用在导弹上除重力之外的所有外力的合力 $\boldsymbol{N}$（即控制力）与导弹重力 G 的比值，即

$$\boldsymbol{n}=\frac{\boldsymbol{N}}{G} \tag{2-82}$$

由过载定义可知，过载是个矢量，它的方向与控制力 $\boldsymbol{N}$ 的方向一致，其模值表示控制力大小为重力的多少倍。这就是说，过载矢量表征了控制力 $\boldsymbol{N}$ 的大小和方向。

过载的概念，除用于研究导弹的运动之外，在弹体结构强度和控制系统设计中也常用到。因为过载矢量决定了弹上各个部件或仪表所承受的作用力。例如，导弹以加速度 $\boldsymbol{a}$ 作平移运动时，相对弹体固定的某个质量为 m_i 的部件，除受到随导弹作加速运动引起的惯性力 $-m_i\boldsymbol{a}$ 之外，还要受到重力 $\boldsymbol{G}_i=m_i\boldsymbol{g}$ 和连接力 $\boldsymbol{F}_i$ 的作用，部件在这 3 个力的作用下处于相对平衡状态，即

$$-m_i\boldsymbol{a}+\boldsymbol{G}_i+\boldsymbol{F}_i=0$$

导弹的运动加速度 $\boldsymbol{a}$ 为

$$\boldsymbol{a}=\frac{\boldsymbol{N}+\boldsymbol{G}}{m} \tag{2-83}$$

故

$$F_i = m_i \frac{N + G}{m} - m_i g = G_i \frac{N}{G} = nG_i$$

可以看出：弹上任何部件所承受的连接力等于本身重力 G_i 乘以导弹的过载矢量。因此，如果已知导弹在飞行时的过载，就能确定其上任何部件所承受的作用力。

过载这一概念，在其他专业还有另外的定义，即把过载定义为作用在导弹上的所有外力的合力（包括重力）与导弹重力的比值。显然，在同样的情况下，过载的定义不同，其值也不同。

2.10.2 过载的投影

过载矢量的大小和方向，通常是由它在某坐标系上的投影来确定的。研究导弹运动的机动性时，需要给出过载矢量在弹道坐标系 $Ox_2y_2z_2$ 中的标量表达式；而在研究弹体或部件受力情况和进行强度分析时，又需要知道过载矢量在弹体坐标系 $Ox_1y_1z_1$ 中的投影。

根据过载的定义，将推力投影到速度坐标系 $Ox_3y_3z_3$，得到过载矢量 $\boldsymbol{n}$ 在速度坐标系 $Ox_3y_3z_3$ 各轴上的投影为

$$\begin{bmatrix} n_{x_3} \\ n_{y_3} \\ n_{z_3} \end{bmatrix} = \frac{1}{G} \begin{bmatrix} P\cos\alpha\cos\beta - X \\ P\sin\alpha + Y \\ -P\cos\alpha\sin\beta + Z \end{bmatrix} \tag{2-84}$$

过载矢量 $\boldsymbol{n}$ 在弹道坐标系 $Ox_2y_2z_2$ 各轴上的投影为

$$\begin{bmatrix} n_{x_2} \\ n_{y_2} \\ n_{z_2} \end{bmatrix} = \boldsymbol{L}^{\mathrm{T}}(\gamma_V) \begin{bmatrix} n_{x_3} \\ n_{y_3} \\ n_{z_3} \end{bmatrix} = \frac{1}{G} \begin{bmatrix} P\cos\alpha\cos\beta - X \\ P(\sin\alpha\cos\gamma_V + \cos\alpha\sin\beta\sin\gamma_V) + Y\cos\gamma_V - Z\sin\gamma_V \\ P(\sin\alpha\sin\gamma_V + \cos\alpha\sin\beta\cos\gamma_V) + Y\sin\gamma_V + Z\cos\gamma_V \end{bmatrix} \tag{2-85}$$

过载矢量在速度方向上的投影 n_{x_2}, n_{x_3} 分别称为切向过载；过载矢量在垂直于速度方向上的投影 n_{y_2}, n_{z_2} 和 n_{y_3}, n_{z_3} 分别称为法向过载。

导弹的机动性能可以用导弹的切向和法向过载来评定。切向过载越大，导弹产生的切向加速度就越大，说明导弹改变速度大小的能力越强；法向过载越大，导弹产生的法向加速度就越大，在同一速度下，导弹改变飞行方向的能力就越强，即导弹越能沿较弯曲的弹道飞行。因此，导弹过载越大，机动性就越好。

对弹体强度进行分析计算时，需要知道过载 $\boldsymbol{n}$ 在弹体坐标系 $Ox_1y_1z_1$ 各轴上的投影分量。利用变换矩阵式(2-37)和式(2-85)即可求得过载 $\boldsymbol{n}$ 在弹体坐标系 $Ox_1y_1z_1$ 各轴上的投影为

$$\begin{bmatrix} n_{x_1} \\ n_{y_1} \\ n_{z_1} \end{bmatrix} = \boldsymbol{L}(\beta,\alpha) \begin{bmatrix} n_{x_3} \\ n_{y_3} \\ n_{z_3} \end{bmatrix} = \begin{bmatrix} n_{x_3}\cos\alpha\cos\beta + n_{y_3}\sin\alpha - n_{z_3}\cos\alpha\sin\beta \\ -n_{x_3}\sin\alpha\cos\beta + n_{y_3}\cos\alpha + n_{z_3}\sin\alpha\sin\beta \\ n_{x_3}\sin\beta + n_{z_3}\cos\beta \end{bmatrix} \tag{2-86}$$

式中，过载 $\boldsymbol{n}$ 在弹体纵轴 Ox_1 上的投影分量 n_{x_1} 称为纵向过载；在垂直于弹体纵轴方向上的投影分量 n_{y_1}, n_{z_1} 分别称为横向过载。

2.10.3　运动与过载

过载不仅是评定导弹机动性的指标，而且和导弹的运动之间存在着密切的联系。

根据过载的定义，描述导弹质心运动的动力学方程可以写成

$$\begin{cases} m\dfrac{\mathrm{d}V}{\mathrm{d}t}=N_{x_2}+G_{x_2} \\ mV\dfrac{\mathrm{d}\theta}{\mathrm{d}t}=N_{y_2}+G_{y_2} \\ -mV\cos\theta\dfrac{\mathrm{d}\psi_V}{\mathrm{d}t}=N_{z_2}+G_{z_2} \end{cases}$$

将式(2-50)代入上式，方程两端同除以 mg，得到

$$\left.\begin{aligned} \frac{1}{g}\frac{\mathrm{d}V}{\mathrm{d}t}&=n_{x_2}-\sin\theta \\ \frac{V}{g}\frac{\mathrm{d}\theta}{\mathrm{d}t}&=n_{y_2}-\cos\theta \\ -\frac{V}{g}\cos\theta\frac{\mathrm{d}\psi_V}{\mathrm{d}t}&=n_{z_2} \end{aligned}\right\} \tag{2-87}$$

式(2-87)左端表示导弹质心的无量纲加速度在弹道坐标系上的3个分量，式(2-87)描述了导弹质心运动与过载之间的关系。由此可见，用过载表示导弹质心运动的动力学方程，形式很简单。

同样，过载也可以用运动参数 V,θ,ψ_V 来表示，即

$$\left.\begin{aligned} n_{x_2}&=\frac{1}{g}\frac{\mathrm{d}V}{\mathrm{d}t}+\sin\theta \\ n_{y_2}&=\frac{V}{g}\frac{\mathrm{d}\theta}{\mathrm{d}t}+\cos\theta \\ n_{z_2}&=-\frac{V}{g}\cos\theta\frac{\mathrm{d}\psi_V}{\mathrm{d}t} \end{aligned}\right\} \tag{2-88}$$

式(2-88)中，参数 V,θ,ψ_V 表示飞行速度的大小和方向，方程的右边含有这些参数对时间的导数。由此看出，过载矢量在弹道坐标系上的投影表征着导弹改变飞行速度大小和方向的能力。

由式(2-88)可以得到导弹在某些特殊飞行情况下所对应的过载，例如：

(1) 导弹在铅垂平面内飞行时：$n_{z_2}=0$；

(2) 导弹在水平面内飞行时：$n_{y_2}=1$；

(3) 导弹作直线飞行时：$n_{y_2}=\cos\theta=$ 常数，$n_{z_2}=0$；

(4) 导弹作等速直线飞行时：$n_{x_2}=\sin\theta=$ 常数，$n_{y_2}=\cos\theta=$ 常数，$n_{z_2}=0$；

(5) 导弹作水平直线飞行时：$n_{y_2}=1,n_{z_2}=0$；

(6) 导弹作水平等速直线飞行时：$n_{x_2}=0,n_{y_2}=1,n_{z_2}=0$。

利用过载矢量在弹道坐标系上的投影还能定性地表示弹道上各点的切向加速度和弹道的形状。由式(2-87)可得

$$\left.\begin{aligned}\frac{\mathrm{d}V}{\mathrm{d}t}&=g(n_{x_2}-\sin\theta)\\\frac{\mathrm{d}\theta}{\mathrm{d}t}&=\frac{g}{V}(n_{y_2}-\cos\theta)\\\frac{\mathrm{d}\psi_V}{\mathrm{d}t}&=-\frac{g}{V\cos\theta}n_{z_2}\end{aligned}\right\}\tag{2-89}$$

根据式(2-89),可以建立过载在弹道坐标系中的投影与导弹切向加速度之间的关系:

当 $n_{x_2}\begin{cases}=\sin\theta \text{ 时,导弹作等速飞行;}\\>\sin\theta \text{ 时,导弹作加速飞行;}\\<\sin\theta \text{ 时,导弹作减速飞行。}\end{cases}$

在铅垂平面 x_2Oy_2 内(见图 2-28):

当 $n_{y_2}\begin{cases}>\cos\theta \text{ 时,}\dfrac{\mathrm{d}\theta}{\mathrm{d}t}>0\text{,此时弹道向上弯曲;}\\=0 \text{ 时,}\dfrac{\mathrm{d}\theta}{\mathrm{d}t}=0\text{,弹道在该点处曲率为零;}\\<\cos\theta \text{ 时,}\dfrac{\mathrm{d}\theta}{\mathrm{d}t}<0\text{,此时弹道向下弯曲。}\end{cases}$

同样,在水平面 x_2Oz_2 内(见图 2-29):

当 $n_{z_2}\begin{cases}>0 \text{ 时,}\dfrac{\mathrm{d}\psi_V}{\mathrm{d}t}<0\text{,弹道向右弯曲;}\\=0 \text{ 时,}\dfrac{\mathrm{d}\psi_V}{\mathrm{d}t}=0\text{,弹道在该点处曲率为零;}\\<0 \text{ 时,}\dfrac{\mathrm{d}\psi_V}{\mathrm{d}t}>0\text{,弹道向左弯曲。}\end{cases}$

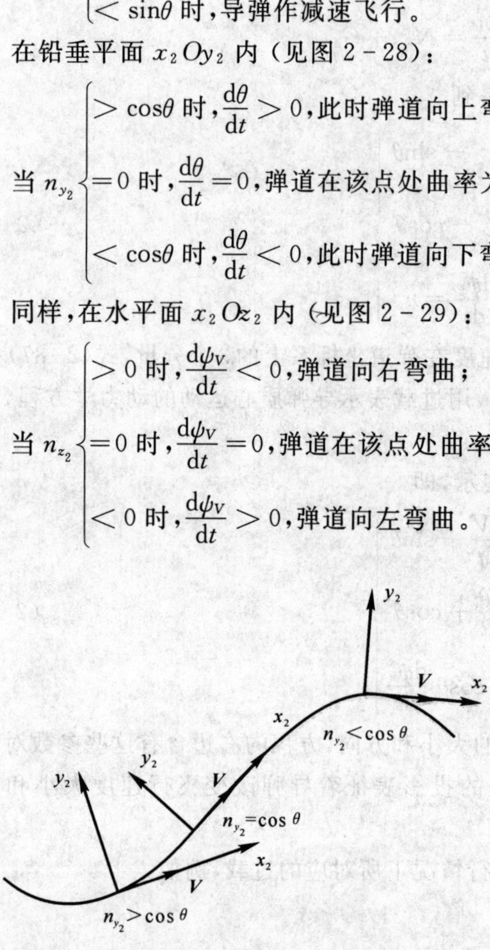

图 2-28　过载 n_{y_2} 与弹道特性之间的关系

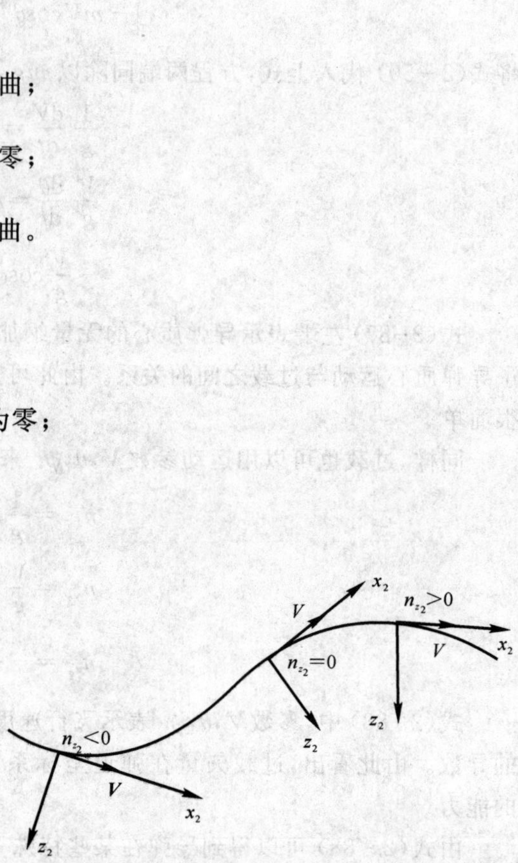

图 2-29　过载 n_{z_2} 与弹道特性之间的关系

2.10.4　弹道曲率半径与法向过载的关系

建立弹道曲率半径与法向过载之间的关系,对研究弹道特性也是必要的。如果导弹是在铅垂平面 x_2Oy_2 内运动,那么,弹道上某点的曲率就是该点处的弹道倾角 θ 对弧长 s 的导数,即

$$K=\frac{d\theta}{ds}$$

而该点的曲率半径 ρ_{y_2} 为曲率的倒数，则有

$$\rho_{y_2}=\frac{ds}{d\theta}=\frac{ds}{dt}\frac{dt}{d\theta}=\frac{V}{d\theta/dt}$$

将式(2-89)的第 2 个方程代入上式，可得到

$$\rho_{y_2}=\frac{V^2}{g(n_{y_2}-\cos\theta)} \tag{2-90}$$

式(2-90)表明：在给定速度 **V** 的情况下，法向过载越大，曲率半径越小，导弹转弯速率

$$\frac{d\theta}{dt}=\frac{V}{\rho_{y_2}}$$

就越大；若 n_{y_2} 值不变，随着飞行速度 **V** 的增加，弹道曲率半径就增加，这说明速度越大，导弹越不容易转弯。

同理，如果导弹在水平面 x_2Oz_2 内飞行，那么曲率半径 ρ_{z_2} 可写成

$$\rho_{z_2}=-\frac{ds}{d\psi_V}=-\frac{V}{d\psi_V/dt}$$

将式(2-89)的第 3 个方程代入上式，则有

$$\rho_{z_2}=\frac{V^2\cos\theta}{gn_{z_2}} \tag{2-91}$$

2.10.5　需用过载、极限过载和可用过载

在弹体结构和控制系统设计中，常需要考虑导弹在飞行过程中能够承受的过载。根据战术技术要求的规定，飞行过程中过载不得超过某一数值。这个数值决定了弹体结构和弹上各部件能够承受的最大载荷。为保证导弹能正常飞行，飞行中的过载也必须小于这个数值。

在导弹设计过程中，经常用到需用过载、极限过载和可用过载概念，现在分别予以介绍。

2.10.5.1　需用过载

所谓需用过载是指导弹按给定的弹道飞行时所需要的法向过载，用 n_R 表示。导弹的需用过载是飞行弹道的一个重要特性。

需用过载必须满足导弹的战术技术要求，例如，导弹要攻击机动性强的空中目标，则导弹按一定的导引规律飞行时必须具有较大的法向过载(即需用过载)；另一方面，从设计和制造的观点来看，希望需用过载在满足导弹战术技术要求的前提下越小越好。因为需用过载越小，导弹在飞行过程中所承受的载荷越小，这对防止弹体结构破坏、保证弹上仪器和设备的正常工作以及减小导引误差都是有利的。

2.10.5.2　极限过载

在给定飞行速度和高度的情况下，导弹在飞行中所能产生的过载取决于攻角 α、侧滑角 β 及操纵机构的偏转角。正如导弹气动力分析指出的那样，导弹在飞行中，当攻角达到临界值 α_L 时，对应的升力因数达到最大值 C_{ymax}，这是一种极限情况。若使攻角继续增大，则会出现所

谓的“失速”现象。攻角或侧滑角达到临界值时的法向过载称为极限过载 n_L。

以纵向运动为例，相应的极限过载可写成

$$n_L = \frac{1}{G}(P\sin\alpha_L + qSC_{y\max})$$

2.10.5.3 可用过载

当操纵面的偏转角为最大时，导弹所能产生的法向过载称为可用过载 n_P。它表征着导弹产生法向控制力的实际能力。若要使导弹沿着导引规律所确定的弹道飞行，那么，在这条弹道的任一点上，导弹所能产生的可用过载都应大于需用过载。

例如，在某一时刻，从 O 点向运动着的目标 O' 发射一枚导弹，采用追踪法导引(见 2.12 节)，亦即导弹的速度矢量始终跟随目标转动(见图 2-30)。这时导弹跟踪目标所需的过载，即为需用过载 n_R。如果在某时刻，操纵面偏转角达到最大允许值所产生的可用过载仍小于需用过载，则导弹速度矢量就不可能再跟随目标转动，从而导致脱靶。

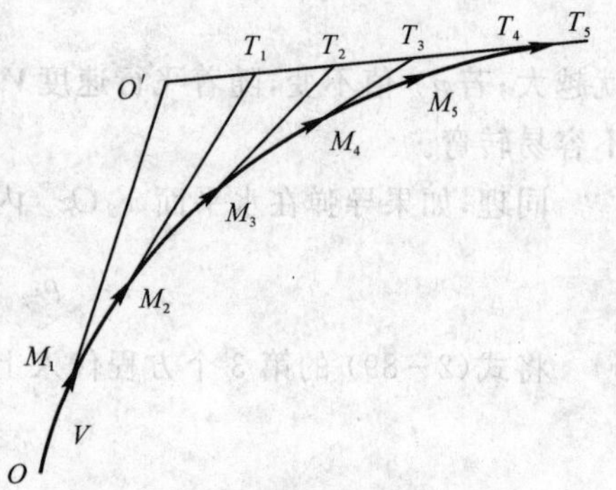

图 2-30　追踪导引弹道示意图

在实际飞行过程中，各种干扰因素总是存在的，导弹不可能完全沿着理论弹道飞行，因此，在导弹设计时，必须留有一定的过载余量，用以克服各种扰动因素导致的附加过载。

然而，考虑到弹体结构、弹上仪器设备的承载能力，可用过载也不是越大越好。实际上，导弹的舵面偏转总是会受到一定的限制，如操纵机构的输出限幅和舵面的机械限制等。

通过分析，不难发现：极限过载 n_L > 可用过载 n_P > 需用过载 n_R。

2.11 方案飞行与弹道

导弹的弹道可以分为方案弹道和导引弹道两大类。本节介绍导弹的方案飞行弹道。

导弹按预定的飞行方案所做的飞行称为方案飞行。它所对应的飞行弹道称为方案弹道。所谓飞行方案，是指设计弹道时所选定的某些运动参数(如俯仰角 $\vartheta_*(t)$、攻角 $\alpha_*(t)$ 或高度 $H_*(t)$ 等)随时间的变化规律。在这类导弹上，一般装有一套程序自动控制装置，导弹飞行时的舵面偏转规律，就是由这套装置实现的。这种控制方式称为自主控制。飞行方案选定以后，导弹的飞行弹道也就随之确定。也就是说，导弹发射出去后，它的飞行轨迹就不能随意变更。

方案飞行的情况是经常遇到的。许多导弹的弹道除了引向目标的导引段之外，也具有方案飞行段。例如，攻击静止或缓慢运动目标的飞航式导弹，其弹道的爬升段(或称起飞段)、平飞段(或称巡航段)，甚至在俯冲攻击的初段都是方案飞行段(见图 2-31)。反坦克导弹的某些飞行段也有按方案飞行的。某些垂直发射的地-空导弹的初始段、空-地导弹的下滑段以及弹道式导弹的主动段通常也采用方案飞行。此外，方案飞行在一些无人驾驶靶机、侦察机上也被广泛采用。

飞行方案设计也就是导弹飞行轨迹设计。飞行方案设计的主要依据是使用部门提出的技术战术指标和使用要求，包括发射载体、射程、巡航速度和高度、制导体制、动力装置、导弹几何尺寸和质量、目标类型等。在进行飞行方案设计时，除了要掌握导弹本身的总体特性外，还要了解发射载体和目标特性。只有充分发挥各系统的优点，扬长避短，才能设计出理想的飞行方案。

需要说明一下，方案弹道的设计都是基于理想弹道（质点弹道）的，也就是说，采用了“瞬时平衡”假设。

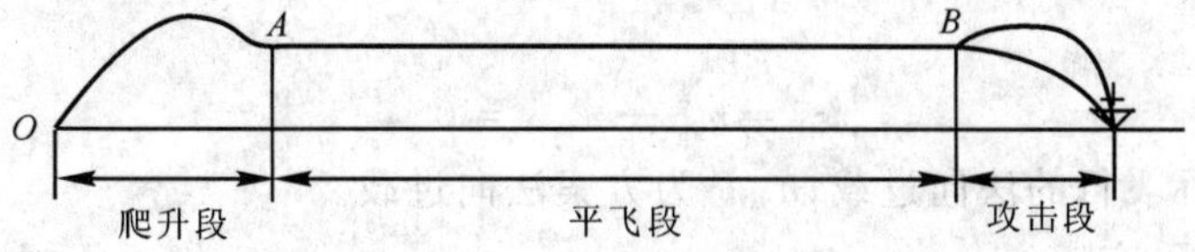

图 2-31　飞航式反舰导弹的典型弹道

2.11.1　铅垂平面内的方案飞行

飞航式导弹、空-地导弹和弹道式导弹的方案飞行段，基本上在铅垂平面内。导弹在铅垂平面内的质心运动方程组为式(2-80)。

导弹在铅垂平面内的方案飞行取决于：① 飞行速度的方向，其理想控制关系式为 $\varepsilon_1=0$；② 发动机的工作状态，其理想控制关系式为 $\varepsilon_4=0$。

飞行速度的方向或者直接用弹道倾角 θ_* 来给出，或者间接地用俯仰角 ϑ_*、攻角 α_*、法向过载 n_{y_2*}、高度 H_* 给出。

因为方程组(2-80)中各式的右端项均与坐标 x 无关，所以在积分此方程组时，可以将第 3 个方程从中独立出来，在其余方程求解之后再进行积分。

如果导弹采用固体火箭发动机，则燃料的质量秒流量 m_s 为已知(在许多情况下 m_s 可视为常值)；发动机的推力 $\boldsymbol{P}$ 仅与飞行高度有关，在计算弹道时，它们之间的关系通常也是给定的。因此，在采用固体火箭发动机的情况下，方程组中的第 5 式和第 8 式可以用已知的关系式 $m(t)$ 和 $P(t,y)$ 代替。

对于涡轮风扇发动机或冲压发动机，m_s 和 $\boldsymbol{P}$ 不仅与飞行速度和高度有关，而且还与发动机的工作状态有关。因此，方程组(2-80)中必须给出约束方程 $\varepsilon_4=0$。

但在计算弹道时，常会遇到发动机产生额定推力的情况，而燃料的质量秒流量可以取常值，即等于秒流量的平均值。这时，方程组中的第 5 式无须积分。

理论上，可采取的飞行方案有弹道倾角 θ_*、法向过载 n_{y_2*}、高度 H_*。下面分别给出各种飞行方案的理想操纵关系式。

2.11.1.1　给定攻角

给定攻角的飞行方案，是为了使导弹爬升得最快，即希望飞行所需的攻角始终等于允许的最大值；或者是为了防止需用过载超过可用过载而对攻角加以限制；若导弹采用冲压发动机，为了保证发动机能正常工作，也必须将攻角限制在一定范围内。

给定攻角飞行方案的理想控制关系式为

$$\varepsilon_1 = \alpha - \alpha_* = 0 \tag{2-92}$$

式中，α 为导弹实际飞行攻角；α_* 为方案攻角。

将式(2-92)代入到式(2-80)解算即可得到按给定攻角飞行的方案弹道。

2.11.1.2 给定法向过载

给定法向过载的飞行方案，往往是为了保证导弹不会出现结构破坏。此时，理想控制关系式为

$$\varepsilon_1 = n_{y_2} - n_{y_2 *} = 0 \tag{2-93}$$

式中，n_{y_2} 为导弹实际飞行的法向过载；$n_{y_2 *}$ 为方案法向过载。

在小攻角情况下，有

$$\alpha = \frac{n_{y_2} - (n_{y_2 \mathrm{b}})_{\alpha=0}}{n_{y_2 \mathrm{b}}^{\alpha}} \tag{2-94}$$

将式(2-94)代入到式(2-80)解算即可得到按给定法向过载飞行的方案弹道。

由此可见，按给定法向过载的方案飞行实际上是通过相应的攻角来实现的。

2.11.1.3 给定弹道倾角

给定弹道倾角的飞行方案的理想控制关系式为

$$\varepsilon_1 = \theta - \theta_* = 0 \tag{2-95}$$

式中，θ 为导弹实际飞行的弹道倾角；θ_* 为方案弹道倾角。

如果 $\theta_* = C$（常数），则方案飞行弹道为直线。如果 $\theta_* = 0$，则方案飞行弹道为水平直线（等高飞行）。如果 $\theta_* = \pi/2$，则导弹作垂直上升飞行。

计算给定弹道倾角飞行方案的弹道时，需先根据 $\theta, \dot{\theta}$ 计算得到 n_{y2}，再由式(2-94)计算出攻角，代入到式(2-80)中求解。

2.11.1.4 给定俯仰角

给定俯仰角飞行方案的理想控制关系式为

$$\varepsilon_1 = \vartheta - \vartheta_* = 0 \tag{2-96}$$

式中，ϑ 为导弹飞行过程中的实际俯仰角；ϑ_* 为方案俯仰角。

在进行弹道计算时，还需引入角度关系式

$$\alpha = \vartheta - \theta$$

这种飞行方案的控制系统最容易实现。利用三自由度陀螺测量，或者通过捷联惯导系统测量、解算得到导弹实际飞行时的俯仰角，与飞行方案 ϑ_* 比较，形成角偏差信号，经放大送至舵机。升降舵的偏转规律为

$$\delta_z = K_\vartheta(\vartheta - \vartheta_*)$$

式中，ϑ 为导弹的实际俯仰角；K_ϑ 为放大因数。

2.11.1.5 给定高度

给定导弹高度飞行方案的理想控制关系式为

$$\varepsilon_1 = H - H_* = 0 \tag{2-97}$$

式中，H 为导弹的实际飞行高度；H_* 为方案高度。

式(2-97)对时间求导，可以得到关系式

$$\frac{\mathrm{d}H}{\mathrm{d}t} = \frac{\mathrm{d}H_*}{\mathrm{d}t} \tag{2-98}$$

对于近程战术导弹，在不考虑地球曲率时，存在关系式

$$\frac{\mathrm{d}H}{\mathrm{d}t} = \frac{\mathrm{d}y}{\mathrm{d}t} = V\sin\theta \tag{2-99}$$

由式(2-98)和式(2-99)解得

$$\theta = \arcsin\left(\frac{1}{V}\frac{\mathrm{d}H_*}{\mathrm{d}t}\right) \tag{2-100}$$

参照给定弹道倾角方案飞行可以得到按给定高度飞行的方案弹道。

2.11.1.6　等高飞行的实现问题

飞航式导弹的平飞段(巡航段)，空-地导弹、巡航导弹的巡航段，导弹都要求等高飞行。从理论上讲，实现等高飞行有两种飞行方案：$\theta_* \equiv 0$ 或 $H_* =$ 常值。等高飞行应满足：

$$P\sin\alpha + Y = mg$$

据此求出(小攻角)

$$\alpha = \frac{mg}{P + Y^\alpha}$$

再由平衡条件，可求得保持等高飞行所需要的升降舵偏转角为

$$\delta_z = -\frac{m_{z0} + \dfrac{mg m_z^\alpha}{P + Y^\alpha}}{m_z^{\delta_z}} \tag{2-101}$$

由于在等高飞行过程中，导弹的质量和速度(影响 Y^α)都在变化，因此，升降舵的偏转角 δ_z 也是变化的。

若发动机推力基本上与空气阻力相平衡，则等高飞行段内的速度变化较为缓慢，且导弹在等高飞行中所需的攻角变化不大，那么，升降舵偏转角的变化也就不大，在它的变化范围内选定一个常值偏转角 δ_{z0}。如果导弹始终以这个偏转角飞行，显然，不可能实现等高飞行。为了实现等高飞行，就必须在常值偏转角 δ_{z0} 的基础上进行调节。调节的方式是多种多样的，例如，利用高度差进行调节是常采用的一种方式。这时升降舵偏转角的变化规律可以写成

$$\delta_z = \delta_{z0} + K_H(H - H_0) \tag{2-102}$$

式中，H 为导弹的实际飞行高度；H_0 为给定的常值飞行高度；K_H 为放大系数，它表示：为了消除单位高度偏差，升降舵应该偏转的角度。

式(2-102)表明：如果导弹就在预定的高度上飞行(即 $\Delta H = H - H_0 = 0$)，则维持常值偏转角 δ_{z0} 就可以了。若导弹偏离了预定的飞行高度，要想回到原来的预定高度上飞行，则舵面的偏转角应为

$$\delta_z = \delta_{z0} + \Delta\delta_z$$

其中附加舵偏角为

$$\Delta\delta_z = K_H(H - H_0) = K_H\Delta H \tag{2-103}$$

式中的高度差 ΔH 可以采用微动气压计或无线电高度表等弹上设备来测量。

现在来讨论 K_H 值的符号。对于正常式导弹来说，当飞行的实际高度小于预定高度 H_0 时（即高度差 $\Delta H<0$），为使导弹恢复到预定的飞行高度，则要使导弹产生一个附加的向上升力，即附加攻角 $\Delta\alpha$ 应为正，亦即要有一个使导弹抬头的附加力矩，为此，升降舵的附加偏转角应是一个负值，即 $\Delta\delta_z<0$；反之，当 $\Delta H>0$ 时，则要求 $\Delta\delta_z>0$。因此，对于正常式导弹来说，放大系数 K_H 为正值；同理，对于鸭式导弹，放大系数 K_H 则为负值。

式(2-103)中的 $\Delta\delta_z$ 角是使导弹保持等高飞行所必需的。由于控制系统和弹体具有惯性，在导弹恢复到预定飞行高度的过程中，会不可避免地出现超高和掉高的现象，使导弹在预定高度的某一范围内处于振荡状态（见图 2-32 中虚线），而不能很快地进入预定高度稳定飞行。因此，为了使导弹能尽快地稳定在预定的高度上，必须在式(2-102)中再引入一项与高度变化率 $\Delta\dot{H}=\mathrm{d}\Delta H/\mathrm{d}t$ 有关的量，即

$$\delta_z=\delta_{z0}+K_H\Delta H+K_{\dot{H}}\Delta\dot{H} \tag{2-104}$$

式中，$K_{\dot{H}}$ 为放大系数，它表示为了消除单位高度变化率升降舵所应偏转的角度。

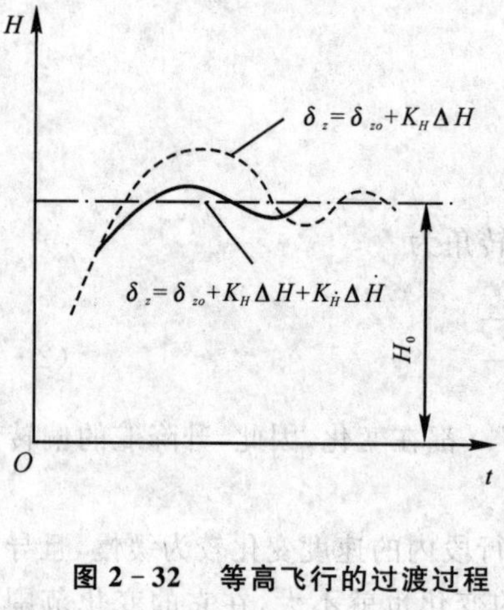

图 2-32 等高飞行的过渡过程

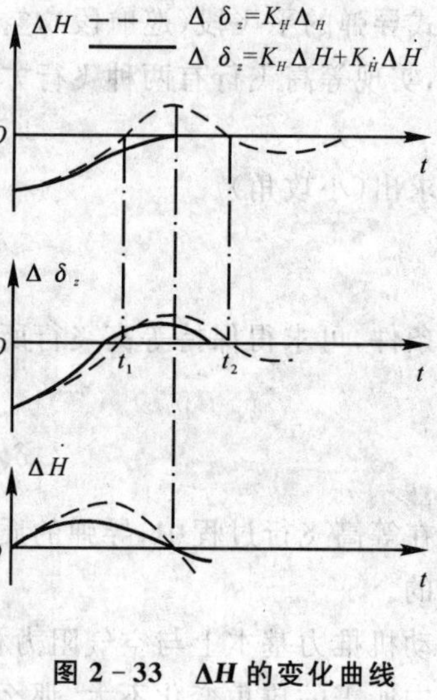

图 2-33 ΔH 的变化曲线

此时，附加舵偏转角则为

$$\Delta\delta_z=K_H\Delta H+K_{\dot{H}}\Delta\dot{H}$$

与式(2-103)相比，上式增加了一项 $K_{\dot{H}}\Delta\dot{H}$，它将起阻尼作用，以减小导弹在进入预定高度飞行过程中产生的超高和掉高现象，使导弹较平稳地恢复到预定的高度上飞行（见图 2-32 中实线），从而改善了过渡过程的品质。

现在以正常式导弹为例，来具体说明引入 $K_{\dot{H}}\Delta\dot{H}$ 的作用。为了简单起见，均不考虑常值舵偏角 δ_{z0}，而只研究附加舵偏角的规律分别为 $\Delta\delta_z=K_H\Delta H$ 和 $\Delta\delta_z=K_H\Delta H+K_{\dot{H}}\Delta\dot{H}$ 时，对等高飞行带来的差异。

首先分析 $\Delta\delta_z=K_H\Delta H$ 时导弹飞行高度的变化情况。如果导弹的实际飞行高度低于预定高度（$\Delta H<0$），则 $\Delta\delta_z$ 应为负值，这时 ΔH 和 $\Delta\delta_z$ 的对应关系如图 2-33 中虚线所示。当 $t=t_1$ 时，虽然飞行高度已经达到了预定高度 H_0，但此时 $\Delta\dot{H}>0$，导弹的惯性使其飞行高度继续

上升，超过了预定飞行高度 H_0，从而使得 $\Delta H > 0$。这时，舵面附加偏角 $\Delta\delta_z$ 也应变号，即 $\Delta\delta_z > 0$。而当 $t = t_2$ 时，再次出现 $H = H_0$，但此时 $\Delta\dot{H} < 0$，导弹的惯性又会使其飞行高度继续下降。导弹在预定飞行高度 H_0 附近经过几次振荡之后才能稳定在预定的飞行高度上。

下面再来分析 $\Delta\delta_z = K_H\Delta H + K_{\dot{H}}\Delta\dot{H}$ 时的导弹飞行高度的变化情况。只要放大系数 $K_{\dot{H}}$ 和 K_H 之间比值选择得合理，就可以很快地稳定在预定的飞行高度上，得到比较满意的过渡过程。例如，当 $\Delta H < 0$ 时，由 $K_{\dot{H}}\Delta\dot{H}$ 产生的附加舵偏角为负值，相应地当 $\Delta\dot{H} > 0$ 时，由 $K_{\dot{H}}\Delta\dot{H}$ 产生的附加偏角为正值，它相对于附加舵偏角调节规律 $\Delta\delta_z = K_H\Delta H$ 来说，可以提前改变舵面偏转方向，于是就降低了导弹的爬升率 $\Delta\dot{H}$，使导弹能较平稳地恢复到预定的高度上飞行。

2.11.2　水平面内的方案飞行

水平面内的方案飞行分为两类：侧滑转弯飞行和倾斜转弯飞行。限于篇幅，这里主要讨论前者。当攻角和侧滑角较小时，导弹在水平面内的质心运动方程组为式(2-81)。

下面讨论水平面内飞行的攻角。由方程组(2-81)中的第 2 式可以看出：水平飞行时，导弹的重力被空气动力和推力在沿铅垂方向上的分量所平衡。该式可改写为

$$n_{y_3}\cos\gamma_V - n_{z_3}\sin\gamma_V = 1$$

攻角可以用平衡状态下的法向过载来表示，即

$$\alpha = \frac{n_{y_3} - (n_{y_3\mathrm{b}})_{\alpha=0}}{n_{y_3\mathrm{b}}^{\alpha}}$$

在无倾斜飞行时，$\gamma_V = 0$，则 $n_{y_2} = n_{y_3} = 1$，于是

$$\alpha = \frac{1 - (n_{y_3\mathrm{b}})_{\alpha=0}}{n_{y_3\mathrm{b}}^{\alpha}} \tag{2-105}$$

在无侧滑飞行时，$\beta = 0$，则 $n_{z_3} = 0$，于是

$$n_{y_3} = 1/\cos\gamma_V$$

$$\alpha = \frac{1/\cos\gamma_V - (n_{y_3\mathrm{b}})_{\alpha=0}}{n_{y_3\mathrm{b}}^{\alpha}} \tag{2-106}$$

比较式(2-105)和式(2-106)可知：在具有相同动压头时，作倾斜的水平曲线飞行所需攻角比侧滑飞行时要大些。这是因为倾斜飞行时，须使升力和推力的铅垂分量 $(P\alpha + Y)\cos\gamma_V$ 与重力相平衡。同时还可看出，在作倾斜的水平机动飞行时，因受导弹临界攻角和可用法向过载的限制，速度倾斜角 γ_V 不能太大。

导弹在水平面内作无倾斜转弯飞行的飞行方案主要有以下几种：

2.11.2.1　给定弹道偏角

如果给出弹道偏角的飞行方案 ψ_{V*}，那么理想控制关系式为

$$\varepsilon_2 = \psi_V - \psi_{V*} = 0$$

描述按给定弹道偏角的方案飞行的运动方程组为

$$\left.\begin{aligned}
&\frac{\mathrm{d}V}{\mathrm{d}t}=\frac{P-X}{m}\\
&\alpha=\frac{1-(n_{y_3\mathrm{b}})_{\alpha=0}}{n_{y_3\mathrm{b}}^{\alpha}}\\
&\beta=-\frac{V}{g}\frac{\frac{\mathrm{d}\psi_V}{\mathrm{d}t}}{n_{z_3\mathrm{b}}^{\beta}}\\
&\frac{\mathrm{d}x}{\mathrm{d}t}=V\cos\psi_V\\
&\frac{\mathrm{d}z}{\mathrm{d}t}=-V\sin\psi_V\\
&\psi_V=\psi_{V*}(t)
\end{aligned}\right\}\tag{2-107}$$

式中，$n_{z_3\mathrm{b}}^{\beta}=\frac{1}{mg}(-P+Z^{\beta}-(m_y^{\beta}/m_y^{\delta_y})Z^{\delta_y})$，其推导过程参见文献[1]。

2.11.2.2 给定侧滑角或偏航角

如果给出侧滑角的变化规律 $\beta_*(t)$，则描述按给定侧滑角的方案飞行的运动方程组可写成

$$\left.\begin{aligned}
&\frac{\mathrm{d}V}{\mathrm{d}t}=\frac{P-X}{m}\\
&\alpha=\frac{1-(n_{y_3\mathrm{b}})_{\alpha=0}}{n_{y_3\mathrm{b}}^{\alpha}}\\
&\frac{\mathrm{d}\psi_V}{\mathrm{d}t}=\frac{1}{mV}(P\beta-Z)\\
&\frac{\mathrm{d}x}{\mathrm{d}t}=V\cos\psi_V\\
&\frac{\mathrm{d}z}{\mathrm{d}t}=-V\sin\psi_V\\
&\beta=\beta_*(t)
\end{aligned}\right\}\tag{2-108}$$

如果给出偏航角的变化规律 $\psi_*(t)$，则控制系统的理想控制关系式为

$$\varepsilon_2=\psi-\psi_*(t)=0$$

将方程组(2-108)的最后一式改为

$$\left.\begin{aligned}
&\beta=\psi-\psi_V\\
&\psi=\psi_*(t)
\end{aligned}\right\}$$

即可。

2.11.2.3 给定侧向过载

如果给出侧向过载的变化规律 $n_{z_2*}(t)$，则理想控制关系式为

$$\varepsilon_2=n_{z_2}-n_{z_2*}(t)=0\tag{2-109}$$

描述按给定法向过载的方案飞行的运动方程组为

$$\left.\begin{aligned}
&\frac{\mathrm{d}V}{\mathrm{d}t}=\frac{P-X}{m}\\
&\alpha=\frac{1-(n_{y_3\mathrm{b}})_{\alpha=0}}{n_{y_3\mathrm{b}}^{\alpha}}\\
&\frac{\mathrm{d}\psi_V}{\mathrm{d}t}=-\frac{g}{V}n_{z_2}\\
&\beta=\frac{n_{z_2}}{n_{z_2\mathrm{b}}^{\beta}}\\
&\frac{\mathrm{d}x}{\mathrm{d}t}=V\cos\psi_V\\
&\frac{\mathrm{d}z}{\mathrm{d}t}=-V\sin\psi_V\\
&n_{z_2}=n_{z_2*}(t)
\end{aligned}\right\}\tag{2-110}$$

2.12　导引飞行综述

按制导系统的不同，弹道分为方案弹道和导引弹道。与自主控制对应的方案弹道已在上节作过讨论。导引弹道是根据目标运动特性，以某种导引方法将导弹导向目标的导弹质心运动轨迹。空-空导弹、地-空导弹、空-地导弹的弹道以及飞航导弹、巡航导弹的末段弹道都是导引弹道。导引弹道的制导系统有自动瞄准（又称自动寻的）和遥远控制（简称遥控）两种类型，也有两种兼用的（称为复合制导）。

所谓自动瞄准制导是由导引头（弹上敏感器）感受目标辐射或反射的能量，自动形成制导指令，控制导弹飞向目标的制导技术。其特点是比较机动灵活，接近目标时精度较高。但导弹本身装置较复杂，作用距离也较短。

所谓遥控制导是指由制导站测量、计算导弹 — 目标运动参数，形成制导指令，导弹接收指令后，通过弹上控制系统的作用，飞向目标。制导站可设在地面、空中或海上，导弹上只安装接收指令和执行指令的装置。因此，导弹内装置比较简单，作用距离较远。但在制导过程中，制导站不能撤离，易被敌方攻击，而且制导站离导弹太远时，制导精度下降。

导引弹道的特性主要取决于导引方法和目标运动特性。对应某种确定的导引方法，导引弹道的研究内容包括需用过载、导弹飞行速度、飞行时间、射程和脱靶量等，这些参数将直接影响导弹的命中精度。

在导弹和制导系统初步设计阶段，为简化起见，通常采用运动学分析方法研究导引弹道。导引弹道的运动学分析基于以下假设：① 将导弹、目标和制导站视为质点；② 制导系统理想工作；③ 导弹速度（大小）是已知函数；④ 目标和制导站的运动规律是已知的；⑤ 导弹、目标和制导站始终在同一个平面内运动，该平面称为攻击平面，它可能是水平面、铅垂平面或倾斜平面。

2.12.1　自动瞄准的相对运动方程

研究相对运动方程，常采用极坐标 (r,q) 来表示导弹和目标的相对位置，如图 2-34 所示。

r 表示导弹(M)与目标(T)之间的相对距离,当导弹命中目标时,$r=0$。导弹和目标的连线$\overline{MT}$称为目标瞄准线,简称目标线或瞄准线。

q 表示目标瞄准线与攻击平面内某一基准线$\overline{Mx}$之间的夹角,称为目标线方位角(简称视角),从基准线逆时针转向目标线为正。

σ,σ_T 分别表示导弹速度矢量、目标速度矢量与基准线之间的夹角,从基准线逆时针转向速度矢量为正。当攻击平面为铅垂平面时,σ 就是弹道倾角 θ;当攻击平面是水平面时,σ 就是弹道偏角 ψ_V。η,η_T 分别表示导弹速度矢量、目标速度矢量与目标线之间的夹角,称为导弹前置角和目标前置角。速度矢量逆时针转到目标线时,前置角为正。

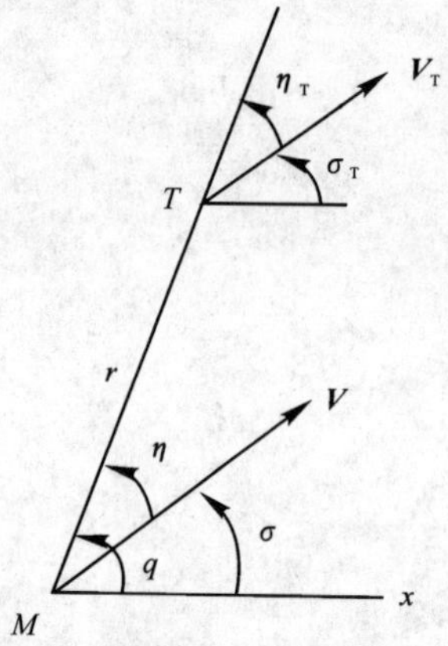

图 2-34　导弹与目标的相对位置

由图 2-34 可见,导弹速度矢量$\boldsymbol{V}$在目标线上的分量为 $V\cos\eta$,是指向目标的,它使相对距离 r 缩短;而目标速度矢量 $\boldsymbol{V}_T$ 在目标线上的分量为 $V_T\cos\eta_T$,则背离导弹,它使 r 增大。dr/dt 为导弹到目标的距离变化率。显然,相对距离 r 的变化率 dr/dt 等于目标速度矢量和导弹速度矢量在目标线上分量的代数和,即

$$\frac{dr}{dt}=V_T\cos\eta_T-V\cos\eta$$

dq/dt 表示目标线的旋转角速度。显然,导弹速度矢量$\boldsymbol{V}$在垂直于目标线方向上的分量为 $V\sin\eta$,使目标线逆时针旋转,q 角增大;而目标速度矢量 $\boldsymbol{V}_T$ 在垂直于目标线方向上的分量为 $V_T\sin\eta_T$,使目标顺时针旋转,q 角减小。由理论力学知识可知,目标线的旋转角速度 dq/dt 等于导弹速度矢量和目标速度矢量在垂直于目标线方向上分量的代数和除以相对距离 r,即

$$\frac{dq}{dt}=\frac{1}{r}(V\sin\eta-V_T\sin\eta_T)$$

再考虑图 2-34 所示的几何关系,可以列出自动瞄准的相对运动方程组为

$$\left.\begin{aligned}&\frac{dr}{dt}=V_T\cos\eta_T-V\cos\eta\\&r\frac{dq}{dt}=V\sin\eta-V_T\sin\eta_T\\&q=\sigma+\eta\\&q=\sigma_T+\eta_T\\&\varepsilon=0\end{aligned}\right\}\tag{2-111}$$

式中包含 8 个参数:$r,q,V,\eta,\sigma,V_T,\eta_T,\sigma_T$。$\varepsilon=0$ 是导引关系式,它反映出各种不同导引弹道的特点。导弹相对目标的运动特性由以下 3 个因素来决定:

(1) 目标的运动特性,如飞行高度、速度及机动性能。

(2) 导弹飞行速度的变化规律。

(3) 导弹所采用的导引方法。

在导弹研制过程中,不能预先确定目标的运动特性,一般只能根据所要攻击的目标,在其性能范围内选择若干条典型航迹。例如,等速直线飞行或等速盘旋等。只要典型航迹选得合适,导弹的导引特性大致可以估算出来。这样,在研究导弹的导引特性时,认为目标运动的特

性是已知的。

导弹的飞行速度大小取决于发动机特性、结构参数和气动外形，由求解运动方程组得到。当需要简便地确定航迹特性，以便选择导引方法时，一般采用比较简单的运动学方程，用近似计算方法预先求出导弹速度的变化规律。因此，在研究导弹的相对运动特性时，速度可以作为时间的已知函数。这样，相对运动方程组中就可以不考虑动力学方程，而仅需单独求解相对运动方程组。显然，该方程组与作用在导弹上的力无关，称为运动学方程组。单独求解该方程组所得的轨迹，称为运动学弹道。

2.12.2　遥控导引的运动学方程组

以三点法为例，分析遥控导引的运动学关系。

设导弹在铅垂平面内飞行，制导站固定不动，如图2-35所示，按三点法导引的导弹—目标相对运动方程组为

$$\left.\begin{aligned}&\frac{dR}{dt}=V\cos\eta\\&R\frac{d\varepsilon}{dt}=-V\sin\eta\\&\eta=\varepsilon-\theta\\&\frac{dR_T}{dt}=V_T\cos\eta_T\\&R_T\frac{d\varepsilon_T}{dt}=-V_T\sin\eta_T\\&\eta_T=\varepsilon_T-\theta_T\\&\varepsilon=\varepsilon_T\end{aligned}\right\}\qquad(2-112)$$

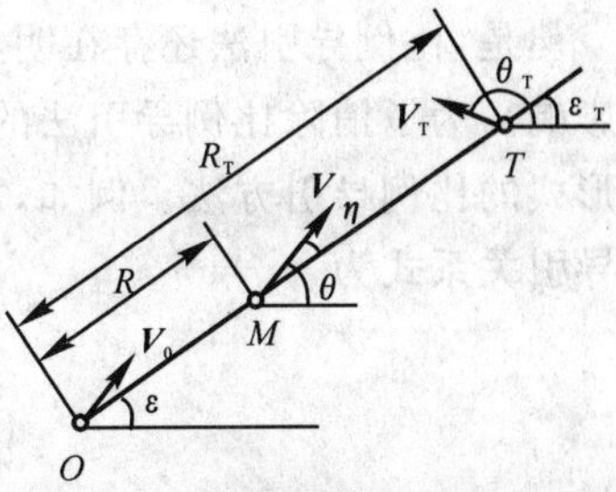

图2-35　遥控导引相对运动

式中，目标运动参数V_T，θ_T以及导弹速度V的变化规律是已知的。方程组的求解可用数值积分法、图解法和解析法。在应用数值积分法解算方程组时，可先积分方程组中的第4～6式，求出目标运动参数R_T，ε_T，η_T。然后积分其余方程，解出导弹运动参数R，ε，η，θ等。

2.12.3　导引方法

常见导引方法可分为下述几种。

1. 按导弹速度矢量与目标线(又称视线，即导弹—目标连线)的相对位置分为追踪法和常值前置角法

所谓追踪法是指导弹在攻击目标的导引过程中，导弹的速度矢量始终指向目标的一种导引方法。这种方法要求导弹速度矢量的前置角η始终等于零。因此，追踪法导引关系式为

$$\varepsilon_1=\eta=0\qquad(2-113)$$

常值前置角法——导弹速度矢量超前视线一个常值角度，其导引关系式为

$$\varepsilon_1=\eta=\eta_0=\text{常值}\qquad(2-114)$$

2. 按目标线在空间的变化规律分为平行接近法和比例导引法

平行接近法是指在整个导引过程中，目标线在空间保持平行移动的一种导引方法。其导

引关系式为

$$\varepsilon_1=\frac{\mathrm{d}q}{\mathrm{d}t}=0 \tag{2-115}$$

比例导引法是指导弹飞行过程中速度矢量的转动角速度与目标线的转动角速度成比例的一种导引方法。其导引关系式为

$$\varepsilon_1=\frac{\mathrm{d}\sigma}{\mathrm{d}t}-K\frac{\mathrm{d}q}{\mathrm{d}t}=0 \tag{2-116}$$

式中,K 为比例系数,又称导航比。即

$$\frac{\mathrm{d}\sigma}{\mathrm{d}t}=K\frac{\mathrm{d}q}{\mathrm{d}t} \tag{2-117}$$

比例导引法的优点:可以得到较为平直的弹道;弹道前段较弯曲,能充分利用导弹的机动能力;弹道后段较为平直,导弹具有较充裕的机动能力;只要参数设计适当,就可以使全弹道上的需用过载均小于可用过载,从而实现全向攻击。另外,它对发射瞄准时的初始条件要求不严,在技术实施上是可行的。因此,比例导引法得到了广泛的应用。

但是,比例导引法还存在明显的缺点,即命中点导弹需用法向过载受导弹速度和攻击方向的影响。为了消除比例导引法的缺点,多年来人们一直致力于比例导引法的改进,研究出了很多形式的比例导引方法。例如,需用法向过载与目标线旋转角速度成比例的广义比例导引法,其导引关系式为

$$n=K_1\dot{q} \tag{2-118}$$

或

$$n=K_2\,|\,\dot{r}\,|\,\dot{q} \tag{2-119}$$

式中,K_1,K_2 为比例系数;$|\dot{r}|$ 为导弹接近速度。

3. 按导弹纵轴与目标线的相对位置分为直接法和常值方位角法

直接法 —— 导弹飞行时其纵轴与目标线重合。

常值方位角法 —— 导弹飞行时其纵轴超前目标线一个常值角度。

4. 按制导站 — 导弹连线和制导站 — 目标连线的相对位置分为三点法和(半)前置量法

三点法导引是指导弹在攻击目标过程中始终位于目标和制导站的连线上。如果观察者从制导站上看,则目标和导弹的影像彼此重合。故三点法又称为目标覆盖法或重合法。

由于导弹始终处于目标和制导站的连线上,故导弹与制导站连线的高低角 ε 和目标与制导站连线的高低角 ε_T 必须相等。因此,三点法的导引关系为

$$\varepsilon=\varepsilon_T \tag{2-120}$$

在技术上实施三点法比较容易。例如,可以用一根雷达波束跟踪目标,同时又控制导弹,使导弹在波束中心线上运动(见图 2-36)。如果导弹偏离了波束中心线,则制导系统将发出指令控制导弹回到波束中心线上来。

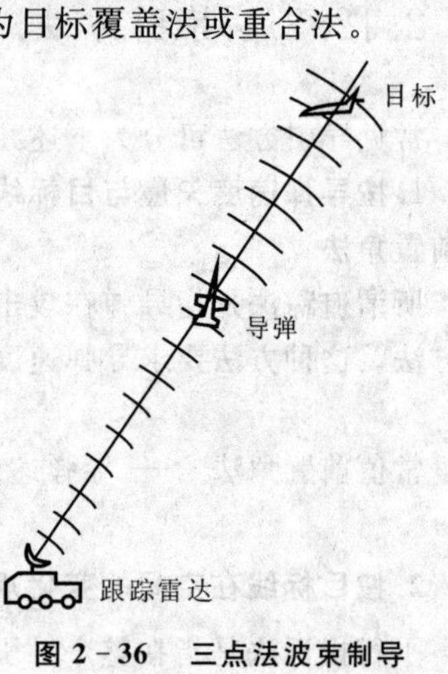

图 2-36　三点法波束制导

三点法的最大优点是技术实施简单,抗干扰性能好。但也存在明显的缺点:

(1) 弹道比较弯曲。当迎击目标时,越是接近目标,

弹道越弯曲，且命中点的需用法向过载较大。这对攻击高空目标非常不利，因为随着高度增加，空气密度迅速减小，由空气动力所提供的法向力也大大下降，使导弹的可用过载减小。这样，在接近目标时，可能出现导弹的可用法向过载小于需用法向过载的情况，从而导致脱靶。

(2) 动态误差难以补偿。所谓动态误差是指制导系统在过渡响应过程中复现输入时的误差。由于目标机动、外界干扰以及制导系统的惯性等影响，制导回路很难达到稳定状态，因此，导弹实际上不可能严格地沿理想弹道飞行，即存在动态误差。而且，理想弹道越弯曲，相应的动态误差就越大。为了消除误差，必须在指令信号中加入补偿信号，这需要测量目标机动时的位置坐标及其一阶和二阶导数。由于来自目标的反射信号有起伏误差，以及接收机存在干扰等原因，使得制导站测量的坐标不准确；如果再引入坐标的一阶、二阶导数，就会出现更大的误差，致使形成的补偿信号不准确，甚至很难形成。因此，对于三点法导引，由目标机动引起的动态误差难以补偿，往往会形成偏离波束中心线十几米的动态误差。

(3) 弹道下沉现象。按三点法导引迎击低空目标时，导弹的发射角很小，导弹离轨时的飞行速度也很小，操纵舵面产生的法向力也较小，因此，导弹离轨后可能会出现下沉现象。若导弹下沉太大，则有可能碰到地面。为了克服这一缺点，某些地 — 空导弹采用了小高度三点法[1]。

为了改善遥控导引导弹的弹道特性，必须研究能使弹道（特别是弹道末段）变得比较平直的导引方法。前置量法就是根据这个要求提出来的。

前置量法也称矫直法，采用这种导引方法导引导弹时，在整个飞行过程中，导弹 — 制导站的连线始终提前于目标 — 制导站连线，而两条连线之间的夹角 $\Delta\varepsilon=\varepsilon-\varepsilon_T$ 则按某种规律变化。导引关系式为

$$\varepsilon=\varepsilon_T-\frac{\dot{\varepsilon}_T}{\Delta\dot{R}}\Delta R \tag{2-121}$$

半前置量法的导引关系式为

$$\varepsilon=\varepsilon_T-\frac{1}{2}\,\frac{\dot{\varepsilon}_T}{\Delta\dot{R}}\Delta R \tag{2-122}$$

半前置量法的主要优点是，命中点过载不受目标机动的影响，从理论上来说，半前置量法是一种比较好的导引方法。但是要实现这种导引方法，就必须不断地测量导弹和目标的位置矢径 R,R_T，高低角 $\varepsilon,\varepsilon_T$，及其导数 $\dot{R},\dot{R}_T,\dot{\varepsilon}_T$ 等参数，以便不断形成制导指令信号。这就使得制导系统的结构比较复杂，技术实施比较困难。在目标发出积极干扰，造成假象的情况下，导弹的抗干扰性能较差，甚至可能造成很大的起伏误差。

2.12.4　导引弹道的求解

可以采用数值积分法、解析法或图解法求解相对运动方程组(2-111)。

数值积分法的优点是可以获得运动参数随时间逐渐变化的函数，求得任何飞行情况下的轨迹。给定一组初始条件得到相应的一组特解，而得不到包含任意待定常数的一般解。高速计算机的出现，使数值解可以得到较高的计算精度，而且大大提高了计算效率。

解析法即用解析式表达的方法。满足一定初始条件的解析解，只有在特定条件下才能得到，其中最基本的假设是，导弹和目标在同一平面内运动，目标作等速直线飞行，导弹的速度是

常数。这种解法可以提供导引方法的某些一般性能。

采用图解法可以得到任意飞行情况下的轨迹，图解法比较简单、直观，但是精确度不高。作图时，比例尺选得大些，细心些，就能得到较为满意的结果。图解法也是在目标运动特性和导弹速度已知的条件下进行的，它所得到的轨迹为给定初始条件(r_0,q_0)下的运动学弹道。例如，三点法导引弹道(见图2-37)的作图步骤如下：首先取适当的时间间隔，把各瞬时目标的位置0′,1′,2′,3′,… 标注出来，然后作目标各瞬时位置与制导站的连线。按三点法的导引关系，制导系统应使导弹时刻处于制导站与目标的连线上。在初始时刻，导弹处于1点。经过Δt时间后，导弹飞过的距离为$\overline{01}=V(t_0)\Delta t$，点1又必须在$\overline{01'}$线段上，按照这两个条件确定1的位置。类似地确定对应时刻导弹的位置2,3,…。最后用光滑曲线连接1,2,3,… 各点，就得到三点法导引时的运动学弹道。导弹飞行速度的方向就是沿着轨迹各点的切线方向。

图2-37中的弹道，是导弹相对地面坐标系的运动轨迹，称为绝对弹道。而导弹相对于目标的运动轨迹，则称为相对弹道。或者说，相对弹道就是观察者在活动目标上所能看到的导弹运动轨迹。

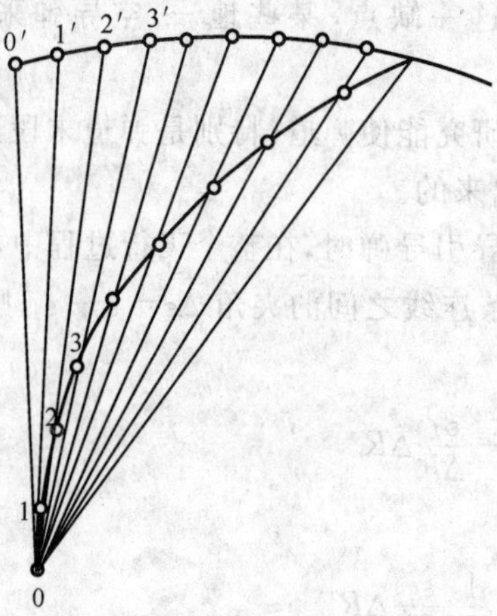

图2-37　三点法导引弹道

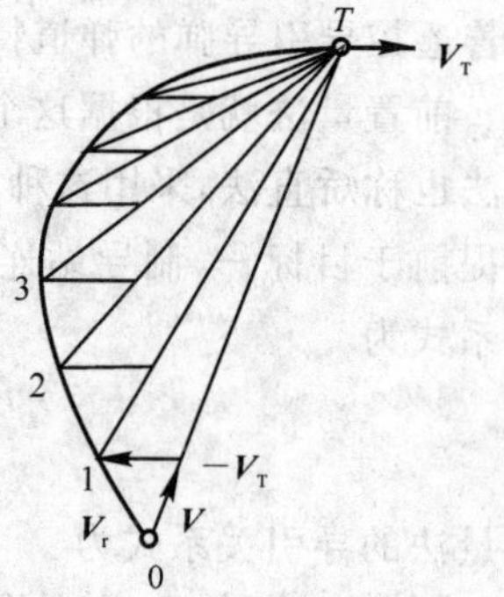

图2-38　追踪法相对弹道

相对弹道也可以用图解法作出。图2-38为目标作等速直线飞行，按追踪法导引时的相对弹道。作图时，假设目标固定不动，按追踪法的导引关系，导弹速度矢量$\boldsymbol{V}$应始终指向目标。首先求出起始点(r_0,q_0)导弹的相对速度$\boldsymbol{V}_r=\boldsymbol{V}-\boldsymbol{V}_T$，这样可以得到第一秒时导弹相对目标的位置1。然后，依次确定瞬时导弹相对目标的位置2,3,…。最后，光滑连接0,1,2,3,… 各点，就得到追踪法导引时的相对弹道。显然，导弹相对速度的方向就是相对弹道的切线方向。

由图2-38看出，按追踪法导引时，导弹的相对速度总是落后于目标线，而且总要绕到目标正后方去攻击，因而它的轨迹比较弯曲，要求导弹具有较高的机动性，不能实现全向攻击。

下面介绍平行接近法的图解法弹道。首先确定目标的位置0′,1′,2′,3′,…，导弹初始位置在0点。连接$\overline{00'}$，就确定了目标线方向。通过1′,2′,3′,… 引平行于$\overline{00'}$的直线。导弹在第一个Δt内飞过的路程$\overline{01}=V(t_0)\Delta t$。同时，点1必须处在对应的平行线上，按照

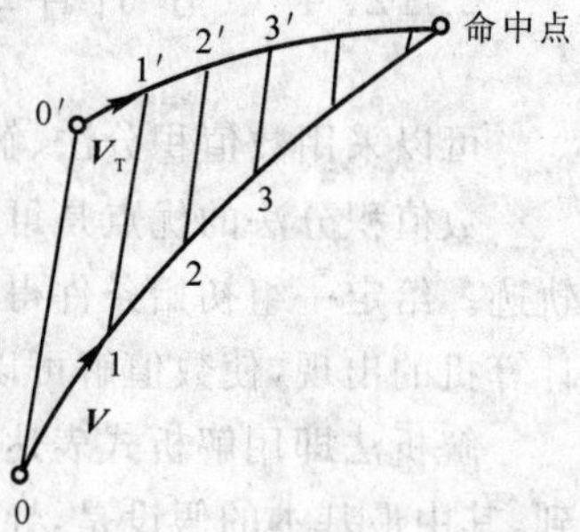

图2-39　平行接近法图解弹道

这两个条件确定1点的位置。同样可以确定 2,3,…,这样就得到导弹的飞行弹道(见图2-39)。

由以上讨论可以看出,当目标机动时,按平行接近法导引的导弹需用过载将小于目标的机动过载。进一步的分析表明,与其他导引方法相比,用平行接近法导引的弹道最为平直,还可实行全向攻击。因此,从这个意义上说,平行接近法是最好的导引方法。

但是,到目前为止,平行接近法并未得到广泛应用。其主要原因是,这种导引方法对制导系统提出了严格的要求,使制导系统复杂化。它要求制导系统在每一瞬时都要精确地测量目标及导弹的速度和前置角,并严格保持平行接近法的导引关系。而实际上,由于发射偏差或干扰的存在,不可能绝对保证导弹的相对速度 $\boldsymbol{V}_r$ 始终指向目标,因此,平行接近法很难实现。

2.12.5　选择导引方法的基本原则

正如我们看到的那样,每种导引方法都有它产生和发展的过程,都具有一定的优点和缺点。那么,在实践中应该怎样来选用它们呢?一般而言,在选择导引方法时,需要从导弹的飞行性能、作战空域、技术实施、制导精度、制导设备、战术使用等方面的要求进行综合考虑。

(1) 需用法向过载要小,变化要均匀,特别是在与目标相遇区,需用法向过载应趋近于零。需用法向过载小,一方面可以提高制导精度、缩短导弹攻击目标的航程和飞行时间,进而扩大导弹的作战空域;另一方面,可用法向过载可以相应减小,从而降低对导弹结构强度、控制系统的设计要求。

(2) 作战空域尽可能大。空中活动目标的飞行高度和速度可在相当大的范围内变化,因此,在选择导引方法时,应考虑目标运动参数的可能变化范围,尽量使导弹能在较大的作战空域内攻击目标。对于空-空导弹来说,所选导引方法应使导弹具有全向攻击能力;对于地-空导弹来说,不仅能迎击目标,而且还能尾追或侧击目标。

(3) 目标机动对导弹弹道(特别是末段) 的影响要小。例如,半前置量法的命中点法向过载就不受目标机动的影响,这将有利于提高导弹的命中精度。

(4) 抗干扰能力要强。空中目标为了逃避导弹的攻击,常常施放干扰来破坏导弹对目标的跟踪,因此,所选导引方法应能保证在目标施放干扰的情况下,使导弹能顺利攻击目标。例如,(半) 前置量法抗干扰性能就不如三点法好,当目标发出积极干扰时应转而选用三点法来制导。

(5) 技术实施要简单可行。导引方法即使再理想,但一时不能实施,还是无用。从这个意义上说,比例导引法就比平行接近法好。遥控中的三点法,技术实施比较容易,而且可靠。

总之,各种导引方法都有它自己的优、缺点,只有根据武器系统的主要矛盾,综合考虑各种因素,灵活机动地予以取舍,才能克敌制胜。例如,现在采用较多的方法就是根据导弹特点实行复合制导。

2.12.6　复合制导

每一种导引律都有自己独特的优点和缺点,如遥远控制的无线电指令制导和无线电波束制导,作用距离较远,但制导精度较差;自动瞄准,无论采用红外导引头,还是雷达导引头或电视导引头,其作用距离太近,但命中精度较高。因此,为了弥补单一导引方法的缺点,并满足战术技术要求，提高导弹的命中准确度，在攻击较远距离的活动目标时，常把各种导引规律组合起来应用，这就是多种导引规律的复合制导。复合制导又分为串联复合制导和并联复合制导。

所谓串联复合制导就是在一段弹道上利用一种导引方法，而在另一段弹道上利用另一种导引方法，包括初制导、中制导和末制导。相应的弹道可分为4段：发射起飞段，巡航段(中制导)，过渡段和攻击段(末制导段)。例如：遥控中制导＋自动瞄准末制导，自主中制导＋自动瞄准末制导等。

并联复合制导一般指导引头的复合，即同时采用两种导引头的信号进行处理，从而获得目标信息。

到目前为止，应用最多的是串联复合制导，例如，“萨姆-4”采用“无线电指令＋雷达半主动自动瞄准”；“飞鱼”采用“自主制导＋雷达主动自动瞄准”。关于复合制导的弹道特性研究，主要是不同导引弹道的转接问题，如弹道平滑过渡、目标截获、制导误差补偿等。

2.12.7 现代制导律

前面讨论的导引方法都是经典制导律。一般而言，经典制导律需要的信息量少，结构简单，易于实现，因此，现役的战术导弹大多数都使用经典的导引律或其改进形式。但是对于高性能的大机动目标，尤其在目标采用各种干扰措施的情况下，经典的导引律就不太适用了。随着计算机技术的迅速发展，基于现代控制理论的现代制导律(如最优制导律、微分对策制导律、自适应制导律、微分几何制导律、反馈线性化制导律、神经网络制导律、H_∞制导律[3]等)得到迅速发展。与经典导引律相比，现代制导律有许多优点，如脱靶量小，导弹命中目标时姿态角满足特定要求，对抗目标机动和干扰能力强，弹道平直，需用法向过载分布合理，作战空域增大，等等。因此，用现代制导律制导的导弹截击未来战场上出现的高速度、大机动、有施放干扰能力的目标是非常有效的。但是，现代制导律结构复杂，需要测量的参数较多，给制导律的实施带来了困难。不过，随着微型计算机的不断发展，现代制导律的应用是可以实现的。

思 考 题

2.1 弹体坐标系、速度坐标系如何定义？

2.2 攻角、侧滑角如何定义？

2.3 简述升力线斜率、阻力因数与马赫数的变化关系。

2.4 简述升力与攻角的关系。

2.5 什么叫失速？

2.6 压力中心和焦点如何定义？两者有何区别和联系？

2.7 什么叫纵向静稳定性？改变纵向静稳定性的途径有哪些？

2.8 写出轴对称导弹定常飞行时的纵向平衡关系式。

2.9 正常式导弹重心向后移动时，为保持平衡，舵偏角应如何偏转？如果是鸭式导弹呢？

2.10　导弹的纵向阻尼力矩是如何产生的？

2.11　什么叫横向静稳定性？影响横向静稳定性的因素有哪些？

2.12　什么叫铰链力矩？研究铰链力矩的意义何在？

2.13　简述固体火箭发动机推力的计算方法。

2.14　如何计算近程有翼导弹的重力？

2.15　飞行高度对作用在导弹上的力有何影响？

2.16　简述导弹运动建模的简化处理方法。

2.17　地面坐标系、弹道坐标系如何定义？

2.18　弹道倾角、弹道偏角、速度倾斜角如何定义？

2.19　导弹的三个姿态角是如何定义的？

2.20　导弹质心运动和绕质心转动的动力学方程一般分别投影到哪个坐标系？为什么？

2.21　导弹质心运动和绕质心转动的运动学方程一般投影到哪个坐标系？为什么？

2.22　总结任意两个坐标系之间坐标变换的规律，并以地面坐标系和弹体坐标系之间的变换为例加以说明。

2.23　用矩阵法推导速度坐标系和地面坐标系之间的转换矩阵。

2.24　导弹运动方程组由哪些方程构成？共有多少未知数？

2.25　轴对称导弹和面对称导弹的操纵飞行过程有何不同？

2.26　何谓纵向运动和侧向运动？各自包括哪些参数？

2.27　何谓“瞬时平衡”假设？它隐含的意义是什么？

2.28　写出导弹在铅垂面内运动的质心运动方程组。

2.29　什么叫理想弹道、理论弹道和实际弹道？

2.30　过载和机动性如何定义？两者有何联系？

2.31　法向过载与弹道形状有何关系？

2.32　弹道曲率半径、导弹转弯速率与导弹法向过载有何关系？

2.33　需用过载、可用过载和极限过载如何定义？它们之间有何关系？

2.34　何谓“方案飞行”？有何研究意义？

2.35　导弹在铅垂面内运动时，典型的飞行方案有哪些？

2.36　写出按给定俯仰角的方案飞行的导弹运动方程组。

2.37　导弹在水平面内作侧滑而无倾斜飞行的方案有哪些？

2.38　导弹垂直飞行时的攻角是否一定等于零？如不等于零，怎样才能使导弹作垂直飞行？

2.39　设某瞬时 $V_T = 300$ m/s，$V = 490$ m/s，$|\eta| = 12°$，$q = 48°$，$r = 5\,260$ m。试求接近速度 $\dot{r}$ 及目标线的转动角速度 $\dot{q}$。

2.40　设目标作等速直线飞行，已知导弹的相对弹道，能否作出其绝对弹道？

2.41　导弹发射瞬时目标的航迹倾角 $\theta_{T0} = 0$，以后目标以 $\dot{\theta}_T = 0.05$ °/s 作机动飞行，导弹按 $\dot{\theta} = 4\dot{q}$ 导引规律飞行，当 $t_f = 10$ s 时命中目标。此时，$V_T = 250$ m/s，$\dot{V}_T = 0$，$V = 500$ m/s，$\dot{V} = 0$，$q_f = 25°$。求命中瞬时导弹的弹道倾角与需用法向过载。

2.42　以三点法为例，画出相对弹道与绝对弹道。

2.43　设敌机迎面向制导站水平飞来，且作等速直线运动，$V_T=400$ m/s，$H_T=20$ km，地—空导弹发射时目标的高低角 $\varepsilon_{T0}=30°$，导弹按三点法导引。试求发射后 10 s 时导弹的高低角。

2.44　比较三点法、前置量法和半前置量法的优、缺点。

2.45　选择导引方法的基本原则是什么？

2.46　目标作等速平飞，$\theta_T=180°$，高度 $H_T=20$ km，速度 $V_T=300$ m/s，导弹先按三点法导引飞行，在下列条件下转为比例导引：$V=600$ m/s，$\varepsilon_T=45°$，$R=25$ km，$\dot{\theta}=3\dot{q}$，求按比例导引法飞行的起始需用过载。

参考文献

[1]　李新国，方群．有翼导弹飞行动力学[M]．西安：西北工业大学出版社，2004.

[2]　肖业伦．航空航天器运动的建模——飞行动力学的理论基础[M]．北京：北京航空航天大学出版社，2003.

[3]　李新国，陈士橹．非线性 H_∞ 鲁棒制导律设计．宇航学报，2000，21(1)：48－51.

第3章 飞行动态特性分析

3.1 引 言

导弹的动态特性，主要指导弹本身的稳定性（stability）、操纵性（control）和机动性（maneuverability）。动态特性分析主要研究下述几方面的问题。

(1)作为控制对象的刚性飞行器的动态特性分析，其中包括飞行器的稳定性、操纵性、机动性、敏捷性分析。

(2)弹性飞行器的伺服气动（热）弹性问题。这里所谓弹性飞行器动力学与控制问题，其中应考虑刚性飞行器动力学、结构的柔性、非定常气动力和飞行器的姿态控制，因而是一个多学科交叉的问题。其中既有飞行稳定性问题，也有主动控制问题；既有理论分析，也有综合设计；既有飞行器整体运动，也有飞行器部件的局部运动（如舵面的颤震，传感器支架振动）；既有线性问题，也有非线性问题，等等。

(3)其他附加影响因素的分析，如飞行器惯性交感、运动交感、气动交感和控制交感的影响；快速旋转部件和摆动发动机的惯性；液体在贮箱中的晃动和在管道中的流动；级间分离动力学；折叠翼面的展开对飞行稳定性的影响，等等。

在导弹的基本运动方程组及其研究方法中，介绍了导弹质心运动的基本理论，并将导弹作为一个理想的可操纵质点，这种理论基于以下两个基本假设：

(1)导弹在大气中飞行是瞬时平衡的。此时在导弹上只有气动恢复力矩和操纵力矩的作用，且两力矩处于平衡状态，即在俯仰转动自由度有

$$m_{z0} + m_z^{\alpha}\alpha + m_z^{\delta_z}\delta_z = 0 \tag{3-1}$$

(2) 稳定和操纵导弹飞行的控制系统是理想的。故此采用了理想操纵关系方程，即

$$\varepsilon_i = x_i - x_{i*} = 0 \tag{3-2}$$

式中，x_i 是运动参数的实际值；x_{i*} 是运动参数的要求值。

视导弹为一个理想的操纵质点，在规定的设计状态和标准大气条件下，由此计算的弹道称为理想弹道或基准弹道。实际上，导弹不可能在任何时候都是瞬时平衡的，也不可能没有运动参数的偏差。因此，导弹的实际飞行状态与理想弹道是有差别的，只是这种差别在飞行力学设计中可以限制在很小的范围内。

3.1.1 小扰动法的概念

导弹实际飞行的状态不同于理想弹道的状态，除与上述两个基本假设有关外，还与气动、结构和控制等诸参数的偏差有关。因此，计算理想弹道时，必须精确选择各种设计参数，同时使参数误差产生的扰动力和扰动力矩能够限制在很小的范围内。

为便于选择导弹的各种设计参数，可分阶段地研究飞行力学的问题。首先研究导弹沿理想弹道的运动，称为基准运动或未扰动运动。导弹受到扰动作用(扰动力或扰动力矩)后，则近似地看成是在理想弹道运动的基础上，出现了附加运动，称为扰动运动。

基准运动的参数一般用下标 0 表示，如飞行速度 $V_0(t)$、弹道倾角 $\theta_0(t)$、俯仰角 $\vartheta_0(t)$ 和攻角 $\alpha_0(t)$ 等。扰动运动的参数用运动偏量表示，例如速度偏量 $\Delta V(t)$、弹道倾角偏量 $\Delta\theta(t)$、俯仰角偏量 $\Delta\vartheta(t)$ 和攻角偏量 $\Delta\alpha(t)$ 等。

如果是小扰动，则受扰动运动作用后的实际飞行弹道很接近理想弹道。采用小扰动法，实际运动参数就可以用理想数值与偏量之和表示为

$$\left.\begin{aligned} V(t) &= V_0(t) + \Delta V(t) \\ \vartheta(t) &= \vartheta_0(t) + \Delta\vartheta(t) \\ \theta(t) &= \theta_0(t) + \Delta\theta(t) \\ \alpha(t) &= \alpha_0(t) + \Delta\alpha(t) \\ &\cdots\cdots \end{aligned}\right\} \tag{3-3}$$

小扰动值是相对理想值而言的，其绝对量应视具体情况而定。经验表明，小扰动的假设是符合实际情况的。当然，某些大扰动现象则不属此列。

3.1.2 稳定性概念

导弹小扰动运动形态由常系数线性系统描述时，在扰动因素的作用下，导弹将离开基准运动，一旦扰动作用因素消失，导弹经过扰动运动后又重新恢复到原来的基准运动飞行状态，则称导弹的基准运动是稳定的(见图 3-1)。如果在扰动作用因素消失后，导弹不能恢复到原来的基准运动飞行状态，甚至偏差越来越大，则是不稳定的(见图 3-2)。

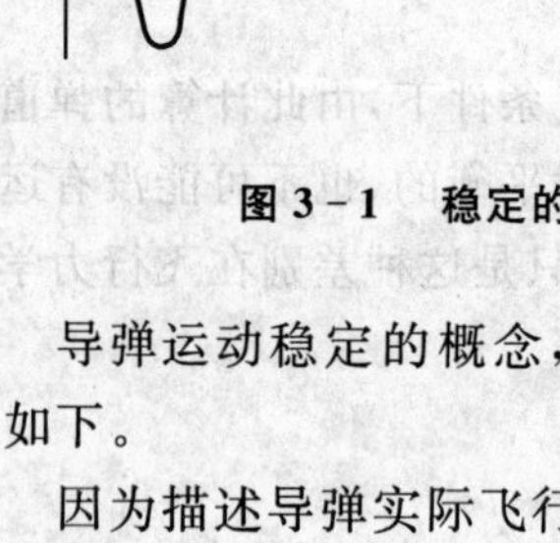

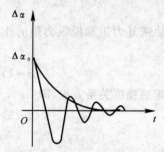

图 3-1　稳定的攻角变化

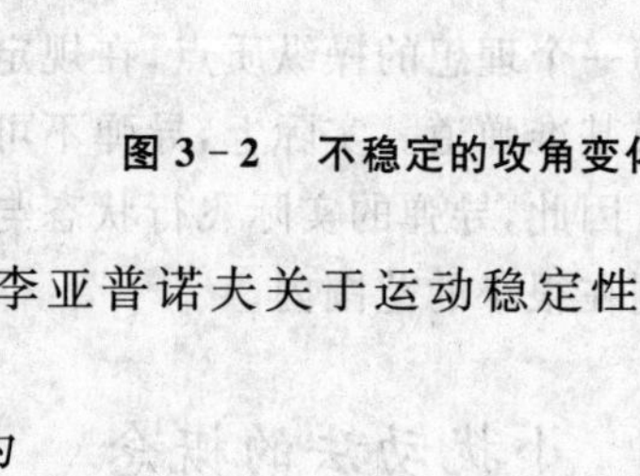

图 3-2　不稳定的攻角变化

导弹运动稳定的概念，在一般情况下可应用李亚普诺夫关于运动稳定性的定义，其提法如下。

因为描述导弹实际飞行的运动参数可以表示为

$$x(t) = x_0(t) + \Delta x(t) \tag{3-4}$$

式中，$x_0(t)$ 为基准运动参数；$\Delta x(t)$ 为扰动运动参数。假定干扰对导弹作用的结果，当 $t=0$ 时，出现初始值 $\Delta x(0)$，并产生扰动运动。如果 ε 是任意小的正数，由此可找到另外一个正数 $\delta(\varepsilon)$，当 $t=0$ 时，$|\Delta x(0)| \leqslant \delta$，而在 $t>0$ 的所有时刻，扰动运动的所有参数 $\Delta x(t)$ 均满足不

等式

$$|\Delta x(t)| < \varepsilon \tag{3-5}$$

则称基准运动 $x_0(t)$ 对于偏量 $\Delta x(t)$ 是稳定的。

如果满足条件 $|\Delta x(t)| \leqslant \delta$ 和式(3-5)外，还存在下述关系：

$$\lim_{t\to\infty} |\Delta x(t)| = 0 \tag{3-6}$$

则称基准运动是渐近稳定的。

上述初始值 $\Delta x(0)$ 比较小时稳定条件才满足，就是小扰动范围内具有稳定性的情况。

若存在这样的 ε，当 $\delta(\varepsilon)$ 任意小时，$|\Delta x(t)| \leqslant \delta$ 也成立，但在 $t > 0$ 的某时刻不能满足式(3-5)，则称基准运动是不稳定的。

由此可见，稳定性是指整个扰动运动具有收敛的特性，它由飞行器随时间恢复到基准运动状态的能力所决定。

3.1.3　操纵性概念

操纵性可以理解为舵面偏转后，导弹反应舵面偏转改变原有飞行状态的能力，以及反应快慢的程度。

研究导弹弹体本身的动态特性，不考虑自动控制系统的工作，为了在同一舵偏角下评定不同导弹的操纵性，一般规定舵面作下述 3 种典型偏转。

1. 舵面阶跃偏转

假定舵偏角为阶跃函数，其目的是为了求得导弹扰动运动的过渡过程函数。这时导弹的反应最为强烈，也比较典型，如同自动控制原理需要研究过渡过程一样(见图 3-3)。

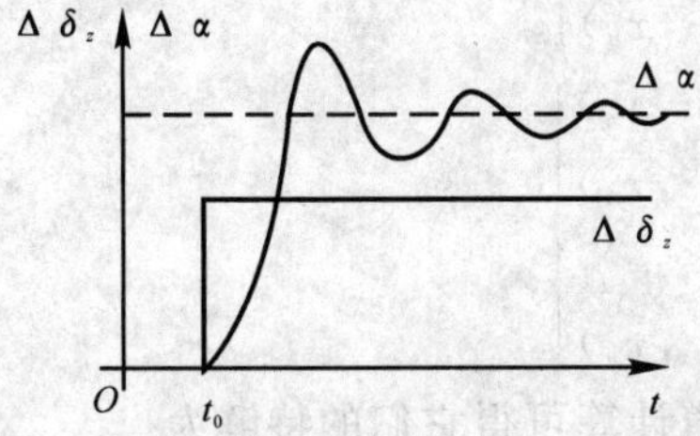

图 3-3　舵面阶跃偏转

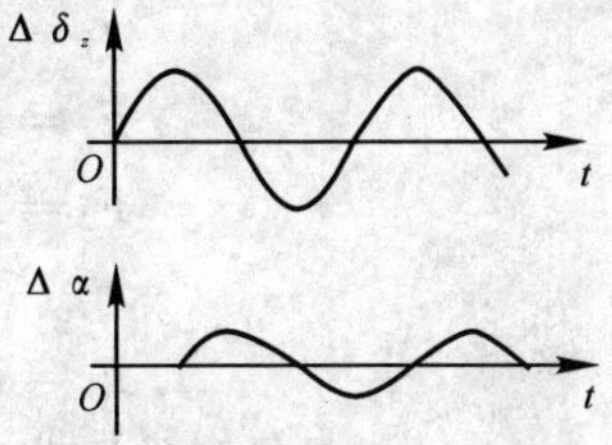

图 3-4　舵面简谐转动

2. 舵面简谐偏转

舵面作简谐转动时，导弹的反应将出现延迟和输出振幅不等于输入振幅的现象。例如攻角和舵偏角之间存在相位差，振幅间也有一定的比例关系(见图 3-4)。

3. 舵面随机偏转

舵面简谐转动时可求得导弹的频率特性，以便利用频率特性研究它在闭环飞行时的动态特性。

3.2 导弹运动方程线性化

3.2.1 线性化方法

导弹空间运动通常由一个非线性变系数的微分方程组来描述，在数学上尚无求解这种方程组的一般解析法。因此非线性问题往往是用一个近似的线性系统来代替的，并使其近似误差小到无关紧要的地步。非线性系统近似成线性系统，其精确程度取决于线性化方法和线性化假设。分析导弹的动态特性，采用基于台劳级数的线性化方法，现对该方法作下述介绍。

假设导弹运动方程为一般形式的微分方程组

$$\left.\begin{aligned} f_1\frac{\mathrm{d}x_1}{\mathrm{d}t}&=F_1\\ f_2\frac{\mathrm{d}x_2}{\mathrm{d}t}&=F_2\\ &\cdots\cdots\\ f_n\frac{\mathrm{d}x_n}{\mathrm{d}t}&=F_n \end{aligned}\right\}\tag{3-7}$$

式中

$$\left.\begin{aligned} f_1&=f_1(x_1,x_2,x_3,\cdots,x_n)\\ f_2&=f_2(x_1,x_2,x_3,\cdots,x_n)\\ &\cdots\cdots\\ f_n&=f_n(x_1,x_2,x_3,\cdots,x_n) \end{aligned}\right\}\tag{3-8}$$

$$\left.\begin{aligned} F_1&=F_1(x_1,x_2,x_3,\cdots,x_n)\\ F_2&=F_2(x_1,x_2,x_3,\cdots,x_n)\\ &\cdots\cdots\\ F_n&=F_n(x_1,x_2,x_3,\cdots,x_n) \end{aligned}\right\}\tag{3-9}$$

式中，$x_1,x_2,x_3,\cdots,x_n$ 是导弹的运动参数，由理想弹道计算可得它们的特解为

$$\left.\begin{aligned} x_1&=x_{10}(t)\\ x_2&=x_{20}(t)\\ &\cdots\cdots\\ x_n&=x_{n0}(t) \end{aligned}\right\}\tag{3-10}$$

将此特解注以下标 0，表示基准弹道的参数，导弹按此弹道飞行称为基准运动或未扰动运动。

将上列特解代入式(3-7)，得

$$\left.\begin{aligned} f_{10}\frac{\mathrm{d}x_{10}}{\mathrm{d}t}&=F_{10}\\ f_{20}\frac{\mathrm{d}x_{20}}{\mathrm{d}t}&=F_{20}\\ &\cdots\cdots\\ f_{n0}\frac{\mathrm{d}x_{n0}}{\mathrm{d}t}&=F_{n0}\end{aligned}\right\}\tag{3-11}$$

对一般形式的微分方程组(3-7)进行线性化，为不失代表性，任取一个方程，并省略其下标，则有

$$f\frac{\mathrm{d}x}{\mathrm{d}t}=F\tag{3-12}$$

式中，x 可以代表含扰动作用飞行的任一运动参数。在基准运动中此式变为

$$f_0\frac{\mathrm{d}x_0}{\mathrm{d}t}=F_0\tag{3-13}$$

一个运动参数在扰动运动和未扰动运动中之差称为运动参数的偏量（或增量），其形式为

$$f\frac{\mathrm{d}x}{\mathrm{d}t}-f_0\frac{\mathrm{d}x_0}{\mathrm{d}t}=F-F_0\tag{3-14}$$

令 $\Delta x=x-x_0$，$\Delta f=f-f_0$，$\Delta F=F-F_0$。因此，式(3-14)可改写为

$$\Delta\left(f\frac{\mathrm{d}x}{\mathrm{d}t}\right)=f\frac{\mathrm{d}x}{\mathrm{d}t}-f_0\frac{\mathrm{d}x_0}{\mathrm{d}t}=F-F_0=\Delta F\tag{3-15}$$

式(3-15)又可写成

$$\begin{aligned}\Delta\left(f\frac{\mathrm{d}x}{\mathrm{d}t}\right)&=f\frac{\mathrm{d}x}{\mathrm{d}t}-f_0\frac{\mathrm{d}x_0}{\mathrm{d}t}+\left(f\frac{\mathrm{d}x_0}{\mathrm{d}t}-f\frac{\mathrm{d}x_0}{\mathrm{d}t}\right)=\\ &f\frac{\mathrm{d}\Delta x}{\mathrm{d}t}+\Delta f\frac{\mathrm{d}x_0}{\mathrm{d}t}+f_0\frac{\mathrm{d}\Delta x}{\mathrm{d}t}-f_0\frac{\mathrm{d}\Delta x}{\mathrm{d}t}=\\ &(f_0+\Delta f)\frac{\mathrm{d}\Delta x}{\mathrm{d}t}+\Delta f\frac{\mathrm{d}x_0}{\mathrm{d}t}=\Delta F\end{aligned}\tag{3-16}$$

式(3-16)中，$\Delta f\dfrac{\mathrm{d}\Delta x}{\mathrm{d}t}$ 是高于一次的微量，可以略去。于是式(3-16)可变为

$$f_0\frac{\mathrm{d}\Delta x}{\mathrm{d}t}+\Delta f\frac{\mathrm{d}x_0}{\mathrm{d}t}=\Delta F\tag{3-17}$$

式中，ΔF 和 Δf 是函数的增量。它们可由以下方法计算：由式(3-8)，将函数 f 在 $x_{10},x_{20},x_{30},\cdots,x_{n0}$ 点附近展开成泰勒级数，则有

$$\begin{aligned}f(x_1,x_2,x_3,\cdots,x_n)=&f_0(x_{10},x_{20},x_{30},\cdots,x_{n0})+\\ &\left[\frac{\partial f(x_1,x_2,x_3,\cdots,x_n)}{\partial x_1}\right]_0\Delta x_1+\\ &\left[\frac{\partial f(x_1,x_2,x_3,\cdots,x_n)}{\partial x_2}\right]_0\Delta x_2+\cdots+R_f\end{aligned}\tag{3-18}$$

式中，R_f 是所有高于二阶以上各项之和。增量函数 Δf 为

$$\begin{aligned}\Delta f=f(x_1,x_2,x_3,\cdots,x_n)-f_0(x_{10},x_{20},x_{30},\cdots,x_{n0})=\\ \left[\frac{\partial f(x_1,x_2,x_3,\cdots,x_n)}{\partial x_1}\right]_0\Delta x_1+\end{aligned}$$

$$\left[\frac{\partial f(x_1,x_2,x_3,\cdots,x_n)}{\partial x_2}\right]_0 \Delta x_2 + \cdots + R_f \tag{3-19}$$

同理可以求得增量函数 ΔF 的表达式为

$$\begin{aligned}\Delta F = F(x_1,x_2,x_3,\cdots,x_n) - F_0(x_{10},x_{20},x_{30},\cdots,x_{n0}) = \\ \left[\frac{\partial F(x_1,x_2,x_3,\cdots,x_n)}{\partial x_1}\right]_0 \Delta x_1 + \\ \left[\frac{\partial F(x_1,x_2,x_3,\cdots,x_n)}{\partial x_2}\right]_0 \Delta x_2 + \cdots + R_F\end{aligned} \tag{3-20}$$

导弹运动方程组线性化时，可以略去高阶小量之和。因此式(3-17)又可写为

$$\begin{aligned}f_0\frac{\mathrm{d}\Delta x}{\mathrm{d}t} + \left[\left(\frac{\partial f}{\partial x_1}\right)_0 \Delta x_1 + \left(\frac{\partial f}{\partial x_2}\right)_0 \Delta x_2 + \cdots\right]\frac{\mathrm{d}x_0}{\mathrm{d}t} = \\ \left(\frac{\partial F}{\partial x_1}\right)_0 \Delta x_1 + \left(\frac{\partial F}{\partial x_2}\right)_0 \Delta x_2 + \cdots\end{aligned} \tag{3-21}$$

式中

$$\left(\frac{\partial f}{\partial x_1}\right)_0 = \left[\frac{\partial f(x_{10},x_{20},x_{30},\cdots,x_{n0})}{\partial x_1}\right]_0$$

$$\left(\frac{\partial F}{\partial x_1}\right)_0 = \left[\frac{\partial F(x_{10},x_{20},x_{30},\cdots,x_{n0})}{\partial x_1}\right]_0$$

于是，最终可得任一运动参数之偏量的线性微分方程式为

$$\begin{aligned}f_0\frac{\mathrm{d}\Delta x}{\mathrm{d}t} = \\ \left[\left(\frac{\partial F}{\partial x_1}\right)_0 - \frac{\mathrm{d}x_0}{\mathrm{d}t}\left(\frac{\partial f}{\partial x_1}\right)_0\right]\Delta x_1 + \left[\left(\frac{\partial F}{\partial x_2}\right)_0 - \frac{\mathrm{d}x_0}{\mathrm{d}t}\left(\frac{\partial f}{\partial x_2}\right)_0\right]\Delta x_2 + \cdots\end{aligned} \tag{3-22}$$

显然，式(3-22)中的自变量是运动参数偏量 Δx，它可以是 $\Delta x_1,\Delta x_2,\cdots,\Delta x_n$，偏量在方程式中仅有一次幂，而且没有偏量间的乘积，所以微分方程式(3-22)是线性的。式中函数 f_0 以及偏导数 $\left(\frac{\partial f}{\partial x_1}\right)_0,\cdots,\left(\frac{\partial f}{\partial x_n}\right)_0,\left(\frac{\partial F}{\partial x_1}\right)_0,\cdots,\left(\frac{\partial F}{\partial x_n}\right)_0$ 等，均是基准弹道运动参数的函数。基准运动的参数在计算弹道后是已知的时间参数，所以函数 f_0 以及偏导数 $\left(\frac{\partial f}{\partial x_1}\right)_0,\cdots,\left(\frac{\partial f}{\partial x_n}\right)_0$，$\left(\frac{\partial F}{\partial x_1}\right)_0,\cdots,\left(\frac{\partial F}{\partial x_n}\right)_0$ 等均是已知的时间函数。

导弹运动方程组与运动偏量方程组的差别：其一，前者描述一般的飞行状况，包括基准运动或称未扰动运动，后者描述基准运动邻近的扰动运动，或称附加运动；其二，一般的飞行状况是非线性的，扰动运动是线性的。

3.2.2 作用力和力矩偏量

导弹上的作用力有推力、控制力、空气动力和重力。这些作用力和力矩出现偏量，将引起导弹产生扰动运动。因此，在运动方程线性化之前，应该先弄清各作用力和力矩偏量的线性组合。

作用在导弹上的推力，如果由吸气式发动机产生，则其大小与空气密度和飞行速度有关，推力偏量的线性组合表达式为

$$\Delta P=\left[\frac{\partial P}{\partial V}\right]_0\Delta V+\left[\frac{\partial P}{\partial y}\right]_0\Delta y=P^V\Delta V+P^y\Delta y \tag{3-23}$$

式中，y 为飞行高度；P^V，P^y 分别代表推力对速度和高度的偏导数，其值由未扰动运动飞行参数来计算，故注以下标 0。

已知空气动力和力矩不仅与该时刻的运动参数有关，而且还与这些参数对时间的导数有关。但是，完全按此理论确定气动力和力矩的偏量，目前仍是一件困难的工作。因此在工程上通常采用定常假设，其含义是，在非定常飞行中，作用在导弹上的气动力和力矩，除下洗延迟效应和气流阻滞外，均近似为与当时的运动参数有关，而不考虑这些参数导数的影响。

分析气动力偏量的线性组合时，应注意导弹存在着纵向对称面，或者是纵向近似对称的。这种对称性使得纵向平面内的力和力矩对任意一侧向运动参数的导数可视为零。例如，空气阻力 X，确定它与侧滑角 β 的关系，β 值的正或负对阻力产生的影响没有差异。由此可见，在零侧滑角附近，阻力导数 X^β 实际上等于零。同理，升力导数 Y^β 也等于零。故此，在阻力和升力的偏量线性表达式内将不含与侧向运动参数偏量有关的项。

综上所述，各气动力偏量线性组合的表达式通常为

$$\left.\begin{aligned}\Delta X&=X^V\Delta V+X^\alpha\Delta\alpha+X^y\Delta y\\\Delta Y&=Y^V\Delta V+Y^\alpha\Delta\alpha+Y^y\Delta y+Y^{\delta_z}\Delta\delta_z\\\Delta Z&=Z^V\Delta V+Z^\beta\Delta\beta+Z^y\Delta y+Z^{\delta_y}\Delta\delta_y\end{aligned}\right\} \tag{3-24}$$

式中各空气动力导数叙述如下：

因空气阻力 $X=\frac{1}{2}\rho V^2C_xS$，其中阻力因数 C_x 又是 Ma（马赫数）、Re（雷诺数）、α（攻角）和 β（侧滑角）的函数，所以阻力导数为

$$\left.\begin{aligned}X^\alpha&=\frac{\partial X}{\partial\alpha}=\frac{X}{C_x}\frac{\partial C_x}{\partial\alpha}=\frac{X}{C_x}C_x^\alpha\\X^\beta&=\frac{\partial X}{\partial\beta}=\frac{X}{C_x}\frac{\partial C_x}{\partial\beta}=\frac{X}{C_x}C_x^\beta\\X^V&=\frac{\partial X}{\partial V}=\frac{X}{V}\left(2+\frac{V}{C_x}\frac{\partial C_x}{\partial V}\right)\end{aligned}\right\} \tag{3-25}$$

式中

$$\left.\begin{aligned}\frac{\partial C_x}{\partial V}&=\frac{Ma}{V}\frac{\partial C_x}{\partial Ma}+\frac{Re}{V}\frac{\partial C_x}{\partial Re}\\Re&=\rho\frac{VL}{\mu}\end{aligned}\right\} \tag{3-26}$$

故

$$X^V=\frac{X}{V}\left(2+\frac{Ma}{C_x}C_x^{Ma}+\frac{Re}{C_x}C_x^{Re}\right) \tag{3-27}$$

综上所述，当侧滑角 β 很小时，偏导数 $X^\beta\approx 0$。

同理，升力 $Y=\frac{1}{2}\rho V^2C_yS$ 和侧力 $Z=\frac{1}{2}\rho V^2C_zS$ 的有关导数为

$$
\left.
\begin{aligned}
Y^V &= \frac{\partial Y}{\partial V} = \frac{Y}{V}\left(2 + \frac{Ma}{C_y}\,\frac{\partial C_y}{\partial Ma}\right) \\
Y^\alpha &= \frac{\partial Y}{\partial \alpha} = \frac{Y}{C_y}C_y^\alpha \\
Z^V &= \frac{\partial Z}{\partial V} = \frac{Z}{V}\left(2 + \frac{Ma}{C_z}\,\frac{\partial C_z}{\partial Ma}\right) \\
Z^\beta &= \frac{Z}{C_z}C_y^\beta \\
C_z^\beta &= -C_y^\alpha\text{（轴对称时）}
\end{aligned}
\right\}
\tag{3-28}
$$

在升力和侧力偏量表达式中，两个与舵偏角有关的偏导数为

$$
\left.
\begin{aligned}
Y^{\delta_z} &= \frac{Y}{C_y}C_y^{\delta_z} \\
Z^{\delta_y} &= \frac{Z}{C_z}C_z^{\delta_y}
\end{aligned}
\right\}
\tag{3-29}
$$

在以上气动力偏导数中，当战术导弹飞行高度微量变化时，若不计空气密度微小变化对气动力的影响，可取 X^y，Y^y 和 Z^y 为零。

讨论各气动力矩偏量的线性组合时，除考虑运动参数偏量 ΔV，Δy，$\Delta\alpha$，$\Delta\beta$，$\Delta\delta_y$ 和 $\Delta\delta_z$ 外，还应考虑角速度偏量 $\Delta\omega_x$，$\Delta\omega_y$，$\Delta\omega_z$ 和决定气流下洗延迟现象的偏量导数 $\Delta\dot{\alpha}$，$\Delta\dot{\beta}$，$\Delta\dot{\delta}_y$，$\Delta\dot{\delta}_z$，以及航向和滚转力矩偏量中的交叉效应。因此，适合所有气动力矩的一般式为

$$
\left.
\begin{aligned}
M_i &= \frac{1}{2}\rho V^2 m_i SL \\
M_i^j j &= m_i^j j q S L
\end{aligned}
\right\}
\tag{3-30}
$$

可得各项气动力矩偏量的线性组合为

$$
\begin{aligned}
\Delta M_x = {} & M_x^\vartheta \Delta V + M_x^\alpha \Delta\alpha + M_x^\beta \Delta\beta + M_x^{\omega_x}\Delta\omega_x + M_x^{\omega_y}\Delta\omega_y + \\
& M_x^{\omega_z}\Delta\omega_z + M_x^y\Delta y + M_x^{\delta_x}\Delta\delta_x + M_x^{\delta_y}\Delta\delta_y
\end{aligned}
\tag{3-31}
$$

$$
\begin{aligned}
\Delta M_y = {} & M_y^\vartheta \Delta V + M_y^\beta \Delta\beta + M_y^{\omega_x}\Delta\omega_x + M_y^{\omega_y}\Delta\omega_y + \\
& M_y^{\dot{\beta}}\Delta\dot{\beta} + M_y^y\Delta y + M_y^{\delta_y}\Delta\delta_y + M_y^{\dot{\delta}_y}\Delta\dot{\delta}_y + M_y^{\delta_x}\Delta\delta_x
\end{aligned}
\tag{3-32}
$$

$$
\Delta M_z = M_z^V\Delta V + M_z^\alpha\Delta\alpha + M_z^{\omega_x}\Delta\omega_x + M_z^{\omega_z}\Delta\omega_z + M_z^{\dot{\alpha}}\Delta\dot{\alpha} + M_z^y\Delta y + M_z^{\delta_z}\Delta\delta_z + M_z^{\dot{\delta}_z}\Delta\dot{\delta}_z
$$

式中，各力矩偏导数为

$$
\left.
\begin{aligned}
M_z^Y &= \frac{M_z}{V}\left(2 + \frac{Ma}{m_z}\,\frac{\partial m_z}{\partial Ma}\right) \\
M_y^Y &= \frac{M_y}{V}\left(2 + \frac{Ma}{m_y}\,\frac{\partial m_y}{\partial Ma}\right) \\
M_x^Y &= \frac{M_x}{V}\left(2 + \frac{Ma}{m_x}\,\frac{\partial m_x}{\partial Ma}\right)
\end{aligned}
\right\}
\tag{3-33}
$$

$$
\left.
\begin{aligned}
M_z^\alpha &= \frac{M_z}{m_z}m_z^\alpha, \qquad M_y^\beta = \frac{M_y}{m_y}m_y^\beta \\
M_x^\alpha &= \frac{M_x}{m_x}m_x^\alpha, \qquad M_x^\beta = \frac{M_x}{m_x}m_x^\beta
\end{aligned}
\right\}
\tag{3-34}
$$

$$\left.\begin{aligned}
&M_z^{\omega_z}=\frac{M_z}{m_z}m_z^{\omega_z},\qquad M_z^{\omega_x}=\frac{M_z}{m_z}m_z^{\omega_x}\\
&M_z^{\dot{\alpha}}=\frac{M_z}{m_z}m_z^{\dot{\alpha}}\\
&M_y^{\omega_y}=\frac{M_y}{m_y}m_y^{\omega_y},\qquad M_y^{\omega_x}=\frac{M_y}{m_y}m_y^{\omega_x}\\
&M_x^{\omega_x}=\frac{M_x}{m_x}m_x^{\omega_x},\qquad M_x^{\omega_y}=\frac{M_x}{m_x}m_x^{\omega_y}\\
&M_x^{\omega_z}=\frac{M_x}{m_x}m_x^{\omega_z}
\end{aligned}\right\}\tag{3-35}$$

这里的力矩系数 $m_z^{\omega_z}$，$m_y^{\omega_y}$，$m_x^{\omega_x}$ 等都是有量纲的。为了便于动态分析，常用无量纲形式 $m_z^{\bar{\omega}_z}$，$m_y^{\bar{\omega}_y}$，$m_x^{\bar{\omega}_x}$ 等。无量纲角速度 $\bar{\omega}_z$，$\bar{\omega}_y$，$\bar{\omega}_x$ 等可表示为

$$\left.\begin{aligned}
&\bar{\omega}_z=\frac{\omega_z L}{V},\qquad \bar{\omega}_y=\frac{\omega_y L}{V},\qquad \bar{\omega}_x=\frac{\omega_x L}{V}\\
&\bar{\dot{\alpha}}=\frac{\dot{\alpha}L}{V},\qquad \bar{\dot{\beta}}=\frac{\dot{\beta}L}{V}
\end{aligned}\right\}\tag{3-36}$$

于是，由无量纲气动力矩因数表示的力矩偏导数为

$$\left.\begin{aligned}
&M_z^{\omega_z}=m_z^{\bar{\omega}_z}\ \frac{1}{2}\rho VSL^2\\
&M_z^{\omega_x}=m_z^{\bar{\omega}_x}\ \frac{1}{2}\rho VSL^2\\
&M_z^{\dot{\alpha}}=m_z^{\bar{\dot{\alpha}}}\ \frac{1}{2}\rho VSL^2\\
&M_y^{\omega_y}=m_y^{\bar{\omega}_y}\ \frac{1}{2}\rho VSL^2\\
&M_y^{\omega_x}=m_y^{\bar{\omega}_x}\ \frac{1}{2}\rho VSL^2\\
&M_y^{\dot{\beta}}=m_y^{\bar{\dot{\beta}}}\ \frac{1}{2}\rho VSL^2\\
&M_x^{\omega_x}=m_x^{\bar{\omega}_x}\ \frac{1}{2}\rho VSL^2\\
&M_x^{\omega_z}=m_x^{\bar{\omega}_z}\ \frac{1}{2}\rho VSL^2
\end{aligned}\right\}\tag{3-37}$$

在实际应用中为书写方便，上列各无量纲气动力矩导数可略去上标符号“—”。

3.2.3　导弹运动方程组的线性化

为了得到描述导弹空间扰动运动的线性微分方程组，必须应用线性化公式，即式(3-22)，对导弹运动方程组的每一方程逐项地进行线性化。导弹运动方程组的第 1 式为

$$m\frac{\mathrm{d}V}{\mathrm{d}t}=P\cos\alpha\cos\beta-X-G\sin\theta\tag{3-38}$$

式(3-38)与式(3-12)对比，导弹的质量 m 相当于 f，飞行速度 V 相当于 x，而 $P\cos\alpha\cos\beta-X-G\sin\theta$ 相当于 F。由于导弹的质量 m 与运动参数 V，α，… 无关，则有

$$\frac{\partial m}{\partial V}=\frac{\partial m}{\partial \alpha}=\frac{\partial m}{\partial \beta}=0 \tag{3-39}$$

因此$\frac{\partial f}{\partial x_1}=0,\frac{\partial f}{\partial x_2}=0,\cdots,F$ 对各运动参数的偏导数，包括飞行高度 y，则分别为

$$\frac{\partial F}{\partial V}=\frac{\partial(P\cos\alpha\cos\beta-X-G\sin\theta)}{\partial V}=\cos\alpha\cos\beta\frac{\partial P}{\partial V}-\frac{\partial X}{\partial V}-\sin\theta\frac{\partial G}{\partial V}$$

偏导数采用简化符号，即$\frac{\partial P}{\partial V}=P^V,\frac{\partial X}{\partial V}=X^V,\frac{\partial G}{\partial V}=G^V=0$，上式变为

$$\frac{\partial F}{\partial V}=P^V\cos\alpha\cos\beta-X^V$$

引用式(3-25)的结果，上式可写为

$$\frac{\partial F}{\partial V}=P^V\cos\alpha\cos\beta-\frac{X}{V}\left(2+\frac{V}{C_x}C_x^V\right)$$

式中，$C_x^V=\frac{\partial C_x}{\partial V}$。

式(3-38)中 F 对其他运动参数的偏导数，可同样表示为

$$\frac{\partial F}{\partial \alpha}=(P^\alpha\cos\alpha-P\sin\alpha)\cos\beta-X^\alpha$$

$$\frac{\partial F}{\partial \beta}=P^\beta\cos\alpha\cos\beta-P\cos\alpha\sin\beta-X^\beta$$

$$\frac{\partial F}{\partial y}=P^y\cos\alpha\cos\beta-X^y-G^y$$

$$\frac{\partial F}{\partial \theta}=-G\cos\theta$$

将上面求得的各个偏导数代入式(3-22)，可求得式(3-38)的线性化结果形式为

$$\begin{aligned}m_0\frac{\mathrm{d}\Delta V}{\mathrm{d}t}=&\left[P^V\cos\alpha\cos\beta-\frac{X}{V}\left(2+\frac{V}{C_x}C_x^V\right)\right]_0\Delta V+\\&[P^\alpha\cos\alpha\cos\beta-P\sin\alpha\cos\beta-X^\alpha]_0\Delta\alpha+\\&[P^\beta\cos\alpha\cos\beta-P\cos\alpha\sin\beta-X^\beta]_0\Delta\beta+\\&[P^y\cos\alpha\cos\beta-X^y-G^y]_0\Delta y-[G\cos\theta]_0\Delta\theta\end{aligned} \tag{3-40}$$

如果导弹在实际飞行过程中攻角 α 和侧滑角 β 的数值均比较小，$\cos\alpha\approx1,\cos\beta\approx1,\sin\alpha\approx\alpha,\sin\beta\approx\beta$，则式(3-40)可近似写为

$$\begin{aligned}m_0\frac{\mathrm{d}\Delta V}{\mathrm{d}t}\approx&\left[P^V-\frac{X}{V}\left(2+\frac{V}{C_x}C_x^V\right)\right]_0\Delta V+[P^\alpha-P\alpha-X^\alpha]_0\Delta\alpha+\\&[P^\beta-P\beta-X^\beta]_0\Delta\beta+[P^y-X^y-G^y]_0\Delta y-[G\cos\theta]_0\Delta\theta\end{aligned} \tag{3-41}$$

式(3-41)为导弹飞行速度偏量随时间变化的线性微分方程式，也是常见的运动偏量微分方程式之一。只是有些发动机推力的偏导数 $P^\alpha=P^\beta=P^y=0$。

导弹运动方程组的第2式为

$$mV\frac{\mathrm{d}\theta}{\mathrm{d}t}=P(\sin\alpha\cos\gamma_c+\cos\alpha\sin\beta\sin\gamma_c)+Y\cos\gamma_c-Z\sin\gamma_c-G\cos\theta \tag{3-42}$$

这时运动参数为 $V,\theta,\alpha,\beta,\gamma_c,y,\delta_z$ 和 δ_y，按照式(3-38)线性化的步骤，可以得到偏导数分别为

$$\frac{\partial(mV)}{\partial V}=m$$

$$\frac{\partial F}{\partial V}=P^V(\sin\alpha\cos\gamma_c+\cos\alpha\sin\beta\sin\gamma_c)+Y^V\cos\gamma_c-Z^V\sin\gamma_c$$

$$\frac{\partial F}{\partial\alpha}=P^\alpha(\sin\alpha\cos\gamma_c+\cos\alpha\sin\beta\sin\gamma_c)+P(\cos\alpha\cos\gamma_c-\sin\alpha\sin\beta\sin\gamma_c)+Y^\alpha\cos\gamma_c$$

$$\frac{\partial F}{\partial\beta}=P^\beta(\sin\alpha\cos\gamma_c+\cos\alpha\sin\beta\sin\gamma_c)+P\cos\alpha\cos\beta\sin\gamma_c-Z^\beta\sin\gamma_c$$

$$\frac{\partial F}{\partial\gamma_c}=P(-\sin\alpha\sin\gamma_c+\cos\alpha\sin\beta\cos\gamma_c)-Y\sin\gamma_c-Z\cos\gamma_c$$

$$\frac{\partial F}{\partial\theta}=G\sin\theta$$

$$\frac{\partial F}{\partial\delta_z}=Y^{\delta_z}\cos\gamma_c$$

$$\frac{\partial F}{\partial\delta_y}=-Z^{\delta_y}\sin\gamma_c$$

$$\frac{\partial F}{\partial y}=P^y(\sin\alpha\cos y_c+\cos\alpha\sin\beta\sin\gamma_c)+Y^y\cos\gamma_c-Z^y\sin\gamma_c-G^y\cos\theta$$

在运动参数偏量的线性微分方程式中引用上列各式，可得式(3-42)的线性化形式为

$$\begin{aligned}
&[mV]_0\frac{\mathrm{d}\Delta\theta}{\mathrm{d}t}+\left[m\frac{\mathrm{d}\theta}{\mathrm{d}t}\right]_0\Delta V=\\
&\quad[P^V(\sin\alpha\cos\gamma_c+\cos\alpha\sin\beta\sin\gamma_c)+\\
&\quad Y^V\cos\gamma_c-Z^V\sin\gamma_c]_0\Delta V+\\
&\quad[P^\alpha(\sin\alpha\cos\gamma_c+\cos\alpha\sin\beta\sin\gamma_c)+\\
&\quad P(\cos\alpha\cos\gamma_c-\sin\alpha\sin\beta\sin\gamma_c)+Y^\alpha\cos\gamma_c]_0\Delta\alpha+\\
&\quad[P^\beta(\sin\alpha\cos\gamma_c+\cos\alpha\sin\beta\sin\gamma_c)+P\cos\alpha\cos\beta\sin\gamma_c-\\
&\quad Z^\beta\sin\gamma_c]_0\Delta\beta+[G\sin\theta]_0\Delta\theta+[Y^{\delta_z}\cos\gamma_c]_0\Delta\delta_z-[Z^{\delta_y}\sin\gamma_c]_0\Delta\delta_y+\\
&\quad[P(-\sin\alpha\sin\gamma_c+\cos\alpha\sin\beta\cos\gamma_c)-Y\sin\gamma_c-Z\cos\gamma_c]_0\Delta\gamma_c+\\
&\quad[P^y(\sin\alpha\cos\gamma_c+\cos\alpha\sin\beta\sin\gamma_c)+\\
&\quad Y^y\cos\gamma_c-Z^y\sin\gamma_c-G^y\cos\theta]_0\Delta y
\end{aligned}\tag{3-43}$$

如果导弹沿基准弹道飞行的攻角α、侧滑角β和速度倾斜角γ_c都比较小，在式(3-43)中可近似认为$\cos\alpha=\cos\beta=\cos\gamma_c\approx1$；$\sin\alpha\approx\alpha$，$\sin\beta\approx\beta$，$\sin\gamma_c\approx\gamma_c$，于是式(3-43)可写为

$$\begin{aligned}
&[mV]_0\frac{\mathrm{d}\Delta\theta}{\mathrm{d}t}+\left[m\frac{\mathrm{d}\theta}{\mathrm{d}t}\right]_0\Delta V=\\
&\quad[P^V(\alpha+\beta\gamma_c)+Y^V-Z^V\gamma_c]_0\Delta V+\\
&\quad[P^\alpha(\alpha+\beta\gamma_c)+P(1-\alpha\beta\gamma_c)+Y^\alpha]_0\Delta\alpha+\\
&\quad[P^\beta(\alpha+\beta\gamma_c)+P\gamma_c-Z^\beta\gamma_c]_0\Delta\beta+[G\sin\theta]_0\Delta\theta+\\
&\quad[Y^{\delta_z}]_0\Delta\delta_z-[Z^{\delta_y}\gamma_c]_0\Delta\delta_y+\\
&\quad[P(-\alpha\gamma_c+\beta)-Y\gamma_c-Z]_0\Delta\gamma_c+\\
&\quad[P^y(\alpha+\beta\gamma_c)+Y^y-Z^y\gamma_c-G^y\cos\theta]_0\Delta y
\end{aligned}\tag{3-44}$$

如果忽略式(3-44)中的二阶小量$\beta\gamma_c$，$\alpha\gamma_c$和三阶小量$\alpha\beta\gamma_c$；另外在一般情况下$(mV)_0\dfrac{\mathrm{d}\Delta\theta}{\mathrm{d}t}$要

比$(m\dfrac{\mathrm{d}\theta}{\mathrm{d}t})_0\Delta V$大得多,两项相比,$(m\dfrac{\mathrm{d}\theta}{\mathrm{d}t})_0\Delta V$可以忽略不计。这时式(3-44)可改写成

$$
\begin{aligned}
[mV]_0\frac{\mathrm{d}\Delta\theta}{\mathrm{d}t}=&[P^V\alpha+Y^V-Z^V\gamma_c]_0\Delta V+[P^\alpha\alpha+P+Y^\alpha]_0\Delta\alpha+\\
&[P^\beta\alpha+P\gamma_c-Z^\beta\gamma_c]_0\Delta\beta+[G\sin\theta]_0\Delta\theta+[Y^{\delta_z}]_0\Delta\delta_z-[Z^{\delta_y}\gamma_c]_0\Delta\delta_y+\\
&[P\beta-Y\gamma_c-Z]_0\Delta\gamma_c+[P^y\alpha+Y^y-Z^y\gamma_c-G^y\cos\theta]_0\Delta y
\end{aligned}
\tag{3-45}
$$

由此可见,应用运动参数偏量的线性微分方程式(3-22),参照以上导弹运动方程组的第1式(式(3-38))和第2式(式(3-42))线性化的步骤,可得导弹空间运动方程组的全部线性化结果,即导弹空间扰动运动的线性微分方程组为

$$
\left.
\begin{aligned}
&[m]_0\frac{\mathrm{d}\Delta V}{\mathrm{d}t}=[P^V-X^V]_0\Delta V+[P^\alpha-P\alpha-X^\alpha]_0\Delta\alpha+[P^\beta-P\beta-X^\beta]_0\Delta\beta+\\
&\qquad[P^y-X^y-G^y]_0\Delta y-[G\cos\theta]_0\Delta\theta\\
&[mV]_0\frac{\mathrm{d}\Delta\theta}{\mathrm{d}t}=[P^V\alpha+Y^V-Z^V\gamma_c]_0\Delta V+[P+Y^\alpha+P^\alpha\alpha]_0\Delta\alpha+[P^\beta\alpha+P\gamma_c-Z^\beta\gamma_c]_0\Delta\beta\\
&\qquad[G\sin\theta]_0\Delta\theta+[Y^{\delta_z}]_0\Delta\delta_z+[Y^y-G^y\cos\theta+P^y\alpha-Z^y\gamma_c]_0\Delta y-\\
&\qquad[Z^{\delta_y}\gamma_c]_0\Delta\delta_y+[P\beta-Y\gamma_c-Z]_0\Delta\gamma_c\\
&[-mV\cos\theta]_0\frac{\mathrm{d}\Delta\psi_c}{\mathrm{d}t}=[Z^V]_0\Delta V+[P\gamma_c+Y^\alpha]_0\Delta\alpha+[-P+Z^\beta]_0\Delta\beta+\\
&\qquad[P\alpha+Y]_0\Delta\gamma_c+[Z^{\delta_y}]_0\Delta\delta_y+[Z^y]_0\Delta y\\
&[J_x]_0\frac{\mathrm{d}\Delta\omega_x}{\mathrm{d}t}=[M_x^V]_0\Delta V+[M_x^{\omega_x}]_0\Delta\omega_x+[M_x^{\delta_x}]_0\Delta\delta_x+[M_x^{\delta_y}]_0\Delta\delta_y+[M_y^{\omega_y}]_0\Delta\omega_y-\\
&\qquad[(J_z-J_y)\omega_y]_0\Delta\omega_z-[(J_z-J_y)\omega_z]_0\Delta\omega_y+[M_x^\beta]_0\Delta\beta+[M_x^y]_0\Delta y\\
&[J_y]_0\frac{\mathrm{d}\Delta\omega_y}{\mathrm{d}t}=[M_v^V]_0\Delta V+[M_v^\beta]_0\Delta\beta+[M_v^{\omega_y}]_0\Delta\omega_y+[M_y^{\omega_x}]_0\Delta\omega_x+[M_y^{\delta_y}]_0\Delta\delta_y+\\
&\qquad[M_y^y]_0\Delta y+[M_y^\beta]_0\Delta\beta+[M_y^{\delta_y}]_0\Delta\delta_y-\\
&\qquad[(J_x-J_z)\omega_z]_0\Delta\omega_x-[(J_x-J_z)\omega_x]_0\Delta\omega_z\\
&[J_z]_0\frac{\mathrm{d}\Delta\omega_z}{\mathrm{d}t}=[M_z^V]_0\Delta V+[M_z^\alpha]_0\Delta\alpha+[M_z^{\omega_z}]_0\Delta\omega_z+[M_z^{\delta_z}]_0\Delta\delta_z+[M_z^{\dot\alpha}]_0\Delta\dot\alpha+\\
&\qquad[M_z^{\dot\delta_z}]_0\Delta\dot\delta_z+[M_z^y]_0\Delta y-[(J_y-J_x)\omega_x]_0\Delta\omega_y-[(J_y-J_x)\omega_y]_0\Delta\omega_x\\
&\frac{\mathrm{d}\Delta\vartheta}{\mathrm{d}t}=\Delta\omega_x\\
&\frac{\mathrm{d}\Delta\psi}{\mathrm{d}t}=\left[\frac{1}{\cos\vartheta}\right]_0\Delta\omega_y\\
&\frac{\mathrm{d}\Delta\gamma}{\mathrm{d}t}=\Delta\omega_x-[\tan\vartheta]_0\Delta\omega_y\\
&\frac{\mathrm{d}\Delta x}{\mathrm{d}t}=[\cos\theta\cos\psi_c]_0\Delta V-[V\sin\theta\cos\psi_c]_0\Delta\theta-[V\cos\theta\sin\psi_c]_0\Delta\psi_c\\
&\frac{\mathrm{d}\Delta y}{\mathrm{d}t}=[\sin\theta]_0\Delta V+[V\cos\theta]_0\Delta\theta\\
&\frac{\mathrm{d}\Delta z}{\mathrm{d}t}=[-\cos\theta\sin\psi_c]_0\Delta V+[V\sin\theta\sin\psi_c]_0\Delta\theta-[V\cos\theta\cos\psi_c]_0\Delta\psi_c\\
&\Delta\theta=\Delta\vartheta-\Delta\alpha\\
&\Delta\psi_c=\Delta\psi+\left[\frac{\alpha}{\cos\theta}\right]_0\Delta\gamma-\left[\frac{1}{\cos\theta}\right]_0\Delta\beta\\
&\Delta\gamma_c=[\tan\theta]_0\Delta\beta+\left[\frac{\cos\vartheta}{\cos\theta}\right]_0\Delta\gamma
\end{aligned}
\right\}
\tag{3-46}
$$

在此方程组中没有考虑导弹质量随运动参数偏量的变化，也没有考虑 4 个理想操纵关系方程，故仅有 15 个运动参数偏量方程，其中所含偏量分别为 ΔV，$\Delta\alpha$，$\Delta\beta$，$\Delta\psi_c$，$\Delta\theta$，$\Delta\gamma_c$，$\Delta\vartheta$，$\Delta\psi$，$\Delta\gamma$，$\Delta\omega_x$，$\Delta\omega_z$，$\Delta\omega_y$，Δx，Δy 和 Δz。运动参数偏量线性微分方程组中舵面偏角的偏量 $\Delta\delta_z$，$\Delta\delta_y$ 和 $\Delta\delta_x$ 是导弹弹体扰动的输入量，在单独分析弹体自身的动态特性时，可取常用的典型输入值，例如阶跃函数等。当分析导弹弹体作为控制对象的动态特性时，因存在包含自动驾驶仪的控制系统，此时偏量 $\Delta\delta_z$，$\Delta\delta_y$ 和 $\Delta\delta_x$ 又是控制设备的输出量。

在运动参数偏量的线性微分方程中，凡有方括号表示的量均是方程式的系数，而下标 0 表示这些系数由基准弹道的运动参数、气动参数和结构参数等来确定。在明确了此含义后，今后为书写方便，常略去下标“0”。

3.2.4 系数冻结法

因为导弹在飞行过程中，一般情况下其基准运动参数是随时间变化的，因此导弹扰动运动方程组是变系数线性微分方程组。对于变系数线性微分方程难于寻求工程需要的解析解，为此，常采用系数“冻结”法将变系数线性微分方程处理为常系数线性微分方程。

系数“冻结”法的含义如下：在研究导弹（或飞行器）的动态特性时，如果未扰动弹道已经给出，则在该弹道上任意点的运动参数和结构参数都为已知数值。可以近似地认为在这些点附近的小范围内，运动参数和结构参数都固定不变。具体而言，在一小段时间内动力系数可由弹道上某一点的运动参数和结构参数来决定，这个点称之为特性点。假设在特性点附近动力系数的值不变，或者说从特性点算起，在一小段时间内动力系数为常数。

系数“冻结”法并无严格的理论根据或数学证明。在实用中，通常发现：如果在过渡过程时间内，即使系数的变化大，系数“冻结”法也不至于带来很大的误差。

3.3 纵向扰动运动

如果导弹只绕弹体 Oz_1 轴转动，且质心的移动基本上在某一铅垂平面内，同时认为导弹纵向对称面与此飞行平面相重合，因而可将导弹在铅垂面内的运动称为纵向运动。纵向运动所包含的运动参数有 V，α，θ，ϑ，X，Y，ω_z。而描述纵向扰动运动参数的偏量（实际值相对基准值）随时间变化的规律称为纵向扰动运动。就纵向扰动运动而言，它有以下 3 个特点：

(1) 侧向参数的基准值很小；

(2) 干扰只改变纵向运动参数，不改变侧向运动参数；

(3) 小扰动。

另外，单独分析导弹自身的动态特性时，总是假定舵偏角为已知值，而不受理想操纵关系的约束。换句话说，不考虑理想操纵关系式方程，导弹的运动可视作一个开环环节来处理，这个环节的输入作用是舵面偏转角，输出是导弹的运动参数。

3.3.1 纵向扰动运动的数学模型

纵向扰动运动的数学模型可由纵向运动方程组线性化得出，在线性化建模时，采用了以下基本假设：

(1) 假定在未扰动运动中，侧向运动参数 $\psi,\beta,\gamma,\omega_x,\omega_y,\psi_c,\gamma_c,Z$ 和侧向运动操纵机构的偏转 δ_x,δ_y 以及纵向运动中的 $\omega_z,\dot{\alpha}$ 都是很小的，可以在方程中忽略其乘积，以及这些参数与其他微量的乘积，此外还假定在未扰动飞行中，偏导数 $Q^\beta=\left(\dfrac{\partial Q}{\partial\beta}\right)$ 为一小的数值。

(2) 我们不研究导弹结构参数的偏差和大气状态对导弹飞行弹道的影响，即结构参数的偏量 $\Delta m,\Delta J_x,\Delta J_y,\Delta J_z,\Delta\bar{P}$，大气密度的偏量 $\Delta\rho$ 和坐标偏量 Δy 对未扰动运动的影响可以不考虑。参数 $m,J_x,J_y,J_z,\bar{P},\rho,y$ 在扰动运动中的数值与在未扰动运动中一样，是时间的已知函数。

(3) 小扰动，即假定扰动运动参数与在同一时间内的未扰动运动参数值间的差值很小。

由纵向运动方程组线性化，或由方程组(3-46)可得纵向扰动运动方程组为

$$\left.\begin{aligned}
&m_0\frac{\mathrm{d}\Delta V}{\mathrm{d}t}=(P^V-X^V)_0\Delta V-(P\alpha+X^\alpha)_0\Delta\alpha-(G\cos\theta)_0\Delta\theta\\
&(mV)_0\frac{\mathrm{d}\Delta\theta}{\mathrm{d}t}=(P^V\alpha+Y^V)_0\Delta V+(P+Y^\alpha)_0\Delta\alpha+\\
&\qquad\qquad(G\sin\theta)_0\Delta\theta+(Y^{\delta_z})_0\Delta\delta_z\\
&J_{z0}\frac{\mathrm{d}\Delta\omega_z}{\mathrm{d}t}=(M_z^V)_0\Delta V+(M_z^\alpha)_0\Delta\alpha+(M_z^{\omega_z})_0\Delta\omega_z+\\
&\qquad\qquad(M_z^{\dot{\alpha}})_0\Delta\dot{\alpha}+(M_z^{\delta_z})_0\Delta\delta_z+(M_z^{\dot{\delta}_z})_0\Delta\dot{\delta}_z\\
&\frac{\mathrm{d}\Delta\vartheta}{\mathrm{d}t}=\Delta\omega_z\\
&\Delta\theta=\Delta\vartheta-\Delta\alpha
\end{aligned}\right\}\tag{3-47}$$

$$\left.\begin{aligned}
&\frac{\mathrm{d}\Delta x}{\mathrm{d}t}=(\cos\theta)_0\Delta V-(V\sin\theta)_0\Delta\theta\\
&\frac{\mathrm{d}\Delta y}{\mathrm{d}t}=(\sin\theta)_0\Delta V+(V\cos\theta)_0\Delta\theta
\end{aligned}\right\}\tag{3-48}$$

方程组(3-47)和方程组(3-48)为纵向扰动运动方程组，其变量是运动参数偏量 $\Delta V,\Delta\theta,\Delta\omega_z,\Delta\alpha,\Delta\vartheta,\Delta x$ 和 Δy，它们是待求的未知时间函数。该方程组的模态反映了纵向扰动运动的动态特性。

在纵向扰动运动方程组(3-47)中不含干扰力和干扰力矩，而它们却是客观存在的。这里用 F'_{xd} 表示切向干扰力，F'_{yd} 表示法向干扰力，M'_{zd} 表示纵向干扰力矩。考虑到干扰力和干扰力矩的存在，并将式(3-47)中第4式代入第3式，方程组(3-47)可改写为

$$\left.\begin{aligned}
&m_0\Delta\dot{V}=(P^V-X^V)_0\Delta V-(P\alpha+X^\alpha)_0\Delta\alpha-(G\cos\theta)_0\Delta\theta+F'_{xd}\\
&J_{z0}\Delta\ddot{\vartheta}=(M_z^V)_0\Delta V+(M_z^\alpha)_0\Delta\alpha+(M_z^{\omega_z})_0\Delta\dot{\vartheta}+\\
&\qquad\qquad(M_z^{\dot{\alpha}})_0\Delta\dot{\alpha}+(M_z^{\delta_z})_0\Delta\delta_z+(M_z^{\dot{\delta}_z})_0\Delta\dot{\delta}_z+M'_{zd}\\
&(mV)_0\Delta\dot{\theta}=(P^V\alpha+Y^V)_0\Delta V+(P+Y^\alpha)_0\Delta\alpha+\\
&\qquad\qquad(G\sin\theta)_0\Delta\theta+(Y^{\delta_z})_0\Delta\delta_z+F'_{yd}\\
&\Delta\theta=\Delta\vartheta-\Delta\alpha
\end{aligned}\right\}\tag{3-49}$$

3.3.2　纵向动力系数

方程组(3-49)并非标准形式的纵向扰动运动模型。在飞行力学中采用的标准形式,习惯上都是用动力系数代替方程组中的系数。纵向动力系数用 a_{mn} 表示,下标 m 代表方程的编号,n 代表运动参数偏量的编号,即 ΔV 为 1,$\Delta\dot{\vartheta}_z$ 为 2,$\Delta\theta$ 为 3,$\Delta\alpha$ 为 4,$\Delta\delta_z$ 为 5。

因此,在纵向扰动运动方程组(3-49)中,第 2 式除以转动惯量可得动力系数的公式为

$$\left.\begin{aligned}
&\text{纵向阻尼力矩动力系数} && a_{22}=-\frac{(M_z^{\omega_z})_0}{J_{z0}}\ (1/\mathrm{s})\\
&\text{纵向静稳定力矩动力系数} && a_{24}=-\frac{(M_z^{\alpha})_0}{J_{z0}}\ (1/\mathrm{s}^2)\\
&\text{纵向操纵力矩动力系数} && a_{25}=-\frac{(M_z^{\delta_z})_0}{J_{z0}}\ (1/\mathrm{s})\\
&\text{纵向速度力矩动力系数} && a_{21}=-\frac{(M_z^{V})_0}{J_{z0}}\ (1/\mathrm{m}\cdot\mathrm{s})\\
&\text{纵向下洗延迟力矩动力系数} && a'_{24}=-\frac{(M_z^{\dot{\alpha}})_0}{J_{z0}}\ (1/\mathrm{s})\\
& && a'_{25}=-\frac{(M_z^{\dot{\delta}_z})_0}{J_{z0}}\ (1/\mathrm{s})
\end{aligned}\right\}\tag{3-50}$$

方程组(3-49)的第 3 式的有关项除以乘积$(mV)_0$可得以下动力系数表达式:

$$\left.\begin{aligned}
&\text{纵向法向力动力系数} && a_{34}=\frac{(P+Y^{\alpha})_0}{(mV)_0}\ (1/\mathrm{s})\\
&\text{舵面升力动力系数} && a_{35}=\frac{(Y^{\delta_z})_0}{(mV)_0}\ (1/\mathrm{s})\\
&\text{纵向法向重力动力系数} && a_{33}=-\left(\frac{g}{V}\sin\theta\right)_0 (1/\mathrm{s})\\
&\text{纵向速度法向力动力系数} && a_{31}=-\frac{(P^V\alpha+Y^V)_0}{(mV)_0}\ (1/\mathrm{m})
\end{aligned}\right\}\tag{3-51}$$

以上动力系数与导弹法向作用力有关。

最后,方程组(3-49)的第 1 式的有关项除以导弹质量,可得以下动力系数:

$$\left.\begin{aligned}
&\text{纵向切向力动力系数} && a_{14}=\frac{(P\alpha+X^{\alpha})_0}{m_0}\ (\mathrm{m/s^2})\\
&\text{纵向切向重力动力系数} && a_{13}=(g\cos\theta)_0 (\mathrm{m/s^2})\\
&\text{纵向速度切向力动力系数} && a_{11}=-\frac{(P^V-X^V)_0}{m_0}\ (1/\mathrm{s})
\end{aligned}\right\}\tag{3-52}$$

以上动力系数与导弹切向作用力有关。

作用在导弹上的干扰力和干扰力矩可采用以下相应的符号:

$$F_{xd}=\frac{F'_{xd}}{m_0},\qquad F_{yd}=\frac{F'_{yd}}{(mV)_0},\qquad M_{zd}=\frac{M'_{zd}}{J_{z0}}$$

式中,F_{xd},F_{yd},M_{zd} 分别称为相似干扰切向力、相似干扰法向力与相似干扰纵向力矩。

引入动力系数后,可将方程组(3-49)改写成一种标准形式的纵向扰动运动模型,即

$$\left.\begin{aligned}&\Delta\dot{V}+a_{11}\Delta V+a_{14}\Delta\alpha+a_{13}\Delta\theta=F_{xd}\\&\Delta\ddot{\vartheta}+a_{21}\Delta V+a_{22}\Delta\dot{\vartheta}+a_{24}\Delta\alpha+a'_{24}\Delta\dot{\alpha}=-a_{25}\Delta\delta_z-a'_{25}\Delta\dot{\delta}_z+M_{zd}\\&\Delta\dot{\theta}+a_{31}\Delta V+a_{33}\Delta\theta-a_{34}\Delta\alpha=a_{35}\Delta\delta_z+F_{yd}\\&\Delta\vartheta=\Delta\theta+\Delta\alpha\end{aligned}\right\}\tag{3-53}$$

由方程组(3-53)可以进一步解释有关动力系数的含义。其中第1式描述在纵向扰动运动中导弹质心的切向加速度，因此动力系数 a_{11}，a_{14}，a_{13} 分别是在与之相乘的运动参数偏量为一个单位时，引起的切向加速度分量；第2式描述导弹绕质心旋转的角加速度，这是以后要着重讨论的内容，在此式中，动力系数 a_{21}，a_{22}，a_{24}，a_{25}，a'_{24}，a'_{25} 等分别代表与之相乘的偏量为一个单位时，产生的角加速度分量；第3式描述导弹质心的法向加速度，式中各动力系数 a_{31}，a_{34}，a_{35} 和 a_{33} 分别是在与之相乘的偏量为一个单位时，导弹可以获得的法向加速度分量。

在状态向量中设置了攻角偏量 $\Delta\alpha$，也就包含了能够反映气动力变化的主要特征。但是，纵向扰动运动方程组(3-53)没有明显列出攻角导数的表达式，直接由它组成状态向量方程就不方便了，为此目的，利用角度几何关系 $\Delta\alpha=\Delta\vartheta-\Delta\theta$，可将方程组中的第3式改写成

$$\Delta\dot{\alpha}-\Delta\dot{\vartheta}-a_{31}\Delta V-a_{33}\Delta\theta+a_{34}\Delta\alpha=-a_{35}\Delta\delta_z-F_{yd}\tag{3-54}$$

于是方程组(3-53)可变成

$$\left.\begin{aligned}&\Delta\dot{V}=-a_{11}\Delta V-(a_{14}-a_{13})\Delta\alpha-a_{13}\Delta\vartheta+F_{xd}\\&\Delta\dot{\omega}_z=-(a_{21}+a'_{24}a_{31})\Delta V-(a_{22}+a'_{24})\Delta\omega_z+(a'_{24}a_{34}+a'_{24}a_{33}-a_{24})\Delta\alpha-\\&\qquad a'_{24}a_{33}\Delta\vartheta-(a_{25}-a'_{24}a_{35})\Delta\delta_z-a'_{25}\Delta\dot{\delta}_z+a'_{24}F_{yd}+M_{zd}\\&\Delta\dot{\alpha}=a_{31}\Delta V+\Delta\omega_z-(a_{34}+a_{33})\Delta\alpha+a_{33}\Delta\vartheta-a_{35}\Delta\delta_z-F_{yd}\\&\Delta\dot{\vartheta}=\Delta\omega_z\end{aligned}\right\}\tag{3-55}$$

因为 $\Delta\theta=\Delta\vartheta-\Delta\alpha$，故以上方程组没有列出弹道倾角偏量 $\Delta\theta$，由此方程组可得纵向扰动运动的状态方程为

$$\begin{bmatrix}\Delta\dot{V}\\\Delta\dot{\omega}_z\\\Delta\dot{\alpha}\\\Delta\dot{\vartheta}\end{bmatrix}=\boldsymbol{A}_z\begin{bmatrix}\Delta V\\\Delta\omega_z\\\Delta\alpha\\\Delta\vartheta\end{bmatrix}+\begin{bmatrix}0\\-a_{25}+a'_{24}a_{35}\\-a_{35}\\0\end{bmatrix}\Delta\delta_z+\begin{bmatrix}0\\-a'_{25}\\0\\0\end{bmatrix}\Delta\dot{\delta}_z+\begin{bmatrix}F_{xd}\\a'_{24}F_{yd}+M_{zd}\\-F_{yd}\\0\end{bmatrix}\tag{3-56}$$

式中，纵向动力系数(4×4阶)矩阵 $\boldsymbol{A}_z$ 的表达式为

$$\boldsymbol{A}_z=\begin{bmatrix}-a_{11}&0&-a_{14}+a_{13}&-a_{13}\\-(a_{21}+a'_{24}a_{31})&-(a_{22}+a'_{24})&(a'_{24}a_{34}+a'_{24}a_{33}-a_{24})&-a'_{24}a_{33}\\a_{31}&1&-(a_{34}+a_{33})&a_{33}\\0&1&0&0\end{bmatrix}\tag{3-57}$$

3.3.3 纵向自由扰动运动的特征根性质

求解纵向扰动运动采用系数"冻结"法后，对于理想弹道的某一特性点，描述扰动运动的非齐次线性微分方程组(3-55)就具有常系数的性质。为了获得非齐次线性微分方程组的通解，必须首先求出它的齐次微分方程组的通解，其解描述了导弹的纵向自由扰动运动。

纵向自由扰动运动是由偶然干扰作用产生的，其特征是在扰动运动开始时，某些理想弹道

的运动参数已经出现了初始偏差。应用 Laplace 变换求解自由扰动运动，必须引入参数的初始值并对微分方程的每一项进行 Laplace 变换。例如，简单的一阶微分方程

$$\dot{X}(t)+X(t)=0 \tag{3-58}$$

其参数 X 的初始值为 X_0，对式(3-58) 进行拉普拉斯变换时，因

$$\mathscr{L}[\dot{X}(t)]=sX(s)-X_0 \tag{3-59}$$

所以，式(3-58) 变成像函数 $X(s)$ 的代数方程时，其表达式应为

$$sX(s)+X(s)=X_0 \tag{3-60}$$

解式(3-60) 得

$$X(s)=\frac{X_0}{s+1}$$

对上式进行拉普拉斯反变换就可找到参数 $X(t)$ 对 X_0 的解析解，即

$$X(t)=X_0\mathrm{e}^{-t}$$

由此可见，应用拉普拉斯变换法求解纵向自由扰动运动，必须考虑在初始条件下，首先对方程组(3-53) 的齐次微分方程组进行拉普拉斯变换。导弹运动参数偏量的初始条件是由偶然干扰引起的。如果阵风是偶然性的，这个攻角就可以看成是攻角偏量的初始值 $\Delta\alpha_0$。在导弹上出现初始值 $\Delta\alpha_0$ 时，假定弹体纵轴还没有改变方向，于是作用在导弹上的气流也要改变一个角度，其值等于 $\Delta\theta_0$，且 $\Delta\theta_0=-\Delta\alpha_0$。

现在就以 $\Delta\alpha_0$，$\Delta\theta_0$ 为初始条件，对方程组(3-53) 的齐次微分方程组进行拉普拉斯变换。描述纵向自由扰动运动的方程组进行拉普拉斯变换之后，就可以得到各运动参数像函数的代数方程组，其表达式为

$$\left.\begin{aligned}&(s+a_{11})\Delta V(s)+a_{13}\Delta\theta(s)+a_{14}\Delta\alpha(s)=0\\&a_{21}\Delta V(s)+(s^2+a_{22}s)\Delta\vartheta(s)+(a'_{24}s+a_{24})\Delta\alpha(s)=a'_{24}\Delta\alpha_0\\&a_{31}\Delta V(s)+(s+a_{33})\Delta\theta(s)-a_{34}\Delta\alpha(s)=\Delta\theta_0\\&\Delta\vartheta(s)-\Delta\theta(s)-\Delta\alpha(s)=0\end{aligned}\right\} \tag{3-61}$$

利用克莱姆定理，根据方程组(3-61)，就可以求得 $\Delta V(s)$，$\Delta\theta(s)$，$\Delta\vartheta(s)$ 和 $\Delta\alpha(s)$ 的解，其形式为

$$\left.\begin{aligned}&\Delta V(s)=\frac{H_V(s)}{G(s)},\qquad \Delta\theta(s)=\frac{H_\theta(s)}{G(s)}\\&\Delta\vartheta(s)=\frac{H_\vartheta(s)}{G(s)},\qquad \Delta\alpha(s)=\frac{H_\alpha(s)}{G(s)}\end{aligned}\right\} \tag{3-62}$$

其中，$G(s)$ 为方程组(3-62) 的主行列式(即特征多项式)，则有

$$G(s)=\begin{vmatrix}s+a_{11} & 0 & a_{13} & a_{14}\\ a_{21} & s^2+a_{22}s & 0 & a'_{24}s+a_{24}\\ a_{31} & 0 & s+a_{33} & -a_{34}\\ 0 & 1 & -1 & -1\end{vmatrix}=\Delta(s)=A_0s^4+A_1s^3+A_2s^2+A_3s+A_4 \tag{3-63}$$

式中

$$A_0=1$$

$$A_1=a_{22}+a_{33}+a_{11}+a_{34}+a'_{24}$$

$$-A_2=[a_{22}a_{34}+a_{24}+a_{22}a_{33}+a_{34}a_{11}+a'_{24}a_{11}+a'_{24}a_{33}+a_{11}(a_{22}+a_{33})-a_{31}(a_{13}-a_{14})]$$

$$-A_3=[a_{24}a_{33}+a_{24}a_{11}-a_{21}a_{14}+a_{22}a_{34}a_{11}-a_{22}a_{31}(a_{13}-a_{14})+a_{22}a_{33}a_{11}-a'_{24}a_{31}a_{13}+a_{33}a'_{24}a_{11}]$$

$$-A_4=[a_{24}a_{33}a_{11}-a_{21}a_{34}a_{13}-a_{21}a_{33}a_{14}-a_{24}a_{31}a_{13}]$$

令特征多项式等于零，就可得特征方程式。

纵向扰动运动的特征方程式为

$$D(s)=s^4+A_1s^3+A_2s^2+A_3s+A_4=0 \tag{3-64}$$

纵向扰动运动的特征方程有 4 个根，它们可能是实数，也可能是共轭复数。因此，一般而言，纵向自由扰动的特征根有下述 3 种情况。

1. 全为实根

这时导弹的纵向自由扰动运动的相关特性与特征方程的4个实根 s_i 有关，$i=1,2,3,4$。以 Δx_j 代表纵向扰动运动的偏量 $\Delta V,\Delta\vartheta,\Delta\theta$ 和 $\Delta\alpha$，纵向自由扰动运动的解析解为

$$\Delta x_j(t)=\sum_{i=1}^{4}D_{ij}\mathrm{e}^{s_it}\quad (j\text{ 分别代表 }V,\alpha,\vartheta,\theta) \tag{3-65}$$

式中，D_{ij} 是由纵向扰动运动微分方程初始值决定的参数。这时导弹的纵向自由扰动运动是由4个非周期运动组成的。如果 $s_i<0(i=1,2,3,4)$，扰动运动的参数值将随时间的增加而减小，基准运动是稳定的；反之，$s_i>0$，基准运动是不稳定的。

2. 二个实根，一对共轭复根

假定两个实根为 s_1 和 s_2，一对共轭复根为

$$s_{3,4}=\sigma\pm\mathrm{j}v \tag{3-66}$$

于是纵向自由扰动运动的解析解为

$$\Delta x_j(t)=D_{1j}\mathrm{e}^{s_1t}+D_{2j}\mathrm{e}^{s_2t}+D_{3j}\mathrm{e}^{s_3t}+D_{4j}\mathrm{e}^{s_4t} \tag{3-67}$$

式中，D_{3j} 和 D_{4j} 也应是共轭复数，即 $D_{3j}=p-\mathrm{j}q,D_{4j}=p+\mathrm{j}q$。其解析解为

$$\Delta x_{j3,4}(t)=2\mathrm{e}^{\sigma t}\sqrt{p^2+q^2}\left(\frac{p}{\sqrt{p^2+q^2}}\cos vt+\frac{q}{\sqrt{p^2+q^2}}\sin vt\right)=D_{j3,4}\mathrm{e}^{\sigma t}\sin(vt+\varphi) \tag{3-68}$$

式中　$D_{j3,4}=2\sqrt{p^2+q^2}$，　$\sin\varphi=\dfrac{p}{\sqrt{p^2+q^2}}$，　$\cos\varphi=\dfrac{q}{\sqrt{p^2+q^2}}$，　$\varphi=\arctan\dfrac{q}{p}$

可见，一对共轭复根形成了振荡形式的扰动运动，振幅为 $D_{zj3,4}\mathrm{e}^{\sigma t}$。如果复根的实部 $\sigma<0$，振幅随时间增长而减小，扰动运动是减幅振荡运动；若实部 $\sigma>0$，则是增幅振荡运动；当 $\sigma=0$ 时，扰动运动为简谐运动。

3. 二对共轭复根

假定特征方程的两对共轭复根为

$$\left.\begin{aligned}s_{1,2}&=\sigma_1\pm\mathrm{j}v_1\\ s_{3,4}&=\sigma_3\pm\mathrm{j}v_3\end{aligned}\right\} \tag{3-69}$$

此时纵向扰动运动的解析解由如式(3-68) 的两式组成，即

$$\Delta x_j(t)=D_{j1,2}\mathrm{e}^{\sigma_1t}\sin(v_1t+\varphi_1)+D_{j3,4}\mathrm{e}^{\sigma_3t}\sin(v_3t+\varphi_3) \tag{3-70}$$

由上列纵向自由扰动运动的解析解分析得到如下结论。

(1) 所有实根和根的实部为负，导弹是稳定的。

(2) 只要有为正的实根和根的实部，导弹是不稳定的。

(3) 存在为零的实根和根的实部，其余实根和根的实部为负，导弹是中立稳定的。

导弹纵向自由扰动运动的形态，在基准弹道的一些特性点上，同一类气动外形的导弹将存在着相同的规律性。求解战术导弹的特征方程式，经常发现有两对共轭复根，例如不同型号的飞行器，纵向特征根有一对大复根和一对小复根的规律性，说明纵向自由扰动运动包含着两个特征不同的分量(见表 3-1)。

表 3-1　某型号飞行器特征根值

计算举例	根的性质	振荡周期	衰减程度
例 3-1	$s_{1,2}=-0.376\pm j2.426$	2.589 s	1.843 s
	$s_{3,4}=-0.003\pm j0.076$	82.63 s	231.0 s
例 3-2	$s_{1,2}=-1.158\pm j10.1$	0.622 s	0.599 s
	$s_{3,4}=-0.00267\pm j0.027$	232.6 s	295.6 s
例 3-3	$s_{1,2}=-2.56\pm j1.99$	3.156 s	0.271 s
	$s_{3,4}=-0.015\pm j0.087$	72.18 s	46.20 s

所谓衰减程度或发散程度是指振幅(如果是实根则为扰动值) 衰减一半或增大一倍所需要的时间。

为了进一步显示纵向自由扰动运动的本质，再来分析比较一下表 3-1 中例 3-1 所得的过渡过程函数。即

$$\left.\begin{aligned}\Delta\alpha(t)&=2.0026^{\circ}e^{-0.376t}\sin(139.01^{\circ}t+87.823^{\circ})-0.05^{\circ}e^{-0.003t}\sin(4.357^{\circ}t+2.979^{\circ})\\ \Delta\vartheta(t)&=1.98^{\circ}e^{-0.376t}\sin(139.01^{\circ}t+81.116^{\circ})-1.964^{\circ}e^{-0.003t}\sin(4.357^{\circ}t+85.708^{\circ})\\ \Delta V(t)&=0.129^{\circ}e^{-0.376t}\sin(139.01^{\circ}t-19.884^{\circ})+4.495^{\circ}e^{-0.003t}\sin(4.357^{\circ}t+0.572^{\circ})\end{aligned}\right\}\tag{3-71}$$

式(3-71) 由两个分量组成，其中一对大根 $s_{1,2}$ 决定了周期短而衰减快的短周期扰动运动分量，一对小根 $s_{3,4}$ 决定了周期长而衰减慢的长周期扰动运动分量。

由于共轭复根的实数部分决定着扰动运动的衰减程度，而虚数部分决定着角频率，所以当纵向自由扰动运动的性质由两对共轭复根来表示时，由表3-1可以看出，一对大复根决定的扰动运动分量，其形态是周期短，衰减快，属于一种振荡频率高而振幅衰减快的运动，通常称为短周期扰动运动。而另一对小复根所决定的扰动运动分量，则是振动频率很低，即振荡周期很长，衰减很慢的运动，称为长周期扰动运动。

纵向特征根有一对大复根和一对小复根的特点，可使纵向扰动运动分成低频慢衰减的长周期和高频快衰减的短周期两种运动分量。这一结论虽由具体实例所得，但是通过对大量不同形式的飞行器进行分析，在各种飞行情况下的计算结果表明，长、短两种周期的运动形态几乎没有例外地存在着。只是在有些情况下，一对小值的共轭复根由两个数值很小的实根来代替，振荡形的长周期运动变为两个衰减(或发散) 很慢的非周期运动，其实质与长周期运动并无多大区别。

另外经过分析可以发现：短周期扰动运动主要是由力矩变化引起的弹体角运动，故主要是参数 $\Delta\alpha,\Delta V,\Delta\theta$ 的变化，而 ΔV 的变化很小；而长周期扰动运动主要是由力的不平衡引起的质

心位置的变化。

导弹纵向扰动运动方程组(3-53)是一个四阶微分方程组,求解起来比较麻烦。由于在扰动运动的初期短周期扰动运动起主导作用,长周期扰动运动还很不明显,可以忽略长周期扰动运动,而整个运动可以由短周期扰动运动来代替;在短周期扰动运动基本消失后,就要考虑长周期扰动运动的作用。因此纵向扰动运动可以分为长、短周期的两个独立阶段,这样就可以采用一种简捷处理方法,以简化问题讨论。

1. 纵向短周期扰动运动模态

由于在短周期扰动运动阶段主要是由力矩变化引起弹体产生角运动的,而近似认为长周期扰动运动还没有来得及表现出来,所以可以取 $\Delta\dot{V}=0,\Delta V=0$,于是方程组(3-53)中的第1式、第2式中的 $a_{21}\Delta V$ 项以及第3式中的 $a_{31}\Delta V$ 项均可略去,可得一种简捷形式的纵向扰动运动方程组,即

$$\left.\begin{aligned}&\frac{\mathrm{d}^2\Delta\vartheta}{\mathrm{d}t^2}+a_{22}\frac{\mathrm{d}\Delta\vartheta}{\mathrm{d}t}+a_{24}'\frac{\mathrm{d}\Delta\alpha}{\mathrm{d}t}+a_{24}\Delta\alpha=-a_{25}'\frac{\mathrm{d}\Delta\delta_z}{\mathrm{d}t}-a_{25}\Delta\delta_z+M_{zd}\\&\frac{\mathrm{d}\Delta\theta}{\mathrm{d}t}+a_{33}\Delta\theta-a_{34}\Delta\alpha=a_{35}\Delta\delta_z+F_{yd}\\&\Delta\vartheta-\Delta\theta-\Delta\alpha=0\end{aligned}\right\}\tag{3-72}$$

或者写成以下形式:

$$\left.\begin{aligned}&\Delta\ddot{\vartheta}+a_{22}\Delta\dot{\vartheta}+a_{24}'\Delta\dot{\alpha}+a_{24}\Delta\alpha=-a_{25}'\Delta\dot{\delta}_z-a_{25}\Delta\delta_z+M_{zd}\\&\Delta\dot{\theta}+a_{33}\Delta\theta-a_{34}\Delta\alpha=a_{35}\Delta\delta_z+F_{yd}\\&\Delta\vartheta-\Delta\theta-\Delta\alpha=0\end{aligned}\right\}\tag{3-73}$$

方程组(3-72)和方程组(3-73)称为导弹纵向短周期扰动运动方程组,有时简称为短周期运动方程组。其状态方程为

$$\begin{bmatrix}\Delta\dot{\omega}_z\\\Delta\dot{\alpha}\\\Delta\dot{\vartheta}\end{bmatrix}=\boldsymbol{A}\begin{bmatrix}\Delta\omega_z\\\Delta\alpha\\\Delta\vartheta\end{bmatrix}+\begin{bmatrix}-a_{25}+a_{24}'a_{35}\\-a_{35}\\0\end{bmatrix}\Delta\delta_z-\begin{bmatrix}a_{25}'\\0\\0\end{bmatrix}\Delta\dot{\delta}_z+\begin{bmatrix}a_{24}'F_{yd}+M_{zd}\\-F_{yd}\\0\end{bmatrix}\tag{3-74}$$

短周期运动的动力系数矩阵 $\boldsymbol{A}$ 表示为

$$\boldsymbol{A}=\begin{bmatrix}-(a_{22}+a_{24}')&(a_{24}'a_{34}+a_{24}'a_{33}-a_{24})&-a_{24}'a_{33}\\1&-(a_{34}+a_{33})&a_{33}\\1&0&0\end{bmatrix}\tag{3-75}$$

根据矩阵 $\boldsymbol{A}$ 可得纵向短周期扰动运动的特征方程为

$$D(s)=s^3+A_1s^2+A_2s+A_3=0\tag{3-76}$$

式中的系数表达式为

$$\left.\begin{aligned}&A_1=a_{22}+a_{34}+a_{24}'+a_{33}\\&A_2=a_{24}+a_{22}(a_{34}+a_{33})+a_{24}'a_{33}\\&A_3=a_{24}a_{33}\end{aligned}\right\}\tag{3-77}$$

为了说明这种简捷处理的近似程度,仍旧以表3-1中例3-1为例,利用方程组(3-72)重新求解攻角 $\Delta\alpha$ 和俯仰角 $\Delta\vartheta$ 的过渡过程函数,并与精确解答相比较,观察一下将会产生多少误差。因此,将已知各动力系数代入式(3-72),并由式(3-76)求得特征方程及其根值为

$$s_{1,2}=-0.375\pm j2.427 \tag{3-78}$$

同样假定飞行器受到偶然干扰作用，具有初始值 $\Delta\alpha_0=-\Delta\theta_0=2°$，由求过渡过程函数表达式的方法，可得短周期模态简捷处理后的过渡过程函数为

$$\left.\begin{aligned}\Delta\alpha(t)&=2.002\,1°\mathrm{e}^{-0.375t}\sin(139.064°t+87.759°)\\ \Delta\vartheta(t)&=1.98°\mathrm{e}^{-0.375t}\sin(139.064°t+81.216°)-1.956\,7°\end{aligned}\right\} \tag{3-79}$$

所得结果与未作简捷处理的答案相比较，衰减指数误差为 0.26%，频率误差约为 0.04%，攻角的幅值误差约为 0.025%，俯仰角误差约为 0。可见简捷处理的误差很微小。由此说明，略去长周期对短周期的影响，采用方程组(3-72) 分析纵向短周期扰动运动是足够精确的。所以，在动态分析中普遍采用了这组运动方程式。

在式(3-79) 中，俯仰角 $\Delta\vartheta(t)$ 有一常数项，这是由于忽略了长周期分量而产生的。不难理解，在短周期运动结束后，长周期运动中的俯仰角 $\Delta\vartheta(t)$ 实际上并不是一个常数。在这里之所以等于常数，是由于简捷处理的结果。

2. 纵向长周期扰动运动模态

长周期扰动运动是一个缓慢变化的过程，简捷处理时假定短周期扰动运动是在某一个瞬时已告完成，俯仰角 $\Delta\ddot{\vartheta}=\Delta\omega_z=0$，并认为俯仰角速度 $\Delta\dot{\vartheta}=\Delta\omega_z$ 极小，由它产生的阻尼力矩 $M_z^{\omega_z}\Delta\omega_z$ 可以不计，更可以不计下洗延迟力矩了。因此，根据这些假定，简化纵向扰动运动方程组(3-53)，可得长周期扰动运动方程组为

$$\left.\begin{aligned}&\Delta\dot{V}=-a_{11}\Delta V-a_{13}\Delta\theta-a_{14}\Delta\alpha+F_{xd}\\ &\Delta\dot{\theta}=-a_{31}\Delta V-a_{33}\Delta\theta+a_{34}\Delta\alpha+a_{35}\Delta\delta_z+F_{yd}\\ &\Delta\vartheta=\Delta\theta+\Delta\alpha\\ &a_{21}\Delta V+a_{24}\Delta\alpha=0\end{aligned}\right\} \tag{3-80}$$

这是一个二阶微分方程组，因为在长周期运动中主要是法向力和切向力起作用，所以在方程组中只引进了干扰力，而没有考虑干扰力矩。

方程组(3-80) 的第 1 式是纵向长周期扰动运动中的切向动力学方程，第 2 式是法向动力学方程，第 3 式是角度几何关系方程，第 4 式是简化了的力矩平衡方程。之所以还要引进第 4 式，是考虑到长周期扰动运动阶段速度 ΔV 为主要变化参数，由此而产生了力矩 $M_z^V\Delta V$，使攻角也要发生微小的变化。

长周期扰动运动的特征方程，由方程组(3-80) 可得

$$a_{24}s^2+(a_{11}a_{24}+a_{24}a_{33}-a_{21}a_{14})s+a_{33}(a_{11}a_{24}-a_{14}a_{21})-a_{13}(a_{24}a_{31}+a_{21}a_{34})=0 \tag{3-81}$$

为了估计这种简捷处理的近似程度，还是以表 3-1 中例 3-1 来说明。假设飞行器受到偶然干扰的作用，使它有了初始值 $\Delta\alpha_0=-\Delta\theta_0=2°$。现在研究的是长周期扰动运动，假定短周期扰动运动已经结束，攻角 $\Delta\alpha$ 已趋近于零，因此飞行器已经低头。于是在长周期扰动运动开始时，俯仰角已具有初始值 $\Delta\vartheta_0=-2°$。将表 3-1 中例 3-1 的各动力系数代入式(3-81)，求得特征值为

$$s_{3,4}=-0.002\,9\pm j0.075\,5 \tag{3-82}$$

由此可得简捷处理后的长周期扰动运动引入初始值的过渡函数为

$$\left.\begin{aligned}\Delta V(t)&=4.539\mathrm{e}^{-0.0029t}\sin(4.318^\circ t)\\ \Delta\vartheta(t)&=-2.0039\mathrm{e}^{-0.0029t}\sin(4.318^\circ t+86.52^\circ)\\ \Delta\alpha(t)&=-0.044\mathrm{e}^{-0.0029t}\sin(4.318^\circ t)\end{aligned}\right\}\tag{3-83}$$

将此结果与表达式(3-71)相比较，衰减指数的误差约为3%；频率误差约为0.5%；攻角的幅值误差最大约为12%；速度幅值误差约为1%；俯仰角幅值误差约为2%。由此说明，长周期扰动运动的简捷方程组(3-80)基本保留了第二阶段运动的主要特性，只是近似程度不及短周期的误差小。可见，短周期对长周期的影响，要比长周期对短周期的影响大一些。

只要导弹具有一定静稳定性，或者静不稳定的程度在许可范围之内，短周期扰动运动总是可以稳定的。但是，长周期扰动运动的情况就比较复杂了，即使是同一个飞行器，由于飞行速度和高度不同，它可能是稳定的，也可能是不稳定的。导弹作为控制对象，达到操纵飞行的目的，在大气层内主要是改变导弹的攻角，加上控制系统又能快速响应，所以，短周期扰动运动具有重要的实际研究意义。为了获得满意的控制效果，不仅要求短周期扰动运动具有稳定性，而且必须具备较好的动态品质。至于长周期扰动运动是否稳定，并不是什么严重的事情，因为自动驾驶仪的陀螺测出俯仰角的缓慢变化后，能有足够的时间通过偏转升降舵，有效地改善长周期扰动运动的特性。

3.3.4 纵向短周期扰动运动的分析

1.动态稳定的条件

如前所述，对于有控导弹而言，短周期扰动运动的动态稳定性是非常重要的，而依靠求出特征根来判断稳定与否，是比较烦琐的。下面就短周期扰动运动，来分析一下利用几个动力系数之间一定的相互关系，判断稳定与否的条件。

由短周期扰动运动特征方程式(3-76)和式(3-77)可得

$$s^3+(a_{22}+a_{34}+a'_{24}+a_{33})s^2+[a_{24}+a_{22}(a_{34}+a_{33})+a'_{24}a_{33}]s+a_{24}a_{33}=0\tag{3-84}$$

首先分析重力动力系数 a_{33} 对稳定性的影响。如果导弹具有静稳定性，动力系数 $a_{24}>0$。当导弹的基准运动是定常直线爬升时，因弹道倾角 θ_0 为正，重力系数 a_{33} 为负，所以乘积 $a_{24}a_{33}<0$。于是，特征方程的系数不能满足霍尔维茨稳定准则的必要条件，基准运动将是不稳定的。若基准运动为定常直线下滑飞行，情况则完全相反，运动将有可能是稳定的。

而对于静不稳定的飞行器，稳定与否恰好与上文所述相反。

如果导弹作水平直线飞行，因 $\theta_0=0$，系数 $a_{24}a_{33}=0$，特征方程将有一个零根，运动是中立稳定的。分析证明，这时在偶然干扰作用下，短周期扰动运动结束时，俯仰角可能出现一个常值偏量，而攻角 $\Delta\alpha$ 将衰减到未受干扰前的状态，参阅式(3-79)。

由于重力动力系数 a_{33} 随着飞行速度的增加，其值很小，与其他动力系数相比可以不计，于是可令特征方程式(3-84)的系数 $a_{24}a_{33}=0$。实践证明，$a_{24}a_{33}\neq0$，特征方程有一个小根，令 $a_{24}a_{33}=0$，相当于这个小根近似为零，其余的两个根则变化不大。

略去动力系数 a_{33}，特征方程式(3-84)变为

$$s^2+(a_{22}+a_{34}+a'_{24})s+(a_{24}+a_{22}a_{34})=0\tag{3-85}$$

它的根为

$$s_{1,2}=-\frac{1}{2}(a_{22}+a_{34}+a'_{24})\pm\frac{1}{2}\sqrt{(a_{22}+a_{34}+a'_{24})^2-4(a_{24}+a_{22}a_{34})} \qquad (3-86)$$

(1) 共轭复根。如果

$$(a_{22}+a_{34}+a'_{24})^2-4(a_{24}+a_{22}a_{34})<0$$

则 $s_{1,2}$ 为一对共轭复根，运动是振荡的，这时

$$s_{1,2}=\sigma\pm \mathrm{j}v=-\frac{1}{2}(a_{22}+a_{34}+a'_{24})\pm \mathrm{j}\,\frac{1}{2}\sqrt{4(a_{24}+a_{22}a_{34})-(a_{22}+a_{34}+a'_{24})^2} \qquad (3-87)$$

式中

$$\sigma=-\frac{1}{2}(a_{22}+a_{34}+a'_{24}) \qquad (3-88)$$

因为

$$a_{22}>0,\quad a_{34}>0,\quad a'_{24}>0$$

所以

$$\sigma<0$$

故短周期扰动运动动态稳定。

(2) 实根。如果

$$(a_{22}+a_{34}+a'_{24})^2-4(a_{24}+a_{22}a_{34})>0$$

则 $s_{1,2}$ 为两个实根。

当 $a_{24}+a_{22}a_{34}=0$ 时，则出现一个零根，导弹的基准运动将是中立稳定的。

当 $a_{24}+a_{22}a_{34}<0$ 时，则必然出现一个正实根，导弹的基准运动将是不稳定的。

当 $a_{24}+a_{22}a_{34}>0$ 时，全为负实根，导弹的基准运动将是稳定的。

综上所述，导弹具有纵向短周期扰动运动动态稳定性的条件为

$$a_{24}+a_{22}a_{34}>0 \qquad (3-89)$$

2. 飞行状态对短周期振荡扰动运动的影响

σ 代表了短周期运动的衰减程度，且 $|\sigma|$ 愈大，扰动运动衰减得越快。将各动力系数的表达式代入式(3-88)，求得

$$\sigma=-\frac{1}{4}\left(\frac{-m_z^{\omega_z}\rho VSb_A^2}{J_z}+\frac{2P/V+C_y^{\alpha}\rho VS}{m}+\frac{-m_z^{\dot{\alpha}}\rho VSb_A^2}{J_z}\right)\approx$$

$$-\frac{1}{4}\left(\frac{-m_z^{\omega_z}\rho VSb_A^2}{J_z}+\frac{2P/V+C_y^{\alpha}\rho VS}{m}\right) \qquad (3-90)$$

当下洗延迟现象不甚明显时，可取 $m_z^{\dot{\alpha}}=0$，则实部 σ 可以近似表达。从式(3-90) 来看，增大飞行速度 V，实部 σ 增加；另一方面，增加速度 V，马赫数 Ma 也会增加。当 $Ma>1$ 时，$m_z^{\omega_z}$ 和 C_y^{α} 也可能减小，但是它们对实部 σ 所产生的影响不及速度 V 直接发生的影响来得大，所以增大速度 V 就能增加实部 $|\sigma|$，从而增大短周期扰动运动的衰减程度。

增加飞行高度 H，就要减小空气密度 ρ。$H=10$ km 时，空气密度为海平面的 0.337 倍；$H=20$ km 时，空气密度为海平面的 0.072 5 倍。因此，导弹纵向短周期扰动运动的衰减程度随着高度 H 的增加而迅速减小，所以导弹的高空稳定性比低空稳定性差得多。

随着高度 H 的增加，虽然降低了声速，可以提高 Ma 数，从而影响系数 $m_z^{\omega_z}$ 和 C_y^{α}，但因声速下降不多，不会使系数 $m_z^{\omega_z}$ 和 C_y^{α} 发生很大的变化。

由式(3-87)可得根的虚部，它决定了振荡频率，亦即是 $\omega=v$

$$\omega=\frac{1}{2}\sqrt{4(a_{24}+a_{22}a_{34})-(a_{22}+a_{34}+a'_{24})^2} \tag{3-91}$$

同理，当下洗延迟不大时，动力系数 $a'_{24}\approx 0$，振荡频率可以近似表达。在式(3-91)中代入各动力系数表达式，求得

$$\omega=0.707\sqrt{(A+BC)-\frac{1}{8}(D+E+F)^2} \tag{3-92}$$

其中

$$A=\frac{-m_z^{\alpha}\rho V^2 Sb_A}{J_z},\quad B=\frac{-m_z^{\omega_z}\rho VSb_A^2}{J_z},\quad C=\frac{2P/V+C_y^{\alpha}\rho VS}{m}$$

$$D=\frac{-m_z^{\omega_z}\rho VSb_A^2}{J_z},\quad E=\frac{2P/V+C_y^{\alpha}\rho VS}{m},\quad F=\frac{-m_z^{\dot{\alpha}}\rho VSb_A^2}{J_z}$$

飞行速度 V 和高度 H 对振荡频率的影响与对衰减程度的影响一样，增大速度将提高振荡频率，增加高度则要降低振荡频率。

ω 是在有阻尼情况下弹体的振荡频率。若假定特征方程式(3-91)的系数$(a_{22}+a_{34}+a'_{24})=0$，就相当于假定在扰动运动中无气动阻尼、无下洗延迟和无法向力等的作用，即动力系数 a_{22}，a_{34} 和 a'_{24}分别等于零。于是弹体纵向自由扰动运动的固有频率可简化为

$$\omega_{\mathrm{d}}\approx\sqrt{a_{24}}=\sqrt{\frac{-m_z^{\alpha}\rho V^2 Sb_A}{2J_z}} \tag{3-93}$$

如果动力系数 a_{22}，a_{34} 和 a'_{24}不等于零，但比 a_{24} 小很多，也可由式(3-93)近似计算弹体固有频率，虽有误差，但误差不大。

由上述内容可知，纵向短周期扰动运动的振荡频率主要取决于静稳定性，而衰减程度则是由气动阻尼和法向力来决定的。由于阻尼动力系数 a_{22} 和法向力动力系数 a_{34} 总是正值，因此在振荡运动的情况下，纵向短周期扰动运动总是稳定的。

3. 静稳定性与动态稳定性的关系

在气动力计算课程中已经学过，增加攻角 $\Delta\alpha$ 时，由升力 $Y^{\alpha}\Delta\alpha$ 产生的力矩与增加攻角的绝对值方向相反，即力矩系数导数 $m_z^{\alpha}<0$ 时，通常称导弹具有静稳定性。反之，导弹力矩系数导数 $m_z^{\alpha}>0$ 时，由升力 $Y^{\alpha}\Delta\alpha$ 产生的力矩与增加攻角的绝对值方向相同，则称导弹是静不稳定的。力矩系数导数 m_z^{α} 的符号不同，由它所决定的动力系数 a_{24} 在扰动运动中的作用也就不同。

产生振荡运动的条件为$(a_{22}+a_{34}+a'_{24})^2-4(a_{24}+a_{22}a_{34})<0$，当略去下洗动力系数 a'_{24}时，可以改写成

$$a_{24}+a_{22}a_{34}>\frac{1}{4}(a_{22}+a_{34})^2 \tag{3-94}$$

式(3-94)也可表示为

$$\frac{-m_z^{\alpha}\rho V^2 Sb_A}{2J_z}>\frac{1}{4}\left(\frac{-m_z^{\omega_z}qSb_A^2}{J_zV}+\frac{P+Y^{\alpha}}{mV}\right)^2-\frac{-m_z^{\omega_z}qSb_A^2}{J_zV}\frac{P+Y^{\alpha}}{mV} \tag{3-95}$$

这个不等式表明，导弹的静稳定性 m_z^{α} 若大于气动阻尼 $m_z^{\omega_z}$，使不等式成立，短周期扰动运动将是振荡的，而且是稳定的。由短周期扰动运动动态稳定条件 $a_{24}+a_{22}a_{34}>0$，可得

$$-m_z^{\omega_z}\frac{b_A}{V}\frac{P+Y^{\alpha}}{mV}>m_z^{\alpha} \tag{3-96}$$

在此不等式中，因为气动阻尼 $m_z^{\omega_z}<0$，所以不等式左边始终为正。如果导弹是静稳定的，则 $m_z^\alpha<0$，不等式(3-96)一定成立，即导弹具有纵向静稳定性时，其纵向短周期扰动运动一定具有动态稳定性。应该注意的是，式(3-96)允许 $m_z^\alpha>0$，这时导弹将是纵向静不稳定的，但是导弹的纵向短周期扰动运动可以是动态稳定的。当然，由于不等式左边的数值是有限的，导弹的静不稳定度不可能太大，否则导弹将是纵向动态不稳定的。由此可见，静稳定并不是动态稳定的必要条件，导弹是静不稳定的，但只要静不稳定度不大，并满足动态稳定条件式(3-96)，同样可以是动态稳定的。所以，不能简单地说为了具有动态稳定性，导弹必须是静稳定的。当然，也不能这样认为，具有纵向静稳定性的导弹，它的纵向长、短周期运动都是稳定的。总而言之，动态稳定性和静稳定性有内在的联系，但是两者又有严格的区别，纵向静稳定性仅仅代表在扰动运动中力矩 $M_z^\alpha\Delta\alpha$ 总是与增加攻角绝对值 $|\Delta\alpha|$ 的方向相反，否则，就是纵向静不稳定的。

有些书籍从严格的意义上理解稳定性一词的含义，鉴于静稳定性并不是动态稳定的必要条件，又为了不至于混淆起见，将纵向静稳定性一词取名为正俯仰刚度，以便与动态稳定性相区别。

尽管如此，静稳定性仍然是一项非常重要的实际设计指标，计算或测量力矩系数 m_z^α 还是导弹空气动力设计的中心课题之一。

3.3.5　纵向短周期扰动运动的传递函数

考虑到在整个飞行控制系统中，导弹的动力学也是其中的一个环节，求出导弹扰动运动的传递函数，就不仅可以分析弹体的动态性质，而且还可以将导弹作为操纵对象分析整个控制回路的特性。由于短周期扰动运动具有重要的实际意义，因此，在这节建立导弹短周期扰动运动的纵向传递函数就十分必要。

在纵向控制回路中导弹环节的输出量为 $\Delta\theta$，$\Delta\vartheta$ 和 $\Delta\alpha$，而输入量为 $\Delta\delta_z$。倘若还存在着外界干扰，那么，由经常干扰产生的力和力矩就与舵面偏转所起的作用类似，也就同样视为输入量。在自动控制原理中，定义传递函数 $W(s)$ 为输出量和输入量的拉普拉斯变换式之比。因此，为了得到飞行器传递函数，应首先将扰动运动方程组进行拉普拉斯变换。在定义传递函数时，认为所有的初始值为零，所以用来建立导弹纵向传递函数的式(3-73)的拉普斯变换式应为

$$\left.\begin{aligned}&(s^2+a_{22}s)\Delta\vartheta(s)+(a'_{24}s+a_{24})\Delta\alpha(s)=(-a'_{25}s-a_{25})\Delta\delta_z(s)+M_{zd}(s)\\&(s+a_{33})\Delta\theta(s)-a_{34}\Delta\alpha(s)=a_{35}\Delta\delta_z(s)+F_{yd}(s)\\&\Delta\vartheta(s)-\Delta\theta(s)-\Delta\alpha(s)=0\end{aligned}\right\}\tag{3-97}$$

1. 纵向短周期扰动运动的传递函数及其传递参数

由短周期扰动运动方程组可得短周期扰动运动对 $\Delta\delta_z$ 的传递函数为

$$W_{\delta\vartheta}(s)=-\frac{\Delta\vartheta(s)}{\Delta\delta_z(s)}=$$

$$\frac{a'_{25}s^2+(a'_{25}a_{33}+a'_{25}a_{34}+a_{25}-a'_{24}a_{35})s+a_{25}(a_{34}+a_{33})-a_{24}a_{35}}{s^3+A_1s^2+A_2s+A_3}\tag{3-98}$$

式中，系数 A_1，A_2 和 A_3 按式(3-77)由导弹的纵向动力系数表示。

$$W_{\theta\delta}(s)=-\frac{\Delta\theta(s)}{\Delta\delta_z(s)}=$$

$$\frac{-a_{35}s^2+(a'_{25}a_{34}-a_{22}a_{35}-a'_{24}a_{35})s+(a_{25}a_{34}-a_{24}a_{35})}{s^3+A_1s^2+A_2s+A_3} \tag{3-99}$$

$$W_{\alpha\delta}(s)=-\frac{\Delta\alpha(s)}{\Delta\delta_z(s)}=$$

$$\frac{(a'_{25}+a_{35})s^2+(a_{25}+a_{22}a_{35}+a'_{25}a_{33})s+a_{25}a_{33}}{s^3+A_1s^2+A_2s+A_3} \tag{3-100}$$

在短周期扰动运动中不计重力动力系数 a_{33}，也不考虑舵面气流下洗延迟产生的动力系数 a'_{25}，可得式(3-99)的近似传递函数为

$$W_{\vartheta\delta}(s)=\frac{(a_{25}-a'_{24}a_{35})s+a_{25}a_{34}-a_{24}a_{35}}{s(s^2+A_1s+A_2)}=\frac{K_\alpha(T_{1\alpha}s+1)}{s(T_\alpha^2s^2+2\xi_\alpha T_\alpha s+1)} \tag{3-101}$$

式中 $A_1=a_{22}+a_{34}+a'_{24}$；

$A_2=a_{24}+a_{22}a_{34}$；

$K_\alpha=\dfrac{a_{25}a_{34}-a_{24}a_{35}}{a_{24}+a_{22}a_{34}}$，称为纵向传递系数；

$T_\alpha=\dfrac{1}{\sqrt{a_{24}+a_{22}a_{34}}}$ s，称为纵向时间常数；

$\xi_\alpha=\dfrac{a_{22}+a_{34}+a'_{24}}{2\sqrt{a_{24}+a_{22}a_{34}}}$，称为纵向相对阻尼系数；

$T_{1\alpha}=\dfrac{a_{25}-a'_{24}a_{35}}{a_{25}a_{34}-a_{24}a_{35}}$ s，称为纵向俯仰角时间常数。

正常式导弹的纵向传递系数 K_α 为正值，鸭式导弹因 a_{25} 为负值，它的纵向传递系数 K_α 为负值。

弹道倾角的传递函数式(3-99)可以变为

$$W_{\theta\delta}(s)=\frac{-a_{35}s^2-a_{35}(a_{22}+a'_{24})s+a_{25}a_{34}-a_{24}a_{35}}{s(s^2+A_1s+A_2)}=\frac{K_\alpha(T_{1\theta}s+1)(T_{2\theta}s+1)}{s(T_\alpha^2s^2+2\xi_\alpha T_\alpha s+1)} \tag{3-102}$$

式中 $T_{1\theta}T_{2\theta}=\dfrac{-a_{35}}{a_{25}a_{34}-a_{24}a_{35}}$， $T_{1\theta}+T_{2\theta}=\dfrac{-a_{35}(a_{22}+a'_{24})}{a_{25}a_{34}-a_{24}a_{35}}$

攻角的传递函数式(3-100)可以变为

$$W_{\alpha\delta}(s)=\frac{a_{35}s+a_{25}+a_{22}a_{35}}{s^2+A_1s+A_2}=\frac{K_{2\alpha}(T_{2\alpha}s+1)}{T_\alpha^2s^2+2\xi_\alpha T_\alpha s+1} \tag{3-103}$$

式中 $K_{2\alpha}=\dfrac{a_{25}+a_{22}a_{35}}{a_{24}+a_{22}a_{34}}$，称为迎角传递系数；

$T_{2\alpha}=\dfrac{a_{35}}{a_{25}+a_{22}a_{35}}$ s，称为迎角时间常数。

由式(3-101)、式(3-102)和式(3-103)可知，攻角传递函数具有一般振荡环节的特性，俯仰角和弹道倾角的分母多项式除二阶环节外，还含有一个积分环节。因此，在稳定的短周期扰动运动中，当攻角消失时俯仰角与弹道倾角还存在着剩余偏量。此时导弹已由绕 Oz_1 轴的急剧转动，逐步转变为以质心缓慢运动为主的长周期扰动运动。

如果导弹气流下洗延迟的现象不甚明显，动力系数 a'_{24} 与 a_{22} 相比可忽略不计，或者动力系

数之积 $a'_{24}a_{35} < a_{25}$，就可略去下洗延迟影响，使所得传递函数进一步简化。于是，由式(3-101)～式(3-103)表示的纵向传递函数可写为

$$\left.\begin{aligned}W_{\vartheta\delta}(s)&=\frac{K_\alpha(T_{1\alpha}s+1)}{s(T_\alpha^2s^2+2\xi_\alpha T_\alpha s+1)}\\W_{\theta\delta}(s)&=\frac{K_\alpha[1-T_{1\alpha}a_{35}s(s+a_{22})/a_{25}]}{s(T_\alpha^2s^2+2\xi_\alpha T_\alpha s+1)}\\W_{\alpha\delta}(s)&=\frac{K_\alpha T_{1\alpha}[1+a_{35}(s+a_{22})/a_{25}]}{T_\alpha^2s^2+2\xi_\alpha T_\alpha s+1}\end{aligned}\right\}\tag{3-104}$$

式中有关参数变为

$$\xi_\alpha=\frac{a_{22}+a_{34}}{2\sqrt{a_{24}+a_{22}a_{34}}}$$

$$T_{1\alpha}=\frac{a_{25}}{a_{25}a_{34}-a_{24}a_{35}}$$

$$K_\alpha T_{1\alpha}=\frac{a_{25}-a'_{24}a_{35}}{a_{24}+a_{22}a_{34}}$$

由舵面偏转引起的扰动运动，其目的是对导弹的飞行实施自动控制，从而改变导弹的飞行状态。衡量导弹跟随舵面偏转的操纵性，除了上述攻角、俯仰角和弹道倾角外，法向过载也是一个重要的参数。在基准运动中法向过载为

$$n_{y0}=\frac{V_0}{g}\frac{\mathrm{d}\theta_0}{\mathrm{d}t}+\cos\theta_0\tag{3-105}$$

对式(3-105)线性化后，可以求出法向过载偏量的表达式为

$$\Delta n_y=\frac{\Delta V}{g}\frac{\mathrm{d}\theta_0}{\mathrm{d}t}+\frac{V_0}{g}\frac{\mathrm{d}\Delta\theta}{\mathrm{d}t}-\sin\theta_0\Delta\theta\tag{3-106}$$

略去二次微量 $\sin\theta_0\Delta\theta$ 和偏量 ΔV，式(3-106)变为

$$\Delta n_y\approx\frac{V_0}{g}\frac{\mathrm{d}\Delta\theta}{\mathrm{d}t}$$

因此，法向过载传递函数为

$$W_{n_y\delta}(s)=\frac{\Delta n_y(s)}{\Delta\delta_z(s)}=\frac{s\Delta\theta(s)}{\Delta\delta_z(s)}\frac{V_0}{g}=\frac{V_0}{g}sW_{\theta\delta}(s)\tag{3-107}$$

导弹纵向短周期运动传递函数方程组(3-104)以及式(3-107)可用开环状态的框图 3-5 表示。

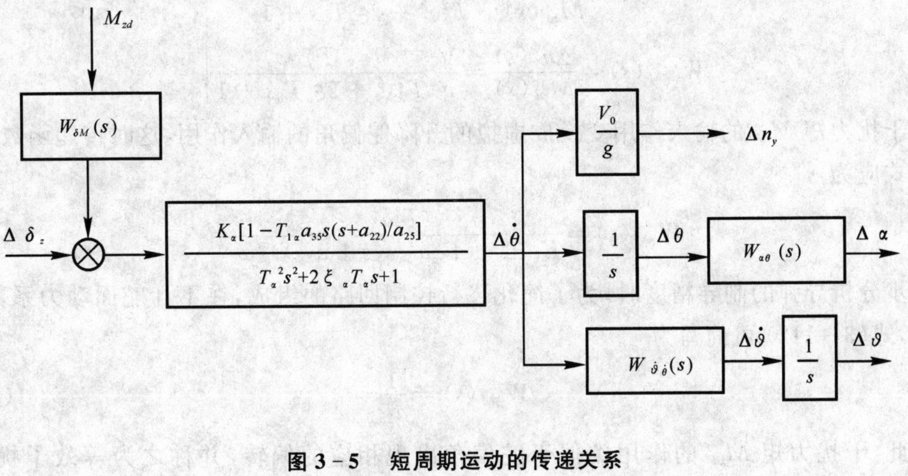

图 3-5　短周期运动的传递关系

图中 $W_{\theta\alpha}(s)$ 和 $W_{\dot{\vartheta}\dot{\theta}}$ 称为运动参数的传递函数，其表达式为

$$\left.\begin{aligned} W_{\alpha\theta}(s) &= \frac{K_\alpha T_{1\alpha}[1+a_{35}(s+a_{22})/a_{25}]s}{K_\alpha[1-T_{1\alpha}a_{35}s(s+a_{22})/a_{25}]} \\ W_{\dot{\vartheta}\dot{\theta}}(s) &= \frac{(T_{1\alpha}s+1)}{1-T_{1\alpha}a_{35}s(s+a_{22})/a_{25}} \end{aligned}\right\} \tag{3-108}$$

对于正常式导弹，舵面面积远小于翼面时，因动力系数 $a_{35} \ll a_{34}$，为了进一步简便地获得动态分析的结论，可以暂不计舵面动力系数 a_{35} 的作用，于是纵向短周期扰动运动传递函数又可简化为

$$\left.\begin{aligned} W_{\vartheta\delta}(s) &= \frac{K_\alpha(T_{1\alpha}s+1)}{s(T_\alpha^2 s^2+2\xi_\alpha T_\alpha s+1)} \\ W_{\theta\delta}(s) &= \frac{K_\alpha}{s(T_\alpha^2 s^2+2\xi_\alpha T_\alpha s+1)} \\ W_{\alpha\delta}(s) &= \frac{K_\alpha T_{1\alpha}}{T_\alpha^2 s^2+2\xi_\alpha T_\alpha s+1} \\ W_{n_y\delta}(s) &= \frac{V_0}{g}\frac{K_\alpha}{(T_\alpha^2 s^2+2\xi_\alpha T_\alpha s+1)} \end{aligned}\right\} \tag{3-109}$$

这几种形式的纵向传递函数经常出现在导弹专业书籍和文献资料中。应用这些传递函数，结合图 3-5，运动参数的传递函数应变为

$$\left.\begin{aligned} W_{\alpha\theta}(s) &= T_{1\alpha}s \\ W_{\dot{\vartheta}\dot{\theta}}(s) &= T_{1\alpha}s+1 \end{aligned}\right\} \tag{3-110}$$

作为输入作用除舵面偏转外，还有干扰作用，它对短周期扰动运动的影响主要是干扰力矩 M_{zd}。应该说明的是，$M_{zd}=\dfrac{M'_{zd}}{J_z}$，为简单起见，称 M_{zd} 为干扰力矩。采用建立式(3-109)传递函数的方法，可得常用形式的纵向短周期扰动运动对干扰力矩的传递函数为

$$\left.\begin{aligned} W_{\vartheta M}(s) &= \frac{\Delta\vartheta(s)}{M_{zd}(s)} = \frac{T_\alpha^2(s+a_{34})}{s(T_\alpha^2 s^2+2\xi_\alpha T_\alpha s+1)} \\ W_{\theta M}(s) &= \frac{\Delta\theta(s)}{M_{zd}(s)} = \frac{T_\alpha^2 a_{34}}{s(T_\alpha^2 s^2+2\xi_\alpha T_\alpha s+1)} \\ W_{\alpha M}(s) &= \frac{\Delta\alpha(s)}{M_{zd}(s)} = \frac{T_\alpha^2}{T_\alpha^2 s^2+2\xi_\alpha T_\alpha s+1} \\ W_{n_y M}(s) &= \frac{\Delta n_y(s)}{M_{zd}(s)} = \frac{V}{g}\frac{T_\alpha^2}{T_\alpha^2 s^2+2\xi_\alpha T_\alpha s+1} \end{aligned}\right\} \tag{3-111}$$

将干扰力矩 M_{zd} 的输入作用变换成虚拟的升降舵偏角的输入作用，这时传递函数 $W_{\delta M}(s)$ 的关系式应为

$$W_{\delta M}(s) = \frac{T_\alpha^2 a_{34}}{K_\alpha(1-T_{1\alpha}a_{35}s(s+a_{22}))/a_{25}} \tag{3-112}$$

初步分析导弹的制导精度时，为了简化飞行控制回路的组成，在不计舵面动力系数 a_{35} 的情况下，式(3-112)可简写为

$$W_{\delta M}(s) = \frac{1}{a_{25}} \tag{3-113}$$

因此，干扰力矩 M_{zd} 的作用类似于舵偏角出现相应的偏转，并称之为等效干扰舵偏角

$\Delta\delta_{zd}$，其值为

$$\Delta\delta_{zd}=\frac{M_{zd}}{a_{25}}\tag{3-114}$$

在这种情况下，图 3-5 中表示由输入 $\Delta\delta_z$ 到输出 $\Delta\dot{\theta}$ 的这一部分可由图 3-6 表示。

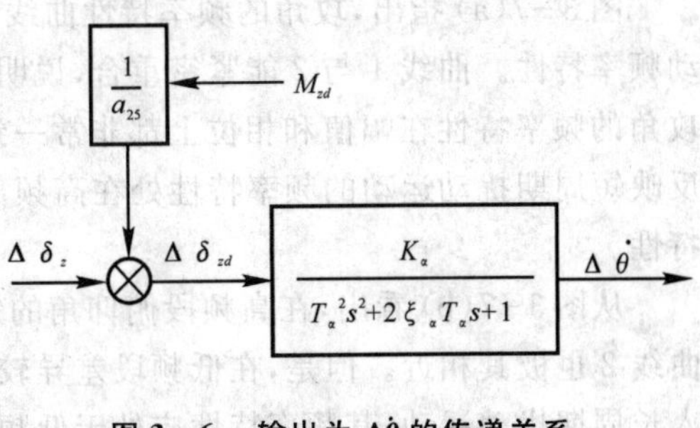

图 3-6　输出为 $\Delta\dot{\theta}$ 的传递关系

2. 纵向短周期扰动运动的频率特性

在自动控制原理中频率特性是单位脉冲响应的傅里叶变换。导弹的频率特性按其物理含义讲，是当舵面作谐波规律振动时，导弹运动参数偏量的响应特性。导弹弹体作为控制对象这一环节出现在飞行控制回路中，如果用频率响应法设计这个回路时，必须绘制对数幅相频率特性曲线。

取攻角传递函数式(3-103)，它的对数幅频特性 $L_\alpha(\omega)$ 和相频特性 $\varphi_\alpha(\omega)$ 分别为

$$L_\alpha(\omega)=20\lg K_{2\alpha}+20\lg\sqrt{T_{2\alpha}^2\omega^2+1}-20\lg\sqrt{(1-T_\alpha^2\omega^2)^2+(2\xi_\alpha T_\alpha\omega)^2}\tag{3-115}$$

$$\varphi_\alpha(\omega)=\arctan T_{2\alpha}\omega-\arctan\frac{2\xi_\alpha T_\alpha\omega}{1-T_\alpha^2\omega^2}\tag{3-116}$$

以某飞行器为例，$K_{2\alpha}=1.44$，$T_{2\alpha}=0.004\ \text{s}$，$T_\alpha=0.234\ \text{s}$，$\xi_\alpha=0.493$，所绘对数幅频曲线 $L_\alpha(\omega)$ 和相频曲线 $\varphi_\alpha(\omega)$ 如图 3-7(a) 所示。

再取俯仰角传递函数式(3-101)，它的 $L_\vartheta(\omega)$ 和 $\varphi_\vartheta(\omega)$ 应分别为

$$L_\vartheta(\omega)=20\lg K_\alpha+20\lg\sqrt{T_{1\alpha}^2\omega^2+1}-20\lg\sqrt{(1-T_\alpha^2\omega^2)^2+(2\xi_\alpha T_\alpha\omega)^2}-20\lg\omega^2\tag{3-117}$$

$$\varphi_\vartheta(\omega)=-\frac{\pi}{2}+\arctan T_{1\alpha}\omega-\arctan\frac{2\xi_\alpha T_\alpha\omega}{1-T_\alpha^2\omega^2}\tag{3-118}$$

绘制 $L_\vartheta(\omega)$ 和 $\varphi_\vartheta(\omega)$ 图的例子中，因 $K_\alpha=1.961/\text{s}$，$T_{1\alpha}=0.729\ \text{s}$，由式(3-117) 和式(3-118) 所得 $L_\vartheta(\omega)$ 及 $\varphi_\vartheta(\omega)$ 曲线如图 3-7(b) 所示。

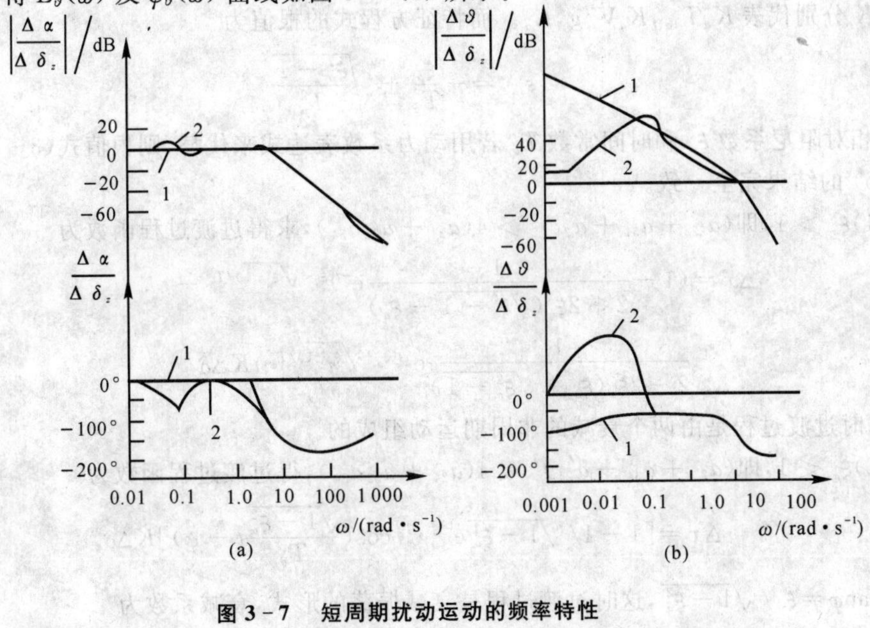

图 3-7　短周期扰动运动的频率特性

图 3-7(a) 指出,攻角的频率特性曲线 1 与二阶振荡环节非常接近。曲线 2 是纵向扰动运动频率特性。曲线 1 与 2 能紧密重合,说明短周期扰动运动攻角的频率特性与纵向扰动运动攻角的频率特性在幅值和相位上都非常一致。短周期扰动运动固有频率 $\omega=4.27$ rad/s,表明反映短周期扰动运动的频率特性处在高频部分,且基本上没有反映出长周期扰动运动的频率特性。

从图 3-7(b) 看出,在高频段俯仰角的短周期频率特性曲线 1 与纵向扰动运动的频率特性曲线 2 也极其相近。但是,在低频段差异较大,其原因是:短周期扰动运动结束时,俯仰角将进入长周期扰动运动,其频率特性应处于低频段,而近似传递函数式(3-101) 只适用于短周期扰动运动。

3.3.6 纵向短周期扰动运动的操纵性

研究飞行器对舵偏改变时其飞行状态反应的能力,即飞行器的操纵性,也是飞行器动态分析的内容之一。飞行器操纵性能的优劣,是由过渡过程品质来评定的,其五项指标分别是超调量、过渡过程时间、稳态值、过渡过程的最大偏量、振荡频率。

1. 过渡过程函数的形态

导弹开环飞行,假定舵面阶跃偏转,取舵偏角 $\Delta\delta_z$ 为某一常值,由导弹传递函数可以求得运动参数的过渡过程函数。过渡过程函数是收敛还是发散由传递函数分母多项式的根值来决定,传递函数的分子多项式只影响过渡过程函数的系数。由导弹的纵向短周期扰动运动传递函数求过渡过程,当动力系数 a_{35} 很小时,根据式(3-111) 求过渡过程函数就有足够的准确性。下面将采用式(3-109) 的传递函数分析导弹的纵向操纵性。

取 Δx 代表运动参数 $\Delta\alpha,\Delta n_y$ 和 $\Delta\dot{\theta}$,由式(3-109) 可得

$$x(s)=\frac{K}{T_\alpha^2 s^2+2\xi_\alpha T_\alpha s+1}\Delta\delta_z(s) \tag{3-119}$$

式中,K 分别代表 $K_\alpha T_{1\alpha},K_\alpha V/g,K_\alpha$。而特征方程式的根值为

$$s_{1,2}=-\frac{\xi_\alpha}{T_\alpha}\pm\sqrt{\frac{\xi_\alpha^2-1}{T_\alpha^2}} \tag{3-120}$$

式中,相对阻尼系数 ξ_α 和时间常数 T_α 若用动力系数表达式来代替,则根值式(3-120) 将与式(3-86) 的结果完全一致。

(1)$\xi_\alpha>1$,即$(a_{22}+a_{34}+a'_{24})^2>4(a_{24}+a_{22}a_{34})$,求得过渡过程函数为

$$\Delta x=\Big(1-\frac{1}{2+2\xi_\alpha(\sqrt{\xi_\alpha^2-1}-\xi_\alpha)}e^{-t(\xi_\alpha-\sqrt{\xi_\alpha^2-1})/T_\alpha}-\frac{1}{2-2\xi_\alpha(\xi_\alpha+\sqrt{\xi_\alpha^2-1})}e^{-t(\xi_\alpha+\sqrt{\xi_\alpha^2-1})/T_\alpha}\Big)K\Delta\delta_z \tag{3-121}$$

这时过渡过程是由两个衰减的非周期运动组成的。

(2)$\xi_\alpha<1$,即$(a_{22}+a_{34}+a'_{24})^2<4(a_{24}+a_{22}a_{34})$,得过渡过程函数为

$$\Delta x=\Big[1-1/\sqrt{1-\xi_\alpha^2}\,e^{-t\xi_\alpha/T_\alpha}\cos\Big(\frac{\sqrt{1-\xi_\alpha^2}}{T_\alpha}t-\varphi\Big)\Big]K\Delta\delta_z \tag{3-122}$$

式中,$\tan\varphi=\xi_\alpha/\sqrt{1-\xi_\alpha^2}$,这时过渡过程是衰减振荡的形式,衰减系数为

$$\frac{\xi_\alpha}{T_\alpha}=\frac{1}{2}(a_{22}+a_{34}+a'_{24}) \tag{3-123}$$

振荡角频率为

$$\omega=\sqrt{1-\xi_\alpha^2}/T_\alpha=\frac{1}{2}\sqrt{4(a_{24}+a_{22}a_{34})-(a_{22}+a_{34}+a'_{24})} \tag{3-124}$$

式(3-123)和式(3-124)分别与式(3-88)和式(3-91)的结果相同,因此升降舵阶跃偏转产生振荡过渡过程,导弹的静稳定性必须满足式(3-96)。

俯仰角速度 $\Delta\dot{\vartheta}$、弹道倾角速度 $\Delta\dot{\theta}$、攻角 $\Delta\alpha$ 的过渡过程函数,由式(3-122)经推导可得(推导从略)

$$\Delta\dot{\vartheta}(t)=\left[1-e^{-t\xi_\alpha/T_\alpha}\sqrt{\frac{1-2\xi_\alpha T_{1\alpha}/T_\alpha+(T_{1\alpha}/T_\alpha)^2}{1-\xi_\alpha^2}}\cos\left(\frac{\sqrt{1-\xi_\alpha}}{T_\alpha}t+\varphi_1+\varphi_2\right)\right]K_\alpha\Delta\delta_z \tag{3-125}$$

$$\tan(\varphi_1+\varphi_2)=\frac{T_{1\alpha}/T_\alpha-\xi_\alpha}{\sqrt{1-\xi_\alpha^2}}$$

$$\Delta\dot{\theta}(t)=\left[1-e^{-t\xi_\alpha/T_\alpha}\sqrt{\frac{1}{1-\xi_\alpha^2}}\cos\left(\frac{\sqrt{1-\xi_\alpha^2}}{T_\alpha}t-\varphi\right)\right]K_\alpha\Delta\delta_z \tag{3-126}$$

$$\Delta\alpha=\left[1-e^{-t\xi_\alpha/T_\alpha}\sqrt{\frac{1}{1-\xi_\alpha^2}}\cos\left(\frac{\sqrt{1-\xi_\alpha^2}}{T_\alpha}t-\varphi\right)\right]K_\alpha T_{1\alpha}\Delta\delta_z \tag{3-127}$$

图 3-8 给出了某些过渡过程的例子,它们形象地告诉我们,导弹舵面阶跃偏转后如不变动,只能使攻角、俯仰角速度和弹道倾角速度达到稳定状态,而俯仰角和弹道倾角则是随时间增长的。

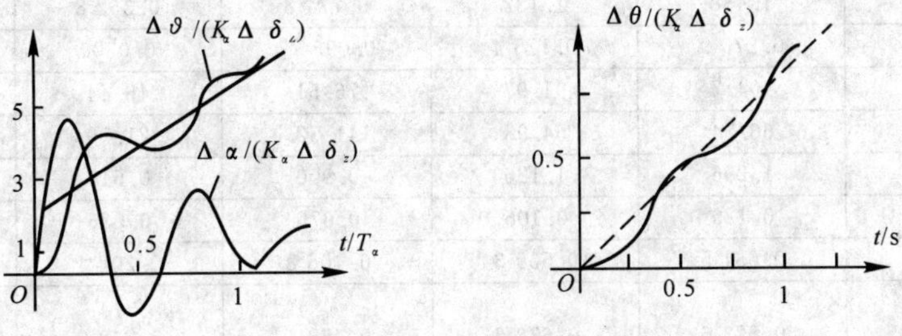

图 3-8　过渡过程曲线

(3) 过渡过程不稳定。由式(3-89)可知,过渡过程不稳定时 $a_{24}+a_{22}a_{34}<0$,这时导弹静不稳定的程度已超出式(3-96)限制的范围。

前面已经给出了讨论过渡过程品质的 5 项指标:稳态值、过渡过程时间、过渡过程中的最大偏量、超调量和振荡频率,对于二阶环节所述 5 个指标主要由传递系数、相对阻尼系数和时间常数来决定,下面分别讨论导弹的这些传递参数对过渡过程品质的影响。

2. 导弹传递系数 K_α 对过渡过程的影响

导弹纵向传递系数 K_α 的物理意义:过渡过程结束时导弹纵向扰动运动参数 $\Delta\dot{\vartheta}$,$\Delta\dot{\theta}$ 的稳态值与舵偏角稳态值之比,即

$$\left.\begin{aligned}-\frac{\Delta\dot{\theta}_W}{\Delta\delta_{zW}}&=-\frac{\Delta\dot{\vartheta}_W}{\Delta\delta_{zW}}=K_\alpha\\-\frac{\Delta\alpha_W}{\Delta\delta_{zW}}&=K_\alpha T_{1\alpha}\\-\frac{\Delta n_{yW}}{\Delta\delta_{zW}}&=\frac{V_0}{g}K_\alpha\end{aligned}\right\}\tag{3-128}$$

式(3-129)表明在同样的舵偏角下，如果导弹纵向传递系数 K_α 越大，导弹的攻角稳态值以及法向过载、弹道倾角角速度都可获得越大的稳态值，使导弹具有较好的操纵性，则

$$K_\alpha=\frac{a_{25}a_{34}-a_{24}a_{35}}{a_{24}+a_{22}a_{34}}\tag{3-129}$$

由式(3-129)易见，提高操纵机构的效率和适当减小导弹的静稳定性，即增大动力系数 a_{25}，在具有稳定性的前提下减小动力系数 a_{24}，将使导弹传递系数 K_α 得到增加，而有利于提高操纵性。

如果动力系数 a_{22} 和 a_{35} 与其他动力系数相比，可以忽略不计，则传递系数 K_α 近似为

$$K_\alpha\approx\frac{a_{25}a_{34}}{a_{24}}=\frac{m_z^\delta}{m_z^\alpha}\left(\frac{P+Y^\alpha}{mV_0}\right)\tag{3-130}$$

例如，某地-空导弹按半前置量法导引，经计算所得有关动力系数见表3-2。导弹纵向传递系数 K_α 分别运用式(3-129)和式(3-130)进行计算，其结果如表3-2中所列，所得近似计算值与精确值差别不甚太大，说明运用式(3-130)近似公式来讨论传递系数 K_α 是可行的。

表3-2　某地-空导弹的动力系数和传递系数

H/m	1 067.7	4 526	8 210	14 288	22 038
$V/(\mathrm{m\cdot s^{-1}})$	546.9	609.2	701.5	880.3	1 090.9
$a_{22}/\mathrm{s^{-1}}$	1.488	1.132	0.774 8	0.352 8	0.112 7
$a'_{24}/\mathrm{s^{-1}}$	0.270 9	0.175 4	0.095 77	0.0300	0.006 4
$a_{24}/\mathrm{s^{-2}}$	104.7	91.97	76.51	46.44	17.70
$a_{25}/\mathrm{s^{-2}}$	66.54	54.93	41.52	21.59	7.967
$a_{34}/\mathrm{s^{-1}}$	1.296	1.126	0.900	0.514	0.206
$a_{35}/\mathrm{s^{-1}}$	0.129	0.106	0.076	0.036	0.012
$K_\alpha/\mathrm{s^{-1}}$	0.681 5	0.559 3	0.408 8	0.202 4	0.080 5
$K_\alpha/\mathrm{s^{-1}}$（近似值）	0.823 6	0.673 6	0.488 4	0.239 0	0.092 6

除此之外，按同样理由也可以得到以下近似公式：

$$-\frac{\Delta\alpha_W}{\Delta\delta_z}=K_\alpha T_{1\alpha}\approx\frac{a_{25}a_{34}}{a_{24}}\frac{1}{a_{34}}=\frac{m_z^\delta}{m_z^\alpha}\tag{3-131}$$

$$-\frac{\Delta n_{yW}}{\Delta\delta_z}=\frac{V_0}{g}K_\alpha\approx\frac{m_z^\delta}{m_z^\alpha}\frac{P+C_y^\alpha qs}{G}\tag{3-132}$$

$$\frac{\Delta\dot{\theta}_W}{\Delta\alpha_W}=\frac{1}{T_{1\alpha}}\approx a_{34}=\frac{P+C_y^\alpha qs}{mV_0}\tag{3-133}$$

式(3-133)说明过渡过程结束后，攻角稳态值与弹道倾角角速度稳态值之比取决于动力系数 a_{34}。换言之，如果力矩系数之比 m_z^δ/m_z^α 已定，在同样舵偏角下，虽然攻角稳定值不变，但是随着动力系数 a_{34} 的增大，弹道倾角角速度稳态值则可增加，即导弹改变弹道切线方向的能力将会增加，其结果不仅增大了导弹的操纵性，也同时增大了导弹的机动性。

对于同一导弹，由于飞行状态不同，它的传递系数也会有很大的变化。就表 3-2 来讲，导弹在低空飞行时，$H=1\ 061.7$ m，传递系数 $K_\alpha=0.681\ 5$；而在高空下，$H=22\ 038$ m，则 $K_\alpha=0.080\ 5$，传递系数 K_α 下降了 8.47 倍，可见导弹的低空操纵性要比高空操纵性好得多，因此对于那些飞行高度比较高的导弹来讲，应着重采取措施提高导弹的高空操纵性。

传递系数 K_α 随着飞行状态的变化，由式(3-130) 进行分析，考虑到多数有翼式导弹，通常推力 P 要比升力导数 Y^α（这里 Y^α 是对弧度求导）小得多，可将传递系数 K_α 进一步简化为

$$K_\alpha \approx \frac{m_z^\delta}{m_z^\alpha}\frac{Y^\alpha}{mV}=\frac{m_z^\delta}{m_z^\alpha}\frac{\rho V_0 C_y^\alpha S}{2m} \tag{3-134}$$

可见，飞行高度增加时因空气密度 ρ 减小，传递系数 K_α 将随着高度的增加而降低。增加飞行速度 V，则使传递系数 K_α 增大。对于表 3-2 所列导弹来讲，虽然飞行速度 V 可以增大 1.99 倍，但由于飞行到 $H=22\ 038$ m 高度时，空气密度下降了 17.1 倍，其结果还是减小了传递系数 K_α。所以，对于飞行速度和高度同时变化的导弹，飞行高度对传递系数 K_α 的影响是主要的。飞行高度不变时，传递系数 K_α 则随飞行速度的增大而增加。

由于传递系数 K_α 决定着导弹的操纵性，为了减小飞行高度和速度对操纵性的影响，使传递系数 K_α 大致保持不变，通常可以采用以下两种方法：

(1) 对弹体进行部位安排时，使重心位置 $\overline{X}_g$ 和焦点位置 $\overline{X}_f$ 的变化可以抵消飞行速度和高度的影响。因此式(3-134) 可以写成

$$K_\alpha \approx \frac{m_z^\delta}{\overline{X}_g-\overline{X}_f}\frac{\rho V_0 S}{2m} \tag{3-135}$$

如果设计导弹时，在飞行过程中能使比值 $\rho V_0/(\overline{X}_g-\overline{X}_f)$ 变化不大，则可减小传递系数 K_α 的变化范围，而有利于提高操纵性。

(2) 在飞行过程中改变弹翼的形状和位置，以便调节导弹焦点 $\overline{X}_f$ 来适应飞行速度和高度的改变，而减小传递系数 K_α 的变化。例如，“奥利康”地空导弹在主动段飞行时，使弹翼沿着弹体纵轴移动。

3. 导弹时间常数对过渡过程的影响

导弹纵向扰动运动作为短周期运动来处理，运动参数 $\Delta\alpha$，Δn_y 和 $\Delta\dot{\theta}$ 的特性可由一个二阶环节式(3-119) 表示，在自动调节理论中这个环节的过渡过程以 $\Delta x/K\Delta\delta_z$ 为纵坐标，无量纲时间 $\bar{t}=t/T_\alpha$ 为横坐标，其状态如图 3-9 所示。

由图 3-9 中曲线可见，$\xi_\alpha=0.75$ 时过渡过程时间最短，这时无量纲时间 $\bar{t}=3$，过渡过程所需真实时间 $t_p=3T_\alpha$。

在其他相对阻尼系数 ξ_α 下，过渡过程时间正比于时间常数 T_α，而

$$T_\alpha=\frac{1}{\sqrt{a_{24}+a_{22}a_{34}}} \tag{3-136}$$

从式(3-136) 可见，增大动力系数 a_{22}，a_{24} 和 a_{34}，将使时间常数 T_α 减小，特别是增大导弹的静稳定性，使动力系数 a_{24} 变大，有利于缩短过渡过程的时间而提高操纵性。但是增大动力系数 a_{24}，则要降低传递系数 K_α，这对操纵性又是不利的。因此在导弹设计中，恰当确定弹体的静稳定性甚为重要。

时间常数 T_α 还确定了弹体自振频率。由式(3-93) 可知，弹体固有频率(自振频率)ω_d 为

$$\omega_d=\sqrt{a_{24}}=\frac{1}{T_\alpha} \tag{3-137}$$

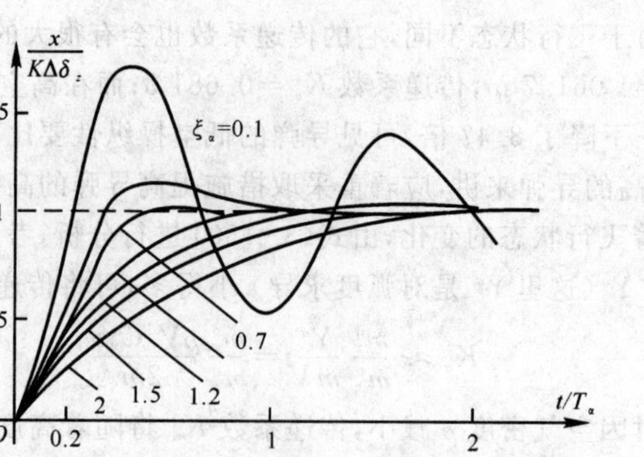

图 3-9　过渡过程曲线

以赫兹为单位的固有频率显然由下式确定：

$$f_d = \frac{\omega_d}{2\pi} = \frac{1}{2\pi}\frac{1}{T_\alpha} \approx \frac{\sqrt{a_{24}}}{2\pi} \approx \frac{1}{2\pi}\sqrt{\frac{m_z^\alpha q s b_A}{J_z}} = \frac{1}{2\pi}\sqrt{-\frac{(\bar{X}_g - \bar{X}_f)C_y^\alpha q s b_A}{J_z}} \tag{3-138}$$

式(3-138)说明，导弹静稳定性的大小决定了它的自振频率，增加静稳定性可以减小时间常数 T_α，但是增大了弹体自振频率。设计控制系统时，一般情况下要求弹体自振频率低于自动驾驶仪的频率，以免出现共振，因此静稳定性的大小从这一角度讲也是有限制的。

固有频率 ω_d 和 f_d 也与飞行状态有关。随着飞行高度的增加，ω_d 和 f_d 都要减小。反之，随着飞行速度的增加，ω_d 和 f_d 都要增大。为了减小 ω_d 和 f_d 的变化范围，要求 $(\bar{X}_g - \bar{X}_f)$ 的差值与动压头 q 成反比变化，但是这一要求与传递系数 K_α 希望 $(\bar{X}_g - \bar{X}_f)$ 和 ρV 成正比变化的要求相反，因此设计弹体和控制系统时只能取折中方案，综合照顾对各个传递参数的要求。

4. 导弹相对阻尼系数对过渡过程的影响

图 3-9 已经指出，过渡过程的形态决定于相对阻尼系数 ξ_α。$\xi_\alpha > 1$ 时，过渡过程是非周期的，没有超调量；$\xi_\alpha < 1$ 时，过渡过程是振荡的，将出现超调量。

在振荡过渡过程中，$\Delta\alpha$，Δn_y 和 $\Delta\dot{\theta}$ 的最大值，可由过渡函数式(3-122)求极值得到。取 $\mathrm{d}\Delta x/\mathrm{d}t = 0$，可以求得出现最大值 $\Delta x_{\max}$ 的时间 t' 为

$$t' = \frac{\pi T_\alpha}{1-\xi_\alpha^2} = \frac{\pi}{\omega} \tag{3-139}$$

将结果代入式(3-122)，则可得最大值 $\Delta x_{\max}$ 为

$$\Delta x_{\max} = (1 + \mathrm{e}^{-\pi\xi_\alpha/\sqrt{1-\xi_\alpha^2}})K\Delta\delta_z \tag{3-140}$$

因为稳定值 $\Delta x_W = K\Delta\delta_z$，所谓相对超调量 $\bar{\sigma}$ 则为

$$\bar{\sigma} = \frac{\Delta x_{\max} - \Delta x_W}{\Delta x_W} = \mathrm{e}^{-\pi\xi_\alpha/\sqrt{1-\xi_\alpha^2}} \tag{3-141}$$

相对超调量 $\bar{\sigma}$ 与导弹相对阻尼系数 ξ_α 的关系，按式(3-141)可由图 3-10 的曲线表示。在振荡运动中相对阻尼系数 ξ_α 愈小，相对超调量 $\bar{\sigma}$ 愈大。

应该指出，所得相对超调量是在舵面阶跃偏转下得到的，如果舵面非阶跃偏转，则相对超调量 $\bar{\sigma}$ 值也较小一些。

现在以法向过载为例，研究导弹在真实飞行中的最大过载。取 $\Delta x = \Delta n_y$，这里偏量符号“Δ”是指明对扰动运动而言的，由式(3-141)可得

$$\Delta n_{y\max} = \Delta n_{yw}(1+\bar{\sigma}) = -\frac{V_0}{g}K_\alpha \Delta\delta_z(1+\bar{\sigma}) \tag{3-142}$$

如果基准运动是在可用过载下飞行，那么导弹在飞行过程中全部法向过载值应为

$$n_y = n_{yK} + \Delta n_{y\max} = n_{yK} - \frac{V_0}{g}K_\alpha \Delta\delta_z(1+\bar{\sigma}) \tag{3-143}$$

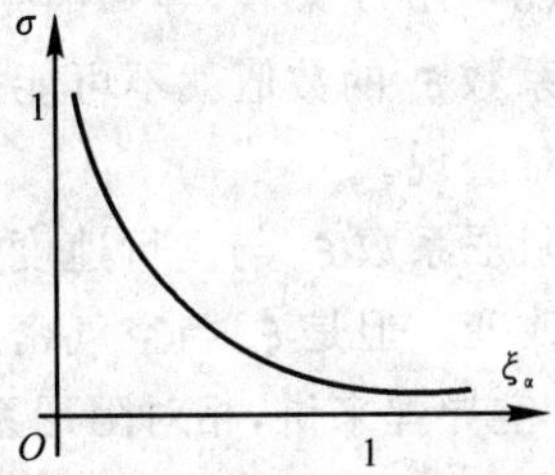

图 3-10　阻尼系数对超调量的影响

式中，n_{yK} 为可用过载，其表达式为

$$n_{yK} = -\frac{P + C_y^\alpha qS}{G}\frac{m_z^\delta}{m_z^\alpha}(\pm\delta_{z\max}) \tag{3-144}$$

一种最严重的情况是，基准运动在可用过载下飞行时，舵面从一个极限位置突然偏转到另一个极限位置，在扰动运动中舵偏角实质上为 $\Delta\delta_z = \mp 2\delta_{z\max}$，因而全部法向过载最大值 $n_{y\max}$ 应为

$$\begin{aligned} n_{y\max} &= -\frac{m_z^\delta}{m_z^\alpha}\frac{P + C_y^\alpha qS}{G}(\pm\delta_{z\max}) - \frac{V_0}{g}K_\alpha(\mp 2\delta_{z\max})(1+\bar{\sigma}) = \\ &\mp\frac{m_z^\delta}{m_z^\alpha}\frac{P + C_y^\alpha qS}{G}\delta_{z\max} \pm \frac{2V_0}{g}\frac{a_{25}a_{34} - a_{24}a_{35}}{a_{24} + a_{22}a_{34}}(1+\bar{\sigma})\delta_{z\max} \end{aligned} \tag{3-145}$$

如果传递系数 K_α 采用式(3-134) 近似表达式，式(3-145) 变为

$$n_{y\max} = \pm\frac{m_z^\delta}{m_z^\alpha}\frac{P + C_y^\alpha qS}{G}(1+2\bar{\sigma})\delta_{z\max} \tag{3-146}$$

引入式(3-141) 后，式(3-146) 可写成

$$n_{y\max} = \pm\frac{m_z^\delta}{m_z^\alpha}\frac{P + C_y^\alpha qS}{G}(1+2e^{-\pi\xi_\alpha/\sqrt{1-\xi_\alpha^2}})\delta_{z\max} \tag{3-147}$$

由此可见，在最严重的情况下，全部过载的最大值 $n_{y\max}$ 要比可用过载 n_{yK} 大得多，所以对导弹和控制系统设计的承载要求必须考虑这一情况，否则将会因承载能力不够而遭到破坏。

为了减小过载的最大值，往往希望导弹具有比较大的相对阻尼系数 ξ_α，它与动力系数的关系为($a_{22} + a_{34} \gg a'_{24}$，$a_{24} \gg a_{22}a_{34}$)

$$\xi_\alpha = \frac{a_{22} + a'_{24} + a_{34}}{2\sqrt{a_{24} + a_{22}a_{34}}} \approx \frac{a_{22} + a_{34}}{2\sqrt{a_{24}}} \tag{3-148}$$

这个关系说明，增大导弹的气动阻尼动力系数 a_{22} 和法向力动力系数 a_{34} 总是有益的。当然，弹体的静稳定性不太大，也能增大 ξ_α 值，这一点与传递系数 K_α 对静稳定性的要求相同，但是静稳定性太小时，将使时间常数 T_α 增大，这又是不希望的。

将相应的动力系数表达式代入式(3-148) 后，求得

$$\xi_\alpha \approx \frac{-\frac{1}{J_z}\frac{1}{2}m_z^{\omega_z}\rho V_0 S b_A^2 + \frac{P}{mV_0} + \frac{1}{2m}C_y^\alpha \rho V_0 S}{2\sqrt{-\frac{1}{J_z}\frac{1}{2}m_z^\alpha \rho V_0^2 S b_A}} \tag{3-149}$$

因 P/mV_0 值相比之下比较小，可以略去，故式(3-149) 可以进一步简化为

$$\xi_\alpha \approx \frac{-m_z^{\omega_z}\sqrt{\rho}\sqrt{S}b_A^2/J_z + C_y^\alpha\sqrt{\rho}\sqrt{S}/m}{4\sqrt{-m_z^\alpha b_A/2J_z}} \tag{3-150}$$

从式(3-150)来看，导弹因受到气动外形布局的限制，以及不可能选择过大的弹翼面积，相对阻尼系数 ξ_α 的数值就不可能接近0.7，某些导弹甚至只在0.1左右，想要进一步提高 ξ_α 的数值则很难实现。

相对阻尼系数 ξ_α 与飞行速度无直接联系，因此相对超调量 σ 也不随飞行速度的变化而发生明显的改变。但是 ξ_α 与空气密度有关，随着飞行高度的增加，它将明显地下降。例如，就本章所举地-空导弹来讲，相对阻尼系数 ξ_α 随着高度的变化，见表3-3。

表3-3　某地-空导弹的相对阻尼系数 ξ_α 随高度的变化

H/km	5.027	9.187	13.098	16.174	19.669	22.000
ξ_α	0.121 4	0.094 5	0.072 3	0.056	0.044	0.035

考虑上述情况，为了提高相对阻尼系数 ξ_α，以便改善过渡过程的品质，特别是减小超调量，多数导弹都是采用自动驾驶仪来补偿弹体阻尼的不足。在相对阻尼系数 ξ_α 比较小的情况下，为了减小过载最大值，就要限制舵偏角的极限位置，如果舵偏角的最大值 $\delta_{z\max}$ 是为了保证导弹在高空时获得较大的机动性，那么在低空时为了防止过载太大，就要设法减小舵偏角的最大值。某地空导弹是采用改变舵面传动比的办法，使舵偏角 $\delta_{z\max}$ 与一定的动压头 q 值成反比变化，以便在高空时提高导弹的机动性，而在低空时减小法向过载的最大值。

3.4　侧向扰动运动

上一节介绍了导弹的纵向扰动运动，这时导弹的纵向对称平面与铅垂飞行平面相重合，只有运动参数 $V,\theta,\omega_z,\vartheta,\alpha$ 和 x,y 的变化。在纵向运动中没有考虑飞行器的其他参数，如 $\psi_V,\beta,\gamma_V,\gamma,\psi,\omega_x,\omega_y$ 和 z，通常称为侧向运动参数，或简称侧向参数。研究这些参数随时间变化的运动，称为侧向运动。

侧向运动参数在基准运动中的变化，可由运动方程组描述为

$$\left.\begin{aligned}
&-mV\cos\theta\frac{\mathrm{d}\psi_V}{\mathrm{d}t}=P(\sin\alpha\sin\gamma_V-\cos\alpha\sin\beta\cos\gamma_V)+Y\sin\gamma_V+Z\cos\gamma_V\\
&J_x\frac{\mathrm{d}\omega_x}{\mathrm{d}t}=M_x-(J_z-J_y)\omega_y\omega_z\\
&J_y\frac{\mathrm{d}\omega_y}{\mathrm{d}t}=M_y-(J_x-J_z)\omega_z\omega_x\\
&\frac{\mathrm{d}\psi}{\mathrm{d}t}=\frac{1}{\cos\vartheta}(\omega_y\cos\gamma-\omega_z\sin\gamma)\\
&\frac{\mathrm{d}\gamma}{\mathrm{d}t}=\omega_x-\tan\vartheta(\omega_y\cos\gamma-\omega_z\sin\gamma)\\
&\frac{\mathrm{d}z}{\mathrm{d}t}=-V\cos\theta\sin\psi_V\\
&\sin\beta=\cos\theta[\cos\gamma\sin(\psi-\psi_V)+\sin\vartheta\sin\gamma\cos(\psi-\psi_V)]-\sin\theta\cos\vartheta\sin\gamma\\
&\cos\gamma_V=[\cos\gamma\cos(\psi-\psi_V)-\sin\vartheta\sin\gamma\sin(\psi-\psi_V)]/\cos\beta
\end{aligned}\right\}\qquad(3-151)$$

在基准运动中计算理论弹道的侧向参数，单纯采用方程组(3-151)是不充分的，因为方程式中还包括纵向参数 V,α,H 等。所以，运用方程组(3-151)求解侧向参数，还必须联立纵向运动方程组，在这里之所以单独列出描述侧向运动参数的方程式，其目的是便于获得侧向扰动运动方程组，在小扰动的范围内，将侧向扰动运动和纵向扰动运动分开独立研究，以简化问题的讨论。

3.4.1 侧向扰动运动的数学模型

在扰动运动中，如果基准运动的纵向参数不变，控制和干扰作用仅使侧向运动参数发生变化，这种扰动运动称为侧向扰动运动。

在导弹空间扰动运动方程组中，因为运动参数的偏量足够小，属于小扰动范畴，同时导弹又是纵向对称的，以及基准弹道中侧向参数和纵向运动角速度足够小等条件，可以得到一组侧向扰动运动方程式，即

$$
\left.\begin{aligned}
&\frac{\mathrm{d}\Delta\psi_V}{\mathrm{d}t}=\left(\frac{P-Z^{\beta}}{mV\cos\theta}\right)_0\Delta\beta-\left(\frac{P\alpha+Y}{mV\cos\theta}\right)_0\Delta\gamma_V+\left(-\frac{Z^{\delta_y}}{mV\cos\theta}\right)_0\Delta\delta_y\\
&\frac{\mathrm{d}\Delta\omega_x}{\mathrm{d}t}=\left(\frac{M_x^{\beta}}{J_x}\right)_0\Delta\beta+\left(\frac{M_x^{\omega_x}}{J_x}\right)_0\Delta\omega_x+\left(\frac{M_y^{\omega_y}}{J_x}\right)_0\Delta\omega_y+\left(\frac{M_x^{\delta_x}}{J_x}\right)_0\Delta\delta_x+\left(\frac{M_x^{\delta_y}}{J_x}\right)_0\Delta\delta_y\\
&\frac{\mathrm{d}\Delta\omega_y}{\mathrm{d}t}=\left(\frac{M_y^{\beta}}{J_y}\right)_0\Delta\beta+\left(\frac{M_x^{\omega_y}}{J_y}\right)_0\Delta\omega_x+\left(\frac{M_y^{\omega_y}}{J_y}\right)_0\Delta\omega_y+\left(\frac{M_y^{\dot\beta}}{J_y}\right)_0\Delta\dot\beta+\left(\frac{M_y^{\delta_y}}{J_y}\right)_0\Delta\delta_y\\
&\frac{\mathrm{d}\Delta\psi}{\mathrm{d}t}=\left(\frac{1}{\cos\vartheta}\right)_0\Delta\omega_y\\
&\frac{\mathrm{d}\Delta\gamma}{\mathrm{d}t}=\Delta\omega_x+(-\tan\vartheta)_0\Delta\omega_y\\
&\Delta\psi_V=\Delta\psi+\left(\frac{\alpha}{\cos\theta}\right)_0\Delta\gamma+\left(-\frac{1}{\cos\theta}\right)_0\Delta\beta\\
&\Delta\gamma_V=(\tan\theta)_0\Delta\beta+\left(\frac{\cos\vartheta}{\cos\theta}\right)_0\Delta\gamma\\
&\frac{\mathrm{d}\Delta z}{\mathrm{d}t}=(-V\cos\theta)_0\Delta\psi_V
\end{aligned}\right\}
\tag{3-152}
$$

侧向扰动运动和纵向扰动运动类似，它的许多动力学现象可由侧向动力系数来表示。为了写出由侧向动力系数表示的标准侧向扰动运动方程组，下面对方程组(3-152) 的第 1 式作进一步的简化，整理成以下形式：

$$
\left.\begin{aligned}
&\frac{\mathrm{d}\Delta\omega_y}{\mathrm{d}t}=\left(\frac{M_y^{\beta}}{J_y}\right)_0\Delta\beta+\left(\frac{M_y^{\omega_x}}{J_y}\right)_0\Delta\omega_x+\left(\frac{M_y^{\omega_y}}{J_y}\right)_0\Delta\omega_y+\left(\frac{M_y^{\dot\beta}}{J_y}\right)_0\Delta\dot\beta+\left(\frac{M_y^{\delta_y}}{J_y}\right)_0\Delta\delta_y+\frac{M'_{yd}}{J_y}\\
&(\cos\theta)_0\frac{\mathrm{d}\Delta\psi_V}{\mathrm{d}t}=\left(\frac{\cos\theta}{\cos\vartheta}\right)_0\Delta\omega_y+(\alpha)_0\frac{\mathrm{d}\Delta\gamma}{\mathrm{d}t}-\frac{\mathrm{d}\Delta\beta}{\mathrm{d}t}=\\
&\qquad\left(\frac{P-Z^{\beta}}{mV}\right)_0\Delta\beta-\left(\frac{g}{V}\sin\theta\right)_0\Delta\beta-\left(\frac{g}{V}\cos\vartheta\right)_0\Delta\gamma-\left(\frac{Z^{\delta_y}}{mV}\right)_0\Delta\delta_y+\frac{F'_{zd}}{mV_0}\\
&\Delta\psi_V=\Delta\psi-\left(\frac{1}{\cos\theta}\right)_0\Delta\beta+\left(\frac{\alpha}{\cos\theta}\right)_0\Delta\gamma\\
&\frac{\mathrm{d}\Delta\omega_x}{\mathrm{d}t}=\left(\frac{M_x^{\beta}}{J_x}\right)_0\Delta\beta+\left(\frac{M_x^{\omega_x}}{J_x}\right)_0\Delta\omega_x+\left(\frac{M_x^{\omega_y}}{J_x}\right)_0\Delta\omega_y+\left(\frac{M_x^{\delta_x}}{J_x}\right)_0\Delta\delta_x+\left(\frac{M_x^{\delta_y}}{J_x}\right)_0\Delta\delta_y+\frac{M'_{xd}}{J_x}\\
&\frac{\mathrm{d}\Delta\gamma}{\mathrm{d}t}=\Delta\omega_x-(\tan\vartheta)_0\Delta\omega_y\\
&\frac{\mathrm{d}\Delta\psi}{\mathrm{d}t}=\left(\frac{1}{\cos\vartheta}\right)_0\Delta\omega_y\\
&\frac{\mathrm{d}\Delta z}{\mathrm{d}t}=-(V\cos\theta)_0\Delta\psi_V\\
&\Delta\gamma_V=(\tan\theta)_0\Delta\beta+\left(\frac{\cos\vartheta}{\cos\theta}\right)_0\Delta\gamma
\end{aligned}\right\}
\tag{3-153}
$$

在上列侧向扰动运动方程组中，M'_{yd} 为航向干扰力矩；M'_{xd} 为横滚干扰力矩；F'_{zd} 为侧向干扰力。为书写方便，在方程组(3-153)中可略去偏量表示符"Δ"，并用航向和滚转动力系数来代替偏量前的系数。航向动力系数的表达式为

$$\left.\begin{aligned}
&\text{航向阻尼力矩动力系数} && b_{22}=-\left(\frac{M_y^{\omega_y}}{J_y}\right)_0 (1/\mathrm{s})\\
&\text{航向静稳定力矩动力系数} && b_{24}=-\left(\frac{M_y^{\beta}}{J_y}\right)_0 (1/\mathrm{s}^2)\\
&\text{航向操纵力矩动力系数} && b_{27}=-\left(\frac{M_y^{\delta_y}}{J_y}\right)_0 (1/\mathrm{s}^2)\\
&\text{航向下洗延迟力矩动力系数} && b'_{24}=-\left(\frac{M_y^{\dot{\beta}}}{J_y}\right)_0 (1/\mathrm{s})\\
&\text{航向交叉阻尼力矩动力系数} && b_{21}=-\left(\frac{M_y^{\omega_x}}{J_y}\right)_0 (1/\mathrm{s})
\end{aligned}\right\}\tag{3-154}$$

以上航向动力系数的物理含义基本上是与纵向动力系数相对应的，由方程组(3-153)的第2式可得到以下侧向动力系数：

$$\left.\begin{aligned}
&\text{侧向力动力系数} && b_{34}=\left(\frac{P-Z^{\beta}}{mV}\right)_0 (1/\mathrm{s})\\
&\text{方向舵侧力动力系数} && b_{37}=-\left(\frac{Z^{\delta_y}}{mV}\right)_0 (1/\mathrm{s})\\
&\text{侧向重力动力系数} && b_{35}=-\left(\frac{g}{V}\cos\vartheta\right)_0 (1/\mathrm{s})
\end{aligned}\right\}\tag{3-155}$$

在方程组(3-153)中滚转动力系数的表达式为

$$\left.\begin{aligned}
&\text{横向阻尼力矩动力系数} && b_{11}=-\left(\frac{M_x^{\omega_x}}{J_x}\right)_0 (1/\mathrm{s})\\
&\text{横向静稳定力矩动力系数} && b_{14}=-\left(\frac{M_x^{\beta}}{J_x}\right)_0 (1/\mathrm{s}^2)\\
&\text{横向操纵力矩动力系数} && b_{18}=-\left(\frac{M_x^{\delta_x}}{J_x}\right)_0 (1/\mathrm{s}^2)\\
&\text{横向交叉阻尼力矩动力系数} && b_{12}=-\left(\frac{M_x^{\omega_y}}{J_x}\right)_0 (1/\mathrm{s})\\
&\text{横向交叉操纵力矩动力系数} && b_{17}=-\left(\frac{M_x^{\delta_y}}{J_x}\right)_0 (1/\mathrm{s}^2)
\end{aligned}\right\}\tag{3-156}$$

此外，还有以下与纵向基准运动参数有关的动力系数：

$$\left.\begin{aligned} b_{36} &= -\left(\frac{\cos\theta}{\cos\vartheta}\right)_0 \\ b_{41} &= \left(\frac{1}{\cos\theta}\right)_0 \\ b_{56} &= -(\tan\vartheta)_0 \\ a_{33} &= -\left(\frac{g}{V}\sin\theta\right)_0 \\ b_{61} &= \left(\frac{1}{\cos\vartheta}\right)_0 \\ b_{71} &= (\tan\theta)_0 \\ b_{72} &= \left(\frac{\cos\vartheta}{\cos\theta}\right)_0 \\ b_{81} &= -(V\cos\theta)_0 \end{aligned}\right\} \tag{3-157}$$

采用上述动力系数后，航向和横滚干扰力矩，以及侧向干扰力可用以下相应的符号表示为

$$\left.\begin{aligned} M_{yd} &= \frac{M'_{yd}}{J_y} \\ M_{xd} &= \frac{M'_{xd}}{J_x} \\ F_{zd} &= \frac{F'_{zd}}{mV_0} \end{aligned}\right\} \tag{3-158}$$

于是，侧向扰动运动模型的标准形式为

$$\left.\begin{aligned} &\Delta\dot{\omega}_x + b_{11}\Delta\omega_x + b_{14}\Delta\beta + b_{12}\Delta\omega_y = -b_{18}\Delta\delta_x - b_{17}\Delta\delta_y + M_{xd} \\ &\Delta\dot{\omega}_y + b_{22}\Delta\omega_y + b_{24}\Delta\beta + b_{21}\Delta\omega_x + b'_{24}\Delta\dot{\beta} = -b_{27}\Delta\delta_y + M_{yd} \\ &\Delta\dot{\beta} + b_{34}\Delta\beta + b_{36}\Delta\omega_y - (\alpha)_0\Delta\dot{\gamma} + b_{35}\Delta\gamma + a_{33}\Delta\beta = -b_{37}\Delta\delta_y + F_{zd} \\ &\Delta\psi_V = \Delta\psi - b_{41}\Delta\beta + b_{41}(\alpha)_0\Delta\gamma \\ &\Delta\dot{\gamma} = \Delta\omega_x + b_{56}\Delta\omega_y \\ &\frac{\mathrm{d}\Delta\psi}{\mathrm{d}t} = b_{61}\Delta\omega_y \\ &\Delta\gamma_V = b_{71}\Delta\beta + b_{72}\Delta\gamma \\ &\frac{\mathrm{d}\Delta z}{\mathrm{d}t} = b_{81}\Delta\psi_V \end{aligned}\right\} \tag{3-159}$$

在方程组中，航向和滚转动力系数等由基准弹道的运动参数来计算。因为方程组(3-159)中还包括纵向运动参数 V，H 和 α（未写下标 0）等，所以分析航向和滚转扰动运动时，除计算出基准弹道的侧向参数外，还必须了解纵向运动的一些参数。在小扰动范围内，将侧向扰动运动和纵向扰动运动分开来分析，可以简化问题的研究，初步了解航向和滚转扰动运动的基本特性。

在侧向扰动运动方程组(3-159)中，第 4，6，7，8 式与其他式是无关的。因此，侧向扰动运动的偏量可用 $\Delta\omega_y$，$\Delta\omega_x$，$\Delta\beta$ 和 $\Delta\gamma$ 来表示其主要特性。于是，方程组(3-159)可简化为

$$
\left.\begin{aligned}
&\Delta\dot{\omega}_x + b_{11}\Delta\omega_x + b_{12}\Delta\omega_y + b_{14}\Delta\beta = -b_{18}\Delta\delta_x - b_{17}\Delta\delta_y + M_{xd}\\
&\Delta\dot{\omega}_y + b_{22}\Delta\omega_y + b_{24}\Delta\beta + b'_{24}\Delta\dot{\beta} + b_{21}\Delta\omega_x = -b_{27}\Delta\delta_y + M_{yd}\\
&\Delta\dot{\beta} + (b_{34} + a_{33})\Delta\beta - (\alpha)_0\Delta\dot{\gamma} + b_{35}\Delta\gamma + b_{36}\Delta\omega_y = -b_{37}\Delta\delta_y + F_{zd}\\
&\Delta\dot{\gamma} = \Delta\omega_x + b_{56}\Delta\omega_y
\end{aligned}\right\} \qquad (3-160)
$$

方程组(3-160)是工程设计中常用的侧向线性扰动运动方程组。表3-4列出了侧向扰动运动方程和运动参数的编号。

表3-4　侧向扰动运动方程和运动参数编号表

i	扰动运动方程	j	扰动参数
1	$\dfrac{\mathrm{d}\Delta\omega_x}{\mathrm{d}t} = \left(\dfrac{M_x^{\beta}}{J_x}\right)_0\Delta\beta + \left(\dfrac{M_x^{\omega_x}}{J_x}\right)_0\Delta\omega_x + \left(\dfrac{M_x^{\omega_y}}{J_x}\right)_0\Delta\omega_y + \left(\dfrac{M_x^{\delta_y}}{J_x}\right)_0\Delta\delta_y + \left(\dfrac{M_x^{\delta_x}}{J_x}\right)_0\Delta\delta_x + M_{xd}$	1	$\Delta\omega_x$
		2	$\Delta\omega_y$
2	$\dfrac{\mathrm{d}\Delta\omega_y}{\mathrm{d}t} = \left(\dfrac{M_y^{\beta}}{J_y}\right)_0\Delta\beta + \left(\dfrac{M_y^{\omega_x}}{J_y}\right)_0\Delta\omega_x + \left(\dfrac{M_y^{\omega_y}}{J_y}\right)_0\Delta\omega_y + \left(\dfrac{M_y^{\delta_y}}{J_y}\right)_0\Delta\delta_y + \left(\dfrac{M_y^{\dot{\beta}}}{J_y}\right)_0\Delta\dot{\beta} + M_{yd}$	4	$\Delta\beta$
		5	$\Delta\gamma$
3	$\left(-\dfrac{\cos\theta}{\cos\vartheta}\right)_0\Delta\omega_y + \dfrac{\mathrm{d}\Delta\beta}{\mathrm{d}t} - (\alpha)_0\dfrac{\mathrm{d}\Delta\gamma}{\mathrm{d}t} - \left(\dfrac{-P+Z^{\beta}}{mV}\right)_0\Delta\beta - \left(\dfrac{g}{V}\sin\theta\right)_0\Delta\beta - \left(\dfrac{g}{V}\cos\vartheta\right)_0\Delta\gamma = \left(\dfrac{Z_y^{\delta_y}}{mV}\right)_0\Delta\delta_y - F_{zd}$	7	$\Delta\delta_y$
		8	$\Delta\delta_x$
4	$\dfrac{\mathrm{d}\Delta\gamma}{\mathrm{d}t} = \Delta\omega_x - (\tan\vartheta)_0\Delta\omega_y$		干扰项

3.4.2　侧向扰动运动的状态方程

侧向扰动运动的状态向量为

$$
[\Delta\omega_x \quad \Delta\omega_y \quad \Delta\beta \quad \Delta\gamma]^{\mathrm{T}}
$$

在侧向扰动运动方程组(3-160)中，第2式的$\Delta\dot{\beta}$可以替换，于是侧向扰动运动的微分方程组可写为

$$
\left.\begin{aligned}
&\Delta\dot{\omega}_x = -b_{11}\Delta\omega_x - b_{12}\Delta\omega_y - b_{14}\Delta\beta - b_{18}\Delta\delta_x - b_{17}\Delta\delta_y + M_{xd}\\
&\Delta\dot{\omega}_y = -(b_{21} + b'_{24}\alpha)\Delta\omega_x - (b_{22} - b'_{24}b_{36} + b'_{24}\alpha b_{56})\Delta\omega_y -\\
&\qquad (b_{24} - b'_{24}b_{34} - b'_{24}a_{33})\Delta\beta + b'_{24}b_{35}\Delta\gamma -\\
&\qquad (b_{27} - b'_{24}b_{37})\Delta\delta_y + M_{yd} - b'_{24}F_{zd}\\
&\Delta\dot{\beta} = \alpha_0\Delta\omega_x - (b_{36} - \alpha b_{56})\Delta\omega_y - (b_{34} + a_{33})\Delta\beta - b_{35}\Delta\gamma - b_{37}\Delta\delta_y + F_{zd}\\
&\Delta\dot{\gamma} = \Delta\omega_x + b_{56}\Delta\omega_y
\end{aligned}\right\} \qquad (3-161)
$$

由此方程组可得侧向扰动运动的状态方程为

$$
\begin{bmatrix}\Delta\dot{\omega}_x\\ \Delta\dot{\omega}_y\\ \Delta\dot{\beta}\\ \Delta\dot{\gamma}\end{bmatrix} = \boldsymbol{A}_{xy}\begin{bmatrix}\Delta\omega_x\\ \Delta\omega_y\\ \Delta\beta\\ \Delta\gamma\end{bmatrix} - \begin{bmatrix}b_{18}\\ 0\\ 0\\ 0\end{bmatrix}\Delta\delta_x - \begin{bmatrix}b_{17}\\ b_{27} - b'_{24}b_{37}\\ b_{37}\\ 0\end{bmatrix}\Delta\delta_y + \begin{bmatrix}M_{xd}\\ M_{yd} - b'_{24}F_{zd}\\ F_{zd}\\ 0\end{bmatrix} \qquad (3-162)
$$

式中,侧向动力系数 4×4 阶矩阵 $\boldsymbol{A}_{xy}$ 为

$$\boldsymbol{A}_{xy}=\begin{bmatrix} -b_{11} & -b_{12} & -b_{14} & 0 \\ -(b_{21}+b'_{24}\alpha_0) & -(b_{22}-b'_{24}b_{36}+b'_{24}\alpha_0 b_{56}) & -(b_{24}-b'_{24}b_{34}-b'_{24}a_{33}) & b'_{24}b_{35} \\ \alpha_0 & -(b_{36}-\alpha_0 b_{56}) & -(b_{34}+a_{33}) & -b_{35} \\ 1 & b_{56} & 0 & 0 \end{bmatrix}$$

在方程组(3-160)中,若等式右端舵偏角 δ_y 和 δ_x 以及干扰力矩和干扰力的列矩阵都等于零,则矩阵方程描述了侧向自由扰动运动。否则只要上述项中有一项不等于零,状态方程将描述导弹的侧向强迫扰动运动。

侧向自由扰动运动的性质取决于以下特征方程式:

$$G(s)=|s\boldsymbol{I}-\boldsymbol{A}_{xy}|=s^4+A_1 s^3+A_2 s^2+A_3 s+A_4=0 \tag{3-163}$$

式中,各特征方程系数的表达式为

$$\left.\begin{aligned} A_1 &= b_{22}+b_{34}+b_{11}+\alpha_0 b'_{24}b_{56}+a_{33}-b'_{24}b_{36} \\ A_2 &= b_{22}b_{34}+b_{22}a_{33}+b_{22}b_{11}+b_{34}b_{11}+b_{11}a_{33}-b_{24}b_{36}- \\ &\quad b'_{24}b_{36}b_{11}-b_{21}b_{12}+(b_{14}+b_{24}b_{56}+b'_{24}b_{11}b_{56}-b'_{24}b_{12})\alpha_0-b'_{24}b_{35}b_{56} \\ A_3 &= (b_{22}b_{14}-b_{21}b_{14}b_{56}+b_{24}b_{11}b_{56}-b_{24}b_{12})\alpha_0- \\ &\quad (b_{24}b_{56}+b'_{24}b_{11}b_{56}-b'_{24}b_{12}+b_{14})b_{35}+b_{22}b_{34}b_{11}+ \\ &\quad b_{22}b_{11}a_{33}+b_{21}b_{14}b_{36}-b_{21}b_{12}a_{33}-b_{21}b_{12}b_{34}-b_{24}b_{11}b_{36} \\ A_4 &= -b_{35}(b_{22}b_{14}-b_{21}b_{14}b_{56}-b_{24}b_{11}b_{56}-b_{24}b_{12}) \end{aligned}\right\} \tag{3-164}$$

侧向扰动运动特征方程和前面纵向扰动运动一样,也是四阶的。

3.4.3　侧向扰动运动的模态

侧向扰动运动的稳定性由其特征方程式(3-163)的性质来决定。判别运动是否稳定,也可直接根据特征方程的系数采用霍尔维茨稳定准则判断。但是,为了分析侧向自由扰动运动的一般特性,还必须求出特征方程的根值,以便由特征根的性质来说明运动模态。

侧向自由扰动运动的一般解为

$$\left.\begin{aligned} \Delta\omega_x &= \sum_{i=1}^{4} K_i e^{s_i t} \\ \Delta\omega_y &= \sum_{i=1}^{4} L_i e^{s_i t} \\ \Delta\beta &= \sum_{i=1}^{4} M_i e^{s_i t} \\ \Delta\gamma &= \sum_{i=1}^{4} N_i e^{s_i t} \end{aligned}\right\} \tag{3-165}$$

式中,$s_i(i=1,2,3,4)$ 为特征方程的根。在研究面对称导弹侧向扰动运动时,这样的根的分布是最常遇到的,即 4 个特征根分为 3 种情况:一个大实根 s_1(负值);一个小实根 s_2(正值);一对共轭复根 $s_{3,4}$。每一个根决定了一种运动模态。

1. 倾侧运动模态

大实根决定的运动模态是非周期收敛的。从参数间的量值来看,因 $|\Delta\omega_x|\gg|\Delta\omega_y|$,

$|\Delta\gamma| \gg |\Delta\beta|$，所以由大实根 s_1 所决定的运动，基本上只有倾斜角 $\Delta\gamma$ 的变化，而称为倾侧运动模态。由于 s_1 是一个绝对值比较大的数，因而倾侧运动将很快衰减，通常延续时间不到一秒钟。大实根 s_1 基本上是由动力系数 $b_{11}=-\dfrac{M_x^{\omega_x}}{J_x}$ 的数值来决定的。这里也可看出该非周期运动之所以迅速地衰减下去，是因为导弹在正常攻角下具有较大的倾斜阻尼力矩的缘故。从 b_{11} 的表达式中可以看出，当 $|M_x^{\omega_x}|$ 增加时，$|b_{11}|$ 增加，从而使 $|s_1|$ 增加，而 $|M_x^{\omega_x}|$ 与弹翼的展弦比有关，当展弦比增加时，$|M_x^{\omega_x}|$ 增加，$|s_1|$ 也增加，非周期运动收敛得更快。又从

$$M_x^{\omega_x}=m_x^{\omega_x}qSL\frac{L_A}{V}$$

中可知，当飞行高度增加时，密度减小，q 随之减小，$|M_x^{\omega_x}|$ 减小，收敛的程度减慢；当飞行速度增加时，(q/V) 增加，$|M_x^{\omega_x}|$ 增加，收敛程度加快。关于大实根 s_1 基本上由 $b_{11}=-\dfrac{M_x^{\omega_x}}{J_x}$ 来决定，此结论很容易加以证明。

由于 $-b_{11}=\dfrac{M_x^{\omega_x}}{J_x}$，而 $M_x^{\omega_x}=\dfrac{\partial M_x}{\partial\omega_x}$ 永远为一负值，所以大实根 $s_1=-b_{11}=\dfrac{M_x^{\omega_x}}{J_x}$ 所对应的扰动运动模态应该是一个稳定的非周期运动。

2. 螺旋运动模态

小实根 s_2 决定的运动模态是非周期的，但发散得很缓慢。参数 $\Delta\omega_y$ 和 $\Delta\gamma$ 分别比 $\Delta\omega_x$ 和 $\Delta\beta$ 大得多，但由于 $\Delta\gamma$ 和 $\Delta\omega_x$ 基本上属于一个运动自由度，因此为了进一步弄清这种运动的性质，再进行以下分析。

取地面坐标系 x_0Oz_0，假定俯仰角 ϑ 和弹道倾角 θ 都不大，飞行器的运动学方程由图 3-11 可以近似得出，即

$$\left.\begin{aligned}\Delta\dot{x}_0&\approx\Delta V\\\Delta\dot{y}_0&\approx 0\\\Delta\dot{z}_0&\approx V_0(\Delta\beta-\Delta\psi)\end{aligned}\right\}\tag{3-166}$$

因为 ϑ 不大时，$\Delta\dot{\psi}\approx\Delta\omega_y$，所以 $\Delta\psi\approx\Delta\omega_y/s_2$。于是，在式(3-166)中，若 $\Delta\psi\gg\Delta\beta$，则 $(\Delta\beta-\Delta\psi)\approx-\Delta\psi$。由根 s_2 决定的参数 $\Delta\omega_y$ 的特解可以写成 $\Delta\omega_y=L_2\mathrm{e}^{s_2t}$，$L_2$ 为特定系数。于是

$$\Delta\psi=\frac{1}{s_2}\Delta\omega_y=\frac{L_2}{s_2}\mathrm{e}^{s_2t}\tag{3-167}$$

式中的特定系数 L_2 由初始值来决定。

将式(3-167) 代入到式(3-166)，得到

$$\left.\begin{aligned}\Delta x_0&\approx\Delta Vt\\\Delta z_0&\approx-V_0\int_0^t\Delta\psi(t)\,\mathrm{d}t=-V_0\frac{L_2}{s_2^2}(\mathrm{e}^{s_2t}-1)\end{aligned}\right\}\tag{3-168}$$

由此方程描述的轨迹，表示飞行器进行平面转变。因为小实根 $s_2>0$，表示飞行器一方面偏离原来的偏航角，另一面又以愈来愈小的半径进行转弯；同时还因倾斜角不断增大，升力的垂直分量不断减小，飞行高度也在逐渐下降，整个运动如同螺旋运动。因而由根 s_2 决定的运动模态使飞行器沿螺旋线运动。因为根 $s_2>0$，所以螺旋运动又是不稳定的。

3. “荷兰滚” 运动模态

一对共轭复根所决定的运动模态是振荡衰减的，这个关系式也可用复平面上的矢量图来

表示(见图 3-12)。比较关系说明,由一对共轭复根决定的运动模态,参数 $\Delta\omega_x$,$\Delta\omega_y$ 和 $\Delta\beta$,$\Delta\gamma$ 都有变化,但是角速度 $\Delta\omega_x$ 的变化大一点。这种运动模态既有滚转,又有偏航和侧滑,它类似于滑冰运动中"荷兰滚"花式动作,因而将飞行器的这种侧向运动分量,习惯上又称荷兰滚运动。由于它的振荡频率比较高,如果不稳定,很难纠正,因而要求这种运动分量必须是稳定的,并能很快地衰减。

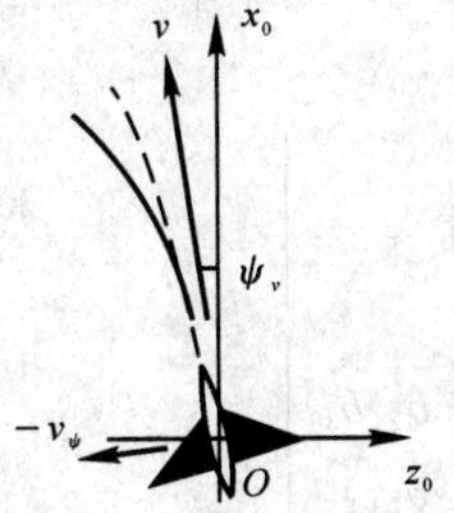

图 3-11　螺旋运动

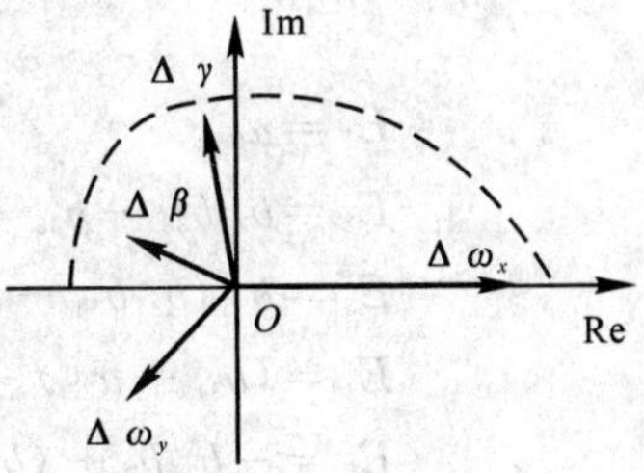

图 3-12　旋转矢量图

综上所述,可以看出导弹的侧向扰动运动是由 3 种运动叠加的:两种非周期运动和一种振荡运动。这 3 种侧向扰动运动模态是同时存在并互相叠加。不过这种扰动运动可以按时间划分为 3 个阶段。第一阶段是相应于(绝对值)大实根的倾斜运动,该运动很快衰减而消失,延续时间很短(为 0.2 ~ 0.4 s);当航向静稳定性比较大时,第二阶段出现振荡运动,延续时间约为几秒钟(例如 4 ~ 5 s);以后进入第三阶段,剩下的只是螺旋运动了,该运动是由小的正实根所确定的,是一个慢发散的运动,而且运动延续的时间很长(约达 1 min),所以在飞行中很难发现螺旋不稳定性。往往只要将方向舵和副翼稍加偏转(如 0.1°),就能使导弹脱离这种螺旋运动。

这里附带说明一下,如果导弹已接近于 $C_{y\max}$ 的大攻角飞行时,倾斜滚动的阻尼作用可能会消失,或者甚至会出现 b_{11} 为负值的现象。这是因为弹翼实际攻角已大于临界攻角,造成升力减小的缘故。于是旋转运动加剧,出现了所谓自旋现象,而且导弹将进入螺旋运动的状态。

3.4.4　侧向扰动运动的传递函数

1. 在侧向扰动运动中导弹对副翼偏转角 $\Delta\delta_x$ 的传递函数

$$\left.\begin{aligned}
W_{\omega_x\delta_x}(s) &= \frac{b_{18}(s^3+P_1s^2+P_2s+P_3)}{G(s)}\\
W_{\omega_y\delta_x}(s) &= \frac{b_{18}(P_5s^2+P_6s+P_7)}{G(s)}\\
W_{\beta\delta_x}(s) &= \frac{b_{18}(E_1s^2+E_2s+E_3)}{G(s)}\\
W_{\gamma\delta_x}(s) &= \frac{b_{18}(s^2+E_4s+E_5)}{G(s)}
\end{aligned}\right\} \tag{3-169}$$

式中，参数 P,E 的表达式为

$$\left.\begin{aligned}
P_1 &= (b_{34}+a_{33})+b_{22}+b'_{24}(\alpha_0 b_{56}-b_{36}) \\
P_2 &= b_{22}(b_{34}+a_{33})-b'_{24}b_{35}b_{56}+b_{24}(\alpha_0 b_{56}-b_{36}) \\
P_3 &= -b_{22}b_{35}b_{56} \\
P_5 &= -b_{21}-\alpha_0 b'_{24} \\
P_6 &= -b_{21}(b_{34}+a_{33})+b'_{24}b_{35}-\alpha_0 b_{24} \\
P_7 &= b_{24}b_{35}
\end{aligned}\right\} \tag{3-170}$$

$$\left.\begin{aligned}
E_1 &= \alpha_0 \\
E_2 &= b_{21}b_{36}-b_{35}-\alpha_0(b_{21}b_{56}-b_{22}) \\
E_3 &= b_{35}(b_{21}b_{56}-b_{22}) \\
E_4 &= (b_{34}+a_{33})-(b_{21}b_{56}-b_{22})-b'_{24}b_{36} \\
E_5 &= -b_{24}b_3-(b_{21}b_{56}-b_{22})(b_{34}+a_{33})
\end{aligned}\right\} \tag{3-171}$$

2. 导弹侧向扰动运动中对方向舵偏转角 $\Delta\delta_y$ 的传递函数

$$\left.\begin{aligned}
W_{\omega_x\delta_y}(s) &= \frac{R_1 s^3+R_2 s^2+R_3 s+R_4}{G(s)} \\
W_{\omega_y\delta_y}(s) &= \frac{R_5 s^3+R_6 s^2+R_7 s+R_8}{G(s)} \\
W_{\beta\delta_y}(s) &= \frac{T_1 s^3+T_2 s^2+T_3 s+T_4}{G(s)} \\
W_{\gamma\delta_y}(s) &= \frac{T_5 s^2+T_6 s+T_7}{G(s)}
\end{aligned}\right\} \tag{3-172}$$

式中，参数 R,T 的表达式为

$$\left.\begin{aligned}
R_1 &= b_{17} \\
R_2 &= b_{17}[(b_{34}+a_{33})+b_{22}+b'_{24}(\alpha_0 b_{56}-b_{36})]+b_{12}(b'_{24}b_{37}-b_{27})-b_{37}b_{14} \\
R_3 &= b_{17}[b_{22}(b_{34}+a_{33})-b'_{24}b_{35}b_{56}+\alpha_0 b_{24}b_{56}-b_{24}b_{36}]+ \\
&\quad b_{12}[b_{24}b_{37}-b_{27}(b_{34}+a_{33})]+b_{14}[-b_{22}b_{37}-b_{27}(\alpha_0 b_{56}-b_{36})] \\
R_4 &= -b_{24}b_{35}b_{56}b_{17}-b_{27}b_{35}b_{56}b_{14} \\
R_5 &= b_{27}-b'_{24}b_{37} \\
R_6 &= b_{17}(-b_{21}-\alpha_0 b'_{24})+b_{27}(b_{34}+a_{33}b_{11})+b_{37}(-b_{24}-b'_{24}b_{11}) \\
R_7 &= b_{17}[-b_{21}(b_{34}+a_{33})+b'_{24}b_{35}-\alpha_0 b_{24}]+ \\
&\quad b_{27}[b_{11}(b_{34}+a_{33})+\alpha_0 b_{14}]+b_{37}(b'_{24}b_{14}-b_{24}b_{11}) \\
R_8 &= b_{35}(b_{24}b_{17}-b_{27}b_{14})
\end{aligned}\right\} \tag{3-173}$$

$$\left.\begin{aligned}
&T_1 = b_{37}\\
&T_2 = \alpha_0 b_{17} + b_{27}(\alpha_0 b_{56} - b_{36}) + b_{37}(b_{22} + b_{11})\\
&T_3 = b_{17}[b_{21}b_{36} - b_{35} - \alpha_0(b_{21}b_{56} - b_{22})] +\\
&\qquad b_{27}[-\alpha_0 b_{12} - b_{35}b_{56} + b_{11}(\alpha_0 b_{56} - b_{36})] + b_{27}(b_{22}b_{11} - b_{21}b_{12})\\
&T_4 = b_{17}b_{35}(b_{21}b_{56} - b_{22}) - b_{27}b_{35}(b_{56}b_{11} - b_{12})\\
&T_5 = b_{17} + b_{27}b_{56} - b'_{24}b_{37}\\
&T_6 = b_{17}[(b_{34} + a_{33}) - (b_{21}b_{56} - b_{22}) - b'_{24}b_{34}] + b_{27}[b_{56}(b_{34} + a_{33}) +\\
&\qquad (b_{56}b_{11} - b_{12})] + b_{37}[-b_{14} - b_{24}b_{56} - b'_{24}(b_{56}b_{11} - b_{12})]\\
&T_7 = b_{17}[-(b_{34} + a_{33})(b_{21}b_{56} - b_{22}) - b_{24}b_{36}] +\\
&\qquad b_{18}[(b_{34} + a_{33})(b_{56}b_{11} - b_{12}) + b_{36}b_{14}] +\\
&\qquad b_{37}[b_{14}(b_{21}b_{56} - b_{22}) - b_{24}(b_{56}b_{11} - b_{12})]
\end{aligned}\right\} \tag{3-174}$$

3. 导弹侧向扰动运动中对干扰力矩 ΔM_x 的传递函数

$$\left.\begin{aligned}
&W_{\omega_x M_x}(s) = \frac{1}{J_x b_{18}} W_{\omega_x \delta_x}(s)\\
&W_{\omega_y M_x}(s) = \frac{1}{J_x b_{18}} W_{\omega_y \delta_x}\\
&W_{\beta M_x}(s) = \frac{1}{J_x b_{18}} W_{\beta \delta_x}(s)\\
&W_{\gamma M_x}(s) = \frac{1}{J_x b_{18}} W_{\gamma \delta_x}(s)
\end{aligned}\right\} \tag{3-175}$$

4. 导弹侧向扰动运动中对干扰力矩 ΔM_y 的传递函数

$$\left.\begin{aligned}
&W_{\omega_x M_y}(s) = \frac{A_1^* s^2 + A_2^* s + A_3^*}{G(s)}\\
&W_{\omega_y M_y}(s) = \frac{B_1^* s^3 + B_2^* s^2 + B_3^* s + B_4^*}{G(s)}\\
&W_{\gamma M_y}(s) = \frac{D_1^* s^2 + D_2^* s + D_3^*}{G(s)}\\
&W_{\beta M_y}(s) = \frac{E_1^* s^2 + E_2^* s + E_3^*}{G(s)}
\end{aligned}\right\} \tag{3-176}$$

式中,参数 A^*,B^*,D^*,E^* 的表达式分别为

$$
\left.\begin{aligned}
A_1^* &= b_{12}\,\frac{1}{J_y}\\
A_2^* &= [b_{12}(b_{34}+a_{33})-b_{14}(\alpha_0 b_{56}+b_{36})]\,\frac{1}{J_y}\\
A_3^* &= -b_{35}b_{56}b_{14}\,\frac{1}{J_y}\\
B_1^* &= -\frac{1}{J_y}\\
B_2^* &= -(b_{34}+a_{33}+b_{11})\,\frac{1}{J_y}\\
B_3^* &= -[b_{11}(b_{34}+a_{33})-\alpha_0 b_{14}]\,\frac{1}{J_y}\\
B_4^* &= b_{14}b_{35}\,\frac{1}{J_y}\\
D_1^* &= (\alpha_0 b_{56}+b_{36})\,\frac{1}{J_y}\\
D_2^* &= -[\alpha_0 b_{12}-b_{35}b_{56}+b_{11}(-\alpha_0 b_{56}-b_{36})]\,\frac{1}{J_y}\\
D_3^* &= b_{35}(b_{56}b_{11}-b_{12})\,\frac{1}{J_y}\\
E_1^* &= -b_{56}\,\frac{1}{J_y}\\
E_2^* &= -[b_{56}(b_{34}+a_{33})+(b_{56}b_{11}-b_{12})]\,\frac{1}{J_y}\\
E_3^* &= -[(b_{34}+a_{33})(b_{56}b_{11}-b_{12})+b_{36}b_{14}]\,\frac{1}{J_y}
\end{aligned}\right\}\qquad(3-177)
$$

5. 对干扰力 ΔF_z 的传递函数

侧向运动参数 $\Delta\omega_x,\Delta\omega_y,\Delta\beta,\Delta\gamma$ 与侧向干扰力 ΔF_z 之间的传递函数 $W_{\omega_x F_z}(s),W_{\omega_y F_z}(s),W_{\beta F_z}(s),W_{\gamma F_z}(s)$ 分别为

$$
\left.\begin{aligned}
W_{\omega_x F_z}(s) &= \frac{A_1^{**}s^2+A_2^{**}s}{G(s)}\\
W_{\omega_y F_z}(s) &= \frac{B_1^{**}s^3+B_2^{**}s^2+B_3^{**}s}{G(s)}\\
W_{\beta F_z}(s) &= \frac{D_1^{**}s^3+D_2^{**}s^2+D_3^{**}s}{G(s)}\\
W_{\gamma F_z}(s) &= \frac{E_1^{**}s^3+E_2^{**}s^2+E_3^{**}s}{G(s)}
\end{aligned}\right\}\qquad(3-178)
$$

式中，A^{**}，B^{**}，D^{**}，E^{**} 的表达式分别为

$$\left.\begin{aligned}
A_1^{**} &= (b_{14} - b'_{24} b_{12}) \frac{1}{mV_0} \\
A_2^{**} &= (b_{22} b_{14} - b_{24} b_{12}) \frac{1}{mV_0} \\
B_1^{**} &= b'_{24} \frac{1}{mV_0} \\
B_2^{**} &= (b_{24} + b'_{24} b_{11}) \frac{1}{mV_0} \\
B_3^{**} &= -(b_{21} b_{14} - b_{24} b_{11}) \frac{1}{mV_0} \\
D_1^{**} &= -\frac{1}{mV_0} \\
D_2^{**} &= -(b_{22} + b_{11}) \frac{1}{mV_0} \\
D_3^{**} &= -(b_{22} b_{11} - b_{21} b_{12}) \frac{1}{mV_0} \\
E_1^{**} &= b'_{24} b_{56} \frac{1}{mV_0} \\
E_2^{**} &= [b_{14} + b_{24} b_{56} + b'_{24}(b_{56} b_{11} - b_{12})] \frac{1}{mV_0} \\
E_3^{**} &= -[b_{14}(b_{21} b_{56} - b_{22}) - b_{24}(b_{56} b_{11} - b_{12})] \frac{1}{mV_0}
\end{aligned}\right\} \tag{3-179}$$

如果在导弹上同时作用有方向舵偏角 $\Delta\delta_y$、副翼偏角 $\Delta\delta_x$、干扰力矩 ΔM_x 和 ΔM_y 及干扰力 ΔF_z,那么根据线性迭加原理可以求出侧向扰动运动参数 $\Delta\omega_x,\Delta\omega_y,\Delta\beta,\Delta\gamma$ 解的拉普拉斯表达式为

$$\begin{aligned}
\begin{bmatrix} \Delta\omega_x(s) \\ \Delta\omega_y(s) \\ \Delta\beta(s) \\ \Delta\gamma(s) \end{bmatrix} = &\begin{bmatrix} W_{\Delta\delta_y}^{\Delta\omega_x}(s) \\ W_{\Delta\delta_y}^{\Delta\omega_y}(s) \\ W_{\Delta\delta_y}^{\Delta\beta}(s) \\ W_{\Delta\delta_y}^{\Delta\gamma}(s) \end{bmatrix} \Delta\delta_y(s) + \begin{bmatrix} W_{\Delta\delta_x}^{\Delta\omega_x}(s) \\ W_{\Delta\delta_x}^{\Delta\omega_y}(s) \\ W_{\Delta\delta_x}^{\Delta\beta}(s) \\ W_{\Delta\delta_x}^{\Delta\gamma}(s) \end{bmatrix} \Delta\delta_x(s) + \\
&\begin{bmatrix} W_{\Delta M_x}^{\Delta\omega_x}(s) \\ W_{\Delta M_x}^{\Delta\omega_y}(s) \\ W_{\Delta M_x}^{\Delta\beta}(s) \\ W_{\Delta M_x}^{\Delta\gamma}(s) \end{bmatrix} \Delta M_x(s) + \begin{bmatrix} W_{\Delta M_y}^{\Delta\omega_x}(s) \\ W_{\Delta M_y}^{\Delta\omega_y}(s) \\ W_{\Delta M_y}^{\Delta\beta}(s) \\ W_{\Delta M_y}^{\Delta\gamma}(s) \end{bmatrix} \Delta M_y(s) + \begin{bmatrix} W_{\Delta F_z}^{\Delta\omega_x}(s) \\ W_{\Delta F_z}^{\Delta\omega_y}(s) \\ W_{\Delta F_z}^{\Delta\beta}(s) \\ W_{\Delta F_z}^{\Delta\gamma}(s) \end{bmatrix} \Delta F_z(s)
\end{aligned} \tag{3-180}$$

3.5　扰动运动的自动稳定与控制

3.5.1　纵向扰动运动的自动稳定与控制

导弹的有控飞行可以分为两种基本状态:即稳定系统作用下的自动稳定飞行和制导系统

作用下的导引飞行。稳定系统由导弹的姿态运动和自动驾驶仪组成，常称之为小回路，其组成原理如图 3－13 所示。

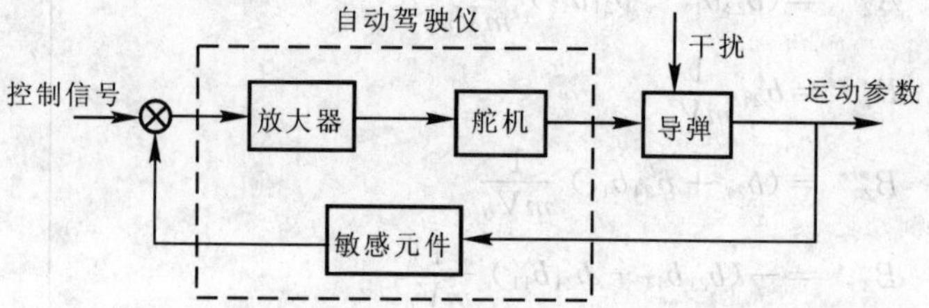

图 3－13　导弹的姿态运动和自动驾驶仪组成原理图

纵向自动驾驶仪是由敏感元件、放大器和舵机 3 个基本部分组成的。其中敏感元件包括测量俯仰角的陀螺、测量俯仰角速度的陀螺以及加速度、动压头和攻角的测量装置等。应该采用哪种测量装置，由导弹对稳定性和操纵性提出的要求来决定。

自动驾驶仪的敏感元件测量导弹的运动参数，如姿态角或姿态角速度、飞行高度及过载等。

舵机是电气机械装置，按照传送来的电信号大小，相应地转动导弹的操纵面。舵机执行传送来的电信号所出现的惯性，决定了自动驾驶仪的反应速度。

导弹的运动可分为俯仰、偏航和滚动 3 个通道，可用扰动运动方程组成相应的传递函数来表示。制导系统由导弹的导引装置和姿态稳定系统组成，常称为大回路，如图 3－14 所示的原理图，图中导引装置有主动和被动等多种形式，视具体导弹的制导体制而定。制导系统也可分为俯仰与偏航两个通道。考虑到导弹气动外形的对称性，这里仅讨论纵向运动问题，按照纵向扰动运动与侧向扰动运动的对称性，也就能够理解偏航通道理论。

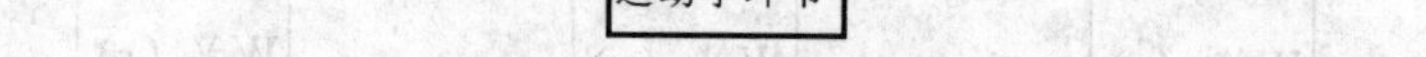

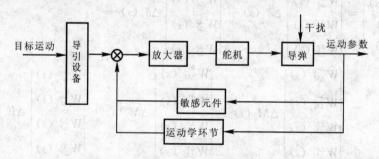

图 3－14　导弹的导引装置和姿态稳定系统组成原理图

作定高、定向飞行的导弹，要求对俯仰角 $\Delta\vartheta$ 或攻角 $\Delta\alpha$ 保持稳定。在程序信号控制下进行爬高或下滑飞行的导弹，或者是在水平面内按程序控制信号改变航向的导弹，为了提高飞行精度，也都是希望俯仰角或攻角不受干扰作用的影响。

纵向扰动运动中的干扰因素，主要是常值干扰力矩 M_{zd}。实践证明，分析纵向角运动采用短周期扰动运动方程可以得到满意的结果，在相似干扰力矩和升降舵偏转作用下的纵向短周期扰动运动方程组由式(3－74)可得

$$\begin{bmatrix}\Delta\dot{\omega}_z\\ \Delta\dot{\alpha}\\ \Delta\dot{\vartheta}\end{bmatrix}=\boldsymbol{A}\begin{bmatrix}\Delta\omega_z\\ \Delta\alpha\\ \Delta\vartheta\end{bmatrix}+\begin{bmatrix}-a_{25}+a'_{24}a_{35}\\ -a_{35}\\ 0\end{bmatrix}\Delta\delta_z+\begin{bmatrix}M_{zd}\\ 0\\ 0\end{bmatrix} \tag{3-181}$$

式中，方阵 $\boldsymbol{A}$ 由式(3-75) 表达。这里先分析弹体对干扰力矩 M_{zd} 的反应，这时自动驾驶仪不工作，升降舵偏角 $\Delta\delta_z=0$；然后再引进自动驾驶仪的动态方程作对比说明。

在 3.3 节已经得出结论，如果动力系数 $a_{24}+a_{22}a_{34}>0$，纵向角运动是稳定的。因此 M_{zd} 为常数时，导弹对它的反应也是稳定的。现在所关心的问题是稳定过程结束后，俯仰角或攻角有没有稳态误差。求稳态误差可用拉普拉斯变换的终值定律，式(3-181) 不考虑初始值，拉普拉斯变换后变成

$$\begin{bmatrix}s\Delta\omega_z(s)\\ s\Delta\alpha(s)\\ s\Delta\vartheta(s)\end{bmatrix}=\boldsymbol{A}\begin{bmatrix}\Delta\omega_z(s)\\ \Delta\alpha(s)\\ \Delta\vartheta(s)\end{bmatrix}+\begin{bmatrix}-a_{25}+a'_{24}a_{35}\\ -a_{35}\\ 0\end{bmatrix}\Delta\delta_z(s)+\begin{bmatrix}M_{zd}(s)\\ 0\\ 0\end{bmatrix} \tag{3-182}$$

取 M_{zd} 为常数，$\Delta\delta_z=0$，由终值定律并展开矩阵方程得到

$$\left.\begin{aligned}&(a'_{24}a_{34}+a'_{24}a_{33}-a_{24})\Delta\alpha_W-a'_{24}a_{33}\Delta\vartheta_W=-M_{zd}\\ &-(a_{34}+a_{33})\Delta\alpha_W+a_{33}\Delta\vartheta_W=0\end{aligned}\right\} \tag{3-183}$$

$\Delta\alpha_W$，$\Delta\vartheta_W$ 分别为攻角和俯仰角的稳态误差，其值由式(3-183) 可得

$$\left.\begin{aligned}\Delta\vartheta_W&=\frac{(a_{34}+a_{33})}{a_{24}a_{33}}M_{zd}\\ \Delta\alpha_W&=\frac{1}{a_{24}}M_{zd}\end{aligned}\right\} \tag{3-184}$$

所得结果表明：由攻角稳态误差形成的恢复力矩与干扰力矩相平衡时，过渡过程才能结束。但是，随后因出现了附加升力 $Y^{\alpha}\Delta\alpha$，将使导弹改变它的飞行轨迹，引起弹道倾角出现稳态误差，其值由式(3-184) 可得

$$\Delta\theta_W=\left(\frac{a_{34}+a_{33}}{a_{24}a_{33}}-\frac{1}{a_{24}}\right)M_{zd}=\frac{a_{34}}{a_{24}a_{33}}M_{zd} \tag{3-185}$$

因此在干扰力矩的作用下，在力矩保持平衡后，导弹不是爬升就是下滑，并不能保持飞行弹道的稳定性。特别是未扰动运动作水平飞行时，其情况尤为严重。因为重力动力系数 $a_{33}=-\dfrac{g}{V_0}\sin\theta$，若基准运动为水平状态，则 $a_{33}=0$，这就使 $\Delta\vartheta_W$ 和 $\Delta\theta_W$ 的数值变得很大。实际上这时候在常值干扰力矩 M_{zd} 的作用下，只能使俯仰角速度和弹道倾角速度保持稳态。证明如下：因 $a_{33}=0$，方阵 $\boldsymbol{A}$ 简化成 $\boldsymbol{A}'$，即

$$\boldsymbol{A}'=\begin{bmatrix}-(a_{22}+a'_{24}) & (a'_{24}a_{34}-a_{24}) & 0\\ 0 & -a_{34} & 0\\ 1 & 0 & 0\end{bmatrix} \tag{3-186}$$

将矩阵 $\boldsymbol{A}'$ 代替式(3-182) 的矩阵 $\boldsymbol{A}$，因像函数 $s\vartheta(s)$ 可以单独求解，且与第一、第二行无关，于是将矩阵方程展开后，由终值定律可得

$$\left.\begin{aligned}&-(a_{22}+a'_{24})\Delta\omega_{zW}+(a'_{24}a_{34}-a_{24})\Delta\alpha_W=-M_{zd}\\ &\Delta\omega_{zW}-a_{34}\Delta\alpha_W=0\end{aligned}\right\} \tag{3-187}$$

因为 $\Delta\dot{\vartheta}_W=\Delta\omega_{zW}$，所以由式(3-187) 求得

$$\left.\begin{aligned}\Delta\dot{\vartheta}_W &= \frac{a_{34}}{a_{24}+a_{22}a_{34}}M_{zd}\\ \Delta\alpha_W &= \frac{1}{a_{24}+a_{22}a_{34}}M_{zd}\\ \Delta\dot{\theta}_W &= \Delta\dot{\vartheta}_W\end{aligned}\right\} \tag{3-188}$$

可见，导弹作水平飞行时，受到干扰力矩作用的结果，弹体的纵轴最后要定态转动，由此产生气动阻尼力矩 $M_z^{\omega_z}\Delta\dot{\vartheta}_W$ 与恢复力矩 $M_z^{\alpha}\Delta\alpha_W$ 一起来抵消干扰力矩，同时因为 $\Delta\dot{\theta}_W = a_{34}\Delta\alpha_W$，导弹将离开水平弹道而沿曲线飞行。

上述分析说明，由于干扰作用是不可避免的，如不转动升降舵来克服它所产生的影响，又无别的抑制干扰影响的措施，其后果是相当严重的。

对于无人驾驶的飞行器，要转动升降舵必须安装纵向自动驾驶仪。为了达到使俯仰角和弹道倾角保持稳定的目的，自动驾驶仪动态方程的最简单形式应该为

$$\Delta\delta_z = K_\vartheta\Delta\vartheta \tag{3-189}$$

式中，K_ϑ 为自动驾驶仪对俯仰角的传递系数，或称角传动比。这时当导弹出现俯仰角的偏量时，因升降舵也与 $\Delta\vartheta$ 成比例偏转，从而产生了操纵力矩，即

$$M_z^{\delta_z}\Delta\delta_z = -J_z a_{25}K_\vartheta\Delta\vartheta \tag{3-190}$$

当 $\Delta\vartheta$ 为正时，操纵力矩 $M_z^{\delta_z}\Delta\delta_z$ 为负，这就抑制了俯仰角的继续增加，并使导弹的纵轴恢复到原来的位置。这个作用类似于恢复力矩的效果，因而认为传递系数 K_ϑ 相当于补偿了导弹的"静稳定性"。当然，操纵动力系数 a_{25} 在这种意义上讲，也起着同样的作用。需要进一步研究的问题是纵向自动稳定时，对自动驾驶仪传递系数 K_ϑ 有何要求，引入驾驶仪后又可否减小干扰作用产生的影响。

3.5.2 俯仰角的自动稳定

考虑了调节规律式(3-189)，导弹在自动驾驶仪工作下的纵向短周期扰动运动应由式(3-181)和式(3-189)联立表示，将式(3-189)代入式(3-181)，求得矩阵形式的运动方程为

$$\begin{bmatrix}\Delta\dot{\omega}_z\\ \Delta\dot{\alpha}\\ \Delta\dot{\vartheta}\end{bmatrix} = \boldsymbol{A}''\begin{bmatrix}\Delta\omega_z\\ \Delta\alpha\\ \Delta\vartheta\end{bmatrix} + \begin{bmatrix}M_{zd}\\ 0\\ 0\end{bmatrix} \tag{3-191}$$

方阵 $\boldsymbol{A}''$ 为

$$\boldsymbol{A}'' = \begin{bmatrix}-(a_{22}+a'_{24}) & (a'_{24}a_{34}+a_{22}a_{33}-a_{24}) & -a'_{24}a_{33}-a_{25}K_\vartheta+a'_{24}a_{35}K_\vartheta\\ 0 & -(a_{34}+a_{33}) & a_{33}-a_{35}K_\vartheta\\ 1 & 0 & 0\end{bmatrix} \tag{3-192}$$

与此对应的俯仰角自动稳定的特征方程为

$$\begin{aligned}|s\boldsymbol{I}-\boldsymbol{A}''| = {} & s^3+(a_{22}+a_{34}+a_{33}+a'_{24})s^2+\\ & (a_{24}+a_{22}a_{34}+a_{22}a_{33}+a'_{24}a_{33}+a_{25}K_\vartheta-a'_{24}a_{35}K_\vartheta)s+\\ & a_{24}a_{33}+a_{25}(a_{33}+a_{34})K_\vartheta-a_{24}a_{35}K_\vartheta=0\end{aligned} \tag{3-193}$$

如果可以略去动力系数 a_{33}，式(3-193)变成

$$s^3+(a_{22}+a_{34}+a'_{24})s^2+(a_{24}+a_{22}a_{34}+a_{25}K_\vartheta-a'_{24}a_{35}K_\vartheta)s+ a_{25}a_{34}K_\vartheta-a_{24}a_{35}K_\vartheta=0 \tag{3-194}$$

式(3-194)与弹体本身的特征方程 $|s\boldsymbol{I}-\boldsymbol{A}|=0$ 相比较，因放大系数 K_ϑ 的存在，特征方程已没有了零根。为保证运动具有稳定性，要求特征方程的 3 个根均为负值，按照古尔维茨准则，除要求特征方程式(3-194)的系数都是正值外，还必须满足稳定的充分条件，即

$$(a_{24}+a_{22}a_{34}+a_{22}a_{33}+a'_{24}a_{33}+a_{25}K_\vartheta-a'_{24}a_{35}K_\vartheta)(a_{22}+a_{34}+a_{33}+a'_{24})-(a_{24}a_{33}+a_{25}a_{33}K_\vartheta+a_{25}a_{34}K_\vartheta-a_{24}a_{35}K_\vartheta)>0 \tag{3-195}$$

这个不等式存在的条件，是自动驾驶仪的传递系数应满足：

$$K_\vartheta>\frac{(a_{24}+a_{22}a_{34}+a_{22}a_{33}+a'_{24}a_{33})(a_{22}+a_{34}+a_{33}+a'_{24})-a_{24}a_{33}}{(a_{25}-a'_{24}a_{35})(a_{22}+a_{34}+a_{33}+a'_{24})+a_{24}a_{35}-a'_{24}a_{34}a_{35}-a_{25}a_{33}} \tag{3-196}$$

因为式(3-196)右端为负值，只要传递系数 $K_\vartheta>0$，式(3-196)总是成立的，导弹的纵向运动就能够自动稳定。除要求传递系数 K_ϑ 为正值外，为了加快升降舵的偏转，更有效地抑制俯仰角的偏离，还希望传递系数 K_ϑ 大一点。但是 K_ϑ 值也不能太大，太大了会使导弹的反应过于剧烈，并容易使升降舵总是处于极限位置，这样就不可能再继续依靠偏转升降舵来操纵导弹的飞行。因此确定传递系数 K_ϑ，除保证导弹具有稳定性外，还要考虑操纵性和动态品质对它的要求。

相比之下，如果动力系数 a_{33} 和 a_{35} 都可以略去，式(3-196)就可以变成

$$\frac{K_\vartheta a_{25}(a_{22}+a'_{24})}{a_{22}+a_{34}+a'_{24}}+a_{22}a_{34}>-a_{24} \tag{3-197}$$

式(3-197)与没有自动驾驶仪的动态稳定条件 $a_{22}a_{34}>-a_{24}$ 相比较，因为 $K_\vartheta a_{25}(a_{22}+a'_{24})/(a_{22}+a'_{24}+a_{34})$ 是正值，因此可以允许 a_{24} 为负数的绝对值增大，即允许导弹可以有更大的静不稳定性。但是这样讲，不等于在设计导弹时只要采用式(3-189)调节规律，就可以不考虑导弹的静稳定性，因为动力系数 a_{24} 同时决定着弹体的传递系数 K_α、时间常数 T_α 和相对阻尼系数 ξ_α 以及自振频率等等，而这些参数不仅影响着稳定性，还决定着导弹整个纵向运动的动态品质。如果只从稳定性角度看，导弹当然可以是静不稳定的。

还应该指出的是，式(3-197)是俯仰角稳定的条件，而弹体动态稳定条件 $a_{24}>-a_{22}a_{34}$ 是指俯仰角速度的稳定。对俯仰角而言，因只要存在着 $\Delta\dot{\vartheta}$，俯仰角就按积分方式 $\Delta\vartheta=\int\Delta\dot{\vartheta}\mathrm{d}t$ 随时间而变化。

再来分析一下引入自动驾驶仪后常值干扰力矩 M_{zd} 产生的影响。这时导弹在 M_{zd} 作用下绕重心转动，升降舵将随俯仰角一起偏转，当操纵力矩调节到等于干扰力矩时，如果俯仰角速度为零，过渡过程就可结束。我们所关心的问题是，这时候是否还存在着稳态误差？从力学观点看，为了使弹体保持力矩静态平衡，升降舵应有一个固定偏角。从调节规律看，因为 $\Delta\delta_z=K_\vartheta\Delta\vartheta$，所以，俯仰角这时存在着稳态误差，其值可由式(3-191)导出。式(3-191)经拉普拉斯变换后由终值定律可得

$$\left.\begin{aligned}&(a'_{24}a_{34}+a_{22}a_{33}-a_{24})\Delta\alpha_W+(-a'_{24}a_{33}-a_{25}K_\vartheta+a'_{24}a_{35}K_\vartheta)\Delta\vartheta_W=-M_{zd}\\&-(a_{34}+a_{33})\Delta\alpha_W+(a_{33}-a_{35}K_\vartheta)\Delta\vartheta_W=0\end{aligned}\right\} \tag{3-198}$$

解此方程组可得

$$\left.\begin{aligned}\Delta\vartheta_W&=\frac{a_{34}+a_{33}}{K_\vartheta[a_{24}(a_{34}+a_{33})-a_{24}a_{35}]+a_{24}a_{33}}M_{zd}\\\Delta\alpha_W&=\frac{a_{33}-a_{35}K_\vartheta}{K_\vartheta[a_{25}(a_{34}+a_{33})-a_{24}a_{35}]+a_{24}a_{33}}M_{zd}\\\Delta\delta_{zW}&=K_\vartheta\Delta\vartheta_W=\frac{K_\vartheta(a_{34}+a_{33})}{K_\vartheta[a_{25}(a_{34}+a_{33})-a_{24}a_{35}]+a_{24}a_{33}}M_{zd}\\\Delta\theta_W&=\Delta\vartheta_W-\Delta\alpha_W=\frac{a_{34}+a_{35}K_\vartheta}{K_\vartheta[a_{25}(a_{34}+a_{33})-a_{24}a_{35}]+a_{24}a_{33}}M_{zd}\end{aligned}\right\}\qquad(3-199)$$

攻角也有稳态误差，是因为舵偏角 $\Delta\delta_{zW}$ 产生了升力 $Y^{\delta_z}\Delta\delta_{zW}$ 和重力的法向分量发生了变化；为了在稳态飞行时使法向力处于平衡状态，就必须在过渡过程中调整攻角，以致最后形成了攻角稳态误差 $\Delta\alpha_W$。由于 $\Delta\alpha_W$ 的存在，实际上过渡过程结束后在导弹上除了操纵力矩和干扰力矩外，还有恢复力矩，其力矩平衡状态应为

$$M_{zd}+M_z^{\delta_z}K_\vartheta\Delta\vartheta_W+M_z^\alpha\Delta\alpha_W=0\qquad(3-200)$$

例如，某导弹飞行时间 $t=5$ s时，基准状态近似水平飞行，$\Delta\theta_0=9.19°$，依靠弹体本身的自然稳定性，在常值干扰 M_{zd} 作用下，出现稳态误差 $\Delta\vartheta_W=0.035\,6M_{zd}$，$\Delta\alpha_W=0.057\,2M_{zd}$。自动驾驶仪工作后，取升降舵调节规律为 $\Delta\delta_z=K_\vartheta\Delta\vartheta$，按式(3－199)计算稳态误差，则有 $\Delta\vartheta_W=0.005\,88M_{zd}$，$\Delta\alpha_W=-0.004\,16M_{zd}$，$\Delta\delta_{zW}=0.035\,2M_{zd}$。比较两种计算结果，发现转动升降舵后，可以大大减小由 M_{zd} 产生的角度稳态误差。因此设计舵偏角时，应该留有一定的余量，以便抵消干扰力矩的作用，而保证基准运动不受干扰作用的影响。

升降舵偏转后，要进一步消除稳态误差，就要在调节规律中引入俯仰角积分信号，或者采用位移测量装置通过控制信号对弹道进行修正。例如采用高度传感器就可自动消除由 $\Delta\theta_W$ 产生的高度偏差。

3.5.3 俯仰角的自动控制

在纵向运动中自动驾驶仪除保证飞行稳定性外，更主要的作用是执行控制信号操纵导弹飞行。

假设操纵导弹飞行所需的控制信号为 u_ϑ，它在控制系统中是电流或电压等的物理量，在这里代表一定的角度。如果操纵要求是改变导弹的俯仰角，那么控制信号 u_ϑ 就代表所需的俯仰角数值。

因为任何控制信号要对导弹的飞行发生作用，都是通过舵面偏转来实现的，因此对于那些既起稳定作用又起控制作用的自动驾驶仪，它的动态方程就包含了这两方面的因素。所以，升降舵调节规律应为

$$\Delta\delta_z=K_\vartheta\Delta\vartheta-K_\vartheta u_\vartheta/K_{\mathrm T}\qquad(3-201)$$

由式(3－201)可见，信号 $K_\vartheta\Delta\vartheta$ 与 $K_\vartheta u_\vartheta$ 的极性相反，其原因可作下述解释。

对于正常式导弹来讲，如果控制信号 u_ϑ 与所要求的俯仰角值 $\Delta\vartheta^*$ 对应，当 $\Delta\vartheta<\Delta\vartheta^*$ 时，这时升降舵偏角为负值，从而产生正的俯仰操纵力矩，使导弹作抬头俯仰转动，从而使得俯仰角 $\Delta\vartheta$ 增加，达到 $\Delta\vartheta=\Delta\vartheta^*$ 的目的。反之，当 $\Delta\vartheta>\Delta\vartheta^*$ 时，这时升降舵偏角为正值，从而产生负的俯仰操纵力矩，使导弹作低头俯仰转动，从而使得俯仰角 $\Delta\vartheta$ 减小，达到 $\Delta\vartheta=\Delta\vartheta^*$ 的目的。

如果忽略自动驾驶仪的惯性，把其所有环节都视为理想环节，考虑到升降舵调节规律式(3-201)，可组成纵向角运动的闭环回路(见图 3-15)，在图 3-15 中，因为控制信号 u_ϑ 为正，俯仰角 $\Delta\vartheta$ 为负，所以闭环回路是负反馈信号。

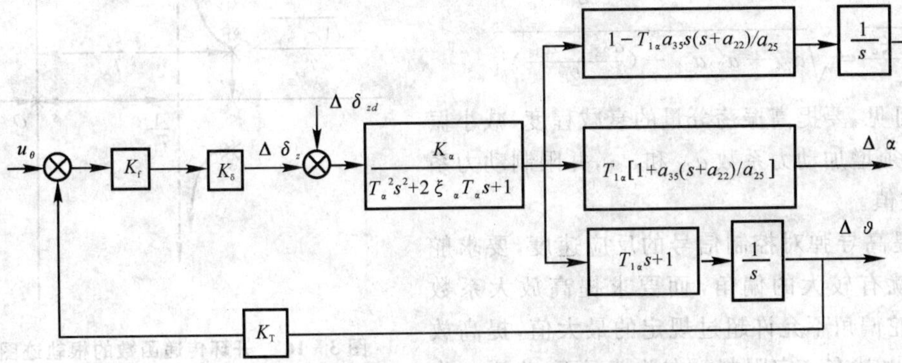

图 3-15　纵向角运动的闭环回路图

K_T，K_f 和 K_δ 分别为角度陀螺、放大器和舵机系统的传递系数，而 $K_\vartheta=K_T K_f K_\delta$。$\Delta\delta_{zd}$ 为等效干扰舵偏角。

不难看出，导弹舵面偏角包含两个分量：一个分量是为了传递控制信号，有目的地改变导弹的飞行；另一个分量是为了克服干扰作用，使导弹不受其影响而保持原有的飞行状态。换句话说，一部分舵偏角起操纵作用，这是主要的；而另一部分舵偏角则起稳定作用。下面只讨论在控制信号 u_ϑ 作用下导弹的纵向运动。

按自动调节理论，这时导弹纵向运动参数应作为闭环系统输出量来对待，它们的动态特性可用系统开环传递函数来说明。例如可以采用根轨迹法进行分析。

以俯仰角 $\Delta\vartheta$ 为输出量，系统的开环传递函数为

$$W(s)=\frac{K_\vartheta K_\alpha(T_{1\alpha}s+1)}{s[T_\alpha^2 s^2+2\xi_\alpha T_\alpha s+1]} \tag{3-202}$$

开环系统的极点仍然是导弹短周期扰动运动的特征值，即

$$s_0=0,\qquad s_{1,2}=-\frac{\xi_\alpha}{T_\alpha}\pm \mathrm{j}\frac{\sqrt{1-\xi_\alpha^2}}{T_\alpha}$$

而零点是

$$s_3=-\frac{1}{T_{1\alpha}}$$

当阻尼系数 $\xi_\alpha<1$ 时，对应于上文开环传递函数的根轨迹如图 3-16 所示。

从根轨迹来看，再一次证明了只要放大系数$K_\vartheta>0$，导弹的纵向角运动一定是稳定的。

为了提高动态品质，应该选取比较大的放大系数 $K_\vartheta K_\alpha$，使等于零的闭环极点 s_0 向零点 $-\frac{1}{T_{1\alpha}}$ 靠近，否则系统的一个小实根将对控制过程起主要作用，动态反应的时间将会很长。

如果能够增大导弹的相对阻尼系数ξ_α，就可以使从两个极点出发的根轨迹向左移动，而增大振荡分量的衰减程度。ξ_α 增加了，因为减小了复根 $s_{1,2}$ 的虚部，还可以降低振荡频率。这样就可以选取较大的放大系数 $K_\vartheta K_\alpha$，使根 $s_{1,2}$ 向零点靠近，而不至于因为提高了复根的虚部而

加大导弹的振荡频率。如果不计下洗动力系数，可得

$$\frac{\xi_\alpha}{T_\alpha}=\frac{a_{22}+a_{34}}{2}$$

$$\frac{\sqrt{1-\xi_\alpha^2}}{T_\alpha}=\sqrt{a_{24}+a_{22}a_{34}-(\frac{a_{22}+a_{34}}{2})^2}$$

由此可见，要提高振荡分量的衰减程度，减小振荡频率，必须增加动力系数 a_{22} 和 a_{34}，并限制动力系数 a_{24} 的数值。

为了提高导弹对控制信号的反应速度，要求舵面一开始就有较大的偏角，而要求提高放大系数 K_ϑ。但因舵偏角不允许超过规定的最大值，提高放大系数 K_ϑ 也就有一定限制。在此情况下，为进一步提高导弹的反应能力，必须增大导弹的传递系数 K_α。由于

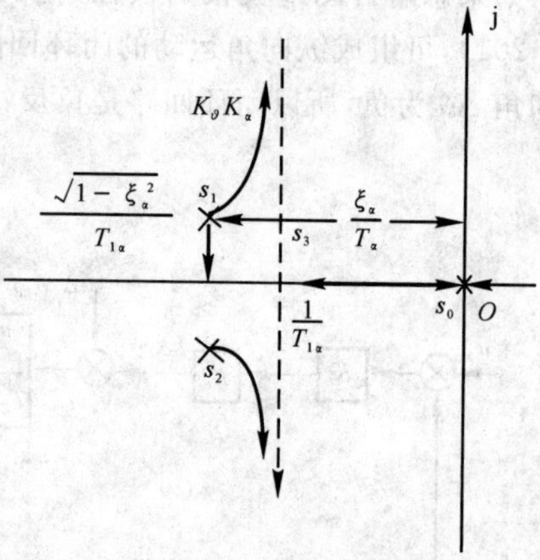

图 3-16　开环传递函数的根轨迹图

$$K_\alpha=\frac{a_{25}a_{34}-a_{24}a_{35}}{a_{24}+a_{22}a_{34}}$$

这就要求增大动力系数 a_{25}，并同样希望降低动力系数 a_{24}。总而言之，提高了导弹作为开环状态的动态特性，考虑了自动驾驶仪后，导弹在闭环状态下飞行也就可以同样获得比较好的动态品质。

根据上述原则选择了导弹和自动驾驶仪的有关参数，控制信号为阶跃函数时比较理想的过渡过程如图 3-17 所示。

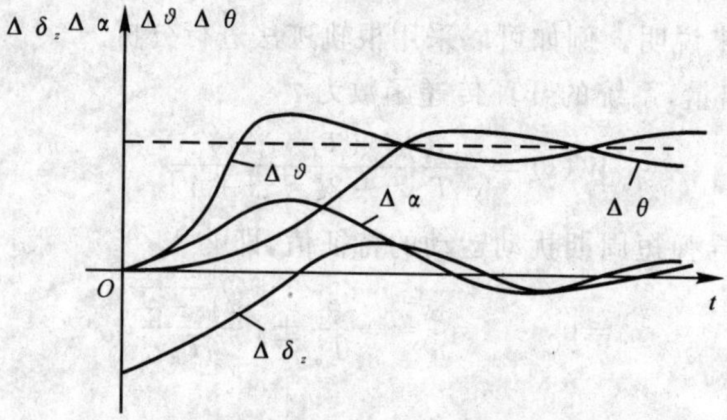

图 3-17　控制信号为阶跃函数时比较理想的过渡过程

由图3-17可见：过渡过程开始时，升降舵偏角与控制信号成正比，导弹在操纵力矩作用下俯仰角发生变化，接着出现攻角的变化。由攻角产生升力后，才能引起速度方向发生改变，所以弹道倾角的变化滞后于俯仰角，这是动态反应开始阶段的现象。

随着俯仰角的增大，通向驾驶仪的负反馈信号也加大，因此舵偏角逐渐减小。因为操纵力矩随着舵面的回收而减小，攻角产生的恢复力矩又要阻止弹体纵轴偏转，由此两个力矩共同作用的结果，使俯仰角随后只能慢慢地达到新的给定值。与此同时，由于弹道倾角不断地加大，攻角也就渐渐地减小到零。

当攻角和舵偏角又重新为零时，在弹体上也不再有不平衡的力和力矩的作用，过渡过程就告结束。

所说情况与导弹作为开环飞行的状态是完全不相同的，因为自动驾驶仪发挥作用后，舵面不再阶跃偏转，而是由控制信号和俯仰角反馈信号之差来决定舵偏角的大小，其差为零时舵偏角也就回收到原来的位置。

为了求出运动参数的过渡函数和稳态值，必须首先推导出它们对于控制信号 u_ϑ 的闭环传递函数。由纵向闭环回路（见图 3-15）可得导弹作为操纵对象的闭环传递函数为

$$\Phi_{\vartheta u_\vartheta}(s)=\frac{K_f K_\delta K_\alpha(T_{1\alpha}s+1)}{T_\alpha^2 s^3+2\xi_\alpha T_\alpha s^2+(K_\vartheta K_\alpha T_{1\alpha}+1)s+K_\vartheta K_\alpha} \tag{3-203}$$

$$\Phi_{\alpha u_\vartheta}(s)=\frac{K_f K_\delta K_\alpha T_{1\alpha}\left[1+\dfrac{a_{35}}{a_{25}}(s+a_{22})\right]s}{T_\alpha^2 s^3+2\xi_\alpha T_\alpha s^2+(K_\vartheta K_\alpha T_{1\alpha}+1)s+K_\vartheta K_\alpha} \tag{3-204}$$

舵面偏角 $\Delta\delta_z$ 这时候不仅是弹体的输入量，也是自动驾驶仪的输出量，应视为被调节参量，它对控制信号 u_ϑ 的闭环传递函数为

$$\Phi_{\delta_z u_\vartheta}(s)=\frac{K_f K_\delta(T_\alpha^2 s^2+2\xi_d T_d s+1)s}{T_\alpha^2 s^3+2\xi_\alpha T_\alpha s^2+(K_\vartheta K_\alpha T_{1\alpha}+1)s+K_\vartheta K_\alpha} \tag{3-205}$$

控制信号 u_ϑ 为常数，过渡过程结束后，按终值定律由闭环传递函数得到角运动参数的稳态值为

$$\Delta\vartheta_W=\Delta\theta_W=\frac{1}{K_T}u_\vartheta,\qquad \Delta\alpha_W=\Delta\delta_{zW}=0 \tag{3-206}$$

在常值控制信号 u_ϑ 的作用下，导弹飞行方向改变 $\Delta\theta_W=\dfrac{1}{K_T}u_\vartheta$ 值。

应该补充说明一点，纵向稳定回路采用角度陀螺（垂直陀螺），对于那些机动性要求比较高的导弹是不合适的，因为这些导弹希望在控制信号的作用下，经过动态响应产生比较大的过载偏量稳态值，即

$$\Delta n_{yW}=\frac{V}{g}\Delta\dot{\theta}_W$$

根据以上推论，图 3-15 表示采用角度陀螺形成闭环回路，只能得到弹道倾角的稳态值 $\Delta\theta_W$，而 $\Delta\dot{\theta}_W=0$，因此控制信号作用的结果得不到法向过载的增量。所以对于机动性要求比较高的导弹，不采用俯仰角作为闭环的反馈信号，而是将俯仰角速度作为闭环反馈信号，相应地使用微分和积分陀螺作为敏感元件。

3.5.4　引用俯仰角速度信号的作用

升降舵的变化规律为 $\Delta\delta_z=K_\vartheta\Delta\vartheta$，如果导弹的相对阻尼系数 ξ_α 很小，而时间常数 T_α 又很大，动态过程将衰减得很慢，其品质不理想。例如，某一个地对舰导弹 ξ_α 为0.264 3～0.320 8，而 T_α 为 0.145 2～0.240 2 s，如果升降舵只随俯仰角变化，过渡过程将十分缓慢，动态品质很不好。

在这种情况下为了增大导弹的“阻尼”作用，在调节规律中引入俯仰角速度 $\Delta\dot{\vartheta}$ 的信号是必要的。

为了按导弹俯仰角速度 $\Delta\dot{\vartheta}$ 的大小成比例地转动升降舵，自动驾驶仪采用能测量角速度的二自由度陀螺仪。于是，调节规律为

$$\Delta\delta_z = K_f K_\delta (K_T \Delta\vartheta + K_{\dot{T}} \Delta\dot{\vartheta}) - K_f K_\delta u_{\dot{\vartheta}} \tag{3-207}$$

式中，$K_{\dot{T}}$ 为二自由度陀螺的放大系数。由此调节规律，联系导弹传递函数可以组成纵向稳定回路结构图（见图 3-18），图中 $u_{\dot{\vartheta}}$ 代表规定的弹道倾角角速度。

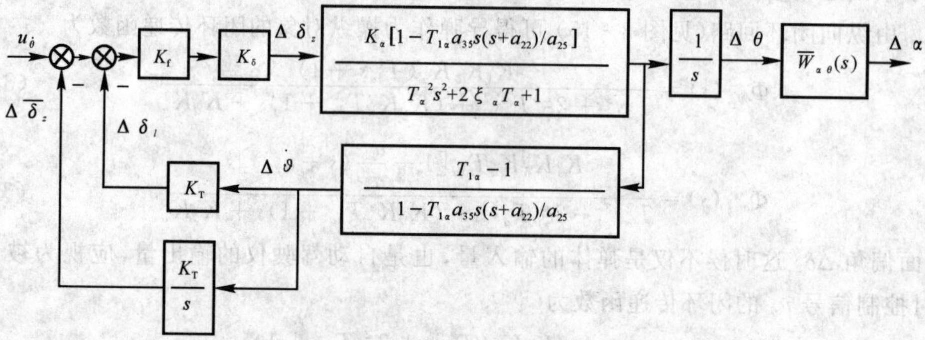

图 3-18　调节规律与导弹传递函数组成的纵向稳定回路结构图

按照动力学观点，导弹纵轴偏转时，应是先具有俯仰角速度 $\Delta\dot{\vartheta}$，然后才有俯仰角 $\Delta\vartheta$ 的偏离。在调节规律中引进了俯仰角速度 $\Delta\dot{\vartheta}$ 信号，就可以在俯仰角偏离之前转动舵面，使舵面偏转超前俯仰角的变化。

自动驾驶仪按俯仰角速度 $\Delta\dot{\vartheta}$ 的大小偏转升降舵后，在导弹上就产生了与角速度 $\Delta\dot{\vartheta}$ 方向相反的操纵力矩 $M_z^{\delta_z} K_{\dot{\vartheta}} \Delta\dot{\vartheta}$，这个力矩与气动阻尼力矩方向相同，因此它的作用就类似地起到了阻尼力矩的作用，好似导弹的气动阻尼得到了补偿。所以放大系数 $K_{\dot{T}}$ 的存在，增大了导弹的"气动阻尼"，因而二自由度陀螺又称阻尼陀螺。

在动态特性分析中确定放大系数 $K_{\dot{T}}$ 的数值，可以首先分析传递俯仰角微分信号的支回路，使其动态性质比较理想。为此由图 3-18 先求出这个支回路的闭环传递函数 $\Phi_{\dot{\vartheta}\delta_1}(s)$，有

$$\Phi_{\dot{\vartheta}\delta_1}(s) = \frac{K_f K_\delta K_\alpha (T_{1\alpha}s+1)}{T_\alpha^2 s^2 + (2\xi_\alpha T_\alpha + K_f K_\delta K_{\dot{T}} K_\alpha T_{1\alpha})s + K_f K_\delta K_{\dot{T}} K_\alpha + 1} \tag{3-208}$$

这个闭环传递函数同样是一个二阶环节，但与弹体传递函数 $W_{\dot{\vartheta}\delta_z(s)}$ 相比较，$(2\xi_\alpha T_\alpha + K_f K_\delta K_{\dot{T}} K_\alpha T_{1\alpha}) > 2\xi_\alpha T_\alpha$，这就相当于增大了动态过程的阻尼。令

$$K_{\dot{\vartheta}} = K_f K_\delta K_{\dot{T}}$$

$$K_V = \frac{K_f K_\delta K_\alpha}{K_{\dot{\vartheta}} K_\alpha + 1}$$

$$T_V = \frac{T_\alpha}{\sqrt{K_{\dot{\vartheta}} K_\alpha + 1}}$$

$$\xi_V = \frac{2\xi_\alpha T_\alpha + K_{\dot{\vartheta}} K_\alpha T_{1\alpha}}{2T_\alpha \sqrt{K_{\dot{\vartheta}} K_\alpha + 1}}$$

$K_{\dot{\vartheta}}$ 称角速度传动比（或放大系数）。于是，式(3-208) 可以变成

$$\Phi_{\dot{\vartheta}\delta_1}(s) = \frac{K_V (T_{1\alpha}s+1)}{T_V^2 s^2 + 2\xi_V T_V s + 1}$$

可见,当

$$\xi_V=\frac{2\xi_\alpha T_\alpha+K_{\dot\vartheta}K_\alpha T_{1\alpha}}{2T_\alpha\sqrt{K_{\dot\vartheta}K_\alpha+1}} \tag{3-209}$$

为$\sqrt{2}/2$时,传递微分信号 $\Delta\dot\vartheta$ 的支路就具有最好的阻尼特性。将弹体传递参数与动力系数的关系表达式代入式(3-209)中,并使 ξ_V 等于$\sqrt{2}/2$,经整理后可得

$$K_{\dot\vartheta}=\frac{1}{a_{25}}\left[\sqrt{2\left(a_{24}+\frac{a_{22}a_{24}a_{35}}{a_{25}}+\frac{a'_{24}a_{24}a_{35}}{a_{25}}-a'_{24}a_{34}\right)+\left(\frac{a_{24}a_{35}}{a_{25}}\right)^2-a_{34}^2}-\left(a_{22}+a'_{24}+\frac{a_{24}a_{35}}{a_{25}}\right)\right] \tag{3-210}$$

不计动力系数 a_{35},式(3-210)可以简化成

$$K_{\dot\vartheta}=\frac{1}{a_{25}}\left[\sqrt{2(a_{24}-a'_{24}a_{34})-a_{34}^2}-(a_{22}+a'_{24})\right] \tag{3-211}$$

式(3-211)明确表示:当导弹的气动阻尼很小,而静稳定性又很大时,为了增大导弹的"阻尼",传递俯仰角速度的传动比 $K_{\dot\vartheta}$ 就要增加。因为增大导弹的"阻尼"是依靠操纵力矩的作用,操纵动力系数 a_{25} 比较小时,为了保持操纵力矩不变,在同样角速度 $\Delta\dot\vartheta$ 下就要增大舵偏角,这就要求提高放大系数 $K_{\dot\vartheta}$。

3.5.5　自动驾驶仪惯性对纵向扰动运动的影响

1. 自动驾驶仪具有惯性的调节规律

上面讨论过的典型调节规律,没有考虑自动驾驶仪元件的惯性、非线性和无灵敏区等因素。这种近似处理方法,只适合于初步研究弹体气动外形设计、部位安排以及回路设计的情况。

根据自动驾驶仪的结构组成,它的工作惯性主要是舵机系统的惯性。由于这种惯性比导弹动态响应的惯性小得多,将它用一个惯性环节来表示,就能讨论自动驾驶仪惯性对纵向扰动运动的影响。因此,这时自动驾驶仪的传递函数可以写成

$$W_{\dot\vartheta\delta}(s)=\frac{K_f K_\delta K_{\dot T}}{s(T_\delta s+1)} \tag{3-212}$$

或写成调节规律的形式为

$$(T_\delta s+1)\Delta\delta_z=\frac{1}{s}K_f K_\delta K_{\dot T}\Delta\dot\vartheta \tag{3-213}$$

式中,T_δ 是舵机系统的时间常数,它的出现表明自动驾驶仪存在着惯性。

在此调节规律中若同时引入俯仰角二次微分信号 $\Delta\ddot\vartheta$,则有

$$(T_\delta s+1)\Delta\delta_z=\frac{1}{s}K_f K_\delta(K_{\dot T}\Delta\dot\vartheta+K_{\ddot T}\Delta\ddot\vartheta)=\frac{1}{s}K_{\dot\vartheta}(K_1 s+1)\Delta\dot\vartheta \tag{3-214}$$

式中,$K_1=K_{\ddot T}/K_{\dot T}$,$K_{\ddot T}$ 是测量 $\Delta\ddot\vartheta$ 信号的敏感元件传动比。

2. 调节规律具有时间常数的纵向运动

现以式(3-214)调节规律为例,用频域法分析导弹的纵向运动。

由调节规律式(3-214)与弹体开环传递函数可以组成如图 3-19 所示的回路结构图。为简化起见,图中略去了动力系数 a_{35}。

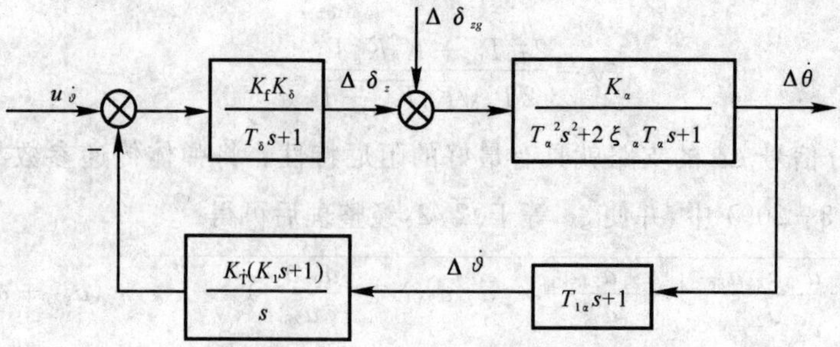

图 3-19　回路结构图

按图 3-19 分析导弹的纵向运动，因系数阶次比较高，都是广泛应用对数频域法。

先求导弹的对数频率特性。由图 3-19 中传递函数可得其幅频特性为

$$A_d(\omega)=20\lg K_\alpha+20\lg\sqrt{T_{1\alpha}^2\omega^2+1}-20\lg\sqrt{(1+T_\alpha^2\omega^2)^2+(2\xi_\alpha T_\alpha\omega)^2} \tag{3-215}$$

相频特性为

$$\varphi_d(\omega)=\arctan T_{1\alpha}\omega-\arctan\frac{2\xi_\alpha T_\alpha\omega}{1+T_\alpha^2\omega^2} \tag{3-216}$$

一般情况下，导弹时间常数 $T_\alpha<T_{1\alpha}$，因此渐近线交点频率$\frac{1}{T_{1\alpha}}<\frac{1}{T_\alpha}$。幅频特性则用渐近线近似表示为

$$\left.\begin{aligned}&A_d(\omega)=20\lg K_\alpha, && \omega\leqslant\frac{1}{T_\alpha}\\&A_d(\omega)=20\lg K_\alpha T_{1\alpha}\omega, && \frac{1}{T_{1\alpha}}\leqslant\omega\leqslant\frac{1}{T_\alpha}\\&A_d(\omega)=20\lg\frac{K_\alpha T_{1\alpha}}{T_\alpha^2\omega}, && \omega\geqslant\frac{1}{T_\alpha}\end{aligned}\right\} \tag{3-217}$$

在交点频率附近应对 $A_d(\omega)$ 进行修正，在渐近线交点上修正量最大值按以下方法计算。

惯性环节和一阶导数环节的最大修正量 Δ 为

$$\Delta=\mp 20\lg\sqrt{2}=\mp 3\ \text{dB}$$

振荡环节的最大修正量为

$$\Delta=20\lg\frac{1}{2\xi_\alpha}$$

在图 3-20(a) 上绘出了导弹的对数幅相频率曲线，将图中的修正量与渐近线值相加，就可得到准确的特性曲线值。

自动驾驶仪的对数频率特性，可由式(3-214) 分别求出幅频特性 $A_z(\omega)$ 和相频特性 $\varphi_z(\omega)$ 为

$$A_z(\omega)=20\lg K_\vartheta-20\lg\omega+20\lg\sqrt{K_1^2\omega^2+1}-20\lg\sqrt{T_\delta^2\omega^2+1} \tag{3-218}$$

$$\varphi_z(\omega)=-\frac{\pi}{2}+\arctan K_1\omega-\arctan T_\delta\omega \tag{3-219}$$

假设自动驾驶仪的参数能使它的交点频率$\frac{1}{K_1}<\frac{1}{T_\delta}$，则 $A_z(\omega)$ 和 $\varphi_z(\omega)$ 如图 3-20(b) 所

示。图中没有绘出幅频修正量。

纵向稳定回路图 3-20 中的全部开环对数频率特性为导弹与自动驾驶仪的对数频率特性之和(见图 3-20(c))。分析图中对数幅相频率特性,可以得出下述结论。

(1) 在对数幅频特性 $A(\omega)=A_d(\omega)+A_z(\omega)>0$ 的范围内,相频特性 $\varphi(\omega)=\varphi_d(\omega)+\varphi_z(\omega)$ 与 $-\pi$ 线的正负穿越之差等于零,且导弹和自动驾驶仪在开环状态下也无实部为正的根,那么,导弹带自动驾驶仪的纵向运动就具有稳定性。

调节规律包括积分环节,相频增加 $-\pi/2$,将对系统的稳定性不利。在调节规律中增加俯仰角二次微分信号 $\Delta\ddot{\vartheta}$,使开环传递函数串联一个一阶微分环节(见式(3-124)),使相位增加 $\pi/2$,这就有利于提高系统的稳定性。因为积分形式的调节规律中引入 $\Delta\ddot{\vartheta}$ 信号,实际上是起增加"气动阻尼"的作用,所以有利于提高稳定性。

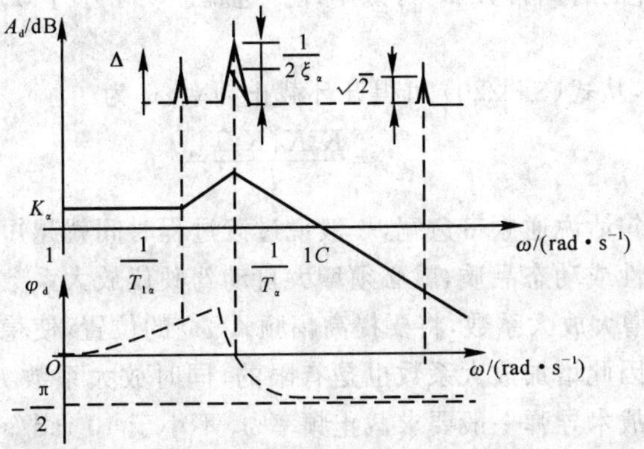

(a)

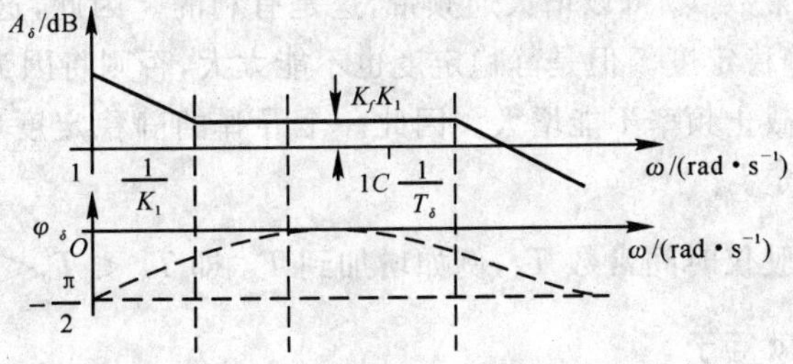

(b)

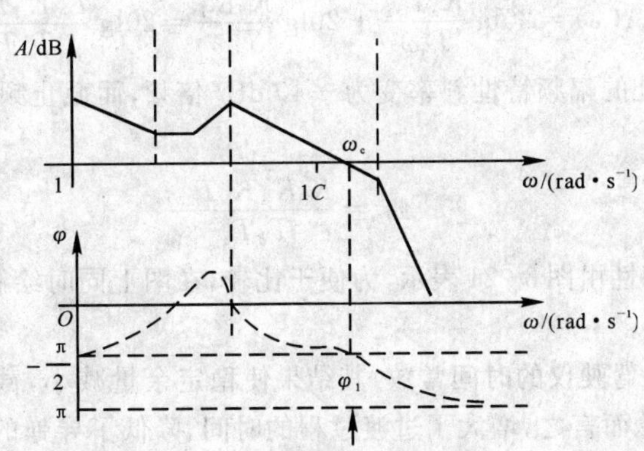

(c)

图 3-20　对数幅频特性曲线

(2) 在稳定的前提下，对数幅频特性曲线在截止频率 ω_c 处具有 -20 dB/倍频的斜率，因稳定余量较大，超调量就比较小。

假定自动驾驶仪时间常数 T_δ 很小，截止频率 $\omega_c < \frac{1}{T_\delta}$，而 $\omega_c > \frac{1}{T_\alpha}$，因此在 $\frac{1}{T_\alpha} \sim \frac{1}{T_\delta}$ 频率范围内，幅频特性之和为

$$A(\omega) = 20\lg \frac{K_\alpha T_{1\alpha}}{T_\alpha^2 \omega} + 20\lg K_\vartheta K_1 = 20\lg \frac{K_\vartheta K_1 K_\alpha T_{1\alpha}}{T_\alpha^2 \omega} \tag{3-220}$$

因在 ω_c 处的斜率为 -20 dB/倍频，满足所提要求，所以这时过渡过程的超调量很小，而相频稳定余量 φ_1 可以大于或等于 45°。

如果自动驾驶仪某元件的时间常数 $T' < T_\delta$，因 $\frac{1}{T'}$ 远在 ω_c 之后，故对截止频率余量没有什么影响，所以这个元件的时间常数 T' 可以不计。这就证明了小于 T_δ 的时间常数可以略去的理由是正确的。

(3) 由 $A(\omega) = 0$，从式(3-220) 可得开环截止频率 ω_c 为

$$\omega_c = \frac{K_\vartheta K_1 K_\alpha T_{1\alpha}}{T_\alpha^2} \tag{3-221}$$

截止频率 ω_c 愈大，换句话说通频带愈宽，一般说过渡过程时间就越短，系统的反应就越快。因此要提高导弹的操纵性或动态品质，就必须增大自动驾驶仪放大系数 K_ϑ 和 K_1，或增大导弹的传递系数 K_α。但是，增大放大系数，将要提高幅频 $A(\omega)$ 的位置，使稳定余量减小，甚至在有些情况下还会不稳定。因此增加放大系数也是有限的，同时放大系数 $K_\vartheta K_1$ 的数值还要受到舵面最大偏角的限制。战术导弹一般要求截止频率 ω_c 不小于 10 rad/s。

减小导弹的时间常数 T_α 可以增大通频带，这是有利的。因此，这就要求导弹必须是静稳定的，且应有一定的静稳定度。但是静稳定度也不能太大，否则将因为增加静稳定度而减小了传递系数 K_α，反而使截止频率不能增大。因此一个导弹的静稳定度应该多大，必须进行动态分析后才能合理地确定。

如果增大自动驾驶仪时间常数 T_δ，例如增加到 T'_δ，即 $T_\delta < T'_\delta < T_\alpha$，那么，当 $\omega > \frac{1}{T'_\delta}$ 时，开环系统的幅频特性就等于

$$A(\omega) = 20\lg \frac{K_\alpha T_{1\alpha}}{T_\alpha^2 \omega} + 20\lg \frac{K_\vartheta K_1}{T_\delta \omega} = 20\lg \frac{K_\vartheta K_1 K_\alpha T_{1\alpha}}{T_\delta T_\alpha^2 \omega} \tag{3-222}$$

这时在截止频率 ω_c 处的幅频特性斜率变为 -40 dB/倍频，而截止频率由式(3-222) 等于零求得

$$\omega_c = \frac{K_\vartheta K_1 K_\alpha T_{1\alpha}}{T_\delta T_\alpha^2} \tag{3-223}$$

这时对数幅相频率特性由图 3-21 表示，为便于比较，在图上同时绘制了时间常数为 T_δ 的频率特性。

由于增大了自动驾驶仪的时间常数，其结果使稳定余量减小，截止频率减小，幅频特性在 ω_0 处的斜率增大。总而言之，增大了过渡过程的时间，降低了导弹的反应能力，而且超调量很大，所以，希望自动驾驶仪的时间常数要尽可能小一些。

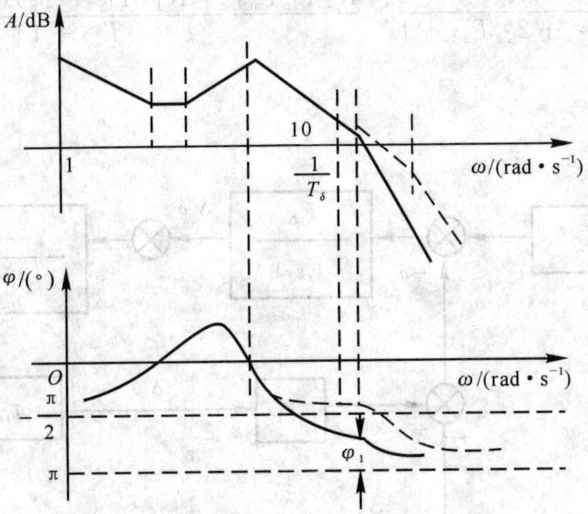

图 3－21　增大 T_δ 的对数幅频特性曲线

3.5.6　法向加速度反馈的纵向动态特性分析

纵向姿态运动的自动稳定与控制实际上也联系着飞行弹道倾角的稳定与控制。所以说，通过俯仰角及其速率的稳定与控制，也就实现了飞行弹道倾角的稳定与控制。

在导弹的稳定系统中引入法向加速度增量的反馈信号，就能直接改变导弹的法向加速度或法向过载，从而提高纵向动态特性的品质。

在升降舵调节规律中引进法向加速度或法向过载的信号，这时自动驾驶仪要增加测量加速度或过载的传感器。在过载传感器的后面一般还要附加一个低频滤波器，滤去弹体本身的振动以及大气湍流所造成的噪声干扰。

加速度或过载传感器附加低频滤波器后是一个惯性环节，因此升降舵调节规律同时引入俯仰角速度和法向加速度的表达式为

$$(T_\delta s+1)\Delta\delta_z = K_{\dot{\vartheta}}\Delta\dot{\vartheta}+\frac{K_f K_\delta K_n V_0}{(T_n s+1)g}\Delta\dot{\theta} \tag{3-224}$$

这是一个具有惯性的自动驾驶仪方程，并在反馈支路中含一个非周期环节，以示法向过载传感器具有工作惯性。K_n 为法向过载传感器的放大系数；T_n 为时间常数，实际上它是低频滤波器的时间常数。式中未计角速度陀螺本身的惯性影响。

由调节规律式(3－224)与弹体传递函数组成的纵向回路图，如图 3－22 所示。图中控制信号 u_θ 在式(3－224)内没有写出，它正比于弹道倾角角速率，也就正比于法向过载。图内限幅器是保证控制信号 u_θ 不超过某最大值，使导弹飞行在法向过载的允许范围内。

在图 3－22 内，两个反馈支路可改换成一个等效通道，其等效传递函数为

$$G_{u_{\dot{\vartheta}}}(s)=K_{\dot{\vartheta}}(T_{1\alpha}s+1)+\frac{K_n}{(T_n s+1)}\frac{V_0}{g}=\frac{K_{\dot{\vartheta}}T_{1\alpha}T_n s^2+K_{\dot{\vartheta}}(T_{1\alpha}+T_n)s+K_{\dot{\vartheta}}+K_n V_0/g}{T_n s+1}$$

由此可得纵向姿态运动的开环传递函数为

$$G_{u\varepsilon_1}(s)=\frac{K_fK_\delta}{T_\delta s+1}\frac{K_\alpha}{T_\alpha^2s^2+2\xi_\alpha T_\alpha s+1}\times\frac{K_{\dot{T}}T_{1\alpha}T_ns^2+K_{\dot{T}}(T_{1\alpha}+T_n)s+K_{\dot{T}}+K_nV_0/g}{T_ns+1} \tag{3-225}$$

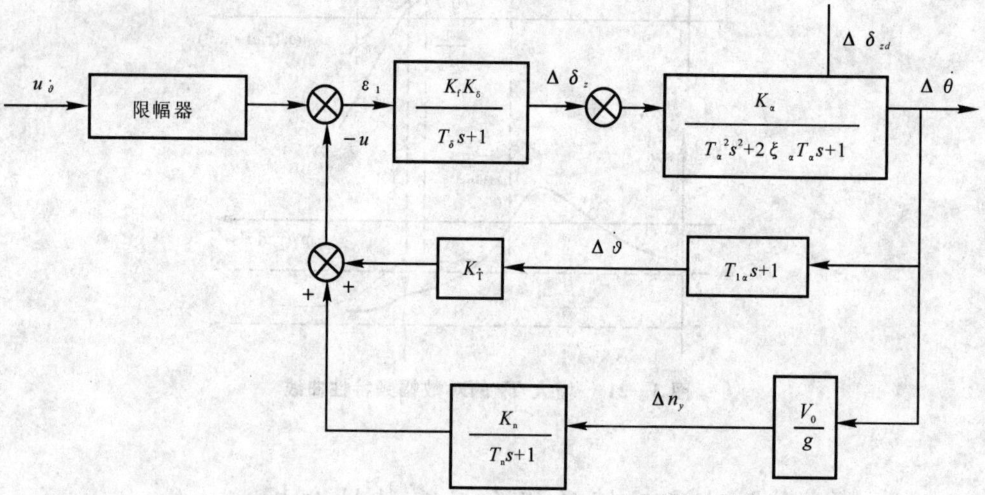

图 3-22　法向过载反馈的纵向姿态运动

若能选择适当的法向过载传感器放大系数 K_n，使

$$\frac{K_{\dot{T}}T_{1\alpha}T_n}{K_{\dot{T}}+K_nV_0/g}=T_\alpha^2 \tag{3-226}$$

得以成立，就可以在开环传递函数式(3-225)中消除导弹时间常数 T_α 的影响，因为时间常数 $T_\alpha>T_\delta$，T_n 消除了 T_α 的影响，等于法向过载信号补偿了弹体的动态延迟，减小了飞行状态对纵向动态特性的影响。

现在分析一下，引入法向加速度信号或法向过载信号后，对导弹法向过载的变化和机动性将起什么作用。

因为 $\Delta\dot\theta$ 对 u_ϑ 的闭环传递函数，由图 3-22 可得

$$W_{\dot\theta u_\vartheta}(s)=\frac{K_fK_\delta K_\alpha(T_ns+1)}{(T_\alpha^2s+2\xi_\alpha T_\alpha s+1)(T_\delta s+1)(T_ns+1)+C} \tag{3-227}$$

式中

$$C=K_fK_\delta K_\alpha(K_{\dot{T}}T_{1\alpha}T_ns^2+K_{\dot{T}}(T_{1\alpha}+T_n)s+K_{\dot{T}}+K_nV_0/g)$$

控制信号 u_ϑ 为单位阶跃函数。过渡过程结束时法向过载稳态值 Δn_{yW} 为

$$\Delta n_{yW}=\frac{K_fK_\delta K_\alpha}{1+K_fK_\delta K_\alpha(K_{\dot{T}}+K_n\frac{V_0}{g})}\frac{V_0}{g}u_\vartheta \tag{3-228}$$

此结果与过载公式 $\Delta n_{yW}=\frac{V_0}{g}\Delta\dot\theta_W=\frac{V}{g}\frac{K_fK_\delta K_\alpha}{1+K_\vartheta K_\alpha}u_\vartheta$ 的差别，是在式(3-228)的分母中多了一个与飞行速度有关的项 $K_fK_\delta K_\alpha K_nV_0/g$，它所起的作用是抵消了导弹传递系数 K_α 随飞行速度 V_0 的变化，尽可能使闭环放大系数

$$K_{\varphi1}=\frac{K_fK_\delta K_\alpha}{1+K_fK_\delta K_\alpha(K_{\dot{T}}+K_n\frac{V_0}{g})g}\frac{V_0}{g} \tag{3-229}$$

保持不变，这就有可能使法向过载 Δn_{yW} 在控制系统作用下，当 u_ϑ 不变时，其值也不随飞行速度和高度而改变，从而提高导弹的机动性。这一点，用一个地-空导弹的飞行作为例子，经过计算就可得到证明，见表 3-5。表中，$K_{\varphi 2}$ 为无法向加速信号的闭环放大系数，其表达式为

$$K_{\varphi 2}=\frac{K_f K_\delta K_\alpha}{1+K_f K_\delta K_\alpha K_{\dot{\vartheta}}}\frac{V_0}{g} \tag{3-230}$$

由表中可以看出：自动驾驶仪增加了法向加速度反馈支路，闭环放大系数 $K_{\varphi 1}$ 比较平稳，飞行速度和高度对它的影响较小。就表中数据而言，当 $H=22$ km 时，$K_{\varphi 1}=0.756\ 7$ 约为低空的 72%。但是，若无法向加速度信号，这时在高空 22 km 时放大系数 $K_{\varphi 2}$ 仅为低空的 43%。因此，舵面随法向加速度偏转，可以在很大程度上提高导弹的高空机动性。

当飞行速度很大时，如果

$$K_{\dot{\vartheta}}+K_n V_0/g \approx K_n V_0/g \tag{3-231}$$

则法向过载 Δn_{yW} 为

$$\Delta n_{yW}=\frac{K_f K_\delta K_\alpha}{1+K_f K_\delta K_\alpha K_n V_0/g}\frac{V_0}{g}u_\vartheta \tag{3-232}$$

表 3-5　某地-空导弹的参数变化

H/m	V_0/(m·s^{-1})	K_α/s^{-1}	$K_{\dot{\vartheta}}$/s	$K_f K_\delta K_\alpha K_n$	$K_{\varphi 1}$	$K_{\varphi 2}$
5 027.84	605.23	0.515 3	0.363 4	2.625	1.051	3.556
9 187.2	696.89	0.355 3	0.395 5	1.970	1.018	3.201
13 098.9	792.64	0.232 7	0.445 5	1.453	0.969 6	2.767
16 174.1	871.91	0.144 0	0.504 2	1.018	0.890 2	2.205
19 668.6	951.33	0.089 45	0.602 3	0.755	0.823 6	1.812
22 000.0	994.52	0.069 59	0.620 9	0.605	0.756 7	1.534

如果在法向过载稳态值的分母中，出现

$$K_f K_\delta K_\alpha K_n V_0/g \gg 1$$

的情况，式(3-232)可简化为

$$\Delta n_{yW}=\frac{1}{K_n}u_\vartheta$$

这个结论说明，导弹的飞行速度很大时，在控制信号 u_ϑ 作用下，导弹将直接获得与它成正比的法向过载增量，且与飞行状态无关；因而采用限幅器使控制信号不超过某最大值是非常必要的。

事实上法向过载反馈支路的信号足够大时，由式(3-232)所得的结果已经说明，动态特性与飞行状态的关系也减弱了。甚至在对数幅频的低频段，过载传感器的频率特性成为主要组成部分，并可使纵向姿态运动获得较大的截止频率。例如，某空-空导弹，在调节规律中增补了法向过载的信号，就可以使截止频率 $\omega_c=15.8$ rad/s，而相稳定余量为 35°。

3.5.7 飞行高度的稳定与控制

飞行控制的最终目的是使导弹沿着导引方法指定的弹道飞行，或者是以足够的精度保持在预定的轨迹上。飞行高度的稳定与控制就属于此类任务。例如，舰对舰或地对舰导弹都有很长一段射程要求作水平等高飞行。无人驾驶侦察机和靶机也需要保持一定的飞行高度。在这种情况下，飞行器必须具有对飞行高度的稳定性。

前几节所讲的关于纵向姿态运动的自动稳定与控制不能完成飞行高度稳定与控制的任务，其原因是将飞行高度的变化列为导弹的质点运动的范畴，已经超出了姿态运动的范围。同时根据小扰动的假设，在姿态运动中又不考虑由高度变化带来的空气密度之影响。所以，建立纵向扰动运动方程组时，将姿态运动和高度变化作了解耦处理，但是两者又有联系的，因为质点运动的控制依赖于姿态操纵，飞行高度也是如此。

1. 稳定与控制飞行高度的原理

在纵向扰动运动中，飞行高度偏量由式(3-48)可表达为

$$\frac{\mathrm{d}\Delta y}{\mathrm{d}t}=\sin\theta\Delta V+V_0\cos\theta\Delta\theta \tag{3-233}$$

因短周期扰动运动阶段不考虑飞行速度偏量，式(3-233)变为

$$\Delta\dot{y}=a_{41}\Delta\theta \tag{3-234}$$

式中，动力系数 $a_{41}=V_0\cos\theta$。可见，弹道倾角 $\Delta\theta$ 的出现，改变了飞行速度在垂直地面方向上的大小，飞行高度就要发生变化。换句话说，控制飞行高度必须首先改变弹道倾角。因此，在俯仰角稳定与控制的过程中，由于 $\Delta\theta=\Delta\vartheta-\Delta\alpha$，飞行高度实际上也在发生变化。特别是，在常值干扰力矩作用下出现弹道倾角的稳态误差 $\Delta\theta_W$，在姿态运动结束后将使飞行高度一直处于变化之中，所以，保持飞行高度的稳定，或者有意改变飞行高度，对于某些导弹来讲也是非常重要的。但是，纯姿态的稳定与控制系统则达不到此目的。

自动稳定和控制飞行高度必须安装测量相对于预定高度之偏差的敏感元件，如气压式高度表、无线电高度表或大气数据传感器。由高度敏感元件向姿态运动回路输送高度差信号，通过变化弹道倾角来调整飞行高度差，是实现自动稳定或控制高度的基本方法，其原理如图3-23所示。

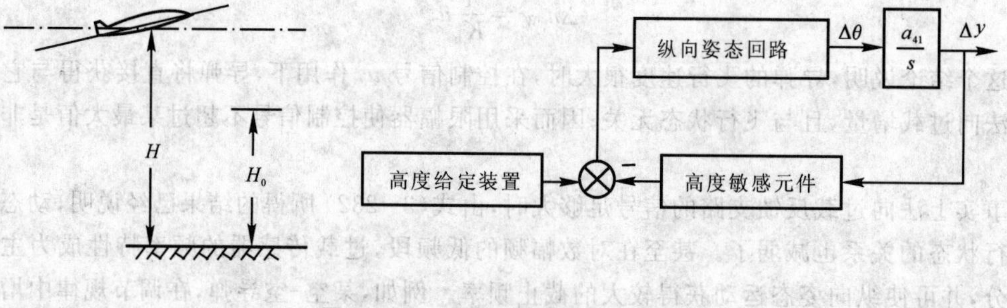

图 3-23 控制飞行高度的原理图

高度敏感元件一般能测出高度差及其变化率。高度差是指实际高度 H 和预定高度 H_0 之

差(见图 3-23),因此高度偏差 ΔH 为

$$\Delta H = H - H_0 \tag{3-235}$$

导弹高于预定高度,偏差 $\Delta H > 0$,导弹为消除此偏差,必须要获得作下滑飞行的负弹道倾角($-\Delta\theta$)。对于正常式导弹这时要求升降舵后缘下偏,$\Delta\delta_z > 0$,因此高度偏差 ΔH 与 $\Delta\delta_z$ 的极性是相同的。反之,导弹低于预定高度,$\Delta H < 0$,这时正常式导弹的 $\Delta\delta_z < 0$,极性也是相同的。

自动控制导弹的飞行高度是有意改变导弹的预定高度值,因此在式(3-235)中的 H_0 也可以是一个变量,其值由弹道设计确定。例如,地对舰导弹可以定高 10 m,也可以定高 30 m。

2. 高度差反馈的动力学分析

综上所述,因纵向姿态运动含弹道倾角 $\Delta\theta$,必然引起飞行高度偏量,其值由式(3-234)计算为

$$\Delta y = \int a_{41} \Delta\theta \mathrm{d}t = h \tag{3-236}$$

积分结果说明:即使在过渡过程结束后 $\Delta\theta = 0$,高度也存在着偏差。要使飞行器能够保持预定的高度,必须装置能够测量实际高度的敏感元件,并通过自动驾驶仪来操纵导弹修正高度偏量,因为高度控制系统通常是在俯仰角控制系统的基础上形成的,为了稳定或控制飞行高度,在原有自动驾驶仪方程中应包括反映高度偏量的信号。一种最简单的自动驾驶仪方程可以写成

$$(T_\delta s + 1)\Delta\delta_z = K_f K_\delta (K_T \Delta\vartheta + K_h h) \tag{3-237}$$

式中,K_h 为高度传感器的放大系数;h 为传感器实测的高度差。由式(3-237)调节规律和导弹纵向传递函数式(3-109),令动力系数 $a'_{25} = 0$,可组成结构图如图 3-24 所示。

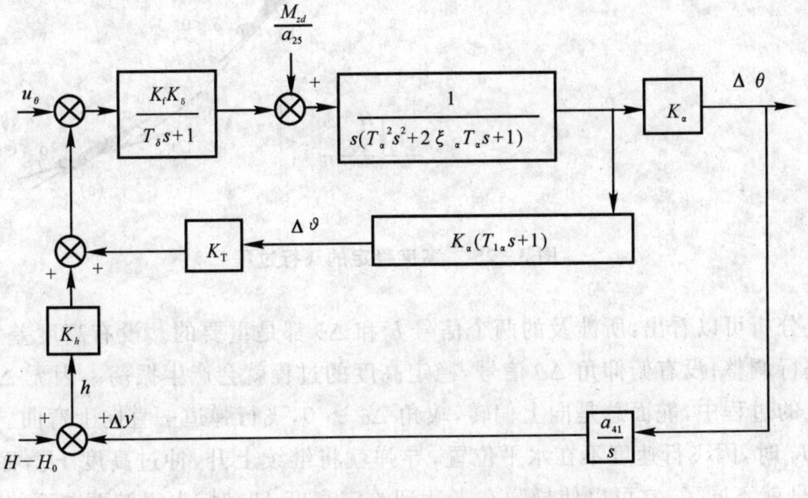

图 3-24　含高度差反馈的纵向扰动运动

值得指出的是,预定高度 H_0 为某规定值,高度稳定时 $H - H_0$ 代表高度的初始差值 ΔH_0。人为地改变预定高度 H_0,差值 $H - H_0$ 代表相应的高度控制信号。由图 3-24 和式(3-235)可以看出传感器的实测高度差 h 为

$$h = H - H_0 + \Delta y \tag{3-238}$$

式中的 H 应理解是开始扰动运动的实际高度。

按图 3-24，当正常式导弹的实际高度 H 小于预定高度 H_0 时，在自动驾驶仪的作用下，关于导弹发生纵向姿态和弹道变化的动力学现象可作以下扼要的解释。

消除负高度差的全部动力学过程如图 3-25 所示，分为(a)(b)(c)(d)4 种状况。

(a) 设计要求导弹在给定高度 H_0 上以攻角 α_0 作水平飞行，实际飞行高度则为 H，两者之差为 $H-H_0(H<H_0)$，舵偏角向上偏，其值为负，$\Delta\delta_z<0$，使导弹抬头转动，俯仰角 ϑ 和攻角 α 同时增大，产生 $\Delta\alpha$ 和 $\Delta\vartheta$。攻角增加后，因升力大于重力，导弹开始爬升，高度偏量 Δy 增加，这时原有高度差减小到 $H+\Delta y-H_0$。

(b) 俯仰角偏离，出现高度偏量 Δy，其结果在放大器内就有两个信号进行综合，一个是已有的 $K_\vartheta\Delta\vartheta$ 正值，另一个是在减小的 $K_h h$ 负值，因此使原来向上偏的舵偏角减小。由于舵面回收，即舵偏角减小，以及弹道倾角的增加，攻角 $\Delta\alpha$ 也要减小。

(c) 导弹爬升后，因高度差 h 本身也在减小，当负信号 $K_h h$ 减小到恰好等于信号 $K_\vartheta\Delta\vartheta$ 时，舵偏角就等于零。但是由于弹道倾角不等于零，导弹还要继续爬升，从而使信号 $K_h h$ 小于 $K_\vartheta\Delta\vartheta$，使舵面再向下偏转，俯仰角随之而减小。这样一来，攻角就会由正值变为负值，使升力小于重力，飞行弹道向下弯曲，速度方向将逐渐转向水平。

(d) 到达位置(d)后，因高度差信号和俯仰角偏离信号均为零，飞行速度又重新回到水平方向，攻角和舵面也同时恢复原位，导弹经过自动稳定过程后又在给定高度 H_0 上继续飞行。

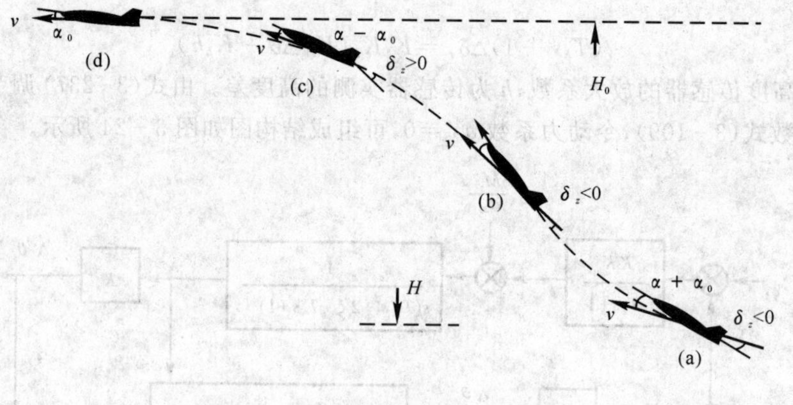

图 3-25　高度稳定的飞行过程

由以上分析可以看出：所涉及的两个信号 h 和 $\Delta\vartheta$ 都是重要的。没有高度差 h 信号，就不能按误差进行调整；没有俯仰角 $\Delta\vartheta$ 信号，稳定高度的过程就会产生振荡。因无 $\Delta\vartheta$ 信号，在消除高度差 h 的过程中，舵面总是向上偏转，攻角 $\Delta\alpha>0$，飞行弹道一直向上弯曲。当导弹达到给定高度 H_0 时，因飞行速度不在水平位置，导弹就将继续上升，冲过高度 H_0，而引起振荡。有了 $\Delta\vartheta$ 信号就不同了，它可以使导弹在未达到给定高度 H_0 时，先置舵面向下偏转，而避免发生振荡或减小振荡。因此，俯仰角 $\Delta\vartheta$ 信号对稳定高度来说起到了阻尼作用。

回顾已经讲过的纵向稳定回路，引入 $\Delta\dot{\theta}$ 信号，可以补偿“阻尼”。联想到对高度的稳定，引入 $\dot{h}$ 信号，也可起到增加阻尼的作用，在这个条件下，就不必强调一定要引进俯仰角 $\Delta\vartheta$ 信号了。这时，稳定高度的调节规律为

$$(T_\delta s+1)\Delta\delta_z=K_f K_\delta(K_{\dot{h}} s+K_h)h \tag{3-239}$$

式中，$K_{\dot{h}}$ 是传递高度差的微分信号放大系数。

信号 $\Delta\vartheta$ 和 $\dot{h}$ 都能起到阻尼作用，因为飞行中这两个运动参数是相互关联的。这一点由式(3-234)很容易得到证明。式(3-234)可以变成

$$\Delta\dot{y} = a_{41}\Delta\theta = a_{41}(\Delta\vartheta - \Delta\alpha) \tag{3-240}$$

由于 $\Delta\dot{y}$ 和 $\Delta\vartheta$ 是正比关系，所以两者能起相同的作用。

3. 典型外干扰对定高飞行的影响

导弹定高飞行时，若遇垂直上升气流，就要产生附加攻角。上升气流速度为 u，导弹水平飞行时，其附加攻角 $\Delta\alpha$ 为

$$\Delta\alpha = \frac{u}{V_0} \tag{3-241}$$

在附加攻角 $\Delta\alpha$ 出现的情况下，导弹就要爬升，出现高度差 h。若采用式(3-237)调节规律，信号 h 将使舵面向下偏转，引起导弹低头转动。

当俯仰角等于附加攻角 $\Delta\alpha$，动态过程结束时，出现稳态误差，有

$$\Delta\vartheta_W = -\frac{u}{V_0} \tag{3-242}$$

在导弹又重新进入水平飞行状态后，舵面必须回收到无上升气流前的位置，因此式(3-237)调节规律的右端必须等于零，即

$$K_T\Delta\vartheta_W + K_h h_W = 0 \tag{3-243}$$

故得

$$h_W = -\frac{K_T}{K_h}\Delta\vartheta_W = \frac{K_T}{K_h}\frac{u}{V_0} \tag{3-244}$$

所得结果说明，在上升气流中为了使导弹能够继续保持水平飞行，采用包括高度信号的调节规律式(3-237)，将产生高度误差 h_W。

如果利用 $\dot{h}$ 信号来抑制高度的振荡过程，并断开俯仰角偏离信号支路，那就可以保证导弹飞入垂直气流后，在高度方面不产生误差，这就是利用 $\dot{h}$ 信号的优点。但在结构上要有测量 $\dot{h}$ 信号的传感器。

采用上述稳定高度的调节规律，在导弹受到常值干扰力矩 M_{zd} 的作用后，要平衡这个干扰力矩，升降舵必须有一个常值舵偏角，这就要求有一个常值信号输给自动驾驶仪。这个信号不可能是俯仰角的偏离，因为这样导弹不是爬升就是下降，所以，只能是常值高度偏差。这个高度偏差可由式(3-247)求出。因为稳态时，有

$$\Delta\delta_{zW} = \frac{M_{zd}}{a_{25}} \tag{3-245}$$

于是按自动驾驶仪方程式(3-237)可以求出：

$$\Delta\delta_{zW} = K_f K_\delta K_h h_W \tag{3-246}$$

所以高度误差为

$$h_W = \frac{M_{zd}}{K_f K_\delta K_h a_{25}} \tag{3-247}$$

对于超低空飞行的导弹，减小由干扰作用产生的误差是非常必要的，其措施就是要减小干扰作用和增大高度传感器的灵敏度，使放大系数 K_h 增大。当然，在调节规律中引入高度偏差

的积分信号$\int h\mathrm{d}t$，也可达到在常值干扰作用下消除高度误差的目的。因为稳定飞行后，由积分值可以使舵面有一个固定偏角，产生操纵力矩来抵消干扰力矩，而不产生高度误差 h_W。

4. 自动调整高度的稳定性分析

自动稳定高度的动力学关系，可由图 3-24 所示的闭环传递函数来表示，也可由动力学方程联立表示。在这里采用后一种方法，其中导弹的纵向短周期扰动运动不考虑动力系数 a'_{25} 和干扰力 F_{yd}，可将式(3-74) 状态方程表示为

$$\begin{bmatrix}\Delta\dot{\omega}_z\\ \Delta\dot{\alpha}\\ \Delta\dot{\vartheta}\end{bmatrix}=\boldsymbol{A}\begin{bmatrix}\Delta\omega_z\\ \Delta\alpha\\ \Delta\vartheta\end{bmatrix}+\begin{bmatrix}-a_{25}+a'_{24}a_{35}\\ -a_{35}\\ 0\end{bmatrix}\Delta\delta_z+\begin{bmatrix}M_{zd}\\ 0\\ 0\end{bmatrix} \tag{3-248}$$

动力系数矩阵 $\boldsymbol{A}$ 由式(3-75) 表示。飞行高度变化方程由式(3-240) 可得

$$\Delta\dot{y}=a_{41}(\Delta\vartheta-\Delta\alpha) \tag{3-249}$$

自动驾驶仪方程由式(3-237) 和图 3-24 可以写成

$$\Delta\dot{\delta}_z=\frac{1}{T_\delta}K_\mathrm{f}K_\delta(K_\mathrm{T}\Delta\vartheta+K_h\Delta y+K_h(H-H_0))-\frac{1}{T_\delta}\Delta\delta_z \tag{3-250}$$

将式(3-248) ～ 式(3-250) 联立起来可以得到飞行高度自动稳定和控制的状态方程为

$$\begin{bmatrix}\Delta\dot{\omega}_z\\ \Delta\dot{\alpha}\\ \Delta\dot{\vartheta}\\ \Delta\dot{\delta}_z\\ \Delta\dot{y}\end{bmatrix}=\boldsymbol{A}_h\begin{bmatrix}\Delta\omega_z\\ \Delta\alpha\\ \Delta\vartheta\\ \Delta\delta_z\\ \Delta y\end{bmatrix}+\begin{bmatrix}M_{zd}\\ 0\\ 0\\ \dfrac{K_\mathrm{f}K_\delta K_h}{T_\delta}(H-H_0)\\ 0\end{bmatrix} \tag{3-251}$$

式中，矩阵 $\boldsymbol{A}_h$ 的表达式为

$$\boldsymbol{A}_h=\begin{bmatrix} & \boldsymbol{A} & & -a_{25}+a'_{24}a_{35} & 0\\ & & & -a_{35} & 0\\ & & & 0 & 0\\ 0 & 0 & K_{\vartheta 1} & -1/T_\delta & K_{h1}\\ 0 & -a_{41} & -a_{41} & 0 & 0\end{bmatrix} \tag{3-252}$$

式中

$$K_{\vartheta 1}=\frac{1}{T_\delta}K_\mathrm{f}K_\delta K_\mathrm{T}$$

$$K_{h1}=\frac{1}{T_\delta}K_\mathrm{f}K_\delta K_h$$

自动稳定与控制飞行高度的特征方程式为

$$|s\boldsymbol{I}-\boldsymbol{A}_h|=s[(s^3+A_1s^2+A_2s+A_3)(T_\delta s+1)+K_\mathrm{f}K_\delta K_\mathrm{T}(A_4s+A_5)]+K_\mathrm{f}K_\delta K_h(A_6s^2+A_7s+A_8)=0 \tag{3-253}$$

式中

$$A_4 = a_{25} - a'_{24} a_{35}$$

$$A_5 = a_{25}(a_{34} + a_{33}) - a_{24} a_{35}$$

$$A_6 = -a_{35}$$

$$A_7 = -a_{35}(a_{22} + a'_{24})$$

$$A_8 = a_{25} a_{34} - a_{24} a_{35}$$

分析特征方程式(3-253)很容易了解，其右端第 1 项是导弹引入自动驾驶仪后的角运动特征方程，只是引入高度信号后多乘以 s。而右端第 2 项则是反映高度信号 h 的作用。不难看出，自动驾驶仪不引进高度信号 h，即放大系数 $K_h = 0$，则导弹在自动驾驶仪工作下对高度 H_0 只能是中立稳定的。

引入高度信号 h 后，为保证导弹的纵向运动是稳定的，特征方程式(3-253)必须满足霍尔维茨稳定准则。当要求特征方程各系数大于零时，则必须有

$$K_f K_\delta K_h A_8 = K_f K_\delta K_h (a_{25} a_{34} - a_{24} a_{33}) > 0 \tag{3-254}$$

因此保证导弹对于飞行高度具有稳定性，要求传递系数之积 $K_f K_\delta K_h > 0$，以及动力系数 $a_{25} a_{34} > a_{24} a_{35}$。

思　考　题

3.1　飞行器动态特性分析研究的是有关飞行器的哪些特性？

3.2　何谓理论弹道、理想弹道、基准运动、附加运动、扰动运动、扰动弹道？其中哪些有对应关系？

3.3　为什么研究飞行器的动态特性时要采用小扰动理论？小扰动理论的内容是什么？

3.4　把运动方程线性化的意义何在？

3.5　试述“系数冻结法”的含义，并说明为什么要采用“系数冻结法”。

3.6　试述动态稳定性和操纵性的概念，并说明动态稳定与静稳定性概念的异同之处。

3.7　如何由特征根的特性说明飞行器的稳定性？

3.8　试述纵向扰动运动的特点。飞行器纵向自由扰动运动分成长、短周期模态的物理成因是什么？

3.9　飞行器的静稳定性对动稳定性有何影响？

3.10　二阶系统稳定性的充要条件是什么？

3.11　飞行器的静稳定裕度与操纵性有何关系？为什么？

3.12　飞行器的操纵性与机动性有何区别？

3.13　解释传递函数、过渡过程时间、超调量的意义。

3.14　什么叫飞行器的相对阻尼系数？它和过渡过程有何联系？

3.15　飞行高度对飞行器的稳定性、操纵性有何影响？

3.16　若飞行器的燃料放在重心后面，燃料消耗后，飞行器的动态特性会发生哪些变化？为什么？

3.17　飞行器的旋转导数 m^{ω_z} 对过渡过程有何影响？

3.18　为什么要尽可能降低超调量？怎样才能降低它？

3.19　同一飞行器在其他条件相同的情况下，主动段飞行和被动段飞行的动态特性有何差异？

3.20　地空导弹的传递系数应当如何设计？

3.21　面对称导弹侧向扰动运动常呈现哪三种模态？简述其物理现象及原因。

3.22　在纵向自动驾驶仪中引入 $\Delta\vartheta$，$\Delta\dot{\vartheta}$ 以及法向加速度信号的作用是什么？为什么？

3.23　为什么对纵向姿态运动的稳定与控制不能完成对飞行高度的稳定与控制？

3.24　在高度稳定与控制自动驾驶仪中，引入 $\dot{h}$，$\Delta\vartheta$ 信号的作用是什么？且有何不同？

参考文献

[1]　李新国，方群．有翼导弹飞行动力学[M]．西安：西北工业大学出版社，2005．

第4章　远程火箭与航天器再入弹道

4.1　常用坐标系与变质量力学原理

4.1.1　常用坐标系及其变换

4.1.1.1　常用坐标系

在飞行力学中，为方便描述影响火箭运动的物理量及建立火箭运动方程，要建立多种坐标系。这里介绍其中常用的一些坐标系及这些坐标系的相互转换关系。另一些坐标系将在具体章节中进行介绍和引用。

1. 地心惯性坐标系 $O_E X_I Y_I Z_I$

该坐标系的原点在地心 O_E 处。$O_E X_I$ 轴在赤道平面内指向平春分点，由于春分点随时间变化而具有进动性，根据1796年国际天文协会决议，1984年起采用新的标准历元，以2000年1月1.5日的平春分点为基准。$O_E Z_I$ 轴垂直于赤道平面，与地球自转轴重合，指向北极。$O_E Y_I$ 轴的方向是使得该坐标系成为右手直角坐标系的方向。

该坐标系可用来描述洲际弹道导弹、运载火箭的飞行弹道以及地球卫星、飞船等的轨道。

2. 地心坐标系 $O_E X_E Y_E Z_E$

该坐标系原点在地心 O_E，$O_E X_E$ 在赤道平面内指向某时刻 t_0 的起始子午线（通常取格林尼治天文台所在子午线），$O_E Z_E$ 轴垂直于赤道平面指向北极。$O_E X_E Y_E Z_E$ 组成右手直角坐标系。由于坐标轴 $O_E X_E$ 与所指向的子午线随地球一起转动，因此这个坐标系为一动参考系。

地心坐标系对确定火箭相对于地球表面的位置很适用。

3. 发射坐标系 $oxyz$

坐标原点与发射点 o 固连，ox 轴在发射点水平面内，指向发射瞄准方向，oy 轴垂直于发射点水平面指向上方。oz 轴与 xoy 面相垂直并构成右手坐标系。由于发射点 o 随地球一起旋转，所以发射坐标系为一动坐标系。

以上是该坐标系的一般定义。当把地球分别看成是圆球或椭球时，其坐标系的具体含义是不同的。因为过发射点的圆球表面的切平面与椭球表面的切平面不重合，即当把地球看成圆球体时，oy 轴与过 o 点的半径 R 重合，如图 4－1 所示，而当把地球看成椭球体时，oy 轴与椭球过 o 点的主法线重合，如图 4－2 所示。它们与赤道平面的夹角分别称为地心纬度（记作 φ_0）和地理纬度（记作 B_0）。在不同的切平面，ox 轴与子午线切线正北方向的夹角分别称为地心方位角（记作 α_0）和射击方位角（记作 A_0），这些角度均以对着 y 看去顺时针为正。利用该坐标系可建立火箭相对于地面的运动方程，便于描述火箭相对大气运动所受到的作用力。

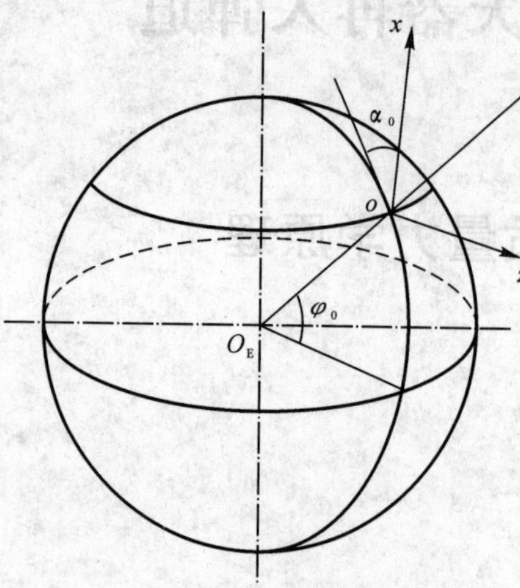

图 4-1　发射坐标系之一

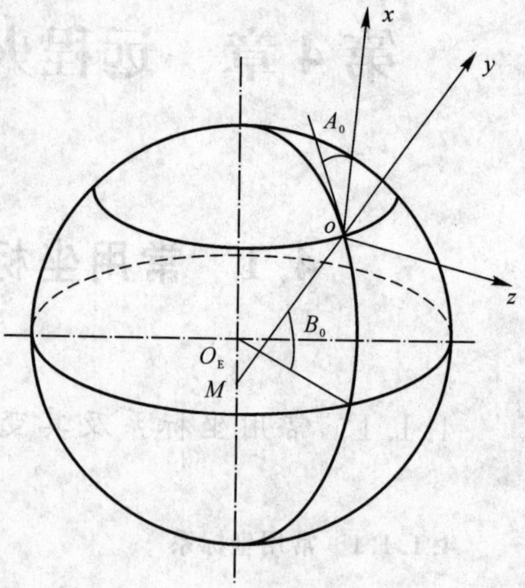

图 4-2　发射坐标系之二

4. 发射惯性坐标系 $o_A x_A y_A z_A$

火箭起飞瞬间，o_A 与发射点 o 重合，各坐标轴与发射坐标系各轴也相应重合。火箭起飞后，o_A 点及坐标系各轴方向在惯性空间保持不动。

利用该坐标系可建立火箭在惯性空间的运动方程。

5. 平移坐标系 $o_T x_T y_T z_T$

该坐标系原点根据需要可选择在发射坐标系原点 o，或是火箭的质心 o_1，o_T 始终与 o 或 o_1 重合，但其坐标轴与发射惯性坐标系各轴始终保持平行。

该坐标系可用来进行惯性器件的对准和调平。

6. 箭体坐标系 $o_1 x_1 y_1 z_1$（弹体坐标系）

坐标原点 o_1 为火箭的质心。$o_1 x_1$ 为箭体外壳对称轴，指向火箭的头部。$o_1 y_1$ 在火箭的主对称面内，该平面在发射瞬时与发射坐标系 xoy 平面重合，$o_1 y_1$ 轴垂直于 $o_1 x_1$ 轴。$o_1 z_1$ 轴重直于主对称面，顺着发射方向看去，$o_1 z_1$ 轴指向右方。$o_1 x_1 y_1 z_1$ 为右手直角坐标系。

该坐标系在空间的位置反映了火箭在空中的姿态。

7. 速度坐标系 $o_1 x_v y_v z_v$

坐标系原点为火箭的质心。$o_1 x_v$ 轴沿火箭的飞行速度方向。$o_1 y_v$ 轴在火箭的主对称面内，垂直于 $o_1 x_v$ 轴，$o_1 z_v$ 轴垂直于 $x_v o_1 y_v$ 平面，顺着飞行方向看去，$o_1 z_v$ 轴指向右方，$o_1 x_v y_v z_v$ 亦为右手直角坐标系。

用该坐标系与其他坐标系的关系可反映出火箭的飞行速度矢量状态。

4.1.1.2　坐标系间转换

1. 地心惯性坐标系与地心坐标系之间的方向余弦阵

由定义可知这两个坐标系的 $O_E Z_I$ 轴，$O_E Z_E$ 轴是重合的，而 $O_E X_I$ 轴指向平春分点，$O_E X_E$

轴指向格林尼治天文台所在子午线与赤道的交点，O_EX_I 轴与 O_EX_E 轴的夹角要通过天文年历年表查算得到，记该角为 Ω_G，显然，这两个坐标系之间仅存在一个欧拉角 Ω_G，因此不难写出两个坐标系的转换矩阵关系。

$$\begin{bmatrix} X_E \\ Y_E \\ Z_E \end{bmatrix} = \boldsymbol{E}_I \begin{bmatrix} X_I \\ Y_I \\ Z_I \end{bmatrix} \tag{4-1}$$

式中

$$\boldsymbol{E}_I = \begin{bmatrix} \cos\Omega_G & \sin\Omega_G & 0 \\ -\sin\Omega_G & \cos\Omega_G & 0 \\ 0 & 0 & 1 \end{bmatrix} \tag{4-2}$$

2. 地心坐标系与发射坐标系之间的方向余弦阵

设地球为一圆球，发射点在地球表面的位置可用经度 λ_0、地心纬度 φ_0 来表示，ox 轴指向射击方向，该轴与过 o 点的子午北切线夹角为地心方位角 α_0，如图 4-3 所示。

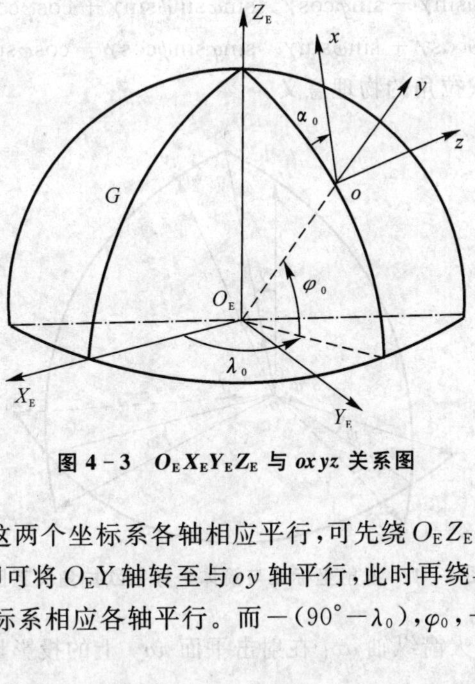

图 4-3　$O_EX_EY_EZ_E$ 与 $oxyz$ 关系图

如图 4-3 所示，要使这两个坐标系各轴相应平行，可先绕 O_EZ_E 轴反转 $90°-\lambda_0$，然后绕新坐标系 O_EX' 正向转 φ_0，即可将 O_EY 轴转至与 oy 轴平行，此时再绕与 oy 轴平行的新的第二轴反转 $90°+\alpha_0$，即使得两坐标系相应各轴平行。而 $-(90°-\lambda_0)$，φ_0，$-(90°+\alpha_0)$ 即为三个欧拉角。方向余弦阵关系式为

$$\begin{bmatrix} x^0 \\ y^0 \\ z^0 \end{bmatrix} = \boldsymbol{G}_E \begin{bmatrix} x_E^0 \\ y_E^0 \\ z_E^0 \end{bmatrix} \tag{4-3}$$

式中

$$\boldsymbol{G}_E = \begin{bmatrix} -\sin\alpha_0\sin\lambda_0 - \cos\alpha_0\sin\varphi_0\cos\lambda_0 & \sin\alpha_0\cos\lambda_0 - \cos\alpha_0\sin\varphi_0\sin\lambda_0 & \cos\alpha_0\cos\varphi_0 \\ \cos\varphi_0\cos\lambda_0 & \cos\varphi_0\sin\lambda_0 & \sin\varphi_0 \\ -\cos\alpha_0\sin\lambda_0 + \sin\alpha_0\sin\varphi_0\cos\lambda_0 & \cos\alpha_0\cos\lambda_0 + \sin\alpha_0\sin\varphi_0\sin\lambda_0 & -\sin\alpha_0\cos\varphi_0 \end{bmatrix} \tag{4-4}$$

若将地球考虑为椭球体，则发射点在椭球体上的位置可用经度 λ_0，地理纬度 φ_0 确定，ox 轴的方向则以射击方位角 A_0 表示。这样两坐标系间的方向余弦阵只需将式(4-4)中之 φ_0，α_0 分别用 B_0，A_0 代替，即可得到。

3. 发射坐标系与箭体坐标系间的欧拉角及方向余弦阵

这两个坐标系的关系用以反映箭体相对于发射坐标系的姿态角。为使一般状态下这两坐标系转至相应轴平行，现采用下列转动顺序：先绕 oz 轴正向转动 φ 角，然后绕新的 oy' 轴正向转动 ψ 角，最后绕新的 ox_1 轴正向转 γ 角。两坐标系的欧拉角关系如图 4-4 所示，该图是将它们原点重合在一起的。这样不难写出两个坐标系的方向余弦关系。

$$\begin{bmatrix} x_1^0 \\ y_1^0 \\ z_1^0 \end{bmatrix} = \boldsymbol{B}_G \begin{bmatrix} x^0 \\ y^0 \\ z^0 \end{bmatrix} \tag{4-5}$$

式中

$$\boldsymbol{B}_G = \begin{bmatrix} \cos\varphi\cos\psi & \sin\varphi\cos\psi & -\sin\psi \\ \cos\varphi\sin\psi\sin\gamma - \sin\varphi\cos\gamma & \sin\varphi\sin\psi\sin\gamma + \cos\varphi\cos\gamma & \cos\psi\sin\gamma \\ \cos\varphi\sin\psi\cos\gamma + \sin\varphi\sin\gamma & \sin\varphi\sin\psi\cos\gamma - \cos\varphi\sin\gamma & \cos\psi\cos\gamma \end{bmatrix} \tag{4-6}$$

由图 4-4 可看出各欧拉角的物理意义。

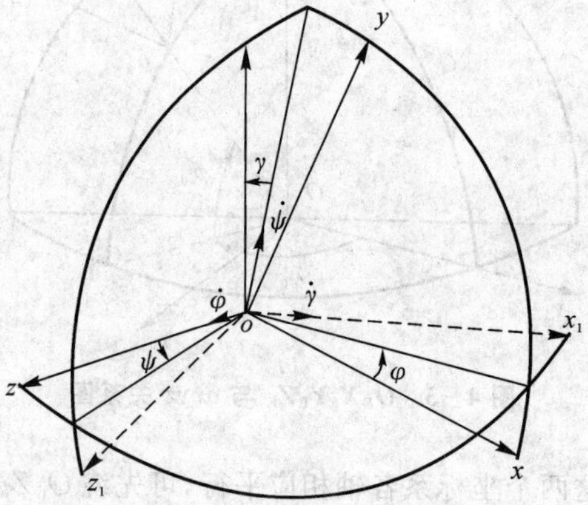

图 4-4　发射坐标系与箭体坐标系欧拉角关系图

- 角 φ 称为俯仰角，为火箭纵轴 ox_1 在射击平面 xoy 上的投影量与 x 轴的夹角，投影量在 ox 轴的上方为正角；
- 角 ψ 称为偏航角，为 ox_1 轴与射击平面的夹角，ox_1 轴在射击平面的左方，ψ 角取正值；
- 角 γ 称为滚动角，为火箭绕 ox_1 轴旋转的角度，当旋转角速度矢量与 ox_1 轴方向一致时，则 γ 角取为正值。

4. 发射坐标系与速度坐标系间的欧拉角及方向余弦阵

两个坐标系的转动至平行的顺序及欧拉角如图 4-5 所示，图中将两个坐标系原点重合，绕 oz 轴正向转动 θ 角(速度倾角)，接着绕 oy' 轴正向转动 σ 角(航迹偏角)，最后绕 ox_v 轴正向转动 ν 角(倾侧角)，即可使地面坐标系与速度坐标系相重合，上述 θ，σ，ν 角即为三个欧拉角，图 4-5 中表示的各欧拉角均定义为正值。不难写出这两个坐标系的方向余弦阵关系。

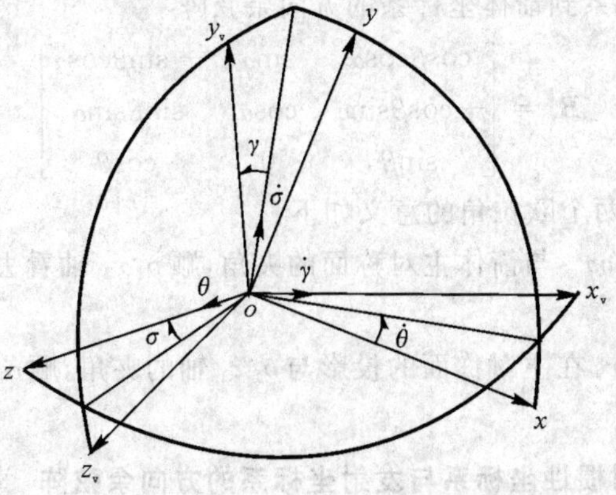

图 4－5　发射坐标系与速度坐标系欧拉角关系图

$$\begin{bmatrix} x_v^0 \\ y_v^0 \\ z_v^0 \end{bmatrix} = \boldsymbol{V}_G \begin{bmatrix} x^0 \\ y^0 \\ z^0 \end{bmatrix} \tag{4-7}$$

式中，$\boldsymbol{V}_G$ 为方向余弦阵。

$$\boldsymbol{V}_G = \begin{bmatrix} \cos\theta\cos\sigma & \sin\theta\cos\sigma & -\sin\sigma \\ \cos\theta\sin\sigma\sin\nu - \sin\theta\cos\nu & \sin\theta\sin\sigma\sin\nu + \cos\theta\cos\nu & \cos\sigma\sin\nu \\ \cos\theta\sin\sigma\cos\nu + \sin\theta\sin\nu & \sin\theta\sin\sigma\cos\nu - \cos\theta\sin\nu & \cos\sigma\cos\nu \end{bmatrix} \tag{4-8}$$

5. 速度坐标系与箭体坐标系间的欧拉角及方向余弦阵

据定义，速度坐标系 o_1y_v 轴在火箭主对称平面 $x_1o_1y_1$ 内。因此，这两个坐标系间的转换关系只存在两个欧拉角。将速度坐标系先绕 o_1y_v 转 β 角，β 角称为侧滑角；然后，绕新的侧轴 o_1z_1 转动 α 角，α 角称为攻角。即达到两个坐标系重合。两个坐标系的欧拉角关系如图 4－6 所示。图中之 α，β 均为正值方向。因此，可得两个坐标系的方向余弦关系为

$$\begin{bmatrix} x_1^0 \\ y_1^0 \\ z_1^0 \end{bmatrix} = \boldsymbol{B}_v \begin{bmatrix} x_v^0 \\ y_v^0 \\ z_v^0 \end{bmatrix} \tag{4-9}$$

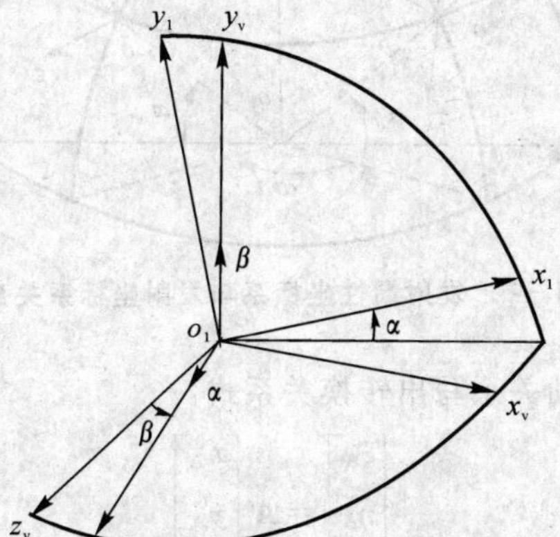

图 4－6　速度坐标系与箭体坐标系关系图

其中，$\boldsymbol{B}_v$ 表示由速度坐标系到箭体坐标系的方向余弦阵

$$\boldsymbol{B}_v = \begin{bmatrix} \cos\beta\cos\alpha & \sin\alpha & -\sin\beta\cos\alpha \\ -\cos\beta\sin\alpha & \cos\alpha & \sin\beta\sin\alpha \\ \sin\beta & 0 & \cos\beta \end{bmatrix} \tag{4-10}$$

由图 4-6 可看出这两个欧拉角的意义如下：

• 侧滑角 β 是速度轴 ox_v 与箭体主对称面的夹角，顺 o_1x_1 轴看去，o_1x_1 轴在主对称面右方为正；

• 攻角 α 是速度轴 o_1x_v 在主对称面的投影与 o_1x_1 轴的夹角，顺 o_1x_1 轴看去，速度轴的投影量在 o_1x_1 轴的下方为正。

6. 平移坐标系或发射惯性坐标系与发射坐标系的方向余弦阵

设地球为一圆球。据定义，发射惯性坐标系在发射瞬时与发射坐标系是重合的，只是由于地球旋转，使固定在地球上的发射坐标系在惯性空间的方位发生变化。记从发射瞬时到所讨论时刻的时间间隔为 t，则发射坐标系绕地轴转动 $\omega_e t$ 角。

显然，如果发射坐标系与发射惯性坐标系各有一轴与地球转动相平行，那它们之间方向余弦阵将是很简单的。一般情况下，这两个坐标系对转动轴而言是处于任意的位置。因此，首先考虑将这两个坐标系经过一定的转动使得相应的新坐标系各有一轴与转动轴平行，而且要求所转动的欧拉角是已知参数。一般情况下两个坐标系的关系如图 4-7 所示。由此可先将 $o_Ax_Ay_Az_A$ 与 $oxyz$ 分别绕 oy_A，oy 轴转动角 α_0，这即使得 ox_A，ox 轴转到发射点 o_A，o 所在子午面内，此时 oz_A 与 oz 轴转到垂直于各自子午面，并且在过发射点的纬圈的切线方向。然后再绕各自新的侧轴转 φ_0 角，从而得新的坐标系 $o_A\xi_A\eta_A\zeta_A$ 及 $o\xi\eta\zeta$，此时 $o\xi_A$ 轴与 $o\xi$ 轴均平行于地球转动轴。最后，将新的坐标系与各自原有坐标系固连起来，这样，$o_A\xi_A\eta_A\zeta_A$ 仍然为惯性坐标系，$oxyz$ 也仍然为随地球一起转动的相对坐标系。

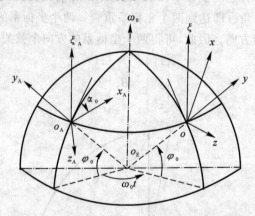

图 4-7　发射惯性坐标系与发射坐标系关系图

不难根据上述坐标系转动关系写出转换关系式：

$$\begin{bmatrix} \xi_A^0 \\ \eta_A^0 \\ \zeta_A^0 \end{bmatrix} = \boldsymbol{A} \begin{bmatrix} x_A^0 \\ y_A^0 \\ z_A^0 \end{bmatrix} \tag{4-11}$$

$$\begin{bmatrix} \xi^0 \\ \eta^0 \\ \zeta^0 \end{bmatrix} = \boldsymbol{A} \begin{bmatrix} x^0 \\ y^0 \\ z^0 \end{bmatrix} \tag{4-12}$$

式中

$$\boldsymbol{A} = \begin{bmatrix} \cos\alpha_0\cos\varphi_0 & \sin\varphi_0 & -\sin\alpha_0\cos\varphi_0 \\ -\cos\alpha_0\sin\varphi_0 & \cos\varphi_0 & \sin\alpha_0\sin\varphi_0 \\ \sin\alpha_0 & 0 & \cos\alpha_0 \end{bmatrix} \tag{4-13}$$

注意到在发射瞬时 $t=0$ 处，$o_A\xi_A\eta_A\zeta_A$ 与 $o\xi\eta\zeta$ 重合，且 $o\xi_A$，$o\xi$ 轴的方向与地球自转轴 ω_e 的方向一致。那么，任意瞬时 t，这两个坐标系存在一个绕 $o\xi_A$ 轴的欧拉角 $\omega_e t$，故它们之间有下列转换关系：

$$\begin{bmatrix} \xi^0 \\ \eta^0 \\ \zeta^0 \end{bmatrix} = \boldsymbol{B} \begin{bmatrix} \xi_A^0 \\ \eta_A^0 \\ \zeta_A^0 \end{bmatrix} \tag{4-14}$$

式中

$$\boldsymbol{B} = \begin{bmatrix} 1 & 0 & 0 \\ 0 & \cos\omega_e t & \sin\omega_e t \\ 0 & -\sin\omega_e t & \cos\omega_e t \end{bmatrix} \tag{4-15}$$

根据转换矩阵的传递性，由式(4－11)、式(4－12)及式(4－14)可得到

$$\begin{bmatrix} x^0 \\ y^0 \\ z^0 \end{bmatrix} = \boldsymbol{G}_A \begin{bmatrix} x_A^0 \\ y_A^0 \\ z_A^0 \end{bmatrix} \tag{4-16}$$

式中，$\boldsymbol{G}_A$ 为发射惯性坐标系与发射坐标系之间的方向余弦阵：

$$\boldsymbol{G}_A = \boldsymbol{A}^{-1}\boldsymbol{B}\boldsymbol{A} \tag{4-17}$$

由于 $\boldsymbol{A}$ 为正交矩阵，故有 $\boldsymbol{A}^{-1}=\boldsymbol{A}^{\mathrm{T}}$。

将式(4－13)、式(4－15)代入式(4－17)，运用矩阵乘法可得到矩阵 $\boldsymbol{G}_A$ 中的每个元素。令 g_{ij} 表示 $\boldsymbol{G}_A$ 中的第 i 行第 j 列元素，则有

$$\left.\begin{aligned}
g_{11} &= \cos^2\alpha_0\cos^2\varphi_0(1-\cos\omega_e t)+\cos\omega_e t \\
g_{12} &= \cos\alpha_0\sin\varphi_0\cos\varphi_0(1-\cos\omega_e t)-\sin\alpha_0\cos\varphi_0\sin\omega_e t \\
g_{13} &= -\sin\alpha_0\cos\alpha_0\cos^2\varphi_0(1-\cos\omega_e t)-\sin\varphi_0\sin\omega_e t \\
g_{21} &= \cos\alpha_0\sin\varphi_0\cos\varphi_0(1-\cos\omega_e t)+\sin\alpha_0\cos\varphi_0\sin\omega_e t \\
g_{22} &= \sin^2\varphi_0(1-\cos\omega_e t)+\cos\omega_e t \\
g_{23} &= -\sin\alpha_0\sin\varphi_0\cos\varphi_0(1-\cos\omega_e t)+\cos\alpha_0\cos\varphi_0\sin\omega_e t \\
g_{31} &= -\sin\alpha_0\cos\alpha_0\cos^2\varphi_0(1-\cos\omega_e t)+\sin\varphi_0\sin\omega_e t \\
g_{32} &= -\sin\alpha_0\sin\varphi_0\cos\varphi_0(1-\cos\omega_e t)-\cos\alpha_0\cos\varphi_0\sin\omega_e t \\
g_{33} &= \sin^2\alpha_0\cos^2\varphi_0(1-\cos\omega_e t)+\cos\omega_e t
\end{aligned}\right\} \tag{4-18}$$

将式(4－18)中含 $\omega_e t$ 的正弦、余弦函数展成 $\omega_e t$ 的幂级数，略去三阶及三阶以上的各项，即

$$\left.\begin{aligned}\cos\omega_e t&=1-\frac{1}{2}(\omega_e t)^2\\ \sin\omega_e t&=\omega_e t\end{aligned}\right\}\tag{4-19}$$

并将$\boldsymbol{\omega}_e$在地面坐标系内投影，如图4-8所示。各投影分量可按下列步骤求取：首先在过发射点o的子午面内将$\boldsymbol{\omega}_e$分解为oy轴方向和水平（垂直oy轴）方向的两个分量，然后再将水平分量分解为沿ox轴方向与oz轴方向的分量。由此可得$\boldsymbol{\omega}_e$在地面坐标系的3个分量为

$$\begin{bmatrix}\omega_{ex}\\ \omega_{ey}\\ \omega_{ez}\end{bmatrix}=\omega_e\begin{bmatrix}\cos\varphi_0\cos\alpha_0\\ \sin\varphi_0\\ -\cos\varphi_0\sin\alpha_0\end{bmatrix}\tag{4-20}$$

将式(4-19)及式(4-20)代入式(4-18)，则得$\boldsymbol{G}_A$精确至$\omega_e t$的二次方项的形式。

$$\boldsymbol{G}_A=\begin{bmatrix}1-\frac{1}{2}(\omega_e^2-\omega_{ex}^2)t^2 & \omega_{ez}t+\frac{1}{2}\omega_{ex}\omega_{ey}t^2 & -\omega_{ey}t+\frac{1}{2}\omega_{ex}\omega_{ez}t^2\\ -\omega_{ez}t+\frac{1}{2}\omega_{ex}\omega_{ey}t^2 & 1-\frac{1}{2}(\omega_e^2-\omega_{ey}^2)t^2 & \omega_{ex}t+\frac{1}{2}\omega_{ey}\omega_{ez}t^2\\ \omega_{ey}t+\frac{1}{2}\omega_{ex}\omega_{ez}t^2 & -\omega_{ex}t+\frac{1}{2}\omega_{ey}\omega_{ez}t^2 & 1-\frac{1}{2}(\omega_e^2-\omega_{ez}^2)t^2\end{bmatrix}\tag{4-21}$$

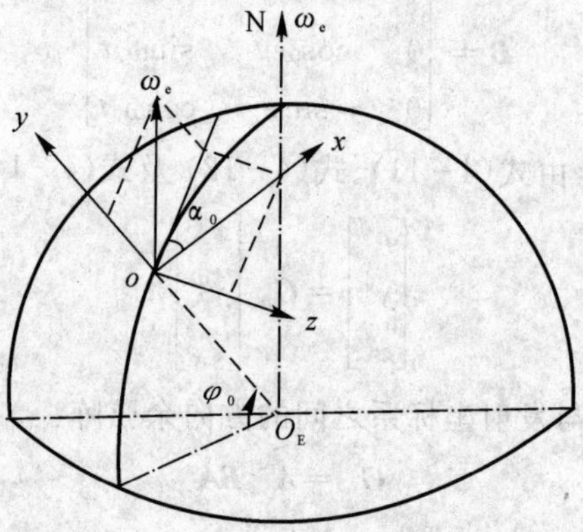

图4-8 ω_e在$oxyz$坐标系上的投影

如果将$\boldsymbol{G}_A$进一步近似至$\omega_e t$的一次项，则由式(4-21)可得

$$\boldsymbol{G}_A=\begin{bmatrix}1 & \omega_{ez}t & -\omega_{ey}t\\ -\omega_{ez}t & 1 & \omega_{ex}t\\ \omega_{ey}t & -\omega_{ex}t & 1\end{bmatrix}\tag{4-22}$$

不难理解，由于平移坐标系与发射惯性坐标系各轴始终保持平行，因此，这两个坐标系与地面坐标系之间的方向余弦阵应是相同的，即

$$\boldsymbol{G}_T=\boldsymbol{G}_A\tag{4-23}$$

如果将地球考虑成标准椭球体，则只需将上述方向余弦阵元素中的地心方位角α_0和地心纬度φ_0分别以大地方位角A_0及大地纬度B_0代入即可。

以上介绍了一些坐标系之间的方向余弦阵，虽未给出所有常用坐标系中任意两个坐标系间的方向余弦关系，但运用转换矩阵的递推性是不难推导的。

4.1.1.3　一些欧拉角的联系方程

在实际运用中，一些描述坐标系关系的欧拉角可通过转换矩阵的递推性找到它们之间的联系方程。这样，在知道某些欧拉角后，就可以通过联系方程来求取另外一些欧拉角。

1. 速度坐标系、箭体坐标系及发射坐标系之间的欧拉角联系方程

由发射坐标系转换到速度坐标系，既可直接进行转换：

$$\begin{bmatrix} x_v^0 \\ y_v^0 \\ z_v^0 \end{bmatrix} = \boldsymbol{V}_G \begin{bmatrix} x^0 \\ y^0 \\ z^0 \end{bmatrix}$$

也可利用转换矩阵的递推性，通过箭体坐标系再转换到速度坐标系，有

$$\begin{bmatrix} x_v^0 \\ y_v^0 \\ z_v^0 \end{bmatrix} = \boldsymbol{V}_B \boldsymbol{B}_G \begin{bmatrix} x^0 \\ y^0 \\ z^0 \end{bmatrix}$$

比较上两式可知

$$\boldsymbol{V}_G = \boldsymbol{V}_B \boldsymbol{B}_G$$

上式的展开形式为

$$\begin{bmatrix} \cos\theta\cos\sigma & \sin\theta\cos\sigma & -\sin\sigma \\ \cos\theta\sin\sigma\sin\nu - \sin\theta\cos\nu & \sin\theta\sin\sigma\sin\nu + \cos\theta\cos\nu & \cos\sigma\sin\nu \\ \cos\theta\sin\sigma\cos\nu + \sin\theta\sin\nu & \sin\theta\sin\sigma\cos\nu - \cos\theta\sin\nu & \cos\sigma\cos\nu \end{bmatrix} =$$

$$\begin{bmatrix} \cos\beta\cos\alpha & -\cos\beta\sin\alpha & \sin\beta \\ \sin\alpha & \cos\alpha & 0 \\ -\sin\beta\cos\alpha & \sin\beta\sin\alpha & \cos\beta \end{bmatrix} \cdot$$

$$\begin{bmatrix} \cos\varphi\cos\psi & \sin\varphi\cos\psi & -\sin\psi \\ \cos\varphi\sin\psi\sin\gamma - \sin\varphi\cos\gamma & \sin\varphi\sin\psi\sin\gamma + \cos\varphi\cos\gamma & \cos\psi\sin\gamma \\ \cos\varphi\sin\psi\cos\gamma + \sin\varphi\sin\gamma & \sin\varphi\sin\psi\cos\gamma - \cos\varphi\sin\gamma & \cos\psi\cos\gamma \end{bmatrix} \tag{4-24}$$

等式右端的方向余弦阵中有 3 个欧拉角：θ,σ,ν，而等式右端的方向余弦阵中包含 5 个欧拉角：$\varphi,\psi,\gamma,\alpha,\beta$，由于方向余弦阵中的 8 个元素只有 5 个是独立的，因此由式(4-24) 只能找到 3 个独立的关系性。选定 3 个联系方程的方法是必须是在不同一行或同一列的 3 个方向余弦元素。在式(4-24) 中，可选以下 3 个联系方程：

$$\left.\begin{aligned} &\sin\sigma = \cos\alpha\cos\beta\sin\psi + \sin\alpha\cos\beta\cos\psi\sin\gamma - \sin\beta\cos\psi\cos\gamma \\ &\cos\sigma\sin\nu = -\sin\psi\sin\alpha + \cos\alpha\cos\psi\sin\gamma \\ &\cos\theta\cos\sigma = \cos\alpha\cos\beta\cos\varphi\cos\psi - \sin\alpha\cos\beta(\cos\varphi\sin\psi\sin\gamma - \sin\varphi\cos\gamma) + \\ &\qquad \sin\beta(\cos\varphi\sin\psi\cos\gamma + \sin\varphi\sin\gamma) \end{aligned}\right\} \tag{4-25}$$

或另选 3 个方程：

$$\left.\begin{aligned} &\sin\beta = \cos(\theta-\varphi)\cos\sigma\sin\psi\cos\gamma + \sin(\varphi-\theta)\cos\sigma\sin\gamma - \sin\sigma\cos\psi\cos\gamma \\ &-\sin\alpha\cos\beta = \cos(\theta-\varphi)\cos\sigma\sin\psi\sin\gamma + \sin(\theta-\varphi)\cos\sigma\cos\gamma - \sin\sigma\cos\psi\sin\gamma \\ &\sin\nu = \frac{1}{\cos\sigma}(\cos\sigma\cos\psi\sin\gamma - \sin\psi\sin\alpha) \end{aligned}\right\} \tag{4-26}$$

式(4-25)与式(4-26)是等价的，应用时可任选一组，看哪组方便选哪组。

因β,σ,ν,φ和γ均较小，将它们的正弦、余弦量展成泰勒级数取至一阶数量，并将上述各量之一阶微量的乘积作为高阶微量略去，则式(4-26)可简化、整理为

$$\left.\begin{aligned}\sigma&=\psi\cos\alpha+\gamma\sin\alpha-\beta\\ \nu&=\gamma\cos\alpha-\psi\sin\alpha\\ \theta&=\varphi-\alpha\end{aligned}\right\}\tag{4-27}$$

将α也视为小量，按上述原则作进一点简化可得

$$\left.\begin{aligned}\sigma&=\psi-\beta\\ v&=\gamma\\ \theta&=\varphi-\alpha\end{aligned}\right\}\tag{4-28}$$

由上面讨论可知，在这8个欧拉角中，只有5个是独立的，当知道其中的5个时，即可通过3个联系方程将其他3个欧拉角找到。

2. 箭体坐标系相对于发射坐标系的姿态角与相对于平移坐标系姿态角间的关系

已知箭体坐标系与发射坐标系的方向余弦阵为$\boldsymbol{G}_{\mathrm{B}}$，其中3个欧拉角顺序排列为$\varphi,\psi,\gamma$，箭体坐标系与平移坐标系之间的欧拉角亦可按顺序排列记为$\varphi_{\mathrm{T}},\psi_{\mathrm{T}},\gamma_{\mathrm{T}}$，其方向余弦阵$\boldsymbol{T}_{\mathrm{B}}$与$\boldsymbol{G}_{\mathrm{B}}$形式上相同，有

$$\boldsymbol{T}_{\mathrm{B}}=\begin{bmatrix}\cos\varphi_{\mathrm{T}}\cos\psi_{\mathrm{T}} & \cos\varphi_{\mathrm{T}}\sin\psi_{\mathrm{T}}\sin\gamma_{\mathrm{T}}-\sin\varphi_{\mathrm{T}}\cos\gamma_{\mathrm{T}} & \cos\varphi_{\mathrm{T}}\sin\psi_{\mathrm{T}}\cos\gamma_{\mathrm{T}}+\sin\varphi_{\mathrm{T}}\sin\gamma_{\mathrm{T}}\\ \sin\varphi_{\mathrm{T}}\cos\psi_{\mathrm{T}} & \sin\varphi_{\mathrm{T}}\sin\psi_{\mathrm{T}}\sin\gamma_{\mathrm{T}}+\cos\varphi_{\mathrm{T}}\cos\gamma_{\mathrm{T}} & \sin\varphi_{\mathrm{T}}\sin\psi_{\mathrm{T}}\cos\gamma_{\mathrm{T}}-\cos\varphi_{\mathrm{T}}\sin\gamma_{\mathrm{T}}\\ -\sin\psi_{\mathrm{T}} & \cos\psi_{\mathrm{T}}\sin\gamma_{\mathrm{T}} & \cos\psi_{\mathrm{T}}\cos\gamma_{\mathrm{T}}\end{bmatrix}\tag{4-29}$$

由转换矩阵的递推性有

$$\boldsymbol{T}_{\mathrm{B}}=\boldsymbol{T}_{\mathrm{G}}\,\boldsymbol{G}_{\mathrm{B}}\tag{4-30}$$

其中$\boldsymbol{T}_{\mathrm{G}},\boldsymbol{G}_{\mathrm{B}}$的矩阵可由式(4-21)、式(4-6)得到

考虑到$\psi,\gamma,\psi_{\mathrm{T}},\gamma_{\mathrm{T}}$和$\omega_{\mathrm{e}}t$均为小量，将它们的正弦、余弦展成泰勒级数取至一阶微量，则可将式(4-30)写成展开式后准确至一阶微量的形式，即

$$\left.\begin{aligned}&\begin{bmatrix}\cos\varphi_{\mathrm{T}} & -\sin\varphi_{\mathrm{T}} & \psi_{\mathrm{T}}\cos\varphi_{\mathrm{T}}+\gamma_{\mathrm{T}}\sin\varphi_{\mathrm{T}}\\ \sin\varphi_{\mathrm{T}} & \cos\varphi_{\mathrm{T}} & \psi_{\mathrm{T}}\sin\varphi_{\mathrm{T}}-\gamma_{\mathrm{T}}\cos\varphi_{\mathrm{T}}\\ -\psi_{\mathrm{T}} & \gamma_{\mathrm{T}} & 1\end{bmatrix}=\\ &\begin{bmatrix}1 & -\omega_{\mathrm{ez}}t & -\omega_{\mathrm{ey}}t\\ \omega_{\mathrm{ez}}t & 1 & -\omega_{\mathrm{ex}}t\\ -\omega_{\mathrm{ey}}t & \omega_{\mathrm{ex}}t & 1\end{bmatrix}\begin{bmatrix}\cos\varphi & -\sin\varphi & \psi\cos\varphi+\gamma\sin\varphi\\ \sin\varphi & \cos\varphi & \psi\sin\varphi-\gamma\cos\varphi\\ -\psi & \gamma & 1\end{bmatrix}\end{aligned}\right\}\tag{4-31}$$

在上面矩阵等式中选取不属同一行或同一列的3个元素建立3个等式，即可找到两种状态角的关系式为

$$\left.\begin{aligned}\varphi_{\mathrm{T}}&=\varphi+\omega_{\mathrm{ez}}t\\ \psi_{\mathrm{T}}&=\psi+(\omega_{\mathrm{ey}}\cos\varphi-\omega_{\mathrm{ex}}\sin\varphi)t\\ \gamma_{\mathrm{T}}&=\gamma+(\omega_{\mathrm{ey}}\sin\varphi+\omega_{\mathrm{ex}}\cos\varphi)t\end{aligned}\right\}\tag{4-32}$$

其中，相应姿态角的差值是由地球旋转影响地面坐标系方向轴的变化引起的。

4.1.2　坐标系间矢量导数的关系

设有原点重合的两个右手直角坐标系，其中 $oxyz$ 坐标系相对于另一坐标系 P 以角速度 $\boldsymbol{\omega}$ 转动。$\boldsymbol{x}^0,\boldsymbol{y}^0,\boldsymbol{z}^0$ 为转动坐标系的单位矢量，则任意矢量 $\boldsymbol{A}$ 可表示为

$$\boldsymbol{A}=a_x\boldsymbol{x}^0+a_y\boldsymbol{y}^0+a_z\boldsymbol{z}^0 \tag{4-33}$$

将式(4-33)微分，得

$$\frac{\mathrm{d}\boldsymbol{A}}{\mathrm{d}t}=\frac{\mathrm{d}a_x}{\mathrm{d}t}\boldsymbol{x}^0+\frac{\mathrm{d}a_y}{\mathrm{d}t}\boldsymbol{y}^0+\frac{\mathrm{d}a_z}{\mathrm{d}t}\boldsymbol{z}^0+a_z\frac{\mathrm{d}\boldsymbol{x}^0}{\mathrm{d}t}+a_y\frac{\mathrm{d}\boldsymbol{y}^0}{\mathrm{d}t}+a_z\frac{\mathrm{d}\boldsymbol{z}^0}{\mathrm{d}t} \tag{4-34}$$

定义

$$\frac{\delta\boldsymbol{A}}{\delta t}=\frac{\mathrm{d}a_x}{\mathrm{d}t}\boldsymbol{x}^0+\frac{\mathrm{d}a_y}{\mathrm{d}t}\boldsymbol{y}^0+\frac{\mathrm{d}a_z}{\mathrm{d}t}\boldsymbol{z}^0 \tag{4-35}$$

该 $\delta\boldsymbol{A}/\delta t$ 是处于转动坐标系 $oxyz$ 内的观测者所见到的矢量 $\boldsymbol{A}$ 随时间的变化率。对于该观测者而言，只有 $\boldsymbol{A}$ 的分量能变，而单位矢量 $\boldsymbol{x}^0,\boldsymbol{y}^0,\boldsymbol{z}^0$ 是固定不动的。但对于处于 P 坐标系内的观测者来说，$\mathrm{d}\boldsymbol{x}^0/\mathrm{d}t$ 是具有位置矢量 $\boldsymbol{x}^0$ 的点由于转动 $\boldsymbol{\omega}$ 而造成的速度。由理论力学可知该点的速度为

$$\frac{\mathrm{d}\boldsymbol{x}^0}{\mathrm{d}t}=\boldsymbol{\omega}\times\boldsymbol{x}^0$$

同理可得

$$\frac{\mathrm{d}\boldsymbol{y}^0}{\mathrm{d}t}=\boldsymbol{\omega}\times\boldsymbol{y}^0,\quad \frac{\mathrm{d}\boldsymbol{z}^0}{\mathrm{d}t}=\boldsymbol{\omega}\times\boldsymbol{z}^0$$

将上述关系式代入式(4-34)即得

$$\frac{\mathrm{d}\boldsymbol{A}}{\mathrm{d}t}=\frac{\delta\boldsymbol{A}}{\delta t}+\boldsymbol{\omega}\times\boldsymbol{A} \tag{4-36}$$

将 $\delta\boldsymbol{A}/\delta t$ 称为在转动坐标系 $oxyz$ 中的“局部导数”(或称“相对导数”)。$\mathrm{d}\boldsymbol{A}/\mathrm{d}t$ 称为“绝对导数”，相当于站在惯性坐标系中的观测者所看到的矢量 $\boldsymbol{A}$ 的变化率。

需要强调的是，实际推导中并未用到惯性坐标系的假设，因此，对于任意两个有相对转动的坐标系，关系式(4-36)是普遍成立的。

4.1.3　变质量力学原理

当研究火箭的运动时，在每一瞬时，只将在该瞬时位于“规定”表面以内的质点作为它的代表。这一“规定”的表面，通常是取火箭的外表面和喷管的出口断面。火箭发动机工作时，燃料燃烧后的气体质点不断地由火箭内部喷出，火箭的质量不断减小，因此，整个火箭运动过程是一变质量系，实际上火箭质量变化原因除燃料(占起飞时质量的十分之八九)消耗外，还有控制发动机系统及冷却系统工作的工质消耗，以及作为再入大气层的弹头或飞行器烧蚀影响等，这些都使火箭整体不是一个定质点系。这样，动力学的经典理论就不能直接用来研究火箭的运动，因而有必要介绍有关变质量系运动的基本力学原理。

1. 变质量质点运动的力学原理

设有一质量随时间变化的质点，其质量在 t 时刻为 $m(t)$，并具有绝对速度 $\mathbf{V}$，此时该质点

的动量为

$$Q(t) = m(t)V \tag{4-37}$$

在 $\mathrm{d}t$ 时间内，有外界作用在系统质点上的力 $\boldsymbol{F}$ 且质点 M 向外以相对速度 $\boldsymbol{V}_r$ 喷射出元质量 $-\mathrm{d}m$，如图 4-9 所示。显然

$$-\mathrm{d}m = m(t) - m(t+\mathrm{d}t) \tag{4-38}$$

假设在 $\mathrm{d}t$ 时间内质点 $m(t+\mathrm{d}t)$ 具有的速度增量为 $\mathrm{d}\boldsymbol{V}$，那么在 $t+\mathrm{d}t$ 时刻，整个质点的动量应为

$$\boldsymbol{Q}(t+\mathrm{d}t) = [m(t) - (-\mathrm{d}m)](\boldsymbol{V}+\mathrm{d}\boldsymbol{V}) + (-\mathrm{d}m)(\boldsymbol{V}+\boldsymbol{V}_r) \tag{4-39}$$

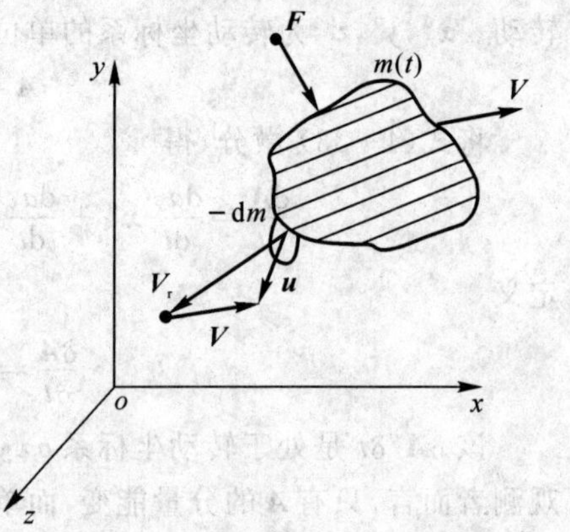

图 4-9　变质量质点示意图

略去 $\mathrm{d}m\mathrm{d}\boldsymbol{V}$ 项，则

$$\boldsymbol{Q}(t+\mathrm{d}t) = m(t)(\boldsymbol{V}+\mathrm{d}\boldsymbol{V}) - \mathrm{d}m\,\boldsymbol{V}_r \tag{4-40}$$

比较式(4-37)、式(4-40)，可得整个质点在 $\mathrm{d}t$ 时间内的动量变化量为

$$\mathrm{d}\boldsymbol{Q} = m\mathrm{d}\boldsymbol{V} - \mathrm{d}m\,\boldsymbol{V}_r \tag{4-41}$$

根据常质量质心动量定理有

$$\frac{\mathrm{d}\boldsymbol{Q}}{\mathrm{d}t} = \boldsymbol{F} \tag{4-42}$$

式中，$\boldsymbol{F}$ 是指外界作用在整个质点上的力，则有

$$m\frac{\mathrm{d}\boldsymbol{V}}{\mathrm{d}t} = \boldsymbol{F} + \frac{\mathrm{d}m}{\mathrm{d}t}\boldsymbol{V}_r \tag{4-43}$$

该方程为密歇尔斯基方程，即为变质量质点基本方程。

对于不变质量质点，$\mathrm{d}m/\mathrm{d}t = 0$，则由式(4-43)得到熟知的牛顿第二定律的一般表达式为

$$m\frac{\mathrm{d}\boldsymbol{V}}{\mathrm{d}t} = \boldsymbol{F} \tag{4-44}$$

如果将式(4-43)中具有力的量纲项 $(\mathrm{d}m/\mathrm{d}t)\boldsymbol{V}_r$ 视为作用在质点 M 上的力，记为 $\boldsymbol{P}_r$。则可将式(4-43)式写成如下形式：

$$m\frac{\mathrm{d}\boldsymbol{V}}{\mathrm{d}t} = \boldsymbol{F} + \boldsymbol{P}_r \tag{4-45}$$

式中，$\boldsymbol{P}_r$ 称为喷射反作用力。

对于物体而言，$\mathrm{d}m/\mathrm{d}t < 0$，故喷射反作用力的方向与 $\boldsymbol{V}_r$ 方向相反，是一个加速力。

由上述内容可知，物体产生运动状态的变化，除外界作用力外，还可通过物体本身向所需运动反方向喷射物质而获得加速度，这称为直接反作用原理。

根据密歇尔斯基方程，如果质点不受外力作用，则有

$$m\frac{\mathrm{d}\boldsymbol{V}}{\mathrm{d}t} = \frac{\mathrm{d}m}{\mathrm{d}t}\boldsymbol{V}_r$$

若设 $\boldsymbol{V}$ 与 $\boldsymbol{V}_r$ 正好反向，即

$$m\frac{\mathrm{d}V}{\mathrm{d}t} = -\frac{\mathrm{d}m}{\mathrm{d}t}V_r$$

则

$$dV = -V_r \frac{dm}{m}$$

当喷射元质量的速度 V_r 为定值时，对上式积分可得

$$V - V_0 = -V_r \ln \frac{m}{m_0} \tag{4-46}$$

式中，V_0，m_0 为起始时刻质点所具有的速度和质量。m_0 为物体结构质量 m_k 与全部可喷射物质质量 m_T 之和。

若初始速度 $V_0 = 0$，在 m_T 全部喷射完时，物体具有速度则为

$$V_k = -V_r \ln \frac{m_k}{m_0} \tag{4-47}$$

此式即为著名的齐奥尔柯夫斯基公式。用该式计算出的速度为理想速度。

该式说明，物体不受外力作用时，变质量质点在给定的 m_0 中，喷射物体占有质量 m_T 愈多或喷射物质质量一定，但喷射元质量的速度 V_r 愈大，则质点的理想速度就愈大。

2. 变质量质点系运动的力学原理

当组成物体为变质量质点系时，其中除有一些质点随物体作牵连运动外，在物体内部还有相对运动，这对物体的运动也是有影响的。此时，若对该物体运用密歇尔斯基方程来建立运动方程，则存在近似性，因此必须对变质量质点系进行专门的讨论。

在理论力学中已介绍离散质点系的动力学方程，即在 $oXYZ$ 为惯性参考系中，有一质点系 S，该质点系由 N 个质点组成，离散质点 m_i 在惯性坐标系中的矢径为 $\boldsymbol{r}_i$，外界作用于系统 S 上的总外力为 $\boldsymbol{F}_S$，则系统 S 的平动方程及转动方程为

$$\boldsymbol{F}_S = \sum_{i=1}^{N} m_i \frac{d^2 \boldsymbol{r}_i}{dt^2} \tag{4-48}$$

$$\boldsymbol{M}_S = \sum_{i=1}^{N} m_i \boldsymbol{r}_i \times \frac{d^2 \boldsymbol{r}_i}{dt^2} \tag{4-49}$$

现要研究连续质点系（即物体）的运动方程，则将物体考虑成是无数个具有无穷小质量的质点组成的系统。在这种情况下，方程式(4-48)和式(4-49)中的求和符号必须用积分符号来代替，于是有

$$\boldsymbol{F} = \int_m \frac{d^2 \boldsymbol{r}}{dt^2} dm \tag{4-50}$$

$$\boldsymbol{M} = \int_m \boldsymbol{r} \times \frac{d^2 \boldsymbol{r}}{dt^2} dm \tag{4-51}$$

上两式中虽只有一个积分符号，实质上，对于一个三维系统，该积分为三重积分。这是因为 dm 可以写成 ρdV，其中 ρ 是质量密度，dV 是体积元，故将该体积以 $\int_m$ 表示。

(1) 连续质点系的质心运动方程。设系统 S 对惯性坐标系有转动速度 $\boldsymbol{\omega}_T$，而系统 S 中的任一质点元 P 在惯性坐标系中的矢径 $\boldsymbol{r}$ 可以表示为系统 S 质心的矢径 $\boldsymbol{r}_{c.m}$ 与质心到质点元 P 的矢量 $\boldsymbol{\rho}$ 之和，如图 4-10 所示。即有

$$\boldsymbol{r} = \boldsymbol{\rho} + \boldsymbol{r}_{c.m} \tag{4-52}$$

因此

$$\frac{\mathrm{d}^2\boldsymbol{r}}{\mathrm{d}t^2}=\frac{\mathrm{d}^2\boldsymbol{r}_{\mathrm{c.m}}}{\mathrm{d}t^2}+\frac{\mathrm{d}^2\boldsymbol{\rho}}{\mathrm{d}t^2} \tag{4-53}$$

假定刚体相对坐标系 $oXYZ$ 有一个旋转角速度$\boldsymbol{\omega}_{\mathrm{T}}$，根据矢量运算关系，有

$$\frac{\mathrm{d}\boldsymbol{\rho}}{\mathrm{d}t}=\frac{\delta\boldsymbol{\rho}}{\delta t}+\boldsymbol{\omega}_{\mathrm{T}}\times\boldsymbol{\rho} \tag{4-54}$$

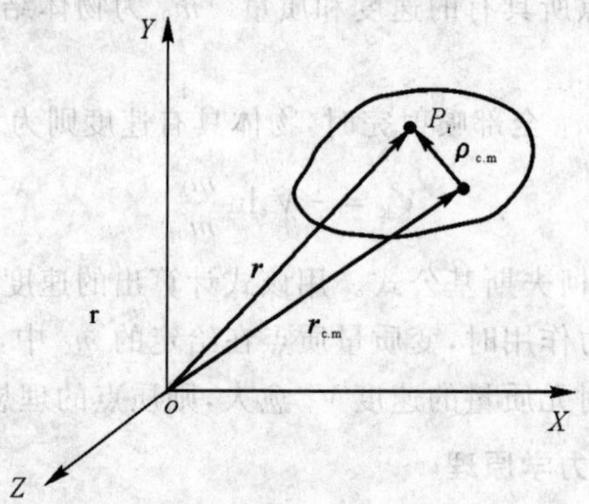

图 4-10　质点系矢量关系图

这里，称$\dfrac{\mathrm{d}\boldsymbol{\rho}}{\mathrm{d}t}$为矢量$\boldsymbol{\rho}$的绝对导数，$\dfrac{\delta\boldsymbol{\rho}}{\delta t}$为$\boldsymbol{\rho}$的相对导数。把式(4-54)代入式(4-53)，得到

$$\frac{\mathrm{d}^2\boldsymbol{\rho}}{\mathrm{d}t^2}=\frac{\delta^2\boldsymbol{\rho}}{\delta t^2}+2\,\boldsymbol{\omega}_{\mathrm{T}}\times\frac{\delta\boldsymbol{\rho}}{\delta t}+\frac{\mathrm{d}\,\boldsymbol{\omega}_{\mathrm{T}}}{\mathrm{d}t}\times\boldsymbol{\rho}+\boldsymbol{\omega}_{\mathrm{T}}\times(\boldsymbol{\omega}_{\mathrm{T}}\times\boldsymbol{\rho}) \tag{4-55}$$

将式(4-55)代入式(4-53)，最后得到

$$\frac{\mathrm{d}^2\boldsymbol{r}}{\mathrm{d}t^2}=\frac{\mathrm{d}^2\boldsymbol{r}_{\mathrm{c.m}}}{\mathrm{d}t^2}+2\,\boldsymbol{\omega}_{\mathrm{T}}\times\frac{\delta\boldsymbol{\rho}}{\delta t}+\frac{\delta^2\boldsymbol{\rho}}{\delta t^2}+\frac{\mathrm{d}\,\boldsymbol{\omega}_{\mathrm{T}}}{\mathrm{d}t}\times\boldsymbol{\rho}+\boldsymbol{\omega}_{\mathrm{T}}\times(\boldsymbol{\omega}_{\mathrm{T}}\times\boldsymbol{\rho}) \tag{4-56}$$

由于$\boldsymbol{\rho}$表示系统S的质点到质心的矢径，根据质心的定义有$\int_m\boldsymbol{\rho}\,\mathrm{d}m=0$，因此，将式(4-56)代入式(4-50)后，可得

$$\boldsymbol{F}_{\mathrm{S}}=m\frac{\mathrm{d}^2\boldsymbol{r}_{\mathrm{c.m}}}{\mathrm{d}t^2}+2\,\boldsymbol{\omega}_{\mathrm{T}}\times\int_m\frac{\delta\boldsymbol{\rho}}{\delta t}\mathrm{d}m+\int_m\frac{\delta^2\boldsymbol{\rho}}{\delta t^2}\mathrm{d}m \tag{4-57}$$

式(4-57)为适用于任意变质量物体的一般运动方程，从而可得任意变质量物体的质心运动方程为

$$m\frac{\mathrm{d}^2\boldsymbol{r}_{\mathrm{c.m}}}{\mathrm{d}t^2}=\boldsymbol{F}_{\mathrm{S}}+\boldsymbol{F}'_{\mathrm{k}}+\boldsymbol{F}'_{\mathrm{rel}} \tag{4-58}$$

式中

$$\boldsymbol{F}'_{\mathrm{k}}=-2\,\boldsymbol{\omega}_{\mathrm{T}}\times\int_m\frac{\delta\boldsymbol{\rho}}{\delta t}\mathrm{d}m$$

$$\boldsymbol{F}'_{\mathrm{rel}}=-\int_m\frac{\delta^2\boldsymbol{\rho}}{\delta t^2}\mathrm{d}m$$

式中，$\boldsymbol{F}'_{\mathrm{k}}$，$\boldsymbol{F}'_{\mathrm{rel}}$分别称为系统S的附加哥氏力和附加相对力。

(2) 连续质点系的转动方程。由式(4-51)不难写出变质量质点系S在力$\boldsymbol{F}$的作用下所产生的绕惯性坐标系原点 o 和绕系统S的质心的力矩方程为

$$\boldsymbol{M}_0=\int_m\boldsymbol{r}\times\frac{\mathrm{d}^2\boldsymbol{r}}{\mathrm{d}t^2}\mathrm{d}m \tag{4-59}$$

$$\boldsymbol{M}_{\mathrm{c.m}}=\int_m \boldsymbol{\rho}\times\frac{\mathrm{d}^2\boldsymbol{r}}{\mathrm{d}t^2}\mathrm{d}m \tag{4-60}$$

考虑到以后研究火箭在空中的姿态变化是以绕质心的转动来进行的，因此，下面对式(4-60)进行讨论。

将式(4-56)代入式(4-60)，则力矩方程即可写为

$$\boldsymbol{M}_{\mathrm{c.m}}=\int_m \boldsymbol{\rho}\times\frac{\mathrm{d}^2\boldsymbol{r}_{\mathrm{c.m}}}{\mathrm{d}t^2}\mathrm{d}m+2\int_m \boldsymbol{\rho}\times\left(\boldsymbol{\omega}_{\mathrm{T}}\times\frac{\delta\boldsymbol{\rho}}{\delta t}\right)\mathrm{d}m+\int_m \boldsymbol{\rho}\times\frac{\delta^2\boldsymbol{\rho}}{\delta t^2}\mathrm{d}m+$$
$$\int_m \boldsymbol{\rho}\times\left(\frac{\mathrm{d}\,\boldsymbol{\omega}_{\mathrm{T}}}{\mathrm{d}t}\times\boldsymbol{\rho}\right)\mathrm{d}m+\int_m \boldsymbol{\rho}\times[\boldsymbol{\omega}_{\mathrm{T}}\times(\boldsymbol{\omega}_{\mathrm{T}}\times\boldsymbol{\rho})]\mathrm{d}m$$

注意到 $\boldsymbol{r}_{\mathrm{c.m}}$ 与质量 $\mathrm{d}m$ 无关，且按质心的定义有 $\int_m \boldsymbol{\rho}\,\mathrm{d}m=0$，则上式简化为

$$\boldsymbol{M}_{\mathrm{c.m}}=2\int_m \boldsymbol{\rho}\times\left(\boldsymbol{\omega}_{\mathrm{T}}\times\frac{\delta\boldsymbol{\rho}}{\delta t}\right)\mathrm{d}m+\int_m \boldsymbol{\rho}\times\frac{\delta^2\boldsymbol{\rho}}{\delta t^2}\mathrm{d}m+\int_m \boldsymbol{\rho}\times\left(\frac{\mathrm{d}\,\boldsymbol{\omega}_{\mathrm{T}}}{\mathrm{d}t}\times\boldsymbol{\rho}\right)\mathrm{d}m+$$
$$\int_m \boldsymbol{\rho}\times[\boldsymbol{\omega}_{\mathrm{T}}\times(\boldsymbol{\omega}_{\mathrm{T}}\times\boldsymbol{\rho})]\mathrm{d}m \tag{4-61}$$

式(4-61)为适用于任意变质量物体的绕质心的一般转动方程。据此可写成另一种形式，首先将式(4-61)移项写为

$$\int_m \boldsymbol{\rho}\times[\boldsymbol{\omega}_{\mathrm{T}}\times(\boldsymbol{\omega}_{\mathrm{T}}\times\boldsymbol{\rho})]\mathrm{d}m+\int_m \boldsymbol{\rho}\times\left(\frac{\mathrm{d}\,\boldsymbol{\omega}_{\mathrm{T}}}{\mathrm{d}t}\times\boldsymbol{\rho}\right)\mathrm{d}m=\boldsymbol{M}_{\mathrm{c.m}}+\boldsymbol{M}'_{\mathrm{k}}+\boldsymbol{M}'_{\mathrm{rel}} \tag{4-62}$$

其中

$$\boldsymbol{M}'_{\mathrm{k}}=-2\int_m \boldsymbol{\rho}\times\left(\boldsymbol{\omega}_{\mathrm{T}}\times\frac{\delta\boldsymbol{\rho}}{\delta t}\right)\mathrm{d}m$$
$$\boldsymbol{M}'_{\mathrm{rel}}=-\int_m \boldsymbol{\rho}\times\frac{\delta^2\boldsymbol{\rho}}{\delta t^2}\mathrm{d}m$$

式中，$\boldsymbol{M}'_{\mathrm{k}}$，$\boldsymbol{M}'_{\mathrm{rel}}$ 分别称为系统 S 的附加哥氏力矩和附加相对力矩。

式(4-62)左端的第一项，根据矢量叉乘运算法则：

$$\boldsymbol{A}\times(\boldsymbol{B}\times\boldsymbol{C})=(\boldsymbol{A}\cdot\boldsymbol{C})\cdot\boldsymbol{B}-(\boldsymbol{A}\cdot\boldsymbol{B})\cdot\boldsymbol{C}=\boldsymbol{B}\times(\boldsymbol{A}\times\boldsymbol{C})+\boldsymbol{C}\times(\boldsymbol{B}\times\boldsymbol{A})$$

可得

$$\int_m \boldsymbol{\rho}\times[\boldsymbol{\omega}_{\mathrm{T}}\times(\boldsymbol{\omega}_{\mathrm{T}}\times\boldsymbol{\rho})]\mathrm{d}m=\boldsymbol{\omega}_{\mathrm{T}}\times\int_m \boldsymbol{\rho}\times(\boldsymbol{\omega}_{\mathrm{T}}\times\boldsymbol{\rho})\mathrm{d}m \tag{4-63}$$

记

$$\boldsymbol{H}_{\mathrm{c.m}}=\int_m \boldsymbol{\rho}\times(\boldsymbol{\omega}_{\mathrm{T}}\times\boldsymbol{\rho})\mathrm{d}m \tag{4-64}$$

该式是将系统视为刚体后，该刚体对质心的总角动量。

现以变质量物体的质心作为原点 o_1，建立一个与该物体固连的任意直角坐标系 o_1xyz，并设有

$$\boldsymbol{\omega}_{\mathrm{T}}=[\omega_{\mathrm{T}x}\quad \omega_{\mathrm{T}y}\quad \omega_{\mathrm{T}z}]^{\mathrm{T}}$$
$$\boldsymbol{\rho}=[x\quad y\quad z]^{\mathrm{T}}$$

则

$$\boldsymbol{H}_{\mathrm{c.m}}=\int_m \boldsymbol{\rho}\times(\boldsymbol{\omega}_{\mathrm{T}}\times\boldsymbol{\rho})\mathrm{d}m=\int_m [(\boldsymbol{\rho}\cdot\boldsymbol{\rho})\cdot\boldsymbol{\omega}_{\mathrm{T}}-(\boldsymbol{\rho}\cdot\boldsymbol{\omega}_{\mathrm{T}})\cdot\boldsymbol{\rho}]\mathrm{d}m=$$

$$\int_m \begin{bmatrix} y^2+z^2 & -xy & -xz \\ -yx & z^2+x^2 & -yz \\ -zx & -zy & x^2+y^2 \end{bmatrix} \begin{bmatrix} \omega_{Tx} \\ \omega_{Ty} \\ \omega_{Tz} \end{bmatrix} dm \tag{4-65}$$

定义

$$\left.\begin{aligned} I_{xx} &= \int_m (y^2+z^2)dm \\ I_{yy} &= \int_m (z^2+x^2)dm \\ I_{zz} &= \int_m (x^2+y^2)dm \\ I_{xy} &= I_{yx} = \int_m xy\,dm \\ I_{xz} &= I_{zx} = \int_m xz\,dm \\ I_{yz} &= I_{zy} = \int_m yz\,dm \end{aligned}\right\} \tag{4-66}$$

式中，I_{xx}，I_{yy}，I_{zz} 称为转动惯量，余下的称为惯量积。

为书写简便起见，可将式(4-65)写为

$$\boldsymbol{H}_{c.m} = \boldsymbol{I} \cdot \boldsymbol{\omega}_T \tag{4-67}$$

其中

$$\boldsymbol{I} = \begin{bmatrix} I_{xx} & -I_{xy} & -I_{xz} \\ -I_{yx} & I_{yy} & -I_{yz} \\ -I_{zx} & -I_{zy} & I_{zz} \end{bmatrix} \tag{4-68}$$

称为惯量张量。

将式(4-67)代入式(4-63)可得

$$\int_m \boldsymbol{\rho} \times [\boldsymbol{\omega}_T \times (\boldsymbol{\omega}_T \times \boldsymbol{\rho})]dm = \boldsymbol{\omega}_T \times (\boldsymbol{I} \cdot \boldsymbol{\omega}_T) \tag{4-69}$$

同理，参考式(4-65)，可将式(4-62)之左端第二项写成

$$\int_m \boldsymbol{\rho} \times \left(\frac{d\boldsymbol{\omega}_T}{dt} \times \boldsymbol{\rho}\right) dm = \boldsymbol{I} \cdot \frac{d\boldsymbol{\omega}_T}{dt} \tag{4-70}$$

最终可将式(4-62)写成

$$\boldsymbol{I} \cdot \frac{d\boldsymbol{\omega}_T}{dt} + \boldsymbol{\omega}_T \times (\boldsymbol{I} \cdot \boldsymbol{\omega}_T) = \boldsymbol{M}_{c.m} + \boldsymbol{M}'_k + \boldsymbol{M}'_{rel} \tag{4-71}$$

显然，式(4-71)左端是惯性力矩。

式(4-58)及式(4-71)是变质量物体的一般的质心运动方程和绕质心转动方程，形式上与适用于刚体的方程式相同。因此，引一条重要的原理——刚化原理，现叙述如下：在一般情况下，任意一个变质量系统在 t 瞬时的质心运动方程和绕质心转动方程，能用如下这样一个刚体的相应方程来表示，这个刚体的质量等于系统在 t 瞬时的质量，而它受的力除了真实的外力和力矩外，还要加两个附加力和两个附加力矩，即附加哥氏力、附加相对力和附加哥氏力矩、附加相对力矩。

4.2　火箭的力学环境

4.2.1　附加力与附加力矩

设火箭为一轴对称体，发动机喷管出口截面积为 S_e，火箭的质心记为 o_1，燃料燃烧过程中 t 时刻质心 o_1 相对于箭体的运动速度矢量为$\boldsymbol{V}_{rc}$，而箭体内质点相对于箭体的速度矢量为$\boldsymbol{V}_{rb}$，则该质点相对于可变质心的速度矢量为 $\delta\boldsymbol{\rho}/\delta t$，它与$\boldsymbol{V}_{rb}$，$\boldsymbol{V}_{rc}$ 有如下关系：

$$\frac{\delta\boldsymbol{\rho}}{\delta t}=\boldsymbol{V}_{rb}-\boldsymbol{V}_{rc} \tag{4-72}$$

由雷诺迁移定理（见本章附录[A]）有

$$\int_m \frac{\delta\boldsymbol{H}}{\delta t}\mathrm{d}m=\frac{\delta}{\delta t}\int_m \boldsymbol{H}\mathrm{d}m+\int_{S_e}\boldsymbol{H}(\rho_m\boldsymbol{V}_{rb}\cdot\boldsymbol{n})\mathrm{d}S_e \tag{4-73}$$

其中，$\boldsymbol{H}$ 为某一矢量点函数；ρ_m 为流体质量密度；$\boldsymbol{V}_{rb}$ 为燃烧产物相对于火箭的速度；$\boldsymbol{n}$ 为喷管截面 S_e 的外法向单位矢量。

式(4-73) 表示被积函数的导数与积分导数之间的关系。运用式(4-73)，可将作用于火箭上的附加力和力矩具体表达式导出。

1. 附加相对力

附加相对力为

$$\boldsymbol{F}'_{rel}=-\int_m \frac{\delta^2\boldsymbol{\rho}}{\delta t^2}\mathrm{d}m$$

将 $\delta\boldsymbol{\rho}/\delta t$ 代替式(4-73) 之 $\boldsymbol{H}$，即得

$$\boldsymbol{F}'_{rel}=-\frac{\delta}{\delta t}\int_m \frac{\delta\boldsymbol{\rho}}{\delta t}\mathrm{d}m-\int_{S_e}\frac{\delta\boldsymbol{\rho}}{\delta t}(\rho_m\boldsymbol{V}_{rb}\cdot\boldsymbol{n})\mathrm{d}S_e \tag{4-74}$$

将式(4-72) 代入等式(4-74) 右端第二积分式，则有

$$\int_{S_e}\frac{\delta\boldsymbol{\rho}}{\delta t}(\rho_m\boldsymbol{V}_{rb}\cdot\boldsymbol{n})\mathrm{d}S_e=\int_{S_e}\boldsymbol{V}_{rb}(\rho_m\boldsymbol{V}_{rb}\cdot\boldsymbol{n})\mathrm{d}S_e-\int_{S_e}\boldsymbol{V}_{rc}(\rho_m\boldsymbol{V}_{rb}\cdot\boldsymbol{n})\mathrm{d}S_e \tag{4-75}$$

对火箭而言，质心 o_1 相对于箭体的速度$\boldsymbol{V}_{rc}$ 与 $\mathrm{d}S_e$ 无关，而流动质点只有从火箭发动机喷口截面 S_e 处流出火箭体外，$\boldsymbol{V}_{rb}$ 只是指 S_e 面上的质点对于箭体的速度。如果把 S_e 面上质点的排出速度看成是相同的，记$\boldsymbol{V}_{rb}(\mathrm{d}S_e)=u_e$，则$\boldsymbol{V}_{rc}$，$\boldsymbol{u}_e$ 均可提到各积分号外面。

事实上有

$$\int_{S_e}(\rho_m\boldsymbol{V}_{rb}\cdot\boldsymbol{n})\mathrm{d}S_e=\dot{m} \tag{4-76}$$

式中，$\dot{m}$ 称为质量秒耗量，且 $\dot{m}=\left|\frac{\mathrm{d}m}{\mathrm{d}t}\right|$。

则式(4-75) 即可写为

$$\int_{S_e}\frac{\delta\rho}{\delta t}(\rho_m\boldsymbol{V}_{rb}\cdot\boldsymbol{n})\mathrm{d}S_e=\dot{m}\boldsymbol{u}_e-\dot{m}\boldsymbol{V}_{rc} \tag{4-77}$$

如果过 S_e 的各质点之速度$\boldsymbol{V}_{rb}$ 不相同，则记

$$\boldsymbol{u}_e=\frac{1}{m}\int_{S_e}\boldsymbol{V}_{rb}(\rho_m\boldsymbol{V}_{rb}\cdot\boldsymbol{n})\mathrm{d}S_e \tag{4-78}$$

仍可得式(4-77)之形式。

式(4-74)右端第一项积分式运用雷诺迁移定理则可写成

$$\int_m\frac{\delta\rho}{\delta t}\mathrm{d}m=\frac{\delta}{\delta t}\int_m\boldsymbol{\rho}\,\mathrm{d}m+\int_{S_e}\boldsymbol{\rho}(\rho_m\boldsymbol{V}_{rb}\cdot\boldsymbol{n})\mathrm{d}S_e \tag{4-79}$$

根据质心定义，该式右端第一项积分式为零。令喷口截面上任意一矢量$\boldsymbol{\rho}$为火箭质心o_1到截面中心e矢量$\boldsymbol{\rho}_e$与截面中心到该点的矢量$\boldsymbol{\nu}$之和，如图4-11所示，即有

$$\boldsymbol{\rho}=\boldsymbol{\rho}_e+\boldsymbol{\nu} \tag{4-80}$$

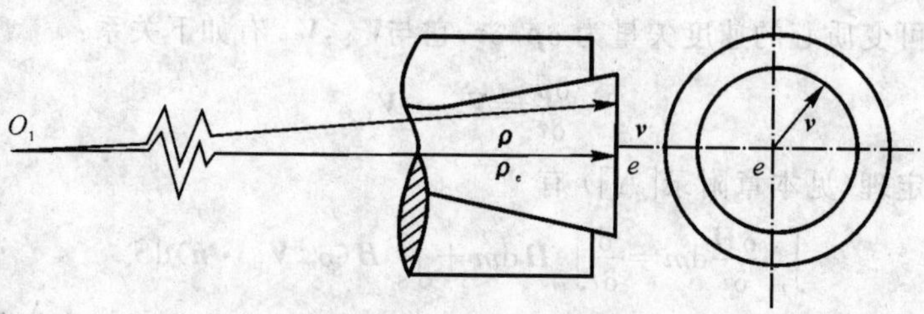

图4-11　火箭喷口截面上质点位置矢径

如果过S_e的$\boldsymbol{V}_{rb}$相同，且S_e对喷口截面中心点e为对称面，则

$$\int_{S_e}\boldsymbol{\nu}(\rho_m\boldsymbol{V}_{rb}\cdot\boldsymbol{n})\mathrm{d}S_e=0 \tag{4-81}$$

因此，式(4-79)右端第二积分式即等于喷口截面中心矢径$\boldsymbol{\rho}_e$与质量秒耗量$\dot{m}$的乘积。而式(4-79)即可写为

$$\int_m\frac{\delta\boldsymbol{\rho}}{\delta t}\mathrm{d}m=\dot{m}\boldsymbol{\rho}_e \tag{4-82}$$

当然，当S_e为不对称面时，则$\boldsymbol{\rho}_e$即可用

$$\boldsymbol{\rho}_e=\frac{1}{\dot{m}}\int_{S_e}\boldsymbol{\rho}(\rho_m\boldsymbol{V}_{rb}\cdot\boldsymbol{n})\mathrm{d}S_e \tag{4-83}$$

计算得到。

这样，等式(4-74)右端第一项即可写成

$$\frac{\delta}{\delta t}\int_m\frac{\delta\boldsymbol{\rho}}{\delta t}\mathrm{d}m=\ddot{m}\boldsymbol{\rho}_e+\dot{m}\dot{\boldsymbol{\rho}}_e \tag{4-84}$$

将式(4-77)、式(4-84)代入式(4-74)即得

$$\boldsymbol{F}'_{rel}=-\ddot{m}\boldsymbol{\rho}_e-\dot{m}\dot{\boldsymbol{\rho}}_e-\dot{m}\boldsymbol{u}_e+\dot{m}\boldsymbol{V}_{rc} \tag{4-85}$$

当考虑到火箭质点相对流动的非定常性很小，特别在火箭发动机稳定工作时，可认为是定常流动，即认为$\ddot{m}=0$；而质心的相对速度$\boldsymbol{V}_{rc}$及喷口截面中心矢径$\boldsymbol{\rho}_e$的变化率$\dot{\boldsymbol{\rho}}_e$远小于$\boldsymbol{u}_e$，因此，$\dot{m}\dot{\boldsymbol{\rho}}_e$及$\dot{m}\boldsymbol{V}_{rc}$均可忽略不计。这样，附加相对力就可写成

$$\boldsymbol{F}'_{rel}=-\dot{m}\boldsymbol{u}_e \tag{4-86}$$

由此得出结论：附加相对力的大小与通过出口面S_e的线动量通量相等，而方向相反。

2. 附加哥氏力

附加哥氏力为

$$F'_k=-2\,\boldsymbol{\omega}_T\times\int_m\frac{\delta\boldsymbol{\rho}}{\delta t}\mathrm{d}m$$

将式(4－82)代入，则得

$$F'_k=-2\dot{m}\,\boldsymbol{\omega}_T\times\boldsymbol{\rho}_e \tag{4-87}$$

3. 附加哥氏力矩

据表达式(4－62)

$$\boldsymbol{M}'_k=-2\int_m\boldsymbol{\rho}\times\left(\boldsymbol{\omega}_T\times\frac{\delta\boldsymbol{\rho}}{\delta t}\right)\mathrm{d}m \tag{4-88}$$

注意到

$$\frac{\delta}{\delta t}[\boldsymbol{\rho}\times(\boldsymbol{\omega}_T\times\boldsymbol{\rho})]=\frac{\delta\boldsymbol{\rho}}{\delta t}\times(\boldsymbol{\omega}_T\times\boldsymbol{\rho})+\boldsymbol{\rho}\times\left(\frac{\mathrm{d}\,\boldsymbol{\omega}_T}{\mathrm{d}t}\times\boldsymbol{\rho}\right)+\boldsymbol{\rho}\times\left(\boldsymbol{\omega}_T\times\frac{\delta\boldsymbol{\rho}}{\delta t}\right)$$

及

$$\frac{\delta\boldsymbol{\rho}}{\delta t}\times(\boldsymbol{\omega}_T\times\boldsymbol{\rho})=\boldsymbol{\omega}_T\times\left(\frac{\delta\boldsymbol{\rho}}{\delta t}\times\boldsymbol{\rho}\right)+\boldsymbol{\rho}\times\left(\boldsymbol{\omega}_T\times\frac{\delta\boldsymbol{\rho}}{\delta t}\right)$$

则有

$$2\boldsymbol{\rho}\times\left(\boldsymbol{\omega}_T\times\frac{\delta\boldsymbol{\rho}}{\delta t}\right)=\frac{\delta}{\delta t}[\boldsymbol{\rho}\times(\boldsymbol{\omega}_T\times\boldsymbol{\rho})]-\boldsymbol{\rho}\times\left(\frac{\mathrm{d}\,\boldsymbol{\omega}_T}{\mathrm{d}t}\times\boldsymbol{\rho}\right)-\boldsymbol{\omega}_T\times\left(\frac{\delta\boldsymbol{\rho}}{\delta t}\times\boldsymbol{\rho}\right) \tag{4-89}$$

将该结果代入式(4－88)则有

$$\boldsymbol{M}'_k=-\int_m\left\{\frac{\delta}{\delta t}[\boldsymbol{\rho}\times(\boldsymbol{\omega}_T\times\boldsymbol{\rho})]-\boldsymbol{\rho}\times\left(\frac{\mathrm{d}\,\boldsymbol{\omega}_T}{\mathrm{d}t}\times\boldsymbol{\rho}\right)-\boldsymbol{\omega}_T\times\left(\frac{\delta\boldsymbol{\rho}}{\delta t}\times\boldsymbol{\rho}\right)\right\}\mathrm{d}m$$

将上式右端第一项运用雷诺迁移定理后，即有

$$\boldsymbol{M}'_k=-\frac{\delta}{\delta t}\int_m\boldsymbol{\rho}\times(\boldsymbol{\omega}_T\times\boldsymbol{\rho})\mathrm{d}m-\int_{S_e}\boldsymbol{\rho}\times(\boldsymbol{\omega}_T\times\boldsymbol{\rho})(\boldsymbol{\rho}_m\boldsymbol{V}_{rb}\cdot\boldsymbol{n})\mathrm{d}S_e+\int_m\boldsymbol{\rho}\times\left(\frac{\mathrm{d}\,\boldsymbol{\omega}_T}{\mathrm{d}t}\times\boldsymbol{\rho}\right)\mathrm{d}m+\int_m\boldsymbol{\omega}_T\times\left(\frac{\delta\boldsymbol{\rho}}{\delta t}\times\boldsymbol{\rho}\right)\mathrm{d}m \tag{4-90}$$

根据式(4－67)有

$$\int_m\boldsymbol{\rho}\times(\boldsymbol{\omega}_T\times\boldsymbol{\rho})\mathrm{d}m=\boldsymbol{I}\cdot\boldsymbol{\omega}_T$$

微分上式得

$$\frac{\delta}{\delta t}\int_m\boldsymbol{\rho}\times(\boldsymbol{\omega}_T\times\boldsymbol{\rho})\mathrm{d}m=\frac{\delta\boldsymbol{I}}{\delta t}\cdot\boldsymbol{\omega}_T+\boldsymbol{I}\cdot\frac{\mathrm{d}\,\boldsymbol{\omega}_T}{\mathrm{d}t} \tag{4-91}$$

将式(4－70)、式(4－91)代入式(4－90)则得

$$\boldsymbol{M}'_k=-\frac{\delta\boldsymbol{I}}{\delta t}\cdot\boldsymbol{\omega}_T+\boldsymbol{\omega}_T\times\int_m\frac{\delta\boldsymbol{\rho}}{\delta t}\times\boldsymbol{\rho}\mathrm{d}m-\int_{S_e}\boldsymbol{\rho}\times(\boldsymbol{\omega}_T\times\boldsymbol{\rho})(\boldsymbol{\rho}_m\boldsymbol{V}_{rb}\cdot\boldsymbol{n})\mathrm{d}S_e \tag{4-92}$$

将式(4－80)代入式(4－92)，并注意到当S_e为对称面，且过S_e的各质点之速度$\boldsymbol{V}_{rb}$相同时，则式(4－92)即可写为

$$\boldsymbol{M}'_k=-\frac{\delta\boldsymbol{I}}{\delta t}\cdot\boldsymbol{\omega}_T-\dot{m}\,\boldsymbol{\rho}_e\times(\boldsymbol{\omega}_T\times\boldsymbol{\rho}_e)-\int_{S_e}\boldsymbol{\nu}\times(\boldsymbol{\omega}_T\times\boldsymbol{\nu})(\boldsymbol{\rho}_m\boldsymbol{V}_{rb}\cdot\boldsymbol{n})\mathrm{d}S_e+\boldsymbol{\omega}_T\times\int_m\frac{\delta\boldsymbol{\rho}}{\delta t}\times\boldsymbol{\rho}\mathrm{d}m \tag{4-93}$$

式(4－93)为附加哥氏力矩的完整表达式。注意到火箭喷口截面尺寸较之火箭的纵向尺寸要小得多，因此式(4－93)中在S_e上的积分项可略去不计。而式(4－93)的最后一项表示火

箭内部有质量对质心相对运动所造成的角动量。由于火箭中液体介质的相对速度很小，燃烧产物的气体质量也很小，且可将燃烧室的平均气流近似看成与纵轴平行。因此，该项积分也可略去不计。最后可认为附加哥氏力矩为

$$\boldsymbol{M}'_{\mathrm{k}}=-\frac{\delta \boldsymbol{I}}{\delta t}\cdot\boldsymbol{\omega}_{\mathrm{T}}-\dot{m}\,\boldsymbol{\rho}_{\mathrm{e}}\times(\boldsymbol{\omega}_{\mathrm{T}}\times\boldsymbol{\rho}_{\mathrm{e}}) \tag{4-94}$$

该力矩的第二项是由于单位时间内喷出的气流所造成的力矩，它起到阻尼作用，通常称为喷气阻尼力矩。第一项为转动惯量变化引起的力矩，对火箭来说，因为 $\delta\boldsymbol{I}/\delta t$ 各分量为负值，所以该项起减小阻尼的作用，该力矩的量级约为喷气阻尼力矩的 30%。

4. 附加相对力矩

由式(4-62)有

$$\boldsymbol{M}'_{\mathrm{rel}}=-\int_m\boldsymbol{\rho}\times\frac{\delta^2\boldsymbol{\rho}}{\delta t^2}\mathrm{d}m$$

将其改写为

$$\boldsymbol{M}'_{\mathrm{rel}}=-\int_m\frac{\delta}{\delta t}\left(\boldsymbol{\rho}\times\frac{\delta\boldsymbol{\rho}}{\delta t}\right)\mathrm{d}m$$

运用雷诺迁移定理得

$$\boldsymbol{M}'_{\mathrm{rel}}=-\frac{\delta}{\delta t}\int_m\boldsymbol{\rho}\times\frac{\delta\boldsymbol{\rho}}{\delta t}\mathrm{d}m-\int_{S_{\mathrm{e}}}\boldsymbol{\rho}\times\frac{\delta\boldsymbol{\rho}}{\delta t}(\rho_{\mathrm{m}}\boldsymbol{V}_{\mathrm{rb}}\cdot\boldsymbol{n})\mathrm{d}S_{\mathrm{e}}$$

将式(4-72)代入上式，并利用式(4-83)，则得

$$\boldsymbol{M}'_{\mathrm{rel}}=-\frac{\delta}{\delta t}\int_m\boldsymbol{\rho}\times\frac{\delta\boldsymbol{\rho}}{\delta t}\mathrm{d}m-\int_{S_{\mathrm{e}}}(\boldsymbol{\rho}\times\boldsymbol{V}_{\mathrm{rb}})(\rho_{\mathrm{m}}\boldsymbol{V}_{\mathrm{rb}}\cdot\boldsymbol{n})\mathrm{d}S_{\mathrm{e}}+\dot{m}\,\boldsymbol{\rho}_{\mathrm{e}}\times\boldsymbol{V}_{\mathrm{rc}} \tag{4-95}$$

截面 S_{e} 上的 $\boldsymbol{V}_{\mathrm{rb}}$ 可分解为平均排气速度矢量 $\boldsymbol{u}_{\mathrm{e}}$ 与截面上速度矢量 $\boldsymbol{V}_{\mathrm{n}}$，即

$$\boldsymbol{V}_{\mathrm{rb}}=\boldsymbol{u}_{\mathrm{e}}+\boldsymbol{V}_{\mathrm{n}} \tag{4-96}$$

由于 $\boldsymbol{V}_{\mathrm{n}}$ 在截面 S_{e} 上具对称性，则有

$$\int_{S_{\mathrm{e}}}\boldsymbol{V}_{\mathrm{n}}(\rho_{\mathrm{m}}\boldsymbol{V}_{\mathrm{rb}}\cdot\boldsymbol{n})\mathrm{d}S_{\mathrm{e}}=0 \tag{4-97}$$

将式(4-83)、式(4-96)代入式(4-95)，同时利用式(4-76)、式(4-81)及式(4-97)，可得

$$\boldsymbol{M}'_{\mathrm{rel}}=-\frac{\delta}{\delta t}\int_m\left(\boldsymbol{\rho}\times\frac{\delta\boldsymbol{\rho}}{\delta t}\right)\mathrm{d}m-\int_{S_{\mathrm{e}}}(\boldsymbol{\nu}\times\boldsymbol{V}_{\mathrm{n}})(\rho_{\mathrm{m}}\boldsymbol{V}_{\mathrm{rb}}\cdot\boldsymbol{n})\mathrm{d}S_{\mathrm{e}}-\dot{m}\,\boldsymbol{\rho}_{\mathrm{e}}\times(\boldsymbol{u}_{\mathrm{e}}-\boldsymbol{V}_{\mathrm{rc}}) \tag{4-98}$$

按照与前述相同的理由，略去式(4-98)中含有体积分的项。同时，考虑到 $|\boldsymbol{\nu}|$ 与 $\boldsymbol{\rho}_{\mathrm{e}}$ 相比、$\boldsymbol{V}_{\mathrm{rc}}$ 及 $\boldsymbol{V}_{\mathrm{n}}$ 与 $\boldsymbol{u}_{\mathrm{e}}$ 的绝对值相比均很小而略去，因此附加相对力矩可近似表示为

$$\boldsymbol{M}'_{\mathrm{rel}}=-\dot{m}\,\boldsymbol{\rho}_{\mathrm{e}}\times\boldsymbol{u}_{\mathrm{e}} \tag{4-99}$$

至此，已推导出附加力和附加力矩的表达式，归纳如下：

$$\left.\begin{aligned}
&\boldsymbol{F}'_{\mathrm{rel}}=-\dot{m}\,\boldsymbol{u}_{\mathrm{e}}\\
&\boldsymbol{F}'_{\mathrm{k}}=-2\dot{m}\,\boldsymbol{\omega}_{\mathrm{T}}\times\boldsymbol{\rho}_{\mathrm{e}}\\
&\boldsymbol{M}'_{\mathrm{rel}}=-\dot{m}\,\boldsymbol{\rho}_{\mathrm{e}}\times\boldsymbol{u}_{\mathrm{e}}\\
&\boldsymbol{M}'_{\mathrm{k}}=-\frac{\delta\boldsymbol{I}}{\delta t}\cdot\boldsymbol{\omega}_{\mathrm{T}}-\dot{m}\,\boldsymbol{\rho}_{\mathrm{e}}\times(\boldsymbol{\omega}_{\mathrm{T}}\times\boldsymbol{\rho}_{\mathrm{e}})
\end{aligned}\right\} \tag{4-100}$$

式中，质量秒耗量 $\dot{m}$、平均排气速度$\boldsymbol{u}_e$，在发动机确定后即为已知，惯量张量 $\boldsymbol{I}$ 及 t 瞬时质心 o_1 至喷口截面中心的矢量矩$\boldsymbol{\rho}_e$ 则决定于火箭总体设计及火箭燃烧情况，而火箭转动角速度$\boldsymbol{\omega}_T$ 为火箭运动方程中的一个变量。

4.2.2　推力

相对力$\boldsymbol{F}'_{rel}$ 实质是利用排出燃气所需的力产生推动火箭前进的反作用力。化学火箭发动机是将火箭自身携带的燃烧剂和氧化剂（统称为推进剂）送入燃烧室内进行化学反应（燃烧）。主要燃烧产物就是释放的化学能所加热了的燃气。由于这些燃烧被限制在容积相当小的燃烧室内，所以燃气的热膨胀就导致高压。这些被压缩的燃气通过喷管膨胀而加速，产生作用于火箭的反作用力。

根据火箭所携带的推进剂的物理状态，可以分成液体推进剂、固体推进剂和固-液推进剂 3 种类型。与此对应的火箭叫作液体火箭、固体火箭和固-液火箭。

液体火箭的推进剂有单组元推进剂、双组元推进剂之分。单组元推进剂如过氧化氢（H_2O_2）或肼（N_2H_4）在催化剂的作用下进行分解，从而产生高温、高压燃气。双组元推进剂为自燃推进剂，如液氢-液氧、偏二甲肼-四氧化二氮等。以双组元推进剂为例的火箭发动机工作状态是将推进剂分别贮存在燃料箱和氧化剂箱内，涡轮泵将推进剂送入燃烧室进行燃烧以产生高温、高压燃气。涡轮泵可以利用一部分燃气能量来驱动，也可采用独立的燃气发生器提供燃气来驱动。近代多级火箭发动机中多采用预燃室，即燃料与一部分氧化剂先在预燃室中进行化学反应，其预燃产物先去驱动涡轮泵，然后再进入主燃烧室，并在主燃烧室内与剩下的氧化剂进行反应。对于简单的液体火箭，可以用使推进剂箱内增压的方法来取代涡轮泵。

固体火箭是将全部推进剂装在燃烧室壳体内，在固体药柱表面进行燃烧。药柱的形状设计极为重要，因为药柱形状决定了固体火箭的相对力对时间的关系。固体推进剂可以是把燃料和氧化剂组合在一个分子内的推进剂（称双基药），也可以是燃料和氧化剂的混合物（称复合药）。

固-液火箭发动机的氧化剂装在压力容器内并用挤压方式送入燃烧室，固体燃料在表面与氧化剂发生化学反应，从而产生高温、高压的燃烧产物。

不论哪种化学火箭发动机，为了获得其相对力，均需将火箭发动机装在试车台上进行热试车。火箭发动机在试车台上的安装方式通常有水平安装、垂直安装。水平安装可能显得容易些，但大型火箭发动机的结构可能不十分合适于作水平试车，另外，对于液体火箭发动机，会由于点火延滞致使注入燃烧室内的推进剂未燃烧而留在燃烧室内，这样有可能导致爆炸。故常采用垂直安装。火箭发动机的静态试车是一门专业性很强的技术，不属本书讨论范畴，下面仅以水平安装试车原理给出发动机特征量。

图 4-12 为水平安装试车原理示意图。在试车台上，火箭处于静态试验过程，除了存在相互抵消的重力和试车台反作用力外，就只有轴向力。应注意的是该轴向力不单纯是相对力 $-\dot{m}\boldsymbol{u}_e$，还包括火箭表面大气静压力和喷管出口截面燃气静压所形成的轴向力，这两部分静压力称为静推力，记为$\boldsymbol{P}_{st}$，它应为

$$\boldsymbol{P}_{st}=\int_{S_e}\boldsymbol{p}\,\mathrm{d}s+\int_{S_b}\boldsymbol{p}_H\,\mathrm{d}s \tag{4-101}$$

式中，S_e 为喷口截面积；S_b 为箭体表面积（不包括 S_e 部分）；$\boldsymbol{p}_H$ 为火箭试车台所在高度的大气压，其方向垂直于 S_b 表面；$\boldsymbol{p}$ 为喷口截面上燃气静压，可取平均值 $\boldsymbol{p}_e$，其方向与 x_1 轴正向重合。考虑到火箭外形具有对称性，则静推力为

$$\boldsymbol{P}_{st} = S_e(\boldsymbol{p}_e - \boldsymbol{p}_H)\,\boldsymbol{x}_1^0 \tag{4-102}$$

式中，$\boldsymbol{x}_1^0$ 为火箭纵轴方向的单位矢量。

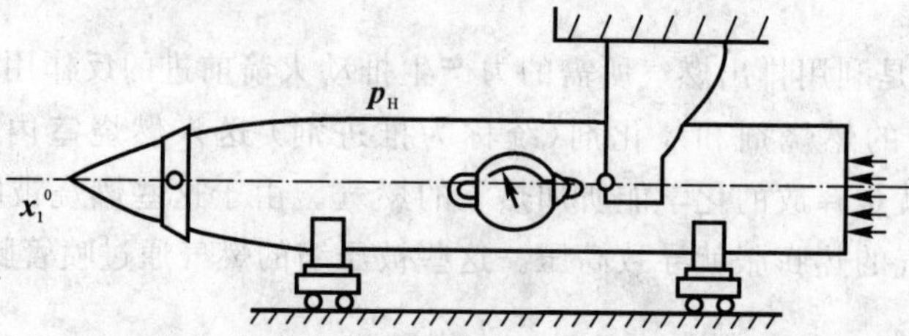

图 4-12　水平试车原理示意图

因此，一台发动机的推力（简称台推力）就定义为相对力 $-\dot{m}\boldsymbol{u}_e$ 和静推力 $\boldsymbol{P}_{st}$ 之和，即

$$\boldsymbol{P} = -\dot{m}\boldsymbol{u}_e + S_e(\boldsymbol{p}_e - \boldsymbol{p}_H)\,\boldsymbol{x}_1^0 \tag{4-103}$$

与静推力对应，相对力 $-\dot{m}\boldsymbol{u}_e$ 也称动推力或推力动分量。注意到排气速度 $\boldsymbol{u}_e$ 指向 $\boldsymbol{x}_1^0$ 的反向，故推力值为

$$P = \dot{m}u_e + S_e(p_e - p_H) \tag{4-104}$$

气动力学计算和实验表明，在一定范围内可以认为排气速度 u_e 不变，同时排气端面的压力 p_e 正比于秒耗量 $\dot{m}$，因此，u_e，$p_e/\dot{m}$ 这两个量与外部大气压 $\boldsymbol{p}_H$ 无关。故可记

$$u'_e = u_e + S_e\frac{p_e}{\dot{m}} \tag{4-105}$$

式中，u'_e 称为有效排气速度。

因此，式(4-104)可表示为

$$P = \dot{m}u'_e - S_e p_H \tag{4-106}$$

在真空时，有

$$P_v = \dot{m}u'_e \tag{4-107}$$

在地面时，有

$$P_0 = \dot{m}_0 u'_e - S_e p_0 \tag{4-108}$$

式中，p_0 为地面大气压；$\dot{m}_0$ 为地面时发动机秒流量。

由式(4-108)有

$$u'_e = \frac{P_0 + S_e p_0}{\dot{m}_0} \tag{4-109}$$

有效排气速度 u'_e 可由地面发动机试车来确定。

显然，推力也可写为

$$P = \frac{\dot{m}}{\dot{m}_0}(P_0 + S_e p_0) - S_e p_H \tag{4-110}$$

这里 $\dot{m}$ 与 $\dot{m}_0$ 不同，是基于对远程火箭在火箭加速飞行过程中由于加速度及泵等工作状态有变化这个因素的考虑。一般情况下，不考虑 $\dot{m}$ 的变化，即认为 $\dot{m}=\dot{m}_0$ 为常数，则

$$P = P_0 + S_e(p_0 - p_H) \tag{4-111}$$

在弹道计算中,通常就采用式(4-111)来计算推力。可见,在大气层以外($p_H=0$),火箭发动机的推力达最大,即

$$P=P_0+S_e p_0 \tag{4-112}$$

现引入描述发动机性能的一个重要指标:比推力(或称比冲量)。它的定义为:发动机在无限小时间间隔 δt 内产生的冲量 $p\delta t$ 与该段时间间隔内消耗的推进剂量 $\dot{m}g_0\delta t$ 之比,即

$$P_{sp}=\frac{P\delta t}{\dot{m}g_0\delta t}=\frac{P}{\dot{m}g_0} \tag{4-113}$$

式中,g_0 为海平面标准重力加速度。

将式(4-106)代入式(4-113),则有

$$P_{sp}=\frac{u'_e}{g_0}-\frac{S_e p_H}{\dot{m}g_0} \tag{4-114}$$

由式(4-114)可知真空比推力 $P_{sp\cdot v}$ 与地面比推力 $P_{sp\cdot o}$ 分别为

$$P_{sp\cdot v}=\frac{u'_e}{g_0} \tag{4-115}$$

$$P_{sp\cdot o}=\frac{u'_e}{g_0}-\frac{S_e p_0}{\dot{m}g_0}=\frac{P_0}{\dot{G}_0} \tag{4-116}$$

从地面到真空,比推力可增加 10% ～ 15%。

4.2.3　引力与重力

1. 地球的运动

众所周知,地球是太阳系中的一颗行星,它一方面绕太阳公转,一方面又绕自身地轴旋转。

地球绕太阳公转的周期为一年,地球质心的轨迹为一椭圆。椭圆的近日距离约为 1.471×10^9 km,远日距离约为 1.521×10^9 km,近似于圆轨道。

地球的自转是绕地轴进行的。地轴与地表面相交于两点,分别称为北极与南极。地球自转角速度矢量与地轴重合,方向指向北极。

地轴在地球内部有微小的位置变化,它反映为地球两极的移动,称为极移。极移的原因是地球内部和外部物质的移动,但极移的范围很小,一般可不予考虑。

地轴除极移外还有进动。通过把地球质心作一平面垂直于地轴,它与地球表面的截痕称作赤道。地球相对太阳公转的轨道称为黄道。月球相对地心运动的轨道称白道。由于黄道和赤道不共面,两轨道面之间的夹角为 23°27′。白道面与黄道面比较接近,两者之间的夹角只有 5°9′。由于地球自转,其形状呈一扁球体,其两极之间距离小于赤道直径。这样,太阳和月球经常对地球赤道隆起部分施加引力,这是一种不平衡的力。如果地球没有自转,该力将使地球的赤道平面逐渐靠近黄道平面。由于地球自转的存在,上述作用力不会使地轴趋于黄轴,而是以黄轴为轴做周期性的圆锥运动,这就是地轴的进动。但这进动的角速度不大,为 50.24″/年。周期长约 25 800 年。

此外,由于白道平面与黄道平面在惯性空间中有转动,致使月球对地球的引力作用也同样有周期性变化,从而引起地轴除绕黄轴有进动外还存在章动。

由上述简介可知，地球的运动是一种复杂的运动。

在研究运载火箭及近地卫星轨道的运动规律时，上述影响地球运动的因素中，除地球自转外，均不予考虑，因为它们对火箭及卫星运动规律的影响是极小的。因此，本书以后的讨论中即认为地球的地轴在惯性空间内的指向不变，地球以一个常值角速度绕地轴旋转。

为了描述地球的自转角速度，则需要用到时间计量单位。由于人们的日常生活和上下班的工作日，在很大程度上由太阳所决定，因此把太阳相继两次通过观察者所在子午圈所经历的时间间隔称为一个真太阳日。但由于地球相对太阳运动轨道是椭圆，地球在此轨道上的运动速度是不同的，因此真太阳的时间间隔就不是一个常值，不便生活中使用。为此，设想一个"假太阳"，它和真太阳一样，以相同的周期及同一方向与地球做相对运动。但有两点不同：

(1) 它的运动平面是赤道平面而不是黄道平面；

(2) 运动速度是均匀的，等于"真太阳" 在黄道平面内运动速度的平均值；

这样就将"假太阳" 两次过地球用一子午线的时间间隔为一个太阳日，这个太阳日就称为"平太阳日"，一个平太阳日分成 24 个平太阳时。由于平太阳日是正午开始的，这样把同一白天分成两天，为了方便人们生活习惯，将子夜算作一天的开始，因此实际民用时比太阳时早开始 12 h。

地球绕太阳公转周期为 365.256 36 个平太阳。如图 4-13 所示，地球自转一周所需的时间 t 较一个平太阳日要短，因为地球在一个平太阳日转过的角度比360° 要多360°/365.25636 $\approx 1^\circ$。显然，地球公转一周，地球自转圈数比平太阳日数正好多转一圈，即地球共自转了 366.256 36 圈。

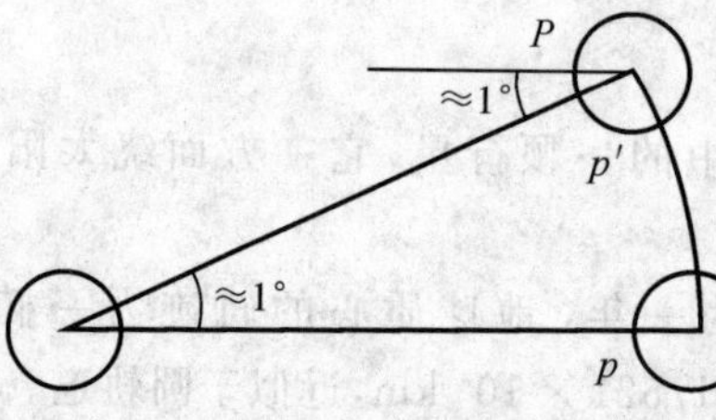

图 4-13　平太阳日与公转关系示意图

由此可得地球自转一周所需的时间为

$$t=\frac{365.256\ 36\times 24\times 3\ 600\ \text{s}}{366.256\ 36}=86\ 164.099\ \text{s} \tag{4-117}$$

故得地球自转角速度为

$$\omega_e=\frac{2\pi}{t}=7.292\ 115\times 10^{-5}\ \text{rad/s} \tag{4-118}$$

2. 地球的形状

地球是一个形状十分复杂的物体，在冷却和凝固过程中由于地球自转，使其形成一个两极间距离小于赤道直径的扁球体。地球的物理表面也极不规则，近 30% 是大陆，近 70% 为海洋。陆地的最高山峰是珠穆朗玛峰，高度是 8 848 m；海洋最低的海沟是太平洋的马里亚纳海渊，深度是 11 521 m。地球的物理表面实际上是不能用数学方法来描述的。

通常所说的地形状是指全球静止海平面的形状。全球静止海平面不考虑地球物理表面的海陆差异，也不考虑陆上和海底的地势起伏。它与实际海洋静止表面相重合，而且包括陆地下的假想“海面”,后者是前者的延伸,两者总称大地水准面,如图 4-14 所示。大地水准面的表面是连续的、封闭的,而且没有皱褶与裂痕。故是一个重力等势面。由于重力方面与地球内部不均匀分布的质量吸引作用有关,因此,大地水准面的表面也是一个无法用数学方法描述的十分复杂的表面。实际上往往用一个较简单形状的物体来代替真实地球,要求该物体的表面与大地水准面的差别尽可能小,并且在此表面进行计算没有困难。

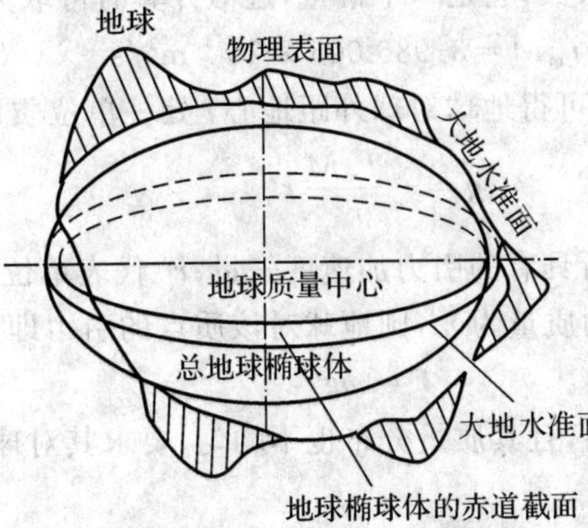

图 4-14　地球物理表面、大地水准面与总地球椭球体

作为一级近似,可以认为地球是一个圆球,其体积等于地球体积。圆球体的半径为

$$R = 6\ 371\ 004\ \text{m} \tag{4-119}$$

在研究近程导弹和飞机等飞行器飞行力学中,这个近似是完全可以的。

在多数情况下,由一椭圆绕其短轴旋转所形成的椭圆球来代替大地水准面。该椭球体按以下条件来确定:

(1) 椭球中心与地球质心重合,而且其赤道平面与地球赤道平面重合;

(2) 椭球体体积与大地水准面所包围的体积相同;

(3) 椭球体的表面与大地水准面的高度偏差的二次方和必须最小。

按上述条件确定的椭球体称为总地球椭球体。用它逼近实际的大地水准面的精度一般来说是足够的。

关于总地球椭球体的几何尺寸,我国采用 1975 年第十六届国际测量协会的推荐值:

地球的赤道半径(即椭球体长半轴)

$$a_e = 6\ 378\ 145\ \text{m} \tag{4-120}$$

地球的扁率

$$\alpha_e = \frac{a_e - b_e}{a_e} = \frac{1}{298.257} \tag{4-121}$$

式中,b_e 为椭球体的短半轴,即地球南北极之间的距离。

3. 地球的引力

引力场是一个保守场,即一个质点在场内沿任意一条封闭曲线运动一周,场对该质点所做的功等于零,这种场一定存在着一个代表场能量强度的势函数 U,场对该质点的作用力 $\boldsymbol{F}$ 与势函数 U 具有如下关系式

$$\boldsymbol{F} = \mathbf{grad}U \tag{4-122}$$

若设地球为一均质圆球，则可把地球质量 M 看作集中于地球中心，则地球对球外距地心为 r 处的一个单位质量质点的势函数为

$$U=\frac{f_{\mathrm{m}}M}{r} \tag{4-123}$$

式中，f_{m} 为万有引力常数。

记 $\mu=f_{\mathrm{m}}M$，称为地球引力系数，它是一个常量，近似计算时可取为

$$\mu=f_{\mathrm{m}}M=3.986\ 005\times10^{14}\ \mathrm{m^3/s^2}$$

由式(4-122)与式(4-123)，可得地球对球外距地心 r 处一单位质量质点的场强(引力)为

$$\boldsymbol{g}=-\frac{f_{\mathrm{m}}M}{r^2}\boldsymbol{r}^0 \tag{4-124}$$

式中，场强 $\boldsymbol{g}$ 就是地球引力场中所具有的引力加速度矢量；$\boldsymbol{r}^0$ 代表单位 $\boldsymbol{r}$ 矢量。

显然，若地球外一质点具有的质量为 m，则地球对该质点的引力即为

$$\boldsymbol{F}=m\boldsymbol{g} \tag{4-125}$$

实际上，地球的形状极为复杂，且其质量分布也不均匀，要求其对球外一点的势函数，则需对整个地球进行积分来获得，即

$$U=f_{\mathrm{m}}\iiint_M\frac{d_{\mathrm{m}}}{\rho} \tag{4-126}$$

式中，d_{m} 为单元体积的质量；ρ 为 d_{m} 至空间所研究的一点的距离。由式(4-126)看出，要精确地求出势函数，则必须知道地球表面的形状和内部的密度分布，才能计算该积分值。

为了求得势函数的较精确的表达式，必须采用其他途径。在学习气动力计算中，大家对流场的研究比较熟悉，引力场和速度场一样，都是保守场，引力势 U 相当于速度场的速度 φ，在研究不可压流场中的速度势时，已得速度 φ 满足拉普拉斯方程：

$$\Delta^2\varphi=\frac{\partial^2\varphi}{\partial y^2}+\frac{\partial^2\varphi}{\partial y^2}+\frac{\partial^2\varphi}{\partial z^2}=0 \tag{4-127}$$

式(4-127)是拉普拉斯方程在直角坐标系中的表达式，求地球的引力势时最好采用极坐标系中的形式。

根据两个坐标系之间的关系(见图 4-15)，拉普拉斯方程的形式为

$$\frac{1}{r^2}\frac{\partial}{\partial r}\left(r^2\frac{\partial U}{\partial r}\right)+\frac{1}{r^2\sin\theta}\frac{\partial}{\partial\theta}\left(\sin\theta\frac{\partial U}{\partial\theta}\right)+\frac{1}{r^2\ \sin^2\varphi}\frac{\partial^2 U}{\partial\varphi^2}=0 \tag{4-128}$$

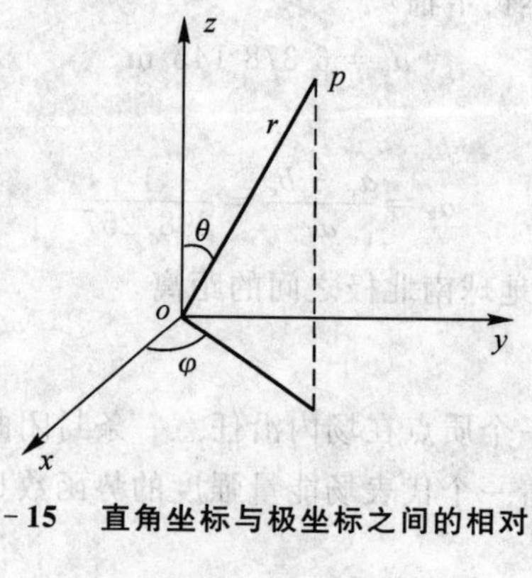

图 4-15　直角坐标与极坐标之间的相对关系

采用分离变量的办法，令 $U(r,\theta,\varphi)=R(r)\theta(\sigma)\Phi(\varphi)\neq 0$，求导后代入式(4-128)，可分离出 3 个常微分方程：

$$\left.\begin{aligned}&\frac{1}{r^2}\frac{\mathrm{d}}{\mathrm{d}r}\left(r^2\frac{\mathrm{d}R}{\mathrm{d}r}\right)-\frac{\lambda}{r^2}R=0\\&\frac{\mathrm{d}^2\Phi}{\mathrm{d}\varphi^2}+m^2\Phi=0\\&\frac{1}{\sin\theta}\frac{\mathrm{d}}{\mathrm{d}\theta}\left(\sin\theta\frac{\mathrm{d}\theta}{\mathrm{d}}\right)-\left(\lambda-\frac{m^2}{\sin^2\theta}\right)\theta=0\end{aligned}\right\}\tag{4-129}$$

为了解题方便，令常数 $\lambda=n(n+1)$，这样前两个方程的解很方便求得

$$R(r)=\sum_{n=0,1,2}^{\infty}R_n(r)=\sum_{n=0,1,2}^{\infty}\frac{A_n}{r^{n+1}}\tag{4-130}$$

$$\Phi(\varphi)=\sum_{m=0,1,2}^{\infty}\Phi_m(\varphi)=\sum_{m=0,1,2}^{\infty}(B_m\cos m\varphi+C_m\sin m\varphi)\tag{4-131}$$

式中，A_m，B_m 和 C_m 为特定系数。

第 3 个方程大家比较生疏，可令 $x=\cos\theta$，$y(x)=H(\theta)$，则得

$$\frac{\mathrm{d}}{\mathrm{d}x}\left[(1-x^2)\frac{\mathrm{d}y}{\mathrm{d}x}\right]+\left[n(n+1)-\frac{m^2}{1-x^2}\right]y=0\tag{4-132}$$

此方程在数学上就称为连带勒让德方程。当 $m=0$ 时，就是著名的勒让德(Lyendro Letender)方程：

$$(1-x^2)y''-2xy'+n(n+1)y=0$$

它的基本解就是勒让德多项式 $P_n(x)$，前几项勒让德多项式为

$$P_0(x)=1,P_1(x)=x,P_2(x)=\frac{1}{2}(3x^2-1),P_3(x)=\frac{1}{2}(5x^3-3x),$$

$$P_4(x)=\frac{1}{8}(35x^4-30x^2+3),P_5(x)=\frac{1}{8}(63x^5-70x^3+15x),\cdots$$

项数多时可查“数学手册”或“特殊函数概论”，其通式可用微商表示为

$$P_n(x)=\frac{1}{2^n n!}\left[\frac{\mathrm{d}^n}{\mathrm{d}x^n}(x^2-1)^n\right]\tag{4-133}$$

当 $n\neq 0$ 时，方程式(4-133)就称为连带勒让德方程，当满足条件($-1\leqslant x\leqslant 1,0\leqslant m\leqslant h$)时，方程有解 $P_n^m(x)$，或记成 $P_{nm}(x)$，也将多项式写成微商形式，有

$$P_{nm}(x)=(1-x^2)^{m/2}\frac{\mathrm{d}^m}{\mathrm{d}x^m}P_n(x)\tag{4-134}$$

称此多项式为 m 阶 n 次第一类连带勒让德函数。

最后解的形式为

$$U=\frac{f_\mathrm{m}M}{r}\left[1+\sum_{n=2}^{\infty}\sum_{m=0}^{n}\left(\frac{a_\mathrm{e}}{r}\right)^n[C_{nm}\cos m\varphi+S_{nm}\sin m\varphi]P_{nm}(\cos\theta)\right]\tag{4-135}$$

由于 U 是代表地球的引力势，所以采用地极坐标系(见图 4-16)更为方便，地极坐标系与极坐标系的区别只有一个角度定义不同，极坐标系中的 θ 角是矢径与 oz 轴的夹角，地极坐标系中采用的纬度 φ 是矢径与赤道平面(oxy 平面)的夹角，两者之间有关系 $\varphi+\theta=\pi/2$。地极坐标系中的经度 λ，就相当于极坐标系中的 φ，这样，将式(4-135)中的 φ 改成 λ(经度)，$\cos\theta$ 改成 $\sin\varphi$，这样就得到引力势 U 在球极坐标系中的表达式，即

$$U=\frac{f_{m}M}{r}\left[1+\sum_{n=2}^{\infty}\sum_{m=0}^{n}\left(\frac{a_{e}}{r}\right)^{n}(C_{nm}\cos m\lambda+S_{nm}\sin m\lambda)P_{nm}(\sin\varphi)\right] \quad (4-136)$$

其中，当 $n\neq m$ 时，C_{nm}，S_{nm} 称为田谐系数，当 $n=m$ 时，则称作扇谐系数。这虽然是一个无穷极数，实际上级数中的系数 C_{nm}，S_{nm} 随 n 与 m 的增加而衰减得很快，具体计算时只取有限几项就够了。当然，项数取得越多，精度就越高。美国的哥达德(Goddard)宇航中心发表的地球模型 GEM－10C，给出了 $n=180$ 的 30 000 多个谐系数表达式。为了确定这 30 000 多个系数，就要在地球四周 30 000 多个不同的点测出 U 值来，再利用计算机算出这 30 000 多个系数来。

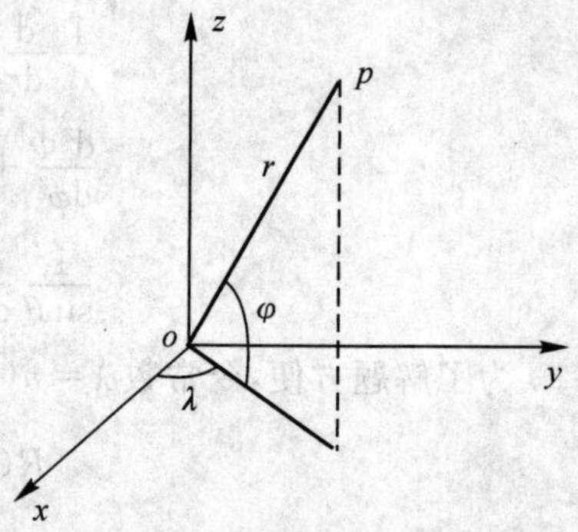

图 4－16　地极坐标系与直角坐标系

不同的地球模型，所得的谐系数有所差异，对地球外距地心矢径为 r 处的一个固定点而言，地球旋转一周，经度对该点引力势影响的差别，或多或少地“被平均掉”(相互抵消)。作为第一次近似，先忽略地球径度 λ 的影响，即在式(4－136)中，取 $m=0$，可得

$$U=\frac{f_{m}M}{r}\left[1+\sum_{n=2}^{\infty}C_{no}\left(\frac{a_{e}}{r}\right)^{n}P_{n}(\sin\varphi)\right] \quad (4-137)$$

另外，若再假定地球的质量分布相对赤道平面具有对称性，根据勒让德函数的性质，有

$$P_{n}(-x)=(-1)^{n}P_{n}(x)$$

这样，在式(4－137)中，n 只取偶次项，把谐系数 C_{no} 写成 $-J_{n}$(J_{n} 称带谐系数)，则作为椭球体的地球，对球外单位质点的引力势为无穷级数，有

$$U=\frac{f_{m}M}{r}\left[1-\sum_{n=1}^{\infty}J_{2n}P_{2n}(\sin\varphi)\right] \quad (4-138)$$

式(4－138)所代表的引力势，通常称为正常引力势，考虑到工程实际使用中的精度取至 J_4 即可，则把

$$U=\frac{f_{m}M}{r}\left[1-\sum_{n=1}^{2}J_{2n}\left(\frac{a_{e}}{r}\right)^{2n}P_{2n}(\sin\varphi)\right] \quad (4-139)$$

取作正常引力势。

由于谐系数与地球模型有关，不同的地球模型其谐系数有差异，但 J_2，J_4 中，前者是统一的，后者差异较小。我国采用 1975 年大地测量协会推荐的数值：

$$J_{2}=1.082\,63\times10^{-3},\quad J_{4}=-2.370\,91\times10^{-6}$$

式(4－139)中勒让德函数为

$$P_{2}(\sin\varphi)=\frac{3}{2}\sin^{2}\varphi-\frac{1}{2}$$

$$P_{4}(\sin\varphi)=\frac{35}{8}\sin^{4}\varphi-\frac{15}{4}\sin^{2}\varphi+\frac{3}{8}$$

在弹道设计和计算中，有时为了方便，还可近似取式(4－139)中至 J_2 为止的引力势作为正常引力势，即

$$U=\frac{f_{m}M}{r}\left[1+\frac{J_{2}}{2}\left(\frac{a_{e}}{r}\right)^{2}(1-3\sin^{2}\varphi)\right] \quad (4-140)$$

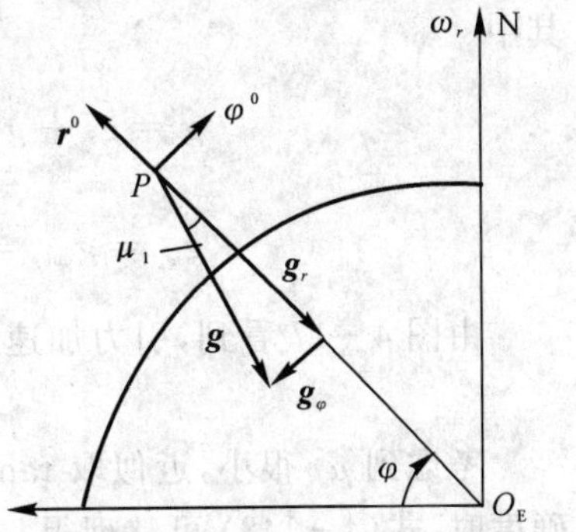

图 4-17　g 在 r^0 与 φ^0 上投影

值得指出的是正常引力势是人为假设的，不论是式(4-139)或式(4-140)，其所表示的正常引力势与实际地球的引力势均有差别，这一差别称为引力势的异常。若要求弹道计算的精度较高，则需顾及引力势异常的影响。

由式(4-140)可见正常引力势仅与观测点的距离 r 及地心纬度 φ 有关。因此，引力加速度 $\boldsymbol{g}$ 总是在地球地轴与所考察的空间点构成的平面内，该平面与包含 r 在内的子午面重合，如图 4-17 所示。

对于位于 P 点的单位质量质点而言，为计算该点的引力加速度矢量，作过 P 点的子午面。令 $\overline{O_E P}=\boldsymbol{r}$，$\boldsymbol{r}$ 的单位矢量为 $\boldsymbol{r}^0$，并令在此子午面内垂直 $\overline{O_E P}$ 且指向 φ 增加方向的单位矢量为 $\boldsymbol{\varphi}^0$。则引力加速度 $\boldsymbol{g}$ 在 $\boldsymbol{r}^0$ 及 $\boldsymbol{\varphi}^0$ 方向的投影分别为

$$\left.\begin{aligned} g_r&=\frac{\partial U}{\partial r}=-\frac{f_m M}{r^2}\left[1+\frac{3}{2}J_2\left(\frac{a_e}{r}\right)^2(1-3\sin^2\varphi)\right]\\ g_\varphi&=\frac{1}{r}\frac{\partial U}{\partial \varphi}=-\frac{f_m M}{r^2}\frac{3}{2}J_2\left(\frac{a_e}{r}\right)^2\sin 2\varphi \end{aligned}\right\}\tag{4-141}$$

令 $J=\dfrac{3}{2}J_2$，则

$$g_r=-\frac{f_m M}{r^2}\left[1+J\left(\frac{a_e}{r}\right)^2(1-3\sin^2\varphi)\right]$$

$$g_\varphi=-\frac{f_m M}{r^2}J\left(\frac{a_e}{r}\right)^2\sin 2\varphi \tag{4-142}$$

显见，当式(4-142)中不考虑含 J 的项，即得

$$g_r=-\frac{f_m M}{r^2}$$

$$g_\varphi=0$$

因此，含 J 的项，即是考虑了地球扁率后，对作为均质圆球的地球引力加速度的修正，而且当考虑地球扁率时，还有一个方向总是指向赤道一边的分量 $\boldsymbol{g}_\varphi$，这是由于地球的赤道略为隆起，此处质量加大的原因而引起的。

为了计算方便，常常把引力加速度投影在矢径 $\boldsymbol{r}$ 和地球自转 $\boldsymbol{\omega}_e$ 方向。显然，这只需将矢量 $\boldsymbol{g}_\varphi$ 分解到 $\boldsymbol{r}$ 及 $\boldsymbol{\omega}_e$ 方向上即可。由图 4-17 可看出

$$\boldsymbol{g}_\varphi=g_{\varphi_r}\boldsymbol{r}^0+g_{\varphi\omega_e}\boldsymbol{\omega}_e^0=-g_\varphi\tan\varphi\,\boldsymbol{r}^0+\frac{g_\varphi}{\cos\varphi}\boldsymbol{\omega}_e^0 \tag{4-143}$$

将式(4-142)之 g_φ 代入式(4-143)可得

$$\boldsymbol{g}_\varphi=2\frac{f_m M}{r^2}J\left(\frac{a_e}{r}\right)^2\sin^2\varphi\,\boldsymbol{r}^0-2\frac{f_m M}{r^2}J\left(\frac{a_e}{r}\right)^2\sin\varphi\,\boldsymbol{\omega}_e^0 \tag{4-144}$$

这样引力加速度矢量可表示成下面两种形式

$$\boldsymbol{g}=g_r\boldsymbol{r}^0+g_\varphi\boldsymbol{\varphi}^0 \tag{4-145}$$

或

$$\boldsymbol{g}=g'_r\boldsymbol{r}^0+g_{\omega_e}\boldsymbol{\omega}_e^0 \tag{4-146}$$

其中

$$\left.\begin{aligned} g_r' &= g_r + g_{\varphi_r} = -\frac{f_m M}{r^2}\left[1 + J\left(\frac{a_e}{r}\right)^2 (1 - 5\sin^2\varphi)\right] \\ g_{\omega_e} &= g_{\varphi\omega_e} = -2\frac{f_m M}{r^2} J \left(\frac{a_e}{r}\right)^2 \sin\varphi \end{aligned}\right\} \tag{4-147}$$

由图 4-17 看到，引力加速度矢量 $\boldsymbol{g}$ 与该点的矢径 $\boldsymbol{r}$ 的夹角 μ_1 为

$$\tan\mu_1 = g_\varphi / g_r \tag{4-148}$$

考虑到 μ_1 很小，近似取 $\tan\mu_1 \approx \mu_1$，在将式(4-141) 代入式(4-148) 右端后取至 J 的准确度时，式(4-148) 可整理得

$$\mu_1 \approx J\left(\frac{a_e}{r}\right)^2 \sin 2\varphi \tag{4-149}$$

对于地球为两轴旋转椭球体的情况，其表面任一点满足椭圆方程为

$$\frac{x^2}{a_e^2} + \frac{y^2}{b_e^2} = 1$$

设该点地心距为 r_0，则不难将上式写成

$$b_e^2 r_0^2 \cos^2\varphi + a_e^2 r_0^2 \sin^2\varphi = a_e^2 b_e^2$$

即有

$$r_0 = \frac{a_e b_e}{\sqrt{b_e^2\cos^2\varphi + a_e^2\sin^2\varphi}} \tag{4-150}$$

注意到椭球的扁率为

$$\alpha_e = \frac{a_e - b_e}{a_e}$$

代入式(4-150)，得

$$r_0 = \frac{a_e^2(1-\alpha_e)}{a_e\sqrt{(1-\alpha_e)^2\cos^2\varphi + \sin^2\varphi}} = a_e(1-\alpha_e)\,(1 - 2\alpha_e\cos^2\varphi + \alpha_e^2\cos^2\varphi)^{-\frac{1}{2}}$$

记 $\chi = 2\alpha_e\cos^2\varphi - \alpha_e^2\cos^2\varphi$。因为 χ 为小量，将其代入前式，并按级数展开，则可得两轴旋转体表面上任一点 r_0 与赤道半径 a_e 及该点地心距与赤道平面夹角 φ 之间有关系式

$$r_0 = a_e(1 - \alpha_e\sin^2\varphi - \frac{3}{8}\alpha_e^2\sin^2 2\varphi - \cdots) \tag{4-151}$$

已知

$$\alpha_e = \frac{a_e - b_e}{a_e} = \frac{1}{298.257}$$

故当考虑到扁率一阶项时，可将 α_e^2 以上项略去，则

$$\frac{a_e}{r_0} \approx \frac{1}{1 - \alpha_e\sin^2\varphi}$$

$$\left(\frac{a_e}{r_0}\right)^2 \approx \frac{1}{1 - 2\alpha_e\sin^2\varphi} \approx 1 + 2\alpha_e\sin^2\varphi$$

将该结果代入式(4-149)，得

$$\mu_{10} = J(1 + 2\alpha_e\sin^2\varphi)\sin 2\varphi$$

式中，J，α_e 均为小量，故在精确至 α_e 量级时，可取

$$\mu_{10} = J\sin 2\varphi \tag{4-152}$$

该 μ_{10} 即为地球为旋转椭球体的表面一点引力加速度矢量 $\boldsymbol{g}$ 与该点地心矢径 $\boldsymbol{r}$ 的夹角，该角的值精确至 α_e 级的值。不难由式(4－152) 看出当 $\varphi=\pm 45°$ 时 $|\mu_{10}|$ 取最大值，即

$$|\mu_{10}|=J=1.623\ 95\times 10^{-3}\ \text{rad}=5.6'$$

由图 4－17 可知，空间任一点引力加速度大小为

$$g=g_r/\cos\mu_1$$

由于 μ_1 很小，取 $\cos\mu_1\approx 1$，故

$$g=g_r=-\frac{f_m M}{r^2}\left[1+J\left(\frac{a_e}{r}\right)^2(1-3\sin^2\varphi)\right] \tag{4-153}$$

当 $1-3\sin^2\varphi=0$，即 $\varphi=35°15'52''$ 时，有

$$g=-\frac{f_m M}{r^2}$$

将该 φ 角代入式(4－151)，在精确至 α_e 量级时，则有

$$r_0=a_e\left(1-\frac{\alpha_e}{3}\right)=6\ 371.11\ \text{km}$$

通常将此 r_0 值取作球形引力场时的地球平均半径，记为 R。

4. 重力

如地球外一质量为 m 的质点相对于地球是静止的，该质点受到地球的引力为 $m\boldsymbol{g}$，另由于地球自身在以角速度 $\boldsymbol{\omega}_e$ 旋转，故该质点还受到随同地球旋转而引起的离心惯性力，将该质点所受的引力和离心惯性力之和称为该质点所受的重力，记为 $m\boldsymbol{k}$，则

$$m\boldsymbol{k}=m\boldsymbol{g}+m\boldsymbol{a}'_e \tag{4-154}$$

其中，$\boldsymbol{a}'_e=-\boldsymbol{\omega}_e\times(\boldsymbol{\omega}_e\times\boldsymbol{r})$ 称为离心加速度。

空间一点的离心惯性加速度 $\boldsymbol{a}'_e$ 是在该点与地轴组成的子午面内，并与地轴垂直指向球外。将其分解到 $\boldsymbol{r}^\circ$ 及 $\boldsymbol{\varphi}^\circ$ 方向，其大小分别记为 a'_{er}，$a'_{e\varphi}$，则可得

$$\left.\begin{aligned}a'_{er}&=r\omega_e^2\cos^2\varphi\\ a'_{e\varphi}&=-r\omega_e^2\sin\varphi\cos\varphi\end{aligned}\right\} \tag{4-155}$$

显然，$\boldsymbol{k}$ 同属于 $\boldsymbol{a}'_e$，$\boldsymbol{g}$ 所在的子午面内，如图 4－18 所示。将式(4－141) 与式(4－155) 代入式(4－154) 即可得到重力加速度 $\boldsymbol{k}$ 在该子午面内 $\boldsymbol{r}^\circ$ 及 $\boldsymbol{\varphi}^\circ$ 方向的分量为

$$\left.\begin{aligned}\boldsymbol{k}_r&=-\frac{fM}{r^2}\left[1+J\left(\frac{a_e}{r}\right)^2(1-3\sin^2\varphi)\right]+r\omega_e^2\cos^2\varphi\\ \boldsymbol{k}_\varphi&=-\frac{fM}{r^2}J\left(\frac{a_e}{r}\right)^2\sin 2\varphi-r\omega_e^2\cos\varphi\sin\varphi\end{aligned}\right\} \tag{4-156}$$

将式(4－156) 经过整理可得如下形式：

$$\left.\begin{aligned}\boldsymbol{k}_r&=-\frac{fM}{r^2}\left[1+J\left(\frac{a_e}{r}\right)^2(1-3\sin^2\varphi)-q\left(\frac{r}{a_e}\right)^3\cos^2\varphi\right]\\ \boldsymbol{k}_\varphi&=-\frac{fM}{r^2}\left[J\left(\frac{a_e}{r}\right)^2+\frac{q}{2}\left(\frac{r}{a_e}\right)^3\right]\sin 2\varphi\end{aligned}\right\} \tag{4-157}$$

其中，$q=\dfrac{a'_e\omega_e^2}{\dfrac{fM}{a_e^2}}$ 为赤道上离心加速度与引力加速度之比。

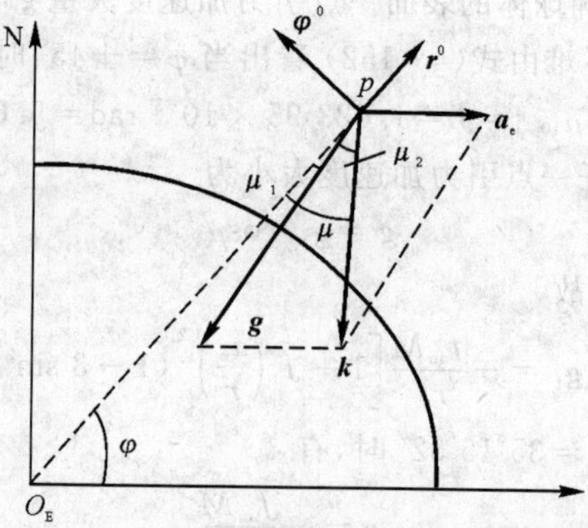

图 4-18　地球外一点的重力加速度示意图

将 a_e,ω_e,fM 值代入可算得

$$q = 3.461\ 4 \times 10^{-3} = 1.032\ 4\alpha_e$$

可见 q 与 α_e 是同量级的参数。

由图 4-18 可见,空间 P 点之重力加速度矢量在过该点的子午面内,g 的指向不通过地心,即 $\boldsymbol{k}$ 与 $\boldsymbol{r}$ 之间有一夹角 μ,该角可用

$$\tan\mu = \frac{\boldsymbol{k}_\varphi}{\boldsymbol{k}_r}$$

算得。

当考虑到 μ 角很小时,上式左端近似为 μ,而右端在准确到 α_e 量级时展开可得

$$\mu \approx J\left(\frac{a_e}{r}\right)^2 \sin 2\varphi + \frac{q}{2}\left(\frac{r}{a_e}\right)^3 \sin 2\varphi \tag{4-158}$$

式(4-158) 右端第一项为 μ_1,它是 $\boldsymbol{g}$ 与 $\boldsymbol{r}$ 的夹角;记第二项为 μ_2,它是由于有离心加速度存在造成 $\boldsymbol{k}$ 与 $\boldsymbol{g}$ 之间的夹角,则式(4-158) 可记为

$$\mu = \mu_1 + \mu_2$$

火箭发射时是以发射点的垂线方向亦即 g 的方向定向的。当将地球形状视为一两轴旋转椭球体时,在椭球表面上任一点的重力垂线即为椭球面上过该点的法线。如图 4-19 所示,该法线从发射点 O 到与地轴交点 M 的长度 OM,称为椭球面上 O 点的卯酉半径,记为 N,M 称为卯酉中心。N 与赤道平面的夹角记为 B_0,即为地理纬度。而 M 与椭球中心 O_E 之间的距离为 O_EM,由于椭球面上各点的法线不指向同一中心,故 M 点是沿地轴移动的,即 O_EM 的长度与 O 点在椭球面上的位置有关。

发射点 O 所在子午面的椭圆曲线方程为

$$\frac{x^2}{a_e^2} + \frac{y^2}{b_e^2} = 1$$

则过 O 点的椭圆法线的斜率为

$$\tan B_0 = -\frac{\mathrm{d}x}{\mathrm{d}y} = \frac{y}{x}\frac{a_e^2}{b_e^2}$$

而过 O 点的矢径 $\boldsymbol{r}$ 与赤道平面的夹角为地心纬度 φ_0,由图 4-19 可知

$$\tan\varphi_0 = \frac{y}{x}$$

则地理纬度 B_0 与地心纬度 φ_0 之间有下列严格关系：

$$\tan B_0 = \frac{a_e^2}{b_e^2}\tan\varphi_0 \tag{4-159}$$

当知道 B_0，φ_0 中任一参数值时，即可准确求得另一个参数值，从而可求得

$$\mu_0 = B_0 - \varphi_0 \tag{4-160}$$

由图 4-19 可知，过 O_E 作 OM 垂线交于 A，并注意到 μ 为一微量，则有

$$O_E M = \frac{O_E A}{\cos B_0} \approx \frac{r_0\mu_0}{\cos B_0} \tag{4-161}$$

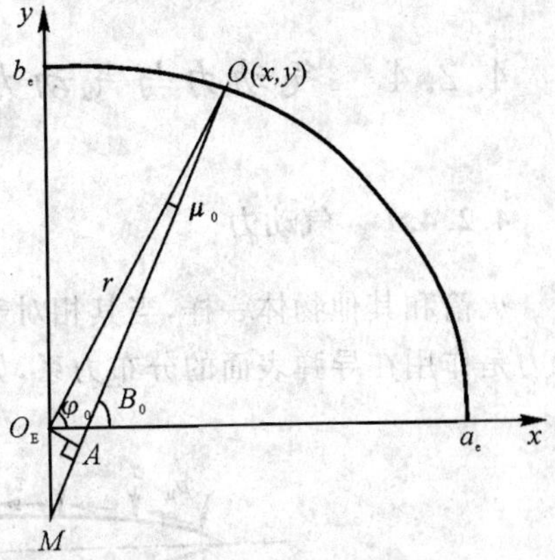

图 4-19　椭球表面一点卯酉半径

将 $b_e = a_e(1-\alpha_e)$ 代入式(4-159)，并准确到 α_e 量级时，有

$$\tan B_0 - \tan\varphi_0 = 2\alpha_e\tan\varphi_0$$

由于

$$\tan B_0 - \tan\varphi_0 = \frac{\sin(B_0-\varphi_0)}{\cos B_0\cos\varphi_0}$$

则得

$$\sin(B_0-\varphi_0) = 2\alpha_e\sin\varphi_0\cos B_0$$

注意到式(4-160)且考虑到 μ 很小，故有

$$\mu_0 = \alpha_e\sin 2\varphi = \alpha_e\sin 2\varphi \tag{4-162}$$

不难看出，在椭球面上，当 $\varphi = \pm 45°$ 时，μ 取最大值，即

$$\mu_{0\max} = \alpha_e = 11.5'$$

将式(4-162)代入式(4-161)可得

$$O_E M = 2r_0\alpha_e\sin\varphi = 2r_0\alpha_e\sin\varphi \tag{4-163}$$

此时卯酉半径 N 为

$$N = OA + AM = r_0 + O_E M\sin\phi_0 = r_0(1+2\alpha_e\sin^2\phi_0) \tag{4-164}$$

将式(4-151)代入式(4-164)，略去 α_e^2 以上各项，则得

$$N = a_e(1+\alpha_e\sin^2\varphi) \tag{4-165}$$

由式(4-165)可见：在赤道上，$N = a_e$；在非赤道面上任一点的卯酉半径均大于赤道半径 a_e，最大的卯酉半径是两极点处的值，为 $a_e(1+\alpha_e)$。

由图 4-18 可知空间任一点的重力加速度大小为

$$\boldsymbol{k} = \boldsymbol{k}_r/\cos\mu$$

在准确到 α_e 量级时，可取 $\cos\mu = 1$，则

$$\boldsymbol{k} \approx g_r = -\frac{fM}{r^2}\left[1 + J\left(\frac{a_e}{r}\right)^2(1-3\sin^2\varphi) - q\left(\frac{r}{a_e}\right)^3\cos^2\varphi\right] \tag{4-166}$$

4.2.4 气动力与气动力矩

4.2.4.1 气动力

火箭和其他物体一样，当其相对于大气运动时大气则会在导弹的表面形成作用力。空气动力是作用在导弹表面的分布力系，如图 4-20 所示。

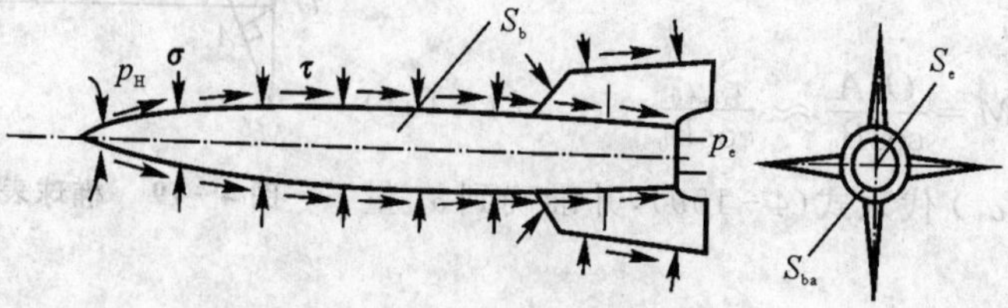

图 4-20 弹体表面的压力分布

将火箭表面分成喷口截面积 S_e 及除 S_e 外的弹体表面 S_b 两部分。记空气作用在火箭体表面上单位面积法向力和切向力为 $\boldsymbol{\sigma}$，$\boldsymbol{\tau}$，则在 S_b 的每一个微小面积 dS 上作用有法向力 $\boldsymbol{\sigma}dS$ 及切向力 $\boldsymbol{\tau}dS$，因而空气作用在 S_b 上的合力为

$$\boldsymbol{R}_b = \int_{S_b} \boldsymbol{\sigma} dS + \int_{S_e} \boldsymbol{\tau} dS$$

同样，当发动机不工作时，空气作用于喷口截面 S_e 上的合力为

$$\boldsymbol{R}_b = \int_{S_e} \boldsymbol{\sigma} dS + \int_{S_b} \boldsymbol{\tau} dS$$

由于法向力 $\boldsymbol{\sigma}$ 可写成未扰动空气的静压 $\boldsymbol{P}_H$ 与法向剩余压力 $\boldsymbol{\sigma}'$ 之和，即

$$\boldsymbol{\sigma} = \boldsymbol{P}_H + \boldsymbol{\sigma}'$$

故空气作用在火箭上的总的合力可写成

$$\boldsymbol{R} = \int_{S_b} \boldsymbol{P}_H dS + \int_{S_e} \boldsymbol{P}_H dS + \int_{S_b} \boldsymbol{\sigma}' dS + \int_{S_e} \boldsymbol{\sigma}' dS + \int_{S_b} \boldsymbol{\tau} dS + \int_{S_e} \boldsymbol{\tau} dS$$

其中，前两项为作用在火箭上的空气静压力，在发动机不工作时为零；最后一项为喷口截面上的切向力，一般可忽略。这样总合力即为

$$\boldsymbol{R} = \int_{S_b} \boldsymbol{\sigma}' dS + \int_{S_e} \boldsymbol{\sigma}' dS + \int_{S_b} \boldsymbol{\tau} dS$$

记火箭底部的面积 S_{ba} 与喷口截面积 S_e 之差为 S_r，则

$$S_e = S_{ba} - S_r$$

总的合力又可写成

$$\boldsymbol{R} = \int_{S_b - S_r} \boldsymbol{\sigma}' dS + \int_{S_b} \boldsymbol{\tau} dS + \int_{S_{ba}} \boldsymbol{\sigma}' dS \tag{4-167}$$

其中，$\int_{S_{ba}} \boldsymbol{\sigma}' dS$ 为火箭底阻，其合力作用线与火箭纵轴 x_1 重合，记为 $\boldsymbol{X}_{1ba}$；$\int_{S_r} \boldsymbol{\tau} dS$ 为摩擦阻力，其合力的作用线与 x_1 重合，记为 X_{1f}。

另将 $\int_{S_b - S_r} \boldsymbol{\sigma}' dS$ 分解在火箭箭体坐标轴的 3 个方向，分别为压差阻力 $\boldsymbol{X}_{1b}$、法向力 $\boldsymbol{Y}_1$ 及横向

力$\boldsymbol{Z}_1$，则式(4－167) 可写成

$$\boldsymbol{R}=\boldsymbol{X}_{1\mathrm{ba}}+\boldsymbol{X}_{1\mathrm{f}}+\boldsymbol{X}_{1\mathrm{b}}+\boldsymbol{Y}_1+\boldsymbol{Z}_1 \tag{4-168}$$

记

$$\boldsymbol{X}_1=\boldsymbol{X}_{1\mathrm{ba}}+\boldsymbol{X}_{1\mathrm{f}}+\boldsymbol{X}_{1\mathrm{b}} \tag{4-169}$$

$\boldsymbol{X}_1$ 称为总的轴向力。

则式(4－168) 即为

$$\boldsymbol{R}=\boldsymbol{X}_1+\boldsymbol{Y}_1+\boldsymbol{Z}_1 \tag{4-170}$$

当发动机工作时，在计算发动机推力中，已将大气静压力$\int_{S_\mathrm{b}}\boldsymbol{P}_\mathrm{H}\mathrm{d}S$与发动机喷口截面积上的燃气压力$\int_{S_\mathrm{e}}\boldsymbol{P}\mathrm{d}S$合成为推力静分量，记入发动机推力之中，见式(4－102)。而此时火箭的底部压力仅为底部圆环部分的面积 S_r 上的法向剩余压力造成。除此之外，无论发动机工作是否，总气动力的表达式相同。

当火箭相对于大气运动时，如何确定作用在火箭上的空气动力是一个颇为复杂的问题，很难通过理论计算准确确定。目前是用空气动力学理论进行计算与空气动力实验校正相结合的方法。空气动力实验是在可产生一定马赫数的均匀气流的风洞中进行，马赫数是气流的速度 v 与声速 a 之比值。在实验时，将按比例缩小了的实物模型静止放在风洞内，然后使气流按一定的马赫数吹过此模型，通过测量此模型所受的空气动力并进行适当的换算后，求得实物在此马赫数下所受的空气阻力。

在火箭的研制过程中，由研究空气动力学的专门人员根据火箭的外形，利用上面谈及的方法给出该型号火箭的空气动力计算所必需的图表、曲线等。正确地使用这些资料，即可确定作用在火箭上的气动力和气动力矩。

式(4－170) 中分力可以按下式计算：

$$\left.\begin{aligned}X_1&=C_{x_1}\ \frac{1}{2}\rho v^2 S_\mathrm{M}=C_{x_1}qS_\mathrm{M}\\Y_1&=C_{y_1}\ \frac{1}{2}\rho v^2 S_\mathrm{M}=C_{y_1}qS_\mathrm{M}\\Z_1&=C_{z_1}\ \frac{1}{2}\rho v^2 S_\mathrm{M}=C_{z_1}qS_\mathrm{M}\end{aligned}\right\} \tag{4-171}$$

其中，v 为火箭相对于大气的速度；ρ 为大气密度，可查标准大气表或按近似公式计算；S_M 为火箭最大横截面积，亦称特征面积；C_{x_1}，C_{y_1}，C_{z_1} 依次为火箭的轴向力因数、法向力因数、横向力因数，均为无因次量；$q=\frac{1}{2}\rho v^2$ 为速度头(或称动压头)。

研究火箭的运动规律时，有时在速度坐标系内讨论，故亦可将空气动力总的合力在速度坐标系内分解为阻力 $\boldsymbol{X}$、升力 $\boldsymbol{Y}$ 与侧力 $\boldsymbol{Z}$，如图 4－21 所示，即

$$\boldsymbol{R}=\boldsymbol{X}+\boldsymbol{Y}+\boldsymbol{Z} \tag{4-172}$$

其中，力的各分量可按下式计算：

$$\left.\begin{aligned}X_1 &= C_x\,\frac{1}{2}\rho v^2 S_M = C_x q S_M\\ Y_1 &= C_y\,\frac{1}{2}\rho v^2 S_M = C_y q S_M\\ Z_1 &= C_z\,\frac{1}{2}\rho v^2 S_M = C_z q S_M\end{aligned}\right\}\tag{4-173}$$

式中，除 C_x，C_y，C_z 分别为阻力因数、升力因数、侧力因数，它们均为无因次量外，其他符号的意义同式(4-171)。

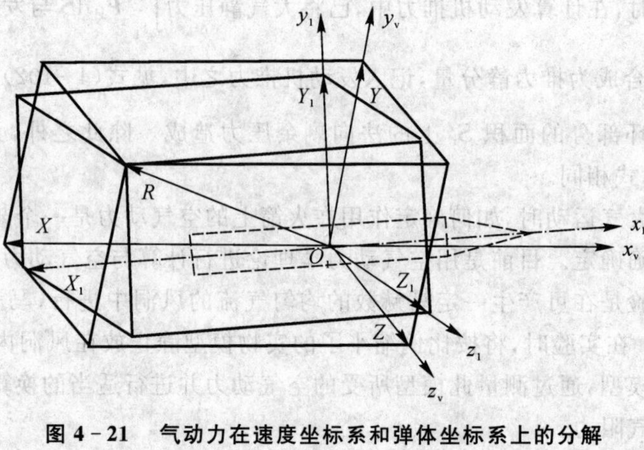

图 4-21　气动力在速度坐标系和弹体坐标系上的分解

由于按式(4-171)及式(4-173)计算得到的 X_1，X 为正值，而实际合力 $\boldsymbol{R}$ 在箭体坐标系 X_1 及速度坐标系 X_v 上的投影分量应为负值，故该投影的分量应在 X_1，X 前冠以负号。

根据速度坐标系与箭体坐标系之间的方向余弦关系，合力 $\boldsymbol{R}$ 在此两个坐标系的分量有关系式

$$\begin{bmatrix}-X\\ Y\\ Z\end{bmatrix}=\boldsymbol{V}_B\begin{bmatrix}-X_1\\ Y_1\\ Z_1\end{bmatrix}\tag{4-174}$$

其中

$$\boldsymbol{V}_B=\begin{bmatrix}\cos\beta\cos\alpha & -\cos\beta\sin\alpha & \sin\beta\\ \sin\alpha & \cos\alpha & 0\\ -\sin\beta\cos\alpha & \sin\beta\sin\alpha & \cos\beta\end{bmatrix}$$

依据关系式(4-174)分别对空气动力各分量及相应的气动力因数进行讨论。

1. 阻力和阻力因数

由式(4-174)可得

$$X = X_1\cos\beta\cos\alpha + Y_1\cos\beta\sin\alpha - Z_1\sin\beta\tag{4-175}$$

将 X_1 分为两个部分：一部分是 $\alpha=0$，$\beta=0$ 时产生的轴向力 X_{10}，另一部分是 $\alpha\neq 0$，$\beta\neq 0$ 引起的阻力增量 ΔX_1，即

$$X_1 = X_{10} + \Delta X_1$$

将其代入式(4-175)得

$$X=X_{10}\cos\beta\cos\alpha+Y_1\cos\beta\sin\alpha-Z_1\sin\beta+\Delta X_1\cos\beta\cos\alpha \tag{4-176}$$

考虑到火箭飞行过程中，α，β 值均较小。且升力和法向力、侧力和横向力各因数分别是 α 和 β 的线性函数，即

$$\left.\begin{aligned}C_y=C_y^\alpha\alpha,\quad C_z=C_z^\beta\beta\\ C_{y_1}=C_{y_1}^\alpha\alpha,\quad C_{z_1}=C_{z_1}^\beta\beta\end{aligned}\right\} \tag{4-177}$$

又因火箭是一轴对称体，按力的定义，有

$$\left.\begin{aligned}C_{y_1}^\alpha=-C_{z_1}^\beta\\ C_y^\alpha=-C_z^\beta\end{aligned}\right\} \tag{4-178}$$

则式(4-176) 可近似为

$$X=X_{10}+Y_1^\alpha(\alpha^2+\beta^2)+\Delta X_1 \tag{4-179}$$

记

$$X_i=Y_1^\alpha(\alpha^2+\beta^2)+\Delta X_1 \tag{4-180}$$

称 X_i 为迎角和侧滑角引起的诱导阻力。则

$$X=X_{10}+X_i \tag{4-181}$$

将阻力写成因数形式，则有关系式

$$C_x=C_{x10}+C_{x_i} \tag{4-182}$$

其中，C_{x10} 为 $\alpha=\beta=0$ 时的阻力因数，它与 α 和 β 无关，仅是马赫数和高度的函数，如图 4-22 所示。可见，C_{x10} 在 $Ma=1$ 附近跨声速区剧增，这主要是波阻起作用。超声速后，激波顶角减小，阻力因数减小。C_{x10} 随高度的增加而增加，因为当气体流过飞行器的表面时，由于表面凹凸不平使气流分子受到阻滞，加上气体有一定的黏性，从而形成摩擦阻力 X_{1f}。该力除与气体的黏性系数 μ 及火箭的最大的横截面积 S_M 有关，还与 v/l(v 为气体的速度，l 为火箭表面长度) 成正比，即

$$X_{1f}\infty\mu\frac{v}{l}S_M$$

则知摩擦阻力因数为

$$C_{x1f}=\frac{X_1f}{\frac{1}{2}qS_M}\infty\frac{\mu}{\rho vl}$$

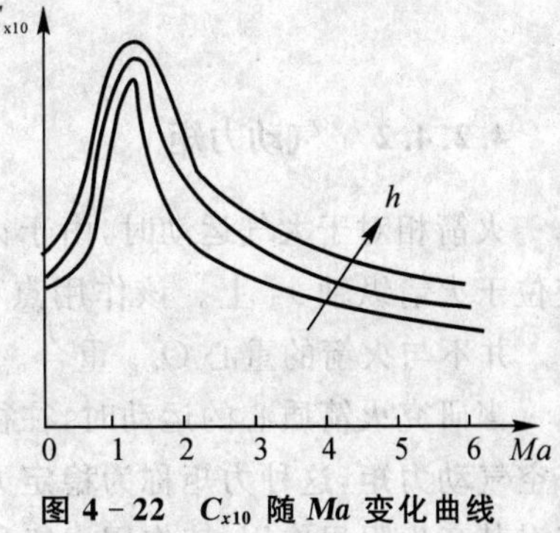

图 4-22　C_{x10} 随 Ma 变化曲线

由该式可见，在一定的马赫数下，随着高度增加气体的密度 ρ 在减小，则 C_{x1f} 增加，这就增大了摩擦阻力在总空气动力中所占的比例，故阻力因数即随高度增加而增加。C_{xi} 为诱导阻力因数，通常只需要对法向力和横向力在阻力方向的分量进行修正即可，故计算时用

$$C_{xi}=KC_{y1}^\alpha(\alpha^2+\beta^2) \tag{4-183}$$

其中，K 为与导弹形状有关的因数。

2. 升力和升力因数

由式(4-174) 可得升力表达式为

$$Y=Y_1\cos\alpha-X_1\sin\alpha \tag{4-184}$$

而升力因数则为

$$C_y = C_{y1}\cos\alpha - (C_{x10} + C_{xi})\sin\alpha$$

考虑到 α 角很小，且 $C_{xi}\alpha$ 可忽略不计，则升力因数可近似为

$$C_y = C_{y1} - C_{x10}\alpha \tag{4-185}$$

当 α 较小时，法向力因数为 α 的线性函数，则可得

$$C_y^{\alpha} = C_{y1}^{\alpha} - C_{x10} \tag{4-186}$$

C_y^{α} 随高度的变化很小，一般可不予考虑。通常空气动力资料只给 $C_y^{\alpha}-Ma$ 曲线或数据。图 4-23 给出了 $C_y^{\alpha}-Ma$ 的近似关系曲线。

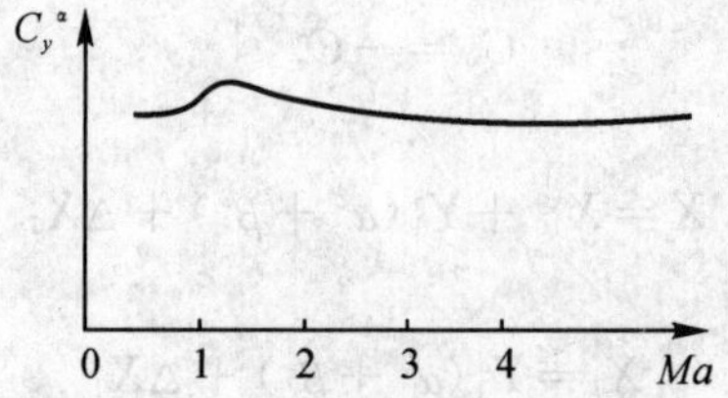

图 4-23　$C_y^{\alpha}-M$ 曲线近似关系

3. 侧力和侧向力因数

据式(4-174)可得侧力表达式

$$Z = X_1\cos\alpha\sin\beta + Y_1\sin\alpha\sin\beta + Z_1\cos\beta \tag{4-187}$$

因 α,β 是微量，在略去二阶以上微量时，式(4-187)可简化为

$$Z = X_1\beta + Z_1 \tag{4-188}$$

同理可得侧力因数

$$C_z = C_{x10}\beta + C_{Z1} \tag{4-189}$$

则侧力因数对 β 的导数

$$C_z^{\beta} = C_{x10} + C_{z1}^{\beta} \tag{4-190}$$

注意到式(4-188)，式(4-190)可写为

$$C_z^{\beta} = C_{x10} - C_{y1}^{\alpha} \tag{4-191}$$

4.2.4.2　气动力矩

火箭相对于大气运动时，由于火箭的对称性，故作用于火箭表面的气动力合力 $\boldsymbol{R}$ 的作用点应位于火箭纵轴 x_1 上。该作用点称为压力中心，或简称压心，记为 $O_{c.p}$。一般情况下，压心 $O_{c.p}$ 并不与火箭的重心 $O_{c.g}$ 重合。

当研究火箭质心的运动时，往往将气动力的合力 $\boldsymbol{R}$ 简化到质心(即重心)上，因此就产生一空气动力矩，这种力矩称为稳定力矩，记为$\boldsymbol{M}_{st}$。另外，当火箭产生相当于大气的转动时，大气对其产生阻尼作用，该作用力矩称为阻尼力矩，记为$\boldsymbol{M}_d$。

1. 稳定力矩

由于通常以箭体坐标系来描述火箭的转动，因此，用空气动力对箭体坐标系三轴之矩来表示气动力矩。已知

$$\boldsymbol{R} = \boldsymbol{X}_1 + \boldsymbol{Y}_1 + \boldsymbol{Z}_1$$

而质心与压心的距离矢量可表示为$(x_p - x_g)\ x_1^0$，x_p，x_g 分别为压心、质心至火箭头部理

论尖端的距离，均以正值表示。则稳定力矩为

$$\boldsymbol{M}_{st}=\boldsymbol{R}\times(x_p-x_g)\boldsymbol{x}_1^0=Z_1(x_p-x_g)\boldsymbol{y}_1^0-Y_1(x_p-x_g)\boldsymbol{z}_1^0 \tag{4-192}$$

记

$$\left.\begin{aligned}M_{y1st}&=Z_1(x_p-x_g)=m_{y1st}qS_M l_k\\M_{z1st}&=-Y_1(x_p-x_g)=m_{z1st}qS_M l_k\end{aligned}\right\} \tag{4-193}$$

其中，M_{y1st}，M_{z1st} 分别为绕 Oy_1，Oz_1 轴的稳定力矩；m_{y1st}，m_{z1st} 为相应的力矩系数；l_k 为火箭的长度。

由式(4-193)可见

$$\left.\begin{aligned}m_{y1st}&=\frac{Z_1(x_p-x_g)}{qS_M l_k}=C_{y_1}^{\alpha}(\bar{x}_g-\bar{x}_p)\beta\\m_{z1st}&=\frac{-Y_1(x_p-x_g)}{qS_M l_k}=C_{y1}^{\alpha}(\bar{x}_g-\bar{x}_p)\alpha\end{aligned}\right\} \tag{4-194}$$

其中

$$\bar{x}_g=\frac{x_g}{l_k},\quad \bar{x}_p=\frac{x_p}{l_k}$$

又记

$$m_{y1}^{\beta}=\frac{\partial m_{y1st}}{\partial\beta}=C_{y1}^{\alpha}(\bar{x}_g-\bar{x}_p) \tag{4-195}$$

显然有

$$m_{z1}^{\alpha}=m_{y1}^{\beta} \tag{4-196}$$

由以上讨论可得稳定力矩的最终计算公式为

$$\left.\begin{aligned}M_{y1st}&=m_{y1}^{\beta}qS_M l_k\beta\\M_{z1st}&=m_{z1}^{\alpha}qS_M l_k\alpha\\m_{y1}^{\beta}&=m_{z1}^{\alpha}=C_{y1}^{\alpha}(\bar{x}_g-\bar{x}_p)\end{aligned}\right\} \tag{4-197}$$

显然，稳定力矩的计算与质心和压心的位置有关。压心的位置是通过气动力计算和风洞实验确定的，图 4-24 给出了典型火箭的压心随马赫数的变化曲线。质心的位置可通过具体火箭的质量分布和剩余燃料的质量和位置计算得到。

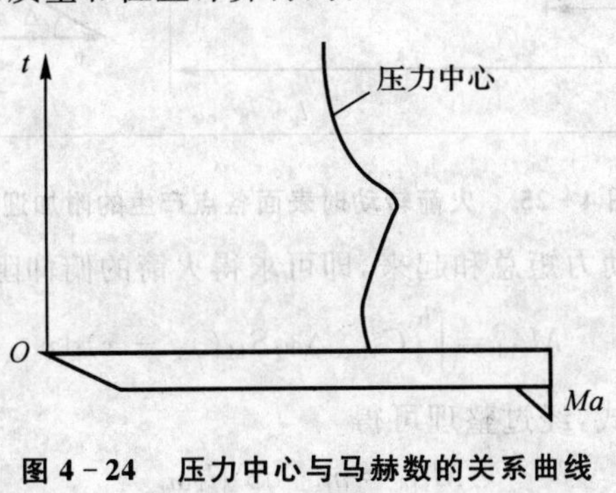

图 4-24　压力中心与马赫数的关系曲线

由式(4-197)可知，若 $\bar{x}_p>\bar{x}_g$，$m_{z_1}^{\alpha}<0$，则当火箭在飞行中出现 α，β 时，力矩 M_{z1st}，M_{y1st} 将使得火箭分别绕 Oz_1 轴，Oy_1 轴旋转来消除 α，β 角。此时，称火箭是静稳定的，称 M_{z1st}，M_{y1st} 为静稳定力矩。若 $\bar{x}_p<\bar{x}_g$，则 $M_{z1}^{\alpha}>0$，故当出现 α，β 时，力矩 M_{z1st}，M_{y1st} 将使火箭绕 Oz_1，Oy_1

轴旋转造成 α,β 继续增大,此时,称火箭是静不稳定的,并将这两个力矩称为静不稳定力矩。无量纲量 $\bar{x}_g - \bar{x}_p$ 称为稳定裕度,该值为负且绝对值较大时,对火箭的稳定性有好处,但它也会导致结构上有较大的弯矩,这对于大型运载火箭是不允许的。需强调指出的是,静稳定性是指火箭在不加控制的情况下的一种空气动力特性。实际上,对于静不稳定的火箭而言,只要控制系统设计得当,火箭在控制力的作用下,仍可稳定飞行。因此,不要将火箭的固有的空气动力静稳定性与控制系统作用下的操作稳定性相混淆。

2. 阻尼力矩

火箭在运动中有转动时,存在有大气的阻尼,表现为阻止转动的空气动力矩,这一力矩称为阻尼力矩。该力矩的方向总是与转动方向相反,对转动角速度起阻尼作用。

以火箭绕 Oz_1 轴旋转为例,若火箭在迎角为零状态下以速度 v 飞行,并以角速度 ω_{z_1} 绕 Oz_1 轴旋转,则在距质心 $x_g - x$ 处的一个单元长度 $\mathrm{d}x$ 上有线速度 $\omega_{z_1}(x_g - x)$,该线速度与火箭运动速度 v 组合成新的速度,这就造成局部迎角 $\Delta\alpha$,图 4-25 上表示了 $\Delta\alpha < 0 (x < x_g)$ 及 $\Delta\alpha > 0 (x > x_g)$ 两种情况。

不难理解:

$$\tan\Delta\alpha = \frac{\omega_{z_1}(x - x_g)}{v}$$

因 $\Delta\alpha$ 很小,可近似为

$$\Delta\alpha = \frac{\omega_{z_1}(x - x_g)}{v} \tag{4-198}$$

$\Delta\alpha$ 的出现则会造成对质心的附加力矩为

$$\mathrm{d}M_{z1d} = -C_{y1\sec}^{\alpha}\Delta\alpha q S_M (x - x_g)\mathrm{d}x \tag{4-199}$$

其中,$C_{y1\sec}^{\alpha}$ 为长度方向上某一单位长度的法向力系数对 α 的导数。

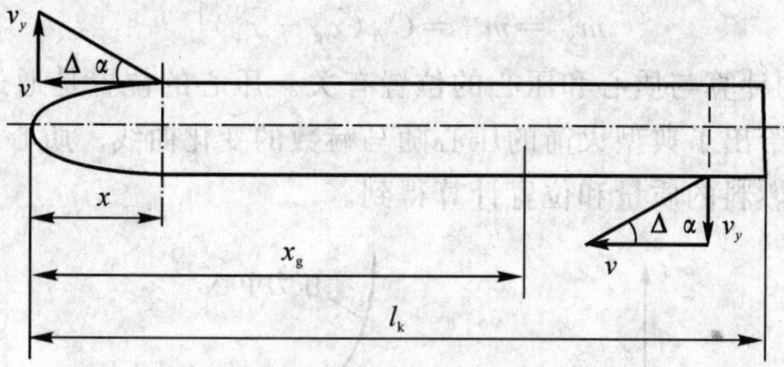

图 4-25 火箭转动时表面各点产生的附加迎角

将全箭各局部的空气动力矩总和起来,即可求得火箭的俯仰阻尼力矩为

$$M_{z1d} = \int_0^{l_k} C_{y1\sec}^{\alpha}\Delta\alpha q S_M (x_g = x)\mathrm{d}x$$

将式(4-198)代入上式,经过整理可得

$$M_{z1d} = m_{z_1}^{\bar{\omega}_{z_1}} q S_M l_k \omega_{x_1} \tag{4-200}$$

其中,$\bar{\omega}_{z1} = \dfrac{l_k \omega_{z1}}{v}$ 称为无因次俯仰角速度;$m_{z_1}^{\omega_{z_1}} = -\displaystyle\int_0^{l_k} C_{y1\sec}^{\alpha}\left(\frac{x_g - x}{l}\right)^2 \mathrm{d}x$ 称为俯仰阻尼力矩为

同理可导得偏航阻尼力矩为

$$M_{y1d} = m_{y_1}^{\bar{\omega}_{y_1}} q S_M l_k \bar{\omega}_{y_1} \tag{4-201}$$

其中，$\bar{\omega}_{y_1}=\dfrac{l_k\omega_{y_1}}{v}$ 称为无因次偏航角速度；$m_{y_1}^{\bar{\omega}_{y_1}}$ 为偏航阻尼力矩系数导数，由于火箭具有轴对称性，故有 $m_{y_1}^{\bar{\omega}_{y_1}}=m_{z_1}^{\bar{\omega}_{z_1}}$。

滚动阻尼力矩为

$$M_{x1d}=m_{x_1}^{\bar{\omega}_{x_1}}qS_M l_k\bar{\omega}_{x_1} \tag{4-202}$$

其中，$\bar{\omega}_{x_1}=\dfrac{l_k\omega_{x_1}}{v}$ 为无因次滚动角速度；$m_{x_1}^{\bar{\omega}_{x_1}}$ 为滚动阻尼力矩系数导数。

滚动阻尼力矩较俯仰和偏航阻尼力矩要小得多，它们相应的力矩系数导数的绝对值之比，对有的火箭而言约为 1∶100。图 4-26 给出了某一火箭的阻尼力矩系数导数和滚动力矩系数导数随马赫数的变化曲线。

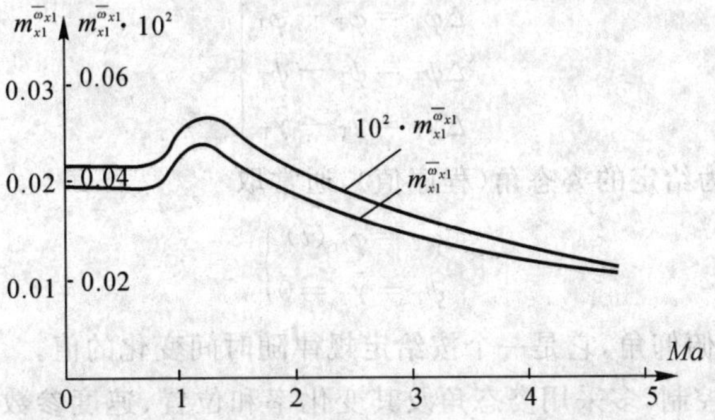

图 4-26　导弹的俯仰阻尼力矩系数和滚动阻尼力矩系数随马赫数的变化曲线

4.2.5　控制系统的控制力与控制力矩

火箭控制系统可分为箭上飞行控制系统和地面测试发射控制系统两大部分。当研究火箭运动规律时，只需了解箭上飞行控制系统即可。该系统由导航、制导和姿态控制几部分组成。飞行控制系统通过测量装置、中间装置、执行机构及飞行控制软件等完成测算运动状态参量；根据确定的飞行状态参量产生制导信号，以期在火箭达到最佳终端条件时关闭发动机，结束主动段飞行；在飞行过程中，根据状态参量及事先规定的程序控制要求，产生操纵火箭姿态的控制信号进行姿态控制和保证稳定飞行，这就是飞行控制系统的综合功能。

4.2.5.1　火箭姿态控制系统

姿态控制系统的功能是控制火箭姿态运动，实现程序飞行、执行制导导引要求和克服各种干扰影响，以保证姿态角稳定在容许范围内。

火箭的姿态运动可以分解成绕弹体 3 个轴的角运动。火箭在空间的 3 个姿态分别为俯仰角 φ_T、偏航角 ψ_T、滚动角 γ_T，因此姿态控制是三维控制系统，对应有 3 个基本控制通道，分别对火箭的 3 个轴进行控制和稳定。各控制通道的组成基本相同，每一个通道有敏感姿态运动的测量装置，形成控制信号的控制器和变换放大器，产生操纵作用的执行机构，如图 4-27 所示。

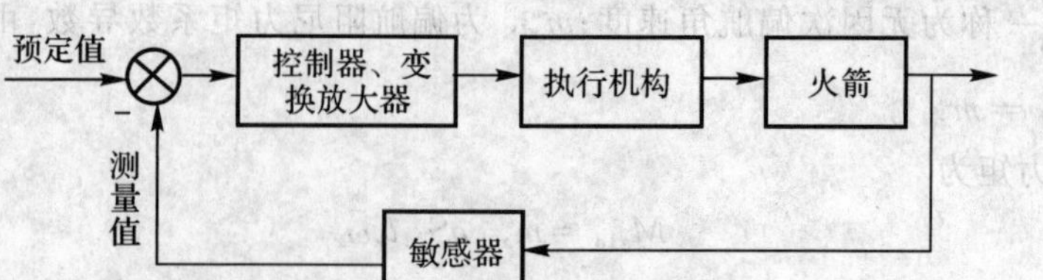

图 4-27　控制通道示意图

由图 4-27 可知，若从控制姿态角而言，即将箭上实际测量的姿态角与预定的程序姿态角组成误差信号：

$$\left.\begin{aligned}\Delta\varphi_T&=\varphi_T-\tilde{\varphi}_T\\\Delta\psi_T&=\psi_T-\tilde{\psi}_T\\\Delta\gamma_T&=\gamma_T-\tilde{\gamma}_T\end{aligned}\right\}\tag{4-203}$$

其中，$\tilde{\varphi}_T$，$\tilde{\psi}_T$，$\tilde{\gamma}_T$ 分别为给定的姿态角（程序值），通常取

$$\left.\begin{aligned}\tilde{\varphi}_T&=\varphi_{pr}(t)\\\tilde{\psi}_T&=\tilde{\gamma}_T=0\end{aligned}\right\}\tag{4-204}$$

其中，$\varphi_{pr}(t)$ 称为程序俯仰角，它是一个按给定规律随时间变化的值。

大型火箭的姿态控制，多采用姿态角及其变化率和位置、速度参数等多回路控制，火箭姿态（俯仰、偏航、滚动）3 个通道的输入信号与执行机构偏转角之间的函数关系称为该通道的控制方程，其一般表达式为

$$\left.\begin{aligned}\delta_\varphi&=f_\varphi(x,\ y,\ z,\ \dot{x},\ \dot{y},\ \dot{z},\ \varphi_T,\ \dot{\varphi}_T,\ \cdots)\\\delta_\psi&=f_\psi(x,\ y,\ z,\ \dot{x},\ \dot{y},\ \dot{z},\ \varphi_T,\ \dot{\varphi}_T,\ \cdots)\\\delta_\gamma&=f_\gamma(x,\ y,\ z,\ \dot{x},\ \dot{y},\ \dot{z},\ \varphi_T,\ \dot{\varphi}_T,\ \cdots)\end{aligned}\right\}\tag{4-205}$$

此控制方程是由控制系统设计提供的，由于火箭角运动的动态过程进行得非常快，对质心运动的影响很小，因此在研究火箭的质心运动时，常采用略去动态变化过程（瞬时平衡假设）的控制方程，最简单的控制方程形式为

$$\left.\begin{aligned}\delta_\varphi&=a_0^\varphi\Delta\varphi_T\\\delta_\psi&=a_0^\psi\Delta\psi_T\\\delta_\gamma&=a_0^\gamma\Delta\gamma_T\end{aligned}\right\}\tag{4-206}$$

其中，a_0^φ，a_0^ψ，a_0^γ 分别称为俯仰、偏航和滚动通道的静放大系数。

这里要强调指出的是，控制方程式（4-206）对解算标准飞行条件下的火箭质心运动参数是适用的。在实际飞行条件下，控制方程还取决于火箭采用何种制导方法。例如，对于显式制导方法，控制方程中 $\tilde{\varphi}_T$，$\tilde{\psi}_T$，$\tilde{\gamma}_T$ 则要根据火箭飞行实际状态参数及控制泛函（如射程、需要速度等）来适时计算得到；对于开路制导，有时为保证火箭在射击平面内飞行及关机点速度倾角为要求值，而在偏航及俯仰通道中加入控制导引信号，例如可采用控制方程：

$$\left.\begin{aligned}\delta_\varphi&=a_0^\varphi\Delta\varphi_T+k_\varphi u_\varphi\\\delta_\psi&=a_0^\psi\Delta\psi_T+k_\psi u_\psi\end{aligned}\right\}\tag{4-207}$$

其中，$k_\varphi u_\varphi$ 和 $k_\psi u_\psi$ 两项分别与横向和法向导引相应的附加偏转角。

4.2.5.2　控制力和控制力矩

执行机构根据要求的偏转角提供火箭控制力和控制力矩以改变火箭的飞行状态。控制力和控制力矩取决于执行机构的类型和在火箭上的配置方式。一般来说，火箭执行机构有燃气舵、摇摆发动机、空气舵等。对远程火箭而言，多采用前两种执行机构。

1. 燃气舵产生的控制力和控制力矩

燃气舵是由石墨或其他耐高温材料制成的，安装在发动机喷口出口处，一共有 4 个。当火箭竖立在发射台上时，舵的安装位置是两个舵在射击平面内，另两舵垂直于发射面，4 个成十字形。舵的编号为：1 舵在发射面内偏向射击方向一边，从尾部看出由 1 舵开始顺时针排序，如图4-28 所示。

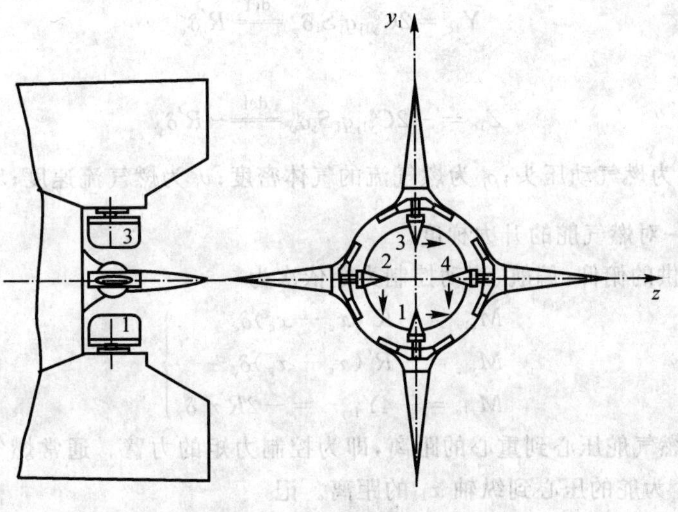

图 4-28　十字形布置的燃气舵

发动机燃烧室排出的燃气流作用在燃气舵上，就像空气流作用在飞行器上一样，形成燃气动力，即称为控制力。显然，控制力的大小与燃气舵的偏转角 —— 舵偏角有关。考虑每一个舵的形状、大小均相同，因而各舵的气动特性也一样。为了便于计算控制力的控制力矩，通常引进等效舵偏角的概念，其含义是与实际舵偏角具有相同控制力的平均舵偏角。不难理解，若要产生法向控制力，则可同时偏转 2,4 舵，其舵偏角分别记为 δ_2，δ_4，则等效舵偏角记为

$$\delta_\varphi=\frac{1}{2}(\delta_2+\delta_4) \tag{4-208}$$

同理，对应 1,3 舵的 δ_1，δ_3 之等效舵偏角即为

$$\delta_\psi=\frac{1}{2}(\delta_1+\delta_3) \tag{4-209}$$

从控制火箭的俯仰与偏航运动出发，不难理解，1 舵与 3 舵应同向偏转、2 舵与 4 舵应同向偏转，偏转角的正角，规定为产生负的控制力矩的舵偏角为正。具体各舵正向规定如图 4-28 所示方向。当火箭飞行中出现滚动角时，要消除该角，必须使 1,3 舵或者 2,4 舵反向偏转，才能产生滚动力矩。通常火箭滚动控制通道中采用 1,3 舵差动来完成姿态稳定。为了讨论的一

般性，则认为 2,4 舵也可差动，与 1,3 舵一起同为滚动控制通道中的执行机构。根据各舵偏转角正、负向的规定，不难写出滚动通道有效舵偏角的表达式为

$$\delta_\gamma=\frac{1}{4}(\delta_3-\delta_1+\delta_4-\delta_2) \tag{4-210}$$

记 C_{x1j}，C_{y1j}，C_{z1j} 分别为各燃气舵的阻力因数、升力因数、侧力因数，在临界舵偏角范围内，升力因数 C_{y1j} 与等效舵偏角 δ_φ 成正比，即 $C_{y1j}=C_{y1j}^{\delta}\delta_\varphi$。注意到各个舵的形状、大小相同，且 δ_φ，δ_ψ 均为正时，相应的控制力为正升力和负侧力，故知 $C_{z1j}^{\delta}=-C_{y1j}^{\delta}$，因此，燃气流作用在燃气舵上的力可表示为

阻力：

$$X_{1c}=4C_{x1j}q_jS_j$$

升力：

$$Y_{1c}=2C_{y1j}^{\delta}q_jS_j\delta_\varphi\xlongequal{\text{def}}R'\delta_\varphi \tag{4-211}$$

侧力：

$$Z_{1c}=-2C_{y1j}^{\delta}q_jS_j\delta_\psi\xlongequal{\text{def}}-R'\delta_\psi$$

其中，$q_j=\dfrac{1}{2}\rho_j v_j^2$ 为燃气动压头；ρ_j 为燃气流的气体密度；v_j 为燃气流速度；S_j 为燃气舵参考面积；$R'=2Y_{1c}^{\delta}$ 为一对燃气舵的升力梯度。

燃气舵所提供的俯仰、偏航、滚动控制力矩依次为

$$\left.\begin{aligned}M_{z1c}&=-R'(x_c-x_g)\delta_\varphi\\M_{y1c}&=-R'(x_c-x_g)\delta_\psi\\M_{x1c}&=-4Y_{1cj}r_c=-2R'r_c\delta_\gamma\end{aligned}\right\} \tag{4-212}$$

其中，x_c-x_g 为燃气舵压心到重心的距离，即为控制力矩的力臂。通常燃气舵的压心取为舵的铰链轴位置；r_c 为舵的压心到纵轴 x_1 的距离。记

$$\left.\begin{aligned}M_{z1c}^{\delta}&=M_{y1c}^{\delta}=-R'(x_c-x_g)\\M_{x1c}^{\delta}&=-2R'r_c\end{aligned}\right\} \tag{4-213}$$

分别称为俯仰、偏航和滚动力矩梯度，则式(4-212)也可写为

$$\left.\begin{aligned}M_{z1c}&=M_{z1c}^{\delta}\delta_\varphi\\M_{y1c}&=M_{z1c}^{\delta}\delta_\psi\\M_{x1c}&=M_{x1c}^{\delta}\delta_\gamma\end{aligned}\right\} \tag{4-214}$$

2. 摇摆发动机产生的控制力和控制力矩

(1) 按十字形配置的摇摆发动机。如果规定 4 台摇摆发动机的编号顺序及发动机偏转角的正向均与燃气舵相同，如图 4-29 所示，且每台摇摆发动机的推力均为 P_c，记

$$P=4P_c \tag{4-215}$$

式中，P 称为总推力，则不难写出其控制力和控制力矩。

控制力的阻力、升力和侧力表达式分别为

$$\left.\begin{aligned}X_{1c}&=P-P_c(\cos\delta_1+\cos\delta_2+\cos\delta_3+\cos\delta_4)\\Y_{1c}&=P_c(\sin\delta_2+\sin\delta_4)\\Z_{1c}&=-P_c(\sin\delta_1+\sin\delta_3)\end{aligned}\right\} \tag{4-216}$$

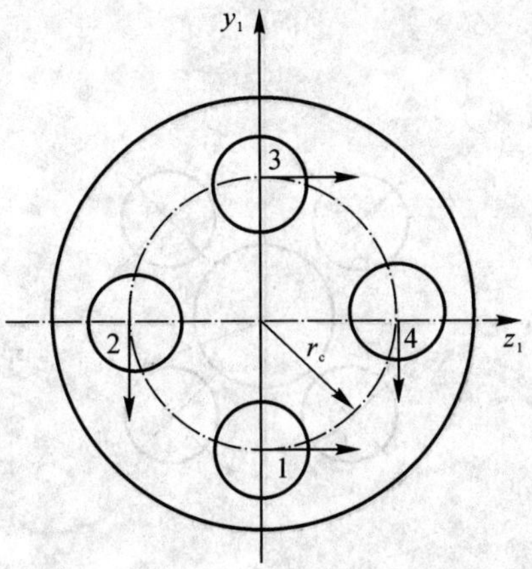

图 4-29　十字形布置的摇摆发动机

俯仰、偏航和滚动通道控制力矩分别为

$$\left.\begin{aligned}M_{z1c}&=-P_c(x_c-x_g)(\sin\delta_2+\sin\delta_4)\\M_{y1c}&=-P_c(x_c-x_g)(\sin\delta_1+\sin\delta_3)\\M_{x1c}&=-P_cr_c(\sin\delta_3-\sin\delta_1+\sin\delta_4-\sin\delta_2)\end{aligned}\right\}\tag{4-217}$$

其中，x_c，r_c 分别为摇摆发动机绞链与各台发动机推力轴的交点至火箭顶端及箭体 ox_1 轴的距离。

当 $\sin\delta_i=\delta_i$，$\cos\delta_i=1(i=1,\cdots,4)$，引入等效舵偏角的概念，则式(4-216)、式(4-217)分别可写为

$$\left.\begin{aligned}X_{1c}&=0\\Y_{1c}&=\frac{P}{2}\delta_\varphi\\Z_{1c}&=-\frac{P}{2}\delta_\psi\end{aligned}\right\}\tag{4-218}$$

$$\left.\begin{aligned}M_{x1c}&=-Pr_c\delta_\gamma\\M_{y1c}&=-\frac{P}{2}(x_c-x_g)\delta_\psi\\M_{z1c}&=-\frac{P}{2}(x_c-x_g)\delta_\varphi\end{aligned}\right\}\tag{4-219}$$

(2) 按X形配置摇摆发动机。此时摇摆发动机的配置位置和编号如图4-30所示。发动机偏转角的正向定义为从喷管尾端按顺时针的偏转角。

设各发动机具有相同的推力 P_c，则控制力和控制力矩的表达式为

$$\left.\begin{aligned}X_{1c}&=4P_c-P_c(\cos\delta_1+\cos\delta_2+\cos\delta_3+\cos\delta_4)\\Y_{1c}&=P_c\sin 45^\circ(\sin\delta_3+\sin\delta_4-\sin\delta_1-\sin\delta_2)\\Z_{1c}&=-P_c\sin 45^\circ(\sin\delta_2+\sin\delta_3-\sin\delta_1-\sin\delta_4)\end{aligned}\right\}\tag{4-220}$$

$$\left.\begin{aligned}M_{x1c}&=-P_cr_c(\sin\delta_1+\sin\delta_2+\sin\delta_3+\sin\delta_4)\\M_{y1c}&=-P_c\sin 45^\circ(x_c-x_g)(\sin\delta_2+\sin\delta_3-\sin\delta_1-\sin\delta_4)\\M_{z1c}&=-P_c\sin 45^\circ(x_c-x_g)(\sin\delta_3+\sin\delta_4-\sin\delta_1-\sin\delta_2)\end{aligned}\right\}\tag{4-221}$$

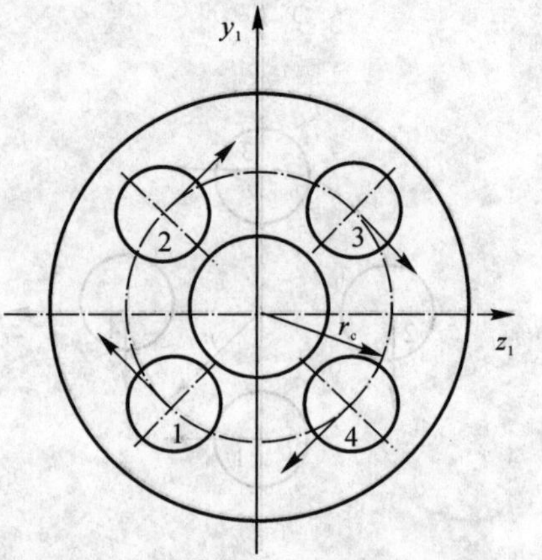

图 4-30　X 形配置的摇摆发动机

当取 $\sin\delta_i=\delta_i$，$\cos\delta_i=1\ (i=1,\cdots,4)$ 及 $P=4P_c$ 时，并定义等效偏转角为

$$\left.\begin{aligned}\delta_\varphi&=(\delta_3+\delta_4-\delta_1-\delta_2)/4\\ \delta_\psi&=(\delta_2+\delta_3-\delta_1-\delta_4)/4\\ \delta_\gamma&=(\delta_1+\delta_2+\delta_3+\delta_4)/4\end{aligned}\right\}\tag{4-222}$$

则式(4-220)、式(4-221)分别可写为

$$\left.\begin{aligned}X_{1c}&=0\\ Y_{1c}&=\frac{\sqrt{2}}{2}P\delta_\varphi\\ Z_{1c}&=-\frac{\sqrt{2}}{2}P\delta_\psi\end{aligned}\right\}\tag{4-223}$$

$$\left.\begin{aligned}M_{x1c}&=-Pr_c\delta_\gamma\\ M_{y1c}&=-\frac{\sqrt{2}}{2}P(x_c-x_g)\delta_\psi\\ M_{z1c}&=-\frac{\sqrt{2}}{2}P(x_c-x_g)\delta_\varphi\end{aligned}\right\}\tag{4-224}$$

比较式(4-218)、式(4-219)与式(4-223)、式(4-224)可见，在相同等效偏转角条件下，除阻力和滚动力矩外，X 形安装的控制力和控制力矩可比十字形安装增大$\sqrt{2}$ 倍，提高了控制能力。但这是由于 4 台发动机均工作时的结果。X 形配置，当一台发动机发生故障时，仍可使 3 个通道完成控制任务，提高了控制可靠性。当然，从效费比而言 X 形较十字形要低些，且这种配置形式使得控制通道比较复杂，交连影响大，精度较十字形低。

4.3　火箭的运动方程

为了严格、全面地描述远程火箭的运动，提供准确的运动状态参数，需要建立准确的火箭空间运动方程及相应的空间弹道计算方程。

4.3.1　矢量形式的动力学方程

1. 质心动力学方程

式(4－58)给出了任一变质量质点系在惯性坐标系中的质心动力学矢量方程，即

$$m\frac{\mathrm{d}^2\boldsymbol{r}_{\mathrm{c.m}}}{\mathrm{d}t^2}=\boldsymbol{F}_{\mathrm{s}}+\boldsymbol{F}'_{\mathrm{k}}+\boldsymbol{F}'_{\mathrm{rel}}$$

4.2 节结合火箭的实际对上述各力进行了讨论，并已知

$$\boldsymbol{F}_{\mathrm{s}}=m\boldsymbol{g}+\boldsymbol{R}+\boldsymbol{P}_{\mathrm{st}}+\boldsymbol{F}_{\mathrm{c}} \tag{4-225}$$

其中，$m\boldsymbol{g}$ 为作用在火箭上的引力矢量；$\boldsymbol{R}$ 为作用在火箭上的气动力矢量；$\boldsymbol{P}_{\mathrm{st}}$ 为发动机推力静分量矢量；$\boldsymbol{F}_{\mathrm{c}}$ 为作用在火箭上的控制力矢量。

由式(4－86)、式(4－87)知

$$\boldsymbol{F}'_{\mathrm{rel}}=-\dot{m}\boldsymbol{u}_{\mathrm{e}}$$

$$\boldsymbol{F}'_{k}=-2\dot{m}\boldsymbol{\omega}_{\mathrm{T}}\times\boldsymbol{\rho}_{\mathrm{e}}$$

考虑到将附加相对力$\boldsymbol{F}'_{\mathrm{rel}}$与发动机推力静分量合成为推力$\boldsymbol{P}$，见式(4－103)。则可得火箭在惯性坐标系中以矢量描述的质心动力学方程(为书写方便，以后$\boldsymbol{r}_{\mathrm{c.m}}$ 均写成 $\boldsymbol{r}$)：

$$m\frac{\mathrm{d}^2\boldsymbol{r}}{\mathrm{d}t^2}=\boldsymbol{P}+\boldsymbol{R}+\boldsymbol{F}_{\mathrm{c}}+m\boldsymbol{g}+\boldsymbol{F}'_{\mathrm{k}} \tag{4-226}$$

2. 绕质心转动的动力学方程

由变质量质点系的绕质心运动方程式(4－71)

$$\boldsymbol{I}\cdot\frac{\mathrm{d}\boldsymbol{\omega}_{\mathrm{T}}}{\mathrm{d}t}+\boldsymbol{\omega}_{\mathrm{T}}\times(\boldsymbol{I}\cdot\boldsymbol{\omega}_{\mathrm{T}})=\boldsymbol{M}_{\mathrm{c.m}}+\boldsymbol{M}'_{\mathrm{k}}+\boldsymbol{M}'_{\mathrm{rel}}$$

及第 4.2 节结合火箭分析其所受到的外界力矩为

$$\boldsymbol{M}_{\mathrm{c.m}}=\boldsymbol{M}_{\mathrm{st}}+\boldsymbol{M}_{\mathrm{c}}+\boldsymbol{M}_{\mathrm{d}} \tag{4-227}$$

其中，$\boldsymbol{M}_{\mathrm{st}}$ 为作用在火箭上的气动力矩；$\boldsymbol{M}_{\mathrm{c}}$ 为控制力矩；$\boldsymbol{M}_{\mathrm{d}}$ 为火箭相对大气有转动时引起阻尼力矩。

并注意到附加相对力矩、附加哥氏力矩为

$$\boldsymbol{M}'_{\mathrm{rel}}=-\dot{m}\boldsymbol{\rho}_{\mathrm{e}}\times\boldsymbol{u}_{\mathrm{e}}$$

$$\boldsymbol{M}'_{\mathrm{k}}=-\frac{\delta\boldsymbol{I}}{\delta t}\cdot\boldsymbol{\omega}_{\mathrm{T}}-\dot{m}\boldsymbol{\rho}_{\mathrm{e}}\times(\boldsymbol{\omega}_{\mathrm{T}}\times\boldsymbol{\rho}_{\mathrm{e}})$$

即可得到用矢量描述的火箭绕质心转动的动力学方程为

$$\boldsymbol{I}\cdot\frac{\mathrm{d}\boldsymbol{\omega}_{\mathrm{T}}}{\mathrm{d}t}+\boldsymbol{\omega}_{\mathrm{T}}\times(\boldsymbol{I}\cdot\boldsymbol{\omega}_{\mathrm{T}})=\boldsymbol{M}_{\mathrm{st}}+\boldsymbol{M}_{\mathrm{c}}+\boldsymbol{M}_{\mathrm{d}}+\boldsymbol{M}'_{\mathrm{rel}}+\boldsymbol{M}'_{\mathrm{k}} \tag{4-228}$$

4.3.2　地面发射坐标系中的弹道方程

用矢量描述的火箭质心动力学方程和绕质心转动的动力学方程给人以简洁、清晰的印象，但对这些微分方程求解还必须将其投影到选定的坐标系中来进行。通常是选择地面发射坐标系为描述火箭运动的参考系，该坐标系是定义在将地球看作以角速度$\boldsymbol{\omega}_{\mathrm{e}}$进行自转的两轴旋转

椭球体上的。

4.3.2.1 地面发射坐标系中的质心动力学方程

由于地面发射坐标系为一动参考系，其相对于惯性坐标系以角速度$\boldsymbol{\omega}_e$转动，故由矢量导数法则可知

$$m\frac{d^2\boldsymbol{r}}{dt^2}=m\frac{\delta^2\boldsymbol{r}}{\delta t^2}+2m\boldsymbol{\omega}_e\times\frac{\delta\boldsymbol{r}}{\delta t}+m\boldsymbol{\omega}_e\times(\boldsymbol{\omega}_e\times\boldsymbol{r})$$

将其代入式(4-226)并整理得

$$m\frac{\delta^2\boldsymbol{r}}{\delta t^2}=\boldsymbol{P}+\boldsymbol{R}+\boldsymbol{F}_c+m\boldsymbol{g}+\boldsymbol{F}'_k-m\boldsymbol{\omega}_e\times(\boldsymbol{\omega}_e\times\boldsymbol{r})-2m\boldsymbol{\omega}_e\times\frac{\delta\boldsymbol{r}}{\delta t} \quad (4-229)$$

将上面等式各项在地面发射坐标系中分解。

1. 相对加速度项

$$\frac{\delta^2\boldsymbol{r}}{\delta t^2}=\begin{bmatrix}\dfrac{dv_x}{dt}\\ \dfrac{dv_y}{dt}\\ \dfrac{dv_z}{dt}\end{bmatrix} \quad (4-230)$$

2. 推力项 $\boldsymbol{P}$

由式(4-103)知，推力$\boldsymbol{P}$在弹体坐标系内描述形式最简单，即

$$\boldsymbol{P}=\begin{bmatrix}-\dot{m}u_e+S_e(p_e-p_H)\\ 0\\ 0\end{bmatrix}=\begin{bmatrix}P\\ 0\\ 0\end{bmatrix} \quad (4-231)$$

已知弹体坐标系到地面坐标系的方向余弦阵$\boldsymbol{G}_B$，可得推力$\boldsymbol{P}$在地面发射坐标系的分量为

$$\begin{bmatrix}P_x\\ P_y\\ P_z\end{bmatrix}=\boldsymbol{G}_B\begin{bmatrix}P\\ 0\\ 0\end{bmatrix} \quad (4-232)$$

3. 气动力项 $\boldsymbol{R}$

已知火箭飞行中所受气动力在速度坐标系中的分量为

$$\boldsymbol{R}=\begin{bmatrix}-X\\ Y\\ Z\end{bmatrix}$$

已知速度坐标系到地面坐标系的方向余弦阵$\boldsymbol{G}_v$，则气动力$\boldsymbol{R}$在地面坐标系的分量为

$$\begin{bmatrix}R_x\\ R_y\\ R_z\end{bmatrix}=\boldsymbol{G}_v\begin{bmatrix}-X\\ Y\\ Z\end{bmatrix}=\boldsymbol{G}_v\begin{bmatrix}-C_xqS_M\\ C_y^\alpha qS_M\alpha\\ -C_y^\alpha qS_M\beta\end{bmatrix} \quad (4-233)$$

4. 控制力项$\boldsymbol{F}_c$

由4.2.5节内容已知无论执行机构是燃气舵或是不同配置形式的摇摆发动机，均可将控

制力以弹体坐标系的分量表示为同一形式，有

$$\boldsymbol{F}_{c}=\begin{bmatrix}-X_{1c}\\ Y_{1c}\\ Z_{1c}\end{bmatrix} \tag{4-234}$$

而各力的具体计算公式则根据采用何种执行机构而定，因此控制力在地面坐标系的三分量不难用下式求得：

$$\begin{bmatrix}F_{cx}\\ F_{cy}\\ F_{cz}\end{bmatrix}=\boldsymbol{G}_{B}\begin{bmatrix}-X_{1c}\\ Y_{1c}\\ Z_{1c}\end{bmatrix} \tag{4-235}$$

5. 引力项 *mg*

根据式

$$m\boldsymbol{g}=mg'_{r}\boldsymbol{r}^{0}+mg_{\omega e}\boldsymbol{\omega}_{e}^{0}$$

其中

$$g'_{r}=-\frac{fM}{r^{2}}\left[1+J\left(\frac{a_{e}}{r}\right)^{2}(1-5\sin^{2}\varphi)\right]$$

$$g_{\omega e}=-2\frac{fM}{r^{2}}J\left(\frac{a_{e}}{r}\right)^{2}\sin\varphi$$

由图 4-31 可知，任一点地心矢径为

$$\boldsymbol{r}=\boldsymbol{R}_{0}+\boldsymbol{\rho} \tag{4-236}$$

其中，$\boldsymbol{R}_0$ 为发射点地心矢径；$\boldsymbol{\rho}$ 为发射点到弹道上任一点的矢径。

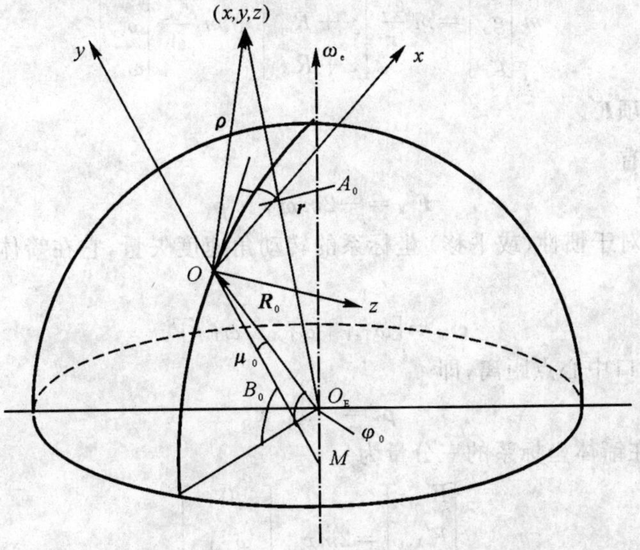

图 4-31　弹道上任一点的地心矢径和发射点的地心纬度

$\boldsymbol{R}_0$ 在发射坐标系上的三分量可由图 4-31 求得，有

$$\begin{bmatrix} R_{ox} \\ R_{oy} \\ R_{oz} \end{bmatrix} = \begin{bmatrix} -R_0 \sin\mu_0 \cos A_0 \\ R_0 \cos\mu_0 \\ R_0 \sin\mu_0 \sin A_0 \end{bmatrix} \tag{4-237}$$

式中，A_0 为发射方位角；μ_0 为发射点地理纬度与地心纬度之差，即

$$\mu_0 = B_0 - \varphi_0$$

由于假设地球为一两轴旋转椭球体，故$\boldsymbol{R}_0$ 的长度可由子午椭圆方程求得，则

$$R_0 = \frac{a_e b_e}{\sqrt{a_e^2 \sin^2\varphi_0 + b_e^2 \cos^2\varphi_0}}$$

$\boldsymbol{\rho}$ 在发射坐标系的三分量为 x, y, z。

由式(4-236)可得$\boldsymbol{r}^0$ 在发射坐标系的分量为

$$\boldsymbol{r}^0 = \frac{x + R_{0x}}{r} \boldsymbol{x}^0 + \frac{y + R_{0y}}{r} \boldsymbol{y}^0 + \frac{z + R_{0z}}{r} \boldsymbol{z}^0 \tag{4-238}$$

显然，$\boldsymbol{\omega}_e^0$ 在发射坐标系的三分量可写成

$$\boldsymbol{\omega}_e^0 = \frac{\omega_{ex}}{\omega_e} \boldsymbol{x}^0 + \frac{\omega_{ey}}{\omega_e} \boldsymbol{y}^0 + \frac{\omega_{ez}}{\omega_e} \boldsymbol{z}^0 \tag{4-239}$$

其中，$\omega_{ex}, \omega_{ey}, \omega_{ez}$ 和 ω_e 之间有关系式(见图 4-31)

$$\begin{bmatrix} \omega_{ex} \\ \omega_{ey} \\ \omega_{ez} \end{bmatrix} = \omega_e \begin{bmatrix} \cos B_0 \cos A_0 \\ \sin B_0 \\ -\cos B_0 \sin A_0 \end{bmatrix} \tag{4-240}$$

于是可将式(4-146)写成发射坐标系分量形式为

$$m \begin{bmatrix} g_x \\ g_y \\ g_z \end{bmatrix} = m \frac{g'_r}{r} \begin{bmatrix} x + R_{ox} \\ y + R_{oy} \\ z + R_{oz} \end{bmatrix} + m \frac{g_{\omega e}}{\omega} \begin{bmatrix} \omega_{ex} \\ \omega_{ey} \\ \omega_{ez} \end{bmatrix} \tag{4-241}$$

6. 附加哥氏力项$\boldsymbol{F}'_k$

由式(4-87)，有

$$\boldsymbol{F}'_k = -2\dot{m} \boldsymbol{\omega}_T \times \boldsymbol{\rho}_e$$

其中，$\boldsymbol{\omega}_T$ 为箭体相对于惯性(或平移)坐标系的转动角速度矢量，它在箭体坐标系的分量可表示为

$$\boldsymbol{\omega}_T = [\omega_{Tx1} \quad \omega_{Ty1} \quad \omega_{Tz1}]^T$$

$\boldsymbol{\rho}_e$ 为质心到喷口中心点距离，即

$$\boldsymbol{\rho}_e = -x_{1e} \boldsymbol{x}_1^0$$

因此可得$\boldsymbol{F}'_k$ 在箭体坐标系的三分量为

$$\begin{bmatrix} F'_{kx1} \\ F'_{ky1} \\ F'_{kz1} \end{bmatrix} = 2\dot{m} x_{1e} \begin{bmatrix} 0 \\ \omega_{Tz1} \\ -\omega_{Ty1} \end{bmatrix} \tag{4-242}$$

从而$\boldsymbol{F}'_k$ 在发射坐标系中的分量可由下式来描述：

$$\begin{bmatrix} F'_{kx} \\ F'_{ky} \\ F'_{kz} \end{bmatrix} = \boldsymbol{G}_B \begin{bmatrix} F'_{kx1} \\ F'_{ky1} \\ F'_{kz1} \end{bmatrix} \tag{4-243}$$

7. 离心惯性力项 $-m\boldsymbol{\omega}_e\times(\boldsymbol{\omega}_e\times\boldsymbol{r})$

记

$$\boldsymbol{a}_e=\boldsymbol{\omega}_e\times(\boldsymbol{\omega}_e\times\boldsymbol{r}) \tag{4-244}$$

为牵连加速度。

根据式(4-240),并注意到

$$\boldsymbol{r}=(x+R_{ox})\boldsymbol{x}^0+(y+R_{oy})\boldsymbol{y}^0+(z+R_{oz})\boldsymbol{z}^0$$

则牵连加速度在发射坐标系中的分量形式为

$$\begin{bmatrix}a_{ex}\\a_{ey}\\a_{ez}\end{bmatrix}=\begin{bmatrix}a_{11}&a_{12}&a_{13}\\a_{21}&a_{22}&a_{23}\\a_{31}&a_{32}&a_{33}\end{bmatrix}\begin{bmatrix}x+R_{ox}\\y+R_{oy}\\z+R_{oz}\end{bmatrix} \tag{4-245}$$

其中

$$\begin{aligned}a_{11}&=\omega_{ex}^2-\omega_e^2\\a_{12}&=a_{21}=\omega_{ex}\omega_{ey}\\a_{22}&=\omega_{ey}^2-\omega_e^2\\a_{23}&=a_{32}=\omega_{ey}\omega_{ez}\\a_{33}&=\omega_{ez}^2-\omega_e^2\\a_{13}&=a_{31}=\omega_{ez}\omega_{ex}\end{aligned}$$

则离心惯性力$\boldsymbol{F}_e$ 在发射坐标系上的分量为

$$\begin{bmatrix}F_{ex}\\F_{ey}\\F_{ez}\end{bmatrix}=-m\begin{bmatrix}a_{ex}\\a_{ey}\\a_{ez}\end{bmatrix} \tag{4-246}$$

8. 哥氏惯性力项 $-2m\boldsymbol{\omega}_e\times\dfrac{\delta\boldsymbol{r}}{\delta t}$

记

$$\boldsymbol{a}_k=2\boldsymbol{\omega}_e\times\frac{\delta\boldsymbol{r}}{\delta t} \tag{4-247}$$

为哥氏加速度,$\dfrac{\delta\boldsymbol{r}}{\delta t}$ 为火箭相对于发射坐标系的速度,即有

$$\frac{\delta\boldsymbol{r}}{\delta t}=[\dot{x}\quad\dot{y}\quad\dot{z}]^{\mathrm{T}} \tag{4-248}$$

并注意到式(4-240),则式(4-247)可写为

$$\begin{bmatrix}a_{kx}\\a_{ky}\\a_{kz}\end{bmatrix}=\begin{bmatrix}b_{11}&b_{12}&b_{13}\\b_{21}&b_{22}&b_{23}\\b_{31}&b_{32}&b_{33}\end{bmatrix}\begin{bmatrix}\dot{x}\\\dot{y}\\\dot{z}\end{bmatrix} \tag{4-249}$$

其中

$$\begin{aligned}b_{11}&=b_{22}=b_{33}=0\\b_{12}&=-b_{21}=-2\omega_{ez}\\b_{31}&=-b_{13}=-2\omega_{ey}\\b_{23}&=-b_{32}=-2\omega_{ex}\end{aligned}$$

从而可得哥氏惯性力$\boldsymbol{F}_k$ 在发射坐标系的分量形式为

$$\begin{bmatrix} F_{kx} \\ F_{ky} \\ F_{kz} \end{bmatrix} = -m \begin{bmatrix} a_{kx} \\ a_{ky} \\ a_{kz} \end{bmatrix} \tag{4-250}$$

将式(4-230)、式(4-232)、式(4-233)、式(4-235)、式(4-241)、式(4-243)、式(4-246)、式(4-250)代入式(4-229)，并令$\boldsymbol{P}_{e}=\boldsymbol{P}-\boldsymbol{X}_{1c}$(称为有效推力)，则在发射坐标系中建立的质心动力学方程为

$$m\begin{bmatrix} \frac{dv_x}{dt} \\ \frac{dv_y}{dt} \\ \frac{dv_z}{dt} \end{bmatrix} = \boldsymbol{G}_B \begin{bmatrix} P_e \\ Y_{1c} + 2\dot{m}\omega_{Tz1}x_{1e} \\ Z_{1c} - 2\dot{m}\omega_{Ty1}x_{1e} \end{bmatrix} + \boldsymbol{G}_v \begin{bmatrix} -C_x q S_M \\ C_y^{\alpha} q S_M \alpha \\ -C_y^{\alpha} q S_M \beta \end{bmatrix} + m\frac{g'_r}{r}\begin{bmatrix} x+R_{ox} \\ y+R_{oy} \\ z+R_{oz} \end{bmatrix} + m\frac{g_{\omega e}}{\omega_e}\begin{bmatrix} \omega_{ex} \\ \omega_{ey} \\ \omega_{ez} \end{bmatrix} - m\begin{bmatrix} a_{11} & a_{12} & a_{13} \\ a_{21} & a_{22} & a_{23} \\ a_{31} & a_{32} & a_{33} \end{bmatrix}\begin{bmatrix} x+R_{ox} \\ y+R_{oy} \\ z+R_{oz} \end{bmatrix} - m\begin{bmatrix} b_{11} & b_{12} & b_{13} \\ b_{21} & b_{22} & b_{23} \\ b_{31} & b_{32} & b_{33} \end{bmatrix}\begin{bmatrix} \dot{x} \\ \dot{y} \\ \dot{z} \end{bmatrix} \tag{4-251}$$

4.3.2.2 箭体坐标系中的绕质心转动动力学方程

将式(4-228)：

$$\boldsymbol{I}\cdot\frac{d\boldsymbol{\omega}_T}{dt} + \boldsymbol{\omega}_T \times (\boldsymbol{I}\cdot\boldsymbol{\omega}_T) = \boldsymbol{M}_{st} + \boldsymbol{M}_c + \boldsymbol{M}_d + \boldsymbol{M}'_{rel} + \boldsymbol{M}'_k$$

的各项在箭体坐标系内进行分解。

由于箭体坐标系为中心惯量主轴坐标系，因此惯量张量式(4-68)可简化为

$$\boldsymbol{I} = \begin{bmatrix} I_{x1} & 0 & 0 \\ 0 & I_{y1} & 0 \\ 0 & 0 & I_{z1} \end{bmatrix} \tag{4-252}$$

由气动计算可得静稳定力矩、阻尼力矩在箭体坐标系中各分量表达式：

$$\boldsymbol{M}_{st} = \begin{bmatrix} 0 \\ M_{y1st} \\ M_{z1st} \end{bmatrix} = \begin{bmatrix} 0 \\ m_{y1}^{\beta} q S_M l_k \beta \\ m_{z1}^{\alpha} q S_M l_k \alpha \end{bmatrix}$$

$$\boldsymbol{M}_d = \begin{bmatrix} M_{x1d} \\ M_{y1d} \\ M_{z1d} \end{bmatrix} = \begin{bmatrix} m_{x1}^{\bar{\omega}_{x1}} q S_M l_k \bar{\omega}_{x1} \\ m_{y1}^{\bar{\omega}_{y1}} q S_M l_k \bar{\omega}_{y1} \\ m_{z1}^{\bar{\omega}_{z1}} q S_M l_k \bar{\omega}_{z1} \end{bmatrix}$$

由于控制力矩与所采用的执行机构有关，这里以燃气舵作为执行机构，则其控制力矩即如式(4-212)、式(4-214)：

$$\boldsymbol{M}_c = \begin{bmatrix} M_{x1c} \\ M_{y1c} \\ M_{z1c} \end{bmatrix} = \begin{bmatrix} -2R' r_c \delta_{\gamma} \\ -R'(x_c - x_g)\delta_{\psi} \\ -R'(x_c - x_g)\delta_{\varphi} \end{bmatrix}$$

附加相对力矩及附加哥氏力矩其矢量表达式为式(4-100)，即

$$\boldsymbol{M}'_{\mathrm{rel}}=-\dot{m}\boldsymbol{\rho}_{\mathrm{e}}\times\boldsymbol{u}_{\mathrm{e}}$$

$$\boldsymbol{M}'_{\mathrm{k}}=-\frac{\delta\boldsymbol{I}}{\delta t}\cdot\boldsymbol{\omega}_{\mathrm{T}}-\dot{m}\dot{\boldsymbol{\rho}}_{\mathrm{e}}\times(\boldsymbol{\omega}_{\mathrm{T}}\times\boldsymbol{\rho}_{\mathrm{e}})$$

注意到在标准条件下，即发动机安装无误差，其推力轴线与箭体轴 ox_1 平行，则附加相对力矩为 0，而如果控制系统中采用摇摆发动机为执行机构，该附加相对力矩即为控制力矩，其表达式如式(4-217)，因此，此处不再列写。

附加力矩向箭体坐标系分解时，只要注意到

$$\boldsymbol{\rho}_{\mathrm{e}}=-x_{1\mathrm{e}}\boldsymbol{x}_1^0$$

则不难写出

$$\boldsymbol{M}'_{\mathrm{k}}=-\begin{bmatrix}\dot{I}_{x1}\omega_{\mathrm{T}x1}\\\dot{I}_{y1}\omega_{\mathrm{T}y1}\\\dot{I}_{z1}\omega_{\mathrm{T}z1}\end{bmatrix}+\dot{m}\begin{bmatrix}0\\-x_{1\mathrm{e}}^2\omega_{\mathrm{T}y1}\\-x_{1\mathrm{e}}^2\omega_{\mathrm{T}z1}\end{bmatrix}$$

则式(4-228) 即可写成箭体坐标系内的分量形式，有

$$\begin{bmatrix}I_{x1}&0&0\\0&I_{y1}&0\\0&0&I_{z1}\end{bmatrix}\begin{bmatrix}\dfrac{\mathrm{d}\omega_{\mathrm{T}x1}}{\mathrm{d}t}\\\dfrac{\mathrm{d}\omega_{\mathrm{T}y1}}{\mathrm{d}t}\\\dfrac{\mathrm{d}\omega_{\mathrm{T}z1}}{\mathrm{d}t}\end{bmatrix}+\begin{bmatrix}(I_{z1}-I_{y1})\omega_{\mathrm{T}z1}\omega_{\mathrm{T}y1}\\(I_{x1}-I_{z1})\omega_{\mathrm{T}x1}\omega_{\mathrm{T}z1}\\(I_{y1}-I_{x1})\omega_{\mathrm{T}y1}\omega_{\mathrm{T}x1}\end{bmatrix}=\begin{bmatrix}0\\m_{y1}^{\beta}qS_{\mathrm{M}}l_{\mathrm{K}}\beta\\m_{z1}^{\alpha}qS_{\mathrm{M}}l_{\mathrm{K}}\alpha\end{bmatrix}+\begin{bmatrix}m_{x1}^{\bar{\omega}_{x1}}qS_{\mathrm{M}}l_{\mathrm{K}}\bar{\omega}_{x1}\\m_{y1}^{\bar{\omega}_{y1}}qS_{\mathrm{M}}l_{\mathrm{K}}\bar{\omega}_{y1}\\m_{z1}^{\bar{\omega}_{z1}}qS_{\mathrm{M}}l_{\mathrm{K}}\bar{\omega}_{z1}\end{bmatrix}+$$

$$\begin{bmatrix}-2R'r_{\mathrm{c}}\delta_{\gamma}\\-R'(x_{\mathrm{c}}-x_{\mathrm{g}})\delta_{\psi}\\-R'(x_{\mathrm{c}}-x_{\mathrm{g}})\delta_{\varphi}\end{bmatrix}-\begin{bmatrix}\dot{I}_{x1}\omega_{\mathrm{T}x1}\\\dot{I}_{y1}\omega_{\mathrm{T}y1}\\\dot{I}_{z1}\omega_{\mathrm{T}z1}\end{bmatrix}+\dot{m}\begin{bmatrix}0\\-x_{1\mathrm{e}}^2\omega_{\mathrm{T}y1}\\-x_{1\mathrm{e}}^2\omega_{\mathrm{T}z1}\end{bmatrix}\tag{4-253}$$

4.3.2.3　补充方程

上述所建立的质心动力学方程和绕质心转动的动力学方程，其未知参数个数远大于方程的数目，因此要求解火箭运动参数还必须补充有关方程。

1. 运动学方程

质心速度与位置参数关系方程：

$$\left.\begin{aligned}\frac{\mathrm{d}x}{\mathrm{d}t}&=v_x\\\frac{\mathrm{d}y}{\mathrm{d}t}&=v_y\\\frac{\mathrm{d}z}{\mathrm{d}t}&=v_z\end{aligned}\right\}\tag{4-254}$$

火箭绕平移坐标系转动角速度 $\boldsymbol{\omega}_{\mathrm{T}}$ 在箭体坐标系的分量，由于

$$\boldsymbol{\omega}_{\mathrm{T}}=\dot{\boldsymbol{\varphi}}_{\mathrm{T}}+\dot{\boldsymbol{\psi}}_{\mathrm{T}}+\dot{\boldsymbol{\gamma}}_{\mathrm{T}}\tag{4-255}$$

则不难得到

$$\left.\begin{aligned}\omega_{\mathrm{T}}&=\dot{\gamma}_{\mathrm{T}}-\dot{\varphi}_{\mathrm{T}}\sin\psi_{\mathrm{T}}\\\omega_{\mathrm{T}y1}&=\dot{\psi}_{\mathrm{T}}\cos\gamma_{\mathrm{T}}+\dot{\varphi}_{\mathrm{T}}\cos\psi_{\mathrm{T}}\sin\gamma_{\mathrm{T}}\\\omega_{\mathrm{T}z1}&=\dot{\varphi}_{\mathrm{T}}\cos\psi_{\mathrm{T}}\cos\gamma_{\mathrm{T}}-\dot{\psi}_{\mathrm{T}}\sin\gamma_{\mathrm{T}}\end{aligned}\right\}\tag{4-256}$$

原则上可由此解得 $\varphi_T, \psi_T, \gamma_T$。

箭体相对于地球的转动角速度 $\boldsymbol{\omega}$ 与箭体相对于惯性(平移)坐标系的转动角速度 $\boldsymbol{\omega}_T$ 以及地球自转角速度 $\boldsymbol{\omega}_e$ 之间有关系式

$$\boldsymbol{\omega} = \boldsymbol{\omega}_T - \boldsymbol{\omega}_e \tag{4-257}$$

根据地面发射坐标系的定义,$\boldsymbol{\omega}_e$ 在地面发射坐标系内的 3 个分量为

$$\begin{bmatrix} \omega_{ex} \\ \omega_{ey} \\ \omega_{ez} \end{bmatrix} = \omega_e \begin{bmatrix} \cos\varphi_0 \cos\alpha_0 \\ \sin\varphi_0 \\ -\cos\varphi_0 \sin\alpha_0 \end{bmatrix} \tag{4-258}$$

式中,α_0 为 ox 轴与北方的夹角;φ_0 为地心纬度。则 $\boldsymbol{\omega}$ 在箭体坐标系的投影分量表示为

$$\begin{bmatrix} \omega_{x1} \\ \omega_{y1} \\ \omega_{z1} \end{bmatrix} = \begin{bmatrix} \omega_{Tx1} \\ \omega_{Tz1} \\ \omega_{Tx1} \end{bmatrix} - \boldsymbol{B}_G \begin{bmatrix} \omega_{ex} \\ \omega_{ey} \\ \omega_{ez} \end{bmatrix} \tag{4-259}$$

2. 控制方程

式(4-205)已给出控制方程的一般形式。

3. 欧拉角之间的联系方程

考虑到地球转动 $\varphi_T, \psi_T, \gamma_T$ 与 φ, ψ, γ 的联系方程为

$$\left.\begin{aligned} \varphi_T &= \varphi + \omega_{ez} t \\ \psi_T &= \psi + \omega_{ey} t \cos\varphi - \omega_{ex} t \sin\varphi \\ \gamma_T &= \gamma + \omega_{ey} t \sin\varphi + \omega_{ex} t \cos\varphi \end{aligned}\right\} \tag{4-260}$$

其中,φ, ψ, γ 可由式(4-260)解得,注意到速度倾角 θ 及航迹偏航角 σ 可由:

$$\left.\begin{aligned} \theta &= \arctan \frac{v_y}{v_x} \\ \sigma &= -\arcsin \frac{v_z}{v} \end{aligned}\right\} \tag{4-261}$$

解算。则箭体坐标系、速度坐标系及地面发射坐标系中的 8 个欧拉角已知 5 个,其余 3 个可由以下 3 个方向余弦关系得到:

$$\left.\begin{aligned} &\sin\beta = \cos(\theta - \varphi)\cos\sigma \sin\psi \cos\gamma + \sin(\varphi - \theta)\cos\sigma \sin\gamma - \sin\sigma \cos\psi \cos\gamma \\ &-\sin\alpha \cos\beta = \cos(\theta - \varphi)\cos\sigma \sin\psi \sin\gamma + \sin(\theta - \varphi)\cos\sigma \cos\gamma - \sin\sigma \cos\psi \sin\gamma \\ &\sin\nu = (\cos\alpha \cos\psi \sin\gamma - \sin\psi \sin\alpha)/\cos\sigma \end{aligned}\right\} \tag{4-262}$$

这里需要说明的是这 3 个方向余弦关系式并不是唯一的,例如在《导弹弹道飞行力学基础》[2] 教材中采用到的 3 个关系式就与式(4-262)不太一样,但它们都是等价的。为了提高计算精度,有的文献中还采用欧拉角(α, β, γ)的微分形式来代替方向余弦关系,只要推导无误,采用哪种形式都是可以的。

4. 附加方程

(1) 速度计算方程:

$$v = \sqrt{v_x^2 + v_y^2 + v_z^2} \tag{4-263}$$

(2) 质量计算方程:

$$m = m_0 - \dot{m}t \tag{4-264}$$

其中，m_0 为火箭离开发射台瞬间的质量；$\dot{m}$ 为火箭发动机工作单位时间的质量消耗量；t 为火箭离开发射台瞬间 $t=0$ 起的计时。

(3) 高度计算公式。因计算气动力影响，必须知道轨道上任一点距地面的高度 h，故要补充有关方程。

已知轨道上任一点距地心的距离为

$$r = \sqrt{(x + R_{ox})^2 + (y + R_{oy})^2 + (z + R_{oz})^2} \tag{4-265}$$

因设地球为一两轴旋转球体，则地球表面任一点距地心的距离与该点之地心纬度 φ 有关。由图 4-31 可知道空间任一点矢量 $\boldsymbol{r}$ 与赤道平面的夹角即为该点在地球上星下点所在的地心纬度角 φ，该角可由 $\boldsymbol{r}$ 与地球自转角速度矢量 $\boldsymbol{\omega}_e$ 之间的关系求得

$$\sin\varphi = \frac{\boldsymbol{r} \cdot \boldsymbol{\omega}_e}{r\omega_e}$$

根据式(4-236)及式(4-237)即可写出

$$\sin\varphi = \frac{(x + R_{ox})\omega_{ex} + (y + R_{oy})\omega_{ey} + (z + R_{oz})\omega_{ez}}{r\omega_e} \tag{4-266}$$

则对应于地心纬度 φ 之椭球表面距地心的距离可由式(4-150)得到

$$R = \frac{a_e b_e}{\sqrt{a_e^2 \sin^2\varphi + b_e^2 \cos^2\varphi}} \tag{4-267}$$

在理论弹道计算中计算高度时，可忽略 μ 的影响，因此，空间任一点距地球表面的距离为

$$h = r - R \tag{4-268}$$

综合上述讨论，可整理得火箭在地面发射坐标系中的一般运动方程为

$$\left.\begin{aligned}
&m\begin{bmatrix}\dfrac{dv_x}{dt}\\ \dfrac{dv_y}{dt}\\ \dfrac{dv_z}{dt}\end{bmatrix} = \boldsymbol{G}_B\begin{bmatrix}P_e\\ Y_{1c} + 2\dot{m}\omega_{Tz1}x_{1e}\\ Z_{1c} - 2\dot{m}\omega_{Ty1}x_{1e}\end{bmatrix} + \boldsymbol{G}_v\begin{bmatrix}-C_x qS_M\\ C_y^{\alpha} qS_M\alpha\\ -C_y^{\alpha} qS_M\beta\end{bmatrix} + \frac{mg'_r}{r}\begin{bmatrix}x + R_{ox}\\ y + R_{oy}\\ z + R_{oz}\end{bmatrix} + \\
&\qquad \frac{mg_{\omega e}}{\omega_e}\begin{bmatrix}\omega_{ex}\\ \omega_{ey}\\ \omega_{ez}\end{bmatrix} - m\begin{bmatrix}a_{11} & a_{12} & a_{13}\\ a_{21} & a_{22} & a_{23}\\ a_{31} & a_{32} & a_{33}\end{bmatrix}\begin{bmatrix}x + R_{ox}\\ y + R_{oy}\\ z + R_{oz}\end{bmatrix} - m\begin{bmatrix}b_{11} & b_{12} & b_{13}\\ b_{21} & b_{22} & b_{23}\\ b_{31} & b_{32} & b_{33}\end{bmatrix}\begin{bmatrix}\dot{x}\\ \dot{y}\\ \dot{z}\end{bmatrix}\\
&\begin{bmatrix}I_{x1} & 0 & 0\\ 0 & I_{y1} & 0\\ 0 & 0 & I_{z1}\end{bmatrix}\begin{bmatrix}\dfrac{d\omega_{Tx1}}{dt}\\ \dfrac{d\omega_{Ty1}}{dt}\\ \dfrac{d\omega_{Tz1}}{dt}\end{bmatrix} + \begin{bmatrix}(I_{z1} - I_{y1})\omega_{Tz1}\omega_{Ty1}\\ (I_{x1} - I_{z1})\omega_{Tx1}\omega_{Tz1}\\ (I_{y1} - I_{x1})\omega_{Ty1}\omega_{Tx1}\end{bmatrix} = \begin{bmatrix}0\\ m_{y1}^{\beta} qS_M l_k\beta\\ m_{z1}^{\alpha} qS_M l_k\alpha\end{bmatrix} + \begin{bmatrix}m_{z1}^{\bar{\omega}_{x1}} qS_M l_k \bar{\omega}_{x1}\\ m_{y1}^{\bar{\omega}_{y1}} qS_M l_k \bar{\omega}_{y1}\\ m_{z1}^{\bar{\omega}_{z1}} qS_M l_k \bar{\omega}_{z1}\end{bmatrix} + \\
&\qquad \begin{bmatrix}-2R'r_c\delta_\gamma\\ -R'(x_c - x_g)\delta_\psi\\ -R'(x_c - x_g)\delta_\varphi\end{bmatrix} - \begin{bmatrix}\dot{I}_{x1}\omega_{Tx1}\\ \dot{I}_{y1}\omega_{Ty1}\\ \dot{I}_{z1}\omega_{Tz1}\end{bmatrix} + \dot{m}\begin{bmatrix}0\\ -x_{1e}^2\omega_{Ty1}\\ -x_{1e}^2\omega_{Tz1}\end{bmatrix}
\end{aligned}\right\} \tag{4-269a}$$

$$
\left.\begin{aligned}
&\begin{bmatrix}\dfrac{\mathrm{d}x}{\mathrm{d}t}\\ \dfrac{\mathrm{d}y}{\mathrm{d}t}\\ \dfrac{\mathrm{d}z}{\mathrm{d}t}\end{bmatrix}=\begin{bmatrix}v_x\\ v_y\\ v_z\end{bmatrix}\\
&\begin{bmatrix}\omega_{\mathrm{T}x1}\\ \omega_{\mathrm{T}y1}\\ \omega_{\mathrm{T}z1}\end{bmatrix}=\begin{bmatrix}\dot{\gamma}_{\mathrm{T}}-\dot{\varphi}_{\mathrm{T}}\sin\psi_{\mathrm{T}}\\ \dot{\psi}_{\mathrm{T}}\cos\gamma_{\mathrm{T}}+\dot{\varphi}_{\mathrm{T}}\cos\psi_{\mathrm{T}}\sin\gamma_{\mathrm{T}}\\ \dot{\varphi}_{\mathrm{T}}\cos\psi_{\mathrm{T}}\cos\gamma_{\mathrm{T}}-\dot{\psi}_{\mathrm{T}}\sin\gamma_{\mathrm{T}}\end{bmatrix}\\
&\begin{bmatrix}\omega_{x1}\\ \omega_{y1}\\ \omega_{z1}\end{bmatrix}=\begin{bmatrix}\omega_{\mathrm{T}x1}\\ \omega_{\mathrm{T}y1}\\ \omega_{\mathrm{T}z1}\end{bmatrix}-\boldsymbol{B}_{\mathrm{G}}\begin{bmatrix}\omega_{\mathrm{e}x}\\ \omega_{\mathrm{e}y}\\ \omega_{\mathrm{e}z}\end{bmatrix}\\
&F_{\varphi}(\delta_{\varphi},x,y,z,\dot{x},\dot{y},\dot{z},\varphi_{\mathrm{T}},\dot{\varphi}_{\mathrm{T}},\cdots)=0\\
&F_{\psi}(\delta_{\psi},x,y,z,\dot{x},\dot{y},\dot{z},\psi_{\mathrm{T}},\dot{\psi}_{\mathrm{T}},\cdots)=0\\
&F_{\gamma}(\delta_{\gamma},x,y,z,\dot{x},\dot{y},\dot{z},\gamma_{\mathrm{T}},\dot{\gamma}_{\mathrm{T}},\cdots)=0\\
&\varphi_{\mathrm{T}}=\varphi+\omega_{\mathrm{e}x}t\\
&\psi_{\mathrm{T}}=\psi+\omega_{\mathrm{e}y}t\cos\varphi-\omega_{\mathrm{e}x}t\sin\varphi\\
&\gamma_{\mathrm{T}}=\gamma+\omega_{\mathrm{e}y}t\cos\varphi-\omega_{\mathrm{e}x}t\cos\varphi\\
&\theta=\arctan\frac{v_y}{v_x}\\
&\sigma=-\arcsin\frac{v_z}{v}\\
&\sin\beta=\cos(\theta-\varphi)\cos\sigma\sin\psi\cos\gamma+\sin(\varphi-\theta)\cos\sigma\sin\gamma-\sin\sigma\cos\psi\cos\gamma\\
&-\sin\alpha\cos\beta=\cos(\theta-\varphi)\cos\sigma\sin\psi\sin\gamma+\sin(\theta-\varphi)\cos\sigma\cos\gamma-\sin\sigma\cos\psi\sin\gamma\\
&\sin\nu=\frac{1}{\cos\sigma}(\cos\alpha\cos\psi\sin\gamma-\sin\psi\sin\alpha)\\
&r=\sqrt{(x+R_{ox})^2+(y+R_{oy})^2+(z+R_{oz})^2}\\
&\sin\varphi=\frac{(x+R_{ox})\omega_{\mathrm{e}x}+(y+R_{oy})\omega_{\mathrm{e}y}+(z+R_{oz})\omega_{\mathrm{e}z}}{r\omega_{\mathrm{e}}}\\
&R=\frac{a_{\mathrm{e}}b_{\mathrm{e}}}{\sqrt{a_{\mathrm{e}}^2\sin^2\varphi+b_{\mathrm{e}}^2\cos^2\varphi}}\\
&h=r-R\\
&v=\sqrt{v_x^2+v_y^2+v_z^2}\\
&m=m_0-\dot{m}t
\end{aligned}\right\}\qquad(4-269\mathrm{b})
$$

以上共 32 个方程，有 32 个未知量：$v_x,v_y,v_z,\omega_{\mathrm{T}x1},\omega_{\mathrm{T}y1},\omega_{\mathrm{T}z1},x,y,z,\gamma_{\mathrm{T}},\psi_{\mathrm{T}},\varphi_{\mathrm{T}},\omega_{x1},\omega_{y1},\omega_{z1},\delta_{\varphi},\delta_{\psi},\delta_{\gamma},\varphi,\psi,\gamma,\theta,\sigma,\beta,\alpha,\nu,r,\varphi,R,h,v,m$。

原则上在已知控制方程的具体形式后，给出 32 个条件起始条件，即可进行求解。事实上，由于其中有些方程是确定量之间具有明确的关系方程，因此这些量不是任意给出的，而当有关的参数起始条件给出时，它们也即相对应地确定，如 $\omega_{x1},\omega_{y1},\omega_{z1},\beta,\alpha,\nu,\varphi,\psi,\gamma,r,\varphi,R,h,v$ 等

14 个参数即属此种情况。在动力学方程中，有关一些力和力矩（或力矩导数）的参数均可用上述方程组中解得的参数进行计算，其计算式在本章内已列出，这里不再重复了。

4.3.3　地面发射坐标系中的弹道计算方程

火箭空间一般方程较精确地描述了火箭在主动段的运动规律。实际在研究火箭质心运动时，根据火箭飞行的情况，为了计算方便，可作下述假设：

(1) 在一般方程中的一些欧拉角，如 $\psi_T,\gamma_T,\psi,\gamma,\sigma,\nu,\alpha,\beta$ 等在火箭有控制的条件下，主动段中所表现的数值均很小。因此可将一般方程中，上述这些角度的正弦值即取为该角弧度值，而其余弦值即取为 1；当上述角值出现两个以上的乘积时，则作为高阶项略去，据此，一般方程中的方向余弦阵及附加方程中的一些有关欧拉角关系的方程式即可做出简化。当然，附加哥氏力项亦可略去。

(2) 火箭绕质心转动方程是反映火箭飞行过程中的力矩平衡过程。对姿态稳定的火箭，这一动态过程进行得很快，以至对于火箭质心运动不产生什么影响。因此在研究火箭质心运动时，可不考虑动态过程，即将绕质心运动方程中与姿态角速度和角加速度有关项予以忽略，称为"瞬时平衡"假设，则由式(4-228)得

$$\boldsymbol{M}_{st}+\boldsymbol{M}_c=\boldsymbol{0}$$

静稳定气动力矩及式(4-214)的控制力矩代入上式，则有

$$\left.\begin{aligned}&M_{z1}^{\alpha}\alpha+M_{z1}^{\delta}\delta_{\varphi}=0\\&M_{y1}^{\beta}\beta+M_{y1}^{\delta}\delta_{\psi}=0\\&\delta_{\gamma}=0\end{aligned}\right\}\tag{4-270}$$

对于控制方程如取式(4-206)：

$$\begin{cases}\delta_{\varphi}=a_0^{\varphi}\Delta\varphi_T+k_{\varphi}u_{\varphi}\\\delta_{\psi}=a_0^{\psi}\Delta\psi_T+k_H u_H\\\delta_{\gamma}=a_0^{\gamma}\Delta\gamma_T\end{cases}$$

将式(4-206)代入上式即得略去动态过程的控制方程：

$$\left.\begin{aligned}&\delta_{\varphi}=a_0^{\varphi}(\varphi+\omega_{ez}t-\varphi_{pr})+k_{\varphi}u_{\varphi}\\&\delta_{\psi}=a_0^{\psi}[\psi+(\omega_{ey}\cos\varphi-\omega_{ex}\sin\varphi)t]+k_H u_H\\&\delta_{\gamma}=a_0^{\gamma}[\gamma+(\omega_{ey}\sin\varphi+\omega_{ex}\cos\varphi)t]\end{aligned}\right\}\tag{4-271}$$

将式(4-271)代入式(4-270)，并据假设(1)可知有下列欧拉角关系式：

$$\begin{cases}\beta=\psi-\sigma\\\alpha=\varphi-\theta\\\nu=\gamma\end{cases}$$

则可整理得绕质心运动方程在"瞬时平衡"假设条件下的另一等价形式：

$$\left.\begin{aligned}&\alpha=A_{\varphi}\left[(\varphi_{pr}-\omega_{ez}t-\theta)-\frac{k_{\varphi}}{a_0^{\varphi}}u_{\varphi}\right]\\&\beta=A_{\psi}\left[(\varphi_{ex}\sin\varphi-\omega_{ey}\cos\varphi)t-\sigma-\frac{k_H}{a_0^{\psi}}u_H\right]\\&\gamma=-(\varphi_{ey}\sin\varphi+\omega_{ex}\cos\varphi)t\end{aligned}\right\}\tag{4-272}$$

其中

$$\left.\begin{aligned}A_{\varphi}&=\frac{a_0^{\varphi}M_{z1}^{\delta}}{M_{z1}^{\alpha}+a_0^{\varphi}M_{z1}^{\delta}}\\A_{\psi}&=\frac{a_0^{\psi}M_{y1}^{\delta}}{M_{y1}^{\beta}+a_0^{\psi}M_{y1}^{\delta}}\end{aligned}\right\}\tag{4-273}$$

根据以上假设，且忽略 ν,γ 的影响，可得在发射坐标系中的空间弹道计算方程

$$\left.\begin{aligned}
m\begin{bmatrix}\dfrac{\mathrm{d}v_x}{\mathrm{d}t}\\\dfrac{\mathrm{d}v_y}{\mathrm{d}t}\\\dfrac{\mathrm{d}v_z}{\mathrm{d}t}\end{bmatrix}&=\begin{bmatrix}\cos\varphi\cos\psi & -\sin\varphi & \cos\varphi\sin\psi\\\sin\varphi\cos\psi & \cos\varphi & \sin\varphi\sin\psi\\-\sin\psi & 0 & \cos\psi\end{bmatrix}\begin{bmatrix}P_{\mathrm{e}}\\Y_{1\mathrm{c}}\\Z_{1\mathrm{c}}\end{bmatrix}+\\
&\begin{bmatrix}\cos\theta\cos\sigma & -\sin\theta & \cos\theta\sin\sigma\\\sin\theta\cos\sigma & \cos\theta & \sin\theta\sin\sigma\\-\sin\sigma & 0 & \cos\sigma\end{bmatrix}\begin{bmatrix}-C_x qS_{\mathrm{M}}\\C_y^{\alpha}qS_{\mathrm{M}}\alpha\\-C_y^{\alpha}qS_{\mathrm{M}}\beta\end{bmatrix}+m\frac{g'_r}{r}\begin{bmatrix}x+R_{ox}\\y+R_{oy}\\z+R_{oz}\end{bmatrix}+\\
&m\frac{g_{\omega\mathrm{e}}}{\omega_{\mathrm{e}}}\begin{bmatrix}\omega_{\mathrm{ex}}\\\omega_{\mathrm{ey}}\\\omega_{\mathrm{ez}}\end{bmatrix}-m\begin{bmatrix}a_{11} & a_{12} & a_{13}\\a_{21} & a_{22} & a_{23}\\a_{31} & a_{32} & a_{33}\end{bmatrix}\begin{bmatrix}x+R_{ox}\\y+R_{oy}\\z+R_{oz}\end{bmatrix}-m\begin{bmatrix}b_{11} & b_{12} & b_{13}\\b_{21} & b_{22} & b_{23}\\b_{31} & b_{32} & b_{33}\end{bmatrix}\begin{bmatrix}\dot{x}\\\dot{y}\\\dot{z}\end{bmatrix}\\
\begin{bmatrix}\dfrac{\mathrm{d}x}{\mathrm{d}t}\\\dfrac{\mathrm{d}y}{\mathrm{d}t}\\\dfrac{\mathrm{d}z}{\mathrm{d}t}\end{bmatrix}&=\begin{bmatrix}v_x\\v_y\\v_z\end{bmatrix}\\
\alpha&=A_{\varphi}\left[(\varphi_{\mathrm{pr}}-\omega_{\mathrm{ez}}t-\theta)-\frac{k_{\varphi}}{a_0^{\varphi}}u_{\varphi}\right]\\
\beta&=A_{\psi}\left[(\omega_{\mathrm{ex}}\sin\varphi-\omega_{\mathrm{ey}}\cos\varphi)t-\sigma-\frac{k_{\mathrm{H}}}{a_0^{\psi}}u_{\mathrm{H}}\right]\\
\theta&=\arctan\frac{v_y}{v_x}\\
\sigma&=-\arcsin\frac{v_z}{v}\\
\varphi&=\theta+\alpha\\
\psi&=\sigma+\beta\\
\delta_{\varphi}&=a_0^{\varphi}(\varphi+\omega_{\mathrm{ez}}t-\varphi_{\mathrm{pr}})+k_{\varphi}u_{\varphi}\\
\delta_{\psi}&=a_0^{\psi}[\psi+(\omega_{\mathrm{ey}}\cos\varphi-\omega_{\mathrm{ex}}\sin\varphi)t]+k_{\mathrm{H}}u_{\mathrm{H}}\\
v&=\sqrt{v_x^2+v_y^2+v_z^2}\\
r&=\sqrt{(x+R_{ox})^2+(y+R_{oy})^2+(z+R_{oz})^2}\\
\sin\varphi&-\frac{(x+R_{ox})\omega_{\mathrm{ex}}+(y+R_{oy})\omega_{\mathrm{ey}}+(z+R_{oz})\omega_{\mathrm{ez}}}{r\omega_{\mathrm{e}}}\\
R&=\frac{a_{\mathrm{e}}b_{\mathrm{e}}}{\sqrt{a_{\mathrm{e}}^2\sin^2\varphi+b_{\mathrm{e}}^2\cos^2\varphi}}\\
h&=r-R\\
m&=m_0-\dot{m}t
\end{aligned}\right\}\tag{4-274}$$

式(4-274)即为空间弹道计算方程，前6个为微分方程，只要给出相应的起始条件就可求得火箭质心运动参数。

在火箭总体设计中，从仪表和弹体强度设计角度考虑，需要知道它们所承受的过载有多大。为此，把火箭飞行中除重力以外作用在火箭上的所有其他外力称作过载，记作 $\boldsymbol{N}$，若火箭的总加速度为 $\boldsymbol{a}$，则

$$m\boldsymbol{a}=\boldsymbol{N}+\boldsymbol{G} \tag{4-275}$$

$$\boldsymbol{a}=\frac{\boldsymbol{N}}{m}+\boldsymbol{g}=\dot{\boldsymbol{w}}+\boldsymbol{g} \tag{4-276}$$

其中，$\dot{\boldsymbol{w}}$ 称为视加速度，它可用惯性加速度表测量。实际上 $\boldsymbol{N}$ 是由控制力、推力和气动力组成的，在弹体上的3个分量为

$$\begin{bmatrix} N_{x1} \\ N_{y1} \\ N_{z1} \end{bmatrix}=\begin{bmatrix} p_{\mathrm{e}} \\ y_{1\mathrm{c}} \\ z_{1\mathrm{c}} \end{bmatrix}+\boldsymbol{B}_{\mathrm{v}}\begin{bmatrix} -C_x q S_{\mathrm{M}} \\ C_y^{\alpha} q S_{\mathrm{M}}\alpha \\ -C_y^{\alpha} q S_{\mathrm{M}}\beta \end{bmatrix} \tag{4-277}$$

将

$$\begin{bmatrix} N_{x1} \\ N_{y1} \\ N_{z1} \end{bmatrix}=m\begin{bmatrix} \dot{w}_{x1} \\ \dot{w}_{y1} \\ \dot{w}_{z1} \end{bmatrix} \tag{4-278}$$

代入式(4-274)中质心动力学方程后即组成含视加速度 $\dot{\boldsymbol{w}}$ 参变量的空间弹道计算方程。

过载系数 $\boldsymbol{n}$ 被定义为 $\boldsymbol{N}$ 被火箭质量 m 与地面重力加速度 g_0 之积相除所得的值，即

$$\boldsymbol{n}=\begin{bmatrix} n_{x1} \\ n_{y1} \\ n_{z1} \end{bmatrix}=\frac{\boldsymbol{N}}{m g_0}=\frac{1}{g_0}\begin{bmatrix} \dot{w}_{x1} \\ \dot{w}_{y1} \\ \dot{w}_{z1} \end{bmatrix} \tag{4-279}$$

式中，n_{x1}，n_{y1}，n_{z1} 分别称为火箭的轴向、法向和横向过载系数。

4.3.4　速度坐标系中的弹道方程

1.速度坐标系中的质心动力学方程

由地面发射坐标中的质心动力学方程式(4-229)：

$$m\frac{\delta^2\boldsymbol{r}}{\delta t^2}=\boldsymbol{P}+\boldsymbol{R}+\boldsymbol{F}_{\mathrm{c}}+m\boldsymbol{g}+\boldsymbol{F}'_{\mathrm{k}}-m\boldsymbol{\omega}_{\mathrm{e}}\times(\boldsymbol{\omega}_{\mathrm{e}}\times\boldsymbol{r})-2m\boldsymbol{\omega}_{\mathrm{e}}\times\frac{\delta\boldsymbol{r}}{\delta t}$$

将其在速度坐标系投影，根据矢量微分法则有

$$\frac{\mathrm{d}\boldsymbol{V}}{\mathrm{d}t}=\frac{\mathrm{d}}{\mathrm{d}t}(v\boldsymbol{x}_{\mathrm{v}}^0)=\frac{\mathrm{d}v}{\mathrm{d}t}\boldsymbol{x}_{\mathrm{v}}^0+v\frac{\mathrm{d}\boldsymbol{x}_{\mathrm{v}}^0}{\mathrm{d}t} \tag{4-280}$$

由于

$$\frac{\mathrm{d}\boldsymbol{x}_{\mathrm{v}}^0}{\mathrm{d}t}=\boldsymbol{\omega}_{\mathrm{v}}\times\boldsymbol{x}_{\mathrm{v}}^0 \tag{4-281}$$

其中，$\boldsymbol{\omega}_{\mathrm{v}}$ 为速度坐标系相对地面坐标系的转动角速度。

已知

$$\boldsymbol{\omega}_{\mathrm{v}}=\dot{\boldsymbol{\theta}}+\dot{\boldsymbol{\sigma}}+\dot{\boldsymbol{\nu}} \tag{4-282}$$

将$\boldsymbol{\omega}_{\mathrm{v}}$在速度坐标系投影，式(4-282)右端的投影分量可由速度坐标系与地面发射坐标系之间的几何关系得出：

$$\left.\begin{aligned}\omega_{x\mathrm{v}}&=\dot{\nu}-\dot{\theta}\sin\sigma\\\omega_{y\mathrm{v}}&=\dot{\sigma}\cos\nu+\dot{\theta}\cos\sigma\sin\nu\\\omega_{z\mathrm{v}}&=\dot{\theta}\cos\sigma\cos\nu-\dot{\sigma}\sin\nu\end{aligned}\right\}\tag{4-283}$$

故可得

$$\frac{\mathrm{d}\boldsymbol{x}_{\mathrm{v}}^{0}}{\mathrm{d}t}=(\dot{\theta}\cos\sigma\cos\nu-\dot{\sigma}\sin\nu)\,\boldsymbol{y}_{\mathrm{v}}^{0}-(\dot{\sigma}\cos\nu+\dot{\theta}\cos\sigma\sin\nu)\,\boldsymbol{z}_{\mathrm{v}}^{0}$$

代入式(4-280)即有

$$\frac{\mathrm{d}\boldsymbol{V}}{\mathrm{d}t}=\frac{\mathrm{d}v}{\mathrm{d}t}\boldsymbol{x}_{\mathrm{v}}^{0}+v(\dot{\theta}\cos\sigma\cos\nu-\dot{\sigma}\sin\nu)\,\boldsymbol{y}_{\mathrm{v}}^{0}-v(\dot{\sigma}\cos\nu+\dot{\theta}\cos\sigma\sin\nu)\,\boldsymbol{z}_{\mathrm{v}}^{0}\tag{4-284}$$

式(4-284)即为火箭质心相对于地面发射坐标系的加速度沿速度坐标系的分解。

将式(4-284)代入式(4-229)的左端，而式(4-229)右端各项即可参照式(4-251)右端的内容直接写出它们在速度坐标系的分量形式，最终可得在速度坐标系内的质心动力学方程为

$$\begin{aligned}m\begin{bmatrix}\dot{v}\\v(\dot{\theta}\cos\sigma\cos\nu-\dot{\sigma}\sin\nu)\\-v(\dot{\sigma}\cos\nu+\dot{\theta}\cos\sigma\sin\nu)\end{bmatrix}=&\boldsymbol{V}_{\mathrm{B}}\begin{bmatrix}P_{\mathrm{e}}\\Y_{1\mathrm{c}}+2\dot{m}\omega_{\mathrm{Tz1}}x_{1\mathrm{e}}\\Z_{1\mathrm{c}}-2\dot{m}\omega_{\mathrm{Ty1}}x_{1\mathrm{e}}\end{bmatrix}+\begin{bmatrix}-C_{x}qS_{\mathrm{M}}\\C_{y}^{\alpha}qS_{\mathrm{M}}\alpha\\-C_{y}^{\alpha}qS_{\mathrm{M}}\beta\end{bmatrix}+\\&m\frac{g'_{r}}{r}\boldsymbol{V}_{\mathrm{G}}\begin{bmatrix}x+R_{ox}\\y+R_{oy}\\z+R_{oz}\end{bmatrix}+m\frac{g_{\omega e}}{\omega_{\mathrm{e}}}\boldsymbol{V}_{\mathrm{G}}\begin{bmatrix}\omega_{\mathrm{e}x}\\\omega_{\mathrm{e}y}\\\omega_{\mathrm{e}z}\end{bmatrix}+\\&m\boldsymbol{V}_{\mathrm{G}}\begin{bmatrix}a_{11}&a_{12}&a_{13}\\a_{21}&a_{22}&a_{23}\\a_{31}&a_{32}&a_{33}\end{bmatrix}\begin{bmatrix}x+R_{ox}\\y+R_{oy}\\z+R_{oz}\end{bmatrix}-m\boldsymbol{V}_{\mathrm{G}}\begin{bmatrix}b_{11}&b_{12}&b_{13}\\b_{21}&b_{22}&b_{23}\\b_{31}&b_{32}&b_{33}\end{bmatrix}\begin{bmatrix}\dot{x}\\\dot{y}\\\dot{z}\end{bmatrix}\end{aligned}\tag{4-285}$$

观察式(4-285)，后两式中等式左端均有两个微分变量，为进行求解，现引进矩阵$\boldsymbol{H}_{\mathrm{v}}$：

$$\boldsymbol{H}_{\mathrm{v}}=\begin{bmatrix}1&0&0\\0&\cos\nu&-\sin\nu\\0&\sin\nu&\cos\nu\end{bmatrix}\tag{4-286}$$

用矩阵$\boldsymbol{H}_{\mathrm{v}}$左乘式(4-285)则得

$$\begin{aligned}m\begin{bmatrix}\dot{v}\\v\dot{\theta}\cos\sigma\\-v\dot{\sigma}\end{bmatrix}=&\boldsymbol{H}_{\mathrm{v}}\boldsymbol{V}_{\mathrm{B}}\begin{bmatrix}P_{\mathrm{e}}\\Y_{1\mathrm{c}}+2\dot{m}\omega_{\mathrm{Tz1}}x_{\mathrm{e}}\\Z_{1\mathrm{c}}-2\dot{m}\omega_{\mathrm{Ty1}}x_{\mathrm{e}}\end{bmatrix}+\boldsymbol{H}_{\mathrm{v}}\begin{bmatrix}-C_{x}qS_{\mathrm{M}}\\C_{y}^{\alpha}qS_{\mathrm{M}}\alpha\\-C_{y}^{\alpha}qS_{\mathrm{M}}\beta\end{bmatrix}+m\frac{g'_{r}}{r}\boldsymbol{H}_{\mathrm{v}}\boldsymbol{V}_{\mathrm{G}}\begin{bmatrix}x+R_{ox}\\y+R_{oy}\\z+R_{oz}\end{bmatrix}+\\&m\frac{g_{\omega e}}{\omega_{\mathrm{e}}}\boldsymbol{H}_{\mathrm{v}}\boldsymbol{V}_{\mathrm{G}}\begin{bmatrix}\omega_{\mathrm{e}x}\\\omega_{\mathrm{e}y}\\\omega_{\mathrm{e}z}\end{bmatrix}-m\boldsymbol{H}_{\mathrm{v}}\boldsymbol{V}_{\mathrm{G}}\begin{bmatrix}a_{11}&a_{12}&a_{13}\\a_{21}&a_{22}&a_{23}\\a_{31}&a_{32}&a_{33}\end{bmatrix}\begin{bmatrix}x+R_{ox}\\y+R_{oy}\\z+R_{oz}\end{bmatrix}-\\&m\boldsymbol{H}_{\mathrm{v}}\boldsymbol{V}_{\mathrm{G}}\begin{bmatrix}b_{11}&b_{12}&b_{13}\\b_{21}&b_{22}&b_{23}\\b_{31}&b_{32}&b_{33}\end{bmatrix}\begin{bmatrix}\dot{x}\\\dot{y}\\\dot{z}\end{bmatrix}\end{aligned}\tag{4-287}$$

2. 速度坐标系中的弹道方程

为简化书写，火箭质心动力学方程(4-287)，火箭绕质心转动的动力方程(4-253)，在这里不再重述，下面仅给出为解算空间动力学方程需补充的一些方程式，由于这些方程与式(4-269)的补充方程基本相同，个别不同的方程式，其符号意义也是明确的，故直接列写如下：

$$
\left.
\begin{aligned}
&\begin{bmatrix}\dfrac{\mathrm{d}x}{\mathrm{d}t}\\ \dfrac{\mathrm{d}y}{\mathrm{d}t}\\ \dfrac{\mathrm{d}z}{\mathrm{d}t}\end{bmatrix}=\begin{bmatrix}v\cos\theta\cos\sigma\\ v\sin\theta\cos\sigma\\ -v\sin\sigma\end{bmatrix}\\
&\begin{bmatrix}\omega_{\mathrm{T}x1}\\ \omega_{\mathrm{T}y1}\\ \omega_{\mathrm{T}z1}\end{bmatrix}=\begin{bmatrix}\dot{\gamma}_{\mathrm{T}}-\dot{\varphi}_{\mathrm{T}}\sin\psi_{\mathrm{T}}\\ \dot{\psi}_{\mathrm{T}}\cos\gamma_{\mathrm{T}}+\dot{\varphi}_{\mathrm{T}}\cos\psi_{\mathrm{T}}\sin\gamma_{\mathrm{T}}\\ \dot{\varphi}_{\mathrm{T}}\cos\psi_{\mathrm{T}}\cos\gamma_{\mathrm{T}}-\dot{\psi}_{\mathrm{T}}\sin\gamma_{\mathrm{T}}\end{bmatrix}\\
&\begin{bmatrix}\omega_{x1}\\ \omega_{y1}\\ \omega_{z1}\end{bmatrix}=\begin{bmatrix}\omega_{\mathrm{T}x1}\\ \omega_{\mathrm{T}y1}\\ \omega_{\mathrm{T}z1}\end{bmatrix}-\boldsymbol{B}_{\mathrm{G}}\begin{bmatrix}\omega_{\mathrm{e}x}\\ \omega_{\mathrm{e}y}\\ \omega_{\mathrm{e}z}\end{bmatrix}\\
&F_{\varphi}(\delta_{\varphi},\ x,\ y,\ z,\ \dot{x},\ \dot{y},\ \dot{z},\ \varphi_{\mathrm{T}},\ \dot{\varphi}_{\mathrm{T}},\cdots)=0\\
&F_{\psi}(\delta_{\psi},\ x,\ y,\ z,\ \dot{x},\ \dot{y},\ \dot{z},\ \varphi_{\mathrm{T}},\ \dot{\varphi}_{\mathrm{T}},\cdots)=0\\
&F_{\gamma}(\delta_{\gamma},\ x,\ y,\ z,\ \dot{x},\ \dot{y},\ \dot{z},\ \varphi_{\mathrm{T}},\ \dot{\varphi}_{\mathrm{T}},\cdots)=0\\
&\varphi_{\mathrm{T}}=\varphi+\omega_{\mathrm{e}z}t\\
&\psi_{\mathrm{T}}=\psi+\omega_{\mathrm{e}y}t\cos\varphi-\omega_{\mathrm{e}x}t\sin\varphi\\
&\gamma_{\mathrm{T}}=\gamma+\omega_{\mathrm{e}y}t\sin\varphi+\omega_{\mathrm{e}x}t\cos\varphi\\
&\sin\beta=\cos(\theta-\varphi)\cos\sigma\sin\psi\cos\gamma-\sin(\theta-\varphi)\cos\sigma\sin\gamma-\sin\sigma\cos\psi\cos\gamma-\sin\alpha\cos\beta=\\
&\qquad\cos(\theta-\varphi)\cos\sigma\sin\psi\sin\gamma+\sin(\theta-\varphi)\cos\sigma\cos\gamma-\sin\sigma\cos\psi\sin\gamma\\
&\sin\nu=(\cos\alpha\cos\psi\sin\gamma-\sin\psi\sin\alpha)/\cos\sigma\\
&r=\sqrt{(x+R_{ox})^2\ (y+R_{oy})^2+(z+R_{oz})^2}\\
&\sin\varphi=\frac{(x+R_{ox})\omega_{\mathrm{e}x}+(y+R_{oy})\omega_{\mathrm{e}y}+(z+R_{oz})\omega_{\mathrm{e}z}}{r\omega_{\mathrm{e}}}\\
&R=\frac{a_{\mathrm{e}}b_{\mathrm{e}}}{\sqrt{a_{\mathrm{e}}^2\sin^2\varphi+b_{\mathrm{e}}^2\cos^2\varphi}}\\
&h=r-R\\
&m=m_0-\dot{m}t
\end{aligned}
\right\}
\tag{4-288}
$$

这样，即得到由式(4-287)、式(4-253)、式(4-288)共同组成的在速度坐标系内描述的空间弹道方程，共 29 个方程式，给定起始条件即可求解。

3. 弹道方程简化成纵向运动方程和侧向运动方程

在新型号火箭的初步设计阶段，由于各分系统参数未定，因而只需进行弹道的粗略计算。

为此，对上述空间弹道方程作一些简化假设：

(1) 将地球视为一均质圆球，忽略地球扁率及 g_φ 的影响。此时引力 $\boldsymbol{g}$ 沿矢径 $\boldsymbol{r}$ 的反向，且服从二次方反比定律，即 $g'_r = g_r = -\frac{fM}{r^2}$，$g_{\omega e} = 0$。

(2) 由于工程设计人员在初步设计阶段只关心平均状态下的参数，故通常忽略地球旋转的影响，认为 $\boldsymbol{\omega}_e = \boldsymbol{0}$。显然，平移坐标系与发射坐标系始终重合。

(3) 忽略由于火箭内部介质相对于弹体流动所引起的附加哥氏力和全部附加力矩。

(4) 认为在控制系统作用下，火箭始终处于力矩瞬时平衡状态。

(5) 将欧拉角 $\alpha,\beta,\psi,\gamma,\sigma,\nu$ 及 $(\theta-\varphi)$ 视为小量，这些角度的正弦即取其角度的弧度值，其余弦取为 1，且在等式中出现这些角度值之间的乘积时，则作为二阶以上项略去。则有

$$\boldsymbol{H}_v = \begin{bmatrix} 1 & 0 & 0 \\ 0 & 1 & -\nu \\ 0 & \nu & 1 \end{bmatrix} \tag{4-289}$$

$$\boldsymbol{V}_B = \begin{bmatrix} 1 & -\alpha & \beta \\ \alpha & 1 & 0 \\ -\beta & 0 & 1 \end{bmatrix} \tag{4-290}$$

$$\boldsymbol{V}_G = \begin{bmatrix} \cos\theta & \sin\theta & -\sigma \\ -\sin\theta & \cos\theta & \nu \\ \sigma\cos\theta+\nu\sin\theta & \sigma\sin\theta-\nu\cos\theta & 1 \end{bmatrix} \tag{4-291}$$

那么

$$\boldsymbol{H}_B = \boldsymbol{H}_v\boldsymbol{V}_B = \begin{bmatrix} 1 & -\alpha & \beta \\ \alpha & 1 & -\nu \\ -\beta & \nu & 1 \end{bmatrix} \tag{4-292}$$

$$\boldsymbol{H}_G = \boldsymbol{H}_v\boldsymbol{V}_G = \begin{bmatrix} \cos\theta & \sin\theta & -\sigma \\ -\sin\theta & \cos\theta & 0 \\ \sigma\cos\theta & \sigma\sin\theta & 1 \end{bmatrix} \tag{4-293}$$

(6) 考虑到控制力较小，故将控制力与 α,β,ν 的乘积项略去。

(7) 由于引力在 ox 轴，oz 轴方向的分量远小于引力在 oy 轴方向的分量，故将它们与 σ 的乘积项略去。

根据以上假设，即可将式(4-287)与式(4-288)所组成的质心运动方程简化成两组方程。

第一组方程为

$$\left.\begin{aligned}
&m\dot{v}=P_e-C_xqS_M+mg_r\frac{y+R}{r}\sin\theta+mg_r\frac{x}{r}\cos\theta\\
&mv\dot{\theta}=(P_e+C_y^{\alpha}qS_M)\alpha+mg_r\frac{y+R}{r}\cos\theta-mg_r\frac{x}{r}\sin\theta+R'\delta_{\varphi}\\
&\dot{x}=v\cos\theta\\
&\dot{y}=v\sin\theta\\
&\alpha=A_{\varphi}(\varphi_{pr}-\theta)\\
&A_{\varphi}=\frac{a_0^{\varphi}M_{z1}^{\delta}}{M_{z1}^{\alpha}+a_0^{\varphi}M_{z1}^{\delta}}\\
&\varphi=\theta+\alpha\\
&\delta_{\varphi}=a_0^{\varphi}(\varphi-\varphi_{pr})\\
&r=\sqrt{x^2+(y+R)^2+z^2}=\sqrt{x^2+(y+R)^2}\\
&h=r-R\\
&m=m_0-\dot{m}t
\end{aligned}\right\}\tag{4-294}$$

该方程在取 $r=\sqrt{x^2+(y+R)^2}$ 后，则与侧向参数无关，称为纵向运动方程式。给定起始条件即可求解。

第二组方程为

$$\left.\begin{aligned}
&mv\dot{\sigma}=(P_e+C_y^{\alpha}qS_M)\beta-mg_r\frac{y+R}{r}\sin\theta\cdot\sigma-mg_r\frac{z}{r}+R'\delta_{\psi}\\
&\dot{z}=-v\sigma\\
&\beta=-A_{\psi}\cdot\sigma\\
&A_{\psi}=\frac{a_0^{\psi}M_{y1}^{\delta}}{M_{y1}^{\beta}+a_0^{\psi}M_{y1}^{\delta}}\\
&\psi=\sigma+\beta\\
&\delta_{\psi}=a_0^{\psi}\psi
\end{aligned}\right\}\tag{4-295}$$

在第一组方程解得后，即可由此组方程解得侧向参数。称该组方程为侧向运动方程。

4.4　火箭主动段的运动

前面各节按火箭飞行中受力特性分别建立了主动段、自由段与再入段弹道方程。在给定火箭各分系统参数及发射点的位置、发射方位角后，即可逐段求解。但在新型号设计中，如何根据应用部门对导弹、卫星提出的战术、技术指标，如载荷质量、导弹的射程或卫星的轨道根数及精度指标等，进行方案论证，还涉及分配和协调各分系统设计指标有关的弹道问题。在这一节中，首先建立适用于方案论证阶段简化弹道方程；然后分析火箭在主动段的运动特性，将影响火箭分系统的因素归结为 5 个设计参数；并以此为基础，讨论火箭主动段终点参数及导弹射程的近似估算方法；最后，研究如何根据射程或主动段终点速度 $\boldsymbol{V}_k$ 来选择各系统的设计参数。

4.4.1 用于方案论证阶段的纵向运动方程

在方案论证阶段，主要关心各分系统设计参数对射程的影响，因此，只研究火箭的纵向运动。为方便计算，可对纵向运动方程式(4-294)作进一步的简化。

由于主动段射程较小，可以认为引力只有沿 oy 轴的分量，且近似认为 $h=y$；另注意到瞬时平衡假设条件下有

$$\delta_\varphi = -\frac{M_{Z1}^{\alpha}}{M_{Z1}^{\delta}}\alpha = -\frac{Y_1^{\alpha}(x_g - x_p)}{R'(x_g - x_c)}\alpha$$

当近似认为 $Y_1^{\alpha}=Y^{\alpha}$ 后，则有

$$Y + R'\delta_\varphi = \left(1 - \frac{x_g - x_p}{x_g - x_c}\right)Y^{\alpha}\alpha$$

记

$$C = \frac{x_p - x_c}{x_g - x_c} \tag{4-296}$$

即有

$$Y + R'\delta_\varphi = CY^{\alpha}\alpha \tag{4-297}$$

这样，纵向运动方程式(4-294)即成为

$$\left.\begin{aligned}
\dot{v} &= \frac{P_e}{m} - \frac{1}{m}C_x q S_M + g\sin\theta \\
\dot{\theta} &= \frac{1}{mv}(P_e + CY^{\alpha})\alpha + \frac{g}{v}\cos\theta \\
\dot{x} &= v\cos\theta \\
\dot{y} &= v\sin\theta \\
\alpha &= A_\varphi(\varphi_{pr} - \theta) \\
A_\varphi &= \frac{a_0^{\varphi} M_{Z1}^{\delta}}{M_{Z1}^{\alpha} + a_0^{\varphi} M_{z1}^{\delta}} \\
h &= y \\
m &= m_0 - \dot{m}t
\end{aligned}\right\} \tag{4-298}$$

式中，A_φ 是一个系数表达式，实际只包括 7 个方程式，只要给定 $t=0$：$v=x=y=h=\alpha=0$，$\theta=90^\circ$，$m=m_0$，即可进行数值积分求解。积分至 $m=m_k$，m_k 为火箭除去全部燃料后的质量，即得 v_k，θ_k，x_k，y_k，然后按下式：

$$\beta_k = \arctan\frac{x_k}{R + y_k}$$

$$\Theta_k = \theta_k + \beta_k$$

$$r_k = R + h_k$$

算得关机点的参数 Θ_k，r_k，最后运用椭圆弹道计算出被动段射程 β_c，从而得全射程 $\beta=\beta_k+\beta_c$。

4.4.2 主动段运动特性分析

简化后的纵向运动方程式(4-298)，虽然在形式上已大大简化，但它仍是一组非线性的变

系数微分方程组，只有采用数值积分求解。下面对单级火箭主动段运动特性进行定性分析，以助于对主动段运动的物理现象的理解。

4.4.2.1　切向运动的分析

由式(4-298)之切向方程：

$$\dot{v} = \frac{P_e}{m} - \frac{1}{m}C_x q S_M + g\sin\theta$$

已知

$$P_e = \dot{m}u'_e - A_e p_H - X_{1c}$$

将上式中略去舵阻力或是摇摆发动机的推力损失 X_{1c}，并代入前式，则有

$$\dot{v} = \frac{\dot{m}}{m}u'_e + g\sin\theta - \frac{X}{m} - \frac{S_e p_H}{m} \tag{4-299}$$

将式(4-299)由 $t=0$ 积分至 t_k 时刻，并记

$$\left.\begin{aligned} v_{idk} &= \int_0^{t_k} \frac{\dot{m}}{m}u'_e \mathrm{d}t \\ \Delta v_{1k} &= -\int_0^{t_k} g\sin\theta \mathrm{d}t \\ \Delta v_{2k} &= \int_0^{t_k} \frac{X}{m}\mathrm{d}t \\ \Delta v_{3k} &= \int_0^{t_k} \frac{S_e p_H}{m}\mathrm{d}t \end{aligned}\right\} \tag{4-300}$$

则

$$v(t_k) = v_{idk} - \Delta v_{1k} - \Delta v_{2k} - \Delta v_{3k} \tag{4-301}$$

v_{idk} 为火箭在真空无引力作用下推力所产生的速度，称为理想速度，注意到 $\dot{m} = -\frac{\mathrm{d}m}{\mathrm{d}t}$，而 u'_e 为一常数，则 v_{idk} 可直接积分得到

$$v_{idk} = -u'_e \ln\frac{m_k}{m_0} \tag{4-302}$$

记 $\mu_k = \frac{m_k}{m_0}$，如果至 t_k 时燃料全部烧完，则 m_k 即为火箭的结构质量，故 μ_k 称为结构比。

由式(4-302)可知，减小 μ_k 和增大 u'_e 可提高理想速度。

Δv_{1k} 为引力加速度分量引起的速度损失，称为引力损失。不难理解，引力损失在主动段飞行时间较长时损失就较大，反之则较小；主动段弹道愈陡，即 θ 角变化缓慢，损失就大，反之则小。对中程导弹而言，该项损失 Δv_{1k} 为理想速度的 20% ～ 30%。

Δv_{2k} 为阻力造成的速度损失，火箭运动过程是由静止起飞，不断加速的。固然，阻力与飞行速度的二次方成正比，但还与大气密度及阻力因数有关，主动段飞行过程中，开始虽在稠密大气层内飞行，但火箭速度很低，而后尽管速度增加，但大气密度又显著下降。因此在主动段的阻力变化是两头小、中间大的变化过程。阻力造成的速度损失 Δv_{2k}，对于中程导弹而言，占理想速度的 3% ～ 5%。

Δv_{3k} 为发动机在大气中工作时大气静压力所引起的速度损失，该损失对中程导弹也占理想速度的 5% 左右。

对于远程导弹而言，由于要求关机点的速度倾角较小，其弹道曲线也比中近程导弹的弹道曲线要平缓，故引力引起的速度损失相对比例要减小。另外远程导弹主动段中，大气层外的飞行时间增长，因此，阻力及大气静压所引起的速度损失的相对比例也将减小。

图 4-32 所示的是以射程约 3 000 km 的典型导弹的有效推力 P_e、阻力 $\boldsymbol{X}$、引力 $\boldsymbol{mg}$ 及其分量 $\boldsymbol{mg}\sin\theta$、切向力、相应加速度 $\dot{v}$ 随时间的变化曲线。

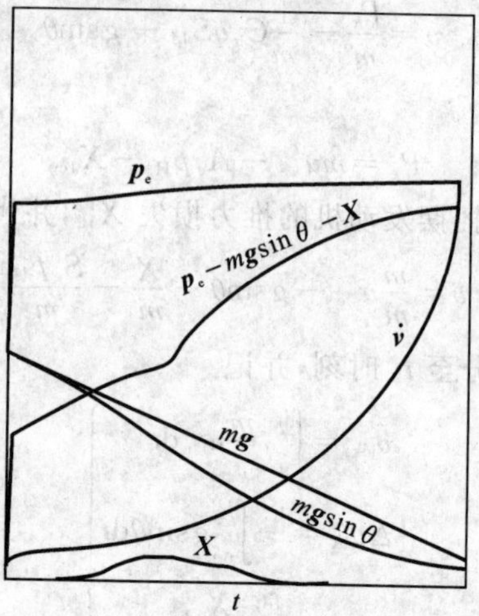

图 4-32　切向力和切向加速度随时间的变化曲线

4.4.2.2　主动段转变过程及 $\alpha,\delta_\varphi,\Delta\varphi_{pr}$ 的变化

远程火箭发射时通常采用竖直发射，火箭起飞后，弹轴 ox_1 及速度轴 ox_v 均沿发射点垂直向上，即 $\varphi=\theta=90°$。作为火箭根据其射程或入轨点参数要求，应于关机点将速度轴转到某一个角度值 θ_k。由式(4-298)之法向加速度方程

$$\dot{\theta}=\frac{1}{mv}(P_e+CY^\alpha)\alpha+\frac{g}{v}\cos\theta \tag{4-303}$$

可见，要使速度矢量转变，必须提供垂直于速度矢量的法向力。显然引力 g 可使 θ 减小，但垂直起飞后 $\theta=90°$，因此不能靠引力首先使速度轴转弯。即使速度轴处于 $\theta<90°$ 的状态，由于 g 本身只随高度变化，也不能作为一个控制量，此外，g 对 θ 的影响很小，而主动段发动机工作时间有一定的限制，因此不能依靠引力分量来作为速度轴转弯的主要法向力。从法向加速度方程可知，只有将升力和推力在法向的分量作为主要法向力，且该法向力与攻角 α 有关。注意到攻角 α 是速度轴 x_v 与弹轴 x_1 的夹角，当转动 x_1 轴使 x_1 与 x_v 不重合时，即可产生攻角 α 以提供法向力。显然，要使 x_1 轴转弯就必须提供绕 oz_1 轴的转动力矩。这可通过控制系统的执行机构(如燃气舵或摇摆发动机)提供控制力矩来实现，已知

$$M_{z1c}=M_{z1c}^{\delta}\delta_\varphi=R'(x_g-x_c)\delta_\varphi \tag{4-304}$$

而 δ_φ 的值是按所要求的程序规律 φ_{pr} 来赋予的，即

$$\delta_\varphi=a_0^\delta(\varphi-\varphi_{pr}) \tag{4-305}$$

通常俯仰程序取为图 4-33 所示的形式。

在给定 δ_φ 值后，则根据“力矩瞬时平衡假设”，可得对应的攻角

$$\alpha=-\frac{M_{z1c}^{\delta}}{M_{z1c}^{\alpha}}\delta_{\varphi}=-\frac{R'(x_g-x_c)}{Y_1^{\alpha}(x_g-x_p)}\delta_{\varphi} \tag{4-306}$$

从而产生法向力使得速度轴 x_v 转动，直至保证关机时刻 t_k，其倾角值为 θ_k。

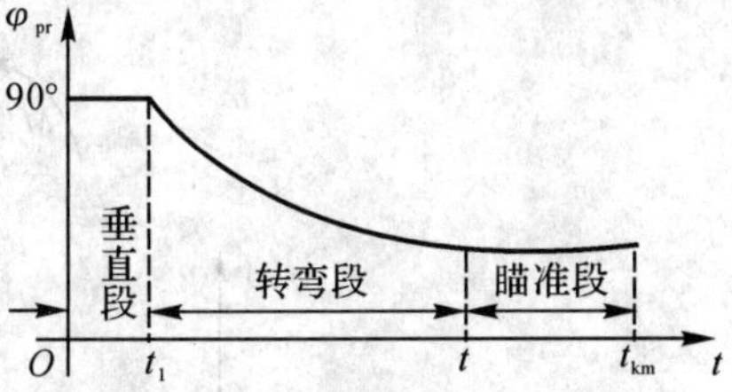

图 4-33　弹道导弹的飞行程序

观察式(4-306)可知，对于静稳定火箭($x_g-x_p<0$)和静不稳定火箭($x_g-x_p>0$)，在 δ_{φ} 取定后，相应的 α 表现值是不同号的。因此，它们转弯过程中的物理现象也有区别。现根据图 4-33 中程序角 φ_{pr} 的分段，逐段对两种火箭的转弯过程及 $\Delta\varphi_{pr}$，α，δ_{φ} 的变化进行讨论。

1. 垂直段

火箭垂直起飞段约几秒到十余秒钟。在此段 $\varphi_{pr}=90°$，对应程序角设有一虚拟的程序轴 x_{1pr}，则此时程序轴 x_{1pr} 与实际弹轴 ox_1 重合，且均垂直于地面坐标系 ox 轴，故 $\Delta\varphi_{pr}=0$，$\delta_{\varphi}=0$。而速度轴 x_v 的起始状态也与 x_1 重合，即 $\alpha=0$。因此，在垂直起飞段，既没有使弹轴 ox_1 转弯的力矩，也没有使速度轴转弯的法向力，所以 x_{1pr}，x_1，x_v 三轴始终重合，亦即 $\varphi=\varphi_{pr}=\theta=90°$。

2. 转弯段

(1) 静稳定火箭。垂直段结束后，首先程序机构赋予虚拟的程序轴 x_{1pr} 一个小于90°的程序角 φ_{pr}，使处于垂直状态的 x_1 轴与 x_{1pr} 轴形成正的程序误差角 $\Delta\varphi_{pr}$。此时，相应地执行机构产生一个正的等效舵偏角 δ_{φ}，从而使火箭受到负的控制力矩 M_{z1c} 作用，促使弹轴 x_1 向地面坐标系 x 轴方向偏转，则 $\varphi<90°$。但此时速度轴 x_v 仍处于垂直状态，这就产生一负攻角。由式(4-303)可知，负攻角 α 将产生负的法向力，在该力作用下，速度轴 x_v 向地面坐标系 x 轴偏转，亦即 $\varphi<0$。由于负攻角的出现，对于静稳定火箭，则相应产生正的安定力矩 M_{z1st}，该力矩与负的控制力矩 M_{z1c} 平衡，抑制 x_1 轴不再继续转动。但程序机构在转弯段不断使程序角减小，则上述物理过程自连续进行。事实上，θ 还取决于引力分量的作用，因 g 为负值，所以该项的效应也使 x_v 轴向 x 轴方向偏转。

(2) 静不稳定火箭。转弯段开始时，也是先形成正的程序误差角 $\Delta\varphi_{pr}$，相应即有正的等效舵偏角 δ_{φ}，使 x_1 轴向 x 轴偏转，从而出现负的攻角 α，产生负的法向力，使速度轴 x_v 也向 x 轴偏转。但对静不稳定火箭而言，负攻角产生负升力，相应形成负的安定力矩 M_{z1st}。该力矩与正舵偏角 δ_{φ} 所产生的负的控制力矩同时作用在火箭上，加快了弹轴 x_1 向 x 轴的偏转，直至 $\varphi<\varphi_{pr}$，从而出现负的程序误差角，而使 δ_{φ} 由正值变为负值，这样就造成正的控制力矩 M_{z1c} 与负的安定力矩平衡。此后，程序角 φ_{pr} 不断减小，致使 $\Delta\varphi_{pr}$(—)的绝对值减小，δ_{φ}(—)的绝对值减小，相应的正的控制力矩减小。从而使绕 z_1 轴的负向安定力矩大于绕 z_1 轴的正向控制力矩，促使 x_1 轴继续向 x 轴偏转。而负攻角的存在，则使 x_v 轴不断地偏转。

在图 4-34、图 4-35 中，分别描述转弯过程中静稳定火箭与静不稳定火箭的程序轴 x_{1pr}、弹轴 x_1、速度轴 x_v 的位置状态及力和力矩的方向。

当转弯段快结束时，程序角取为正值，两种火箭速度轴 x_v 在负法向力作用下继续偏转，逐渐向 x_1 轴靠拢，从而形成气动力矩减小，则控制力矩较安定力矩大，促使 x_1 轴向 x_{1pr} 轴转，直至 x_1，x_v，x_{1pr} 三轴重合，形成在转弯段末点 $\Delta\varphi_{pr}=\delta_{\varphi}=\alpha=0$。

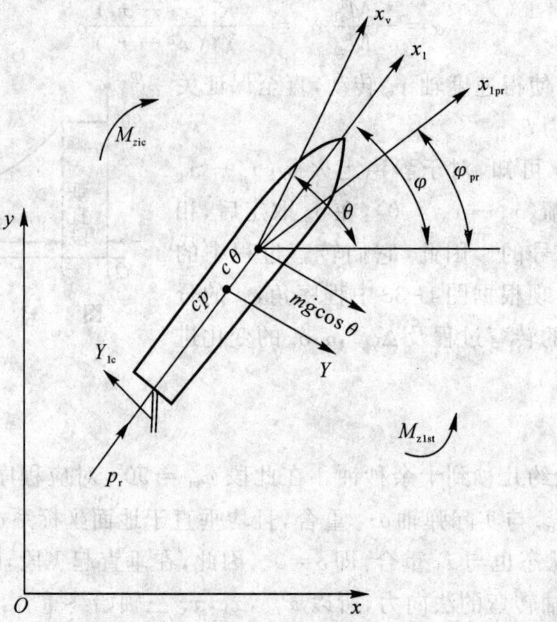

图 4-34　静稳定火箭转弯段情况

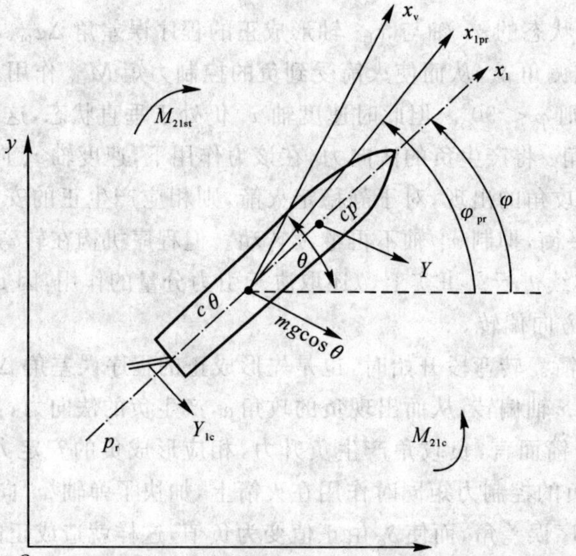

图 4-35　静不稳定火箭转弯段情况

3. 瞄准段

该段的特点是程序角 φ_{pr} 为一常值。而这一段起始状态是 x_1，x_v，x_{1pr} 三轴重合，因此 x_1 保持与 x_{1pr} 重合。但速度轴 x_v 在引力法向分量作用下偏离 x_{1pr}，θ 角在减小，其结果使得火箭出现正攻角 α。对静稳定火箭则形成负的安定力矩，使弹轴 x_1 向 φ 减小的方向转动而形成负的程序误差角 $\Delta\varphi_{pr}$。但对静不稳定火箭则形成正的安定力矩，使弹轴 x_1 向 φ 增大的方向转动而形成正的程序误差角。这时，两种火箭便会产生与 $\Delta\varphi_{pr}$ 符号一致的舵偏角。从而这两种火箭

均处于安定力矩 M_{z1st} 与控制力矩 M_{z1c} 瞬时平衡的状态。在该段中，x_{1pr}，x_1，x_v 三轴的位置状态和作用在火箭上的力和力矩，如图 4－36、图 4－37 所示。

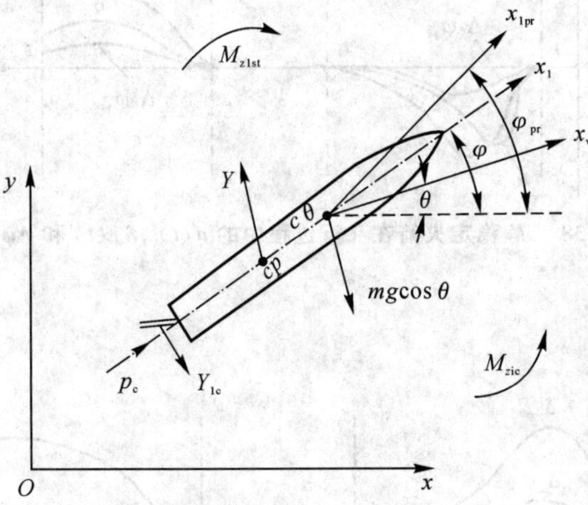

图 4－36　静稳定火箭瞄准段情况

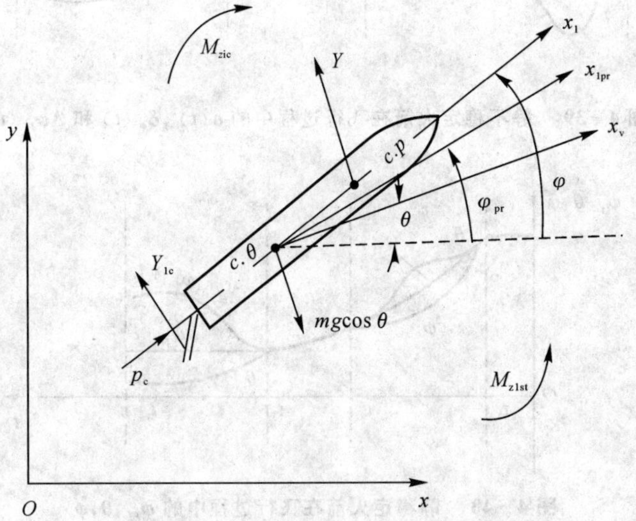

图 4－37　静不稳定火箭瞄准段情况

在整个瞄准段，引力方向分量始终作用，故正攻角总是存在，似乎有不断增大的趋势。但正攻角出现，会使推力与升力的正法向分量增大，且推力远大于引力，故必然会对引力法向分量起抵消作用，以致超过引力法向分量，从而使得速度轴 x_v 又向 θ 增大的方向偏转，减小了正攻角。

图 4－38、图 4－39 分别给出了静稳定火箭与静不稳定火箭在整个主动段中攻角 α、舵偏角 δ_φ 及程序误差角 $\Delta\varphi_{pr}$ 变化关系示意图。

图 4－40、图 4－41 为对应上两图的程序角 φ_{pr}、速度倾角 θ 及火箭俯仰角 φ 变化关系示意图。

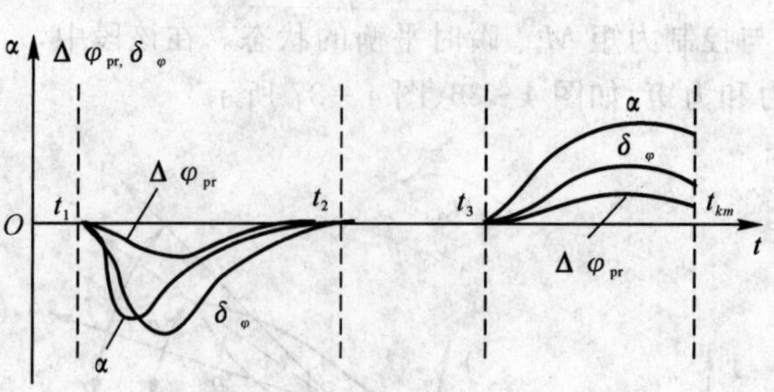

图 4-38　静稳定火箭在飞行过程中的 $a(t)$，$\delta_\varphi(t)$ 和 $\Delta\varphi_{pr}(t)$

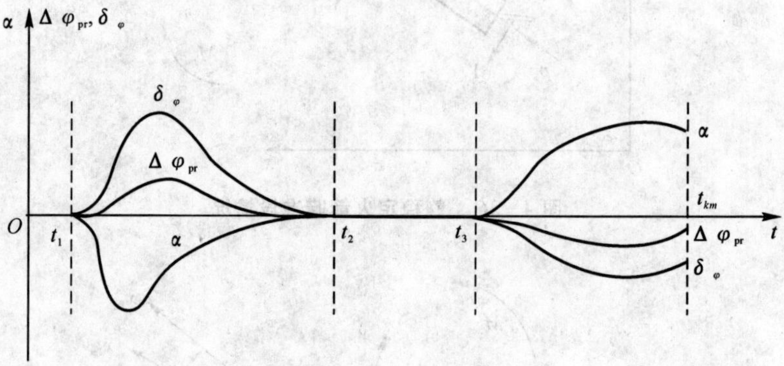

图 4-39　静不稳定火箭在飞行过程中的 $a(t)$，$\delta_\varphi(t)$ 和 $\Delta\varphi_{pr}(t)$

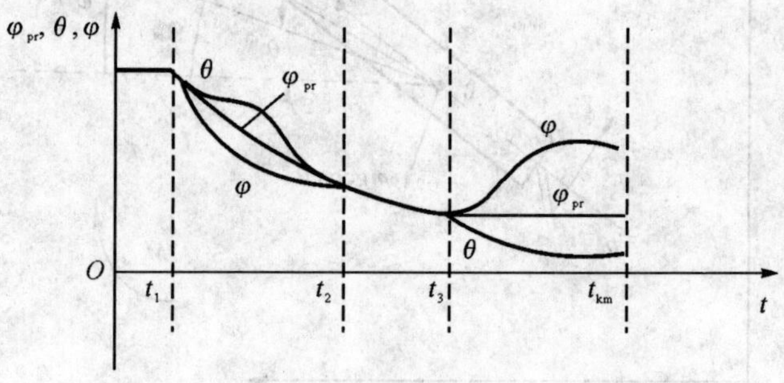

图 4-40　静稳定火箭在飞行过程中的 φ_{pr}，θ，φ

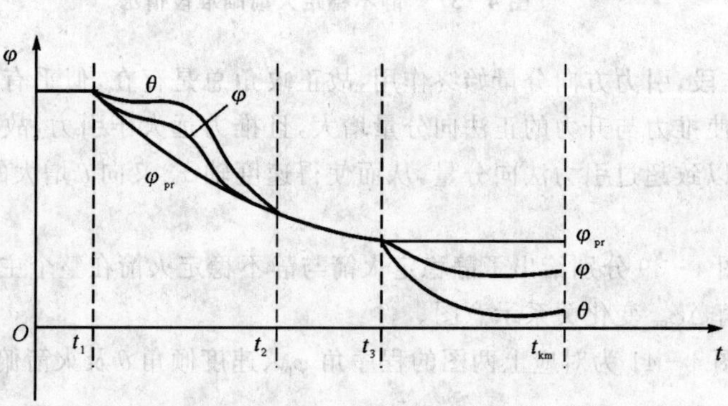

图 4-41　静不稳定火箭在飞行过程中的 φ_{pr}，θ，φ

4.4.2.3　角速度 $\dot{\theta}$ 和法向加速度 $v\dot{\theta}$

由法向加速度方程

$$v\dot{\theta}=\frac{1}{m}(P_e+CY^{\alpha})\alpha+g\cos\theta$$

可知，法向加速度 $v\dot{\theta}$ 的大小反映火箭在主动段飞行时所受法向力的大小。由于攻角 α 较小，故该力基本与 y_1 轴平行。为了减少火箭的结构质量，设计者应考虑减小法向加速度，避免因承受较大法向力而对火箭采取横向加固措施。由于法向加速度与飞行速度 v 及速度倾角的变化率 $\dot{\theta}$ 有关，而由前面讨论可知 θ 的变化与程序角 φ_{pr} 有关，这是可由设计者选择的，为此可使火箭在飞行速度较小时，让速度轴转得快些，而在速度较大时，让速度轴转得慢些，这样既使火箭在整个主动段法向加速度不致过大，也可使主动段终点时速度轴 x_v 能转到预定的 θ_k 值。

事实上，主动段角速度 $\dot{\theta}$ 和法向加速度 $v\dot{\theta}$ 随时间变化的规律如图 4－42 所示。

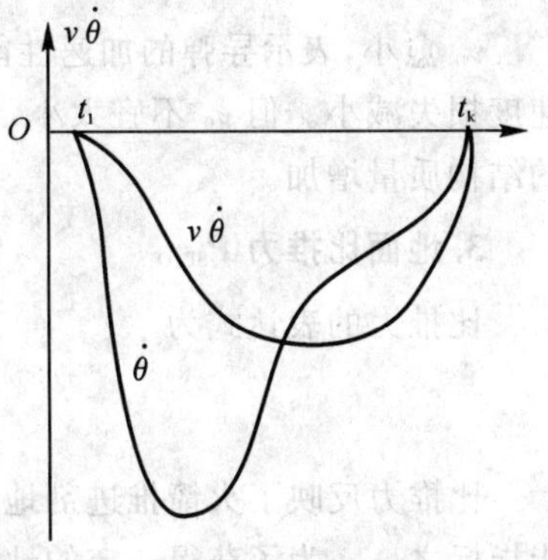

图 4－42　火箭飞行中 $\dot{\theta}$ 和 $v\dot{\theta}$ 的变化

4.4.3　主动段终点速度、位置及全射程估算

根据自由飞行段得知，导弹全射程取决于主动段终点的运动参数，即

$$\beta=\beta(v_k,\Theta_k,r_k,\beta_k)$$

由于关机点速度倾角的最佳值$\Theta_{k\cdot opT}$ 与能量参数 ν_k 有关，而 ν_k 又取决于 v_k，因此，要解决全射程的估算问题，首先要对 v_k 进行估算。

影响 v_k 的因素很多，如导弹的结构质量、气动力外形、发动机系统参数、控制系统参数等对关机点的速度均有影响。为了估算 v_k，将其主要影响因素归结为 5 个设计参数，然后运用半经验的方法找出 v_k 与 5 个设计参数的关系。这样在选取一组设计参数后即可估算 v_k 及相应的 x_k，y_k，进而估算出导弹的全射程。

4.4.3.1　设计参数

1. 结构比 μ_k

μ_k 为导弹推进剂全部燃烧完后的纯结构质量 m_k（或结构重力 G_k）与起飞质量 m_0（或起飞重力 G_0）之比，即

$$\mu_k=\frac{m_k}{m_0}=\frac{G_k}{G_0}$$

可见，在相同的起飞重力 G_0 下，μ_k 小，即意味着导弹结构重力小，相应地可携带的推进剂量多，因而导弹的结构优越。故 μ_k 是衡量导弹结构优劣的主要参数之一。由理想速度 v_{idk} 表达式(4－302)：

$$v_{idk}=-u'_e\ln\frac{m_k}{m_0}$$

可知,μ_k 愈小,则导弹所能达到的理想速度愈大。在目前的材料及工艺水平下,单级液体火箭 μ_k 的下限为 0.08 ～ 0.1,比固体推进剂导弹则要稍大些。

2. 地面重推比 ν_0

ν_0 为导弹起飞重力与火箭发动机地面额定推力之比,即

$$\nu_0=\frac{G_0}{P_0} \tag{4-307}$$

ν_0 愈小,表示导弹的加速性能愈好,要达到一定速度的飞行时间愈短,从而使引力造成的速度损失减小。但 ν_0 不宜太小,因为加速度太大,将会要求导弹有较强的结构,这必将使导弹的结构质量增加。

3. 地面比推力 $P_{SP.O}$

比推力的表达式为

$$P_{SP.O}=\frac{P_0}{\dot{G}_0} \tag{4-308}$$

比推力反映了火箭推进剂地面质量秒消耗量所产生的地面推力,这是衡量火箭发动机性能指标之一。为了获得一定的地面推力,比推力大,则表示单位时间所消耗的推进剂重力小。比推力主要取决于发动机使用的推进剂以及发动机工作情况。

4. 发动机高空特性系数 a

a 为火箭发动机真空比推力与地面比推力之比,即

$$a=\frac{P_{SP.V}}{P_{SP.O}} \tag{4-309}$$

该系数反映了火箭发动机高空的工作性能,其变化范围很小,为 1.01 ～ 1.15。

5. 起飞截面负荷 P_M

P_M 为导弹起飞重力与其最大截面积之比,即

$$P_M=\frac{G_0}{S_M} \tag{4-310}$$

可见,P_M 为起飞时单位截面上所承受的重力。导弹起飞重力一定时,S_M 愈小,则 P_M 愈大。而 S_M 愈小,即一般来说导弹就愈长,因此 P_M 直接与导弹的长细比有关,而导弹的长细比直接影响导弹的空气动力,故也称 P_M 为空气动力特性参数。

除上述 5 个设计参数外,通常还引进另一辅助参数 T。该 T 为将导弹起飞时的整个重力看作全部是推进剂,按质量秒耗量燃烧完所需的时间。

即

$$T=\frac{G_0}{\dot{G}} \tag{4-311}$$

T 也称为理想时间,它不是独立参数,可用上述 5 个设计参数中的 $P_{SP.O}$,ν_0 来表示

$$T=\frac{G_0}{P_0}\,\frac{P_0}{\dot{G}_0}=\nu_0 P_{SP.O} \tag{4-312}$$

4.4.3.2 主动段终点速度 v_k 的估算

由式(4-299)及式(4-301)知,v_k 可以用理想速度及引力、阻力和大气静压引起的 3 个速

度损失量来表示。下面设法将这些量用设计参数来表示。

已知

$$v_{idk} = -u'_e \ln\mu_k$$

由于真空推力为

$$P_v = \dot{m}u'_e$$

则

$$u'_e = \frac{P_v}{\dot{m}} = g_0 \frac{P_v}{\dot{G}} = g_0 P_{SP.V}$$

将其代入理想速度表达式,且注意到式(4-309)则有

$$v_{idk} = -g_0 a P_{SP.O} \ln\mu_k \tag{4-313}$$

考虑到

$$t = \frac{m_0 - m}{\dot{m}} = \frac{m_0}{\dot{m}}\left(1 - \frac{m}{m_0}\right) = T(1-\mu)$$

则有

$$dt = -T d\mu \tag{4-314}$$

因此,引力、阻力和大气静压引起的速度损失的积分式(4-300)通过置换变量后可导得

$$\Delta v_{1k} = -\int_0^{t_k} g\sin\theta dt = g_0 \nu_0 P_{SP.O} \int_{\mu_k}^1 \sin\theta d\mu \tag{4-315}$$

$$\Delta v_{2k} = \int_0^{t_k} \frac{X}{m} dt = \frac{g_0 \nu_0 P_{SP.O}}{P_M} \int_{\mu_k}^1 c_x \frac{\rho v^2}{2} \frac{d\mu}{\mu} \tag{4-316}$$

$$\Delta v_{3k} = \int_0^{t_k} \frac{A_e p_H}{m} dt = g_0 P_{SP.O}(a-1) \int_{\mu_k}^1 \frac{p_H}{p_0} \frac{d\mu}{\mu} \tag{4-317}$$

记

$$\left.\begin{aligned} I_{1k} &= \int_{\mu_k}^1 \sin\theta d\mu \\ I_{2k} &= \int_{\mu_k}^1 c_x \frac{\rho v^2}{2} \frac{d\mu}{\mu} \\ I_{3k} &= \int_{\mu_k}^1 \frac{p_H}{p_0} \frac{d\mu}{\mu} \end{aligned}\right\} \tag{4-318}$$

则

$$\left.\begin{aligned} \Delta v_{1k} &= g_0 \nu_0 P_{SP.O} I_{1k} \\ \Delta v_{2k} &= \frac{g_0 \nu_0 P_{SP.O}}{P_M} I_{2k} \\ \Delta v_{3k} &= g_0 P_{SP.O}(a-1) I_{3k} \end{aligned}\right\} \tag{4-319}$$

将式(4-313)及式(4-319)代入式(4-301),即有

$$v_k = -g_0 a P_{SP.O} \ln\mu_k - g_0 \nu_0 P_{SP.O} I_{1k} - \frac{g_0 \nu_0 P_{SP.O}}{P_M} I_{2k} - g_0 P_{SP.O}(a-1) I_{3k} \tag{4-320}$$

现在的问题是如何将式(4-319)各积分式表达成 5 个设计参数的函数。下面分别进行讨论。

1. I_{1k} 的估算

I_{1k} 是 $\theta(\mu)$ 正弦函数的积分值,而 $\theta(\mu)$ 与导弹的飞行程序有关。在控制系统作用下,程

序误差角 $\Delta\varphi_{pr}$ 与攻角 α 均不大，可近似认为 $\theta(\mu)=\varphi_{pr}(\mu)$。对于弹道导弹而言，考虑到实际限制条件，一般所选出的俯仰程序都具有近似相同的特征，即起飞时有一段垂直飞行段，接近终点处有一段为常值俯仰程序角的瞄准段，而这常值俯仰角与关机点最佳速度倾角有关。显然对不同的射程，θ_k 不一样。至于垂直段终点与瞄准段起点之间的转弯段程序，则是一条曲线，考虑到 $\varphi_{pr}(\mu)$ 的微小变化对终点速度的影响并不明显，因此，通常选定用同一种函数的二次曲线来连接垂直段终点和瞄准段起点的 θ 值，估算中将 $\theta(\mu)$ 取为下面的典型程序：

$$\left.\begin{array}{ll}\theta=90^\circ & 1\geqslant\mu\geqslant0.95\\ \theta=4\left(\dfrac{\pi}{2}-\theta_k\right)(\mu-0.45)^2+\theta_k & 0.95\geqslant\mu\geqslant0.45\\ \theta=\theta_k & 0.45\geqslant\mu\end{array}\right\}\tag{4-321}$$

由式(4-321)可知，不同的 θ_k 值，即有不同的 $\theta(\mu)$。图 4-43 所示为不同 θ_k 值对应的典型程序 $\theta(\mu)$。

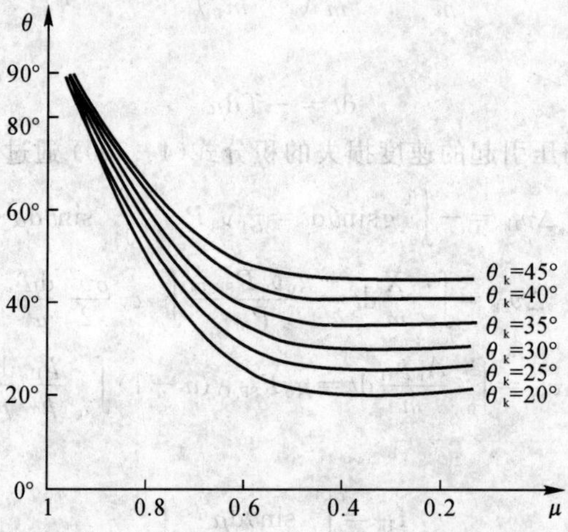

图 4-43　近似计算飞行性能时用的典型程序

将 $\theta=\theta(\mu)$ 关系式(4-320)代入，有

$$I_1=\int_\mu^1\sin\theta\mathrm{d}\mu$$

即可积分得 $I_1=I_1(\mu,\theta_k)$，其积分结果见表 4-1，并可绘出 $I_1(\mu,\theta_k)$ 曲线，如图 4-44 所示。

表 4-1　$I_1(\mu,\theta_k)$ 函数表

μ	$\ln\mu$	I_1					
		20°	25°	30°	35°	40°	45°
0.90	0.1054	0.100	0.100	0.100	0.100	0.100	0.100
0.80	0.2231	0.189	0.191	0.192	0.194	0.195	0.196
0.70	0.3567	0.260	0.266	0.271	0.275	0.280	0.283
0.60	0.5108	0.312	0.324	0.335	0.345	0.354	0.372
0.50	0.6931	0.352	0.371	0.388	0.405	0.422	0.436
0.45	0.7985	0.369	0.392	0.414	0.436	0.454	0.471

续表

μ	$\ln\mu$	I_1					
		20°	25°	30°	35°	40°	45°
0.40	0.9163	0.386	0.413	0.438	0.463	0.486	0.506
0.35	1.0498	0.404	0.434	0.464	0.491	0.518	0.542
0.30	1.2040	0.421	0.455	0.488	0.520	0.550	0.577
0.25	1.3863	0.438	0.477	0.513	0.548	0.582	0.612
0.20	1.6094	0.455	0.498	0.538	0.577	0.614	0.645
0.15	1.8972	0.472	0.519	0.563	0.606	0.646	0.683
0.10	2.3026	0.488	0.540	0.588	0.634	0.678	0.718
0.05	2.9957	0.505	0.561	0.613	0.663	0.710	0.754

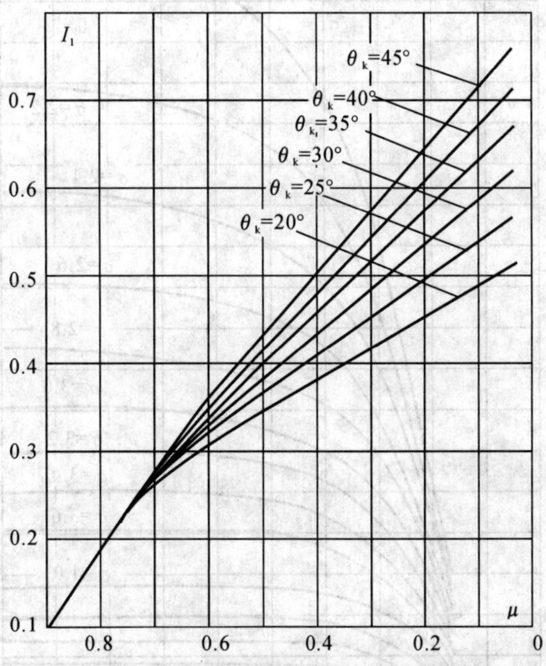

图 4-44　近似计算重力损失时所用的函数

这样，在设计参数给定后，先算出理想速度 v_{idk}，考虑存在速度损失，取该值的 70% 左右求出最佳速度倾角，将其作为 θ_k。然后根据 $I_1(\mu,\theta_k)$ 的图、表，查出 I_{1k}，从而可算出引力造成的速度损失 Δv_1。这样即可得到 v 的一次近似值为

$$v_1(\mu)=v_{\mathrm{id}}(\mu)-\Delta v_1(\mu) \tag{4-322}$$

2. I_{2k} 的估算

由式(4-317)可见，要估算 I_{2k}，需知道阻力因数 $C_x(Ma)$ 及 ρ,v 随 μ 的变化规律。$C_x(Ma)$ 曲线虽与具体导弹气动特性有关，但一般情况下阻力的影响是个小量，因此 $C_x(Ma)$ 的误差所引起的速度损失误差是较小的。故可取一典型导弹的 C_x 来计算。v 即用一

次近似值 $v_1(\mu)$ 来代替。至于计算密度 ρ 和马赫数所依据的高度，则可近似为 y，由于

$$y=\int_0^t v\sin\theta \mathrm{d}t$$

将积分变量用 μ 置换，并取 $v=v_1$，则可得

$$y=\nu_0 P_{\mathrm{SP.O}}\int_m^1 v_1\sin\theta(\mu)\,\mathrm{d}\mu \tag{4-323}$$

有了 y 即可根据大气表查得 $\rho(y)$，$a(y)$，再根据 v_1，a 算得 Ma 值，即可查 $C_x(Ma)$ 曲线，注意到 y,μ,Ma 有一一对应关系，则将 ρ,v_1,C_x 代入 I_2 表达式进行数积分。在进行大量计算基础上，对计算结果进行整理，可得经验曲线，图 4-45 将曲线 I_2 表示为 $I_2(v_1,\sigma)$。其中

$$\sigma=\nu_0 P_{\mathrm{SP.O}}\sqrt{\frac{1}{2}g_0 P_{\mathrm{SP.O}}(a+1)\sin\theta_{\mathrm{k}}}\cdot 10^{-3} \tag{4-324}$$

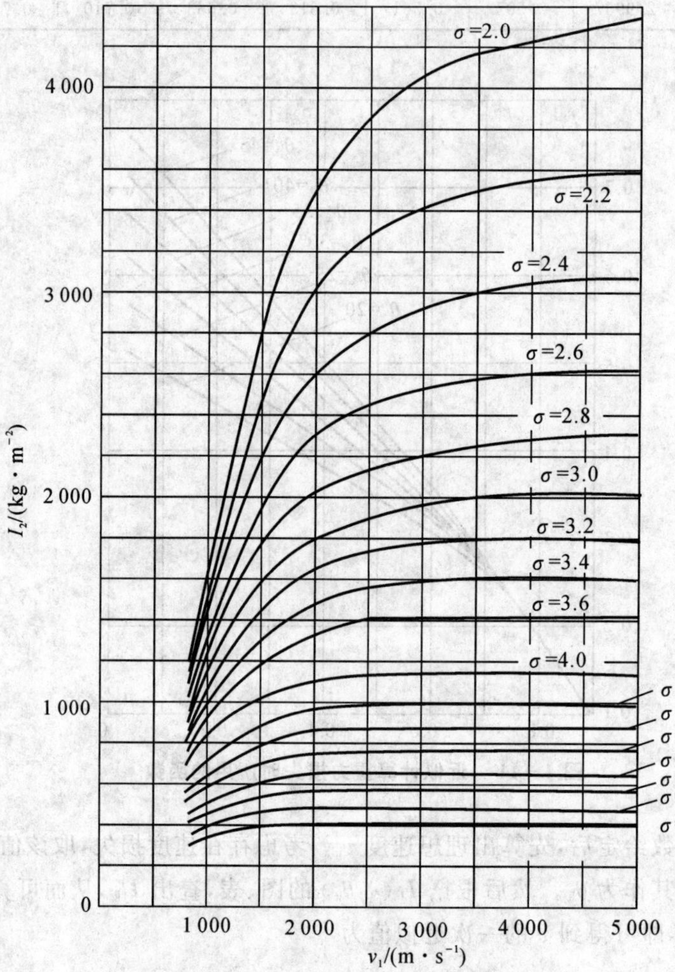

图 4-45　计算阻力损失用的函数 $I_2(v_2,\sigma)$

在由设计参数计算出 v_1 及 σ 后，即可由图 4-45 查得 I_2，从而可算得阻力引起的速度损失 $\Delta v_{2\mathrm{k}}$。显然即可求得速度的 v 的二次近似值，即

$$v_2(\mu)=v_{\mathrm{id}}(\mu)-\Delta v_1(\mu)-\Delta v_2(\mu) \tag{4-325}$$

3. I_{3k} 的估算

由式(4-318)可知，I_{3k} 与 P_H 有关，而 P_H 是高度的函数，这可采用速度的二次近似值 v_2 去计算 $y(\mu)$，即

$$y(\mu)=\nu_0 P_{SP.O}\int_{\mu}^{1} v_2(\mu)\sin\theta(\mu)\,d\mu \tag{4-326}$$

根据 $y(\mu)$ 查大气表可得 $\frac{P_H}{P_0}$，代入 I_3 表达式中进行数值积分，经大量计算后，可将结果整理成经验曲线，如图 4-46 所示。该曲线为 $\eta=\eta(t_k,\nu_0)$，而 $t_k=\nu_0 P_{SP.O}(1-\mu_k)$。

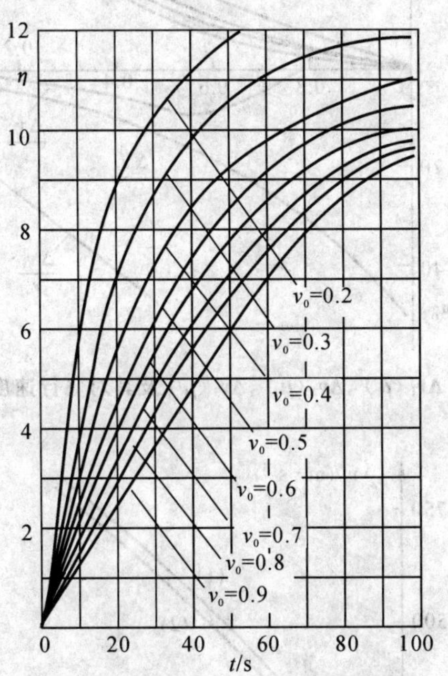

图 4-46　计算 I_3 用的函数 $\eta(t,\nu)$

I_{3k} 与 η 的关系式为

$$I_{3k}=\frac{\eta}{\frac{1}{2}g_0 P_{SP.O}(a+1)\sqrt[3]{\frac{1}{2}g_0 P_{SP.O}(a+1)\sin\theta_k}\cdot 10^{-3}} \tag{4-327}$$

因此，只要知道了设计参数，即可先找到 I_{1k}，I_{2k}，I_{3k} 及算出三种速度损失，从而估算出主动段终点速度 v_k。

现以一典型导弹为例，已知某导弹的设计参数为

$$\nu_0=0.577$$

$$P_{SP.V}=288\ \text{s}$$

$$P_{SP.O}=240\ \text{s}$$

$$P_M=10\ 000\ \text{kgf/m}^2$$

$$\theta_k=38°20'$$

按上述方法算得的 v_{id} 及 Δv_1，Δv_2，Δv_3 及相应的百分比变化见图 4-47 ～ 图 4-50，图中分别画出了 Δv_1，Δv_2，Δv_3 近似计算结果与精确计算结果的比较图形，其中(1) 为数值积分计

算结果，(2) 为近似计算结果。

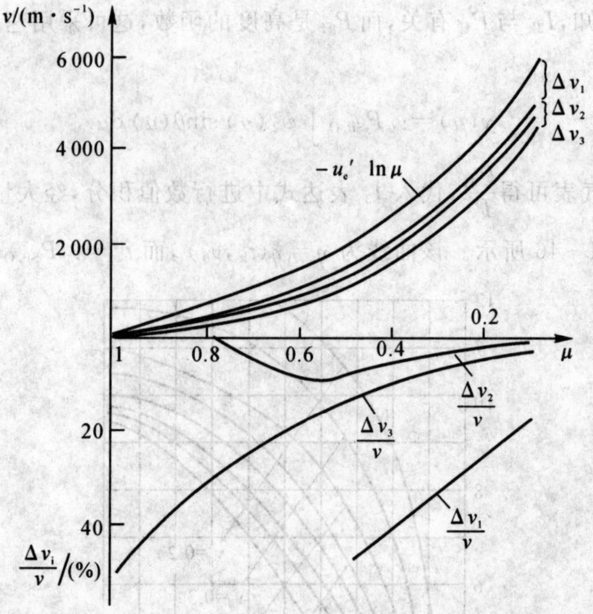

图 4-47 $\Delta v_1(\mu)$，$\Delta v_2(\mu)$，$\Delta v_3(\mu)$ 及其对飞行速度的百分比

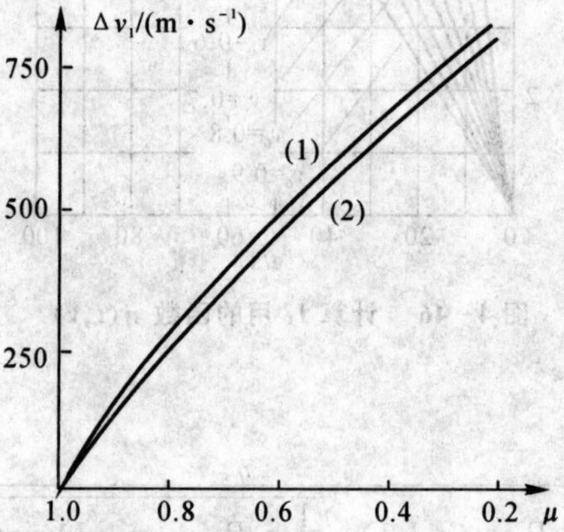

图 4-48 Δv_1 的近似计算与精确计算的结果比较

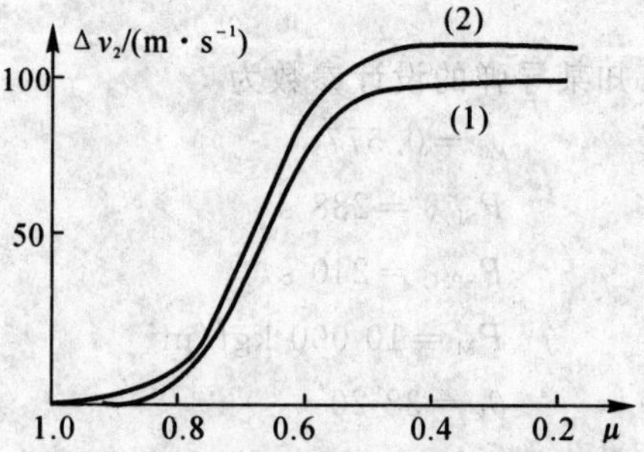

图 4-49 Δv_2 的近似计算与精确计算的结果比较

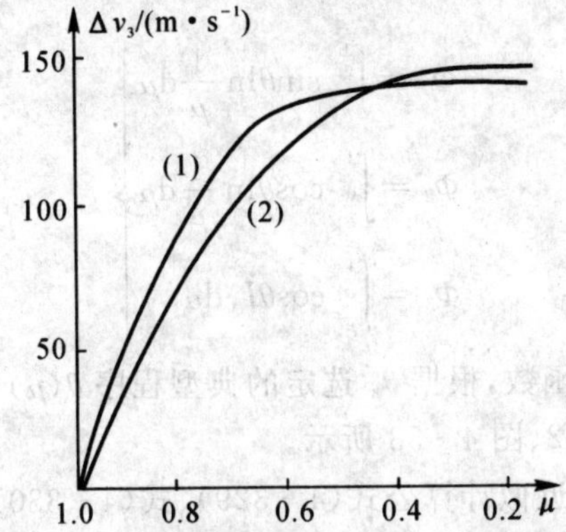

图 4-50　Δv_3 的近似计算与精确计算的结果比较

4.4.3.3　主动段终点坐标近似计算

将式(4-313)之理想速度改写为

$$v_{\mathrm{idk}}=-g_0P_{\mathrm{SP.O}}\ln\mu+g_0(a-1)P_{\mathrm{SP.O}}\int_{\mu}^{1}\frac{\mathrm{d}\mu}{\mu}$$

则由式(4-320),可将主动段的速度表示成

$$v_{\mathrm{id}}=-g_0P_{\mathrm{SP.O}}\ln\mu-g_0\nu_0P_{\mathrm{SP.O}}I_1-\frac{g_0\nu_0P_{\mathrm{SP.O}}}{P_{\mathrm{M}}}\int_{\mu}^{1}C_x\frac{\rho v^2}{2}\frac{\mathrm{d}\mu}{\mu}+g_0P_{\mathrm{SP.O}}(a-1)\left(1-\frac{p_{\mathrm{H}}}{p_0}\right)\int_{\mu}^{1}\frac{\mathrm{d}\mu}{\mu}$$

该等式右端最后两项符号相反,彼此可抵消一部分,在近似计算导弹主动段终点坐标时可略去,则

$$v(\mu)=-g_0P_{\mathrm{SP.O}}\ln\mu-g_0\nu_0P_{\mathrm{SP.O}}I_1\tag{4-328}$$

主动段终点坐标为

$$y_{\mathrm{k}}=\nu_0P_{\mathrm{SP.O}}\int_{\mu_{\mathrm{k}}}^{1}v(\mu)\sin\theta(\mu,\theta_{\mathrm{k}})\,\mathrm{d}\mu\tag{4-329}$$

$$x_{\mathrm{k}}=\nu_0P_{\mathrm{SP.O}}\int_{\mu_{\mathrm{k}}}^{1}v(\mu)\cos\theta(\mu,\theta_{\mathrm{k}})\,\mathrm{d}\mu\tag{4-330}$$

将式(4-328)代入式(4-329)得

$$y_{\mathrm{k}}=g_0\nu_0P_{\mathrm{SP.O}}^2\int_{\mu_{\mathrm{k}}}^{1}\sin\theta\ln\frac{1}{\mu}\mathrm{d}\mu-g_0\nu_0^2P_{\mathrm{SP.O}}^2\int_{\mu_{\mathrm{k}}}^{1}\sin\theta I_1\mathrm{d}\mu\tag{4-331}$$

注意到

$$I_1=\int_{\mu}^{1}\sin\theta\mathrm{d}\mu$$

即有

$$\mathrm{d}I_1=-\sin\theta\mathrm{d}\mu$$

则式(4-329)可写为

$$y_{\mathrm{k}}=g_0\nu_0P_{\mathrm{SP.O}}^2\left(\int_{\mu_{\mathrm{k}}}^{1}\sin\theta\ln\frac{1}{\mu}\mathrm{d}\mu-\nu_0\int_{\mu_{\mathrm{k}}}^{1}\sin\theta I_1\mathrm{d}\mu\right)\tag{4-332}$$

将式(4-330)代入式(4-329)得

$$x_{\mathrm{k}}=g_0\nu_0P_{\mathrm{SP.O}}^2\left(\int_{\mu_{\mathrm{k}}}^{1}\cos\theta\ln\frac{1}{\mu}\mathrm{d}\mu-\nu_0\int_{\mu_{\mathrm{k}}}^{1}\cos\theta I_1\mathrm{d}\mu\right)\tag{4-333}$$

记

$$\left.\begin{aligned}\Phi_1&=\int_{\mu_k}^{1}\sin\theta\ln\frac{1}{\mu}\mathrm{d}\mu\\ \Phi_2&=\int_{\mu_k}^{1}\cos\theta\ln\frac{1}{\mu}\mathrm{d}\mu\\ \Phi_3&=\int_{\mu_k}^{1}\cos\theta I_1\mathrm{d}\mu\end{aligned}\right\}\tag{4-334}$$

Φ_1,Φ_2,Φ_3 均为 μ_k,θ_k 的函数，根据 θ_k 选定的典型程序 $\theta(\mu)$，代入式(4－334)，从 μ_k 积分至1，结果如图 4－51、图 4－52、图 4－53 所示。

这样，主动段终点坐标的近似计算公式(4－329)、式(4－330) 即可写成

$$\left.\begin{aligned}y_k&=g_0\nu_0P_{SP.O}^2\left(\Phi_1-\frac{1}{2}\nu_0I_1^2\right)\\ x_k&=g_0\nu_0P_{SP.O}^2(\Phi_2-\nu_0\Phi_3)\end{aligned}\right\}\tag{4-335}$$

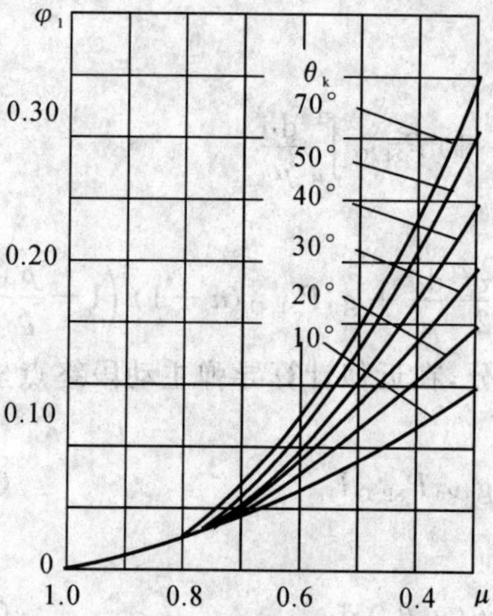

图 4－51 φ_1 与 μ 和 θ_k 的关系

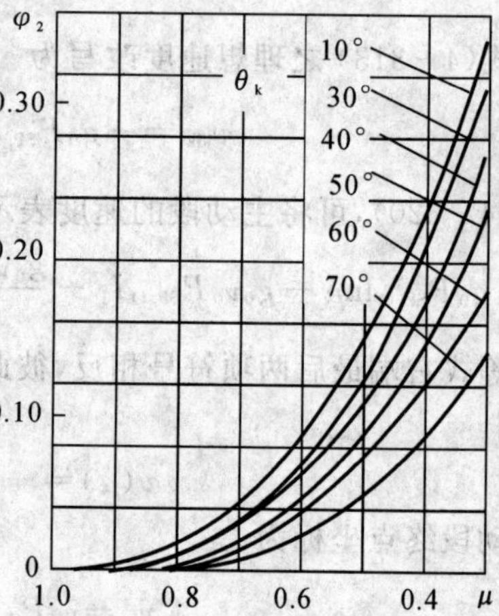

图 4－52 φ_2 与 μ 和 θ_k 的关系

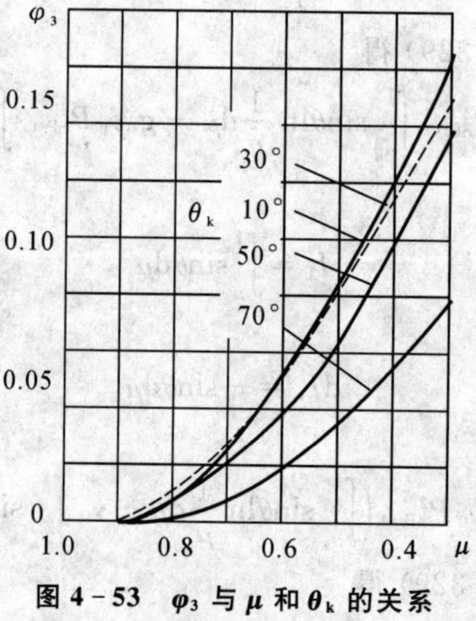

图 4－53 φ_3 与 μ 和 θ_k 的关系

4.4.3.4 全射程估算

根据上面估算的主动段终点参数 v_k, x_k, y_k，即可进行全射程的估算。

由于

$$h_k \approx y_k$$

$$\beta_k = \arctan \frac{x_k}{R + y_k}$$

$$\Theta_k = \theta_k + \beta_k$$

则由被动段射程计算公式：

$$\tan \frac{\beta_c}{2} = \frac{B + \sqrt{B^2 - 4AC}}{2A}$$

其中

$$A = 2R(1 + \tan^2\Theta_k - \nu_k) - \nu_k h_k$$

$$B = 2R\nu_k \tan\Theta_k$$

$$C = -h_k \nu_k$$

计算出 β_c，于是全射程为

$$L = R(\beta_c + \beta_k)$$

不言而喻，上面估算的全射程，是将再入大气层的空气动力忽略了，而将再入段作为自由飞行段椭圆弹道的延伸。在新型导弹的方案论证阶段，还可采用更为简便估算全射程的方法，即在不考虑主动段终点坐标的条件下，直接用估算出的速度 v_k 计算出最佳速度倾角 $\Theta_{ke.opT}$ 下的自由端射程，见式(4－328)，有

$$\tan \frac{\beta_c}{2} = \frac{1}{2} \frac{\nu_k}{\sqrt{1 - \nu_k}}$$

即有

$$L_{ke} = 2R\arctan \frac{\nu_k}{2\sqrt{1 - \nu_k}}$$

然后将自由段射程乘上一系数 k，来估得全射程。即

$$L = kL_{ke} = 2Rk\arctan \frac{\nu_k}{2\sqrt{1 - \nu_k}} \tag{4－336}$$

其中 k 为比例系数。由于自由飞行段射程占全射程的绝大部分。因此，k 是大于 1 而接近 1 的数。射程愈大，k 愈接近 1。事实上，k 不仅取决于射程或主动段终点速度，而且与主动段工作时间有关，而工作时间依赖于设计参数地面比推力 $P_{SP.O}$ 及重推比 ν_0。注意到理想时间 $T = P_{SP.O} \cdot \nu_0$，故用这具有共同效应的参数 T 作为一个参变量，则 $k = k(v_k, T)$。

为了确定 k，在大量精确计算的基础上，画出 $k(v_k, T)$ 的函数曲线(见图 4－54)。

图 4－54 给出了不同 T 值时比例系数 k 和 ν_k 的变化。由于 $T = P_{SP.O} \cdot \nu_0 = \frac{G_0}{\dot{G}_0}$，所以 T 反映主动段发动机工作时间的长短。由图可见，当 T 一定时，即反映主动段工作时间相当，而 ν_k 愈大，自由飞行段射程愈大，自由飞行段占全射程的比例就愈大，则 k 值就减小；当 ν_k 一定时，被动段射程则为定值，T 愈大，则主动段工作时间增长，主动段射程就增加，故 k 值增大。

因此在选定一组设计参数后，即可算出 T 及 ν_k，然后查图 4-54 得 k。即可由式(4-336)来估得全射程。

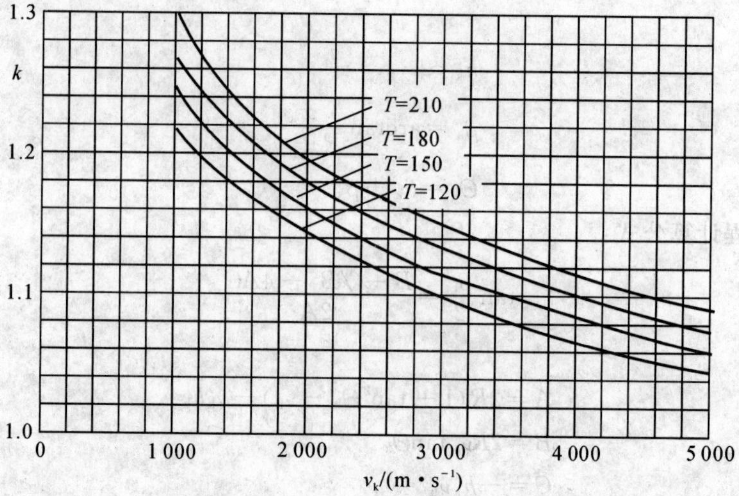

图 4-54　不同理想时间 T 值时比例系数 k 和 ν_k 的关系

工程上，为方便估算，还可近似取 $r_k=R$，则相应有

$$\nu_k=\frac{Rv_k^2}{fM}$$

将 $r_k=R$ 及 v_k 代入式(4-336)，可整理为

$$L=222.4k\cdot\arctan\frac{v_k^2}{15.82\sqrt{62.57-v_k^2}} \tag{4-337}$$

该式中反正切值取为度值，长度单位取为 km。

由式(4-337)可看出，也能用全射程 L 来反估 v_k。由

$$\tan\frac{\beta_e}{2}=\frac{\nu_k}{2\tan\Theta_{ke,\,opT}}=\frac{\nu_k}{2\tan\left(\frac{\pi}{4}-\frac{\beta_e}{4}\right)}$$

其中 ν_k 取为

$$\nu_k=\frac{R\nu_k^2}{fM}$$

则由 $L=kL_{ke}$ 可解出

$$v_k=11.19\sqrt{\tan\left(\frac{L}{222.4k}\right)\tan\left(45^\circ-\frac{L}{2\times222.4k}\right)} \tag{4-338}$$

但该式中 k 实际为 v_k，T 的函数。为方便应用，考虑到设计参数 $P_{SP.O}$，ν_0 给定，则 T 即随之确定。因此，可在给定 T 的条件下，对不同的 v_k 值，求出 $k=k(v_k)_{T=\text{const}}$，从而由式(4-337)求出 $L=L(v_k)_{T=\text{const}}$。经计算后，可画出以 T 为参变量的全射程 L 与主动段终点速度 v_k 的关系曲线，如图 4-55 所示。

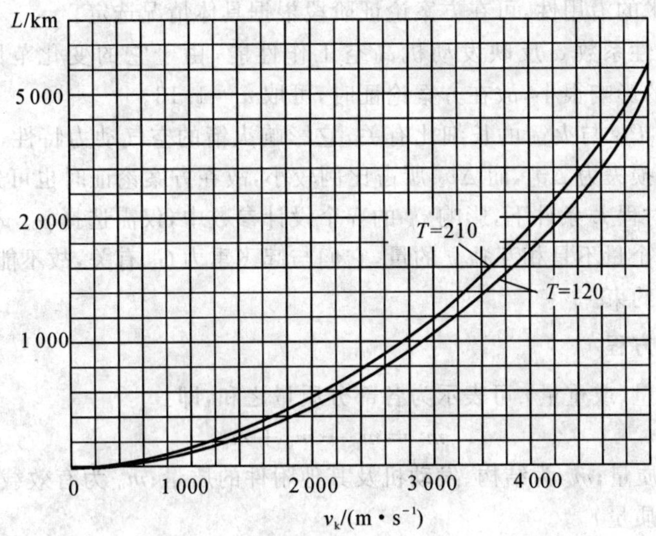

图 4-55　不同 T 值时 v_k 与 L 的关系

4.4.4　设计参数的选择

火箭设计的方案论证阶段，首先是要使设计参数的选择能满足预定的战术、技术要求。对导弹设计而言，就是要根据射程来选择 5 个设计参数。这是一个与上小节相反的问题。

由于全射程 L 主要取决于主动段终点速度，由图 4-55 知，若已知 T，即可由 L 找出 v_k。然而 ν_0 及 $P_{SP.O}$ 也是要选择的设计参数。在方案论证时，可先粗选一个 T 值，求出 v_k，然后去选择设计参数。如果选出的 ν_0，$P_{SP.O}$ 所确定的 T 与粗估值差别较大，则进行迭代，直到两者相差不大时为止。

事实上，主动段终点速度 v_k 除与 5 个设计参数有关外，还受到关机点速度倾角 θ_k 的影响。为此先要确定 θ_k，由式(4-336)知

$$\beta_{ke}=\frac{L}{Rk}$$

其中 k 由主动段终点速度 v_k 及粗估的理想时间 T 查图 4-54 得到。

主动段射程角可表示为

$$\beta_k=\frac{L}{2Rk}(k-1)$$

由 β_{ke} 可求得自由飞行段的最佳弹道倾角为

$$\Theta_{ke.\,opT}=\frac{1}{4}(\pi-\beta_{ke})$$

则主动段终点的速度倾角即为

$$\theta_k=\Theta_{ke.\,opT}-\beta_k=\frac{1}{4}\left[\pi-\frac{L}{Rk}(2k-1)\right] \tag{4-339}$$

在 θ_k 确定后，v_k 仅是 5 个设计参数的函数。

地面比推力 $P_{SP.O}$ 主要取决于推进剂的种类及发动机设计水平，这与当前的技术条件有

关，另外考虑到技术的沿用性，可在方案论证阶段根据具体情况选定。

发动机高空特性系数 a 反映发动机高空工作性能，由于它的变化范围较小，为1.10～1.15，且 a 对速度的影响很小，故在方案论证时，可取 $a=1.13$。

起飞截面负荷 P_M 与火箭的长细比有关，它影响火箭的空气动力特性，因此，它通过对空气动力引起的速度损失为 Δv_2，而 Δv_2 所占比例较小，故在方案论证时也可先选定。

因此，在给定射程 L 条件下，影响 v_k 的 5 个设计参数中，仅需选择 μ_k，ν_0，亦即 v_k 是 μ_k 与 ν_0 的组合。但这两个量不是相互独立的量，它们与起飞重力 G_0 有关，故不能独立的任意选取，要受到质量方程的约束。

1. 火箭的质量方程

火箭的起飞质量（或重量）可表示为各部分质量之和，即

$$m_0 = m_p + m_c + m_u \tag{4-340}$$

其中，m_p 为推进剂质量；m_c 为结构、发动机及其他附件的质量；m_u 为有效载荷质量（包括部分控制器在内的头部质量）。

为了便于设计参数的选择，将上面各部分质量细化，并与设计参数相联系，有

$$m_p = (1-\mu_k)\,m_0 \tag{4-341}$$

$$m_c = m_{en} + m_b + m_{pt} \tag{4-342}$$

其中，m_{en} 为发动机及其附件质量，它取决于推力、发动机结构形式、材料性能、燃烧室压力和喷管出口压力等。通常可将发动机质量近似看作只与推力成正比，即

$$m_{en} = \frac{b}{g_0}P_0 = \frac{b}{\nu_0}m_0 \tag{4-343}$$

m_b 为包括壳体、仪器舱及控制仪器质量，可近似看成与起飞质量成正比，即

$$m_b = Bm_0 \tag{4-344}$$

m_{pt} 为推进剂箱质量，可近似看作与推进剂质量成正比，即

$$m_{pt} = Km_p = K(1-\mu_k)\,m_0 \tag{4-345}$$

将以上各式代入式(4-340)得到

$$m_0 = \left[B + \frac{b}{\nu_0} + (1+K)(1-\mu_k)\right]m_0 + m_u \tag{4-346}$$

或

$$m_0 = \frac{m_u}{1 - B - \dfrac{b}{\nu_0} - (1+K)(1-\mu_k)} \tag{4-347}$$

其中，比例系数 b,B,K 由经验统计关系给出。

称式(4-346)或式(4-347)为火箭的质量方程。它反映了火箭各部分质量之间的关系。令

$$\lambda = \frac{m_u}{m_0} \tag{4-348}$$

λ 称为火箭有效载荷比。

则质量方程可改写为

$$\mu_k = \frac{K + B + \dfrac{b}{\nu_0}}{1+K} + \frac{\lambda}{1+K} \tag{4-349}$$

这样，通过质量方程将 μ_k 与 ν_0 联系起来。

如果，火箭没有有效载荷，即 $\lambda=0$，则记

$$(\mu_k)_{\lim}=\frac{K+B+\dfrac{b}{\nu_0}}{1+K} \tag{4-350}$$

称为火箭的极限结构比，目前水平 $(\mu_k)_{\lim}$ 约为 0.08。这样，式(4-349) 即可写成

$$(\mu_k)=(\mu_k)_{\lim}+\frac{\lambda}{1+K} \tag{4-351}$$

2. μ_k 和 ν_0 的选择

由质量方程式(4-349)可知，当有效载荷比 λ 一定时，μ_k 和 ν_0 有一定的对应关系。根据式(4-318)，似乎 ν_0 愈小，则引力及气动力引起的速度损失 Δv_1，Δv_2 愈小，因而主动段终点速度 v_k 愈大，事实上，在 m_0 一定的条件下，ν_0 愈小，即意味着需要较大的地面推力 P_0，因而就要增大发动机及其附件质量 m_{en}，从而使得火箭的结构比 μ_k 增大。而 μ_k 的增大，就减小了理想速度 v_{id}，也就影响到 v_k。因此，在给定有效载荷比 λ 时，为获得最大的主动段终点速度 v_k，或在给定的 v_k 时，为获得最大的有效载荷比 λ，ν_0 与 μ_k 之间必然存在一组最佳组合。

为选取 ν_0 与 μ_k 的组合，工程上可对应一定的有效载荷比 λ，给出一组 ν_0 值，根据质量方程式(4-349)求出相应的 μ_k。这样，在 5 个设计参数为已知的情况下，利用上节介绍的方法求出与之对应的一组 v_k，并可画出 v_k 与 ν_0 的关系曲线。因此，对应不同的 λ 值，可得出一族曲线，如图 4-56 所示。这样，根据给定射程所对应的关机点速度 v_k^* 值，可在图 4-57 的曲线族中，找到一个与最大的有效载荷比 $\lambda_{\max}$ 相应的 ν_0^*，这即为所需的重推比，将 ν_0^* 值代入式(4-349)就可求得所需的结构比。

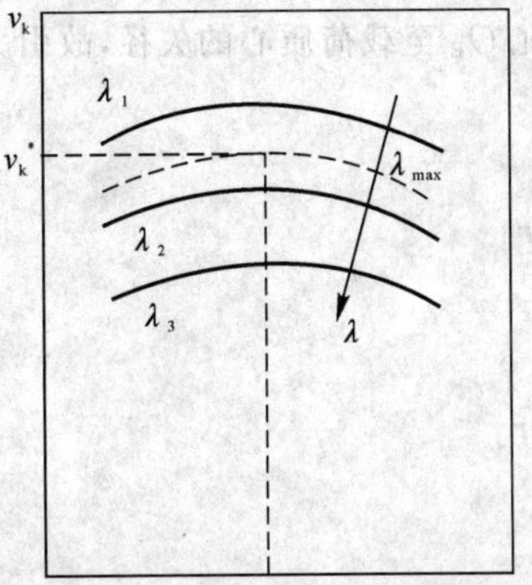

图 4-56　利用不同载荷比时 v_k 与 ν_0 的关系，求出一定速度时能获得最大载荷的重推比

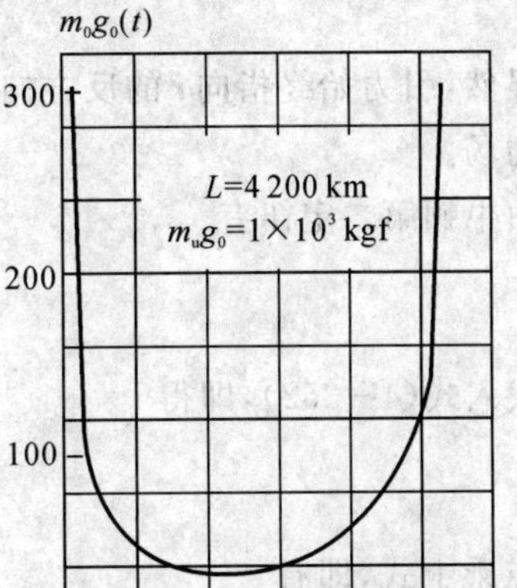

图 4-57　射程和有效载荷质量一定时导弹起飞质量和重推比的关系

由图 4-56 可看出，在射程一定(亦即 v_k 一定)的条件下，重推比 ν_0 与有效载荷比 λ 有相对关系。由于有效载荷比 λ 为有效载荷质量与起飞质量之比，因此，在固定有效载荷质量时，即可找到重推比 ν_0 与起飞质量 m_0 之间的关系。图 4-57 即为射程为 4 200 km、有效载荷重力 G_u 为 1×10^3 kgf 时，重推比 ν_0 与起飞重力 G_0 的关系曲线。曲线最低点对应于重推比的最佳值 ν_0^*

及有效载荷重力G_u一定,且要使其达到一定的射程时,重推比ν_0取此值最合理。否则,$\nu_0<\nu_0^*$时,由于火箭加速性能好,过载大,则要增大火箭结构质量,而使起飞重力G_0增大;$\nu_0>\nu_0^*$时,因加速性能差,则主动段飞行中引力造成的速度损失增大,为要达到一定的关机点速度v_k,则要增加推进剂量,从而使起飞重力G_0增大。函数$G_0(\nu_0)$在ν_0^*附近较平滑,故ν_0偏离ν_0^*较小时,G_0增加很少。这对火箭设计是有利的,在设计中,可考虑利用现有的发动机,而不必为了追求使ν_0取最佳值而重新设计发动机,以使火箭研制周期缩短和成本减少。

4.5 火箭载荷自由飞行段的运动

火箭的载荷(导弹战斗部、卫星)经过动力飞行段在关机点具有一定的位置和速度后,转入无动力、无控制的自由飞行状态。为了分析、运用载荷在自由飞行段的基本运动规律,通常作如下基本假设:载荷在自由飞行段中是处于真空飞行状态,即不受空气动力作用,因此可不必考虑载荷在空间的姿态,将载荷看成为质量集中于质心上的质点;认为载荷只受到作为均质圆球的地球的引力作用,而不考虑其他星球对载荷所产生的引力影响。

4.5.1 自由飞行段的轨道方程

设自由飞行段起点载荷具有矢径$\boldsymbol{r}_k$及绝对速度矢量$\boldsymbol{V}_k$。根据上述基本假设,载荷在自由飞行段仅受到均质圆形地球的引力作用。地球对质量为m的载荷的引力可表示为

$$\boldsymbol{F}_T=-\frac{fMm}{r^3}\boldsymbol{r}=-\frac{\mu m}{r^3}\boldsymbol{r} \tag{4-352}$$

显然,引力始终指向$\boldsymbol{r}$的反方向。$\boldsymbol{r}$是由地球中心O_E至载荷质心的矢径,故引力$\boldsymbol{F}_T$为一有心引力场。

由牛顿第二定律有

$$\boldsymbol{F}_T=m\frac{\mathrm{d}^2\boldsymbol{r}}{\mathrm{d}t^2}$$

将其代入式(4-352),即得

$$\frac{\mathrm{d}^2\boldsymbol{r}}{\mathrm{d}t^2}=-\frac{\mu}{r^3}\boldsymbol{r} \tag{4-353}$$

用$\boldsymbol{V}$点乘上式,即有

$$\boldsymbol{V}\cdot\frac{\mathrm{d}\boldsymbol{V}}{\mathrm{d}t}=-\frac{\mu}{r^3}(\boldsymbol{V}\cdot\boldsymbol{r})$$

亦即

$$\frac{1}{2}\frac{\mathrm{d}\boldsymbol{V}^2}{\mathrm{d}t}=-\frac{\mu}{r^3}\left(\frac{1}{2}\frac{\mathrm{d}\boldsymbol{r}^2}{\mathrm{d}t}\right)$$

显然上式可化为标量方程:

$$\frac{1}{2}\frac{\mathrm{d}v^2}{\mathrm{d}t}=-\frac{\mu}{r^2}\frac{\mathrm{d}r}{\mathrm{d}t}=\frac{\mathrm{d}\left(\frac{\mu}{r}\right)}{\mathrm{d}t}$$

上式两边积分得

$$\frac{1}{2}v^2=\frac{\mu}{r}+E$$

其中 E 为积分常数，即

$$E=\frac{v^2}{2}-\frac{\mu}{r} \tag{4-354}$$

式(4-354)即为载荷所具有的机械能，它可用轨道任一点参数代入，故整个轨道上各点参数 r，v 均满足机械能守恒。

用 $\boldsymbol{r}$ 叉乘式(4-353)，有

$$\boldsymbol{r}\times\frac{\mathrm{d}^2\boldsymbol{r}}{\mathrm{d}t^2}=0$$

亦即

$$\frac{\mathrm{d}}{\mathrm{d}t}\left(\boldsymbol{r}\times\frac{\mathrm{d}\boldsymbol{r}}{\mathrm{d}t}\right)=0$$

上式括号内为一常矢量，记

$$\boldsymbol{h}=\boldsymbol{r}\times\frac{\mathrm{d}\boldsymbol{r}}{\mathrm{d}t}=\boldsymbol{r}\times\boldsymbol{V} \tag{4-355}$$

$\boldsymbol{h}$ 称为动量矩。

$\boldsymbol{h}$ 为常值矢量，说明载荷在自由飞行段动量矩守恒。即是说，载荷在这一段中，不仅动量矩的大小 $|\boldsymbol{r}\times\boldsymbol{V}|$ 不变，而且 $\boldsymbol{h}$ 矢量方向也不变。这样，载荷在自由飞行段的运动为平面运动，该平面由自由飞行段起点参数 $\boldsymbol{r}_\mathrm{k}$，$\boldsymbol{V}_\mathrm{k}$ 所决定。

将式(4-353) 两端叉乘 $\boldsymbol{h}$，即

$$\frac{\mathrm{d}^2\boldsymbol{r}}{\mathrm{d}t^2}\times\boldsymbol{h}=-\frac{\mu}{r^3}\boldsymbol{r}\times\boldsymbol{h} \tag{4-356}$$

式(4-356) 的左端可化为

$$\frac{\mathrm{d}^2\boldsymbol{r}}{\mathrm{d}t^2}\times\boldsymbol{h}=\frac{\mathrm{d}}{\mathrm{d}t}\left(\frac{\mathrm{d}\boldsymbol{r}}{\mathrm{d}t}\times\boldsymbol{h}\right) \tag{4-357}$$

而式(4-356) 的右端可化为

$$-\frac{\mu}{r^3}\boldsymbol{r}\times\boldsymbol{h}=-\frac{\mu}{r^3}\boldsymbol{r}\times(\boldsymbol{r}\times\boldsymbol{V})=-\frac{\mu}{r^3}[\boldsymbol{r}\cdot(\boldsymbol{r}\cdot\boldsymbol{V})-\boldsymbol{V}\cdot(\boldsymbol{r}\cdot\boldsymbol{r})]=$$

$$-\frac{\mu}{r^3}(r\dot{r}\boldsymbol{r}-r^2\boldsymbol{V})=-\mu\left(\frac{\boldsymbol{r}}{r^2}\frac{\mathrm{d}r}{\mathrm{d}t}-\frac{1}{r}\frac{\mathrm{d}\boldsymbol{r}}{\mathrm{d}t}\right)=\mu\frac{\mathrm{d}}{\mathrm{d}t}\left(\frac{\boldsymbol{r}}{r}\right) \tag{4-358}$$

由此得到

$$\frac{\mathrm{d}}{\mathrm{d}t}\left(\frac{\mathrm{d}\boldsymbol{r}}{\mathrm{d}t}\times\boldsymbol{h}\right)=\mu\frac{\mathrm{d}}{\mathrm{d}t}\left(\frac{\boldsymbol{r}}{r}\right) \tag{4-359}$$

将式(4-359) 两边积分得

$$\frac{\mathrm{d}\boldsymbol{r}}{\mathrm{d}t}\times\boldsymbol{h}=\mu\left(\frac{\boldsymbol{r}}{r}+\boldsymbol{e}\right) \tag{4-360}$$

式中，$\boldsymbol{e}$ 为特定的积分常矢量。

为获得数量方程，用 $\boldsymbol{r}$ 点乘式(4-360) 可得

$$\boldsymbol{r}\cdot\left(\frac{\mathrm{d}\boldsymbol{r}}{\mathrm{d}t}\times\boldsymbol{h}\right)=\mu[r+re\cos(\hat{\boldsymbol{re}})] \tag{4-361}$$

式(4-361) 左端为矢量混合积，具有轮换性，即

$$\boldsymbol{r}\cdot\left(\frac{\mathrm{d}\boldsymbol{r}}{\mathrm{d}t}\times\boldsymbol{h}\right)=\boldsymbol{h}\cdot\left(\boldsymbol{r}\times\frac{\mathrm{d}\boldsymbol{r}}{\mathrm{d}t}\right)=h^2$$

将该结果代入式(4-361),整理可得

$$r=\frac{h^2/\mu}{1+e\cos(\hat{\boldsymbol{re}})} \tag{4-362}$$

令

$$p=h^2/\mu \tag{4-363}$$

则

$$r=\frac{p}{1+e\cos(\hat{\boldsymbol{re}})} \tag{4-364}$$

式(4-364)为载荷在自由飞行段中的轨道方程式。

4.5.2 轨道方程参数的意义及其确定

式(4-364)即为解析几何中介绍的圆锥截线方程式,其中 e 为偏心率,它决定圆锥截线的形状;p 为半通径,它和 e 共同决定圆锥截线的尺寸。

已知载荷在自由飞行段起点具有运动参数 $\boldsymbol{r}_k$,$\boldsymbol{v}_k$,亦即知道 r_k,v_k 及 $\boldsymbol{v}_k$ 与 K 点当地水平面的夹角 Θ_k,如图 4-58 所示。现用这几个参数来计算确定 $\boldsymbol{e}$ 矢量的大小和方向,以及 p 的大小。

在 K 点首先建立当地坐标系 $Kijk$,K 为自由飞行段起点;$\boldsymbol{i}$,$\boldsymbol{j}$ 在轨道平面内,$\boldsymbol{i}$ 与 $\boldsymbol{r}$ 矢量同向;$\boldsymbol{j}$ 与 $\boldsymbol{i}$ 垂直,指向飞行方向;$\boldsymbol{k}$ 与 $\boldsymbol{i}$,$\boldsymbol{j}$ 组成右手坐标系。显然 $\boldsymbol{k}$ 与 $\boldsymbol{h}$ 矢量方向一致。

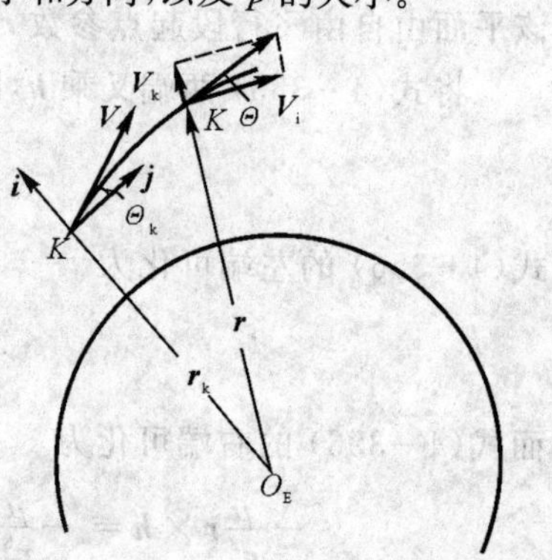

图 4-58 自由飞行段参数示意图

已知式(4-360),将其改写为

$$\boldsymbol{V}\times\frac{\boldsymbol{h}}{\mu}=\frac{\boldsymbol{r}}{r}+\boldsymbol{e} \tag{4-365}$$

注意到

$$h=|\boldsymbol{r}\times\boldsymbol{V}|=rv\cos\Theta \tag{4-366}$$

现用 K 点参数来表示式(4-365)左端量:

$$\boldsymbol{V}\times\frac{\boldsymbol{h}}{\mu}=\begin{vmatrix}\boldsymbol{i} & \boldsymbol{j} & \boldsymbol{k}\\ v_k\sin\Theta_k & v_k\cos\Theta_k & 0\\ 0 & 0 & r_k v_k\cos\Theta_k/\mu\end{vmatrix}=$$

$$(r_k v_k^2\cos^2\Theta_k/\mu)\boldsymbol{i}-(r_k v_k^2\sin\Theta_k\cos\Theta_k/\mu)\boldsymbol{j}+0\cdot\boldsymbol{k} \tag{4-367}$$

令

$$\nu_k=\frac{v_k^2}{\mu/r_k} \tag{4-368}$$

ν_k 称为能量参数,表示轨道上一点的动能的两倍与势能之比。

将式(4-368)代入式(4-367)后,再代入式(4-365)经过整理可得 $\boldsymbol{e}$ 矢量表达式

$$\boldsymbol{e}=(\nu_k\cos^2\Theta_k-1)\boldsymbol{i}-\nu_k\sin\Theta_k\cos\Theta_k\boldsymbol{j}$$

由上式不难求得 $\boldsymbol{e}$ 的大小为

$$e=\sqrt{1+\nu_k(\nu_k-2)\cos^2\Theta_k} \tag{4-369}$$

将式(4-366)及式(4-367)代入式(4-307)即得

$$p = r_k^2 v_k^2 \cos^2\Theta_k/\mu = r_k \nu_k \cos^2\Theta_k \tag{4-370}$$

在 e,p 已知条件下，由轨道方程式可看出，轨道上任一点的矢径大小 r，仅与 $\boldsymbol{r}$ 和 $\boldsymbol{e}$ 两矢量的夹角有关。记 $f=\hat{\boldsymbol{r}\boldsymbol{e}}$，定义该角由 $\boldsymbol{e}$ 矢量作为起始极轴顺火箭飞行方向到 $\boldsymbol{r}$ 矢量为正角，称 f 为真近点角。显然，在 $\boldsymbol{r},\boldsymbol{V}$ 给定后，即可解算得

$$f = \arccos\frac{p-r}{er} \tag{4-371}$$

因此，由给定的 $\boldsymbol{r}_k$ 反飞行器飞行方向转 f 角即确定 $\boldsymbol{e}$ 的方向。实际由轨道方程式不难看出，在轨道上有一点 P 距地心 O_E 的矢径长度 $\boldsymbol{r}_p$ 为最小，P 点称为近地点。此时有 $f=\hat{\boldsymbol{r}_p\boldsymbol{e}}=0$，即 $\boldsymbol{e}$ 矢量与 $\boldsymbol{r}_p$ 矢径方向一致，故 $\boldsymbol{e}$ 的方向是由地心 O_E 指向近地点 P。

引入真近点角 f 后，轨道方程式可写成常见的形式：

$$r = \frac{P}{1+e\cos f} \tag{4-372}$$

由以上讨论知，圆锥截线的参数 e,p 可由主动段终点参数来决定。反之，也可用圆锥截线的参数来表示相应的运动参数 r,v,Θ。

显然，式(4-372)表示了圆锥截线上对应于 f 的那点的地心距。

由于圆锥截线上任一点的径向分速为

$$v_r = \dot{r}$$

则微分式(4-372)即得

$$v_r = \dot{r} = \frac{pe\dot{f}\sin f}{(1+e\cos f)^2} \tag{4-373}$$

而由式(4-366)可知

$$h = r^2\dot{f}$$

注意到式(4-307)及式(4-372)，则由上式可得

$$\dot{f} = \frac{h}{r^2} = \frac{1}{r}\sqrt{\frac{\mu}{P}}(1+e\cos f) \tag{4-374}$$

将其代入式(4-373)可得

$$v_r = \sqrt{\frac{\mu}{P}}e\sin f \tag{4-375}$$

不难理解，圆锥截线的周向分速为

$$v_f = r\dot{f} = \sqrt{\frac{\mu}{P}}(1+e\cos f) \tag{4-376}$$

根据式(4-375)及式(4-376)可得圆锥截线对应 f 角的运动参数为

$$\left.\begin{aligned} v &= \sqrt{\frac{\mu}{P}(1+2e\cos f+e^2)} \\ \Theta &= \arctan\frac{e\sin f}{1+e\cos f} \end{aligned}\right\} \tag{4-377}$$

4.5.3 圆锥截线形状与主动段终点参数的关系

由轨道方程式所描述的圆锥截线形状被偏心率 e 的大小所决定。注意到载荷在自由飞行

段机械能守恒，则可由起始点参数 r_k，v_k 求取 E，有

$$E=\frac{v_k^2}{2}-\frac{\mu}{r_k}$$

而用式(4-369)描述的偏心率 e，经过简单推导也可表示为

$$e=\sqrt{1+2\frac{h^2}{\mu^2}E}=\sqrt{1+\frac{2p}{\mu}E} \tag{4-378}$$

现根据式(4-369)、式(4-372)及式(4-378)来讨论圆锥截线形状与 r_k，v_k，Θ_k 的关系。

(1) 当 $e=0$，则圆锥截线形状为圆，其半径 $r=r_k=p$，即圆的半径为 r_k。

根据

$$e=\sqrt{1+\nu_k(\nu_k-2)\cos^2\Theta_k}=0$$

可解得

$$\nu_k=1\pm\sqrt{1-\frac{1}{\cos^2\Theta_k}}$$

因为 ν_k 不可能为虚数，所以必须使 $\Theta_k=0,\pi$，上式才有实际意义。这表明只有在速度矢量 $\boldsymbol{V}_k$ 与当地水平面相平行的情况下，才能使质点的运动轨道为圆。在此条件下，则有 $\nu_k=1$，由式(4-368)，有

$$v_k=\sqrt{\mu/r_k}$$

通常记

$$v_{\text{I}}=\sqrt{\mu/r_k}$$

v_{I} 称为第一宇宙速度。

由于机械能守恒，因此，在作圆周运动时，任一时刻的速度均等于 v_k。

(2) 当 $e=1$ 时，则方程式(4-372)代表的是抛物线方程。

由

$$e=\sqrt{1+\nu_k(\nu_k-2)\cos^2\Theta_k}=1$$

可知，不论 Θ_k 为何值(不讨论 $\Theta_k=90°$ 的情况)，均有 $\nu_k=2$，亦即

$$v_k=\sqrt{2\frac{\mu}{r_k}}$$

记

$$v_{\text{II}}=\sqrt{2\frac{\mu}{r_k}}$$

v_{II} 称为第二宇宙速度。

由式(4-378)还可看出，当 $e=1$ 时，$E=0$。这表示质点所具有的动能恰好等于将该质点从 r_k 移至无穷远时克服引力所做的功。因此，该质点将沿着抛物线轨迹离开地球而飞向宇宙空间，故 v_{II} 又称为脱离速度。

(3) 当 $e>1$ 时，方程式(4-372)则代表双曲线方程。

不难理解，不论 Θ_k 取何值，此时应有

$$\nu_k>2$$

即

$$v_k>v_{\text{II}}$$

在此条件下，质点将沿着双曲线轨迹飞向宇宙空间。

此时由于 $E>0$，故当质点移至无穷远处时，有

$$\frac{v_k^2}{2}-\frac{\mu}{r_k}=\frac{v_\infty^2}{2}$$

即在距地心无穷远处，质点具有速度 v_∞，此速度 v_∞ 称为双曲线剩余速度。

(4) 当 $e<1$ 时，式(4-372)为一椭圆方程。此时则有

$$\nu_k<2$$

即

$$\frac{v_k^2}{2}<\frac{\mu}{r_k}$$

故

$$v_k<v_{\mathrm{II}}$$

由于此时质点具有的动能不足以将该质点从 r_k 送至离地心无穷远处，故 r 为一有限值。

根据空间技术的发展，在飞行力学术语中，弹道仅指运载火箭及其载荷的飞行轨迹，在自由飞行段对于地球而言，该飞行轨迹是不闭合的。而人造天体是按照绕地球的闭合飞行轨迹运动的，通常称为轨道。

由前面对圆锥截线方程的讨论可知，在运载火箭使有效载荷在主动段终点 K 具有一定的动能后，若 $\nu_k\geqslant 2$，则载荷作星际航行；若 $\nu_k<2$，则除当 $\Theta_k=0$，$v_k=v_{\mathrm{I}}$ 时载荷沿圆形轨道运行外，其余情况皆成椭圆，但要注意对于地球而言，椭圆与地球有闭合、不闭合两种情况。

4.5.4　椭圆的几何参数与主动段终点参数的关系

椭圆方程的直角坐标表示为

$$\frac{x^2}{a^2}+\frac{y^2}{b^2}=1$$

其中 a 为长半轴、b 为短半轴，如图 4-59 所示。

若令椭圆的中心 O 至一个焦点 O_E 之间的长度为 c，则有

$$c=\sqrt{a^2-b^2} \tag{4-379}$$

式中，c 称为半焦距。

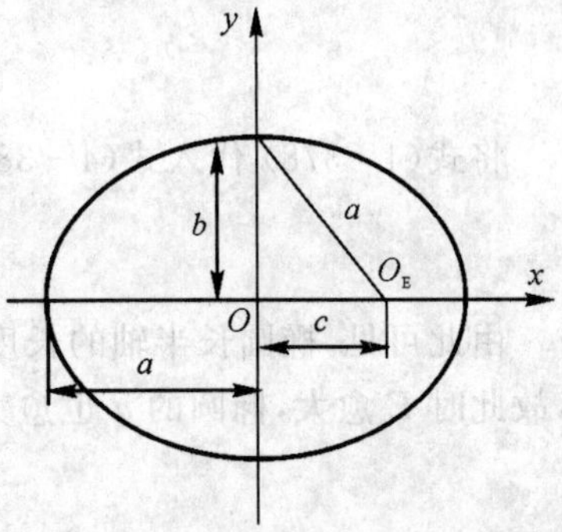

图 4-59　自由飞行段参数示意图

因此在直角坐标系中，椭圆的几何参数为 a,b,c 中的任两个。在以后讨论常用到 a,b，故要建立 a,b 与 e,p 的关系，并进而可找到 a,b 与 r_k,v_k,Θ_k 的关系。

由轨道方程式(4-372)可知：

令 $f=0$，则有

$$r=r_{\min}=\frac{p}{1+e}$$

此时椭圆上的点为距地心最近的点，以 P 表示，称为近地点。

令 $f=\pi$，则有

$$r=r_{\max}=\frac{p}{1-e}$$

此时椭圆上的点为距地心最远的点，以 a 表示，称为远地点。

亦即

$$r_a=\frac{p}{1-e}$$

$$r_p = \frac{p}{1+e} \tag{4-380}$$

显然，椭圆长半轴的长度为

$$a = \frac{r_a + r_p}{2}$$

将式(4-380)代入上式，则有

$$a = \frac{p}{1-e^2} \tag{4-381}$$

又

$$c = \frac{r_a - r_p}{2}$$

将式(4-380)代入即得

$$c = \frac{ep}{1-e^2} = ea \tag{4-382}$$

根据式(4-379)、式(4-381)、式(4-382)可得

$$b = \frac{p}{\sqrt{1-e^2}} \tag{4-383}$$

不难由式(4-381)及式(4-383)解出以 a,b 表示的 e,p：

$$e = \sqrt{1-\left(\frac{b}{a}\right)^2}$$

$$p = \frac{b^2}{a} \tag{4-384}$$

将式(4-378)代入式(4-381)则得

$$a = -\frac{\mu}{2E} = -\frac{\mu r_k}{r_k v_k^2 - 2\mu} \tag{4-385}$$

由此可见，椭圆长半轴的长度只与主动段终点处的机械能 E 有关，而对应椭圆方程有 $E<0$，故此时 E 愈大，椭圆的 a 也愈大。由式(4-385)还可得出椭圆上任一点的速度为

$$v^2 = \mu\left(\frac{2}{r} - \frac{1}{a}\right) \tag{4-386}$$

式(4-386)称为活力公式。

将式(4-369)及式(4-370)代入式(4-383)即得

$$b = \sqrt{\frac{\nu_k}{2-\nu_k}}\, r_k \cos\Theta_k \tag{4-387}$$

由式(4-384)和式(4-386)可以看出，当 r_k, v_k 一定时，则 a 为一定值，而 b 将随 Θ_k 变化。

4.5.5 成为人造卫星或导弹的条件

根据圆锥截线形状与主动段终点参数关系可知，在基本假设条件下，当参数满足①$\nu_k=1$，$\Theta_k=0$，②$\nu_k<2$，$r_{min}>R$ 的两个条件之一时，即可使该圆锥截线不与地球相交。但不能以此作为判断运载火箭对载荷提供的主动段终点参数能否成为人造卫星的判据。因为地球包围着大气层，即使在离地面 100 km 的高空处，大气密度虽然只有地面大气密度的百万分之一，但由于卫星的运动速度很高，稀薄的大气仍然会显著地阻碍卫星的运动，使其速度降低，而使卫星

轨道近点高度逐渐收缩，卫星逐渐失去其本身任务所要求的功能。因此要使载荷成为所要求的卫星，则必要使其运行在离地面一定的高度之上，将此高度称为“生存”高度，记为 h_L，该 h_L 是根据卫星完成任务的要求所需在空间停留的时间（运行多少周）来决定的。因此要使载荷成为所要求的人造卫星，就必须满足条件：

$$r_p \geqslant r_L = R + h_L$$

而 r_p 被主动段终点参数所决定，因此需确定 r_k，Θ_k，v_k 应满足的条件。

(1)r_k

不言而喻，K 点是椭圆轨道上的一点，故

$$r_k \geqslant r_p \geqslant r_L \tag{4-388}$$

(2)Θ_k

因为要求 $r_p \geqslant r_L$，则

$$\frac{p}{1+e} \geqslant r_L$$

将式(4-369)及式(4-370)代入得

$$\frac{r_k \nu_k \cos^2\Theta_k}{1+\sqrt{1+\nu_k(\nu_k-2)\cos^2\Theta_k}} \geqslant r_L$$

经过推导整理可得 Θ_k 应满足的关系式：

$$\cos\Theta_k \geqslant \frac{r_L}{r_k}\sqrt{1+\frac{2\mu}{v_k^2}\left(\frac{1}{r_L}-\frac{1}{r_k}\right)} \tag{4-389}$$

(3)v_k

由式(4-389)可知，在 $r_k \geqslant r_L$ 条件下，v_k 值减小，$\cos\Theta_k$ 就增大，因而 Θ_k 就减小，在发射卫星时，希望能量尽量小，也即希望 v_k 尽量小。不难理解，v_k 小的极限是使 $\cos\Theta_k=1$，即

$$\frac{r_L}{r_k}\sqrt{1+\frac{2\mu}{v_k^2}\left(\frac{1}{r_L}-\frac{1}{r_k}\right)} \leqslant 1$$

从而可解得

$$v_k^2 \geqslant \frac{2\mu r_L}{r_k(r_k+r_L)} \tag{4-390}$$

或写成

$$\nu_k^2 \geqslant \frac{2}{1+r_k/r_L} \tag{4-391}$$

综上所述，运载火箭运送的载荷，在主动段终点时，当其运动参数 r_k，v_k，Θ_k 满足式(4-388)、式(4-389)及式(4-390)时，才能称为人造卫星。

至于运载火箭运送的载荷成为导弹的必要条件，除 $0<\nu_k<2$，还需要保证在一定的 ν_k 下，弹道倾角 Θ_k 满足

$$r_p = \frac{p}{1+e} < R \tag{4-392}$$

从而可解得

$$\cos\Theta_k < \frac{R}{r_k}\sqrt{1+\frac{2\mu}{v_k^2}\left(\frac{1}{R}-\frac{1}{r_k}\right)} \tag{4-393}$$

根据上述讨论，在图 4-60 中，画出运载火箭提供载荷主动段终点参数：v_k，r_k/r（卫星取 r

$=r_L$;导弹取 $r=R$) 及 Θ_k 使载荷成为导弹、卫星及星际飞行器的区域图。

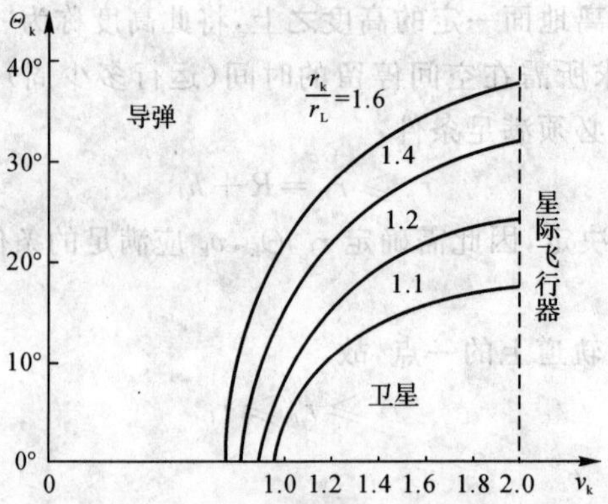

图 4-60　导弹、卫星、星际飞行器的参数界限

4.6　再入段弹道

远程火箭的被动段飞行弹道,根据其受力情况不同,可分为自由段和再入段。在再入段,飞行器受到地球引力、空气动力和空气动力矩的作用。正是由于空气动力的作用,使得飞行器在再入段具有以下特点:

(1) 飞行器运动参数与真空飞行时有较大的区别。

(2) 由于飞行器以高速进入稠密大气层,受到强大的空气动力作用而产生很大的过载,且飞行器表面也显著加热。这些在研究飞行器的落点精度和进行飞行器强度设计及防热措施时,都是应予以重视的问题。

(3) 可以利用空气动力的升力特性,进行再入机动飞行。

根据上述再入段的特点,有必要对飞行器的再入段运动进行深入的研究。

当然,自由段和再入段的界限是选在大气的任意界面上,其高度与要解决的问题、飞行器的特性、射程(或航程) 等有关。例如,大气对远程弹头的运动参数开始产生影响的高度为 80 ～100 km,通常取 80 km 作为再入段起点,有时为了讨论问题方便,也以主动终点高度作为划分的界限。实际上,即使在自由段,飞行器也会受到微弱的空气动力作用,特别对近程弹道导弹,由于弹道高度不高,情况更是如此。因此,在本节将建立的考虑空气动力的再入段运动方程,也可用于研究考虑空气动力后的自由段,从而使自由段弹道精确化。

航天器再入(回收) 前,由于离大气层的“界面” 相距较远,所以还需用止推发动机使航天器的速度下降,以逐渐降低航天器的高度,使航天器在预定的位置达到大气层的“界面”,然后进入再入段飞行。因此,航天器再入前尚需要一个过渡段,由于学时有限,本书对过渡段就不作讨论。

4.6.1　再入段运动方程

在再入段,飞行器是处于仅受地球引力、空气动力和空气动力矩作用的无动力、无控制的常质量飞行段,很容易由 4.3 节:火箭的运动方程简化得到再入运动方程。

4.6.1.1　矢量形式的再入段动力学方程

在式(4－226) 中,取 $\boldsymbol{p}=0,\boldsymbol{F}_c=0,\boldsymbol{F}'_k=0$;在式(4－228) 中,取$\boldsymbol{M}_c=0,\boldsymbol{M}'_{rel}=0,\boldsymbol{M}'_k=0$,便得到在惯性空间中以矢量形式描述的再入段质心移动的动力学方程:

$$m\frac{d^2\boldsymbol{r}}{dt^2}=\boldsymbol{R}+m\boldsymbol{g} \tag{4-394}$$

和在平移坐标系中建立的绕质心转动的动力学方程:

$$\bar{\boldsymbol{I}}\cdot\frac{d\boldsymbol{\omega}_T}{dt}+\boldsymbol{\omega}_T\times(\bar{\boldsymbol{I}}\cdot\boldsymbol{\omega}_T)=\boldsymbol{M}_{st}+\boldsymbol{M}_d \tag{4-395}$$

其中

$$\boldsymbol{\omega}_T=\boldsymbol{\omega}+\boldsymbol{\omega}_e \tag{4-396}$$

式中,$\boldsymbol{\omega}$ 为飞行器姿态相对于发射坐标系的转动角速度;$\boldsymbol{\omega}_e$ 为地球自转角速度。

4.6.1.2　地面发射坐标系中再入段空间运动方程

对微分方程式(4－394)、式(4－395) 的求解须将其投影到选定的坐标系中。当考虑地球为均质旋转球体时,在地面发射坐标系中的再入段空间运动方程,可由式(4－269) 简化得到:

(1) 由于是无动力飞行,故可在质心动力学方程中,取 $P_c=0$。

(2) 当再入是无控制飞行状态时,可去掉 3 个控制方程,且在动力学方程中,取

$$Y_{1c}=Z_{1c}=0$$
$$\delta_\varphi=\delta_\psi=\delta_\gamma=0$$

(3) 再入飞行器无燃料消耗,在理想条件下,为常质量质点系,故可去掉 1 个质量计算方程,且 $\dot{m}=0,\dot{I}_{x1}=\dot{I}_{y1}=\dot{I}_{z1}=0$。

(4) 考虑到再入段飞行的时间很短,且 ω_e 为10^{-4} 量级,故可近似取 $\omega_T=\omega$,即

$$\begin{bmatrix}\omega_{Tx1}\\ \omega_{Ty1}\\ \omega_{Tz1}\end{bmatrix}=\begin{bmatrix}\omega_{x1}\\ \omega_{y1}\\ \omega_{z1}\end{bmatrix}$$

且

$$\begin{bmatrix}\omega_T\\ \psi_T\\ \gamma_T\end{bmatrix}=\begin{bmatrix}\omega\\ \psi\\ \gamma\end{bmatrix}$$

则可去掉 $\omega_{Tx1},\omega_{Ty1},\omega_{Tz1}$ 与 $\omega_{x1},\omega_{y1},\omega_{z1}$ 之间的联系方程和 $\varphi_T,\psi_T,\gamma_T$ 与 φ,ψ,γ 之间的联系方程,共 6 个。

综上所述,在式(4－269) 的 32 个方程的基础上,已去掉了 10 个方程,余下的 22 个方程也进行了简化,得到的地面发射坐标系中的再入段空间运动方程如下:

$$
\left.
\begin{aligned}
& m\begin{bmatrix}\dfrac{\mathrm{d}v_x}{\mathrm{d}t}\\ \dfrac{\mathrm{d}v_y}{\mathrm{d}t}\\ \dfrac{\mathrm{d}v_z}{\mathrm{d}t}\end{bmatrix}=G_V\begin{bmatrix}-X\\ Y\\ Z\end{bmatrix}+m\frac{g'_r}{r}\begin{bmatrix}x+R_{ox}\\ y+R_{oy}\\ z+R_{oz}\end{bmatrix}+m\frac{g_{\omega e}}{\omega_e}\begin{bmatrix}\omega_{ex}\\ \omega_{ey}\\ \omega_{ez}\end{bmatrix}-\\
&\qquad m\begin{bmatrix}a_{11} & a_{12} & a_{13}\\ a_{21} & a_{22} & a_{23}\\ a_{31} & a_{32} & a_{33}\end{bmatrix}\begin{bmatrix}x+R_{ox}\\ y+R_{oy}\\ z+R_{oz}\end{bmatrix}-m\begin{bmatrix}b_{11} & b_{12} & b_{13}\\ b_{21} & b_{22} & b_{23}\\ b_{31} & b_{32} & b_{33}\end{bmatrix}\begin{bmatrix}v_x\\ v_y\\ v_z\end{bmatrix}\\
& \begin{bmatrix}I_{x1}\dfrac{\mathrm{d}\omega_{x1}}{\mathrm{d}t}\\ I_{y1}\dfrac{\mathrm{d}\omega_{y1}}{\mathrm{d}t}\\ I_{z1}\dfrac{\mathrm{d}\omega_{z1}}{\mathrm{d}t}\end{bmatrix}+\begin{bmatrix}(I_{z1}-I_{y1})\omega_{z1}\omega_{y1}\\ (I_{x1}-I_{z1})\omega_{x1}\omega_{z1}\\ (I_{y1}-I_{x1})\omega_{y1}\omega_{x1}\end{bmatrix}=\begin{bmatrix}0\\ m_{y1\mathrm{st}}qS_M l_K\\ m_{z1\mathrm{st}}qS_M l_K\end{bmatrix}+\begin{bmatrix}m_{x1}^{\bar{\omega}_{x1}}qS_M l_K\bar{\omega}_{x1}\\ m_{y1}^{\bar{\omega}_{y1}}qS_M l_K\bar{\omega}_{y1}\\ m_{z1}^{\bar{\omega}_{z1}}qS_M l_K\bar{\omega}_{z1}\end{bmatrix}\\
& \begin{bmatrix}\dfrac{\mathrm{d}x}{\mathrm{d}t}\\ \dfrac{\mathrm{d}y}{\mathrm{d}t}\\ \dfrac{\mathrm{d}z}{\mathrm{d}t}\end{bmatrix}=\begin{bmatrix}v_x\\ v_y\\ v_z\end{bmatrix}\\
& \begin{bmatrix}\omega_{x1}\\ \omega_{y1}\\ \omega_{z1}\end{bmatrix}=\begin{bmatrix}\dot{\gamma}-\dot{\varphi}\sin\psi\\ \dot{\psi}\cos\gamma+\dot{\varphi}\cos\psi\sin\gamma\\ \dot{\varphi}\cos\psi\cos\gamma-\dot{\psi}\sin\gamma\end{bmatrix}\\
& \theta=\arctan\frac{v_y}{v_x}\\
& \sigma=-\arcsin\frac{v_z}{v}\\
& \sin\beta=\cos(\theta-\varphi)\cos\sigma\sin\psi\cos\gamma-\sin(\theta-\varphi)\cos\sigma\sin\gamma-\sin\sigma\cos\psi\cos\gamma\\
& \quad -\sin\alpha\cos\beta=\cos(\theta-\varphi)\cos\sigma\sin\psi\sin\gamma+\\
& \quad \sin(\theta-\varphi)\cos\sigma\cos\gamma-\sin\sigma\cos\psi\sin\gamma\\
& \sin\nu=\frac{1}{\cos\sigma}(\cos\alpha\cos\psi\sin\gamma-\sin\psi\sin\alpha)\\
& r=\sqrt{(x+R_{ox})^2+(y+R_{oy})^2+(z+R_{oz})^2}\\
& \sin\varphi=\frac{(x+R_{ox})\omega_{ex}+(y+R_{oy})\omega_{ey}+(z+R_{oz})\omega_{ez}}{r\omega_e}\\
& R=\frac{a_e b_e}{\sqrt{a_e^2\sin^2\varphi+b_e^2\cos^2\varphi}}\\
& h=r-R\\
& v=\sqrt{v_x^2+v_y^2+v_z^2}
\end{aligned}
\right\}\qquad(4-397)
$$

式(4-397)共 22 个方程,包含 22 个未知量:

$$v_x, v_y, v_z, \omega_{x1}, \omega_{y1}, \omega_{z1}, x, y, z, \varphi, \psi, \gamma, \theta, \sigma, \beta, \alpha, v, r, \varphi, R, h, v$$

给出起始条件,便可进行弹道计算,但要注意:

(1)22 个起始条件不是任意给定的,只要给定前 12 个方程属于微分方程的 $v_x, v_y, v_z, \omega_{x1}, \omega_{y1}, \omega_{z1}, x, y, z, \varphi, \psi, \gamma$ 等 12 个参数的初值,则后 10 个参数 $\theta, \sigma, \beta, \alpha, v, r, \varphi, R, h, v$ 的起始值可相应地算出。

(2) 为了进行弹道数值计算,需将式(4-397)中 $\omega_{x1}, \omega_{y1}, \omega_{z1}$ 与 $\dot{\varphi}, \dot{\psi}, \dot{\gamma}$ 的关系式整理成以

下形式：

$$\begin{bmatrix}\dot{\varphi}\\ \dot{\psi}\\ \dot{\gamma}\end{bmatrix}=\begin{bmatrix}\dfrac{1}{\cos\psi}(\omega_{y1}\sin\gamma+\omega_{z1}\cos\gamma)\\ \omega_{y1}\cos\gamma-\omega_{z1}\sin\gamma\\ \omega_{x1}+\tan\psi(\omega_{x1}\sin\gamma+\omega_{z1}\cos\gamma)\end{bmatrix} \tag{4-398}$$

(3) 当 α,β 为小角度时，力矩系数 $m_{y1\mathrm{st}}, m_{z1\mathrm{st}}$ 也常表示为

$$m_{y1\mathrm{st}}=m_{y1}^{\beta}\beta$$
$$m_{z1\mathrm{st}}=m_{z1}^{\alpha}\alpha$$

4.6.1.3　以总攻角、总升力表示的再入段空间弹道方程

在式(4-397)所示的再入段空间弹道方程中，气动力 $\boldsymbol{R}$ 表示在速度坐标系中，分别为阻力 $\boldsymbol{X}$、升力 $\boldsymbol{Y}$ 和侧力 $\boldsymbol{Z}$。这里，引入总攻角、总升力的概念，将气动力 $\boldsymbol{R}$ 用总攻角、总升力等表示，则可推导出适用于各种再入飞行器的再入段空间运动方程的另一种常用形式。

如图 4-61 所示，定义总攻角为速度轴 o_1x_v 与飞行器纵轴 o_1x_1 之夹角，记作 η，则空气动力 $\boldsymbol{R}$ 必定在 $x_1o_1x_v$ 所决定的平面内，称为总攻角平面。显然，在总攻角平面内将气动力 $\boldsymbol{R}$ 沿飞行器纵轴方向 $\boldsymbol{x}_1^0$ 及垂直于 $\boldsymbol{x}_1^0$ 的方向 $\boldsymbol{n}^0$ 分解，可得

$$\boldsymbol{R}=-X_1\,\boldsymbol{x}_1^0+N\boldsymbol{n}^0 \tag{4-399}$$

其中，X_1 为轴向力；N 称为总法向力。由图 4-61 可知

$$N\boldsymbol{n}^0=Y_1\,\boldsymbol{y}_1^0+Z_1\,\boldsymbol{z}_1^0 \tag{4-400}$$

由此推断出，$\boldsymbol{n}^0$ 沿 $z_1o_1y_1$ 平面与 $x_1o_1x_v$ 平面的交线 o_1p_1 方向。

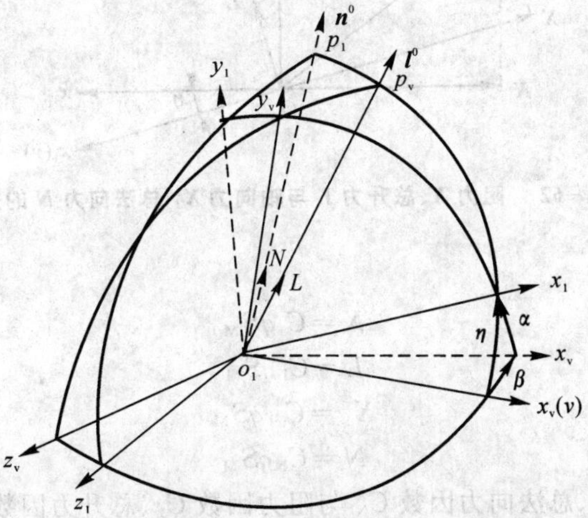

图 4-61　总攻角 η、总法向力 N 与总升力 L

同理，在总攻角平面内，可将气动力 $\boldsymbol{R}$ 沿速度轴方向 $\boldsymbol{x}_v^0$ 及垂直于速度轴的 $\boldsymbol{l}^0$ 分解。可得

$$\boldsymbol{R}=-X\boldsymbol{x}_v^0+L\boldsymbol{l}^0 \tag{4-401}$$

其中，X 为阻力；L 称为总升力。由图 4-61 可知

$$L\boldsymbol{l}^0=Y\boldsymbol{y}_v^0+Z\boldsymbol{z}_v^0 \tag{4-402}$$

显然，$\boldsymbol{l}^0$ 沿 $z_vo_1y_v$ 平面与 $x_1o_1x_v$ 平面的交线 o_1p_v 方向。

应当指出，气动力 $\boldsymbol{R}$ 的作用点在压心，而不是质心 o_1，为了讨论问题的方便，在作图中，$\boldsymbol{R}$ 过质心 o_1，下面先讨论总攻角 η、总法向力 $\boldsymbol{N}$、总升力 $\boldsymbol{L}$ 与攻角 α、侧滑角 β、法向力 $\boldsymbol{Y}_1$、横向力 $\boldsymbol{Z}_1$ 及升力 $\boldsymbol{Y}$、侧力 $\boldsymbol{Z}$ 之间的关系，最后导出以总攻角、总升力等表示的再入段空间运动方程。

1. 总攻角 η 与攻角 α、侧滑角 β 之间的关系式

由图 4-61 可以看出：

$$\cos\eta = \cos\beta\cos\alpha \tag{4-403}$$

此式即为总攻角 η 与攻角 α、侧滑角 β 之间的准确关系式

由式(4-403) 不难得到

$$\sin^2\eta = \sin^2\alpha + \sin^2\beta - \sin^2\alpha\sin^2\beta \tag{4-404}$$

当 α，β 为小角度时，η 也为小角度，在准确到小角度二次方量级时，则有近似关系式：

$$\eta = \sqrt{\alpha^2 + \beta^2} \tag{4-405}$$

2. 轴向力 $\boldsymbol{X}_1$、总法向力 $\boldsymbol{N}$ 与阻力 $\boldsymbol{X}$、总升力 $\boldsymbol{L}$ 之间的关系

由于 $\boldsymbol{X}_1$，$\boldsymbol{N}$ 与 $\boldsymbol{X}$，$\boldsymbol{L}$ 均在 $x_1o_1x_v$ 所决定的平面内，如图 4-62 所示。则

$$\left.\begin{aligned} X &= N\sin\eta + X_1\cos\eta \\ L &= N\cos\eta - X_1\sin\eta \end{aligned}\right\} \tag{4-406}$$

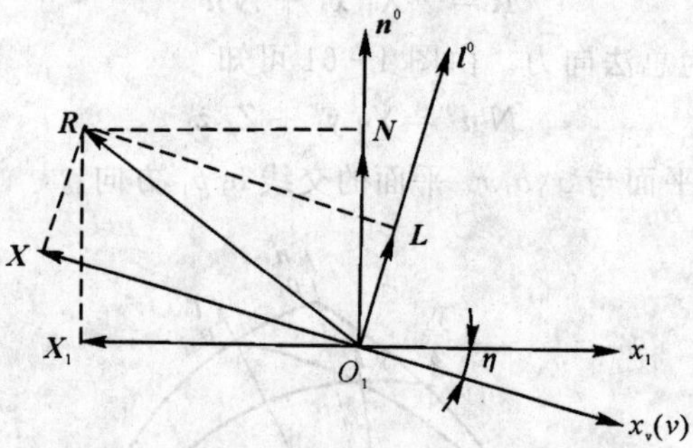

图 4-62　阻力 $\boldsymbol{X}$、总升力 $\boldsymbol{L}$ 与轴向力 $\boldsymbol{X}_1$ 总法向力 $\boldsymbol{N}$ 的关系

注意到

$$\begin{aligned} X &= C_x q S_{\mathrm{M}} \\ L &= C_{\mathrm{L}} q S_{\mathrm{M}} \\ X_1 &= C_{x1} q S_{\mathrm{M}} \\ N &= C_{\mathrm{N}} q S_{\mathrm{M}} \end{aligned}$$

于是，轴向阻力因数 C_{x1}、总法向力因数 C_{N} 与阻力因数 C_x、总升力因数 C_{L} 的关系为

$$\left.\begin{aligned} C_x &= C_{\mathrm{N}}\sin\eta + C_{x1}\cos\eta \\ C_{\mathrm{L}} &= C_{\mathrm{N}}\cos\eta - X_{x1}\sin\eta \end{aligned}\right\} \tag{4-407}$$

可见，由风洞试验给出 C_{x1}，C_{N} 后，便可由此关系式得到 C_x，C_{L}。有的资料中，阻力因数也常用 C_{D} 表示，轴向阻力因数常用 C_{A} 表示。

3. 总法向力 $\boldsymbol{N}$ 与法向力 $\boldsymbol{Y}_1$、横向力 $\boldsymbol{Z}_1$ 之间的关系

注意到式(4-354)，$\boldsymbol{N}$ 的大小为

$$N = \sqrt{Y_1^2 + Z_1^2} \tag{4-408}$$

由图 4-63 可知

$$\left.\begin{aligned} Y_1 &= N\cos\phi_1 \\ Z_1 &= -N\sin\phi_1 \end{aligned}\right\} \tag{4-409}$$

式中，ϕ_1 为 y_1，P_1 两点连成的大圆弧所对应的球心角，即

$$\overset{\frown}{y_1 P_1} = \phi_1$$

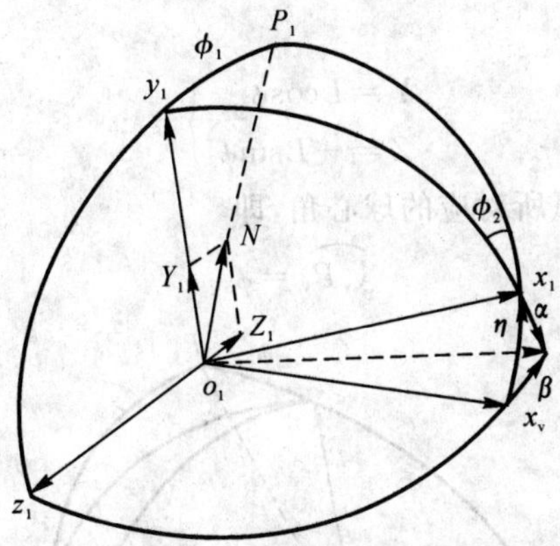

图 4-63　总法向力 N 与法向力 Y_1、横向力 Z_1 的关系

在图 4-63 所示的球面三角形 $y_1x_1P_1$ 中，记 $\angle y_1x_1P_1 = \phi_2$，由于 o_1x_1 轴垂直于 $y_1o_1P_1$ 平面，则

$$\phi_1 = \phi_2$$

在球面三角形 $x_vx'_vx_1$ 中，$\angle x_vx'_vx_1 = 90°$，故球面三角形 $x_vx'_vx_1$ 为一球面直角三角形，则

$$\sin\phi_2 = \frac{\sin\beta}{\sin\eta} \tag{4-410}$$

又由余弦公式：

$$\cos\beta = \cos\alpha\cos\eta + \sin\alpha\sin\eta\cos\phi_2$$

得到

$$\cos\phi_2 = \frac{\cos\beta - \cos\alpha\cos\eta}{\sin\alpha\sin\eta}$$

将式(4-403)代入上式，即可得

$$\cos\phi_2 = \frac{\sin\alpha\cos\beta}{\sin\eta} \tag{4-411}$$

注意到 $\phi_1 = \phi_2$，并将式(4-410)、式(4-411)代入式(4-409)，则得到

$$\left.\begin{aligned} Y_1 &= N\frac{\sin\alpha\cos\beta}{\sin\eta} \\ Z_1 &= -N\frac{\sin\beta}{\sin\eta} \end{aligned}\right\} \tag{4-412}$$

亦可写成系数形式

$$\left.\begin{aligned} C_{y1} &= C_N\frac{\sin\alpha\cos\beta}{\sin\eta} \\ C_{z1} &= -C_N\frac{\sin\beta}{\sin\eta} \end{aligned}\right\} \tag{4-413}$$

且总法向力因数 C_{N} 与法向力因数 C_{y1}、横向力因数 C_{z1} 有以下关系：

$$C_{\mathrm{N}}^2 = C_{y1}^2 + C_{z1}^2 \tag{4-414}$$

4. 总升力 L 与升力 Y、侧力 Z 之间的关系

由式(4-402)知，总升力的大小为

$$L = \sqrt{Y^2 + Z^2} \tag{4-415}$$

由图 4-64 知

$$\left.\begin{aligned} Y &= L\cos\phi_3 \\ Z &= -L\sin\phi_3 \end{aligned}\right\} \tag{4-416}$$

ϕ_3 为 $y_{\mathrm{v}}, P_{\mathrm{v}}$ 两点连成的大圆弧所对应的球心角，即

$$\overset{\frown}{y_{\mathrm{v}}P_{\mathrm{v}}} = \phi_3$$

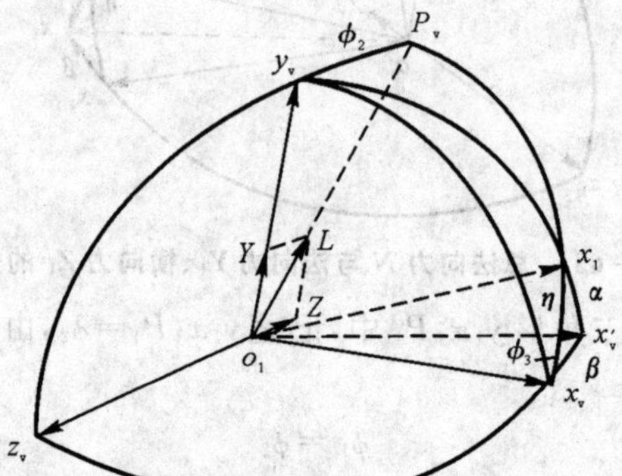

图 4-64　总升力 L 与升力 Y、侧力 Z 的关系

在图 4-63 中，记 $\angle y_{\mathrm{v}}x_{\mathrm{v}}P_{\mathrm{v}} = \phi_4$，由于 o_1x_{v} 垂直于 $y_{\mathrm{v}}o_1P_{\mathrm{v}}$ 平面，故

$$\phi_3 = \phi_4$$

注意到球在三角形 $x_{\mathrm{v}}x'_{\mathrm{v}}x_1$ 中，$\angle x_1x_{\mathrm{v}}x'_{\mathrm{v}} = 90° - \phi_4$，则

$$\left.\begin{aligned} \frac{\sin\alpha}{\sin(90° - \phi_4)} &= \frac{\sin\eta}{\sin 90°} \\ \cos\phi_4 &= \frac{\sin\alpha}{\sin\eta} \end{aligned}\right\} \tag{4-417}$$

而由余弦公式

$$\cos\alpha = \cos\beta\cos\eta + \sin\beta\sin\eta\cos(90° - \phi_4)$$

利用式(4-403)，可得

$$\sin\phi_4 = \frac{\cos\alpha\sin\beta}{\sin\eta} \tag{4-418}$$

由于 $\phi_3 = \phi_4$，将式(4-285)、式(4-286)代入式(4-284)得到

$$\left.\begin{aligned} Y &= L\,\frac{\sin\alpha}{\sin\eta} \\ Z &= -L\,\frac{\cos\alpha\sin\beta}{\sin\eta} \end{aligned}\right\} \tag{4-419}$$

显然，也可得到升力因数 C_y、侧力因数 C_z 与总升力因数 C_{L} 之间的关系：

$$\left.\begin{aligned} C_y &= C_L \frac{\sin\alpha}{\sin\eta} \\ C_z &= -C_L \frac{\cos\alpha\sin\beta}{\sin\eta} \end{aligned}\right\} \tag{4-420}$$

且有

$$C_L^2 = C_y^2 + C_z^2 \tag{4-421}$$

5. 气动力 $\boldsymbol{R}$ 在地面发射坐标系中的表示

如图 4-65 所示，单位矢量 $\boldsymbol{l}^0$ 与 $\boldsymbol{x}_1^2$，$\boldsymbol{x}_v^0$ 之间的关系为

$$\boldsymbol{x}_1^0 = \cos\eta\, \boldsymbol{x}_v^0 + \sin\eta\, \boldsymbol{l}^0$$

则

$$\boldsymbol{R} = -X\boldsymbol{x}_v^0 + L\boldsymbol{l}^0 = -X\boldsymbol{x}_v^0 + \frac{L}{\sin\eta}(\boldsymbol{x}_1^0 - \cos\eta\boldsymbol{x}_v^0) \tag{4-422}$$

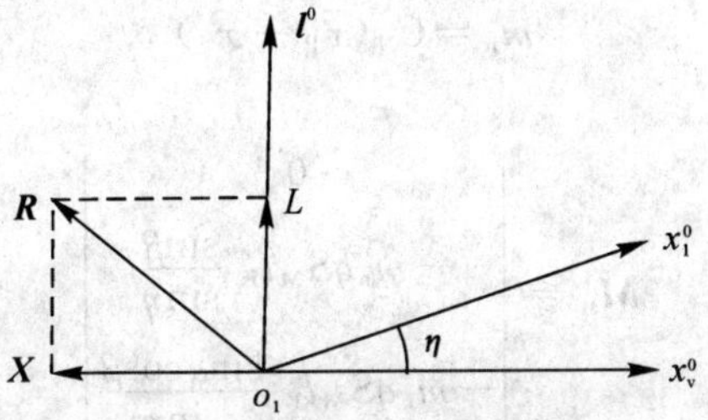

图 4-65　单位矢量 $\boldsymbol{l}^0$ 与 $\boldsymbol{x}_1^0$，$\boldsymbol{x}_v^0$ 的关系

利用箭体坐标系 $o_1x_1y_1z_1$ 与地面发射坐标系 $oxyz$ 的方向余弦阵 $\boldsymbol{G}_B$，以及速度坐标系 $o_1x_vy_vz_v$ 与 $oxyz$ 的方向余弦阵 $\boldsymbol{G}_V$，可将 $\boldsymbol{x}_1^0$，$\boldsymbol{x}_v^0$ 用 $\boldsymbol{x}^0$，$\boldsymbol{y}^0$，$\boldsymbol{z}^0$ 表示（$\boldsymbol{G}_B$，$\boldsymbol{G}_V$ 见附录 A），有

$$\boldsymbol{x}_1^0 = \cos\varphi\cos\psi\, \boldsymbol{x}^0 + \sin\varphi\cos\psi\, \boldsymbol{y}^0 - \sin\psi\, \boldsymbol{z}^0$$

$$\boldsymbol{x}_v^0 = \cos\varphi\cos\sigma\, \boldsymbol{x}^0 + \sin\theta\cos\sigma\, \boldsymbol{y}^0 - \sin\sigma\, \boldsymbol{z}^0$$

代入式(4-422)中，于是，在地面发射坐标系中 $\boldsymbol{R}$ 表示为

$$\boldsymbol{R} = \begin{bmatrix} R_x \\ R_y \\ R_z \end{bmatrix} = -X \begin{bmatrix} \cos\theta\cos\sigma \\ \sin\theta\cos\sigma \\ -\sin\sigma \end{bmatrix} + \frac{L}{\sin\eta} \begin{bmatrix} \cos\varphi\cos\psi - \cos\eta\cos\theta\cos\sigma \\ \sin\varphi\cos\psi - \cos\eta\sin\theta\cos\sigma \\ -\sin\psi + \cos\eta\sin\sigma \end{bmatrix} \tag{4-423}$$

注意到

$$v_x = v\cos\theta\cos\sigma$$

$$v_y = v\sin\theta\cos\sigma$$

$$v_z = -v\sin\sigma$$

$\boldsymbol{R}$ 又可写成

$$\boldsymbol{R} = -X \begin{bmatrix} \dfrac{v_x}{v} \\ \dfrac{v_y}{v} \\ \dfrac{v_z}{v} \end{bmatrix} + \frac{L}{\sin\eta} \begin{bmatrix} \cos\varphi\cos\psi - \cos\eta\, \dfrac{v_x}{v} \\ \sin\varphi\cos\psi - \cos\eta\, \dfrac{v_y}{v} \\ -\sin\psi - \cos\eta\, \dfrac{v_z}{v} \end{bmatrix} \tag{4-424}$$

6. 稳定力矩$\boldsymbol{M}_{st}$ 的表示

当飞行器的质心与压心同位于纵轴 o_1x_1 上时,有

$$\boldsymbol{M}_{st}=\begin{bmatrix}M_{x1st}\\M_{y1st}\\M_{z1st}\end{bmatrix}=\begin{bmatrix}0\\Z_1(x_P-x_g)\\-Y_1(x_P-x_g)\end{bmatrix}$$

将式(4-415)代入上式,有

$$\boldsymbol{M}_{st}=\begin{bmatrix}0\\-N\dfrac{\sin\beta}{\sin\eta}(x_P-x_g)\\-N\dfrac{\sin\alpha\cos\beta}{\sin\eta}(x_P-x_g)\end{bmatrix}=\begin{bmatrix}0\\-C_NqS_Ml_K(\bar{x}_P-\bar{x}_g)\dfrac{\sin\beta}{\sin\eta}\\C_NqS_Ml_K(\bar{x}_P-\bar{x}_g)\dfrac{\sin\alpha\cos\beta}{\sin\eta}\end{bmatrix}$$

记

$$m_n=C_N(\bar{x}_P-\bar{x}_g)$$

m_n 称为稳定力矩系数。则

$$\boldsymbol{M}_{st}=\begin{bmatrix}0\\-m_nqS_Ml_K\dfrac{\sin\beta}{\sin\eta}\\-m_nqS_Ml_K\dfrac{\sin\alpha\cos\beta}{\sin\eta}\end{bmatrix}\tag{4-425}$$

根据以上讨论,在式(4-397),气动力 $\boldsymbol{R}$ 和稳定力矩$\boldsymbol{M}_{st}$ 分别采用式(4-368)、式(4-369)的表示形式,并去掉计算 v 的第17个方程,而增加计算总攻角 η 的方程,则得到以总攻角、总升力表示的再入段空间弹道方程。此时的质心动力学方程、绕质心动力学方程形式为

$$m\begin{bmatrix}\dfrac{dv_x}{dt}\\\dfrac{dv_y}{dt}\\\dfrac{dv_z}{dt}\end{bmatrix}=-X\begin{bmatrix}\dfrac{v_x}{v}\\\dfrac{v_y}{v}\\\dfrac{v_z}{v}\end{bmatrix}+\frac{L}{\sin\eta}\begin{bmatrix}\cos\varphi\cos\psi-\dfrac{v_x}{v}\cos\eta\\\sin\varphi\cos\psi-\dfrac{v_y}{v}\cos\eta\\-\sin\psi-\dfrac{v_z}{v}\cos\eta\end{bmatrix}+\frac{mg'_r}{r}\begin{bmatrix}x+R_{ox}\\y+R_{oy}\\z+R_{oz}\end{bmatrix}+$$

$$\frac{mg_{\omega e}}{\omega_e}\begin{bmatrix}\omega_{ex}\\\omega_{ey}\\\omega_{ez}\end{bmatrix}-m\begin{bmatrix}a_{11}&a_{12}&a_{13}\\a_{21}&a_{22}&a_{23}\\a_{31}&a_{32}&a_{33}\end{bmatrix}\begin{bmatrix}x+R_{ox}\\y+R_{oy}\\z+R_{oz}\end{bmatrix}-m\begin{bmatrix}b_{11}&b_{12}&b_{13}\\b_{21}&b_{22}&b_{23}\\b_{31}&b_{32}&b_{33}\end{bmatrix}\begin{bmatrix}v_x\\v_y\\v_z\end{bmatrix}$$

$$\begin{bmatrix}I_{x1}\dfrac{d\omega_{x1}}{dt}\\I_{y1}\dfrac{d\omega_{y1}}{dt}\\I_{z1}\dfrac{d\omega_{z1}}{dt}\end{bmatrix}=\begin{bmatrix}0\\-m_nqS_Ml_K\dfrac{\sin\beta}{\sin\eta}\\-m_nqS_Ml_K\dfrac{\sin\alpha\cos\beta}{\sin\eta}\end{bmatrix}+\begin{bmatrix}m_{x1}^{\bar{\omega}_{x1}}qS_Ml_K\bar{\omega}_{x1}\\m_{y1}^{\bar{\omega}_{y1}}qS_Ml_K\bar{\omega}_{y1}\\m_{z1}^{\bar{\omega}_{z1}}qS_Ml_K\bar{\omega}_{z1}\end{bmatrix}+\begin{bmatrix}(I_{y1}-I_{z1})\omega_{y1}\omega_{z1}\\(I_{z1}-I_{x1})\omega_{z1}\omega_{x1}\\(I_{x1}-I_{y1})\omega_{x1}\omega_{y1}\end{bmatrix}\tag{4-426}$$

总攻角 η 计算方程为

$$\cos\eta=\cos\alpha\cos\beta$$

以上关于 $v_x,v_y,v_z,\omega_{x1},\omega_{y1},\omega_{z1},\eta$ 等未知量的7个方程,加上与式(4-397)相同的计算 x,$y,z,\varphi,\psi,\gamma,\theta,\sigma,\beta,\alpha,r,\varphi,R,h,v$,等15个未知量的15个计算方程,共22个未知量,22个方程,

便构成一套闭合的空间弹道方程。

4.6.1.4　简化的再入段平面运动方程

考虑到再入飞行器，特别是弹道导弹在再入段飞行的射程较小，飞行时间也较短，因此在研究其运动时，可作假设：

(1) 不考虑地球旋转，即 $\omega_e=0$；

(2) 地球为一圆球，即引力场为一与地心距二次方成反比的有心力场，令 $g=\frac{\mu}{r^2}$；

(3) 认为飞行器的纵轴始终处于由再入点的速度矢量$\boldsymbol{V}_e$ 及地心矢量$\boldsymbol{r}_e$ 所决定的射面内，即侧滑角为 0。

根据上述假设可知，飞行器在理想条件下的再入段运动将不存在垂直射面的侧力，因而整个再入段运动为一平面运动。

如图 4-66 所示，建立原点在再入点 e 的直角坐标系 $exyz$，exy 平面为再入点地心矢量$\boldsymbol{r}_e$，与速度矢量$\boldsymbol{V}_e$ 所决定的平面，ey 轴沿$\boldsymbol{r}_e$ 的方向，ex 轴垂直于 ey 轴，指向运动方向为正，ez 轴由右手规则确定。exy 所在平面即为再入段的运动平面。记再入弹道上任一点地心矢量 $\boldsymbol{r}$ 与$\boldsymbol{r}_e$ 的夹角为 β_e，称为再入段射程角，飞行速度 $\boldsymbol{V}$ 对 ex 轴的倾角为 θ，而 $\boldsymbol{V}$ 对当地水平线的倾角为 Θ，θ 与 Θ 均为负值。于是，飞行器的运动为平面运动时，速度 $\boldsymbol{V}$ 既可用速度在 exy 平面内的分量 v_x，v_y 表示，也可用速度大小 v 和当地速度倾角 Θ 表示；位置矢量 $\boldsymbol{r}$ 既可用在 exy 平面内的位置分量 x，y 表示，也可用地心距 r 和射程角 β_e 表示。下面建立的是以 v,Θ,r,β_e 对时间 t 的微分方程。

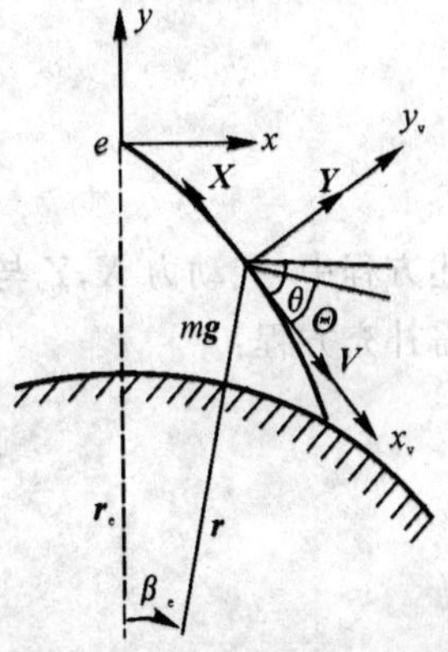

图 4-66　再入段坐标系与力

根据质量为 m 的飞行器再入段矢量运动方程，有

$$m\frac{\mathrm{d}\boldsymbol{V}}{\mathrm{d}t}=\boldsymbol{R}+m\boldsymbol{g} \tag{4-427}$$

将式(4-427) 向速度坐标系投影，就能获得投影形式的运动方程。

注意到速度矢量的转动角速度为 $\dot{\theta}$，则

$$\frac{\mathrm{d}\boldsymbol{V}}{\mathrm{d}t}=\frac{\mathrm{d}v}{\mathrm{d}t}\boldsymbol{x}_v^0+v\frac{\mathrm{d}\theta}{\mathrm{d}t}\boldsymbol{y}_v^0 \tag{4-428}$$

由图 4-66 可见

$$\begin{aligned}R_{xv}&=-X\\R_{yv}&=Y\\g_{xv}&=-g\sin\Theta\\g_{yv}&=-g\cos\Theta\end{aligned} \tag{4-429}$$

故将式(4-427) 在速度坐标系上投影得

$$\begin{aligned}\frac{\mathrm{d}v}{\mathrm{d}t}&=-\frac{X}{m}-g\sin\Theta\\\frac{\mathrm{d}\theta}{\mathrm{d}t}&=\frac{Y}{mv}-\frac{g}{v}\cos\Theta\end{aligned} \tag{4-430}$$

由图 4 - 66 还可看出 θ,Θ 有几何关系：

$$\Theta=\theta+\beta_e \tag{4-431}$$

因此有

$$\dot{\Theta}=\dot{\theta}+\dot{\beta}_e \tag{4-432}$$

又由于速度矢量 $\boldsymbol{V}$ 在径向 $\boldsymbol{r}$ 及当地水平线方向(顺飞行器运动方向为正)上的投影分别为

$$\left.\begin{aligned}\dot{r}&=v\sin\Theta\\ r\dot{\beta}_e&=v\cos\Theta\end{aligned}\right\} \tag{4-433}$$

综合式(4 - 431) 和式(4 - 433) 便得到飞行器在大气中的运动微分方程：

$$\left.\begin{aligned}\frac{\mathrm{d}v}{\mathrm{d}t}&=-\frac{X}{m}-g\sin\Theta\\ \frac{\mathrm{d}\Theta}{\mathrm{d}t}&=\frac{Y}{mv}+\left(\frac{v}{r}-\frac{g}{v}\right)\cos\Theta\\ \frac{\mathrm{d}r}{\mathrm{d}t}&=v\sin\Theta\\ \frac{\mathrm{d}\beta_e}{\mathrm{d}t}&=\frac{v}{r}\cos\Theta\end{aligned}\right\} \tag{4-434}$$

上述方程中，气动力 X,Y 与攻角 α 有关，因此含 5 个未知量；v,Θ,r,β,α，仅 4 个方程，要求解，还需补充方程：

$$\left.\begin{aligned}I_{z1}\frac{\mathrm{d}\omega_{z1}}{\mathrm{d}t}&=m_{z1}^{\bar{\omega}_{z1}}qS_M l_K\bar{\omega}_{z1}+m_{z1st}qS_M l_K\\ \frac{\mathrm{d}\varphi}{\mathrm{d}t}&=\omega_{z1}\\ \alpha&=\varphi+\beta_e-\Theta\end{aligned}\right\} \tag{4-435}$$

综合式(4-434)、式(4-435)便得到闭合的再入段平面质心运动方程。这里 φ 为弹体纵轴 o_1x_1 与 ex 轴的夹角，o_1x_1 轴在 ex 轴下方时，φ 为负值。在给定再入段起点(也即自由段终点)e 的初始条件：$t=t_e,v=v_e,\Theta=\Theta_e,r=r_e,\beta_e=0,\omega_{z1}=\omega_{z1e},\varphi=\varphi_e,\alpha=\varphi_e-\Theta_e$ 后，可进行数值积分，直到 $r=R$ 为止，即得到整个再入段的弹道参数。

显然，如果当整个被动段弹道均要考虑空气动力的作用时，只需以主动段终点的参数作为起始条件来求数值解，则可得整个被动段的弹道参数。

4.6.2　零攻角再入时运动参数的近似计算

一般来说，飞行器是以任意姿态进入大气层的，其运动包含质心运动和绕质心运动，但对于静稳定的再入飞行器，当有攻角时，稳定力矩将使其减小，通常在气动力较小时就使飞行器稳定下来。此时 $\eta=0$，速度方向与飞行器纵轴重合，飞行器不再受到升力的作用，这样的再入称为“弹道再入”或称“零攻角再入”“零升力再入”。反之，如果在再入过程中，$\eta\neq0$，飞行器受到升力的作用，这种再入称为“有升力再入”。下面先介绍零攻角再入情况。

无论飞行器是采用零攻角再入，还是有升力再入，用计算机数值积分求解完整的再入弹道都不是困难的事情。但在飞行器的初步设计中，希望能迅速地求得飞行器的运动参数，分析各种因素对运动参数的影响。例如，在导弹初步设计中，对弹头结构所能承受的最小负加速度、热流及烧蚀问题感兴趣，便希望能有近似的解析解计算最小负加速度、最大热流等。显然用再入段的空间弹道方程式(4-397)是得不到近似的解析解的。因此，在研究再入段运动参数的近似解时，一般都采用简化的再入段平面运动方程式(4-434)。

对零攻角再入，因 $\eta=0$，故 $L=0$，即 $Y=Z=0$，由式(4-434)可写出零攻角再入时的运动微分方程为

$$\left.\begin{aligned}
\frac{\mathrm{d}v}{\mathrm{d}t}&=-\frac{X}{m}-g\sin\Theta\\
\frac{\mathrm{d}\Theta}{\mathrm{d}t}&=\left(\frac{v}{r}-\frac{g}{v}\right)\cos\Theta\\
\frac{\mathrm{d}r}{\mathrm{d}t}&=v\sin\Theta\\
\frac{\mathrm{d}\beta_e}{\mathrm{d}t}&=\frac{v}{r}\cos\Theta
\end{aligned}\right\}\tag{4-436}$$

注意到式(4-436)中第一式：

$$\frac{\mathrm{d}v}{\mathrm{d}t}=-C_x\frac{\rho v^2 S_M}{2m}-g\sin\Theta$$

为得到近似的解析解，假设大气密度 ρ 的标准分布和主动段一样，是按指数函数规律变化的，即

$$\rho=\rho_0 e^{-\beta h},\quad \beta\text{ 为常数}$$

由于密度随高度变化有这样的近似解析式，所以再入段运动参数的近似解一般不以时间 t 为自变量，而以高度 h 为自变量。

4.6.2.1　再入段最小负加速度的近似计算

当飞行器以高速进入稠密大气层时，在巨大的空气阻力作用下，飞行器受到一个很大的加速度。该加速度方向与速度方向相反，当加速度的绝对值达到最大时，称为最小负加速度。对于远程导弹而言，最小负加速度可达几十个 g，这就使弹头的结构强度，以及弹头内的控制仪表的正常工作受到很大影响。因此，最小负加速度是导弹的初步设计中必须考虑的问题之一。

为了能找出最小负加速度的解析表达式，现作如下假设：

(1) 忽略引力作用。除飞行器刚刚进入大气层的一小段弹道外，大部分弹道上的空气阻力远远大于引力，因此，这种假设是合理的。此时，再入段弹道为一直线弹道。

(2) 当地水平线的转动角速度为零，又由于前已假设再入弹道为一直线弹道，则 $\Theta=0$，这是由于再入段射程角很小，可近似将球面看成平面。

(3) 阻力因数 C_x 为常数。因为飞行器在达到最小负加速度以前，其飞行速度还相当大，即马赫数相当大，此时阻力因数随 Ma 的变化仍很缓慢，故可忽略这种变化。

根据上述假设，运动方程式(4-436)可简化为

$$\left.\begin{aligned}
\frac{\mathrm{d}v}{\mathrm{d}t}&=-\frac{X}{m}\\
\frac{\mathrm{d}r}{\mathrm{d}t}&=v\sin\Theta_e
\end{aligned}\right\}\tag{4-437}$$

注意到

$$X = \frac{1}{2}C_x S_M \rho v^2 = \frac{C_x S_M}{2}\rho_0 e^{-\beta h} v^2$$

$$r = R + h$$

则有

$$\left. \begin{array}{l} \dfrac{\mathrm{d}v}{\mathrm{d}t} = -B\rho_0 e^{-\beta h} v^2 \\[3mm] \dfrac{\mathrm{d}h}{\mathrm{d}t} = v\sin\Theta_e \end{array} \right\} \qquad (4-438)$$

其中

$$B = \frac{C_x S_M}{2m}$$

B 称为弹道系数。

由于

$$\frac{\mathrm{d}v}{\mathrm{d}t} = \frac{\mathrm{d}v}{\mathrm{d}h}\frac{\mathrm{d}h}{\mathrm{d}t}$$

将式(4-438)代入上式即得

$$\frac{\mathrm{d}v}{\mathrm{d}h} = -\frac{B\rho_0}{\sin\Theta_e} e^{-\beta h} v \qquad (4-439)$$

因此

$$\frac{\mathrm{d}v}{v} = \frac{B\rho_0}{\beta\sin\Theta_e} e^{-\beta h} \mathrm{d}(-\beta h)$$

积分可得

$$\ln\frac{v}{v_e} = \frac{B}{\beta\sin\Theta_e}(\rho - \rho_e)$$

考虑到再入点高度较高,故可取 $\rho_e = 0$,则

$$v = v_e \exp\left(\frac{B\rho_0}{\beta\sin\Theta_e} e^{-\beta h}\right) \qquad (4-440)$$

此即为在前述假设条件下,速度随高度变化的规律。由于再观察式(4-438)中第一式可知 $\dot v$ 是 h 的函数。现将该式对 h 微分可得

$$\frac{\mathrm{d}\dot v}{\mathrm{d}h} = B\rho_0 e^{-\beta h}\left(\beta v^2 - 2v\frac{\mathrm{d}v}{\mathrm{d}h}\right)$$

将式(4-439)代入上式即得

$$\frac{\mathrm{d}\dot v}{\mathrm{d}h} = B\rho v^2\left(\beta + \frac{2B\rho}{\sin\Theta_e}\right) \qquad (4-441)$$

为求最小负加速度发生的高度 h_m,可令式(4-441)右端等于零。显然,$B\rho v^2$ 不为零,故可得到

$$\beta + \frac{2B\rho_m}{\sin\Theta_e} = 0$$

则

$$\rho_m = -\frac{\beta\sin\Theta_e}{2B} \qquad (4-442)$$

即

$$\rho_0 e^{-\beta h} = -\frac{\beta\sin\Theta_e}{2B}$$

由此可得

$$h_m = \frac{1}{\beta}\ln\left(-\frac{2B\rho_0}{\beta\sin\Theta_e}\right)$$

即

$$h_m = \frac{1}{\beta}\ln\left(-\frac{C_x S_M \rho_0}{m\beta\sin\Theta_e}\right) \tag{4-443}$$

可以看出，当 m 和 $|\Theta_e|$ 愈小时，则最小负加速度产生的高度就愈低。而且还有一个有趣的结论，即最小负加速度的高度与再入点速度 v_e 的大小无关。

当 $h = h_m$ 时，由式(4-440)可得

$$v_m = v_e \exp\left(\frac{B\rho_m}{\beta\sin\Theta_e}\right)$$

再将式(4-386)代入上式，则有

$$v_m = v_e e^{-\frac{1}{2}} \tag{4-444}$$

因此

$$v_m \cong 0.61 v_e \tag{4-445}$$

由此说明，在前述假设条件下，飞行器处于最小负加速度时，其速度与飞行器的质量、尺寸及再入角 Θ_e 无关，而只与再入速度 v_e 有关。

将式(4-445)、代入式(4-438)中第一式即得飞行器在再入段的最小负加速度

$$\dot{v}_m = -B\rho_m v_m^2$$

将式(4-442)及式(4-444)代入上式得

$$\dot{v}_m = \frac{\beta v_e^2}{2e}\sin\Theta_e \tag{4-446}$$

可见，最小负加速度 $\dot{v}_m$ 只与飞行器再入点的运动参数 v_e，Θ_e 有关，而与飞行器的质量、尺寸无关。因此，为使 $|\dot{v}_m|$ 减小，或是减小 v_e，或是减小 $|\Theta_e|$。

4.6.2.2　热流的近似计算

飞行器再入时很重要的一个问题是防热问题，再入时飞行器的巨大能量要通过大气的制动使机械能变成热能，并扩散到周围空气中去，可使空气的温度达到几千摄氏度，这是一般结构材料承受不了的。由于飞行器表面的温度很低，而围绕飞行器周围的空气温度很高，就形成了气流向再入飞行器传递热量。如何计算传递的热流，对再入飞行器的防热设计是很重要的。准确确定热交换过程及结构的温度场是一个很复杂的问题。这里只提供热流的计算公式，它是防热设计的基础。

热流计算主要考虑 3 个量：平均单位面积对流热流 q_{av}(kcal①)；驻点的单位面积的对流热流 q_s(kcal)；总的吸热量 Q (kcal)。需说明的是，热流量的大小与围绕飞行器表面的流场的性质有关，由于出现最大热流的高度比较高，围绕飞行器表面的气流是层流，所以下面推导的实际上是层流的热流计算公式，而且主要用来比较各类弹道的优劣，完全用它来确定结构的工作环境是不够的。以下推导中假设条件与求最小负加速度时的假设条件相同。

① $1\text{kcal} = 4.19 \times 10^3\ \text{J/(m}^2 \cdot \text{s)}$

1. 平均热流 q_{av}

$$q_{av}=\frac{1}{s_T}\int_s q\,\mathrm{d}s$$

其中，q 是飞行器表面单位时间单位面积由空气传给飞行器的热量；s_T 为总面积。

根据热力学原理

$$q_{av}=\frac{1}{4}c'_f\rho v^3 \tag{4-447}$$

其中，c'_f为与飞行器外形有关的常数；ρ 为大气密度；v 为飞行速度。

将式(4-440)写成

$$v=v_e e^{\frac{B}{\beta\sin\theta_e}\rho} \tag{4-448}$$

代入式(4-447)，有

$$q_{av}=\frac{1}{4}c'_f v_e^3\rho e^{\frac{3B}{\beta\sin\theta_e}\rho} \tag{4-449}$$

将该式对密度 ρ 微分，有

$$\frac{\mathrm{d}q_{av}}{\mathrm{d}\rho}=\frac{1}{4}c'_f v_e^3\left(e^{\frac{3B}{\beta\sin\theta_e}\rho}+\frac{3B}{\beta\sin\Theta_e}\rho e^{\frac{3B}{\beta\sin\theta_e}\rho}\right)$$

当 q_{av} 达到最大值时，应满足$\frac{\mathrm{d}q_{av}}{\mathrm{d}\rho}=0$，对应的密度记为 ρ_{m1}，显然，$\frac{1}{4}c'_f v_e^3$ 不为零，则必有

$$e^{\frac{3B}{\beta\sin\theta_e}\rho_{m1}}+\frac{3B}{\beta\sin\Theta_e}\rho_{m1}e^{\frac{3B}{\beta\sin\theta_e}\rho_{m1}}=0$$

求得

$$\rho_{m1}=-\frac{\beta\sin\Theta_e}{3B} \tag{4-450}$$

即

$$\rho_0 e^{-\beta h_{m1}}=-\frac{\beta\sin\Theta_e}{3B}$$

由此得到 q_{av} 达到最大值时的高度

$$h_{m1}=\frac{1}{\beta}\ln\left(-\frac{3B\rho_0}{\beta\sin\Theta_e}\right)$$

即

$$h_{m1}=\frac{1}{\beta}\ln\left(-\frac{3C_x S_M\rho_0}{2m\beta\sin\Theta_e}\right) \tag{4-451}$$

当 $h=h_{m1}$ 时，由式(4-448)可得

$$v_{m1}=v_e e^{\frac{B}{\beta\sin\theta_e}\rho_{m1}}$$

再将式(4-450)代入上式，则有

$$v_{m1}=v_e e^{-\frac{1}{3}} \tag{4-452}$$

因此

$$v_{m1}\cong 0.72v_e \tag{4-453}$$

最大平均热流为

$$(q_{av})_{max}=\frac{1}{4}c'_f\rho_{m1}v_{m1}^3$$

即

$$(q_{av})_{max}=-\frac{\beta}{6e}\frac{mc'_f}{C_x S_M}v_e^3\sin\Theta_e \tag{4-454}$$

2. 驻点热流 q_s

驻点热流是对头部驻点的热流，它是最严重的情况。根据热力学原理

$$q_s = k_s\sqrt{\rho}v^3 \tag{4-455}$$

其中，k_s 为取决于头部形状的系数。

将式(4-448)代入式(4-455)，得

$$q_s = k_s\sqrt{\rho}v_e^3 e^{\frac{3B}{\beta\sin\Theta_e}\rho} \tag{4-456}$$

令 $dq_s/d\rho = 0$，求得出现最大驻点热流$(q_s)_{max}$时的密度 ρ_{m2} 为

$$\rho_{m2} = -\frac{\beta\sin\Theta_e}{6B} \tag{4-457}$$

即

$$\rho_0 e^{-\beta h_{m2}} = -\frac{\beta\sin\Theta_e}{6B}$$

由此得出，发生$(q_s)_{max}$的高度 h_{m2} 为

$$h_{m2} = \frac{1}{\beta}\ln\left(-\frac{6B\rho_0}{\beta\sin\Theta_e}\right)$$

$$h_{m2} = \frac{1}{\beta}\ln\left(-\frac{3C_xS_M\rho_0}{m\beta\sin\Theta_e}\right) \tag{4-458}$$

当 $h = h_{m2}$ 时，由式(4-448)可得

$$v_{m2} = v_e e^{\frac{B}{\beta\sin\Theta_e}\rho_{m2}}$$

将式(4-401)代入上式，便得

$$v_{m2} = v_e e^{-\frac{1}{6}} \tag{4-459}$$

即

$$v_{m2} \cong 0.85v_e \tag{4-460}$$

将式(4-457)、式(4-459)代入式(4-455)，得到最大驻点热流为

$$(q_s)_{max} = k_s\sqrt{\rho_{m2}}\,v_{m2}^3$$

即

$$(q_s)_{max} = k_s\sqrt{\frac{-m\beta\sin\Theta_e}{3eC_xS_M}}\,v_e^3 \tag{4-461}$$

3. 总吸热量 Q

总吸热量计算公式为

$$Q = \int_0^t q_{av}s_T\,dt$$

即

$$Q = \int_0^t \frac{1}{4}c'_f\rho v^3 s_T\,dt \tag{4-462}$$

注意到

$$dh = v\sin\Theta_e\,dt$$

$$d\rho = -\beta\rho\,dh$$

可得

$$dt = -\frac{1}{\beta\rho v\sin\Theta_e}d\rho \tag{4-463}$$

代入式(4-462)，有

$$Q = -\int_{\rho_e}^{\rho}\frac{c'_f s_T}{4\beta\sin\Theta_e}v^2\,d\rho$$

将式(4-448)代入该式，可得

$$Q=-\int_{\rho_e}^{\rho}\frac{c'_f s_T v_e^2}{4\beta\sin\Theta_e}e^{\frac{2B}{\beta\sin\theta_e}\rho}d\rho$$

于是

$$Q=\frac{c'_f s_T}{8B}v_e^2\left[e^{\frac{2B}{\beta\sin\theta_e}\rho_e}-e^{\frac{2B}{\beta\sin\theta_e}\rho}\right]$$

即

$$Q=\frac{mc'_f s_T}{4C_xS_M}v_e^2\left[e^{\frac{2B}{\beta\sin\theta_e}\rho_e}-e^{\frac{2B}{\beta\sin\theta_e}\rho}\right] \tag{4-464}$$

如果再入点高度 h_e 很高，则 ρ_e 很小，可近似取

$$e^{\frac{2B}{\beta\sin\theta_e}\rho_e}=1$$

而落地时，$\rho=\rho_0$，速度近似为

$$v_e=v_e e^{\frac{2B}{\beta\sin\theta_e}\rho_0} \tag{4-465}$$

因此，飞行器从再入至落地总的吸热量为

$$Q=\frac{mc'_f s_T}{4C_xS_M}(v_e^2-v_c^2) \tag{4-466}$$

将以上推导与最小负加速度的推导进行比较，可以看出，在同样的假设条件下，有以下近似的结果：

(1) 当 m 和 $|\Theta_e|$ 愈大，或 C_x，S_M 愈小时，则最大平均热流 $(q_{av})_{max}$ 和最大驻点热流 $(q_{av})_{max}$ 产生的高度 h_{m1}，h_{m2} 就愈低，而且 h_{m1}，h_{m2} 与再入点速度 v_e 的大小无关；

(2) 飞行器处于最大平均热流和最大驻点热流时的速度 v_{m1}，v_{m2} 与飞行器的质量、尺寸及再入角 Θ_e 无关，而只与再入速度 v_e 有关。

不同于最小负加速度的是，热流的最大值与飞行器的结构参数 m，C_x，S_M 直接有关。增大 C_x 和 S_M，或减小 m 可以减小 $(q_{av})_{max}$ 及 $(q_{av})_{max}$。

分析 $(q_{av})_{max}$ 与总吸热量 Q，还看到存在这样的问题：如果 $|\Theta_e|$ 增大，则 $(q_{av})_{max}$ 要增加，由式(4-465)知，v_e 将减小，则使 Q 减小。为了减小 $(q_{av})_{max}$，应减小再入角 $|\Theta_e|$，但 $|\Theta_e|$ 过小，又增加了飞行时间，使总吸热量加大，这也是不利的。因此，合理地选择一个再入角 Θ_e 是弹道再入中的一个重要问题。

4.6.2.3 运动参数的近似计算

大量计算结果说明，在大多数场合下，飞行器在再入段上的速度受空气阻力作用减小到 v_e 值的一半以前，就会使飞行器的加速度达到最小负加速度值。因此对于具有较大再入速度 v_e 的飞行器要求其最小负加速度时，忽略引力的作用是可行的。但当欲求飞行器在整个再入段的运动参数时，则会因再入段的速度愈来愈小，如再忽略引力将引起较大的误差。不过，由于再入段引力加速度 g 的大小变化不大，故可取 $g=g_0$，以便求出运动参数的解析表达式。

1. 速度 v 和当地速度倾角 Θ 的近似计算

首先，从动量矩定理出发来进行讨论。显然，弹道上任一点飞行器对地心的动量矩为 $mrv\cos\Theta$，而所有外力对地心的力矩就是阻力 X 对地心的外力矩，即为 $-rX\cos\Theta$，故由动量矩定理有

$$\frac{d}{dt}(rv\cos\Theta)=-r\frac{X}{m}\cos\Theta=-r\frac{C_xS_M}{2m}\rho v^2\cos\Theta \tag{4-467}$$

注意到

$$\frac{\mathrm{d}h}{\mathrm{d}t}=v\sin\Theta \tag{4-468}$$

用式(4-466)除以此式，则得

$$\frac{\mathrm{d}}{\mathrm{d}h}(rv\cos\Theta)=-rv\cos\Theta\frac{C_x S_{\mathrm{M}}}{2m\sin\Theta}\rho$$

记

$$k=\frac{C_x S_{\mathrm{M}}}{2m\sin\Theta}$$

代入前式则有

$$\frac{\mathrm{d}}{\mathrm{d}h}(rv\cos\Theta)=-rv\cos\Theta k\rho$$

即

$$\frac{\mathrm{d}(rv\cos\Theta)}{rv\cos\Theta}=-k\rho\,\mathrm{d}h=-k\rho_0\mathrm{e}^{-\beta h}\,\mathrm{d}h \tag{4-469}$$

在实际计算中发现，对再入倾角$|\Theta_{\mathrm{e}}|$较大的飞行器而言，在再入段可近似认为k为一常数。这是由于飞行器再入时，速度不断减小，故马赫数Ma也不断减小，不过Ma仍然较1大得多。根据C_x-Ma曲线可知，此时C_x将随Ma减小而增大，因此k的分子是不断增加的；此外，k的分母值也由于引力作用使得$|\Theta_{\mathrm{e}}|$不断增大而逐渐增大，故可认为k近似为常数。不难看出，由于再入段Θ是一负值，故k也为小于零的值。

对式(10.76)两端从再入点e积分至再入段任一点，得

$$\ln\frac{rv\cos\Theta}{r_{\mathrm{e}}v_{\mathrm{e}}\cos\Theta_{\mathrm{e}}}=\frac{k\rho_0}{\beta}(\mathrm{e}^{-\beta h}-\mathrm{e}^{-\beta h_{\mathrm{e}}})$$

亦即

$$rv\cos\Theta=r_{\mathrm{e}}v_{\mathrm{e}}\cos\Theta_{\mathrm{e}}\exp\left[\frac{k}{\beta}(\rho-\rho_{\mathrm{e}})\right] \tag{4-470}$$

若认为再入点处$\rho_{\mathrm{e}}=0$，则

$$rv\cos\Theta=r_{\mathrm{e}}v_{\mathrm{e}}\cos\Theta_{\mathrm{e}}\mathrm{e}^{\frac{k}{\beta}\rho} \tag{4-471}$$

不难理解，若再入段处于真空时，则$\rho=0$，因此有

$$rv\cos\Theta=r_{\mathrm{e}}v_{\mathrm{e}}\cos\Theta_{\mathrm{e}}$$

即满足动量矩守恒，也即为椭圆弹道的结果。而式(4-471)说明，考虑空气阻力后，有一个修正系数$\mathrm{e}^{\frac{k}{\beta}\rho}$，由于$k<0$，故$\mathrm{e}^{\frac{k}{\beta}\rho}<1$，所以空气阻力的作用使得动量矩减小。

式(4-471)中有3个未知数：r,v,Θ，即使以r为自变量亦须补充一个关系式。为此，注意到由动量矩对t的微分可得

$$\frac{\mathrm{d}}{\mathrm{d}t}(rv\cos\Theta)=v\frac{\mathrm{d}}{\mathrm{d}t}(r\cos\Theta)+r\cos\Theta\frac{\mathrm{d}v}{\mathrm{d}t}$$

由于前面已假设$g=g_0$，故有

$$\frac{\mathrm{d}v}{\mathrm{d}t}=-\frac{X}{m}-g_0\sin\Theta$$

将其代入上式得

$$\frac{\mathrm{d}}{\mathrm{d}t}(rv\cos\Theta)=v\frac{\mathrm{d}}{\mathrm{d}t}(r\cos\Theta)-r\frac{X}{m}\cos\Theta-rg_0\sin\Theta\cos\Theta$$

将该式右端与式(4-467)右端相比较可知

$$v\frac{\mathrm{d}}{\mathrm{d}t}(r\cos\Theta)=rg_0\sin\Theta\cos\Theta$$

根据式(4-468),可将上式写为

$$\frac{\mathrm{d}(r\cos\Theta)}{r\cos\Theta}=\frac{g_0}{v^2}\mathrm{d}h$$

运用式(4-471),上式还可进一步改写成

$$\frac{\mathrm{d}(r\cos\Theta)}{r^3\cos^3\Theta}=\frac{g_0}{r_e^2v_e^2\cos^2\Theta_e}\mathrm{e}^{-2\frac{k}{\beta}\rho}\mathrm{d}h \tag{4-472}$$

令

$$\eta=-\frac{2k}{\beta}\rho_0\mathrm{e}^{-\beta h} \tag{4-473}$$

则

$$\mathrm{d}\eta=2k\rho_0\mathrm{e}^{-\beta h}\mathrm{d}h$$

所以

$$\mathrm{d}\eta=-\frac{\mathrm{d}\eta}{\beta\eta}$$

将其代入式(4-472),即为

$$\frac{\mathrm{d}(r\cos\Theta)}{r^3\cos^3\Theta}=\frac{g_0}{r_e^2v_e^2\cos^2\Theta_e}\frac{\mathrm{e}^{\eta}}{\eta}\mathrm{d}h$$

由再入点 e 积分上式至再入段任一点,则得

$$\frac{1}{2r_e^2\cos^2\Theta_e}-\frac{1}{2r\cos^2\Theta}=-\frac{g_0}{\beta r_e^2v_e^2\cos^2\Theta_e}\int_{\eta_e}^{\eta}\frac{\mathrm{e}^{\eta}}{\eta}\mathrm{d}h$$

即

$$\frac{1}{2r^2\cos^2\Theta}-\frac{1}{2r_e^2\cos^2\Theta_e}=\frac{g_0}{\beta r_e^2v_e^2\cos^2\Theta_e}\left(\int_0^{\eta}\frac{\mathrm{e}^{\eta}}{\eta}\mathrm{d}h-\int_0^{\eta_e}\frac{\mathrm{e}^{\eta}}{\eta}\mathrm{d}h\right) \tag{4-474}$$

记

$$E(\eta)=\int_0^{\eta}\frac{\mathrm{e}^{\eta}}{\eta}\mathrm{d}h \tag{4-475}$$

此为超越函数,其数值可根据 η 表查明。因而式(4-474)写成

$$\frac{1}{2r^2\cos^2\Theta}-\frac{1}{2r_e^2\cos^2\Theta_e}=\frac{g_0}{\beta r_e^2v_e^2\cos^2\Theta_e}[E(\eta)-E(\eta_e)]$$

经过整理可得

$$r\cos\Theta=\frac{r_e\cos\Theta_e}{\sqrt{1+\frac{2g_0}{\beta v_e^2}[E(\eta)-E(\eta_e)]}} \tag{4-476}$$

由式(4-471)和式(4-476)即可求出以 r 为自变量的再入段任一点的速度 v 和当地速度倾角 Θ,特别当 $r=R$ 时,有 $\rho=\rho_0$,$\eta=\eta_0=-2k\rho_0/\beta$,则可由式(4-476)求得落角 Θ_e 即

$$\cos\Theta_e=\frac{r_e\cos\Theta_e}{R}\frac{r_e\cos\Theta_e}{\sqrt{1+\frac{2g_0}{\beta v_e^2}[E(\eta)-E(\eta_e)]}} \tag{4-477}$$

从而代入式(4-471)即可求得落速为

$$v_e=\frac{r_ev_e\cos\Theta_e}{R\cos\Theta_e}\mathrm{e}^{-\frac{\eta_0}{2}} \tag{4-478}$$

须指出的是，若在整个再入段上将 k 看成常数误差过大，则可将 k 分段视为常数，以提高精度。

2. 再入段射程 L_e 的近似计算

由于再入段射程 L_e 的变化率可写为

$$\frac{dL_e}{dh}=\frac{dL_e}{dt}\cdot\frac{dt}{dh}$$

注意到式(4-436)及式(4-468)，可得

$$\frac{dL_e}{dh}=\frac{R}{r}\cot\Theta \tag{4-479}$$

积分式(4-479)，从再入点至弹道上任一点的射程为

$$L_e=R\int_{h_e}^{h}\frac{\cot\Theta}{R+h}dh \tag{4-480}$$

由于再入段射程小，可近似认为 $\Theta=\Theta_e$，则

$$L_e=R\cot\Theta_e\ln\frac{R+h}{R+h_e} \tag{4-481}$$

特别地，当 $h=0$ 时，得到整个再入段射程为

$$L_e=R\cot\Theta_e\ln\frac{R}{R+h_e} \tag{4-482}$$

4.6.3　有升力再入弹道

对再入飞行器，无论是弹头，还是航天器(卫星、飞船和航天飞机)，都涉及再入弹道问题。飞行器以什么样的弹道再入，再入过程中是否对升力进行控制，与飞行器的特性和所要完成的任务有关。

本小节从飞行器采用弹道式再入时存在的问题出发，讨论有升力的再入弹道问题。

4.6.3.1　问题的提出及技术途径

1. 弹头再入机动

随着弹道导弹武器的迅速发展，导弹的威力越来越大，命中精度也越来越高，目前已发展到携带多个数十万吨 TNT 当量子弹头的洲际导弹，其命中精度已达到近 100 m 的圆概率偏差，具有摧毁加固地下井的打击能力。因而为了对付攻方弹道导弹的袭击，出现了反弹道导弹的反导弹武器和反导防御体系。反导武器通常配置于所要保卫目标的附近，可成圆周形配置，也可配置于敌方可能实施突击的方向上。在预警雷达测得敌方来袭的弹道导弹参数后，将参数传送给反导系统，使反导系统在敌方导弹进入防御空间时用高空拦截武器进行拦截，若有弹道导弹突破高空拦截区，还可使用低空拦截武器实施攻击。无论是高空拦截武器或是低空拦截武器都有一定的防御空间，通常称为杀伤区。而弹道导弹飞行速度大，相应穿过杀伤区的时间较短，因此拦截武器反击时间有限，而且要求拦截武器有较好的机动性能。关于反导弹武器设计问题不属于本门课程讨论范围。正因为反导弹武器的出现，势必刺激战略进攻武器的进一步完善和发展，要求弹道导弹具有突破对方反导防御体系的能力。

目前，主要的突防技术为采用多弹头和施放诱饵等手段。而在大气层中的再入突防，一种

有效的办法是进行再入弹道机动，当导弹弹道接近目标时，突然改变其原来的弹道作机动飞行，亦称机动变轨，其目的是造成反导导弹的脱靶量，或避开反导导弹的拦截区攻击目标。突防采用的弹道如图 4-67 所示。

图 4-67 中，除弹道 a 外，其余 3 条弹道 b,c,d 均是机动弹道。

(1) 弹道 a，以陡峭再入角 Θ_e，进行弹道再入，即 $|\Theta_e|$ 较大，高速穿过杀伤区，以减少穿过杀伤区的时间，从而减小反导弹武器拦截的杀伤概率；

(2) 弹道 b，弹头的再入弹道经过杀伤区，弹头进入杀伤区后，利用弹道的机动，造成低空反导武器有较大的脱靶量；

(3) 弹道 c，弹头的再入机动弹道避开低拦杀伤区去袭击目标；

(4) 弹道 d，对高拦杀伤区和低拦杀伤区采用再入机动弹道躲避开这两个杀伤区。

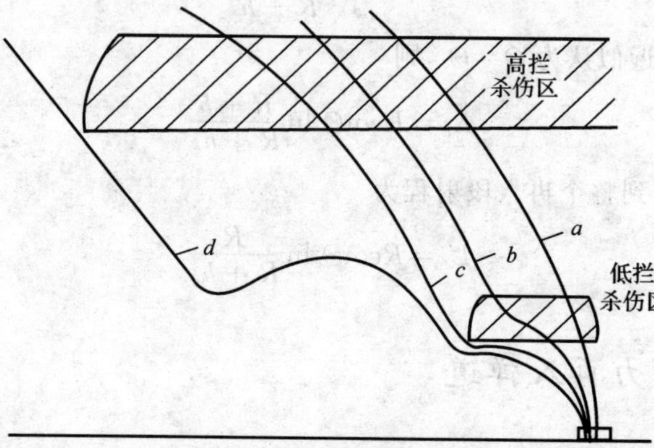

图 4-67　弹道导弹突防示意图

这就从弹头的突防提出了再入机动弹道的研究问题。图 4-68 所示为某种具有末制导图像匹配的系统的再入弹头攻击地面固定目标时，为保证末制导系统良好的工作条件和弹头落地速度要求时，采用的再入机动弹道示意图。

为实现弹头再入弹道的机动，可调节升力，即通过改变弹头的姿态产生一定的攻角来完成。而改变弹头的姿态可以用弹头尾部装发动机；装伸缩块，或称调整片、配平翼；或者利用质心偏移的办法来产生控制力矩。

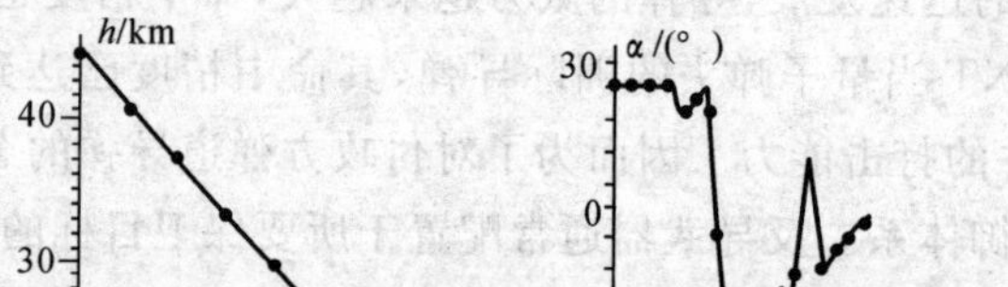

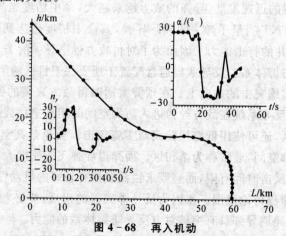

图 4-68　再入机动

L— 再入段射程；　h— 飞行高度；　t— 飞行时间；　n_y— 法向过载；　a— 攻角

2. 航天器的再入

航天器要脱离运动轨道返回地面，可通过制动火箭给航天器一个速度增量 ΔV，使飞行器进入与地球大气相交的椭圆轨道，然后进入大气层。从进入大气层到着陆系统开始工作（如降落伞打开）的这一飞行段为再入段。

航天器在地球大气中可能的降落轨道有弹道式轨道、升力式轨道、跳跃式轨道和椭圆衰减式轨道。前 3 种轨道示意图如图 4-69 所示。轨道 a 为沿陡峭弹道的弹道式再入；轨道 b 为沿倾斜弹道的弹道式再入；轨道 c 为升力式轨道；轨道 d 为跳跃式轨道，航天器以较小的再入角进入大气层后，依靠升力，再次冲出大气层，做一段弹道式飞行，然后再进入大气层，也可以多次出入大气层，每进入一次大气层就利用大气进行一次减速，这种返回轨道的高度有较大起伏的变化，故称作跳跃式轨道。对进入大气层后虽不再跳出大气层，但可靠升力使轨道高度有较大起伏变化的轨道，也称作跳跃式轨道。对于弹道式再入和升力式再入，下面将予以介绍。

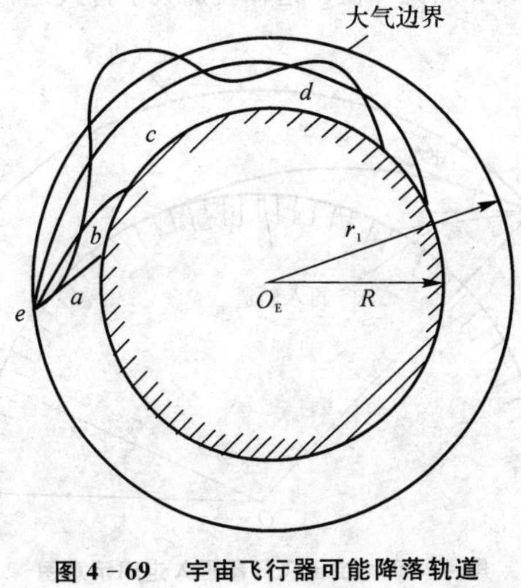

图 4-69　宇宙飞行器可能降落轨道

如果航天器采用弹道式再入，存在以下主要问题。

(1) 着陆点散布大。由于航天器在大气层的运动处于无控状态，航天器落点位置的准确程度，主要取决于制动火箭的姿态和推力，而在制动结束后的降落过程中没有修正偏差的可能，因此需要有一个广阔的回收区。此外，还必须等到星下点轨道恰好经过预想的落点上空时开始进行着陆。解决以上问题最可行的办法是在再入过程中，利用空气动力的升力特性来改变轨道，也即通过控制升力，使航天器具有一定的纵向机动和侧向机动的能力。

(2) 再入走廊狭窄。弹道式再入时，轨道的形状完全取决于航天器进入大气层时的初始条件，即取决于再入时的速度大小 v_e 和再入角 Θ_e，由式(4-390)分析可知，最小负加速度与运动参数 v_e，Θ_e 有关，理论上讲，适当地控制再入角 Θ_e 和速度 v_e 的大小，可以使最大过载不超过允许值。实际上，用减小速度 v_e 的办法来减小最大过载值是不可取的。因为速度 v_e 的减小有赖于制动速度的增大，这将使制动火箭的总冲增加，使航天器质量增大，所以控制弹道式再入航天器最大过载的主要办法就是控制再入角 Θ_e。

若 $|\Theta_e|$ 过大，则轨道过陡，受到的空气动力作用过大，减速过于激烈，致使航天器受到的减速过载和气动热超过航天器的结构、仪器设备或宇航员所能承受的过载，或使航天器严重烧

蚀，不能正常再入，因此存在一个最大再入角 $|\Theta_e|_{max}$。若 $|\Theta_e|$ 过小，可能使航天器进入大气层后受到的空气动力作用过小，不足以使它继续深入大气层，可能会在稠密大气层的边缘掠过而进入不了大气层，也不能正常再入。因此，存在一个最小再入角 $|\Theta_e|_{min}$。可见，为了实现正常再入，再入角 Θ_e 应满足式：

$$|\Theta_e|_{min} \leqslant |\Theta_e| \leqslant |\Theta_e|_{max}$$

称这个范围为再入走廊。$\Delta\Theta_e = |\Theta_e|_{max} - |\Theta_e|_{min}$ 为再入走廊的宽度，如图 4-70 所示。

不同的航天器有不同的气动特性、不同的防热结构和最大过载允许值，因而有不同的再入走廊。一般来说，航天器的再入走廊都比较狭窄。为了加宽再入走廊，可通过使航天器再入时具有一定的升力来实现。当航天器有一定的负攻角时，那么它将以一定的负升力进入大气层，负升力使航天器的再入轨道向内弯曲，从而可以使航天器在 $|\Theta_e| < |\Theta_e|_{min}$ 的某些情况下也可实现再入。与此类似，一个具有升力的航天器，以一定的正攻角再入，其正升力可以使轨道变缓，从而可以降低最大过载和热流峰值。这样就加大了再入走廊的宽度。

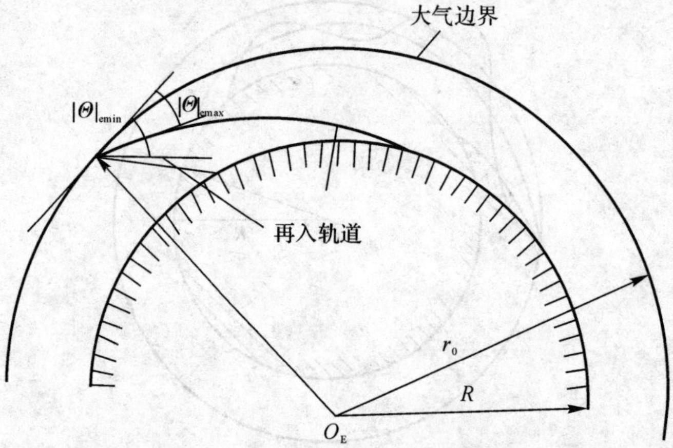

图 4-70　宇宙飞行器再入走廊示意图

综上所述，采用弹道式再入的航天器存在落点散布大、再入走廊狭窄等问题，而解决问题的方法就是采用升力的再入机动弹道。

目前，根据航天器的气动特征不同，航天器可分为三类：弹道式再入航天器、弹道-升力再入航天器和升力式再入航天器。

(1) 弹道式再入航天器。虽然弹道式再入存在落点散布大和再入走廊狭窄等主要问题，但由于再入大气层不产生升力或不控制升力，再入轨道比较陡峭，所经历的航程和时间较短，因而气动加热的总量也较小，防热问题较易处理。此外它的气动外形也不复杂，可做成简单的旋成体。上述两点都使它的结构和防热设计大为简化，因而成为最先发展的一类再入航天器。

(2) 弹道-升力式再入航天器。在弹道式再入航天器的基础上，通过配置质心的办法，使航天器进入大气层时产生一定升力就成为弹道-升力式再入航天器。其质心不配置在再入航天器的中心轴线上，而配置在偏离中心轴线一段很小的距离处，同时使质心在压心之前。这样，航天器在大气中飞行时，在某一个攻角下，空气动力对质心的力矩为零，这个攻角称为配平攻角，记作 η_{tr}，如图 4-71 所示。在配平攻角飞行状态下，航天器相应地产生一定的升力，此升力一般不大于阻力的一半，即升阻比小于 0.5。

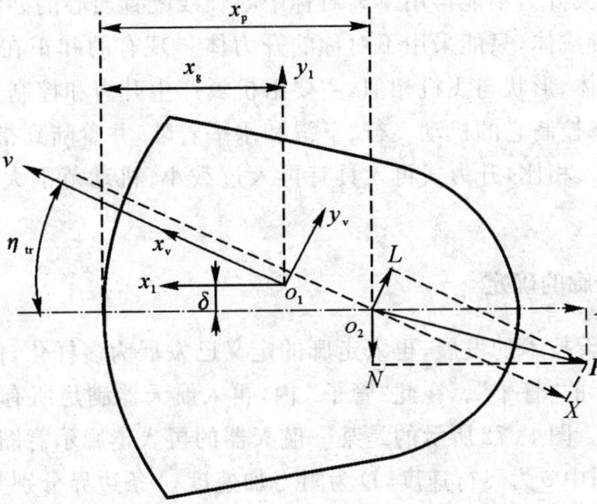

图 4－71　以配平攻角飞行时作用在航天器上的空气动力

以配平攻角飞行时的特性：

1) 根据配平攻角的定义，空气动力 $\boldsymbol{R}$ 对质心 o_1 的力矩为零，而 $\boldsymbol{R}$ 的压心为 o_2，故空气动力 $\boldsymbol{R}$ 通过航天器的压心和质心。

2) 由于 $\boldsymbol{R}$ 通过航天器的压心和质心，且再入航天器为旋成体，其压心 o_2 在再入航天器的几何纵轴上，所以 $\boldsymbol{R}$ 在 $o_1x_1y_1$ 平面内，又 $\boldsymbol{R}$ 在 $o_1x_vx_1$ 平面内，故 o_1x_v 轴在 $o_1x_vy_1$ 平面内，即侧滑角：

$$\beta=0$$

3) 以配平攻角飞行时，由图 4－71 知：

$$N(x_p-x_g)=x_1\delta$$

即

$$C_N(x_p-x_g)=C_{x1}\delta \tag{4-483}$$

其中 δ 为质心 o_1 偏离几何纵轴的距离。

4) 以配平攻角飞行时有

$$\alpha<0$$

这是因为，以配平攻角飞行时，$\beta=0$，o_1x_v 轴在 $o_1x_vx_1$ 平面内，此时 o_1x_v 的正向必在 o_1x_1 轴正向及 o_1y_1 轴正向所夹角之内，否则 $\boldsymbol{R}$ 不能通过质心，故由 α 的定义，得到 $\alpha<0$。

关于配平攻角 η_{tr} 的求取，注意到式(4－483)，C_N，C_{x1}，x_p 为攻角(即 α)、Ma 及飞行高度 h 的函数。因此，对于一定的 Ma 及 h 值下，若某一 η(或 α) 对应的 C_N，C_{x1} 及 x_p 满足式(4－483)，则该 η(或 α) 值就是再入航天器在该 Ma 及 h 下的配平攻角 η_{tr}(或 α_{tr})。

弹道-升力式再入航天器的外形如图 4－71 所示，为简单的旋成体，在再入飞行过程中，通过姿态控制系统将再入航天器绕本身纵轴转动一个角度，就可以改变升力在当地铅垂平面和水平平面的分量。因此，以一定的逻辑程序控制滚动角 γ，就可以控制航天器在大气中的运动轨道。从而在一定范围内可以控制航天器的着陆点位置，其最大过载也大大地小于弹道式再入时的最大过载。

(3) 升力式再入航天器。当要求再入航天器水平着陆时，例如航天飞机，必须给再入航天器足够大的升力。而能够实现水平着陆的升力式再入航天器的升阻比一般都大于1,也就是说升力大于阻力,这样大升力不能再用偏离对称中心轴线配置质心的办法获得。因此,升力式再入航天器不能再用旋成体,只能采用不对称的升力体。现有的和正在研制的升力式再入航天器,都是带翼的升力体,形状与飞机相似,主要由机翼产生升力和控制升力,以及反作用喷气与控制相结合的办法来控制它的机动飞行、下滑和水平着陆,并着陆到指定的机场跑道上。

与弹道-升力式再入相比,升力式再入具有再入过载小、机动范围大和着陆精度高的3个特点。

4.6.3.2 再入走廊的确定

应当指出,随着航天技术的发展,再入走廊的定义已发展为多样化,例如,可将再入走廊定义为导向预定着陆目标的“管子”。在此“管子”内,再入航天器满足所有的限制,如过载限制、热流限制、动压限制等。图4-72所示的是某一航天器的再入走廊示意图和在此走廊内设计的一条再入基准轨道。图中v为飞行速度,D为阻力加速度,4条边界分别为满足法向过载限制、动压限制、最大热流限制和平衡滑翔要求时,阻力加速度D随速度v的变化曲线。

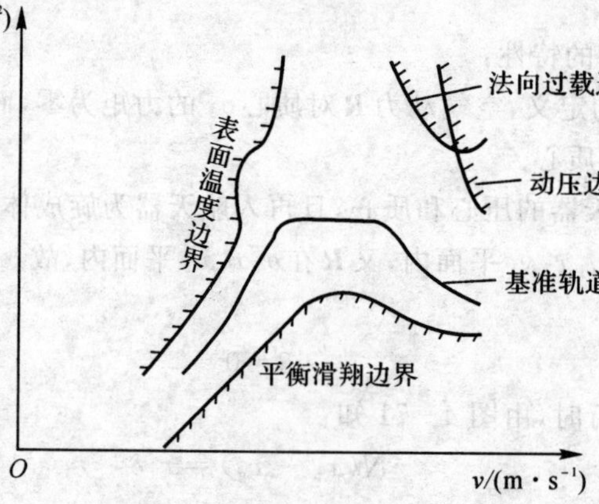

图4-72 再入走廊示意图

下面介绍对一事先装订好总攻角η与飞行速度v的关系的航天器,其再入走廊的确定。

1. 法向过载的限制

法向过载n_y应满足:

$$n_y \leqslant n_{y\max} \tag{4-484}$$

由于讨论中设侧滑角$\beta=0$,故$Y=L$,且注意到

$$n_y=\frac{L}{mg_0}=\frac{C_L qS_M}{mg_0} \tag{4-485}$$

$$D=\frac{X}{m}=\frac{C_x qS_M}{m} \tag{4-486}$$

将式(4-486)除式(4-485),即得

$$\frac{D}{n_y}=\frac{C_x g}{C_L}$$

于是,满足法向过载限制的边界为

$$D=\frac{C_x}{C_L}gn_{y\max} \tag{4-487}$$

由于已装订好总攻角 η 与飞行速度 v 的关系，于是，给定 v 值，可得到相应的 C_L，C_x 值，从而得到阻力加速度 D 与飞行速度 v 的对应关系，故由式(4-487)得到满足法向过载限制的边界。

2. 动压的限制

动压 q 应满足：

$$q\leqslant q_{\max} \tag{4-488}$$

由式(4-486)可知，满足动压限制的过界为

$$D=\frac{C_x}{m}S_M q_{\max} \tag{4-489}$$

3. 最大热流限制

驻点热流是最严重的情况，应满足：

$$q_s\leqslant (q_s)_{\max} \tag{4-490}$$

由于

$$q_s=k_s\sqrt{\rho}v^3$$

于是

$$\rho=\frac{q_s^2}{k_s^2v^6}$$

而阻力加速度

$$D=\frac{C_x}{m}S_M\frac{1}{2}\rho v^2=\frac{C_xS_M}{2m}\frac{q_s^2}{k_s^2v^4}$$

所以，满足最大热流限制的边界为

$$D=\frac{C_xS_M}{2m}\frac{(q_s)_{\max}^2}{k_s^2v^4} \tag{4-491}$$

4. 平衡滑翔边界

为使再入航天器返回地面，再入大气层时应使 $\mathrm{d}\Theta/\mathrm{d}t\leqslant 0$，即存在一个平衡滑翔边界：

$$\frac{\mathrm{d}\Theta}{\mathrm{d}t}=0 \tag{4-492}$$

由式(4-434)知，亦即

$$\frac{L}{mv}+\left(\frac{v}{r}-\frac{g}{v}\right)\cos\Theta=0$$

当 $|\Theta|$ 较小时，可近似地认为 $\cos\Theta=1$，于是

$$\frac{L}{mv}=\frac{g}{v}-\frac{v}{r}$$

即

$$\frac{qS_M}{m}=\frac{g-\dfrac{v^2}{r}}{C_L}$$

所以，平衡滑翔边界为

$$D=\left(g-\frac{v^2}{r}\right)\frac{C_x}{C_L} \tag{4-493}$$

其中 r 为飞行器质心到地心的距离，可近似取 $r=r_e$，便得到 D 与 v 的对应关系。

4.7 多级火箭

4.7.1 多级火箭相关概念

为了准确理解本节讨论的内容及正确使用所导出的结果，首先对多级火箭有关术语进行定义[1]。多级火箭的"级"与"子火箭"是两个概念。"级"是一个完整的推进装置，它包括发动机、推进剂输送系统、推进剂、贮箱和控制系统部分设备等。当这一级的推进剂全部消耗完时，这一级就被整个地抛掉。"子火箭"则是一个完整的运载火箭，它由连同有效载荷、控制系统在内的一级或多级火箭组成。以一个串联式三级火箭为例(见图 4-73)，该火箭有三个级和三个子火箭，第一子火箭就是整个运载火箭；第二子火箭就是第一子火箭减去第一级；第三子火箭就是第二子火箭减去第二级，或者等同于有效载荷加上第三级。由图 4-73 还可看出，第三子火箭的有效载荷即为运载火箭的实际有效载荷 M_u，据此可推广定义第二子火箭的有效载荷即为第三子火箭，第一子火箭的有效载荷即为第二子火箭。

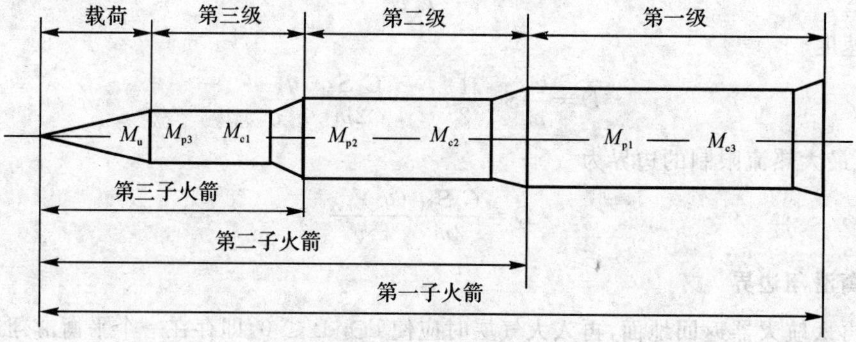

图 4-73　多级火箭的"子火箭"和"级"的定义

根据上述定义，可推广写出一个 N 级火箭的一般文字表达式：

$$\begin{cases}\text{第 1 子火箭}=\text{整个运载火箭}\\ \text{第}(i+1)\text{子火箭}=\text{第}\ i\ \text{子火箭}-\text{第}\ i\ \text{级}\\ \text{第}\ i\ \text{子火箭有效载荷}=\text{第}(i+1)\text{子火箭}\\ \text{第}\ N\ \text{子火箭有效载荷}=\text{实际有效载荷}\end{cases}$$

其中，$i=1,2,\cdots,N-1$。

4.7.2 多级火箭主动段的运动

在了解了多级火箭的相关概念后，接下来建立描述多级火箭运动规律的数学模型。根据多级火箭飞行中有控制作用和受力特点，可将整个弹道分为主动段和被动段两部分。相应地，描述其运动规律的微分方程也就有主动段和被动段，由于在被动段，火箭不受推力和控制力及其力矩的作用，它是依靠在主动段中点获得的能量自由飞行的，因此这部分的运动模型可用4.5 节中内容来描述。本节仅讨论多级火箭主动段运动微分方程组的建立方法和运动规律。

由于控制系统结构形式以及所给定的弹道初始条件的差异，因此描述多级火箭主动段运动规律的弹道方程也就不完全相同。本节讨论由两级固体火箭发动机推动，采用平台计算机惯性制导方案，并以摆动发动机作为姿态控制执行机构的火箭的主动段弹道方程。由于这类多级火箭自身的特点和所给出的初始条件不同以及考虑对其运动影响因素的增加，因而使其主动段弹道方程式不但与一般弹道方程式有较大差别，而且方程个数增加许多，多达几十个乃至近百个。下面讨论的主动段运动微分方程组，便是顾及上述情况并以发射坐标系作为参考的多级火箭主动段弹道方程组。

1. 质心运动方程

根据在发射坐标系内建立火箭质心运动方程的原理及作用在其上的力，则得火箭质心运动方程为

$$\left.\begin{aligned}\begin{bmatrix}\dot{V}_x\\ \dot{V}_y\\ \dot{V}_z\end{bmatrix}&=\boldsymbol{A}_g^b\begin{bmatrix}\dot{W}_{x1}\\ \dot{W}_{y1}\\ \dot{W}_{z1}\end{bmatrix}+\begin{bmatrix}g_x+\dot{V}_{ex}+\dot{V}_{cx}\\ g_y+\dot{V}_{ey}+\dot{V}_{cy}\\ g_z+\dot{V}_{ez}+\dot{V}_{cz}\end{bmatrix}\\ \begin{bmatrix}\dot{x}\\ \dot{y}\\ \dot{z}\end{bmatrix}&=\begin{bmatrix}V_x\\ V_y\\ V_z\end{bmatrix}\end{aligned}\right\}\tag{4-494}$$

其中 $\boldsymbol{A}_g^b$ 为发射坐标系与箭体坐标系间的方向余弦矩阵式，即

$$\boldsymbol{A}_g^b=\begin{bmatrix}\cos\varphi\cos\psi & \cos\varphi\sin\psi\sin\gamma-\sin\varphi\cos\gamma & \cos\varphi\sin\psi\cos\gamma+\sin\varphi\sin\gamma\\ \sin\varphi\cos\psi & \sin\varphi\sin\psi\sin\gamma+\cos\varphi\cos\gamma & \sin\varphi\sin\psi\cos\gamma-\cos\varphi\sin\gamma\\ -\sin\psi & \cos\psi\sin\gamma & \cos\psi\cos\gamma\end{bmatrix}\tag{4-495}$$

轴向、法向和横向视加速度表达式为

$$\begin{bmatrix}\dot{W}_{x1}\\ \dot{W}_{y1}\\ \dot{W}_{z1}\end{bmatrix}=\frac{1}{m}\left[\boldsymbol{C}_b^c\begin{bmatrix}-X\\ Y\\ Z\end{bmatrix}+\begin{bmatrix}P_{x1}\\ P_{y1}\\ P_{z1}\end{bmatrix}\right]\tag{4-496}$$

其中，箭体坐标系与速度坐标系间的方向余弦矩阵式为

$$\boldsymbol{C}_b^c=\begin{bmatrix}\cos\alpha\cos\beta & \sin\alpha & -\cos\alpha\sin\beta\\ -\sin\alpha\cos\beta & \cos\alpha & \sin\alpha\sin\beta\\ \sin\beta & 0 & \cos\beta\end{bmatrix}\tag{4-497}$$

空气动力表达式

$$\begin{bmatrix}X\\ Y\\ Z\end{bmatrix}=\begin{bmatrix}C_x qS_m\\ C_y^\alpha\alpha qS_m\\ -C_y^\alpha\beta qS_m\end{bmatrix}\tag{4-498}$$

有效推力和控制力表达式为

$$\begin{bmatrix} P_{x1} \\ P_{y1} \\ P_{z1} \end{bmatrix} = \begin{cases} \left.\begin{matrix} P\cos\mu\cos\delta_\varphi\cos\delta_\psi \\ R'\sin\delta_\varphi\cos\delta_\psi \\ -R'\sin\delta_\psi\cos\delta_\varphi \end{matrix}\right\} & \text{一级} \\ \left.\begin{matrix} P_z + R'\cos\mu(\cos\delta_\varphi + \cos\delta_\psi) \\ R'\sin\delta_\varphi \\ -R'\sin\delta_\psi \end{matrix}\right\} & \text{二级} \end{cases} \tag{4-499}$$

其中

$$R' = \begin{cases} \dfrac{\sqrt{2}}{2}P & \text{一级} \\ \dfrac{1}{2}P_u & \text{二级} \end{cases} \tag{4-500}$$

引力加速度表达式为

$$\begin{bmatrix} g_x \\ g_y \\ g_z \end{bmatrix} = \begin{bmatrix} g_r \dfrac{x + R_{0x}}{r} + g_\omega \dfrac{\omega_x}{\omega} + \delta g_x \times 10^{-5} \\ g_r \dfrac{y + R_{0y}}{r} + g_\omega \dfrac{\omega_y}{\omega} + \delta g_y \times 10^{-5} \\ g_r \dfrac{z + R_{0z}}{r} + g_\omega \dfrac{\omega_z}{\omega} + \delta g_z \times 10^{-5} \end{bmatrix} \tag{4-501}$$

其中

$$\left.\begin{aligned} g_r &= -\frac{fM}{r^2} + \frac{\mu}{r^4}(5\sin^2\varphi_s - 1) \\ g_\omega &= -\frac{2\mu}{r^4}\sin\varphi_s \end{aligned}\right\} \tag{4-502}$$

式(4-501)中，$\delta g_x, \delta g_y, \delta g_z$(单位为毫伽)为扰动引力加速度。如果不考虑空间重力异常对火箭运动的影响，则扰动引力分量 $\delta g_x, \delta g_y, \delta g_z$ 均记为零。

牵连加速度和柯氏加速度表达式为

$$\begin{bmatrix} \dot{V}_{ex} \\ \dot{V}_{ey} \\ \dot{V}_{ez} \end{bmatrix} = \begin{bmatrix} a_{11} & a_{12} & a_{13} \\ a_{21} & a_{22} & a_{23} \\ a_{31} & a_{32} & a_{33} \end{bmatrix} \begin{bmatrix} x + R_{0x} \\ y + R_{0y} \\ z + R_{0z} \end{bmatrix} \tag{4-503}$$

$$\begin{bmatrix} \dot{V}_{cx} \\ \dot{V}_{cy} \\ \dot{V}_{cz} \end{bmatrix} = \begin{bmatrix} 0 & b_{12} & b_{13} \\ b_{21} & 0 & b_{23} \\ b_{31} & b_{32} & 0 \end{bmatrix} \begin{bmatrix} V_x \\ V_y \\ V_z \end{bmatrix} \tag{4-504}$$

其中

$$\left.\begin{aligned}
a_{11}&=\omega^2-\omega_x^2\\
a_{12}&=a_{21}=-\omega_x\omega_y\\
a_{13}&=a_{31}=-\omega_x\omega_z\\
a_{22}&=\omega^2-\omega_y^2\\
a_{23}&=a_{32}=-\omega_y\omega_z\\
a_{33}&=\omega^2-\omega_z^2\\
b_{12}&=-b_{21}=2\omega_z\\
b_{31}&=-b_{13}=2\omega_y\\
b_{23}&=-b_{32}=2\omega_x
\end{aligned}\right\}\tag{4-505}$$

$$\left.\begin{aligned}
\omega_x&=\omega\cos B_{\mathrm{T}}\cos A_{\mathrm{T}}\\
\omega_y&=\omega\sin B_{\mathrm{T}}\\
\omega_z&=-\omega\cos B_{\mathrm{T}}\sin A_{\mathrm{T}}
\end{aligned}\right\}\tag{4-506}$$

发射点地心纬度、地心距离及其在发射坐标系内的坐标为

$$\left.\begin{aligned}
\varphi_{s0}&=\arcsin\frac{z_0}{R_0}\\
R_0&=\sqrt{x_0^2+y_0^2+z_0^2}=\sqrt{R_{0x}^2+R_{0y}^2+R_{0z}^2}
\end{aligned}\right\}\tag{4-507}$$

和

$$\begin{bmatrix}R_{0x}\\R_{0y}\\R_{0z}\end{bmatrix}=\begin{bmatrix}d_{11}&d_{21}&d_{31}\\d_{12}&d_{22}&d_{32}\\d_{13}&d_{23}&d_{33}\end{bmatrix}\begin{bmatrix}x_0\\y_0\\z_0\end{bmatrix}\tag{4-508}$$

式中，x_0，y_0，z_0 为发射点地心矢径在地心大地直角坐标系中之坐标。

空间任一点的地心大地直角坐标、地心距离、地心经度和地心纬度表达式为

$$\begin{bmatrix}x_s\\y_s\\z_s\end{bmatrix}=\begin{bmatrix}d_{11}&d_{12}&d_{13}\\d_{21}&d_{22}&d_{23}\\d_{31}&d_{32}&d_{33}\end{bmatrix}\begin{bmatrix}x\\y\\z\end{bmatrix}+\begin{bmatrix}x_0\\y_0\\z_0\end{bmatrix}\tag{4-509}$$

$$\left.\begin{aligned}
r&=\sqrt{x_s^2+y_s^2+z_s^2}\\
\lambda_s&=\frac{y_s}{|y_s|}\left(\frac{\pi}{2}-\arcsin\frac{x_s}{\sqrt{x_s^2+y_s^2}}\right)\\
\varphi_s&=\arcsin\frac{z_s}{r}
\end{aligned}\right\}\tag{4-510}$$

其中

$$\left.\begin{aligned}
d_{11}&=-\sin\lambda_{\mathrm{T}}\sin A_{\mathrm{T}}-\cos\lambda_{\mathrm{T}}\cos A_{\mathrm{T}}\sin B_{\mathrm{T}}\\
d_{12}&=\cos\lambda_{\mathrm{T}}\cos B_{\mathrm{T}}\\
d_{13}&=-\sin\lambda_{\mathrm{T}}\cos A_{\mathrm{T}}+\cos\lambda_{\mathrm{T}}\sin A_{\mathrm{T}}\sin B_{\mathrm{T}}\\
d_{21}&=\cos\lambda_{\mathrm{T}}\sin A_{\mathrm{T}}-\sin\lambda_{\mathrm{T}}\cos A_{\mathrm{T}}\sin B_{\mathrm{T}}\\
d_{22}&=\sin\lambda_{\mathrm{T}}\cos B_{\mathrm{T}}\\
d_{23}&=\cos\lambda_{\mathrm{T}}\cos A_{\mathrm{T}}+\sin\lambda_{\mathrm{T}}\sin A_{\mathrm{T}}\sin B_{\mathrm{T}}\\
d_{31}&=\cos A_{\mathrm{T}}\cos B_{\mathrm{T}}\\
d_{32}&=\sin B_{\mathrm{T}}\\
d_{33}&=-\sin A_{\mathrm{T}}\cos B_{\mathrm{T}}
\end{aligned}\right\}\tag{4-511}$$

式中，λ_T，B_T 及 A_T 分别为发射点天文经度、天文纬度和天文瞄准方位角。

地球为正常椭球体时其表面上任意点的地心距离表达式为

$$R=\alpha(1-\tilde{\alpha})\sqrt{\frac{1}{\sin^2\varphi_s+(1-\tilde{\alpha})^2\cos^2\varphi_s}} \tag{4-512}$$

式中，$\tilde{\alpha}$ 为椭球地球体扁率。

2. 姿态控制方程

众所周知，火箭在理想条件下飞行时，其俯仰角 φ 基本上随飞行程序角 $\varphi_{cx}(t)$ 而变化，而且其纵对称面与射面基本相重合。如果火箭因外界干扰作用而偏离预定弹道，出现姿态角偏差 $\Delta\varphi=\tilde{\varphi}-\varphi_{cx}(t)$ 或 $\tilde{\psi}$，$\tilde{\gamma}$ 时，则控制系统将根据这些姿态角误差信号及时地使发动机摆动 δ_φ 或 δ_ψ，δ_γ，产生控制力和控制力矩，以纠正外界干扰引起的姿态角误差，确保火箭沿着预定弹道飞行。这就是火箭姿态控制的基本原理。

为实现这一基本原理，如果火箭在第一级采用姿态角和姿态角变化率控制方案，而在第二级则采用纯姿态角加横法向导引控制方案，那么这类多级火箭因滚动运动很小而被略去时的姿态控制方程可表为

$$\left.\begin{aligned}\delta_\varphi&=\alpha_0^\varphi\Delta\varphi+m'\\ \delta_\psi&=\alpha_0^\psi\tilde{\psi}+n'\end{aligned}\right\} \tag{4-513}$$

其中

$$\left.\begin{aligned}&\Delta\varphi=\tilde{\varphi}-\varphi_{cx}(t)\\ &\tilde{\varphi}=\arcsin(a'_{11}\sin\varphi-a'_{12}\cos\varphi)\\ &\tilde{\psi}=\arcsin(a'_{33}\sin\psi-a'_{31}\cos\varphi\cos\psi-a'_{32}\sin\varphi\cos\psi)\\ &m'=\begin{cases}g_z^\varphi\dot{W}_{y1} & (\text{一级})\\ K_{u0}^\varphi u_\varphi & (\text{二级})\end{cases}\\ &n'=\begin{cases}g_z^\psi\dot{W}_{z1} & (\text{一级})\\ K_{u0}^\psi u_\psi & (\text{二级})\end{cases}\end{aligned}\right\} \tag{4-514}$$

式中，u_φ，u_ψ 分别为法向、横向导引信号；$\dot{W}_{y1}$，$\dot{W}_{z1}$ 为法向视加速度和横向视加速度；K_{u0}^φ，K_{u0}^ψ 为导引信号放大系数；g_z^φ，g_z^ψ 为视加速度放大系数。

3. 联系方程

$$\left.\begin{aligned}&\varphi=\theta+\alpha\\ &\psi=\beta+\sigma\\ &\theta=\begin{cases}\arcsin\dfrac{V_y}{\sqrt{V_x^2+V_y^2}} & V_x\geqslant 0\\ -\left(\pi+\arcsin\dfrac{V_y}{\sqrt{V_x^2+V_y^2}}\right) & V_x<0\end{cases}\\ &\sigma=-\arcsin\frac{V_z}{V}\end{aligned}\right\} \tag{4-515}$$

4. 瞬时平衡方程

火箭垂直起飞几秒钟后，弹轴将根据飞行程序的要求，逐渐地进行倾斜转弯，但因这种转动进行得很慢，以致可假设为火箭在各瞬时之转动加速度 ω_1 和角加速度 $\dot{\omega}_1$ 均等于零。也就是说，火箭每时每刻均处于转动的“瞬时平衡”状态，因而作用于火箭上的外力矩矢量和为

零。根据这一假设，则式(4-253)即为

$$
\begin{cases}
I_{x_1}\dfrac{\mathrm{d}\omega_{x_1}}{\mathrm{d}t}=\sum M_{x_1}=0\\
I_{y_1}\dfrac{\mathrm{d}\omega_{y_1}}{\mathrm{d}t}=0\\
I_{z_1}\dfrac{\mathrm{d}\omega_{z_1}}{\mathrm{d}t}=0
\end{cases}
$$

已知作用于火箭上的力矩有空气动力矩、控制力矩和阻尼力矩。由于火箭飞行中的转动角速度小，由此产生的气动阻尼力矩也不大，可以略去。若将式(4-212)和式(4-197)代入上式，且略去滚动运动方程，则得“瞬时平衡”方程：

$$
\begin{cases}
-R'(x_{ry}-x_z)\delta_\varphi-C_n^\alpha qS_m(x_y-x_z)\alpha=0\\
-R'(x_{ry}-x_z)\delta_\psi-C_n^\alpha qS_m(x_y-x_z)\beta=0
\end{cases}
$$

上述方程的物理意义是，作用于火箭上的控制力矩与空气动力矩在其主动段的每一瞬时均处于平衡状态。也就是说，火箭在控制力矩和空气动力矩共同作用下的转动运动是瞬时完成的，而不考虑其转动的过程。这将使火箭绕质心的复杂转动问题，转化为较简单的静平衡问题来研究。

将其姿态控制方程式(4-513)和几何联系方程式(4-515)代入上述“瞬时平衡”方程，经过整理，得火箭瞬时平衡时的冲角 α 及侧滑角 β

$$
\left.
\begin{aligned}
&\alpha=A^\varphi\left[\varphi_{cx}(t)-\omega_z t_s-\theta-\frac{a_0^\varphi}{}\right]\\
&\beta=A^\psi\left[(\omega_x\sin\varphi-\omega_y\cos\varphi)t_s-\sigma-\frac{a_0^\psi}{}\right]\\
&A^\varphi=A^\psi=\frac{a_0^\varphi R'(x_{ry}-x_z)}{a_0^\varphi R'(x_{ry}-x_z)+C_n^\alpha qS_m(x_y-x_z)}
\end{aligned}
\right\}\tag{4-516}
$$

式中，t_s 为从火箭起飞计算起的时间。

5. 发动机推力和推进剂秒流量计算式

$$
\left.
\begin{aligned}
&P=P_0+S_a p_0\left(1-\frac{p}{p_0}\right)+\frac{\partial P}{\partial\dot G}(\delta\dot G_y+\delta\dot G_R)\quad(\text{一级主发动机})\\
&P_z=P_{zz0}-S_{az}p_0\left(\frac{p}{p_0}\right)+\left(\frac{\partial P}{\partial\dot G}\right)(\delta\dot G_{yz}+\delta\dot G_{Rz})\quad(\text{二级主发动机})\\
&P_u=P_{uz0}-S_{au}p_0\left(\frac{p}{p_0}\right)+\left(\frac{\partial P}{\partial\dot G}\right)(\delta\dot G_{yu}+\delta\dot G_{Ru})\quad(\text{二级游动发动机})\\
&\dot G=\dot G_R+\dot G_y\\
&\dot G_R=\dot G_{R0}+\delta\dot G_R\\
&\dot G_y=\dot G_{y0}+\delta\dot G_R\\
&\delta\dot G_R=C_{11}\delta p_{0R}+C_{12}\delta p_{0y}+C_{14}\delta\gamma_R+C_{15}\delta\gamma_y\\
&\delta\dot G_y=C_{21}\delta p_{0R}+C_{22}\delta p_{0y}+C_{24}\delta\gamma_R+C_{25}\delta\gamma_y\\
&\delta p_{0R}=(p_R-p_{0R})+C_{41}n_x+C_{42}\\
&\delta p_{0y}=(p_y-p_{0y})+C_{51}n_x+C_{52}\\
&p_R=p_{Rz}+0.1\gamma_{R0}h_R n_x+C_{pR}\\
&p_y=p_{yz}+0.1\gamma_{y0}h_y n_x+C_{py}\\
&\delta\gamma_R=\gamma_R-\gamma_{R0}\\
&\delta\gamma_y=\gamma_y-\gamma_{y0}
\end{aligned}
\right\}\tag{4-517}
$$

上述推进剂秒流量偏差计算式对一级、二级主发动机和游动发动机均适用。但由于一级主发动机是由 4 台发动机并联组合而成的，而且推进剂供给系统相互独立，故计算一级推进剂秒流量偏差 $\delta\dot{G}_y$ 及 $\delta\dot{G}_R$ 时需在等式右端乘以 4。而对于二级游动发动机，虽亦为 4 台发动机并联组成，但其推进剂均用同一动力系统供给，故可直接按上述公式计算。

6. 其他弹道参数计算式

(1) 火箭质心相对地面的速度为

$$V=\sqrt{V_x^2+V_y^2+V_z^2} \tag{4-518}$$

(2) 火箭质心相对椭球面的高度为

$$h=r-R \tag{4-519}$$

(3) 火箭质心切向、法向和横向加速度为

$$\left.\begin{aligned}\dot{V}&=\frac{1}{V}(V_x\dot{V}_x+V_y\dot{V}_y+V_z\dot{V}_z)\\ V\dot{\theta}&=-\dot{V}_x\sin\theta+\dot{V}_y\cos\theta\\ V\dot{\sigma}&=-\dot{V}_z-\sigma\dot{V}\end{aligned}\right\} \tag{4-520}$$

(4) 当地弹道倾角 Θ 和航程角 f。火箭在任一位置时的速度与当地水平面的夹角，称为当地弹道倾角，用 Θ 表示。所谓当地水平面是指过火箭质心的地心矢径与地球表面之交点的切平面(见图 4-74)。

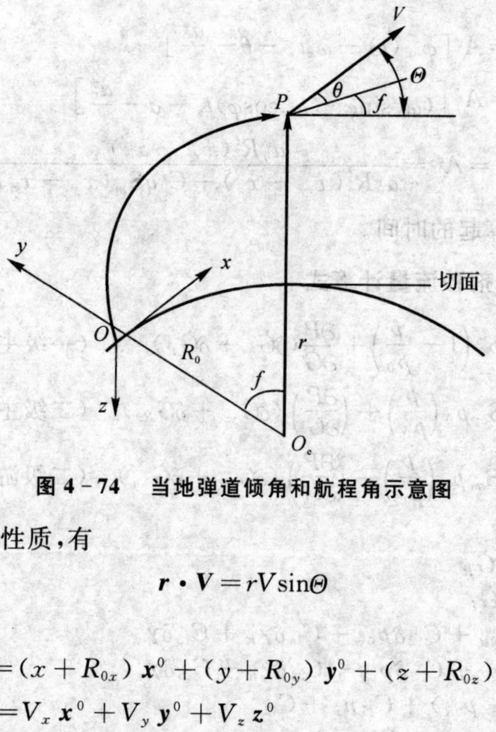

图 4-74　当地弹道倾角和航程角示意图

由矢量点积的定义和性质，有

$$\boldsymbol{r}\cdot\boldsymbol{V}=rV\sin\Theta$$

而

$$\begin{cases}\boldsymbol{r}=(x+R_{0x})\,\boldsymbol{x}^0+(y+R_{0y})\,\boldsymbol{y}^0+(z+R_{0z})\,\boldsymbol{z}^0\\ \boldsymbol{V}=V_x\,\boldsymbol{x}^0+V_y\,\boldsymbol{y}^0+V_z\,\boldsymbol{z}^0\end{cases}$$

因此

$$\sin\Theta=\frac{V_x(x+R_{0x})+V_y(y+R_{0y})+V_z(z+R_{0z})}{rV}$$

或

$$\Theta=\arcsin\frac{V_x(x+R_{0x})+V_y(y+R_{0y})+V_z(z+R_{0z})}{rV} \tag{4-521}$$

火箭任一位置时的地心矢径与发射点地心矢径 $\boldsymbol{R}_0$ 间的夹角，称为航程角，用 f 表示。根据图 4-73，采用与式(4-521)相类似的推导方法，可得

$$f=\arccos\left[\frac{R_0}{r}+\frac{xR_{0x}+yR_{0y}+zR_{0z}}{rR_0}\right] \tag{4-522}$$

由图 4-73 也不难得关系式

$$\Theta=\theta+f \tag{4-523}$$

对式(4-523)求导数

$$\dot{\Theta}=\dot{\theta}+\dot{f}$$

由于

$$V\cos\Theta=r\dot{f}$$

所以

$$\left.\begin{aligned}\dot{f}&=\frac{V\cos\Theta}{r}\\ \dot{\Theta}&=\dot{\theta}+\frac{V\cos\Theta}{r}\end{aligned}\right\} \tag{4-524}$$

(5) 火箭射程

$$L=\tilde{R}f \tag{4-525}$$

(6) 航偏角。发射点至火箭任一位置的矢径 $\boldsymbol{\rho}$ 在发射坐标系 Oxz 平面内的投影与 Ox 轴间的夹角，称为航偏角，以 ξ 表示。根据图 4-75 可得

$$\tan\xi=\frac{z}{x}$$

即

$$\xi=\arctan\frac{z}{x} \tag{4-526}$$

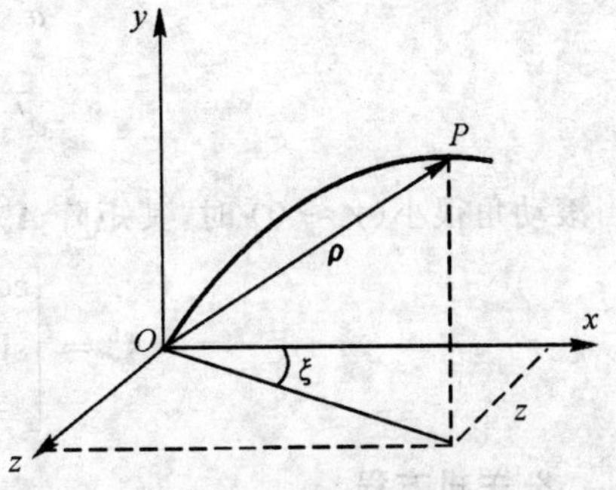

图 4-75　偏航角示意图

(7) 箭下点对应的大地纬度

$$B=\arctan(1.006\,738\,5\tan\varphi_s) \tag{4-527}$$

7. 视加速度、视速度及其积分

惯性坐标系中各坐标轴方向上的视加速度分量、视速度分量及其积分(省去上标“a”)为

$$\begin{bmatrix}\dot{W}_x\\ \dot{W}_y\\ \dot{W}_z\end{bmatrix}=\boldsymbol{D}_a^g\cdot\boldsymbol{A}_g^b\begin{bmatrix}\dot{W}_{x1}\\ \dot{W}_{y1}\\ \dot{W}_{z1}\end{bmatrix} \tag{4-528}$$

$$\begin{bmatrix}\dot{W}_x\\ \dot{W}_y\\ \dot{W}_z\end{bmatrix}=\begin{bmatrix}W_x\\ W_y\\ W_z\end{bmatrix} \tag{4-529}$$

$$\begin{bmatrix} \dot{\underset{\cdot\cdot}{W}}_x \\ \dot{\underset{\cdot\cdot}{W}}_y \\ \dot{\underset{\cdot\cdot}{W}}_z \end{bmatrix} = \begin{bmatrix} \underset{\cdot}{W}_x \\ \underset{\cdot}{W}_y \\ \underset{\cdot}{W}_z \end{bmatrix} \tag{4-530}$$

其中 $\boldsymbol{D}_{\mathrm{a}}^{\mathrm{g}}$ 中各矩阵元素为

$$\left.\begin{aligned}
a'_{11} &= 1-\frac{1}{2}(\omega^2-\omega_x^2)t_{\mathrm{s}}^2 \\
a'_{12} &= \frac{1}{2}\omega_x\omega_y t_{\mathrm{s}}^2-\omega_z t_{\mathrm{s}} \\
a'_{13} &= \frac{1}{2}\omega_x\omega_z t_{\mathrm{s}}^2+\omega_y t_{\mathrm{s}} \\
a'_{21} &= \frac{1}{2}\omega_x\omega_y t_{\mathrm{s}}^2+\omega_z t_{\mathrm{s}} \\
a'_{22} &= 1-\frac{1}{2}(\omega^2-\omega_y^2)t_{\mathrm{s}}^2 \\
a'_{23} &= \frac{1}{2}\omega_y\omega_z t_{\mathrm{s}}^2-\omega_x t_{\mathrm{s}} \\
a'_{31} &= \frac{1}{2}\omega_x\omega_z t_{\mathrm{s}}^2-\omega_y t_{\mathrm{s}} \\
a'_{32} &= \frac{1}{2}\omega_y\omega_z t_{\mathrm{s}}^2+\omega_x t_{\mathrm{s}} \\
a'_{33} &= 1-\frac{1}{2}(\omega^2-\omega_z^2)t_{\mathrm{s}}^2
\end{aligned}\right\} \tag{4-531}$$

当滚动角很小($\gamma\approx 0$)时,其矩阵 $\boldsymbol{A}_{\mathrm{g}}^{\mathrm{b}}$ 为

$$\boldsymbol{A}_{\mathrm{g}}^{\mathrm{b}} = \begin{bmatrix} \cos\varphi\cos\psi & -\sin\varphi & \cos\varphi\sin\psi \\ \sin\varphi\cos\psi & \cos\varphi & \sin\varphi\sin\psi \\ -\sin\psi & 0 & \cos\psi \end{bmatrix} \tag{4-532}$$

8. 关机方程

由于制导方案的不同,因此控制发动机关机的控制方程形式也不一样。例如以视速度及其积分为参数的摄动射程关机方程为

$$\left.\begin{aligned}
&W=\widetilde{W} \\
&W=k_1W_x+k_2W_y+k_3W_z+k_4\underset{\cdot}{W}_x+k_5\underset{\cdot}{W}_y+k_6\underset{\cdot}{W}_z-(b_x\underset{\cdot\cdot}{W}_x+b_y\underset{\cdot\cdot}{W}_y+b_z\underset{\cdot\cdot}{W}_z)+f(\Delta t) \\
&\widetilde{W}=k_1\widetilde{W}_x+k_2\widetilde{W}_y+k_3\widetilde{W}_z+k_4\underset{\cdot}{\widetilde{W}}_x+k_5\underset{\cdot}{\widetilde{W}}_y+k_6\underset{\cdot}{\widetilde{W}}_z-(b_x\underset{\cdot\cdot}{\widetilde{W}}_x+b_y\underset{\cdot\cdot}{\widetilde{W}}_y+b_z\underset{\cdot\cdot}{\widetilde{W}}_z)
\end{aligned}\right\} \tag{4-533}$$

式中,$\widetilde{W}$ 为标准关机装订量值(或关机特征值),预先给定且装订;W 为实际关机装订量值(或关机特征值),由箭载计算机实时进行计算;$k_j(j=1,\cdots,6)$,$b_i(i=x,y,z)$ 为关机方程系数,对于给定射程其值为常数;$f(\Delta t)$ 为引力补偿修正量,是时间的函数,在不同的飞行阶段,取不同的值。

综合上述各方程,便得发射坐标系内的多级主动段运动微分方程组。由于标准弹道方程

组都是非线性变系数微分方程组，而且许多变系数值又不是以解析式的形式给出的，因此只能应用数值积分的方法求解数值解，此外，又因弹道方程组十分庞杂，所以一般要借助电子计算机进行求解。

思　考　题

4.1　试推导发射坐标系与箭体坐标系间的方向余弦阵。

4.2　什么是直接反作用原理？

4.3　推导变质量质点基本方程(密歇尔斯基方程)。

4.4　推导齐奥尔柯夫斯基公式(理想速度与质量变化的关系)。

4.5　什么是刚化原理？

4.6　推导变质量质点系的质心运动方程和绕质心转动方程。

4.7　叙述变质量系统的力学原理。

4.8　公转、自转、极移、进动、章动、真太阳日、平太阳和平太阳日的定义各是什么？

4.9　重力、比冲是如何定义的？

4.10　什么是瞬时平衡假设？

4.11　火箭在运动过程中受到哪些力和力矩的作用？写出各自的计算公式。

4.12　简述火箭姿态控制系统的功能、组成，并画出控制系统原理框图，写出控制方程。

4.13　地面发射坐标系中一般空间弹道方程是如何得到的？由哪几类方程组成？各有几个方程？

4.14　过载的定义是什么？

4.15　在什么条件下，一般空间弹道方程可以分解成纵向运动方程和侧向运动方程？

4.16　影响主动段终点速度的主要设计参数有哪些？它们分别是如何定义的？

4.17　如何估算主动段终点位置坐标？

4.18　研究自由飞行段的运动时，常做哪些基本假设？

4.19　什么是第一、第二宇宙速度？

4.20　自由飞行段的运动有哪些基本特征？轨迹是什么形状？特征参数有哪些？特征参数与主动段终点参数有什么关系？

4.21　成为人造卫星或导弹的条件是什么？

4.22　再入段的运动有哪些特点？

4.23　航天器再入轨道有哪些类型，各有什么特点？

4.24　再入段设计分析中主要考虑的因素有哪些？如何确定？

4.25　推导地面发射坐标系中再入段空间运动方程。

4.26　什么是多级火箭？研究多级火箭的意义何在？论述多级火箭的优、缺点。

4.27　多级火箭主动段运动方程组由哪些方程构成？推导多级火箭主动段运动方程。

附录 A　雷诺迁移定理

定理:连续运动的流体场中同一部分的流体质点上,标量或矢量点函数体积分的全导数和该点函数局部导数的体积之间有关系式

$$\frac{\mathrm{d}}{\mathrm{d}t}\int_V A\,\mathrm{d}V=\int_V \frac{\partial A}{\partial t}\mathrm{d}V+\int_S A(\boldsymbol{V}\cdot\boldsymbol{n})\mathrm{d}s$$

其中,A 为标量场或矢量场;V 为所研究部分流体的体积;S 为所研究部分流体的表面积;$\boldsymbol{V}$ 为表面 S 上流体质点的运动速度矢量;$\boldsymbol{n}$ 为表面 S 外法向的单位矢量。

证明:设点函数 A 是封闭界面 S 所包含同一部分流体且具有体积 V 内的位置和时间的函数:$A=A[t,r(t)]$,由于流体运动时,所研究的这一部分流体的位置和形状都在发生变化,则点函数 A 将相应变化。

根据导数定义有

$$\frac{\mathrm{d}}{\mathrm{d}t}\int_V A\,\mathrm{d}V=\lim_{\Delta t\to 0}\frac{1}{\Delta t}\left\{\int_{V_0+V_2}A[t+\Delta t,r(t+\Delta t)]\mathrm{d}V-\int_{V_0+V_1}A[t,r(t)]\mathrm{d}V\right\} \tag{A-1}$$

由图 A-1 可见,流体体积 $V(t)$ 与 $V(t+\Delta t)$ 具有共同的部分 V_0,对于这部分体积而言,A 是同一坐标 r 的函数,则有

$$\lim_{\Delta t\to 0}\frac{1}{\Delta t}\int_{V_0}[A(t+\Delta t,r)-A(t,r)]\mathrm{d}V=\int_V\frac{\partial A}{\partial t}\mathrm{d}V \tag{A-2}$$

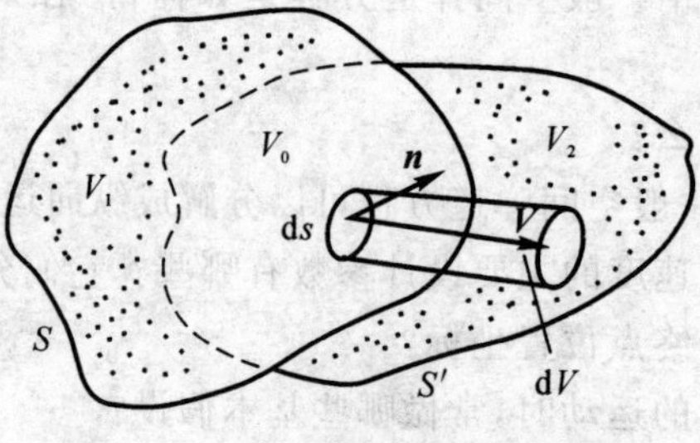

图 A-1　流体的控制面和控制体

则式(A-1) 可写为

$$\frac{\mathrm{d}}{\mathrm{d}t}\int_V A\,\mathrm{d}V=\int_V\frac{\partial A}{\partial t}\mathrm{d}V+\lim_{\Delta t\to 0}\left\{\int_{V_2}A[t+\Delta t,r(t+\Delta t)]\mathrm{d}V-\int_{V_1}A[t,r(t)]\mathrm{d}V\right\} \tag{A-3}$$

式(A-3) 右端大括号一项实质上表示边界 S 上 A 值乘以界面上质点在时间间隔 Δt 内运动所扫过的体积,$\mathrm{d}V=\mathrm{d}s(\boldsymbol{V},\boldsymbol{n})\Delta t$,再沿界面 S 的面积分。则可写成

$$\frac{\mathrm{d}}{\mathrm{d}t}\int_V A\,\mathrm{d}V=\int_V\frac{\partial A}{\partial t}\mathrm{d}V+\int_S A(\boldsymbol{V},\boldsymbol{n})\mathrm{d}s \tag{A-4}$$

式(A-4) 即为雷诺迁移定理。

由奥氏定理有

$$\int_S A(\boldsymbol{V},\boldsymbol{n})\mathrm{d}s=\int_V \mathrm{div}(A\boldsymbol{V})\mathrm{d}V \tag{A-5}$$

因此,将式(A-5) 代入式(A-4),并根据 A 为标量或矢量时,可得

当 A 为标量时：

$$\frac{\mathrm{d}}{\mathrm{d}t}\int_V A\,\mathrm{d}V=\int_V\left[\frac{\partial A}{\partial t}+\boldsymbol{\nabla}\cdot(A\boldsymbol{V})\right]\mathrm{d}V \tag{A-6}$$

当 $\boldsymbol{A}$ 为矢量时：

$$\frac{\mathrm{d}}{\mathrm{d}t}\int_V \boldsymbol{A}\,\mathrm{d}V=\int_V\left[\frac{\partial \boldsymbol{A}}{\partial t}+\boldsymbol{A}(\boldsymbol{\nabla}\cdot\boldsymbol{V})+(\boldsymbol{V}\cdot\boldsymbol{\nabla})\boldsymbol{A}\right]\mathrm{d}V \tag{A-7}$$

式中，$\boldsymbol{\nabla}$为哈密顿算子：

$$\boldsymbol{\nabla}=\boldsymbol{i}\frac{\partial}{\partial x}+\boldsymbol{j}\frac{\partial}{\partial y}+\boldsymbol{k}\frac{\partial}{\partial z} \tag{A-8}$$

式(A-6)与式(A-7)即是 A 为标量或矢量的雷诺迁移定理，现就 A 为一定的物理量进行讨论。

(1) 设 A 为流体密度 ρ，此为一标量场

由式(A-6)可得

$$\frac{\mathrm{d}}{\mathrm{d}t}\int_V \rho\,\mathrm{d}V=\int_V\left[\frac{\partial \rho}{\partial t}+\boldsymbol{\nabla}\cdot(\rho\boldsymbol{V})\right]\mathrm{d}V \tag{A-9}$$

因为研究的是同一部分流体，故质量不变。则有

$$\frac{\mathrm{d}}{\mathrm{d}t}\int_V \rho\,\mathrm{d}V=0$$

故由式(A-9)可得

$$\frac{\partial \rho}{\partial t}+\boldsymbol{\nabla}\cdot(\rho\boldsymbol{V})=0$$

上式展开写为

$$\frac{\partial \rho}{\partial t}+\frac{\partial \rho}{\partial x}v_x+\frac{\partial \rho}{\partial y}v_y+\frac{\partial \rho}{\partial z}v_z+\rho\left(\frac{\partial v_x}{\partial x}+\frac{\partial v_y}{\partial y}+\frac{\partial v_z}{\partial z}\right)=0$$

亦即

$$\frac{\partial \rho}{\partial t}+\rho(\boldsymbol{\nabla}\cdot\boldsymbol{V})=0$$

该式称为质量守恒方程，它表示流体流动时应遵循的连续性方程。

(2) 设 $\boldsymbol{A}$ 为矢量函数，它是密度 ρ(标量)与矢量点函数 $\boldsymbol{H}$ 的乘积：

$$\boldsymbol{A}=\rho\boldsymbol{H}$$

对于具有流动且形状(体积)固定，并且内部运动的流体，即有这类结果。设固定形状的体积为 V，基表面为 S，流体流经 S 时，相对于 S 的速度为$\boldsymbol{V}_{\mathrm{rel}}$，流体的绝对速度为$\boldsymbol{V}$，因为表面 S 的速度为

$$\boldsymbol{V}_{\mathrm{s}}=\boldsymbol{V}-\boldsymbol{V}_{\mathrm{rel}} \tag{A-11}$$

则由式(A-4)可得

$$\frac{\mathrm{d}}{\mathrm{d}t}\int_V \rho\boldsymbol{H}\,\mathrm{d}V=\int_V\frac{\partial(\rho\boldsymbol{H})}{\partial t}\mathrm{d}V+\int_S\rho\boldsymbol{H}(\boldsymbol{V}_{\mathrm{s}},\boldsymbol{n})\,\mathrm{d}s$$

将式(A-11)代入上式，即有

$$\frac{\mathrm{d}}{\mathrm{d}t}\int_V \rho\boldsymbol{H}\,\mathrm{d}V=\int_V\frac{\partial(\rho\boldsymbol{H})}{\partial t}\mathrm{d}V+\int_S\rho\boldsymbol{H}(\boldsymbol{V},\boldsymbol{n})\,\mathrm{d}s-\int_S\rho\boldsymbol{H}(\boldsymbol{V}_{\mathrm{rel}},\boldsymbol{n})\,\mathrm{d}s$$

利用奥氏定理，将上式中右端的第一个面积分改成体积分后，则有

$$\frac{\mathrm{d}}{\mathrm{d}t}\int_V \rho\boldsymbol{H}\,\mathrm{d}V=\int_V\left[\frac{\partial(\rho\boldsymbol{H})}{\partial t}+\rho\boldsymbol{H}(\boldsymbol{\nabla}\cdot\boldsymbol{V})+(\boldsymbol{V}\cdot\boldsymbol{\nabla})\rho\boldsymbol{H}\right]\mathrm{d}V-\int_S\rho\boldsymbol{H}(\boldsymbol{V}_{\mathrm{rel}},\boldsymbol{n})\,\mathrm{d}s \tag{A-12}$$

由于

$$\frac{\partial(\rho\boldsymbol{H})}{\partial t}+(\boldsymbol{V},\boldsymbol{\nabla})\rho\boldsymbol{H}=\frac{\mathrm{d}(\rho\boldsymbol{H})}{\mathrm{d}t}=\frac{\mathrm{d}\rho}{\mathrm{d}t}\boldsymbol{H}+\rho\frac{\mathrm{d}\boldsymbol{H}}{\mathrm{d}t}$$

将其代入式(A－12)并注意到质量守恒方程，最终可化成

$$\frac{\mathrm{d}}{\mathrm{d}t}\int_V\rho\boldsymbol{H}\,\mathrm{d}V=\int_V\frac{\mathrm{d}\boldsymbol{H}}{\mathrm{d}t}\rho\,\mathrm{d}V-\int_S\rho\boldsymbol{H}(\boldsymbol{V}_{\mathrm{rel}},\boldsymbol{n})\,\mathrm{d}s \tag{A－13}$$

应用时常以 $\delta/\delta t$ 代替 $\mathrm{d}/\mathrm{d}t$，以表示一旋转系统中的导数，同时考虑到 $\mathrm{d}m=\rho\mathrm{d}V$，则式(A－13)写成

$$\int_m\frac{\delta\boldsymbol{H}}{\delta t}\mathrm{d}m=\frac{\delta}{\delta t}\int_m\boldsymbol{H}\,\mathrm{d}m+\int_s\boldsymbol{H}(\rho\boldsymbol{V}_{\mathrm{rel}}\cdot\boldsymbol{n})\,\mathrm{d}s \tag{A－14}$$

参 考 文 献

[1] 贾沛然，陈克俊，何力. 远程火箭弹道学. 长沙：国防科技大学出版社，1993.

[2] 方群. 导弹飞行力学基础. 西安：西北工业大学出版社，1996.

[3] 王希季. 航天器进入与返回技术. 北京：宇航出版社，1991.

[4] 张毅，肖龙旭，王顺宏. 弹道导弹弹道学. 长沙：国防科技大学出版社，2005.

第 5 章　临近空间飞行动力学

“临近空间”亦称“近地空间”“近太空”或“近空间”，是指距地面 20～100 km 的区域，也可称亚轨道或空天过渡区，大致包括大气层最外部的平流层区域、中间层区域和部分电离层区域。“临近空间”这一新空域介于航天和航空之间，具有重要的情报收集、监视和通信价值。

根据飞行方式和原理分，临近空间飞行器主要包括轻于空气的飞行器、重于空气的飞行器以及新概念组合式飞行器；按照任务用途，临近空间飞行器可以分为临近空间运输平台、临近空间信息平台、临近空间武器平台。

轻于空气的飞行器主要包括平流层飞艇、平流层高空气球、平流层半可控浮空器。

重于空气的飞行器主要包括太阳能平流层飞翼、高空无人机、高超声速飞行器等。

另外，随着临近空间飞行器研究的不断深入，不少研究者提出了升浮一体化飞行器、升浮组合式飞行器等新概念方案等。

为了使临近空间飞行器飞行高度更高，机动能力更强，控制性能更好，各国研究人员提出了轻于空气的飞行器和重于空气飞行器特点结合的组合式临近空间飞行器。这类新型飞行器目前主要处于概念研究阶段，主要有固定翼浮空器组合飞行器、升浮一体化式临近空间飞行器、螺旋桨升力辅助临近空间飞行器、气球飞机组合式临近空间飞行器等。

固定翼浮空器组合式飞行器的升力来源于机翼、机身产生的动升力和充气囊体产生的浮力，具有很强的机动能力和良好的控制性能，但会带来总体设计和制造技术上的挑战。

升浮一体化飞行器方案通过飞行器气动外形设计，实现较大的升阻比，利用艇身产生动升力，结合飞行器本身的浮力，可在较小的体积下产生足够的承载质量。

螺旋桨升力辅助临近空间飞行器通过采用增加垂直螺旋桨或侧向螺旋桨，产生飞行器悬停所需的升力和操纵力矩，可以增强飞行器的升力、机动能力和控制操纵能力。

气球飞机组合式临近空间飞行器将由气球提供升力，气球通过绳索与飞机相连，由下方的飞机提供操纵力，从而实现整个飞行器的控制与操纵。

还有一类飞行器通常在临近空间的高层飞行，即亚轨道飞行器。亚轨道飞行器是指在 80～200 km 高度的亚轨道使用的飞行器，其在空天一体的战争体系中占有非常重要的地位。由于处于临近空间的顶层，亚轨道飞行器可以作为攻击卫星等航天器的有效战略平台，相对于高空飞艇、太阳能飞机等可以执行更大范围、更强机动性的侦察任务，同时可以作为进入太空的中转平台。

目前研制的临近空间飞行器主要指空天飞机。空天飞机是航空航天飞机的简称，是一种能重复使用的天地往返运输系统，集飞机、运载器、航天器等多重功能于一身。它既可在大气层内做洲际飞行，也可转而使用火箭发动机进入太空轨道。空天飞机兼有航空和航天两种功能，它装有高超声速发动机，能像普通飞机一样起飞，以 5 倍以上声速在大气层内飞行，在30～100 km 高空的飞行速度高达 12～25Ma，并直接加速进入地球轨道，成为航天飞行器。它返回大气层后，能像飞机一样在机场着陆，可自由往返于太空和大气层之间。

5.1 临近空间力学环境分析

5.1.1 空间环境的概念

所谓环境总是相对于某一中心事物而言的。环境因中心事物的不同而不同,随着中心事物的变化而变化。以人类为中心的环境称为人类环境,而以飞行器为中心的环境称为飞行(器)环境。人类环境分为自然环境和社会环境,自然环境亦称地理环境,是指环绕于人类周围的自然界。它包括大气、水、土壤、生物和各种矿物资源等。社会环境是指人类在自然环境的基础上,为不断提高物质和精神生活水平,通过长期有计划、有目的的发展,逐步创造和建立起来的人工环境,如城市、农村、工矿区等。

飞行器环境是指飞行器飞行时所处的环境条件,对于大气层内的飞行器主要是指大气飞行环境,而对于空间飞行器则一般称为空间环境。大气飞行环境主要包括描述大气状态的各种因素,如温度、密度、压强、湿度等,当然影响这类飞行器的环境因素还包括地球表面环境以及地球引力、地磁力等力学环境因素,有些文献将之通称为陆地环境;空间环境则主要针对空间飞行器而言,特指空间飞行器在外太空所遭遇的特殊的环境,包括宇宙射线、原子氧、空间碎片、地球引力场等,当然地面发射环境也是影响空间飞行器的重要环境因素。

总的来说,目前有关飞行器环境的定义都是针对自然环境而定义的,事实上除了自然环境以外,人类的影响也是飞行器环境的重要内容,包括人类经济、科技以及决策规划等。因此可以将飞行器环境划分为自然环境和人类环境两个基本内容。但是要对飞行器环境进行一个合理、具体的分类是一件非常困难的事情,笔者认为按照不同的准则对飞行器环境进行划分是一种比较合理的选择(见图 5-1)。

按照“对飞行器的影响”“飞行器的飞行过程”“空间位置(垂直高度)”可以较为合理地对飞行器环境中的自然环境进行划分。如按照“对飞行器的影响”可以将自然环境分为“物理学影响”和“化学影响”两个方面。进一步细化,又可以将“物理学影响”分为“辐射环境”“力学环境”,而将“化学影响”分为“腐蚀环境”“污染环境”,进一步对应各子环境既可以完成对环境因素的划分。当然也可以简单按照“飞行过程”或“空间位置”来划分,但是由于空间环境各因素相互耦合,这样的划分可能不太清晰。

事实上飞行器本身以及各种保障设施都应该属于人类环境中人工环境的范畴,而大气环境中还包括雨、雷电等因素,这些因素会产生非力学效应。因此上面的划分是比较笼统的,需要进一步的规范化。需要说明的是对飞行器环境概念的规范化是一件很有意义的事情,笔者认为要给出最合理的概念或者划分方法,需要将飞行力学概念与哲学、环境科学等相关的概念联系起来。

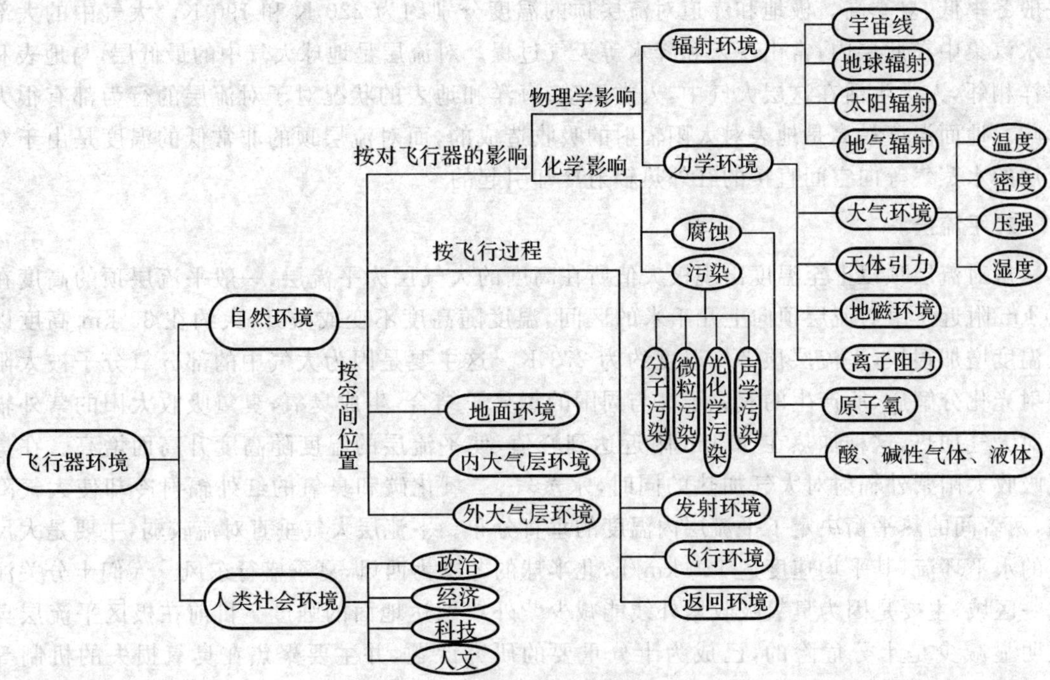

图 5-1　飞行器环境的概念

5.1.2　临近空间环境

临近空间区域位于中性大气的覆盖区域，这一区域是目前大气物理学、空间物理学、日地环境研究中的一个前沿内容。介于空间与空中之间的临近空间区域，其环境特点也介于二者之间，其主要的环境因素包括中高层大气环境、电离层环境、地磁场、宇宙线、太阳电磁辐射、地气辐射、流星体和空间碎片和地球引力。下面分别介绍这些环境因素。

5.1.2.1　中高层大气环境

临近空间所处区域的大气被称为中性大气[1]，是目前大气物理学研究的热点。临近空间飞行器主要运行在 20～100 km 之间的临近空间区域，因此平流层、中间层的大气特性是临近空间飞行器研究中必须考虑的重点；临近空间飞行器的发射、再入段都要经过对流层，对流层复杂多变的大气特性向来都是航空航天工作者研究的重点；临近空间飞行器的飞行高度也偶尔达到外太空的边缘，这时需要研究热层底部的大气特性[2]。

1. 对流层

对流层为从地面向上至温度出现第一极小值所在高度的大气层，是对流运动最显著的区域，对流层大气具有强烈的垂直混合作用。该层大气通过与地表间的辐射热交换及层内的对流达到平衡状态，湍流是其能量的主要消散过程。温度随高度增加而迅速和较均匀地下降是对流层的特征，温度递减率平均为 6.5 K/km，不过随地域、季节和天气有些变化。对流层顶的高度从极地至赤道是倾斜的，极地为 6～10 km，赤道为 16～18 km。而且对流层顶的高度一般冬季低、夏季高。极地和赤道对流层顶的温度分别约为 220 K 和 190 K。大气中的大部分水汽集中在此层内，常出现云和降水等天气过程。对流层是地球大气中的最低层，与地表和海洋相邻，人类生活在这层大气中，人类活动、海洋和地表的状况对于对流层的行为都有很大影响。地面温度最高是地表对太阳辐射的吸收造成的，而对流层顶的非常低的温度是由于对流层的水蒸气等向空间直接的红外热辐射冷却引起的[3]。

2. 平流层

从对流层顶以上至温度出现极大值所在高度的大气层为平流层，一般平流层顶的高度在 50 km 附近。由对流层顶向上几千米的区间，温度随高度不变或微升，大约在 30 km 高度以上温度增加很快，平流层顶平均温度约为 273 K。这主要是因为大气中的部分氧分子被太阳辐射光化分解后，所产生的氧原子又与周围的氧分子结合，生成臭氧，臭氧吸收太阳的紫外辐射对大气加热，这种加热在 50 km 附近达到峰值，使平流层的温度随高度升高而增高。在臭氧吸收太阳紫外辐射对大气加热的同时，水蒸气、二氧化碳和臭氧的红外辐射冷却使大气降温，两者间的热平衡决定了平流层内温度的垂直分布。平流层大气垂直对流较弱，主要是大尺度的水平环流，其平均速度达 120 km/h，北半球的冬季为西风，夏季盛行东风。人们十分关注这一区域，主要是因为臭氧吸收紫外线能减少紫外线到达地面的强度。目前在极区平流层臭氧明显减少是十分危险的，已成为十分重要的研究课题，并主要聚焦在臭氧损失的机制等问题[3]。

3. 中间层

从平流层顶以上至温度出现第二极小值所在高度的大气层为中间层，高度范围为50～85 km。中间层在平流层顶之上，下面有臭氧加热源，顶部有二氧化碳的辐射冷却，因此其温度随高度升高而下降，很类似于对流层的情况，有空气的水平和垂直运动，具有非常强的动力学风体系。中间层顶的高度约在 85 km 处，其平均温度约为 190 K，高纬地区中间层顶的温度有较强的季节变化，夏季可降至 160 K。此外，极区中间层上部还有夜光云。中间层存在行星波、内重力波和潮汐等的动力加热，这些波的生长和破碎在大气中引起明显的湍流。与平流层一样，中间层的夏季盛行东风，冬季为西风，在中纬地区 60 km 高度附近最大风速达 100 m/s。在中间层内，大气中某些成分发生分解、电离和复合及各种光化作用，产生各种发光现象，如气辉和极光。在极光带附近的高能粒子沉降的加热，对中间层大气温度有一定影响。中层顶大气开始暴露在太阳极紫外辐射中，太阳光分解大气，引起原子成分的出现，使原子氧和氢氧根也成为这一区域的重要成分。中间层与电离层的下部重叠，在太阳辐射下，很多气体分子电离，以正、负离子形态存在，因此中间层的状态对无线电通信有很大影响[2]。

4. 热层

热层是从中间层顶以上大气温度重新急剧升高，直至温度不再随高度变化的大气层。热层是大气中最主要的化学扰动区，其最主要的热源是太阳的极紫外辐射，而红外辐射冷却源已极少。由于大气吸收太阳辐射中波长小于 200 nm 的高能的远紫外和极紫外辐射，大气分子光化分解为原子，产生新的激活成分，从太阳来的极高能辐射使原子电离，这些过程还伴随着放热，使得 90～200 km 高度内，大气温度随高度有陡峭的增高。在 200 km 高度以上，随着高度增高，大气更趋于稀薄，进入大气的热量逐渐减少，热层大气就逐渐趋于等温状态。受太阳辐射变化的影响，热层温度随高度、地方时、季节、太阳活动和地磁活动有很大变化，特别是太阳活动的情况不同，热层顶的高度和温度有较大的变化，热层顶高度大致在400～700 km之间变化，热层顶温度大致在500～2 100 K之间变化。热层的第二能源来自太阳风，太阳风通过磁层向下传输能量，特别是在磁暴期间，源于磁层的电场耗散引起焦耳加热，高能带电粒子沉降引起动力学加热，有时在短时间内能超过极紫外辐射的能量。此外，低层大气通过各种波动也向热层传输能量。因此，热层的能量传输和平衡十分复杂[4]。

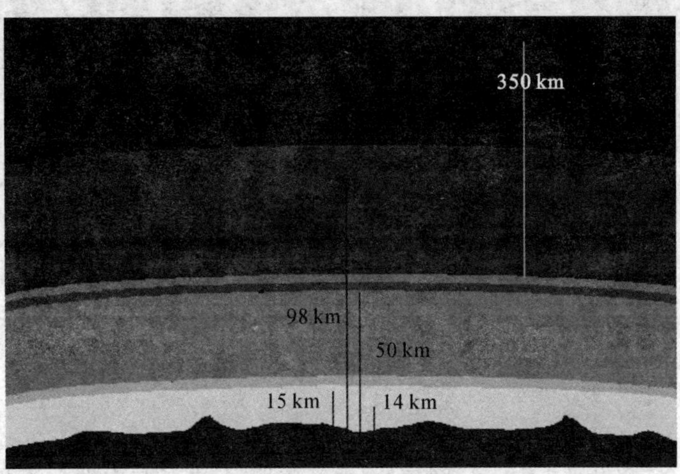

图5-2　大气的分层结构

大气的分层结构如图5-2所示。对于各种飞行器来说，在不同的高度关心的大气参数不同。在低层大气中主要的大气参数有大气温度、大气压力、空气湿度、风向和风速、能见度、云、降水、雷暴、雾、辐射等。在中层大气中主要有大气温度、大气压力和密度、风向和风速等。在高层大气中主要有大气温度、大气压力、各中性气体成分的数密度和大气总密度、总数密度及风向和风速等。

为了满足航空航天、气象、通信等的需求，目前国际上建立了多种大气模式。在航空航天飞行器动力学建模研究中一般采用美国标准大气作为参考大气。美国标准大气表示的是在中等太阳活动条件下，从地球表面到1 000 km高度中纬区域理想化的、稳态地球大气平均状态下的剖面，其中最具代表性的是美国标准大气1962、美国标准大气增1966和一直沿用至现在的美国标准大气1976(USSA1976)[3]。对于一般的跨大气层飞行器建模仿真，推荐使用美国标准大气1976，而在较为严格的要求下考虑使用更为精确的CIRA86或者NRLMSISE-00模式。

5.1.2.2　电离层

电离层是高层大气被电离的部分，高度为60～1 000 km。产生电离层的过程有两个，即太阳极紫外线及软X射线产生的光电离以及带电离子的撞击电离，结果形成自由电子和离子。在500 km以下，电子和离子的运动除部分受地磁场影响之外，还因碰撞而显著地受背景中的中性成分所制约。在几千千米以外的大气是完全电离的，不存在背景中性大气的制约，电离气体的运动完全受地磁场的控制，这部分称为磁层。

根据电子密度的垂直分布特征，可将电离层分成D层，E层，F1层，F2层(见图5-3)，其中对亚轨道飞行器产生影响的主要是电离层的D层、E层[3]。

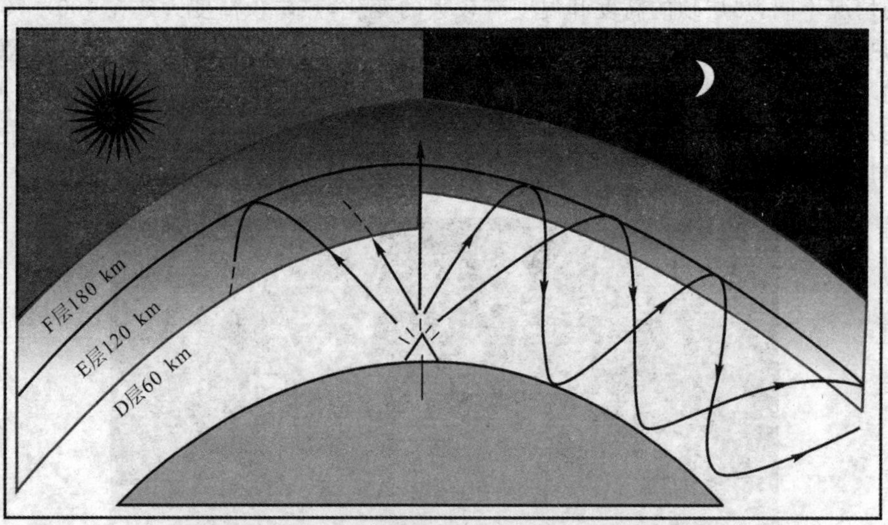

图 5-3　电离层分层结构

1. D 层

高度范围是 60～90 km。由于高度较低，大气较稠密，电子与中性粒子及离子的碰撞概率较高，无线电波在这一层中的衰减严重，形成 D 层的主要电离辐射是太阳的莱曼 α 辐射。主要的正离子成分是 CO_2 和 O_2^+。夜间 D 层基本消失，只有微弱的宇宙辐射使 D 层下部维持较低的电子密度。

2. E 层

高度范围是 105～160 km。E 层的特点是电子密度及高度随太阳天顶角及太阳黑子数变化。形成该层的主要电离辐射是太阳软 X 射线和紫外线。该层主要正离子成分是 CO^+ 和 O_2^+，夜间 E 层基本消失。

3. F1 层

夏季白天在 F 层下部分裂出来的层次。在春、秋季有时也出现。高度范围是 160～180 km。在不同地磁纬度，F1 层电子密度也不同，在磁纬 ±20°处有极大值，在磁赤道上空有极小值。形成 F1 层的主要电力辐射是波长为30.4 nm的太阳紫外辐射。

4. F2 层

电离层中持久存在的层次，最大电子密度所处的高度在 300 km 左右。F2 层受地磁场的强烈控制，电子密度分布随纬度变化，形成 F2 层的主要电离辐射是太阳远紫外辐射。其主要离子成分是 O_2^+。

电离层与磁层、热层的耦合以及相互作用对高层大气的参数有很大的影响。60 km 以下中低层大气环流及其变化所造成的大气成分的小变化可显著影响电离层底部的电离状态以及热层的下边界条件。对流层中各种尺度的运动或波动在一定条件下会向电离层传播，其能量耗散在电离层中会影响电离层中湍流状况及分布，在电离层中形成一定类型的扰动等。据观测，起源于磁层或电离层中的等离子体扰动会对下层大气造成一定的影响。

国际上通用的参考性模式是国际参考电离层（IRI），它是一个全球的电离层经验模式，是利用全球地面几百个电离层观测站及卫星的观测资料，由国际无线电科联和空间研究委员会(URSI /COSPAR)联合从 20 世纪 60 年代后期开始发展建立的。随着观测数据的不断增多和理论研究的深入，不断推出(Fortran 程序)国际参考电离层的新 IRI 版本。目前最新的版本是 IRI－2001。其具体的模型可以在 MODEL web 上运行(http://nssdc.nasa.gov/space/model/iri_n.html)。

5.1.2.3　地磁场

地磁场是地球磁场的总称[3]。按其起源可分为内源场、外源场。其中基本磁场是地磁场中地球固有的磁场，起源于地核中的电流体系，是地磁场中的主要部分。

地球基本磁场变化十分缓慢，年变化率在千分之一以下。外源场变化的时间尺度比较小，变化比较复杂，有太阳日变化、太阴日变化、27 天变化、季节变化和不规则的次包时变化等。强扰动时的外源场也在内源场的百分之一以下。因此当考虑地磁场本身对航天器的影响时，只需考虑内源场中的基本磁场。

地磁场的长期变化具有全球统一的特性。它的近代全球性的主要特征有两个，一个是偶极磁矩的衰减，衰减速率平均为每年约 0.05%；另一个是非偶极子磁场的西向漂移和长期变化场自身的西向漂移，偶极子的磁极沿纬圈以平均每年 0.05°经度的速率向西移动。一般认为地磁场的西向漂移可能是由于地核相对于地幔以固定速度旋转而引起的。

地球磁场并不是一成不变的，存在着短期的变化。其中在地磁扰动中，最显著的、对航天器影响最大的扰动是磁暴。磁暴(见图 5－4)是全球范围内地磁场的强烈扰动，持续时间为十几到几十个小时。地面的扰动幅度在几十至几百个 nT，偶尔可达 500 nT 以上。一般说来磁暴在极区和高纬度区比中、低纬度的幅度大一些。磁暴是由于太阳活动喷发的冻结着磁场的高速等离子流与磁层相互作用产生的。磁暴发生时常伴随有极光、电离层扰动和宇宙线暴等。磁暴期间，地磁场的偏角和垂直分量都有明显起伏，但最具特征的是水平分量 H 的变化，因而描述磁暴多以水平分量的变化为代表。按水平分量的强度(即变幅值)＜50 nT、在 50 nT 和 100 nT 之间和大于 100 nT 磁暴划分为小磁暴、中等磁暴和大磁暴 3 个等级。在地球同步轨道高度区磁暴环电流产生的扰动磁场值可与当地磁场相比，可使当地磁场减小一半以上，甚至使磁场反向。

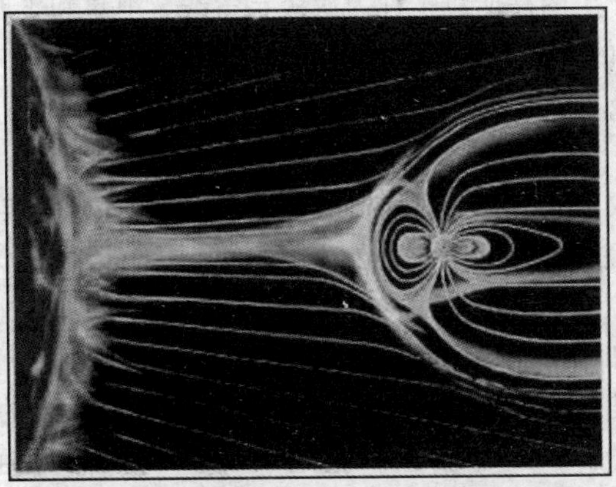

图 5－4　磁暴

5.1.2.4 宇宙线

宇宙线(见图5-5)是来自宇宙空间的各种高能微观粒子以及它们进入大气层过程中产生的其他微观粒子构成的射线流[11]。宇宙线主要包括太阳宇宙线和银河宇宙线。

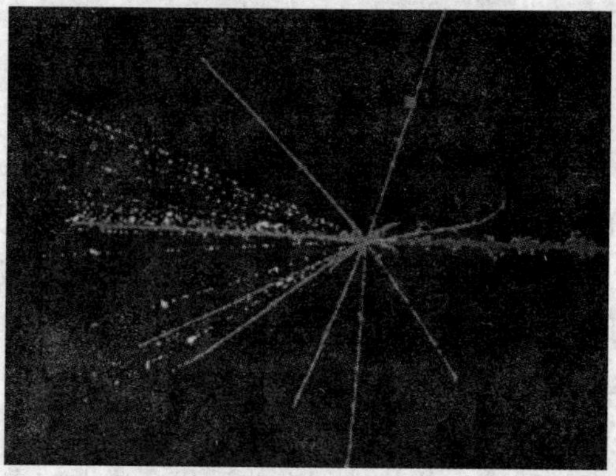

图5-5 宇宙线

1. 太阳宇宙线

太阳宇宙线是太阳爆发时,从太阳发射出的高能带电粒子流。太阳宇宙线主要由质子组成,其次为氦核,也有更重的核存在,还包含少量电子。太阳宇宙线的能量一般从十兆电子伏到数十兆电子伏。太阳宇宙线的出现具有偶发性。总的来说,在太阳活动峰年太阳宇宙线出现次数较多,在太阳活动低年太阳宇宙线出现次数较少。虽然太阳宇宙线的能量范围没有银河宇宙线那么宽,但在低于一百兆电子伏的范围内,其通量要比银河宇宙线通量高几个数量级,一次太阳爆发发出的太阳宇宙线累积通量可达 $10^7 \sim 10^{10}$ cm^{-3},因此会对航天器系统造成严重的辐射效应,是必须认真对待的恶劣空间环境的一种。

2. 银河宇宙线

银河宇宙线是来自太阳系以外银河的高能带电粒子,它的起源至今还不很清楚。在地球大气层以外,未曾与大气发生核相互作用的宇宙线称为初级宇宙线(或原始宇宙线),初级宇宙线同大气相互作用之后产生的高能粒子称为次级宇宙线。卫星和飞船所遇到的宇宙线均为初级宇宙线,在地面观测到的宇宙线为次级宇宙线。

5.1.2.5 太阳电磁辐射

太阳电磁辐射是指太阳向宇宙空间辐射的电磁波[2]。它包含从射线到射电的广阔波长范围,辐射能量主要分布在紫外、可见光和红外光谱区,其中 0.2～10.0 μm 的辐射占太阳所有电磁辐射能量的 99.9%。最大辐射能量位于波长 0.480 μm 处。在极紫外、X 射线光谱区和射电波段所占比例很小,但这部分辐射随太阳活动有较大的变化。

太阳中心部分不断进行的氢核聚变,是维持太阳强大电磁辐射的源泉。从地球及附近空间观测到的太阳电磁辐射基本上是从光球层发出的。太阳电磁辐射通常用太阳常数和太阳光谱辐射照度来描述。太阳常数,是指在距离太阳一个天文单位处,在地球大气层外,垂直于太阳光线的单位面积上,单位时间内接收到的来自太阳的总电磁辐射量,常以 S 表示,目前太阳常数取值为 13 715 W/m^2。太阳光谱辐照度是指单位时间内，通过垂直于太阳光线单位面积的单位波长间隔内的辐射能量。地外太阳光谱辐照度为在距离太阳一个天文单位处，在地球大气层外接收到的来自太阳的光谱辐照度。

由于观测手段的限制和可用资料的短缺，以及事件本身的复杂性，还无法对每次质子事件期间高能粒子的通量给出准确的模式。从现有的观测记录可知：不仅每次事件之间离子的总通量和能谱存在差异，即使是质子事件过程中，粒子的能谱也是变化的。

5.1.2.6　地球-大气辐射

地球及其大气在行星际空间围绕太阳运转。研究地球及其大气在行星空间的能量平衡时，通常把地球及其大气作为一个整体考虑，即地球-大气系统[3]。

地球-大气系统的能量基本来源于太阳，其主要传输方式为辐射。太阳辐射进入地球-大气系统后，部分被反射，部分被吸收。地球-大气吸收了太阳辐射能，转化为热能后又以长波热辐射的方式辐射到空间去，这部分能量称为地球热辐射或红外辐射。进入地球-大气系统的辐射又产生一系列的微观过程：一部分被大气成分吸收；一部分被大气分子和悬浮于大气中的颗粒散射；另一小部分先辐射能量激发大气分子或原子，然后这些受激发的分子或原子又产生能级跃迁，把能量以辐射的形式发射出来，形成大气的自然发光现象，如气辉；最后能透射到地面的太阳辐射一部分被地面吸收，另一部分被反射。

5.1.2.7　流星体和空间碎片

1. 流星体

流星分为两个量级，流星群和偶现流星[3]。

偶现流星是单个流星体。偶现流星多出现在秋季，具体的起源目前尚不清楚。对于轨道、亚轨道(临近空间)飞行器威胁较大的是流星群。

流星群是在地球穿过一群由于彗星核分裂而形成的流星粒子轨道时出现的。当地球穿过一群流星粒子时，在地球大气中 130～50 km 高度上出现为数很多的流星。流星中流星粒子的分布是不均匀的。碰到的那一部分的流星物质，常常是比较密集的群体。它有时向流星群运动的方向伸展，而有时集中在轨道一小段上。外表为流星源的天球点，叫作辐射点。这种流星是在地球与围绕太阳沿一般轨道运动的流星体群相遇时出现的。流星粒子群是以辐射点所在的星座命名的(天琴座流星群、天龙座流星群、猎户座流星群、英仙座流星群等)。目前关于流星群出现的规律和轨迹已经非常清楚。

来自狮子星座的流星通常发生在 11 月中旬，每小时大约有 20 个。但每 33 年观测到的流星率将大大增加，因为 Tempel - Tuttle(T - T)彗星接近近日点，地球与它们带来的粒子云相碰。在 1966 年测量的流星率是 150 000，是正常同量的 7 000 倍。流星率达到这种水平需要满足两个条件：一是地球必须在几百天内通过(T - T)彗星的结点线；二是由彗星抛射的粒子束必须非常靠近。

较大的流星具有各种不规则的外形，一般质量只有几百毫克或几毫克，超过几十吨的流星极少。它们按各自的轨道绕太阳运行。当地球公转经过某些流星体轨道时，流星会以11～73 km/s的速度闯入地球大气，与大气分子剧烈撞击和摩擦，从而导致生热与发光。

每天坠入地球大气层内的流星数量之多简直令人难以置信。质量在 1 g 以上的有 2 万多颗。质量大到足以发出人眼可看到光的流星有 2 亿多颗，更小的流星有几十亿颗。能落到地面的陨星每年多达 500 颗，人们一般只能找到 20 几颗。卫星测量表明，每天约有 3 000 t 流星物质进入地球大气层。流星雨如图 5 - 6 所示。

图 5 - 6　流星雨

2. 空间碎片

据统计，目前在太空中约有 3 000 t 的空间垃圾，这些垃圾中差不多 95%以上是空间碎片。空间碎片主要由运载火箭箭体、废弃的航天器和因卫星老化或热应力而与主体分离的碎片组成。其尺寸大到数米的箭体，小到用雷达和光学望远镜都探测不到的微粒。据统计，这些碎片以每年 10%的速度递增。

现在微流星体环境模式主要有 Cours - Palais 和 NASA SSP - 30425；空间碎片模式主要有美国的 NASA91，ORDEM96 模式，ORDEM2000 模式，俄罗斯 SDPA，欧空局 MASTER 和英国 IDES 等。

5.1.2.8　地球引力

地球引力是作用在近地飞行器上面的主要力，其对飞行器的运动影响很大。对于导弹来说，地球重力始终使导弹飞行速度减小，有时竟可以使其主动段终点速度相对理想速度减少 30%左右。尤其在占全弹道近 90%左右的被动段，除经过再入段时有一部分空气动力作用外，其余部分只受地球引力的作用。另外，从控制观点看，作为导弹的三大主要战术技术指标中的射程和射击精度，完全取决于导弹主动段关机点位置和速度大小及其方向等参数，而导弹的飞行速度和位置则又是地球引力加速度和视加速度的函数。对于临近空间飞行器来说，以上的讨论同样成立。但是从已有的研究可以发现，地球引力对飞行器的影响主要是正常引力，扰动引力的影响很小，可以不予以考虑。

5.2　临近空间环境效应分析

空间环境对运行期间的飞行器的影响一直为航空航天专家所重视。空间环境效应对应于不同的空间环境因素，主要包括大气的阻力效应、高空辐射对人类的损伤以及地磁力矩、高能带电粒子对仪器的损伤效应等。

5.2.1 大气效应

大气对空间飞行器的效应主要有两个方面：其一是高层大气密度对飞行器所产生的阻力效应，它将导致飞行器的寿命、轨道衰减和姿态的改变；其二是高层大气成分，主要是指原子氧对飞行器表面材料的效应，它将导致表面材料质量损失和材料的物理与化学性质的改变[10]。

对于大气层内飞行器来说大气是这类飞行器产生升力的主要来源，同时大气阻力也限制了飞行器的飞行速度。大气参数的变化都将在一定程度上对这类飞行器的飞行特性产生影响。如风、湍流直接造成飞行器受力特性的改变，温度、湿度的改变会造成大气密度的改变，从而也造成飞机受力特性的改变。一些灾难性的天气，如高空、低空风切变会直接对飞行器机体产生破坏，云、急流、雷暴等导致飞行事故的发生等。

在 70 km 高度以下飞行的飞行器，主要依靠空气动力进行飞行，这类飞行器在稀薄的大气环境中飞行时，会造成周围空气的化学变化，造成动力增温、周围离子和电子的温度发生变化等特殊的空间环境效应。同时，发生在亚轨道（临近空间）区域的大气参数的变化都会对运行在该区域的飞行器造成影响。平流层急流、高空风切变将对飞行器产生严重的威胁。对于运行在 70 km 以上的飞行器，其飞行特性已经基本上接近轨道飞行器，大气对亚轨道（临近空间）飞行器的影响主要表现为阻力效应。由于在 170 km 以上原子氧才成为大气的主要成分，原子氧对亚轨道（临近空间）区域的飞行器的影响可以不予考虑。

5.2.2 高能带电粒子效应

高能带电粒子对飞行器的影响主要表现在两个方面：一是对飞行器的材料、电子器件、生物及宇航员的辐射效应；二是对大规模集成电路的微电子器件的单粒子事件效应。此外，太阳质子事件、沉降粒子的注入，使电离层电子浓度增加，造成通信、测控和导航的重干扰[3]。

1. 辐射损伤效应

带电粒子对航天器的辐射损伤作用，主要是通过以下两个作用方式：一是电离作用，即入射粒子的能量通过被照物质的原子电离而被吸收，高能电子大都能产生这种电离作用；另一种是原子的位移作用，即被高能离子击中的原子的位置移动而脱离原来所处的晶格中的位置，造成晶格缺陷。高能质子和重离子既能产生电离作用，又能产生位移作用。这些作用导致航天器上的各种材料、电子器件等的性能变差，严重时会损坏。如玻璃材料在严重辐射后会变黑、变暗；胶卷变得模糊不清；人体感到不舒服、患病甚至死亡；太阳能电池输出降低；各种半导体器件性能衰退，如增益降低，工作点漂移甚至完全损坏。在半导体器件和太阳能电池中，由于电离作用使二氧化硅绝缘层中的电子-空穴对增加，导致 M0S 晶体管的阈值电压漂移，双极型晶体管增益下降，普遍地使电流增加，造成器件性能下降，使单元晶体电路不能完成原定的功能。位移作用后果是硅中少数载流子的寿命不断缩短，造成晶体电流增益下降和漏电流增加。这些综合作用也就导致太阳能电池的输出功率下降。此外，带电粒子以及紫外辐射对太阳能电池屏蔽物的辐射损伤、使屏蔽物变黑，影响太阳光进入到太阳能电池本身，这一效应也会使太阳能电池功率下降。

2. 单粒子事件效应

单粒子事件是指单个的高能质子或重离子导致的微电子状态器件的改变，从而使飞行器发生异常或故障的事件。它包括微电子器件逻辑状态改变的单粒子翻转事件、使 CMOS 组件发生可控硅效应的单粒子锁定事件等。

(1)单粒子翻转事件。当空间高能粒子穿入飞行器或者这些高能粒子与飞行器的舱壁发生核相互作用产生的重离子通过微电子器件时，在粒子通过的路径上将产生电离，沉积在器件中的电荷部分被电极收集，这有可能产生两个重要的效应：一是软错误的单粒子翻转效应；另一个是锁定效应。当收集的电荷超过电路状态的临界电荷时，电路就会出现不期望的翻转，出现逻辑功能混乱。但这种效应不会使逻辑电路损坏，它还可以重新写入另外一个状态，因此，常把这种效应叫作软错误。

单粒子翻转事件虽然并不产生硬件损伤，但它会导致飞行器控制系统的逻辑状态紊乱，从而可能产生灾难性的后果。单粒子翻转效应早在 20 世纪 70 年代就已经在卫星上观测到了，在以后的各种卫星中这种效应已屡见不鲜了。

(2)单粒子锁定事件。在 CMOS 电路中其固有的 p－n－p－n 结构，以及其内部存在的寄生晶体管，在高能带电粒子，尤其是重离子在穿越芯片时，会在 p 阱衬底结中沉积大量电荷。这瞬时电荷的流动所形成的电流，在 p 阱电阻上产生压降，会使寄生 npn 晶体管的基-射极正偏而导通，从而导致锁定事件。如果锁定时通过器件的电流过大，即可将器件烧毁。当出现锁定现象时，器件不会自动退出此状态，除非采取断电措施，然后重新启动方可恢复。我国“实践四号”卫星上的动态单粒子事件监测仪，在半年时间内 CMOS 电路发生 6 次锁定事件，差不多每月发生一次，均通过外加指令切断电源措施，然后重新启动来恢复。美国的 ERS－1 卫星于 1991 年 7 月进入高度为 784 km 的太阳同步轨道。数天后经过南大西洋上空时，因发生单粒子事件而将电源烧毁。

在低轨道上，虽然宇宙线和辐射带中的高能质子和重离子的通量要比其他轨道上的通量小，但大量的观测结果表明，低轨道上的单粒子事件仍是影响航天器安全的重要因素，发生的区域主要集中在极区(由太阳宇宙线和银河宇宙线诱发)和辐射带的南大西洋异常区。随着航天事业的发展和微电子器件水平的提高，如具有小体积、低功耗、高运行速度、大存储量的大规模集成器件的使用，而这些器件每一次状态的改变所需的能量和电荷变小，其抗单粒子事件的能力下降。因此，在航天器上使用的微电子器件如何提高抗单粒子事件的能力，已是大家所关注的热点问题。目前广泛采用的措施与对策包括研制和生产抗辐射加固的器件、加强屏蔽保护措施，以尽量减少单粒子事件的发生，在软件设计上采用抗干扰技术、容错技术、简编技术等保护措施，以及硬件和软件的数据检错与纠错等措施把单粒子事件的效应降到最小，以保证航天器正常运行。

在 20 km 以上由银河宇宙线、太阳宇宙线引起的高能粒子辐射剂量有时候也会超过人体安全的界限。这主要发生在太阳活动大的年份，由于色球层爆发，质子流可以产生次级高能粒子。次级高能粒子能穿透到大气低层，有时候甚至能在地球表面观测到。因此对于亚轨道飞行器高能粒子仍是一个重要的威胁。目前最好的办法，就是高能粒子事件进行准确预报，尽量避免在太阳色球层爆发期间进行高空飞行。

5.2.3　电离层效应

电离层对于飞行器的影响最主要的是通过干扰电波传播对飞行器通信造成影响[3]。除此以外，电离层还对飞行器的姿态、充电电位、电源功率造成一定的影响，反过来人类的空间活动也对电离层造成了一定的影响。

1. 对飞行器通信系统和测控系统的影响

电离层对电波传播的影响有折射、反射、吸收、闪烁和法拉第旋转等几种方式。折射是由于电离层大尺度的不均匀性造成的，电波传播路径上电子密度发生变化而使传播路径发生弯曲，当电波进入电子密度足够高的区域时，电波将被反射。闪烁是小尺度的不均匀结构造成的。这些效应的结果是发生信号延迟、衰落和闪烁，使通信质量降低。电离层的这种对电波传播的影响造成了对飞行器通信系统和测控系统的影响，这是电离层对飞行器系统最重要的影响。

(1)对通信系统的影响。因为电离层中存在不规则体，会使经其传播的高频、甚高频直至超高频波受到法拉第效应和电离层闪烁的影响，使波发生时延、信号衰落、通信质量下降。法拉第旋转可使天线偏振失调，电离层闪烁造成经电离层传播的电波幅度、相位、到达角和偏振特性发生不规则的起伏，千兆赫频段信号幅度起伏达 10 dB。随着日益频繁的人类空间活动对电离层造成的污染和干扰，电离层的不均匀性及其扰动强度将大大增加，电离层的影响将更加严重。

(2)对定轨系统的影响。当用电波的多普勒效应测量来确定航天器的轨道时，必须根据实时的电离层信息作修正。好的电离层模式可修正电离层影响的 3/4。

2. 对轨道和姿态的影响

电离层中的电子和离子，对运行在其中的飞行器的运动也产生小份额的阻力，但当大尺度飞行器运行在电离层环境中有大面积高负电位时，这将增大它们和正离子的作用面积，从而使阻力增大。当飞行器横切磁力线飞行时，会产生感应电动势，并通过周围的等离子体形成电流回路，又将产生新的阻力。

3. 对飞行器充电电位的影响

构成电离层的等离子体在决定航天器电位中起着很大的作用，由于它的电子和离子的能量很低，只要航天器相对于等离子体有很小的电位差，就可以吸引异性带电粒子，因它们的密度一般很高，所以很快中和了航天器上积累的电荷，使之保持在相对于空间等离子体很低的电位上。但当电离层的冷等离子体出现低密度的“空洞”(如极区、航天器尾流等)并有高通量沉降等离子体时，则处于其中的航天器会发生高充电。临近空间飞行器在电离层中飞行时将面临同样的问题。

4. 对飞行器电源功率的影响

当航天器需要很大的电源功率时，为了减少输电过程中的损耗，也为了减少供电电流和地磁场的相互作用，通常采用高电压供电，工作电压一般为 100 V 到数百伏。当其在电离层这样稠密的冷等离子体中运行时，要提高其太阳阵工作电压遇到的根本困难之一是电流泄漏，降低了电源的供电效率，在电源功率为 30 kW，工作电压为 200 V 时，功率损耗可达 3%。尽管临近空间飞行器在电离层的底部飞行，等离子体密度相对高空要小得多，甚至在夜间电离层的 D 层将消失，但是等离子体对飞行器电源功率的影响也不容忽视。

5. 空间活动对电离层的影响

随着大型航天器的发射，人类的航天活动对电离层的影响越来越大，这些影响又反过来对空间系统构成潜在的威胁。例如火箭在电离层区内排放的气体将导致电离层电子密度的变化，形成可观的电离层“空洞”，生成高充电条件，并对经过该区域的电波产生很大的影响。向空间释放物质，也可形成类似于火箭排气生成的“空洞”。来自大型航天器的高频和甚高频辐射，特别是空间发电站向地面输送能量强大的微波束，将构成对通信、测轨有严重影响的人为空间环境。

5.2.4 地磁场效应

地球磁场对低轨道航天器姿态的影响有两种类型。一种类型是在航天器具有剩余磁矩 $\boldsymbol{M}$ 时，航天器将受到磁力矩 $\boldsymbol{L}=\boldsymbol{M}\times\boldsymbol{B}$ 的作用而改变姿态。由地磁场的分布可以知道在 1 000 km以下的高度上，地磁场的强度在 30 000～60 000 nT 之间。设航天器的剩余磁矩为 $M=1\ \mathrm{A\cdot m^2}$，它受到的力矩在$(3\times10^{-5}\sim6\times10^{-5})\ \mathrm{N\cdot m}$之间[2]。另一种类型是具有导电回路的自旋卫星，卫星在地磁场中自旋时，导电回路中会产生感应电流，地磁场对感应电流的作用是将使航天器自旋速率下降而逐渐停止。因为感应电流强度与航天器的自旋速率和磁场垂直自旋轴的分量成正比，作用力又与电流和磁场的垂直分量成正比，所以阻尼力矩和航天器的自旋速率、磁场的垂直分量的二次方成正比。当然还和形成感应电流时航天器的电阻成反比。感应电流本身也产生磁矩，它与磁场也会产生旋进力矩，改变航天器的姿态，旋进力矩和磁场的平行分量成正比。为了减小干扰力矩，应尽量避免在航天器上形成大的电流回路。

5.2.5 太阳辐射与地磁辐射效应

各种辐射对于飞行器各种控制、通信系统以及光学测量系统产生不利的影响，同时过多的辐射还会对生物体造成严重的生理危害。

1. 对飞行器的温控、姿控和能源系统的影响

太阳电磁辐射、地球-大气系统射出辐射和地球反照率是卫星温控系统设计所必须考虑的主要外界输入能量；太阳可见光和近红外波段的光谱辐照度是卫星能源系统设计的重要资料；而对大型航天器而言，太阳电磁辐射和地球-大气辐射压对姿控系统的影响也是需要考虑的因素。对于亚轨道飞行器在涉及相关系统的时候将面临同样的问题。

2. 对飞行器周围电离环境和其通信系统的影响

太阳 Lyman α 线是地球电离层 D 层的主要电离源。而太阳 X 射线爆发则可能是引起电离层突然骚扰的主要原因。当太阳爆发时，X 射线和紫外辐射突然增强，使电离层 D 层电子浓度急剧增大，导致短波和中波无线电信号衰落，甚至完全中断。此外，太阳射电爆发引起射电背景噪声的增强，在一定条件下也会对通信系统造成干扰。在大射电爆发时，L 波段的太阳射电噪声可增大 2～4 个量级，而对 S 波段也将增 2～3 个量级。

在另一方面，太阳极紫外辐射是地球电离层 E，F 层的主要电离源。随太阳活动的增强，地球大气的电离状况也随之改变，F2 层电子浓度在太阳活动最大时比太阳活动最小时增大近一个量级。

3. 对探测器光学部件的侵蚀、污染

太阳紫外辐射对航天器表面的照射将使其表面涂层的光学性能变化，使航天器表面温度升高，影响其温控。

航天器材料中包含的气体杂质在高真空环境下释放出来，在太阳紫外辐射照射下可对其上各种光学遥感系统形成污染。

4. 对人体和生物体的影响

太阳 X 射线辐射对人体器官和眼睛有不同的损伤，而太阳紫外辐射可使人体发生皮肤癌，破坏生物体的脱氧核糖核酸。对于长期在轨道或者亚轨道飞行器中工作的航天员，必须采取相应的防护措施，以避免辐射损伤。

5.2.6　流星体及空间碎片危害

流星对宇宙飞行器具有很大的危险性。同流星相遇可引起两个不利的后果：

(1)质量不太大的流星(小于 10^{-5}～10^{-6} g)连续轰击飞行器，使飞行器表面及其仪器设备(某些传感器和光学仪器等)损坏，使航天器外壳材料蒸发和雾化。释放出的能量使飞行器外壳产生压缩波，形成裂纹、内表面材料碰伤(蒙皮内侧受到侵蚀)。微小流星的侵蚀能破坏高超声速飞行器的热状况。

(2)质量大的流星(大于 10^{-3} g)与高超声速飞行器相碰会使座舱或者油箱隔板损坏，引起机舱漏气，仪器设备停止工作。此外，还可能使航天器的整个结构或者个别部件受到损坏，击穿燃料箱，发生火灾，等等。

计算表明，与能击穿航天器蒙皮的流星粒子相遇的可能时间，根据蒙皮厚度和材料有很大的变化。航天器数百次的成功飞行证明，流星的危险性和微小流星的侵蚀作用都是很小的。对于在临近空间运行的飞行器来说，这种流星体的威胁在理论上也是存在的，相对轨道飞行器这种可能性还要小一些，但是毕竟存在这种威胁，需要采取必要的措施进行预报、规避或者在材料设计时采取必要的防护。

空间碎片主要集中在人类空间活动频繁的轨道区域，当然存在这些碎片坠入临近空间(亚轨道)区域的可能性，不过与在临近空间(亚轨道)运行的飞行器发生碰撞的概率非常小。

5.3　临近空间环境中的扰动因素

除了一般的空间环境因素外，临近空间还存在着一些扰动因素，它们会导致临近空间区域大气参数、电离层、地磁场的变化等，因此也是空间环境研究中的重要内容。

5.3.1 重力波

重力波(GW)是爱因斯坦广义相对论中预言的一种波动[5]，几乎以任意速度运动的源都伴着重力波的辐射。一般在低层大气中激发的重力波都属于内波，称为内重力波。内重力波具有向下的相速度，在较低大气层的某个区域中被激发，沿着垂直于地球表面的方向向上传播。长周期内重力波可以在没有任何大气波导的情况下几乎无衰减地把能量传输很远的距离。风和温度梯度对重力波的传播具有重大影响，可以引起重力波的折射，甚至反射。各种气象扰动过程都会在较低大气层中产生重力波，所产生的重力波向上传播到电离层而引起行进电离层扰动[6](TID)，一些 TID 就是龙卷风激发的重力波，观测表明某些 TID 与平流层中的西风急流扰动引起的重力波有关，夜光云中的波状结构是由重力波产生的。在中低层大气中，重力波的周期为几分钟到几小时，垂直波长为几十米到几千米，水平波长为几百米到几百千米。强烈天气过程和大气的不稳定性是产生重力波的主要原因。因为地球大气密度随高度呈指数下降，根据能量守恒定律，重力波向上传播中，幅度将呈指数不断增长，通过饱和、破裂和非线性相互作用，对中层大气的结构和环流形态产生重要影响。在 70 km 以下，重力可以造成幅度为 10 m/s 的水平风变化和 3 K 的温度起伏。在 80 km 以上，可以造成幅度为 25 m/s 的水平风起伏和幅度为 10～30 K 的温度起伏。重力波的强度随季节和纬度有所变化，但不论什么季节和纬度，重力波都是频繁出现的，它们是大气参数短期变化的主要原因。重力波造成的风切变对运载火箭的发射安全十分重要。

5.3.2 声重波

声重波(AGW)是频率远大于地球 2 倍自转角速度的波动[5-6]。声重波跟重力波类似，在研究分析中只需对重力波进行压缩修正即可得到声重波，与重力波不同的是，只有辐射源在超声速运动的情况下才能产生声重波。声重波具有独特的色散特性，声重波的风剪切效应可以造成电离层电子密度扰动。赤道电急流、台风都会激发声重波，日食期间太阳阴影的运动，极光电急流的运动以及核爆炸也可以激发声重波。声重波是引起 TID 的一种重要因素，相关资料表明声重波可能造成平流层大气的突然增温。

5.3.3 行星波

行星波是一种大气长波辐射，又称为 Rossby 波[5-6]。行星波是引起中低层大气变化的一个重要因素。由地形和陆海热力差激发的行星波，其相位对地球变化不大，它们可以从冬季半球向上传播到平流层以上。从调和分析知道，大尺度行星波主要由波数 1 和波数 2 组成。北半球冬季行星波幅度明显高于南半球冬季行星波幅度。行星波也是造成平流层温度大幅度变化的重要原因，行星波与平均流相互作用，可以造成平流层突然增温过程，在几天到十几天里，高位平流层温度会突然上升 50～75 K，而且温度会持续一段时间，明显影响月平均温度。强的平流层突然增温只发生在北半球，大约每两年一次，弱的突然增温过程差不多每个冬天都发生一两次。南半球只发生少量的弱增温过程，因为南半球行星波幅度较小。行星波还影响平流层的风场特性，可以改变风场强弱，甚至使平流层风场改变方向。

5.3.4　潮汐波

潮汐作用会改变地球引力，对卫星以及亚轨道飞行器产生附加的摄动力。潮汐分为由于地球非刚体，日月引力作用下引起的固体潮，以及海潮、大气潮汐等。月亮引起的太阴潮汐波、太阳引起的太阳潮汐波都会造成地球表面附近气压的变化，潮汐波向上传播会产生潮汐风，对中高层大气参数造成影响。大气潮汐也是大气参数变化的一个原因。平流层臭氧和对流层里的水汽吸收太阳辐射可以激发太阳日潮，这些潮汐在向上传播过程中，幅度明显增加，在 100 km高度，日潮产生的温度变化在 15 K 左右，密度变化达 20%。在 115 km，半日潮产生的温度变化幅度达到 28 K。

5.3.5　电离层暴

太阳表面剧烈活动（如耀斑、日冕物抛射等）期间，由于行星际粒子和场的变化（如太阳风增强、行星际激波）与地磁场相互作用引起与地磁暴同时发生的电离层全球扰动现象，叫作电离层暴[7]。它表现为电离层 F2 层的异常变化。它常在太阳表面扰动发生后的 1～2 天内出现，持续时间可由几小时到几天，作用范围涉及全球。极区变化最剧烈。中纬区变化较规律，按电离层暴发生时 F2 层临界频率的或升或降，电离层暴分为正相暴和负相暴。有时还有双相暴，即 F2 层临界频率既有升又有降的情况。中高纬多发生负相电离层暴，它们的扰动持续时间长，强度大，不仅 F2 层临界频率下降，同时虚高升高，使分层混乱，D 层电离大大增强，造成吸收增加，影响长波、短波传播，不仅造成信号衰落，甚至中断，破坏短波传播，而且引起长波相位异常。在低纬赤道区通常发生的是正相电离层暴。由于电离层暴起因于太阳活动，因此其出现频次和强度有着太阳活动的各种周期变化：11 年变化，（季节）年度变化（二分季出现频率最高）和 27 天的重现性。

5.4　临近空间力学环境建模与分析

准确建立飞行器的力学环境模型是飞行器运动精确建模的基础。而与飞行器运动特性密切相关的空间环境因素主要是大气环境和引力场环境。

5.4.1　大气参数建模分析

这里的基本大气参数是指温度、密度、气压等最基本的大气参数，它们主要通过改变动压头、马赫数、雷诺数来影响飞行器的空气动力。这些参数是空气动力和力矩以及发动机推力计算所必需的。当临近空间飞行器进行全球远程巡航时，必须采用全球大气模式，这里介绍几种比较重要的大气模式，并对这些模式的优、缺点进行分析。

5.4.1.1 基本大气模型

航空航天计算中采用的大气模式主要有标准大气模式、国际参考大气模式，以及 Jacchia 系列大气模式、MSIS 系列大气模式等。

1. 标准大气

世界气象组织对标准大气作了如下定义："所谓标准大气，就是一个设想的大气温度、压力和密度的垂直分布，它粗略地反映一年间中纬度的状况，得到国际上的承认。典型用途是作为压力高度计校准、飞机性能计算、飞机和火箭计算、弹道制表和气象制图的基准。假定大气服从温度、压力、密度和位势高度相联系的理想气体定律和流体静力学方程。在一个时期内，只能规定一个标准大气，这个标准大气，除相隔多年作修订外，不允许经常变动。"美国标准大气推广委员会把标准带的高度扩展到了 1 000 km，对美国标准大气作了如下补充说明："这个大气要考虑到随地球旋转，并且是日夜周期、半年变化、从活动到宁静的地磁条件及活动到平静太阳黑子条件下的平均值。湍流层顶以上采用流体静力学的通用形式。"

标准大气一般表示的是在中等太阳活动条件下，从地球表面到 1 000 km 高度中纬区域理想化的、稳态地球大气平均状态下的剖面，其代表模式有美国标准大气 1962、美国标准大气增补 1966 和美国标准大气 1976。其中 USSA1976 是该系列模式的最新版本。这里介绍 USSA1976模式及相应的简化模式：

引入重力位势高度 H，单位为 km，用它代替几何高度 h，有关系式

$$H=\frac{h}{1+h/R_0} \tag{5-1}$$

为使公式简洁和便于计算，引入一个中间参数 W。各段统一选用海平面处的值作为参照值。这样得到 USSA1976 大气模型的分段表示模型如下：

a) 当 $0\leqslant h\leqslant 11.019\ 1$ km 时，有

$$\left.\begin{aligned}&W=1-\frac{H}{44.330\ 8}\\&T=288.15W\\&\rho=W^{4.255\ 9}\rho_s\end{aligned}\right\} \tag{5-2}$$

b) 当 $11.019\ 1\leqslant h\leqslant 20.063\ 1$ km 时，有

$$\left.\begin{aligned}&W=\exp\left(\frac{14.964\ 7-H}{6.341\ 6}\right)\\&T=216.650\\&\rho=0.158\ 98W\rho_s\end{aligned}\right\} \tag{5-3}$$

c) 当 $20.063\ 1\leqslant h\leqslant 32.161\ 9$ km 时，有

$$\left.\begin{aligned}&W=1+\frac{H-24.902\ 1}{221.552}\\&T=221.552W\\&\rho=3.272\ 2\times10^{-2}W^{-35.162\ 9}\rho_s\end{aligned}\right\} \tag{5-4}$$

d) 当 $32.161\ 9\leqslant h\leqslant 47.350\ 1$ km 时，有

$$\left.\begin{aligned}W&=1+\frac{H-39.7499}{89.4107}\\T&=250.350W\\\rho&=3.2618\times10^{-3}W^{-13.2011}\rho_s\end{aligned}\right\}\tag{5-5}$$

e) 当 $47.3501\leqslant h\leqslant51.4125$ km 时，有

$$\left.\begin{aligned}W&=\exp\left(\frac{48.6252-H}{7.9223}\right)\\T&=270.650\\\rho&=9.4920\times10^{-4}W\rho_s\end{aligned}\right\}\tag{5-6}$$

f) 当 $51.4125\leqslant h\leqslant71.8020$ km 时，有

$$\left.\begin{aligned}W&=1-\frac{H-59.4390}{88.2218}\\T&=247.021W\\\rho&=2.5280\times10^{-4}W^{11.2011}\rho_s\end{aligned}\right\}\tag{5-7}$$

g) 当 $71.8020\leqslant h\leqslant86.0000$ km 时，有

$$\left.\begin{aligned}W&=1-\frac{H-78.0303}{100.2950}\\T&=200.59W\\\rho&=1.7632\times10^{-5}W^{16.0816}\rho_s\end{aligned}\right\}\tag{5-8}$$

h) 当 $86.0000\leqslant h\leqslant91.0000$ km 时，有

$$\left.\begin{aligned}W&=\exp\left(\frac{87.2848-H}{5.47}\right)\\T&=186.87\\\rho&=3.6411\times10^{-6}W\rho_s\end{aligned}\right\}\tag{5-9}$$

i) 当 $91.0000\text{ km}\leqslant h$ 时，有

$$\left.\begin{aligned}T&=186.87\\\rho&=\rho_s\times\exp(-h/7320)/3\end{aligned}\right\}\tag{5-10}$$

适用以上各段的声速公式为

$$a=20.0468\sqrt{T}\text{ m/s}\tag{5-11}$$

上面各式所用海平面大气参数值为

$$T_s=2.8815\times10^2\text{ K},\quad\rho_s=1.2250\text{ kg/m}^3$$
$$g_s=9.80665\text{ m/s}^2,\quad a_s=3.40294\times10^2\text{ m/s}^2$$

在仿真过程中解算轨迹时，可能会碰到高度很高或高度很低的情况，为了避免计算机计算时由于指数溢出引起的致命误差，下面给出大气模型的附加特性：

当 $h\leqslant0$ 时，有

$$\left.\begin{aligned}T&=288.15-6.499921h\\\rho&=(1-9.6005765\times10^{-2}h)\rho_s\end{aligned}\right\}\tag{5-12}$$

当 $h\geqslant200$ km 时，有

$$\left.\begin{aligned}T&=186.87\\\rho&=0\end{aligned}\right\}\tag{5-13}$$

对于 5 ～ 40 km 之间的大气密度计算还可以采取更简单的近似：

$$\rho(r)=\rho_0 e^{-\beta(r-r_0)} \tag{5-14}$$

其中 $\rho_0=1.225\ \mathrm{kg/m^3}$；$r_0=6.37\times10^6\ \mathrm{m}$；$\beta=1.3785e^{-5}\ \mathrm{m^{-1}}$。

图 5－7 所示为标准大气 USSA1976，USSA1966 以及相应的指数近似大气模式之间的高度-密度曲线。

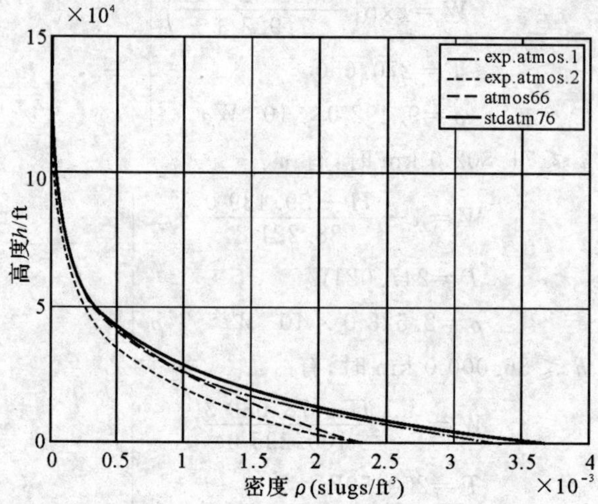

图 5－7　不同标准大气模型下的高度-密度曲线

2. 国际参考大气

国际参考大气(CIRA) 系列模式是国际空间委员会(COSPAR) 推荐并通过的国际参考大气，它包括 CIRA1961，CIRA1965，CIRA1972 和 CIRA1986。该系列参考大气是国际性和权威性最强的参考大气，是美、欧、亚、澳及苏联等世界各国科学家共同努力的结果。CIRA1986 是 COSPAR 国际参考大气的最新版本。CIRA1986 的中层大气部分，利用了新的气球、火箭、雷达、光学观测数据。特别是 Nimbus 系列卫星中层大气温度垂直剖面的探测，为建立全球参考大气提供了更全面的数据。除了季节和纬度变化，还包括了年际变化趋势、准两年变化、半年变化、行星波、重力波、潮汐波和大气湍流等方面的内容。重点给出每月以 5° 为间隔，从 80°S 到 80°N，纬向平均温度、纬向平均位势高度、纬向平均纬向风随压力、压力标高、几何高度变化的等值线图和数据表。中层大气模式提供了非常丰富的曲线和高分辨率的数表，一般用户可以直接查表或查图。CIRA1986 虽然理论上精度很高，但是对于临近空间飞行器来说，进行实时仿真存在许多困难。

3. MSIS 系列模式

MSIS 系列模式主要是以火箭、卫星质谱仪和地面非相干散射雷达观测为基础建立的。本系列的模式在高热层拟合卫星、火箭质谱仪等和地面非相干散射雷达测量的结果，在低热层接近全球大气环流系统的结果，把热层看作是一低通滤波器，假设球谐函数是热层的本征函数。本系列的模式定义大气温度，考虑大气的混合、扩散过程，提供大气成分和密度。大气随地理和地方时的变化公式是建立在低量级球谐函数的基础上的，球谐函数的展开也反映大气参数随太阳活动、地磁活动及年、半年、季节、昼夜和半日等变化。该系列模式包括 OGO－6，

MSIS-77,MSIS-83,MSIS-86,MSISE-90 和近年来公布的 NRLMSISE-00。前期的几个模式主要描述的是 90 km 以上的中性大气,而 MSISE-90 和 NRLMSISE-00 能用于计算从地面到 2 000 km 高度的地球中性大气的温度、密度和各气体成分的数密度。NRLMSISE-00 模式具有上述的 MSIS 系列一般的建模特征,而且又在 MSIS-86 和 MSISE-90 基础上增加了几个新特色:

a) 在模式的产生过程中利用了大量卫星的阻力数据库;

b) 修正了低热层的 O_2 和 O 的数密度;

c) 增加了非线性的太阳活动项;

d) 输出增加了一项不规则氧数密度。

NRLMSISE-00 具有以上这些新特色,使模式计算高层大气参数的精度得到进一步的提高。NRLMSISE-00 是一个高度程序化的大气模式,在实际应用中相当方便,而且在精度上也有相当的保证。

5.4.1.2　关于大气模型的探讨与分析

在航空航天计算中一般都采用美国标准大气或者其简化的模型作为温度、密度计算的基础。CIRA1986 模式多见于气象学研究,MSIS 系列模式多见于空间科学的研究。总的来说美国标准大气模式最为简单,易于进行编程计算。NRLMSISE-00 模式具有现成的程序,需要解决编程接口的问题。CIRA1986 虽然理论上最为精确,但是由于采取数据表等形式,而且数据文件读取也比较困难,不宜使用。从仿真计算时间来看,NRLMSISE-00 消耗时间明显高于 USSA76,实时性较差。考虑到在真实飞行过程中,飞行器计算所采用的参数来自实测数据,从这种意义上说,无论采用哪种模式都是粗糙的。鉴于本教材的研究并非是飞行器的实时仿真,而是一种理论上的验证与探讨,因此采用 NRLMSISE-00 这种较为准确的大气模式的计算结果作为理论分析的标准是合理的。图 5-8～图 5-10 所示为某次轨迹仿真过程中采用 NRLMSISE-00 模式以及 USSA76 模式计算得到的温度、密度的变化曲线。

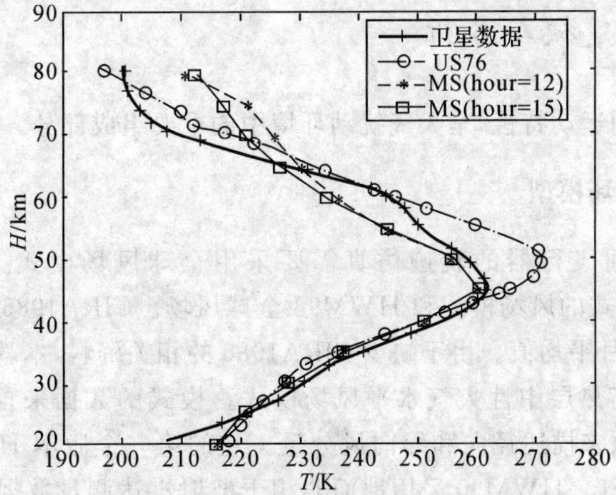

图 5-8　我国地区温度-高度曲线

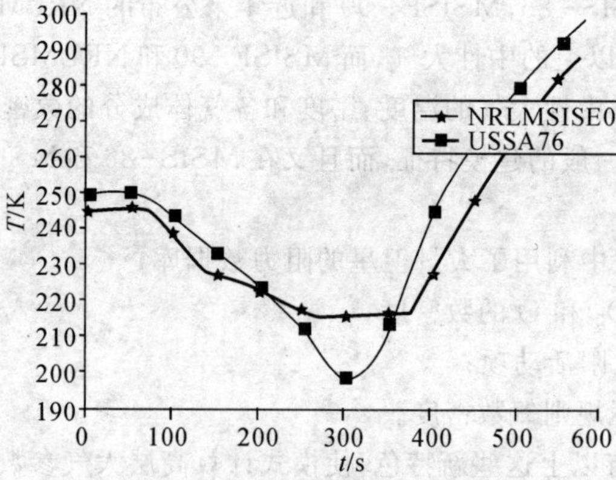

图 5-9 飞行轨迹中的温度变化曲线

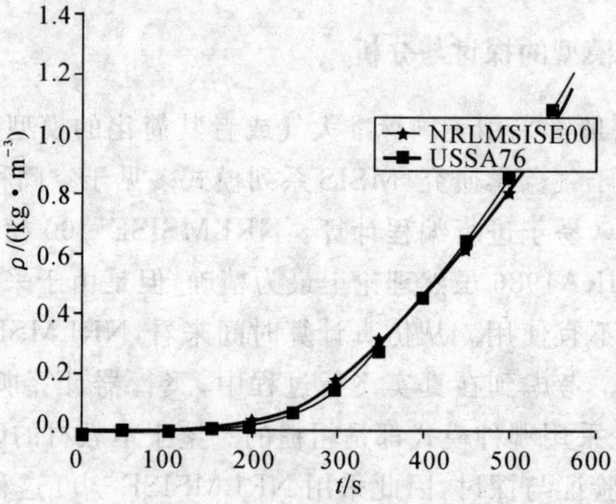

图 5-10 飞行轨迹中的密度变化曲线

5.4.2 风场建模与分析

风会影响飞行器的运动特性，是大气扰动环境中的重要组成部分。

5.4.2.1 全球风场模型

对于远程临近空间飞行器的轨迹仿真需要采用全球风场模式。常用的风场模式有 CIRA1986 中层大气模式的风场模式和 HWM93 全球风场。CIRA1986 中层大气模式给出了 120 km 以下的纬向风月平均值。由于缺少 CIRA1986 的相关资料，本教材采用 HWM93 水平风场模式。HWM 是高热层中性大气水平风场模式。模式的数据来自于 AE_E 和 DE 2 卫星。通过有限球谐函数来描述径向和纬向风分量。它的第一个版本 HWM87 模式主要针对 220 km 以上的热层大气。HWM90 采用地面非相干散射雷达测量数据将这一模式拓展到地面。太阳的运动变化也被该模式所考虑，但是并不是与当前真实值非常吻合，存在着小的差异。图 5-11、图 5-12 所示为某次飞行仿真过程中的径向风、纬向风分布曲线。

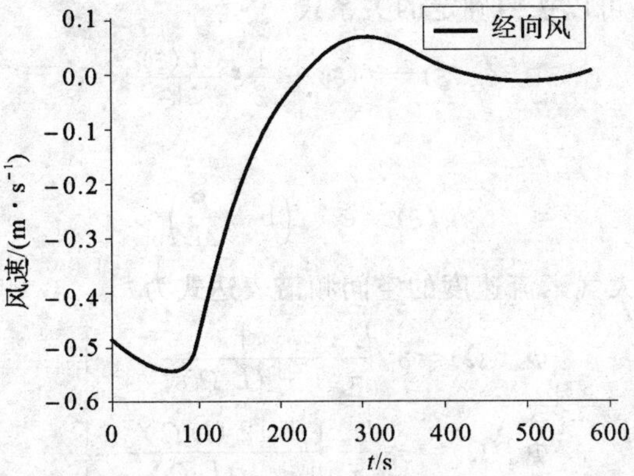

图 5－11　飞行轨迹上的经向风分布曲线(北向为正)

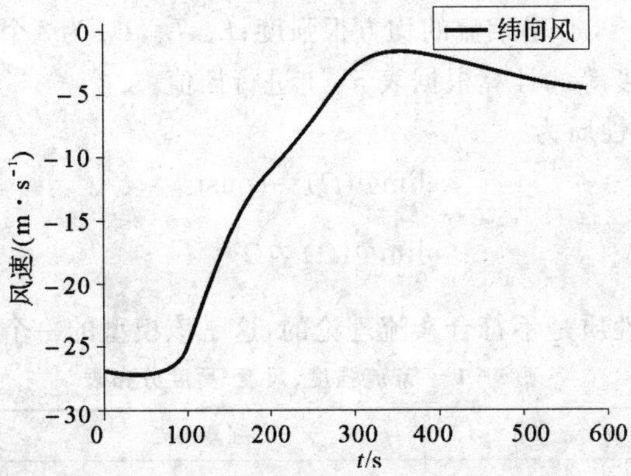

图 5－12　飞行轨迹上的纬向风分布曲线(东向为正)

5.4.2.2　紊流风场模拟

紊流是叠加在平均风场上面的脉动分量，对于紊流一般采用数字模拟的方法，本节将介绍这些方法，并对紊流模拟中的一些问题进行探讨。

1. 基本假设

实际的大气紊流是十分复杂的物理现象。为了使飞行器响应问题的研究不过于复杂，可把大气紊流适当地加以理想化，就是说对飞行器在大气中飞行的问题加入一些假设[8-9]。

• 平稳性和均匀性假设，即大气紊流的统计特征既不随时间而变，也不随位置而变。

• 各向同性假设，即大气紊流的统计特性不随坐标系的旋转而变化，与方向无关。

• Gauss 分布假设，即认为大气紊流是 Gauss 型的，其速度大小服从正态分布。

• Taylor 冻结场假设，即处理紊流对飞行器飞行影响的问题时，把大气紊流“冻结”，认为紊流速度变化率为零。

2. 基本模型

(1)Dryden 模型。根据大量测量和统计数据，Dryden 提出了指数型的纵向相关函数，有

$$f(\xi)=e^{-\xi/L} \tag{5-15}$$

横向相关函数 $g(\xi)$ 可以按照确定的关系式

$$g(\xi)=f(\xi)+\frac{1}{2}\xi\frac{\mathrm{d}f(\xi)}{\mathrm{d}\xi} \tag{5-16}$$

求得

$$g(\xi)=\mathrm{e}^{-\xi/L}\left(1-\frac{\xi}{2L}\right) \tag{5-17}$$

按照 Dryden 模型，大气紊流速度的空间频谱表达式为

$$\left.\begin{aligned}\Phi_{uu}(\Omega)&=\sigma_u^2\frac{L_u}{\pi}\frac{1}{1+(L_u\Omega)^2}\\ \Phi_{vv}(\Omega)&=\sigma_v^2\frac{L_v}{\pi}\frac{1+12(L_v\Omega)^2}{1+4(L_v\Omega)^2}\\ \Phi_{ww}(\Omega)&=\sigma_w^2\frac{L_w}{\pi}\frac{1+12(L_w\Omega)^2}{1+4(L_w\Omega)^2}\end{aligned}\right\} \tag{5-18}$$

式中，Ω 是空间频率；$\sigma_u^2,\sigma_v^2,\sigma_w^2$ 是紊流的均方根强度；L_u,L_v,L_w 为3个方向的紊流尺度（即特征波长）。紊流的尺度、强度等的计算根据表5-1进行插值。

Dryden 频谱的渐近性质为

$$\lim_{\Omega\to 0}\Phi(\Omega)=\mathrm{const}$$

$$\lim_{\Omega\to\infty}\Phi(\Omega)\propto\Omega^{-2}$$

在无穷远处的渐近性质是不符合紊流理论的，这是该模型的一个缺陷。

表5-1　紊流强度、尺度-高度分布表

$\frac{Alt}{\mathrm{km}}$	中等紊流			强烈紊流			紊流尺度	
	$\frac{\sigma_h}{\mathrm{m/s}}$	$\frac{\sigma_w}{\mathrm{m/s}}$	Probability	$\frac{\sigma_h}{\mathrm{m/s}}$	$\frac{\sigma_w}{\mathrm{m/s}}$	Probability	$\frac{L_h}{\mathrm{km}}$	$\frac{L_w}{\mathrm{km}}$
0	1.25	0.98	0.867	3.06	2.41	0.01	0.52	0.323
1	1.65	1.36	0.199	3.9	3.21	0.025	0.832	0.624
2	1.65	1.43	0.097 9	4.35	3.78	0.011 1	0.902	0.831
4	2.04	1.68	0.073 8	6.24	5.13	0.006 3	1.04	0.972
6	2.13	1.69	0.065	7.16	5.69	0.005 6	1.04	1.01
8	2.15	1.69	0.070 4	7.59	5.98	0.004 9	1.04	0.98
10	2.23	1.73	0.067 7	7.72	6	0.004 3	1.23	1.1
12	2.47	1.79	0.050 2	7.89	5.71	0.003 4	1.8	1.54
14	2.62	1.91	0.036 8	6.93	5.05	0.002 7	2.82	2.12
16	2.44	2.1	0.033 7	5	4.31	0.002 4	3.4	2.6
18	2.21	2.07	0.027 7	4.07	3.81	0.002	5	3.34
20	2.26	1.99	0.018	3.85	3.38	0.001 6	8.64	4.41
25	2.71	2.09	0.146	4.34	3.34	0.001 5	12	6.56
30	3.73	2.39	0.018 5	5.6	3.59	0.001 8	28.6	8.88
35	4.59	2.58	0.024 9	6.89	3.87	0.002 5	35.4	8.33
40	5.26	2.87	0.031 8	7.89	4.3	0.003 2	42.6	6.2

续 表

$\frac{Alt}{km}$	中等紊流			强烈紊流			紊流尺度	
	$\frac{\sigma_h}{m/s}$	$\frac{\sigma_w}{m/s}$	Probability	$\frac{\sigma_h}{m/s}$	$\frac{\sigma_w}{m/s}$	Probability	$\frac{L_h}{km}$	$\frac{L_w}{km}$
45	6.22	3.25	0.038 6	9.33	4.88	0.003 9	50.1	5.2
50	7.27	4.21	0.045 5	10.9	6.31	0.004 5	57.9	5.3
55	8.7	4.4	0.068 2	13.06	6.6	0.006 8	66	6
60	10.1	4.42	0.091 7	15.1	6.63	0.008 3	74.4	6.8
65	11.3	4.05	0.162	16.9	6	0.013	83.2	7.5
70	15.9	5.04	0.233 6	23.8	7.5	0.016 4	92.3	8.2
75	19.2	6.3	0.306 6	28.7	9.5	0.018 4	102	9
80	22.6	8.3	0.381	33.8	12.4	0.019	111	9.7
85	27.3	10.3	0.576 9	40.9	15.4	0.023 1	121	10.4
90	33.2	11.8	0.776 7	49.8	17.7	0.023 3	132	11.2

Dryden 模型的优点在于频谱形式简单，是有理式，可以作因式分解，因此可以直接实现，也就是说，可以将成形滤波器的有理传递函数直接转化为状态方程描述。

(2) Von Karman 模型。Von Karman 根据理论和测量数据，导出大气紊流的能量谱函数为

$$\left.\begin{aligned} E(\Omega) &= \sigma^2 \frac{55L}{9\pi} \frac{(aL\Omega)^4}{[1+(aL\Omega)^2]^{17/6}} \\ a &= 1.339 \end{aligned}\right\} \tag{5-19}$$

这个能量谱函数符合紊流理论中的极限条件：当 $\Omega \to 0$ 时，$E \propto \Omega^4$；当 $\Omega \to \infty$ 时，$E \propto \Omega^{-5/3}$。

3 个紊流分量的频谱为

$$\left.\begin{aligned} \Phi_{uu}(\Omega) &= \sigma_u^2 \frac{L_u}{\pi} \frac{1}{[1+(aL_u\Omega)^2]^{5/6}} \\ \Phi_{vv}(\Omega) &= \sigma_v^2 \frac{L_v}{\pi} \frac{1+(8/3)(2aL_v\Omega)^2}{[1+(2aL_v\Omega)^2]^{11/6}} \\ \Phi_{ww}(\Omega) &= \sigma_w^2 \frac{L_w}{\pi} \frac{1+(8/3)(2aL_w\Omega)^2}{[1+(2aL_w\Omega)^2]^{11/6}} \end{aligned}\right\} \tag{5-20}$$

它们具有以下渐近性质：

$$\left.\begin{aligned} &\lim_{\Omega\to 0}\Phi(\Omega) = \text{const} \\ &\lim_{\Omega\to\infty}\Phi(\Omega) \propto \Omega^{-5/3} \end{aligned}\right\} \tag{5-21}$$

第二个性质满足 Kolmogorov 条件。Von Karman 模型的缺点是，形式比较复杂，模型为无理分式的形式，不利于进行因式分解，在实际应用中常采用有理化近似的形式。

(3) 紊流模拟的基本原理及检验。紊流数字仿真的基本原理即随机过程生成的一般原理。即将白色噪声通过成形滤波器得到符合一定功率谱的有色噪声。其中关键是确定传递函数 $G(s)$。

1)Dryden 模型的数字仿真。赵震炎给出了 Dryden 模型 3 个速度分量的传递函数：

$$\left.\begin{aligned} G_u(s) &= \frac{K_u}{T_u s+1} \\ K_u &= \sigma_u\sqrt{\frac{L_u}{\pi V}},\quad T_u=\frac{L_u}{V} \end{aligned}\right\} \tag{5-22}$$

$$\left.\begin{aligned} G_v(s) &\approx \frac{K_v}{T_v s+1} \\ K_v &= \sigma_v\sqrt{\frac{L_v}{\pi V}},\quad T_v=\frac{2}{\sqrt{3}}\,\frac{L_v}{V} \end{aligned}\right\} \tag{5-23}$$

$$\left.\begin{aligned} G_v(s) &\approx \frac{K_v}{T_v s+1} \\ K_v &= \sigma_v\sqrt{\frac{L_v}{\pi V}},\quad T_v=\frac{2}{\sqrt{3}}\,\frac{L_v}{V} \end{aligned}\right\} \tag{5-24}$$

以上紊流速度传递函数的形式都可以表示为

$$\frac{x(s)}{r(s)}=G(s)=\frac{K}{Ts+1} \tag{5-25}$$

以 h 为步长(即时间间隔)，把方程离散化，生成 $x(t)$ 的离散序列，有

$$x_{i+1}=Px_i+Qr_{i+1} \tag{5-26}$$

式中，r_{i+1} 是均值为 0、标准差为 1 的 Gauss 白噪声序列。其中系数 P 和 Q 的公式为

$$\left.\begin{aligned} P &= \mathrm{e}^{-h/T} \\ Q &= \sigma_x\sqrt{1-P^2} \end{aligned}\right\} \tag{5-27}$$

根据公式 $x_{i+1}=Px_i+Qr_{i+1}$ 即可以得到所需要的紊流序列。

2)Von Karman 模型的数字仿真。Von Karman 紊流谱 3 个分量的传递函数可以表示为

$$\left.\begin{aligned} H_u(s) &= \frac{C_1}{(a_1+s)^{5/6}} \\ H_v(s) &= \frac{b_2(s+C_2)}{(s+a_2)^{11/16}} \\ H_\omega(s) &= \frac{b_3(s+C_3)}{(s+a_3)^{11/16}} \end{aligned}\right\} \tag{5-28}$$

对纵向紊流的传递函数进行 3 阶连分式分解得到

$$(1+s)^{-5/6}\approx\frac{60+52s+91/12s^2}{60+102s+561/12s^2+935/216s^3} \tag{5-29}$$

计算极点和零点如表 5-2 所示。

表 5-2　传递函数零点、极点

极　点	零　点
$p'_1=-1.020\,250\,59$	$z'_1=-1.468\,210\,716$
$p'_2=-1.676\,615\,71$	$z'_2=-5.388\,932\,143$
$p'_3=-8.103\,133\,70$	

将传递函数离散化，得到紊流的递推关系式为

$$y_n = l_1 y_{n-1} - l_2 y_{n-2} + l_3 y_{n-3} + r_0 x_n - r_1 x_{n-1} + r_2 x_{n-2} - r_3 x_{n-3} \tag{5-30}$$

式中的系数见表 5－3。

表 5－3　式(5－30) 对应系数

$p_i = p'_i\alpha, z_i = z'_i\alpha, k_1 = -\sigma\,(L/V\pi)^{1/2}(p_1 p_2 p_3)/(z_1 z_2)$
$A = k_1(p_1 - z_1)(p_1 - z_2)/p_1(p_1 - p_2)(p_1 - p_3)$
$B = k_1(p_2 - z_1)(p_2 - z_2)/p_2(p_2 - p_1)(p_2 - p_3)$
$C = k_1(p_3 - z_1)(p_3 - z_2)/p_3(p_3 - p_1)(p_3 - p_2)$
$D = -k_1 z_1 z_2/p_1 p_2 p_3$
$r_0 = A + B + C + D$
$r_1 = A(1 + E_{23}) + B(1 + E_{13}) + C(1 + E_2) + DE_{123}$
$r_2 = AE_{23(23)} + BE_{13(13)} + CE_{12(12)} + DE_{(12)(13)(23)}$
$r_3 = AE_{(23)} + BE_{(13)} + CE_{(12)} + DE_{(123)}$
$l_1 = E_{123}, l_2 = E_{(12)(13)(23)}, l_3 = E_{(123)}$
其中 $E_{ij(ij)} = \exp(p_i T) + \exp(p_j T) + \exp[(p_i + p_j)T] = E_i + E_j + E_{(ij)}$

3) 紊流信号检验。检验紊流信号是否合适的准则就是看这样的随机序列的频谱特性或相关特性是否符合该紊流模型的频谱函数或相关函数的理论表达式。检验相关函数比较简单。

随机过程 $x(t)$ 的相关函数为

$$R_x(\tau) = \lim_{T\to\infty} \frac{1}{T}\int_0^T x(t)\,x(t+\tau)\,\mathrm{d}t \tag{5-31}$$

将式(5－31) 离散化，取 $\tau = kh$(h 为步长，k 为正整数)，于是

$$\left.\begin{aligned} R_x(k) &= \frac{1}{N-k}\sum_{i=1}^{N-k} x_i x_{i+k} \\ k &= 0,1,\cdots,L-1 \end{aligned}\right\} \tag{5-32}$$

式中，相关函数的点数 L 不可太大，应使 $L \ll N$。

其中 Dryden 模型的相关函数为

$$\left.\begin{aligned} R_{uu}(\tau) &= \sigma_u^2 \exp\left(-\frac{V}{L_u}|\tau|\right) \\ R_{vv}(\tau) &= \sigma_v^2\left(1 - \frac{V}{4L_v}|\tau|\right)\exp\left(-\frac{V}{2L_v}|\tau|\right) \\ R_{ww}(\tau) &= \sigma_w^2\left(1 - \frac{V}{4L_w}|\tau|\right)\exp\left(-\frac{V}{2L_w}|\tau|\right) \end{aligned}\right\} \tag{5-33}$$

Von Karman 模型的相关函数为

$$\left.\begin{aligned} R_{uu}(\xi) &= \sigma_u^2 f(\xi) \\ R_{vv}(\xi) &= \sigma_v^2 g(\xi) \end{aligned}\right\} \tag{5-34}$$

$$
\left.\begin{aligned}
f(\xi) &= \frac{2^{2/3}}{\Gamma(1/3)}\zeta^{1/3}K_{1/3}(\zeta) \\
g(\xi) &= \frac{2^{2/3}}{\Gamma(1/3)}\zeta^{1/3}\left[K_{1/3}(\zeta)-\frac{1}{2}\zeta K_{2/3}(\zeta)\right]
\end{aligned}\right\} \tag{5-35}
$$

式中，$\zeta=\xi/(aL)$；Γ 为 Gamma 函数；K 为 Bessel 函数。转换到时域：

$$
\left.\begin{aligned}
R_{uu}(\tau) &= \sigma_u^2 f(V\tau) \\
R_{vv}(\tau) &= \sigma_v^2 g(V\tau)
\end{aligned}\right\} \tag{5-36}
$$

4）关于紊流模拟方法的探讨。上面介绍的紊流模式都具有一定的理论基础，其中 Dryden 模型的数字仿真技术非常易于操作，而在实际仿真中发现上面介绍的 Von Karman 模型的数字仿真技术对初始值以及白噪声样本过于敏感，很容易造成模拟发散，而且非常复杂，目前比较成熟的 Von Karman 数字仿真技术是基于谐波叠加方法的数字仿真技术。这里只探讨 Dryden 模型的数字仿真问题。

对 Dryden 模型生成的纵向紊流样本（见图 5－13）进行相关性检验发现，紊流模拟的结果非常不理想，根本无法达到文献[9]所示的精度。根据文献[10]，紊流模拟的精度受白噪声序列的影响较大，采用多种白噪声生成算法（混合同余算法、直观面积法以及 Matlab 自带的 Normrnd 函数）进行仿真验证，相关性检验结果如图 5－14 所示。

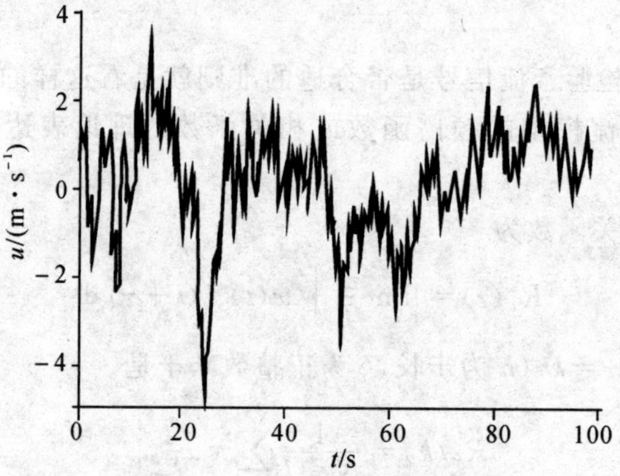

图 5－13　纵向紊流样本

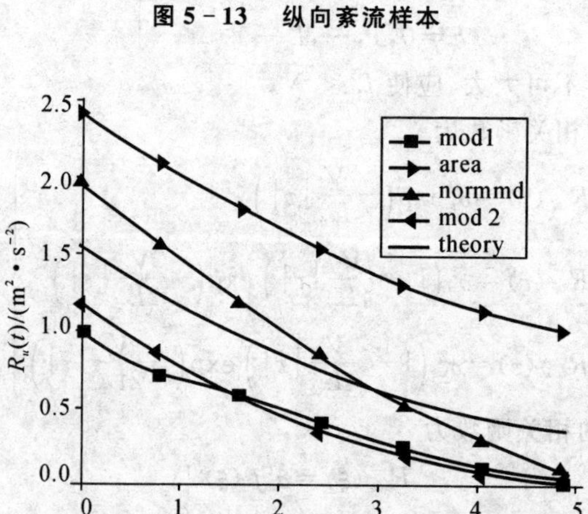

图 5－14　紊流相关性检验结果

检验结果表明，紊流模拟的精度受随机噪声序列的影响很大，显然以上几种算法获得的随机数序列都不能满足紊流精确模拟的要求。现在对三组随机数序列进行分析。分别分析随机数序列的均值、方差（见表 5-4），以及概率密度曲线（见图 5-15），发现这些算法获得的随机数序列无论是均值、方差还是概率密度分布都比较理想，那么可以猜测，导致误差的主要原因是噪声的白化问题。

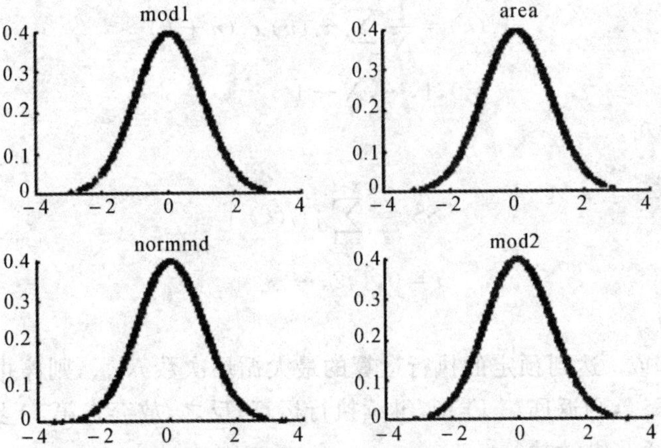

图 5-15　随机数序列的概率密度曲线

表 5-4　随机数序列的均值、方差

	mod 1	area	normmd	mod 2
Mean	0.019 7	0.023 2	0.017 7	−0.001 1
Std	0.983 7	1.034 7	1.024 8	0.984 7

采用 Matlab 工具箱的 dspdata. psd 函数对不同随机数的功率谱进行检验，检验发现所采用的随机数序列的功率谱特性都不能令人满意，波动幅度很大。图 5-16 所示为 4 组随机序列的功率谱曲线。

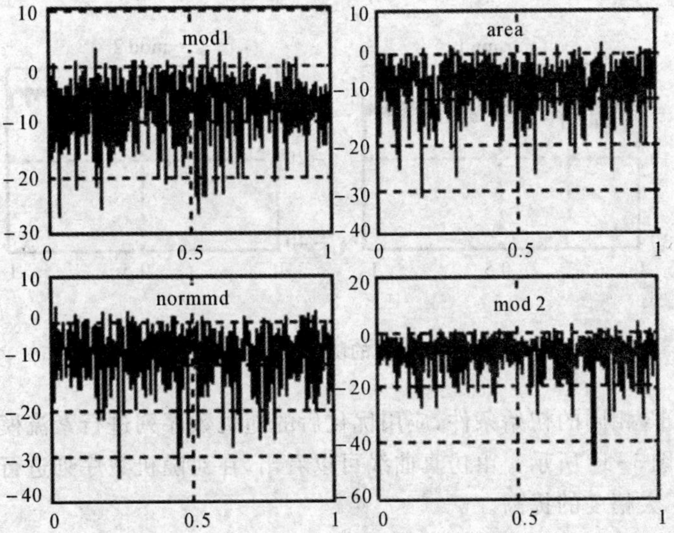

图 5-16　随机数序列的功率谱曲线

现在对所采用的随机数序列进行优化处理，以提高它的白化程度。在不改变现有随机数序列均值、方差特性的情况下，最好的办法是双随机交换最小化方法。该算法的主要步骤为：

a) 随机抽取序列 $x_{i-1}(n)$ 的两点数据并相互交换它们的位置，得到序列 $x_i(n)$（这就是双随机交换的含义）。

b) 计算序列 $x_i(n)$ 的自相关函数：

$$r_i(k)=\frac{1}{N}\sum_{n=0}^{N-k-1}x_i(n)x_i(n+k) \qquad k=0,1,\cdots,N-1 \tag{5-37}$$

c) 计算二次方和：

$$SS_i=\sum_{k=1}^{N-1}\left[r_i(k)\right]^2 \qquad i=0,1,2,\cdots \tag{5-38}$$

式中，SS_0 为初始值。

d) 若 $SS_i<\varepsilon$，或 i 达到预定的执行运算的最大循环次数 $N_{\max}$，则停止运行。

e) 若 $SS_i<SS_{i-1}$，则返回第 1) 步，继续执行运算；反之，放弃在第 1) 步中进行的第 i 次随机双换，并返回第 1) 步继续执行。

该算法只是对随机数序列进行了重新组合，因此不改变随机数样本的方差、均值以及概率密度特性。改进后的功率谱曲线如图 5－17 所示。可见采用双随机交换最小化方法对提高随机数序列的白化程度是非常有效的。

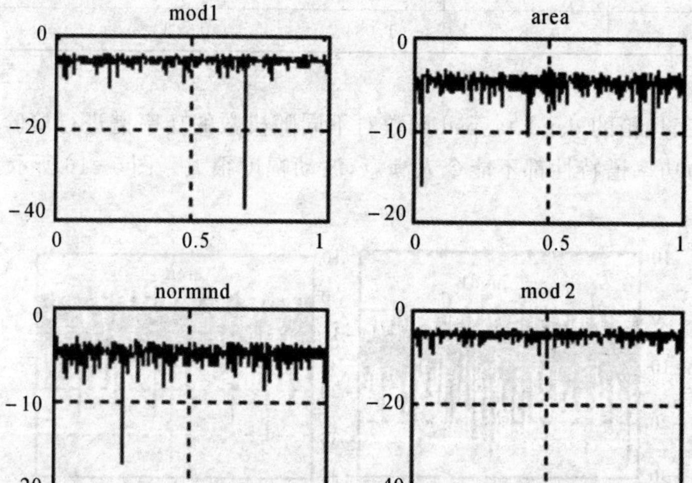

图 5－17　优化后的随机数序列功率谱曲线

采用与图 5－13 相同的初始条件，应用优化后的随机数序列进行紊流模拟，并进行相关性检验，检验结果如图5-18所示。由仿真曲线可以看出，在对随机数序列进行白化处理后，紊流模拟的精度得到了大幅度的提高。

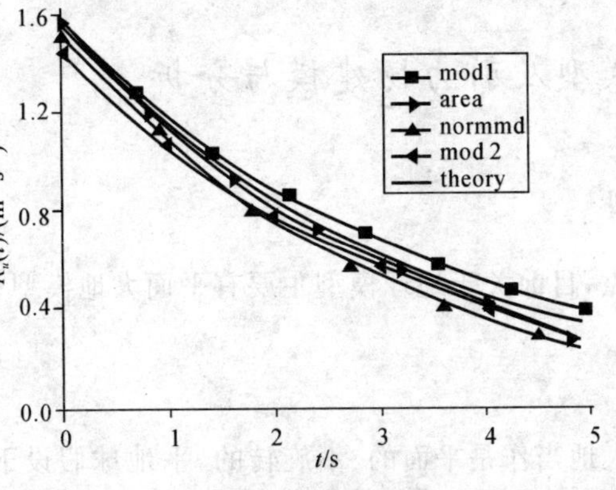

图 5-18　优化后的相关性检验结果

文献[10]指出紊流的模拟精度受采样间隔的影响严重，这里采用优化后的一组数据序列（如 mod 1 序列）进行仿真分析。检验结果如图 5-19 所示。

可以看出，虽然紊流的模拟精度仍然受到采样间隔的影响，但是影响程度已经非常小，即在对随机数序列进行白化处理以后，紊流模拟精度对采样间隔的敏感度大幅度降低。

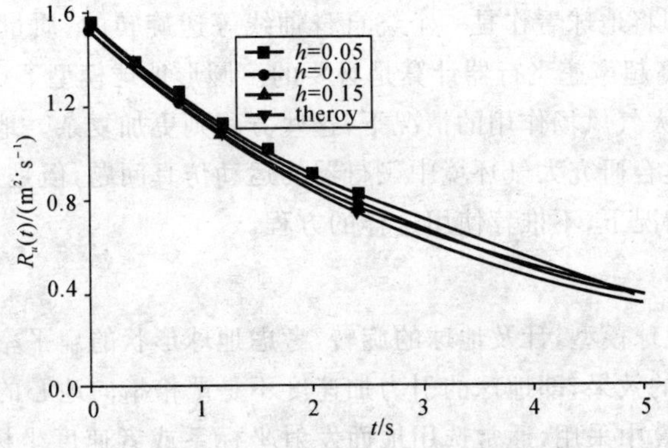

图 5-19　不同采样间隔下的相关函数

尽管目前有许多改进紊流模拟精度的算法，但是几乎所有的算法都涉及白噪声的生成问题，因此对于白噪声序列进行改进是非常必要的。尽管紊流模拟相当重要，但是事实上在考虑概率因素以后，紊流的影响相当小（见图 5-20），考虑到紊流的均值为零，因此在临近空间飞行器轨迹仿真中可以忽略紊流的影响。

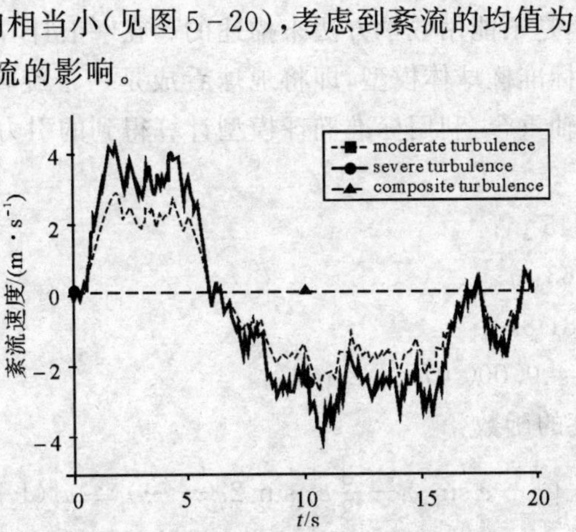

图 5-20　不同强度的紊流样本

5.4.3 地球模型及引力场建模与分析

5.4.3.1 地球模型

根据研究对象的特点，目前关于地球模型主要有平面大地模型、圆球形大地模型以及椭球体模型3种。

1. 平面大地模型

平面大地模型即将大地当作是平面的、不旋转的，平地球假设下，飞行器受到的地球引力是垂直地面向下的。一般来说对于飞行速度不太大（马赫数不超过5）的飞行器可以采用简化的平面大地模型，在平面大地模型下建立飞行器运动方程是最简单的。虽然从理论上说对于高超声速远距离飞行的飞行器应该采用复杂的椭球大地模型，但是许多研究中都采用了平地球假设，甚至在一些飞行速度远大于5*Ma*情况下也被采用，见参考文献[11]，[12]。

2. 圆球形大地模型

圆球形大地模型即将地球看作是一个绕自身轴线等速旋转的、质量均匀的圆球。这样的方程对于大于5*Ma*的高超声速飞行器计算是必要的。圆形地球模型下6自由度的运动方程已经比较复杂了，在考虑大气风场作用的情况下，这些方程则更加复杂。地面坐标系和航迹坐标系下的运动方程比较适合研究大气环境中飞行器的运动仿真问题，但是这些方程较复杂，在不涉及姿态运动研究的情况下，不推荐使用这样的方程。

3. 椭球形大地模型

采用正常椭球体地球模型，计及地球的旋转，考虑地球形状的扁平率。它不仅有几何学的效果，而且还有动力学的效果，即地球的引力加速度不是严格指向地心的。这样的模型异常复杂，在远程火箭轨迹计算中采用，通常选用地面发射坐标系或者速度坐标系中建立模型，在实际计算中往往要做许多相应的简化。

5.4.3.2 引力场模型

地球物理表面实际上是不能用数学方法来描述的。在一般计算中采用正常椭球体模型来计算引力或引力势，称为标准椭球体模型，即将地球看成是一个旋转的匀质椭球体，其中心与地心重合，短半轴与旋转轴重合，利用标准椭球模型计算得到的引力称为正常椭球体引力。

模型参数表示如下[13]：

长半轴：$a_e = 6\ 378\ 245$ m；

短半轴：$b_e = 6\ 356\ 863$ m；

第一偏心率：$e = 0.081\ 85$；

地球自转角速度：$w_e = 0.000\ 072\ 722$ rad/s。

地球半径表示为纬度的函数：

$$r(\varphi) = a_e\left(1 - e\sin^2\varphi - \frac{3}{8}e^2\sin^2 2\varphi - \cdots\right) \doteq a_e(1 - e\sin^2\varphi) \tag{5-39}$$

地球引力场表示为

$$\boldsymbol{g}=g_r\boldsymbol{r}_0+g_\varphi\boldsymbol{\varphi}_0 \tag{5-40}$$

式中，$g_r=\frac{fM}{r^2}\left(1+J_2\frac{3a_e^2}{2r^2}(1-3\sin^2\varphi)\right)$，$g_\varphi=-\frac{fM}{r^2}\frac{3}{2}J_2\frac{a_e^2}{r^2}\sin2\varphi$，$fM$ 为地球引力常数，$fM=3.986\,19\times10^{14}\,\mathrm{m^3/s^2}$，$J_2=0.001\,082\,6$。

实际地球引力还包括扰动引力，理论上计算地面上空 20 ～ 200 km 之间扰动引力最合理的方法是斯托克斯积分方法，而在实际应用中由于地面重力异常值 Δg 难以获得，因此在此只研究球谐系数展开法。球谐系数展开法的缺点是运算量巨大，在北东天坐标系下扰动引力各分量为

$$\left.\begin{aligned}
\delta g_r&=-\frac{fM}{r^2}\sum_{n=2}^{N}(n+1)\left(\frac{a}{r}\right)^n\sum_{m=0}^{n}(C_{nm}\cos m\lambda+S_{nm}\sin m\lambda)\bar{P}_{nm}(\cos\varphi_s)\\
\delta g_e&=-\frac{1}{\cos\varphi_s}\frac{fM}{r^2}\sum_{n=2}^{N}\left(\frac{a}{r}\right)^n\sum_{m=0}^{n}m(C_{nm}\sin m\lambda-S_{nm}\cos m\lambda)\bar{P}_{nm}(\cos\varphi_s)\\
\delta g_r&=\frac{fM}{r^2}\sum_{n=2}^{N}\left(\frac{a}{r}\right)^n\sum_{m=0}^{n}(C_{nm}\cos m\lambda+S_{nm}\sin m\lambda)\frac{\mathrm{d}\bar{P}_{nm}(\cos\varphi_s)}{\mathrm{d}\varphi_s}
\end{aligned}\right\} \tag{5-41}$$

关于勒让得函数的计算有多种方法，在大地测量学中一般采用标准前向列推法。

$$\bar{P}_{nm}(\cos\theta)=a_{nm}\cos\theta\bar{P}_{n-1,m}(\cos\theta)-b_{nm}\bar{P}_{n-2,m}(\cos\theta),\quad(\forall n\geqslant2) \tag{5-42}$$

式中

$$a_{nm}=\sqrt{\frac{(2n-1)(2n+1)}{(n-m)(n+m)}}$$

$$b_{nm}=\sqrt{\frac{(2n+1)(n+m-1)(n-m-1)}{(2n-3)(n+m)(n-m)}}$$

当 $m=n$ 时，有

$$\bar{P}_{nm}(\cos\theta)=c_m\sin\theta\bar{P}_{m-1,m-1}(\cos\theta),\quad(\forall m>1) \tag{5-43}$$

式中
$$c_m=\sqrt{\frac{2m+1}{2m}},(m>1);\quad c_1=\sqrt{3}$$

递推公式的起算值为

$$\bar{P}_{00}(\cos\theta)=1$$

$$\bar{P}_{10}(\cos\theta)=\sqrt{3}\cos\theta$$

$$\bar{P}_{00}(\cos\theta)=\sqrt{3}\sin\theta$$

扰动引力的计算量非常巨大，其中解算球谐系数需要的迭代次数为 $(n+1)^2$，n 为谐系数的阶数。

文献[19] 对不同射程下的被动段弹道的落点偏差进行了仿真分析，其仿真结果及不同精度要求对扰动引力阶数的要求见表 5 - 5。

如果采用 360 阶的 GEM1996 全球扰动引力模型对临近空间飞行器在地球扰动引力的影响进行分析，5 阶以后计算得到的扰动引力以及解算出来的轨迹参数值基本上保持恒定，都是一个非常小的数值，可见扰动引力对飞行器的精度影响非常小，考虑正常椭球体引力已经有足够的精度，在计算中没有必要考虑复杂的扰动引力。

表 5-5　扰动引力落点精度偏差表

射　程	偏　差	阶　数			
		360 阶	540 阶	720 阶	1 080 阶
近程	ΔL	3.86	3.18	3.18	3.18
	ΔH	−2.39	−2.40	−2.40	−2.40
中程	ΔL	18.09	16.65	16.64	16.64
	ΔH	−9.82	−10.48	−10.48	−10.48
远程	ΔL	−271.40	−241.95	−241.91	−241.91
	ΔH	−45.88	−46.02	−46.02	−46.02

5.5　临近空间飞行器运动模型

5.5.1　坐标系

在飞行动力学中，常用的坐标系有惯性坐标系、地球中心坐标系、地理坐标系、体轴系、弹道系、风轴系以及固连与大气的坐标系等，由于飞行动力学研究与地理科学、大气科学密切相关，还需要考虑一些气象学、地理学中常用的坐标系，其中最重要的是北东天坐标系。在考虑风场、扰动引力等对飞行器的影响时，需要进行北东天坐标系与其他坐标系之间的相互转换。下面阐述临近空间飞行器运动建模所涉及的地球固连坐标系和旋转坐标系的定义。

1. 地球固连坐标系 $OXYZ(S)$

原点 O 位于地球重力场的中心，OXZ 平面为赤道平面，OY 轴为地球自转轴，指向北极。

2. 旋转坐标系 $Oxyz$

x 轴沿位置矢量的方向，z 轴在赤道平面内，垂直于 x 轴，指向东方，y 轴与 x 轴和 z 轴构成右手坐标系。

地球固连系和旋转坐标系如图 5-21 所示。

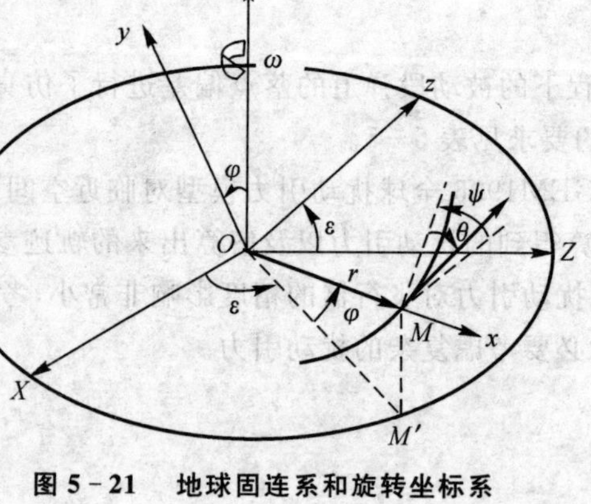

图 5-21　地球固连系和旋转坐标系

5.5.2　临近空间飞行器运动方程

查普曼推导的点质量运动方程在飞行器轨迹仿真中被广泛采用。该模型作了以下假设：

(1) 地球是一个绕自身轴旋转的球体，其自转角速度恒定；

(2) 大气相对地球是静止的，且在同一高度上均匀；

(3) 飞行器自西向东飞行，当有一个正的滚动角时会产生一个向北的方位角；

(4) 方程中考虑地球自转引起的哥氏加速度和牵引加速度的影响；

(5) 作用在飞行器上的力矩总是平衡的。

在此假设下得到理想大气下飞行器的 3 自由度点质量运动方程为[15-16]：

$$\left.\begin{aligned}
&\dot{r}=V\sin\theta\\
&\dot{\mu}=\frac{V\cos\theta\cos\xi}{r\cos\lambda}\\
&\dot{\lambda}=\frac{V\cos\theta\sin\xi}{r}\\
&\dot{V}=\frac{1}{m}(Z\sin\beta-X\cos\beta)-g\sin\theta+\Omega^2 r\cos\lambda(\sin\theta\cos\lambda-\cos\theta\sin\lambda\sin\xi)\\
&\dot{\theta}=\frac{1}{mV}(Y\cos\gamma-X\sin\beta\sin\gamma-Z\cos\beta\sin\gamma)+\left(\frac{V}{r}-\frac{g}{V}\right)\cos\theta+2\Omega\cos\lambda\cos\xi+\\
&\quad\frac{\Omega^2 r}{V}\cos\lambda(\cos\theta\cos\lambda+\sin\theta\sin\lambda\sin\xi)\\
&\dot{\xi}=\frac{1}{mV\cos\theta}(Y\sin\gamma+X\sin\beta\cos\gamma+Z\cos\beta\cos\gamma)-\frac{V}{r}\cos\theta\cos\xi\tan\lambda+\\
&\quad 2\Omega(\tan\theta\cos\lambda\sin\xi-\sin\lambda)-\frac{\Omega^2 r}{V\cos\theta}\sin\lambda\cos\lambda\cos\xi
\end{aligned}\right\}\qquad(5-44)$$

式中，V 代表飞行器相对于地球固连坐标系的速度；θ 代表飞行器轨道倾角，是速度矢量与当地水平面之间的夹角；ξ 代表飞行器的航向角，是当地纬度线与速度矢量 $\boldsymbol{V}$ 在水平面上的投影之间的夹角，沿 x 轴右旋时，其值为正；r 代表飞行器质心距地心的径向距离；μ 代表飞行器位置所处的经度，是在赤道平面内从赤道平面起度量的，向东其值为正；λ 代表飞行器位置所处的纬度，沿子午线从赤道平面起度量的，向北其值为正；γ 代表飞行器的滚转角；g 为 r 处重力加速度。

其中：　　$X=\frac{1}{2}\rho SC_x V^2$，　$Y=\frac{1}{2}\rho SC_y V^2$，　$Z=\frac{1}{2}\rho SC_z V^2$

$$C_x=C_{x0}+C_{x1}\alpha+C_{x2}\alpha^2,\quad C_Y=C_{Y0}+C_{Y1}\alpha,\quad C_z=C_{z0}+C_{z1}\beta$$

式中，Y,X,Z 为升力、阻力、侧向力；α 为飞行器迎角，是飞行器体轴与速度矢量在飞行器纵向对称平面内投影的夹角；C_y,C_x,C_z 为升力因数、阻力因数、侧向力因数；ρ 为空气密度；S 为临近空间飞行器机翼面积。其中迎角 α、侧滑角 β、滚转角 γ 为控制量，需要独立给出。

采用正常椭球体模型来计算引力，参考 5.4.3 节，地球半径表示为纬度的函数，有

$$r(\varphi)=a_e\left(1-e\sin^2\varphi-\frac{3}{8}e^2\sin^2 2\varphi-\cdots\right)\doteq a_e(1-e\sin^2\varphi)$$

地球引力场表示为

$$\boldsymbol{g}=g_r\boldsymbol{r}_0+g_\varphi\boldsymbol{\varphi}_0$$

式中，$g_r=-\dfrac{fM}{r^2}\left(1+J_2\dfrac{3a_e^2}{2r^2}(1-3\sin^2\varphi)\right)$，$g_\varphi=-\dfrac{fM}{r^2}\dfrac{3}{2}J_2\dfrac{a_e^2}{r^2}\sin 2\varphi$。

由于5阶以后计算得到的扰动引力以及解算出来的轨迹参数值基本上保持恒定，都是一个非常小的数值，可见扰动引力对飞行器的精度影响非常小，考虑到正常椭球体引力模型已经有足够的精度，采用4阶引力场模型。

由于NRLMSISE-00大气模式是一个高度程序化的大气模式，在实际应用中相当方便，而且在精度上也有相当的保证，因此，在计算大气密度与温度时，可以采用NRLMSISE-00大气模式作为精确的模式标准进行飞行器的仿真研究，参考5.4.1节。

为了研究风场对飞行器的影响，还需要对式(5-44)进行补充。根据轨道倾角θ、航向角ξ以及旋转坐标系的定义，可以得到径向风、纬向风与速度矢量的关系如图5-22所示。

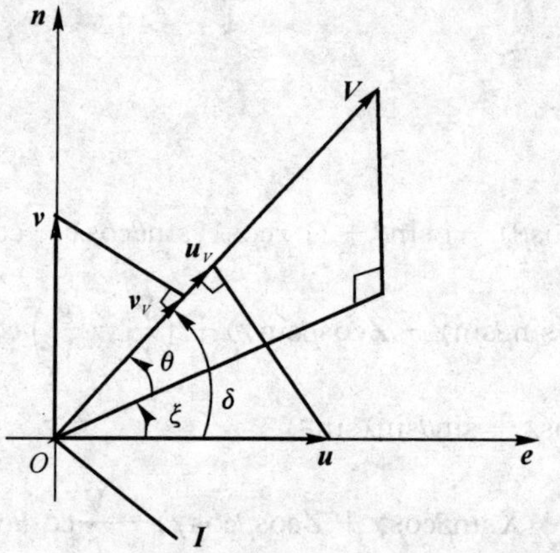

图5-22 风速分量与速度矢量关系图

得到风速分量在速度矢量方向上的投影为

$$u_v=w_x\cos(\xi)\cos(\theta)+w_y\cos(\xi)\sin(\theta) \tag{5-45}$$

风速矢量在侧向($\boldsymbol{l}$)的分量为

$$u_r=w_x\cos(\xi)\sin(\theta)-w_y\cos(\xi)\cos(\theta) \tag{5-46}$$

风速在速度矢量水平面投影方向的投影为

$$u_w=w_x\cos(\xi)+w_y\sin(\xi) \tag{5-47}$$

由于临近空间飞行器具有极高的飞行速度，以及飞行器再入时滚转角一般都比较小的特点，风对飞行器的影响可以简单表示为(式中V_k，β_k分别对应方程组中的V，β)：

$$V=V_k+u_v \tag{5-48}$$

$$\beta=\beta_k-u_r/V \tag{5-49}$$

$$\alpha=\alpha_k-u_w/V \tag{5-50}$$

忽略风梯度效应以及风速对迎角的影响(由于不考虑风的垂直分量)，利用式(5-45)～式(5-50)替代式(5-44)中的对应项，即可以得到大气环境中临近空间飞行器的轨迹运动方程。

5.6　临近空间飞行器轨道优化设计

5.6.1　临近空间飞行器轨道优化设计综合性能指标函数

临近空间飞行器完成特定任务时面临的问题可归纳如下：

(1) 过载和动压问题：临近空间飞行器在返场和对地打击飞行过程中会产生较大的法向与轴向过载(特别接近终端)，而人类或飞行器结构能承受的载荷都是有限的。飞行过载越大，其机体结构越重，相应的有效载荷就越小。另外，动压对飞行器的影响也是如此，动压越大，飞行器表面的蒙皮和热防护材料越重，飞行器舵机执行机构越重，相应的有效载荷越小。

(2) 气动加热问题：临近空间飞行器虽不像航天飞机在返场飞行过程中产生严重的气动加热，但当临近空间飞行器在临近空间长时间飞行时，会产生很大的总加热量，由于热防护系统TPS质量占总质量的相当一部分，故设计一条以总加热量最小的优化再入轨道，可以有效地降低TPS在总质量中的比例，相应地增加载荷质量比例，降低运行成本。

(3) 终端精度问题：同弹道式再入航天器相比，临近空间飞行器再入精度要求高，需将再入终端的状态严格控制在一个很小的范围内。

过载、动压、气动加热以及终端精度约束等可看作临近空间飞行器多目标优化问题的目标函数，在进行临近空间飞行器轨道优化设计时需要同时满足过载、动压、气动加热、终端精度约束以及优化性能指标要求，因此，临近空间飞行器的轨道优化问题是一个多目标优化问题，求解多目标优化问题时需要建立多目标优化性能指标函数模型，利用多目标规划非劣解的求解方法可建立临近空间飞行器综合优化性能指标函数模型。

5.6.1.1　多目标规划非劣解的求解方法

多目标规划的标准形式为

$$\begin{aligned}(\mathrm{VOP})\quad &\max[f_1(\boldsymbol{x}),\cdots,f_p(\boldsymbol{x})]\\ \mathrm{s.t.}\quad &g_i(\boldsymbol{x})\leqslant 0, i=1,\cdots,m\end{aligned}\tag{5-51}$$

式中，$\boldsymbol{x}=[x_1\ \ \cdots\ \ x_n]^{\mathrm{T}}$ 是 n 维向量，$\boldsymbol{x}$ 所在的空间叫决策空间(decision space)，$f_1(\boldsymbol{x}),\cdots,f_p(\boldsymbol{x})$ 称为目标函数，p 维向量 $(f_1(\boldsymbol{x}),\cdots,f_p(\boldsymbol{x}))$ 所在的空间称为目标空间(objective space)，$g_1(\boldsymbol{x}),\cdots,g_m(\boldsymbol{x})$ 称为约束函数。多目标规划问题又称为向量最优化问题(Vector Optimization Problem, VOP)。

一个多目标规划如果存在非劣解，往往存在无穷多个，形成非劣解集。求解实际问题时，很多非劣解是无法应用的，还要找出使决策者满意的最终解。求非劣解有两类方法，一类是求非劣解的生成法，即先求出大量的非劣解，构成非劣集的一个子集，然后按照决策者的意图找出最终解。另一类为交互法，不先求很多非劣解，而是通过分析者与决策者对话的方式，逐步求出最终解。下面分别介绍几种多目标规划非劣解的求解方法。

1. 加权法

加权法将求解多目标规划的非劣解问题化为求解若干单目标规划问题。设多目标规划为

$$\text{VOP}\quad \max\quad [f_1(\boldsymbol{x}),\cdots,f_p(\boldsymbol{x})] \qquad (5-52)$$
$$\text{s.t.}\quad g_i(\boldsymbol{x})\leqslant 0, i=1,\cdots,m$$

可行集为 $X=\{\boldsymbol{x}\in\mathbf{E}^n \mid g_i(\boldsymbol{x})\leqslant 0,i=1,\cdots,m\}$。加权法先给定权因子 $W_j\geqslant 0,j=1,\cdots,p$，构造相应的单目标规划，有

$$\text{WP}\quad \max\quad \sum_{j=1}^{p} W_j f_j(\boldsymbol{x}) \qquad (5-53)$$
$$\text{s.t.}\quad \boldsymbol{x}\in X$$

在一定的条件下，WP 的最优解是 VOP 的非劣解，系统地改变权因子 $(w_1,\cdots,w_p)$ 的值，求解一系列 WP 问题，得到 VOP 的大量非劣解，构成近似的非劣解集。

2. 约束法

约束法(constraint method)也是一种用单目标规划求多目标规划非劣解的方法。设多目标规划为

$$\text{VOP}\quad \max\quad [f_1(\boldsymbol{x}),\cdots,f_p(\boldsymbol{x})] \qquad (5-54)$$
$$\text{s.t.}\quad g_i(\boldsymbol{x})\leqslant 0, i=1,\cdots,m$$

可行集为 $X=\{\boldsymbol{x}\in\mathbf{E}^n \mid g_i(x)\leqslant 0,i=1,\cdots,m\}$。选一个目标作为主目标，将其余目标变化约束，构造下述单目标规划问题：

$$P_k(\boldsymbol{\varepsilon}_k)\quad \max f_k(\boldsymbol{x}) \qquad (5-55)$$
$$\left.\begin{aligned}\text{s.t.}\quad & f_j(\boldsymbol{x})\geqslant \varepsilon_j, j=1,\cdots,p,j\neq k\\ & \boldsymbol{x}\in X\end{aligned}\right\}$$

这里 $\boldsymbol{\varepsilon}_k=[\varepsilon_1\ \cdots\ \varepsilon_{k-1}\ \varepsilon_{k+1}\ \cdots\ \varepsilon_p]$ 是一个向量，其分量都是给定的常数，用 $P_k(\boldsymbol{\varepsilon}_k)$ 表示这个问题依赖于主目标函数的下标 k 与约束参数 $\boldsymbol{\varepsilon}_k$。问题 $P_k(\boldsymbol{\varepsilon}_k)$ 称为原问题 VOP 的一个约束问题。关于 $P_k(\boldsymbol{\varepsilon}_k)$ 的最优解与 VOP 的非劣解之间的关系，有下述定理：

(1) $\boldsymbol{x}^*$ 是多目标规划 VOP 的非劣解的充要条件是：$\boldsymbol{x}^*$ 同时是 p 个约束问题 $P_k(\boldsymbol{\varepsilon}_k^*)(k=1,\cdots,p)$ 的最优解，这里 $\boldsymbol{\varepsilon}_k^*=[\varepsilon_1^*\ \cdots\ \varepsilon_{k-1}^*\ \varepsilon_{k+1}^*\ \cdots\ \varepsilon_p^*]$，其中 $\varepsilon_j^*=f_j(\boldsymbol{x}^*),j=1,\cdots,p,j\neq k$。

(2) 对某一个 k，若 $\boldsymbol{x}^*$ 是 $P_k(\boldsymbol{\varepsilon}_k^*)$ 的唯一最优解，则 $\boldsymbol{x}^*$ 是多目标规划(VOP)的非劣解，这里

$$\boldsymbol{\varepsilon}_k^*=[\varepsilon_1^*\ \cdots\ \varepsilon_{k-1}^*\ \varepsilon_{k+1}^*\ \cdots\ \varepsilon_p^*],\quad \varepsilon_j^*=f_j(\boldsymbol{x}^*),j=1,\cdots,p,j\neq k$$

根据这个定理，可以系统地改变 ε_j 的值，得到若干个约束问题 $P_k(\boldsymbol{\varepsilon}_k)$，分别求出它们的最优解，可以得到多目标规划的许多非劣解。若这些非劣解的个数足够多，可以构成近似的非劣集。

3. 混合法

把上述加权法与约束法联合使用的方法叫混合法(hybrid method)。

$\boldsymbol{x}^*$ 多目标规划 VOP 的非劣解的充要条件：对于任意给定的一组 $w_i^0>0,i=1,\cdots,p$，存在一组实数 $\varepsilon_j(j=1,\cdots,p)$，使 $\boldsymbol{x}^*$ 是

$$\max\quad \sum_{i=1}^{p} w_i^0 f_i(\boldsymbol{x}) \qquad (5-56)$$
$$\text{s.t.}\quad f_j(\boldsymbol{x})\geqslant \varepsilon_j, j=1,\cdots,p$$
$$\boldsymbol{x}\in X$$

的一个最优解。像约束法那样，有规律地变动$(\varepsilon_1, \cdots, \varepsilon_p)$的值，求解一系列上述问题，可以得到近似的非劣解。

4. 目标规划法

线性规划、整数规划和非线性规划都只有一个目标函数，但在实际问题中往往要考虑多个目标。由于需要同时考虑多个目标，所以这类多目标问题要比单目标问题复杂得多。另一方面，这一系列目标之间，不仅有主次之分，而且有时会相互矛盾。这就给用传统方法来解决多目标问题带来了一定的困难。一种特殊的多目标规划叫目标规划 (goal programming)，这是美国学者 Charnes 等人在 1952 年提出的。目标规划的重要特点是对各个目标分级加权与逐级优化，这符合人们处理问题要分轻重缓急、保证重点的思考方式，是目前应用很广的一种多目标规划。

目标规划是为了解决这类问题而产生的一种方法。它要求决策者事先给每个目标定出一个理想值(期望值)，这一点不仅是能做到的，而且往往是决策者所希望的。目标规划就是在满足现有的一组约束条件下，求出尽可能接近理想值的解 —— 称之为“满意解”(不称为最优解，因为一般情况下，它不是使每个目标都达到最优值的解)。目标规划不仅能用优先级与权因子等概念将多个目标按重要性进行排序，求得在这种重要性的排序下的“满意解”，而且决策者可对所求得的结果进行分析、判断，指出不满意部分，分析工作者根据决策者的要求，通过“人机对话”或修改理想值，或修改目标的排序等，求出新的满意解，即目标通过“交互作用”具有相当的灵活性与实用性，它已成为目前解决多目标数学规划较为成功的一种方法。

目标规划包括线性目标规划、非线性目标规划、整数线性目标规划、整数非线性目标规划等。

下面给出目标规划的基本概念和特点：

(1) 理想值(期望值)。如前所述，目标规划是解决多目标规划问题的，而决策者事先对每个目标都有一个期望值 —— 理想值。

(2) 正、负偏差变量 d^+ 与 d^-。目标规划不是对每个目标求最优值，而是寻找使每个目标与各自的理想值之差尽可能小的解。为此，对每个原始目标表达式(或是等式，或是不等式，其右端为理想值)的左端都加上负偏差变量 d^- 及减去正偏差变量 d^+ 后，都变为等式。

因为计算值与理想值之间的关系只有三种可能：不足、超过、相等。不足时有 $d^+ d^- = 0$，相等时 $d^+ = d^- = 0$。因此不论计算值与理想值之间关系如何，至少总有一个偏差变量为零，即有 $d^+ d^- = 0$ 必成立。

(3) 绝对约束与目标约束。绝对约束是指必须严格满足的等式或不等式约束。如线性规划问题中所有的约束条件都是绝对约束，不能满足绝对约束的解即为非可行性解(这往往不是所要求寻找的解)。因此绝对约束又称为硬约束。目标规划模型中，有时也会含有绝对约束。

目标约束是目标规划所特有的一种约束。它是把要追求的目标的理想值作为右端常数项，在目标表达式左端加减正负偏差变量后构成的等式约束。在追求此目标的理想值时，允许发生正负偏差(不足或超过)。因此目标约束是由决策变量、正负偏差变量及理想值组成的软约束。

之所以称之为目标约束，是因为这类约束往往是由原先的目标函数通过加上正负偏差变量及理想值转化而来的。

一般地，有

$$f_i(x)+d_i^- - d_i^+ = b_i \tag{5-57}$$

附加约束为 $d_i^- = 0$

相当于绝对约束为 $f_i(x) \geqslant b_i$

附加约束为 $d_i^+ = 0$

相当于绝对约束为 $f_i(x) \leqslant b_i$

附加约束为 $d_i^- = d_i^+ = 0$

相当于绝对约束为 $f_i(x) = b_i$

而附加约束 $d_i^-=0$ 或 $d_i^+=0$ 或 $d_i^-=d_i^+=0$，在目标规划中是采用对 d_i^- 或 d_i^+ 或 $d_i^-+d_i^+$ 作为目标函数求极小值来实现的(因为 $d_i^-,d_i^+\geqslant 0$，故极小值必为零)。关于目标规划的目标函数见下文。因此一个绝对约束可以转化为一个目标约束加一个目标函数。

(4) 优先级与权因子。在目标规划中，多个目标之间往往有主次、缓急之区别。凡要求首先达到的目标，赋予优先级 p_1，要求第二达到的目标赋予优先级 p_2…… 设共有 k_0 个优先级，则规定：

$$p_1 \gg p_2 \gg \cdots \gg p_{k_0} > 0$$

也就是说 p_1 的优先级远远高于 $p_2,p_3,\cdots,p_{k_0}$；p_2 的优先级远远高于 $p_3,p_4,\cdots,p_{k_0}\cdots$，只有在 p_1 级完成优化后再考虑 $p_3,p_4,\cdots$ 反之，p_2 在优化时不能破坏 p_1 级的优化值；p_3 级在优化时不能破坏 p_1,p_2 已达到的优化值，依此类推。

绝对约束可转化为一个目标约束加一个极小化目标函数，因为绝对约束是必须满足的硬约束，因此与绝对约束相应的目标函数总是放在 p_1 级。

有时在同一个优先级中有几个不同的偏差变量要求极小，而这几个偏差变量之间的重要性又有区别，这时就可以用权因子来区别同一优先级中不同偏差变量的重要性，重要性大的在偏差变量前赋予大的系数。如

$$p_3(2d_3^- + d_3^+)$$

表示偏差变量 d_3^- 与 d_3^+ 处在同一优先级 p_3，但 d_3^- 的重要性比 d_3^+ 的大，前者的重要程度约为后者的 2 倍。权因子的数值一般需要分析工作者与决策者或其他专家商讨而定。

(5) 目标规划的目标函数 —— 准则函数。目标规划中的目标函数(又可称为准则函数或达成函数)是由各目标约束的正负偏差变量及相应的优先级、权因子构成的函数，且对这个函数求极小值，其中不包含决策变量 x_i。因为决策者的愿望总是希望尽可能缩小偏差，使目标尽可能达到理想值，因此目标规划的目标函数总是极小化。有三种极小化的基本形式，即对 $f_i(x)+d_i^- - d_i^+ = g_i$，要求选一组 x 使：

a) 若希望 $f_i(x)\geqslant g_i$，即 $f_i(x)$ 超过 g_i 可以接受，不足则不能接受，则其对应目标函数为 $\min d_i^-$；

b) 若希望 $f_i(x)\leqslant g_i$，即 $f_i(x)$ 不能超过 g_i 值，不足可以接受，超过则不能接受，则其目标函数为 $\min d_i^+$；

c) 若希望 $f_i(x)=g_i$，即 $f_i(x)$ 既不能超过也不能不足 g_i，只能恰好等于 g_i，则其目标函数为 $\min(d_i^- + d_i^+)$。

(6) 目标规划的数学模型。对于 n 个决策变量、m 个目标约束、L 个硬约束、k_0 个优先级的目标规划，其一般的数学模型可写为

$$\min z = \sum_{l=1}^{k_0} p_l \left[\sum_{k=1}^{m} (w_{lk}^- d_k^- + w_{lk}^+ d_k^+) \right] \tag{5-58}$$

$$\text{s.t.} \begin{cases} \sum_{j=1}^{n} a_{tj} x_j \leqslant (=\geqslant) b_t, \ t=1,2,\cdots,L \\ \sum_{j=1}^{n} c_{ij} x_j + d_i^- - d_i^+ = g_i, \ i=1,2,\cdots,m \end{cases}$$

$$x_j \geqslant 0, d_k^-, d_k^+ \geqslant 0, \ j=1,2,\cdots,n; \ k=1,2,\cdots,m$$

优先级 p_l 后的 w_{lk}^-,w_{lk}^+ 是指偏差变量 d_k^-,$d_k^+(k=1,2,\cdots,m)$ 的权因子,其中包含 $w_{lk}^{\pm}=0$ 的情况,即表示对应的偏差变量不出现在 p_l 优先级中。

也可将上式的目标函数记为

$$\min z = z_1(\boldsymbol{d}^-, \boldsymbol{d}^+) + z_2(\boldsymbol{d}^-, \boldsymbol{d}^+) + \cdots + z_{k_0}(\boldsymbol{d}^-, \boldsymbol{d}^+) \tag{5-59}$$

式(5-59)中 $z_i(\boldsymbol{d}^-, \boldsymbol{d}^+)$ 表示第 p_i 优先级,只对与 p_i 优先级有关的偏差变量求极小值,其中 $\boldsymbol{d}^-$,$\boldsymbol{d}^+$ 分别为负、正偏差变量向量。$\boldsymbol{d}^- = [d_1^- \quad d_2^- \quad \cdots \quad d_m^-]^{\mathrm{T}}$,$\boldsymbol{d}^+ = [d_1^+ \quad d_2^+ \quad \cdots \quad d_m^+]^{\mathrm{T}}$。

5.6.1.2　临近空间飞行器综合优化性能指标函数建模

考虑到临近空间飞行环境的特殊性,针对特定任务轨道优化时所需要同时满足的多项性能指标函数,分析其与任务需求重要性的关系,据此对性能指标进行重要性排序和权重确定,采用统一建模理论,同时借鉴信息融合理论关于信息分配的相关理论和方法,将多性能指标统一在一个指标函数中,建立与优化算法适配的性能指标函数。

1. 基于加权法的性能指标函数

例如总加热量和总过载的加权性能指标最小,即可表示为

$$J = \int_{t_0}^{t_f} (k_1 \dot{Q} + k_2 n) \mathrm{d}t \tag{5-60}$$

式(5-60)中 k_1 和 k_2 分别为对应总加热量和总过载作用的加权系数。根据具体任务,分析总加热量和总过载与任务需求重要性的关系,通过调整 k_1 和 k_2 的值就可以得到满足多项性能指标的优化轨道。

将上文中确定的针对特定任务的单一性能指标函数记为 $J_i(i=1,\cdots,n)$,将各项性能指标组合后可以得到

$$J = \sum_{1}^{n} w_i J_i \tag{5-61}$$

式中,w_i 为单一性能指标 J_i 对应的权系数。

当飞行器执行不同的任务时,就可以根据特定任务的需求,确定与此任务对应的单一性能指标或多项性能指标的组合,组合性能指标中各项单一性能指标权系数的确定需要根据具体任务,依照各项单一性能指标与任务需求的重要性关系来确定。

2. 基于目标规划法的性能指标函数

设 X 为设计变量的 $\boldsymbol{x}$ 可行域,对极小化模型的分目标进行无量纲化处理,则目标函数向量

可表示为

$$\left.\begin{aligned}&F(\boldsymbol{x})=[f_1(\boldsymbol{x}) \quad \cdots \quad f_m(\boldsymbol{x})]^{\mathrm{T}}\\&-1\leqslant f_i(\boldsymbol{x})\leqslant 1, i=1,\cdots,m\end{aligned}\right\} \tag{5-62}$$

若不存在 $\boldsymbol{x}\in X$，使得 $f_i(\boldsymbol{x})\leqslant f_i(\boldsymbol{x}^*)$，则称 $\boldsymbol{x}^*$ 为第 i 个目标的相对优化解，$f_i^*=f_i(\boldsymbol{x}^*)$ 为第 i 个目标的相对优化值。

若 $\mathring{f}_i$ 是设计者所能接受的第 i 个目标的期求值，且 $\{\boldsymbol{x}\mid f_i(\boldsymbol{x})\leqslant\mathring{f}_i,\boldsymbol{x}\in X\neq\varnothing\}$，称 $\mathring{f}_i$ 为第 i 个目标的目标值。令 $\mathring{\boldsymbol{F}}=[\mathring{f}_1 \quad \mathring{f}_2 \quad \cdots \quad \mathring{f}_m]^{\mathrm{T}}$ 为向量目标值。

设 d_i^+ 为 $f_i(\boldsymbol{x})$ 关于 $\mathring{f}_i$ 的绝对正偏差，即

$$d_i^+=\begin{cases}f_i(x)-\mathring{f}_i, & f_i(x)\geqslant\mathring{f}_i\\0, & f_i(x)<\mathring{f}_i\end{cases} \tag{5-63}$$

$$i=1,\cdots,m$$

设 d_i^- 为 $f_i(x)$ 关于 $\mathring{f}_i$ 的绝对负偏差，即

$$d_i^-=\begin{cases}0, & f_i(x)\geqslant\mathring{f}_i\\-(f_i(x)-\mathring{f}_i), & f_i(x)<\mathring{f}_i\end{cases} \tag{5-64}$$

$$i=1,\cdots,m$$

则原数学模型可以转化为目标规划法模型：

$$\left.\begin{aligned}&\min\sum_{i=1}^{m}\omega_i d_i^+\\&\text{s.t.}\quad\begin{array}{ll}f(x)-d_i^++d_i^-=\mathring{f}_i, & i=1\sim m\\g_i\leqslant 0, & i=1\sim n\\d_i^+\geqslant 0,d_i^-\geqslant 0, & i=1\sim m\end{array}\end{aligned}\right\} \tag{5-65}$$

式中，$\omega_i(i=1,\cdots,m)$ 为关于正偏差 d_i^+ 的权系数。该模型的意义是向量目标函数 $F(\boldsymbol{x})$ 逼近其目标值 $\mathring{F}$，是按带有权系数的正偏差之和的极小化来刻画的。权系数 ω_i 表示正偏差 d_i^+ 在极小化过程中的重要程度，ω_i 越大，则 d_i^+ 在问题中越重要。

利用韦斯贝克公式给权系数 ω_i 赋值：

$$\omega_i=\frac{1}{\mathring{f}_i-f_i^*} \tag{5-66}$$

对 ω_i 作归一化处理，使

$$\omega_i>0 \tag{5-67}$$

$$\sum_{i=1}^{m}\omega_i=1 \tag{5-68}$$

利用目标规划法得到的数学模型将原问题转化为单目标优化问题，本教材采用基于遗传算法与共轭梯度法的组合优化算法对其求解。求解流程如图 5-23 所示。

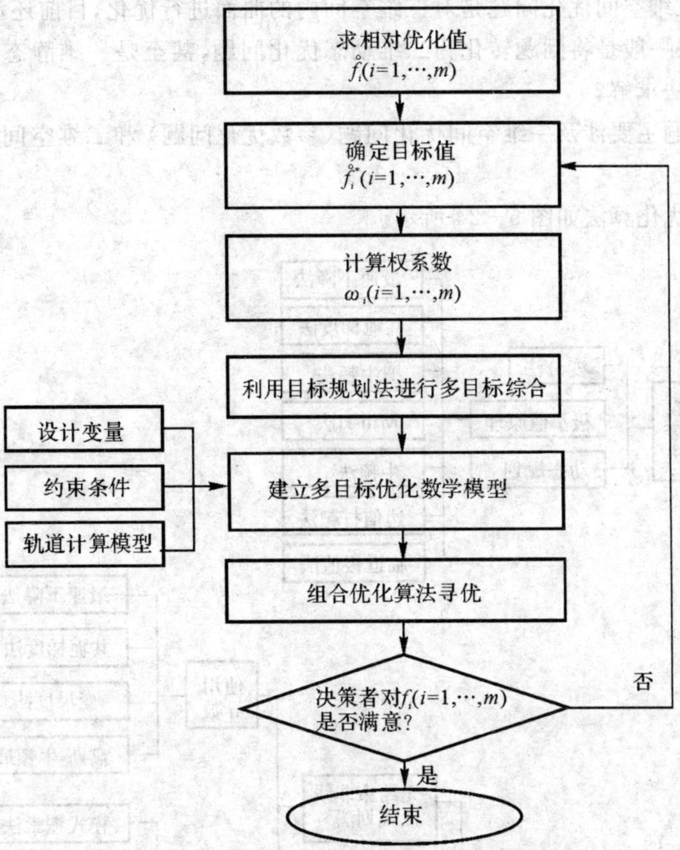

图 5-23　多目标优化计算主流程图

5.6.2　轨道优化算法

轨道优化是一个复杂的受约束的优化问题，需要用最优化理论和方法来求解。最优化理论和方法是一门应用性很强的新兴学科，虽然最优化可以追溯到一个十分古老的极值问题，然而它成为一门独立的学科是在20世纪的40年代末，是在1947年Dantzig提出求解一般线性规划问题的单纯形法之后。在电子计算机飞速发展的推动下，应各种实际应用的需求（特别指出，航空航天领域的各种各样的优化问题是当中最大的需求之一），求解线性规划、非线性规划以及随机规划、非光滑规划、多目标规划、几何规划、最优控制、整数规划等最优化问题的理论和方法迅速发展。按空间的概念来划分，优化可分为一维空间优化问题、二维空间优化问题、三维空间优化问题。一维空间优化问题是对一维空间内的参数进行优化，又称为参数优化问题，对它的研究最早，目前已经形成成熟且完整的理论体系；二维空间优化问题是对二维空间内的曲线进行优化，又称为动态优化问题或最优控制问题，其理论是基于20世纪五六十年代的美国学者贝尔曼提出的动态规划和苏联科学院院士庞特里亚金提出的极小值原理，现在理论已成熟，已提出各种各样的求解方法，但由于动态问题的复杂性，目前还没有一种特别有效的求解方法，一类有效的方法是将动态问题转化为静态的一维空间优化问题，然后采用非线性规划方法求解；三维空间优化问题是对三维空间内的曲面进行优化，目前还没有形成完整的理论体系，求解方法一般是将问题转化为二维动态优化问题，甚至是一维静态优化问题，然后采用现有成熟的方法求解。

轨道优化问题主要涉及一维空间优化问题（参数优化问题）和二维空间优化问题（最优控制问题）。

详细的轨道优化算法如图 5-24 所示。

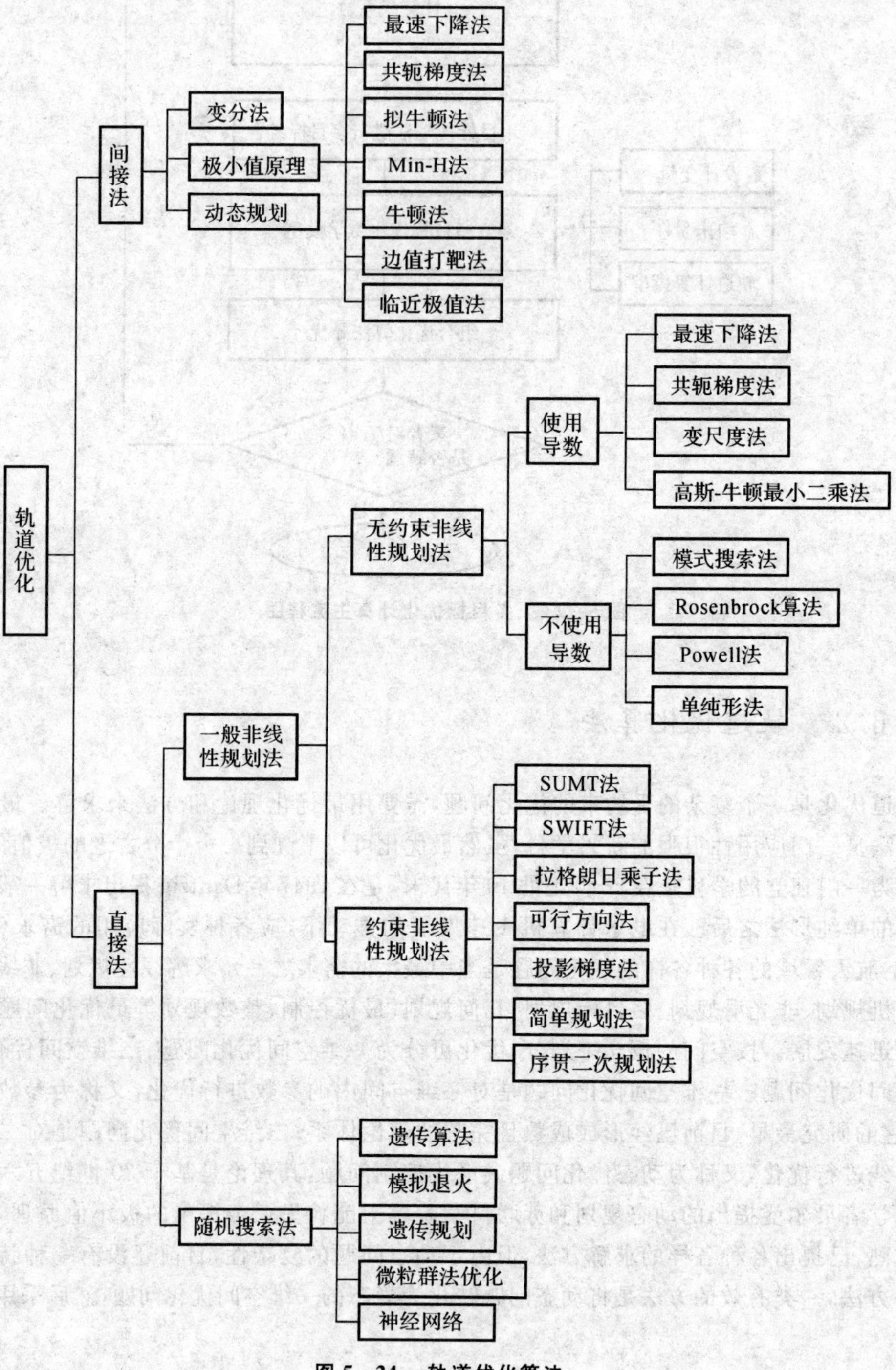

图 5-24 轨道优化算法

5.6.2.1 间接法

间接法是先根据庞特里亚金极小值原理、变分法或者贝尔曼动态规划原理得到最优解的必要条件(如正则方程的两点边值问题),然后用数值方法求解获得最优控制量和相应的轨道。目前主要的数值方法有最速下降法、共轭梯度法、改进的共轭梯度法、min-H 法、拟牛顿法、牛顿法、边值打靶法和临近极值法等,其中最速下降法、共轭梯度法、改进的共轭梯度法、min-H 法、拟牛顿法、牛顿法需要计算哈密尔顿函数对控制量的导数,是一种基于梯度信息的算法。最速下降法在接近最优解时,会出现迭代"锯齿"现象,收敛速度变慢;共轭梯度法、改进的共轭梯度法、min-H 法、拟牛顿法都是在最速下降法的基础上改进其搜索方向的,提高了算法的收敛速度;牛顿法的收敛速度(特别在接近最优解时)比其他算法都快,其缺点是需要计算哈密尔顿函数对控制量 Hessian 矩阵(二阶),计算量大,且收敛半径较小,如初始解离最优解较远时,其迭代发散;边值打靶法和临近极值法不需要计算哈密尔顿函数对控制量的导数,但需要对协态变量的初始值进行很精确的估计。

间接法的优点是可以获得很精确的最优解。其缺点是:

(1) 需要求解状态方程和协态方程,增加了计算量;

(2) 需要对初始值进行精确的估算;

(3) 算法鲁棒性较差。

5.6.2.2 直接法

直接法是将静态最优技术直接用于轨道最优控制问题,即将原轨道最优控制问题转化为参数优化问题,然后采用非线性规划的数值解法求解。原理上,一般非线性规划算法和随机搜索法都可以用于求解转化后的参数优化问题。

1. 一般非线性规划算法

一般情况下,转化后的参数优化问题仍是一个受约束的参数优化问题,还必须先用约束非线性规划方法处理各种约束,将其转化为无约束参数优化问题,主要方法有 SUMT 法、拉格朗日乘子法、SWIFT、可行方向法、投影梯度法、简单规划法等。SUMT 法和拉格朗日乘子法直接将约束问题转化为一系列无约束问题,其 SUMT 法分为两种:一种称为外部罚函数法,即对违反约束的点在目标函数中加入相应的"惩罚",而对可行域内的点不予"惩罚";另一种称为内点法,即对企图从内部穿越可行域的边界的点在目标函数中加入相应的"惩罚",从而保证迭代点始终在可行域内移动。这两种方法容易理解、适应性强、编程简单且有现成的代码可用,但使用外点法的问题是,随着罚因子增大,其罚项变得越来越大,会导致 Hessian 矩阵病态,影响求解;对于内点法,则不能求解包含等式约束的非线性参数优化问题。拉格朗日乘子法则可以克服 SUMT 法的一些病态性质,收敛速度快,且罚因子不必趋于无穷大即可求得最优解。序贯加权因子法(Sequential Weight Increaing Factor Technique,SWIFT),是将单纯形法与罚函数法结合,每一步迭代用单纯形法求出无约束参数优化问题的解,而罚项上的权因子(罚因子)由前一次迭代结果给出。这样加快了算法的收敛速度。SWIFT 无须计算函数的导数,函数计算次数比 SUMT 法要少得多,方法简单,收敛快,但它适合参数变量较少的问题。可行方向法适合目标函数和约束函数都是非线性的参数优化问题,在每一步计算中,要通过泰勒级数展开将非线性函数线性化,即每一步算法变成线性规划问题,以决定可行方向,该方向最接近于目标函数的梯度，也最接近于约束边界。梯度投影法最适合求解带有线性约束的参数优化问题，该方法是从可行点出发，沿可行方向进行搜索，当迭代出发点在可行域内部时，沿负梯度方向进行搜索。当迭代出发点在某一些约束的边界上时，将该点处的负梯度投影到一个 $\boldsymbol{M}$($\boldsymbol{M}$ 是以起作用约束或部分起作用约束的梯度为行构造成的矩阵）的零矩阵，这样保证其投影是下降的，而且沿其方向进行搜索，可以保证下一点也在可行域内或可行域边界。简单规划法其基本思想是逐步逼近原来问题的最优解，如早期的线性逼近法和现在常用的二次逼近法，其特点是通过计算一系列二次规划子问题来逼近非线性规划问题的解。该类算法对求解线性约束且目标函数具有较好二次型问题时最有效。

在使用 SUMT 法、拉格朗日乘子法和 SWIFT 等方法将约束参数优化问题转化为无约束参数优化问题后，就可以使用无约束非线性规划方法求解问题。无约束非线性规划解法相对简单，已经形成完整的理论体系，有大量成熟的算法可以借用，主要方法按是否需要求性能函数的导数可以划分为两类：使用导数方法和不使用导数方法。使用导数方法有最速下降法、共轭梯度法、变尺度法、高斯-牛顿最小二乘法等，其特点是每一次优化迭代，都要计算性能函数对参数的导数，在导数向量的基础上，按照某一种运算规则计算得到其搜索方向。由于使用了一阶梯度或(和)二阶梯度信息，收敛效率较高。不使用导数方法有模式搜索法、Rosenbrock 算法、Powell 法、单纯形法等，其特点是不需要计算导数，也不要求性能函数对参数的导数存在。相比较使用导数方法而言，这种方法更容易理解，编程简单，不需要计算导数，但收敛速度相对较慢，且只适合于变量少的参数优化问题。

2. 随机搜索法

另一类可以用于求解轨道优化问题的非线性规划方法是随机搜索法，有的文献也称其为现代优化方法，主要包括遗传算法、模拟退火、遗传规划、微粒群算法、神经网络等方法。模拟退火算法(Simutaneous Annealing)是由 S. Kirkpatrick 在 20 世纪 80 年代初提出的，该方法在求解复杂的非线性参数优化问题中得到很好的应用。它是一种仿金属退火物理过程的随机算法，在理想状态下可得到全局最优解。基本思想是，在搜索过程的初始阶段找到全局最优解所在的一个局部区域，然后逐渐缩小搜索范围，最终求得全局最优解。遗传算法是模拟生物在自然环境中的遗传和进化过程而形成的一种自适应全局优化概率搜索算法，已经成为解决优化问题的一种重要数值算法。遗传算法是从代表问题可能潜在解集的一个种群开始的，而一个种群则由经过基因编码的一定数目的个体组成。初代种群产生以后，按照适者生存和优胜劣汰的原理，逐代演化产生出越来越好的近似解。在每一代，根据问题域中个体的适应度大小挑选个体，并且借助于组合交叉和变异产生出代表新的解集的种群。这个过程中种群像自然进化一样的后代种群比前代种群更加适应环境，末代种群中的最优个体经过解码可以作为问题的近似最优解。微粒群算法是继遗传算法之后的又一种新的群体智能算法，目前已成为进化算法的一个重要分支。微粒群算法是在模拟鸟群捕食行为的基础上发展起来的。优化问题的每一个可能解在算法中称之为“微粒”，根据对环境的适应度将群体中的个体(微粒)移动到好的区域。这些微粒在搜索空间中根据自身的和同伴的飞行经验以一定的速度飞行，追随着当前的最优微粒，最终达到从全空间搜索最优解的目的。较之目前应用最为广泛的遗传算法，微粒群算法的最大优点是收敛速度较快，一般在执行几十次迭代后，其解即接近最优解。其一个很明显的缺陷是，只适合低维数的参数优化问题，应用于高维数的参数优化问题时，其效果不佳，需要改进其算法。

此类方法一般是模仿自然界的一种规律，其优点是可以找到非线性参数优化问题的全局最优解，算法鲁棒性好而且对初始解要求不严格，收敛半径大。但其缺点是，由于是随机搜索法，故其搜索效率较低，收敛速度较慢。

直接法的优点：对初始解要求不严格；收敛半径大；算法鲁棒性好，可以克服传统间接法对计算初始值要求过严的缺点；大部分方法较为简单，容易理解；不需要引入额外的其他方程。其缺点：① 绝大多数算法得到的是近似最优解，如果想得到比较精确最优解，就需要取更多的节点，这时，所转化后的参数优化问题的维数随之增大，假如节点增加一倍，那么参数优化问题的维数就几乎变为原来的两倍，随之而来，其计算量剧增，且梯度阵等性态变差；② 需要将原最优控制问题转化为参数优化问题，增加了工作量；③ 一般情况下，转化后的参数优化问题为高度非线性的受约束参数优化问题，目前还没有一个特别有效的通用数值方法求解。

5.6.2.3　组合优化算法

当很难事先获得问题的求解步骤时，搜索就成为更为广泛的问题求解方法之一了，关于搜索策略存在两种重要方案：深度搜索最优解和广度搜索解空间。有两种具有代表性的搜索行为：随机搜索和局部搜索。随机搜索广泛探索整个解空间并且能够从局部最优解中逃离。局部搜索能深度探索最优解并且能够向着局部最优解爬山。这两种搜索能力构成了整个搜索彼此互补的组成部分。理想的搜索应该同时具有这两种搜索性质，采用传统方法来设计这样的理想搜索方法几乎是不可能的。

采用直接法或间接法求解复杂的轨道优化问题时，有可能效果不是很好，国内外一些学者将几种方法组合在一起使用，其目的是提高轨道优化算法的鲁棒性、精确性和收敛速度等。主要有两类方法。其一：避免直接法和间接法各自的缺点，利用其优点，一般是利用直接法收敛半径大、对初始值不敏感、鲁棒性好等优点，先用直接法求得粗略的近似最优解，在此基础上，采用间接法求解，即可获得很精确的最优解。其二：在同一类算法中，将几种算法组合在一起，主要也是利用其优点，避免其缺点，例如"最速下降法 + 牛顿法"组合，最速下降法相对于牛顿法来说，迭代开始时，其收敛特性较好，计算量少，对协态变量初始量的取值要求较为宽松，但当接近最优解时，其收敛速度很慢，这时可以转化用牛顿法求解，主要是利用牛顿法在接近最优解时收敛快的优点。下面给出采用遗传算法与共轭梯度法的组合优化算法进行轨道优化设计的方法。

1. 遗传算法

(1) 遗传算法的基本思想。遗传算法是 1962 年由美国的 Holland 提出的一种模仿生物进化过程的最优化方法。基于自然界"适者生存，优胜劣汰"的生物进化原理，遗传算法首先利用随机方式产生一初始种群，种群中的每个个体，对应着待优化问题的一个可能解。每个个体实际上是带有染色体特征的实体，染色体的最小组成元素称为基因，它对应可能解的某一特征，即设计变量。初始种群产生后，按照适者生存和优胜劣汰的原理，逐代演化产生出越来越好的近似解。在每一代，根据问题域中个体的适应度大小对个体进行选择，并借助于自然遗传学的遗传算子进行交叉和变异，产生出代表新的解集的种群。因此解集的性能通过选择、交叉和变异等过程得到改善，经过若干代繁衍进化就可使种群性能趋于最佳，末代种群中的最优个体经过解码，可以作为问题的近似最优解。基本遗传算法的基本流程如下：

第一步：随机产生初始种群，个体数目一定，每个个体表示为待优化问题可行解区域内的基因编码。

第二步:将种群中每个个体进行解码并代入目标函数中进行计算,可以得到具有一定初始适应度的函数值,即目标值。判断是否符合优化准则,若符合,输出最佳个体及其代表的最优解,算法结束,否则转向第三步。

第三步:依据适应度对染色体进行选择操作。按比例的适应度分配,利用比例与各个个体适应度的概率决定其子孙遗留的可能性。若某个体 V_i 其适应度为 f_i,则其被选取的概率表示为

$$P_i = \frac{f_i}{\sum_{i=1}^{M} f_i} \tag{5-69}$$

式中,M 为种群中个体数目。

第四步:按照一定的交叉概率 P_c 对染色体进行交叉操作。为确定交叉操作的父代,从 $i=1$ 到 M 重复以下过程:

从[0,1]之间产生随机数 r,若 $r<P_c$,则选择 V_i 作为一个父个体,直到选择 $V_1,V_2,\cdots$ 共 M 个父个体,并将它们随机配对(V_1,V_2),然后对每一对父个体进行交叉操作。以单点交叉为例解释怎样对上面所有对进行交叉操作:随机产生一交叉点位置 X,父个体 1 和父个体 2 在交叉点位置之右的基因码互换,形成子个体 1 和子个体 2,如下式所示,$X=6$:

父个体 1 1100000001　　　　子个体 1 1100001001

父个体 2 0011001001　　　　子个体 2 0011000001

第五步:按照一定的变异概率 P_m 对染色体进行变异操作。从 $i=1$ 到 M 重复下列过程:在[0,1]之间产生随机数 r,如果 $r<P_m$,则选择 V_i 进行变异操作。对于基本位变异按变异概率 P_m 确定个体 V_i 的编码位是否发生操作,若编码位发生变异,则该位翻转,对于个体 1001110100 第 4 位翻转,则子代个体为 1000110100。

第六步:由交叉和变异操作产生新一代的种群,返回第二步。

如此循环下去,经过一定的循环代数以后,停止迭代。由于最优解并不一定出现在最后一次循环中,通常需要把每一次所得到的最优解保存下来。

(2) 遗传算法的几个要点。

1) 如何确定目标函数。函数优化问题可直接将函数本身作为对象函数,而复杂系统的对象函数一般不那么直观,往往需要研究者自己构造出能对解的性能进行评价的函数,目标函数的确定是关键的一环。

2) 确定 *GA* 本身的参数。在运行 *GA* 程序时,需要对一些参数作事先选择,这些参数对 *GA* 的性能都有很重要的影响:

· 种群数目 N:种群的大小影响 *GA* 的有效性。较大数目的 N 可以同时处理更多的解,因而容易找到全局最优解;而 N 太大则会使计算量增加,增加每次迭代时间。N 一般取20 ~ 100。

· 交叉概率 P_c:它决定交叉概率的操作频率,频率越高,可以越快地收敛到最有希望的最优解区域;但频率太高,则会使高适应度的结构很快被破坏掉。P_c 一般取 0.4 ~ 0.9。

· 变异概率 P_m:变异概率是增大种群多样性的第二个因素,通常选取很小的值。高的变异概率可以增加样本模式的多样性;但过大的变异概率可能会引起不稳定。一般取 0.001 ~

0.1。

3) 适应度函数的选择。遗传算法在进化搜索过程中基本不利用外部信息，仅以适应度函数为依据，利用种群中每个个体的适应度值来进行搜索，因此适应度的选取至关重要，直接影响到遗传算法的收敛速度以及能否找到最优解。在遗传进化初期的选择操作过程中，通常会产生一些超常的个体，若按照比例选择法，这些异常个体因竞争力太强而控制了选择过程，影响算法的全局优化性能；在遗传优化后期的选择过程中，即算法接近收敛的时候，由于种群中个体适应度差异较小时，继续优化的潜能降低，可能获得某个局部最优解。上述问题称为遗传算法的欺骗问题。适应度函数设计不当就有可能造成这种问题的出现，所以适应度函数的设计是遗传算法设计的一个重要方面。另外，为使适应度函数值的分布在 GA 运行的不同阶段有利于遗传搜索，对个体适应度所做的扩大或缩小变换称为适应度函数的尺度变换。常用的尺度变换方法有线性变换法、幂指数变换法和指数变换法。

(3) 遗传算法的特点。在优化问题中，如果目标函数是多值的，或者搜索空间不规则，就要求所使用的算法具有高度的鲁棒性，以避免陷入局部最优解。随着问题种类的不同以及问题规模的不断扩大，要寻求一种能以有限的代价来解决搜索和优化的通用方法，遗传算法提供了一个有效的途径，它不同于传统的搜索和优化方法。具体来说，遗传算法有以下几方面优点：① 遗传算法在整个解空间内搜索，具有较大的把握求得全局最优解；② 遗传算法适用范围极广，对被优化对象的要求低，不需要求导或其他辅助知识，如对目标函数和相应的适应度函数只要求有定义，而不要求目标函数连续、可微；③ 遗传算法强调概率转换规则，而不是确定的转换规则；④ 遗传算法具有内含并行性：由于遗传算法采用种群的方式组织搜索，因而可同时搜索解空间内的多个区域，并相互交流信息，使用这种搜索方式，虽然每次只执行与种群规模 n 成比例的计算，但实质上已进行了大约 $O(n^3)$ 次有效搜索，这就使遗传算法能以较少的计算获得较大的收益；⑤ 遗传算法具有内在并行性，即其本身非常适合大规模并行计算，遗传算法易于采用并行算法在并行机上做高速运算，因此具有很大潜力。

2. 共轭梯度法

梯度法是求解多元函数极值问题最基本、最有效的方法之一，实践表明它也是求解最优控制问题的有效方法。

梯度法利用函数梯度的特性，即在试验点附近，沿梯度方向函数变化率最大，在每一步迭代运算中计算性能指标的梯度，选取负梯度方向作为搜索方向来搜索极小值点。

梯度法的优点是容易理解、程序简单稳定，但只要函数性态稍差，其效率就很差。特别是当 $\boldsymbol{u}(t)$ 接近 $\boldsymbol{u}^*(t)$ 时，收敛速度变慢，这是因为此时梯度向量接近于零向量。

共轭梯度算法是对梯度算法的改进。1961 年，Martin 和 Tee 针对具有二次型形式的指标函数，提出了利用椭圆的共轭性质建立的优化算法，大大加快了算法的收敛速度。可以证明，对于具有二次型形式的指标函数，利用共轭方向作为搜索方向，经过有限次单维搜索，就可以达到它的极值点。一般情况下，虽不能有这样好的结果，但由于指标函数在极值点附近大多近似于二次函数，所以采用此法仍有较好的效果。

现在要把静态最优中相当有效的共轭梯度方法推广到动态最优中。考虑上面提到的 Bolza 问题和静态最优不同，现在的控制量 $\boldsymbol{u}$ 不是一个 m 维的向量，而是一个 m 维的向量函数。为了把共轭梯度方法推广到动态最优控制中，关键在于求得泛函 $J(\boldsymbol{u})$ 相对于函数 $\boldsymbol{u}$ 的梯度。

对于如式

$$J(\boldsymbol{u}(t))=\theta[\boldsymbol{x}(t_f),t_f]+\int_{t_0}^{t_f}L[\boldsymbol{x}(t),\boldsymbol{u}(t),t]\mathrm{d}t \tag{5-70}$$

所示的泛函,可以证明泛函 $J(\boldsymbol{u})$ 在 $\boldsymbol{u}(t)$ 处的梯度为

$$\nabla J(U)=\frac{\partial H}{\partial U} \tag{5-71}$$

其中 H 为 Hamilton 函数,定义为

$$H[\boldsymbol{x}(t),\boldsymbol{u}(t),\boldsymbol{\lambda}(t),t]=L[\boldsymbol{x}(t),\boldsymbol{u}(t),t]+\boldsymbol{\lambda}^{\mathrm{T}}f[\boldsymbol{x}(t),\boldsymbol{u}(t),t] \tag{5-72}$$

$\boldsymbol{\lambda}(t)$ 为伴随变量或称为协态变量,由变分法可以得到伴随方程为

$$\dot{\boldsymbol{\lambda}}(t)=-\frac{\partial H}{\partial x} \tag{5-73}$$

共轭梯度算法的应用步骤可以归纳为:

a) 在容许控制集中任选一个初始控制 $\boldsymbol{u}_0$;

b) 用 $\boldsymbol{u}_0$ 和给定的初始条件 $\boldsymbol{x}(t_0)=\boldsymbol{x}_0$ 从 t_0 到 t_f 积分状态方程,得到 $\boldsymbol{x}(t)$;

c) 用终端条件:

$$\boldsymbol{\lambda}(t_f)=\frac{\partial\theta}{\partial\boldsymbol{x}(t_f)} \tag{5-74}$$

从 t_f 到 t_0 反向积分伴随方程,得到 $\boldsymbol{\lambda}(t)$;

d) 用 $\boldsymbol{u}_0$ 和计算得到的 $\boldsymbol{x}$ 和 $\boldsymbol{\lambda}$ 计算泛函 $J(\boldsymbol{u})$ 的梯度:

$$H_u=\frac{\partial H}{\partial\boldsymbol{u}} \tag{5-75}$$

e) 令 $\boldsymbol{g}^0(t)=\boldsymbol{h}^0(t)=-H_u$;

f) 如果 $\boldsymbol{g}^0(t)=0$,算法终止。否则,令 $i=0,\boldsymbol{u}=\boldsymbol{u}_0$,转步骤 g);

g) 用单维搜索算法求出 $\mu^0>0$,使

$$J(\boldsymbol{u}+\mu_0\boldsymbol{h}^i)=\min_{\mu}[J(\boldsymbol{u}+\mu\boldsymbol{h}^i)\mu>0] \tag{5-76}$$

h) 令 $\boldsymbol{u}'=\boldsymbol{u}_0+\mu^0\boldsymbol{h}^i$;

i) 用 $\boldsymbol{u}'$ 积分状态方程,得到 $\boldsymbol{x}'$;

j) 用 $\boldsymbol{u}'$ 及 $\boldsymbol{x}'$ 反向积分伴随方程,得到 λ';

k) 计算 $\boldsymbol{H}'_u=\boldsymbol{H}_u(\boldsymbol{x}',\boldsymbol{u}',\boldsymbol{\lambda}')$

l) 如果 $\boldsymbol{H}'=0$,停止。否则,令

$$\boldsymbol{g}^{i+1}=-\boldsymbol{H}'_u \tag{5-77}$$

$$\boldsymbol{h}^{i+1}=\boldsymbol{g}^{i+1}+\beta_i\boldsymbol{h}^i \tag{5-78}$$

其中

$$\beta_i=(\boldsymbol{g}^{i+1}-\boldsymbol{g}^i,\boldsymbol{g}^{i+1})/\|\boldsymbol{g}^i\|^2 \tag{5-79}$$

m) 令 $i=i+1,\boldsymbol{u}=\boldsymbol{u}'$,转到步骤 g)。

3. 单维搜索算法

当利用共轭梯度算法求解最优控制问题的数值解时,要通过单维搜索寻求迭代步长 μ,求解一元函数最优问题的各种方法都可以用来确定最优步长。共轭梯度算法的寻优效率很大程度上依赖于单维搜索的效率。为了提高单维搜索的效率,一是应该选用效率较高的单维搜索方法;二是尽可能好地选择初始探测步长,以便用较少的计算量就能确定区间括号。为此,应有一个较好的最优指标值的估计量。当然这在一般情况下是很难得到的。在此利用共轭梯度

算法进行寻优，计算过程中使用的单维搜索算法为内插抛物线法。

为了确定使

$$J[\boldsymbol{u}^i(t)+\alpha_i g^i]=\min_{\alpha>0} J[\boldsymbol{u}^i(t)+\alpha g^i] \tag{5-80}$$

成立的极小值点 α_i，可以利用 α 的二次函数或三次函数 $p(\alpha)$ 来逼近性能指标 $J(\alpha)$，然后求函数 $p(\alpha)$ 的极小值点作为性能指标 $J(\alpha)$ 的极小值点的近似值。

首先要确定最优解所在的区间 $[\alpha_1,\alpha_3]$ 以及区间内的一点 α_2，且满足条件 $\alpha_1<\alpha_2<\alpha_3$，以及 $J(\alpha_1)>J(\alpha_2)$；$J(\alpha_2)<J(\alpha_3)$，本教材中采用进退法。

假定有一条抛物线：

$$p(\alpha)=c_0+c_1\alpha+c_2\alpha^2 \tag{5-81}$$

通过 $\alpha_1,\alpha_2,\alpha_3$ 三点，这样就有 $p(\alpha_i)=J(\alpha_i)$，$i=1,2,3$，由此可以确定式(5-81)中的系数 c_0，c_1，c_2 并得到这条抛物线的方程为

$$p(\alpha)=\frac{(\alpha-\alpha_2)(\alpha-\alpha_3)}{(\alpha_1-\alpha_2)(\alpha_1-\alpha_3)}J(\alpha_1)+\frac{(\alpha-\alpha_3)(\alpha-\alpha_1)}{(\alpha_2-\alpha_3)(\alpha_2-\alpha_1)}J(\alpha_2)+\frac{(\alpha-\alpha_1)(\alpha-\alpha_2)}{(\alpha_3-\alpha_1)(\alpha_3-\alpha_2)}J(\alpha_3) \tag{5-82}$$

作为一种近似，用这条抛物线代替原来的性能指标 $J(\alpha)$。这条抛物线在

$$D=p''(\alpha)=-2\frac{(\alpha_2-\alpha_3)J(\alpha_1)+(\alpha_3-\alpha_1)J(\alpha_2)+(\alpha_1-\alpha_2)J(\alpha_3)}{(\alpha_2-\alpha_3)(\alpha_3-\alpha_1)(\alpha_1-\alpha_2)}>0 \tag{5-83}$$

的条件下有极小值点

$$\alpha^*=\alpha_2+\frac{1}{2}\frac{(\alpha_3-\alpha_2)^2(J(\alpha_2)-J(\alpha_1))+(\alpha_1-\alpha_2)^2(J(\alpha_3)-J(\alpha_2))}{(\alpha_3-\alpha_2)(J(\alpha_2)-J(\alpha_1))+(\alpha_1-\alpha_2)(J(\alpha_3)-J(\alpha_2))} \tag{5-84}$$

容易验证，这样确定的 α^* 一定落在区间 $[\alpha_1,\alpha_3]$ 之内，接着计算 $J(\alpha^*)$，比较 $J(\alpha^*)$ 与 $J(\alpha_2)$，并以其小者所对应的点作为新的 α_2 点，将与此相邻的两点作为新的 α_1 和 α_3。这样新得到的 3 个点满足条件 $\alpha_1<\alpha_2<\alpha_3$，以及 $J(\alpha_1)>J(\alpha_2)$，$J(\alpha_2)<J(\alpha_3)$，因而迭代可以进行下去。

迭代过程中可能会遇到下面两种情况，而不能继续迭代下去：

a) 当 $\alpha^*\approx\alpha_2$ 时，在得到的 3 个点中将有两个是非常接近的，此时再用式(5-84)来确定 α^* 将会产生极大的误差。

b) 如果 $J(\alpha_3)-J(\alpha_2)>>J(\alpha_1)-J(\alpha_2)$，且实际的极小值点处于区间 $[\alpha_2,\alpha_3]$ 内时，由式(5-84)确定的 α^* 接近于 $\frac{1}{2}(\alpha_1+\alpha_3)$，反复迭代只能使 α^* 不断趋于 α_2 点而并不趋向真正的极小值点，且区间括号也不能逐步地缩小到要求的精度。在 $J(\alpha_1)-J(\alpha_2)>>J(\alpha_3)-J(\alpha_2)$ 且实际的极小值点在 $[\alpha_1,\alpha_2]$ 内时，也会发生类似的情况。

解决这些困难的有效途径是选取 α_2 作为新的起始点，以较小的步长重新确定一个极值区间。例如在 $\alpha^*\approx\alpha_2$ 或 $J(\alpha_3)-J(\alpha_2)>50(J(\alpha_1)-J(\alpha_2))$ 或 $J(\alpha_1)-J(\alpha_2)>50(J(\alpha_3)-J(\alpha_2))$ 时以 α_2 作为新的起始点，以 $(\alpha_3-\alpha_1)/50$ 为初始步长重新求一次极值区间括号是一种很好的解决办法。

4. 组合算法

由上述内容可知，遗传算法在整个解空间内搜索，具有较大的把握求得全局最优解，鲁棒性更强，优化的精度随着优化节点参数的增加急剧降低，求得的最优解虽接近全局最优解，但

精度较低。

共轭梯度法的基本思想是把共轭性与最速下降方法相结合，利用已知点处的梯度构造一组共轭方向，并沿此组方向进行搜索，求出目标函数的极小点。根据共轭方向的基本性质，这种方法具有二次终止性。共轭梯度法求解时精度极高，但鲁棒性较差，在进行多目标优化时求得的解极易陷入局部最优。

考虑到两种优化方法各自的优劣，采用基于遗传算法与共轭梯度法的组合优化算法进行轨迹优化，先利用遗传算法求出近似的全局最优解，然后在此近似全局最优解的基础上利用共轭梯度法进行优化，从而求得高精度的全局最优解。

5.6.3 临近空间飞行器轨道优化设计

5.6.3.1 临近空间飞行器运动建模

临近空间飞行器运动建模包括地球模型及引力场建模(见 5.4.3 节)、大气模型(见 5.4.1 节)、临近空间飞行器运动模型(见 5.5 节)。

5.6.3.2 优化模型的建立和处理

1. 优化模型建立

为了以后讨论问题方便起见，现将所要求解的最优控制问题(Bolza 问题) 叙述如下。

给定系统的状态方程为

$$\dot{\boldsymbol{x}}(t)=f[\boldsymbol{x}(t),\boldsymbol{u}(t),t] \tag{5-85}$$

初始条件为

$$\boldsymbol{x}(t_0)=\boldsymbol{x}_0 \tag{5-86}$$

系统状态变量 $\boldsymbol{x}(t)$ 和控制变量 $\boldsymbol{u}(t)$ 应该满足的约束条件为

$$\Psi[\boldsymbol{x}(t),\boldsymbol{u}(t),t]\leqslant 0,\quad t\in(t_0,t_f) \tag{5-87}$$

终端约束条件为

$$\varphi[\boldsymbol{x}(t_f),t_f]=0 \tag{5-88}$$

以及性能指标范函为

$$J(\boldsymbol{u}(t))=\theta[\boldsymbol{x}(t_f),t_f]+\int_{t_0}^{t_f}L[\boldsymbol{x}(t),\boldsymbol{u}(t),t]\,\mathrm{d}t \tag{5-89}$$

在上述各式中，$\boldsymbol{x}(t)$ 是 n 维状态变量；$\boldsymbol{u}(t)$ 是 m 维控制变量；t 是时间变量；$f[\boldsymbol{x}(t),\boldsymbol{u}(t),t]$ 是 n 维函数向量；$\Psi[\boldsymbol{x}(t),\boldsymbol{u}(t),t]$ 是 l 维函数向量；$\varphi[\boldsymbol{x}(t_f),t_f]$ 是 r 维函数向量；t_f 是终端时刻；$\boldsymbol{x}(t_f)$ 是终端状态向量；$\theta[\boldsymbol{x}(t_f),t_f]$ 和 $L[\boldsymbol{x}(t),\boldsymbol{u}(t),t]$ 是标量函数，其中 $\theta[\boldsymbol{x}(t_f),t_f]$ 为对稳态提出的某种要求，例如稳态误差；$L[\boldsymbol{x}(t),\boldsymbol{u}(t),t]$ 为对暂态过程提出的某种要求，例如暂态误差、能量消耗等；要求 $\dot{x}(t)=f[\boldsymbol{x}(t),\boldsymbol{u}(t),t]$，$\Psi[\boldsymbol{x}(t),\boldsymbol{u}(t),t]\leqslant 0$，$\varphi[\boldsymbol{x}(t_f),t_f]=0$，$\theta[\boldsymbol{x}(t_f),t_f]$ 和 $L[\boldsymbol{x}(t),\boldsymbol{u}(t),t]$ 具有一定的可微性条件。

所要求解的最优控制问题，就是给定初始条件式(5-86)，在式(5-85)、式(5-87) 和式(5-88) 的约束条件下，从容许的控制函数 $\boldsymbol{u}(t)$ 中，确定最优控制 $\boldsymbol{u}^*(t)$，使性能指标范函式(5-89) 达到极小值，即

$$J[\boldsymbol{u}^*(t)]=\min J[\boldsymbol{u}(t)] \tag{5-90}$$

针对上面提出的最优控制问题,应用庞特里亚金极大值原理,可以得到如下的最优控制两点边值问题:

$$H[\boldsymbol{x}(t),\boldsymbol{u}(t),\boldsymbol{\lambda}(t),t]=L[\boldsymbol{x}(t),\boldsymbol{u}(t),t]+\boldsymbol{\lambda}^{\mathrm{T}}f[\boldsymbol{x}(t),\boldsymbol{u}(t),t] \tag{5-91}$$

$$\dot{\boldsymbol{x}}=\frac{\partial H}{\partial \lambda}=f[\boldsymbol{x}(t),\boldsymbol{u}(t),t] \tag{5-92}$$

$$\dot{\boldsymbol{\lambda}}(t)=-\frac{\partial H}{\partial x} \tag{5-93}$$

$$H(\boldsymbol{x},\boldsymbol{u}^*,\boldsymbol{\lambda},t)\leqslant H(\boldsymbol{x},\boldsymbol{u},\boldsymbol{\lambda},t),\boldsymbol{u}^*,\quad \boldsymbol{u}\in U \tag{5-94}$$

$$\left(\frac{\partial\theta}{\partial t_f}+H\right)\bigg|_{t=t_f}=0 \tag{5-95}$$

式中,$H[\boldsymbol{x}(t),\boldsymbol{u}(t),\boldsymbol{\lambda}(t),t]$ 称为 Hamilton 函数,$\boldsymbol{\lambda}(t)=[\lambda_1(t)\quad \lambda_2(t)\quad \cdots\quad \lambda_n(t)]^{\mathrm{T}};t\in(t_0,t_f)$ 为 n 维伴随变量;U 为容许控制集。

2. 约束条件

定义优化问题中的状态向量为速度 $\boldsymbol{V}$、轨道倾角 θ、航向角 ξ、高度 h、经度 μ、纬度 λ,即 $\boldsymbol{x}^{\mathrm{T}}=[\boldsymbol{V}\quad \theta\quad \xi\quad h\quad \mu\quad \lambda]^{\mathrm{T}}$;控制向量为迎角 α 和滚转角 γ,即 $\boldsymbol{u}^{\mathrm{T}}=[\alpha\quad \gamma]^{\mathrm{T}}$。迎角 α 隐含在气动力的计算公式中。

Hamilton 函数可以写为

$$H=L[\boldsymbol{x}(t),\boldsymbol{u}(t),t]+\lambda_1\dot{\boldsymbol{V}}+\lambda_2\dot{\theta}+\lambda_3\dot{\xi}+\lambda_4\dot{h}+\lambda_5\dot{\mu}+\lambda_6\dot{\lambda} \tag{5-96}$$

式中,$\boldsymbol{\lambda}^{\mathrm{T}}=[\lambda_1\quad \lambda_2\quad \lambda_3\quad \lambda_4\quad \lambda_5\quad \lambda_6]^{\mathrm{T}}$ 为伴随变量。

飞行器再入时,对流加热率、过载和动压有如下约束:

$$e_{\dot{Q}_s}=\dot{Q}_s-\dot{Q}_{s\max}\leqslant 0 \tag{5-97}$$

$$e_n=n-n_{\max}\leqslant 0 \tag{5-98}$$

$$e_q=q-q_{\max}\leqslant 0 \tag{5-99}$$

其中,鼻锥驻点区的对流加热率一般与迎角无关,只是大气密度 ρ 和速度 $\boldsymbol{V}$ 等的函数:

$$\dot{Q}_s=\frac{k_s}{\sqrt{R_n}}\left(\frac{\rho}{\rho_0}\right)^n\left(\frac{v}{v_1}\right)^m \tag{5-100}$$

式中,R_n 为鼻锥驻点区曲率半径;ρ_0 为海平面标准大气密度;$\boldsymbol{V}_1=\sqrt{gr}$ 为环绕速度,取为 7.8×10^3 m/s,k_s,m,n 为常数,可取理论计算值或实验值,此处 k_s 取为 17 600 J,$n=\dfrac{1}{2}$,$m=3.15$。

过载 n 取为

$$n=\frac{\sqrt{L^2+D^2}}{mg} \tag{5-101}$$

动压的表达式为

$$q=\frac{1}{2}\rho\boldsymbol{V}^2 \tag{5-102}$$

$\dot{Q}_{s\max}$ 是鼻锥驻点区的最大允许对流加热率,其值的大小是与热防护的方法以及防热系统的结构、材料等有关的。$n_{\max}$ 为最大允许过载值,$q_{\max}$ 为最大允许动压。

选择飞行器的再入轨道除了要满足气动加热、过载和动压的限制外,还要保证飞行器能够稳定飞行、满足飞行器控制能力的限制，在设计最优再入轨道时应限制控制量的变化范围。

综合考虑气动力、气动加热、过载和动压等因素，对迎角有如下约束：

$$\alpha_{\min} \leqslant \alpha \leqslant \alpha_{\max} \tag{5-103}$$

此外，为了保证飞行器的稳定飞行和不至于下降过快，对滚转角 γ 应有如下约束：

$$|\gamma| \leqslant \gamma_{\max} \tag{5-104}$$

上述两式中的边界值应根据飞行器控制系统的实际情况进行选择。

终端状态约束可表示为

$$\boldsymbol{N} = \begin{bmatrix} N_1 \\ N_2 \\ N_3 \\ N_4 \\ N_5 \\ N_6 \end{bmatrix} = \begin{bmatrix} V(t_f) - V_f \\ \theta(t_f) - \theta_f \\ h(t_f) - h_f \\ \xi(t_f) - \xi_f \\ \lambda(t_f) - \lambda_f \\ \mu(t_f) - \mu_f \end{bmatrix} = \mathbf{0} \tag{5-105}$$

3. 约束条件的优化处理

对于式(5-103)、式(5-104)所示的控制量约束的处理，定义约束算子 e_u，使控制变量 $\boldsymbol{u}$ 满足其约束条件 $\boldsymbol{u} \in U$。约束算子 e_u 具有如下性质：

a) 对于任何控制量 $\boldsymbol{u}(t)$，有

$$u_i(t) = e_u \hat{u}_i(t) = \begin{cases} u_{i\min}, & \hat{u}_i(t) \leqslant u_{i\min} \\ u_i(t), & \hat{u}_{i\min} < u_i(t) < u_{i\max} \\ u_{i\max}, & \hat{u}_i(t) \geqslant u_{i\max} \end{cases} \tag{5-106}$$

b) 对任何 $\boldsymbol{u}$，均有

$$\boldsymbol{u}' = e_u \boldsymbol{u} \in U \tag{5-107}$$

且

$$\| \boldsymbol{u} - \boldsymbol{u}' \| = \min_{\boldsymbol{v} \in U} \| \boldsymbol{u} - \boldsymbol{v} \| \tag{5-108}$$

即在泛数意义上，$\boldsymbol{u}'$ 是 U 中最接近 $\boldsymbol{u}$ 的向量。

对于式(5-106)所示的约束条件的处理，第一种方法是通过对性能指标施加罚函数的方法，当罚因子逐渐增大时，终端条件受破坏的程度将越来越小，最终满足对终端条件的约束。罚函数可以定义为

$$\boldsymbol{P}(\boldsymbol{x}(t_f)) = \boldsymbol{N}^{\mathrm{T}}(\boldsymbol{x}(t_f))\boldsymbol{K}_f \boldsymbol{N}(\boldsymbol{x}(t_f)) \tag{5-109}$$

式中，$\boldsymbol{P}$ 为罚函数向量；$\boldsymbol{N}$ 为计算得到的终端向量与规定值的差值向量；$\boldsymbol{K}_f$ 为罚因子向量。终端条件对应的罚因子的大小反映了对终端参数的精度要求。

对于式(5-106)所示约束条件的第二种处理方法是采用增广 Lagrange 乘子法。

对于处理式(5-97)、式(5-98)和式(5-99)定义的过程约束有两种方法。

方法一：为每一个不等式约束引入一个额外的微分方程。

方法二：引入一个不等式约束因子，例如针对对流加热率约束式(5-97)，引入约束因子：

$$e_{\dot{Q}} = \begin{cases} 0, & \dot{Q} \leqslant \dot{Q}_{\max} \\ (\dot{Q} - \dot{Q}_{\max})^2, & \dot{Q} > \dot{Q}_{\max} \end{cases} \tag{5-110}$$

再积分约束因子(5-110)，即

$$J_Q = \int_{t_0}^{t_f} \dot{e}_Q \mathrm{d}t \tag{5-111}$$

即在性能指标项中加入由于加热率不等式引入的惩罚项。同样的方法处理过载不等式约束式(5-98)和动压不等式约束式(5-99)：

$$J_n = \int_{t_0}^{t_f} \dot{e}_n \mathrm{d}t \tag{5-112}$$

$$J_q = \int_{t_0}^{t_f} \dot{e}_q \mathrm{d}t \tag{5-113}$$

式中 $\dot{e}_n = \begin{cases} 0 & n \leqslant n_{\max} \\ (n - n_{\max})^2 & n > n_{\max} \end{cases}$，$\dot{e}_q = \begin{cases} 0 & q \leqslant q_{\max} \\ (q - q_{\max})^2 & q > q_{\max} \end{cases}$

通过上述步骤对优化问题的约束条件进行处理，就可以把有约束的最优控制问题完全转化为求解无约束的最优控制问题。

4. 终端时间的确定

飞行器轨道优化问题是一个终端时间自由的最优控制问题，故每次积分轨道状态方程时，需确定终端时间 t_f。众所周知，求解终端积分变量自由的最优控制问题比求解终端积分变量固定的最优控制问题要难。对于本问题，有 3 种处理方法。

方法之一：将 t_f 作为一个优化的量，求最优终端时间 t_f 使性能指标最小，即

$$\frac{\mathrm{d}J}{\mathrm{d}t_f} = 0$$

方法之二：选取某一终端条件得到满足时的时间作为终端时间 t_f，t_f 作为积分状态方程的终止条件。

方法之三：通过积分变量代换将原终端时间自由最优控制问题转化为终端积分变量固定最优控制问题。

5.7 临近空间飞行器最优轨道制导方法

5.7.1 典型的制导方法

临近空间飞行器要求制导和控制系统有更高的自主性、鲁棒性和智能性。先进制导和控制技术对提高未来高速临近空间飞行器的安全返回有重要的作用，同时可以减少对制导系统的设计和实施成本。许多专家都提出了各自的方案，其中比较典型的方法有如下几种。

1. 基线制导

这种方法类似航天飞机再入制导的标准轨道法。它在纵向跟踪名义的阻力-能量剖面，侧向使用方向误差走廊作为倾斜反向的触发开关。名义的阻力剖面是能量的分段函数，剩余的名义航程通过简单的表格进行查找计算。采用反馈线性化跟踪名义的阻力剖面。采用阻尼谐波发生器模型定义对时间的响应来调节制导律。这种方法对于初始误差和过程干扰较小的任务可以实现较好的制导效果，但不能适应未来临近空间飞行器自主制导的要求。

2. 线性调节器(Linear Quadratic Regulator，LQR) 再入制导

该算法是跟踪参考剖面的类型。参考状态包括剩余航程、高度和飞行路径角，参考控制量

为迎角和倾侧角等。该算法不如弹道在线生成算法那样可以灵活调整，但对于各种初始条件具有很好的鲁棒性。由于该方法对大部分弹道来说制导增益都是独立的，因此对于不同的初始条件件要首先计算出增益值储存在机载计算机中。

3. 最优路径法(Optimal - Path - To - Go)

这是一种弹道在线重构的方法。该方法由两部分组成：离线弹道生成算法和弹道在线重构。首先，根据任务特点确定控制量的边界及可用轨迹的数据库；在再入过程中根据状态量的变化不断调节弹道形状，以实现安全返回。

4. 衍化的加速度制导方法 EAGLE(Evolved Acceleration Guidance Logic for Entry)

由航天飞机的制导律设计扩展为三维制导律的再入弹道设计方法。规划算法生成相对参考状态和倾侧角剖面的纵向参考阻力加速度和侧向运动剖面。EAGLE 方法选择了一条由三段线性曲线组成的阻力加速度剖面来满足阻力相对速度的一些限制条件。这些限制包括热、动压、法向加速度和虚拟平衡滑翔限制。侧向运动选择一个倾斜反向来最小化最后的落点横程误差。飞行横程和弹道曲率要不断迭代校正。反馈线性化控制跟踪参考阻力和航向剖面。

5. 预测-校正算法

该方法根据实际飞行条件，用牛顿法和数字积分法选择参数，在线得到一条可用弹道。一般来说，该方法的迎角都是马赫数的函数，倾侧角为由几条近似的线段组成的曲线。对参考控制量的校正过程大都采用了经验的方法：首先通过大量的飞行仿真，建立了一系列控制量增量与相应的落点偏差之间的数据库和相应的误差曲线；当预测发现落点有偏差时，根据偏差量与控制量增量间的误差曲线，求解相应的控制量增量的值。

5.7.2 阵风干扰作用下的临近空间飞行器制导仿真实例

在此利用基于线性状态调节器(RQL) 制导方法实现不同强度阵风干扰作用下临近空间飞行器纵向与侧向参考轨迹的同时跟踪。

5.7.2.1 阵风干扰作用下飞行器运动模型

由于飞行器具有极高的飞行速度，以及飞行器再入时滚转角一般都比较小的特点，忽略阵风对攻角、侧滑角的影响，阵风干扰作用下飞行器的运动方程可以表示为

$$\left.\begin{aligned}
\dot{V} &= -\frac{X}{m} - g\sin\theta \\
\dot{\theta} &= \frac{Y\cos\gamma}{mV} - g\,\frac{\cos\theta}{V} + \frac{V}{r}\cos\theta \\
\dot{\xi} &= \frac{Y\sin\gamma}{mv\cos\theta} - \frac{V}{r}\cos\theta\cos\xi\tan\lambda \\
\dot{h} &= v\sin\theta + W_y \\
\dot{\mu} &= \frac{v\cos\theta\cos\xi + W_x}{r\cos\lambda} \\
\dot{\lambda} &= \frac{v\cos\theta\sin\xi + W_z}{r}
\end{aligned}\right\} \tag{5-114}$$

式中，W_x，W_y，W_z 分别为阵风旋转坐标系下的阵风干扰分量，阵风旋转坐标系 $Ox_w y_w z_w$ 定义：Ox_w 轴为当地水平面内指向经度方向，Oz_w 轴为当地水平面内指向纬度方向，Oy_w 轴与 Ox_w，Oz_w 轴构成右手坐标系。制导仿真时，W_x，W_y，W_z 取为常值干扰，忽略阵风加速度分量 $\dot{W}_x$，$\dot{W}_y$，$\dot{W}_z$ 影响，即 $\dot{W}_x=\dot{W}_y=\dot{W}_z=0$。

5.7.2.2　基于 RQL 的制导方法

先由优化算法优化得到参考轨迹，然后将运动方程关于参考轨迹线性化，获得求解反馈增益的时变系统：

$$\begin{bmatrix}\delta V'\\ \delta\theta'\\ \delta h'\\ \delta\xi'\\ \delta\lambda'\\ \delta\mu'\end{bmatrix}=\boldsymbol{A}(t)\begin{bmatrix}\delta V\\ \delta\theta\\ \delta h\\ \delta\xi\\ \delta\lambda\\ \delta\mu\end{bmatrix}+\boldsymbol{B}(t)\begin{bmatrix}\delta\alpha\\ \delta\gamma_c\end{bmatrix}\tag{5-115}$$

其中

$$\boldsymbol{A}=\begin{bmatrix}a_{11}&a_{12}&a_{13}&a_{14}&a_{15}&a_{16}\\ a_{21}&a_{22}&a_{23}&a_{24}&a_{25}&a_{26}\\ a_{31}&a_{32}&a_{33}&a_{34}&a_{35}&a_{36}\\ a_{41}&a_{42}&a_{43}&a_{44}&a_{45}&a_{46}\\ a_{51}&a_{52}&a_{53}&a_{54}&a_{55}&a_{56}\\ a_{61}&a_{62}&a_{63}&a_{64}&a_{65}&a_{66}\end{bmatrix}\tag{5-116}$$

$$a_{11}=-\frac{1}{m}X_V,\quad a_{12}=-g\cos\theta,\quad a_{13}=-\frac{1}{m}X_h-\sin\theta g_h$$

$$a_{14}=a_{15}=a_{16}=0,\quad a_{21}=\frac{\cos\gamma_c}{mV}Y_V-\frac{Y\cos\gamma_c}{mV^2}+\frac{g\cos\theta}{V^2}+\frac{\cos\theta}{R_0+h}$$

$$a_{22}=\frac{g\sin\theta}{V}-\frac{V}{R_0+h}\sin\theta,\quad a_{23}=\frac{\cos\gamma_c}{mV}Y_h-\frac{\cos\theta}{V}g_h-\frac{V}{(R_0+h)^2}\cos\theta$$

$$a_{24}=a_{25}=a_{26}=0,\quad a_{31}=\sin\theta,\quad a_{32}=V\cos\theta,\quad a_{33}=a_{34}=a_{35}=a_{36}=0$$

$$a_{41}=\frac{\sin\gamma_c}{mV\cos\theta}Y_V-\frac{Y\sin\gamma_c}{mV^2\cos\theta}-\frac{\cos\theta\cos\xi\tan\lambda}{R_0+h},\quad a_{42}=\frac{Y\sin\gamma_c\sin\theta}{mV\cos^2\theta}+\frac{V}{R_0+h}\sin\theta\cos\xi\tan\lambda$$

$$a_{43}=\frac{\sin\gamma_c}{mV\cos\theta}Y_h+\frac{V}{(R_0+h)^2}\cos\theta\cos\xi\tan\lambda,\quad a_{44}=\frac{V}{R_0+h}\cos\theta\tan\lambda\sin\xi$$

$$a_{45}=0,\quad a_{46}=-\frac{V}{R_0+h}\cos\theta\cos\xi\frac{1}{\cos^2\lambda},\quad a_{51}=\frac{\cos\theta\cos\xi}{(R_0+h)\cos\lambda}$$

$$a_{52}=-\frac{V\sin\theta\cos\xi}{(R_0+h)\cos\lambda},\quad a_{53}=-\frac{V\cos\theta\cos\xi}{(R_0+h)^2\cos\lambda},\quad a_{54}=-\frac{V\cos\theta\sin\xi}{(R_0+h)\cos\lambda}$$

$$a_{55}=0,\quad a_{56}=\frac{V\cos\theta\cos\xi\sin\lambda}{(R_0+h)\cos^2\lambda},\quad a_{61}=\frac{\cos\theta\sin\xi}{R_0+h}$$

$$a_{62}=-\frac{V\sin\theta\sin\xi}{R_0+h},\quad a_{63}=-\frac{V\cos\theta\sin\xi}{(R_0+h)^2},\quad a_{64}=\frac{V\cos\theta\cos\xi}{R_0+h},\quad a_{65}=a_{66}=0$$

$$
\boldsymbol{B}=\begin{bmatrix}
-\dfrac{1}{m}X_{\alpha} & 0 \\
\dfrac{\cos\gamma_{c}}{mV}Y_{\alpha} & -\dfrac{Y\sin\gamma_{c}}{mV} \\
0 & 0 \\
\dfrac{\sin\gamma_{c}}{mV\cos\theta}Y_{\alpha} & \dfrac{Y\cos\gamma_{c}}{mV\cos\theta} \\
0 & 0 \\
0 & 0
\end{bmatrix} \tag{5-117}
$$

系数矩阵$\boldsymbol{A}$,$\boldsymbol{B}$中的Y_V,X_V,Y_α,X_α,Y_h,X_h分别为升力、阻力对速度V、攻角α、高度h的导数;g_h为重力加速度对高度h的导数。

跟踪控制系统性能指标为

$$J=\int_{t_0}^{t_f}[\boldsymbol{x}^{\mathrm{T}}\boldsymbol{Q}\boldsymbol{x}+\boldsymbol{u}^{\mathrm{T}}\boldsymbol{R}\boldsymbol{u}]\,\mathrm{d}t \tag{5-118}$$

状态变量取为实际飞行状态相对参考状态的偏差扰动项,有

$$\boldsymbol{x}=[\delta V\quad \delta\theta\quad \delta h\quad \delta\xi\quad \delta\mu\quad \delta\lambda]^{\mathrm{T}} \tag{5-119}$$

控制变量为

$$\boldsymbol{u}=[\delta\alpha\quad \delta\gamma]^{\mathrm{T}}=-K(t)x \tag{5-120}$$

由优化算法得到一条最优轨迹后,利用 matlab-lqr 函数计算反馈增益矩阵$\boldsymbol{K}(t)$,增加反馈控制后的轨迹控制变量为

$$\alpha=\alpha_{\mathrm{ref}}+\delta\alpha \tag{5-121}$$

$$\gamma=\gamma_{\mathrm{ref}}+\delta\gamma \tag{5-122}$$

思 考 题

5.1 临近空间是如何界定的?

5.2 简述临近空间飞行器的分类及其特点。

5.3 临近空间的应用价值体现在哪些方面?

5.4 临近空间都包括哪些主要的环境因素、环境效应和扰动因素?

5.5 临近空间力学环境建模都涉及哪些关键问题?如何解决这些问题?

5.6 临近空间轨道设计需要考虑的特殊问题有哪些?

参 考 文 献

[1] 中国载人航天工程办公室,中科院空间环境预报中心. 300～500 km 高度区空间环境及其效应[M],2004.

[2] 都亨,叶宗海,等. 低轨道航天器空间环境手册[M]. 北京:国防工业出版社,1999.

[3] 中国科学院空间科学与应用研究中心编. 宇航空间环境手册[M]. 北京:中国科学技术出

版社,2000.
[4] 盛裴轩,毛节泰,等.大气物理学.北京:北京大学出版社,2005.
[5] 黄荣辉.大气科学概论[M].北京:气象出版社,2005.
[6] 伍荣生.大气动力学[M].北京:高等教育出版社,2004.
[7] 熊年禄,唐存琛,李行健.电离层物理概论[M].武汉:武汉大学出版社,1999.
[8] 李勇.实时仿真中的大气扰动风场模拟[D].北京航空航天大学硕士论文,2003.
[9] 肖业伦,金长江.大气扰动中的飞行原理[M].北京:国防工业出版社,1993.
[10] 马东立.大气紊流数字仿真的改进方法[J].北京:北京航空航天大学学报,1990(3):57-63.
[11] 李健,侯中喜.基于扰动大气模型的乘波构型飞行器再入弹道仿真[J].系统仿真学报,2007,19(14):3283-3285.
[12] Six-DOF Modeling and Simulation of a Generic Hypersonic Vehicle for Conceptual Design Studies[C]. Shahriar Keshmiri and Maj D. Mirmirani Ph. D. AIAA 2004-4805.
[13] Patrick J Shaffer. Optimal Trajectory Reconfiguration and Retargeting for The X-33 Reusable Launch Vehicle. September,2004.
[14] 昊星,刘雁雨.多种超高阶次缔合勒让德函数计算方法的比较[J].测绘科学技术学报,2006,23(3):188-191.
[15] 阮春荣.大气中飞行的最优轨迹[M].北京:宇航出版社,1987.
[16] Kevin P Bollino. High-Fidelity Real-Time Trajectory Optimization for Reusable Launch Vehicles[D]. Doctor of philosophy in astrouautical engineering from the naval Postgraduate school, 2006,12.
[17] 张筑升.微分半动力系统不变集[D].北京:北京大学数学研究所,1982.
[18] Hewitt J A. Technical Sercices in 1983[J]. Library Resources and Technical Services,1984,28(3):205-218.
[19] 董茜,张华伟,王文灿,等.扰动引力对被动段弹道的影响[J].弹箭与制导学报,2007(27):200-202.

第 6 章　航天器飞行动力学

本章所述航天器主要指环绕地球运行的飞行器，即人造地球卫星和绕地球飞行的载人航天器，涉及的主要内容包括航天器飞行环境及其作用力特性、航天器的开普勒轨道运动、摄动运动、轨道机动及姿态动力学基础。

6.1　航天器的飞行环境

航天器在轨飞行过程中处于复杂的空间环境。虽然可以将空间环境近似为真空环境，但实际上其中包含了很多可能影响航天器运行的因素，例如行星大气、各种辐射、等离子体、磁场、引力场、微流星体等。对于绕地球运行的航天器，主要飞行环境是地球空间环境(以下简称空间环境)，包括地球引力场、高层大气、电离层和磁层中的各种环境条件。这些环境会对航天器产生作用力，从而影响航天器的运动，虽然量级较小，但是长期的影响不可忽略。下面简要介绍地球空间环境及其作用力特性。

6.1.1　地球引力场环境特性

引力是自然界中四大基本作用力之一，是质量体之间的相互作用力，其大小遵循万有引力定律。按照该定律，质量为 m_1 的质点对质量为 m_2 的另一质点的引力 $\boldsymbol{F}$ 为

$$\boldsymbol{F}=-\frac{f_m m_1 m_2}{r^3}\boldsymbol{r} \tag{6-1}$$

式中，f_m 为万有引力常数，其值为 $6.670\times10^{-11}\ \mathrm{m^3/(kg\cdot s^2)}$；$\boldsymbol{r}$ 为 m_2 相对 m_1 的位置矢量。表达式中的负号表示力的方向与矢量 $\boldsymbol{r}$ 的方向相反，是相互吸引力。根据式(6-1)，可得地球对任一物体的引力为

$$\boldsymbol{F}=-\frac{f_m M m}{r^3}\boldsymbol{r}$$

式中，$\boldsymbol{r}$ 为物体质心到地心的位置矢量；M 为地球的质量；m 为物体的质量。

引力加速度定义为单位质量受到的引力，则地球引力加速度 $\boldsymbol{g}$ 为

$$\boldsymbol{g}=\frac{\boldsymbol{F}}{m}=-\frac{f_m M}{r^3}\boldsymbol{r} \tag{6-2}$$

式中，地球质量为 $M=5.977\times10^{24}$ kg；f_m 是常数，则 $f_m M$ 也为常数，称为地球引力常数，用 μ 表示，其值为 $3.986\,005\times10^{14}\ \mathrm{m^3/s^2}$。因此，地球引力加速度也可以写成

$$\boldsymbol{g}=-\frac{\mu}{r^3}\boldsymbol{r}$$

6.1.1.1　引力势

按物理意义来说，引力势是单位质量的物体从零势面(一般为无穷远处) 移动到由 $\boldsymbol{r}$ 决定

的位置时所做的功，是 $\boldsymbol{r}$ 的函数，一般用 $U(\boldsymbol{r})$ 表示。如果是中心引力场（地球为匀质圆球，引力指向地球中心），则当单位质量物体从 ∞ 远处移动到 $\boldsymbol{r}$ 处时，物体对外界所做的功为

$$W=\int_{\infty}^{r}F\cdot\mathrm{d}r$$

带入地球引力表达式，有

$$W=-\int_{\infty}^{r}\frac{\mu}{r^2}\mathrm{d}r=\frac{\mu}{r}\Big|_{\infty}^{r}=\frac{\mu}{r}$$

所以，中心引力场的引力势为

$$U(\boldsymbol{r})=\frac{\mu}{\boldsymbol{r}}$$

引力势的梯度决定了引力加速度，即

$$\boldsymbol{g}=\mathbf{grad}U(\boldsymbol{r})=-\frac{\mu}{r^3}\boldsymbol{r}$$

若以直角坐标 x,y,z 为自变量，则引力加速度的各分量为

$$g_x=\frac{\partial U}{\partial x},\quad g_y=\frac{\partial U}{\partial y},\quad g_z=\frac{\partial U}{\partial z}$$

若以球坐标 r,φ,λ 为自变量，则引力加速度的各分量为

$$g_r=\frac{\partial U}{\partial r},\quad g_\varphi=\frac{1}{r}\frac{\partial U}{\partial \varphi},\quad g_\lambda=\frac{1}{r\cos\varphi}\frac{\partial U}{\partial z}$$

式中，r 为物体距地心的距离；φ 为地心纬度；λ 为经度。

6.1.1.2　地球引力势

由于大部分天体都近似为球形，其密度随半径也是变化的，因此以上基于中心引力场得到的结论并不精确，但在初步设计和分析阶段，可忽略非球形和质量分布不均匀的影响，将天体近似为点质量来处理。例如，对于地球引力势的计算，将其视为点质量来处理，误差仅有约千分之一。但在精确定轨和长时间飞行过程中，必须考虑天体的非球对称以及质量分布不均匀时的中心引力。为此，为了精确获得地球中心引力，在引力势计算中需要引入高阶变量。通常用表面球谐函数 $Y_{n,m}(\varphi,\lambda)$ 来表示引力势函数，$Y_{n,m}(\varphi,\lambda)$ 表达式为

$$Y_{n,m}(\varphi,\lambda)=P_{n,m}(\sin\varphi)\left[C_{n,m}\cos(m\lambda)+S_{n,m}\sin(m\lambda)\right]$$

式中，n,m 分别为级数和阶数；$C_{n,m}$ 和 $S_{n,m}$ 为系数。

$P_{n,m}(x)$ 是 n 级 m 阶 Legendre 伴随函数，表达式为

$$P_{n,m}(x)=(1-x^2)^{m/2}\frac{\mathrm{d}^m}{\mathrm{d}x^m}P_n(x)$$

$P_n(x)$ 是 n 次 Legendre 多项式，表达式为

$$P_n(x)=\frac{1}{2^n n!}\frac{\mathrm{d}^n}{\mathrm{d}x^n}(1-x^2)^n$$

当 $x=\sin\varphi$ 时，有

$$P_n(\sin\varphi)=\frac{1}{2^n n!}\frac{\mathrm{d}^n(\sin^2\varphi-1)^n}{\mathrm{d}(\sin\varphi)^n}\tag{6-3}$$

$$P_{n,m}(\sin\varphi)=(\cos\varphi)^m\frac{\mathrm{d}^m}{\mathrm{d}(\sin\varphi)^m}P_n(\sin\varphi)=\frac{(\cos\varphi)^m}{2^n n!}\frac{\mathrm{d}^{n+m}(\sin^2\varphi-1)^n}{\mathrm{d}(\sin\varphi)^{n+m}}\tag{6-4}$$

低阶时 Legendre 多项式为

$$
\left.
\begin{aligned}
P_{0,0} &= 1 \\
P_{1,0} &= \sin\varphi \\
P_{1,1} &= \cos\varphi \\
P_{2,0} &= \frac{1}{2}(3\sin^2\varphi - 1) \\
P_{2,1} &= 3\sin\varphi\cos\varphi \\
P_{2,2} &= 3\cos^2\varphi \\
P_{3,0} &= \frac{1}{2}(5\sin^3\varphi - 3\sin\varphi) \\
P_{3,1} &= \frac{3}{2}(5\sin^2\varphi - 1)\cos\varphi \\
P_{3,2} &= 15\sin\varphi\cos^2\varphi \\
P_{3,3} &= 15\cos^3\varphi
\end{aligned}
\right\} \tag{6-5}
$$

以 $Y_{n,m}(\varphi,\lambda)$ 表示的引力势函数为

$$
U = \frac{\mu}{r}\left[1 - \sum_{n=2}^{\infty} J_n \left(\frac{R_e}{r}\right) P_n(\sin\varphi) + \sum_{n=2}^{\infty}\sum_{m=1}^{n} \left(\frac{R_e}{r}\right)^n Y_{n,m}(\varphi,\lambda)\right] \tag{6-6}
$$

式中，R_e 为地球赤道半径，其值为 6 378.140km；J_n 为系数。阶数 n 较低时，系数 J_n 的值为

$$
\left.
\begin{aligned}
J_2 &= 1.082\,626\,683 \times 10^{-3} \\
J_3 &= -2.532\,665\,648 \times 10^{-6} \\
J_4 &= -1.619\,624\,591 \times 10^{-6} \\
J_5 &= -2.272\,960\,829 \times 10^{-6}
\end{aligned}
\right\} \tag{6-7}
$$

因此，地球引力势由两部分组成，中心引力势（即 $\frac{\mu}{r}$）和非中心引力势（也称摄动势 ΔU），ΔU 的表达式为

$$
\Delta U = -\frac{\mu}{r}\left[\sum_{n=2}^{\infty} J_n \left(\frac{R_e}{r}\right) P_n(\sin\varphi) + \sum_{n=2}^{\infty}\sum_{m=1}^{n} \left(\frac{R_e}{r}\right)^n Y_{n,m}(\varphi,\lambda)\right]
$$

以上由表面球谐函数表示的引力势模型只是众多引力势模型中的一个，它是 φ 和 λ 的函数，可认为是定义在球体表面上。表面球谐函数分为以下三类：

(1) 当 $m=0$ 时，为带谐函数。$P_n(\sin\varphi)$ 描述引力势随纬度的变化，且沿纬度有正负交替，沿球体表面的纬线方向将表面划分成若干个水平区域。

(2) 当 $m=n$ 时，为扇谐函数。$P_{n,m}(\sin\varphi)\cos(n\lambda)$ 和 $P_{n,m}(\sin\varphi)\sin(n\lambda)$ 描述引力势随纬度和经度的变化，但仅沿经度有正负交替，沿球体表面的经线方向把球面分成若干竖直部分。

(3) 当 $m \neq n \neq 0$ 时，为田谐函数。$P_{n,m}(\sin\varphi)\cos(m\lambda)$ 和 $P_{n,m}(\sin\varphi)\sin(m\lambda)$，描述引力势随纬度和经度的变化，且沿纬度和经度都有正负交替，沿 $n-m$ 条纬线和 $2m$ 条经线将球体表面分成若干直角四边形。图 6-1 给出了各种谐函数的示意图。

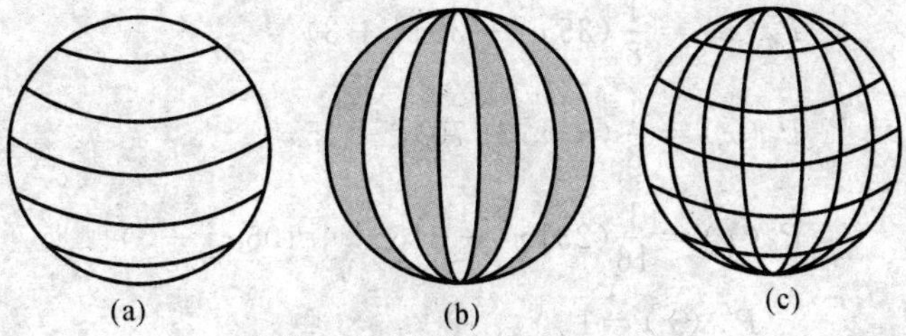

图 6-1　摄动势的三类谐函数

(a) 带谐；(b) 扇谐；(c) 田谐

当航天器不作轨道机动时，其轨道在惯性空间基本上保持固定的方位，但由于地球的旋转，当运行时间超过一天时，扇谐和田谐函数的影响或多或少被抵消，因此，大多数情况下，只考虑带谐函数的影响。此时引力势的表达式简化为

$$U=\frac{\mu}{r}\left[1-\sum_{n=2}^{\infty}J_n\left(\frac{R_e}{r}\right)P_n(\sin\varphi)\right]$$

引力加速度在惯性直角坐标系中的分量为

$$\begin{cases}g_x=\dfrac{\partial U}{\partial x}=-\dfrac{\mu x}{r^3}+\Delta g_x\\ g_y=\dfrac{\partial U}{\partial y}=-\dfrac{\mu y}{r^3}+\Delta g_y\\ g_z=\dfrac{\partial U}{\partial z}=-\dfrac{\mu z}{r^3}+\Delta g_z\end{cases}$$

其中，x,y,z 是物体在惯性直角坐标系中的坐标，且有

$$\begin{cases}r=\sqrt{x^2+y^2+z^2}\\ \sin\varphi=\dfrac{z}{r}\end{cases}$$

$\Delta g_x,\Delta g_y,\Delta g_z$ 表示引力摄动加速度，分别为

$$\begin{cases}\Delta g_x=\dfrac{\mu x}{r^3}\sum J_n\left(\dfrac{R_e}{r}\right)^n P'_{n+1}(\sin\varphi)\\ \Delta g_y=\dfrac{\mu y}{r^3}\sum J_n\left(\dfrac{R_e}{r}\right)^n P'_{n+1}(\sin\varphi)\\ \Delta g_z=\dfrac{\mu x}{r^2}\sum J_n\left(\dfrac{R_e}{r}\right)^n (n+1)P_{n+1}(\sin\varphi)\end{cases}$$

多项式 $P_n(x)$ 及其导数 $P'_n(x)$ 的递推计算公式为

$$P_{n+1}(x)=\frac{1}{n+1}[(2n+1)xP_n(x)-nP_{n-1}(x)]$$

$$P'_{n+1}(x)=P'_{n-1}(x)+(2n+1)P_n(x)$$

其中，阶数 n 较低时，前几项为

$$P_1(x)=x$$

$$P_2(x)=\frac{1}{2}(3x^2-1)$$

$$P_3(x)=\frac{1}{2}(5x^3-3x)$$

$$P_4(x)=\frac{1}{8}(35x^4-30x^2+3)$$

$$P_5(x)=\frac{1}{8}(63x^5-70x^3+15x)$$

$$P_6(x)=\frac{1}{16}(231x^6-315x^4+105x^2-5)$$

$$P'_1(x)=1$$

$$P'_2(x)=3x$$

$$P'_3(x)=\frac{1}{2}(15x^2-3)$$

$$P'_4(x)=\frac{5}{2}(7x^3-3x)$$

$$P'_5(x)=\frac{5}{8}(63x^4-42x^2+3)$$

$$P'_6(x)=\frac{3}{8}(231x^5-210x^3+35x)$$

多数情况下，仅取反映地球扁率影响的 J_2 项就足够了，与其对应的地球引力势称为标准地球引力势，表达式为

$$U=\frac{\mu}{r}\left[1-J_2\left(\frac{R_e}{r}\right)^2\frac{1}{2}(3\sin^2\varphi-1)\right]$$

与此对应，仅考虑 J_2 项的摄动加速度时，有

$$\begin{cases}\Delta g_x=-\dfrac{3}{2}J_2R_e^2\mu\dfrac{x}{r^5}\left(1-\dfrac{5z^2}{r^2}\right)\\ \Delta g_y=-\dfrac{3}{2}J_2R_e^2\mu\dfrac{y}{r^5}\left(1-\dfrac{5z^2}{r^2}\right)\\ \Delta g_z=-\dfrac{3}{2}J_2R_e^2\mu\dfrac{z}{r^5}\left(3-\dfrac{5z^2}{r^2}\right)\end{cases}$$

6.1.2 地球大气环境特性

从地面一直到地球轨道高度的大气不仅对航天器的发射和返回会产生重大影响，也会对长期运行在低地轨道上的航天器运动产生影响。例如，环绕在地球周围的大气会对航天器产生阻力，阻力的长期作用会使航天器的轨道高度降低，影响航天器的寿命。同时，大气阻力（空气动力）也可以作为主动改变航天器轨道的一种辅助手段（即气动力辅助变轨），节省推进剂消耗。另外，大气对航天器产生的空气动力矩，会干扰航天器的姿态，但也可以作为航天器姿态稳定的一种辅助手段。

因此，要研究航天器飞行力学，就必须了解地球大气的基本特性。

6.1.2.1 地球大气特性

地球大气的特性与高度相关，根据温度不同可分为 5 层，分别为对流层、平流层、中间层、热层和外逸层。

对流层始于地球表面，延伸至 8 ～ 14 km，是大气最稠密的一层。随着高度的增加，温度以 6.5 K/km 的速率从 293 K 递减至 223 K。但在某些区域，温度随着高度的增加而增加，称为温度逆增，它可以限制或防止混合。对流层顶的压强大约为 0.1 atm，几乎所有的天气现象都发生在对流层中。

从对流层顶向上至 50 km 高度左右的大气层称为平流层。与对流层相比，这一部分大气比较干燥并且密度较小。由于它吸收了紫外线辐射，尤其是臭氧层（分布在 20 ～ 30 km 高度之间）中的紫外线辐射，因此温度逐渐从 223 K 增加到 270 K。由于温度随高度增加而上升，使得平流层的动力学特性稳定，因此，平流层中很少有热传导和湍流。协和式超声速运输机在 16 km 高度平流层处巡航，而大部分的飞机由于受到舱内压强限制，只能在 10 ～ 12 km 的高度飞行。

从平流层顶向上至 80 ～ 90 km 高度的大气层称为中间层。温度从 270 K 下降到最高边界上的 180 ～ 200 K。中间层的主要特点是大气潮汐，它是由于太阳和月球的引力引起平流层的上涌而产生的。大部分的流星体在经过中间层时烧毁。

从中间层顶向上延伸至 400 ～ 600 km 高度左右的大气层称为热层。由于吸收了来自太阳的能量，温度随高度增加剧烈上升，从 180 ～ 200 K 增加到最高 700 ～ 1 800 K。在此层中大气非常稀薄，因此太阳活动的微小改变都会引起温度的巨大变化。此层包含了电离层，化学反应的速度比在地球上进行得更快，极光现象也在热层发生。

外逸层始于热层层顶直到星际空间。这一区域的大气主要由一些较轻的气体组成，例如低密度的氢气和氦气等。由于密度很小，所以大气分子之间相互碰撞的概率是可以忽略的，分子的轨迹接近弹道式。热层的温度相对恒定，但受太阳活动影响而在 700 ～ 1 800 K 之间变化。外逸层的尽头以及星际空间的开始没有确定的范围，大约在 10 000 km。从外逸层开始，地球大气层中的气体可逃逸到星际空间中去。

大气的垂直结构如图 6－2 所示。

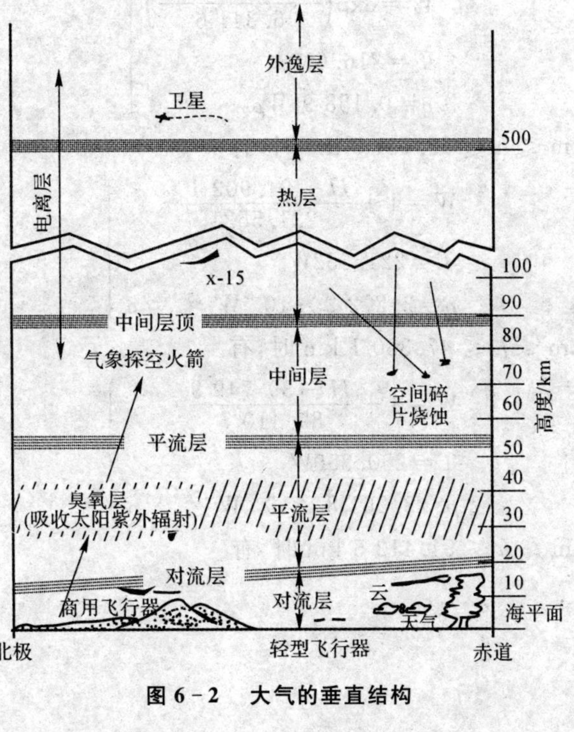

图 6－2　大气的垂直结构

6.1.2.2 大气模型

大气密度是影响气动力和气动力矩大小的主要因素之一，是高度、纬度、经度、年月和时间等的函数。目前已有许多估计大气密度的模型，其中航空航天计算中采用的大气模型主要有标准大气模型、国际参考大气模型、Jacchia系列大气模型以及MSIS系列大气模型等。

世界气象组织对标准大气作了如下定义："所谓标准大气，就是一个设想的大气温度、压力和密度的垂直分布，它粗略地反映一年中这些大气参数随纬度的变化状况，其典型用途是作为压力高度计校准、飞机性能计算、飞机和火箭计算、气象制图的基准。"标准大气一般表示的是在中等太阳活动条件下，从地球表面到1 000 km高度中纬区域理想化的、稳态地球大气平均状态下的剖面，其代表模式有美国标准大气1962、美国标准大气增补1966和美国标准大气1976(USSA76)。这里简要介绍美国标准大气1976的简化模型。

引入几何高度 h，则重力位势高度 H 为

$$H=\frac{h}{1+h/R_0} \tag{6-8}$$

式中，R_0 为地球平均半径，其值为6 371.004 km。为使公式简洁和便于计算，引入一个中间参数 W。各段统一选用海平面大气参数作为参照值，其中温度 $T_0=2.881\ 5\times10^2$ K，密度 $\rho_0=1.225\ 0\ \mathrm{kg/m^3}$，则USSA76大气模型的分段表示模型如下：

a) 当 $0\leqslant h\leqslant 11.019\ 1$ km 时，有

$$\left.\begin{aligned}W&=1-\frac{H}{44.330\ 8}\\T&=288.15W\\\rho&=W^{4.255\ 9}\rho_0\end{aligned}\right\} \tag{6-9}$$

b) 当 $11.019\ 1\ \mathrm{km}\leqslant h\leqslant 20.063\ 1$ km 时，有

$$\left.\begin{aligned}W&=\exp\left(\frac{14.964\ 7-H}{6.341\ 6}\right)\\T&=216.650\\\rho&=0.158\ 98W\rho_0\end{aligned}\right\} \tag{6-10}$$

c) 当 $20.063\ 1\ \mathrm{km}\leqslant h\leqslant 32.161\ 9$ km 时，有

$$\left.\begin{aligned}W&=1+\frac{H-24.902\ 1}{221.552}\\T&=221.552W\\\rho&=3.272\ 2\times10^{-2}W^{-35.162\ 9}\rho_0\end{aligned}\right\} \tag{6-11}$$

d) 当 $32.161\ 9\ \mathrm{km}\leqslant h\leqslant 47.350\ 1$ km 时，有

$$\left.\begin{aligned}W&=1+\frac{H-39.749\ 9}{89.410\ 7}\\T&=250.350W\\\rho&=3.261\ 8\times10^{-3}W^{-13.201\ 1}\rho_0\end{aligned}\right\} \tag{6-12}$$

e) 当 $47.350\ 1\ \mathrm{km}\leqslant h\leqslant 51.412\ 5$ km 时，有

$$\left.\begin{aligned} &W=\exp\left(\frac{48.6252-H}{7.9223}\right)\\ &T=270.650\\ &\rho=9.4920\times10^{-4}W\rho_0 \end{aligned}\right\} \tag{6-13}$$

f) 当 51.412 5 km ⩽ h ⩽ 71.802 0 km 时，有

$$\left.\begin{aligned} &W=1-\frac{H-59.4390}{88.2218}\\ &T=247.021W\\ &\rho=2.5280\times10^{-4}W^{11.2011}\rho_0 \end{aligned}\right\} \tag{6-14}$$

g) 当 71.802 0 km ⩽ h ⩽ 86.000 0 km 时，有

$$\left.\begin{aligned} &W=1-\frac{H-78.0303}{100.2950}\\ &T=200.59W\\ &\rho=1.7632\times10^{-5}W^{16.0816}\rho_0 \end{aligned}\right\} \tag{6-15}$$

h) 当 86.000 0 km ⩽ h ⩽ 91.000 0 km 时，有

$$\left.\begin{aligned} &W=\exp\left(\frac{87.2848-H}{5.47}\right)\\ &T=186.87\\ &\rho=3.6411\times10^{-6}W\rho_0 \end{aligned}\right\} \tag{6-16}$$

i) 当 91.000 0 km ⩽ h 时，有

$$\left.\begin{aligned} &T=186.87\\ &\rho=\rho_0\times\exp(-\mathrm{h}/7320)/3 \end{aligned}\right\} \tag{6-17}$$

应用过程中，可能会碰到高度很高或很低的情况，为了避免计算时指数溢出引起的误差，可以用以下大气模型的附加特性：

当 h ⩽ 0 时，有

$$\left.\begin{aligned} &T=288.15-6.499921h\\ &\rho=(1-9.6005765\times10^{-2}h)\rho_0 \end{aligned}\right\} \tag{6-18}$$

当 h ⩾ 200 km 时，有

$$\left.\begin{aligned} &T=186.87\\ &\rho=0 \end{aligned}\right\} \tag{6-19}$$

6.1.3　地球磁场特性

众所周知，地球周围存在着磁场，在地球磁场中运行的航天器，会受到磁力和磁力矩的作用而产生扰动，例如在非磁稳定的航天器中，电流环路或者铁磁所产生的剩磁，可引起航天器指向的摄动；当然磁力矩也可作为航天器姿态稳定的手段，许多中小型近地航天器利用地磁场内部的铁磁磁场实现磁稳定，这种稳定可使航天器相对于地面站指向不变，例如在近地轨道航天器中，磁力矩器可以用来卸载动量轮的能量以稳定航天器（相对于推进系统，磁力矩器系统具有可长期使用且无须消耗星上能量的优点）。这些都与磁场特性有关。

地磁场基本上是由主磁场、变化磁场和地壳磁场三部分组成的，其中主磁场占整个地磁场

的 90% 以上。主磁场是由地球内部流体中的磁流体发电效应产生的，可以用中心偶极子磁场表示，其磁感应强度的大小在地磁赤道（中心偶极子的垂直面与地球表面相交的圆，它相对于地理赤道倾斜 11.4°）附近为 3 000 nT，在磁极附近为 6 000 nT，这部分磁场可以使磁指南针实现导航。地壳磁场来自地壳岩圈中被磁化的岩石，岩圈的厚度从大洋中脊的 1.6 km 到大洋地壳下约 130 km 之间变化。岩圈在地球表面形成的磁感应强度量级达到10^2 nT。这部分磁场常被应用于地球物理学研究，例如地球板块运动理论的研究等。变化磁场来源于地球外部电离层和磁层中的电流系统，受到地球外部条件的限制，例如太阳活动的影响，会造成磁场强度大小迅速变化。

地球主磁场是一个长期变化的量，磁偶极矩在近 200 年来连续衰减，如图 6-3 所示为公元 1800 年以来磁偶极矩的变化图[1]。

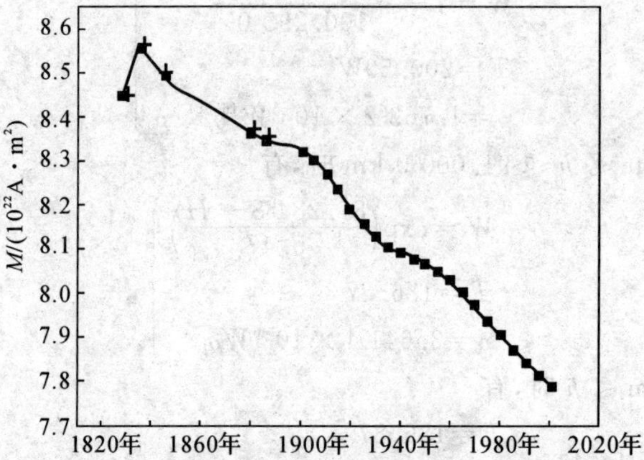

图 6-3　公元 1800 年以来磁偶极矩的变化图[1]

由图可见，公元 2000 年地球磁偶极矩的大小大约为

$$M_{mag}=7.8\times10^{22}\ \mathrm{A\cdot m^2}$$

偶极子磁场随时间的变化不仅表现在磁偶极矩大小的变化上，而且表现在偶极子方向的变化上，这是由于地磁南北极位置缓慢变化而导致的。图 6-4 所示为 20 世纪地磁南极的变化图。可见，公元 2000 年时地磁南极位于南纬 79.54°，东经 108.43°，因此称为倾斜地磁偶极子。

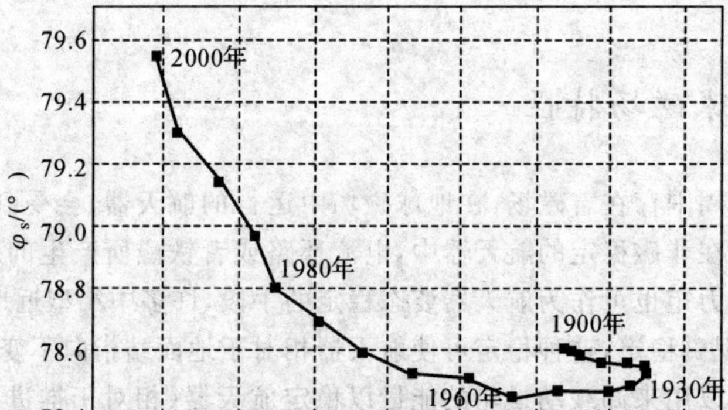

图 6-4　20 世纪地磁南极位置变化[1]

地球偶极子磁场的磁感应强度是一个空间矢量，如图 6-5 所示为西经 70° 地球偶极子磁场剖面，则在距离地心 r、磁纬度为 φ_{mag} 的点，磁感应强度的径向分量 $\boldsymbol{B}_r$、水平分量 $\boldsymbol{B}_h$ 和全量 $\boldsymbol{B}$ 为

$$\begin{cases} \boldsymbol{B}_r = \dfrac{M_{mag}}{\mu_0 \boldsymbol{r}^3} 2\sin\varphi_{mag} \\ \boldsymbol{B}_h = \dfrac{M_{mag}}{\mu_0 \boldsymbol{r}^3} \cos\varphi_{mag} \\ \boldsymbol{B} = \sqrt{\boldsymbol{B}_r^2 + \boldsymbol{B}_h^2} = \dfrac{M_{mag}}{\mu_0 \boldsymbol{r}^3} \sqrt{1 + 3\sin^2\varphi_{mag}} \end{cases}$$

其中，$\mu_0 = 4\pi \times 10^{-7}$ N/A^2 为真空磁导率。

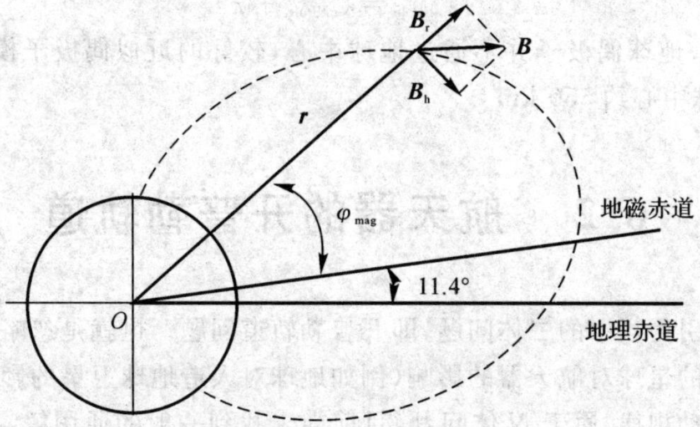

图 6-5　地球的偶极子磁场(西经 70° 剖面)

另外，地球磁场的磁感应强度还可以由标量势场 V 的梯度来表示，有

$$\boldsymbol{B} = -\nabla V \tag{6-20}$$

则磁感应强度在球坐标系中的各分量为

$$\left.\begin{aligned} \boldsymbol{B}_r &= -\frac{\partial V}{\partial r} \\ \boldsymbol{B}_\varphi &= -\frac{1}{\boldsymbol{r}}\frac{\partial V}{\partial \varphi} \\ \boldsymbol{B}_\lambda &= -\frac{1}{\boldsymbol{r}\sin\varphi}\frac{\partial V}{\partial \lambda} \end{aligned}\right\} \tag{6-21}$$

标量势场 V 可用球谐函数表示，以内源场和外源场的形式给出，如下式所示[2]：

$$V(r,\lambda,\varphi) = R_e \sum_{n=1}^{\infty}\sum_{m=0}^{n}\left(\frac{R_e}{r}\right)^{n+1}[g_n^m(t)\cos m\lambda + h_n^m(t)\sin m\lambda]P_{n,m}(\cos\varphi) + R_e \sum_{n=1}^{\infty}\sum_{m=0}^{n}\left(\frac{r}{R_e}\right)^{n}[\bar{g}_n^m(t)\cos m\lambda + \bar{h}_n^m(t)\sin m\lambda]P_{n,m}(\cos\varphi) \tag{6-22}$$

式中，$g_n^m(t)$，$h_n^m(t)$ 表示内源场的系数；$\bar{g}_n^m(t)$，$\bar{h}_n^m(t)$ 表示外源场的系数，由测量数据确定，它们随时间缓慢变化。

地磁学和高空物理学国际协会(IAGA) 定期发布国际地磁参考场(IGRF) 的模型，最新的地磁场模型(IGRF-10) 提供了 1900—2010 年之间的地磁场球谐模型。

为求得倾斜偶极子的标量势场 V_D 的值，令 $n=1$，代入到斯密特准归一化 Legendre 函数，

利用式(6-22)可得

$$V_D=\frac{R^3}{r^2}[g_1^0\cos\varphi+g_1^1\cos\varphi\sin\lambda+h_1^1\sin\varphi\sin\lambda] \tag{6-23}$$

在倾斜偶极子中，地磁北极的地理纬度和经度可由下式确定：

$$\varphi_{g\text{NPole}}=\arccos\frac{-g_1^0}{[(g_1^0)^2+(g_1^1)^2+(h_1^1)^2]} \tag{6-24}$$

$$\lambda_{g\text{NPole}}=\arctan\frac{h_1^1}{g_1^1} \tag{6-25}$$

地磁南极的地理纬度和经度为

$$\phi_{g\text{SPole}}=\phi_{g\text{NPole}}+\pi \tag{6-26}$$

$$\lambda_{g\text{SPole}}=\lambda_{g\text{NPole}}+\pi \tag{6-27}$$

值得注意的是，地球偶极子并不通过地球中心，较好的近似偶极子模型为偏心倾斜偶极子，其中心偏离地球中心约 550 km[2]。

6.2 航天器的开普勒轨道

本节研究中心引力场中的二体问题，即开普勒轨道问题。也就是忽略其他天体的作用，只研究某一影响最大的星球对航天器的影响(例如地球对人造地球卫星的影响)。多个星体同时作用于航天器的运动规律，属于 N 体问题，目前尚未找到一般的通用解，只能依靠数值计算，不在本书的介绍范围。

6.2.1 中心引力场中航天器的运动微分方程

绕地球运行的航天器的自然轨迹遵循行星绕太阳运行的规律，即开普勒三大定律描述的行星运行规律，对应的轨道称为开普勒轨道。

开普勒轨道理论建立在如下假设基础上：

(1) 地球是均质圆球体，对航天器的引力指向地球中心；

(2) 除地球外，其他天体对航天器的作用力忽略不计；

(3) 地球环境作用力(气动力、磁力、光压力等) 忽略不计；

(4) 无人为施加的控制力作用于航天器。

在上述假设下，航天器在地球中心引力场中运动，唯一受到的力就是地球引力，对应的航天器轨道称为二体轨道，分析这种轨道的特性问题称为二体问题。

假设 $\boldsymbol{r}$ 为航天器质心到地心的位置矢量，M 为地球的质量，m 为航天器的质量，由于 $M\gg m$，因此 m 可以忽略不计，利用方程式(6-2) 得到描述航天器相对地球运动的动力学方程为

$$\frac{\mathrm{d}^2\boldsymbol{r}}{\mathrm{d}t^2}=-f_m\frac{M}{r^2}\frac{\boldsymbol{r}}{r}=-\frac{\mu}{r^2}\frac{\boldsymbol{r}}{r} \tag{6-28}$$

式(6-28) 也可以写成

$$\ddot{\boldsymbol{r}}=-\frac{\mu}{r^3}\boldsymbol{r} \tag{6-29}$$

该式表明，由地球引力产生的航天器的加速度大小$(-\mu/r^2)$与航天器的地心距二次方成反比，与航天器质量无关，引力加速度的方向与地心距单位矢量$(\boldsymbol{r}/r)$的方向相反。该式就是描述二体问题的基本方程，其对应的航天器运行轨迹称为开普勒轨道。

6.2.2　开普勒轨道的性质

6.2.2.1　比角动量守恒

根据角动量的定义，航天器相对于地球的角动量为航天器的相对线动量 $m\dot{\boldsymbol{r}}$ 的矩，即

$$\boldsymbol{H}=\boldsymbol{r}\times m\dot{\boldsymbol{r}}$$

式中，$\dot{\boldsymbol{r}}=\boldsymbol{v}$ 为航天器相对于地球的速度。将此方程除以 m，并令 $\boldsymbol{h}=\boldsymbol{H}/m$，则有

$$\boldsymbol{h}=\boldsymbol{r}\times\dot{\boldsymbol{r}}$$

式中，$\boldsymbol{h}$ 为单位质量的角动量，也称为比角动量，其单位为 $\mathrm{km^2/s}$。

对上式求一阶导数可得

$$\frac{\mathrm{d}\boldsymbol{h}}{\mathrm{d}t}=\dot{\boldsymbol{r}}\times\dot{\boldsymbol{r}}+\boldsymbol{r}\times\ddot{\boldsymbol{r}} \tag{6-30}$$

其中 $\dot{\boldsymbol{r}}\times\dot{\boldsymbol{r}}=\boldsymbol{0}$，且 $\ddot{\boldsymbol{r}}=-\frac{\mu}{r^3}\boldsymbol{r}$，所以

$$\frac{\mathrm{d}\boldsymbol{h}}{\mathrm{d}t}=\boldsymbol{r}\times\ddot{\boldsymbol{r}}=\boldsymbol{r}\times\left(-\frac{\mu}{r^3}\boldsymbol{r}\right)=-\frac{\mu}{r^3}(\boldsymbol{r}\times\boldsymbol{r})=\boldsymbol{0} \tag{6-31}$$

因此，

$$\frac{\mathrm{d}\boldsymbol{h}}{\mathrm{d}t}=\boldsymbol{0}\quad\text{或者}\quad\boldsymbol{r}\times\dot{\boldsymbol{r}}=\text{常量}$$

在任一时刻，位置矢量 $\boldsymbol{r}$ 和速度矢量 $\dot{\boldsymbol{r}}$ 均位于同一平面，其叉乘 $\boldsymbol{r}\times\dot{\boldsymbol{r}}$ 垂直于此平面，如图 6-6 所示。

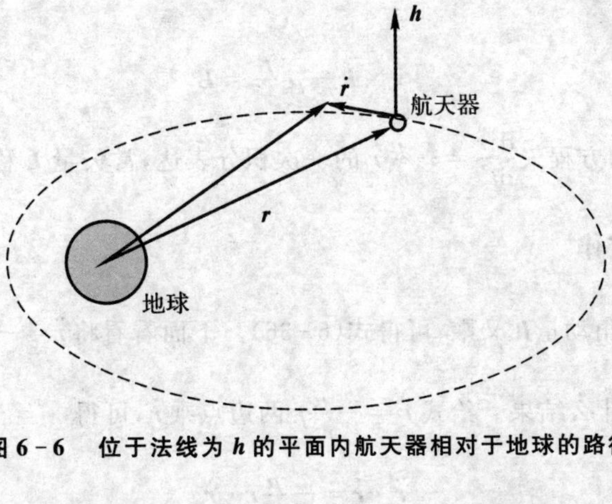

图 6-6　位于法线为 $\boldsymbol{h}$ 的平面内航天器相对于地球的路径

综上所述可知，二体运动情况下航天器相对于地心的比角动量是守恒的，包括它的方向和大小都是守恒的。由于两物体相对速度的大小相等、方向相反，因此也可以称为相对比角动量守恒。由于 $\boldsymbol{r}\times\dot{\boldsymbol{r}}=\boldsymbol{h}$，因此比角动量的方向垂直于航天器速度和矢径构成的相对运动轨道的空

间平面，比角动量守恒表明这个平面在惯性空间的方向保持不变，说明航天器绕地球的路径位于同一平面内。

$\boldsymbol{h}$ 的模还有另一个物理意义，即代表航天器在单位时间内相对于地心扫掠面积的二倍，因此 $\boldsymbol{h}$ 守恒还意味着航天器绕地心扫掠的面积变化率保持不变。这与开普勒第二定律的内容相同。

6.2.2.2 拉普拉斯常量

对二体运动方程$\frac{\mathrm{d}^2\boldsymbol{r}}{\mathrm{d}t^2}=-\frac{\mu}{r^3}\boldsymbol{r}$两端同时叉乘比角动量矢量 $\boldsymbol{h}$，有

$$\frac{\mathrm{d}\boldsymbol{v}}{\mathrm{d}t}\times\boldsymbol{h}+\frac{\mu}{r^3}(\boldsymbol{r}\times\boldsymbol{h})=0 \tag{6-32}$$

由于$\frac{\mathrm{d}}{\mathrm{d}t}(\boldsymbol{v}\times\boldsymbol{h})=\frac{\mathrm{d}\boldsymbol{v}}{\mathrm{d}t}\times\boldsymbol{h}+\dot{\boldsymbol{r}}\times\dot{\boldsymbol{h}}$，则有

$$\frac{\mathrm{d}\boldsymbol{v}}{\mathrm{d}t}\times\boldsymbol{h}=\frac{\mathrm{d}}{\mathrm{d}t}(\boldsymbol{v}\times\boldsymbol{h})-\dot{\boldsymbol{r}}\times\dot{\boldsymbol{h}}$$

又由于比角动量守恒，$\dot{\boldsymbol{h}}=\boldsymbol{0}$，则有

$$\frac{\mathrm{d}\boldsymbol{v}}{\mathrm{d}t}\times\boldsymbol{h}=\frac{\mathrm{d}}{\mathrm{d}t}(\boldsymbol{v}\times\boldsymbol{h}) \tag{6-33}$$

又由于 $\boldsymbol{h}=\boldsymbol{r}\times\dot{\boldsymbol{r}}=\boldsymbol{r}\times\boldsymbol{v}$，根据 $\boldsymbol{a}\times(\boldsymbol{b}\times\boldsymbol{c})=\boldsymbol{b}(\boldsymbol{a}\cdot\boldsymbol{c})-\boldsymbol{c}(\boldsymbol{a}\cdot\boldsymbol{b})$，变换后可得

$$\frac{1}{r^3}(\boldsymbol{r}\times\boldsymbol{h})=\frac{1}{r^3}[\boldsymbol{r}\times(\boldsymbol{r}\times\boldsymbol{v})]=\frac{1}{r^3}[\boldsymbol{r}(\boldsymbol{r}\cdot\dot{\boldsymbol{r}})-\dot{\boldsymbol{r}}(\boldsymbol{r}\cdot\boldsymbol{r})]=\frac{1}{r^3}\left[\boldsymbol{r}r\frac{\mathrm{d}r}{\mathrm{d}t}-\dot{\boldsymbol{r}}r^2\right]=$$

$$\frac{\boldsymbol{r}\dot{r}-\dot{\boldsymbol{r}}r}{r^2}=-\frac{\mathrm{d}}{\mathrm{d}t}\left(\frac{\boldsymbol{r}}{r}\right) \tag{6-34}$$

将上两式带回方程式(6-32)得到

$$\frac{\mathrm{d}}{\mathrm{d}t}(\boldsymbol{v}\times\boldsymbol{h})-\frac{\mathrm{d}}{\mathrm{d}t}\left(\mu\frac{\boldsymbol{r}}{r}\right)=0 \tag{6-35}$$

故得

$$\boldsymbol{v}\times\boldsymbol{h}-\mu\frac{\boldsymbol{r}}{r}=\boldsymbol{L} \tag{6-36}$$

式(6-36)是运动方程矢$\frac{\mathrm{d}^2\boldsymbol{r}}{\mathrm{d}t^2}=-\frac{\mu}{r^3}\boldsymbol{r}$的一次积分表达，常矢量 $\boldsymbol{L}$ 称为拉普拉斯常量。

6.2.2.3 能量定律

将 $\ddot{\boldsymbol{r}}=-\frac{\mu}{r^3}\boldsymbol{r}$ 与比角动量 $\boldsymbol{h}$ 叉乘，可得式(6-36)。下面看看将 $\ddot{\boldsymbol{r}}=-\frac{\mu}{r^3}\boldsymbol{r}$ 与单位质量线动量(即$\frac{m\dot{\boldsymbol{r}}}{m}=\dot{\boldsymbol{r}}$)点乘会有什么结果。给式 $\ddot{\boldsymbol{r}}=-\frac{\mu}{r^3}\boldsymbol{r}$ 两边点乘 $\dot{\boldsymbol{r}}$，可得

$$\ddot{\boldsymbol{r}}\cdot\dot{\boldsymbol{r}}=-\frac{\mu}{r^3}\boldsymbol{r}\cdot\dot{\boldsymbol{r}} \tag{6-37}$$

左边可以进一步写成

$$\ddot{\boldsymbol{r}}\cdot\dot{\boldsymbol{r}}=\frac{1}{2}\frac{\mathrm{d}}{\mathrm{d}t}(\dot{\boldsymbol{r}}\cdot\dot{\boldsymbol{r}})=\frac{1}{2}\frac{\mathrm{d}}{\mathrm{d}t}(\boldsymbol{v}\cdot\boldsymbol{v})=\frac{1}{2}\frac{\mathrm{d}}{\mathrm{d}t}(v^2)=\frac{\mathrm{d}}{\mathrm{d}t}\left(\frac{v^2}{2}\right) \tag{6-38}$$

右边可以写成

$$\frac{\mu}{r^3}\boldsymbol{r}\cdot\dot{\boldsymbol{r}}=\frac{\mu}{r^3}r\dot{r}=\frac{\mu}{r^2}\dot{r}=-\frac{\mathrm{d}}{\mathrm{d}t}\left(\frac{\mu}{r}\right) \tag{6-39}$$

带入式(6-37)得

$$\frac{\mathrm{d}}{\mathrm{d}t}\left(\frac{v^2}{2}-\frac{\mu}{r}\right)=0$$

则有

$$\frac{v^2}{2}-\frac{\mu}{r}=E=\text{const} \tag{6-40}$$

式(6-40)中，E为常数，称为能量常量。$\frac{v^2}{2}$为单位质量的动能；$-\frac{\mu}{r}$为航天器在地球中心引力场作用下每单位质量所具有的势能。式(6-40)为能量守恒定律的表达式，也即轨道上各点处的机械能相等，式(6-40)又称为活力公式。

6.2.2.4　3 个常量之间的关系

至此，已经得到了航天器轨道的 3 个常量，即比角动量常量 $\boldsymbol{h}$、拉普拉斯常量 $\boldsymbol{L}$、能量常量 E。下面看看这 3 个常量之间存在什么样的关系。

考察 $\boldsymbol{L}$ 和 $\boldsymbol{h}$ 的点积，可得

$$\boldsymbol{L}\cdot\boldsymbol{h}=(\boldsymbol{v}\times\boldsymbol{h})\cdot\boldsymbol{h}-\mu\frac{\boldsymbol{r}\cdot\boldsymbol{h}}{r} \tag{6-41}$$

由于 $\boldsymbol{v}\times\boldsymbol{h}$ 与 $\boldsymbol{v}$ 及 $\boldsymbol{h}$ 均垂直，所以$(\boldsymbol{v}\times\boldsymbol{h})\cdot\boldsymbol{h}=0$；同样地，由于 $\boldsymbol{r}\times\boldsymbol{v}=\boldsymbol{h}$ 与 $\boldsymbol{r}$ 及 $\boldsymbol{v}$ 均垂直，所以 $\boldsymbol{r}\cdot\boldsymbol{h}=0$。因此，$\boldsymbol{L}\cdot\boldsymbol{h}=0$，即 $\boldsymbol{L}$ 与 $\boldsymbol{h}$ 垂直，而 $\boldsymbol{h}$ 为轨道平面的法矢量，所以 $\boldsymbol{L}$ 必位于轨道平面内。

以 $\boldsymbol{L}$ 和 $\boldsymbol{h}$ 在惯性坐标系中的分量表示，式(6-41)可以写成

$$L_{xi}h_{xi}+L_{yi}h_{yi}+L_{zi}h_{zi}=0$$

分析它们之间的数值关系，矢量 $\boldsymbol{L}$ 是$\boldsymbol{L}_1=-\boldsymbol{h}\times\boldsymbol{v}$ 和$\boldsymbol{L}_2=-\mu\frac{\boldsymbol{r}}{r}$之和，而 $L_1=hv$，$L_2=\mu$，$h=rv\cos\gamma$（γ 是速度矢量与当地水平面的夹角，称为速度倾斜角，如图 6-7 所示），按照余弦定理有

$$L^2=h^2v^2+\mu^2-2hv\mu\cos\gamma$$

另一方面，能量常量为

$$E=\frac{v^2}{2}-\frac{\mu}{r}=\frac{v^2}{2}-\frac{v\mu\cos\gamma}{h}$$

$$2Eh^2=h^2v^2-2hv\mu\cos\gamma$$

因此有

$$L^2=\mu^2+2Eh^2$$

上式给出了 3 个常量之间的数值关系。

6.2.3　轨道方程

根据上小节中得到的$\frac{\mathrm{d}}{\mathrm{d}t}\left(\boldsymbol{v}\times\boldsymbol{h}-\mu\frac{\boldsymbol{r}}{r}\right)=0$，积分后有

$$\frac{\boldsymbol{r}}{r}+\boldsymbol{e}=\frac{\dot{\boldsymbol{r}}\times\boldsymbol{h}}{\mu} \tag{6-42}$$

式中，$\boldsymbol{e}=\frac{\boldsymbol{L}}{\mu}$ 为积分常矢量，又称为偏心率矢量。由矢量 $\boldsymbol{e}$ 所定义的直线称之为拱线，如图 6-7 所示。

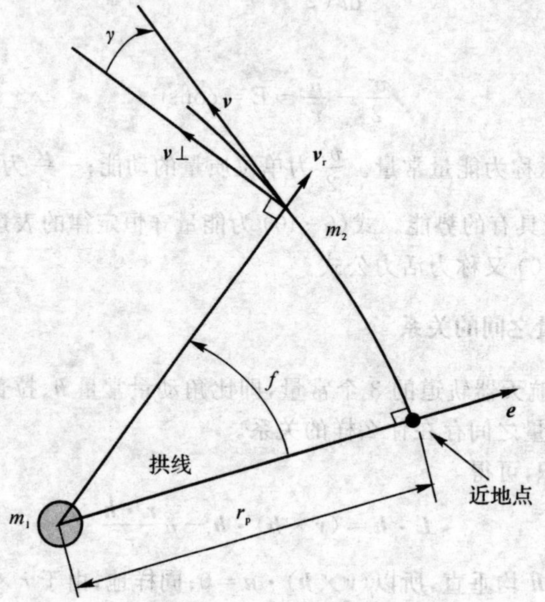

图 6-7　矢量 e 示意图

若以 $\boldsymbol{r}$ 点乘式(6-42)则有

$$\frac{\boldsymbol{r}\cdot\boldsymbol{r}}{r}+\boldsymbol{r}\cdot\boldsymbol{e}=\frac{\boldsymbol{r}\cdot(\dot{\boldsymbol{r}}\times\boldsymbol{h})}{\mu} \tag{6-43}$$

利用矢量的叉乘与点乘的交换性 $\boldsymbol{a}\cdot(\boldsymbol{b}\times\boldsymbol{c})=(\boldsymbol{a}\times\boldsymbol{b})\cdot\boldsymbol{c}$ 简化等式的右边，可得

$$\boldsymbol{r}\cdot(\dot{\boldsymbol{r}}\times\boldsymbol{h})=(\boldsymbol{r}\times\dot{\boldsymbol{r}})\cdot\boldsymbol{h}=\boldsymbol{h}\cdot\boldsymbol{h}=h^2$$

又由于 $\boldsymbol{r}\cdot\boldsymbol{r}=r^2$，因此有

$$r+\boldsymbol{r}\cdot\boldsymbol{e}=\frac{h^2}{\mu}$$

根据点乘的定义有

$$\boldsymbol{r}\cdot\boldsymbol{e}=re\cos f$$

其中 e 为偏心率(即偏心率矢量 $\boldsymbol{e}$ 的模)，f 为真近点角(即 $\boldsymbol{r}$ 和 $\boldsymbol{e}$ 之间的夹角，如图 6-7 所示)。于是，上式变为

$$h^2=\mu(r+re\cos f) \tag{6-44}$$

式(6-44)也可以写成

$$r=\frac{h^2/\mu}{1+e\cos f} \tag{6-45}$$

式中，μ,h,e 均为常数，且当偏心率为负值时无意义，即 $e\geqslant 0$。这就是轨道方程，其定义了航天器相对于地球的运动轨迹，地球位于圆锥曲线的一个焦点上。若设 $p=h^2/\mu$，带入式(6-45)，轨道方程可以写成

$$r=\frac{p}{1+e\cos f} \tag{6-46}$$

这就是二体问题的轨道方程，也称为开普勒轨道方程。由圆锥曲线性质知，当 $e=0$ 时，该式描述的是圆周运动；当 $0<e<1$ 时，对应轨迹为椭圆运动；当 $e=1$ 时，对应轨迹为抛物线；当 $e>1$ 时，对应轨迹为双曲线。

6.2.4　椭圆轨道的基本特性

6.2.4.1　椭圆轨道的参数

地球卫星都是沿椭圆轨道运行的，首先讨论椭圆轨道的几何性质，如图 6-8 所示。

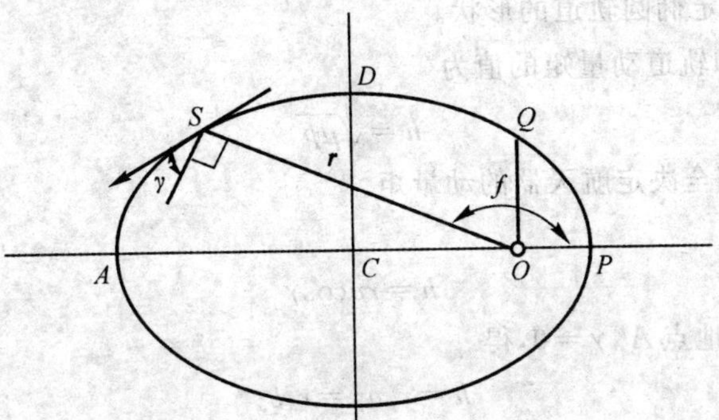

图 6-8　椭圆轨道的几何参数

在轨道方程(6-46)中，当 $f=0$ 时，对应的 $r=r_{\min}$，航天器和地球相距最近，为

$$r_p=\frac{p}{1+e} \tag{6-47}$$

此时航天器所在的点称为近地点，以 P 表示。在近地点处，$\boldsymbol{r}$ 和 $\boldsymbol{e}$ 同方向，即 Laplace 矢量 $\boldsymbol{L}$ 或偏心率矢量 $\boldsymbol{e}$ 的方向从地心 O 指向近地点 P。当 $f=180°$ 时，航天器和地球相距最远，则

$$r_a=\frac{p}{1-e} \tag{6-48}$$

航天器所在的点称为远地点，以 A 表示。连接远地点 A 和近地点 P，所得直线 AP 称为拱线，其方向与矢量 $\boldsymbol{L}$ 一致。

椭圆的长半轴为

$$a=\frac{1}{2}(r_p+r_a) \tag{6-49}$$

把式(6-47)和式(6-48)代入式(6-49)，得

$$a=\frac{p}{1-e^2} \tag{6-50}$$

以及

$$p=a(1-e^2) \tag{6-51}$$

椭圆的短半轴为

$$b=a\sqrt{1-e^2}=\frac{p}{\sqrt{1-e^2}} \tag{6-52}$$

椭圆的偏心距，即焦点O与中心C之间的距离，为

$$c=ae \tag{6-53}$$

按图 6-8 及式(6-48)，有

$$e=\frac{a-r_p}{a}$$

把式(6-49) 代入，则

$$e=\frac{r_a-r_p}{r_a+r_p} \tag{6-54}$$

可见，在椭圆曲线的众多参数(a,b,c,e,p,r_p,r_a) 中，只有两个是独立的，通常以(a,e)，(p,e) 或(r_p,r_a) 来确定椭圆轨道的形状。

由 $p=h^2/\mu$，可知轨道动量矩的值为

$$h=\sqrt{\mu p} \tag{6-55}$$

可见，轨道的半通径完全决定航天器的动量矩。

又由于

$$h=rv\cos\gamma \tag{6-56}$$

在近地点P和远地点A，$\gamma=0$，得

$$h=r_p v_p=r_a v_a$$

把式(6-47)、式(6-48) 和式(6-55) 代入，得到近地点速度和远地点速度为

$$\left.\begin{aligned} v_p&=\sqrt{\frac{\mu}{p}}(1+e)\\ v_a&=\sqrt{\frac{\mu}{p}}(1-e)\end{aligned}\right\} \tag{6-57}$$

式(6-57) 也可以写成

$$\left.\begin{aligned} v_p&=\sqrt{\frac{\mu}{a}\frac{r_a}{r_p}}\\ v_a&=\sqrt{\frac{\mu}{a}\frac{r_p}{r_a}}\end{aligned}\right\} \tag{6-58}$$

或者[由于 $a=(r_a+r_p)/2$]

$$\left.\begin{aligned} v_p&=\sqrt{2\mu\frac{r_a}{r_p(r_a+r_p)}}\\ v_a&=\sqrt{2\mu\frac{r_p}{r_a(r_a+r_p)}}\end{aligned}\right\} \tag{6-59}$$

6.2.4.2 能量特性

航天器单位质量具有的能量称为比率能量。本书以后总是研究单位质量($m=1$) 情况，因此省略“比率”二字。

显然航天器的动能为

$$E_k = \frac{v^2}{2} \tag{6-60}$$

航天器的势能决定于人为规定的参考面，即零势面。若取无穷远处为零势面，则物体的势能为

$$E_p = -W = \int_{\infty}^{r} \frac{\mu}{\rho^2} \mathrm{d}\rho = -\frac{\mu}{r} \tag{6-61}$$

航天器的总能量为

$$E = E_k + E_p = \frac{v^2}{2} - \frac{\mu}{r} \tag{6-62}$$

结合之前定义的轨道能量常数 E，可见能量常数 E 就是单位质量的航天器具有的动能与势能（以半径为 ∞ 的球面作为零势面）之和。

若用远地点参数来表示总能量，则

$$E = \frac{v_a^2}{2} - \frac{\mu}{r_a}$$

把式(6-48)、式(6-51) 和式(6-57) 代入，得

$$E = -\frac{1}{2}\frac{\mu}{a} \tag{6-63}$$

可见，轨道长半轴的长度完全决定了航天器的总能量。

为了评定发射航天器所需要的能量（它间接反映对运载火箭的能量要求），需要计算能量增益。当不考虑由地球旋转而引起的牵连速度时，在地面上静止航天器所具有的能量为

$$E_{R0} = -\frac{\mu}{R_0}$$

则要使航天器在某一轨道上运行，所需的能量增量（或称剩余能量）为

$$\Delta E = E - E_{R0} = \frac{v^2}{2} + \mu\left(\frac{1}{R_0} - \frac{1}{r}\right) \tag{6-64}$$

或

$$\Delta E = \mu\left(\frac{1}{R_0} - \frac{1}{2a}\right) \tag{6-65}$$

剩余能量 ΔE 有两方面的意义：一方面，它表示为了把单位质量的航天器从地面发射到给定轨道，运载火箭必须给予它多少能量；另一方面，它表示在航天器（如载人飞船）离开轨道返回地面的过程中必须耗散多少能量。

6.2.4.3　速度及其分量

由式(6-62) 和式(6-63)，有

$$\frac{v^2}{2} - \frac{\mu}{r} = -\frac{1}{2}\frac{\mu}{a} \tag{6-66}$$

则

$$v = \sqrt{\mu\left(\frac{2}{r} - \frac{1}{a}\right)} \tag{6-67}$$

式(6-67) 给出了速度 v 与地心距 r 的关系式，称为活力公式。把式(6-46) 和式(6-50) 代入式(6-67)，得速度 v 随真近点角 f 变化的关系式

$$v=\sqrt{\frac{\mu}{p}(1+e^2+2e\cos f)} \tag{6-68}$$

速度矢量 $\boldsymbol{v}$ 可以分解成相互正交的径向分量 $v_r=\mathrm{d}r/\mathrm{d}t$（沿地心距矢量 $\boldsymbol{r}$ 方向）和横向分量 $v_u=r\mathrm{d}f/\mathrm{d}t$（垂直于矢量 $\boldsymbol{r}$），如图 6－9 所示。

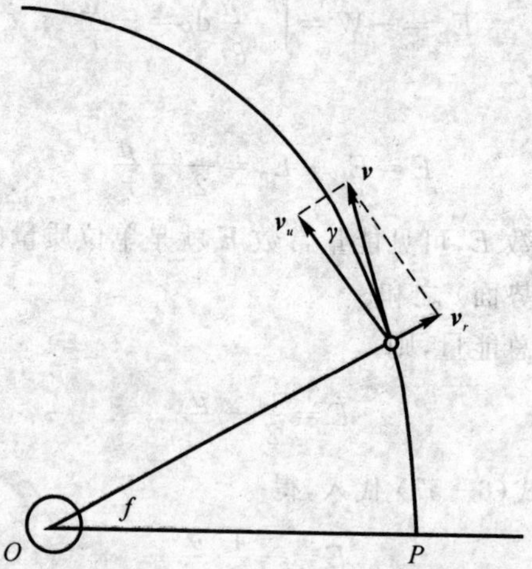

图 6－9　速度的径向分量 v_r 和横向分量 v_u

由于

$$h=rv\cos\gamma=rv_u$$

故横向分量为

$$v_u=r\frac{\mathrm{d}f}{\mathrm{d}t}=\frac{h}{r} \tag{6-69}$$

把式(6－45) 和式(6－55) 代入式(6－69)，有

$$v_u=r\frac{\mathrm{d}f}{\mathrm{d}t}=\sqrt{\frac{\mu}{p}}\,(1+e\cos f) \tag{6-70}$$

径向分量为

$$v_r=\frac{\mathrm{d}r}{\mathrm{d}t}=\frac{\mathrm{d}r}{\mathrm{d}f}\frac{\mathrm{d}f}{\mathrm{d}t}$$

由式(6－46)，有

$$\frac{\mathrm{d}r}{\mathrm{d}f}=\frac{pe\sin f}{(1+e\cos f)^2} \tag{6-71}$$

由式(6－69)、式(6－46) 和式(6－55)，有

$$\frac{\mathrm{d}f}{\mathrm{d}t}=\frac{h}{r^2}=\sqrt{\frac{\mu}{p^3}}\,(1+e\cos f)^2 \tag{6-72}$$

所以

$$v_r=\frac{\mathrm{d}r}{\mathrm{d}t}=\sqrt{\frac{\mu}{p}}e\sin f \tag{6-73}$$

又由于

$$\sin\gamma=\frac{v_r}{v}$$

把式(6－73)代入式(6－74)，则

$$\sin\gamma=\frac{1}{v}\sqrt{\frac{\mu}{p}}e\sin f \tag{6-74}$$

或者再把式(6－68)代入，则

$$\sin\gamma=\frac{e\sin f}{\sqrt{1+e^2+2e\cos f}} \tag{6-75}$$

由式(6－75)可得速度倾斜角 γ 的值。若把速度分解成两个非正交的分量：一个是垂直于拱线的分量 $\boldsymbol{v}_l$；另一个是垂直于地心距矢量 $\boldsymbol{r}$ 的分量 $\boldsymbol{v}_n$，如图 6－10 所示。

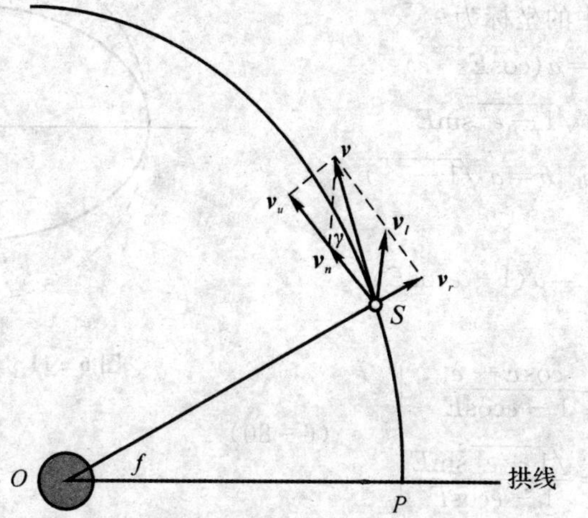

图 6－10　速度矢量的非正交分解

速度分量 $\boldsymbol{v}_l$，$\boldsymbol{v}_n$ 与分量 $\boldsymbol{v}_r$，$\boldsymbol{v}_u$ 有关系式

$$\left.\begin{aligned} v_l &= \frac{v_r}{\sin f} \\ v_n &= v_u-\frac{v_r}{\tan f}\end{aligned}\right\} \tag{6-76}$$

把式(6－70)和式(6－73)代入式(6－76)，得到

$$\left.\begin{aligned} v_l &= \sqrt{\mu/p}\,e \\ v_n &= \sqrt{\mu/p}\end{aligned}\right\} \tag{6-77}$$

可见，这样分解的两个分量 $\boldsymbol{v}_l$ 和 $\boldsymbol{v}_n$ 在轨道上保持不变。这个性质称为 Whittaker 定理。

6.2.4.4　沿椭圆轨道运行的时间历程

为了得到航天器运行的时间历程，把式(6－72)改写成

$$\mathrm{d}t=\sqrt{\frac{p^3}{\mu}}\frac{1}{(1+e\cos f)^2}\mathrm{d}f \tag{6-78}$$

积分得

$$t-t_p=\sqrt{\frac{p^3}{\mu}}\int_0^f\frac{\mathrm{d}f}{(1+e\cos f)^2} \tag{6-79}$$

式中，$t_p=t_{(f=0)}$，即航天器经过近地点 P 的时刻。虽然能够得到 $t(f)$ 的解析表达式，但反过

来求出 $f(t)$ 是很困难的。

为了克服这个困难，引入所谓"偏近点角" E 代替真正近点角 f 作为轨道方程的自变量。参看图6-11，通过如下步骤可以做出 E：在椭圆外部作一辅助圆，与椭圆同心于 C，半径等于椭圆的长半轴。设 O 为椭圆的焦点，S 为椭圆上真近点角 f 所对应的点，过 S 作拱线的垂线与辅助圆相交于点 Q，则拱线与直线 CQ 间的夹角，就是偏近点角 E。定义两个平面坐标系 CXY 和 Oxy，如图 6-11 所示。

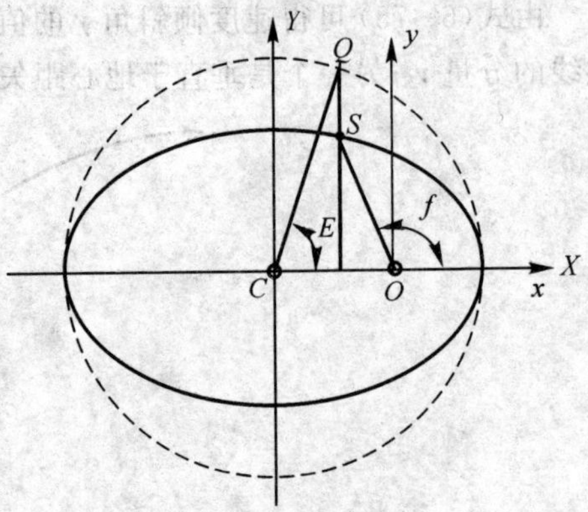

图 6-11　偏近点角 E 的定义

椭圆上的点 S 在中心坐标系 CXY 中的坐标为

$$X = a\cos E, \quad Y = b\sin E$$

而点 S 在坐标系 Oxy 中的坐标为

$$x = X - c = a(\cos E - e)$$

$$y = Y = a\sqrt{1-e^2}\sin E$$

（因为椭圆中 $CO = c = ae$，$b = a\sqrt{1-e^2}$）

矢径 $\boldsymbol{r}$ 的长度为

$$r = \sqrt{x^2 + y^2} = a(1 - e\cos E)$$

由此有

$$\left.\begin{aligned} \cos f &= \frac{x}{r} = \frac{\cos E - e}{1 - e\cos E} \\ \sin f &= \frac{y}{r} = \frac{\sqrt{1-e^2}\sin E}{1 - e\cos E} \end{aligned}\right\} \tag{6-80}$$

以及

$$\cos E = \frac{e + \cos f}{1 + e\cos f} \tag{6-81}$$

公式(6-81)给出了 E 与 f 的关系。另外，利用式(6-80)也可以求得 E 与 f 的关系。由式(6-80)第一式得

$$1 - \cos f = \frac{(1+e)(1-\cos E)}{1 - e\cos E}$$

$$1 + \cos f = \frac{(1-e)(1+\cos E)}{1 - e\cos E}$$

$$\tan^2\frac{f}{2} = \frac{1-\cos f}{1+\cos f} = \frac{1+e}{1-e}\cdot\frac{1-\cos E}{1+\cos E} = \frac{1+e}{1-e}\tan^2\frac{E}{2}$$

于是得到 Gauss 方程，可以由 E 求出 f，即

$$\tan\frac{f}{2} = \sqrt{\frac{1+e}{1-e}}\tan\frac{E}{2} \tag{6-82}$$

其中 $f/2$ 和 $E/2$ 在同一象限。

现在来看偏近点角 E 与时间 t 的关系。由式(6-80)还可以推出：

$$\cos f\,\mathrm{d}f = \mathrm{d}\sin f = \sqrt{1-e^2}\,\frac{(1-e\cos E)\cos E - \sin E(e\sin E)}{(1-e\cos E)^2}\mathrm{d}E =$$

$$\sqrt{1-e^2}\,\frac{\cos E - e}{(1-e\cos E)^2}\mathrm{d}E = \sqrt{1-e^2}\,\frac{\cos f}{(1-e\cos E)}\mathrm{d}E$$

因此

$$\mathrm{d}f=\frac{\sqrt{1-e^2}}{1-e\cos E}\mathrm{d}E \tag{6-83}$$

又因为

$$1+e\cos f=1+e\,\frac{\cos E-e}{1-e\cos E}=\frac{1-e^2}{1-e\cos E}$$

把式(6-81)和式(6-83)代入式(6-78),得

$$t-t_p=\sqrt{\frac{p^3}{\mu\,(1-e^2)^3}}\int_0^E(1-e\cos E)\,\mathrm{d}E$$

所以

$$t-t_p=\sqrt{\frac{a^3}{\mu}}\,(E-e\sin E) \tag{6-84}$$

这就是偏近点角 E 与时间 t 的简单关系。

再引入两个量,平均角速度 n(平均角运动)为

$$n=\sqrt{\mu/a^3} \tag{6-85}$$

和平近点角 M 为

$$M=n(t-t_p) \tag{6-86}$$

于是,方程式(6-84)可以改写成

$$E-e\sin E=M \tag{6-87}$$

方程式(6-87)称为 Kepler 方程。此式为超越方程,E 不能直接求解,可以通过迭代法求解。牛顿迭代法是求解上述超越方程的有效方法之一,例如采用 Newton-Raphson 法时,只需建立如下函数:

$$f(E)=E-e\sin E-M$$

并求出使 $f(E)=0$ 的偏近点角 E。因为

$$f'(E)=1-e\cos E$$

所以迭代计算公式为

$$E_{(k+1)}=E_{(k)}-\frac{E_{(k)}-e\sin E_{(k)}-M}{1-e\cos E_{(k)}} \tag{6-88}$$

而作为第 0 次迭代,可以取 $E_{(0)}=M$。

已知偏心率 e 和平近点角 M,从开普勒方程中求解偏近点角 E 的算法步骤如下:

第一步:按照如下标准选择 E:若 $M<\pi$,$E=M+\frac{e}{2}$;$M>\pi$,$E=M-\frac{e}{2}$,这里 E 和 M 的单位为弧度。

第二步:根据第一步确定的 E_i,可以在之后任意一步计算出 $f(E_i)=E_i-e\sin E_i-M$,以及 $f'(E_i)=1-e\cos E_i$。

第三步:计算比值 $\mathrm{ratio}=\frac{f(E_i)}{f'(E_i)}$

第四步:若 $|\mathrm{ratio}|$ 超出所要求的精度范围(例如10^{-8}),则利用 $E_{i+1}=E_i-\mathrm{ratio}_i$ 重新计算E 的值,令其为 E_i,再返回第二步。

第五步:若 $|\mathrm{ratio}|$ 小于所要求的精度范围,则此时的 E_i 就是所设精度范围内的解。

例如,$e=0.2$,$M=1.1$,在精度10^{-10}下,正确结果为 $E=1.292\ 293\ 639\ 8$。

最后,求卫星运转周期。卫星绕地球运行一周,f 由 0 变化到 2π,E 也由 0 变化到 2π。因此,由式(6-84)得到卫星运行周期的公式为

$$T=2\pi\sqrt{\frac{a^3}{\mu}} \tag{6-89}$$

可见,卫星运行周期完全决定于长半轴 a,与 a 的 3/2 次方成正比。这就是天文学的开普勒第三定律的内容。

6.2.5 地球同步轨道与太阳同步轨道

6.2.5.1 地球同步轨道

如果航天器的运转周期等于地球自转周期 T_{sid},则这样的轨道称为地球同步轨道。如果航天器轨道是圆轨道,轨道平面与地球赤道平面重合,运行方向向东,且运转周期与地球自转周期相同,那么航天器相对于地球静止不动,其轨道称为地球静止轨道。注意,地球同步轨道不一定是圆的,轨道平面也不一定在赤道平面内。

应当考虑到,地球自转的同时还绕太阳公转。通常所谓的一日是地球相对于太阳自转一周的时间,即地球上的 Q 点转到 Q_1 点(见图 6-12)的时间,这个周期称为太阳日(solar day),等于 24 h(86 400 s)。

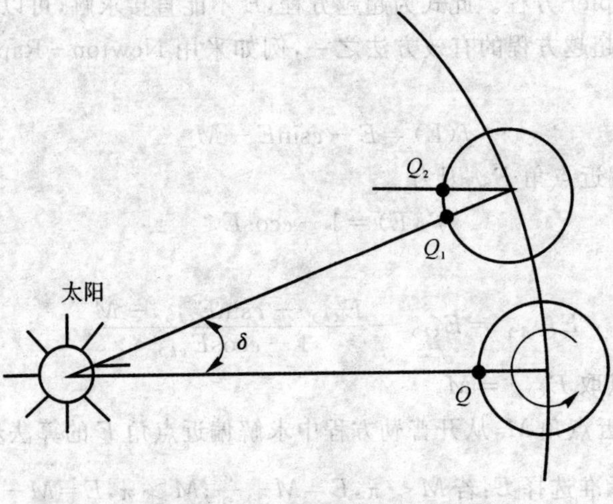

图 6-12 恒星日和太阳日的定义

地球绕太阳公转一周的时间是一年,即 365.242 2 太阳日。因此在一个太阳日内,公转的角度 δ 为

$$\delta=360°/365.242\ 2=0.985\ 6°$$

因此相对于恒星而言地球的角速度 ω_E 或 ω_{sid} 为

$$\omega_E=\omega_{sid}=\frac{360°+\delta}{86\ 400\ \text{s}}=4.178\ 074\times10^{-3}\ (°)/\text{s}=7.292\ 115\times10^{-5}\ \text{rad/s}$$

相应的周期,称为地球自转周期,即地球上的 Q 点转到 Q_2 点的时间,为

$$T_{\mathrm{sid}}=\frac{2\pi}{\omega_{\mathrm{sid}}}=86\ 164\ \mathrm{s}=23\ \mathrm{h}56\ \mathrm{min}04\ \mathrm{s}=23.934\ 5\ \mathrm{h}$$

这个时间也称为恒星日。

地球静止卫星的周期应等于恒星日。按公式(6-89),有

$$T_{\mathrm{sid}}=2\pi\sqrt{\frac{r_{\mathrm{GSO}}^{3}}{\mu}}$$

可以求出地球静止卫星的轨道半径和高度为

$$r_{\mathrm{GSO}}=42\ 164\ \mathrm{km}\approx \text{地球平均半径的 6.6 倍}$$

$$h_{\mathrm{GSO}}=r_{\mathrm{GSO}}-R=35\ 793\ \mathrm{km}$$

而卫星的速度为

$$v_{\mathrm{GSO}}=r_{\mathrm{GSO}}\omega_{\mathrm{sid}}=3\ 074.6\ \mathrm{m/s}$$

卫星的剩余能量为

$$\Delta E_{\mathrm{GSO}}=5.783\ 8\ \mathrm{m^2/s^2}$$

因此,为了与地球同步运行,航天器应该在赤道平面内的圆轨道上向东运行,且高度大约为 35 800 km。

6.2.5.2　太阳同步轨道

太阳同步轨道指的是航天器的轨道平面和太阳始终保持相对固定的取向,轨道倾角(轨道平面与赤道平面的夹角)接近 90°,航天器通过两极附近区域,因此又称为近极地太阳同步轨道。由于地球每天绕太阳的公转角为 0.985 6°,为使轨道平面始终与太阳保持固定的取向,要求轨道平面每天平均向地球公转方向(自西向东)转动 0.985 6°(即 360°/年),这样即可实现与太阳同步。下面寻找太阳同步轨道应该满足的条件。

地球绕太阳公转的角速度为

$$\omega_{\mathrm{ES}}=\frac{2\pi}{365.25\times 86\ 400}=1.991\times 10^{-7}\ \mathrm{rad/s}$$

而轨道平面飘移平均摄动角速度为(见 6.3.3 节)

$$\omega_{\Delta\Omega}=\frac{(\Delta\Omega)_{2\pi}}{T}=\frac{(\Delta\Omega)_{2\pi}}{2\pi\sqrt{a^3/\mu}}$$

式中,T 是航天器的运转周期。令 $\omega_{\mathrm{ES}}=\omega_{\Delta\Omega}$,得到

$$\cos i=-0.098\ 92\left(\frac{a}{R_{\mathrm{e}}}\right)^{\frac{7}{2}}(1-e^2)^2$$

由该式可知,太阳同步轨道的倾角必须大于 90°,即它是一条逆行轨道。在圆轨道时,倾角最大为 180°,因此太阳同步轨道的高度不会超过 6 000 km。在太阳同步轨道上运行的卫星,从相同的方向经过同一纬度的当地时间是相同的。例如,卫星最初由南向北(升段)经过北纬 40° 上空是当地时间早晨 8 点。由于地球公转,即使地方时相同,不同季节的地面光照条件也有明显差别。但在一段不长的时间内光照条件可视为大致相同。选择适当的发射时间,可以使卫星经过一些地区时,这些地区始终有较好的光照条件,这样卫星在这些地区的上空始终处于太阳光的照射下,不会进入地球阴影,太阳能电池可以充足供电而不会中断。倾角大于 90° 的太阳同步轨道还兼有极轨道的特点,可以俯瞰整个地球表面。气象卫星、地球资源卫星一般都选取太阳同步轨道,以使拍摄的地面目标图像最好。太阳同步轨道的精度要求很高,为了较

长时间保持与太阳“同步”，卫星需要配备轨道控制系统，用于修正轨道误差和不断克服摄动力的影响。

6.2.6 轨道六要素与运动参数的转换

在研究轨道六要素与运动参数的转换关系时，需要用到相应的坐标系，这里先给出坐标系的定义。

赤道惯性坐标系 $OXYZ$：坐标原点 O 在地球中心，OX 轴沿地球赤道平面和黄道面的交线，指向春分点，其单位矢量记为 $\hat{\boldsymbol{I}}$；OZ 轴指向北极，其单位矢量记为 $\hat{\boldsymbol{K}}$；OY 轴在赤道平面内垂直于 OX 轴，其单位矢量记为 $\hat{\boldsymbol{J}}$。

近焦点坐标系 $O\bar{x}\bar{y}\bar{z}$：坐标原点位于轨道的焦点，$O\bar{x}\bar{y}$ 平面为轨道平面，$O\bar{x}$ 从焦点指向近地点，其单位矢量记为 $\hat{\boldsymbol{p}}$，$O\bar{y}$ 沿着半通径且与 $O\bar{x}$ 轴间真近点角为 90°，其单位矢量记为 $\hat{\boldsymbol{q}}$，$O\bar{z}$ 轴垂直于轨道平面与角动量矢量方向一致，其单位矢量记为 $\hat{\boldsymbol{w}}$。

轨道坐标系 $OX_0Y_0Z_0$：原点 O 在航天器质心，O 到地心的连线为 OZ_0 轴且指向地心为正，在轨道平面内指向前方（速度方向）的是 OX_0 轴，OY_0 轴与前两个轴构成右手直角坐标系，且沿着轨道平面正法线方向，即与动量矩矢量一致。

6.2.6.1 轨道六要素

为了确切描述航天器在空间的位置，至少需要哪些参数？首先，为了确定航天器轨道大小和形状，至少需要两个参数，即偏心率和角动量，描述轨道的其他参数，如长半轴、比机械能及周期（相对于椭圆而言）均可由这两个量导出。其次为了确定航天器在轨道上的具体位置，需要第三个参数，即与时间相联系的真近点角。除此之外，还需要确定轨道在空间的方位，为了在三维空间内描述轨道的方位，需要附加 3 个参数，如图 6-13 所示。

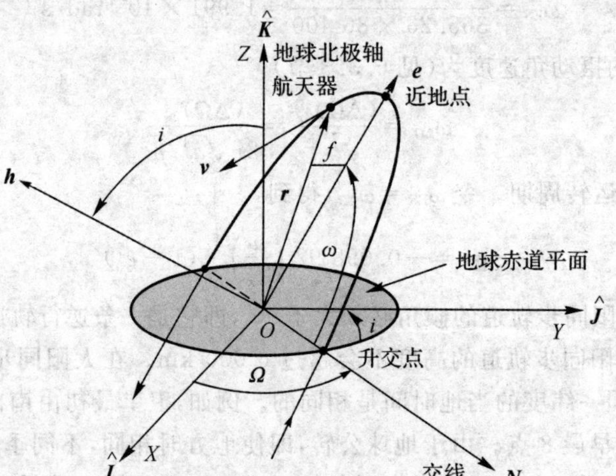

图 6-13 轨道六要素图

第一个是轨道倾角 i，即轨道平面和地球赤道平面的夹角，方向由右手法则确定，即由赤道平面向轨道平面绕交线矢量（$\boldsymbol{N}$）逆时针测量。此倾角也是 OZ 轴正半轴与轨道平面法线之间的夹角。如图 6-13 所示，给出了这两种等同的测量 i 的方法。由于角动量矢量 $\boldsymbol{h}$ 与轨道平面相垂直，因此，i 亦为 OZ 轴正半轴与 $\boldsymbol{h}$ 之间的夹角，其值在[0°,180°]。

第二个是升交点赤经 Ω，即自 OX 轴（春分点）方向在赤道面内沿逆时针方向度量到升交点的地心张角。如图 6-13 所示，标出轨道平面与赤道平面（OXY）的相交线，称为交线。交线上轨道自下而上穿过赤道平面的点为升交点。交线的矢量 $\boldsymbol{N}$ 自原点出发，向外延伸穿过升交点。在交线的另一端，轨道自上而下穿越赤道平面形成降交点。OX 正半轴与交线之间的夹角便是升交点的赤经，从春分点向东度量，其值在[0°,360°]。

第三个是近地点幅角 ω，即在轨道平面内自轨道升交点沿卫星运动方向度量到近地点的角度。也是交线矢量 $\boldsymbol{N}$ 和偏心率矢量 $\boldsymbol{e}$ 之间的夹角，在轨道平面内从升交点顺轨道运行方向度量，其值在[0°,360°]。

采用以上所给的 6 个参数可以确切地描述航天器在空间的位置，将这些参数称为轨道要素或者轨道根数。

如图 6-13 所示，在轨道 6 个要素中，i 和 Ω 决定了轨道面在惯性空间的位置，ω 决定了轨道在轨道面内的指向，即近地点到升交点的角矩；a 和 e 决定了轨道的大小和形状，f 决定了航天器在轨道上的位置。它们共同确定了轨道平面在空间的取向、轨道在轨道平面中的取向、轨道的形状以及航天器在轨道上的位置。

6.2.6.2　已知状态向量求解轨道六要素

既然轨道六要素可以描述航天器在空间的位置，则它们与地心赤道坐标系中用位置 $\boldsymbol{r}$ 和速度 $\boldsymbol{v}$ 描述的航天器的状态之间将存在对应关系。那么若已知航天器的状态向量（即位置 $\boldsymbol{r}$ 和速度 $\boldsymbol{v}$），如何求得轨道六要素呢？步骤如下：

(1) 计算距离：

$$r=\sqrt{\boldsymbol{r}\cdot\boldsymbol{r}}=\sqrt{x^2+y^2+z^2}$$

其中，x,y,z 是位置矢量在地心赤道坐标系中的坐标。

(2) 计算速度大小：

$$v=\sqrt{\boldsymbol{v}\cdot\boldsymbol{v}}=\sqrt{v_x^2+v_y^2+v_z^2}$$

其中，v_x,v_y,v_z 是速度矢量在地心赤道坐标系中的坐标。

(3) 计算径向速度大小：

$$v_r=\frac{\boldsymbol{r}\cdot\boldsymbol{v}}{r}=\frac{(xv_x+yv_y+zv_z)}{r}$$

注意：若 $v_r>0$，则航天器正飞离近地点；若 $v_r<0$，则航天器正飞向近地点。

(4) 计算比角动量：

$$\boldsymbol{h}=\boldsymbol{r}\times\boldsymbol{v}=\begin{vmatrix}\hat{\boldsymbol{I}} & \hat{\boldsymbol{J}} & \hat{\boldsymbol{K}}\\ x & y & z\\ v_x & v_y & v_z\end{vmatrix}$$

(5) 计算出比角动量的模：

$$h=\sqrt{\boldsymbol{h}\cdot\boldsymbol{h}}$$

即第一个轨道根数。

(6) 计算倾角：

$$i = \arccos\left(\frac{h_z}{h}\right) \tag{6-90}$$

此为第二个轨道根数。

注意：i 位于 $0° \sim 180°$，不存在象限不清问题。若 $90° < i \leqslant 180°$，则此轨道为逆行轨道。

(7) 计算中间变量：

$$\boldsymbol{N} = \hat{\boldsymbol{K}} \times \boldsymbol{h} = \begin{vmatrix} \hat{\boldsymbol{I}} & \hat{\boldsymbol{J}} & \hat{\boldsymbol{K}} \\ 0 & 0 & 1 \\ h_x & h_y & h_z \end{vmatrix} \tag{6-91}$$

该矢量定义了交线 $\boldsymbol{N}$。

(8) 计算 $\boldsymbol{N}$ 的模：

$$N = \sqrt{\boldsymbol{N} \cdot \boldsymbol{N}}$$

(9) 计算升交点赤经：

$$\Omega = \arccos\left(\frac{N_x}{N}\right)$$

这是第三个轨道根数。若 $\left(\frac{N_x}{N}\right) > 0$，则 Ω 位于第一或第四象限；若 $\left(\frac{N_x}{N}\right) < 0$，则 Ω 位于第二或第三象限。要将 Ω 放置于合适的象限，注意到：若 $N_y > 0$，则升交点位于 OXZ 垂直平面的正向 $(0 \leqslant \Omega < 180°)$；反之，若 $N_y < 0$，则升交点位于 OXZ 平面的负方向 $(180° \leqslant \Omega < 360°)$。因此，$N_y > 0$ 时，$0 \leqslant \Omega < 180°$；$N_y < 0$ 时，$180° \leqslant \Omega < 360°$。总结如下：

$$\Omega = \begin{cases} \arccos\left(\frac{N_x}{N}\right), & N_y \geqslant 0 \\ 360° - \arccos\left(\frac{N_x}{N}\right), & N_y < 0 \end{cases} \tag{6-92}$$

(10) 计算偏心率矢量：

由式 $\frac{\boldsymbol{r}}{r} + \boldsymbol{e} = \frac{\dot{\boldsymbol{r}} \times \boldsymbol{h}}{\mu}$ 可知：

$$\boldsymbol{e} = \frac{1}{\mu}\left[\boldsymbol{v} \times \boldsymbol{h} - \mu \frac{\boldsymbol{r}}{r}\right] = \frac{1}{\mu}\left[\boldsymbol{v} \times (\boldsymbol{r} \times \boldsymbol{v}) - \mu \frac{\boldsymbol{r}}{r}\right] = \frac{1}{\mu}\left[\overbrace{\boldsymbol{r}v^2 - \boldsymbol{v}(\boldsymbol{r} \cdot \boldsymbol{v})}^{bac-cab\text{法}} - \mu \frac{\boldsymbol{r}}{r}\right]$$

即

$$\boldsymbol{e} = \frac{1}{\mu}\left[\left(v^2 - \frac{\mu}{r}\right)\boldsymbol{r} - rv_r\boldsymbol{v}\right] \tag{6-93}$$

(11) 计算偏心率：

$$e = \sqrt{\boldsymbol{e} \cdot \boldsymbol{e}}$$

即第四个轨道根数。代入式(6-93)，可得仅由标量组成的等式：

$$e = \frac{1}{\mu}\sqrt{(2\mu - rv^2)rv_r + (\mu - rv^2)^2} \tag{6-94}$$

(12) 计算近地点幅角：

$$\omega = \arccos\left(\frac{\boldsymbol{N} \cdot \boldsymbol{e}}{Ne}\right)$$

这是第五个轨道根数。若 $\boldsymbol{N} \cdot \boldsymbol{e} > 0$，则 ω 位于第一或第四象限；若 $\boldsymbol{N} \cdot \boldsymbol{e} < 0$，则 ω 位于第二或第四象限。若 $\boldsymbol{e}$ 方向向上（OZ 轴正半轴），则近地点位于赤道平面上方 $(0 \leqslant \omega < 180°)$；若 $\boldsymbol{e}$ 方

向向下，则近地点位于赤道平面下方（$180° \leqslant \omega < 360°$）。因此，$e_z \geqslant 0$ 时，$0 \leqslant \omega < 180°$；$e_z < 0$ 时，$180° \leqslant \omega < 360°$。总结如下：

$$\omega = \begin{cases} \arccos\left(\dfrac{\boldsymbol{N} \cdot \boldsymbol{e}}{Ne}\right), & e_z \geqslant 0 \\ 360° - \arccos\left(\dfrac{\boldsymbol{N} \cdot \boldsymbol{e}}{Ne}\right), & e_z < 0 \end{cases} \tag{6-95}$$

(13) 计算真近点角：

$$f = \arccos\left(\frac{\boldsymbol{e} \cdot \boldsymbol{r}}{er}\right)$$

这是第六个轨道根数。若 $\boldsymbol{e} \cdot \boldsymbol{r} > \boldsymbol{0}$，则 f 位于第一或第四象限；若 $\boldsymbol{e} \cdot \boldsymbol{r} < \boldsymbol{0}$，则 f 位于第二或第三象限。若航天器正飞离近地点（$\boldsymbol{r} \cdot \boldsymbol{v} \geqslant \boldsymbol{0}$），则 $0 \leqslant f < 180°$；若航天器正飞向近地点（$\boldsymbol{r} \cdot \boldsymbol{v} < \boldsymbol{0}$），则 $180° \leqslant f < 360°$。因此，由第(3) 步的结果可知

$$f = \begin{cases} \arccos\left(\dfrac{\boldsymbol{e} \cdot \boldsymbol{r}}{er}\right), & v_r \geqslant 0 \\ 360° - \arccos\left(\dfrac{\boldsymbol{e} \cdot \boldsymbol{r}}{er}\right), & v_r < 0 \end{cases} \tag{6-96}$$

代入式(6－93)，此表达式可另写为

$$f = \begin{cases} \arccos\left[\dfrac{1}{e}\left(\dfrac{h^2}{\mu r} - 1\right)\right], & v_r \geqslant 0 \\ 360° - \arccos\left[\dfrac{1}{e}\left(\dfrac{h^2}{\mu r} - 1\right)\right], & v_r < 0 \end{cases} \tag{6-97}$$

上述计算轨道根数的方法并不是唯一的。

值得一提的是，利用以上计算步骤，不仅可以求出近地航天器的轨道要素，而且可以求解其他行星或太阳轨道根数，只需重新定义一个坐标系并代入适当的引力参数 μ 即可。

6.2.6.3　已知轨道六要素求解状态向量

上小节介绍了已知航天器在地心赤道坐标系中的位置和速度，求解轨道六要素的方法，那么若已知轨道六要素，是否能够求解出航天器在地心赤道坐标系中的状态向量呢？分析之前，需要先给出地心赤道坐标系和近焦点坐标系间的坐标变换关系。

1. 地心赤道和近焦点坐标系间的坐标变换[3]

由于轨道位于 $O\bar{x}\bar{y}$ 平面，航天器状态向量在近焦点坐标系中的表达式为

$$\boldsymbol{r} = \frac{h^2}{\mu} \frac{1}{1 + e\cos f}(\cos f\hat{\boldsymbol{p}} + \sin f\hat{\boldsymbol{q}})$$

$$\boldsymbol{v} = \frac{\mu}{h}[-\sin f\hat{\boldsymbol{p}} + (e + \cos f)\hat{\boldsymbol{q}}]$$

因此可知相对于近焦点坐标系，航天器的状态向量为

$$\boldsymbol{r} = \bar{x}\hat{\boldsymbol{p}} + \bar{y}\hat{\boldsymbol{q}} = \frac{h^2}{\mu} \frac{1}{1 + e\cos f}(\cos f\hat{\boldsymbol{p}} + \sin f\hat{\boldsymbol{q}}) \tag{6-98}$$

$$\boldsymbol{v} = \dot{\bar{x}}\hat{\boldsymbol{p}} + \dot{\bar{y}}\hat{\boldsymbol{q}} = \frac{\mu}{h}[-\sin f\hat{\boldsymbol{p}} + (e + \cos f)\hat{\boldsymbol{q}}] \tag{6-99}$$

写成矩阵的形式，有

$$\boldsymbol{r}_{\bar{x}} = \frac{h^2}{\mu}\frac{1}{1+e\cos f}\begin{bmatrix}\cos f\\ \sin f\\ 0\end{bmatrix} \tag{6-100}$$

$$\boldsymbol{v}_{\bar{x}} = \frac{\mu}{h}\begin{bmatrix}-\sin f\\ e+\cos f\\ 0\end{bmatrix} \tag{6-101}$$

下标 $\bar{x}$ 为 $O\bar{x}\bar{y}\bar{z}$ 坐标系的缩写，用来表明这些状态向量是相对于近焦点坐标系表达的，以区别于地心赤道坐标系（$\boldsymbol{r}=x\hat{\boldsymbol{I}}+y\hat{\boldsymbol{J}}+z\hat{\boldsymbol{K}}$ 和 $v=v_x\hat{\boldsymbol{I}}+v_y\hat{\boldsymbol{J}}+v_z\hat{\boldsymbol{K}}$）的情形。

对于地心赤道坐标系到近焦点坐标系的变换，可通过如图 6-14 所示的 3 次旋转完成，即分别绕 $\hat{\boldsymbol{K}}$、过度坐标系的 $\hat{\boldsymbol{I}}'$ 以及 $\hat{w}$ 三轴旋转 Ω，i 和 ω。

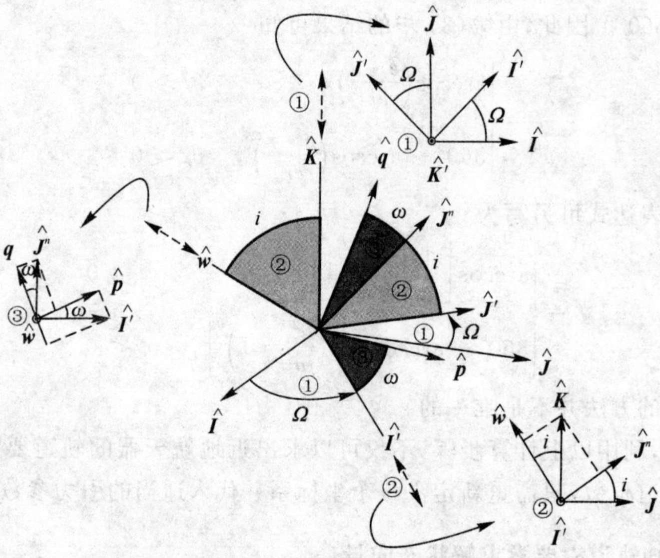

图 6-14 由 $\hat{I}\hat{J}\hat{K}$ 到 $\hat{p}\hat{q}\hat{w}$ 的三次旋转变换顺序[3]

则地心赤道坐标系至近焦点坐标系的正交变换矩阵 $\boldsymbol{Q}_{x\bar{x}}$ 为

$$\boldsymbol{Q}_{x\bar{x}} = \boldsymbol{R}_3(\omega)\boldsymbol{R}_1(i)\boldsymbol{R}_3(\Omega) \tag{6-102}$$

将相应的基元矩阵代入，可得

$$\boldsymbol{Q}_{x\bar{x}} = \begin{bmatrix}\cos\Omega\cos\omega-\sin\Omega\sin\omega\cos i & \sin\Omega\cos\omega+\cos\Omega\cos i\sin\omega & \sin i\sin\omega\\ -\cos\Omega\sin\omega-\sin\Omega\cos i\cos\omega & -\sin\Omega\sin\omega+\cos\Omega\cos i\cos\omega & \sin i\cos\omega\\ \sin\Omega\sin i & -\cos\Omega\sin i & \cos i\end{bmatrix} \tag{6-103}$$

显然这是一个正交矩阵，其逆矩阵等于转置矩阵，可得由 $O\bar{x}\bar{y}\bar{z}$ 坐标系至 $OXYZ$ 坐标系的变换矩阵为

$$\boldsymbol{Q}_{\bar{x}x} = \begin{bmatrix}\cos\Omega\cos\omega-\sin\Omega\sin\omega\cos i & -\cos\Omega\sin\omega-\sin\Omega\cos i\cos\omega & \sin\Omega\sin i\\ \sin\Omega\cos\omega+\cos\Omega\cos i\sin\omega & -\sin\Omega\sin\omega+\cos\Omega\cos i\cos\omega & -\cos\Omega\sin i\\ \sin i\sin\omega & \sin i\cos\omega & \cos i\end{bmatrix} \tag{6-104}$$

若地心赤道坐标系中状态向量的分量如下：

$$\boldsymbol{r}=\boldsymbol{r}_x=\begin{bmatrix}x\\y\\z\end{bmatrix},\quad \boldsymbol{v}=\boldsymbol{v}_x=\begin{bmatrix}v_x\\v_y\\v_z\end{bmatrix}$$

则近焦点坐标系中相应的各分量，可通过矩阵相乘得到

$$\boldsymbol{r}_x=\begin{bmatrix}\bar{x}\\\bar{y}\\0\end{bmatrix}=\boldsymbol{Q}_{xx}\,\boldsymbol{r}_x,\quad \boldsymbol{v}_x=\begin{bmatrix}\dot{\bar{x}}\\\dot{\bar{y}}\\0\end{bmatrix}=\boldsymbol{Q}_{xx}\,\boldsymbol{v}_x \tag{6-105}$$

同样的，从近焦点坐标系到地心赤道坐标系的变换为

$$\boldsymbol{r}_x=\boldsymbol{Q}_{\bar{x}x}\,\boldsymbol{r}_{\bar{x}},\quad \boldsymbol{v}_x=\boldsymbol{Q}_{\bar{x}x}\,\boldsymbol{v}_{\bar{x}} \tag{6-106}$$

2. 已知轨道六要素求解状态向量

若已知轨道六要素，如何求得航天器的状态向量（即位置 $\boldsymbol{r}$ 和速度 $\boldsymbol{v}$）呢？下面给出详细计算过程。

(1) 利用式(6-100)计算出近焦点坐标系中的位置矢量 $\boldsymbol{r}_{\bar{x}}$。

(2) 利用式(6-101)计算出近焦点坐标系中的速度矢量 $\boldsymbol{v}_{\bar{x}}$。

(3) 利用式(6-104)计算出由近焦点坐标系至地心赤道坐标系的变换矩阵 $\boldsymbol{Q}_{\bar{x}X}$。

(4) 利用式(6-106)将 $\boldsymbol{r}_{\bar{x}}$ 和 $\boldsymbol{v}_{\bar{x}}$ 转换为地心赤道坐标。

注意：此算法亦适用于围绕其他行星或太阳的轨道。

6.3　航天器轨道摄动

在 6.2 节中介绍了只考虑航天器所受的主天体引力作用，即中心引力场中航天器运动的轨道特性。实际上，由 6.1 节知，地球并非均质球体，而且航天器除了受到地球引力作用外，还会受到环境作用力，由于这些力相对很小，因此在初步设计和研究中常常忽略。但是在航天器长期在轨运行过程中，这些力必须考虑。

6.3.1　轨道摄动原因

航天器的实际运行轨道相对于理想轨道的偏差称为轨道摄动。产生摄动的原因是由于假设条件与实际不符造成的。主要包括：① 地球并不是均匀的球形，因而地球引力加速度并不能以 $-(\mu/r^3)\boldsymbol{r}$ 的形式准确描述；② 航天器运行的空间仍存在稀薄的空气，因而会对航天器产生空气动力作用；③ 月球和太阳对航天器也产生引力；④ 太阳辐射的压力作用；等等。

以上这些力统称为摄动力，其长期作用的结果就是使航天器实际轨道偏离理想轨道。就性质而言，航天器的摄动力分为保守力和非保守力两类。保守力的特点是不改变航天器的总能量，而非保守力则会引起能量减少。在前面所列出的各种摄动因素中，地球非球形引力摄动、日月引力摄动、太阳光压摄动属于保守力范畴，而大气阻力摄动则属于非保守力。

就摄动力的大小而言，主要与航天器所处的轨道有关。比如大气阻力的作用随轨道高度

的增加而减弱，一般认为轨道高度在 1 000 km 以上，大气阻力的影响可以忽略不计；日月引力的影响随着轨道高度的增加而增强。常见轨道所受摄动力的大小见表 6-1(具体计算结果与模型和参数的选取有关，此处仅供参考)。

表 6-1　常见轨道所受摄动力大小

摄动因素	低轨道 (约 500 km)	中高轨轨道 (约 2 000 km)	地球同步轨道 (约 35 800 km)
二阶带谐项	1.2×10^{-2}	5.3×10^{-5}	10^{-7}
其他非球形摄动	3.3×10^{-4}	1.6×10^{-7}	10^{-9}
月球引力	8.2×10^{-7}	5.5×10^{-6}	0.5×10^{-6}
太阳引力	3.0×10^{-7}	3.0×10^{-6}	0.2×10^{-6}
大气阻力	3.3×10^{-7}	0	0
太阳辐射压力	1.6×10^{-7}	1.6×10^{-7}	-10^{-9}
其他摄动力	10^{-8}	10^{-8}	—

注：以上数值都是和地球表面处单位质量航天器所受均匀球形地球引力相比得到的，单位为 m/s^2。计算大气阻力时面质比取 0.022 5，阻力因数取 2.2。

从表 6-1 中数据可以看出，对于低轨航天器，地球非球形摄动中的二阶带谐项(即 J_2 项摄动)是主要摄动因素，其他摄动力至少小两个量级。另外，鉴于大气阻力是非保守力，尽管幅值不大，但长时间的累积效应不容忽视。对于位于地球同步轨道的航天器，轨道高度约为 35 800 km，因此并不需要考虑大气阻力，但需要考虑太阳辐射摄动以及日月引力摄动。因此，一般情况下，对于低轨航天器，主要考虑地球非球形和大气阻力这两种摄动因素；而对于中高轨道航天器，一般考虑地球非球形摄动、日月引力摄动和太阳光压摄动。

6.3.1.1　地球非球形摄动

如 6.1.1.2 节所述，地球引力势由两部分组成，中心引力势(即$\frac{\mu}{r}$)和非中心引力势(也称摄动势 ΔU)，其中 ΔU 表达式为

$$\Delta U=-\frac{\mu}{r}\left[\sum_{n=2}^{\infty}J_n\left(\frac{R_e}{r}\right)P_n(\sin\varphi)+\sum_{n=2}^{\infty}\sum_{m=1}^{n}\left(\frac{R_e}{r}\right)^n Y_{n,m}(\varphi,\lambda)\right] \quad (6-107)$$

当航天器不作轨道机动时，对于大多数应用情况，只考虑带形谐函数的影响。于是引力势的表达式简化为

$$U=\frac{\mu}{r}\left[1-\sum_{n=2}^{\infty}J_n\left(\frac{R_e}{r}\right)P_n(\sin\varphi)\right] \quad (6-108)$$

此时仅取反映地球扁率影响的 J_2 项就足够了，与其对应的地球引力势称为标准地球引力势，表达式为

$$U=\frac{\mu}{r}\left[1-J_2\left(\frac{R_e}{r}\right)^2\frac{1}{2}(3\sin^2\varphi-1)\right] \quad (6-109)$$

由于引力势的梯度即引力加速度，所以在地心赤道惯性坐标系下的引力加速度为

$$\left.\begin{aligned} g_x &= \frac{\partial U}{\partial x} = -\frac{\mu x}{r^3} + \Delta g_x \\ g_y &= \frac{\partial U}{\partial y} = -\frac{\mu y}{r^3} + \Delta g_y \\ g_z &= \frac{\partial U}{\partial z} = -\frac{\mu z}{r^3} + \Delta g_z \end{aligned}\right\} \tag{6-110}$$

其中 $\Delta g_x, \Delta g_y, \Delta g_z$ 表示引力摄动加速度，仅考虑 J_2 项的摄动加速度可以表示成

$$\left.\begin{aligned} \Delta g_x &= -\frac{3}{2} J_2 R_e^2 \mu \frac{x}{r^5}\left(1 - \frac{5z^2}{r^2}\right) \\ \Delta g_y &= -\frac{3}{2} J_2 R_e^2 \mu \frac{y}{r^5}\left(1 - \frac{5z^2}{r^2}\right) \\ \Delta g_z &= -\frac{3}{2} J_2 R_e^2 \mu \frac{z}{r^5}\left(3 - \frac{5z^2}{r^2}\right) \end{aligned}\right\} \tag{6-111}$$

6.3.1.2　日月引力摄动

航天器在围绕地球运行时还受到太阳、月球的吸引。日月引力摄动力是两个加速度之矢量差和航天器质量的乘积。这个加速度矢量差是日月对航天器的引力加速度减去日月对地球的引力加速度。

在地心赤道惯性坐标系下，日月引力产生的摄动加速度矢量为

$$\boldsymbol{a}_s = \mu_s \left(-\frac{\boldsymbol{r}_s}{r_s^3} + \frac{\boldsymbol{r} - \boldsymbol{r}_s}{\|\boldsymbol{r} - \boldsymbol{r}_s\|^3}\right) \tag{6-112}$$

$$\boldsymbol{a}_l = \mu_l \left(-\frac{\boldsymbol{r}_l}{r_l^3} + \frac{\boldsymbol{r} - \boldsymbol{r}_l}{\|\boldsymbol{r} - \boldsymbol{r}_l\|^3}\right) \tag{6-113}$$

其中：下标 s 表示太阳，下标 l 表示月球；μ_s 是太阳引力常数，其值为 $1.327\,124\,38 \times 10^{20}\ \mathrm{m^3/s^2}$；$\mu_l$ 是月球引力常数，其值为 $4.902\,794 \times 10^{12}\ \mathrm{m^3/s^2}$；$\boldsymbol{r}$ 为航天器位置矢量；$\boldsymbol{r}_s$ 为太阳的位置矢量；$\boldsymbol{r}_l$ 为月球的位置矢量。

在地心赤道惯性坐标系下，航天器受到的日月引力摄动加速度分别为

$$\left.\begin{aligned} a_{sx} &= \mu_s \left(\frac{x_s - x}{\Delta_s^3} - \frac{x_s}{r_s^3}\right) \\ a_{sy} &= \mu_s \left(\frac{y_s - y}{\Delta_s^3} - \frac{y_s}{r_s^3}\right) \\ a_{sz} &= \mu_s \left(\frac{z_s - z}{\Delta_s^3} - \frac{z_s}{r_s^3}\right) \end{aligned}\right\} \tag{6-114}$$

$$\left.\begin{aligned} a_{lx} &= \mu_l \left(\frac{x_l - x}{\Delta_l^3} - \frac{x_l}{r_l^3}\right) \\ a_{ly} &= \mu_l \left(\frac{y_l - y}{\Delta_l^3} - \frac{y_l}{r_l^3}\right) \\ a_{lz} &= \mu_l \left(\frac{z_l - z}{\Delta_l^3} - \frac{z_l}{r_l^3}\right) \end{aligned}\right\} \tag{6-115}$$

式中，Δ_s 和 Δ_l 分别为太阳和月球相对于地球的距离。

6.3.1.3 大气阻力摄动

对于在低轨道运行的航天器，大气会对其运动产生阻尼作用，引起航天器轨道的衰减，使轨道呈螺旋线下降。大气阻力和大气密度密切相关，由于大气密度、大气运动状态等因素难以确定，因此大气阻力摄动很难精确给出。

由空气动力学知识可知，在大气中运行的航天器受到的大气阻力大小为

$$D=-\frac{1}{2}C_D\rho v^2 S \tag{6-116}$$

其中，C_D 是阻力因数；ρ 是大气密度；S 是参考面积；v 是航天器质心相对于大气的速度。

阻力方向与速度矢量方向相反，摄动加速度矢量为

$$\boldsymbol{a}_D=\frac{\boldsymbol{D}}{m}=-\frac{\rho \boldsymbol{v}^2 SC_D}{2m}=-\sigma\rho\boldsymbol{v}^2 \tag{6-117}$$

式(6－117)中 σ 称为弹道系数，其定义如下：

$$\sigma=\frac{C_D S}{2m} \tag{6-118}$$

大气阻力摄动加速度在地心赤道惯性坐标系下的分量为

$$\begin{bmatrix} a_{Dx} \\ a_{Dy} \\ a_{Dz} \end{bmatrix}=\boldsymbol{L}_{\text{io}}\begin{bmatrix} -a_D\sin\gamma \\ -a_D\cos\gamma \\ 0 \end{bmatrix}=-\sigma\rho v\boldsymbol{L}_{\text{io}}\begin{bmatrix} v\sin\gamma \\ v\cos\gamma \\ 0 \end{bmatrix}=-\sigma\rho\boldsymbol{v}\begin{bmatrix} v_x \\ v_y \\ v_z \end{bmatrix} \tag{6-119}$$

式中，$\boldsymbol{L}_{\text{io}}$ 是轨道坐标系到地心赤道惯性坐标系的坐标变换矩阵，其表达式为

$$\boldsymbol{L}_{\text{io}}=\begin{bmatrix} \cos u\cos\Omega-\sin u\cos i\sin\Omega & -\sin u\cos\Omega-\cos u\cos i\sin\Omega & \sin i\sin\Omega \\ \cos u\sin\Omega+\sin u\cos i\cos\Omega & -\sin u\sin\Omega+\cos u\cos i\cos\Omega & -\sin i\cos\Omega \\ \sin u\sin i & \cos u\sin i & \cos i \end{bmatrix} \tag{6-120}$$

式(6－120) 中 u 是纬度幅角且 $u=\omega+f$。

6.3.1.4 太阳光压摄动

在量子力学中，太阳光被认为是光子流，当光子流射到航天器表面时，一部分被吸收，一部分被反射，极小一部分穿透而过。在这一过程中，动能传递给航天器，其作用相当于航天器受到来自太阳的压力，称为太阳辐射压力(或太阳光压)。太阳光压对大而轻的高轨道航天器影响比较显著，但当航天器进入地球阴影区时消失。

太阳光压对航天器产生的摄动加速度矢量为

$$\boldsymbol{a}_R=\upsilon k\left(\frac{S}{m}\right)\rho_{\text{s}}(\Delta_{\text{s}}^2/\Delta^2)\left(\frac{\boldsymbol{\Delta}}{\Delta}\right) \tag{6-121}$$

式中，$k=1+\eta$，η 为反射系数，当航天器表面为完全反射时 $\eta=1$，若为完全吸收则 $\eta=0$；ρ_{s} 为太阳光压在地球表面处的光压强度，其值为 $4.560\times10^{-6}\ \text{N/m}^2$；$\dfrac{S}{m}$ 为航天器的面质比；Δ_{s} 为日地距离；Δ 为航天器与太阳的距离；$\boldsymbol{\Delta}$ 为航天器与太阳的相对位置矢量，从太阳指向航天器；υ 为地影常数，当航天器处于地影中时为 0，当航天器离开地影时为 1。

在地心赤道惯性坐标系下航天器受到的太阳光压摄动加速度为

$$\left.\begin{aligned}a_{Rx}&=\upsilon k\left(\frac{S}{m}\right)\rho_{s}(\Delta_{s}^{2}/\Delta^{2})\ \frac{x-x_{s}}{\Delta_{s}}\\a_{Ry}&=\upsilon k\left(\frac{S}{m}\right)\rho_{s}(\Delta_{s}^{2}/\Delta^{2})\ \frac{y-y_{s}}{\Delta_{s}}\\a_{Rz}&=\upsilon k\left(\frac{S}{m}\right)\rho_{s}(\Delta_{s}^{2}/\Delta^{2})\ \frac{z-z_{s}}{\Delta_{s}}\end{aligned}\right\}\tag{6-122}$$

式(6 - 122) 中，x_s，y_s，z_s 为太阳在地心赤道惯性坐标系下的坐标。

6.3.2　轨道摄动方程

考虑以上各种因素产生的摄动加速度后，航天器的运动方程变为

$$\ddot{\boldsymbol{r}}=-\frac{\mu}{r^{3}}\boldsymbol{r}+\Delta\boldsymbol{a}\tag{6-123}$$

这就是一般意义下的轨道摄动方程，其中摄动加速度为

$$\Delta\boldsymbol{a}=\Delta\boldsymbol{g}+\boldsymbol{a}_{s}+\boldsymbol{a}_{l}+\boldsymbol{a}_{D}+\boldsymbol{a}_{R}$$

对于以上方程，若已知摄动加速度，可以求解得轨道摄动的大小和变化特性。有两种不同的方法用于分析轨道摄动，即特殊摄动法和一般摄动法。所谓特殊摄动法，就是在给定的初始条件下，对于给定的航天器，求解以上轨道摄动方程的数值解，得到的是一组特解。一般摄动法是将摄动力展开成级数，用逐项积分的解析法求以上微分方程的解，这样的解具有普遍意义，对于所有航天器和所有初始条件都适用。下面介绍一般摄动法中的轨道要素变动法。

在 6.2 节中已经指出，在中心引力场中运动的航天器的轨道是开普勒轨道，其轨道要素是恒定不变的。在摄动力作用下的航天器的实际轨道不是开普勒轨道，因而不存在轨道要素。但是为了研究的方便，引入密切轨道和密切轨道要素的概念。假设，在中心引力和摄动力的作用下，航天器沿着弧线 AB 运动，这是航天器的实际轨迹，它不同于开普勒轨道。在实际轨迹上任意一点 C，航天器的位置矢量为 $\boldsymbol{r}$，速度矢量为 $\boldsymbol{v}$，它们能唯一地决定一条椭圆轨道以及该轨道的六个要素，把由实际轨迹某一点的 $\boldsymbol{r}$ 和 $\boldsymbol{v}$ 决定的椭圆轨道称为密切椭圆轨道，而把相应的轨道要素称为密切轨道要素。密切椭圆轨道的物理意义是：假如航天器运动到 C 点，各种摄动因素突然消失，则之后航天器将沿着该点处的密切椭圆轨道运行。

可见，密切椭圆轨道与实际轨迹在 C 点处相切。在实际轨迹的不同点，对应着不同的密切椭圆和不同的密切轨道要素，因此，在摄动力作用下轨道要素是随时间变化的。轨道要素变动法的实质就是建立轨道要素的微分方程，然后用数值法或者解析法进行求解，得到轨道要素的变化历程，研究各种摄动因素引起的轨道要素变化。这时，轨道摄动方程就是关于密切轨道要素的微分方程。下面直接给出两组常用的轨道摄动方程组[4]。

第一组：将摄动加速度以它在轨道坐标系中的分量表示，即径向分量 a_r、横向分量 a_u 以及副法向分量 a_h。

$$\left.\begin{aligned}
\frac{\mathrm{d}p}{\mathrm{d}t}&=2\sqrt{\frac{p}{\mu}}ra_u\\
\frac{\mathrm{d}e}{\mathrm{d}t}&=\sqrt{\frac{p}{\mu}}\left[a_r\sin f+a_u\left(1+\frac{r}{p}\right)\cos f+a_u\frac{er}{p}\right]\\
\frac{\mathrm{d}\Omega}{\mathrm{d}t}&=\frac{r\sin(\omega+f)}{\sqrt{\mu p}\sin i}a_h\\
\frac{\mathrm{d}i}{\mathrm{d}t}&=\frac{r\cos(\omega+f)}{\sqrt{\mu p}}a_h\\
\frac{\mathrm{d}\omega}{\mathrm{d}t}&=\frac{1}{e}\sqrt{\frac{p}{\mu}}\left[-a_r\cos f+a_u\left(1+\frac{r}{p}\right)\sin f-a_h\frac{er}{p}\sin(\omega+f)\cot i\right]\\
\frac{\mathrm{d}f}{\mathrm{d}t}&=\frac{\sqrt{\mu p}}{r^2}+\frac{\cos f}{e}\sqrt{\frac{p}{\mu}}a_r-\frac{\sin f}{e}\left(1+\frac{r}{p}\right)\sqrt{\frac{p}{\mu}}a_u
\end{aligned}\right\}\tag{6-124}$$

这就是第一组轨道摄动方程，用某种数值方法求解以上六个微分方程，就可以得到轨道要素的变化过程。另外也可以添加以下两个方程，从而求解出轨道长半轴和平近点角 M，即

$$\left.\begin{aligned}
\frac{\mathrm{d}a}{\mathrm{d}t}&=\frac{2a^2}{\sqrt{\mu p}}[a_re\sin f+a_u(1+e\cos f)]\\
\frac{\mathrm{d}M}{\mathrm{d}t}&=\sqrt{\frac{\mu}{a^3}}+\frac{\sqrt{1-e^2}}{e}\left(\cos f-2e\frac{r}{p}\right)\sqrt{\frac{p}{\mu}}a_r-\frac{\sqrt{1-e^2}}{e}\left(1+\frac{r}{p}\right)\sqrt{\frac{p}{\mu}}\sin a_u
\end{aligned}\right\}\tag{6-125}$$

利用 6.2.6.3 节中的步骤，也可以算出每一瞬时航天器的位置和速度。除了数值法求解之外，该摄动微分方程在个别情况下还可以得到解析解，即对应于一般摄动法。

第二组：将摄动加速度分解为切向分量 a_t、法向分量 a_n 以及副法向分量 a_h。这组分量与摄动加速度在轨道坐标系中的分量之间的关系为

$$\left.\begin{aligned}
a_r&=-a_n\cos\gamma+a_t\sin\gamma\\
a_u&=a_n\sin\gamma+a_t\cos\gamma
\end{aligned}\right\}\tag{6-126}$$

其中 $\sin\gamma=e\dfrac{\mu}{p}\dfrac{\sin f}{v}$。

将上述关系式代入第一组摄动方程，经整理后得

$$\left.\begin{aligned}
\frac{\mathrm{d}p}{\mathrm{d}t}&=\frac{2p}{v}a_t+\frac{2er\sin f}{v}a_n\\
\frac{\mathrm{d}a}{\mathrm{d}t}&=\frac{2a^2v}{\mu}a_t\\
\frac{\mathrm{d}e}{\mathrm{d}t}&=\frac{1}{v}\left[2(e+\cos f)a_t-\frac{1}{a}r\sin fa_r\right.\\
\frac{\mathrm{d}\Omega}{\mathrm{d}t}&=\frac{1}{\sqrt{\mu p}\sin i}r\sin(\omega+f)a_h\\
\frac{\mathrm{d}i}{\mathrm{d}t}&=\frac{r\cos(\omega+f)}{\sqrt{\mu p}}a_h\\
\frac{\mathrm{d}\omega}{\mathrm{d}t}&=\frac{2\sin f}{ev}a_t+\frac{a(1+e^2)-r}{ae^2v}a_n-\frac{\cot i}{\mu p}r\sin(\omega+f)a_h
\end{aligned}\right\}\tag{6-127}$$

由以上两组摄动方程可以看出，摄动加速度分量对轨道要素的影响如下：

(1) 垂直于轨道平面的摄动加速度分量 a_h 对 p,a,e 没有影响，即对轨道的形状和大小没

有影响。

(2) 法向摄动加速度 a_n 对长半轴 a 没有影响，因为 a 代表总能量，说明法向力对运动航天器不做功。

(3) 径向摄动加速度 a_r 不影响半通径 p，因为 p 代表动量矩，而径向力对地心不产生力矩。

(4) 升交点赤经 Ω 和轨道倾角 i 决定了轨道平面在空间的位置，它们的变化仅取决于垂直于轨道平面的摄动加速度分量 a_h，当 a_h 作用在升交点($\omega+f=0°$)和降交点($\omega+f=180°$)时，对 i 影响显著。当 a_h 作用在 $\omega+f=\pm 90°$ 时，对 Ω 影响显著。

(5) 表面上看，a_t，a_n，a_h 都影响近地点幅角 ω，但事实上，a_h 并不直接影响轨道拱线的方向，摄动加速度 a_h 并不会使拱线绕 $\boldsymbol{h}$ 轴变化。

以上结论不仅有助于了解摄动力对轨道要素的影响，而且对于航天器主动改变其轨道要素也很重要。在最有利的方向和时机给航天器施加推力会具有最好的变轨效果。例如，若希望增大轨道倾角而不影响其他轨道要素，则在升交点处让发动机开机，产生一个垂直于轨道平面且向上的推力，效果最好。又如，若要增大轨道长半轴，最有效的办法是在速度最大的地方，即在近地点施加向前的切向推力。

6.3.3　地球非球形引起的轨道摄动

仅考虑 J_2 项摄动加速度，1993 年 Prussing 和 Conway 得出了其沿着轨道坐标系三轴的分量为

$$\left.\begin{aligned}\Delta g_r&=-\frac{\mu}{r^2}\frac{3}{2}J_2\frac{R_e^2}{r^2}[1-3\sin^2 i\sin^2(\omega+f)]\\ \Delta g_u&=-\frac{\mu}{r^2}\frac{3}{2}J_2\frac{R_e^2}{r^2}\sin^2 i\sin[2(\omega+f)]\\ \Delta g_h&=-\frac{\mu}{r^2}\frac{3}{2}J_2\frac{R_e^2}{r^2}\sin 2i\sin(\omega+f)\end{aligned}\right\}\tag{6-128}$$

此外，他们还得出了由于以上摄动加速度引起的各轨道根数随时间变化的关系：

$$\left.\begin{aligned}\dot{\Omega}&=\frac{h}{\mu}\frac{\sin(\omega+f)}{\sin i(1+e\cos f)}\Delta g_h\\ \dot{\omega}&=-\frac{r\cos f}{eh}\Delta g_r+\frac{(2+e\cos f)\sin f}{eh}\Delta g_u-\frac{r\sin(\omega+f)}{h\tan i}\Delta g_h\end{aligned}\right\}\tag{6-129}$$

显然，升交点赤经 Ω 随时间的变化仅与垂直于轨道平面的摄动力有关，而近地点幅角随时间的变化则与三个摄动分量均相关。

将 $\dot{\Omega}$ 在一个完整的轨道周期内积分，可得变化的平均值：

$$\dot{\Omega}_{平均}=\frac{1}{T}\int_0^T\dot{\Omega}\mathrm{d}t$$

式中，T 为周期。对上式积分可得交线也就是轨道平面平均进动速率的表达式为

$$\dot{\Omega}_{平均}=-\left[\frac{3}{2}\frac{\sqrt{\mu}J_2R_e^2}{(1-e^2)^2a^{\frac{7}{2}}}\right]\cos i\tag{6-130}$$

在运动一圈时 Ω 的变化量为

$$(\Delta\Omega)_{2\pi} = -3\pi J_2 \frac{R_e^2}{a^2(1-e^2)^2}\cos i \tag{6-131}$$

可见，地球扁率会引起升交点的长期漂移。$\Delta\Omega$ 与 a^2 成反比，轨道越大，则 $\Delta\Omega$ 越小。此外，$\Delta\Omega$ 与 $\cos i$ 成正比。倾角越接近于0或者 π，$\Delta\Omega$ 越大（但如果 $i=0$ 或者 $i=\pi$，则 Ω 就没有定义了）。对于极地轨道（$i=90°$），Ω 没有长期摄动。若 $0 \leqslant i < 90°$，则 $\dot{\Omega} < 0$，即对于顺行轨道，升交点将向西漂移。若 $90° < i \leqslant 180°$，则 $\dot{\Omega} > 0$，即对于逆行轨道，升交点将向东漂移。总之，升交点漂移的方向与航天器运动方向相反。升交点的漂移表示轨道平面的变化，这种变化叫作轨道的进动。

轨道每日的进动量为

$$(\Delta\Omega)_{\text{day}} = -9.96 \frac{\cos i}{(a/R_e)^{7/2}(1-e^2)^2} \tag{6-132}$$

上式计算结果以度为单位。

与此类似，近地点幅角的平均变化率可计算如下：

$$\dot{\omega}_{\text{平均}} = -\left[\frac{3}{2}\frac{\sqrt{\mu}J_2R_e^2}{(1-e^2)^2a^{\frac{7}{2}}}\right]\left(\frac{5}{2}\sin^2 i - 2\right) \tag{6-133}$$

在运动一圈时 ω 的变化量为

$$(\Delta\omega)_{2\pi} = -\frac{3}{2}\pi J_2 \frac{5\cos^2 i - 1}{(a/R_e)^2(1-e^2)^2} \tag{6-134}$$

此式表明，地球扁率引起 ω 的长期摄动，即在每一圈内，轨道拱线在轨道平面内绕地心转过的角度为 $(\Delta\omega)_{2\pi}$。

ω 的每日变化量为

$$(\Delta\omega)_{\text{day}} = 5.00 \frac{5\cos^2 i - 1}{(a/R_e)^{7/2}(1-e^2)^2} \tag{6-135}$$

上式计算结果以度为单位。

使 $(\Delta\omega)_{2\pi}$ 为零的条件

$$5\cos^2 i - 1 = 0 \tag{6-136}$$

此方程有两个解：$i=63.4°$（顺行轨道）和 $i=116.6°$（逆行轨道），这两个角度称为临界倾角，此时拱线将静止不动（拱线不漂移）。例如苏联的 Molnia（闪电）系列卫星的轨道具有大的偏心率（$e=0.75$），并且轨道倾角取临界倾角 $i=63.4°$，以保证远地点总在北半球某个纬度，因而在苏联领土范围内有更多的通信时间。若 $0° \leqslant i < 63.4°$ 或 $116.6° < i \leqslant 180°$，则 $\dot{\omega}$ 为正，即此时近地点将向卫星运动方向行进；若 $63.4° < i < 116.6°$，即近地点将向卫星运动的相反方向后退。

图 6-15 所示为以上两式对几个低轨道卫星的情况。倾角越小，扁率对 $\dot{\Omega}$ 和 $\dot{\omega}$ 的影响越大。因为此时，卫星在每一圈运动中，其轨道位于赤道膨胀处的部分会更大一些。随着半长轴的增加，这一影响会逐渐减少。因为此时，卫星与膨胀处及其引力场的距离增加了。显然，若 $J_2=0$（不存在赤道膨胀），则 $\dot{\Omega}=\dot{\omega}=0$。

另外，轨道半通径的变化率为

$$\dot{p} = -\frac{3}{p}J_2R_e^2(1+e\cos f)\sin^2 i\sin[2(\omega+f)] \tag{6-137}$$

在一圈的时间内，可以把 p, i, ω 当作不变的，于是在运动一圈时 p 的总变化量为

$$(\Delta p)_{2\pi}=-\frac{3}{p}J_2R_e^2\sin^2 i\int_0^{2\pi}(1+e\cos f)\sin[2(\omega+f)]\mathrm{d}f=0 \tag{6-138}$$

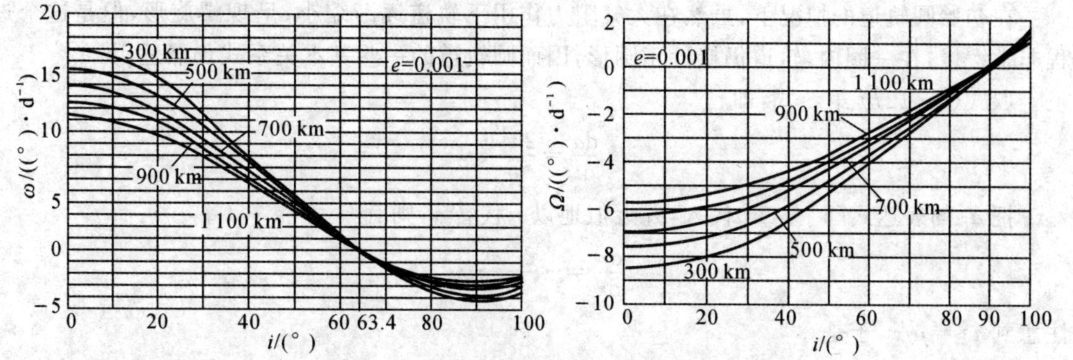

图 6-15　300 ～ 1 100 km 近圆轨道的交点后退与近地点前行

也就是说，地球扁率不造成轨道半通径的长期摄动，即 p 没有可累计的变化，因而轨道动量矩的大小也没有长期变化。但是在一圈之内，p 还是有起伏的。

同样的过程，可以得到运动一圈时轨道偏心率摄动总量的表达式为

$$(\Delta e)_{2\pi}=-\frac{3}{2p^2}J_2R_e^2\int_0^{2\pi}(1+e\cos f)^2\{\sin f[3\sin^2 i\sin^2(\omega+f)-1]-\left[\left(1+\frac{1}{1+e\cos f}\right)\cos f+\frac{e}{1+e\cos f}\right]\sin^2 i\sin 2(\omega+f)\}\mathrm{d}f=0 \tag{6-139}$$

因此，地球扁率不造成轨道偏心率的长期摄动，即不造成轨道形状的变化。

由于运动一圈时，$\Delta p=0$ 和 $\Delta e=0$，因此，可以推断出长半轴摄动 $\Delta a=0$。这就是说，航天器的总能量不变化。

而轨道倾角的变化如下：

$$(\Delta i)_{2\pi}=-\frac{3}{4p^2}J_2R_e^2\sin 2i\int_0^{2\pi}(1+e\cos f)\sin[2(\omega+f)]\mathrm{d}f=0 \tag{6-140}$$

因此地球扁率不造成轨道倾角的长期摄动。

6.3.4　大气阻力引起的轨道摄动

为了得到大气阻力引起的轨道摄动的近似规律，作如下假设：大气是球对称的；大气不随地球旋转；航天器的迎风面积不变化。于是，大气阻力只引起轨道切线方向的负加速度，即

$$\left.\begin{aligned}a_{Dn}&=0\\a_{Dh}&=0\\a_{Dt}&=-\sigma\rho v^2\end{aligned}\right\} \tag{6-141}$$

当航天器在非常稀薄的大气中飞行时，分子平均自由行程对物体特征长度之比远大于 1。这时的流动基本上是自由分子流，不能当作连续介质处理。阻力因数 C_D 是航天器温度、气体温度和速度的函数，在 150 ～ 500 km 高度，通常阻力因数取 2.2 ～ 2.5。大气密度 ρ 是高度的函数，如 6.1.2.2 节所述。

6.3.4.1 圆轨道的演变

在初始圆轨道的情况下，虽然在大气阻力作用下轨道逐渐缩小，呈现螺旋形，但是这个过程非常缓慢，在一圈内，轨道仍接近于圆形，因而圆轨道的一些基本关系式仍然适用。

取式(6-127)第二式，即

$$\frac{\mathrm{d}a}{\mathrm{d}t}=\frac{2a^2v}{\mu}a_t$$

把 a_t 的表达式(6-141)代入，并近似地以 r 代替 a，则有

$$\frac{\mathrm{d}r}{\mathrm{d}t}=-\frac{2r^2v}{\mu}\sigma\rho v^2$$

注意到 $v^2=\mu/r$，于是

$$\mathrm{d}r=-2rv\sigma\rho\mathrm{d}t$$

又由于 $v\mathrm{d}t=r\mathrm{d}f$（$f$ 是真近点角），故

$$\mathrm{d}r=-2\sigma\rho r^2\mathrm{d}f$$

在一圈内，$f=0\sim 2\pi$，而 ρ 和 r^2 近似不变，于是得到在一圈内轨道半径（或轨道高度）的变化

$$(\Delta r)_{2\pi}=-4\pi\sigma\rho r^2 \tag{6-142}$$

等式右边的 ρ 和 r 可以取一圈的初始值，或终端值，或平均值。

由圆轨道的速度公式 $v^2=\mu/r$，有

$$2v\Delta v=-\frac{\mu}{r^2}\Delta r$$

把 v 的公式及式(6-142)代入，得

$$(\Delta v)_{2\pi}=2\pi\sqrt{\mu}\sigma\rho\sqrt{r} \tag{6-143}$$

由周期 T 的公式，有

$$\Delta T=\frac{2\pi}{\sqrt{\mu}}\,\frac{3}{2}r^{1/2}\Delta r$$

把式(6-142)代入，得

$$(\Delta T)_{2\pi}=-\frac{12\pi^2\sigma}{\sqrt{\mu}}\rho r^{5/2} \tag{6-144}$$

径向速度为 $v_r=(\Delta r)_{2\pi}/T$，把 $(\Delta r)_{2\pi}$ 和 T 的公式代入，得

$$v_r=-2\sqrt{\mu}\sigma\rho\sqrt{r} \tag{6-145}$$

速度的变化率为 $\mathrm{d}v/\mathrm{d}t=(\Delta v)_{2\pi}/T$，把有关公式代入后，得到

$$\frac{\mathrm{d}v}{\mathrm{d}t}=+\sigma\rho v^2 \tag{6-146}$$

由式(6-146)看，似乎空气阻力产生了正的加速度。这是由于卫星势能减小，一部分用于克服空气阻力，另一部分转化为动能。

6.3.4.2 卫星寿命的估计(圆轨道情况)

利用公式(6-145)，求高度变化率

$$\frac{\mathrm{d}h}{\mathrm{d}t}=v_r=-2\sqrt{\mu}\sigma\rho\sqrt{r}$$

以初始状态(t_0,h_0)作为积分下限：

$$t-t_0=-\frac{1}{2\sigma\sqrt{\mu}}\int_{h_0}^{h}\frac{dh}{\rho(h)\sqrt{r}}$$

定义高度函数为

$$F(h)=\frac{1}{2\sqrt{\mu}}\int_{0}^{h}\frac{dh}{\rho(h)\sqrt{R_0+h}} \tag{6-147}$$

则有

$$t-t_0=\frac{1}{\sigma}[F(h_0)-F(h)] \tag{6-148}$$

利用此式可以计算高度变化过程 $h(t)$ 或 $r(t)$。

如果规定某个高度 h_t(例如稠密大气层高度)作为卫星的最终高度,则卫星的运行寿命为

$$T_l=\frac{1}{\sigma}[F(h_0)-F(h_t)] \tag{6-149}$$

极端情况下取 $h_t=0$,则

$$T_l\approx\frac{F(h_0)}{\sigma} \tag{6-150}$$

考察高度函数 $F(h)$。它仅取决于大气模型。无论大气模型怎样复杂,用数值积分法总能计算出来。对于大气的等温模型可以求出 $F(h)$ 的近似公式,这时

$$\rho(h)=\rho\cdot\exp\left(-\frac{h-h_*}{H_*}\right),\quad \sqrt{r}\approx\text{const}$$

$$F(h)=\frac{1}{2\sqrt{\mu r}\rho_*}\int_0^h\exp\left(\frac{h-h_*}{H_*}\right)dh=\frac{H_*}{2\sqrt{\mu r}\rho_*}\left[\exp\left(\frac{h-h_*}{H_*}\right)-\exp\left(-\frac{h_*}{H_*}\right)\right]=\frac{H_*}{2\sqrt{\mu r}}\left(\frac{1}{\rho}-\frac{1}{\rho_*}\right) \tag{6-151}$$

$$H_*=\frac{RT_*}{g_*M_*}$$

式中,下标 * 表示某个参考高度的值;R 是通用气体常数;T_* 是 h_* 处的绝对温度;M_* 是 h_* 处的空气分子量;g_* 是 h_* 处的重力加速度。

当 $h\gg h_*$ 时

$$F(h)\approx\frac{h}{2\sqrt{\mu r}\rho} \tag{6-152}$$

6.3.4.3　椭圆轨道的演变

在椭圆轨道情况下,轨道要素受大气阻力的影响比较复杂。这里仅作定性的讨论。

取摄动方程：

$$\frac{da}{du}=\frac{r^2}{\sqrt{\mu p}}\frac{da}{dt}=\frac{2a^2r^2v}{\sqrt{\mu^3p}}a_t$$

把 a_t 的公式代入,有

$$\frac{da}{du}=-\frac{2a^2\sigma}{\sqrt{\mu^3p}}r^2v^3\rho$$

所以

$$(\Delta a)_{2\pi} = -\frac{2\sigma a^2}{\sqrt{\mu^3 p}}\int_0^{2\pi} r^2 v^3 \rho \mathrm{d}u \tag{6-153}$$

显然，$(\Delta a)_{2\pi} < 0$。

同样地有

$$\frac{\mathrm{d}e}{\mathrm{d}u} = -\frac{2\sigma}{\sqrt{\mu p}} r^2 v(e + \cos f)\rho$$

所以

$$(\Delta e)_{2\pi} = -\frac{2\sigma}{\sqrt{\mu p}}\int_0^{2\pi} r^2 v(e + \cos f)\rho \mathrm{d}u \tag{6-154}$$

此外有

$$\frac{\mathrm{d}p}{\mathrm{d}u} = \frac{r^2}{\sqrt{\mu p}}\frac{\mathrm{d}p}{\mathrm{d}t} = -\frac{2\sigma\sqrt{p}\rho r^2 v}{\sqrt{\mu}}$$

所以

$$(\Delta p)_{2\pi} = -\frac{2\sigma\sqrt{p}}{\sqrt{\mu}}\int_0^{2\pi} \rho r^2 v \mathrm{d}u \tag{6-155}$$

另外

$$\frac{\mathrm{d}\omega}{\mathrm{d}u} = -\frac{2r^2}{e\sqrt{\mu p}}\sin f \sigma \rho v$$

则

$$(\Delta \omega)_{2\pi} = -\frac{2\sigma}{e\sqrt{\mu p}}\int_0^{2\pi} r^2 \sin f \rho v \mathrm{d}u = 0 \tag{6-156}$$

在式(6-153)～式(6-156)中，要利用关系式 $\rho=\rho(r)$，$v=v(f)$，$r=r(f)$，及 $f=u-\omega$。在一圈之内，把 p,a,e 当作常数。而每一圈以后，把增量加进去，有

$$\left.\begin{array}{l}\beta_{k+1} = \beta_k + (\Delta\beta)_{2\pi,k} \\ (\beta = p, a, e)\end{array}\right\} \tag{6-157}$$

这样就可以得到椭圆轨道要素的变化过程。

在式(6-154)中被积函数是变号的，变号发生的条件是

$$e + \cos f = 0$$

即

$$r = \frac{p}{1 + e\cos f} = \frac{p}{1 - e^2} = a$$

对应的点是椭圆上的短轴对称点 C 和 D（见图 6-16）。在 DPC 段 $\mathrm{d}e/\mathrm{d}u < 0$，在 CAD 段 $\mathrm{d}e/\mathrm{d}u > 0$。计算结果表明，总的效果是 $(\Delta e)_{2\pi} < 0$。

因此，大气阻力对椭圆轨道的影响趋势是使轨道尺寸逐渐减小，同时偏心率也逐渐减小，即逐渐演变成圆轨道，如图 6-17 所示。

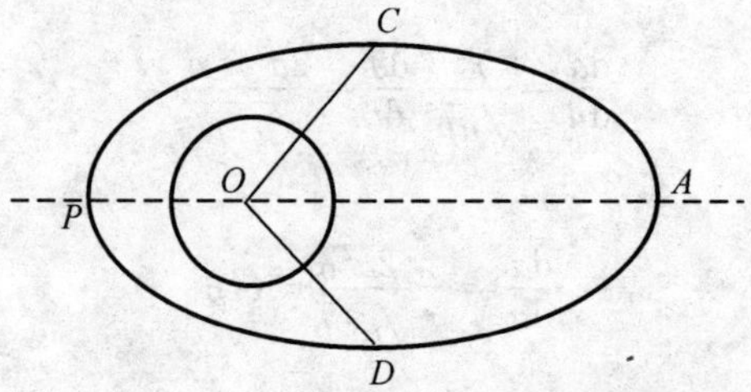

图 6-16　偏心率的增长段和减小段

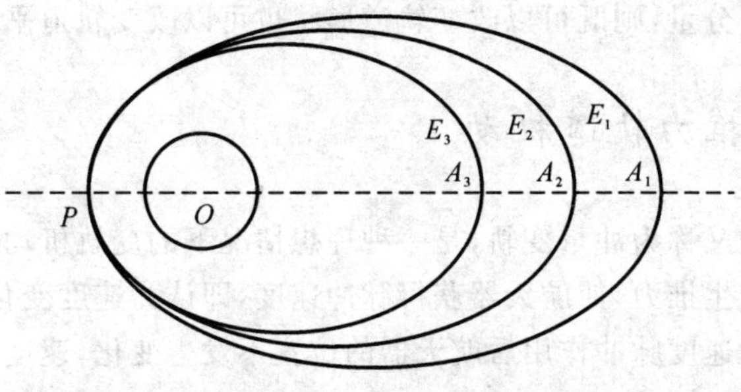

图 6－17　大气阻力作用下椭圆轨道的演变

6.4　航天器轨道机动

航天器在中心力场中的开普勒运动和摄动运动，都属于被动运动，即在初始条件给定后完全由环境条件决定的运动。但是，现代航天器的运动并不是完全被动的，有时航天器要利用火箭发动机推力或者利用环境作用力主动改变飞行轨道，属于航天器的主动运动。

轨道机动是指航天器主动地改变飞行轨道的过程。航天器的轨道机动可以人为地分成以下几个类型(但没有绝对的界限)：

轨道改变或者轨道转移：大幅度改变轨道参数以便从初始轨道过渡到中间轨道或者最终轨道的过程，一般使用大冲量脉冲推力作用。例如从低轨道转移到高轨道，从椭圆轨道转移到圆轨道，改变轨道平面，等等。

轨道保持或者轨道修正：其目的是补偿轨道参数中的误差或由各类干扰引起的偏差，使航天器回到设计轨道上，一般使用小推力长时间作用，可以利用轨道摄动方程进行分析。

轨道接近：航天器主动接近某一目标(包括另一航天器)的飞行，例如航天器在轨道上的交会、拦截、对接、绕飞、伴飞以及编队飞行等，其特征是主动航天器的机动运动总是以另一个空间目标为参考，主要通过控制航天器的相对运动来实现。

若按照推力持续时间的长短，轨道机动又可以分为大推力脉冲式机动和小推力连续式机动。

脉冲式机动：发动机在非常短的时间内产生推力，使航天器获得脉冲速度。分析时可以认为速度变化是在一瞬间完成的，当然这只是对实际问题的抽象化。目前大多数航天器的轨道机动都是采用这种方式，而且关于这种脉冲式变轨的理论和技术都比较成熟。

小推力连续式机动：在一段持续时间内依靠小的作用力改变轨道。例如利用电粒子火箭发动机、空气动力、太阳光压力等进行的机动。随着小推力发动机制造技术的成熟，越来越多的航天任务特别是深空探测任务开始采用这种机动方式。

若按照作用力所在的平面划分，可以将航天器的轨道机动分为共面机动和非共面机动。

共面轨道机动：航天器的机动运动始终在初始轨道所在的平面内。此时作用力在轨道平面内，目的是改变轨道偏心率、长半轴和近地点幅角等，即只改变轨道形状。

非共面轨道机动：航天器机动过程中轨道平面发生改变。此时肯定存在垂直于轨道平面方向上的作用力，可以改变轨道倾角和升交点赤径，即可以改变轨道平面。若作用力在轨道平面内和垂直方向上都有分量,则既可以改变轨道形状也可以改变轨道平面。

6.4.1 脉冲推力轨道机动

脉冲推力轨道机动又称为冲量变轨,是一种理想情况下的变轨机动,假设航天器的发动机在非常短暂的时间内产生推力,使航天器获得脉冲速度,即认为速度变化是在瞬间完成的。在这样的假设下可以认为速度脉冲作用后航天器的位置不发生变化,速度有大小为 Δv 的改变。

6.4.1.1 霍曼转移

霍曼转移(见图6-18)是在同一轨道平面内,两个不相交轨道之间的转移。霍曼证明了当两圆轨道半径相差不大时,两圆轨道之间能量最省的转移轨道是同时相切于两圆的椭圆。

如图6-18所示,在半径为 r_1 的圆 C_1 的任意点 P 产生第一个速度脉冲 Δv_1,转移到椭圆 E,它的近地点是 P,远地点是 A。在 E 的远地点 A 产生第二个速度脉冲 Δv_2,使轨道转移成半径为 r_2 的圆轨道 C_2。这样的脉冲转移过程称为霍曼轨道转移。

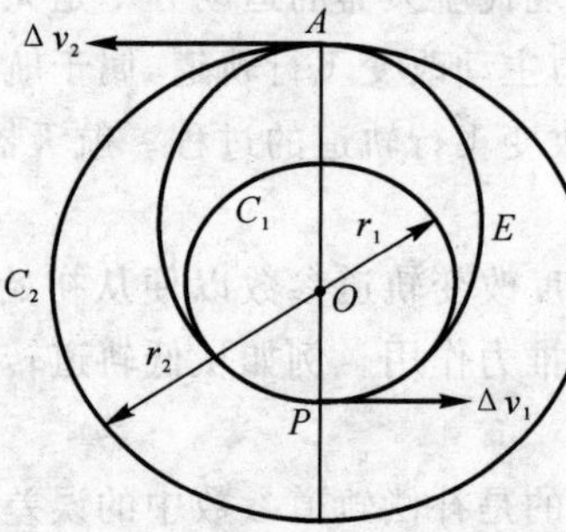

图6-18 霍曼(Hohmann)转移

为了求出 Δv_1 和 Δv_2,列出关系方程,有

$$\left.\begin{aligned} v_{c1}+\Delta v_1=v_{ep} \\ v_{ea}+\Delta v_2=v_{c2} \end{aligned}\right\} \tag{6-158}$$

以及

$$\left.\begin{aligned} v_{c1}&=\sqrt{\frac{\mu}{r_1}} \\ v_{c2}&=\sqrt{\frac{\mu}{r_2}} \end{aligned}\right\} \quad 和 \quad \left.\begin{aligned} v_{ep}&=\sqrt{\frac{2\mu r_2}{r_1(r_1+r_2)}}=v_{c1}\sqrt{\frac{2r_2}{r_1+r_2}} \\ v_{ea}&=\sqrt{\frac{2\mu r_1}{r_2(r_1+r_2)}}=v_{c2}\sqrt{\frac{2r_1}{r_1+r_2}} \end{aligned}\right\} \tag{6-159}$$

所需要的特征速度为

$$\left.\begin{aligned} \Delta v_1&=v_{c1}\left(\sqrt{\frac{2r_2}{r_1+r_2}}-1\right) \\ \Delta v_2&=v_{c2}\left(1-\sqrt{\frac{2r_1}{r_1+r_2}}\right) \end{aligned}\right\} \tag{6-160}$$

而总的特征速度为

$$\Delta v_{\Sigma}=\Delta v_1+\Delta v_2$$

令 $\gamma=\frac{r_2}{r_1}$,则可以得到无因次化的特征速度为

$$\Delta\overline{v_\Sigma}=\frac{\Delta\overline{v_\Sigma}}{v_{c1}}=\sqrt{\frac{2\gamma}{1+\gamma}}-1+\frac{1}{\sqrt{\gamma}}\left(1-\sqrt{\frac{2}{1+\gamma}}\right) \tag{6-161}$$

上式表示的函数的极点为

$$\gamma=15.58,\Delta\overline{v_\Sigma}=(\Delta\overline{v_\Sigma})_{\max}=0.536$$

渐近值为

$$\lim_{r\to\infty}\Delta\overline{v_\Sigma}=\sqrt{2}-1$$

霍曼转移时间等于过渡椭圆轨道周期的一半:

$$t_p=\frac{\pi}{\sqrt{\mu}}\left(\frac{r_1+r_2}{2}\right)^{\frac{3}{2}}$$

现在分析用霍曼转移实现航天器交会的条件。设在初始时刻 t_0,追踪器在半径为 r_1 的圆轨道(称为停泊轨道)的 P 点,目标器(被动航天器)在半径为 $r_2\,(r_2\gg r_1)$ 的圆轨道 T 点,且目标器超前追踪器一个圆心角 f_H,如图 6－19 所示。

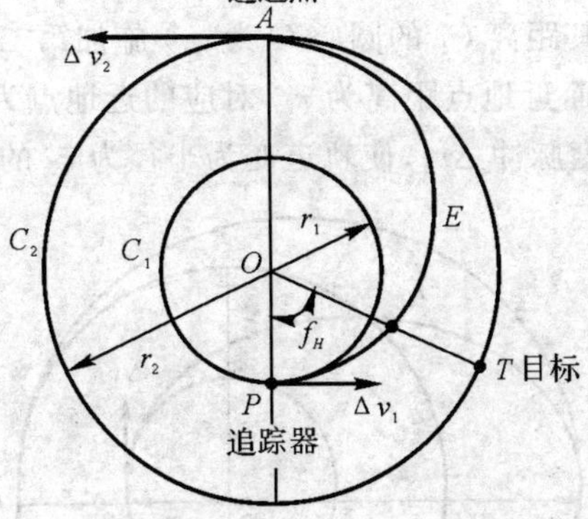

图 6－19　霍曼转移相位角条件

此时,追踪器开始向大圆轨道进行霍曼转移,希望在远地点 A 与目标器交会。追踪器从 P 到 A 的时间为 Δt_A,目标器从 T 到 A 的时间为 Δt_p,实现交会的条件是 $\Delta t_A=\Delta t_p$。 即

$$\frac{1}{2}\frac{2\pi}{\sqrt{\mu}}\left(\frac{r_1+r_2}{2}\right)^{\frac{3}{2}}=\frac{\pi-f_H}{2\pi}\frac{2\pi}{\sqrt{\mu}}r_2^{\frac{3}{2}} \tag{6-162}$$

由此可以得到所需的圆心角的条件为

$$f_H=\pi\left[1-\left(\frac{r_1+r_2}{2r_2}\right)^{\frac{3}{2}}\right] \tag{6-163}$$

如果目标器相对于追踪器的圆心角不符合上述条件,例如为$(f_H+\Delta f)$,则追踪器需要在轨道上等待一段时间 Δt,当 Δf 消除时才开始转移。所需的等待时间

$$\Delta t=\frac{\Delta f}{\sqrt{\mu}\,(r_1^{-\frac{3}{2}}-r_2^{-\frac{3}{2}})} \tag{6-164}$$

这时,整个转移时间(包括等待时间) 表达式为

$$\Delta t_1=\begin{cases}\dfrac{f-\pi\left(1-\sqrt{\left(\dfrac{r_1+r_2}{2r_2}\right)^3}\right)}{\sqrt{\dfrac{\mu}{r_1^3}}-\sqrt{\dfrac{\mu}{r_2^3}}}+\pi\sqrt{\dfrac{1}{\mu}\left(\dfrac{r_1+r_2}{2}\right)^3}, & f\geqslant\pi\left(1-\sqrt{\left(\dfrac{r_1+r_2}{2r_2}\right)^3}\right)\\ \dfrac{f-\pi\left(1-\sqrt{\left(\dfrac{r_1+r_2}{2r_2}\right)^3}\right)+2\pi}{\sqrt{\dfrac{\mu}{r_1^3}}-\sqrt{\dfrac{\mu}{r_2^3}}}+\pi\sqrt{\dfrac{1}{\mu}\left(\dfrac{r_1+r_2}{2}\right)^3}, & f<\pi\left(1-\sqrt{\left(\dfrac{r_1+r_2}{2r_2}\right)^3}\right)\end{cases} \tag{6-165}$$

可以看到，霍曼转移的优点是能量消耗少，但是其转移时间很长。因此，霍曼转移更适合于非紧急任务。

6.4.1.2 双椭圆转移

如果目标轨道半径 r_2 比初始轨道半径 r_1 大得多，使用三冲量的双椭圆变轨所需要的速度增量比霍曼变轨所需要的速度增量还要小。双椭圆转移的过程如图 6-20 所示。

在圆轨道 C_1 的点 P_1，施加第一个速度脉冲 Δv_1，使轨道变为椭圆 E_1，它的近地点就是 P_1；然后在椭圆 E_1 的远地点 A（其距离 C_1 的圆心 O 为 r_a）施加第二个脉冲 Δv_2，使轨道变为椭圆 E_2，它的远地点距离也是 r_a，而近地点距离为 r_2，对应的近地点为 P_2；最后在 E_2 的近地点 P_2 沿飞行反方向施加第三个速度脉冲 Δv_3，使轨道变为半径为 r_2 的圆 C_2。

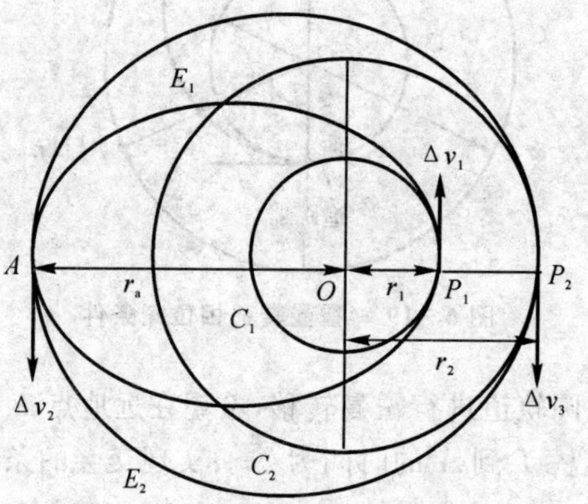

图 6-20 双椭圆转移示意图

利用关系

$$\left.\begin{aligned}v_{c1}+\Delta v_1&=v_{e1p}\\ v_{e1a}+\Delta v_2&=v_{e2a}\\ v_{e2p}-\Delta v_3&=v_{c2}\end{aligned}\right\} \tag{6-166}$$

以及

$$\left.\begin{aligned}&v_{c1}=\sqrt{\frac{\mu}{r_1}}\quad v_{e1p}=\sqrt{\frac{2\mu r_a}{r_1(r_1+r_a)}}\quad v_{e1a}=\sqrt{\frac{2\mu r_1}{r_a(r_1+r_a)}}\\ &v_{c2}=\sqrt{\frac{\mu}{r_2}}\quad v_{e2p}=\sqrt{\frac{2\mu r_a}{r_2(r_2+r_a)}}\quad v_{e2a}=\sqrt{\frac{2\mu r_2}{r_a(r_2+r_a)}}\end{aligned}\right\} \tag{6-167}$$

由此可以求出总的特征速度，有

$$\Delta v_{\Sigma} = \Delta v_1 + \Delta v_2 + \Delta v_3 \tag{6-168}$$

令 $\gamma = \frac{r_2}{r_1}$，$\alpha = \frac{r_a}{r_1}$，得到无因次化的特征速度为

$$\Delta \overline{\overline{v}}_{\Sigma} = \frac{\Delta v_{\Sigma}}{v_{c1}} = \sqrt{\frac{2\alpha}{1+\alpha}} - 1 + \frac{1}{\sqrt{\alpha}}\left(\sqrt{\frac{2\gamma}{\gamma+\alpha}} - \sqrt{\frac{2}{1+\alpha}}\right) + \frac{1}{\sqrt{\gamma}}\left(\sqrt{\frac{2\alpha}{\gamma+\alpha}} - 1\right) \tag{6-169}$$

渐近值为

$$\lim_{\alpha\to\infty} \Delta \overline{\overline{v}}_{\Sigma} = (\sqrt{2}-1)\sqrt{1+\frac{1}{\gamma}}$$

r_1 和 r_2 是由转移任务决定的，而 r_a 则是可选择的。由 $\frac{\partial \Delta \overline{\overline{v}}_{\Sigma}}{r_a} = 0$ 可以求出最优的 $(r_a)_{\text{opt}}$ 及相应的 $(\Delta \overline{\overline{v}}_{\Sigma})_{\min}$。

已有的研究结果指出[3]：如果 $(r_a)_{\text{opt}} > r_2$，则双椭圆转移有利，若 $(r_a)_{\text{opt}} < r_2$，则宁愿采用霍曼转移。

从能量角度，由数值计算可以得出：

当 $\gamma \leqslant 11.938\,765$ 时，霍曼转移时无条件最省能量；

当 $11.938\,765 < \gamma < 15.581\,719$ 时，只要 α 足够大，则双椭圆转移要比霍曼转移更省能量；

当 $\gamma \geqslant 15.581\,719$ 时，双椭圆转移较霍曼转移有利，但由于过渡时间很长，双椭圆转移的实际意义并不大。

下面分析用双椭圆转移实现交会的条件。在初始时刻 t_0，目标器在半径为 r_2 的目标轨道的 P_0 点，追踪器在半径为 r_1 的停泊轨道的 P_1 点，且 P_0 超前于 P_1 一个相位角 f_H，在此时刻追踪器开始进行双椭圆转移，期望在 P_2 点与目标器遭遇，如图 6-21 所示。

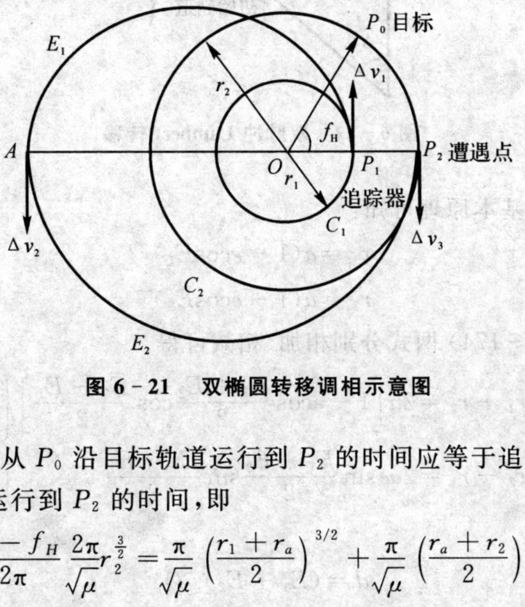

图 6-21　双椭圆转移调相示意图

其实现条件：目标器从 P_0 沿目标轨道运行到 P_2 的时间应等于追踪器从 P_1 沿椭圆 E_1 运行到 A 然后沿椭圆 E_2 运行到 P_2 的时间，即

$$\frac{2\pi - f_H}{2\pi}\frac{2\pi}{\sqrt{\mu}} r_2^{\frac{3}{2}} = \frac{\pi}{\sqrt{\mu}}\left(\frac{r_1+r_a}{2}\right)^{3/2} + \frac{\pi}{\sqrt{\mu}}\left(\frac{r_a+r_2}{2}\right)^{3/2} \tag{6-170}$$

由此得到 f_H 和 r_a 必须符合的条件为

$$f_H=\pi\left[2-\left(\frac{r_1+r_a}{2r_2}\right)^{3/2}-\left(\frac{r_a+r_2}{2r_2}\right)^{3/2}\right] \tag{6-171}$$

双椭圆变轨方式较之霍曼变轨需要的变轨时间更长，且在施加第二速度增量时航天器的轨道速度很小，冲量的微小误差都会引起转移轨道的轨道参数的很大变化，这就影响了双椭圆变轨的实际应用价值。

6.4.1.3 Lambert 机动[5]

除了霍曼变轨方式外，对于空间任意两点之间的转移问题，若飞行时间给定，也可以通过 Lambert 机动实现。

首先给出 Lambert 双脉冲机动问题的描述：已知航天器的初始位置$\boldsymbol{r}_1$ 和速度 $\boldsymbol{v}_{10}$，要求经过 Δt 的飞行时间，航天器到达终端时刻的位置 $\boldsymbol{r}_2$ 和速度 $\boldsymbol{v}_{20}$，要求确定航天器在初始和终端点火的速度增量 $\Delta\boldsymbol{v}_1$ 和 $\Delta\boldsymbol{v}_2$。

Lambert 双脉冲变轨过程如图 6-22 所示，根据轨道理论，沿开普勒轨道从 P_1 飞行到 P_2 点的时间(t_2-t_1)应满足关系式：

$$\sqrt{\mu/a^3}\,(t_2-t_1)=M_2-M_1=E_2-E_1-e(\sin E_2-\sin E_1) \tag{6-172}$$

式中，M 是平近点角；E 是偏近点角。

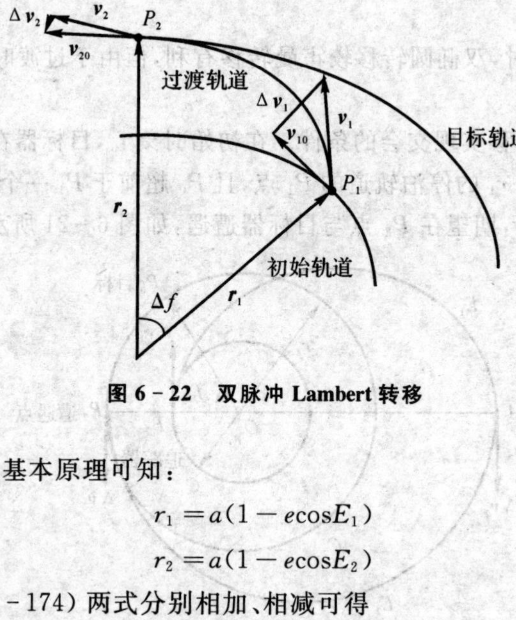

图 6-22 双脉冲 Lambert 转移

根据轨道动力学的基本原理可知：

$$r_1=a(1-e\cos E_1) \tag{6-173}$$

$$r_2=a(1-e\cos E_2) \tag{6-174}$$

式(6-173) 和式(6-174) 两式分别相加、相减可得

$$\left.\begin{aligned} r_1+r_2&=2a\left[1-e\cos\frac{E_1+E_2}{2}\cos\frac{E_2-E_1}{2}\right]\\ r_2-r_1&=2ae\sin\frac{E_1+E_2}{2}\sin\frac{E_2-E_1}{2}\end{aligned}\right\} \tag{6-175}$$

若令

$$\left.\begin{aligned} d&=(E_1+E_2)/2\\ g&=(E_2-E_1)/2\end{aligned}\right\} \tag{6-176}$$

则可将式(6-175) 改写为

$$\left.\begin{aligned} r_1+r_2&=2a(1-e\cos d\cos g)\\ r_2-r_1&=2ae\sin d\sin g \end{aligned}\right\} \tag{6-177}$$

在以地心 O 为原点的拱线坐标系中，椭圆上的点的坐标为

$$\left.\begin{aligned} x_p&=a(\cos E-e)\\ y_p&=a\sqrt{1-e^2}\sin E \end{aligned}\right\} \tag{6-178}$$

所以弦线 P_1P_2 的长度 s 的二次方为

$$s^2=a^2(\cos E_2-\cos E_1)^2+a^2(1-e^2)(\sin E_2-\sin E_1)^2=4a^2\sin^2 g(1-e^2\cos^2 d) \tag{6-179}$$

若定义

$$\cos h=e\cos d \tag{6-180}$$

则由式(6-179)可得

$$s=2a\sin g\sin h \tag{6-181}$$

又由式(6-177)、式(6-181)可得

$$\left.\begin{aligned} r_1+r_2+s&=2a[1-\cos(h+g)]\\ r_1+r_2-s&=2a[1-\cos(h-g)] \end{aligned}\right\} \tag{6-182}$$

再令

$$\left.\begin{aligned} \alpha&=h+g\\ \beta&=h-g \end{aligned}\right\} \tag{6-183}$$

则可将式(6-182)改写为

$$\left.\begin{aligned} r_1+r_2+s&=4a\sin^2(\alpha/2)\\ r_1+r_2-s&=4a\sin^2(\beta/2) \end{aligned}\right\} \tag{6-184}$$

式(6-184)表明，α 和 β 由 a，s 和 r_1+r_2 决定。

将式(6-176)、式(6-180)、式(6-183)代入式(6-172)，可得

$$\frac{\sqrt{\mu}}{a^{3/2}}(t_2-t_1)=(\alpha-\sin\alpha)-(\beta-\sin\beta) \tag{6-185}$$

式(6-185)称为 Lambert 方程。由此就导出 Lambert 定理：沿 Kepler 轨道从一个点到另一个点所需的时间取决于轨道长半轴 a，两点的地心距离之和 r_1+r_2，连接两点的弦线的长度 s，而与偏心率无关。也就是

$$\Delta t=t_2-t_1=F(a,r_1+r_2,s) \tag{6-186}$$

因此相应的 Lambert 问题描述就是：已知两个点 P_1 和 P_2 的地心距离 r_1 和 r_2，以及这两点的中心角 Δf，并给定时间 $\Delta t=t_2-t_1$，要求寻找一条参数为 a，e 的轨道来实现从 P_1 到 P_2 的过渡。

对于 Lambert 问题，显然存在着无数条经过 $\boldsymbol{r}_1$ 和 $\boldsymbol{r}_2$ 的轨道，以它们为过渡轨道都可以实现追踪航天器从 $\boldsymbol{r}_1$ 到 $\boldsymbol{r}_2$ 的转移。但是，在众多的过渡轨道中，只有两条满足所要求的飞行时间，即只有两条能够在 Δt 时间内将追踪航天器从 $\boldsymbol{r}_1$ 转移到 $\boldsymbol{r}_2$。这两条轨道分别被称为“短程轨道”和“长程轨道”，如图 6-23 所示。图中 Δf 为 $\boldsymbol{r}_1$ 和 $\boldsymbol{r}_2$ 的夹角，也等于两位置的真近点角之差。

若由 P_1 点到 P_2 点的飞行时间已知，Lambert 问题就是如何确定连接 P_1 点到 P_2 点的飞

行轨迹。如果能求出 $\boldsymbol{v}_1$，则由 $\boldsymbol{r}_1$ 和 $\boldsymbol{v}_1$ 就可以确定出飞行轨迹上任意一点的位置和速度。

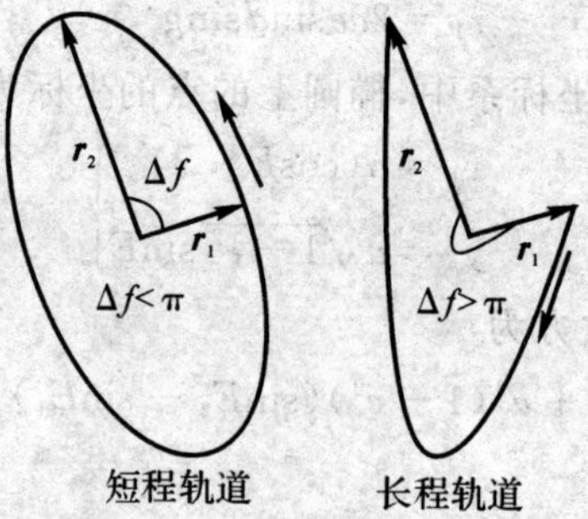

图 6-23　短程轨道和长程轨道

求解 Lambert 问题之前，需要先定义拉格朗日系数，有

$$\left.\begin{aligned} l&=1-\frac{r_2}{p}(1-\cos\Delta f)=1-\frac{a}{r_1}(1-\cos\Delta E)\\ k&=\frac{r_1 r_2\sin\Delta f}{\sqrt{\mu p}}=\Delta t-\sqrt{\frac{a^3}{\mu}}(\Delta E-\sin\Delta E)\end{aligned}\right\}\tag{6-187}$$

对其求一阶导数，则

$$\left.\begin{aligned} \dot{l}&=\sqrt{\frac{\mu}{p}}\tan\frac{\Delta f}{2}\left(\frac{1-\cos\Delta f}{p}-\frac{1}{r_1}-\frac{1}{r_2}\right)\\ \dot{k}&=1-\frac{r_1}{p}(1-\cos\Delta f)\end{aligned}\right\}\tag{6-188}$$

式中，$r_1,r_2,\Delta f,\Delta t$ 已知；$p,a,\Delta E$ 未知。

于是求解 Lambert 问题的过程可转换为求解以上这样一组超越方程，要用迭代法求解，下面介绍采用普适变量法的求解过程。普适变量法是通过引入普适变量 z，建立机动时间 Δt 与 z 之间的函数关系，并利用合适的数值迭代方法（一般可采用 Newton-Raphson 方法）求解 z 值并带入到函数关系式中，使所得到的 Δt 与给定机动时间的差值满足精度要求。步骤如下：

(1) 计算 r_1 和 r_2，有

$$r_1=\sqrt{\boldsymbol{r}_1\cdot\boldsymbol{r}_1}\tag{6-189}$$

$$r_2=\sqrt{\boldsymbol{r}_2\cdot\boldsymbol{r}_2}\tag{6-190}$$

(2) 选择“短程轨道”或“长程轨道”，并计算 Δf：

对于“短程轨道”，有

$$\Delta f=\begin{cases}\arccos\left(\dfrac{\boldsymbol{r}_1\cdot\boldsymbol{r}_2}{|\boldsymbol{r}_1||\boldsymbol{r}_2|}\right), & (\boldsymbol{r}_1\times\boldsymbol{r}_2)_Z\geqslant 0\\ 2\pi-\arccos\left(\dfrac{\boldsymbol{r}_1\cdot\boldsymbol{r}_2}{|\boldsymbol{r}_1||\boldsymbol{r}_2|}\right), & (\boldsymbol{r}_1\times\boldsymbol{r}_2)_Z<0\end{cases}\tag{6-191}$$

对于“长程轨道”，有

$$\Delta f=\begin{cases}\arccos\left(\dfrac{\boldsymbol{r}_1\cdot\boldsymbol{r}_2}{|\boldsymbol{r}_1||\boldsymbol{r}_2|}\right), & (\boldsymbol{r}_1\times\boldsymbol{r}_2)_Z<0\\ 2\pi-\arccos\left(\dfrac{\boldsymbol{r}_1\cdot\boldsymbol{r}_2}{|\boldsymbol{r}_1||\boldsymbol{r}_2|}\right), & (\boldsymbol{r}_1\times\boldsymbol{r}_2)_Z\geqslant 0\end{cases}\tag{6-192}$$

其中

$$(\boldsymbol{r}_1 \times \boldsymbol{r}_2)_Z = r_1 r_2 \sin\Delta f \cos i$$

(3) 计算 A,有

$$A = \frac{\sqrt{r_1 r_2}\sin\Delta f}{\sqrt{1-\cos\Delta f}} \tag{6-193}$$

(4) 选取普适变量 z 的初值(可取 $z=-100$,通常 z 的取值为从负值 $\to (2\pi)^2$)。

(5) 利用 z 的初值,通过迭代计算下式,求出 z 值,有

$$\sqrt{\mu}\,\Delta t = \left[\frac{\gamma(z)}{C(z)}\right]^{\frac{3}{2}} S(z) + A\sqrt{\gamma(z)} \tag{6-194}$$

为了求出 z 值,利用牛顿迭代法,建立函数:

$$F(z) = \left[\frac{\gamma(z)}{C(z)}\right]^{\frac{3}{2}} S(z) + A\sqrt{\gamma(z)} - \sqrt{\mu}\,\Delta t \tag{6-195}$$

$$F'(z) = \begin{cases} \left[\dfrac{\gamma(z)}{C(z)}\right]^{\frac{3}{2}} \left\{\dfrac{1}{2z}\left[C(z) - \dfrac{3}{2}\dfrac{S(z)}{C(z)}\right] + \dfrac{3}{4}\dfrac{S(z)^2}{C(z)}\right\} + \\ \qquad \dfrac{A}{8}\left[3\dfrac{S(z)}{C(z)}\sqrt{\gamma(z)} + A\sqrt{\dfrac{C(z)}{\gamma(z)}}\right] & (z \neq 0) \\ \dfrac{\sqrt{2}}{40}\gamma(0)^{\frac{3}{2}} + \dfrac{A}{8}\left[\sqrt{\gamma(0)} + A\sqrt{\dfrac{1}{2\gamma(0)}}\right] & (z=0) \end{cases} \tag{6-196}$$

$$z_{i+1} = z_i - \frac{F(z_i)}{F'(z_i)} \tag{6-197}$$

其中

$$C(z) = \begin{cases} \dfrac{1-\cosh\sqrt{-z}}{z} & (z<0) \\ \dfrac{1}{2!} - \dfrac{z}{4!} + \dfrac{z^2}{6!} - \cdots & (z \to 0) \\ \dfrac{1-\cos\sqrt{z}}{z} & (z>0) \end{cases} \tag{6-198}$$

$$S(z) = \begin{cases} \dfrac{\sinh\sqrt{-z} - \sqrt{-z}}{\sqrt{(-z)^3}} \\ \dfrac{1}{3!} - \dfrac{z}{5!} + \dfrac{z^2}{7!} - \cdots \\ \dfrac{\sqrt{z} - \sin\sqrt{z}}{\sqrt{z^3}} \end{cases} \tag{6-199}$$

$$\gamma(z) = r_1 + r_2 + A\frac{zS(z)-1}{\sqrt{C(z)}} \tag{6-200}$$

直到所解得的 Δt 值与给定的飞行时间的差值在误差范围之内(设为10^{-8})时停止迭代,取此时的 z 值。

(6) 计算拉格朗日级数 l 和 k,以及 $\dot{k}$ 和 $\dot{l}$:

$$l = 1 - \frac{\left[\sqrt{\dfrac{\gamma(z)}{C(z)}}\right]^2}{r_1} C(z) = 1 - \frac{\gamma(z)}{r_1} \tag{6-201}$$

$$k=\frac{1}{\sqrt{\mu}}\left\{\left[\frac{\gamma(z)}{C(z)}\right]^{\frac{3}{2}}S(z)+A\sqrt{\gamma(z)}\right\}-\frac{1}{\sqrt{\mu}}\left[\frac{\gamma(z)}{C(z)}\right]^{\frac{3}{2}}S(z)=A\sqrt{\frac{\gamma(z)}{\mu}} \tag{6-202}$$

$$\left.\begin{aligned}\dot{l}&=\frac{\sqrt{\mu}}{r_1r_2}\sqrt{\frac{\gamma(z)}{C(z)}}\left[zS(z)-1\right]\\ \dot{k}&=1-\frac{\left[\frac{\gamma(z)}{C(z)}\right]^{\frac{3}{2}}}{r_2}C(z)=1-\frac{\gamma(z)}{r_2}\end{aligned}\right\} \tag{6-203}$$

(7) 由此可计算初始点和终端点速度$\boldsymbol{v}_1,\boldsymbol{v}_2$：

$$\boldsymbol{v}_1=\frac{\boldsymbol{r}_2-l\,\boldsymbol{r}_1}{g} \tag{6-204}$$

$$\boldsymbol{v}_2=\frac{\dot{k}\,\boldsymbol{r}_2-\boldsymbol{r}_1}{k} \tag{6-205}$$

(8) 由$\boldsymbol{r}_1$ 和 $\boldsymbol{v}_1$ 或者由$\boldsymbol{r}_2$ 和 $\boldsymbol{v}_2$ 就可以计算出轨道要素。

在应用以上方法时需要注意的是，若机动时间过长，求解得到的 Lambert 转移轨道将呈现较大的偏心率，即追踪航天器要沿这条轨道飞行很长的路程才能到达目标航天器位置，这种转移轨道将使追踪航天器消耗的燃料剧增。此时就需要对以上算法进行改进，如转换为多圈 Lambert 转移问题。

6.4.2 连续推力轨道机动

6.4.2.1 连续推力轨道机动运动方程

考虑控制力为连续推力作用下的航天器在中心引力场中的运动，并引入如下假设：

(1) 视中心天体为理想中心引力体；

(2) 航天器视为质点，且其质量远小于天体的质量。

则在地心赤道惯性坐标系中，航天器的运动方程为

$$\left.\begin{aligned}\dot{\boldsymbol{r}}&=\boldsymbol{v}\\ \dot{\boldsymbol{v}}&=-\frac{\mu}{r^3}\boldsymbol{r}+\frac{T}{m}\boldsymbol{u}\\ \dot{m}&=-\frac{T}{g_0I_{sp}}\end{aligned}\right\} \tag{6-206}$$

式(6-206)中，$\boldsymbol{v}=[v_x\quad v_y\quad v_z]$为航天器速度矢量及其在地心赤道惯性坐标系中的投影；$\boldsymbol{r}=[r_x\quad r_y\quad r_z]$是航天器到地心的距离矢量及其在地心赤道惯性坐标系中的投影；$\boldsymbol{u}=[u_x\quad u_y\quad u_z]$分别为推力的单位矢量及其在地心赤道惯性坐标系中的投影；T 是发动机的推力大小，为定值；m 是航天器的质量；I_{sp} 是发动机比冲；μ 是地球引力常数，g_0 是地球海平面处重力加速度，大小为 9.8 m/s^2。

6.4.2.2 连续径向推力作用下的轨道特性[6]

若把径向推力产生的加速度矢量记为 $\boldsymbol{a}_r$，则由式(6-206) 得

$$\frac{d^2\boldsymbol{r}}{dt^2}=-\frac{\mu}{r^3}\boldsymbol{r}+\boldsymbol{a}_r \tag{6-207}$$

相对于开普勒方程，式(6-207)等号右边多出了一项 $\boldsymbol{a}_r$，由此方程解出的航天器运动轨迹不是开普勒轨道，属于非开普勒轨道。下面针对初始轨道为椭圆轨道的一般情况，借鉴研究开普勒轨道特性的思路，分析常值径向连续推力作用下的航天器轨道特性。

在研究开普勒轨道时，有三个保持不变的特征量，即比角动量矢量 $\boldsymbol{h}$，能量 E 和拉普拉斯常矢量。对于连续径向推力下的非开普勒轨道，这 3 个量又有何特性？

1. 比角动量矢量 $\boldsymbol{h}$

对式(6-207)两边同时左叉乘以 $\boldsymbol{r}$，得

$$\boldsymbol{r}\times\frac{\mathrm{d}^2\boldsymbol{r}}{\mathrm{d}t^2}=-\frac{\mu}{r^3}\boldsymbol{r}\times\boldsymbol{r}+\boldsymbol{r}\times\boldsymbol{a}_r \tag{6-208}$$

显然，方程右边为零，则

$$\boldsymbol{r}\times\frac{\mathrm{d}^2\boldsymbol{r}}{\mathrm{d}t^2}=0$$

考察比角动量矢量 $\boldsymbol{h}$ 的导数，有

$$\frac{\mathrm{d}\boldsymbol{h}}{\mathrm{d}t}=\frac{\mathrm{d}(\boldsymbol{r}\times\boldsymbol{v})}{\mathrm{d}t}=\frac{\mathrm{d}r}{\mathrm{d}t}\times\frac{\mathrm{d}r}{\mathrm{d}t}+r\times\frac{\mathrm{d}^2r}{\mathrm{d}t^2}=0$$

则

$$\boldsymbol{h}=\mathrm{const} \tag{6-209}$$

式(6-209)表明，在中心引力场中，不考虑摄动因素，在连续径向推力作用下航天器的比角动量矢量 $\boldsymbol{h}$ 保持不变。由于比角动量矢量 $\boldsymbol{h}$ 指向轨道平面的法线方向，则 $\boldsymbol{h}$ 保持不变也就意味着航天器轨道平面在惯性空间保持不变。因此径向加速度的大小对比角动量矢量 $\boldsymbol{h}$ 没有影响。

2. 能量特性

对式(6-207)两边同时点乘以 $\dfrac{\mathrm{d}\boldsymbol{r}}{\mathrm{d}t}$，得到

$$\frac{\mathrm{d}\boldsymbol{r}}{\mathrm{d}t}\cdot\frac{\mathrm{d}^2\boldsymbol{r}}{\mathrm{d}t^2}=-\frac{\mu}{r^3}\frac{\mathrm{d}\boldsymbol{r}}{\mathrm{d}t}\cdot\boldsymbol{r}+\frac{\mathrm{d}\boldsymbol{r}}{\mathrm{d}t}\cdot\boldsymbol{a}_r \tag{6-210}$$

式(6-210)左端为

$$\frac{\mathrm{d}\boldsymbol{r}}{\mathrm{d}t}\cdot\frac{\mathrm{d}^2\boldsymbol{r}}{\mathrm{d}t^2}=\frac{\mathrm{d}}{\mathrm{d}t}\left(\frac{v^2}{2}\right)$$

因为 $\dfrac{\mathrm{d}\boldsymbol{r}}{\mathrm{d}t}=v\sin\gamma$，若径向加速度大小 a_r 保持不变，则式(6-210)右端为

$$-\frac{\mu}{r^3}\frac{\mathrm{d}\boldsymbol{r}}{\mathrm{d}t}\cdot\boldsymbol{r}+\frac{\mathrm{d}\boldsymbol{r}}{\mathrm{d}t}\cdot\boldsymbol{a}_r=-\frac{\mu}{r^3}\boldsymbol{v}\cdot\boldsymbol{r}+\boldsymbol{v}\cdot\boldsymbol{a}_r=-\frac{\mu}{r^3}vr\sin\gamma+va_r\sin\gamma=\frac{\mathrm{d}}{\mathrm{d}t}\left(\frac{\mu}{r}\right)+\frac{\mathrm{d}}{\mathrm{d}t}(a_r r)$$

因此式(6-210)可写成如下形式：

$$\frac{\mathrm{d}}{\mathrm{d}t}\left(\frac{v^2}{2}-\frac{\mu}{r}-a_r r\right)=0$$

故有

$$\frac{v^2}{2}-\frac{\mu}{r}=a_r r+\mathrm{const} \tag{6-211}$$

根据方程 $\dfrac{v^2}{2}-\dfrac{\mu}{r}=\mathrm{const}=\varepsilon_e$ 可知，若定义轨道能量为

$$E=\frac{v^2}{2}-\frac{\mu}{r} \tag{6-212}$$

则在开普勒运动中，轨道能量为常值；而在径向连续推力作用下轨道能量写为

$$E=E_0+a_r(r-r_0) \tag{6-213}$$

式中，E_0 表示初始时刻航天器在椭圆轨道上的能量；r_0 表示初始时刻航天器距离地心矢径的大小。

由式(6-213)可知，当航天器受到径向连续推力作用时，轨道能量不再为常值，其值仅与初始时刻能量、径向推力加速度的大小以及地心距变化量有关，而与初始时刻航天器在轨道的位置、时间及其他一切因素无关。

3. 从圆形初始轨道上逃逸的条件

若将单位速度矢量写成切向分量和法向分量的形式，可将轨道能量表示为

$$\frac{1}{2}\left[\left(\frac{\mathrm{d}r}{\mathrm{d}t}\right)^2+\left(r\frac{\mathrm{d}f}{\mathrm{d}t}\right)^2\right]-\frac{\mu}{r}-a_r r=\mathrm{const} \tag{6-214}$$

圆形轨道时的初始能量方程$\frac{v^2}{2}-\frac{\mu}{r}=-\frac{\mu}{2r}$，则在初始时有

$$E=-\frac{\mu}{2r_0}-a_r r_0=\mathrm{const} \tag{6-215}$$

以上两式联立可得

$$\frac{1}{2}\left[\left(\frac{\mathrm{d}r}{\mathrm{d}t}\right)^2+r^2\left(\frac{\mathrm{d}f}{\mathrm{d}t}\right)^2\right]-\frac{\mu}{r}-a_r r=-\frac{\mu}{2r_0}-a_r r_0 \tag{6-216}$$

整理式(6-216)可得

$$\left(\frac{\mathrm{d}r}{\mathrm{d}t}\right)^2=2a_r(r-r_0)-r^2\left(\frac{\mathrm{d}f}{\mathrm{d}t}\right)^2+\frac{2\mu}{r}-\frac{\mu}{r_0} \tag{6-217}$$

现在对式(6-217)进行变形，来分析径向连续推力作用下轨道特性。

首先，对能量方程 $E=E_0+a_r(r-r_0)$ 分析，若达到逃逸速度即半径达到无穷远，则此时的能量为零

$$E=E_0+a_r(r-r_0)=-\frac{\mu}{2r_0}+a_r(r-r_0)=0 \tag{6-218}$$

令达到逃逸速度时的地心距为 r_e，则有逃逸时：

$$r_e=r_0+\frac{\mu}{2r_0a_r} \tag{6-219}$$

$$a_r=\frac{\mu}{2r_0(r_e-r_0)} \tag{6-220}$$

又根据中心引力场下运动方程 $r=\dfrac{h^2/\mu}{1+e\cos f}$ 可得，若 $e=0$，即圆形初始轨道下 $r=\dfrac{h^2}{\mu}$，再根据前述比角动量在径向连续推力作用下保持不变，而在圆形初始轨道上 $h=rv=r^2\dot{f}$，将 $h^2=r_0\mu$ 和 $h=rv=r^2\dot{f}$ 带入方程式(6-217)，则方程右端$\left(r\dfrac{\mathrm{d}f}{\mathrm{d}t}\right)^2$ 可化为

$$\left(r\frac{\mathrm{d}f}{\mathrm{d}t}\right)^2=\frac{(r^2\dot{f})^2}{r^2}=\frac{h^2}{r^2}=\frac{r_0\mu}{r^2} \tag{6-221}$$

所以方程式(6-217)变为

$$\left(\frac{\mathrm{d}r}{\mathrm{d}t}\right)^2=2a_r(r-r_0)+\frac{2\mu}{r}-\frac{\mu}{r_0}-\frac{r_0\mu}{r^2} \tag{6-222}$$

其中经过整理发现右端后三项

$$\frac{2\mu}{r}-\frac{\mu}{r_0}-\frac{r_0\mu}{r^2}=-\frac{\mu}{r^2r_0}(r_0+r^2-2rr_0)=-\frac{\mu}{r^2r_0}(r-r_0)^2 \tag{6-223}$$

将逃逸点 $a_r=\dfrac{\mu}{2r_0(r_e-r_0)}$ 带入式(6-222) 得

$$\left(\frac{\mathrm{d}r}{\mathrm{d}t}\right)^2=2a_r(r-r_0)-\frac{2a_r}{r^2}(r_e-r_0)(r-r_0)^2=\frac{2a_r}{r^2}(r-r_0)[r^2-(r_e-r_0)(r-r_0)] \tag{6-224}$$

以上方程式是根据轨道能量方程推出的，表示在径向连续推力作用下，轨道任意一点的速度和地心距之间的关系，根据此方程可以计算达到逃逸时需要满足的条件。

对方程式(6-224)分析，若令$\dfrac{\mathrm{d}r}{\mathrm{d}t}=0$，表示达到最大地心距情况，此时去除 $r=r_0$ 的解，则方程右端要求

$$r^2-(r_e-r_0)(r-r_0)=0 \tag{6-225}$$

展开得

$$r^2-(r_e-r_0)r+r_0(r_e-r_0)=0 \tag{6-226}$$

若要使上式有两个实根，则要求$(r_e-r_0)^2-4r_0(r_e-r_0)>0$，即

$$(r_e-r_0)(r_e-5r_0)>0 \tag{6-227}$$

由于 $r_e>r_0$ 自然满足，因此要使方程有两个实根，必须满足 $r_e>5r_0$。

(1) 当 $r_e>5r_0$ 时，方程式(6-224) 有 3 个实根，分别为

$$r_1=r_0 \tag{6-228}$$

$$r_{2,3}=\frac{(r_e-r_0)\pm\sqrt{(r_0-r_e)(5r_0-r_e)}}{2} \tag{6-229}$$

由穿根法画得三次方程的解，如图 6-24 所示，容易看出，在 r_1 处地心距增大，在 r_2 处地心距减小，r_3 为增根，去除。

说明在这种情况下，航天器从初始位置在径向连续推力作用下不断脱离地球，轨道半径增大；在到达某一值 $r_2=\dfrac{(r_e-r_0)-\sqrt{(r_0-r_e)(5r_0-r_e)}}{2}$ 时达到极大值，之后半径开始减小，直到半径回到初始半径值，此后地心距再次开始增大，如此反复。此时，根据圆形初始轨道下 $a_r=\dfrac{\mu}{2r_0(r_e-r_0)}$，将 $r_e>5r_0$ 带入可得 $a_r<\dfrac{\mu}{8r_0^2}$。

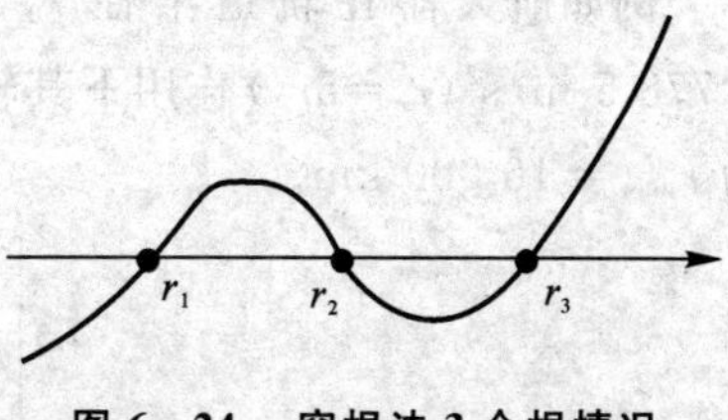

图 6-24　穿根法 3 个根情况

例如航天器在轨道半径 $r_0=8\ 000$ km 的初始圆轨道上，在常值径向加速度 $a_r=0.643\ 4\ \mathrm{m/s^2}$ $(r_e=5.84r_0)$ 作用下其轨道在轨道平面内的轨迹如图 6-25(a) 所示，轨道的最大地心距为 $r_{\max}=11\ 294.7$ km。

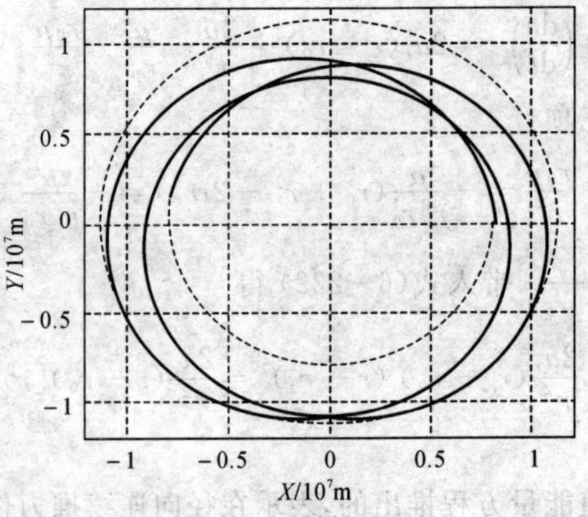

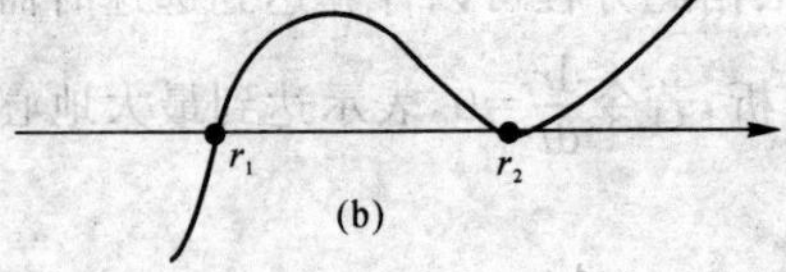

图 6-25

(a) 圆形初始轨道未逃逸情况图； (b) 穿根法二根情况

(2)$r_e=5r_0$ 时，三次方程有两个实根，分别为 $r_1=r_0$ 和 $r_2=2r_0$。

此时由穿根法画得三次方程解的情况如图 6-25(b) 所示。

容易看出，在 r_1 处地心距增大，在 r_2 处地心距不变。

说明在这种情况下，航天器在径向连续推力的作用下，不断脱离地球，从初始地心距开始不断增大，当达到 $r=r_2=2r_0$ 时，此时 $\dfrac{dr}{dt}=0$，半径不再增加，开始做圆周运动，将 $r_e=5r_0$ 带入可得 $a_r=\dfrac{\mu}{8r_0^2}$。因此，当航天器受到径向连续推力产生的加速度为 $a_r=\dfrac{\mu}{8r_0^2}$ 时，将从初始地心距为 r_1 的圆形轨道转移到地心距为 $r=r_2=2r_0$ 的圆形轨道。

例如航天器在轨道半径 $r_0=8\ 000$ km 的初始圆轨道上，在常值径向加速度 $a_r=0.778\ 5\ \mathrm{m/s^2}$ ($r_e=5r_0$) 作用下其轨道在轨道平面内的轨迹如图 6-26 所示，轨道的最大地心距为 $r_{\max}=16\ 000$ km。

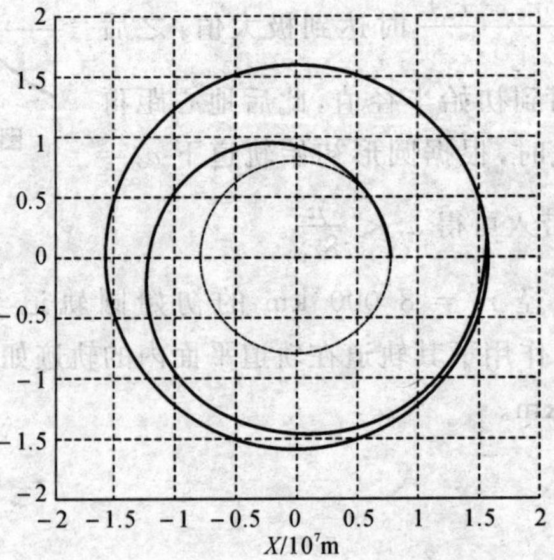

图 6-26　圆形初始轨道临界逃逸情况

(3)$r_e < 5r_0$ 时，三次方程只有一个根，即 $r = r_0$。此时由穿根法画得三次方程解的情况如图 6-27 所示。

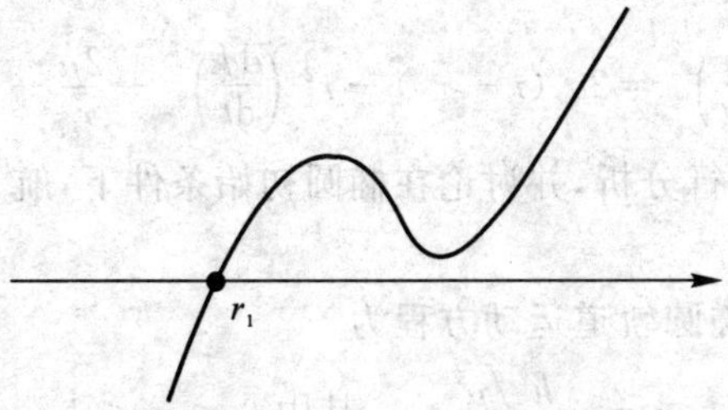

图 6-27　穿根法一根情况

容易看出，此时的航天器在受到径向连续推力作用下，地心距不断增大，航天器能完全脱离地球引力场束缚。因此，在圆形初始轨道情况下，当航天器所受到的径向连续推力产生的加速度达到 $a_r > \frac{\mu}{8r_0^2}$ 时，航天器将能够逃逸。

例如航天器在轨道半径 $r_0 = 8\ 000$ km 的初始圆轨道上，在常值径向加速度 $a_r = 1.216\ 4\ \mathrm{m/s^2}$ ($r_e = 3.56r_0$) 作用下其轨道在轨道平面内的轨迹如图 6-28 所示。

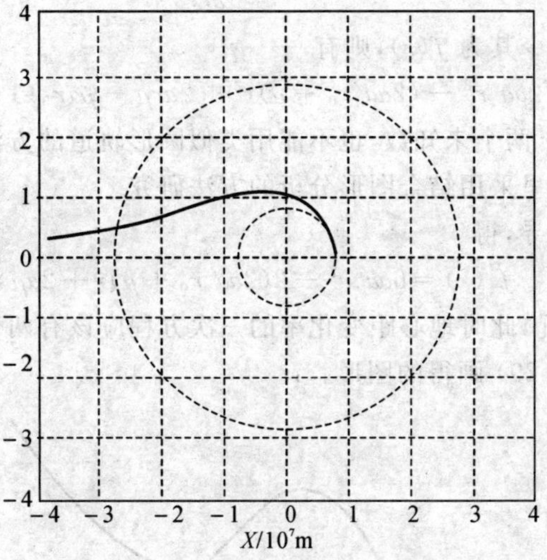

图 6-28　圆形初始轨道逃逸情况

4. 从椭圆初始轨道上逃逸的条件

仿照上述圆形初始轨道的推导过程，将能量方程中的速度矢量分解后有

$$\frac{1}{2}\left[\left(\frac{\mathrm{d}r}{\mathrm{d}t}\right)^2 + \left(r\frac{\mathrm{d}f}{\mathrm{d}t}\right)^2\right] - \frac{\mu}{r} - a_r r = \mathrm{const} \tag{6-230}$$

再根据椭圆初始轨道，由公式 $\frac{v^2}{2} - \frac{\mu}{r} = -\frac{\mu}{2a}$ 可得在初始时刻能量为

$$E = -\frac{\mu}{2a} - a_r r_0 \tag{6-231}$$

带入式(6-230)得到

$$\frac{1}{2}\left[\left(\frac{\mathrm{d}r}{\mathrm{d}t}\right)^2+\left(r\frac{\mathrm{d}f}{\mathrm{d}t}\right)^2\right]-\frac{\mu}{r}-a_r r=E=-\frac{\mu}{2a}-a_r r_0 \tag{6-232}$$

整理式(6-232)得

$$\left(\frac{\mathrm{d}r}{\mathrm{d}t}\right)^2=2a_r(r-r_0)-r^2\left(\frac{\mathrm{d}f}{\mathrm{d}t}\right)^2+\frac{2\mu}{r}-\frac{\mu}{a} \tag{6-233}$$

下面对方程(6-233)进行分析，并讨论在椭圆初始条件下，航天器受到径向连续推力作用下的轨道特性。

由于在地球引力场中，椭圆轨道运动方程为

$$r=\frac{h^2/\mu}{1+e\cos f}\quad \text{其中 } 0<e<1 \tag{6-234}$$

又由已经推导出的 $h^2=r_0\mu(1+e\cos f)$ 和 $h=rv=r^2\dot{f}$，带入方程式(6-233)中可得

$$\left(\frac{\mathrm{d}r}{\mathrm{d}t}\right)^2=2a_r(r-r_0)+\frac{2\mu}{r}-\frac{\mu}{a}-\frac{\mu r_0(1+e\cos f_0)}{r^2} \tag{6-235}$$

由式(6-235)可知，当初始轨道为椭圆时，轨道变化特性不仅与椭圆形状(半长轴 a，椭圆偏心率 e)有关，也与航天器初始位置有关(初始地心距 r_0，初始时刻真近点角 f_0)。

将式(6-235)通分后可得

$$\left(\frac{\mathrm{d}r}{\mathrm{d}t}\right)^2=\frac{2ar^2a_r(r-r_0)+2ar\mu-\mu r^2-\mu ar_0(1+e\cos f)}{ar^2} \tag{6-236}$$

对右端分子展开，并令其为 $f(r)$，则有

$$f(r)=2aa_r r^3-(2aa_r r_0+\mu)r^2+2ar\mu-\mu ar_0(1+e\cos f) \tag{6-237}$$

该方程中含有 a_r 和 r 两个未知数，也不能用类似圆形轨道的方法进行因式分解，因此无法直接求得解析解特性，这里采用结合图形分析的方法研究。

首先对 $f(r)$ 求一次导，得

$$f'(r)=6aa_r r^2-2(2aa_r r_0+\mu)r+2a\mu \tag{6-238}$$

考虑逃逸的临界情况，此时地心距变化率的三次方程应该有两个根，如圆形初始轨道 $r_e=5r_0$ 时的穿根法(见图 6-29)画得的图形。

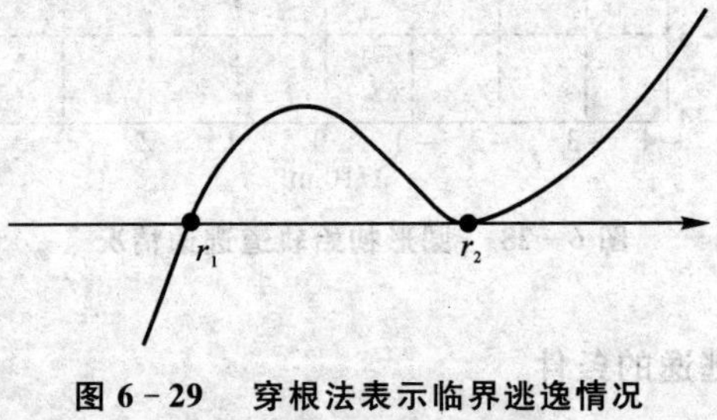

图 6-29　穿根法表示临界逃逸情况

对于 r_2 点，必须同时满足：

$$f(r)=2aa_r r^3-(2aa_r r_0+\mu)r^2+2ar\mu-\mu ar_0(1+e\cos f)=0 \tag{6-239}$$

$$f'(r)=6aa_r r^2-2(2aa_r r_0+\mu)r+2a\mu=0 \tag{6-240}$$

联立以上两个方程可以求解出逃逸临界情况时地心距的最大值，并由此得出在不同初始椭圆形状以及航天器在椭圆不同初始位置情况下的临界逃逸地心距 r_e，再根据椭圆能量特性，半径达到无穷远时总能量为零可得

$$E=E_0+a_r(r-r_0)=-\frac{\mu}{2a}+a_r(r-r_0)=0 \tag{6-241}$$

求解得到 $a_r=\dfrac{\mu}{2a(r_e-r_0)}$，以此来求得给定椭圆初始轨道，从某一初始位置出发，航天器逃逸所需要的径向连续推力加速度大小。从上述分析可看出，用这种方法不能给出像圆形初始轨道一样的直观的解析表达形式。

下面从极坐标下航天器受力分析的角度提出一种分析方法，可以得到比较好的解析解形式。如图 6-30 所示，选取航天器在运行过程中的任一时刻进行分析，建立动力学方程为

$$\frac{d^2r}{dt^2}=a_r+r\left(\frac{df}{dt}\right)^2-\frac{\mu}{r^2} \tag{6-242}$$

$$\frac{d}{dt}\left(r^2\frac{df}{dt}\right)=ra_u \tag{6-243}$$

这是钱学森在文献[7]中提到的方法，其中 a_r，a_u 分别表示作用在航天器上的径向和周向加速度，在这里通过改进来研究椭圆初始轨道情况下的临界逃逸问题。

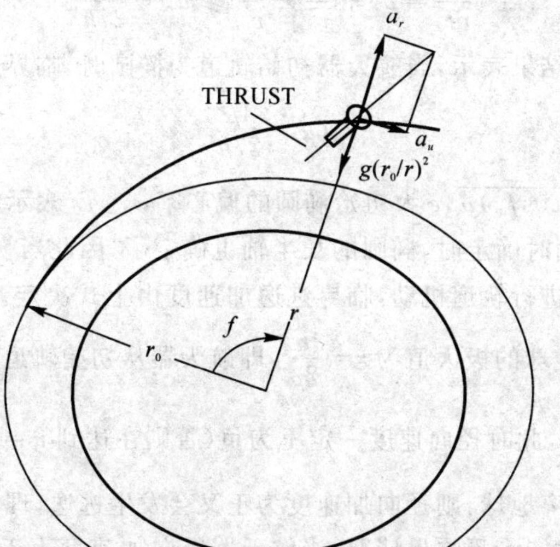

图 6-30　航天器任意时刻受力

首先，由于航天器只受到径向连续作用力，因此有

$$r^2\frac{df}{dt}=\text{const} \tag{6-244}$$

式(6-244)表明比角动量守恒。根据初始轨道为椭圆，其中右端常值项利用运动方程

$$r=\frac{h^2/\mu}{1+e\cos f} \tag{6-245}$$

可以得出恒定比角动量：

$$h=\sqrt{r(1+e\cos f)\mu} \tag{6-246}$$

带入式(6-244)可求得

$$\frac{df}{dt}=\frac{h}{r^2}\quad\left(h=\sqrt{r(1+e\cos f)\mu}\right) \tag{6-247}$$

将式(6-247)带入式(6-242)中,有

$$\frac{d^2 r}{dt^2}=a_r+\frac{h^2}{r^3}-\frac{\mu}{r^2} \tag{6-248}$$

由于航天器只在径向方向受到推力的作用,因此要使航天器达到逃逸条件,需要式(6-248)中径向加速度始终大于等于零。令

$$h(r)=h^2 r^{-3}-\mu r^{-2}+a_r \tag{6-249}$$

即要使 $h(r)$ 最小值大于零。对 $h(r)$ 求一阶微分并令其等于零,得到下式

$$\dot{h}(r)=-3h^2 r^{-4}+2\mu r^{-3}=0 \tag{6-250}$$

求解得 $r=\frac{3h^2}{2\mu}$。经分析当 $r=\frac{3h^2}{2\mu}$ 时,$h(r)$ 取得极小值也是最小值。带入 $h(r)$ 中可以得到

$$h(r)=h^2 r^{-3}-\mu r^{-2}+a_r=\frac{8h^2\mu^3}{27h^6}-\frac{4\mu^3}{9h^4}+a_r=-\frac{4\mu^3}{27h^4}+a_r \tag{6-251}$$

因此有

$$\frac{d^2 r}{dt^2}=a_r+\frac{h^2}{r^3}-\frac{\mu}{r^2}\geqslant a_r-\frac{4\mu^3}{27h^4} \tag{6-252}$$

用以上方法导出的结果表示,当航天器初始轨道为椭圆时,临界逃逸加速度为

$$a_{rlj}=\frac{4\mu^3}{27h^4} \tag{6-253}$$

其中 $h=\sqrt{r_0(1+e\cos f_0)\mu}$,$e$ 为初始椭圆的偏心率,r_0,f_0 表示航天器初始时刻在椭圆上的位置。由于 r_0 和 f_0 同时确定时,椭圆的长半轴也确定了,因此当初始轨道为椭圆时,航天器在径向连续推力作用下进行轨道机动,临界逃逸加速度由上式决定。当航天器达到临界逃逸加速度时,航天器距离地球的极大值为 $r=\frac{3h^2}{2\mu}$,即航天器从初始轨道开始不断上升,当达到 $r=\frac{3h^2}{2\mu}$ 时,径向加速度为零,此时径向速度一定不为负(否则在达到 $r=\frac{3h^2}{2\mu}$ 前径向加速度就应小于零),若航天器速度远离地球,则径向加速度为正又会发生逃逸,理论分析可知此时航天器必须绕地球做圆周运动,才能满足临界情况;当航天器径向加速度小于临界值时,存在某一个距离使得径向加速度指向地球,因此航天器将绕回到地球并再次飞离,做不同的椭圆运动,且椭圆形状相同;当航天器径向加速度 $a_r>a_{rlj}$ 时,航天器逃逸。

6.4.2.3 连续周向推力作用下的轨道特性[8]

上小节主要对连续径向力作用下的航天器轨道进行了分析,这小节主要针对连续周向力作用下的航天器轨道,也从比角动量特性和能量特性出发,分析逃逸时所需的周向加速度。

若把周向推力产生的加速度矢量记为 $\boldsymbol{a}_u$,得

$$\frac{d^2\boldsymbol{r}}{dt^2}=-\frac{\mu}{r^3}\boldsymbol{r}+\boldsymbol{a}_u \tag{6-254}$$

用与前小节类似的方法,分析周向推力加速度下的比角动量矢量 $\boldsymbol{h}$ 和能量 E 的变化特性。

1. 比角动量特性

对式(6-254)两边同时左叉乘 $\boldsymbol{r}$,则有

$$\boldsymbol{r}\times\frac{\mathrm{d}^2\boldsymbol{r}}{\mathrm{d}t^2}=-\frac{\mu}{r^3}\boldsymbol{r}\times\boldsymbol{r}+\boldsymbol{r}\times\boldsymbol{a}_u \tag{6-255}$$

$\boldsymbol{r}\times\boldsymbol{a}_u$ 的方向为$\dfrac{\boldsymbol{h}}{h}$,大小为 $a_u r$,等式右端为

$$-\frac{\mu}{r^3}\boldsymbol{r}\times\boldsymbol{r}+\boldsymbol{r}\times\boldsymbol{a}_u=a_u r\,\frac{\boldsymbol{h}}{h}+\boldsymbol{0}$$

式中,$\boldsymbol{h}$ 为比角动量矢量;h 为比角动量大小;a_u 为周向加速度大小;r 为地心距大小。

式(6-254) 左端为

$$\frac{\mathrm{d}(\boldsymbol{r}\times\boldsymbol{v})}{\mathrm{d}t}=\frac{\mathrm{d}\boldsymbol{r}}{\mathrm{d}t}\times\frac{\mathrm{d}\boldsymbol{r}}{\mathrm{d}t}+\boldsymbol{r}\times\frac{\mathrm{d}^2\boldsymbol{r}}{\mathrm{d}t^2}=\frac{\mathrm{d}\boldsymbol{h}}{\mathrm{d}t} \tag{6-256}$$

则式(6-255) 变为

$$\frac{\mathrm{d}\boldsymbol{h}}{\mathrm{d}t}=a_u r\,\frac{\boldsymbol{h}}{h} \tag{6-257}$$

对比角动量方向$\dfrac{\boldsymbol{h}}{h}$ 求导,则有

$$\frac{\mathrm{d}\left(\dfrac{\boldsymbol{h}}{h}\right)}{\mathrm{d}t}=\frac{\dfrac{\mathrm{d}\boldsymbol{h}}{\mathrm{d}t}h-\boldsymbol{h}\dfrac{\mathrm{d}h}{\mathrm{d}t}}{h^2} \tag{6-258}$$

将$\dfrac{\mathrm{d}\boldsymbol{h}}{\mathrm{d}t}=a_u r\,\dfrac{\boldsymbol{h}}{h}$ 和$\dfrac{\mathrm{d}h}{\mathrm{d}t}=a_u r$ 带入式(6-258),有

$$\frac{\mathrm{d}}{\mathrm{d}t}\left(\frac{\boldsymbol{h}}{h}\right)=0 \tag{6-259}$$

则其方向不变。

综上所述,在周向力作用下的航天轨道的比角动量大小发生了变化,其方向没有发生变化。

2. 能量特性

对式(6-254) 两边同时点乘$\dfrac{\mathrm{d}\boldsymbol{r}}{\mathrm{d}t}$,则有

$$\frac{\mathrm{d}\boldsymbol{r}}{\mathrm{d}t}\cdot\frac{\mathrm{d}^2\boldsymbol{r}}{\mathrm{d}t^2}=-\frac{\mu}{r^3}\frac{\mathrm{d}\boldsymbol{r}}{\mathrm{d}t}\cdot\boldsymbol{r}+\frac{\mathrm{d}\boldsymbol{r}}{\mathrm{d}t}\cdot\boldsymbol{a}_u \tag{6-260}$$

式(6-260) 左端可化为

$$\frac{\mathrm{d}\boldsymbol{r}}{\mathrm{d}t}\cdot\frac{\mathrm{d}^2\boldsymbol{r}}{\mathrm{d}t^2}=\frac{1}{2}\frac{\mathrm{d}}{\mathrm{d}t}\left(\frac{\mathrm{d}\boldsymbol{r}}{\mathrm{d}t}\cdot\frac{\mathrm{d}\boldsymbol{r}}{\mathrm{d}t}\right)=\frac{\mathrm{d}}{\mathrm{d}t}\left(\frac{v^2}{2}\right)$$

式(6-260) 右端可化为

$$-\frac{\mu}{r^3}\frac{\mathrm{d}\boldsymbol{r}}{\mathrm{d}t}\cdot\boldsymbol{r}+\frac{\mathrm{d}\boldsymbol{r}}{\mathrm{d}t}\cdot\boldsymbol{a}_u=-\frac{\mu}{r^3}\boldsymbol{v}\cdot\boldsymbol{r}+\boldsymbol{v}\cdot\boldsymbol{a}_u=-\frac{\mu}{r^3}rv\sin\gamma+a_u v\sin\gamma=\frac{\mathrm{d}}{\mathrm{d}t}\left(\frac{\mu}{r}\right)+a_u v_u$$

则式(6-260) 变为

$$\frac{\mathrm{d}}{\mathrm{d}t}\left(\frac{v^2}{2}-\frac{\mu}{r}\right)=a_u v_u \tag{6-261}$$

对上式两端在$[t_0,t_f]$积分,结果为

$$E_f-E_0=\int_{t_0}^{t_f}a_u v_u\,\mathrm{d}t \tag{6-262}$$

若初始轨道为椭圆轨道，a_u 为常值，$v_0=\sqrt{\mu\left(\frac{2}{r_0}-\frac{1}{a_0}\right)}$，则 $E_0=\frac{v_0^2}{2}-\frac{\mu}{r_0}=-\frac{\mu}{2a_0}$，$r_0$ 为航天器初始地心距，a_0 为初始轨道半长轴。当 $E_f=0$ 时航天器逃出地球的引力场，于是式(6-262)化为

$$-E_0=a_u\int_{t_0}^{t_f}v_u\mathrm{d}t=a_u(v_{ut_f}-v_{ut_0}) \tag{6-263}$$

因为在初始时刻 v_{ut_0} 可以求出，又因 a_u 为常值，则可求出 v_{ut_f}。

6.4.2.4 连续推力最优机动

任务需求不同，对应的航天器飞行轨迹不同，对于航天器在连续推力作用下的运动，总是期望能够在给定条件下最大化地满足任务要求，这可以通过轨迹优化来实现。一般地，优化目标通过目标函数表示，典型的目标函数有以下 3 种。

(1) 要求整个轨道机动过程时间最短，即时间最优，其目标函数为

$$J[\boldsymbol{u}(t)]=\int_{t_0}^{t_f}1\mathrm{d}t=(t_f-t_0) \tag{6-264}$$

式中，t_0 为轨道机动开始时刻；t_f 为轨道机动结束时刻。

(2) 要求在整个轨道机动过程中燃料的消耗最小，即燃料最少或者能量最优，其目标函数为

$$J[\boldsymbol{u}(t)]=\int_{t_0}^{t_f}\sum_{i=1}^{n}\beta_i\mid u_i(t)\mid\mathrm{d}t \tag{6-265}$$

$$J[\boldsymbol{u}(t)]=\int_{t_0}^{t_f}\sum_{i=1}^{n}\gamma_i u_i^2(t)\mathrm{d}t \tag{6-266}$$

式(6-265)为燃料最少的性能指标，其中 $u_i(t)$，$i=(1,2,3,\cdots,n)$ 为 n 维控制向量 $\boldsymbol{u}(t)$ 的各个分量；β_i 为权重系数，$\beta_i>0$。式(6-266)为能量最优的性能指标，其中 γ_i 为权重系数。

(3) 要求在整个轨道机动过程中时间-燃料或者时间-能量最优，这是一个多目标优化问题，其性能指标为

$$J[\boldsymbol{u}(t)]=\int_{t_0}^{t_f}\alpha\mathrm{d}t+\int_{t_0}^{t_f}\sum_{i=1}^{n}\beta_i\mid u_i(t)\mid\mathrm{d}t \tag{6-267}$$

$$J[\boldsymbol{u}(t)]=\int_{t_0}^{t_f}\alpha\mathrm{d}t+\int_{t_0}^{t_f}\sum_{i=1}^{n}\gamma_i u_i^2(t)\mathrm{d}t \tag{6-268}$$

式(6-267)为时间-燃料最优的性能指标，式(6-268)为时间-能量最优的性能指标，其中 α 为权重系数，α 的大小与整个系统对时间响应的重视程度相关，α 越大表明越重视系统的响应时间。若 $\alpha=0$，式(6-267)和式(6-268)同式(6-265)和式(6-266)表示的性能指标；若 $\alpha\to\infty$，式(6-267)和式(6-268)同式(6-264)相同，表示不计燃料消耗。

若燃料最少的性能指标写成如下形式：

$$J[\boldsymbol{u}(t)]=\int_{t_0}^{t_f}\dot{m}\mathrm{d}t \tag{6-269}$$

式(6-269)中 $\dot{m}$ 为燃料的秒消耗量，则无论 $\dot{m}$ 大小恒定与否，只要总的机动时间越短，则燃料的消耗则越少，特别是在 $\dot{m}$ 等于常值时，整个轨道机动期间，燃料的消耗量为 $\dot{m}(t_f-t_0)$。这就将燃料消耗最优问题转化为时间最优问题。

我们的研究对象是在轨运行的航天器，将其运动方程改写成状态方程的标量形式，如下：

$$
\left.\begin{aligned}
\dot{x} &= v_x \\
\dot{y} &= v_y \\
\dot{z} &= v_z \\
\dot{v}_x &= -\frac{\mu}{r^3}x + \frac{T}{m}u_x \\
\dot{v}_y &= -\frac{\mu}{r^3}y + \frac{T}{m}u_y \\
\dot{v}_z &= -\frac{\mu}{r^3}z + \frac{T}{m}u_z \\
\dot{m} &= -\frac{T}{g_0 I_{sp}}
\end{aligned}\right\} \tag{6-270}
$$

其中

$$r = \sqrt{x^2 + y^2 + z^2}$$

则所谓最优控制即是选择控制矢量 $\boldsymbol{u}(t)$ 使得性能指标函数达到极小值。

对于时间最短最优轨迹问题可以描述如下：在时间段 $[t_0, t_f]$ 上的被控系统状态方程可写为

$$\boldsymbol{x}(t) = f(\boldsymbol{x}(t), \boldsymbol{u}(t), t), \quad \boldsymbol{x}(t_0) = \boldsymbol{x}_0 \tag{6-271}$$

对于连续常推力变轨问题，状态矢量为

$$\boldsymbol{x}(t) = [\boldsymbol{r}(t) \quad \boldsymbol{v}(t) \quad m(t)]^{\mathrm{T}} \tag{6-272}$$

控制矢量为

$$\boldsymbol{u}(t) = [u_x(t) \quad u_y(t) \quad u_z(t)]^{\mathrm{T}} \tag{6-273}$$

要求在最短时间内到达目标，若推力大小恒定，$\boldsymbol{u}(t)$ 为单位矢量，最短时间到达目标等价于燃料消耗最小。

应用极小值原理，将此最优控制问题的性能指标取为

$$J = t_f = \min \tag{6-274}$$

该性能指标仅包含终端时刻的状态，属于最优控制理论里的 Mayer 型问题，在中段状态给定后，可以进行求解。

根据式(6-270) 给出连续推力作用下的状态方程，可建立哈密顿函数为

$$\boldsymbol{H} = \boldsymbol{\lambda}^{\mathrm{T}} f(\boldsymbol{x}, \boldsymbol{u}) \tag{6-275}$$

其中

$$\boldsymbol{\lambda} = [\lambda_r \quad \lambda_v \quad \lambda_m]^{\mathrm{T}} \tag{6-276}$$

$\boldsymbol{\lambda}$ 是协态变量，λ_r，λ_v，λ_m 分别为位置、速度、质量协态变量。哈密顿函数的具体表达式为

$$\boldsymbol{H} = \lambda_r \boldsymbol{v} + \lambda_v\left(-\frac{\mu}{r^3}\boldsymbol{r} + \frac{T}{m(t)}\boldsymbol{u}\right) - \lambda_m \frac{|T|}{g_0 I_{\mathrm{sp}}} \tag{6-277}$$

以标量形式表示在地心赤道惯性坐标系下：

$$
\begin{aligned}
H = {} & \lambda_x v_x + \lambda_y v_y + \lambda_z v_z + \lambda_{vx}\left(-\frac{\mu}{r^3}x + \frac{T_x}{m}\right) + \lambda_{vy}\left(-\frac{\mu}{r^3}y + \frac{T_y}{m}\right) + \\
& \lambda_{vz}\left(-\frac{\mu}{r^3}z + \frac{T_z}{m}\right) + \lambda_m\left(-\frac{T}{g_0 I_{\mathrm{sp}}}\right)
\end{aligned} \tag{6-278}
$$

由于 $\boldsymbol{u}$ 为单位矢量，故存在约束：$\boldsymbol{u}^{\mathrm{T}}\boldsymbol{u} = 1$，引入拉格朗日乘子 $\boldsymbol{\gamma}$，哈密顿函数可改写为

$$\widetilde{\boldsymbol{H}}=\boldsymbol{\lambda}_r^{\mathrm{T}}\boldsymbol{v}+\boldsymbol{\lambda}_v^{\mathrm{T}}\left(-\frac{\mu}{r^3}\boldsymbol{r}+\frac{T}{m}\boldsymbol{u}\right)-\lambda_m\frac{T}{g_0I_{\mathrm{sp}}}+\boldsymbol{\gamma}^T(1-\boldsymbol{u}^{\mathrm{T}}\boldsymbol{u}) \tag{6-279}$$

根据最优控制原理，可以得到最优控制：

$$\boldsymbol{u}^*=\frac{\boldsymbol{\lambda}_v}{\|\boldsymbol{\lambda}_v\|} \tag{6-280}$$

将最优控制代入哈密顿函数，可以得到协态方程

$$\left.\begin{aligned}\dot{\boldsymbol{\lambda}}_r&=\boldsymbol{\lambda}_v\frac{\mu}{r^3}-\frac{3\boldsymbol{\lambda}_v^{\mathrm{T}}\boldsymbol{r}}{r^5}\boldsymbol{r}\\\dot{\boldsymbol{\lambda}}_v&=-\boldsymbol{\lambda}_r\\\dot{\lambda}_m&=-\|\lambda_v\|\frac{T}{m^2}\end{aligned}\right\} \tag{6-281}$$

此时，最优控制问题转变为两点边值问题。由于两点边值问题求解困难，间接法的应用受到很大限制。因此，目前较为常用的求解方法是混合法。所谓混合法是指舍去横截条件，只要求满足状态变量的边界条件，通过调节协态变量的初值以及其他参数使性能指标达到最优。这样就将最优控制问题转化为有约束的参数优化问题，再进行求解。虽然混合法的收敛半径较间接法有所提高，但是因协态变量参数无实际的物理意义，初值猜测困难，想要解决这一问题也非常困难。遗传算法具有不需要猜测初始值，收敛性强等特点，是解决这一问题的良好工具。

6.5 航天器姿态动力学基础

一般地，航天器按照姿态控制方式可以分为两类，即自旋航天器和三轴稳定航天器。

自旋航天器在空间绕某一轴做旋转运动，以获得一定的姿态稳定性。自旋航天器又分为单自旋航天器和双自旋航天器。单自旋航天器本身就是一个简单的自旋体，其姿态运动就是简单的刚体绕定点转动的问题。单自旋航天器的优点是旋转轴的方向在惯性空间中保持不变，但缺点是航天器上找不到相对地球稳定不动的部分，然而后者有时是必要的，如对地观测的装置和定向天线等。所谓双自旋航天器，是在同一旋转轴上安装两个不同转速转动的部分，其中一个部分的作用是保持转轴稳定，常被称为转子或者自旋体，另一部分的作用是创造一个满足定向要求的条件，以便安装有效载荷，常被称为消旋平台，该平台的转速可以根据定向要求进行设计。因此，双自旋航天器不但具有单自旋航天器保持旋转轴方位在惯性空间中不变的优点，而且克服了单自旋航天器上由于不具有相对地球稳定不动部件而无法使用定向仪器设备的缺点。

若航天器绕其三个体坐标轴的姿态定向分别按某种规律进行，则称为三轴稳定航天器。三轴稳定航天器的控制执行机构主要是反作用推力器和动量轮，它们的不同配合可以构成不同的分类，包括全反作用推力器、全动量轮、动量轮与反作用推力器联合控制三种，但最常应用的还是后面两种。

另外，也可以利用环境力矩进行姿态稳定，例如引力梯度力矩稳定、太阳光压力矩稳定、地磁力矩稳定等。

本节重点介绍航天器姿态动力学的一些基础知识和分析方法，以期为姿态稳定与控制系

统设计奠定基础。以下内容以单刚体航天器为对象,介绍了姿态建模方法和无外力矩自由运动及其稳定性分析方法。该方法是一种进行航天器姿态动力学建模和分析的普遍方法,适用于单自旋航天器,也可以拓展用于双自旋航天器和三轴稳定航天器,具体见参考文献[4]或者参考文献[16]。

6.5.1 航天器的姿态描述及运动学方程

航天器的姿态是指航天器在空间的指向角度及角速度。因此,要讨论航天器的姿态,就必须首先选定空间坐标系。

为了描述航天器的姿态,至少要建立两个坐标系,一个是空间参考坐标系,一般选择轨道坐标系 $S_O(O\text{-}X_OY_OZ_O)$;另一个是固连于航天器的体坐标系 $S_B(O\text{-}X_BY_BZ_B)$,定义与前面对导弹体坐标系的定义一致,它是一个正交坐标系,原点在航天器的质心 O,3 个坐标轴和航天器主惯量轴一致。

$S_O(O\text{-}X_OY_OZ_O)$ 的坐标轴和 $S_B(O\text{-}X_BY_BZ_B)$ 的坐标轴之间的角度关系描述了航天器的姿态。如果航天器不旋转,在正常状态下,体坐标系与轨道坐标系重合,航天器的姿态角为零。当航天器受到扰动或者控制力作用后会产生角运动,这两个坐标系不再重合,航天器姿态角不为零,这时分别称 OX_B,OY_B,OZ_B 轴为滚动轴、俯仰轴和偏航轴,绕这 3 个轴转动的角度分别称为滚动角 γ、俯仰角 ϑ、偏航角 ψ。这两个坐标系之间的关系可以用基于这 3 个姿态角的方向余弦矩阵表示,若采用 $z(\psi)\rightarrow y(\vartheta)\rightarrow x(\gamma)$ 转动顺序,可得方向余弦矩阵为

$$\boldsymbol{C}_{OB}=\begin{bmatrix}\cos\vartheta\cos\psi & \cos\vartheta\sin\psi & -\sin\vartheta\\ \sin\gamma\sin\vartheta\cos\psi-\cos\gamma\sin\psi & \sin\gamma\sin\vartheta\sin\psi+\cos\gamma\cos\psi & \sin\gamma\cos\vartheta\\ \cos\gamma\sin\vartheta\cos\psi+\sin\gamma\sin\psi & \cos\gamma\sin\vartheta\sin\psi-\sin\gamma\cos\psi & \cos\gamma\cos\vartheta\end{bmatrix} \tag{6-282}$$

在从 S_O 到 S_B 的转动过程中,是分别绕三轴以角速度 $\dot{\boldsymbol{\psi}}$,$\dot{\boldsymbol{\vartheta}}$,$\dot{\boldsymbol{\gamma}}$ 完成的,其矢量和就是合成运动的角速度。假设合成运动的角速度在体坐标系三轴上的分量为 ω_{Bx},ω_{By},ω_{Bz},把 $\dot{\boldsymbol{\psi}}$,$\dot{\boldsymbol{\vartheta}}$,$\dot{\boldsymbol{\gamma}}$ 也在体坐标系三轴上投影,于是有

$$\begin{bmatrix}\omega_{Bx}\\ \omega_{By}\\ \omega_{Bz}\end{bmatrix}=\begin{bmatrix}1 & 0 & -\sin\vartheta\\ 0 & \cos\gamma & \cos\vartheta\sin\gamma\\ 0 & -\sin\gamma & \cos\vartheta\cos\gamma\end{bmatrix}\begin{bmatrix}\dot{\gamma}\\ \dot{\vartheta}\\ \dot{\psi}\end{bmatrix}=\boldsymbol{C}\begin{bmatrix}\dot{\gamma}\\ \dot{\vartheta}\\ \dot{\psi}\end{bmatrix} \tag{6-283}$$

经变换后得

$$\begin{bmatrix}\dot{\gamma}\\ \dot{\vartheta}\\ \dot{\psi}\end{bmatrix}=\frac{1}{\cos\vartheta}\begin{bmatrix}\cos\vartheta & \sin\vartheta\sin\gamma & \sin\vartheta\cos\gamma\\ 0 & \cos\vartheta\cos\gamma & -\cos\vartheta\sin\gamma\\ 0 & \sin\gamma & \cos\gamma\end{bmatrix}\begin{bmatrix}\omega_{Bx}\\ \omega_{By}\\ \omega_{Bz}\end{bmatrix} \tag{6-284}$$

式(6-284)就是理想情况下以欧拉角描述的航天器姿态运动学方程。但是,上述方程在某些情况下是不能应用的。例如:当俯仰角 $\vartheta=90^\circ$ 时,方程是奇异的,偏航角 ψ 是不确定的。此时,可采用四元数来表示航天器的姿态,并用四元数建立航天器绕质心转动的运动学方程;也可用双欧法克服运动学方程的奇异性,但较复杂。

注意到 S_O 坐标系随着航天器在轨道上运动,它沿 OY_O 轴的反方向绕地心赤道惯性系以 ω_0 旋转。考虑 S_O 坐标系的这种运动,在航天器原有角速度 ω_x,ω_y,ω_z 中增加 ω_0 的影响成分,便得到相对地心赤道惯性坐标系的姿态角速度,它在 $OX_BY_BZ_B$ 坐标系中的分量以 ω_{Bx}^*,ω_{By}^* 和

ω_{Bz}^* 表示，则有

$$\begin{bmatrix}\omega_{Bx}^*\\\omega_{By}^*\\\omega_{Bz}^*\end{bmatrix}=\boldsymbol{C}\begin{bmatrix}\dot{\gamma}\\\dot{\vartheta}\\\dot{\psi}\end{bmatrix}-\boldsymbol{C}_{OB}\begin{bmatrix}0\\\omega_0\\0\end{bmatrix} \tag{6-285}$$

式中，ω_0 是航天器质心绕地心的轨道角速度，它与真近角 f 有 $\omega_0=\dot{f}$ 的关系。我们知道航天器的轨道比角动量和半径满足 $\dot{f}=\dfrac{h}{r^2}=\dfrac{\sqrt{\mu p}}{r^2}$，$r=\dfrac{p}{1+e\cos f}$，由此得

$$\omega_0=\dot{f}=\sqrt{\frac{\mu}{p^3}}\,(1+e\cos f)^2 \tag{6-286}$$

如轨道为圆形，其半径 r 和 p 相等，则

$$\omega_0=\sqrt{\frac{\mu}{r^3}} \tag{6-287}$$

若轨道为接近圆形，则由式(6-286)还可求得

$$\omega_0\approx\sqrt{\frac{\mu}{r^3}}(1+2e\cos f) \tag{6-288}$$

若把式(6-283)和式(6-282)代入式(6-285)，有

$$\begin{bmatrix}\omega_{Bx}^*\\\omega_{By}^*\\\omega_{Bz}^*\end{bmatrix}=\begin{bmatrix}1&0&-\sin\vartheta\\0&\cos\gamma&\cos\vartheta\sin\gamma\\0&-\sin\gamma&\cos\vartheta\cos\gamma\end{bmatrix}\begin{bmatrix}\dot{\gamma}\\\dot{\vartheta}\\\dot{\psi}\end{bmatrix}-\begin{bmatrix}\cos\vartheta\sin\psi\\\cos\gamma\cos\psi+\sin\gamma\sin\vartheta\sin\psi\\-\sin\gamma\cos\psi+\cos\gamma\sin\vartheta\sin\psi\end{bmatrix}\omega_0 \tag{6-289}$$

反过来求 $\omega_{Bx}^*,\omega_{By}^*,\omega_{Bz}^*$ 和 ω_0 对 $\dot{\gamma},\dot{\vartheta}$ 和 $\dot{\psi}$ 的关系时，可以用式(6-284)中的矩阵左乘式(6-289)，得

$$\begin{bmatrix}\dot{\gamma}\\\dot{\vartheta}\\\dot{\psi}\end{bmatrix}=\frac{1}{\cos\vartheta}\begin{bmatrix}\cos\vartheta&\sin\vartheta\sin\gamma&\sin\vartheta\cos\gamma\\0&\cos\vartheta\cos\gamma&-\cos\vartheta\sin\gamma\\0&\sin\gamma&\cos\gamma\end{bmatrix}\begin{bmatrix}\omega_{Bx}^*\\\omega_{By}^*\\\omega_{Bz}^*\end{bmatrix}+\frac{1}{\cos\vartheta}\begin{bmatrix}\sin\psi\\\cos\vartheta\cos\psi\\\sin\vartheta\sin\psi\end{bmatrix}\omega_0 \tag{6-290}$$

式(6-289)和式(6-290)是航天器相对惯性空间的姿态角速度 $\omega_{Bx}^*,\omega_{By}^*,\omega_{Bz}^*$ 与 $\dot{\gamma},\dot{\vartheta},\dot{\psi}$ 之间的关系。它和式(6-283)与式(6-284)的差别在于多了轨道角速度 ω_0。

坐标变换矩阵是欧拉角的三角函数，它们在微分方程中将使微分方程式呈现非线性，给求解带来不少麻烦。不过，当 S_B 和 S_O 两坐标系接近重合时，使得姿态角和姿态角速度都是小量，可以认为姿态角的正弦值接近于角度的弧度值，姿态角的余弦值接近于1，略去二阶小量后式(6-282)和式(6-289)成为

$$\boldsymbol{C}_{OB}=\begin{bmatrix}1&\psi&-\vartheta\\-\psi&1&\gamma\\\vartheta&-\gamma&1\end{bmatrix} \tag{6-291}$$

$$\begin{bmatrix}\omega_{Bx}^*\\\omega_{By}^*\\\omega_{Bz}^*\end{bmatrix}=\begin{bmatrix}\dot{\gamma}\\\dot{\vartheta}\\\dot{\psi}\end{bmatrix}-\begin{bmatrix}\psi\\1\\-\gamma\end{bmatrix}\omega_0 \tag{6-292}$$

式(6-292)也可写成

$$\begin{bmatrix}\dot{\gamma}\\ \dot{\vartheta}\\ \dot{\psi}\end{bmatrix}=\begin{bmatrix}\omega_{Bx}^{*}\\ \omega_{By}^{*}\\ \omega_{Bz}^{*}\end{bmatrix}+\begin{bmatrix}\psi\\ 1\\ -\gamma\end{bmatrix}\omega_0 \tag{6-293}$$

如果不计轨道角速度，或者将轨道角速度的影响另行考虑时，式(6-292)和式(6-293)又可以写为

$$\begin{bmatrix}\omega_{Bx}\\ \omega_{By}\\ \omega_{Bz}\end{bmatrix}=\begin{bmatrix}\dot{\gamma}\\ \dot{\vartheta}\\ \dot{\psi}\end{bmatrix} \tag{6-294}$$

这说明对于小角度的情况，坐标变换时的旋转顺序已不影响变换的结果。

6.5.2　刚体航天器姿态动力学的基本方程

欧拉方程式描述的是物体在力矩作用下的姿态运动规律，一般情况下的欧拉方程式为

$$\boldsymbol{r}_c\times\boldsymbol{a}_p m+\boldsymbol{J}\cdot\dot{\boldsymbol{\omega}}+\boldsymbol{\omega}\times\boldsymbol{J}\cdot\boldsymbol{\omega}=\boldsymbol{M} \tag{6-295}$$

式中，P 为刚体上任意一点；C 为刚体质心；$\boldsymbol{r}_c$ 为 P 点到质心 C 的矢径；$\boldsymbol{a}_p$ 为 P 点运动的加速度；$\boldsymbol{\omega}$ 为刚体在惯性空间的旋转角速度；$\boldsymbol{J}$ 为惯性张量；$\boldsymbol{M}$ 为作用于刚体上的合力矩。当 P 点与质心重合，P 点加速度与 $\boldsymbol{r}_c$ 方向重合时，式(6-295)成为

$$\boldsymbol{J}\cdot\dot{\boldsymbol{\omega}}+\boldsymbol{\omega}\times\boldsymbol{J}\cdot\boldsymbol{\omega}=\boldsymbol{M} \tag{6-296}$$

$\boldsymbol{J}$ 为惯性张量，其表达式为

$$\boldsymbol{J}=\begin{bmatrix}J_x & -J_{xy} & -J_{xz}\\ -J_{xy} & J_y & -J_{yz}\\ -J_{zx} & -J_{yz} & J_z\end{bmatrix}$$

其中

$$\left.\begin{aligned}J_x&=\int_B(y^2+z^2)\mathrm{d}m\\ J_y&=\int_B(x^2+z^2)\mathrm{d}m\\ J_z&=\int_B(x^2+y^2)\mathrm{d}m\\ J_{yz}&=\int_B(yz)\mathrm{d}m\\ J_{xy}&=\int_B(xy)\mathrm{d}m\\ J_{xz}&=\int_B(xz)\mathrm{d}m\end{aligned}\right\} \tag{6-297}$$

式中，J_x，J_y，J_z 为刚体关于体坐标系 X_B，Y_B，Z_B 轴的转动惯量，而 J_{xy}，J_{xz}，J_{yz} 为刚体的惯量积。若 $\boldsymbol{M}$ 在体坐标系三轴上的分量为

$$\boldsymbol{M}=[M_{Bx}\quad M_{By}\quad M_{Bz}]^{\mathrm{T}} \tag{6-298}$$

则在刚体固连坐标系中的欧拉方程式为

$$\left.\begin{aligned}J_x\dot{\omega}_{Bx}-J_{xy}\dot{\omega}_{By}-J_{xz}\dot{\omega}_{Bz}-(J_y-J_z)\omega_{By}\omega_{Bz}-J_{yz}(\omega_{By}-\omega_{Bz})-J_{xz}\omega_{Bx}\omega_{By}+J_{xy}\omega_{Bx}\omega_{Bz}=M_{Bx}\\-J_{xy}\dot{\omega}_{Bx}+J_y\dot{\omega}_{By}-J_{yz}\dot{\omega}_{Bz}-(J_z-J_x)\omega_{Bz}\omega_{Bx}-J_{xz}(\omega_{Bz}-\omega_{Bx})-J_{xy}\omega_{By}\omega_{Bz}+J_{yz}\omega_{By}\omega_{Bx}=M_{By}\\-J_{xz}\dot{\omega}_{Bx}-J_{yz}\dot{\omega}_{By}+J_z\dot{\omega}_{Bz}-(J_x-J_y)\omega_{Bx}\omega_{By}-J_{xy}(\omega_{Bx}-\omega_{By})-J_{yz}\omega_{Bz}\omega_{Bx}+J_{xz}\omega_{Bz}\omega_{By}=M_{Bz}\end{aligned}\right\}\tag{6-299}$$

而当体坐标系 3 轴与惯性主轴重合时，上述方程式可以简化为

$$\left.\begin{aligned}J_x\dot{\omega}_{Bx}-(J_y-J_z)\omega_{By}\omega_{Bz}=M_{Bx}\\J_y\dot{\omega}_{By}-(J_z-J_x)\omega_{Bz}\omega_{Bx}=M_{By}\\J_z\dot{\omega}_{Bz}-(J_x-J_y)\omega_{Bx}\omega_{By}=M_{Bz}\end{aligned}\right\}\tag{6-300}$$

可见，一般情况下，坐标轴 3 个方向的转动运动是相互耦合的，甚至惯性积为零也是这样。

另外，对于以上刚体，有时也要用到刚体的动能，这里直接给出刚体动能的表达式：

$$T=\frac{1}{2}\boldsymbol{v}_P\cdot\boldsymbol{v}_P m+\dot{\boldsymbol{v}}_P\cdot\boldsymbol{r}_c m+\frac{1}{2}\boldsymbol{\omega J}\cdot\boldsymbol{\omega}$$

其中，$\boldsymbol{v}_P$ 为 P 点运动的速度。若 P 与质心重合，则

$$T=\frac{1}{2}\boldsymbol{v}_P\cdot\boldsymbol{v}_P m+\frac{1}{2}\boldsymbol{\omega J}\cdot\boldsymbol{\omega}$$

上式右端第一项表示刚体的平动动能，第二项表示转动动能。代入 $\boldsymbol{J}$，可得

$$T=\frac{1}{2}(v_P^2 m+J_x\omega_{Bx}^2+J_y\omega_{By}^2+J_z\omega_{Bz}^2)-J_{xy}\omega_{Bx}\omega_{By}-J_{yz}\omega_{By}\omega_{Bz}-J_{xz}\omega_{Bx}\omega_{Bz}\tag{6-301}$$

6.5.3 简化的刚体航天器姿态运动方程式

如前所述，对于航天器，其姿态角是以轨道坐标系为参考的，而轨道坐标系又绕地心以ω_0运动，因此航天器的绝对角速度应由姿态角速度和轨道运动角速度两部分组成。以 $z(\psi)\to y(\vartheta)\to x(\gamma)$ 从轨道坐标系 S_O 向航天器坐标系 S_B 变换为例，其姿态角速度 $\dot{\psi},\dot{\vartheta},\dot{\gamma}$ 与 $\boldsymbol{\omega}_B^*$ 的关系由式(6-289) 描述，即

$$\begin{bmatrix}\omega_{Bx}^*\\\omega_{By}^*\\\omega_{Bz}^*\end{bmatrix}=\begin{bmatrix}1&0&-\sin\vartheta\\0&\cos\gamma&\cos\vartheta\sin\gamma\\0&-\sin\gamma&\cos\vartheta\cos\gamma\end{bmatrix}\begin{bmatrix}\dot{\gamma}\\\dot{\vartheta}\\\dot{\psi}\end{bmatrix}-\begin{bmatrix}\cos\vartheta\sin\psi\\\cos\gamma\cos\psi+\sin\gamma\sin\vartheta\sin\psi\\-\sin\gamma\cos\psi+\cos\gamma\sin\vartheta\sin\psi\end{bmatrix}\omega_0$$

把它代入上节中的欧拉方程式，就得到了刚体卫星的姿态动力学方程式，其复杂程度可以想见，本节不再给出。

上述姿态运动方程是非线性变系数的，多数情况各轴相互耦合，很难求解。但在有些情况下，可以进行简化。例如，当 S_B 对 S_O 坐标系的偏离很小的时候，姿态角和姿态角速度都是小量，可以只保留这些角度和角速度的一次项，略去二次以上各项，使方程式线性化。

根据这个原则，先从由式(6-289) 简化得到的式(6-292) 求出圆轨道卫星的角加速度为

$$\dot{\boldsymbol{\omega}}_B^*=\begin{bmatrix}\dot{\omega}_{Bx}^*\\\dot{\omega}_{By}\\\dot{\omega}_{Bz}\end{bmatrix}=\begin{bmatrix}\ddot{\gamma}-\omega_0\dot{\psi}\\\ddot{\vartheta}\\\ddot{\psi}+\omega_0\dot{\gamma}\end{bmatrix}\tag{6-302}$$

再与式(6-292) 一同代入上节的姿态动力学方程，可得

$$\left.\begin{aligned}&J_x\ddot{\gamma}+(J_y-J_z-J_x)\omega_0\dot{\psi}+(J_y-J_z)\omega_0^2\gamma=M_x\\&J_x\ddot{\vartheta}=M_y\\&J_z\ddot{\psi}-(J_y-J_z-J_x)\omega_0\dot{\gamma}+(J_y-J_x)\omega_0^2\psi=M_z\end{aligned}\right\}\tag{6-303}$$

该姿态动力学方程表明，俯仰运动和另两轴的运动是解耦的，但滚转和偏航却互相耦合。

6.5.4 基于四元数的姿态描述[15]

如前所述，用欧拉角描述姿态，不适宜于大幅度的姿态运动，因为在某些特殊情况下，运动学方程出现奇异。为了克服这个障碍，采用四元数代替欧拉角来描述航天器的姿态。

6.5.4.1 四元数的定义和性质

四元数定义为超复数：

$$\boldsymbol{Q}=q_0+q_1\boldsymbol{i}+q_2\boldsymbol{j}+q_3\boldsymbol{k}\tag{6-304}$$

式中：$\boldsymbol{i},\boldsymbol{j},\boldsymbol{k}$ 遵循下列的乘法规则（以小圆圈 ∘ 来表示四元数乘法）：

$$\boldsymbol{i}\circ\boldsymbol{i}=-1,\quad \boldsymbol{j}\circ\boldsymbol{j}=-1,\quad \boldsymbol{k}\circ\boldsymbol{k}=-1\tag{6-305}$$

$$\left.\begin{aligned}\boldsymbol{i}\circ\boldsymbol{j}=-\boldsymbol{j}\circ\boldsymbol{i}=\boldsymbol{k}\\\boldsymbol{j}\circ\boldsymbol{k}=-\boldsymbol{k}\circ\boldsymbol{j}=\boldsymbol{i}\\\boldsymbol{k}\circ\boldsymbol{i}=-\boldsymbol{i}\circ\boldsymbol{k}=\boldsymbol{j}\end{aligned}\right\}\tag{6-306}$$

式(6-305)表示类似于虚数单位的性质，式(6-306)表示类似于单位矢量的性质。因此四元数具有两重性。

四元数 $\boldsymbol{Q}$ 可以分解成标量 q_0 和矢量 $\boldsymbol{q}$：

$$\left.\begin{aligned}&\boldsymbol{Q}=q_0+\boldsymbol{q}=\mathrm{scal}(\boldsymbol{Q})+\mathrm{vect}(\boldsymbol{Q})\\&\boldsymbol{q}=q_1\boldsymbol{i}+q_2\boldsymbol{j}+q_3\boldsymbol{k}\end{aligned}\right\}\tag{6-307}$$

四元数 $\boldsymbol{Q}$ 的共轭数是

$$\boldsymbol{Q}^*=q_0-q_1\boldsymbol{i}-q_2\boldsymbol{j}-q_3\boldsymbol{k}=q_0-\boldsymbol{q}\tag{6-308}$$

根据式(6-305)和式(6-306)，推导出四元数的乘法性质：

(1) 矢量 $\boldsymbol{p}$ 与矢量 $\boldsymbol{q}$ 的乘积为

$$\boldsymbol{p}\circ\boldsymbol{q}=-\boldsymbol{p}\cdot\boldsymbol{q}+\boldsymbol{p}\times\boldsymbol{q}\tag{6-309}$$

式中点积和叉积的含义仍是常规的，即

$$\begin{aligned}&\boldsymbol{p}\cdot\boldsymbol{q}=p_1q_1+p_2q_2+p_3q_3\\&\boldsymbol{p}\times\boldsymbol{q}=(p_2q_3-p_3q_2)\boldsymbol{i}+(p_3q_1-p_1q_3)\boldsymbol{j}+(p_1q_2-p_2q_1)\boldsymbol{k}\end{aligned}\tag{6-310}$$

(2) 四元数 $\boldsymbol{P}$ 与四元数 $\boldsymbol{Q}$ 的乘积

$$\boldsymbol{R}=\boldsymbol{P}\circ\boldsymbol{Q}$$

式中

$$\begin{aligned}&\boldsymbol{P}=p_0+p_1\boldsymbol{i}+p_2\boldsymbol{j}+p_3\boldsymbol{k}=p_0+\boldsymbol{p}\\&\boldsymbol{Q}=q_0+q_1\boldsymbol{i}+q_2\boldsymbol{j}+q_3k=q_0+\boldsymbol{q}\end{aligned}$$

它的矢量表达式是

$$r_0+\boldsymbol{r}=p_0q_0-\boldsymbol{p}\cdot\boldsymbol{q}+p_0\boldsymbol{q}+q_0\boldsymbol{p}+\boldsymbol{p}\times\boldsymbol{q}$$

也就是

$$\left.\begin{aligned}\mathrm{scal}(\boldsymbol{P}\circ\boldsymbol{Q})&=p_0q_0-\boldsymbol{p}\cdot\boldsymbol{q}\\ \mathrm{vect}(\boldsymbol{P}\circ\boldsymbol{Q})&=p_0\boldsymbol{q}+q_0\boldsymbol{p}+\boldsymbol{p}\times\boldsymbol{q}\end{aligned}\right\}\tag{6-311}$$

式(6－311)的矩阵表达式是

$$\mathrm{col}(\boldsymbol{R})=\mathrm{mat}(\boldsymbol{P})\mathrm{col}(\boldsymbol{Q})\tag{6-312}$$

其中

$$\begin{aligned}\mathrm{col}(\boldsymbol{R})&=[r_0\quad r_1\quad r_2\quad r_3]^{\mathrm{T}}\\ \mathrm{col}(\boldsymbol{Q})&=[q_0\quad q_1\quad q_2\quad q_3]^{\mathrm{T}}\end{aligned}\tag{6-313}$$

$$\mathrm{mat}(\boldsymbol{P})=\begin{bmatrix}p_0 & -p_1 & -p_2 & -p_3\\ p_1 & p_0 & -p_3 & p_2\\ p_2 & p_3 & p_0 & -p_1\\ p_3 & -p_2 & p_1 & p_0\end{bmatrix}\tag{6-314}$$

另一个矩阵形式是

$$\mathrm{col}(\boldsymbol{R})=\mathrm{mati}(\boldsymbol{Q})\mathrm{col}(\boldsymbol{P})\tag{6-315}$$

其中

$$\mathrm{mati}(\boldsymbol{Q})=\begin{bmatrix}q_0 & -q_1 & -q_2 & -q_3\\ q_1 & q_0 & q_3 & -q_2\\ q_2 & -q_3 & q_0 & q_1\\ q_3 & q_2 & -q_1 & q_0\end{bmatrix}\tag{6-316}$$

注意 mat 和 mati(i 代表逆序)的差别仅在于右下三阶子矩阵的排列。

按照公式(6－312),有

$$\boldsymbol{Q}\circ\boldsymbol{Q}^*=\boldsymbol{Q}^*\circ\boldsymbol{Q}=q_0^2+q_1^2+q_2^2+q_3^2\tag{6-317}$$

(3) 四元数 $\boldsymbol{Q}$ 与矢量 $\boldsymbol{v}$ 的乘积

$$\boldsymbol{Q}\circ\boldsymbol{v}=(q_0+\boldsymbol{q})\circ\boldsymbol{v}=-\boldsymbol{q}\cdot\boldsymbol{v}+(q_0\boldsymbol{v}+\boldsymbol{q}\times\boldsymbol{v})\tag{6-318}$$

它仍然是四元数。类似地:

$$\boldsymbol{v}\circ\boldsymbol{Q}=-\boldsymbol{q}\cdot\boldsymbol{v}+(q_0\boldsymbol{v}-\boldsymbol{q}\times\boldsymbol{v})\tag{6-319}$$

它也是四元数。

(4) 混合乘积

$$\begin{aligned}\boldsymbol{Q}\circ\boldsymbol{v}\circ\boldsymbol{Q}^*&=(-\boldsymbol{q}\cdot\boldsymbol{v}+q_0\boldsymbol{v}+\boldsymbol{q}\times\boldsymbol{v})\circ(q_0-\boldsymbol{q})=\\ &(1-2\boldsymbol{q}\cdot\boldsymbol{q})\boldsymbol{v}+2(\boldsymbol{q}\cdot\boldsymbol{v})\boldsymbol{q}+2q_0(\boldsymbol{q}\times\boldsymbol{v})\end{aligned}\tag{6-320}$$

6.5.4.2 用四元数表示坐标系的旋转

设想:坐标系 $Ox_ay_az_a(S_a)$ 围绕轴 ON 转过角 σ 就与坐标系 $Ox_by_bz_b(S_b)$ 重合(见图 6－31)。轴 ON 与轴 x_a,y_a,z_a(也是与轴 x_b,y_b,z_b)之间的角是 β_1,β_2,β_3。因而 S_b 相对于 S_a 的取向(或姿态)可以用角 $\sigma,\beta_1,\beta_2,\beta_3$ 完全确定,也就是用四元数完全确定,即

$$\boldsymbol{Q}=q_0+q_1\boldsymbol{i}+q_2\boldsymbol{j}+q_3\boldsymbol{k}$$

式中

$$\left.\begin{aligned}q_0&=\cos(\sigma/2)\\ q_i&=\sin(\sigma/2)\cos\beta_i\quad(i=1,2,3)\end{aligned}\right\}\tag{6-321}$$

显然它们满足约束条件：

$$q_0^2+q_1^2+q_2^2+q_3^2=1 \tag{6-322}$$

所以在代表旋转的四元数的 4 个元素中只有 3 个是独立的。

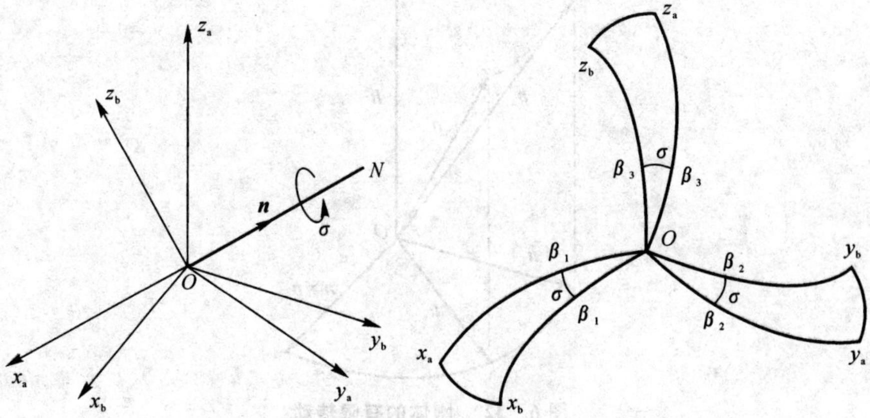

图 6-31　S_a 围绕轴 ON 转过角 σ 后与 S_b 重合

旋转四元数又可以表示成

$$\boldsymbol{Q}=\cos(\sigma/2)+\sin(\sigma/2)\boldsymbol{n}$$

式中

$$\boldsymbol{n}=\cos\beta_1\boldsymbol{i}_a+\cos\beta_2\boldsymbol{j}_a+\cos\beta_3\boldsymbol{k}_a=\cos\beta_1\boldsymbol{i}_b+\cos\beta_2\boldsymbol{j}_b+\cos\beta_3\boldsymbol{k}_b \tag{6-323}$$

为了更加明确起见，从 S_a 到 S_b 的旋转四元数以 $\boldsymbol{Q}_{ba}$ 表示。

6.5.4.3　以四元数表示刚体的有限转动

设想：矢量 $\boldsymbol{p}_a$ 绕轴线 ON 转过一个角 σ 而成为矢量 $\boldsymbol{p}_b$，轴线 ON 的单位矢量为 $\boldsymbol{n}$。如图 6-32 所示，写出关系式：

$$\boldsymbol{u}_b=\boldsymbol{u}_a\cos\sigma+(\boldsymbol{n}\times\boldsymbol{p}_a)\sin\sigma$$

$$\boldsymbol{u}_a=\boldsymbol{p}_a-\boldsymbol{h}=\boldsymbol{p}_a-(\boldsymbol{p}_a\cdot\boldsymbol{n})\boldsymbol{n}$$

$$\boldsymbol{p}_b-\boldsymbol{p}_a=\boldsymbol{u}_b-\boldsymbol{u}_a$$

经过推导得到

$$\boldsymbol{p}_b=\cos\sigma\boldsymbol{p}_a+\sin\sigma(\boldsymbol{n}\times\boldsymbol{p}_a)+(\boldsymbol{p}_a\cdot\boldsymbol{n})(1-\cos\sigma)\boldsymbol{n} \tag{6-324}$$

这就是刚体有限转动的矢量表示法。

另一方面，由 σ 和 $\boldsymbol{n}$ 形成的四元数为

$$\boldsymbol{Q}=q_0+\boldsymbol{Q}=\cos(\sigma/2)+\sin(\sigma/2)\boldsymbol{n}$$

根据公式(6-320)有

$$\begin{aligned}\boldsymbol{Q}\circ\boldsymbol{p}_a\circ\boldsymbol{Q}^*&=(1-2\boldsymbol{q}\cdot\boldsymbol{q})\boldsymbol{p}_a+2q_0(\boldsymbol{q}\times\boldsymbol{p}_a)+2(\boldsymbol{q}\cdot\boldsymbol{p}_a)\boldsymbol{q}=\\&\cos\sigma\boldsymbol{p}_a+\sin\sigma(\boldsymbol{n}\times\boldsymbol{p}_a)+(\boldsymbol{p}_a\cdot\boldsymbol{n})(1-\cos\sigma)\boldsymbol{n}\end{aligned} \tag{6-325}$$

比较式(6-324)和式(6-325)，得到

$$\boldsymbol{p}_b=\boldsymbol{Q}\circ\boldsymbol{p}_a\circ\boldsymbol{Q}^* \tag{6-326}$$

这就是刚体有限转动的四元数表示法。

其逆向关系式为

$$\boldsymbol{p}_a = \boldsymbol{Q}^* \circ \boldsymbol{p}_b \circ \boldsymbol{Q} \tag{6-327}$$

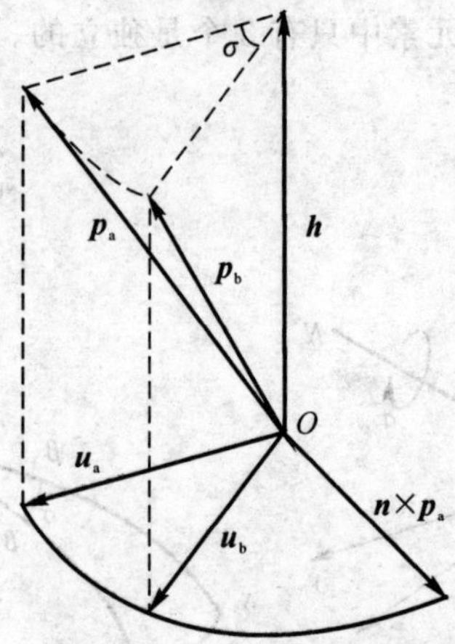

图 6-32 刚体的有限转动

6.5.4.4 由四元数构成的坐标变换矩阵

当坐标系 S_a 绕轴线 ON 转过角 σ 而成为 S_b 时，单位矢量 $\boldsymbol{i}_a, \boldsymbol{j}_a, \boldsymbol{k}_a$ 成为 $\boldsymbol{i}_b, \boldsymbol{j}_b, \boldsymbol{k}_b$。按照公式(6-326)有

$$\left.\begin{aligned} \boldsymbol{i}_b &= \boldsymbol{Q} \circ \boldsymbol{i}_a \circ \boldsymbol{Q}^* \\ \boldsymbol{j}_b &= \boldsymbol{Q} \circ \boldsymbol{j}_a \circ \boldsymbol{Q}^* \\ \boldsymbol{k}_b &= \boldsymbol{Q} \circ \boldsymbol{k}_a \circ \boldsymbol{Q}^* \end{aligned}\right\} \tag{6-328}$$

对于矢量：

$$\boldsymbol{r} = x_a \boldsymbol{i}_a + y_a \boldsymbol{j}_a + z_a \boldsymbol{k}_a = x_b \boldsymbol{i}_b + y_b \boldsymbol{j}_b + z_b \boldsymbol{k}_b$$

有

$$\boldsymbol{r} = x_b \boldsymbol{Q} \circ \boldsymbol{i}_a \circ \boldsymbol{Q}^* + y_b \boldsymbol{Q} \circ \boldsymbol{j}_a \circ \boldsymbol{Q}^* + z_b \boldsymbol{Q} \circ \boldsymbol{k}_a \circ \boldsymbol{Q}^* = \boldsymbol{Q} \circ (x_b \boldsymbol{i}_a + y_b \boldsymbol{j}_a + z_b \boldsymbol{k}_a) \circ \boldsymbol{Q}^* \tag{6-329}$$

现定义两个零标量的四元数：

$$\left.\begin{aligned} \boldsymbol{R}_a &= 0 + x_a \boldsymbol{i}_a + y_a \boldsymbol{j}_a + z_a \boldsymbol{k}_a = 0 + \boldsymbol{r} \\ \boldsymbol{R}_{b/a} &= 0 + x_b \boldsymbol{i}_a + y_b \boldsymbol{j}_a + z_b \boldsymbol{k}_a \end{aligned}\right\} \tag{6-330}$$

后者是由在 $\boldsymbol{S}_b$ 中的分量和 $\boldsymbol{S}_a$ 的单位矢量构成的，没有什么物理意义。于是式(6-329)成为

$$\boldsymbol{R}_a = \boldsymbol{Q} \circ \boldsymbol{R}_{b/a} \circ \boldsymbol{Q}^* \tag{6-331}$$

或

$$\boldsymbol{R}_{b/a} = \boldsymbol{Q}^* \circ \boldsymbol{R}_a \circ \boldsymbol{Q} \tag{6-332}$$

利用式(6-312)和式(6-315)，得到

$$\mathrm{col}(\boldsymbol{R}_{b/a}) = \mathrm{mati}(\boldsymbol{Q})\,\mathrm{mat}(\boldsymbol{Q}^*)\,\mathrm{col}(\boldsymbol{R}_a)$$

即

$$\begin{bmatrix}0\\x_a\\x_b\\x_c\end{bmatrix}=\begin{bmatrix}q_0 & -q_1 & -q_2 & -q_3\\q_1 & q_0 & q_3 & -q_2\\q_2 & -q_3 & q_0 & q_1\\q_3 & q_2 & -q_1 & q_0\end{bmatrix}\begin{bmatrix}q_0 & q_1 & q_2 & q_3\\-q_1 & q_0 & q_3 & -q_2\\-q_2 & -q_3 & q_0 & q_1\\-q_3 & q_2 & -q_1 & q_0\end{bmatrix}\begin{bmatrix}0\\x_a\\y_a\\z_a\end{bmatrix}$$

因此

$$\begin{bmatrix}x_b\\y_b\\z_b\end{bmatrix}=\left[\begin{bmatrix}q_1\\q_2\\q_3\end{bmatrix}(q_1\quad q_2\quad q_3)+\begin{bmatrix}q_0 & q_3 & -q_2\\-q_3 & q_0 & q_1\\q_2 & -q_1 & q_0\end{bmatrix}^2\right]\begin{bmatrix}x_a\\y_a\\z_a\end{bmatrix}\tag{6-333}$$

右边括号内的表达式正是坐标变换矩阵 $\boldsymbol{L}_{ba}$，它可以写成

$$\boldsymbol{L}_{ba}=\boldsymbol{q}\boldsymbol{q}^{T}+[q_0\boldsymbol{I}-\boldsymbol{q}^{\times}]^2\tag{6-334}$$

式中

$$\boldsymbol{q}=[q_1\quad q_2\quad q_3]^{T}$$

于是得到变换矩阵 $\boldsymbol{L}_{ba}$ 的各元素

$$\left.\begin{aligned}l_{11}&=q_0^2+q_1^2-q_2^2-q_3^2\\l_{12}&=2(q_1q_2+q_0q_3)\\l_{13}&=2(q_3q_1-q_0q_2)\\l_{21}&=2(q_1q_2-q_0q_3)\\l_{22}&=q_0^2-q_1^2+q_2^2-q_3^2\\l_{23}&=2(q_2q_3+q_0q_1)\\l_{31}&=2(q_3q_1+q_0q_2)\\l_{32}&=2(q_2q_3-q_0q_1)\\l_{33}&=q_0^2-q_1^2-q_2^2+q_3^2\end{aligned}\right\}\tag{6-335}$$

当变换矩阵的元素 l_{ij} 已知时，可以在下列 4 组方程中选出一组用于计算四元数的元素：

$$\left.\begin{aligned}q_0&=\pm\sqrt{1+l_{11}+l_{22}+l_{33}}/2\\q_1&=(l_{23}-l_{32})/(4q_0)\\q_2&=(l_{31}-l_{13})/(4q_0)\\q_3&=(l_{12}-l_{21})/(4q_0)\end{aligned}\right\}$$

$$\left.\begin{aligned}q_1&=\pm\sqrt{1+l_{11}-l_{22}-l_{33}}/2\\q_2&=(l_{12}+l_{21})/(4q_1)\\q_3&=(l_{13}+l_{31})/(4q_1)\\q_0&=(l_{23}-l_{32})/(4q_1)\end{aligned}\right\}$$

$$\left.\begin{aligned}q_2&=\pm\sqrt{1-l_{11}+l_{22}-l_{33}}/2\\q_3&=(l_{23}+l_{32})/(4q_2)\\q_0&=(l_{31}-l_{13})/(4q_2)\\q_1&=(l_{12}+l_{21})/(4q_2)\end{aligned}\right\}$$

$$\left.\begin{aligned} q_3 &= \pm\sqrt{1-l_{11}-l_{22}+l_{33}}/2 \\ q_0 &= (l_{12}-l_{21})/(4q_3) \\ q_1 &= (l_{13}+l_{31})/(4q_3) \\ q_2 &= (l_{23}+l_{32})/(4q_3) \end{aligned}\right\}$$

首先利用每一组的第一行计算 q_0, q_1, q_2, q_3，选择给出最大值的那一组作为计算公式。例如，若 q_2 的值最大，则选择第三组公式。

上述的四元数称为从 $\boldsymbol{S}_a$ 到 $\boldsymbol{S}_b$ 的变换四元数，或者 $\boldsymbol{S}_b$ 相对于 $\boldsymbol{S}_a$ 的姿态四元数。为了更加明确起见，把它写成 $\boldsymbol{Q}_{ba}$。

根据定义有如下关系：

$$\boldsymbol{Q}_{ab} = (\boldsymbol{Q}_{ba})^* \tag{6-336}$$

6.5.4.5 3个或更多坐标系的关系

坐标系 S_a 的矢阵为

$$\boldsymbol{f}_a = [\boldsymbol{i}_a \quad \boldsymbol{j}_a \quad \boldsymbol{k}_a]^T \tag{6-337}$$

四元数 $\boldsymbol{Q}$ 的元素 q_1, q_2, q_3 的阵列为

$$(\boldsymbol{q}) = [q_1 \quad q_2 \quad q_3]^T \tag{6-338}$$

设想有 3 个坐标系：

$$S_a: Ox_a y_a z_a, \quad S_b: Ox_b y_b z_b, \quad S_c: Ox_c y_c z_c$$

坐标系 S_b 和 S_a 由 $\boldsymbol{Q}_{ba}$ 联系，即

$$\boldsymbol{Q}_{ba} = q_{0ba} + q_{1ba}\boldsymbol{i}_a + q_{2ba}\boldsymbol{j}_a + q_{3ba}\boldsymbol{k}_a = q_{0ba} + (\boldsymbol{q}_{ba})^T \boldsymbol{f}_a \tag{6-339}$$

把式(6-326)改写成

$$\boldsymbol{f}_b = \boldsymbol{Q}_{ba} \circ \boldsymbol{f}_a \circ \boldsymbol{Q}_{ba}^* \tag{6-340}$$

坐标系 S_c 和 S_b 由 $\boldsymbol{Q}_{cb}$ 联系，即

$$\boldsymbol{Q}_{cb} = q_{0cb} + q_{1cb}\boldsymbol{i}_b + q_{2cb}\boldsymbol{j}_b + q_{3cb}\boldsymbol{k}_b = q_{0cb} + (\boldsymbol{q}_{cb})^T \boldsymbol{f}_b \tag{6-341}$$

且

$$\boldsymbol{f}_c = \boldsymbol{Q}_{cb} \circ \boldsymbol{f}_b \circ \boldsymbol{Q}_{cb}^* \tag{6-342}$$

坐标系 S_c 和 S_a 由 $\boldsymbol{Q}_{ca}$ 联系，即

$$\boldsymbol{Q}_{ca} = q_{0ca} + q_{1ca}\boldsymbol{i}_a + q_{2ca}\boldsymbol{j}_a + q_{3ca}\boldsymbol{k}_a = q_{0ca} + (\boldsymbol{q}_{ca})^T \boldsymbol{f}_a \tag{6-343}$$

且

$$\boldsymbol{f}_c = \boldsymbol{Q}_{ca} \circ \boldsymbol{f}_a \circ \boldsymbol{Q}_{ca}^* \tag{6-344}$$

把式(6-343)和式(6-344)结合起来，有

$$\boldsymbol{Q}_{ca} = \boldsymbol{Q}_{cb} \circ \boldsymbol{Q}_{ba} \tag{6-345}$$

但是要注意，因为 $\boldsymbol{Q}_{cb}$ 和 $\boldsymbol{Q}_{ba}$ 有不同的基底，它们的元素的关系不能用式(6-312)或式(6-315)表示，所以方程式(6-345)不能直接应用。

把式(6-345)改写成

$$q_{0ca} + (\boldsymbol{q}_{ca})^T \boldsymbol{f}_a = [q_{0cb} + (\boldsymbol{q}_{cb})^T \boldsymbol{f}_b] \circ [q_{0ba} + (\boldsymbol{q}_{ba})^T \boldsymbol{f}_a] \tag{6-346}$$

由于

$$\left.\begin{aligned} \boldsymbol{f}_b &= \boldsymbol{Q}_{ba} \circ \boldsymbol{f}_a \circ \boldsymbol{Q}_{ba}^* \\ q_{0cb} &= q_{0cb} \circ \boldsymbol{Q}_{ba} \circ \boldsymbol{Q}_{ba}^* = \boldsymbol{Q}_{ba} \circ q_{0cb} \circ \boldsymbol{Q}_{ba}^* \end{aligned}\right\} \tag{6-347}$$

式(6－346) 被变换成

$$q_{0ca}+(\boldsymbol{q}_{ca})^{T}\boldsymbol{f}_{a}=\boldsymbol{Q}_{ba}\circ[q_{0cb}+(\boldsymbol{q}_{cb})^{T}\boldsymbol{f}_{a}]\circ\boldsymbol{Q}_{ba}^{*}\circ\boldsymbol{Q}_{ba}=\boldsymbol{Q}_{ba}\circ[q_{0cb}+(\boldsymbol{q}_{cb})^{T}\boldsymbol{f}_{a}] \tag{6-348}$$

利用符号

$$\boldsymbol{Q}_{cb/a}=q_{0cb}+(\boldsymbol{q}_{cb})^{T}\boldsymbol{f}_{a} \tag{6-349}$$

则式(6－348) 成为

$$\boldsymbol{Q}_{ca}=\boldsymbol{Q}_{dc}\circ\boldsymbol{Q}_{cb/a} \tag{6-350}$$

这里 $\boldsymbol{Q}_{ba}$ 和 $\boldsymbol{Q}_{cb/a}$ 具有同样的基底 $\boldsymbol{f}_a$，因而可以把这个式子按照式(6－312) 或式(6－315) 展开，得到变换四元数的元素之间的关系，所以公式(6－350) 是很有用的。

更一般地定义从 S_p 到 S_q 的旋转四元数为

$$\boldsymbol{Q}_{pq\#}=q_{0pq}+q_{1pq}\boldsymbol{i}+q_{2pq}\boldsymbol{j}+q_{3pq}\boldsymbol{k} \tag{6-351}$$

式中，$q_{0pq},q_{1pq},q_{2pq},q_{3pq}$ 由式(6－321) 确定。它们决定于旋转轴线的方向余弦及旋转的角度；$\boldsymbol{i}$，$\boldsymbol{j}$，$\boldsymbol{k}$ 是虚单位或虚拟坐标系的单位矢量，但与当时的坐标系无关。因此把 $\boldsymbol{Q}_{pq\#}$ 称为通用基底的四元数或虚拟四元数。于是式(6－350) 写成

$$\boldsymbol{Q}_{ca\#}=\boldsymbol{Q}_{ba\#}\circ\boldsymbol{Q}_{cb\#} \tag{6-352}$$

对于这个四元数方程可以使用公式(6－312) [或式(6－315)]，即

$$\mathrm{col}(\boldsymbol{Q}_{ca\#})=\mathrm{mat}(\boldsymbol{Q}_{ba\#})\mathrm{col}(\boldsymbol{Q}_{cb\#}) \tag{6-353}$$

推广到四个坐标系的情况，对于各自基底的四元数，有

$$\boldsymbol{Q}_{da}=\boldsymbol{Q}_{dc}\circ\boldsymbol{Q}_{cb}\circ\boldsymbol{Q}_{ba} \tag{6-354}$$

对于共同基底的四元数(即虚拟四元数)，有

$$\boldsymbol{Q}_{da\#}=\boldsymbol{Q}_{ba\#}\circ\boldsymbol{Q}_{cb\#}\circ\boldsymbol{Q}_{dc\#} \tag{6-355}$$

6.5.4.6　四元数与欧拉角的关系

若坐标系 S_a 和 S_b 之间以如下顺序的欧拉角 ψ,ϑ,γ 相联系，即

$$S_a\xrightarrow{R_z(\psi)}\circ\xrightarrow{R_y(\vartheta)}\circ\xrightarrow{R_x(\gamma)}S_b \tag{6-356}$$

与 3 次转动相对应的虚拟四元数为

$$\boldsymbol{Q}_{ba\#}=\boldsymbol{Q}_{1\#}\circ\boldsymbol{Q}_{2\#}\circ\boldsymbol{Q}_{3\#} \tag{6-357}$$

展开后得到 $\boldsymbol{Q}_{ba}$ 的元素表达式：

$$\left.\begin{aligned}q_0&=\cos(\gamma/2)\cos(\vartheta/2)\cos(\psi/2)+\sin(\gamma/2)\sin(\vartheta/2)\sin(\psi/2)\\q_1&=\sin(\gamma/2)\cos(\vartheta/2)\cos(\psi/2)-\cos(\gamma/2)\sin(\vartheta/2)\sin(\psi/2)\\q_2&=\cos(\gamma/2)\sin(\vartheta/2)\cos(\psi/2)+\sin(\gamma/2)\cos(\vartheta/2)\sin(\psi/2)\\q_3&=\cos(\gamma/2)\cos(\vartheta/2)\sin(\psi/2)-\sin(\gamma/2)\sin(\vartheta/2)\cos(\psi/2)\end{aligned}\right\} \tag{6-358}$$

比较以四元数表示的和以欧拉角表示的变换矩阵，得到

$$\left.\begin{aligned}\sin\vartheta&=-2(q_3q_1-q_0q_2)\\\sin\gamma/\cos\gamma&=[2(q_2q_3+q_0q_1)]/[1-2(q_1^2+q_2^2)]\\\sin\psi/\cos\psi&=[2(q_1q_2+q_0q_3)]/[1-2(q_2^2+q_3^2)]\end{aligned}\right\} \tag{6-359}$$

如果角 ψ,ϑ,γ 是小量，则有近似关系

$$q_0\approx1,\quad q_1\approx\gamma/2,\quad q_2\approx\vartheta/2,\quad q_3\approx\psi/2 \tag{6-360}$$

6.5.4.7 以四元数表示的运动学方程

引理：令 $\boldsymbol{Q}$ 是四元数，$\boldsymbol{v}$ 是矢量。利用式(6-318)和(6-319)，有

$$\boldsymbol{Q}\circ\boldsymbol{v}-\boldsymbol{v}\circ\boldsymbol{Q}=-\boldsymbol{q}\cdot\boldsymbol{v}+q_0\boldsymbol{v}+\boldsymbol{q}\times\boldsymbol{v}+\boldsymbol{q}\cdot\boldsymbol{v}-q_0\boldsymbol{v}+\boldsymbol{q}\times\boldsymbol{v}=2\boldsymbol{q}\times\boldsymbol{v}=2\mathrm{vect}(\boldsymbol{Q})\times\boldsymbol{v} \tag{6-361}$$

式中，vect($\boldsymbol{Q}$)表示四元数 $\boldsymbol{Q}$ 的矢量部分。

设想 S_B 是刚体固连坐标系，该刚体具有角速度 $\boldsymbol{\omega}$，P 是刚体上的一个点，其位置矢量为 $\boldsymbol{r}$。按照力学定理，有

$$\mathrm{d}\boldsymbol{r}/\mathrm{d}t=\boldsymbol{\omega}\times\boldsymbol{r} \tag{6-362}$$

令 $\boldsymbol{Q}$(或 $\boldsymbol{Q}_{BO}$)是 S_B 相对于参考坐标系 S_O 的四元数；$\boldsymbol{r}_O$ 是与 S_B 中的 $\boldsymbol{r}$ 相对应的 S_O 中的矢量。根据公式(6-326)和式(6-327)，$\boldsymbol{r}$ 和 $\boldsymbol{r}_O$ 的关系是

$$\boldsymbol{r}=\boldsymbol{Q}\circ\boldsymbol{r}_O\circ\boldsymbol{Q}^*,\quad \boldsymbol{r}_O=\boldsymbol{Q}^*\circ\boldsymbol{r}\circ\boldsymbol{Q} \tag{6-363}$$

矢量 $\boldsymbol{r}$ 的变化率是

$$\begin{aligned}\mathrm{d}\boldsymbol{r}/\mathrm{d}t&=(\mathrm{d}\boldsymbol{Q}/\mathrm{d}t)\circ\boldsymbol{r}_O\circ\boldsymbol{Q}^*+\boldsymbol{Q}\circ\boldsymbol{r}_O\circ(\mathrm{d}\boldsymbol{Q}^*/\mathrm{d}t)=(\mathrm{d}\boldsymbol{Q}/\mathrm{d}t)\circ\boldsymbol{Q}^*\circ\boldsymbol{r}\circ\boldsymbol{Q}\circ\boldsymbol{Q}^*+\\&\quad\boldsymbol{Q}\circ\boldsymbol{Q}^*\circ\boldsymbol{r}\circ\boldsymbol{Q}\circ(\mathrm{d}\boldsymbol{Q}^*/\mathrm{d}t)=[(\mathrm{d}\boldsymbol{Q}/\mathrm{d}t)\circ\boldsymbol{Q}^*]\circ\boldsymbol{r}-\boldsymbol{r}\circ[(\mathrm{d}\boldsymbol{Q}/\mathrm{d}t)\circ\boldsymbol{Q}^*]\end{aligned} \tag{6-364}$$

其中利用了如下关系式：

$$\begin{gathered}\boldsymbol{Q}\circ\boldsymbol{Q}^*=1\\(\mathrm{d}\boldsymbol{Q}/\mathrm{d}t)\circ\boldsymbol{Q}^*+\boldsymbol{Q}\circ(\mathrm{d}\boldsymbol{Q}^*/\mathrm{d}t)=0\end{gathered} \tag{6-365}$$

根据式(6-361)把式(6-364)改写成

$$\mathrm{d}\boldsymbol{r}/\mathrm{d}t=2\mathrm{vect}[(\mathrm{d}\boldsymbol{Q}/\mathrm{d}t)\circ\boldsymbol{Q}^*]\times\boldsymbol{r} \tag{6-366}$$

比较式(6-366)和式(6-362)，得到角速度矢量的表达式：

$$\boldsymbol{\omega}=2\mathrm{vect}[(\mathrm{d}\boldsymbol{Q}/\mathrm{d}t)\circ\boldsymbol{Q}^*] \tag{6-367}$$

根据式 $\mathrm{scal}(\boldsymbol{P}\circ\boldsymbol{Q})=p_0q_0-\boldsymbol{p}\cdot\boldsymbol{q}$ 以及条件式(6-322)，有

$$\mathrm{scal}[(\mathrm{d}\boldsymbol{Q}/\mathrm{d}t)\circ\boldsymbol{Q}^*]=\dot{q}_0q_0+\dot{q}_1q_1+\dot{q}_2q_2+\dot{q}_3q_3=0$$

以上两式相结合，可得

$$\boldsymbol{\omega}=2(\mathrm{d}\boldsymbol{Q}/\mathrm{d}t)\circ\boldsymbol{Q}^* \tag{6-368}$$

定义一个零标量的四元数：

$$\boldsymbol{\Omega}_O=0+\omega_{Ox}\boldsymbol{i}_O+\omega_{Oy}\boldsymbol{j}_O+\omega_{Oz}\boldsymbol{k}_O=0+\boldsymbol{\omega} \tag{6-369}$$

比较式(6-368)和式(6-369)，得到

$$\boldsymbol{\Omega}_O=2(\mathrm{d}\boldsymbol{Q}/\mathrm{d}t)\circ\boldsymbol{Q}^* \tag{6-370}$$

$$\mathrm{d}\boldsymbol{Q}/\mathrm{d}t=\frac{1}{2}\boldsymbol{\Omega}_O\circ\boldsymbol{\Omega} \tag{6-371}$$

但是这个方程不便于使用，因为 Ω_O 包含角速度 $\boldsymbol{\omega}$ 在 S_O 中的分量，而不是在 S_B 中的分量。又定义另一个四元数，它包含飞行器角速度 $\boldsymbol{\omega}$ 在本体固连坐标系 S_B 中的分量，即

$$\Omega_{B/O}=\omega_{Bx}\boldsymbol{i}_O+\omega_{By}\boldsymbol{j}_O+\omega_{Bz}\boldsymbol{k}_O \tag{6-372}$$

并且利用关系式：

$$\boldsymbol{\Omega}_O=\boldsymbol{Q}\circ\boldsymbol{\Omega}_{B/O}\circ\boldsymbol{Q}^* \tag{6-373}$$

就得到更有用的运动学方程：

$$\mathrm{d}\boldsymbol{Q}/\mathrm{d}t=\frac{1}{2}\boldsymbol{Q}\circ\boldsymbol{\Omega}_{\mathrm{B/O}} \tag{6-374}$$

并且利用公式(6－315)把它转化成矩阵形式：

$$\mathrm{col}(\mathrm{d}\boldsymbol{Q}/\mathrm{d}t)=\frac{1}{2}\mathrm{mati}(\boldsymbol{\Omega}_{\mathrm{B/O}})\mathrm{col}(\boldsymbol{Q}) \tag{6-375}$$

即

$$\begin{bmatrix}\mathrm{d}q_0/\mathrm{d}t\\ \mathrm{d}q_1/\mathrm{d}t\\ \mathrm{d}q_2/\mathrm{d}t\\ \mathrm{d}q_3/\mathrm{d}t\end{bmatrix}=\frac{1}{2}\begin{bmatrix}0 & -\omega_{\mathrm{B}x} & -\omega_{\mathrm{B}y} & -\omega_{\mathrm{B}z}\\ \omega_{\mathrm{B}x} & 0 & \omega_{\mathrm{B}z} & -\omega_{\mathrm{B}y}\\ \omega_{\mathrm{B}y} & -\omega_{\mathrm{B}z} & 0 & \omega_{\mathrm{B}x}\\ \omega_{\mathrm{B}z} & \omega_{\mathrm{B}y} & -\omega_{\mathrm{B}x} & 0\end{bmatrix}\begin{bmatrix}q_0\\ q_1\\ q_2\\ q_3\end{bmatrix} \tag{6-376}$$

这就是以四元数表示的航天器姿态运动学方程。

利用符号：

$$\left.\begin{aligned}(\boldsymbol{\omega})_{\mathrm{B}}&=[\omega_{\mathrm{B}x}\quad \omega_{\mathrm{B}y}\quad \omega_{\mathrm{B}z}]^{\mathrm{T}}\\ (\boldsymbol{q})&=[q_1\quad q_2\quad q_3]^{\mathrm{T}}\end{aligned}\right\} \tag{6-377}$$

方程式(6－376)可以写成

$$\begin{pmatrix}\mathrm{d}q_0/\mathrm{d}t\\ \mathrm{d}(\boldsymbol{q})/\mathrm{d}t\end{pmatrix}=\frac{1}{2}\begin{bmatrix}\mathbf{0} & -(\boldsymbol{\omega})_{\mathrm{B}}^{\mathrm{T}}\\ (\boldsymbol{\omega})_{\mathrm{B}} & -(\boldsymbol{\omega})_{\mathrm{B}}^{X}\end{bmatrix}\begin{pmatrix}q_0\\ (\boldsymbol{q})\end{pmatrix} \tag{6-378}$$

方程式(6－376)或式(6－378)对应于欧拉角的如下运动学方程：

$$\left.\begin{aligned}\mathrm{d}\gamma/\mathrm{d}t&=\omega_{\mathrm{B}x}+\tan\vartheta(\omega_{\mathrm{B}y}\sin\gamma+\omega_{\mathrm{B}z}\cos\gamma)\\ \mathrm{d}\vartheta/\mathrm{d}t&=\omega_{\mathrm{B}y}\cos\gamma-\omega_{\mathrm{B}z}\sin\gamma\\ \mathrm{d}\psi/\mathrm{d}t&=(\omega_{\mathrm{B}y}\sin\gamma+\omega_{\mathrm{B}z}\cos\gamma)/\cos\vartheta\end{aligned}\right\} \tag{6-379}$$

方程式(6－379)是可能有奇异性的(当 $\vartheta=90^\circ$ 时)，而四元数的运动学方程式(6－376)或式(6－378)则没有奇异性问题。

总之，在姿态运动学中应用四元数的好处是：第一，避免奇异性；第二，运算比较简单(没有三角函数)。缺点是：不够直观。所以在飞行仿真中即使用四元数表示姿态，用它进行运算，仍要输出有直观印象的欧拉角。

6.5.5　无外力矩的自由运动及其稳定性[16]

6.5.5.1　轴对称航天器的自由转动特性

这里首先分析刚体自由转动中的章动现象。为了使问题简化，我们先分析几何形状为轴对称体的均质航天器的旋转。设航天器如图 6－33 所示，$OX_{\mathrm{B}}Y_{\mathrm{B}}Z_{\mathrm{B}}$ 是和刚体航天器一同旋转的体固连坐标系，O 是质心，3 根坐标轴都是主惯性轴，且有 $J_x=J_y=J_t$，$J_z=J$。设 $Oxyz$ 是不旋转的航天器坐标系，当 $t=0$ 时，$OX_{\mathrm{B}}Y_{\mathrm{B}}Z_{\mathrm{B}}$ 与 $Oxyz$ 重合，此后 $OX_{\mathrm{B}}Y_{\mathrm{B}}Z_{\mathrm{B}}$ 以角速度 Ω 绕 Oz(OZ_{B} 轴)旋转，转角为 Ωt，在整个旋转过程中 Oz 和 OZ_{B} 一直重合。根据式(6－300)，自旋航天器姿态运动方程式，在 $OX_{\mathrm{B}}Y_{\mathrm{B}}Z_{\mathrm{B}}$ 中的分量形式为

$$\left.\begin{aligned}J_t\dot{\omega}_{\mathrm{B}x}-(J_t-J)\omega_{\mathrm{B}y}\omega_{\mathrm{B}z}&=0\\ J_t\dot{\omega}_{\mathrm{B}y}-(J-J_t)\omega_{\mathrm{B}z}\omega_{\mathrm{B}x}&=0\\ J\dot{\omega}_{\mathrm{B}z}&=0\end{aligned}\right\} \tag{6-380}$$

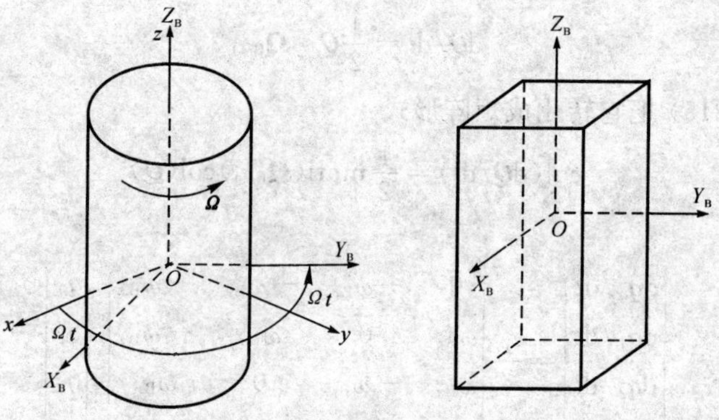

图 6-33　轴对称的航天器

由式(6-380)的第三式可以求得

$$\omega_{Bz}=\Omega=\text{const} \tag{6-381}$$

把它代入式(6-380)的第一式和第二式，有

$$\left.\begin{aligned}\dot{\omega}_{By}-\omega_p\omega_{Bx}=0\\ \dot{\omega}_{Bx}+\omega_p\omega_{By}=0\end{aligned}\right\} \tag{6-382}$$

其中

$$\omega_p=\frac{J-J_t}{J_t}\Omega=\text{const} \tag{6-383}$$

从式(6-382)分别求得 ω_{Bx} 和 ω_{By}，再代入另一式，得

$$\left.\begin{aligned}\ddot{\omega}_{Bx}+\omega_p^2\omega_{Bx}=0\\ \ddot{\omega}_{By}+\omega_p^2\omega_{By}=0\end{aligned}\right\} \tag{6-384}$$

这是关于 ω_{Bx} 和 ω_{By} 的二阶常系数微分方程式，它们的解为

$$\omega_{Bx}=A\cos\omega_p t+B\sin\omega_p t$$

$$\omega_{By}=C\cos\omega_p t+D\sin\omega_p t$$

其中，A，B，C，D 是积分常数，应由初始条件确定。若把 $t=0$ 时刻的 $\omega_{Bx}=\omega_{Bx}(0)$ 和 $\omega_{By}=\omega_{By}(0)$ 代入，可得

$$\omega_{Bx}(0)=A,\quad \omega_{By}(0)=C$$

把它们代入上述解，再利用式(6-382)，可得

$$B=-\omega_{By}(0),\quad D=\omega_{Bx}(0)$$

把积分常数代回原解，得

$$\omega_{Bx}=\omega_{Bx}(0)\cos\omega_p t-\omega_{By}(0)\sin\omega_p t$$

$$\omega_{By}=\omega_{By}(0)\cos\omega_p t+\omega_{Bx}(0)\sin\omega_p t$$

若把 OX_BY_B 视为复平面，并令 OY_B 为虚轴，$\mathrm{i}=\sqrt{-1}$，取 $\omega_t=\omega_{Bx}+\mathrm{i}\omega_{By}$，则将上两式代入之后，有

$$\omega_t=[\omega_{Bx}(0)+\mathrm{i}\omega_{By}(0)](\cos\omega_p t+\mathrm{i}\sin\omega_p t)=[\omega_{Bx}^2(0)+\omega_{By}^2(0)]^{1/2}\mathrm{e}^{\mathrm{i}\omega_p t}=\omega_{t0}\mathrm{e}^{\mathrm{i}\omega_p t} \tag{6-385}$$

式中

$$\omega_{t0}=[\omega_{Bx}^2(0)+\omega_{By}^2(0)]^{1/2}=\text{const} \tag{6-386}$$

式(6-385)表示的几何意义是(见图 6-34)，由 ω_{Bx} 和 ω_{By} 构成的 ω_t 角速度，与 Oz_B 轴垂直，故又称横向角速度。ω_t 以 ω_p 绕 Oz_B 轴转动的，当 $J_t>J$ 时，由式(6-383)知 $\omega_p<0$ 时，则 ω_t 将

以 $\boldsymbol{\Omega}$ 的反方向运动；反之，当 $J_t < J, \omega_p > 0$ 时，则 ω_t 将以 $\boldsymbol{\Omega}$ 正方向旋转。值得注意的是，$OX_BY_BZ_B$ 是随着航天器在惯性空间以 $\boldsymbol{\Omega}$ 转动的，而 ω_t 又绕 Oz_B 轴以 ω_p 旋转，所以 ω_p 可被看成是一种对刚体航天器的相对转动，称为本体章动角速度，由 ω_t 引起的运动称为章动。这时的刚体既以 $\boldsymbol{\Omega}$ 自旋，又存在以 $\boldsymbol{\omega}_t$ 的转动，它的绝对角速度是横向角速度 $\boldsymbol{\omega}_t$ 和纵向角速度 $\boldsymbol{\Omega}$ 之矢量和（见图 6-35），即 $\boldsymbol{\omega} = \boldsymbol{\omega}_t + \boldsymbol{\Omega}$，合角速度的模量为

$$\omega = [\omega_t^2 + \Omega^2]^{1/2} = \text{const} \tag{6-387}$$

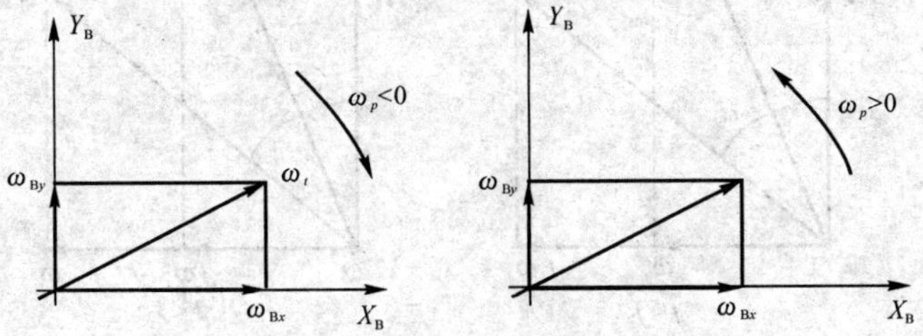

图 6-34　$\boldsymbol{\omega}_t = \boldsymbol{\omega}_{Bx} + i\boldsymbol{\omega}_{By}$ 的几何解

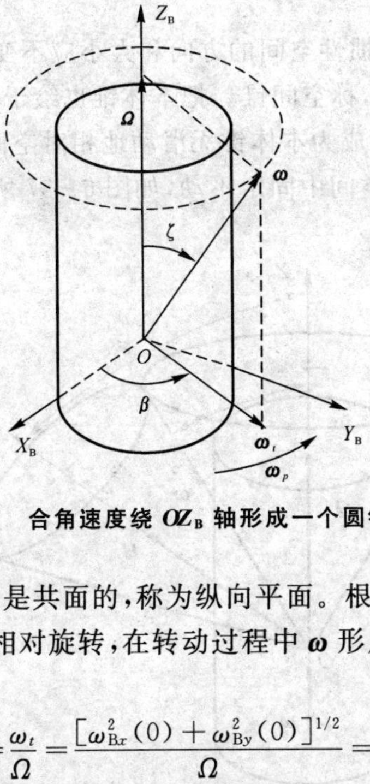

图 6-35　合角速度绕 OZ_B 轴形成一个圆锥（体锥）

显然 $\boldsymbol{\omega}_t$，$\boldsymbol{\omega}$ 和 $\boldsymbol{\Omega}$（即 OZ_B 轴）是共面的，称为纵向平面。根据式(6-385)，纵向平面以 ω_p 角速度绕 OZ_B 相对刚体航天器作相对旋转，在转动过程中 $\boldsymbol{\omega}$ 形成一绕 OZ_B 轴的锥面（又称本体锥），其锥顶角 ζ 满足：

$$\tan\zeta = \frac{\omega_t}{\Omega} = \frac{[\omega_{Bx}^2(0) + \omega_{By}^2(0)]^{1/2}}{\Omega} = \text{const} \tag{6-388}$$

由于角速度可以分解为横向和纵向两分量，角动量也可分为横向角动量 $J_t\boldsymbol{\omega}_t$ 和纵向角动量 $J\boldsymbol{\Omega}$，因此总的角动量为

$$\boldsymbol{H} = J_t\boldsymbol{\omega}_t + J\boldsymbol{\Omega} \tag{6-389}$$

其模量为

$$H = [(J_t\omega_t)^2 + (J\Omega)^2]^{1/2} = \text{const} \tag{6-390}$$

它与 Oz_b 轴的交角是 φ，称为章动角，有

$$\tan\varphi = \frac{J_t\omega_t}{J\Omega} = \frac{J_t[\omega_{Bx}^2(0) + \omega_{By}^2(0)]^{1/2}}{J\Omega} = \text{const} \tag{6-391}$$

由式(6-389)还可推知 OZ_B 轴和 $\boldsymbol{\omega}_t$ 及 $\boldsymbol{H}$ 共面，这个平面就是前面提到的纵平面（见

图6-36)。

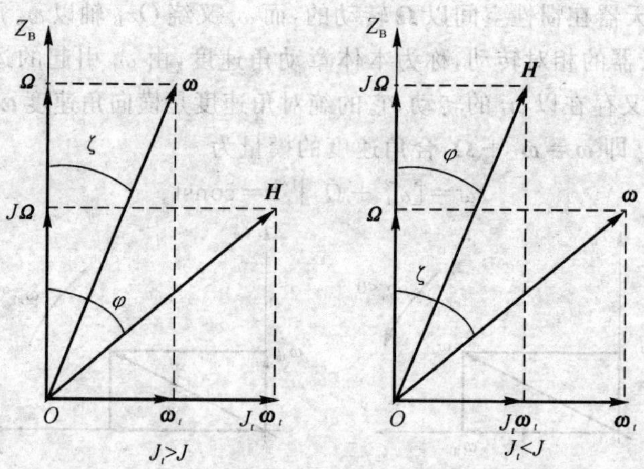

图 6-36　OZ_B 轴和 ω 和 h 构成以 ω_p 旋转的平面

根据动量矩守恒原理，$\boldsymbol{H}$ 在惯性空间的方向和大小应不变，纵平面只能绕 $\boldsymbol{H}$ 旋转。旋转的结果是 $\boldsymbol{\omega}$ 绕 $\boldsymbol{H}$ 将构成一个锥体，称空间锥。把本体锥也绘于图上，这两个锥将沿 $\boldsymbol{\omega}$ 相切。刚体以 $\boldsymbol{\omega}$ 相对惯性空间的运动，就成为本体锥无滑动地相对空间锥的转动。当 $J_t > J$ 时，空间锥的锥顶角为 $\varphi-\zeta$，它在惯性空间中固定不动，如图 6-37 所示，这就是对称刚体有章动时的自由旋转形态。

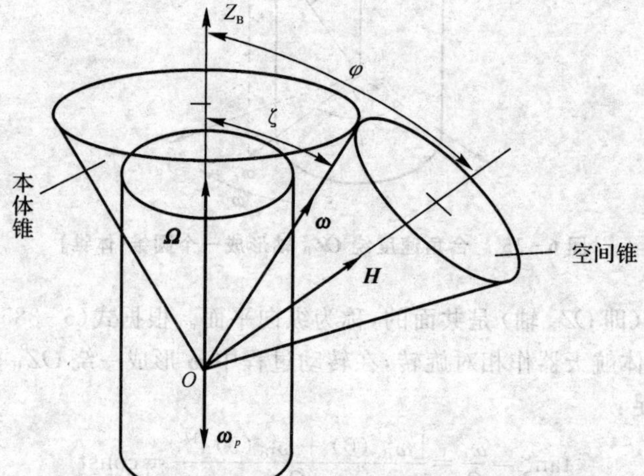

图 6-37　空间锥与本体锥的啮合滚动运动，$J_t > J$

当 $J_t < J$ 时，除了 ω_p 变号使纵向平面反向绕 OZ_B 轴旋转外，也使纵向平面中 $\boldsymbol{H}$ 比 $\boldsymbol{\omega}$ 更靠近 OZ_B 轴(即 $\varphi < \zeta$)。图 6-38 是 $J_t < J$ 的对称刚体自由转动的情形，和图 6-37 一样，$\boldsymbol{H}$ 在惯性空间不动，$\boldsymbol{\omega}$ 围绕它形成一个在惯性空间固定的空间锥，它和 $\boldsymbol{\omega}$ 绕 OZ_B 轴旋转而成的本体锥相切，其公切线就是 $\boldsymbol{\omega}$，它和图 6-37 的不同之处在于，它是以本体锥的内表面啮合代替了外啮合。假如两种情况下刚体都是朝同一方向旋转，本体锥绕空间锥的转动方向却是相反的，此时包含着 OZ_B 轴、$\boldsymbol{H}$ 和 $\boldsymbol{\omega}$ 的纵平面相对 OZ_B 的旋转方向也是互异的，这些都是由于 J_t-J 符号不同造成的结果。

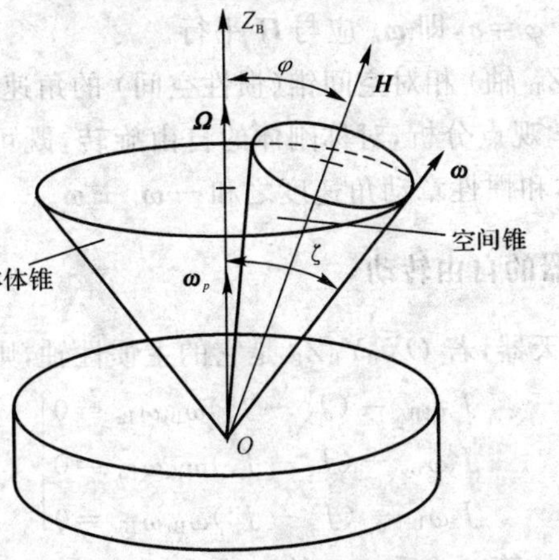

图 6-38　空间锥和本体锥的啮合滚动运动，$J_t < J$

通过上面的分析，在已有的四个角速度 $\boldsymbol{\Omega}, \boldsymbol{\omega}_t, \boldsymbol{\omega}$ 和 $\boldsymbol{\omega}_p$ 中，前三者之间的关系为

$$\boldsymbol{\omega} = \boldsymbol{\Omega} + \boldsymbol{\omega}_t \tag{6-392}$$

它们唯一地描述了刚体自由转动。那么，第四个角速度 $\boldsymbol{\omega}_p$ 又与 $\boldsymbol{\omega}$ 转动有何关系呢？如前分析，纵平面相对刚体以 $\boldsymbol{\omega}_p$ 转动，则刚体对纵平面的角速度便是 $-\boldsymbol{\omega}_p$。若设纵平面相对惯性空间的角速度是 $\boldsymbol{\omega}_n$，显然应有

$$\boldsymbol{\omega} = -\boldsymbol{\omega}_p + \boldsymbol{\omega}_n \tag{6-393}$$

从图 6-39 不难推出 $\boldsymbol{\omega}_n$ 的大小和方向。

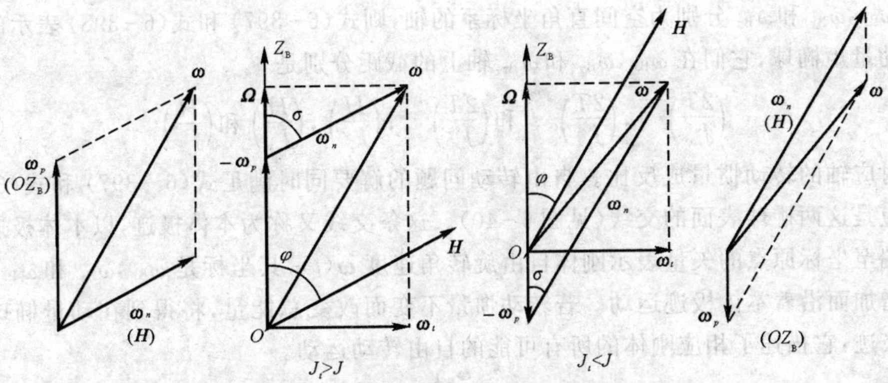

图 6-39　本体章动角速度和惯性章动角速度

图 6-39 中由 OZ_B 轴($\boldsymbol{\Omega}$)、$\boldsymbol{\omega}_t$ 和 $\boldsymbol{\omega}$ 构成纵平面，$\boldsymbol{\Omega}$ 和 $\boldsymbol{\omega}_t$ 分别是矩形的两边，$\boldsymbol{\omega}$ 为其对角线。$-\boldsymbol{\omega}_p$ 应与轴 OZ_B 一致，但其方向取决于式(6-383)。自 $-\boldsymbol{\omega}_p$ 向 $\boldsymbol{\omega}$ 引矢量，便是 $\boldsymbol{\omega}_n$，因为它满足式(6-393)。可求得 $\boldsymbol{\omega}_n$ 的模为

$$\omega_n = [(\Omega + \omega_p)^2 + \omega_t^2]^{1/2}$$

把式(6-383)代入，并考虑到式(6-390)，得

$$\omega_n = \frac{H}{J_t} \tag{6-394}$$

还可求得

$$\tan\sigma = \frac{\omega_t}{\Omega + \omega_p} = \frac{J_t \omega_t}{J\Omega} \tag{6-395}$$

与式(6-391)相比显然有$\varphi=\sigma$,即$\boldsymbol{\omega}_n$应与$\boldsymbol{H}$平行。

由于$\boldsymbol{\omega}_n$是纵平面(OZ_B轴)相对空间锥(惯性空间)的角速度,又称为惯性章动角速度。

综上所述知,从运动学观点分析,对称刚体的自由旋转,既可被视为纵向和横向角速度之和$\boldsymbol{\omega}_t+\boldsymbol{\Omega}$,又可以当成本体和惯性章动角速度之和$-\boldsymbol{\omega}_t+\boldsymbol{\omega}_n$。

6.5.5.2 一般航天器的自由转动

对于一般情况下的航天器,若$OX_BY_BZ_B$是它的主惯性轴,则欧拉方程式为

$$\left.\begin{aligned}J_x\dot{\omega}_{Bx}-(J_y-J_z)\omega_{By}\omega_{Bz}=0\\J_y\dot{\omega}_{By}-(J_z-J_x)\omega_{Bz}\omega_{Bx}=0\\J_z\dot{\omega}_{Bz}-(J_x-J_y)\omega_{Bx}\omega_{By}=0\end{aligned}\right\}\tag{6-396}$$

将上面的第一式乘ω_{Bx},第二式乘ω_{By},第三式乘ω_{Bz}后,再相加,积分得

$$J_x\omega_{Bx}^2+J_y\omega_{By}^2+J_z\omega_{Bz}^2=\text{const}$$

与式(6-301)相比,此式是主惯性轴坐标系内的转动动能T的两倍,则有

$$J_x\omega_{Bx}^2+J_y\omega_{By}^2+J_z\omega_{Bz}^2=2T\tag{6-397}$$

再把第一式、第二式、第三式分别乘以$J_x\omega_{Bx}$,$J_y\omega_{By}$,$J_z\omega_{Bz}$后相加并积分,所得结果为

$$J_x^2\omega_{Bx}^2+J_y^2\omega_{By}^2+J_z^2\omega_{Bz}^2=H^2\tag{6-398}$$

即所得结果是惯性积为零时总动量矩H的二次方。动能T和动量矩H都应守恒,其模的数值大小取决于ω_{Bx},ω_{By}和ω_{Bz}的初始条件。

式(6-397)和式(6-398)表明刚体的自由转动应服从于这两式所要求的角速度之间的关系。若ω_{Bx},ω_{By}和ω_{Bz}分别为空间直角坐标系的轴,则式(6-397)和式(6-398)表示的是能量椭球和动量矩椭球,它们在ω_{Bx},ω_{By}和ω_{Bz}轴上的截距分别是

$$\left(\frac{2T}{J_x}\right)^{1/2},\left(\frac{2T}{J_y}\right)^{1/2}和\left(\frac{2T}{J_z}\right)^{1/2};\left(\frac{H}{J_x}\right),\left(\frac{H}{J_y}\right)和\left(\frac{H}{J_z}\right)\tag{6-399}$$

即都与对应轴的转动惯量成反比。自由转动问题的解要同时满足式(6-397)和式(6-398),则其解应是这两椭球表面的交线(见图6-40)。这条交线又称为本体极迹,以本体极迹上任意点为矢端至坐标原点的矢量表示刚体自由旋转角速度$\boldsymbol{\omega}(t)$,其坐标是ω_{Bx},ω_{By}和ω_{Bz},它随着时间的增加而沿着本体极迹运动。若转动惯量不变而改变总能量,将得到在动量椭球上的一族本体极迹,它描述了相应刚体的所有可能的自由转动运动。

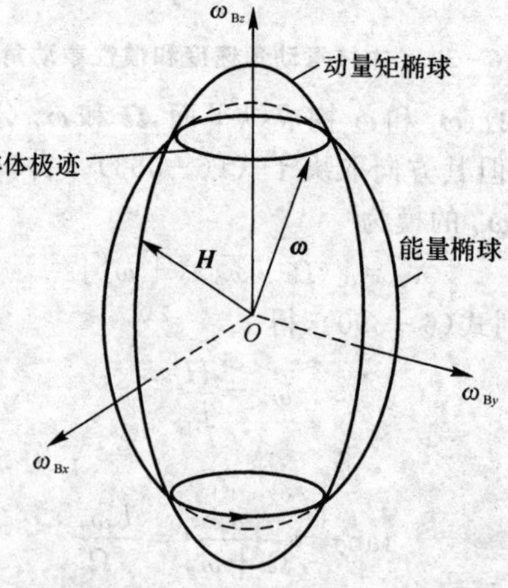

图6-40 能量和动量椭球的交线——本体极迹曲线

6.5.5.3　绕惯性主轴旋转的稳定性

首先说明，如果坐标系是非主惯性系，那么不论绕哪一根轴自由旋转，刚体运动都不是稳定的。那么绕惯性主轴的旋转又是怎样的？

设刚体航天器绕 $\boldsymbol{j}_B$ 基矢旋转，角速度为 Ω。换言之正常状态时应有 $\omega_{By}=\Omega, \omega_{Bx}=\omega_{Bz}=0$。如果受到扰动便有 $\omega_{By}=\Omega+\delta\omega_{By}, \omega_{Bx}=\delta\omega_{Bx}$ 和 $\omega_{Bz}=\delta\omega_{Bz}$，把它们代入式(6－300)，有

$$J_x\delta\dot{\omega}_{Bx}-(J_y-J_z)(\Omega+\delta\omega_{By})\delta\omega_{Bz}=0$$
$$J_y\delta\dot{\omega}_{By}-(J_z-J_x)\delta\omega_{Bz}\delta\omega_{Bx}=0$$
$$J_z\delta\dot{\omega}_{Bz}-(J_x-J_y)(\Omega+\delta\omega_{By})\delta\omega_{Bx}=0$$

若 $\delta\omega_{Bx}, \delta\omega_{By}$ 和 $\delta\omega_{Bz}$ 是一阶小量，并略去二阶以上小量，便有

$$\delta\dot{\omega}_{Bx}-\frac{(J_y-J_z)}{J_x}\Omega\delta\omega_{Bz}=0$$
$$J_y\delta\dot{\omega}_{By}=0$$
$$\delta\dot{\omega}_{Bz}-\frac{(J_x-J_y)}{J_z}\Omega\delta\omega_{Bx}=0$$

第二式表示 $\delta\omega_{By}=\mathrm{const}$，而第一和第三式相互耦合。如果分别从第一和第三式求出 $\delta\omega_{Bz}$ 和 $\delta\omega_{By}$ 并代入另一式，可得

$$\left.\begin{aligned}\delta\ddot{\omega}_{By}+\omega_p^2\delta\omega_{By}=0\\ \delta\ddot{\omega}_{Bz}+\omega_p^2\delta\omega_{Bz}=0\end{aligned}\right\} \tag{6-400}$$

其中

$$\omega_p^2=\frac{(J_y-J_z)(J_y-J_x)}{J_xJ_z}\Omega^2 \tag{6-401}$$

设上两式的解为 $\delta\omega_{Bi}=C_i e^{\lambda t}(i=x,z)$，代入原方程，得

$$\lambda^2+\omega_p^2=0$$

或

$$\lambda=\pm\sqrt{-\omega_p^2} \tag{6-402}$$

由此可知，如果式(6－401)右侧为负，λ 将有一对正负实数解，其中的正实数解将使 $\delta\omega_{Bi}=C_i e^{\lambda t}$ 随时间的推移而发散，刚体的转动就是不稳定的。如果式(6－401)右侧的量为正，则 λ 是虚数，即 $\lambda=\pm\sqrt{-1}\,\omega_p$，因而

$$\delta\omega_{Bi}=C_{i1}\cos\omega_p t+C_{i2}\sin\omega_p t, i=x,z$$

是一个小振幅的振动，按照李亚普诺夫稳定性判据，刚体的运动是稳定的。因此，寻求刚体自由旋转稳定的问题，变为确定

$$\frac{(J_y-J_x)(J_y-J_z)}{J_xJ_z} \tag{6-403}$$

的符号的问题。它为负运动不稳定，为正运动稳定。因此稳定的条件是：

(1) $J_y>J_x, J_y>J_z$，即绕最大惯量轴的运动；

(2) $J_y<J_x, J_y<J_z$，即绕最小惯量轴的运动。

6.5.6 重力梯度稳定[16]

6.5.6.1 重力梯度力矩

一般在研究低空飞行力学问题时，我们假设地球引力 g 是常值，然而实际上它却是随着与地心距离的增大而减小的，存在重力随高度的变化梯度。另外，对一个在空间中受重力作用做自由落体的理想质点，重力作用在其质心。但是，对于一个质量分布不均的物体，重力作用点将不在质心。于是，在质心之外的任何位置都受到重力梯度力作用。这些重力梯度力的合力可能产生力矩。

所谓重力梯度力矩，就是重力在航天器的不同点上因具有不同的数值和方向，而形成的绕质心的力矩。而重力梯度则是重力随位置的变化率，或位置的单位变化引起的重力变化量。

由于航天器在轨道上处于失重状态，因此即使很小一点力矩的作用都会对状态造成明显的影响。重力梯度力矩可作为航天器姿态运动的稳定力矩加以利用，相反也可能成为影响航天器姿态运动的干扰力矩而必须考虑如何抵消其影响。

下面分析刚体航天器在轨道上运动时，产生的重力梯度力矩。图 6-41 中 B 是航天器，O 为其质心，$OX_BY_BZ_B$ 是航天器体坐标系，基矢为 $\underline{\boldsymbol{e}}=[\boldsymbol{i}\quad \boldsymbol{j}\quad \boldsymbol{k}]^{\mathrm{T}}$，$R$ 是轨道半径。取 B 上一质点微元 $\mathrm{d}m$，它距 O 和地心 E 的矢径为 $\boldsymbol{\rho}$ 和 $\boldsymbol{r}$。微元体的重力为

$$\mathrm{d}\boldsymbol{G}=-\frac{\mu\mathrm{d}m}{r^3}\boldsymbol{r}$$

显然，$\boldsymbol{\rho}\times\mathrm{d}\boldsymbol{G}$ 是微元体重力形成的绕质心力矩，再对整个 B 体积分便是作用在 B 上的重力梯度力矩为

$$\boldsymbol{M}_g=\int_{\mathrm{B}}\boldsymbol{\rho}\times\mathrm{d}\boldsymbol{G}$$

把 $\mathrm{d}\boldsymbol{G}$ 代入上式，并考虑到 $\boldsymbol{r}=\boldsymbol{\rho}+\boldsymbol{R}$，有

$$\boldsymbol{M}_g=-\mu\int_{\mathrm{B}}\boldsymbol{\rho}\times\frac{\boldsymbol{R}+\boldsymbol{\rho}}{r^3}\mathrm{d}m=-\mu\int_{\mathrm{B}}\frac{\boldsymbol{\rho}\times\boldsymbol{R}}{r^3}\mathrm{d}m$$

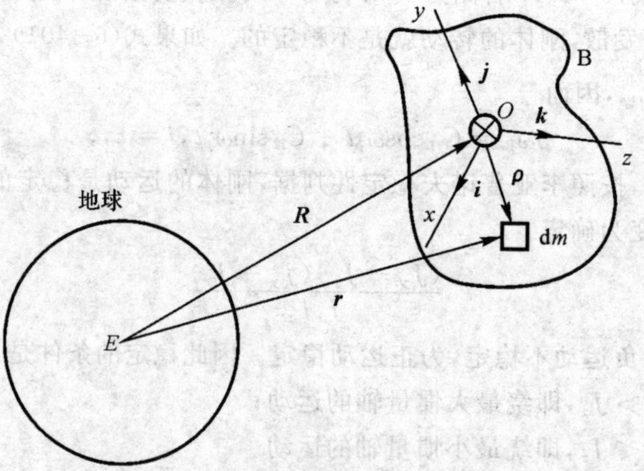

图 6-41 刚体卫星的重力梯度力矩

由图 6-41 的几何关系，应用余弦定理，可写出

$$r^2 = R^2 + \rho^2 + 2\boldsymbol{R} \cdot \boldsymbol{\rho}$$

考虑到 $r/R \ll 1$，并应用二项式定理，由上式可得

$$r^{-3} \approx R^{-3}\left(1 - \frac{3\boldsymbol{R} \cdot \boldsymbol{\rho}}{R^2}\right)$$

把它代入 $\boldsymbol{M}_g$ 表达式，有

$$\boldsymbol{M}_g = -\frac{\mu}{R^3}\int_{\mathrm{B}} \boldsymbol{\rho}\,\mathrm{d}m \times \boldsymbol{R} + \frac{3\mu}{R^5}\int_{\mathrm{B}} \boldsymbol{R} \cdot \boldsymbol{\rho}\boldsymbol{\rho} \times \boldsymbol{R}\,\mathrm{d}m$$

由于 O 点为 B 的质心，第一项积分为零，再应用 $\boldsymbol{A} \times (\boldsymbol{B} \times \boldsymbol{C}) = \boldsymbol{B}(\boldsymbol{A} \cdot \boldsymbol{C}) - \boldsymbol{C}(\boldsymbol{A} \cdot \boldsymbol{B})$ 于第二项，得

$$\boldsymbol{M}_g = \frac{3\mu}{R^5}\boldsymbol{\rho} \times \int_{\mathrm{B}} [\boldsymbol{R} \times (\boldsymbol{R} \times \boldsymbol{\rho})]\,\mathrm{d}m$$

上式还可改造成

$$\boldsymbol{M}_g = \frac{3\mu}{R^5}\boldsymbol{R} \times \boldsymbol{J} \cdot \boldsymbol{R} \tag{6-404}$$

若把 $\boldsymbol{R}$ 在 $OX_{\mathrm{B}}Y_{\mathrm{B}}Z_{\mathrm{B}}$ 系中分解成 $\boldsymbol{R} = \underline{\boldsymbol{e}}^{\mathrm{T}}\underline{\boldsymbol{R}}$，并进一步写成

$$\underline{\boldsymbol{R}} = R\,[\alpha_1 \quad \alpha_2 \quad \alpha_3]^{\mathrm{T}} \tag{6-405}$$

α_1，α_2 和 α_3 是 $\boldsymbol{R}$ 与航天器体坐标系 OX_{B}，OY_{B} 和 OZ_{B} 轴间的夹角余弦。把式(6-405)代入式(6-404)，写成分量形式，有

$$\boldsymbol{M}_g = \underline{\boldsymbol{e}}^{\mathrm{T}}\frac{3\mu}{R^3}\begin{bmatrix} 0 & -\alpha_3 & \alpha_2 \\ \alpha_3 & 0 & -\alpha_1 \\ -\alpha_2 & \alpha_1 & 0 \end{bmatrix}\boldsymbol{J}\begin{bmatrix} \alpha_1 \\ \alpha_2 \\ \alpha_3 \end{bmatrix} \tag{6-406}$$

当 $\underline{\boldsymbol{e}}$ 基矢任意取向时，有

$$\boldsymbol{J} = \begin{bmatrix} J_x & -J_{xy} & -J_{xz} \\ -J_{xy} & J_y & -J_{yz} \\ -J_{xz} & -J_{yz} & J_z \end{bmatrix}$$

式(6-406)就可展开成为

$$\boldsymbol{M}_g = \frac{3\mu}{R^3}\underline{\boldsymbol{e}}^{\mathrm{T}}\begin{bmatrix} (J_z - J_y)\alpha_2\alpha_3 + (\alpha_3^2 - \alpha_2^2)J_{yz} - \alpha_1\alpha_2 J_{xz} + \alpha_1\alpha_3 J_{xy} \\ (J_x - J_z)\alpha_1\alpha_3 + (\alpha_1^2 - \alpha_3^2)J_{xz} - \alpha_2\alpha_3 J_{xy} + \alpha_1\alpha_2 J_{yz} \\ (J_y - J_x)\alpha_1\alpha_2 + (\alpha_2^2 - \alpha_1^2)J_{xy} - \alpha_1\alpha_3 J_{yz} + \alpha_2\alpha_3 J_{xz} \end{bmatrix} \tag{6-407}$$

这是重力梯度力矩的一般表达式。对于自 $OX_{\mathrm{O}}Y_{\mathrm{O}}Z_{\mathrm{O}}$ 向 $OX_{\mathrm{B}}Y_{\mathrm{B}}Z_{\mathrm{B}}$ 转动的顺序为 $z(\psi) \rightarrow y(\vartheta) \rightarrow x(\gamma)$ 的情况，坐标变换矩阵 $\boldsymbol{C}_{\mathrm{OB}}$ 为式(6-282)。$\boldsymbol{R}$ 在 $OX_{\mathrm{O}}Y_{\mathrm{O}}Z_{\mathrm{O}}$ 中沿 OZ_{O} 负方向，它在此系中的分量是 $[0 \quad 0 \quad -R]^{\mathrm{T}}$，变换到 $OX_{\mathrm{B}}Y_{\mathrm{B}}Z_{\mathrm{B}}$ 中则是

$$\underline{\boldsymbol{R}} = C_{\mathrm{OB}}\,[0 \quad 0 \quad -R]^{\mathrm{T}} = R\,[\sin\vartheta \quad -\sin\gamma\cos\vartheta \quad -\cos\gamma\cos\vartheta]^{\mathrm{T}}$$

与式(6-405)比较，显然有

$$\alpha_1 = \sin\vartheta, \quad \alpha_2 = -\sin\gamma\cos\vartheta, \quad \alpha_3 = -\cos\gamma\cos\vartheta \tag{6-408}$$

把式(6-408)代入式(6-407)，可以求得 $\boldsymbol{M}_g$ 在 $OX_{\mathrm{B}}Y_{\mathrm{B}}Z_{\mathrm{B}}$ 中的分量为

$$\boldsymbol{M}_g=\underline{\boldsymbol{e}}^{\mathrm{T}}\begin{bmatrix}M_{gx}\\M_{gy}\\M_{gz}\end{bmatrix}=\frac{3\mu}{R^3}\underline{\boldsymbol{e}}^{\mathrm{T}}\begin{bmatrix}\frac{1}{2}(J_z-J_y)\sin2\gamma\cos^2\vartheta+J_{yz}\cos2\gamma\cos^2\vartheta+\\\frac{1}{2}J_{xz}\sin\gamma\sin2\vartheta-\frac{1}{2}J_{xy}\cos\gamma\sin2\vartheta\\\frac{1}{2}(J_z-J_x)\cos\gamma\sin2\vartheta+J_{xz}(\sin^2\vartheta-\cos^2\gamma\cos^2\vartheta)-\\\frac{1}{2}J_{xy}\sin2\gamma\cos^2\vartheta-\frac{1}{2}J_{yz}\sin\gamma\sin2\vartheta\\\frac{1}{2}(J_x-J_y)\sin\gamma\sin2\vartheta+J_{xy}(\sin^2\gamma\cos^2\vartheta-\sin^2\vartheta)+\\\frac{1}{2}J_{yz}\cos\gamma\sin2\vartheta+\frac{1}{2}J_{xz}\sin2\gamma\cos^2\vartheta\end{bmatrix}\tag{6-409}$$

如果姿态角为小角度，令角度的正弦与角度相等，余弦为1，且略去角度二阶以上乘积项，式(6-409)将成为

$$\boldsymbol{M}_g=\frac{3\mu}{R^3}\underline{\boldsymbol{e}}^{\mathrm{T}}\begin{bmatrix}(J_z-J_y)\gamma+J_{yz}-J_{xy}\vartheta\\(J_z-J_x)\vartheta-J_{xz}-J_{xy}\gamma\\J_{yz}\vartheta+J_{xz}\gamma\end{bmatrix}\tag{6-410}$$

如果刚体的惯量积为零，即$\underline{\boldsymbol{e}}$ 3个基矢同时与三主轴重合，则式(6-409)成为

$$\boldsymbol{M}_g=\underline{\boldsymbol{e}}^{\mathrm{T}}\begin{bmatrix}M_{gx}\\M_{gy}\\M_{gz}\end{bmatrix}=\frac{3\mu}{2R^3}\underline{\boldsymbol{e}}^{\mathrm{T}}\begin{bmatrix}(J_z-J_y)\sin2\gamma\cos^2\vartheta\\(J_z-J_x)\cos\gamma\sin2\vartheta\\(J_x-J_y)\sin\gamma\sin2\vartheta\end{bmatrix}\tag{6-411}$$

对于小姿态角的情况，是

$$\boldsymbol{M}_g=\underline{\boldsymbol{e}}^{\mathrm{T}}\begin{bmatrix}M_{gx}\\M_{gy}\\M_{gz}\end{bmatrix}=\frac{3\mu}{R^3}\underline{\boldsymbol{e}}^{\mathrm{T}}\begin{bmatrix}(J_z-J_y)\gamma\\(J_z-J_x)\vartheta\\0\end{bmatrix}\tag{6-412}$$

对于圆轨道上的航天器，在轨道动力学部分，曾经求得

$$\frac{\mu}{R^3}=\omega_0\tag{6-413}$$

ω_0 是轨道角速度，因此，上述诸式前的因式可改写成 ω_0^2。

6.5.6.2 圆轨道重力梯度稳定卫星

为了简单，设航天器体坐标轴与主惯性轴重合，在圆轨道上运动，其上作用的外力只有重力梯度力矩，而且卫星的姿态角为小量。在这些条件下，姿态运动方程为

$$\left.\begin{aligned}&J_x\ddot{\gamma}+(J_y-J_z-J_x)\omega_0\dot{\psi}+4(J_y-J_z)\omega_0^2\gamma=0\\&J_y\ddot{\vartheta}+3\omega_0^2(J_x-J_z)\vartheta=0\\&J_z\ddot{\psi}-(J_y-J_z-J_x)\omega_0\dot{\gamma}+(J_y-J_x)\omega_0^2\psi=0\end{aligned}\right\}\tag{6-414}$$

这3个方程式中，第二个(俯仰)是独立的，它的解为

$$\vartheta=A\mathrm{e}^{\sqrt{3(J_z-J_x)/J_y}\omega_0 t}\tag{6-415}$$

这表明，俯仰运动稳定的条件为

$$J_x > J_z \tag{6-416}$$

再研究式(6-414)中相互耦合的第一式和第三式，取它们的拉氏变换，得

$$\begin{bmatrix} s^2+4k_x\omega_0^2 & (k_x-1)\omega_0 s \\ (1-k_z)\omega_0 s & s^2+k_z\omega_0^2 \end{bmatrix}\begin{bmatrix}\gamma(s)\\ \psi(s)\end{bmatrix}=\begin{bmatrix}0\\0\end{bmatrix}$$

其中

$$k_x=\frac{J_y-J_z}{J_x},\quad k_z=\frac{J_y-J_x}{J_z} \tag{6-417}$$

而它的特征方程式是

$$s^4+(1+3k_x+k_xk_z)\omega_0^2 s^2+4k_xk_z\omega_0^4=0 \tag{6-418}$$

特征方程式为四阶，但缺少 s 的一次和三次项，如果以 $f(s)$ 表示式(6-418)的左侧多项式，再令

$$s=-s^* \tag{6-419}$$

显然有

$$f(s)=f(-s^*) \tag{6-420}$$

这表明特征方程式(6-418)的根只能取虚数，即 $s=\mathrm{j}\omega$，系统才能稳定，否则总会有一部分根位于根轨迹平面右侧，系统不稳定。为求式(6-418)的根，令 $\lambda=s^2$，则有

$$\lambda^2+(1+3k_x+k_xk_z)\omega_0^2\lambda+4k_xk_z\omega_0^4=0$$

s 为纯虚数的条件是 λ 为负，即

$$\left.\begin{aligned} &1+3k_x+k_xk_z>0\\ &k_xk_z>0\\ &1+3k_x+k_xk_z>4\sqrt{k_xk_z}\end{aligned}\right\} \tag{6-421}$$

分析式(6-421)易知，满足第三式必将满足第一式，所以只要有第二、三两个判别式即可推论系统的稳定性。由第二式知，k_x 和 k_z 必须同号，系统才能稳定。这又可分两种情况。

如果 $k_x>0, k_z>0$，则由式(6-416)和式(6-417)可推断，必有

$$J_y>J_x>J_z \tag{6-422}$$

而当 $k_x<0$ 和 $k_z<0$ 时，同理可推得

$$J_x>J_z>J_y \tag{6-423}$$

如果把式(6-416)和式(6-421)合并起来，绘在惯量比 $k_x(-1\leqslant k_x\leqslant 1)$ 为横轴，$k_z(-1\leqslant k_z\leqslant 1)$ 为纵轴的稳定区域划分图中，将有如图6-42所示结果。其中第二和四象限不稳是因为 k_x 和 k_z 异号，第三象限中的曲线，是式(6-421)第三式确定的稳定边界；斜线下方稳定是由式(6-416)得到的。后一结果可反证如下：在图6-42斜线下方有 $k_x>k_z$，即 $\dfrac{J_y-J_z}{J_x}>\dfrac{J_y-J_x}{J_z}$，移项整理后得 $J_y(J_z-J_x)>(J_z+J_x)(J_z-J_x)$。

由于任意坐标轴的转动惯量小于另两轴的惯量和，因此应有 $(J_z-J_x)<0$，这恰是式(6-416)。反证成立。

式(6-414)是以圆轨道为前提求得的，对于椭圆轨道上的航天器，其在重力梯度力矩下的行为可采用类似的方法获得。椭圆轨道角速度为

$$\dot{\omega}_0\approx-\frac{2e\mu}{p^3}(1+e\cos f)^3\sin f\approx-\frac{2e\mu}{p^3}(1+3e\cos f)\sin f \tag{6-424}$$

把式(6-288)代入式(6-292)再和式(6-412)一同代入式(6-300),考虑到式(6-424)并略去二阶小量后,得到姿态动力学方程为

$$\left.\begin{aligned}&J_x\ddot{\gamma}+(J_y-J_z-J_x)n\dot{\psi}+4(J_y-J_z)n^2\gamma=0\\&J_y\ddot{\vartheta}+3n^2(J_x-J_z)\vartheta=-J_y2n^2e\sin(nt_p)\\&J_z\ddot{\psi}-(J_y-J_z-J_x)n\dot{\gamma}+(J_y-J_x)n^2\psi=0\end{aligned}\right\}\tag{6-425}$$

比较式(6-425)和式(6-414),显见,只是式(6-425)的俯仰运动方程中多了右侧项,其余则两者相同。可见在重力梯度作用下,保持航天器滚动和偏航稳定的条件仍然与圆轨道航天器相同。

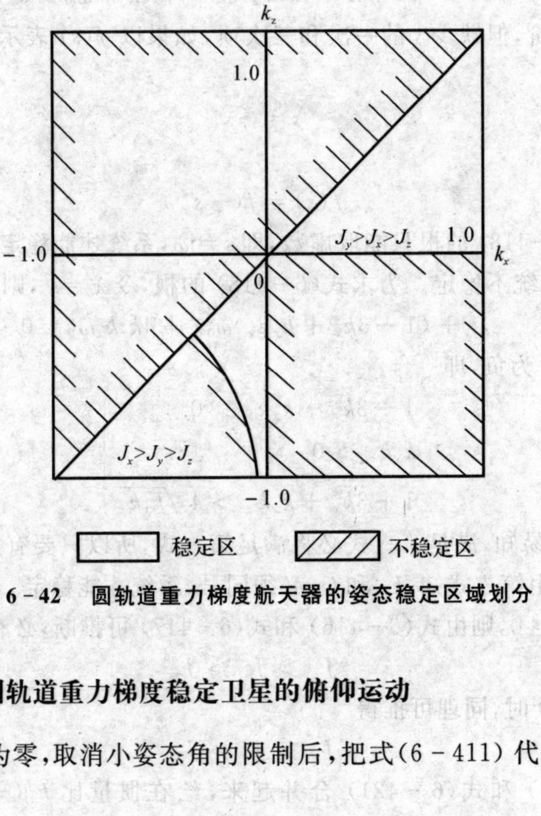

图 6-42　圆轨道重力梯度航天器的姿态稳定区域划分

6.5.6.3　圆和近圆轨道重力梯度稳定卫星的俯仰运动

如果滚转和偏航角为零,取消小姿态角的限制后,把式(6-411)代入式(6-300)的第二式,则俯仰运动方程为

$$\ddot{\vartheta}+3\omega_0^2k_y\sin\vartheta\cos\vartheta=0\tag{6-426}$$

其中

$$k_y=\frac{J_x-J_z}{J_y}\tag{6-427}$$

将 $\ddot{\vartheta}$ 改写为

$$\ddot{\vartheta}=\frac{\mathrm{d}\dot{\vartheta}}{t}=\frac{\mathrm{d}\dot{\vartheta}}{\vartheta}\dot{\vartheta}$$

代入式(6-426)积分得

$$\dot{\vartheta}^2+3\omega_0^2k_y\sin^2\vartheta=c=3k_y\omega_0^2d\tag{6-428}$$

c 和 d 是与初始条件有关的积分常数。利用上式,以 ϑ 为横坐标、以 $\dot{\vartheta}/\sqrt{3k_y}\omega_0$ 为纵坐标,绘成如图 6-43 所示的相图。当 $d\leqslant1$ 时,式(6-428)描述的是一种周期性的振动,相平面轨迹是

一封闭曲线；当 $d>1$ 时，运动变成连续不断地旋转，航天器将在空间翻滚。

对于 $d\leqslant 1$ 的振动情况，其运动时间可以写成

$$t=\int_0^t \mathrm{d}t=\int_0^{\vartheta}\frac{\mathrm{d}\vartheta}{\dot{\vartheta}}$$

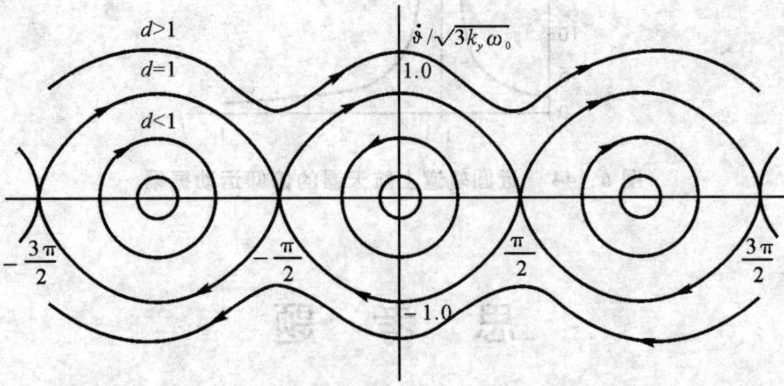

图 6-43　圆轨道重力稳定航天器俯仰运动相图

由式(6-428)求得 $\dot{\vartheta}$ 代入上式，有

$$t=\int_0^{\vartheta}\frac{\mathrm{d}\vartheta}{\sqrt{3k_y}\omega_0\sqrt{d-\sin^2\vartheta}} \tag{6-429}$$

令 $d=\sin^2\alpha$，若积分上限取 $\vartheta=\alpha$（即振动从零达到其幅值 α）时，t 恰为 1/4 个周期，航天器俯仰运动的周期为

$$T=\frac{4}{\sqrt{3k_y}\omega_0}\int_0^{\alpha}\frac{\mathrm{d}\vartheta}{\sqrt{\sin^2\alpha-\sin^2\vartheta}} \tag{6-430}$$

显然，俯仰振动的周期 T 不仅取决于航天器质量特性 k_y，还与振动的幅值 α 有关，这是非线性振动和线性振动系统的重要区别之一。如果 $k_y=1$，而振动周期与航天器轨道周期相等 $\left(T=\frac{2\pi}{\omega_0}\right)$，由式(6-428)可以求得

$$\int_0^{\vartheta}\frac{\mathrm{d}\vartheta}{\sqrt{\sin^2\alpha-\sin^2\vartheta}}=\frac{\pi}{2}\sqrt{3}$$

经计算，有 $\alpha=1.294=74.16°$ 而 $d=\sin\alpha=0.962$。

对于 $d>1$ 的情况，运动是非周期的，旋转时间和角度的关系可用式(6-429)计算。对于 $k_y=1$ 的航天器，若旋转一周的时间刚好与轨道周期相同，对应的 $d=1.065$。

下面针对近圆轨道上运动的航天器，分析其在重力梯度力矩作用下的俯仰运动。为此给出式(6-425)第二式的特解为

$$\vartheta^*=-\frac{2e\sin(nt_p)}{3\dfrac{J_x-J_z}{J_y}-1}=\frac{2e}{1-3k_y}\sin(nt_p) \tag{6-431}$$

其全解是式(6-431)和式(6-415)之和。分析式(6-431)可知，当 $k_y=1/3$ 时，ϑ^* 为无穷大，航天器俯仰运动不稳。所以，在选择 k_y 值时，应注意勿使它在 1/3 左右。如果从式(6-431)取俯仰振动的幅值，并绘出 ϑ^*/e 与 k_y 的关系，如图 6-44 所示，可见在 $k_y=1/3$ 点处产生“共振”现象。

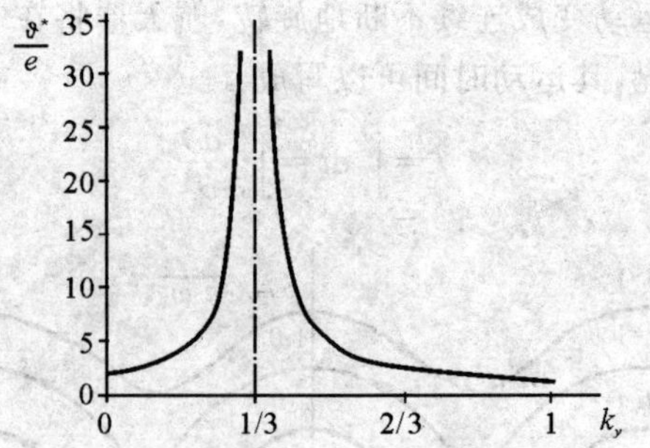

图 6-44 近圆轨道上航天器的俯仰运动振幅

思 考 题

6.1 求出某一地球同步卫星的高度和速度。

6.2 求出地球静止轨道卫星所能看到的最大纬度和地表的百分比。

6.3 地球卫星在其轨道上运行，已知近地点高度为 400 km，偏心率为 0.6，求：(1)近地点速度；(2)远地点高度；(3)长半轴；(4)远地点速度；(5)轨道周期；(6)最大飞行速度倾角以及此时的真近点角。

6.4 在一地心轨道上的两点处，高度和真近点角分别为 1 545 km，126°和 852 km，58°。求：(1)偏心率；(2)近地点高度；(3)长半轴；(4)周期。

6.5 一地心椭圆轨道，近地点半径为 9 600 km，远地点半径为 21 000 km。求由近地点 P 飞行到真近点角 120°所需的时间。求自近地点起 3 h 后的真近点角。

6.6 一地心轨道近地点处的速度为 15 km/s，近地点的高度为 300 km，求：(1)真近点角为 100°时的轨道半径；(2)3 h 后的位置和速度。

6.7 对一给定的轨道，已知其轨道参数为：$h=80\ 000\ \mathrm{km^2/s}$，$e=1.4$，$i=30°$，$\Omega=40°$，$\omega=60°$，$f=30°$。求地心赤道坐标系下的状态向量 $\boldsymbol{r}$，$\boldsymbol{v}$。

6.8 一卫星将被发射至周期为 100 min 的太阳同步圆轨道上，试确定所需要的轨道高度和倾角。

6.9 某地球卫星的轨道满足如下条件：太阳同步轨道，近地点幅角为常量，周期为 3 h。确定其近地点和远地点。

6.10 已知某卫星在地心赤道坐标中的状态向量为 $\begin{cases}\boldsymbol{r}=-3\ 670\hat{\boldsymbol{i}}-3870\hat{\boldsymbol{j}}+4400\hat{\boldsymbol{k}}(\mathrm{km})\\ \boldsymbol{v}=4.7\hat{\boldsymbol{i}}-7.4\hat{\boldsymbol{j}}+1\hat{\boldsymbol{k}}(\mathrm{km/s})\end{cases}$，求出 96 h 之后的状态向量，除了地球扁率对 Ω 和 ω 的影响外，不考虑其他摄动。

6.11 某航天器以一双曲线轨道从月球返回地球(见图 6-45)。距离地球最近的 A 点处，高度为5 000 km，速度为 10 km/s。在 A 点启动制动火箭使航天器降至 500 km 的圆轨道，在此将与空间站交会。计算出制动时刻空间站的位置以使交会点位于 B 处，即 φ_{CB} 的大小。

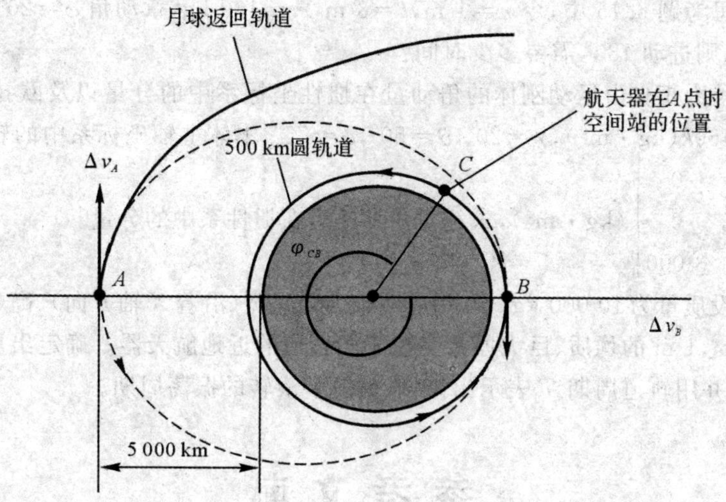

图　6-45

6.12　航天器从半径为 7 000 km 的地心圆轨道经双椭圆霍曼转移后，到达半径为 105 000 km的圆轨道。设第一个椭圆轨道的远地点为 210 000 km，计算所需要的总的速度增量和飞行时间，并将其所需速度增量和飞行时间与通常的单次霍曼转移比较。

6.13　一个航天器在某一时刻的位置矢量为 $\boldsymbol{r}_1 = 5\,000\hat{\boldsymbol{i}} + 10\,000\hat{\boldsymbol{j}} + 2\,100\hat{\boldsymbol{k}}$(km)，1 h 后的位置矢量为 $\boldsymbol{r}_2 = -14\,600\hat{\boldsymbol{i}} + 2\,500\hat{\boldsymbol{j}} + 7\,000\hat{\boldsymbol{k}}$(km)，求该航天器所在轨道的轨道六要素。

6.14　航天器从初始轨道上拦截空间某一目标，已知初始时刻航天器在惯性坐标系下的位置为[8 482.42　2 593.34 0]km，要求拦截命中点位置为[−19 610.8　6 279.39　16 764.5]km，给定拦截时间为 6 017.33 s，使用 Lambert 机动拦截，求拦截轨道的轨道六要素以及变轨速度脉冲增量。

6.15　圆柱形壳体绕其纵轴作无外力矩自由运动(见图 6-46)，若旋转轴轻微摆动，则比率 $\dfrac{l}{r}$ 为何值时，进动为顺行？何值时为逆行？

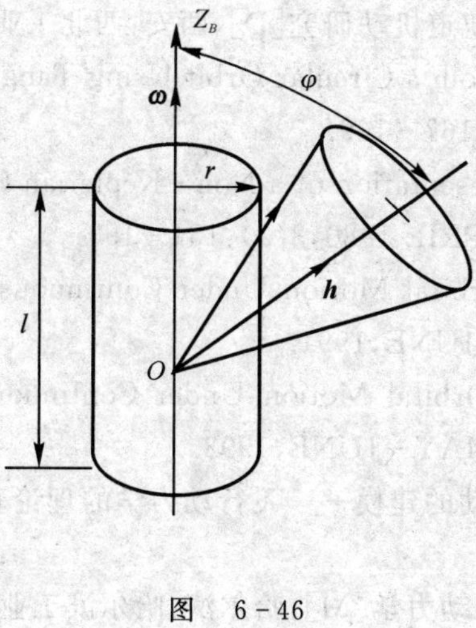

图　6-46

6.16　在思考题6.15中，令 $r=1$ m，$l=3$ m，$m=100$ kg，章动角 $\varphi=20°$，若其自旋速率为 2π rad/min，则进动180°需要多少时间？

6.17　无外力矩自由运动刚体的角动量在惯性坐标系中的分量以及欧拉角分别为 $\boldsymbol{H}=320\hat{\boldsymbol{i}}-375\hat{\boldsymbol{j}}+450\hat{\boldsymbol{k}}$ $(\mathrm{kg}\cdot\mathrm{m}^2)$，$\gamma=20°$，$\vartheta=50°$，$\psi=75°$，本体主轴坐标系中的转动惯量为：$\boldsymbol{J}=\begin{bmatrix}1\,000 & 0 & 0\\ 0 & 2\,000 & 0\\ 0 & 0 & 3\,000\end{bmatrix}$ $(\mathrm{kg}\cdot\mathrm{m}^2)$，求绝对角加速度在惯性系中的分量。

6.18　假设质量为10 000 kg，长(沿着 Z 轴方向)、宽(沿着 X 轴方向)、高(沿着 Y 轴方向)分别为9 m，3 m，1 m的均质、巨大厚板是位于圆轨道的近地航天器。确定出重力梯度稳定时航天器的方位，并用轨道周期 T 表示出俯仰、偏航/滚转的振荡周期。

参考文献

[1] 王亶文. 二十世纪的地球偶极子磁场[J]. 地球物理学报，2005，48(1)：52-55.

[2] Vincent L Pisacane. 空间环境及其对航天器的影响[M]. 张育林，陈小前，闫野，译. 北京：宇航出版社，2010.

[3] Howard D. Curtis. 轨道力学[M]. 周建华，徐波，冯全胜，译. 地球观测与导航技术丛书，北京：科学出版社，2009.

[4] 肖业伦. 航天器飞行动力学原理[M]. 北京：宇航出版社，1995.

[5] 梁轲. 航天器快速准确轨道机动方法及制导律研究[D]，西安：西北工业大学，2009.

[6] 高怀，朱战霞. 常值径向推力加速度下航天器轨道运动特性研究[J]，西北工业大学学报，2012，30(1)：38-43.

[7] 袁建平，和兴锁，等. 航天器轨道机动动力学[M]，北京：中国宇航出版社，2010.

[8] 周姜滨，袁建平. 空间飞行器连续径向推力机动轨道研究[J]，宇航学报，2009，30(1)：67-71.

[9] TSIEN H S. Take-Off from Satellite Orbit, ARS JPURNAL, July-August, 1953, 233-236.

[10] 高怀. 航天器连续推力轨道机动研究[D]，西安：西北工业大学，2012.

[11] Benney D J. Escape From a Circular Orbit Using Tangential Thrust. JET PROPULSION. MARCH 1958, 167-169.

[12] Baxter Keplerian Representation of a Non-Keplerian Orbit. Journal of Guidance and Control, MARCH-APRIL 1980, 3(2): 151-153.

[13] Frederick W Boltz. Orbital Motion Under Continuous Radial Thrust. ENGINEERING NOTES, MAY-JUNE, 1991.

[14] Frederick W Boltz. Orbital Motion Under Continuous Tangential Thrust. ENGINEERING NOTES, MAY-JUNE, 1992.

[15] 肖业伦. 航空航天器运动的建模——飞行动力学的理论基础[M]，北京：北京航空航天大学出版社，2003.

[16] 刘暾，赵钧. 空间飞行器动力学[M]，哈尔滨：哈尔滨工业大学出版社，2003.

第 7 章　航天飞行动力学的发展

飞行力学是研究飞行器总体性能、运动规律及其伴随现象的一门学科，是飞行器设计、试验、演示验证和运用研究的理论基础。随着航空、航天总体设计技术、制导控制技术以及计算机科学和信息技术等的发展，虽然飞行力学的基本力学原理未变，但就其研究内容、方法、手段、深度和广度而言，飞行力学已经得到了快速发展，如与空气动力学、结构力学以及控制学科结合研究的伺服弹性飞行力学，与计算机仿真技术结合的计算飞行力学，与其他学科进行耦合设计的多学科优化设计技术等，均是飞行力学进一步的延伸和发展。

7.1　弹性飞行力学

随着一些现代飞行器不断向高速度、大挠度方向发展的趋势，气动弹性问题就显得更加复杂，并成为现代飞行器设计与分析中不可忽略的因素。所谓气动弹性问题是指当弹性体在空气中运动或受空气流动的作用时，弹性体会发生变形或振动，气动力也随之变化。这样一种反馈过程的相互作用一直持续下去，既可能达到平衡状态，也可能趋于发散而导致结构破坏。

大气飞行力学在过去被分为三个相互独立的学科：飞行性能、飞行力学和气动弹性力学。飞行性能通过将飞行器看作是受重力、气动力和推力作用的质点来确定诸如航程、航时、轨迹等性能指标。性能计算的精度取决于气动力和推力计算的精度。飞行力学将飞行器当作六自由度运动的刚体，考虑飞行器在扰动作用下的运动。飞行力学不仅需要精确的气动力和推力，还需要它们的导数。气动弹性力学关心的是与惯性力、弹性力和气动力之间的相互作用有关的的物理现象(见图 7-1)。

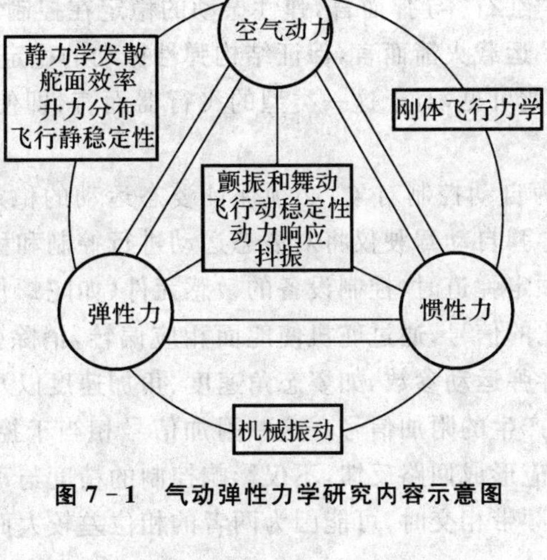

图 7-1　气动弹性力学研究内容示意图

7.1.1 气动弹性问题

气动弹性问题所包含的内容是相当广泛的，其中主要有颤振、弹翼扭转发散、扰流抖振、结构对阵风的响应以及气动弹性对操纵性和稳定性的影响等等。但总的来看，不妨区分为两大类不同性质的问题：一类主要可看作气动弹性对结构本身的影响(例如颤振、扰流抖振、结构对风的响应等)；另一类则可以看成是气动弹性对飞行稳定性和操纵性的影响(例如操纵面效率降低、气动弹性对稳定性影响以及结构变形与自动控制系统耦合等)，它涉及飞行力学的主要内容。

将飞行器作为弹性体看待，重点研究其飞行品质、操纵性、稳定性以及动力响应，这些同传统的刚体飞行力学有着根本区别。这时，飞行器的动力学模型中应当包括受气动载荷作用下的弹性变形自由度，与飞行器为绝对刚体的质心运动发生相互耦合。

当飞行器作为自动控制对象时，保证飞行器有效飞行的自动控制系统和稳定系统将与弹性振动发生耦合，这主要来自两方面的原因：

一方面，现代飞行器为了提高飞行速度，减少阻力，采用长细比较大和相对厚度较小的弹身结构，加上尽可能减轻结构质量，以至于减小了结构刚度，具有较低的弹性振动固有频率，见表7-1。这种频率往往处于控制系统的工作频带之内，控制力可能激励弹性自由度的运动。

表7-1 几种飞行器的几何参数和频率

飞行器	长 度 L/m	最大直径 D/m	起飞质量 G/t	推 力 P/t	刚体频率 /Hz	弹性振动频率 /Hz
红石	21	1.78	18	32	0.5	10
木星	20	2.68	45	68	0.4	9
土星C-1	60	6.5	500	685	0.3	2
土星C-5	106	10	2 700	3 400	0.16	1

由表7-1不难发现，随着飞行器尺寸增大，弹性振动的固有频率同弹体绕质心的振动频率越来越接近。如果说对于“红石”导弹而言，弹性振动的稳定在控制系统综合中不是很重要的话，那么，对于“土星C-5”运载火箭而言，保证结构弹性振动的稳定性在很大程度上决定了控制系统的结构和特性。由此可见，对于这一类型的飞行器而言，即使在研究绕质心的运动时，也不能再将它视为刚体。

另一方面，飞行器作为自动控制对象，必须保证姿态运动的稳定和良好品质。以导弹为例，采用闭环控制结构的导弹自动驾驶仪将对姿态运动进行控制和稳定，其工作原理可以简述为，当导弹受到干扰偏离预定弹道时，控制设备的敏感元件(如陀螺仪、加速度计等)立即测出偏差，并输出与偏差成正比的信号，通过舵机使舵面相应偏转，消除弹道偏差。当将导弹视为弹性变形体时，所测量的导弹运动参数，如姿态角速度、角加速度以及法向过载等信号中，不可避免地包含有弹性变形所产生的附加信号。这一附加信号相当于控制系统的一种干扰输入，并通过导弹的气动弹性效应形成回路反馈，不仅影响控制的精度与飞行动态品质，尤其当控制系统工作频带与弹性振动频带相交时，可能因为两者的相位差较大而导致失稳，这类现象称之为“伺服气动弹性问题”。

为此,对弹性飞行器的动力学与控制问题进行研究,成为近代飞行力学发展的重要方向之一。了解飞行器结构弹性、气动力与控制系统耦合的物理本质,揭示耦合机理,将为现代飞行器总体设计和控制系统分析与设计提供完整、可靠的理论和技术手段。弹性飞行器的动力学与控制研究属于飞行力学、空气动力学、结构动力学、气动弹性力学和现代控制理论等诸学科交叉综合的新领域,涉及以下众多关键理论和技术的突破。

7.1.2 非定常气动力预测技术

需要考虑飞行器结构-气动-控制系统耦合效应时,结构做任意运动时的非定常气动力的预测就显得至关重要。研究弹性飞行器动力学与控制问题,首先必须确定作用在飞行器结构上的非定常气动力,这是弹性飞行器动力学与控制研究的基础。非定常气动力预测技术是伴随着气动弹性力学的发展而发展起来的。非定常气动力预测技术经历了从频域到时域、线性到非线性的发展过程。20世纪30年代,飞机设计对颤振计算提出了需求。首先建立起来的是基于线性化理论二维不可压缩流的非定常气动力计算方法。最著名的当数西奥道生函数法。40年代发展的二维亚声速和跨声速非定常气动力方法由于计算过于复杂,没有得到实际应用。进入50年代以后,随着计算机的发展,基于小扰动线性化理论的三维非定常气动力计算方法也相继发展起来并进入了工程应用。著名的有 Watkins 等人提出的计算亚声速三维谐振荡非定常气动力的核函数法和 Albano 等人在60年代末提出的偶极子格网法。同时,基于线性化理论的三维亚、超声速非谐振荡非定常空气动力计算方法也随之蓬勃发展。可以看到,这个时期的各种非定常气动力计算方法基本上是基于线性化理论,而且基本上是在频域内计算的,不能解决跨声速非线性非定常气动力的计算。

随着计算机和计算流体力学的飞速发展,80年代以后,在时域内基于全位势和 Eular 方程的非定常气动力的数值模拟方法得到了突飞猛进的发展。90年代初中期,基于 N-S 方程的非定常气动力模拟方法成为国际学术界的研究热点,发展了多种有效的离散方法和差分格式。

7.1.3 弹性飞行器建模理论

与刚体飞行器不同的是,建立弹性飞行器的状态空间模型的时候,非定常气动力不能够用气动力系数简单地来表示。同时,由于考虑了弹性结构的变形,传统的六自由度飞行动力学方程已经不能有效描述弹性飞行器的飞行品质和动态特性。弹性飞行器建模理论因此成为弹性飞行器动力与控制研究的关键。

弹性飞行器考虑了弹性变形自由度后,从本质上讲是由偏微分方程描述的分布参数系统。这样的系统难以求解和进行分析。常见的处理方法是利用分离变量法将偏微分方程描述的动力学方程转化为有限维集中参数系统。如果仅仅研究弹性飞行器结构颤振问题,可以将弹性飞行器的刚体运动作为零频率模态,经过这样处理以后的弹性飞行器动力学模型能够满足研究所需。但是当弹性飞行器作为控制对象来研究其稳定性、操纵性和突风响应时,经典的气动弹性力学处理方法不能满足要求。

从20世纪70年代到80年代中期,人们对这个问题进行了广泛的探讨。Tayor, Swaim

和 David K. Schmid 等人选择适当的“平均体轴系”来消除刚体和弹性模态之间惯性耦合的方法得到了较广泛的应用。进入 90 年代后，人们越来越倾向于通过有限元模型直接建立弹性飞行器飞行动力学模型，从而支持弹性飞行器稳定性、操纵性的研究和飞行控制系统的设计。

7.1.4　弹性飞行器飞行力学进展

气动弹性发展到目前，已经面临众多的新理论以及新方法。在掌握基础知识的同时，也必须关注它的新发展。现有的最新的气动弹性的文献中，气动弹性的研究热点主要有主动气动弹性机翼设计技术和复合材料气动弹性剪裁两种设计的新理念，通过传感器以及执行机构的位置设计达到主动控制方法以及鲁棒的气动伺服弹性稳定性分析方法。

7.1.4.1　主动气动弹性机翼设计技术

近年来所发展的主动控制技术和伺服气动弹性技术以及二者的结合，在飞机与火箭的设计中起了关键的作用。为了验证这项技术，国外开展了大量的研究，并提出“主动气动弹性机翼”的概念，确定具有工程应用价值的理论和设计方法。

从主动气动弹性机翼技术的研究来看，它是伺服气动弹性的拓展与延伸。气动伺服弹性技术是主动气动弹性机翼技术的核心内容。主动气动弹性技术的设计思想与传统的利用结构的强度和刚度来被动地防止不良的气动弹性效应的设计方法不同，它是通过全权限、快速响应的数字式主动控制系统来主动且有效地利用机翼的柔性。传统的设计方法中，由控制面产生控制力，从而控制飞机运动。而机翼的柔性产生的气动弹性效应会减弱控制面的效能，同时也使机翼的其他气动弹性特性变差，例如颤振速度降低等。为了避免这种不利的情况，只能采用被动的防止方法，这就势必使结构的质量增加。

在主动气动弹性机翼技术中，机翼带有多个前缘和后缘控制面。这在设计理念上有了全新的突破。其最佳选择恰好是低的刚度加上多个控制面，利用机翼在气动力作用下产生的气动弹性变形和运动，由传感器接收信号，再通过主动控制系统按预定目的驱动并协调多个控制面的偏转或偏转运动，反馈至机翼，从而使整个机翼产生所希望的变形或运动，由此提高机翼控制气流能量的能力。主动控制起到了机翼刚度所胜任不了的作用，而其中主动控制律是一个关键设计，它蕴含着很大的潜力。在主动控制系统的操纵下，多个控制面协调偏转，主动使机翼发生所希望的弹性变形；变形的机翼产生控制力，使飞机运动特性改变。研究证明：主动气动弹性机翼能获得如下的效益：①显著地增强控制力；②在所有飞行范围内减少气动阻力；③减轻机翼结构质量；④在同样的展长和后掠角时，开拓了新的、先进的机翼设计手段；⑤抑制颤振，提高颤振速度；⑥阵风与机动载荷减缓，提高了机动性。由此可见，主动气动弹性机翼技术的出现，使飞机设计中防止气动弹性的不良影响，从被动设计方式走向主动设计方式。这在一定程度上说明，气动弹性设计不仅作为飞机设计的指导思想，还将成为飞机设计的新理念。

7.1.4.2　复合材料气动弹性剪裁

复合材料气动弹性剪裁是另一种新的设计理念，它是通过复合材料的刚度方向性及其变形耦合，来控制翼面结构的静和动的气动弹性变形，从而提高飞机性能的一种结构优化设计方法。这种方法在飞机设计中具有广阔的应用前景。

复合材料气动弹性剪裁的出现，突破了前掠翼飞机的禁区。前掠翼因其弯扭耦合导致的扭转发散速度过低，是金属机翼设计中不可逾越的障碍。X—29 前掠翼飞机的问世，证明了利用复合材料气动弹性剪裁技术，可以克服前掠翼的扭转发散，而不需付出任何质量代价。

复合材料气动弹性剪裁是多学科的交汇，它涉及复合材料力学、气动弹性力学以及优化设计等学科。其中复合材料的力学特性，构成了气动弹性剪裁赖以实现的机理。改变翼面复合材料的铺层厚度、铺层角度及铺设方向和顺序，会直接改变刚度的方向性，并由此控制翼面的气动弹性变形。

气动弹性剪裁也是一种优化设计方法，通常也是把结构质量最小作为目标，以应力要求、扭转发散速度、颤振速度和飞行载荷等为约束条件，最终确定复合材料的铺层厚度、铺层角度及铺设方向等设计变量，这是一个优化设计的全过程。

7.1.4.3　鲁棒气动伺服弹性稳定性分析

这是近年来发展的一种适用于多输入 / 多输出系统鲁棒稳定性分析的新方法。这种方法是使用鲁棒稳定性框架，把理论气动伺服弹性模型和一系列描述模型误差与不确定性联系起来，以结构奇异值 μ 作为多变量鲁棒稳定性测度，计算稳定性裕度。鲁棒性分析的特点就是增加了一个不确定性算子 Δ，并且要对它有合理的描述。

μ 方法的主要特点在于，既使用计算模型，也使用飞行数据，综合二者的优点。飞行数据很容易应用于 μ 方法，用比较飞行数据与解析模型两者的传递函数来确定模型误差，并在这些误差的基础上建立不确定性 Δ。根据模型有效性算法，可使不确定性既能充分反映模型误差，又不过于超出真实的误差。由此，可以通过 μ 方法计算得到最坏情况下的稳定裕度。μ 方法与单纯地用计算方法或飞行数据作系统识别的传统方法有本质的不同。单纯地用计算方法是不容易得到准确结果的；单纯地用飞行数据，会存在信号质量问题，以至于导致失败。μ 方法则综合了二者的优点，用并入飞行数据后的 Δ 来修正模型。因此，用该方法来确定鲁棒稳定裕度，是一种完善的方法。

7.1.4.4　CFD/CSD 耦合计算方法研究

CFD/CSD 耦合问题中涉及两个不同物理场的计算问题和彼此的数据交换问题，面临许多挑战。一方面在非线性气动弹性计算中，由于气动载荷和结构响应不能以相同的格式离散同步求解，需要将流体动力学方程和计算结构动力学方程以适当的方式耦合起来进行求解。另一方面，由于物理性质不同，流场和结构模型通常都采用不同的网格。这就需要建立一种能在不匹配网格之间实现变量传递的方法。

耦合算法讲究的是不同物理场之间的时间推进问题，它包括了数据传递问题和算法设计问题。因为传统的非定常气动理论（如 Theodorson 理论，偶极子网格发等）和准定常气动理论（气动导数法、活塞理论等）都可以将非定常气动力通过气动力影响矩阵表示成结构参数的显函数，所以传统的流固耦合问题在这方面没有遇到很大的困难。但是对 CFD/CSD 耦合计算而言，我们无法得到这样的显式函数来表示非定常气动力，因此需要用耦合算法将两者通过某种方式联系起来。常用的 CFD/CSD 耦合算法分为完全耦合算法、松耦合算法和紧耦合算法。

所谓完全耦合算法（有的文献也成为整体耦合）就是指在一个时间步长里面联立求解流体

动力学方程和结构动力学方程，同时在联立方程中还要加入耦合边界条件方程，即在耦合边界处，要满足应力平衡条件，并且使流体和结构网格的位移和速度相协调。计算流程如图 7－2 所示。

图 7－2　完全耦合方法流程图

松耦合算法是将流体动力学方程和结构动力学方程分别用各自的求解器在时间域内积分，交错时间推进获得耦合系统响应。这种算法的最大的好处在于能够充分利用已有的程序，只要增加少量的数据交换模块即可，从而保证了程序的模块化，松耦合方法的时间推进过程是交错而不是同步进行的。图 7－3 为松耦合 CFD/CSD 计算流程图。为了改善松耦合算法的计算精度，在两个连续时间步内引入子迭代(预估-矫正)，就形成了紧耦合算法，计算方法如图 7－4 所示。

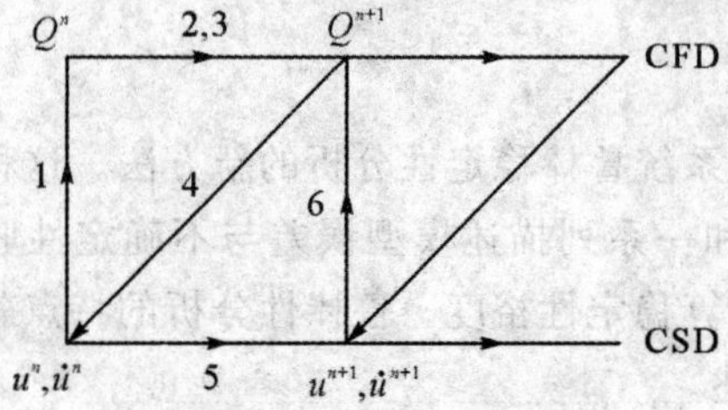

图 7－3　松耦合方法流程图

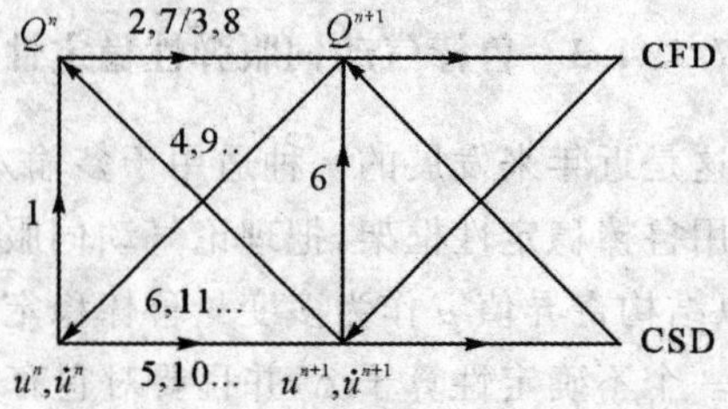

图 7－4　紧耦合方法流程图

7.2　计算飞行力学

在飞行器飞行过程中，会遇到大量的干扰、偏差以及参数的不确定性，这些干扰、偏差和参数不确定是客观存在，无法消除的，它们对飞行器的飞行性能有着十分重要的影响，因此对这些干扰、偏差和不确定性进行分析是飞行器设计过程的一项重要内容，它为飞行器的飞行性能分析、飞行包线分析、发射条件分析、分系统指标考核、工艺设计规范等提供了分析设计依据。

在分析诸多干扰或偏差对飞行过程的影响时，由于飞行器造价昂贵，不可能通过多次飞行试验来进行评估，因而通过实验飞行力学的方法来评估飞行器相关飞行性能，再通过飞行试验予以验证，是主要的分析途径。

7.2.1　蒙特卡罗打靶法

蒙特卡罗打靶法是统计打靶的一种方法，它通过随机变量的统计试验(或随机模拟)，求解数学、物理、工程技术问题近似的数值方法，又称为统计实验法(或随机模拟法)。用蒙特卡罗法进行数学模拟打靶，可以减少复杂而又昂贵的飞行器飞行试验，借以完成飞行器研制、试验、定型等方面的统计分析工作。

可以分析的内容包括：

(1) 各种干扰下的飞行器飞行特性；

(2) 各种干扰下的飞行包线；

(3) 导弹命中精度目标概率；

(4) 导弹击毁目标概率；

(5) 制导精度；

(6) 启控点散布等。

7.2.1.1　蒙特卡罗法思想

针对待求问题，根据物理现象本身的统计规律，人为构造一合适的依赖随机变量的概率模型，使某些随机变量的统计量为待求问题的解，进行大统计量($N\to\infty$)的统计实验或计算机随机模拟。其理论依据概括起来主要有：

- 大数定理：均匀分布的算术平均收敛于真值；
- 中心极限定理：置信水平下的统计误差。

1. 收敛性：大数定理

由前面介绍可知，蒙特卡罗方法是由随机变量 X 的简单子样 $X_1, X_2, \cdots, X_N$ 的算术平均值：

$$\overline{X}_N = \frac{1}{N}\sum_{i=1}^{N} X_i \tag{7-1}$$

作为所求解的近似值。由大数定律可知，如果 $X_1, X_2, \cdots, X_N$ 独立同分布，且具有有限期望值($E(X) < \infty$)，则

$$P(\lim_{N\to\infty}\overline{X}_N = E(X)) = 1 \tag{7-2}$$

即随机变量 X 的简单子样的算术平均值 $\overline{X}_N$，当子样数 N 充分大时，以概率 1 收敛于它的期望值 $E(X)$。

2. 中心极限定理：统计误差

由大数定理知，当蒙特卡罗方法的子样数足够大时，可用子样试验结果的均值作为试验结果的数学期望。而子样均值与数学期望的误差问题，概率论的中心极限定理给出了答案。该定理指出，如果随机变量序列 $X_1, X_2, \cdots, X_N$ 独立同分布，且具有有限非零的方差 σ^2(方差已知)，即

$$0 \neq \sigma^2 = \int (x - E(X))^2 f(x)\mathrm{d}x < \infty \tag{7-3}$$

$f(x)$ 是 X 的分布密度函数。则当 N 充分大时，有如下的近似式：

$$P\left(|\overline{X}_N - E(X)| < \frac{\lambda_\alpha \sigma}{\sqrt{N}}\right) \approx \frac{2}{\sqrt{2\pi}}\int_0^{\lambda_\alpha} \mathrm{e}^{-t^2/2}\mathrm{d}t = 1 - \alpha \tag{7-4}$$

其中，α 称为置信度；$1-\alpha$ 称为置信水平。这表明，不等式

$$|\overline{X}_N - E(X)| < \frac{\lambda_\alpha \sigma}{\sqrt{N}} \tag{7-5}$$

近似地以概率 $1-\alpha$ 成立，且误差收敛速度的阶为 $O(N^{-1/2})$。

通常，蒙特卡罗方法的误差 ε 定义为

$$\varepsilon = \frac{\lambda_\alpha \sigma}{\sqrt{N}} \tag{7-6}$$

式(7-6)中λ_α与置信度α是一一对应的，根据问题的要求确定出置信水平后，查标准正态分布表，就可以确定出λ_α。表7-2给出了置信度及其对应分位数的值。

(1) 蒙特卡罗方法的误差为概率误差，这与其他数值计算方法是有区别的。

(2)误差中的均方差σ若未知，则必须使用其估计值来代替，此时误差估计需要构建t检验统计量。

表7-2　置信度α及其对应λ_α的值

α	0.5	0.05	0.003
λ_α	0.674 5	1.96	3

显然，在给定置信度α后，误差ε由σ和N决定。减小误差的方法：

(1) 增大试验次数N。在σ固定的情况下，要把精度提高一个数量级，试验次数N需增加两个数量级。因此，单纯增大N不是一个有效的办法。

(2) 减小估计的均方差σ，比如降低一半，那误差就减小一半，这相当于N增大4倍的效果。

7.2.1.2　实现流程

蒙特卡罗法实现统计打靶的基本步骤为(流程图如图7-5所示)：

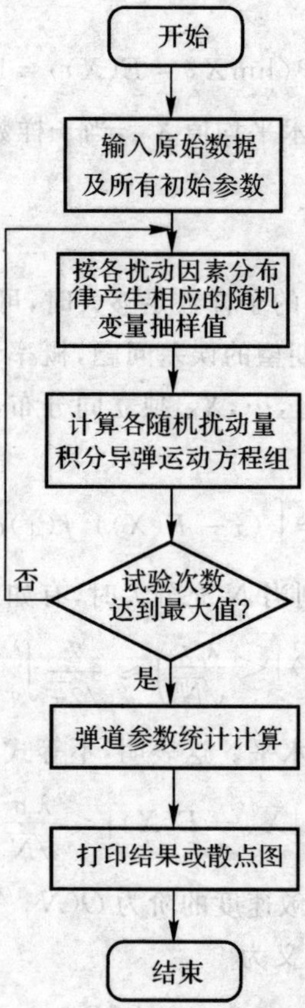

图7-5　蒙特卡罗打靶法流程图

(1) 确定飞行过程中的各种随机扰动因素及其分布；

(2) 根据各种随机扰动变量的分布律，构造相应的数学概率模拟，以产生各随机扰动变量的抽样值；

(3) 建立一个比较精确的系统数学模型；

(4) 将随机变量的抽样值输入系统的数学模型(即系统运动方程组)，进行计算机解算弹道，也就是进行计算机模拟打靶，即可得到随机扰动弹道参数；

(5) 重复(4)，进行多次模拟打靶，可以得随机弹道参数子样；

(6) 对模拟打靶结果进行处理，得到弹道参数的统计特征值。

7.2.1.3　统计结果的分析

试验结果的精度主要取决于以下 4 个因素：

· 干扰因素描述的准确性；

· 系统数学模型的准确性；

· 抽样误差的大小；

· 抽样次数 N 的取值。

干扰因素描述的准确性要靠大量试验，以及对试验结果的精确统计。系统数学模型准确性要靠对系统物理本质的确切了解和准确的数学概括。抽样误差主要与抽样方法和抽样容量有关。

设试验次数为 N，根据蒙特卡罗法思想，则打靶结果中某统计量的数学期望可由 N 次试验结果的均值来近似：

$$x^* = \frac{1}{N}\sum_{i=1}^{N} x_i \tag{7-7}$$

若统计量的方差已知，则用 N 次试验结果的算术平均值代替数学期望，即用估计值代替真值会产生一定的误差。误差不超过 ε(ε 为某一较小正值) 的概率为

$$P\{|x^* - \bar{x}| < \varepsilon\} = 1 - \alpha \tag{7-8}$$

式中，$\bar{x}$ 为试验结果的均值；x^* 为试验结果的数学期望。$\bar{x} \pm \varepsilon$ 为置信线，$(\bar{x}-\varepsilon, \bar{x}+\varepsilon)$ 为置信区间，$1-\alpha$ 为置信概率。期望估计值 $\bar{x}$ 也是个随机变量，当试验条件一定时，$\bar{x}$ 与抽样次数 N 有关，所以 $\bar{x}$ 也围绕其理论值形成散布，即期望值以 $1-\alpha$ 概率落在 $\bar{x} \pm \varepsilon$ 中。

若统计量方差已知，则令

$$U = \frac{x^* - \bar{x}}{\sigma}\sqrt{N}$$

U 服从标准正态分布，且有

$$P\{|U| < \lambda_\alpha\} = 1 - \alpha \tag{7-9}$$

由式(7-8) 和式(7-9) 可得

$$\varepsilon = \frac{\lambda_\alpha \sigma}{\sqrt{N}}$$

由此可得统计值的置信区间。

若打靶结果统计量的方差未知，引入 T_x 统计量：

$$T_x = \frac{x^* - \bar{x}}{\bar{\sigma}/\sqrt{N}} \sim T(N-1) \tag{7-10}$$

式中，$\bar{\sigma}$ 为统计量的均方差估计值，有

$$\bar{\sigma}=\sqrt{\frac{\sum_{i=1}^{N}(x_i-\bar{x})^2}{N-1}} \tag{7-11}$$

已知 T_x 服从 T 分布，给定 α 可以找到相应的 t_α 满足：

$$P(|T_x|<t_\alpha(N-1))=1-\alpha \tag{7-12}$$

则可得到估计误差为

$$\varepsilon=t_\alpha(N-1)\bar{\sigma}/\sqrt{N} \tag{7-13}$$

由此可求得统计值的置信区间。

7.2.2 正交设计法

由于蒙特卡罗打靶法只有在打靶次数 N 足够大时才具有较高的准确度，对于飞行器这种复杂系统而言，不确定参数多，往往打靶次数很大才能满足要求。当仿真系统复杂时，统计打靶需要很长的时间计算负载。如果能减小试验次数，且能得到一些有价值的结论，将十分有助于飞行性能的分析和评估。

7.2.2.1 试验设计方法

试验设计(Design of Experiments)是数理统计学的一个分支，是科学试验和统计分析方法相互交叉形成的一门学科。试验设计是 20 世纪 20 年代，由英国生物统计学家费舍尔(Ronald Aylmer Fisher，1890－1962 年)所创立的。现今，试验设计已经得到了广泛的发展与完善，统计学家和各领域的科研工作者一起发现了很多非常有效的试验设计方法，试验设计也在众多的科研领域发挥着巨大的作用。

良好试验设计可以合理地安排试验，最大限度的排除各种非试验因素的干扰，提高科学试验的效率和精确度，减少试验次数，缩短试验周期，提高效益(当因素水平较多时效果更为显著)。良好的试验设计还有助于：

(1) 能在众多影响因素中分清主次，找出影响指标的主要因素。

(2) 分析研究因素之间交互作用影响的大小。

(3) 可分析出试验误差影响的大小，提高试验的精度。

(4) 能尽快找出较优的设计参数或工艺条件，并通过对试验结果的分析、比较，找出达到最优方案进一步试验的方向。

(5) 能对最优方案的指标值进行预测。

本节中论述的正交设计法和均匀设计法就属于试验设计方法中的两种方法。

试验设计方法常用的术语定义如下：

试验指标：指作为试验研究过程的因变量，常为试验结果特征的量(如脱靶量、命中精度等)。

因素：指作为试验研究过程的自变量，常常是造成试验指标按某种规律发生变化的那些原因。如飞行过程中的干扰、不确定量等。

水平：指试验中因素所处的具体状态、情况或取值，又称为等级。

7.2.2.2　正交表

用正交表安排多因素试验的方法，称为正交试验设计法。其特点为：① 完成试验要求所需的试验次数少。② 数据点的分布很均匀。③ 可用相应的极差分析方法、方差分析方法、回归分析方法等对试验结果进行分析，引出许多有价值的结论。使用正交设计方法进行试验方案的设计，就必须用到正交表。

1. 各列水平数均相同的正交表

各列水平数均相同的正交表，也称单一水平正交表。这类正交表名称的写法举例如下：

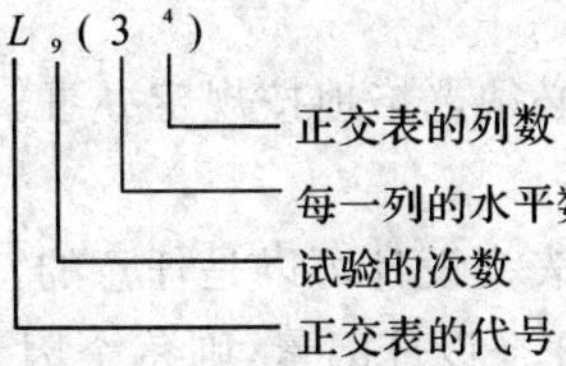

各列水平数均为 2 的常用正交表有 $L_4(2^3)$，$L_8(2^7)$，$L_{12}(2^{11})$，$L_{16}(2^{15})$，$L_{20}(2^{19})$，$L_{32}(2^{31})$。

各列水平数均为 3 的常用正交表有 $L_9(3^4)$，$L_{27}(3^{13})$。

各列水平数均为 4 的常用正交表有 $L_{16}(4^5)$。

各列水平数均为 5 的常用正交表有 $L_{25}(5^6)$。

各列水平数不相同的正交表，叫混合水平正交表，下面就是一个混合水平正交表名称的写法：

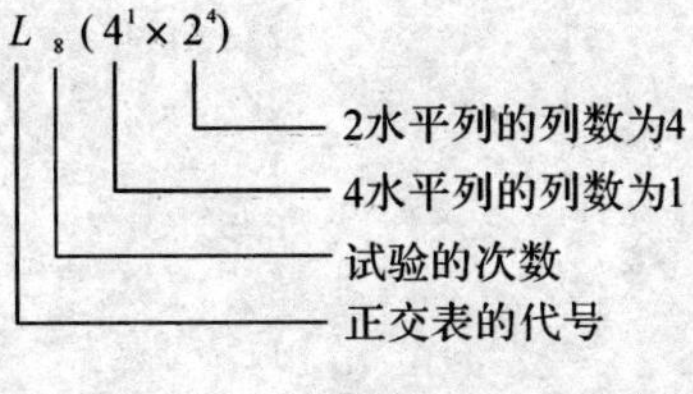

$L_8(4^1\times 2^4)$ 常简写为 $L_8(4\times 2^4)$。此混合水平正交表含有 1 个 4 水平列，4 个 2 水平列，共有 $1+4=5$ 列。

2. 选择正交表的基本原则

一般都是先确定试验的因素、水平和交互作用，后选择适用的 L 表。在确定因素的水平数时，主要因素宜多安排几个水平，次要因素可少安排几个水平。

a) 先看水平数。若各因素全是 2 水平，就选用 $L(2*)$ 表；若各因素全是 3 水平，就选 $L(3*)$ 表。若各因素的水平数不相同，就选择适用的混合水平表。

b) 每一个交互作用在正交表中应占一列或二列。要看所选的正交表是否足够大，能否容纳得下所考虑的因素和交互作用。为了对试验结果进行方差分析或回归分析，还必须至少留一个空白列，作为“误差”列，在极差分析中要作为“其他因素”列处理。

c) 要看试验精度的要求。若要求高，则宜取试验次数多的 L 表。

d) 若试验费用很昂贵，或试验的经费很有限，或人力和时间都比较紧张，则不宜选试验次数太多的 L 表。

e) 按原来考虑的因素、水平和交互作用去选择正交表，若无正好适用的正交表可选，简便且可行的办法是适当修改原定的水平数。

f) 对某因素或某交互作用的影响是否确实存在没有把握的情况下，选择 L 表时常为该选大表还是选小表而犹豫。若条件许可，应尽量选用大表，让影响存在的可能性较大的因素和交互作用各占适当的列。某因素或某交互作用的影响是否真的存在，留到方差分析进行显著性检验时再做结论。这样既可以减少试验的工作量，又不至于漏掉重要的信息。

3. 正交表的表头设计

所谓表头设计，就是确定试验所考虑的因素和交互作用，在正交表中该放在哪一列的问题。

a) 有交互作用时，表头设计则必须严格地按规定办事。因篇幅限制，此处不讨论，请查阅有关书籍。

b) 若试验不考虑交互作用，则表头设计可以是任意的。如对 $L_9(3^4)$ 表头设计，表 7-3 所列的各种方案都是可用的，即若有 3 个设计因素，则每个因素所占列号可以是任意的，但不能重叠。但是正交表的构造是组合数学问题，必须满足正交表的特点。对试验之初不考虑交互作用而选用较大的正交表，空列较多时，最好仍与有交互作用时一样，按规定进行表头设计。只不过将有交互作用的列先视为空列，待试验结束后再加以判定。

表 7-3　$L_9(3^4)$ 正交表

试验号	列号			
	1	2	3	4
1	1	1	1	1
2	1	2	2	2
3	1	3	3	3
4	2	1	2	3
5	2	2	3	1
6	2	3	1	2
7	3	1	3	2
8	3	2	1	3
9	3	3	2	1

7.2.2.3　正交试验结果分析

正交试验方法之所以能得到重视并在实践中得到广泛的应用，其原因不仅在于能使试验的次数减少，而且能够用相应的方法对试验结果进行分析并引出许多有价值的结论。因此，用正交试验法进行试验，如果不对试验结果进行认真的分析，并引出应该引出的结论，那就失去用正交试验法的意义和价值。

1. 极差分析方法

下面以表 $L_4(2^3)$ 为例讨论正交试验结果的极差分析方法。极差指的是各列中各水平对应的试验指标平均值的最大值与最小值之差。从表 7-4 的计算结果可知，用极差法分析正交试验结果可引出以下几个结论：

(1) 在试验范围内，各列对试验指标的影响按从大到小排队。某列的极差最大，表示该列的数值在试验范围内变化时，使试验指标数值的变化最大。因此各列对试验指标的影响按从大到小排队，就是各列极差 D 的数值按从大到小排队。

(2) 试验指标随各因素的变化趋势。为了能更直观地看到变化趋势，常将计算结果绘制成图。

(3) 使试验指标最好的适宜的操作条件(适宜的因素水平搭配)。

(4) 可对所得结论和进一步的研究方向进行讨论。

表 7-4　正交表的极差分析方法

列　号		1	2	3	试验指标 y_i
试验号	1	1	1	1	$y1$
	2	1	2	2	y_2
	3	2	1	2	y_3
	$n=4$	2	2	1	y_4
I_j		$\mathrm{I}_1=y_1+y_2$	$\mathrm{I}_2=y_1+y_3$	$\mathrm{I}_3=y_1+y_4$	
II_j		$\mathrm{II}_1=y_3+y_4$	$\mathrm{II}_2=y_2+y_4$	$\mathrm{II}_3=y_2+y_3$	
k_j		$k_1=2$	$k_2=2$	$k_3=2$	
I_j/k_j		I_1/k_1	I_2/k_2	I_3/k_3	
II_j/k_j		II_1/k_1	II_2/k_2	II_3/k_3	
极差(D_j)		$\max\{\ \}-\min\{\ \}$	$\max\{\ \}-\min\{\ \}$	$\max\{\ \}-\min\{\ \}$	

注：I_j 为第 j 列"1"水平所对应的试验指标的数值之和；II_j 为第 j 列"2"水平所对应的试验指标的数值之和；k_j 为第 j 列同一水平出现的次数，等于试验的次数(n)除以第 j 列的水平数；I_j/k_j 为第 j 列"1"水平所对应的试验指标的平均值；II_j/k_j 为第 j 列"1"水平所对应的试验指标的平均值；D_j 为第 j 列的极差，等于第 j 列各水平对应的试验指标平均值中的最大值减最小值，即 $D_j=\max\{\mathrm{I}_j/k_j, \mathrm{II}_j/k_j, \cdots\}-\min\{\mathrm{I}_j/k_j, \mathrm{II}_j/k_j, \cdots\}$。

2. 方差分析方法

与极差法相比，方差分析方法可以多引出一个结论：各列对试验指标的影响是否显著，在什么水平上显著。在数理统计上，这是一个很重要的问题。显著性检验强调试验在分析每列对指标影响中所起的作用。如果某列对指标影响不显著，那么，讨论试验指标随它的变化趋势是毫无意义的。因为在某列对指标的影响不显著时，即使从表中的数据可以看出该列水平变化时，对应的试验指标的数值又在以某种"规律"发生变化，但那很可能是由于试验误差所致，将它作为客观规律是不可靠的。有了各列的显著性检验之后，最后应将影响不显著的交互作用列与原来的"误差列"合并起来。组成新的"误差列"，重新检验各列的显著性。

由于方差分析方法计算过程较为复杂，本节简要介绍方差分析的过程。

试验指标的加和值为 $T=\sum_{i=1}^{n} y_i$，n 为试验次数，试验指标的平均值为 $\bar{y}=\frac{1}{n}\sum_{i=1}^{n} y_i$，以第 j 列为例：

(1) I_j——"1"水平所对应的试验指标的数值之和；

(2) II_j——"2"水平所对应的试验指标的数值之和；

(3)……

(4) k_j—— 同一水平出现的次数。等于试验的次数除以第 j 列的水平数；

(5) I_j/k_j——"1"水平所对应的试验指标的平均值；

(6) II_j/k_j——"2"水平所对应的试验指标的平均值；

(7)……

以上 7 项的计算方法同极差法(见表 7-4)。

(8) 单列的偏差平方和：

$$S_j = k_j\left(\frac{\mathrm{I}_j}{k_j}-\bar{y}\right)^2 + k_j\left(\frac{\mathrm{II}_j}{k_j}-\bar{y}\right)^2 + k_j\left(\frac{\mathrm{III}_j}{k_j}-\bar{y}\right)^2 + \cdots \tag{7-14}$$

(9)f_j—— 第 j 列自由度，设第 j 列的水平数为 L_j，则

$$f_j = L_j - 1 \tag{7-15}$$

(10)V_j—— 第 j 列方差：

$$V_j = S_j / f_j \tag{7-16}$$

(11)V_e —— 误差列的方差，其计算方法与 V_j 类似，e 为正交表的误差列：

$$V_e = S_e / f_e \tag{7-17}$$

(12)F_j —— 方差之比：

$$F_j = V_j / V_e \tag{7-18}$$

(13) 查 F 分布数值表(F 分布数值表请查阅有关参考书) 做显著性检验。

(14) 总的偏差平方和：

$$S_{TT} = \sum_{i=1}^{n} (y_i - \bar{y})^2 \tag{7-19}$$

(15) 总的偏差平方和等于各列的偏差平方和之和，即

$$S_{CT} = \sum_{j=1}^{m} S_j \tag{7-20}$$

式中，m 为正交表的列数。

若误差列由 5 个单列组成，则误差列的偏差平方和 S_e 等于 5 个单列的偏差平方和之和，即

$$S_e = S_{e1} + S_{e2} + S_{e3} + S_{e4} + S_{e5} \tag{7-21}$$

误差列的平方和也可由总偏差平方和来计算：

$$S_e = S_{TT} - S_{CT} \tag{7-22}$$

7.2.3 均匀设计法

均匀设计是我国数学家方开泰教授将数论的原理和多元统计结合创立的一种安排多因素多水平的试验设计，这种设计是利用均匀设计表安排试验，可减少试验次数，而让试验点在试验范围内均匀分散，具有更好的代表性。

7.2.3.1 概述

1. 均匀试验的特点

对应多因素多水平试验，前面介绍的正交设计具有“均匀分散、整齐可比”的特点，均匀分散性使试验点均衡地分布在试验范围内，具有充分的代表性，即使在正交表各列都排满的情况下，也能得到满意的结果；整齐可比性使试验结果的分析十分方便，易于估计各因素的效应和部分交互作用，从而掌握各指标的影响大小和变化规律。然而，正交试验为了达到“整齐可比”，试验次数往往比较多，例如一个 9 水平试验，正交试验至少要 9^2 次，试验次数这么多，一般是很难实现的，为此我们不考虑“整齐可比”，让试验点在试验范围内充分地均匀分散，具有更好的代表性，这种从均匀性出发的试验设计称为均匀设计。均匀设计具有如下优点：

a) 试验次数少。均匀设计让试验点在其试验范围内尽可能地“均匀分散”，试验次数降为与水平数相等。如 6 水平时，只需要 6 次试验就可以了。

b) 因素的水平数可多设，可适当调整，可避免高低水平相遇，防止试验中发生意外或反应速度太慢。尤其适合在反应剧烈的情况下考察工艺条件。

c) 均匀设计试验分析求得的回归方程，便于分析各因素对试验结果的影响，可以定量地预知优化条件及优化结果的区间估计。

2. 均匀设计的应用范围

凡多因素，水平数 $\geqslant 5$，特别是水平需从量变关系进行考察分析的试验设计，都可采用均匀设计。由于每个因素的每一水平只做一次试验，故要求被试因素与非处理因素均易于严格控制，试验条件不易严格控制或考察因素不易数量化的不宜用均匀设计。

7.2.3.2　均匀设计表及其使用表

均匀设计表及与其相应的使用表是均匀设计的工具，常用的均匀设计表及其使用表已由数学家设计完成，可直接使用。

1. 均匀设计表

均匀设计表简称 U 表，它是按“均匀分散”的特性构造的表格，水平数相同的均匀设计表记为 $U_n(n^m)$，其中 U 表示均匀设计表的符号；n 是因素水平数，亦表示行数，即试验次数；m 为均匀设计表的列数，表示最多可安排的因素数，例如 $U_5(5^4)$，其中符号和数字有以下意义：

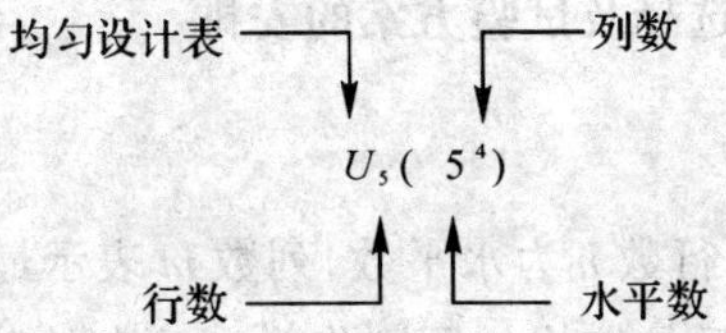

即表示此设计表有 4 列，最多可以安排 4 个因素，试验次数为 5 次，每个因素有 5 个水平。

均匀设计表有如下特点：

· 表中任一列的 n 个数无重复，每个因素每一水平只做一次试验。

· 任意两个因素的不同水平组合恰好只有一个试验点。

· 均匀设计表中任意两列之间不一定是平等的，也就是说试验点分散的均匀性是不同的，只有按相应使用表的规定，才能使试验点充分均匀分散。

2. 使用表

当给出水平数相同的均匀设计表时，会同时给出相应的使用表，均匀设计表的使用表是指导均匀设计表各因素如何选列，每个使用表最后一行的因素数即其均匀设计表最多可安排的因素个数。由于试验目的与条件等原因，有时对其中某个或某些因素，需要多分几个水平，较次要因素则少分几个水平，这时可使用混合水平设计表 $U_n(s^m \times t^l)$（n 是行数，即试验次数。s，t 是水平数，m，l 是列数，即有 m 列可安排 s 个水平数的，有 l 列可安排 t 个水平数的因素），如 $U_6(6\times 3)$ 是两因素混合水平表，$U_6(6\times 3^2)$，$U_8(8\times 4\times 2)$ 是三因素混合水平表，混合水平的均匀设计表与水平数相同的均匀设计表不同的是，混合水平的均匀设计表无须配以使用表，可直接使用。

7.2.3.3 均匀设计的步骤

进行均匀设计试验可归纳为以下步骤：

(1) 精选考察因素，只将既对试验结果影响很大又未明确适宜数量化的水平的因素作为考察因素。

(2) 根据文献调查研究和预试验结果，结合实际需要和可能，确定各因素的水平数范围。

(3) 根据要考察的因素个数确定均匀表的大小(试验次数)，根据均匀表的大小确定各因素应取的水平数。

(4) 对号入座，将各因素的相应水平填入均匀设计表内，组成试验方案表，按照试验方案安排的条件进行试验，为了较好地了解试验误差，提高结论的可靠性，在条件允许时，每个试验方案宜重复 3 ～ 5 次，取平均值。

(5) 将试验结果进行多元回归分析，求得回归方程式。

(6) 结合试验经验及专业知识分析回归方程，寻找优化条件，计算出预测的优化结果及区间估计。

(7) 按照优化条件安排试验进行验证，其优化好的结果应在预测范围内，且较做过试验为好。

上述各步骤中，最为关键的是怎样根据所研究的因素与水平数选择适宜的均匀设计表，怎样对试验结果进行数据处理两个步骤。下面重点介绍均匀设计表的选择和试验数据的分析。

7.2.3.4 均匀设计表的选择及试验方案的安排

1. 均匀设计表的选择

在均匀设计表 $U_n(n^m)$ 中，行数 n 为水平数，列数 m 表示最多可安排的因素数，且当 n 为素数时，$n=m+1$。均匀设计表只是按均匀原则作为试验点的基础，不能直接使用，必须依据因素个数查其相应的使用表选出因素列，这是因为均匀设计是数论和多元分析相结合的产物，即要考虑到均匀试验的数据分析要按多元统计的要求，依最小二乘法原理进行回归分析。据此要求，数学上可以证明，若均匀设计表有 m 列，则至少去掉 $m-(m/2+1)$ 列，剩下 $m/2+1$ 列已满足要求，故均匀设计表最多只能安排 $m/2+1$ 个因素，因此使用表中的因素少于均匀设计表中的列数。

由此可见，选取均匀设计表时首先根据试验的因素数决定使用哪一个均匀设计表，例如因素数为 6 时，由 $m/2+1=6$ 得 $m=10$，$n=m+1=11$，可以看出选择 $U_{11}(11^{10})$ 可使试验次数最少。其次再查相应的使用表，此例即 $U_{11}(11^{10})$ 的使用表，确定其中的第 1,2,3,5,7,10 六列组成 $U_{11}(11^{6})$ 表，即可安排试验。有些教材直接给出了 $U_{11}(11^{6})$ 表，这比较方便，但有些情况往往查不到合适的表。例如因素为 5 时，$m/2+1=5$ 得 $m=8$，$n=m+1=9$，因无 $U_9(9^8)$ 表，只有 $U_9(9^6)$ 表，故仍选择 $U_{11}(11^{10})$，再查相应的使用表，选择 1,2,3,5,7 列组成 $U_{11}(11^5)$ 表安排均匀试验。

另外，根据各因素的考察范围，确定的水平数若太少，可通过拟水平处理(即将水平数少者循环一次或几次达到要求的水平数)。还可以适当地调整因素的水平数，避免因素的高档次(或低档次水平)相遇。

为了考察因素不疏漏最佳试验条件，可以多做些试验点，如 3 因素试验，可用 $U_5(5^4)$，也可用 $U_7(7^6)$，甚至可用 $U_{11}(11^{10})$。一般来说，试验点划分得愈细，均匀性愈好。

以上是水平数为奇数时的均匀设计，如果水平数为偶数，则无现成的均匀设计表可查，可将高一水平的奇数表去掉最后一行构成偶数表，如 $U_{11}(11^{10})$ 去掉最后一行即成 $U_{10}(10^{10})$ 表，使用表仍为 $U_{11}(11^{10})$。

2. 试验方案的安排

依据上述方法选择好均匀设计表及其使用表后，就可用安排试验方案，只要将各因素的各水平分别对号入座，就构成试验方案。例如上面介绍 6 因素的均匀设计表为 $U_{11}(11^{10})$，由其相应的使用表确定其中的六列组成 $U_{11}(11^6)$ 表，这样只要列好安排因素，对应的每一列里安排其水平数便可取得试验方案。

7.2.3.5　均匀设计试验的数据分析

均匀设计由于每个因素水平较多，而试验次数又较少，分析试验结果时不能采用一般的方差分析法。因为试验数据统计过程复杂，通常需用电子计算机处理，因素间无交互作用时，用多元线性回归分析；因素间有交互作用时，若考察一级交互作用，用二次回归分析（增加一级交互作用作为考察因素）；若考察二级交互作用，用三次回归分析（不仅增加一级交互作用作为考察因素，而且增加二级交互作用作为考察因素）。利用其多因素多水平的特点，用多元回归分析（多用逐步回归方法）建立试验结果与多因素之间的回归方程，结合实践经验及专业知识，分析各因素对试验结果的影响，定量地预测优化条件及优化结果的区间估计。无电子计算机时，可以从试验点中挑一个指标最优的，相应的试验条件即为欲选的条件。这种方法建立在试验均匀的基础上，由于试验散布均匀，其中最优条件离试验范围内的最优条件下不会太远。这个分析看起来粗糙，但在正交试验中有混杂时常用，证明是有效的。另外用直观分析一一对各试验号的结果直接进行比较分析，也可大体判断适宜的组合条件。

7.3　最优飞行轨迹设计方法

在飞行器轨迹设计过程中，除了采用某些固定规律的飞行方案外，常常要考虑满足某些指标最优的轨迹，即最优轨迹设计。2006 年 11 月 5 日，国际空间站执行了一次大规模的姿态调整。与以往不同的是，这次被称为“零推进剂机动”的任务基于伪谱最优控制理论进行了预先的轨迹优化，这是伪谱方法首次获得大规模的实际应用。伪谱方法不仅使 NASA 节省了 150 万美元的推进剂费用，而且实现了原本用现有国际空间站控制算法不能完成的任务。

最优轨迹设计问题事实上属于最优控制问题的一类。近年来，由于数值计算方法的快速发展，轨迹优化方法也得到了快速发展。一些轨迹优化方法在飞行器最优轨迹设计中得到了成功应用，如打靶法、配点法、动态规划法、微分包含法、遗传算法、序列二次规划法等。一般地，轨迹优化方法可分为间接法和直接法两大类。间接法基于极大（极小）值原理推导最优控制的一阶必要条件，它们构成了求解最优轨迹的 Hamiltonian 边值问题（HBVP），由于不对性能指标函数直接寻优，因此称为间接法。直接法是采用参数化方法将连续空间的最优控制问题求解转化为一个非线性规划(Nonlinear Programming,NLP)问题,通过数值求解非线性规划问题来获得最优轨迹。

7.3.1 轨迹优化问题的数学描述

飞行器的轨迹优化问题可以描述为求解最优控制问题,然后借助最优控制问题的数值解法来获得最优飞行轨迹。飞行器的飞行动力学是一个连续时间系统,对于一个连续时间系统,从初始状态 $\boldsymbol{x}(t_0)$ 到目标集的过渡可以通过不同的控制规律 $\boldsymbol{u}(t)$ 来实现,为了寻求一种效果好的控制规律,需要建立起一种评价控制效果好坏的性能指标函数或是代价函数。性能指标的选取是根据不同的控制任务来确定的,如对于运载火箭,我们希望它可以将更大的有效载荷送入预定轨道,可定义关机点质量为性能指标;为实现临近空间飞行器对目标区域的快速到达、快速打击,可以选择飞行时间为性能指标等。

对于具有状态向量 $\boldsymbol{x}(t) \in \mathbf{R}^{n_x}$ 和控制向量 $\boldsymbol{u}(t) \in \mathbf{R}^{n_u}$ 的连续时间系统,最优控制问题是在满足系统动力学、路径约束及状态控制约束的情况下,期望找到最优控制 $\boldsymbol{u}^*(t)$ 和 $\boldsymbol{x}^*(t)$ 使某一性能指标最小。

目标函数:

$$\min J(\boldsymbol{x}(t),\boldsymbol{u}(t),\boldsymbol{x}(t_f),\boldsymbol{u}(t_f),t_f,\boldsymbol{x}(t_0),\boldsymbol{u}(t_0),t_0) \tag{7-23}$$

一般目标函数有如下 3 种形式:

(1)Mayer 型目标函数:

$$J=\Phi(\boldsymbol{x}(t_f),t_f) \tag{7-24}$$

(2)Lagrange 型目标函数:

$$J=\int_{t_0}^{t_f} L(\boldsymbol{x}(t),\boldsymbol{u}(t),t)\mathrm{d}t \tag{7-25}$$

(3)Bolza 型目标函数:

$$J=\Phi(\boldsymbol{x}(t_0),\boldsymbol{x}(t_f),t_0,t_f)+\int_{t_0}^{t_f} L(\boldsymbol{x}(t),\boldsymbol{u}(t),t)\mathrm{d}t \tag{7-26}$$

式中,L 为标量函数,它是向量 $\boldsymbol{x}(t_0)$,$\boldsymbol{u}(t)$ 和 t 的函数,称为系统的动态性能指标;$\int_{t_0}^{t_f} L(\boldsymbol{x}(t),\boldsymbol{u}(t),t)\mathrm{d}t$ 为积分型性能指标;Φ 为标量函数,只与终端状态及时间有关,称为终端型性能指标,最优控制问题的性能指标可用上述 3 种类型的性能指标之一来表示,而 Bolza 型是更为普遍的形式,通过引入合适的辅助变量,三者可以相互转化。约束条件主要包含以下方面:

(1) 系统状态方程:

$$\dot{\boldsymbol{x}}(t)=\boldsymbol{f}(\boldsymbol{x}(t),\boldsymbol{u}(t),t) \tag{7-27}$$

(2) 边界条件:

$$\boldsymbol{\psi}(\boldsymbol{x}(t_0),\boldsymbol{u}(t_0),\boldsymbol{x}(t_f),\boldsymbol{u}(t_f),t_0,t_f)\leqslant 0 \tag{7-28}$$

(3) 路径约束:

$$\boldsymbol{g}(\boldsymbol{x}(t),\boldsymbol{u}(t),t)\leqslant 0 \tag{7-29}$$

(4) 状态、控制约束:

$$\left.\begin{array}{l}\boldsymbol{x}_l \leqslant \boldsymbol{x}(t) \leqslant \boldsymbol{x}_u \\ \boldsymbol{u}_l \leqslant \boldsymbol{u}(t) \leqslant \boldsymbol{u}_u\end{array}\right\} \tag{7-30}$$

最优轨迹的求解过程就是寻找满足状态方程、路径约束、边界条件以及状态、控制约束的一组控制量，该控制量使得性能指标 J 取到极值。

7.3.2　间接法

轨迹优化间接法的基础是最优控制理论。最优控制源于经典的变分原理，并于 20 世纪 50～60 年代在复杂优化问题（控制允许集不是开集）的求解方面由苏联科学家 Pontryagin 取得突破，因此也称为 Pontryagin 极大值原理。该方法通过引入 Hamilton 函数和协态变量推导了最优轨迹需要满足的一阶最优必要条件。以这些最优必要条件为基础，间接法将轨迹优化问题转为两点或多点边值问题。

针对上节所述的最优控制问题，将边界条件式(7－28)分解为初始条件 $\boldsymbol{x}(t_0)=\boldsymbol{x}_0$ 和终端约束 $\boldsymbol{\phi}(\boldsymbol{x}(t_f),t_f)=0$。通过引入拉格朗日乘子，将状态方程表述在性能指标中，得到增广的目标函数：

$$J_a(\boldsymbol{x}(t),\boldsymbol{u}(t),\boldsymbol{\lambda}(t),t_0,t_f)=\boldsymbol{\Phi}(\boldsymbol{x}(t_0),\boldsymbol{x}(t_f),t_0,t_f)+\boldsymbol{v}^{\mathrm{T}}\boldsymbol{\phi}(\boldsymbol{x}(t_f),t_f)+\int_{t_0}^{t_f}[L(\boldsymbol{x}(t),\boldsymbol{u}(t),t)+\boldsymbol{\lambda}^{\mathrm{T}}(t)[\boldsymbol{f}(\boldsymbol{x}(t),\boldsymbol{u}(t),t)-\dot{\boldsymbol{x}}(t)]]\,\mathrm{d}t \tag{7-31}$$

式中，$\boldsymbol{\lambda}(t)$ 为拉格朗日乘子向量函数；$\boldsymbol{v}$ 为拉格朗日乘子向量。在最优控制问题中，$\boldsymbol{\lambda}^{\mathrm{T}}(t)=[\lambda_1(t)\quad\lambda_1(t)\quad\cdots\quad\lambda_n(t)]$ 被称为状态动力学方程的协态变量。最优控制问题可以通过变分法获得问题的最优性条件，即为了使得目标函数取得极值，增广目标函数对于控制变量的变分为零（$\delta J_a=0$），为了简化起见，这里定义哈密尔顿函数：

$$H(\boldsymbol{x},\boldsymbol{\lambda},\boldsymbol{\mu},t)=L(\boldsymbol{x}(t),\boldsymbol{u}(t),t)+\boldsymbol{\lambda}(t)[\boldsymbol{f}(\boldsymbol{x}(t),\boldsymbol{u}(t),t)-\dot{\boldsymbol{x}}(t)] \tag{7-32}$$

若 $\boldsymbol{u}^*(t)$ 是最优控制，则存在一个非零矢量函数 $\boldsymbol{\lambda}(t)$，满足一阶必要条件：

(1) 状态方程

$$\dot{\boldsymbol{x}}=\frac{\partial H}{\partial \boldsymbol{\lambda}} \tag{7-33}$$

(2) 协态方程

$$\dot{\boldsymbol{\lambda}}=\frac{\partial H}{\partial \boldsymbol{x}} \tag{7-34}$$

(3) 极小值条件

$$\frac{\partial H}{\partial \boldsymbol{u}}=0 \tag{7-35}$$

$$\boldsymbol{u}^*=\operatorname{argmin} H \tag{7-36}$$

(4) 横截条件

$$\left.\begin{aligned}\lambda(t_0)&=-\frac{\partial \Phi}{\partial \boldsymbol{x}(t_0)}+\boldsymbol{v}^{\mathrm{T}}\frac{\partial \phi}{\partial \boldsymbol{x}(t_0)}\\ \lambda(t_f)&=-\frac{\partial \Phi}{\partial \boldsymbol{x}(t_f)}-\boldsymbol{v}^{\mathrm{T}}\frac{\partial \phi}{\partial \boldsymbol{x}(t_f)}\end{aligned}\right\} \tag{7-37}$$

$$\left.\begin{aligned}H(t_0)&=\frac{\partial \Phi}{\partial t_0}-\boldsymbol{v}^{\mathrm{T}}\frac{\partial \phi}{\partial t_0}\\ H(t_f)&=-\frac{\partial \Phi}{\partial t_f}+\boldsymbol{v}^{\mathrm{T}}\frac{\partial \phi}{\partial t_f}\end{aligned}\right\} \tag{7-38}$$

由最优性一阶必要条件可以获得若干关于状态量、控制量以及协态变量的方程，通过求解这些方程可以获得最优控制量及最优状态量，从而获得最优轨迹。不难发现，当飞行器的轨迹形式比较简单时，可以通过间接法推导出最优轨迹，但是当动力学方程比较复杂时，推导过程十分复杂，最优性一阶必要条件难以求解。

7.3.3 直接法

直接法将最优控制问题通过一定离散策略转化成为非线性规划问题，然后采用非线性规划算法进行求解。根据转化方法的不同可分为直接打靶法和配点法。

7.3.3.1 直接打靶法

直接打靶法只离散控制量，是一种控制向量参数化方法，只将离散点处的控制量作为设计变量，积分状态方程计算目标及约束函数，每次设计变量的迭代都需对动力学方程进行不少于一次积分。直接多重打靶法是直接打靶法的一种改进，将整个时间区间划分为多个子区间，将各段的初值也作为设计变量，然后在子区间上使用直接打靶法，然后用连续性条件将各段连起来，多重打靶法比直接法有更好的鲁棒性和实用价值。下面简单给出多段轨迹问题的直接打靶法的数学模型。假设为 N 段轨迹优化问题，对于每 p 段轨迹，$p=1,2,\cdots,N$，都有：

(1) 离散控制变量$\boldsymbol{u}^{(p)}(t)$，具体方法为将时间区间$[t_0^{(p)},t_f^{(p)}]$分为$M^{(p)}-1$段，引入参数向量$\boldsymbol{u}_i^{(p)}$，$i=1,2,\cdots,M^{(p)}$，表示第 p 段轨迹上第 i 个节点上控制量的值，得到设计变量$\{\boldsymbol{u}_i^{(p)},\boldsymbol{q}^{(p)}\mid i=1,2,\cdots,M^{(p)}\}$，其中 $M^{(p)}$ 表示控制离散点个数。

(2) 用插值方法近似各区间的控制函数值，得到各段的控制函数的近似值，比较常用的线性插值函数形式为

$$\boldsymbol{u}^{(p)}(t)=\boldsymbol{u}_i^{(p)}+\frac{\boldsymbol{u}_{i+1}^{(p)}-\boldsymbol{u}_i^{(p)}}{t_i^{(p)}-t_{i-1}^{(p)}}(t-t_{i-1}^{(p)}),i=1,2,\cdots,M^{(p)}-1,t_0^{(p)}\leqslant t\leqslant t_f^{(p)} \tag{7-39}$$

(3) 求解初值问题，给定$\boldsymbol{x}_0^{(1)}$，采用数值积分方法，如 4 阶龙格-库塔(Runge-Kutta) 方法对动力学方程进行积分，求得整条轨迹的状态 $\boldsymbol{x}(t)$，其中 $t_0^{(1)}\leqslant t\leqslant t_f^{(N)}$。

(4) 求解目标函数、端点约束以及路径约束。

(5) 采用合适的优化算法对设计变量$\boldsymbol{u}_i^{(p)}$ 以及 $\boldsymbol{q}$ 寻优，重复(1) ～ (4)，直到满足设定的收敛条件。

7.3.3.2 配点法

将控制变量和状态变量同时离散的方法通常被称为配点法。配点法首先将时间离散、控制变量参数化。与打靶法不同，配点法状态变量不是通过积分系统动力学方程获得的，而是采用多项式族来表示节点间状态变量随时间的变化关系。选择配点，以使得多项式求导得到的 $\dot{\boldsymbol{x}}$ 与飞行器运动方程右函数求得的 $\dot{\boldsymbol{x}}$ 在一定精度条件下相匹配，从而将动力学微分方程约束转换为一组代数约束。将配点处的状态变量和控制变量作为优化设计变量，将优化问题转换为一般的非线性规划问题。由于状态和控制量均为优化变量，采用此方法得到的 NLP 问题规模很大，这类 NLP 的雅克比矩阵具有稀疏特性，需要选用大规模稀疏 NLP 求解器。本节以伪谱法为例介绍配点法的基本原理。

伪谱法是一种全局配点法，利用全局正交多项式对状态空间和最优控制空间进行逼近，从而将最优控制问题转化为非线性规划问题进行求解。对于高斯伪谱法，状态变量采用 $N+1$ 次 Lagrange 插值多项式来近似：

$$x(\tau) \approx X(\tau) = \sum_{i=0}^{N} X(\tau_i) L_i(\tau) \tag{7-40}$$

此处，$\tau \in [-1,1]$ 为多项式定义域，该定义域与真实积分时间存在变换关系：

$$t = \frac{t_f - t_0}{2}\tau + \frac{t_f + t_0}{2} \tag{7-41}$$

$L_i(\tau)(i=0,1,\cdots,N)$ 定义为

$$L_i(\tau) = \prod_{j=0,j\neq i}^{N} \frac{\tau - \tau_j}{\tau_i - \tau_j} \tag{7-42}$$

控制变量采用 N 次 Lagrange 插值多项式来逼近：

$$u(\tau) \approx U(\tau) = \sum_{i=1}^{N} U(\tau_i) L_i^*(\tau) \tag{7-43}$$

其中

$$L_i^*(\tau) = \prod_{j=1,j\neq i}^{N} \frac{\tau - \tau_j}{\tau_i - \tau_j} \tag{7-44}$$

由式(7-42)和式(7-44)不难得到

$$L_i(\tau_j) = \begin{cases} 1, & i=j \\ 0, & i\neq j \end{cases}, \quad L_i^*(\tau_j) = \begin{cases} 1, & i=j \\ 0, & i\neq j \end{cases}$$

对式(7-40)求导，得到状态的微分为

$$\dot{x}(\tau) \approx \dot{X}(\tau) = \sum_{i=0}^{N} X(\tau_i) \dot{L}_i(\tau) \tag{7-45}$$

每个 Lagrange 多项式在配点处的微分可以由一个矩阵表示，该矩阵可由下式计算得到：

$$\dot{L}_i(\tau_k) = D_{ki} = \sum_{l=0}^{N} \frac{\prod_{j=0,j\neq i,l}^{N} (\tau_k - \tau_j)}{\prod_{j=0,j\neq i}^{N} (\tau_i - \tau_j)} \tag{7-46}$$

其中，$k=0,1,\cdots,N$，$i=0,1,\cdots,N$。通过该矩阵，将微分方程转化为代数约束：

$$\sum_{i=0}^{N} D_{ki} X_i - \frac{t_f - t_0}{2} f(X_k, U_k, \tau_k; t_0, t_f) = 0 \tag{7-47}$$

式中，$k=1,\cdots,N$，$X_k \equiv X(\tau_k)$，$U_k \equiv U(\tau_k)$。注意到这些动态约束均配置在配点上，而不包括 2 个边界点。起始边界点的约束为 $X_0 \equiv X(-1)$，终端边界点可由高斯求积公式得到

$$X_f \equiv X_0 + \frac{t_f - t_0}{2} \sum_{k=1}^{N} w_k f(X_k, U_k, \tau_k; t_0, t_f) \tag{7-48}$$

式中，w_k 为高斯权重系数。

采用高斯求积公式离散后的性能指标为

$$J = \Phi(X_0, t_0, X_f, t_f) + \frac{t_f - t_0}{2} \sum_{k=1}^{N} w_k g(X_k, U_k, \tau_k; t_0, t) \tag{7-49}$$

边界条件为

$$\phi(X_0, t_0, X_f, t_f) = 0 \tag{7-50}$$

在配点处的过程约束为

$$C(X_k, U_k, \tau_K; t_0, t_f) \leqslant 0 \quad (k=1,\cdots,N) \tag{7-51}$$

由此不难发现,伪谱法将连续系统的最优控制问题转化为一系列离散点上的最优控制问题,转化后的离散最优控制问题可采用非线性规划算法予以求解。

7.4 飞行轨道与弹道的统一建模

7.4.1 轨道与弹道的统一性

7.4.1.1 轨道与弹道的区别

轨道与弹道的主要区别:

(1) 飞行空域的区别。当飞行器在运动过程中,受到的空气动力作用对其运动参数有了较为明显的影响时,飞行器的运动轨迹称为弹道。一般距地面 80 km 之内的飞行器轨迹称为弹道,高度大于 80 km 的称为轨道。

(2) 力学环境方面的差异。飞行器的轨道运动受力环境和飞行器的弹道运动受力环境不同。在轨道上运动,飞行器受到的力主要是天体引力、摄动力,以及飞行器的操纵力;而在弹道上运动,飞行器受力主要是重力、空气动力以及控制力。

7.4.1.2 轨道与弹道的统一力学模型

弹道与轨道的共同点主要是,飞行器的轨道和弹道可以采用圆锥轨道来进行描述,即飞行器的轨道,可以采用椭圆、双曲、抛物线轨道或者三者的拼接来进行描述。飞行器的轨道主要是椭圆轨道,飞行器轨道可以视为存在摄动力(空气动力)的不同椭圆拼接轨道。

飞行器在整个轨道、弹道段所受到的力和力矩为:

推力 P:将发动机推力沿飞行器体坐标系 3 个轴向进行分解,推力在各轴的投影分别为 P_{x1}, P_{y1}, P_{z1},则推力在轨道坐标系下的投影为

$$[P_r \quad P_t \quad P_h]^{\mathrm{T}} = \boldsymbol{L}_1 \times [P_{x1} \quad P_{y1} \quad P_{z1}]^{\mathrm{T}} \tag{7-52}$$

其中,$\boldsymbol{L}_1$ 为体坐标系到轨道坐标系的方向余矩阵。

空气动力 R:将飞行器的空气动力分解到速度坐标 $ox_3y_3z_3$ 的 3 个轴向有

$$R = X + Y + Z \tag{7-53}$$

$$\left.\begin{aligned} X &= C_x\rho v^2 S/2 = C_x q \\ Y &= C_y\rho v^2 S/2 = C_y qS \\ Z &= C_z\rho v^2 S/2 = C_z qS \end{aligned}\right\} \tag{7-54}$$

其中,ρ, v, S 分别为大气密度、飞行器相对于大气速度以及其参考面积。

控制力:作用在飞行器上的控制力可以由姿态控制发动机产生,也可以由空气舵产生。

$$\boldsymbol{F}_c = [F_{cx} \quad F_{cy} \quad F_{cz}]^{\mathrm{T}} \tag{7-55}$$

则有飞行器轨道、弹道统一动力学模型:

$$m\frac{\mathrm{d}^2\boldsymbol{r}}{\mathrm{d}t^2}=-\frac{\mu m}{r^3}\boldsymbol{r}+L_1\times\boldsymbol{F}_R+L_1\times L_2\times\boldsymbol{F}_c+L_1\times\boldsymbol{F}_p \tag{7-56}$$

令

$$\frac{\boldsymbol{F}}{m}=\boldsymbol{f}=L_1\times\boldsymbol{a}_R+L_2\times\boldsymbol{a}_c+L_1\times\boldsymbol{a}_p=\boldsymbol{f}=(\boldsymbol{f}_r,\boldsymbol{f}_t,\boldsymbol{f}_h) \tag{7-57}$$

若将飞行器弹道段所受的力视为对其轨道的摄动，则可将飞行器的轨道段轨道和弹道段轨道采用非开普勒理论，统一在同一个力学模型下：

$$m\frac{\mathrm{d}^2\boldsymbol{r}}{\mathrm{d}t^2}=-\frac{\mu m}{r^3}\boldsymbol{r}+\boldsymbol{f} \tag{7-58}$$

7.4.1.3　轨道／弹道的切换条件

将飞行器的运动轨迹分为弹道段和轨道段，主要是基于其运动中所处的动力学环境不同。在轨道段，主要考虑地球引力；然而在弹道段，空气动力对其运动的影响很大，不能忽略。随着高度的上升，大气越来越稀薄。因此飞行高度参数是弹道段和轨道段主要考虑的切换参数。然而根据不同的任务，轨道／弹道切换高度是不同的。

从任务的角度看，任何在轨运动的航天器都有其任务生命周期的。例如卫星，当其在近地轨道上运动时，在各种摄动力的作用下，其运动速度和轨道高度都会降低。当轨道高度降低到某一特定高度时，卫星上的载荷将失去本身任务所要求的功能(例如对地观测的相机，通信设备等)。在此将该特定高度称为生存高度，记为 r_L。在此高度上的飞行轨迹称为轨道，在此高度之下的飞行轨迹称为弹道。而生存高度也是轨道／弹道切换条件参数。生存高度(切换高度)往往是由航天器完成任务要求需要在空间停留的时间来决定的。不同的任务需求，其生存高度(轨道／弹 道切换高度)也不同。

描述轨道／弹道切换条件的参数还有切换因子。假定航天器整个轨迹入轨点高度为 r_K，则入轨点高度和生存高度的比值称为轨道／弹道切换因子，则有

$$\kappa=\frac{r_K}{r_L} \tag{7-59}$$

切换因子随任务的不同而不同。对于运载发射卫星任务，切换因子往往小于 1.1。而导弹主要在大气层内飞行，其切换因子大于 1.6。对于高超声速飞行器、亚轨道飞行器等的飞行任务，其切换因子在 1.1 ～ 1.6 之间。

7.4.2　基于圆锥曲线统一拼接法的飞行器轨迹设计

7.4.2.1　基于圆锥曲线统一拼接法的参数优化轨道设计

面向具体任务，采用基于形状法设计轨道，进而求解飞行器的推力，这种方法可能由于工程上难以实现而不能应用。而采用基于圆锥曲线统一拼接法的参数优化方法进行轨道设计，能够解决这一问题。该方法的思路是，面对具体任务要求，设计出一条理想的飞行器轨迹，并将理想轨迹进行离散化；然后针对每一段离散的轨迹，应用圆锥曲线的几何、力学、数学特性，进行相应的圆锥曲线轨迹逼近；最后将每一段逼近的圆锥曲线轨道拼接起来，便可形成拼接轨道。其轨道优化的对象是，拼接轨道与理想轨道的误差、整体轨道的时间、轨道机动的能量消耗这三者的加权和。

针对任务设计出理想轨迹后，需要将理想轨道进行离散化处理，在此过程中离散拼接点的选取很重要，必须考虑到理想轨道所具有的特征(例如轨道的拐点、曲率较大点等)。针对每一段离散轨道的几何数学特性和约束条件，采用圆锥曲线进行拟合。例如：假设飞行器在时刻 t_0 以初始位置和速度 r_0, v_0 出发，经过时间 t_{span} 在时刻 t_2 施加速度脉冲 $\Delta\bar{v}_2$，经时间 t_{span3} 到达时刻 t_3，以此类推，在时刻 t_i 施加速度脉冲 $\Delta\bar{v}_i = [\Delta v_{ix} \quad \Delta v_{iy} \quad \Delta v_{iz}]$，经过时间 $t_{spani+1}$ 到达时刻 t_{i+1}。因此脉冲机动过程可以描述为 4 个参数：1 个时间参数 t_i 以及 3 个脉冲参数 $\Delta\bar{v}_i = [\Delta v_{ix} \quad \Delta v_{iy} \quad \Delta v_{iz}]$。如果一次拼接轨道是由 n 个圆锥曲线段轨道拼接而成的，那么就有 $(n+1)$ 次脉冲变轨，则轨道机动优化参数为 $4(n+1)$ 个。每一组的脉冲都对应一段圆锥曲线(圆、椭圆、抛物线或者双曲线)。通常情况下，每一段圆锥曲线轨道和理想轨道都有一个误差，假定其为 $\Delta\varepsilon_i$，则整段轨道的误差为 $\sum_{i=1}^{n}\Delta\varepsilon_i$。若整段轨道消耗的能量为 $\sum_{i=1}^{n}\Delta\bar{v}_i$，时间为 $\sum_{i=1}^{n}\Delta t_i$，则整体轨道优化目标函数为

$$J = a\sum_{i=1}^{n+1}\|\Delta v_i\| + b\sum_{i=1}^{n}\Delta t_i + c\sum_{i=1}^{n}\Delta\varepsilon_i \tag{7-60}$$

其中，n 为整体轨道拼接段数。实现整体轨道转移需要 $n+1$ 次脉冲。

7.4.2.2　基于圆锥曲线轨道统一拼接法的运载火箭轨道/弹道一体化设计与优化

随着空间技术的进步，空间快速响应以及快速进入空间和应用空间成为发展的必然。空间快速响应是指发生战争或自然灾害等突发事件时，运载系统能够在短时间内实现机动，完成测试并发射，在有效载荷入轨后能马上执行预定任务，而不需经过长时间的在轨调整。针对突发事件，运载器需要满足"机动性"和"快速性"的要求，与液体火箭比较，小型固体运载器更适合作为"空间快速响应"任务的发射工具。当前航天器飞行轨迹规划的研究主要分为轨道规划和弹道规划两部分。通常轨道规划任务主要完成轨道要素的设计，弹道规划将轨道要素作为终端约束，选择发射点和发射时刻，并设计从发射点到入轨点的飞行弹道，轨道规划和弹道规划需进行反复迭代，最终完成规划任务。

空间快速响应的特点是任务具有不确定性，轨道参数与发射诸元参数需在接到任务后进行规划设计，要求轨道/弹道规划设计的时间越短越好。如果采用传统设计方法，规划迭代时间较长，势必影响其"快速性"。因此，将轨道/弹道作为一个整体进行优化设计是实现快速性的有效方法。由于设计参数多，单一优化算法很难对此复杂问题进行优化。近年来，改进的智能优化算法在飞行器轨迹优化设计领域得到应用。另外由于混合优化方法和分级规划策略，综合收敛性好，所以也在轨迹优化中得到迅速发展。

飞行器轨道/弹道一体化设计优化问题描述如下：

$$\begin{cases} \min\limits_{x} f(\boldsymbol{x},\boldsymbol{p}) = \min\limits_{x}[M(\boldsymbol{x},\boldsymbol{p})] \\ \text{s.t.} \quad g_{i1} \leqslant g_i(\boldsymbol{x},\boldsymbol{p}) \leqslant g_{i2}; \quad \boldsymbol{x}_{\min} \leqslant \boldsymbol{x} \leqslant \boldsymbol{x}_{\max} \\ \boldsymbol{x} = [x_1 \quad x_2 \quad \cdots \quad x_n]^{\mathrm{T}}; \quad \boldsymbol{p} = [p_1 \quad p_2 \quad \cdots \quad p_m]^{\mathrm{T}} \end{cases}$$

其中：$\boldsymbol{x} = [x_1 \quad x_2 \quad \cdots \quad x_n]^{\mathrm{T}}$ 为设计变量；$\boldsymbol{p} = [p_1 \quad p_2 \quad \cdots \quad p_n]^{\mathrm{T}}$ 为总体设计参数；$g_i(\boldsymbol{x},\boldsymbol{p})$ 为约束条件；$f(\boldsymbol{x},\boldsymbol{p})$ 为优化设计目标函数。

针对上述优化模型，目标函数选择为给定有效载荷和轨道高度，优化目标使变轨所消耗推

进剂的质量最小。约束条件为最大轴向过载，最大法向过载，轨道倾角，主动段关机点高度以及最大动压。图 7-10 所示为轨道要素与弹道参数的对应关系。

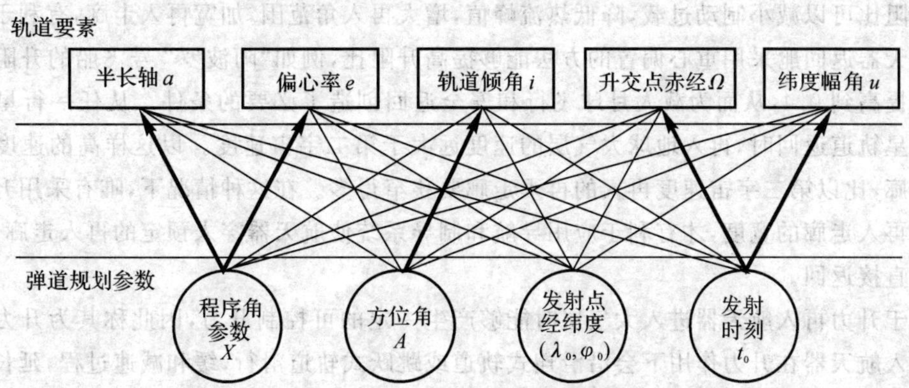

图 7-10 轨道要素与弹道参数的对应关系

由图 7-10 可以看出，设计变量为程序角参数、俯仰角变化律、发射时刻、发射点经纬度、发射方位角等。

飞行程序控制模型：点火起飞后，在一级主动段设计程序转弯段，转弯段结束后，各阶段飞行器保持零攻角飞行；将火箭上升段弹道模型、轨道模型以及运载火箭总体参数统一到优化目标函数中，采用自适应模拟退火法或逐次近似法均可以得到寻优结果，将能量消耗作为最终的优化目标。通过仿真分析可以得出该方法比传统方法节省能量约 12%。

7.4.2.3 轨道飞行器再入弹道 / 轨道参数的一体化优化设计

轨道飞行器再入的核心技术是一个质量很大的轨道飞行器巨大能量如何处理的问题，且要求保证其再入返回时安全、准确地返回地面。在再入段，轨道飞行器利用大气减速把巨大的能量(势能加动能) 转化为热能，将其大部分散发到稠密大气层中。因此实际上只有少量被轨道飞行器的结构或者防热护层吸收，即便如此，很少的热量也足以引起很大的气动加热。

再入航天器以宇宙速度进入大气层将经受严酷的再入环境，但通过再入航天器气动外形的合理设计和再入轨道控制，可以使航天器在再入大气层过程中既达到减速目的，又保证制动过载和气动加热不超过允许的限度。按航天器气动特性和轨道特征，再入有弹道再入和升力再入两种方式。

弹道再入是以急转弯弧线下落，会出现很高的热流峰值。但再入过程经历的时间很短，因此传递给再入航天器的总热量并不是很多。在弹道系数和再入速度确定的情况下，热流峰值和总加热量的主要参数仍决定于再入角。通过再入航天器气动外形的合理设计和再入角的选择，可以使再入过程所产生热量的 98% ～ 99% 被耗散掉。但仅此 1% ～ 2% 的热量传递给再入航天器也会使驻点区温度升高到 2 000℃ 以上，足以引起再入航天器在空中解体并烧毁。因此，弹道式再入航天器须采用以烧蚀防热为主的防热结构，以保证再入航天器承力结构有足够的强度和防止乘员座舱过热。使弹道式再入航天器(通常为轴对称旋成体形) 产生升力的最简单的方法，是将其重心配置在离对称轴很小的一段距离处。再入大气层时，航天器便会产生一定的攻角(称为配平攻角)，相应地产生一定的升力。利用滚动控制系统改变再入体的倾角便能控制升力的方向，调整再入弹道。由此产生的升力(Y)虽然仅是阻力(X)的一小部分，但足以减小最大制动过载，降低热流峰值，补偿再入初始扰动所引起的偏差，提高落点精度。提高升阻比可以减小制动过载，降低热流峰值，增大再入角范围，加宽再入走廊，有利于再入过程。航天器返回舱采用重心偏置的方法能够提高升阻比，例如“阿波罗”号飞船的升阻比靠这种方法提高到0.4，从而为载人月球飞行和安全返回创造了必要的条件。从任一行星或从行星的卫星轨道返回时，再入地球大气层的速度远大于第二宇宙速度。以这样高的速度再入的再入走廊，比以第二宇宙速度再入的再入走廊要狭窄得多。在这种情况下，唯有采用升力再入以加宽再入走廊的宽度，才有利于应用导航和制导系统使航天器穿入预定的再入走廊，完成从行星的直接返回。

由于升力再入航天器进入大气层时能够产生一定的可控制升力，因此称其为升力再入。升力再入航天器在升力作用下会沿滑翔式轨道或跳跃式轨道滑行，缓和减速过程，延长能量转换时间，使最大制动过载减小和热流峰值降低，但总热量会增加。通过升力控制，再入航天器有一定的机动能力，因而能提高落点精度，甚至可在预定场地水平着陆。

针对轨道飞行器再入弹道／轨道参数的一体化优化设计问题，如果对轨道飞行器大气上层的轨道部分和再入大气的轨道部分采用7.4.2.2节中运载火箭的轨道／弹道一体化设计及优化方法进行轨道设计与优化，理论上也可以得到更好的优化结果。

对于轨道飞行器的轨迹一体化设计与优化的基本数学模型与航天器轨道／弹道一体化优化问题的模型相同，不同的是约束条件。轨道飞行器的再入约束为，法向过载的限制，动压的限制，最大热流的限制以及平衡滑翔边界的限制。进行优化所设计到的变量为总攻角、倾斜角、再入段的升阻比和再入点的确定。优化函数可以选择进入大气轨道段的轨迹所产生的热量，最终可使优化得到的整体轨道达到一个满足优化指标和约束要求的最优值。

轨道／弹道统一模型为

$$m\frac{\mathrm{d}^2\boldsymbol{r}}{\mathrm{d}t^2}=-\frac{\mu m}{r^3}\boldsymbol{r}+\boldsymbol{f} \tag{7-61}$$

优化数学模型为

$$\left.\begin{aligned}&\min_x f(\boldsymbol{x},\boldsymbol{p})=\min_x[M(\boldsymbol{x},\boldsymbol{p})]\\&\text{s.t.}\quad g_{i1}\leqslant g_i(\boldsymbol{x},\boldsymbol{p})\leqslant g_{i2};\quad \boldsymbol{x}_{\min}\leqslant\boldsymbol{x}\leqslant\boldsymbol{x}_{\max}\\&\boldsymbol{x}=[x_1\quad x_2\quad\cdots\quad x_n]^{\mathrm{T}};\quad \boldsymbol{p}=[p_1\quad p_2\quad\cdots\quad p_m]^{\mathrm{T}}\end{aligned}\right\} \tag{7-62}$$

式中，$\boldsymbol{x}=[x_1\quad x_2\quad\cdots\quad x_n]^{\mathrm{T}}$为设计变量；$\boldsymbol{p}=[p_1\quad p_2\quad\cdots\quad p_n]^{\mathrm{T}}$为总体设计参数；$g_i(\boldsymbol{x},\boldsymbol{p})$为约束条件；$f(\boldsymbol{x},\boldsymbol{p})$为优化设计目标函数。

参考文献

[1] Meirovitch L, Nelson H D. On the High - Spin Motion of a Satellite Containing Elastic Parts. Journal of Spacecraft and Rockets, 1966. 3(11): 1597 - 1602.

[2] Meirovitch L. Hybrid State Equations of Motion for Flexible Bodies in Terms of Quasi -Coordinates. Journal of Guidance, Control and Dynamics, 1991. 14(5): 1008 -

1013.

[3] Meirovitch L, Stemple T J. Hybrid Equations of Motion for Flexible Multibody Systems Using Quasi - Coordinates. Journal of Guidance, Control, and Dynamics, 1995. 18(4): 678 - 688.

[4] Bilardo V J, et al. The Benefits of Hypersonic Airbreathing Launch Systems for Access to Space. 2003.

[5] 赵汉元. 大气飞行器姿态动力学[M]. 长沙:国防科技大学出版社,1987.

[6] 徐延万. 控制系统(上)[M]. 北京:宇航出版社,1989.

[7] 张有济. 战术导弹飞行力学设计(上)[M]. 北京:宇航出版社,1989.

[8] 伏欣. 气动弹性力学原理[M]. 上海:上海科学技术文献出版社,1982.

[9] 张伟伟. 超声速、高超声速非线性气动弹性问题研究[D]. 西安:西北工业大学,2003.

[10] 樊则文. 导弹伺服弹性稳定性分析方法[D],西安:西北工业大学, 2005.

[11] 黄文虎, 邵成勋. 多柔体系统动力学[M]. 北京: 科学出版社, 1996.

[12] Bolender M A, Doman D B. Nonlinear Longitudinal Dynamical Model of an Air - Breathing Hypersonic Vehicle[J]. Journal of Spacecraft and Rockets. 2007, 44(2): 374 - 387.

[13] Bolender M A, Doman D B. A Non - Linear Model for the Longitudinal Dynamics of a Hypersonic Air - Breathing Vehicles[R]. AIAA - 2005 - 6255, 2005.

[14] 管德. 非定常空气动力计算. 北京:北京航空航天大学出版社,1991.

[15] Robinson B A, Batina J T, Yang H T Y. Aeroelastic Analysis with a De - forming Mesh[J]. Journal of Aircraft, 1991, 28(11):781 - 788.

[16] Juan J A, Luigi M, Antony J. Multigrid Unsteady Navier - Stokes Calculations with Aeroealstic Application[R]. AIAA - 95 - 0048, 1995.

[17] Antony J, Jogn C V. Computational Fluid Dynamics for Aerodynamic Design: Its Curent and Future Impact[R]. AIAA - 2001 - 0528, 2001.

[18] Swain R L, Fullman D G. A Unique Formulation of Elastic Airplane Longitudinal Equation of Motion[R], AIAA77 - 403.

[19] Martin R, Waszak, David K, Schmidt. Flight Dynamics of Aeroelastic Vehicles[J]. Journal of Aircraft, June. 1988,25(6):563 - 571.

[20] Schmidt D K, Raney D. Modeling and Simulation of Flexible Flight Vehicles[J]. Journal of Guidance, Control, and Dynamics, 2001, 24(3):539 - 546.

[21] 何植岱,高浩. 高等飞行动力学. 西安:西北工业大学出版社,1990.

[22] 雍恩米,陈磊,唐国金. 飞行器轨迹优化数值方法综述[J]. 宇航学报, 2008, 29(2) : 398 - 406.

[23] Betts J T. Survey of numerical methods for trajectory optimization[J] . Journal of Guidance, Control and Dynamics , 1998 , 21 (2) :193 - 206.

[24] Ross I M, Fahroo F. A perspective on methods for trajectory optimization[C] . In. AIAAPAAS Astrodynamics Specialist Conference and Exhibit . Monterey , CA , 2002:1 - 7.

[25] Hull D G. Conversion of optimal control problems into parameter optimization problems[J]. Journal of Guidance,Control, and Dynamics. 1997, 20(1): 57-60.

[26] Hull D G, Speyer J L. Optimal reentry and plane-change trajectories [J]. Journal of the Astronautical Sciences,1982, 30(2): 117-130.

[27] 王华,唐国经,雷勇军.有限推力轨迹优化问题的直接打靶法研究[J]. 中国空间科学技术,2005,(3):51-56.